中国石油地质志

第二版・卷二十五

南海油气区（上册）

南海油气区编纂委员会　编

石油工業出版社

图书在版编目（CIP）数据

中国石油地质志．卷二十五，南海油气区．上册 / 南海油气区编纂委员会编．—北京：石油工业出版社，2023.11

ISBN 978-7-5183-5193-0

Ⅰ．①中… Ⅱ．①南… Ⅲ．①石油天然气地质–概况–中国 ②南海–油气田开发–概况 Ⅳ．①P618.13 ②TE3

中国版本图书馆 CIP 数据核字（2021）第 275206 号

责任编辑：庞奇伟　孙　娟
责任校对：郭京平
封面设计：周　彦

审图号：GS 京（2023）2070 号

出版发行：石油工业出版社
（北京安定门外安华里 2 区 1 号　100011）
网　址：www. petropub. com
编辑部：（010）64523543　图书营销中心：（010）64523633
经　　销：全国新华书店
印　　刷：北京中石油彩色印刷有限责任公司

2023 年 11 月第 1 版　2023 年 11 月第 1 次印刷
787×1092 毫米　开本：1/16　印张：30.75
字数：790 千字

定价：375.00 元

（如出现印装质量问题，我社图书营销中心负责调换）

《中国石油地质志》

（第二版）

总编纂委员会

《中国石油地质志》

第二版

中国海域油气区总编纂委员会

《中国石油地质志》

第二版·卷二十五

南海油气区编纂委员会

《中国石油地质志》

第二版·卷二十五

南海油气区编写组

组　长：万　欢

副组长：仲米剑　谢英刚

成　员：（按姓氏笔画排序）

王　晋　尤　丽　孔　为　甘　军　龙祖烈　代　龙
朱泽栋　朱继田　刘　为　刘海钰　刘喜杰　刘道理
刘新宇　江凯禧　孙志鹏　李　才　李　兴　李　虎
李小平　李安琪　李春雷　李俊良　李彦丽　李洪博
肖二莲　吴　哲　吴仕玖　吴金宝　何卫军　应明熊
沈利霞　张　霞　张道军　陆　江　陈亚兵　周　刚
郑榕芬　赵亚卓　赵顺兰　郝德峰　胡晨晖　钟　佳
钟泽红　须雪豪（中国石化）　宫立园　秦成岗　贾兆扬
郭明刚　黄正吉　黄保家　梁　刚　彭辉界　董　明
董贵能　舒克栋　童传新　曾小宇　游君君　雷明珠
裴健翔　熊小峰

序

三十多年前，在广大石油地质工作者艰苦奋战、共同努力下，从中华人民共和国成立之前的“贫油国”，发展到可以生产超过1亿吨原油和几十亿立方米天然气的产油气大国，可以说是打了一个大大的“翻身仗”，获得丰硕成果，对我国油气资源有了更深的认识，广大石油职工充满无限信心、继续昂首前进。

在1983年全国油气勘探工作会议上，我和一些同志建议把过去三十年的勘探经历和成果做一系统总结，既可作为前一阶段勘探的历史记载，又可作为以后勘探工作的指引或经验借鉴。1985年我到石油勘探开发科学研究院工作后，便开始组织编写《中国石油地质志》，当时材料分散、人员不足、资金缺乏，在这种困难的条件下，石油系统的很多勘探工作者投入了极大的热情，先后有五百余名油气勘探专家学者参与编写工作，历经十余年，陆续出版齐全，共十六卷20册。这是首次对中华人民共和国成立后石油勘探历程、勘探成果和实践经验的全面总结，也是重要的基础性史料和科技著作，得到业界广大读者的认可和引用，在油气地质勘探开发领域发挥了巨大的作用。我在油田现场调研过程中遇到很多青年同志，了解到他们在刚走出校门进入油田现场、研究部门或管理岗位时，都会有摸不着头脑的感觉，他们说《中国石油地质志》给予了很大的启迪和帮助，经常翻阅和参考。

又一个三十年过去了，面对国内极其复杂的地质条件，这三十年可以说是在过去的基础上，勘探工作又有了巨大的进步，相继开展的几轮油气资源评价，对中国油气资源实情有了更深刻的认识。无论是在烃源岩、油气储层、沉积岩序列、构造演化以及一系列随着时间推移的各种演化作用带来的复杂地质问题，还是在石油地质理论、勘探领域、勘探认识、勘探技术等方面都取得了许多新进展，不断发现新的油气区，探明的油气田数量逐渐增多、油气储量大幅增加，油气产量提升到一个新台阶。截至2020年底（与1988年相比），发现的油田由332个增至773个，气田由102个增至286个；30年来累计探明石油地质储量增加284亿吨、天然气地质储量增加17.73万亿立方米；原油年产量由1.37亿吨增至1.95亿吨，天然气年产量由139亿立方米增至1888亿立方米。

油气勘探发现的过程既有成功时的喜悦，更有勘探失利带来的煎熬，其间积累的经验和教训是宝贵的、值得借鉴的。《中国石油地质志》不仅仅是一套学术著作，它既有对中国各大区地质史、构造史、油气发生史等方面的详尽阐述，又有对油气田发现历程的客观分析和判断；它既是各探区勘探理论、勘探经验、勘探技术的又一次系统回顾和总结，又是各探区下一步勘探领域和方向的指引。因此，本次修编的《中国石油地质志》对今后的油气勘探工作具有新的启迪和指导。

在编写首版《中国石油地质志》过程中，经过对各盆地、各地区勘探现状、潜力和领域的系统梳理，催生了“科学探索井”的想法，并在原石油工业部有关领导的支持下实施，取得了一批勘探新突破和成果。本次修编，其指导思想就是通过总结中国油气勘探的“第二个三十年”，全面梳理现阶段中国各油气区的现状和前景，旨在提出一批新的勘探领域和突破方向。所以，在 2016 年初本版编委会尚未完全成立之时，我就在中国工程院能源与矿业工程学部申请设立了 “中国大型油气田勘探的有利领域和方向” 咨询研究项目，全国有 32 个地区石油公司参与了研究实施，该项目引领各油气区在编写《中国石油地质志》过程中突出未来勘探潜力分析，指引了勘探方向，因此，在本次修编章节安排上，专门增加了“资源潜力与勘探方向”一章内容的编写。

本次修编本着实事求是的原则，在继承原版经典的基础上，基本框架延续原版章节脉络，体现学术性、承续性、创新性和指导性，着重充实近三十年来的勘探发展成果。《中国石油地质志》修编版分卷设置，较前一版进行了拆分和扩充，共 25 卷 32 册。补充了冀东油气区、华北油气区（下册 · 二连盆地）两个新卷，将原卷二“大庆、吉林油田”拆分为大庆油气区和吉林油气区两卷；将原卷七“中原、南阳油田”拆分为中原油气区和南阳油气区两卷；将原卷十四“青藏油气区”拆分为柴达木油气区和西藏探区两卷；将原卷十五“新疆油气区”拆分为塔里木油气区、准噶尔油气区和吐哈油气区三卷；将原卷十六“沿海大陆架及毗邻海域油气区”拆分为渤海油气区、东海—黄海探区、南海油气区三卷。另外，由于中国台湾地区资料有限，故本次修编不单独设卷，望以后修编再行补充和完善。

此外，自 1998 年原中国石油天然气总公司改组为中国石油天然气集团公司、中国石油化工集团公司和中国海洋石油总公司后，上游勘探部署明确以矿权为界，工作范围和内容发生了很大变化，尤其是陆上塔里木、准噶尔、四川、鄂尔多斯等四大盆地以及滇黔桂探区均呈现中国石油、中国石化在各自矿权同时开展勘探研究的情形，所处地质构造区带、勘探程度、理论认识和勘探进展等难免存在差异，为尊重各探区勘探研究实际，便于总结分析，因此在上述探区又酌情设置分册加以处理。各分卷和分册按以下顺序排列：

卷次	卷名
卷一	总论
卷二	大庆油气区
卷三	吉林油气区
卷四	辽河油气区
卷五	大港油气区
卷六	冀东油气区
卷七	华北油气区（上册）
	华北油气区（下册）
卷八	胜利油气区
卷九	中原油气区
卷十	南阳油气区
卷十一	苏浙皖闽探区
卷十二	江汉油气区
卷十三	四川油气区（中国石油）
	四川油气区（中国石化）
卷十四	滇黔桂探区（中国石油）
卷十四	滇黔桂探区（中国石化）
卷十五	鄂尔多斯油气区（中国石油）
	鄂尔多斯油气区（中国石化）
卷十六	延长油气区
卷十七	玉门油气区
卷十八	柴达木油气区
卷十九	西藏探区
卷二十	塔里木油气区（中国石油）
	塔里木油气区（中国石化）
卷二十一	准噶尔油气区（中国石油）
	准噶尔油气区（中国石化）
卷二十二	吐哈油气区
卷二十三	渤海油气区
卷二十四	东海—黄海探区
卷二十五	南海油气区（上册）
	南海油气区（下册）

《中国石油地质志》是我国广大石油地质勘探工作者集体智慧的结晶。此次修编工作得到中国石油、中国石化、中国海油、延长石油等油公司领导的大力支持，是在相关油田公司及勘探开发研究院 1000 余名专家学者积极参与下完成的，得到一大批审稿专家的悉心指导，还得到石油工业出版社的鼎力相助。在此，谨向有关单位和专家表示衷心的感谢。

中国工程院院士 翟光明

2022 年 1 月　北京

FOREWORD

Some 30 years ago, under the unremitting joint efforts of numerous petroleum geologists, China became a major oil and gas producing country with crude oil and gas producing capacity of over 100 million tons and billions of cubic meters respectively from an 'oil-poor country' before the founding of the People's Republic of China. It's indeed a big 'turnaround' which yielded substantial results, allowed us to have a better understanding of oil and gas resources in China, and gave great confidence and impetus to numerous petroleum workers.

At the National Oil and Gas Exploration Work Conference held in 1983, some of my comrades and I proposed to systematically summarize exploration experiences and results of the last three decades, which could serve as both historical records of previous explorations and guidance or references for future explorations. I organized the compilation of *Petroleum Geology of China* right after joining the Research Institute of Petroleum Exploration and Development (RIPED) in 1985. Though faced with the difficulties including scattered information, personnel shortage and insufficient funds, a great number of explorers in the petroleum industry showed overwhelming enthusiasm. Over five hundred experts and scholars in oil and gas exploration engaged in the compilation successively, and 16-volume set of 20 books were published in succession after over 10 years of efforts. It's not only the first comprehensive summary of the oil exploration journey, achievements and practical experiences after the founding of the People's Republic of China, but also a fundamental historical material and scientific work of great importance. Recognized and referred to by numerous readers in the industry, it has played an enormous role in geological exploration and development of oil and gas. I met many young men in the course of oilfield investigations, and learned their feeling of being lost during transition from school to oilfields, research departments or management positions. They all said they were greatly inspired and benefited from *Petroleum Geology of China* by often referring to it.

Another three decades have passed, and it can be said that though faced with extremely complicated geological conditions, we have made tremendous progress in exploration over the years based on previous works and acquisition of more profound knowledge on China's oil and gas resources after several rounds of successive evaluations. New achievements have been made in not only source rock, oil and gas reservoir, sedimentary development, tectonic evolution and a series of complicated geological issues caused by different evolutions over time, but also petroleum geology theories, exploration areas, exploration knowledge, exploration techniques and other aspects. New oil and gas provinces were found one after another, and with gradual increase in the number of proven oil and gas fields, oil and gas reserves grew significantly, and production was brought to a new level. By the end of 2020 (compared with 1988), the number of oilfields and gas fields had increased from 332 and 102 to 773 and 286 respectively, cumulative proved oil in place and gas in place had grown by 28.4 billion tons and 17.73 trillion cubic meters over the 30 years, and the annual output of crude oil and gas had increased from 137 million tons and 13.9 billion cubic meters to 195 million tons and 188.8 billion cubic meters respectively.

Oil and gas exploration process comes with both the joy of successful discoveries and the pain of failures, and experiences and lessons accumulated are both precious and worth learning. *Petroleum Geology of China*'s more than a set of academic works. It not only contains geologic history, tectonic history and oil and gas formation history of different major regions in China, but also covers objective analyses and judgments on discovery process of oil and gas fields, which serves as another systematic review and summary of exploration theories, experiences and techniques as well as guidance on future exploration areas and directions of different exploratory areas. Therefore, this revised edition of *Petroleum Geology of China* plays a new role of inspiring and guiding future oil and gas exploration works.

Systematic sorting of exploration statuses, potentials and domains of different basins and regions conducted during compilation of the first edition of *Petroleum Geology of China* gave rise to the idea of 'Scientific Exploration Well', which was implemented with supports from related leaders of the former Ministry of Petroleum Industry, and led to a batch of breakthroughs and results in exploration works. The guiding idea of this revision is to propose a batch of new exploration areas and breakthrough directions by summarizing 'the second 30 years' of China's oil and gas exploration works and comprehensively sorting out current statuses and prospects of different exploratory areas in China at the current stage. Therefore, before the editorial team was fully formed at the beginning of 2016, I applied to the Division of Energy and Mining Engineering, Chinese Academy of Engineering for the establishment of a consulting research project on 'Favorable Exploration Areas and Directions of Major Oil and Gas Fields in China'. A total of 32 regional oil companies throughout the country participated in the research project, which guided different exploratory areas in giving prominence to analysis on future exploration potentials in the course of compilation of *Petroleum Geology of China*, and pointed out exploration directions. Hence a new dedicated chapter of 'Exploration Potentials and Directions of Oil and Gas Resources' has been added in terms of chapter arrangement of this revised edition.

Based on the principles of seeking truth from facts and inheriting essence of original works, the basic framework of this revised edition has inherited the chapters and context of the original edition, reflected its academics, continuity, innovativeness and guiding function, and focused on supplementation of exploration and development related achievements made in the recent 30 years. This revised edition of *Petroleum Geology of China*, which consists of sub-volumes, has divided and supplemented the previous edition into 25-volume set of 32 books. Two new volumes of Jidong Oil and Gas Province and Huabei Oil and Gas Province (The Second Volume · Erlian Basin) have been added, and the original Volume 2 of 'Daqing and Jilin Oilfield' has been divided into two volumes of Daqing Oil and Gas Province and Jilin Oil and Gas Province. The original Volume 7 of 'Zhongyuan and Nanyang Oilfield' has been divided into two volumes of Zhongyuan Oil and Gas Province and Nanyang Oil and Gas Province. The original Volume 14 of 'Qinghai-Tibet Oil and Gas Province' has been divided into two volumes of Qaidam Oil and Gas Province and Tibet Exploratory Area. The original volume 15 of 'Xinjiang Oil and Gas Province' has been divided into three volumes of Tarim Oil and Gas Province, Junggar Oil and Gas Province and Turpan-Hami Oil and Gas Province. The original Volume 16 of 'Oil and Gas Province of Coastal Continental Shelf and Adjacent Sea Areas' has been divided into three volumes of Bohai Oil and Gas Province, East China Sea-Yellow Sea Exploratory Area and South China Sea Oil and Gas Province.

Besides, since the former China National Petroleum Company was reorganized into CNPC, SINOPEC and CNOOC in 1998, upstream explorations and deployments have been classified based on the scope of mining rights, which led to substantial changes in working range and contents. In particular, CNPC and SINOPEC conducted explorations and researches under their own mining rights simultaneously in the four major onshore basins of Tarim, Junggar, Sichuan and Erdos as well as Yunnan-Guizhou-Guangxi Exploratory Area, so differences in structural provinces of their locations, degree of exploration, theoretical knowledge and exploration progress were inevitable. To respect the realities of explorations and researches of different exploratory areas and facilitate summarization and analysis, fascicules have been added for aforesaid exploratory areas as appropriate. The sequence of sub-volumes and fascicules is as follows:

Volume	Volume name	Volume	Volume name
Volume 1	Overview	Volume 14	Yunnan-Guizhou-Guangxi Exploratory Area (SINOPEC)
Volume 2	Daqing Oil and Gas Province	Volume 15	Erdos Oil and Gas Province (CNPC)
Volume 3	Jilin Oil and Gas Province		Erdos Oil and Gas Province (SINOPEC)
Volume 4	Liaohe Oil and Gas Province	Volume 16	Yanchang Oil and Gas Province
Volume 5	Dagang Oil and Gas Province	Volume 17	Yumen Oil and Gas Province
Volume 6	Jidong Oil and Gas Province	Volume 18	Qaidam Oil and Gas Province
Volume 7	Huabei Oil and Gas Province (The First Volume)	Volume 19	Tibet Exploratory Area
	Huabei Oil and Gas Province (The Second Volume)	Volume 20	Tarim Oil and Gas Province (CNPC)
Volume 8	Shengli Oil and Gas Province		Tarim Oil and Gas Province (SINOPEC)
Volume 9	Zhongyuan Oil and Gas Province	Volume 21	Junggar Oil and Gas Province (CNPC)
Volume 10	Nanyang Oil and Gas Province		Junggar Oil and Gas Province (SINOPEC)
Volume 11	Jiangsu-Zhejiang-Anhui-Fujian Exploratory Area	Volume 22	Turpan-Hami Oil and Gas Province
Volume 12	Jianghan Oil and Gas Province	Volume 23	Bohai Oil and Gas Province
Volume 13	Sichuan Oil and Gas Province (CNPC)	Volume 24	East China Sea-Yellow Sea Exploratory Area
	Sichuan Oil and Gas Province (SINOPEC)	Volume 25	South China Sea Oil and Gas Province (The First Volume)
Volume 14	Yunnan-Guizhou-Guangxi Exploratory Area (CNPC)		South China Sea Oil and Gas Province (The Second Volume)

Petroleum Geology of China is the essence of collective intelligence of numerous petroleum geologists in China. The revision received vigorous supports from leaders of CNPC, SINOPEC, CNOOC, Yanchang Petroleum and other oil companies, and it was finished with active engagement of over 1,000 experts and scholars from related oilfield companies and RIPED, thoughtful guidance of a great number of reviewers as well as generous assistance from Petroleum Industry Press. I would like to express my sincere gratitude to relevant organizations and experts.

Zhai Guangming, Academician of Chinese Academy of Engineering

Jan. 2022, Beijing

前言

南海油气区主要包括珠江口盆地、北部湾盆地、莺歌海—琼东南盆地（以下简称莺—琼盆地）以及成群成带分布于南海海域的曾母、南薇西、中建南、万安等众多中小型新生代盆地。珠江口盆地是形成于华南褶皱带、东南沿海褶皱带及南海地台之上的新生代被动大陆边缘伸展型张性盆地。北部湾盆地位于扬子板块南端、粤桂古生代褶皱带和海南褶皱带之间的红河走滑断裂带，是在中生代区域隆起背景下发育起来的新生代断陷沉积盆地。莺歌海盆地、琼东南盆地位于南海海盆的西北部，被很多学者合称为莺—琼盆地，但两个盆地的构造成因与构造格架明显不同。莺歌海盆地处于印支地块与华南地块的拼接带——红河大断裂带上，新近系沉积巨厚，是新生代大陆边缘伸展—转换盆地；琼东南盆地发育在南海北部减薄的地壳之上，具有典型的新生代陆缘裂陷盆地特征和双层结构。

截至 2015 年底，珠江口盆地共采集二维地震约 354643km、三维地震约 69472km^2，完成预探井和评价井 454 口，评价油气田或含油气构造总计 328 个，其中有油气发现 83 个，发现惠州油田群、西江油田群、番禺油田群、陆丰油田群、番禺气田群等油气田群以及文昌 13-1 油田、文昌 13-2 油田、文昌 14-3 油田、文昌 19-1N 油田、文昌 13-6 油田、文昌 8-3E 油田、文昌 9-2 气田、文昌 9-3 气田等一批油气田。北部湾盆地（中国海油矿区内）采集二维地震 73993.1km、三维地震 6333.4km^2，完成预探井 117 口、评价井 135 口，发现涠洲 10-3、涠洲 11-1、涠洲 11-4、涠洲 12-1、涠洲 12-2、乌石 17-2、乌石 16-9 等 63 个油气田及含油构造。莺—琼盆地采集二维地震 2.17×10^5km、三维地震 5.24×10^4km^2，完成预探井 123 口、评价井 68 口，发现东方 1-1、东方 13-1、东方 13-2、陵水 17-2、陵水 18-1 及乐东 8-1、乐东 20-1、陵水 24-1 等一批浅、深水大气田和含油气构造。

珠江口盆地油气勘探始于 20 世纪 70 年代，截至 2015 年，在四十余年的勘探过程中，历经第一口油井（珠 5 井）的出油、第一口对外合作井开钻（EP18-1-1A 井）、第一个商业油田发现（惠州 21-1 油田）、1996 年原油年产量突破 1000×10^4m^3、深水荔湾 3-1 大气田发现等关键事件，以及油气普查、对外合作、自营与合作并举、开拓新领域、新层系，油气并举，深浅水并重，储量快速增长等阶段，现已成为中国海上原油主要生产基地之一，珠江口盆地经历了从无到有、从多个低谷到辉煌的曲折探索历程。1979 年 8 月，珠 5 井的试油火焰，照亮了南海的夜空，测试日产原油 289.7m³，证明了珠江口盆地具有油气成藏条件和良好勘探前景，也加快了盆地对外合作的步伐；但早期的对外合作勘探一波三折，钻探节节失利，让外国石油公司失去信心，勘探一度陷入僵局。但经过转变勘探思路，将勘探方向从早期的“海相生油，以钻探盆地中央隆起带巨型构造为目标”，转变为以“富烃凹陷为中心，以钻探逆牵引背斜和披覆背斜构造为中心”，相继发现了惠州 21-1、流花 11-1、西江 24-3、陆丰 13-1 等一批大中型油田，掀起了盆地勘探高峰，为珠江口盆地形成千万立方米原油的产能基地奠定了扎实基础；1996 年原油生产超千万立方米，而接下来的勘探并非一帆风顺，寻找新的储量，如何继续保持南海东部海域 $1000\times10^4m^3$ 以上的高产稳产，成为摆在石油勘探工作者面前似乎不可逾越的难题；通过调整勘探策略，拓展新领域、新层系，油气并举，深浅水并重，储量得以快速增长。通过新认识、新理论，勘探工作者针对深水、天然气、复式油气藏等领域进行了勘探实践：深水区勘探获得重大突破，发现了以“珠江深水扇”砂岩和以陆架边缘三角洲砂岩为储层的大中型天然气田群，如荔湾 3-1 大气田和番禺—流花气田群；白云东区原油规模获重大突破，新增流花 20-2、流花 21-2 优质轻质油田；在新区，新层系获得勘探突破，发现了恩平油田群；在新领域陆丰凹陷古近系取得勘探突破；同时，在勘探成熟区挖潜增产效果明显，保障了油气储量的快速、稳定增长。

莺歌海盆地属于高温高压盆地，由于高温高压盆地地质条件的复杂性以及中国海上钻探技术的相对落后，莺歌海盆地的油气勘探经历了对外合作与自营勘探的曲折经历。自 20 世纪 90 年代相继发现东方 1-1、乐东 15-1、乐东 22-1 三个大中型浅层气田和乐东 8-1、乐东 20-1、乐东 21-1、乐东 28-1、东方 29-1 等浅层含气构造以来，中国地质学家对莺歌海盆地高温高压石油地质条件进行了广泛和深入的研究，相继提出了多种地质认识。20 世纪 90 年代末，东方 1-1 底辟西翼高部位 DF1-1-11 井钻探的发现，为莺歌海盆地中深层高温高压带天然气成藏理论的确立与勘探深入提供了良机。随后，在 21 世纪初以来相继发现了东方 13-1、东方 13-2 中深层高温高压气田，在世界上对于特高温高压环境能否成藏尚存争议的情况下，有力地回答了“中深层高温超压领域”优质烃类气完全可以成藏，并能够富集高产，大大丰富了石油地质理论。

琼东南盆地油气勘探五十余年，经历了自营勘探，对外合作，自营勘探 + 合作勘探，自营为主、深浅水高速勘探等阶段。历经几代石油人的艰苦努力，发现了一批大中型天然气田。1983 年 6 月完钻的 YC13-1-1 井，测试最高日产量达 $62.7\times10^4m^3$，无阻流量 $398\times10^4m^3/d$，发现了崖 13-1 大气田；1990—2009 年，盆地进入自营勘探为主，合作勘探为辅阶段，该阶段勘探以浅水区钻井为主，深水区以二维地震和三维地震采集为主。发现崖城 13-4 小型气田、宝岛 19-2 气藏、宝岛 13-3 气藏、松涛 29-2 气藏，宝岛 15-3 含油构造、崖 21-1 含气构造、崖城 7-4 含气构造等；深水区自 2010 年开始合作钻探水深超千米探井，2014 年中国海洋石油集团有限公司采用自主建造的海洋 981 钻机钻探了中央峡谷陵水 17-2 岩性圈闭群，连续 6 口预探井获得成功，发现超千亿立方米大气田，实现了琼东南盆地深水勘探重大突破。同时，在陵水凹陷新近系深水峡谷发现陵水 18-1 气藏，乐东凹陷东部中央峡谷发现陵水 25-1 气田。深水峡谷钻探的成功，标志着琼东南盆地理论认识、勘探成果高速、高效向纵深发展。

北部湾盆地早在 20 世纪 60 年代就在其周围初步开展了陆上石油勘探工作，经历了早期自营探索、对外合作与自营勘探并举、高速高效勘探等阶段。1977 年 8 月，湾 1 井钻探证实了流沙港组一段、二段、三段具有良好的烃源岩，测试首次获得油流，证实了北部湾盆地具有良好的成藏条件和资源潜力；1982 年 12 月—1983 年 6 月，快速勘探、评价拿下涠洲 10-3 油田。1986 年 8 月 7 日，涠洲 10-3 油田投入评价性试生产，标志着南海油气生产的开始；综合运用多学科理论及交叉，创新认识，转变思路，形成了海上复杂断陷湖盆滚动勘探开发生产一体化理论和技术体系。相继发现和建成北部湾最大油田——涠洲 12-1 油田，北部湾第一个海相油田——涠洲 11-4 油田，北部湾最大的地层岩性型油田——涠洲 12-2 油田，典型的复式聚集型油田——涠洲 11-1 油田等十余个油气产区，年产油气超过 $200 \times 10^4 m^3$。实现了资源共享和效益最大化，为公司持续增储上产带来了丰厚的经济效益和社会效益。

新一轮油气资源评价结果及勘探实践表明，珠江口盆地、北部湾盆地的富油凹陷及其相邻凸起仍然是未来石油储量持续增长的主要地区，莺歌海盆地、琼东南盆地是天然气储量持续增长的现实地区，珠江口盆地白云主洼、琼东南盆地深水区、近海前古近系盆地是未来天然气储量持续增长的主要接替区。

在勘探实践过程中，逐渐形成了具有南海油气区不同盆地特色的油气成藏理论认识，以及勘探新技术、新方法。有适合于珠江口盆地的“油气分带差异富集、复式聚集理论”“珠江口盆地‘源—汇—聚’评价体系与多种沉积体系控制下的地层岩性油气藏理论”“陆架边缘三角洲圈闭评价，深水勘探测试、钻完井技术”；适用于北部湾盆地的“富烃凹陷认识创新与复杂断块复式成藏理论”“复杂断块勘探提高圈闭落实精度技术”；适用于莺歌海—琼东南盆地的“底辟构造浅层常压带天然气运聚动平衡成藏理论”“中深层高温高压天然气成藏理论”“深水大型轴向峡谷天然气富集理论”“底辟浅层常压带高分辨率三维地震勘探技术”“中深层高温超压带高分辨率三维地震勘探技术”“重力流水道砂与大型海底扇精细储层描述技术”“高温高压钻完井与储层保护技术”“深水安全高效钻完井技术”等。这些在勘探实践中形成的理论和技术又指导于生产实践，拓展了南海油气勘探空间和方向，开创了南海油气勘探新局面，保障了南海油气区储量和产量持续增长。

本卷分上、下两册，上册包括“南海总论”“珠江口盆地”两篇，下册包括“莺歌海—琼东南盆地”“北部湾盆地”两篇。叙述中紧密结合50多年的油气勘探实践，主要开展了油气勘探历程、基本油气地质特征、油气藏形成与分布、油气田各论、典型油气勘探案例、油气资源潜力与勘探方向以及油气勘探技术进展等方面的论述。本卷以海域盆地特殊的勘探特点为核心，注重海域地质的历史连续性和理论技术创新性，重点体现了南海油气区近30年的勘探所取得的成就，突出了各油气田的勘探经验，引用数据资料截至2015年底。

修编过程中，中国海洋石油集团有限公司（以下简称中国海油）成立了以总地质师谢玉洪担任主任的专家审查委员会，中海油深圳分公司、中海油湛江分公司、中海油能源发展股份有限公司工程技术分公司组织长期从事海域油气勘探、经验丰富的专家、技术骨干组成质控团队、编委会和编写组，在前人及多机构对南海油气区诸盆地研究成果基础之上，大家分工协作、尽心竭力，成果是集体智慧的结晶。

《中国石油地质志（第二版）·卷二十五 南海油气区（上册）》主要技术把关人有周洪波、王振峰、陈长民、张丽丽、李小平、李洪博、秦成岗、龙祖烈、于水明、刘道理、游君君等。

《中国石油地质志（第二版）·卷二十五 南海油气区（下册）》主要技术把关人有王振峰、杨希冰、裴健翔、童传新、黄保家、甘军、孙志鹏、朱继田、张道军、李才、刘新宇、尤丽等。

《中国石油地质志（第二版）·卷二十五 南海油气区》具体编写分工如下：“南海总论”及“大事记”主要执笔人为仲米剑、刘喜杰、李俊良；“珠江口盆地”主要执笔人为仲米剑、吴哲、董明、彭辉界、刘喜杰、贾兆扬、游君君、郑榕芬、雷明珠、张霞、黄正吉等；“莺歌海—琼东南盆地”主要执笔人为黄保家、甘军、孙志鹏、朱继田、张道军、刘新宇、尤丽、仲米剑、刘喜杰、郝德峰、陆江、刘为、刘海钰、钟佳、沈利霞、何卫军、李兴、代龙、李虎、李春雷、熊小峰、曾小宇、梁刚、钟泽红、李安琪、应明熊、黄正吉等；“北部湾盆地”主要执笔人为甘军、张道军、李才、尤丽、仲米剑、刘喜杰、周刚、陈亚兵、赵亚卓、何卫军、胡晨晖、吴仕玖、陆江、李彦丽、赵顺兰、须雪豪、沈利霞、舒克栋、宫立园、董贵能、黄正吉等。

刘军、陈亮、王博、裴健翔、邓广君、吴金宝、孔为、朱泽栋、肖二莲、王晋、郭明刚、江凯禧等参与了部分资料收集、整理工作，最终统稿由王振峰、周洪波、仲米剑、刘喜杰完成。

本卷提纲拟定和修编过程中，得到了中国海洋石油集团有限公司、中海油深圳分公司研究院、中海油湛江分公司研究院、中海油能源发展股份有限公司工程技术分公司非常规技术研究院等领导、专家的指导和关怀，提出了许多建设性建议与意见，给予了大力指导和帮助，在此一并致谢！

由于南海油气区幅员辽阔，盆地众多，资料浩瀚，编者知识和经历的局限性，文中存在不足或遗漏之处在所难免，恳请批评之处。

PREFACE

The oil and gas province of the South China Sea mainly includes Pearl River Mouth Basin, Beibuwan Basin, Yinggehai-Qiongdongnan Basin (hereinafter referred to as Ying-Qiong Basin) and many small and medium-sized Cenozoic basins such as Zengmu, Nanweixi, Zhongjiannan and Wan'an, etc. distributed in the South China Sea. The Pearl River Mouth Basin is a Cenozoic passive continental margin extensional basin formed on the South China fold belt, the Southeast coastal fold belt and the South China Sea platform. The Beibuwan Basin is located at the southern end of the Yangtze Plate, in the Honghe strike slip fault zone between the Yuegui Paleozoic fold belt and the Hainan fold belt and is a Cenozoic fault sedimentary basin developed under the background of the Mesozoic regional uplift. Yinggehai Basin and Qiongdongnan Basin are located in the northwest of the South China Sea Basin, which are collectively called Ying-Qiong Basin by many scholars, but the structural genesis and framework of the two basins are obviously different. The Yinggehai Basin is located on the Honghe Fracture Zone a splicing zone between the Indosinian block and South China block and is a Cenozoic continental margin extension-transformation basin with extremely thick Neogene deposits. The Qiongdongnan Basin is developed on the thinned crust in the northern South China Sea, and has typical characteristics of the Cenozoic continental margin rifted basin and a double-layered structure.

As of the end of 2015, totally 354,643km 2D seismic data and 69,472km^2 3D seismic data were acquired in the Pearl River Mouth Basin, 454 preparatory exploration wells and appraisal wells were completed, and 328 oil and gas fields or hydrocarbon-bearing structures were evaluated, including 83 oil and gas discoveries. In this basin, the oil and gas field groups such as Huizhou Oil Field Group, Xijiang Oil Field Group, Panyu Oil Field Group, Lufeng Oil Field Group, Panyu Gas Field Group, etc., as well as a number of oil and gas fields such as Wenchang 13-1 Oil Field, Wenchang 13-2 Oil Field, Wenchang 14-3 Oil Field, Wenchang 19-1N Oil Field, Wenchang 13-6 Oil Field, Wenchang 8-3E Oil Field, Wenchang 9-2 Gas field, and Wenchang 9-3 Gas Field, etc. have been discovered. In the

Beibuwan Basin (within the CNOOC's mining area), 2D seismic data of 73,993.1km and 3D seismic data of 6,333.4km^2 were acquired, 117 preparatory exploration wells and 135 appraisal wells were completed, and 63 oil and gas fields and oil-bearing structures were discovered, including Weizhou 10-3, Weizhou 11-1, Weizhou 11-4, Weizhou 12-1, Weizhou 12-2, Wushi 17-2, and Wushi 16-9, etc. In the Ying-Qiong Basin, 2D seismic data of 2.17×10^5km and 3D seismic data of $5.24\times10^4km^2$ were acquired, 123 preparatory exploration wells and 68 appraisal wells were completed, and a number of shallow and deep water large gas fields and hydrocarbon-bearing structures were discovered, including Dongfang 1-1, Dongfang 13-1, Dongfang 13-2, Lingshui 17-2, Lingshui 18-1, Ledong 8-1, Ledong 20-1, Lingshui 24-1 etc.

Oil and gas exploration in the Pearl River Mouth Basin began in the 1970s. As of 2015, during more than 40 years of exploration, the basin went through the following stages : the production of the first oil well (well Zh-5), the drilling of the first foreign cooperation well, the drilling of the first foreign cooperation well (EP18-1-1A), the discovery of the first commercial oil field (Huizhou 21-1 Oil Field), and the annual crude oil production exceeding $1000\times10^4m^3$ in 1996, and the key events such as the discovery of the deep water Liwan 3-1 Gas Field, as well as oil and gas exploration, foreign cooperation, simultaneous implementation of self-operation and cooperation, exploration of new fields and new series of strata, simultaneous development of oil and gas, equal emphasis on deep and shallow water, and rapid growth of reserves, etc. The Pearl River Mouth Basin has now become one of the major offshore crude oil production bases in China and has experienced a tortuous exploration process from scratch and from several low valleys to glory. In August 1979, the oil testing flame of well Zhu-5 lit up the night sky in the South China Sea and the daily oil production from the testing was 289.7m^3, proving that the Pearl River Mouth Basin has oil and gas accumulation conditions and good exploration prospects, and also accelerating the pace of foreign cooperation in the basin ; However, early foreign cooperation in exploration experienced twists and turns, with drilling failing repeatedly, causing foreign oil companies to lose confidence and leading to a stalemate in exploration. But after changing the exploration approach and shifting the exploration direction from early "marine oil generation, targeting the drilling of giant structures in the central uplift zone of the basin" to "centering on hydrocarbon-rich sags, and the drilling of reverse traction and drape anticline structures", a number of large and medium-sized oil fields such as Huizhou

21-1, Liuhua 11-1, Xijiang 24-3, Lufeng 13-1, etc. were successively discovered, setting off the peak of basin exploration, and laying a solid foundation for the formation of a production base with exceeded ten million cubic meters oil production capacity in the Pearl River Mouth Basin. In 1996, the oil production exceeded ten million cubic meters, but the subsequent exploration was not smooth sailing. Finding new reserves and how to continue maintaining $1000\times10^4m^3$ high and stable oil production capacity in the eastern waters of the South China Sea has become an insurmountable challenge for petroleum exploration workers ; by adjusting exploration strategies, expanding new fields and series of strata, and emphasizing both oil and gas, both deep and shallow waters, the reserves have rapidly increased. By means of new knowledge and new theory, exploration workers have carried out exploration practice in deepwater, natural gas, compound oil and gas reservoirs and other fields : major breakthroughs have been made in deepwater exploration, and large and medium-sized natural gas field groups with "the Pearl River deepwater fan" sandstones and shelf edge delta sandstones as the reservoirs have been found, such as Liwan 3-1 Gas Field and Panyu-Liuhua Gas Field Groups ; moreover, major breakthroughs have been made in the scale of crude oil production in Baiyun East region, and high-quality light oil fields such as Liuhua 20-2 and Liuhua 21-2 have been newly added. In the new area, new series strata have achieved exploration breakthroughs, the Enping Oil Field Group has been discovered, and exploration breakthroughs have been made in the Paleogene of the Lufeng sag in a new field ; In addition, the effect of tapping potential and increasing production in mature exploration areas is significant, ensuring the rapid and stable growth of oil and gas reserves.

The Yinggehai Basin belongs to a high-temperature and high-pressure basin. Due to the complexity of geological conditions in the high-temperature and high-pressure basin and the relative backwardness of offshore drilling technology in China, the oil and gas exploration in the Yinggehai Basin has gone through a tortuous process of foreign cooperation and self-exploration. Since the discovery of three large and medium-sized shallow gas fields, namely Dongfang 1-1, Ledong 15-1, and Ledong 22-1, as well as shallow gas-bearing structures such as Ledong 8-1, Ledong 20-1, Ledong 21-1, Ledong 28-1, and Dongfang 29-1 in the basin in the 1990s, Chinese geologists have conducted extensive and in-depth research on the high-temperature and high-pressure petroleum geology conditions of the Yinggehai Basin, and have successively proposed various geological understandings. In the late

1990s, the discovery in the drilling of well DF1-1-11 in the high part of the western wing of the Dongfang 1-1 diapir provided a good opportunity for the establishment of natural gas accumulation theory in the middle and deep high-temperature and high-pressure zones of the Yinggehai Basin and the in-depth exploration of it. Subsequently, medium to deep high-temperature and high-pressure gas fields such as Dongfang 13-1 and Dongfang 13-2 have been discovered one after another since the beginning of the 21st century, thus effectively answering the question of whether high-quality hydrocarbon gas in the "mid-deep high-temperature and overpressure gas fields" can be accumulated and enriched to form high production, greatly enriching the theory of petroleum geology.

Over 50 years of oil and gas exploration in the Qiongdongnan Basin, it has gone through the stages such as self-exploration, foreign cooperation, self-exploration and cooperative exploration, self-operation primarily, and deep shallow water high-speed exploration. After several generations of hard work by oil men, a number of large and medium-sized natural gas fields have been discovered in the basin. Well YC13-1-1 completed in June 1983 obtained a maximum daily production of $62.7\times10^4m^3$ and an AOF of $398\times10^4m^3/d$ during the testing and Ya 13-1 Gas Field was discovered. From 1990 to 2009, the basin entered a stage of mainly self-operated exploration, supplemented by cooperative exploration. In This stage, exploration mainly focused on drilling in shallow water areas, while in deep water areas, 2D and 3D seismic acquisition predominated. In the basin, Yacheng 13-4 small-scale gas field, Baodao 19-2 gas reservoir, Baodao 13-3 gas reservoir, Songtao 29-2 gas reservoir, Baodao 15-3 oil-bearing structure, Ya 21-1 gas-bearing structure, Yacheng 7-4 gas-bearing structure, etc. were discovered. Since 2010, CNOOC has been collaborating on drilling exploration wells with depths exceeding 1000m in the deep water area. In 2014, CNOOC used its independently built HY-981 drilling rig to drill the Central Canyon Lingshui 17-2 lithologic trap group. Six consecutive pre-exploration wells were successfully drilled, and over 100 billion cubic meters large gas fields were discovered, achieving a breakthrough in deep water exploration in the Qiongdongnan Basin. At the same time, Lingshui 18-1 gas reservoir was discovered in the Neogene deep water canyon of Lingshui sag, and Lingshui 25-1 gas field was discovered in the central canyon in the eastern part of Ledong sag. The successful drilling of the deep water canyon marks the rapid and efficient development of theoretical understanding and exploration achievements in the Qiongdongnan Basin towards depth.

Preliminary onshore oil exploration work was carried out around the Beibuwan Basin as early as the 1960s.It has gone through the stages such as early self-exploration, simultaneous implementation of foreign cooperation and self-exploration, and high-speed and efficient exploration. In August 1977, the drilling of well Wan 1 confirmed that the first, second, and third Members of Liushagang Formation had good source rocks. Oil flows were obtained during the first testing, confirming that the Beibuwan Basin has good hydrocarbon accumulation conditions and resource potential. From December 1982 to June 1983, Weizhou 10-3 Oil Field was successfully acquired through rapid exploration and evaluation. On August 7, 1986, Weizhou 10-3 Oil Field was put into evaluation trial production, marking the beginning of oil and gas production in the South China Sea. Through the comprehensive application of multidisciplinary theories and cross-disciplinary approaches, innovative understandings, and transformation of thinking, an integrated theory and technical system for progressive exploration, development, and production of complex offshore rifted lake basins has been formed. CNOOC has successively discovered and built more than ten oil and gas producing areas, including the largest oil field in the Beibu Gulf——Weizhou 12-1 Oil Field, the first marine oil field in the Beibu Gulf——Weizhou 11-4 Oil Field, the largest stratigraphic-lithologic oil field in the Beibu Gulf——Weizhou 12-2 Oil Field, and a typical compound accumulation oil field——Weizhou 11-1 Oil Field with the annual oil and gas production of more than $200 \times 10^4 m^3$, thus achieving resource sharing and maximized benefits, bringing rich economic and social benefits to the company's continuous increase in reserves and production.

The new round of oil and gas resource evaluation results and exploration practice show that the oil-rich sags and their adjacent highs in the Pearl River Mouth Basin and Beibuwan Basin are still the main areas for the future continuous growth of oil reserves, the Yinggehai Basin and the Qiongdongnan Basin are the real areas for the continuous growth of natural gas reserves, and the Baiyun main sub-sag of the Pearl River Mouth Basin, the deep water area of the Qiongdongnan Basin, and the offshore Pre-Paleogene Basin are the main replacement areas for the future continuous growth of natural gas reserves.

In the process of exploration practice, theoretical understandings of hydrocarbon accumulation with different basin characteristics as well as new exploration technologies and methods for the oil and gas province of the South China Sea have gradually formed. There are "the theory of differential accumulation and compound accumulation in the case of hydrocarbon zonation", "the theory of stratigraphic-lithologic oil and gas reservoirs under the control of the 'source-migration-accumulation' evaluation system and multiple sedimentary systems in the Pearl River Mouth Basin", "the evaluation of the delta traps in the margin of the continental shelf, deepwater exploration and testing, and drilling and completion technologies" suitable for the Pearl River Mouth Basin ; There are "innovative understandings of hydrocarbon-rich sags and the theory of compound hydrocarbon accumulation in complex fault blocks" and "Technology for improving the accuracy of trap implementation through the exploration of complex fault blocks" applicable to the Beibuwan Basin ; There are "dynamic equilibrium hydrocarbon accumulation theory of natural gas migration and accumulation in the shallow atmospheric pressure zones of a diapir structure", "theory of natural gas accumulation in the middle and deep layers at high temperature and high pressure", "theory of natural gas enrichment in deep water large axial canyons", "high-resolution 3D seismic exploration technology in the shallow atmospheric pressure zones of a diapir", and "high-resolution 3D seismic exploration technology in the middle and deep high-temperature and overpressure zones", "technology for fine description of gravity flow channel sand reservoirs in large submarine fans", "high temperature and high pressure drilling and completion and reservoir protection technology", etc. suitable for the Yinggehai-Qiongdongnan Basin. These theories and technologies formed in exploration practice not only guide production practice, but also expand the space and direction of oil and gas exploration in the South China Sea, creating a new situation for oil and gas exploration in the South China Sea, and ensuring the continuous growth of reserves and production in the oil and gas province of the South China Sea.

This volume is divided into two parts, the first part includes two parts such as "General Overview of the South China Sea" and "The Pearl River Mouth Basin", the second part includes "Yinggehai-Qiongdongnan Basin" and "Beibuwan Basin" . Closely combined with over 50 years of oil and gas exploration practice, it mainly discusses the history of oil and gas exploration, basic oil and gas geology characteristics, formation and distribution of oil and gas reservoirs, the geologic description of oil and gas fields, typical oil and gas exploration cases, oil and gas resource potential and exploration prospect, as well as the new progress of oil and gas exploration technology. This book focuses on the unique exploration characteristics of marine basins, emphasizing the historical continuity and theoretical and technological innovation of marine geology. It focuses on the achievements of exploration in the oil and gas province of the South China Sea in the past 30 years, highlighting the exploration experience of various oil and gas fields, and citing data as of the end of 2015.

During the revision process of this book, China National Offshore Oil Corporation (CNOOC) established an expert review committee led by Chief Geologist Xie Yuhong. CNOOC Shenzhen Branch, CNOOC Zhanjiang Branch, and CNOOC Energy Development Co., Ltd. Engineering Technology Branch organized experienced experts and technical backbones who have been engaged in offshore oil and gas exploration for a long time to form a quality control team, editorial board, and writing group, Based on the research results of predecessors and multiple institutions on various basins in the oil and gas province of the South China Sea, everyone has worked together and made every effort, and the results are the crystallization of collective wisdom.

The main technical gatekeepers of *Petroleum Geology of China* (*Volume 25*, *Nanhai Oil and Gas Province*, *The First Volume*) include Zhou Hongbo, Wang Zhenfeng, Chen Changming, Zhang Lili, Li Xiaoping, Li Hongbo, Qin Chenggang, Long Zulie, Yu Shuiming, Liu Daoli, You Junjun, etc.

The main technical gatekeepers of *Petroleum Geology of China* (*Volume 25*, *Nanhai Oil and Gas Province*, *The Second Volume*) include Wang Zhenfeng, Yang Xibing, Pei Jianxiang, Tong Chuanxin, Huang Baojia, Gan Jun, Sun Zhipeng, Zhu Jitian, Zhang Daojun, Li Cai, Liu Xinyu, You Li, et al.

The specific division of labor for the compilation of *Petroleum Geology of China* (*Volume 25*, *Nanhai Oil and Gas Province*) is as follows: the main authors of the "General Overview of the South China Sea" and "Main Events" are Zhong Mijian, Liu Xijie, and Li Junliang; The main authors of "The Pearl River Mouth Basin" are Zhong Mijian, Wu Zhe, Dong Ming, Peng Huijie, Liu Xijie, Jia Zhaoyang, You Junjun, Zheng Rongfen, Lei Mingzhu, Zhang Xia, Huang Zhengji, etc; The main writers of "Yinggehai-Qiongdongnan Basin" are Huang Baojia, Gan Jun, Sun Zhipeng, Zhu Jitian, Zhang Daojun, Liu Xinyu, You Li, Zhong Mijian, Liu Xijie, Hao Defeng, Lu Jiang, Liu Wei, Liu Haiyu, Zhong Jia, Shen Lixia, He Weijun, Li Xing, Dai Long, Li Hu, Li Chunlei, Xiong Xiaofeng, Zeng Xiaoyu, Liang Gang, Zhong Zehong, Li Anqi, Ying Mingxiong, Huang Zhengji, etc; The main writers of the "Beibuwan Basin" are Gan Jun, Zhang Daojun, Li Cai, You Li, Zhong Mijian, Liu Xijie, Zhou Gang, Chen Yabing,

Zhao Yazhuo, He Weijun, Hu Chenhui, Wu Shijiu, Lu Jiang, Li Yanli, Zhao Shunlan, Xu Xuehao, Shen Lixia, Shu Kedong, Gong Liyuan, Dong Guineng, Huang Zhengji, et al.

Liu Jun, Chen Liang, Wang Bo, Pei Jianxiang, Deng Guangjun, Wu Jinbao, Kong Wei, Zhu Zedong, Xiao Erlian, Wang Jin, Guo Minggang, Jiang Kaixi, et al. participated in the collection and organization of some data, and the final draft was completed by Wang Zhenfeng, Zhou Hongbo, Zhong Mijian, and Liu Xijie.

The drafting and revision process of this volume outline received guidance and care from leaders and experts of CNOOC, CNOOC Shenzhen Branch Research Institute, CNOOC Zhanjiang Branch Research Institute, and CNOOC Energy Development Corporation Engineering Technology Branch Unconventional Technology Research Institute. They have put forward many constructive suggestions and opinions, and provided strong guidance and assistance. We would like to express our gratitude together !

Due to the vast territory and numerous basins of the oil and gas province of the South China Sea, as well as the limitations of the editor's knowledge and experience, it is inevitable that there are shortcomings or omissions in the article. We sincerely request criticism.

目录

第一篇　南海总论

第二篇　珠江口盆地

CONTENTS

Part 1 General Overview of the South China Sea

Part 2 The Pearl River Mouth Basin

第一篇

南 海 总 论

第一章　概　　况

第一节　自然地理

一、地理位置

南海是西北太平洋最大的边缘海，位于北纬23°37′以南的低纬度地区，北抵北回归线，南跨赤道进入南半球，南北跨纬度26°47′。南至加里曼丹岛、苏门答腊岛，北边至中国广东、广西、福建、香港和澳门，东北至台湾岛，东抵菲律宾群岛，且包含吕宋海峡西半侧，西依中国大陆、中南半岛、马来半岛（图1-1-1）。南海通过巴士海峡、苏禄海和马六甲海峡连接太平洋和印度洋。汇入南海的主要河流有珠江、韩江以及中南半岛上的红河、湄公河和湄南河等，南海周边国家（地区）从北部顺时针方向有中国、菲律宾、马来西亚、文莱、印度尼西亚、新加坡、泰国、柬埔寨和越南。

二、气候概况

南海处在亚洲大陆南部的热带和亚热带区域，与中国沿海其他海区比较，其特点是热带海洋性气候显著，春秋短，夏季长，冬无冰雪，四季温和，空气湿润，雨量充沛。特别是中部和南部海区，终年高温高湿，长夏无冬，季节变化很小。在西南中沙群岛，年平均温度在26℃左右。月平均最低温度西沙为22.8℃（1月）、南沙为25℃（1月）。月平均最高温度出现的时间，西沙是5—6月，南沙是4—5月。气温年较差只有6～8℃，而海上年较差更小。北部沿海和岛屿有较大季节变化，气温年较差在10℃以上，夏季温度高，雨量多，冬季前期相对干冷，后期常有低温阴雨天气。

南海季节划分大致是10月中旬至次年3月中旬为东北季风时期，这时冷空气入侵频繁，东北季风强而稳定，前期北部沿海干冷多晴天，后期常有低温阴雨，雾日增多，能见度差。5月中旬至9月中旬为西南季风时期，多吹西南风，温度高，湿度大，北部沿海多雷暴和暴雨，台风影响频繁。春季过渡时期发生在3月中旬到5月中旬，秋季过渡时期一般为9月中旬到10月中旬，这两个时期风向多变。常把5月到10月称为雨季，11月到次年4月称为干季。

三、水文概况

1. 水团

南海水团具有不同于大陆沿岸水团盐度低、水温季节变化大的特征。由于南海是一个半封闭的深海盆，海底地形以水深4000m上下的深海盆为中心，向四周分布着具环形阶梯状的周边陆坡，西南部阶梯状陆坡高于东北部阶坡，故东北部水量深厚开阔，海水运动自由顺畅，西南部由于水浅以致海水运动受到一定程度的阻碍；同时，中北部海盆水体通过海峡与太平洋水相交换，而南部靠近赤道的陆架水则通过马来半岛和加里曼丹岛间的南通道与爪哇海水相交换，从而形成南海中北部水团和南部水团的不同特点。

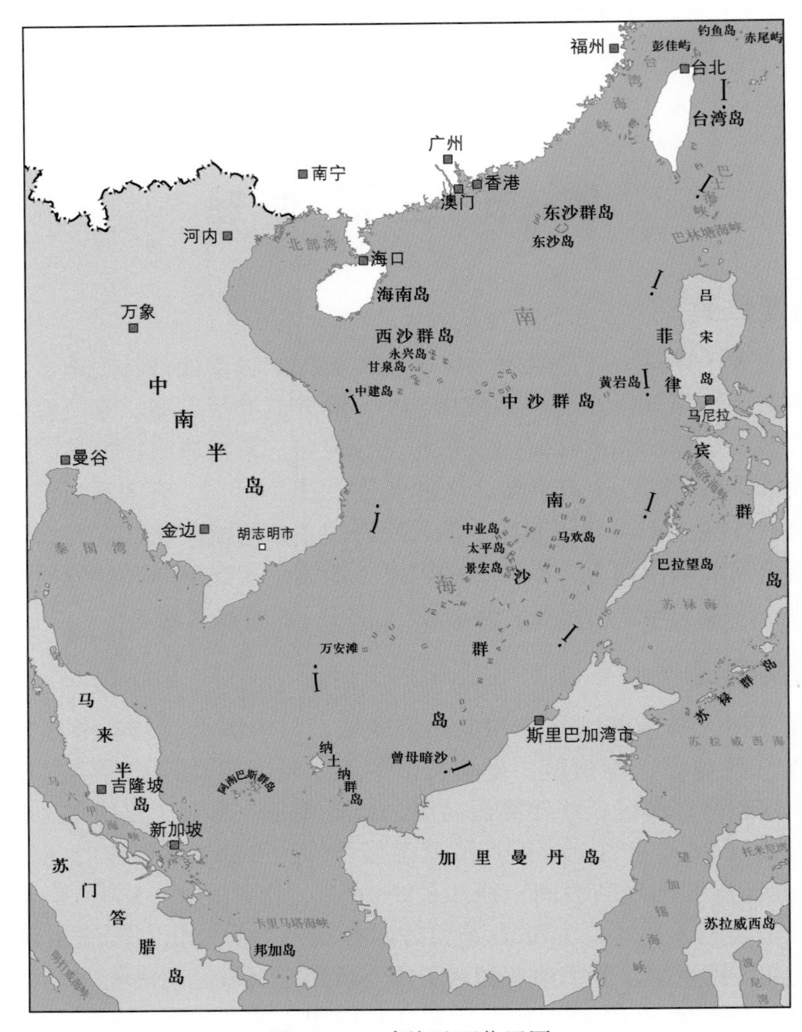

图 1-1-1　南海地理位置图

2. *海浪*

南海水深、域广、风大，既有交替的季风，又多猛烈的台风，海浪之大为中国陆缘海之冠。海面风速大，西沙海区年平均风速在 50m/s 以上，最大月平均风速为 80m/s，年平均 5 级以上大风日数在 33 天左右。中沙群岛海区发生的海浪主要是由风引起的风浪，占海浪总数的六成左右；少数是由邻近海区传来的涌浪，所占比例约四成。风浪和平均波高都以东北部大于西南部，西沙年平均波高 1.4m，10 月至次年 1 月年平均浪高都在 1.5m 以上，台风期间浪高达 7～9m。南沙年平均波高为 1.3m。在不同季风盛行期，海浪呈现出相对的差异性。

3. *潮汐潮流*

南海潮汐分为半日潮、全日潮、不规则半日潮和不规则全日潮，南海本部海域基本是不规则全日潮区。由日月引潮力直接产生的独立潮振幅很小，即使朔望日的大潮涨落振幅也只有 8cm；全日潮潮波振幅大于半日潮潮波振幅。南海的潮振动主要是太平洋传入的潮波所引起的协振动，太平洋半日潮波和全日潮波由巴士海峡传入南海。太平洋半日潮波进入南海向西和西南方向传播，止于赤道附近无潮点；太平洋全日潮波则在南海由北而南传播，止于泰国湾无潮点。独立潮和潮波在传播过程中受海陆分布、水深、偏转力等因素影响，又产生了不规则半日潮和不规则全日潮。西南中沙群岛海区潮差一般在 0.5～1.5 之间；西沙群岛潮差较小，三年月平均潮差仅为 0.92m；南沙的南威岛潮差达 1.6m，南沙群岛海区最大潮差可达 3m。潮流流速大多数不到 1 节，记录到的最大流速也只有 1.4 节，西沙海域潮流最大流速约为 1 节。

4. 海水温度、盐度

南海属热带海洋，表层水温都很高，但由于纬度跨度大，且受季风、海流等因素的影响，南北表层水温分布有差异。水温时空变化不大，年较差北大南小，西沙群岛水温年较差为 5℃，南沙群岛南部的曾母暗沙水温年较差为 2.4℃，自北向南递减。水温的季节变化也是北大南小，东北季风盛行期西沙群岛附近水温在 22～27℃之间，南沙群岛海区则增高为 28℃，南北海水温差为 2～5℃。但是表层与底层温差却很大，西南季风盛行期南北表层水温都在 28～29℃之间，而水深 500m 以下的水温则终年低于 9℃，表底水温相差有 20℃之多。上半年的季风转换期南海北部水温增高 8℃左右，南部则略增 1～2℃，下半年的季风转换期北部水温降低大于南部。

四、海底地貌

南海南北长约 2900km，东西宽约 1600km，总面积约 $350\times10^4km^2$，其平均水深为 1212m，中央部分平均水深超过 4000m，最大水深达 5559m，是西太平洋大陆边缘面积最大、水深最深的边缘海。南海大致为呈北东—南西向伸展的菱形，在其北部、西部发育陆架、陆坡地形，在其南部和东部则发育岛架和岛坡地形（图 1-1-1、图 1-1-2）。

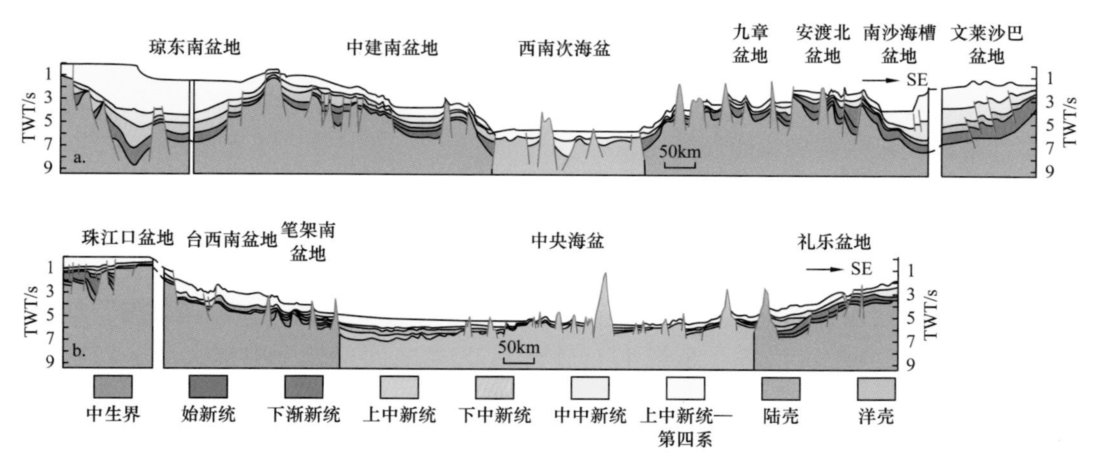

图 1-1-2 南海区域地质剖面（据张功成等，2018）

1. 南海大陆架（岛架）

南海大陆架分布于南海海盆的四周，大体是南北宽阔，东西狭窄。西、东陆架为侵蚀—堆积型陆架，南、北陆架为堆积型陆架，东部属岛缘陆架。南海北部大陆架长

1425km，最大宽度 310km，是世界上最宽阔的陆架之一；南海西部大陆架呈南北向条带状分布，长 720km，大部分宽 65～115km，南北两端稍宽，中间窄，最窄处仅 27km；南海东部岛架由台湾岛至菲律宾的民都洛岛及巴拉望岛组成，呈南北向的狭长条带状，岛架外缘坡折水深 100m 左右，在民都洛西岸外缘坡折处，水深增大至 100～200m，宽 3～14km，坡度略大（姚伯初，2006）。

2. 南海大陆坡（岛坡）

南海大陆坡（或岛坡）地形崎岖，高差起伏大，其上不仅山峰林立、礁滩广布，更有沟谷纵横、深潭散落，其宽度也随之有很大变化，是南海地形变化最复杂的区域。南海北部大陆坡东起台湾岛东南端，西至西沙海槽的西端，呈北东向展布，全长约 1350km，宽 143～342km，与深海平原的分界水深为 3400～3700m，呈西宽东窄状。南海西部大陆坡北起西沙海槽，南面以南海海盆西南海岭南端为界，陆坡外缘水深 3600～4000m，呈北宽南窄状。南海东部岛坡分布长而深的马尼拉海沟与吕宋海槽，海沟深达 4500m 以上，菲律宾巴拉望岛的西侧海区，大部分海底为巴拉望岛的西北岛坡（姚伯初，2006）。

3. 南海中央海盆

南海陆坡和岛坡围限的区域为深海平原。这部分区域主要位于南海的中部靠东的位置，其主体水深在 3000～4000m 之间，海底广阔而平坦。其面积占整个南海总面积的 1/3 左右。南海中央海盆包括东部次海盆、西北次海盆和西南次海盆（邱燕，2020）。和陆坡、岛坡一样，在平坦的深水海盆中同样有海山、海丘分布。在一些地方这些海底山还集合成群或集合成链。最为显著的一条海山链为以黄岩海山为主体的东西向海山群形成的黄岩岛海山链，横亘于中央海盆的中部，将中央海盆分割为南北两部分。除黄岩岛海山链外，马尼拉海沟是南海深海海盆中另一个醒目地形。马尼拉海沟呈反“S”形嵌于深海海盆和吕宋岛坡之间，南北长达 1000km，水深达 4500m 以上。

五、南海诸岛

南海海域中有超过 200 个无人居住的岛屿和岩礁。主要群岛有纳土纳群岛、阿南巴斯群岛、南沙群岛、中沙群岛、东沙群岛和西沙群岛等，其中属于中国领土的有南沙群岛、中沙群岛、东沙群岛和西沙群岛。

东沙群岛位居中国广东省陆丰市、海南岛、台湾岛及菲律宾吕宋岛的中间位置。在北纬 20°33′—21°10′、东经 115°54′—116°57′ 之间的海域中。东沙共有 3 个珊瑚环礁，即东沙环礁、南卫滩环礁及北卫滩环礁。东沙的直径大约有 30km。

西沙群岛为南海诸岛中最西的一群；北起北礁，南至先驱滩，东起西渡滩，西止中建岛，在北纬 15°46′—17°08′、东经 111°11′—112°54′ 之间；处于中国大陆、广东省的东沙群岛与海南省的海南岛及中沙群岛、南沙群岛之间的中心。西沙群岛海域面积 50 多万平方千米，共有 40 座岛礁，其中露出海面的 29 座，总面积约 10km^2，是南海诸岛中露出水面岛洲最多的一群。可分为两大群组：位于东北面的是宣德群岛；位于西南面的是永乐群岛。

中沙群岛位于南海中部海域，西沙群岛东面偏南，距永兴岛 200km，是南海诸岛中位置居中的一群。该群岛北起神狐暗沙，东至黄岩岛，地理位置在北纬 13°57′—19°33′、东经 113°02′—118°45′ 之间，南北跨纬度 5°36′，东西跨经度 5°43′，海域面积 60 多万平方千米，岛礁散布范围之广仅次于南沙群岛。由黄岩岛和中沙大环礁上 26 座已命名的暗沙，以及一统暗沙、宪法暗沙、神狐暗沙、中南暗沙等 4 座分散的暗沙组成。

南沙群岛位于南海南部海域，北起雄南礁，南至曾母暗沙，西为万安滩，东为海马滩，是南海位置最南、岛屿滩礁最多、散布范围最广的一组群岛。地理坐标为北纬 3°35′—11°55′、东经 109°30′—117°50′；东西长约 905km，南北宽约 887km，海域面积为 $88.6\times10^4km^2$。南华水道由东经 112°35′—116°30′ 之间横穿群岛，通过北纬 10°55′、北纬 9°55′ 及北纬 8°40′ 成为三点连线，把群岛的北部和中部分开。有岛屿 11 座，沙洲 6 座；暗礁 105 座，暗沙 34 座，暗滩 21 座。

纳土纳群岛由 272 个岛组成，位于纳土纳海，西为马来西亚和加里曼丹岛，纳土纳海本身属于南中国海的一部分。主要岛包括纳土纳（Natuna）大岛、南纳土纳（Natuna Selatan）群岛、淡美兰（Tambelan）群岛和巴达斯（Badas）群岛。

南纳土纳群岛主要包括塞拉桑（Serasan）、潘姜（Panjang）和苏比（Subi）岛。阿南巴斯（Anambas）群岛位于纳土纳群岛以西几百千米处，主要由特若姆帕（Terempa）、马塔克（Matak）和哲马贾（Jemaja）岛组成，有的人把纳土纳群岛也算入阿南巴斯群岛。

第二节　勘探简况

一、南海北部海域主要勘探成果

1. 完成工作量

截至 2015 年底，南海北部海域累计采集二维地震 64.75×10^4km；累计采集三维地震 $12.96\times10^4km^2$；累计探井（预探井、评价井）894 口，累计总进尺 243.43×10^4m。

2. 主要油气发现

南海北部大陆边缘油气勘探取得了丰硕的成果，自营勘探成果尤其突出，在一些国际大公司认为风险很大的领域或勘探未果的领域获得了重大商业发现。“北油（靠近华南地区的海域，主要在陆架区）南气（莺歌海盆地—南部陆坡区）”格局已基本形成。北部油区的油田主要分布在珠江口盆地北部坳陷带的惠陆低凸起、西惠低凸起、琼海低凸起；中央隆起带的神狐隆起和东沙隆起；北部湾盆地涠西南凹陷和福山凹陷。南部气区的气田主要分布在大陆边缘外带陆坡区或陆架—陆坡过渡区，如莺歌海盆地中央凹陷、琼东南盆地崖南凹陷、珠江口盆地白云凹陷，呈横贯南海北部的东西向展布的外环带。此外，内带的福山凹陷、珠三坳陷文昌 A 洼、惠州凹陷也有天然气发现，只是其规模比油小。油气发现主要表现为：

（1）北部湾盆地主要生油。该盆地累计发现十多个油田，探明石油地质储量数亿吨，没有发现独立的游离商业气藏，天然气都是溶解气。原油主要分布在盆地北部坳陷的涠西南凹陷和南部坳陷的福山凹陷，天然气储量很少，是一个典型的油盆（朱伟林等，1998，2007；朱伟林，2009；邓运华，2009；张功成，2010）。

（2）莺歌海盆地主要生气。以多物源体系、快速沉降充填、高温高压以及大规模的泥—流体底辟为特征。累计探明天然气储量 $2600\times10^8m^3$，油气发现主要集中在中央底辟带，其他区带发现一批含气构造，未获商业突破。浅层构造圈闭发现东方 1-1、乐东 15-1、乐东 22-1 气田，中深层高温高压领域发现东方 13-1、东方 13-2 气田，实现了高温超压领域千亿立方米的突破。

（3）琼东南盆地主要生气（朱伟林等，2007；张功成等，1999，2010；张功成，2005），亦存在石油资源（处于待探明状态）。共发现 3 个商业性天然气田，其中崖 13-1 大气田储量近千亿立方米。气田分布在中部坳陷西北缘崖南凹陷西部崖城 13 构造带和中部隆起西端崖城凸起上。2014 年深水自营勘探取得了重大突破，发现陵水 17-2 优质高产大气田。

（4）珠江口盆地既生油又生气。北部珠一坳陷和珠三坳陷及其相邻的隆起区发现的绝大多数都是油田，只在文昌凹陷内部发现几个中小型气田，在探明油气储量当量中，原油占 90% 以上，属于富油带。珠二坳陷与珠一坳陷不同，以生气为主，在其北部番禺低隆起和东部发现一批大中型气田群（朱伟林等，2007；张功成等，2010）。

二、南海中南部海域主要勘探成果

南海中南部海域在中国领海界线以内（及其附近）发育曾母、万安、文莱—沙巴、北康、中建南、南沙海槽、礼乐、南巴拉望、北巴拉望、南薇东、南薇西、永暑、九章和安渡北等十多个沉积盆地（图 1-1-3）。

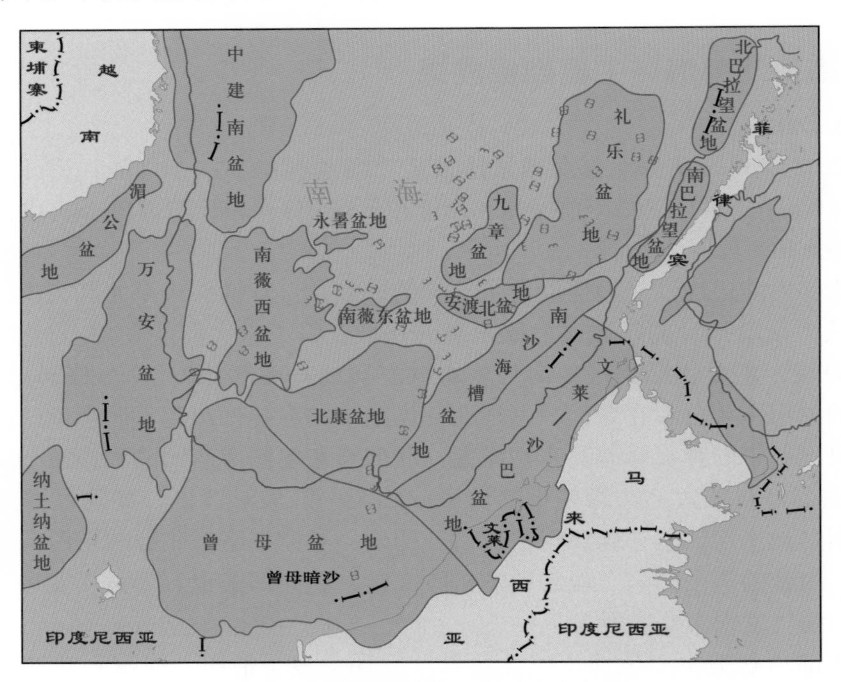

图 1-1-3　南海中南部主要盆地分布图

截至 2014 年 12 月，南海中南部海域主要盆地已发现油气田、油田、气田合计 356 个，其中油田 41 个、气田 157 个、油气田 158 个。大中型油气田（$\geqslant1000\times10^4t$ 油当量）合计 153 个。其中，大中型油田 18 个，占油田总数的 44%；大中型气田 56 个，占气田总数的 36%；大中型油气田 79 个，占油气田总数的 50%。

1971 年，万安盆地西南侧的 Hong-1 井见油气显示。1975 年，Dua-1 井测试获日产原油 305t、日产天然气 $49.8\times10^4m^3$（刘宝明等，1996）；截至 2012 年，万安盆地累计钻井 168 口，其中探井 136 口（赵志刚等，1996）；截至 2014 年 7 月，该盆地已发现油气田、油田、气田合计 30 个，其中油田 2 个、气田 15 个、油气田 13 个。

曾母盆地 1938 年开始油气勘探，1950 年进入常规勘探阶段。截至 2008 年，曾母盆地共计钻井 744 口，其中探井 436 口。这些探井主要分布在曾母盆地东南部的东巴林坚坳陷和南康台地，探井成功率 51.61%。曾母盆地以产气为主兼产少量石油。截至 2014 年 7 月，已发现油田、气田和油气田合计 143 个，其中油田 8 个、气田 89 个、油气田 46 个。

文莱—沙巴盆地于 1910 年前后开始油气勘探，陆续有油气发现，1950 年后油气发现增多。截至 2008 年，文莱—沙巴盆地共计钻井 2405 口，其中探井 769 口。这些探井主要分布在西南大陆架地区，探井成功率为 49.54%。截至 2015 年底，发现 113 个油气田或含油气构造，其中油田 17 个、气田 25 个、油气田 71 个，以产油为主。全盆地几乎都见有油气发现，但油气田分布南部要多于北部。

礼乐盆地的油气勘探工作较少，1976 年钻探 Sampaguita-1 井。截至 2008 年，礼乐盆地仅有 4 口探井，发现油气田 1 个。

北康盆地 2006 年钻探 Talang-1 井并发现气田。截至 2008 年，共计钻探探井 6 口，分布在盆地东南坳陷的西南部。发现气田 1 个、油气田 1 个。

第二章 勘探历程

第一节 南海北部海域油气勘探历程

南海北部海域的油气勘探始于20世纪60年代，至今已逾60年的历史。从20世纪60年代以来，南海北部海域含油气盆地的勘探主要经历了从自营探索到对外合作再到自营为主、引领对外合作的三个主要阶段，随着勘探形势的不断变化，不同勘探阶段所面临的机遇与挑战也各不相同。

一、自营探索阶段（20世纪60—70年代）

早在20世纪30—50年代，中国地质工作者根据陆上地质调查以东亚区域构造提出中国南海海域存在新生代沉积盆地，推测具有含油气远景。在自营探索阶段，一方面通过油气的普查工作对盆地的含油气远景进行了初步的评价，同时近岸探井油气流的发现也为盆地的勘探前景奠定了基础，坚定了信心。20世纪60年代开始，石油工业部和地质部等单位对中国南海海域的油气勘探开始了区域概查的实质性探索，完成了一批重磁震地球物理资料采集和钻探工作。首次发现了中国南海海域发育珠江口、莺歌海、琼东南、北部湾等一系列大型新生代盆地，最大沉积厚度达上万米，并获得了油气发现，初步揭示了油气资源潜力。如珠江口盆地珠5井获高产油流，莺歌海盆地莺2井首次发现天然气，琼东南盆地莺9井首次获得工业性油流，北部湾盆地湾1井在流沙港组三段测试获得油流。然而当时限于技术条件的落后和认识的局限，未能发现商业性油气田（龚再升，1997）。

二、对外合作与自营结合阶段（20世纪80年代—20世纪末）

20世纪80年代随着国家对南海油气勘探对外开放政策的实施，在南海巨大油气资源潜力的吸引下几十家外国石油公司纷纷前来争先投标，并带来先进的技术和资金进行合作勘探。虽然当时借助外部力量加快了海上石油勘探的进程，但勘探的成效在整个对外合作阶段经历了多次跌宕的起伏，也遇到了前所未有的挑战和困难。

珠江口盆地在合作初期就面临了八大构造失利的低谷局面，随着国内海洋石油地质学家们通过转变勘探思路，重新定凹选带，发现了流花、陆丰、惠州等含油气构造和油气田，创造了勘探的高峰。然而到了20世纪90年代，虽然原油产量超千万吨，但随着富烃洼陷可发现有利构造规模的减小，勘探再次陷入了低谷，外国石油公司纷纷退出。

莺—琼盆地在20世纪80年代主要以背斜构造为目标进行勘探，发现了崖城13-1大气田，实现了莺—琼盆地油气勘探的突破；20世纪90年代莺—琼盆地进入以底辟构造为主的勘探期，这一时期琼东南盆地的勘探以油气成藏的地质认识为主，而莺歌海盆地在底辟浅层常温常压带发现了东方 1-1 超千亿立方米大气田，并相继探明一批浅层气田和含气构造。随后莺—琼盆地进入了近 10 年的蛰伏储备期，莺歌海盆地开始了高温超压领域的探索阶段，琼东南盆地浅水区取得一定的成果，深水区尚处于勘探的起步阶段。

20 世纪 80—90 年代北部湾盆地呈现出对外合作勘探的高峰期，在涠西南凹陷发现多个油田，获得了良好的勘探成果。外方虽因经济效益未投入开发，但为后期全面自营勘探积累了重要的勘探经验和基础资料。

三、高速高效勘探阶段（21 世纪至今）

进入 21 世纪，南海北部海域的油气勘探进入了一个全新的发展期。中国海洋石油集团有限公司（以下简称中国海油）加大了各油区的勘探投入，勘探工作量成倍增加。珠江口盆地自营勘探的突破来自浅水区番禺—流花天然气田群的发现，荔湾 3-1 大气田的勘探成功使得南海深水油气勘探获得历史性突破，成藏规律的新认识引导恩平油田浅层“新层系”的发现，陆丰古近系新领域勘探的突破并且明确“油气并举、勘探开发互相促进”的思路，文昌凹陷勘探再上新台阶，白云东区原油勘探彰显成效等一系列勘探成果形成了珠江口盆地勘探开发持续稳定发展的新局面。莺—琼盆地自 2009 年开始进入了一个高速高效的勘探阶段：莺歌海盆地通过长期的高温高压勘探技术储备，在中深层黄流组一段发现了高含烃气层，证实了高温高压条件下游离相气藏的存在，并相继发现东方 13-1、东方 13-2 等千亿立方米级气藏，取得了高温高压领域天然气勘探的重大突破；2014 年琼东南盆地通过自营深水勘探发现了陵水 17-2 超千亿立方米大气田，体现出了对深水区天然气藏成藏认识的提升和自营勘探装备、技术的创新，实现深水区自营勘探的重大突破。北部湾盆地自 2005 年全面实施了滚动勘探，从构造油藏发展到隐蔽油藏，获得了良好的勘探效果，与此同时在涠西南凹陷外围，自营勘探同样成果丰硕，如在凹陷东区成功评价乌石 17-2 油田。

第二节　南海中南部海域油气勘探历程

一、中国

中国在南海中南部海域的系统性油气资源综合调查始于 1987 年南海中南部海域油气勘查专项，历时 16 年，至 2002 年累计实施地质调查 16 航次，对 10 个盆地实施普查和概查，共完成多道地震测线近 9×10^4km。由于种种原因，中国南海中南部海域开展油气调查工作起步较晚，并且进展缓慢，实质性的勘探开发工作几乎没有。1992 年中国海油与美国克里斯通能源公司（CRESTONE Energy Corporation）曾签署了“万安北 -21”区块石油开发合同，但该合同因故未能正常执行，此后十几年中国勘探船也再未进入该海域作业。2003 年 11 月，中国海油与菲律宾国家石油公司（Philippine National Oil Company，PNOC）签署共同勘探开发南海油气资源的意向书，后来越南方面也加入其中，2005 年签署《在南中国海协议区三方联合海洋地震工作协议》。2005 年、2007 年礼乐盆地联合采集二维地震测线累计近 3×10^4km，并持续开展协议区研究工作。2012 年，中国在南海中南部海域推出 9 个对外招标区块。截至 2015 年底，中国在南海中南部海域

（主要包括万安、曾母、礼乐、南薇西、北康、文莱—沙巴等盆地）共采集二维地震测线总计约 10×10^4km。近几年，对主要盆地（包括万安、曾母、礼乐、南薇西、北康、文莱—沙巴等盆地）展开地质综合评价，评价有利勘探目标，为钻探做好准备。

二、周边国家

由于社会经济发展的需要和油气资源利益的驱动，南海周边国家于 20 世纪 50 年代就开始对南海中南部海域进行油气勘探与开发。特别是近 20 多年来，马来西亚、文莱、印度尼西亚、越南和菲律宾等国家加快了对南海中南部海域的油气勘探开发步伐。截至 2015 年底，钻探各类探井约 1350 口（不包括开发井），发现 95 个油气田及 200 多个含油气构造。探明石油可采储量 11.89×10^8t、天然气可采储量 $3.3 \times 10^{12}m^3$（肖国林等，2004）。

越南在南海中南部海域的油气勘探活动主要集中在湄公盆地及万安盆地。从 20 世纪 70 年代开始，越南在其近海的湄公盆地进行油气勘探，并发现 6 个油气田，在 42 个远景构造上钻探了 87 口探井（其中在中国领海界线内 35 口、中国领海界线外 52 口），发现了 8 个油气田，另有多个构造见油气显示；万安盆地内仅原油产能就达 30000bbl/d，探明油气储量分别为石油 2.19×10^8t、天然气 2605×10^8～$3448 \times 10^8m^3$。截至 2008 年，越南已在南海中南部海域钻探探井 114 口，累计开采石油 $545.99 \times 10^4m^3$、天然气 $165.98 \times 10^8m^3$。

马来西亚在南海中南部海域的油气勘探活动主要集中在曾母盆地。马来西亚早在 20 世纪 60 年代就在南海中南部海域进行油气勘探。已在该盆地内发现了 Bokor、Baram 及 F6、M1、Jintan 等 68 个油气田，这些油气田中有 62 个位于中国领海界线以内。曾母盆地内共开发了 14 个油气田。据悉，马来西亚已探明石油及天然气储量的 52% 来自曾母盆地。截至 2008 年，马来西亚已在南海中南部海域钻探井 857 口，累计开采石油 $44075.45 \times 10^4m^3$、天然气 $4241.91 \times 10^8m^3$，年获利 30 多亿美元。

文莱的油气勘探活动主要集中在文莱—沙巴盆地。文莱 1966 年宣布设立长 500km、宽 100km 的海上招标区，吸引外国石油公司参与勘探开发，侵占中国南海中南部海域约 $4.4 \times 10^4km^2$。从 20 世纪 90 年代中期开始，勘探活动逐步向北部深水区推进，深入中国南海中南部，并获得一系列油气新发现。截至 2015 年底，文莱及马来西亚等国已在该盆地内发现了 Bakau、W. Lutong、Baronia、Tukau 等 13 个油气田。

菲律宾在南海中南部海域的油气勘探活动主要集中在巴拉望盆地及礼乐滩盆地。20 世纪 70 年代菲律宾非法在礼乐滩盆地设立 10 个区块（共 $15534km^2$）对外招标，出租给外国石油公司勘探石油和天然气。1976 年 Amoco/Salen 公司开始在礼乐滩盆地钻探 Sampaguita-1 井，产出天然气 $10 \times 10^4m^3/d$、凝析油 24bbl/d。截至 1984 年，菲律宾在礼乐滩盆地共钻探井 7 口，其中有两口井钻遇少量天然气和凝析油。1992 年壳牌公司施工 Malampaya-1 井，日产石油 7023bbl、天然气 $82 \times 10^4m^3$。马兰帕雅气田于 2001 年 10 月开始产气。截至 2008 年，菲律宾已在南海中南部海域钻探井 25 口，累计开采石油 $1180.15 \times 10^4m^3$、天然气 $170.71 \times 10^8m^3$。

印度尼西亚自 1968 年开始在曾母盆地西部的纳土纳地区进行油气勘探，至今已发现 1 个油田（Bursa）、2 个气田及多个天然气井。其中 L 大气田天然气探明储量达 $12100 \times 10^8m^3$。

第三章　南海海盆演化

南海构造演化包括古南海形成与萎缩以及新南海形成与萎缩两个构造旋回，两个旋回叠加控制了南海区域构造格局的形成；边缘海构造旋回控制了南海各大陆边缘及地块性质。北部大陆边缘为被动大陆边缘；南沙地块具有漂移性质；南部大陆边缘为多期叠加型活动大陆边缘，西部具有转换特征，东部为挤压岛架型大陆边缘。

第一节　南海边缘海基底结构

综合考虑深部地质、地壳类型、地质构造及蛇绿岩带，将南海及其周缘基底划分为7个构造单元：华夏古陆、中央海盆、南沙地块、锡布增生系、巽他地块、印支地块和菲律宾岛弧带（图1-3-1），它们之间基底性质具有明显差异。

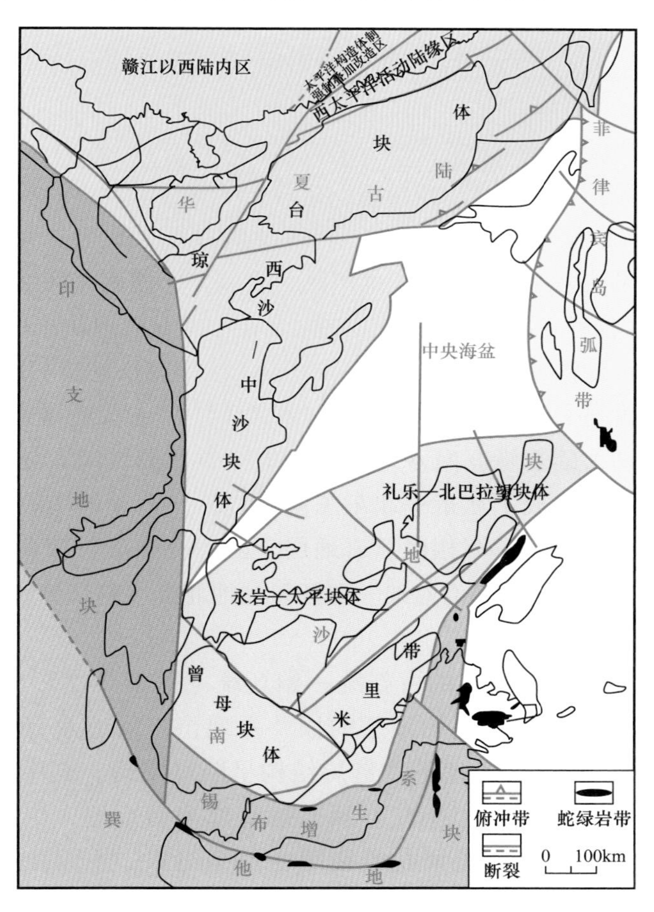

图1-3-1　南海及邻区基底构造图（据张功成等，2015）

南海北部大陆边缘基底属于华夏古陆的一部分。华夏古陆北边界为江南造山带，西南边界为越南北部的SongMa缝合带，东南边界为台东大纵谷，南边界为中央海盆北缘断裂。该古陆前新生界主要由4个构造层组成：（1）前震旦纪结晶基底构造层［西永1井花岗片麻岩，1465Ma（Rb–Sr法）］；（2）震旦纪—早古生代浅变质岩构造层；（3）晚古生代浅海碳酸盐岩、碎屑岩构造层；（4）中生代海相—海陆交互相—陆相构造层。

中央海盆由新生代洋壳组成，无前新生代基底。

锡布增生系具有2个构造层：（1）中生代晚期为小洋盆相构造层；（2）古新世—始新世洋盆俯冲、闭合，形成以拉让群、克拉克群巨厚增生楔为代表的增生系构造层。

巽他地块存在3个构造层：（1）前晚石炭世浅变质岩构造层，分布在古晋带附近；（2）石炭纪—二叠纪弧盆沉积构造层；（3）中侏罗世—白垩纪岩浆弧盆构造层。

印支地块存在5个构造层：（1）前震旦纪结晶基底构造层；（2）震旦纪—早古生代浅变质岩构造层；（3）晚古生代浅海碳酸盐岩、碎屑岩构造层；（4）早—中三叠世小洋盆相构造层；（5）晚三叠世—白垩纪海相—海陆交互相—陆相构造层。

菲律宾岛弧带由3个构造层组成：（1）前石炭纪变质岩构造层；（2）石炭纪—二叠纪浅变质岩构造层；（3）中生代有2期（T_2—J_3，K_2）弧盆构造层。

第二节　古南海形成与发育阶段

前期各个地块拼合形成统一的小型“古南海陆块”，其中主要包括三大族群：其一是华夏板块及亲华夏板块的地块，如台湾、东沙、菲律宾、西沙、中沙、南沙、巴拉望等，其前新生界具有相似的岩石地层特征；其二是印支板块；其三是婆罗洲地块（也称为加里曼丹地块）（图1–3–2）。由于古太平洋板块俯冲，使南海区域中生代末期形成的“古南海陆块”发生肢解。裂谷带沿着泛华南地块与婆罗洲地块之间的古薄弱带伸展，经历陆内裂谷、陆间裂谷等阶段，其成熟期的古区域构造格局呈“两陆夹一谷”。南部为婆罗洲大陆及其北侧的被动大陆边缘，中部为古南海（大西洋型），北部为泛华南大陆及其南部的被动大陆边缘。南沙地块位于古南海北侧被动大陆边缘位置，在其北侧发生了区域性裂陷，形成了北东—北东东向裂谷带。南沙地块因邻近古南海，从白垩纪经古新世到始新世沉积了海相碎屑岩地层。西沙—中沙一带存在一个古隆起，其北侧为陆相断陷区，北带沿北部湾盆地—珠江口盆地北部坳陷带分布，南带沿琼东南盆地—珠二坳陷带—台西南盆地分布。

南侧的婆罗洲广泛发育海相的古新统—始新统（图1–3–2），代表了当时的被动大陆边缘沉积。礼乐盆地钻穿沉积地层的探井发现，该盆地发育白垩系以来的各沉积时期地层（包括白垩系），盆地下构造层结构呈断坳结构，其中以始新统海相地层为主。婆罗洲地块从南向北地层年代变新，最南部为白垩纪，中央为古新世，北部为始新世。据此认为，古南海旋回初始裂陷在白垩纪末，主要阶段在始新世，渐新世以后开始萎缩。

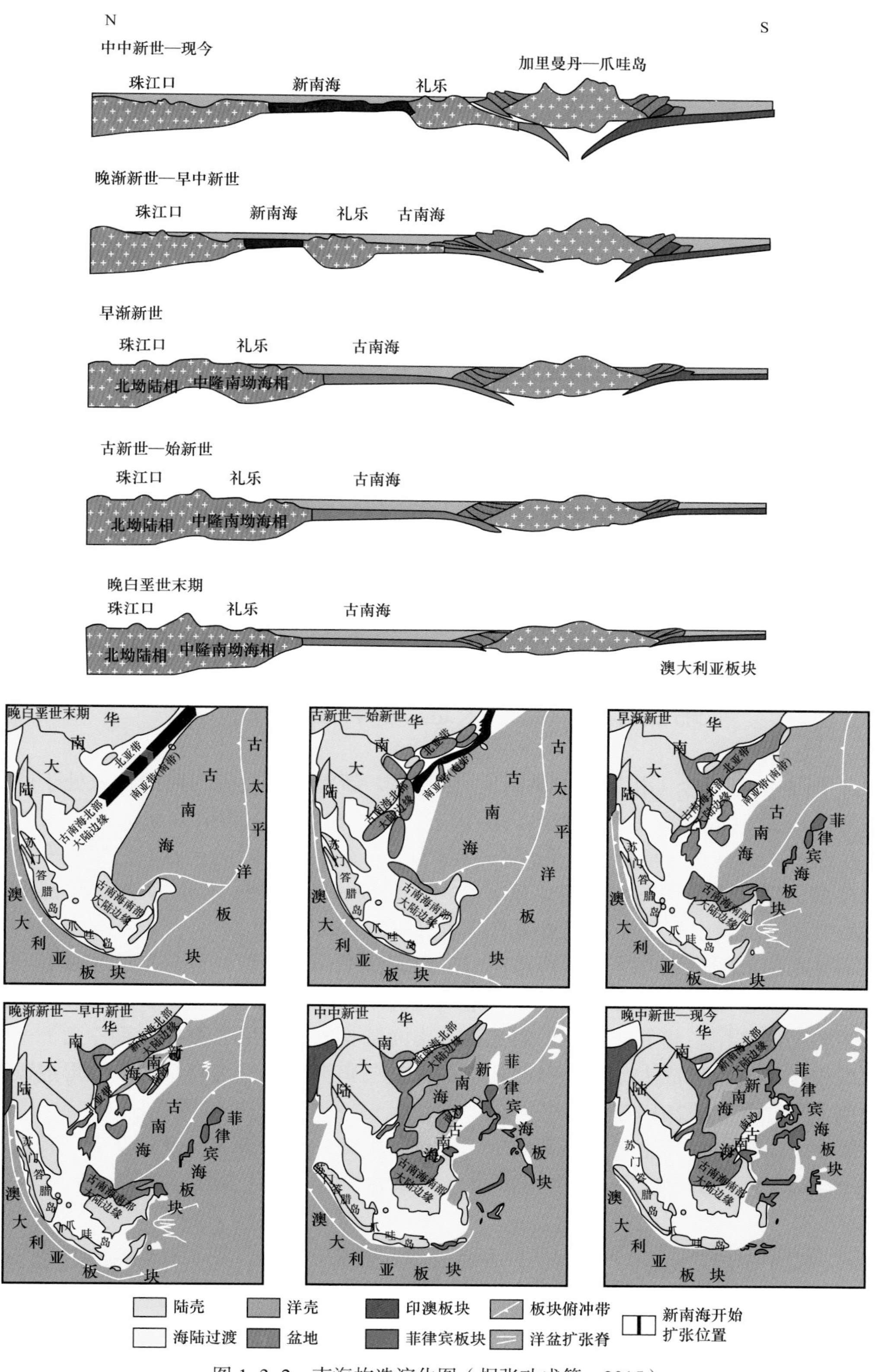

图 1-3-2　南海构造演化图（据张功成等，2015）

第三节　古南海消减和新南海发展阶段

始新世以后，欧亚板块与印度板块发生碰撞，两者之间深层软流圈在南北应力的作用下向东南流动，在东南方向受到太平洋板块的阻挡，形成地幔柱上升流，导致新南海形成。南海出现新的构造格局，呈“三陆夹两海”态势（参见图 1-3-2）。

新南海形成于西沙—中沙—东沙与南沙地块之间的软弱带之上，早期属陆内裂谷性质，逐渐扩展成现今规模，基底为洋壳，磁条带年龄 32—16.5Ma，相当于渐新世到早中新世。随新南海扩张，南沙地块开始向南漂移，距离达 700km，在漂移过程中，南沙地块缺乏沉积物源补给，地层充填也很有限。在新南海洋壳扩张的向南推力和古南海阻挡向北的阻力相向作用下，南沙地块受到南北向挤压，地层发生断裂—褶皱，早期的盆地结构遭受改造。

古南海南部边缘的盆地由于前期伸展作用导致地壳和岩石圈厚度小、热流值高、塑性大，在挤压阶段地壳强烈向下弯曲，形成巨厚的渐新统—第四系。南沙地块之上的盆地在裂离华南大陆后，没有大的物源充注，处于饥饿状态，沉积较薄。新南海北部边缘处于伸展状态，在 23.8Ma 发生了断陷向坳陷的转变。在南沙地块向南漂移的过程中，其东西两侧形成剪切性边缘。

第四节　南海快速沉降与萎缩阶段

自 16.5Ma 至现今（相当于中中新世—现今），新南海海底南北向的扩张处于停滞状态，新南海西、北边缘处于快速热沉降状态，由中央洋盆向陆架盆地沉降作用依次减小，在河流入海处形成巨厚的沉积（如南海北部自东向西发育的台西南三角洲—深水扇沉积体系、珠江三角洲—深水扇体系、红河三角洲—深水扇体系）。新南海东部由于菲律宾岛弧仰冲，新南海洋壳岩石圈向东被动俯冲，形成俯冲边缘。

南海南部大陆边缘的挤压冲断作用与三角洲沉积作用交织进行，挤压冲断形成由南向北的冲断—褶皱带，在靠近加里曼丹地块北缘地区，挤压作用显著，向陆坡方向逐渐演化为弱伸展作用。相邻陆地上的河流注入南海陆架和陆坡区，形成大型三角洲—深水扇，沉积作用持续形成大型三角洲盆地，如巴兰三角洲，在远离海岸的地方形成碳酸盐岩台地（方念乔等，2013）。

因此，南海在前新生界古陆基础上，经过古南海、新南海等一系列演变过程，成为西太平洋边缘海，并形成了众多规模不等、形式各异的新生代含油气盆地。

第四章　南海盆地分布

南海发育有众多的新生代盆地，它们成群成带分布，北、西、南三侧和东侧北段都是重要的油、气、水合物聚集区带。

南海是一个边缘海盆，是晚中生代—新生代时期太平洋板块、欧亚板块和印度—澳大利亚三大板块相互作用的结果，经历了古南海（弧后洋盆）到新南海（扩张洋盆）的演化。中央海盆周边陆缘盆地结构和构造演化有明显差异，南海北部为准被动大陆边缘，南部早期发生张裂、晚期发生挤压，西部为转换型大陆边缘，东部则为俯冲型大陆边缘。

南海诸多新生代盆地，按其成因机制、盆间时空关系、空间分布划分为北部、南部、西部和东部四大盆地群（图 1-4-1）。

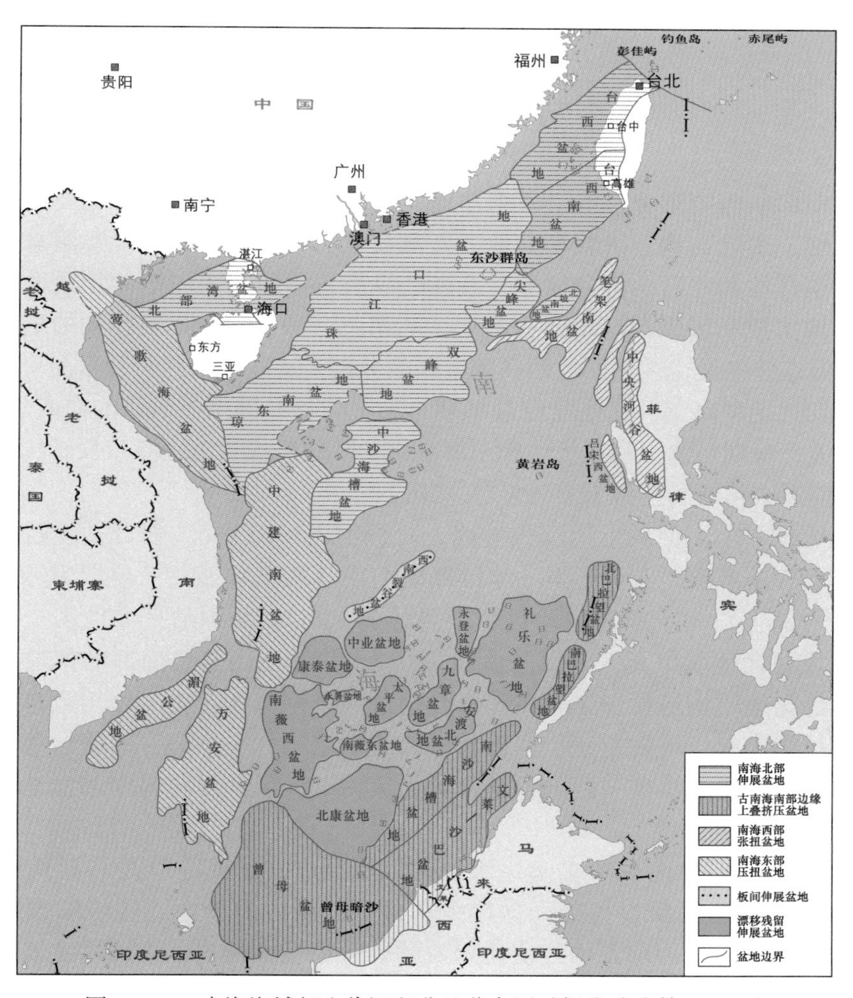

图 1-4-1　南海海域新生代沉积盆地分布图（据张功成等，2013）

第一节　南海北部盆地群

南海北部大陆架和大陆坡上主要分布有北部湾盆地、琼东南盆地、珠江口盆地和台西南盆地，盆地轴向为北东—北东东向。莺歌海盆地虽然地理位置属于南海北部，但因为盆地轴向和动力学机制的差异，因此，南海北部盆地群不包括该盆地。区域上，自西向东，陆架盆地群被5条北东东—北东向断裂切割为几个区带，每个区带内有近南西向延展的单个盆地或雁行排列几个盆地，且隆起区与盆地相间分布成对出现，自西向东、自北向南分别是粤桂隆起—北部湾盆地、海南隆起—琼东南盆地、万山隆起—珠江口盆地—神狐隆起—西沙海槽盆地、中沙隆起—双峰盆地、北港隆起—台西南盆地。单个盆地内部也是如此，凸凹相间分布，自北向南为北东东向带状延伸，如珠江口盆地珠一坳陷—珠三坳陷、番禺隆起、珠二坳陷，琼东南盆地的北部坳陷、中部隆起、中央坳陷、南部断坳。单个坳陷内部同样凸凹相间分布，如珠一坳陷—珠二坳陷内部次级单元之间（李三忠等，2012）。

第二节　南海南部盆地群

南海的南部从西向东分布有一系列盆地，如曾母盆地、南薇西盆地、北康盆地、文莱—沙巴盆地、永暑盆地、南薇东盆地、九章盆地、安渡盆地、南沙海槽盆地、礼乐盆地、南巴拉望盆地和北巴拉望盆地等一系列陆缘裂解盆地或南向俯冲消减形成的槽型盆地。这些盆地主控断层为北东东向正断层，陆架上一般向北倾，且控制的地层厚度总体南厚北薄，但这些盆地也被后期北西向调节断裂分割，这些北西向断裂早期可能为变换构造，后期转变为走滑断层。这些盆地群早期与加里曼丹—巴拉望地块的向南裂离、旋转、南海打开有关；晚期与澳大利亚板块和南海南部的陆块碰撞有关，导致反转构造、逆冲推覆从南向北前展式拓展和迁移（李三忠等，2012）。

曾母盆地是一个大型新生代沉积盆地，面积$16.9\times10^4km^2$。曾母盆地西邻纳土纳群岛，北接万安—李准滩，东以廷贾—李准断裂与南沙海槽和巴兰三角洲为邻，盆地南部包括加里曼丹岛上自木卡断裂到廷贾断裂间约$12000km^2$面积的平原地区。曾母盆地跨越陆架和陆坡两大地貌单元，大部分位于200m水深线之内。是南部陆架最大的新生代沉积盆地。根据地质构造特征，可将曾母盆地进一步划分为8个二级构造单元，分别是索康坳陷、拉奈隆起、塔陶垒堑、西巴林坚隆起、东巴林坚坳陷、南康台地、康西坳陷和西部斜坡。曾母盆地早期与西部盆地群关系紧密，但后期演化与南部盆地群相关（李三忠等，2012）。

北康盆地处于南沙地块的东南边缘，北以断层、3000m等厚线和岛礁区与南薇西盆地相隔，西南以廷贾断裂与曾母盆地为邻，东以南沙海槽西北边缘断裂为界，面积$6.2\times10^4km^2$。盆地基底为前新生代变质岩及酸性—中性火成岩，火成岩主要发育在盆地东部。沉积盖层为新生代地层，最厚处逾11000m。根据盆地断层发育特征和沉积盖层展布规律，北康盆地可进一步划分为 6 个二级构造单元，即西部坳陷、东北坳陷、东北隆起、东部隆起、东南坳陷和中部隆起。

南薇西盆地位于南沙中部海域，属陆缘断坳型盆地，北东向展布，面积为 $4.3\times10^4km^2$。盆地基底为前新生代变质岩及中酸性—基性火成岩，沉积盖层为新生代地层。盆地存在 T_2、T_3、T_4、T_5 和 T_g 等 5 个区域不整合界面。沉积层发育较为齐全，南厚北薄，西厚东薄，最大沉积厚度 11000m。根据构造、沉积和地球物理场特征，在盆地内划分出 5 个二级构造单元，即北部坳陷、北部隆起、中部坳陷、中部隆起和南部坳陷。

文莱—沙巴盆地位于中国南海南沙群岛以南、加里曼丹岛以北的沙巴岸外及文莱沿海一带，面积约 $9.4\times10^4km^2$，新生代沉积最厚达 12500m，是文莱和马来西亚的重要产油区。文莱—沙巴盆地为弧前盆地，位于加里曼丹岛弧北缘，北界为南沙海槽东南缘断裂，东界为巴拉巴克断裂，西界为廷贾断裂，南界为穆鲁断裂。该盆地构造复杂，南部褶皱剧烈，北部平缓。全盆地可进一步划分为巴兰三角洲坳陷和西沙巴坳陷 2 个次级构造单元。

礼乐盆地属于陆缘裂离断块型盆地，面积约 $3.9\times10^4km^2$。盆地基底为中生代海相碎屑岩煤系地层，沉积盖层为古新世—第四纪地层。盆地可识别出 T_2、T_3、T_4、T_5 和 T_g 等 5 个区域不整合界面。盆地可划分为南部坳陷、中部隆起和北部坳陷 3 个次级构造单元。

第三节　南海西部盆地群

南海西部海域自北而南分布着莺歌海盆地、中建南盆地、万安盆地和湄公等多个中小型新生代沉积盆地。南海西部海域是南海构造最复杂之处，剪切、走滑和拉张等构造活动交织在一起，多次发生运动性质的变换，主要发育有北东—北东东向、北西向和近南北向 3 组深大断裂。其中，北西向断裂与板块会聚、碰撞有关，多具走滑性质。北东—北东东向断裂具有与中国东部裂谷盆地相似的发育特点，呈张扭性质。近南北向断裂在南海扩张活动期间可能是于洋壳、陆壳过渡部位的走滑调节断裂，是洋盆扩张的西部边界（谢锦龙等，2008），该西部边界是哀牢山—红河—莺歌海—南海西缘—万安东大断裂，并沿着该断裂带产生了莺歌海盆地和万安盆地等，皆为走滑拉张盆地。然而，在此断裂带的东侧，上地壳中发生一系列北东—北东东走向张性断裂，产生一系列彼此分隔但又密切相关的北东—北东东轴向地堑和半地堑，如南海北部的北部湾、琼东南、珠江口、台西南等盆地，南海南部的南薇西、南薇东和礼乐及北康等盆地。因而，西部盆地群具有不同于南海南、北大陆边缘盆地的独特成盆机制，早中期成盆机制主要与印度板块和欧亚板块碰撞导致的印支地块挤出密切相关（李三忠等，2012）。

万安盆地位于南海西南部。盆地长轴近南北向，中间宽（最宽处约 280km），两头窄，南北长约 600km，面积约 $8.5\times10^4km^2$（姚伯初，2006）。该盆地形成于新生代早期，是在万安断裂发生右旋滑动所派生的扭张应力作用下形成的走滑拉张盆地。盆地基底为中生代晚期侵入岩、火山岩和前新生代沉积变质岩。沉积盖层为一套最厚达 12000m 的新生代地层。万安盆地可对比识别出 T_1、T_2、T_3、T_4 和 T_g 等 5 个区域不整合界面，在盆地中央还存在 T_{13} 反射波。根据地质构造特征，万安盆地可以划分为北部坳陷、北部隆起、中部坳陷、西部坳陷、西北断阶带、西南斜坡、中部隆起、南部坳陷、东部隆起和东部坳陷等 10 个二级构造单元。

中建南盆地主体位于印支半岛的陆架和陆坡区，为剪切拉张型盆地，面积 $13.1 \times 10^4 km^2$。盆地基底为前古近系，最大沉积厚度逾 9000m，主要为古新世—中始新世末期形成的断陷沉积层、始新世后期—中新世中期形成的断坳沉积层和中新世后期—现今的坳陷沉积层。可识别出 T_2、T_3、T_4、T_5 和 T_g 等 5 个区域不整合界面。盆内主要发育北东向、北西向、北北西向、东西向和南北向等 5 组断裂系。南北向断裂系分布在盆地西缘，由一系列近南北向的断层组成。北东向断裂系大多分布在盆地的中部和东北部，主要为正断层，基本上控制了盆地的地堑沉降区。北西向和北北西向断裂系主要分布在盆地的南部和中部。盆地南部的北西向断裂系推测为红河剪切带的延伸，该剪切带具负花状构造，显示断层具走滑性质。中建南盆地可划分为西北部隆起、北部坳陷、北部隆起、中部坳陷、南部隆褶带和南部坳陷等 6 个次级构造单元。

第四节　南海东部盆地群

南海的东部从北向南分布一系列盆地，包括台西盆地、台西南盆地、笔架南盆地、马尼拉海沟、吕宋海槽等相关盆地和吕宋岛弧上的一系列弧内拉分盆地，这些盆地与菲律宾海板块向北飘移，并沿台湾造山带与欧亚板块拼合、挤出过程有关。这些盆地的主控断裂是西侧的马尼拉俯冲带或东侧的菲律宾俯冲带，导致台西盆地由早期的断陷盆地转换为晚期的前陆盆地，台西南盆地由早期走滑—拉分盆地转换为挤出背景下的逃逸—裂解盆地，笔架南盆地由早期断陷盆地（西侧）转换为楔形挤压增生盆地（东侧），中中新世以来的楔入作用导致菲律宾岛弧上产生的走滑断层控制了一系列小型山间拉分盆地。其成盆机制主要与太平洋板块活动密切相关（李三忠等，2012）。

台西盆地位于台湾海峡及台湾岛中央山脉以西、南海东北部，属欧亚大陆东南缘，构造上处于菲律宾海板块与东亚陆缘的结合部，总体为北东走向。早期是发育在南海北部陆缘上的新生代伸展断陷盆地，后期处于欧亚板块与菲律宾海板块聚敛带上，东部遭受了强烈的挤压逆冲改造，浅部表现为挤压挠曲盆地，而现今深部仍表现为陆缘残留裂陷盆地。因而该盆地早期属于北部陆缘盆地群，晚期属于东部盆地群。台西南盆地按其成因与时空关系，划为北部盆地群。台西盆地与台西南盆地油气地质将在卷二十四“东海—黄海探区”中做进一步阐述。

笔架南盆地位于南海中央海盆东北部的深水区，是在洋壳基底上沉积发育的晚新生代盆地，整体呈东西—北东东走向。控盆断裂以北东向和北北东向为主，盆内西部主要是张性断裂，东部以逆冲断裂为主。沉积特征主要表现为东西分带：西部沉积环境稳定，受断裂、地壳活动影响小，沉积厚度小；而盆地东部受构造活动影响大，构造变形强烈，沉积厚度明显偏大。由西向东海底沉积主要是半深海黏土、火山灰及陆源碎屑黏土沉积。

第五章　地　　层

南海新生代沉积盆地数量众多，分布范围广，沉积厚度大，不同板块运动背景下各盆地群的盆地形成机制各有差异，沉积充填演化也各不相同，形成了各具特色的地层特征。

第一节　古生界—中生界

南海北部前震旦纪结晶基底除了分布在琼东南盆地和中西沙群岛之外，还分布在北部湾盆地、莺歌海盆地以及珠江口盆地基底中，它与华夏地块前震旦纪结晶基底联为一体，组成更大规模的陆块——华夏—南海北部陆块。震旦系—下古生界广泛分布于南海北部，是华南加里东褶皱带向海域的自然延伸。陆域和海域震旦系—下古生界组成了范围更加广阔的加里东褶皱带，其沉积物源来自东海南部——台湾、中西沙、云开古隆起及一些小的基底隆起区。上古生界在南海北部呈不均匀分布。北部湾盆地和台西南盆地基底中上古生界由稳定的陆表海沉积所组成。珠江口盆地和琼东南盆地基底在晚古生代属于古隆起，缺失上古生界，不存在由浅变质岩所组成的海西褶皱带。中侏罗世—白垩纪地层分布及沉积环境具有东西分异特征。北港隆起和台西南盆地发育有海相和海陆交互相，火山活动不明显；珠江口盆地东部以海相和海陆过渡相为主，火山活动较为强烈；珠江口盆地西部和琼东南盆地以早白垩世陆相火山岩、沉积岩为主；北部湾盆地、莺歌海盆地以晚白垩世陆相红色碎屑岩为主（孙晓猛等，2014）。

南海中南部中生代地层分布范围不连续，主要分布于巴拉望盆地、礼乐盆地、曾母盆地、北康盆地—南薇西盆地及其附近（魏喜，2005）。1982—1983 年“Sonne”号船在礼乐盆地西南侧的仁爱礁（SO23-23 站）和美济礁（SO23-24 站）海底拖网发现灰黑色纹层状硅质页岩和暗灰色泥岩，含双壳化石印模，地质年代为中—晚三叠世。在仙娥礁、仁爱礁、美济礁和卡拉棉群岛采集的浅海—三角洲相棕色薄层粉砂岩中发现双壳类和羊齿植物等化石，地质年代为侏罗纪。在礼乐滩的 A-1、B-1 和 Sampaguita-1 等井，钻遇近岸浅海相含褐色煤层的砂质页岩、粉砂岩和砾岩，夹火山集块岩、凝灰岩和熔岩，可与巴拉望西北陆架和台西南盆地下白垩统对比。在巴拉望北部到卡拉棉群岛的布桑加，分布有深海相硅质岩系（称北巴拉望杂岩群），其中含晚二叠世—晚侏罗世的放射虫化石，如 *Albaillella* cf. *levis*、*Follicucullus* cf. *scholasticus*、*Triplanospongos* 等，可与华南大陆南缘对比。北巴拉望陆架区钻井揭示的海相地层，为两组同期相变的砂页岩和石灰岩。前者分布偏北，属近岸浅海环境，见于 Cadlao-1 井，含晚侏罗世内环粉属等孢粉化石，厚度 466m；后者分布偏南，属浅海—半深海环境，见于 Gantao-1 井，含晚侏罗世—早白垩世藻类、有孔虫、放射虫等化石，厚度 997m。这两套地层可与该区东侧的布桑加和利纳帕坎等岛的露头相对比。另外该区的 Catalat-1、Jing-3 和 Nido-1 等井钻遇早白垩世近岸浅海相碎屑岩沉积地层。在巴拉望盆地的 Pensascosa-1 井钻遇早白垩世黑灰色页岩。在曾母盆地南缘的 CC-1X、CC-2X 和 CB-1X 等井也钻遇前古近纪千枚岩和变沉积岩。

第二节　新 生 界

一、南海北部盆地群

1. 古新统

古新统仅钻遇北部湾盆地长流组和珠江口盆地神狐组（朱伟林等，2008）。古新统长流组及神狐组地层年龄为 49.5～67Ma。长流组和神狐组均为一套红色及杂色粗碎屑岩，该套地层曾长期遭受过风化剥蚀。

2. 始新统

始新世 3 个盆地均处于裂陷期，整体格局为凹凸相间（何家雄等，2012），地层主要分布于深凹部位的地堑或者半地堑内，以陆相粗碎屑沉积为主，始新世时形成了北部湾盆地的流沙港组，在琼东南盆地的南侧开裂形成多个小地堑，沉积了岭头组以及珠江口盆地的文昌组。

流沙港组厚度大，分布较广，以涠西南凹陷、迈陈凹陷和乌石凹陷为主，最大厚度达到 4000m 以上，发育灰色泥岩与浅灰色砂岩—砾岩，是该时期 3 个盆地中沉积最厚的；琼东南盆地内沉积面积小，沉积中心多，岭头组岩性与岩相的变化较大，发育多个小型断陷湖盆，沉积最大厚度达 2000m；珠江口盆地文昌组东起陆丰凹陷，西到文昌凹陷，南至白云凹陷形成了一些相互不连通的坳陷沉积，整体厚度较小，珠一坳陷的惠州与文昌凹陷，地层厚度达 1800m。总之，3 个盆地已初具规模，但均以多个小断陷的形式呈现出来，表现出北部湾盆地与珠江口盆地沉积厚度明显较琼东南盆地沉积厚度大，琼东南盆地此时的范围相对较小。

3. 渐新统

受南海运动的影响，上渐新统、下渐新统在不同盆地的沉积特征差异较大，各盆地的名称也不尽相同。北部湾盆地涠洲组、珠江口盆地珠海组为一个地层组；琼东南盆地由两个地层组组成，下渐新统为崖城组，上渐新统为陵水组。

北部湾盆地下渐新统涠洲组三段、涠洲组四段沉积厚度比琼东南盆地崖城组小，普遍小于 1000m。北部湾盆地涠洲组三段和涠洲组四段整体发育河流—湖湾相，在盆地西部涠洲组多为煤系，其暗色泥岩与煤可作烃源岩。琼东南盆地的早渐新世崖城组以薄煤层、煤线及碳质泥岩和暗色泥岩所组成的含煤岩系为主，水体深度较浅。在琼东南盆地西南部乐东凹陷崖城组的钻井资料中初见海相标志生物——有孔虫，该盆地开始发育海相沉积（谢金有等，2012）。琼东南盆地下渐新统崖城组沉积厚度相对较大，凹陷沉积中心地层厚度可达 2300m 以上，大部分地层厚度不超过 2000m，总体特征是西部地层较东部的厚。

晚渐新世，3 个盆地早期均以向上变细的正粒序沉积为主。北部湾盆地的沉降中心发生了转移，沉降的速率减缓，由于处于盆地裂陷期末，断裂活动强度减弱，西北部海中凹陷沉积地层厚度达 3000m，发育碎屑岩沉积，可见煤系地层。晚渐新世晚期开始发生海退，涠洲组顶部发育明显的反韵律序列。琼东南盆地宝岛凹陷陵水组最大厚度达 3200m，总体呈现北厚南薄的趋势，盆地具有多水系、多凹陷、多凸起的特征，沉积中心零散分布，发育海相砂岩和暗色碳质泥岩。珠江口盆地珠海组厚度普遍小于 1000m，白云凹陷沉积地层相对较厚，最大厚度达 1400m 以上，以砂岩为主，夹泥岩。该时期是南海北部 3 个盆地在地质历史中平均沉积速度最大的时期，南部的琼东南盆地沉积速率明显大于北部的北部湾盆地与珠江口盆地（于兴河等，2016）。

4. 中新统

1）下中新统

南海各盆地主要发育海相沉积地层，珠江口盆地、琼东南盆地部分发育半深海—深海相沉积地层，沉积的地层厚度整体比上渐新统小。其中，北部湾盆地下洋组和珠江口盆地珠江组沉积最大厚度在 1000m 以上，琼东南盆地三亚组沉积最大厚度在 1600m 以上。在北部湾盆地西部海中凹陷的钻井中有孔虫在下洋组第一次出现，盆地开始发育海相沉积，下洋组以滨浅海相砂砾岩、局部夹泥岩不等厚互层为特征。琼东南盆地在该时期水体较早期有所加深，三亚组顶部为块状泥岩，中、下部为灰—深灰色泥岩与粉砂岩互层。珠江口盆地全面接受沉积，盆地东部有碳酸盐岩发育，盆地内古珠江三角洲沉积体系不断前积，沉积地层较厚，东沙隆起也可见地层发育，珠二坳陷的地层最大厚度达到 1300m。早中新世南海北部各盆地的沉积速率较晚渐新世有所减缓，这与盆地的稳定热沉降有关，陆源碎屑的供给相对减少，海平面缓慢上升，盆地内地层的岩性和岩相变化相对早期要小。

2）中中新统

北部湾盆地由于海侵从南西向北东侵入，其地层较厚的地方仍集中在西南部的海中凹陷和乌石凹陷附近，最厚达 1400m，其他凹陷较薄，且以泥岩为主。琼东南盆地已处于坳陷期，区域构造相对稳定，梅山组地层厚度偏小，约 1200m，由于局部构造运动与海底地形的关系，盆地中部开始发育海底峡谷，岩性与莺歌海盆地类似，主要发育浅灰色厚层细砂岩夹深灰色泥岩、粉砂质泥岩，局部可见砂砾岩。珠江口盆地韩江组沉积变化速率较小，部分凹陷沉积了近千米厚的地层，岩性以浅海相泥岩夹砂岩为主，局部发育生物礁滩灰岩。

中中新世各盆地沉积较早中新世沉积厚度减小，沉积物粒度变粗，海陆过渡相范围增加，在早中新世末期—中中新世初期，海平面上升达到最大值，在中中新世晚期呈海退趋势。到中新世末期，东沙运动开始形成并导致局部的抬升剥蚀，造成地层缺失，其中以珠江口盆地东沙隆起和潮汕坳陷表现最为明显。

3）上中新统

南海北部整体上地层厚度较中中新统的大。北部湾盆地海中凹陷、琼东南盆地乐东凹陷沉积厚度均超过 2000m；珠江口盆地已完全进入浅海环境，全盆接受海相沉积，部分凹陷沉积厚度达 1600m。北部湾盆地灯楼角组多为浅海相及滨浅海相砂泥岩互层沉积，岩性为灰色泥岩与砂岩及粉砂岩互层。琼东南盆地黄流组为以滨浅海相砂泥岩互层为主的沉积。珠江口盆地北部沉积与北部湾盆地相似，东部发育有碳酸盐岩台地。晚中新世，南海北部各盆地顶部沉积了较厚的大段暗色泥岩，该时期各盆地发生了不同程度的大规模海侵，珠江口盆地发生快速海侵。

5. 上新统

此时期各盆地地层厚度较上中新统有所增加，且均发育大套泥岩。北部湾盆地与珠江口盆地主要沉积滨浅海相体系，琼东南盆地大范围沉积半深海—深海相体系。北部湾盆地望楼港组主要为砂砾岩沉积，沉积厚度相对较小，普遍在1200m左右；琼东南盆地整体上以巨厚泥岩为主，最大地层厚度达3200m，同时海底峡谷渐趋扩大，呈北西向分叉伸入广海。珠江口盆地东部在上新世早期发育了一套浅海相的碳酸盐岩沉积，由于水体加深与碎屑物质的供给，随后沉积了一套中细粒碎屑岩沉积。在该阶段整个南海北部完全进入海相—海陆过渡相，海水覆盖面积达到新生代以来的最大，即整个南海北部3个盆地全面进入大陆边缘的海洋环境。

二、南海南部盆地群

南海南部各盆地新生代地层发育较齐全（图1-5-1）。按区域性的不整合面划分的大套地层层序，由老到新对新生代的地层在各盆地中的分布、岩性、厚度变化等特征做简要分析。

1. 古新统—中始新统

该套地层发育于古南海被动大陆边缘上，由南往北，自西向东，在不同地区的盆地中发育不同的沉积相，海侵发生的时间也有先后。

南部的曾母盆地，该套地层为深海复理石相，盆地南侧已发生褶皱变质，构成盆地的基底。向东海区的文莱—沙巴盆地基底也是由该套地层组成的；向南的沙捞越、沙巴陆地分别称为拉让群和克罗克群，由下部的燧石—细碧岩和上部的浊积岩组成，厚度巨大，超过10000m，并已发生浅变质和强烈的褶皱变形，构成了南沙地块南部中生代增生褶皱带的组成部分；最东端的礼乐盆地，古新统称为东坡组，中始新统、下始新统称为阳明组。据地震资料礼乐盆地内的沉积地层分布和厚度受断层和古地形控制明显，厚度变化大，坳陷内最厚可达3000m，向隆起部位减薄，部分地段甚至缺失；在北康盆地和南薇西盆地，该套地层称为南薇群（组），为砂岩和砂泥岩互层。地层厚度变化较大，分割较强，一般为500～3000m，最厚可达3500m。向隆起区减薄，部分地段缺失。

2. 上始新统—下渐新统

该套地层发育于古南海被动陆缘的晚期。由于南海西南海盆的产生，南沙块体与西北婆罗洲块体发生碰撞，改变了构造格局，水体变浅，沉积速率降低，地层厚度减小。但在南部各盆地仍有分布，由东部的海相地层，向西、向北逐渐转变为海陆过渡相—陆相地层。海相地层的厚度变化较小，全区较为稳定；陆相地层厚度变化大，分割性强，相变频繁。

东部礼乐盆地内，该套地层称为忠孝组，据桑帕吉塔-1井钻遇的该套地层为浅海相粗碎屑沉积，由粗—细砂岩与砂质泥岩、泥质粉砂岩互层组成，厚480m；据地震资料分析，该套地层厚度在800～1600m之间，最厚达2000m，局部隆起被剥蚀而缺失。

南部曾母盆地该套地层称为曾母群（组），早期为砾砂岩，后期为砂泥岩夹煤层（线）和石灰岩，地层厚度一般在 250～4500m 之间，并由北向南，由西朝东增厚，在西南部靠近物源区最厚达 5500m。与曾母盆地相邻的北康盆地内该套地层称为南通组，地层厚度一般在 1000～4000m 之间，最厚达 5000m，在隆起部位局部缺失。在南薇西盆地内该套地层被称为尹庆组，地层厚度一般在 600～2000m 之间，最厚达 3300m。

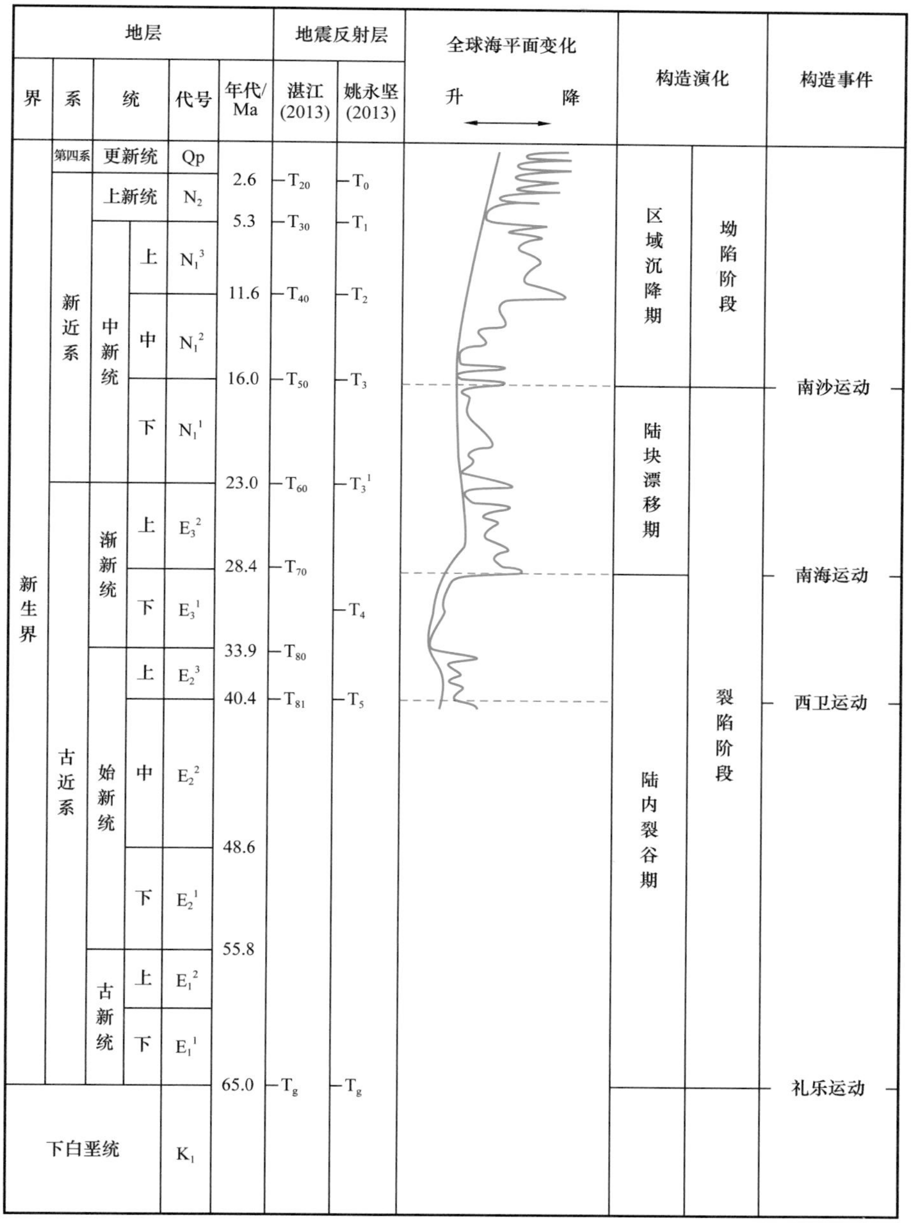

地层						地震反射层		全球海平面变化（升 ← → 降）	构造演化		构造事件
界	系	统		代号	年代/Ma	湛江(2013)	姚永坚(2013)				
新生界	第四系	更新统		Qp	2.6	T_{20}	T_0		区域沉降期	坳陷阶段	
	新近系	上新统		N_2	5.3	T_{30}	T_1				
		中新统	上	N_1^3	11.6	T_{40}	T_2				
			中	N_1^2	16.0	T_{50}	T_3				南沙运动
			下	N_1^1	23.0	T_{60}	T_3^1		陆块漂移期	裂陷阶段	
	古近系	渐新统	上	E_3^2	28.4	T_{70}					南海运动
			下	E_3^1	33.9	T_{80}	T_4		陆内裂谷期		
		始新统	上	E_2^3	40.4	T_{81}	T_5				西卫运动
			中	E_2^2	48.6						
			下	E_2^1	55.8						
		古新统	上	E_1^2							
			下	E_1^1	65.0	T_g	T_g				礼乐运动
下白垩统				K_1							

图 1-5-1　南海中南部地层系统图（据姚永坚，2013，修改）

3. 上渐新统—中中新统

该套地层与南海中央（东部）海盆形成同期，因此，在南海中南部既继承了古南海被动陆缘上相对稳定的沉积格局，又有新南海在形成过程中引发的新的沉积特征。

在南部各盆地中该套地层均有分布，在早渐新世末，受全球海平面大幅度下降和南海中央海盆扩张的影响，区内在晚渐新世早期，形成一套低水位体系域的陆源碎屑物充填于凹陷底部。随着海平面的上升，海水不断向西北部、西部推进，至早中新世早期，海侵抵达最西部的万安盆地，南海中南部已全部被海水淹没。在南海中南部的各盆地内沉积了一套海进体系域的浅海—半深海相的砂泥岩。同时，在沉积剖面中碳酸盐岩成分的增加是这一时期的又一重要特征，并且产出的层位由东向西抬高，与海侵方向一致。

东部礼乐盆地内碳酸盐岩层位位于上渐新统下部，其沉积一直延续到现代，称为礼乐群；南巴拉望盆地内的尼多组由碳酸盐岩组成，是尼多油田的重要产油气层位；在曾母盆地和北康盆地早中新世—中中新世时，形成了碳酸盐岩台地和塔礁。在曾母盆地中的一些大中型气田的产气层位即为该层碳酸盐岩。在曾母盆地、北康盆地内，下中新统、中中新统之间发育有局部不整合，将该套地层分成了两部分；地层厚度一般在800～2500m之间，并向西和西南增厚，在曾母盆地凹陷内最厚可达4500m。

4. 上中新统—现代

该套地层是南海中央海盆扩张停止后，在热沉降过程中形成的一套相对稳定的沉积地层，覆盖南海中南部全区，由陆架区的滨浅海相至陆坡区为浅海—半深海相，在海盆内为深海相。在沉积剖面中，陆相及海相沉积物由粗变细，并且以泥质沉积物为主。在隆起部位和坳陷内的高部位或海山上，常有珊瑚礁等成因的碳酸盐类沉积。

在陆架、陆坡区的沉积盆地中地层厚度一般较大，厚度500～2500m。在曾母盆地北部和北康盆地西南部最厚可达6500m，第四系的厚度最厚可达2500m。

三、南海西部盆地群

1. 始新统

莺歌海盆地始新统沉积了岭头组，整体厚度相对较小，沉积中心位于临高凸起南部，最大厚度可达1600m。

万安盆地始新统人骏群为盆地早期初始断陷阶段粗碎屑堆积，以陆相河湖沉积为主；该地层主要分布在盆地早期断陷中，一般底部为砂岩、砾岩，上部为砂岩、泥质砂岩及泥岩，是一套河流沉积。据现有钻井资料显示，均未钻遇该地层，因无生物化石资料，其地质年代争议较大，不整合于前新生代基底之上。

2. 渐新统

莺歌海盆地渐新统分为两个组，下渐新统为崖城组，上渐新统为陵水组。莺歌海盆地崖城组厚度相对较大，凹陷沉积中心地层厚度可达2300m以上，大部分地层厚度不超过2000m。总体特征是西部地层较东部的厚。陵水组沉积中心由临高凸起转移到莺歌海中央坳陷，最大厚度达3600m。

万安盆地渐新统西卫群以陆相—海陆过渡相的三角洲和湖沼沉积为主；砂岩、泥页岩及砂泥岩互层，含煤，底部有砂砾岩，总体上泥岩较发育，盆地西部及隆起砂岩较发育；缺少化石，仅含少量生物碎片。除西南斜坡和北部隆起、中部隆起部分地区缺失外，分布较广泛，厚度变化大，为200～4000m，地层分布与基底正负向构造格局一致，即在坳陷中较厚，在斜坡、隆起及断阶上较薄或缺失，并呈中部较厚，南部、北部较薄的趋势。与下伏人骏群及基底呈不整合接触。

3. 中新统

1）下中新统

莺歌海盆地主要发育海相沉积，部分发育半深海—深海相沉积地层，沉积的地层厚度整体比上渐新统小，下中新统三亚组沉积最大厚度在2800m以上。盆地内沉积主要分布在中央坳陷带，沉积中心向南迁移至中央坳陷带南部，三亚组下部（二段）岩性为浅灰色砂岩与灰色粉砂质泥岩互层，局部含钙或含煤，三亚组上部（一段）岩性为灰白色、浅灰色中—细砂岩与灰色泥岩互层，顶部为块状泥岩。

万安盆地下中新统万安组主要为砂岩、泥岩及砂泥岩互层，以滨浅海沉积为主。很多钻井钻遇该组地层，但生物化石资料的报道不多。除西南斜坡等地区局部缺失外，分布广泛，厚度变化较大，为400～2800m，总体上北厚南薄，地层分布与基底正负向构造格局基本一致，表明万安组地层发育仍受基底构造控制。地层中含有N8—N4浮游有孔虫化石带，常见生物碎片。与下伏西卫群呈不整合接触。

2）中中新统

莺歌海盆地中中新统梅山组沉积范围扩大，地层厚度不足1000m，局部沉积地层较厚，岩性以普遍含钙质为特征。

万安盆地中中新统李准组碳酸盐岩发育，尤以盆地南部为最。盆地沉积地层中浮游有孔虫化石广泛分布，一般为N14—N9带。除西南斜坡局部缺失外，分布广泛，厚度变化较大，为350～3200m，隆起及斜坡上较薄，但地层分布基本不受基底构造格局控制。与下伏万安组呈不整合—假整合接触。

3）上中新统

莺歌海盆地上中新统地层厚度较中中新统大，莺歌海盆地中央凹陷沉积厚度超过2000m；盆地黄流组为以滨浅海相砂泥岩互层为主的沉积；莺歌海盆地受海侵影响较大，海平面持续上升。

万安盆地上中新统昆仑组下部由页岩、钙质页岩、灰质砂岩组成，上部为浅灰色石灰岩，主要形成于浅海、滨海环境，厚200～2000m，含N15—N18浮游有孔虫化石带，与下伏李准组呈不整合接触。

4. 上新统

与北部盆地群相似，莺歌海盆地上新统地层厚度较上中新统有所增加，均发育大套泥岩。盆地大范围沉积半深海—深海相体系。莺歌海盆地的沉积范围达到最大，沉积中心位于中央坳陷带中部，莺歌海组沉积厚度高达3400m，总体呈现北高南低的趋势。

万安盆地上新统广雅组，下部为厚层泥岩夹砂岩，上部为砂岩、泥岩互层，广泛含有孔虫化石，属浅海—半深海沉积。在盆地西南部砂岩较发育，属滨海平原、三角洲沉积。在众多钻井中，浮游有孔虫化石相当发育，一般为N19—N21带。在盆地北部隆起区的4B-1X井和Mia-1X井、西南斜坡的12B-1X井及南部坳陷西缘的AM-1X井有较全的广雅组，厚度为400～3000m，与下伏地层呈不整合—假整合接触。

四、南海东部盆地群

南海东部新生代沉积有北部较厚、南部次之、中部薄的特点。北部陆坡东段新生界一般为2000～4000m，古新世—第四纪存在5套地震反射层组。其中台西南盆地新生界厚度最大，可达6000m以上。礼乐岛坡新生界厚度一般为1500～4000m，最大厚度可达5000～6000m，发育了地质年代属古新世—第四纪的5套地震反射层组；东部海盆北段发育了地质年代为渐新世—第四纪的4套层组，其新生界厚度一般为1500～2000m，最大可达3000m左右；南段也发育了地质年代为渐新世—第四纪的4套地震反射层组，新生界厚度一般为1000～1500m；深海盆中段多海山，新生界厚度小，多在1000m之内，发育中新世—第四纪3套地震反射层组；马尼拉海沟新生代沉积属东部海盆的延伸，在海沟北段厚度总体较大，可达3000m左右，发育渐新世—第四纪4套地震反射层组（刘建华，2008）。

第六章 构　　造

第一节 南海北部

南海北部陆缘盆地位于南海海盆以北、华南大陆以南，现今位于欧亚板块东南缘的大陆架至大陆坡。其大地构造位置极其特殊，普遍认为处于印度—澳大利亚板块与欧亚板块碰撞动力学体系及太平洋板块（菲律宾海板块）俯冲动力学体制的共同作用下，形成了现今复杂的构造面貌。南海北部陆缘基底为华南陆块基底，经历了加里东、海西、燕山等多期构造运动（何家雄等，2008），陆地上的北北东—北东向褶皱—逆冲带皆自然延伸到南海北部海域基底中，且这些断裂燕山晚期具有显著的走滑特征。南海北部陆缘的西界通常被认为是红河断裂及其在海区的自然延伸，早期为印支地块与华南陆块印支期碰撞形成的北西向褶皱—逆冲推覆带。

一、主要断裂特征

南海北部陆缘断裂构造十分发育，按断裂展布方向大致可分为北北东—北东向、北西西—北西向及近东西向和北东东向3组；按断裂切割深度，则可分为北北东向岩石圈断裂、北西西—北西向基底断裂和近东西向和北东东向盖层断裂；从断裂的力学性质来说，北北东—北东向断裂新生代期间多为张扭性断裂，近东西向和北东东向断裂为张性正断裂，北西西—北西向断裂多为剪性断裂（李文勇等，2006），地震剖面已揭示出这些断裂清晰的交切关系，且北西西—北西向断层形成最晚。通过海—陆对比，还可以确定这些不同方向断裂的运动性质；在空间分布上，呈现出北北东—北东向、北西西—北西向交错，近东西向和北东东向断裂受其约束，整体呈现出一个“棋盘格式”断裂格局；在规模和数量上，近东西向和北东东向断裂规模小，但数量众多。

1. 早期北北东—北东向主控断裂

北北东—北东向断裂是南海北部的最主要断裂，分布广泛，主要分布于北部湾盆地西缘和东缘、琼东南盆地北部、珠江口盆地西部，基岩断距大，继承性发育。陆地上的野外调查表明，这些断层具有负花状特征，以张扭性为主。北东向断裂发育较早，控制了古近系沉积，可上切到中中新统，是控制南海构造格局和地形轮廓的主要断裂。最有代表性的北北东—北东向断裂在重、磁异常特征上也很清晰，与广东一带北北东—北东向主要断裂具有连续性，是燕山期北北东—北东向构造线的继承与发展。

2. 近东西向和北东东向次级断裂

近东西向和北东东向次级断裂长度普遍较北北东—北东向断裂短，不连续，多为次级基底断裂，且受北北东—北东向基底主断裂或变换带制约。盖层中平面组合复杂，陆架上的多与主断裂构成马尾状，陆坡上的构成地堑式组合。

北东东向断裂自西向东主要分布于北部湾盆地、珠江口盆地东部和台西南盆地北缘，主要为正断层，明显控制了古近纪沉积，为断距下大上小的生长断层。近东西向断裂分布于海南岛北缘、珠江口盆地的珠二坳陷、南海深海盆地北缘，也为正断层，断距下大上小，控制了古近纪和中新世的沉积。中央海盆北缘断裂和中央海盆南缘断裂都是南海洋壳与陆壳（过渡壳）的分界，如西沙海槽两侧。这些断层多为同生断层，陆架上一般未切入基底，应属盖层断裂；而陆坡上的近东西向断层一般切割基底，形成地堑结构。

3. 后期北西西—北西向断裂

实际上，在整个中国东部北西西—北西向断裂从南到北都比较发育，如张家口—蓬莱断裂（索艳慧等，2012），而且多数控制 13—10Ma 的溢流玄武岩，在北部可见其明显左行切割北北东向的郯庐断裂。在南海北部北西向断裂也很发育，相对北北东—北东向断裂来说形成时间较晚，多数切割了北北东—北东向断裂，在陆地上北西西—北西向断裂控制了第四系分布，也说明其形成较晚，且一般具左行剪切性质。如南海东北部的九龙江—鹅銮鼻剪性岩石圈断裂和南海东南缘的巴拉巴克岩石圈走滑断裂等。

二、主要构造运动

1. 神狐运动（65—56Ma）

发生在白垩纪晚期—古新世早期，表现为地壳抬升，剥蚀加剧，北北东—北东向深大断裂切割该界面，这些断裂带控制一系列“串珠”状断陷盆地，且伴有中酸性—中基性岩浆活动。该运动在该区有自北西往南东迁移之势（黄慈流等，1994），为东亚陆缘北北东—北东向的初始张裂和走滑拉分。同样，南海北部大陆边缘逐渐发育北北东—北东向走滑断裂和伸展构造，派生了一系列近东西向和北东东向帚状次级断裂（蔡周荣等，2010），联合控制了紧密相间的地堑和半地堑。新生代珠江口盆地、琼东南盆地的雏形形成，盆地内部充填了大量河湖沉积。始新世中期，欧亚板块和印度板块在喜马拉雅地带发生碰撞，同时太平洋板块由北北西向转为北西西向运动，但前者运动速率大于后者，区域上致使南海北部地壳再次处于右行走滑—伸展状态，导致岩浆侵入和强烈的岩浆活动，使地壳抬升剥蚀，形成地层的不整合和断裂活动。与典型被动大陆边缘观点产生矛盾的北倾断裂，正是在北北东—北东向右行右阶断裂形成的这个时期形成的。

2. 珠琼运动（38—34Ma）

该构造运动包括两幕。珠琼运动 I 幕发生在中始新世末，表现为南海北部地壳再次伸展，下盘基底抬升剥蚀，而北东东向断陷进一步扩大，导致岩浆侵入和喷发，造成较明显的构造—热活动，地震剖面上表现为 T_8 不整合面，界面以上层状地震波组特征明显，界面以下则较杂乱，代表大规模断陷的开始。该幕动力学机制是太平洋板块对华南大陆的俯冲由北北西向转为北西西向，同时俯冲角度加大，引起华南大陆边缘的快速向太平洋方向蠕散后撤，导致断陷中心南移（袁友仁等，1995）。珠琼运动Ⅱ幕发生在晚始新世末，地震剖面上表现为T_7不整合面，断陷由北东—北东东向转变为近东西向。

3. 南海运动（34—25Ma）

南海运动与南海第一次扩张事件对应，南海北部陆缘持续伸展，北东东向断裂持续拉张。受南海中央海盆扩张的影响，南海北部陆缘普遍下沉，海平面上升，一些早期分割的小型断陷连成了一体，在全区具有总体统一的沉积建造特征，各盆地沉积类型也随南海运动的发生，从陆相逐步过渡到海陆过渡相和海相，多次海侵形成了多套不同的沉积组合。同时，南海南部的礼乐盆地所在的基底为礼乐地块和巴拉望地块，则因为南海中央海盆扩张而从华南大陆陆缘向南裂离、漂移。

南海运动与台湾造山带的埔里事件、东海大陆架盆地的玉泉事件、闽粤沿海和菲律宾岛弧的第二次事件相当（黄慈流等，1994）。该事件全区均可见到，是南海北部乃至整个南海新生代最重要的构造事件，造成中国东南陆缘强烈拉张，近东西向和北东东向断裂控制各盆地坳陷中的沉积明显，广泛发育区域不整合或角度不整合及岩浆活动。但是该事件结束时间在南海北部为34Ma，而在南海南部大致为25Ma。

4. 东沙运动（10—5Ma）

东沙运动发生在中中新世末，主要影响南海北缘的东部区域，向西有减弱的趋势（蔡周荣等，2010）。受东沙运动（或万安运动）的影响，发生区域性海退，盆地相对隆升，部分地区遭受剥蚀，沉降、沉积速率明显降低，盆地及其周围大部分以稳定的浅海—半深海沉积为主，无固定沉积中心。这次运动还形成了一系列北西西—北西向断裂，切断较早形成的北北东—北东向断裂。同时，台湾中央纵谷东、西两地块发生弧陆初始碰撞，使得台湾中央山脉隆起和逆断层产生，台湾中央山脉快速隆起，导致南海北部断裂活化，岩浆活动逐渐变强，北东向、北东东向断裂发生强烈拉张，台西盆地消亡而成残留弧后前陆盆地，珠江口盆地和台西南盆地则出现近南北向雁列的宽缓褶皱变形、广泛的区域性抬升和岩浆活动，东沙地区大幅度隆起并遭受侵蚀。该运动与台湾断褶带的海岸山事件、东海大陆架盆地的龙井事件以及菲律宾岛弧的第三次事件和第四次事件相当，具有广泛性，但各地表现不一（黄慈流等，1994；程世秀，2012）。该期构造活动在台湾—吕宋岛弧和东沙隆起发生时间较早，东沙运动持续时间较长，由岛弧—陆缘—内陆构造活动强度依次逐渐降低，区域构造应力场以压性为主。5Ma以来台湾造山运动发生，吕宋岛弧向欧亚大陆碰撞产生了一系列密集的近东西向张性、张剪性断裂，并呈现拉张—走滑运动致使盆地接受大量沉积物。

5. 蓬莱运动（3—1Ma）

上新世末—更新世中期，台湾中央纵谷东、西两侧弧陆剧烈碰撞，台湾中央山脉快速隆起，台西盆地和珠江口盆地大面积抬升而遭受侵蚀或沉积间断，断裂活化，基性岩浆强烈活动；而台西南盆地由于处于台湾岛弧西南侧陆坡上，局部主压应力方向与北东东向断裂走向近乎一致，北东东向断裂发生强烈拉张，地壳减薄加剧，造成大幅度构造沉降，形成巨厚的第四纪沉积。与东海盆地的冲绳海槽事件、闽粤沿海的第三次事件和菲律宾岛弧的第五次事件相当。该事件在全区均可见到，岛弧地区构造活动强度最大，是岛弧地区最重要的挤压造山事件，也是与东亚地区现今地貌格局和河流水系最终定型密切相关的事件（黄慈流等，1994；程世秀，2012）。

第二节 南海南部

南海南部海域的新生代盆地主要位于婆罗洲地块（古近纪初期为巽他陆核一部分）的北面，南海西南次海盆和中央海盆的南面，西以万安东断裂为界，东以马尼拉海沟俯冲带的南延部分及在卡拉棉岛与民都洛岛之间的东倾断裂为界。

该区西南部重磁异常总体表现为北西向至近东西向，在中北部岛礁区，重磁高值异常走向总体呈北北东—北东向。在南沙海槽为重力低值异常区，且在南沙海槽两侧，具有明显的空间重力异常梯度带，正好对应南沙海槽北缘断裂和南沙海槽南缘断裂，还可见切割不同北东向重力异常的北西向异常带，对应了廷贾—李准断裂带和巴拉巴克断裂带。通常以廷贾—李准断裂为界将南海南部海域划分为西部的曾母地块和东部的南沙地块，又以巴拉巴克断裂为界将南沙地块分为永暑—太平地块和礼乐—巴拉望地块（金庆焕等，2000）。

一、主要断裂特征

南海南部断裂按走向划分，主要有北东向、北西向、南北向3组。进一步根据性质又可分为北东向张性断裂、北东向压性断裂、北西向走滑断裂和南北向走滑断裂。北东向张性断裂遍布全区，强烈活动于晚白垩世—始新世，晚古近纪以来继承性活动（詹文欢等，1995）。北东向压性断裂主要分布于南海南部陆缘附近，强烈活动于中中新世以后。北西向走滑断裂主要分布在南沙群岛南缘的边界处，强烈活动于古近纪和新近纪，断裂性质发生多期转变，多数切割北东向断裂。

1. 北东向张性控盆断裂

现今北东向张性断裂广泛分布于南海南部，但规模较小，原始走向可能为北北东向，由这些断裂构成的控盆断裂带主要包括海盆南缘、李准滩、柏礁、中业、大渊滩、忠孝滩、南沙海槽北缘等断裂带。这些断裂带由一系列倾向北西的阶梯状正断层组成，断层切割了晚白垩世—早中新世地层，新近纪虽然大部分断层停止活动或弱活动（詹文欢等，1995），但也有的切穿到上新统。以海盆南缘断裂带和南沙海槽北缘断裂最具代表性。

2. 北东向压性控盆断裂

北东向压性控盆断裂分布于南沙海槽盆地、巴拉望盆地的南缘和文莱—沙巴盆地的南缘，具有代表性的断裂为南沙海槽南缘断裂带（熊莉娟等，2012）。

与南海大多数北东向断裂以张扭性为主不同，南沙海槽南缘断裂以压扭性为主，该断裂带呈北东向延伸，中部被北西向的巴拉巴克断裂错切。该断裂带主断面倾向为南东向，南东盘向北仰冲，浅部发育多条同倾向逆断层，剖面上单个断层呈上陡下缓的犁式形状，向深部会入同一个主断面，整体表现为叠瓦式逆冲组合。白垩系以上地层均被错断并发生褶皱，断距较大，见有岩浆侵入活动。重力异常上表现为正的布格异常梯度带、明显的负自由空间异常梯度带和一系列“串珠”状的负自由空间异常（张殿广等，2009）。该断裂带主要活动于新近纪，第四纪仍有活动。

3. 走滑控盆断裂

走滑控盆断裂主要分布在巴拉望附近海域和曾母盆地。在巴拉望岛附近，北西向断裂为压性左旋断裂，可能与菲律宾板块和加里曼丹地块的向北迁移及逆时针旋转活动有关，强烈活动于古近纪和新近纪，第四纪为继承性活动，多为盆地形成后期改造断层，切割盆地。在曾母盆地附近，断裂具有张剪性，切割至基底，为曾母盆地的主要控盆断裂，强烈活动于渐新世至上新世，第四纪仍有活动。

二、构造运动与演化

南海南部盆地群的结构构造特征与在中生代末期—新生代时期不整合面记录的存在于整个南海南部的 4 次大的构造运动即礼乐运动、西卫运动、南海运动和南沙运动密不可分。其中礼乐运动造成盆地初始裂解、断陷；西卫运动使盆地的断陷—裂离、断坳（热沉降）加剧；南海运动使盆地由断陷—裂离向断坳转化；南沙运动主要表现为盆地的挤压性质和收缩—快速沉降（熊莉娟等，2012）。

1. 80—65Ma

中生代末期南海南部发生了礼乐运动，在地震剖面上表现为 T_g 不整合面，相当于基底不整合面。此次运动伴有中酸性—中基性岩浆活动，使局部地区地壳抬升遭受剥蚀或形成地层褶皱，礼乐盆地只是中生代地层遭受剥蚀，北康盆地与南薇西盆地内基本缺失古近系，当时曾母盆地尚未形成，因此未受影响。在巴拉望盆地内部，晚始新世碎屑岩覆盖在早白垩世及以前地层之上。这一区域性不整合面也见于南海北部地区，如台西南盆地渐新世浅海地层不整合于早—中白垩世河流相—浅海相地层之上。这次运动形成了早期北东向张性断裂和裂解不整合，控制了南海南部裂陷盆地群的早期陆缘裂陷期结构。

2. 42Ma

中始新世南海南部发生西卫运动，南海南部西侧形成了北西向和近南北向左旋走滑断裂带，如南海西缘断裂带等，并伴随着与断裂同生的中酸性及中基性的岩浆活动。南海南部的这次运动在地震剖面上表现为 T_{80} 不整合面，基本形成了南海南部盆地群的雏形，即在北西—南东向张应力作用下形成了南海南部裂陷盆地群的伸展裂陷期地层，为一系列地堑和半地堑结构，并形成了盆地内部北东向的隆坳构造格局。

3. 34—16Ma

早渐新世南海南部发生了南海运动。这次运动使南海南部开始形成北西向大型走滑断层，断层活动并切割了早期北东向张性正断层，使南海南部出现现今北东向的小规模张性断层，在盆地局部形成断块构造。这次构造运动与南海海盆的扩张有关，对南海不同地区的影响存在时间差异，可分为两幕：第Ⅰ幕发生在渐新世时期，表现为南海中央海盆和西北次海盆的扩张，在礼乐盆地表现为 T_{70} 不整合面，在北康、南薇西盆地表现为 T_{60} 不整合面；第Ⅱ幕发生在早中新世，表现为西南次海盆的扩张，在南海南部形成 T_{40} 不整合面。这两幕运动一起，形成了该区的坳陷期地层。

4. 16—10Ma

中中新世末南海南部发生南沙运动，在南海南部陆缘附近形成了一系列北东向的逆冲断层，使地表隆升并遭受剥蚀。在南沙海槽内部表现为 T_{20} 反射界面以下地层大规模前展式逆冲推覆现象；在文莱—沙巴盆地内部表现为北西向的逆冲推覆，变形持续到晚更新世；而在巴拉望盆地内部，部分第四纪地层也卷入北西向逆冲变形。在 T_{40}—T_{30} 反射界面期间，曾母盆地内部也存在明显的逆冲作用；但是，北康盆地、南薇西盆地、礼乐盆地并未卷入明显的逆冲推覆。

第三节 南海西部

南海西部从地貌或地壳属性上可划分为两个部分，即陆壳和洋壳。陆壳部分包括了南海北部陆架西段、印支陆架和南海南部广阔的陆架海域（即南沙地块）。洋壳部分可进一步划分为西北、西南和中央 3 个次海盆，陆壳和洋壳之间为过渡壳（刘宝明等，2006）。南海西部海域陆架上自北向南发育莺歌海、中建南、万安等一系列新生代菱形盆地，控制盆地群形态的断裂主要有北西西—北西向和近南北向两组深大断裂，北东—北北东向断裂为辅。

一、控盆断裂特征

南海西部断裂系主要由红河断裂带、南海西缘断裂带和万安东断裂带组成。早期红河断裂延伸入南海后，与南海西缘断裂和万安东断裂侧接，至南海西南部海域进一步可能分为两支，即卢帕尔断裂和廷贾断裂。南海西缘断裂以走滑拉分为主要特征，万安东断裂和卢帕尔断裂为典型的超壳、走滑双重构造的断裂系统（刘海龄等，2002）。

1. 红河断裂带

红河断裂带北西起自青藏高原，穿越云南及越南北部，向东南延伸入南海，是在晚二叠世—早三叠世金沙江—哀牢山缝合带的基础上于喜马拉雅期形成的位于印支地块与华南地块之间的巨型走滑带（许志琴等，2011），在陆地部分全长近 1000km。以奠边府断裂为界，红河断裂带可大致分为两段：西北段和东南段（孙珍等，2003）。其中，西北段北端为兰坪—思茅地块与义敦—扬子地块的分界带；东南段与黑水河断裂、马江断裂、长山断裂等北西向断裂带近平行，为印支地块与华南地块的分界断裂带。

2. 南海西缘断裂带

南海西缘断裂带，又称越东断裂带，位于南海西部陆架外缘的坡折处，北端始于 17°N 附近的海南岛南部海域，南至 10°N 与万安东断裂相连，为一条大致呈南北走向的断裂带，全长约 800km（孙龙涛等，2006）。南海西缘断裂带具有走滑构造的特征，该断裂带和万安东断裂带作为主干断裂，与附近北东向和北西向的次级断裂构成双马尾状断裂组合，断裂带在剖面上呈负花状构造；南海西缘断裂带与万安东断裂带在中建南盆地与万安盆地的交界处存在构造变换带，变换带北部主断裂以向东倾为主，南部以向西倾为主，在剖面上都呈负花状构造、犁式断裂和多米诺式反向正断层的构造组合（高红芳，2011）。

3. 万安东断裂带

万安东断裂带呈北北东走向，其南端位于纳土纳岛东北 5°N 附近，其北端在 10°N 左右，断面倾向在不同地段变化不定，在 9°30′N 以北断面东倾，在 9°30′N 以南断面西倾（吴进民，1997）。在平面上，该断裂表现为由一系列雁列式断裂组成（高红芳，2011），在地震剖面上可见到明显的花状构造，表现为张扭性断层。该断裂带对万安盆地的形成和发展（东断西超）有较强的控制作用。

二、构造运动与演化

南海西部新生代以来发生了神狐运动（礼乐运动）、西卫运动（对应南海北部珠琼运动）、南海运动和万安运动（对应南海北部东沙运动）等（表1-6-1）。神狐运动、西卫运动和万安运动控制了南海西部断裂带的性质以及盆地群的形成和演化。神狐运动和西卫运动期间，南海西部均处于拉张应力场中。其中，神狐运动期间大陆边缘裂解，盆地群以地堑、半地堑为特征，盆地群内单个盆地的雏形形成；其后的西卫运动加剧了盆地群内的地堑、半地堑活动。万安运动则使得研究区处于短暂的挤压环境，其对盆地群的影响自南向北逐渐减弱，形成自南向北的反转弱化，主要表现为曾母盆地、万安盆地、中建南盆地内均有明显的构造反转，而莺歌海盆地内则没有明显表现，除此之外，廷贯断裂、万安东断裂、南海西缘断裂受此运动影响表现为短暂的左行运动，红河断裂也表现为短期的压性左旋运动（安慧婷等，2012）（图1-6-1）。盆地群形成过程中，拉张应力场形成断裂带右旋走滑，同时造成盆地群的拉张沉降，如万安盆地内部的潜山构造、多米诺式断裂构造；相反，构造反转期间的挤压应力场造成断裂带左旋走滑，同时形成盆地群内部的挤压构造，如万安盆地内的背斜构造、掀断层等。

表1-6-1　南海西部构造运动与不整合面关系（据姚永坚等，2002）

地质年代				年龄/Ma	地震反射界面	构造层	构造运动	构造演化阶段
新生代	第四纪		Q	1.64		上构造层		坳陷阶段
	新近纪	上新世	N_2	5.2	T_2			
		中新世	N_1^3	10.4	T_3		万安运动	构造反转
			N_1^2	16.3		中构造层		拉分阶段
			N_1^1	23.3	T_4		南海运动	
	古近纪	渐新世	E_3^2	29.3				
			E_3^1	35.4				
		始新世	E_2^3	38.6	T_5		西卫运动	
			E_2^2	50.0		下构造层		断陷阶段
			E_2^1	56.5				
		古新世	E_1	65.0	T_6		神狐运动	
中生代		晚白垩世	K_3					

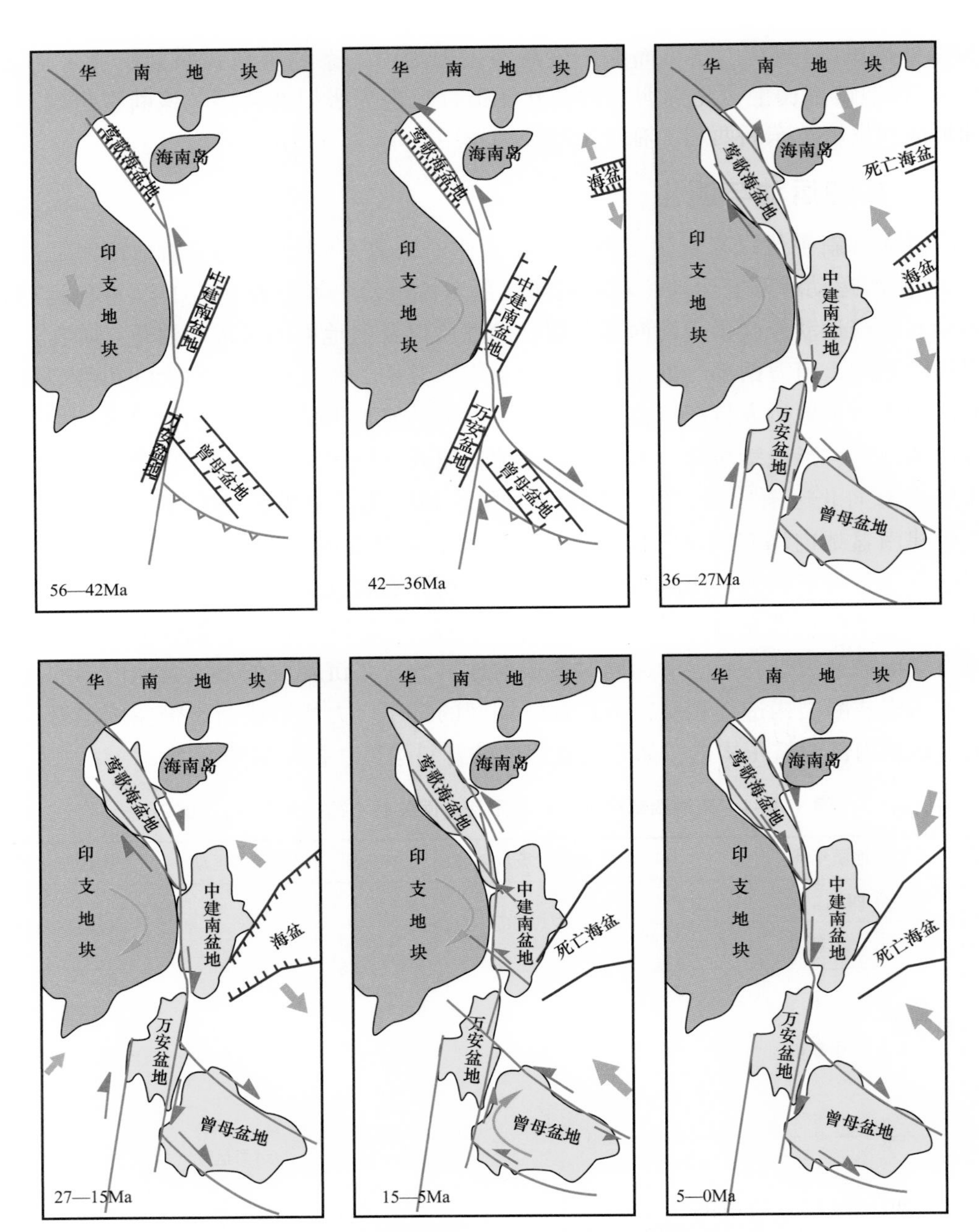

图 1-6-1　南海西部断裂和盆地群演化走滑拉分模式

其中 42—36Ma、27—15Ma 印支地块可能为被动旋转

第四节　南 海 东 部

南海东部是欧亚板块和太平洋板块或菲律宾海板块的交会地带，其东侧向东依次为马尼拉俯冲带、吕宋岛弧和东吕宋—菲律宾俯冲带，构成对倾的沟—弧—盆体系，为俯冲系统。其构造样式复杂，构造活动强烈，地震、火山活动频繁。南海东部大陆边缘经

历了复杂的构造演化，如沿马尼拉海沟的俯冲增生与俯冲消减（尹延鸿，1988）、沿台湾造山带的碰撞与楔入（Sibueta J C，2004）以及南海洋中脊俯冲产生的“板片窗”等深部复杂的岩石圈动力学过程（刘再峰等，2007）。

一、断裂组合样式

1. 马尼拉俯冲带走向

马尼拉俯冲带走向自北而南不断变化，北段以巴布延断裂为界，走向为北北东向；中段介于巴布延断裂和锡布延断裂之间，走向近南北向；南段为锡布延断裂以南，走向为北北西向。

与该俯冲带的三段性对应：北段东侧增生楔中以密集的弧形叠瓦式逆冲推覆为主，逆冲推覆方向指向西，是南海海盆向吕宋岛弧俯冲过程中仰冲盘的产物，俯冲盘的岩石圈弯曲也在海沟附近造成了一些北北东向的正断层；中段以南北向压扭性断裂为特征，总体平行马尼拉俯冲带，分布于该海沟东侧的狭长地带，可能伴随晚中新世强烈俯冲活动产生（Pautot，1989）；南段在岛弧上发育密集的北西—北西西向走滑断裂，是主要的控盆断裂，限制了同期的北东向和北东东向断裂，具有左旋走滑性质，至今仍有明显的活动，其形成年代晚于北东向断裂，大约为6Ma。晚中新世的断层活动是由于菲律宾海板块向吕宋岛弧斜向俯冲运动，导致了左旋滑动，并沿菲律宾大断裂产生应变分解，导致断裂东、西两侧的左旋走滑分量不同，并产生一系列次级北西向走滑断裂。

南海东部俯冲系统内的断裂活动早期大致始于中新世，可能与岛弧内部块体拼合有关；而晚期的断裂开始活动年代总体具有由南往北变新的趋势，总体可分为3个阶段，对应该俯冲系统的3个分段，而分割该俯冲系统的断裂主要为北西—北西西向走滑断层，构成分段边界，调节着不同段的应变，从南到北普遍发育，形成相对较晚。最终菲律宾大断裂切割中段和南段的所有构造，并将现代地震分割为东、西两个区域，西侧地震较少，东侧地震较密集。

2. 盆地内部断裂组合

位于南海东部偏西北部的台西南盆地，内部断裂发育，其中北东东向断裂是控制盆地构造格架的主断裂。经过多期断裂的改造，台西南盆地形成了现今“一隆两坳”的构造格局（钟广见，2008；Bautista B C，2001；Schnurle P H，2011），东侧边界为西倾的逆冲断层，西侧边界为压扭性断层，北东东向正断层控制盆地次级构造单元，总体表现出盆地晚期受台湾造山带的碰撞挤出特征。

处于挤压大背景下的北吕宋海槽，是南海北部一个弧前盆地，位于恒春海脊与吕宋岛弧之间。海槽的东部地层水平产出，不整合覆盖在吕宋岛弧之上，西部由于马尼拉俯冲带或部分北部陆架平缓俯冲产生隆起变形（Bautista B C，2001），北东向断层发育于近水平的沉积层下，主体向西逆冲，使得西侧的恒春海脊抬升，沉积地层发生向东的掀斜。

西吕宋海槽处于吕宋岛中段，位于民都洛岛以北，马尼拉海沟与吕宋岛弧之间，早期为张性断陷，后期随着增生楔挤压和逐渐抬升，形成了巨厚的沉积，部分正断层反转，新沉积的地层发生向东的掀斜，在浅部沉积层中发育大量小型张性断裂。最后，海槽东侧发育一系列切割半地堑基底的北西向走滑断层。

二、主要构造单元

1. 台湾造山带

台湾造山带起始于6Ma的菲律宾海板块和欧亚大陆的会聚碰撞，碰撞最为强烈的时期在2Ma左右；西部是中始新世以来伸展背景下形成的南海北部陆坡，东侧是向北西运动的菲律宾海板块最前缘的吕宋岛弧。其主要构造单元包括台湾增生楔、中部造山带和海岸造山带。由于吕宋岛弧北北西向与欧亚大陆沿中央纵谷断裂平移拼贴，在台湾地区形成了北北东向展布的中部造山带和西侧的台西前陆盆地（许鹤华等，2007；李家彪，2005）。

2. 马尼拉俯冲系统

马尼拉俯冲带主体紧邻西面的南海东部的中央海盆，整体呈近南北向分布的向西突出的弧形构造，北连台湾造山带，南接民都洛构造带，东依吕宋岛弧和西菲律宾海板块。俯冲带内部构造复杂，构造上自西向东可划分为近似平行排列的马尼拉海沟、非火山弧形增生楔、北吕宋海槽和西吕宋海槽弧前盆地及吕宋火山岛弧，构成了南海东部俯冲系统。

3. 菲律宾海板块及其俯冲系统

菲律宾海板块形状大致为一个南北长、东西短的菱形，板块几乎被菲律宾海所覆盖，是典型的大洋板块（李常珍等，2000）。板块周边基本上是以俯冲为主的会聚边界，东部边界是自北向南以伊豆—小笠原海沟、马里亚纳海沟、雅浦海沟和帕劳海沟与西太平洋板块分割；西缘自北向南以琉球海沟、东吕宋海沟和菲律宾海沟与欧亚板块衔接（瞿辰等，2007；丁巍伟，2005）。

菲律宾海板块沿菲律宾群岛东部边缘俯冲。菲律宾海海沟呈北北西向延伸，北至本哈姆高原西南侧，南至哈马赫岛（李常珍等，2000），负重力异常明显。北部的北吕宋海沟标志着北北东向中中新世俯冲带，重力负异常，地震活动强烈，但没有形成与俯冲相关的火山（Lewis S D，1983；Hamburger M W，1983）。

4. 南海中央海盆

根据南海海盆水深、海底地形、地貌的特征，将南海中央海盆分为3个次级海盆：西北次海盆、东部次海盆和西南次海盆（邱燕，2020）。南海中央海盆经历了两期重要扩张阶段，分别为34—25Ma的早期南北向扩张阶段以及24—16Ma的晚期北西—南东向扩张。扩张速率具有不对称性，东部扩张速率大于西部的，南部扩张速率大于北部的（李家彪，2005）。后期扩张属慢速扩张，具有分期次、脉动式、不对称扩张的特点（Grindlay，1992）。在海盆底部分布有一系列东西向分布的晚期火山链，其中以15°N左右近东西向和北东东向的珍贝—黄岩火山链规模最大（杨蜀颖等，2011）。此海山链被认为是南海的残留扩张中心（Taylor，1983），在中新世之前类似于西南次海盆的裂谷，到中中新世受火山喷发影响形成海山链，并沿马尼拉海沟俯冲、挤入，在增生楔中段形成挤入构造或构造底侵，对该处的断裂活动、空间展布和构造应力产生影响（李家彪等，2002）。

第七章 烃 源 岩

南海各盆地主力烃源岩沉积相围绕中央海盆呈环带状分布（图 1-7-1），主要包括湖相烃源岩、海陆过渡相煤系烃源岩及陆源海相烃源岩 3 类（张功成，2015）。

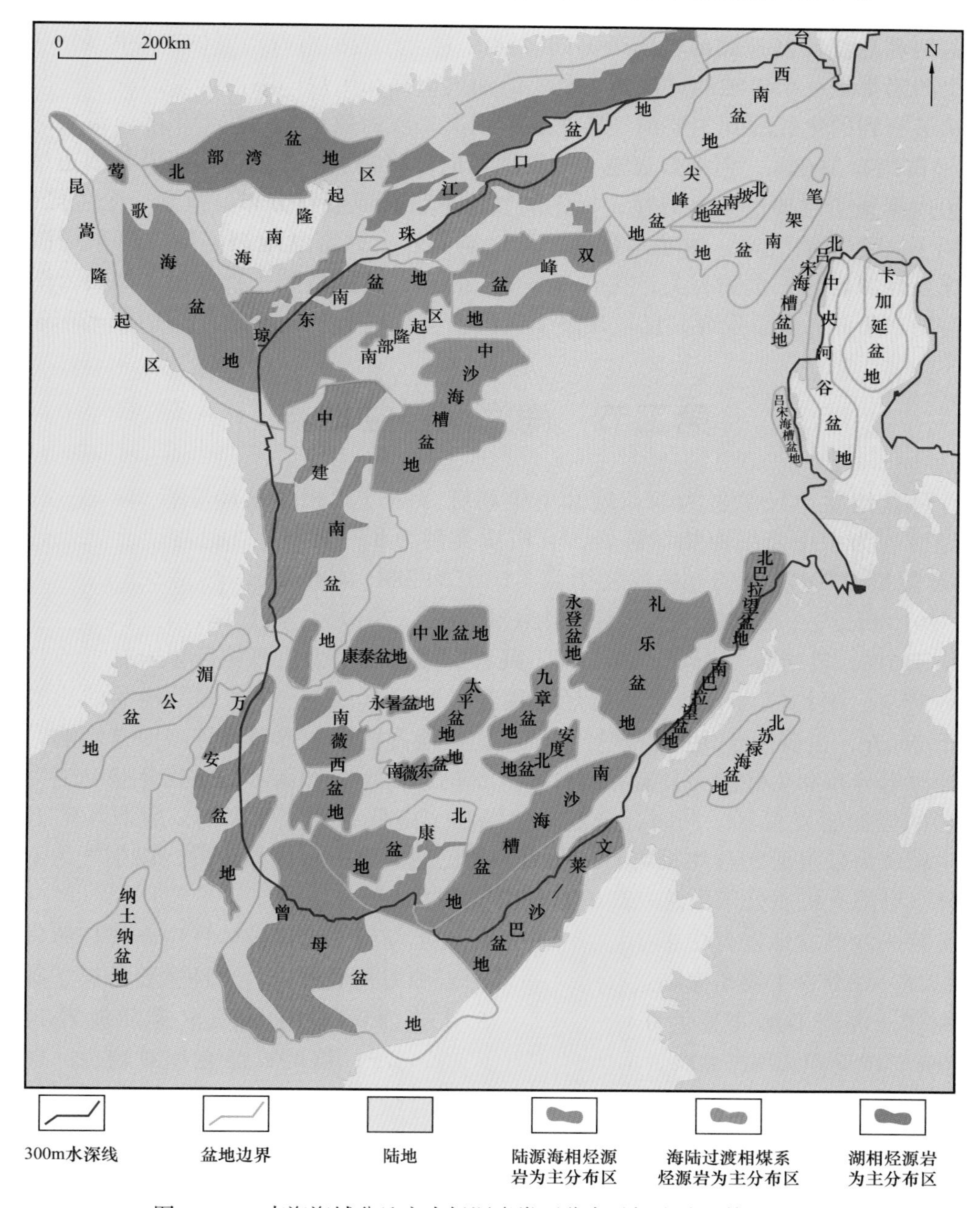

图 1-7-1　南海海域盆地主力烃源岩类型分布（据张功成等，2016）

第一节　南海北部盆地群

在南海北部边缘盆地古近系+新近系钻遇的主要烃源岩有：始新统文昌组和流沙港组中深湖相烃源岩，下渐新统恩平组和崖城组滨海沼泽相（或河湖沼泽相）煤系、半封闭浅海相烃源岩，以及中新统三亚组—梅山组、珠江组与上新统底部莺歌海组浅海相和半深海相烃源岩等三大类（马文宏，2008）。

断陷期沉积的烃源岩在上覆层作用下逐渐深埋，有利于油气的成熟和转化。由于北部湾盆地和珠江口盆地北部坳陷带不同时期的生烃凹陷都沿着当时的主要断裂带展布，每一个凹陷都是一个单独的成烃区，重要的油气田都在生烃凹陷内部或围绕生烃凹陷分布。从最有利的生烃区到主要油气田的运移距离一般为数千米到数十千米，最大的流花11-1油田约有100km，但多数表现为短距离侧向运移特点。在深洼陷区及其周边最有利的圈闭内聚集了主要的油气储量，周围油气田呈带状或环状分布，找到一个生烃凹陷，就找到了一个富油气区。琼东南盆地、珠二坳陷和台西南盆地裂陷期以煤系烃源岩为主，煤系烃源岩与三角洲有关，找到含煤的三角洲，就能找到一批气田。如白云凹陷北坡的番禺三角洲，煤系发育，已发现多个气田，储量超千亿立方米（张功成，2013）。

第二节　南海南部盆地群

曾母盆地主力烃源岩为渐新统和下中新统海陆过渡相煤系烃源岩和海相烃源岩，次要烃源岩为中中新统海相烃源岩，有机质类型为Ⅱ—Ⅲ型。在近岸带，煤系烃源岩有机碳含量（TOC）大于6%，氢指数（HI）为388～406mg/g，热解烃含量（S_2）为8.03～291.00mg/g，具有较大的生烃潜力（张功成，2017）；而远岸带有机碳含量降低，普遍小于1%，氢指数为164～300mg/g，具有中等生烃潜力。海相烃源岩有机碳含量为0.3%～5.5%、平均值为1.4%，热解烃含量普遍小于10mg/g，绝大多数样品的热解烃含量小于2mg/g，主要属于中等—好烃源岩。受盆地古构造、古环境等多因素影响，不同部位烃源岩分布和生烃能力具有差异性，北部的康西坳陷和南部的东巴林坚坳陷为盆地最有利的烃源岩发育区。同时，受盆地地温场“南低北高”的影响，康西坳陷上渐新统—中新统海陆过渡相含煤页岩有机质大多数已达成熟—过成熟阶段，以生气为主，而东巴林坚坳陷有机质处于成熟—高成熟阶段，以生油为主。

文莱—沙巴盆地发育中中新统、上中新统和上新统3套烃源岩，中新统烃源岩是主力烃源岩。烃源岩主要是海陆过渡相煤系烃源岩和海相烃源岩，岩性主要为煤、碳质泥岩和泥岩。泥岩TOC主要为0.4%～6.0%，S_2主要为0.1～10.0mg/g；碳质泥岩TOC主要为6%～10%和20%～40%，S_2主要为10～100mg/g；煤的样品点相对较少，TOC主要为50%～60%，S_2大于100mg/g，为中等—好烃源岩（张功成，2017）。由于文莱—沙巴盆地地层年代新、埋藏浅，且盆地地温梯度低，主体为16～36℃/km，烃源岩主要处于成熟—高成熟阶段，以生油为主。

北康盆地发育始新统、渐新统和下中新统3套烃源岩。始新统烃源岩有机质类型为

Ⅱ—Ⅲ型，TOC 主体小于 1.0%，S_1+S_2 小于 1.0mg/g，氢指数小于 100mg/g，烃源岩为一般—中等烃源岩（张功成，2017）。渐新统—下中新统发育海岸平原相、海相烃源岩，有机质类型为Ⅱ—Ⅲ型。渐新统烃源岩 TOC 可达 40%～60%，泥岩 TOC 为 1%～2%，S_1+S_2 小于 100mg/g，氢指数为 100～200mg/g；下中新统烃源岩 TOC 可达 40%～70%，泥岩 TOC 为 0.5%～2.0%，S_1+S_2 小于 10mg/g，氢指数为 50～150mg/g，烃源岩为好—极好烃源岩。北康盆地烃源岩多处于成熟—过成熟阶段，是油、气兼生的盆地。

礼乐盆地发育下白垩统、古新统—始新统和下渐新统 3 套烃源岩。下白垩统海陆交互相烃源岩 TOC 最高仅为 0.7%，多数为非烃源岩，S_1+S_2 为 0.2～0.76mg/g，评价为差—中等烃源岩。古新统—始新统浅海相烃源岩机质丰度较高。古新统烃源岩 TOC 为 0.55%～1.77%、平均值为 1.25%，S_1+S_2 为 0.18～0.24mg/g，评价为差—中等烃源岩；中—下始新统烃源岩 TOC 最高达 1.54%、平均值为 0.77%，S_1+S_2 为 0.07～6.07mg/g，评价为差—中等烃源岩；上始新统烃源岩 TOC 为 0.5%～3.53%、平均值可达 0.85%，S_1+S_2 为 0.16～5.38mg/g，评价为中等—好烃源岩。渐新统浅海相烃源岩 TOC 为 0.4%～3.53%、平均值可达 1.42%，S_1+S_2 为 0.29～5.38mg/g，少数为好烃源岩。

第三节 南海西部盆地群

万安盆地发育渐新统、下中新统和中中新统 3 套烃源岩，干酪根类型为Ⅱ—Ⅲ型，自下而上烃源岩地球化学指标有逐渐变差的趋势。渐新统烃源岩具有早陆晚海的特征，早期以湖泊相泥岩为主，晚期以海陆过渡相泥岩为主，TOC 大部分大于 1%，主体位于 1%～10% 之间，氢指数为 200～300mg/g，干酪根类型以 $Ⅱ_1$—$Ⅱ_2$ 型为主（姚伯初，2006），总体评价属于中等—好烃源岩；下中新统烃源岩具有三角洲—滨浅海的烃源特征，TOC 大部分大于 1%，氢指数为 200mg/g，干酪根类型以Ⅱ—Ⅲ型为主，总体评价也属于中等—好烃源岩；中中新统烃源岩干酪根类型为Ⅲ型，地球化学指标比较差，为差—中等烃源岩。所有钻井样品分析显示，下中新统—渐新统烃源岩 R_o 主要分布在 0.5%～1.0% 之间，大部分处于成熟阶段。TL-1X 井和 TL-2X 井渐新统烃源岩在中中新世开始生油，随后达到生油高峰，现今以产裂解气为主；下中新统烃源岩则在晚中新世达到生油高峰，现今以产高熟原油和伴生气为主；中中新统烃源岩现今以产低熟原油和生物气为主；中东部比西部地层厚度、埋深大，有机质热演化程度高。

中建南盆地发育古新统—中始新统、上始新统—渐新统、下中新统—中中新统 3 套烃源岩。古新统—中始新统烃源岩主要为浅湖—沼泽相和浅湖—半深湖相泥岩，有机碳含量为 0.85%～0.75%，干酪根类型为Ⅱ—Ⅲ型；上始新统—渐新统烃源岩以潟湖相、滨海—浅海相泥岩为主，泥岩有机碳含量为 0.49%～1.56%，煤和碳质泥岩的有机碳含量为 13.26%～21.43%，干酪根类型为Ⅱ—Ⅲ型；下中新统—中中新统烃源岩主要为浅海—半深海相泥岩，有机碳含量为 0.69%～0.93%，干酪根类型为Ⅱ—Ⅲ型（李金有等，2007）。盆地地温梯度较高，为 2.40～5.09℃/100m，有利于烃源岩的高效转化。古新统—渐新统烃源岩处于成熟—高过成熟演化阶段，既生油又生气（李金有等，2007），中部凹陷是盆地油气生成和储集的有利区域，最大厚度超过 9000m。

莺歌海盆地烃源岩主要为渐新统滨岸平原沼泽相和中新统三角洲—浅海相泥岩。渐新统烃源岩有机碳含量0.64%～1.96%，有机质类型为Ⅱ型和Ⅲ型，生烃潜力较高，这套烃源岩在中央坳陷的埋深普遍超过万米，有机质热演化已进入过成熟阶段；中新统烃源岩有机质丰度为0.4%～0.5%，有机质类型为偏腐殖混合型—腐殖型，该盆地地温梯度高达4.25℃/100m，处于成熟—高成熟阶段，地层厚度大、分布广，仍然具有相当规模的生烃能力，以生气为主（张功成等，2013）。

第八章 油气资源潜力与勘探方向

第一节 南海北部海域

一、油气资源潜力

南海北部海域珠江口盆地、北部湾盆地、莺歌海盆地及琼东南盆地油气资源丰富。其中，北部湾盆地以石油资源为主，莺歌海盆地、琼东南盆地以天然气资源为主，珠江口盆地石油、天然气资源兼备。四大盆地累计石油地质资源量 110.390×10^8t，累计天然气地质资源量 $12.58\times10^{12}m^3$；累计待探明石油地质资源量 99.04×10^8t，占南海北部海域总石油地质资源量的89%，累计待探明天然气地质资源量 $11.97\times10^{12}m^3$，占南海北部海域总天然气地质资源量的95%。从资源分布来看，石油地质资源主要分布在珠江口盆地，占南海北部海域总石油地质资源量的67%，其次为北部湾盆地，石油地质资源占南海北部海域总石油地质资源量的19%，此外琼东南盆地的石油资源也有勘探潜力，整体处于待探明状态；天然气地质资源主要分布在琼东南盆地和莺歌海盆地，分别占南海北部海域总天然气地质资源量的41%和35%，其次为珠江口盆地，占南海北部海域总天然气地质资源量的24%。

珠江口盆地珠一坳陷的惠州凹陷、陆丰凹陷和西江凹陷以及东沙隆起和顺鹤隆起的石油资源丰富，其累计石油地质资源量 41.20×10^8t，占盆地石油总地质资源量的55%。天然气地质资源量主要分布于珠二坳陷的白云凹陷和云开低凸起、东沙隆起、云荔低隆起、珠三坳陷的文昌A凹陷、珠四坳陷的荔湾凹陷，其地质资源量均超过 $1500\times10^8m^3$，累计 $2.53\times10^{12}m^3$，占盆地天然气总地质资源量的85%。珠江口盆地待探明地质资源量分别为石油 65.87×10^8t、天然气 $2.84\times10^{12}m^3$；可采地质资源量分别为石油 26.43×10^8t、天然气 $1.63\times10^{12}m^3$。待探明原油资源主要分布于珠一坳陷的陆丰凹陷、惠州凹陷、西江凹陷和恩平凹陷以及顺鹤隆起、东沙隆起、番禺低隆起及珠三坳陷的文昌A凹陷，累计 46.41×10^8t，占盆地待探明石油地质资源量的70%。待探明天然气资源主要分布于珠二坳陷的白云凹陷、云开低凸起和开平凹陷以及东沙隆起、云荔低隆起、珠三坳陷的文昌A凹陷、珠四坳陷的荔湾凹陷，累计 $2.53\times10^{12}m^3$，占盆地待探明天然气地质资源量的89%。

琼东南盆地石油资源主要分布在华光凹陷、北部坳陷的崖北凹陷和松东凹陷、中部隆起的松涛凸起；天然气资源主要分布于华光凹陷、中央坳陷的乐东—陵水凹陷、长昌凹陷、松南低凸起和松南—宝岛凹陷，其天然气地质资源量均超过 $5000\times10^8m^3$，累计 $3.65\times10^{12}m^3$，占盆地总地质资源量的71%。盆地待探明地质资源量分别为石

油 14.89×10^{8}t、天然气 $49747\times10^{8}m^{3}$，可采地质资源量分别为石油 6.00×10^{8}t、天然气 $3.18\times10^{12}m^{3}$。待探明天然气资源主要分布于华光凹陷、中央坳陷的乐东—陵水凹陷、长昌凹陷、松南低凸起和松南—宝岛凹陷，地质资源量均超过 $5000\times10^{8}m^{3}$，累计 $3.55\times10^{12}m^{3}$，占待探明总地质资源量的71%。

莺歌海盆地天然气资源主要分布在中央坳陷莺歌海凹陷，地质资源量为 $4.22\times10^{12}m^{3}$，占盆地总地质资源量的95%。盆地天然气待探明地质资源量为 $4.16\times10^{12}m^{3}$，待探明可采地质资源量为 $2.56\times10^{12}m^{3}$。待探明天然气资源主要分布于中央坳陷莺歌海凹陷，其天然气待探明地质资源量为 $3.96\times10^{12}m^{3}$，占待探明总地质资源量的95%。

北部湾盆地石油资源主要分布于北部坳陷的涠西南凹陷、南部坳陷的乌石凹陷、迈陈凹陷和雷东凹陷，地质资源量累计 19.59×10^{8}t，占盆地总资源量的92%。待探明石油地质资源量为 18.28×10^{8}t，可采地质资源量为 4.41×10^{8}t，主要分布于北部坳陷的涠西南凹陷、南部坳陷的乌石凹陷、迈陈凹陷和雷东凹陷，累计地质资源量为 15.23×10^{8}t，占待探明总地质资源量的83%。

二、有利勘探方向

北部湾盆地是南海西部油田重要的产油区，是近年来重要的石油储量接替区，其中涠西南凹陷、乌石凹陷是盆地主要油气产量区，海中、迈陈、雷东等凹陷是盆地重要的储量后备区。涠西南凹陷为富生烃凹陷，现已实现三维地震全覆盖，是一个勘探程度较高的成熟区，是南海西部油田滚动勘探开发的重点实施区。涠西南凹陷可划分为五大重点区带：油田核心区、斜阳斜坡、东南斜坡、涠西南低凸起倾没端及周缘流三段、涠10–3周缘流三段及石灰岩潜山，仍具有较大的勘探潜力。乌石凹陷是北部湾盆地已证实的第二个富生油凹陷，亦是储量的现实接替区。乌石凹陷有包括东区反转构造带、北部斜坡带、中区走滑断裂带、南部陡坡—流沙凸起在内的4个重点勘探区带。东区反转构造带为勘探成熟区，已发现储量主要位于该区带，是寻找优质储量的最现实领域；南部陡坡—流沙凸起发育流沙港组陡坡扇及新近系披覆背斜，紧邻乌石主生烃灶，成藏条件优越，是拓展勘探的重要领域。此外，包括海中、迈陈、雷东等凹陷是已证实（潜在）生烃洼陷，生烃潜力大，勘探程度低，是下一步勘探的有利区和重要后备区。

莺歌海盆地中央泥底辟带含油气系统浅层天然气勘探程度相对较高，中深层天然气勘探及研究程度尚低，迄今为止中深层天然气勘探均仅仅涉及中深层上部的一部分即上中新统黄流组一段（2700～3200m），而20世纪90年代发现的中深层下部上中新统黄流组二段和中中新统梅山组及下中新统三亚组九大不同构造类型圈闭系列，具备较好天然气运聚成藏地质条件，预测其天然气地质资源量超过万亿立方米，但由于受多种因素影响至今尚未钻探。因此，中央泥底辟带中深层深部高温超压天然气勘探领域仍然是将来莺歌海盆地大中型天然气田勘探发现的主战场和进一步拓展勘探成果的新领域。中央泥底辟带含油气系统东方区天然气勘探程度相对较高，已发现如东方1–1、东方13–2、东方13–2等气田，仍有较大潜力；乐东区勘探程度相对较低，是储量的重要增长点，而且中南部昌南泥底辟发育区勘探及研究程度低，且具备较好油气成藏地质条件，亦是该区将来重要的天然气勘探新领域（何家雄，2016）。

琼东南盆地中央坳陷带及南部深水区勘探及研究程度甚低、前景广阔，乐东—陵水凹陷上中新统黄流组水道砂大中型气藏及中中新统梅山组海底扇大中型气藏的资源潜力及勘探前景看好，尚有待进一步勘探发现与挖潜拓展（杨金海，2014；张功成，2010）。另外，西南部华光凹陷和东南部松南—宝岛凹陷及长昌凹陷等区域油气成藏条件较好，尚有待勘探突破。尤其是华光凹陷油气成藏地质条件极佳，资源潜力巨大，预测油气地质资源量超过 30×10^{8}t 油当量，其应是该区最具油气资源潜力及深水油气勘探前景最佳的重点区域。同时，上述深水区海底浅层也是天然气水合物分布富集区，海洋地质调查海底取样均已发现天然气水合物实物样品，表明该区天然气水合物资源非常丰富，亦是非常规油气最具勘探潜力的重点区域（何家雄，2016）。

珠江口盆地珠一坳陷及珠三坳陷浅水区油气勘探及研究程度较高，已勘探发现大量油气田，但尚可进一步挖潜拓展，尤其是该区中深层油气勘探领域，具备较好油气成藏地质条件，是勘探寻找古近系自生自储原生油气藏的重要勘探领域（舒誉，2014）。珠二坳陷深水区勘探研究程度较低，虽然近年来已勘探发现一些大中型油气田，但该区西南部及东北部很多区域尚未勘探，且该区白云凹陷生烃潜力大、烃源供给充足，预测其油气地质资源量超过 32×10^{8}t 油当量，具有巨大资源潜力和油气勘探前景，而且亦是南海北部天然气水合物资源富集区，2007 年和 2013 年均获得了天然气水合物勘探的重大突破。因此，该区应是深水油气及天然气水合物等多种资源的重点勘探开发区（何家雄，2016）。

第二节　南海中南部海域

一、油气资源潜力

南海中南部海域 14 个沉积盆地总面积为 75×10^{4}km^{2}，油气资源十分丰富。根据南沙海域主要盆地的勘探程度、最新收集的大量分析化验资料，以及近年来综合地质最新研究成果与认识，应用盆地模拟法、油气田规模序列法、规模概率分布法、勘探效率分析法、地质—统计模型综合法、面积丰度类比法等 6 种方法分别计算了油气资源量，并采用对数正态概率法获得各盆地油气地质资源综合评价结果。南沙海域主要盆地累计石油地质资源量为 201×10^{8}t，累计天然气地质资源量为 32.4×10^{12}m^{3}（张厚和，2018）；其中，中国海域内石油地质资源量为 116×10^{8}t，天然气地质资源量为 26.3×10^{12}m^{3}。从资源分布盆地来看，南海中南部中国海域内油气资源主要分布于文莱—沙巴盆地、曾母盆地、万安盆地，三大盆地累计地质资源量占总量的 72.5%（张厚和，2011）。中国海域内文莱—沙巴盆地石油地质资源量居首位，其次是曾母盆地，二者约占石油资源总量的 1/2，是极富石油资源的盆地。天然气地质资源主要集中于曾母盆地，其次分布于万安、礼乐、文莱—沙巴、北康等盆地等。从资源分布的深度（h）来看，中国海域内石油地质资源量主要分布于中深层（2000m$\leqslant h<$3500m）、浅层（$h<$2000m），占比分别为 62.9%、27.0%，深层（3500m$\leqslant h<$4500m）、超深层（$h\geqslant$4500m）相对较少；天然气地质资源量也主要分布于中深层、浅层，占比分别为 57.7%、33.0%。

截至 2014 年 6 月，南沙海域主要盆地已发现油田 41 个、气田 157 个、油气田 158

个，合计356个。按地质储量大于1000×10^4t油当量统计，万安盆地已累计发现大熊、蓝龙和兰多等32个油气田和多个含油气构造。截至2013年，周边国家在南海共发现油气田累计地质储量分别为石油44.71×10^8t、天然气$7.0196\times10^{12}m^3$，累计可采地质储量分别为石油15.60×10^8t、天然气$5.314\times10^{12}m^3$。

南海中南部海域待发现的地质资源量：石油156.29×10^8t、天然气$25.39\times10^{12}m^3$。待发现石油资源主要分布于曾母盆地、文莱—沙巴盆地和万安盆地，其次是北康盆地、南薇西盆地和礼乐盆地等；待发现天然气资源主要分布于曾母盆地，其次是万安盆地、礼乐盆地、文莱—沙巴盆地、北康盆地和南薇西盆地等。

二、有利勘探方向

南海中南部主要盆地发育众多有利勘探区，油气勘探前景非常乐观。根据盆地石油地质条件、资源潜力、勘探成效等，将南海中南部主要盆地分为三类：

一类盆地：万安、曾母、文莱—沙巴等盆地。盆地面积大，油气资源丰富，勘探开发程度高，勘探成效好，已发现较多油气田。

二类盆地：南薇西、北康、中建南、礼乐等盆地。盆地面积较大，资源潜力大，已有油气发现。

三类盆地：其他盆地。盆地面积较小，资源潜力小，油气成藏条件有待证实。

其中，二类盆地中南薇西、中建南、北康、礼乐等盆地勘探程度低，资源潜力较大，是南海中南部勘探的重点盆地，应在这些盆地内寻找有利区带作为有利勘探方向。

南薇西盆地位于中国海域内，已发现构造圈闭26个，油气有利勘探区是中部隆起。该盆地已发现1个油田，证明此盆地为生烃盆地。该有利勘探区位于中部坳陷和南部坳陷之间，坳陷主要发育渐新统湖相—过渡相烃源岩，油源充足，该区具有中—高地温场，对有机质向烃类转化有利，烃源岩处于成熟—高成熟阶段，生成大量的石油和天然气。储层主要为渐新统—中新统三角洲、滨海砂岩和中—上中新统碳酸盐岩/礁灰岩。发育盖层较厚，圈闭发育多，是油气聚集的有利场所。南部坳陷为南薇西盆地中主要生烃凹陷，中部隆起是中部坳陷和南部坳陷生成油气的优势运移方向，是油气聚集的理想场所。此外，该盆地次一级的有利勘探区是北部隆起。盆地重点的勘探方向是在中部隆起寻找有利目标进行钻探。

北康盆地位于中国海域内，周边国家在该盆地已发现油气田2个，证实了该盆地为生烃盆地。盆地油气有利勘探区是中部隆起，该区南、北两边是盆地渐新统和下中新统2套烃源岩的主要分布区。储层主要为渐新统—中新统三角洲、滨海砂岩和中—上中新统碳酸盐岩/礁灰岩。中部隆起区由于位于两个有效生烃坳陷（西部坳陷和南部坳陷）之间，油气源充足，处于油气运移指向上，并且长期居于盆地的相对高部位，储层较发育，储集物性较好，因此其油气勘探远景在北康盆地中最好。另外，该盆地还存在次一级的有利勘探区，分别是东北隆起、东部隆起以及东部坳陷、西部坳陷。盆地重点的勘探方向是在中部隆起寻找有利目标进行钻探。

礼乐盆地位于中国海域内，中国在该盆地已开展大量研究工作，在盆地结构、构造、沉积、成藏研究及目标评价等方面取得了大量成果和认识；盆地共划分了10个构造带，发现了36个主要圈闭。盆地油气有利勘探区是北部坳陷，坳陷内已发现1个气田，证明此坳陷为生烃坳陷。坳陷主要烃源岩是始新统海相烃源岩，油源充足。储层主要为始新统—中新统三角洲、滨海砂岩和上渐新统—下中新统碳酸盐岩/礁灰岩，储盖也较发育。圈闭发育于坳陷内部，油气短距离运移成藏，是油气成藏的有利部位。该盆地还存在次一级的有利勘探区，分别是中部隆起、南部坳陷。盆地重点的勘探方向是在北部坳陷寻找有利目标进行钻探。

第二篇
珠江口盆地

第一章 概 况

第一节 自然地理

珠江口盆地位于南海北部、华南大陆以南、海南岛与台湾岛之间的广阔陆架和陆坡区，东经111°20′—118°17′，北纬18°25′—23°00′。盆地大致呈北东向展布，长约800km，宽约300km，面积202768km^2，是中国南海北部最大的含油气盆地（图2-1-1）。盆地内水深50～2000m，其中珠一坳陷、珠三坳陷水深在100m左右，珠二坳陷主体水深在300～1800m。在南部隆起带以外的南部坳陷带水深可达2500m以上。

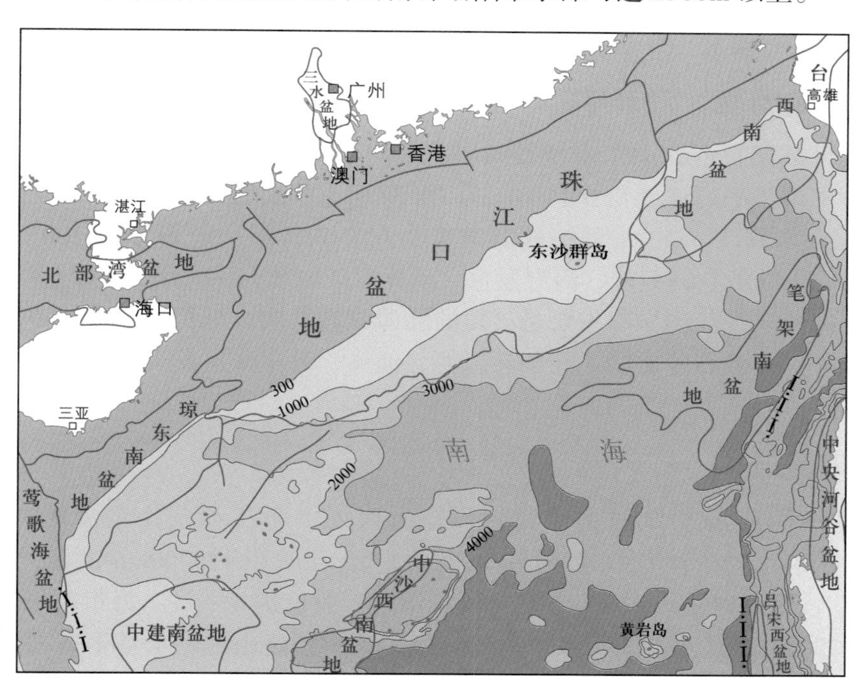

图2-1-1 珠江口盆地地理位置示意图

一、气候

珠江口盆地北部平均气温为21～23℃，最高气温为39℃，最低气温在0℃左右。海底温度在16～23℃之间。年降雨量1700mm以上，最低降雨量不少于1300mm。最大绝对湿度为28.6cm，年平均相对湿度为80%～85%。

南海北部每年10月到次年3月盛行东北季风，平均风力5级左右，强冷空气南下时，风力可达7～8级，甚至9～10级。每年6—8月盛行西南季风，平均风力3～4级，最大风力达 7～8 级。夏半年平均风速 5～5.7m/s，冬半年平均风速 6.6～8.8m/s，全年平均风速 6～7.4m/s。每年有 10～20 个台风（热带风暴）活动，7—9 月是台风活动盛行期，台风活动过程中伴随有狂风、暴雨、巨浪和风暴潮。北部东海区（113° 以东）出现过中心风速大于 50m/s 的强台风，其最大风速达 75m/s。

二、海浪、海涌、海流、潮流

由于季风影响明显，冬半年盛行东北浪，浪高 0.9～2m，平均浪高 1.5m；夏半年盛行南浪和西南浪，浪高 0.6～1.2m，平均浪高 1m。

冬半年盛行东北涌，平均涌高 2m；夏半年盛行西南涌，平均涌高 1.5m。每年 11 月平均涌高最大为 2.4m，4 月最小为 1m。为此，地震采集活动多选择在夏半年 4—9 月进行。

冬半年的海流在东经 116° 以西为强劲的西南向流，平均流速多在 0.5 节左右，东经 116° 以东为强而稳定的东北向流，平均流速多在 0.5 节以上。夏半年的海流以珠江口为界，以西为西南向流，平均流速 0.4～0.6 节，以东为东北向流，平均流速多在 0.5 节以上。

整个海区为往复流，广东近海多为不规则半日潮流，外海为不规则日潮流。

三、海底地貌、海洋矿产

南海北部陆架自西北向东南微微倾斜，平均坡度为 0°3′38″。在水深 20～50m 范围内地形特别平缓，平均坡度为 0°1′～0°2′；水深 50～70m 的海底地形相对变陡，平均坡度为 0°4′；在水深 75～100m 的海底其坡度为 0°3′10″～0°11′。从水深 200～300m 为陆架坡折带，以下陆坡急剧变陡，沟壑发育。从外海陆坡区向深海平原呈阶梯状下降。

南海北部陆架现代沉积物主要是三角洲陆源碎屑物质，沉积物中经矿物鉴定主要有锆石、钛铁矿、金红石等矿物。在阳江以西，汕头、海丰区还发现独居石。新生界富含石油、天然气。

四、河流

珠江是中国南海北岸的主要河流，是由西江、北江和东江汇流而成的较大水系，长达 2055km，经珠江三角洲注入南海，流域面积 425700km^2，年均径流量为 3020×10^8m^3，年输砂量约 8300×10^4t。河流汛期一般长达 6 个月。每年 4 月以后河水便开始上涨，直到 10 月才逐渐下降，由于流经多雨的丘陵山地、水量丰富、落差大，有利于发展水电。据 ^{14}C 测定，现代珠江三角洲的地质年龄为 1 万～3.7 万年，为更新世以来的沉积。

第二节　勘 探 简 况

珠江口盆地大规模的油气勘探活动始于 20 世纪 80 年代初，经过多年勘探，发现了一批陆生海储的富集高产大中型油气田，形成了年产超千万立方米油当量的生产能力，已成为中国近海重要的石油生产基地。随着一系列大中型气田的发现与开发，也逐步建成了一个重要的天然气生产基地（图 2-1-2）。

截至 2015 年底，珠江口盆地东部（中海油深圳分公司）累计采集二维地震 277905km，累计采集三维地震 59575km^2，钻井（预探井 + 评价井）344 口；评价油气田或含油气构造总计 250 个，其中有油气发现 66 个。

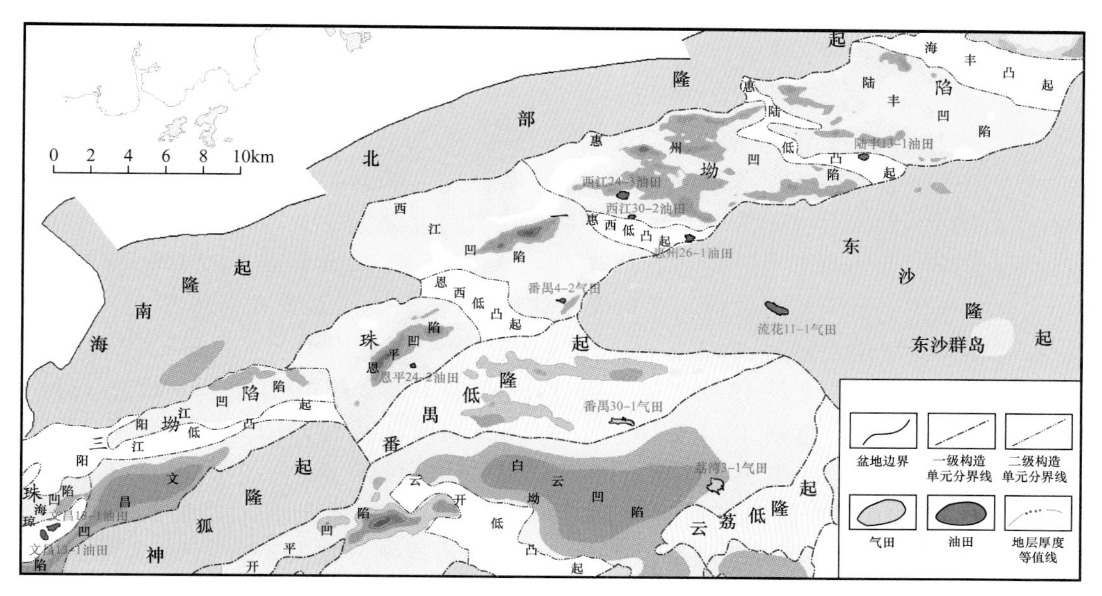

图 2-1-2 珠江口盆地典型油气田分布图

珠江口盆地东部除已弃置陆丰 22-1 油田，惠州 32-5 油田和惠州 26-1N 油田关井外，共有在生产油气田 35 个，包括惠州油田群（惠州 21-1 油田、惠州 26-1 油田、惠州 32-3 油田、惠州 32-2 油田、惠州 32-5 油田、惠州 26-1N 油田、惠州 19-3 油田、惠州 19-2 油田、惠州 19-1 油田、惠州 25-4 油田、惠州 25-3 油田、惠州 25-1 油田、惠州 25-8 油田）、西江油田群（西江 24-3 油田、西江 24-1 油田、西江 30-2 油田、西江 23-1 油田）、番禺油田群（番禺 4-2 油田、番禺 5-1 油田、番禺 11-6 油田、番禺 10-2 油田、番禺 10-8 油田）、陆丰油田群（陆丰 13-1 油田、陆丰 13-2 油田、陆丰 7-2 油田）、恩平 24-2 油田、流花油田群（流花 11-1 油田、流花 4-1 油田）、番禺气田群（番禺 30-1 气田、番禺 34-1 气田、番禺 35-1 气田和番禺 35-2 气田）、流花 19-5 气田、流花 34-2 气田和荔湾 3-1 气田。已累计产出原油 $2.65 \times 10^8 m^3$、气 $211.2 \times 10^8 m^3$，综合含水率已达 67.9%，油、气采出程度分别为 33.1%、10.2%。

珠江口盆地西部（中海油湛江分公司）累计采集二维地震 76738km，累计采集三维地震 9897km^2，累计钻井（预探井 + 评价井）110 口；评价油气田或含油气构造总计 78 个，其中有油气发现的 17 个。落实原油探明地质储量 $1.29 \times 10^8 m^3$，发现了文昌 13-1 油田、文昌 13-2 油田、文昌 14-3 油田、文昌 19-1N 油田、文昌 13-6 油田、文昌 8-3E 油田以及文昌 9-2、文昌 9-3 等油气田，探明率 11.0%；还有待发现原油地质资源量 $10.25 \times 10^8 m^3$，钻井商业成功率 27.7%。珠江口盆地（西部）已发现的油藏以背斜、披覆背斜、断背斜圈闭类型为主，也发育有断鼻、断块、构造 + 岩性圈闭类型。发育背斜、披覆背斜圈闭的有文昌 13-1 油田、文昌 13-2 油田、文昌 15-1 油田、文昌 14-3 油田，发育断鼻、断块圈闭的如文昌 9-1 油气田、文昌 9-2 油气田、文昌 19-1 油气田等。

一、大中型油气田规模与分布

珠江口盆地经过多年勘探，找到了一批陆生海储的富集高产大中型油气田，形成了年产超千万立方米油当量的生产能力，已成为中国近海重要的石油生产基地。随着一系列大中型气田的发现，在不久的将来有望建成一个重要的天然气生产基地。

按照中国海洋石油集团有限公司企业标准 Q/HS 1026—2007《油气层、油气（藏）田及油气性质分类规范》（表 2-1-1），以可采储量划分油田规模，珠江口盆地共有 22 个大中型油田（图 2-1-3），合计探明地质储量 $80860.23\times10^4m^3$，探明可采储量 $35702.63\times10^4m^3$，平均采收率达 44%，表明了珠江口盆地大中型油田具有优越的储层开发条件。其中，大型油田 7 个，包括西江 30-2 油田、西江 24-3 油田、惠州 26-1 油田、流花 11-1 油田、番禺 5-1 油田、番禺 4-2 油田和惠州 32-3 油田，合计探明地质储量 $50430.82\times10^4m^3$，探明可采储量 $20965.69\times10^4m^3$；中型油田 15 个，包括文昌 13-1 油田、陆丰 13-1 油田、文昌 13-2 油田、陆丰 13-2 油田、文昌 19-1 油田、西江 23-1 油田、流花 20-2 油田、惠州 21-1 油田、恩平 24-2 油田、惠州 32-2 油田、陆丰 22-1 油田、惠州 32-5 油田、陆丰 7-2 油田、陆丰 15-1 油田和惠州 25-8 油田，合计探明地质储量 $28607.41\times10^4m^3$，探明可采储量 $14139.96\times10^4m^3$。根据珠江口盆地已发现油田总探明地质储量和最终探明可采储量，大中型油田所占比例分别为 83.5% 和 87.2%，充分说明了大中型油田在珠江口盆地油田地质储量贡献中的突出作用。

表 2-1-1 大中型油气田规模划分标准

分类	油田储量 $/10^4m^3$		气田储量 $/10^8m^3$	
	可采储量	地质储量	可采储量	地质储量
超大型	≥25000	≥100000	≥2500	≥3500
大型	25000～2500	100000～10000	2500～350	3500～500
中型	2500～500	10000～2000	350～35	500～50
小型	＜500	＜2000	＜35	＜50

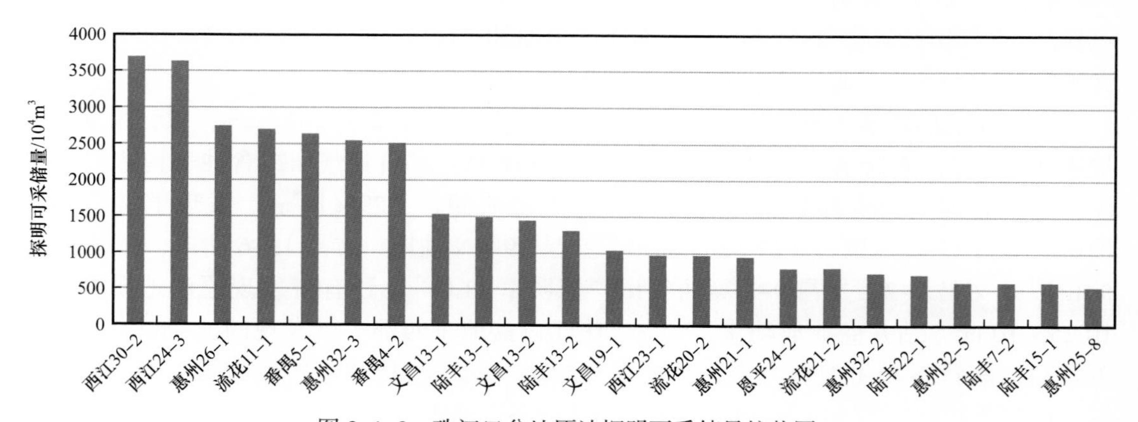

图 2-1-3 珠江口盆地原油探明可采储量柱状图

此外，按探明地质储量划分气田规模，珠江口盆地共有10个大中型气田（图2-1-4），分别是荔湾3-1气田、番禺30-1气田、流花29-1气田、番禺34-1气田、番禺35-2气田、番禺36-2气田、惠州21-1油田（气）、流花19-3气田、流花28-2气田和流花29-2气田，大中型气田总计探明地质储量$1374.46\times10^8m^3$，占珠江口盆地已发现气田总探明地质储量的75.5%。荔湾3-1是一个大型气田，探明地质储量$475.81\times10^8m^3$，已经处于开发状态。

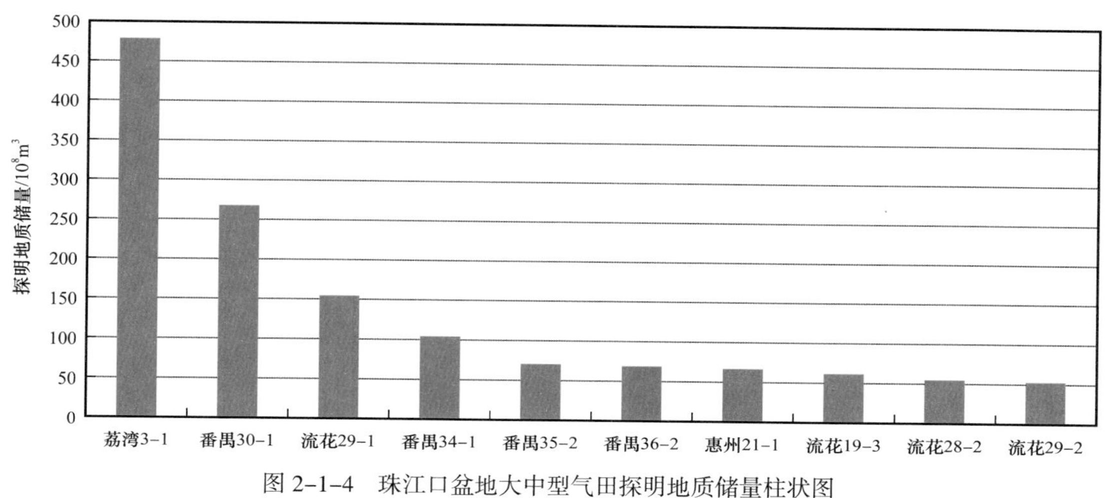

图2-1-4　珠江口盆地大中型气田探明地质储量柱状图

珠江口盆地（东部）已发现的油气田分布呈现“北油南气”的分带性，原油资源主要分布在盆地北部的珠一坳陷［惠西、陆丰南、西江南（即番禺4洼）、文昌和恩平等富烃半地堑］和东沙隆起的二级构造带中，而天然气资源则主要分布在白云凹陷及白云凹陷北坡—番禺低隆起的二级构造带中。油气分布呈分带差异富集的特征，少数二级构造带集中了大部分已发现的油气，圈闭平面连片、垂向叠加、类型多样，表现为复式聚集的特征。

珠江口盆地（西部）文昌A凹陷天然气勘探领域主要有两个：一是南断裂带下降盘文昌9区、文昌10区，二是北部缓坡带。文昌9区、文昌10区勘探程度高，已发现的气田及含气构造基本上都位于这个带。天然气主要聚集在珠海组二段、三段及恩平组等古近系储层里，而古近系储层埋深大，成岩作用强，普遍表现为低孔渗储层，已发现的$345\times10^8m^3$天然气地质储量中2/3以上为低产气藏。三低储层（低孔、低渗、低油饱）是制约该区低渗气藏勘探开发的瓶颈问题；北部缓坡带勘探程度低但油气显示活跃，表明该区是油气运移的主要方向，具备较大的勘探潜力。通过系统研究文昌A凹陷北斜坡天然气成藏条件、优势汇聚方向及有利大中型目标勘探潜力，优选出阳江34-2、阳江35-2等有利目标，天然气总地质资源量达$500\times10^8m^3$，可作为新区勘探的突破口，一旦突破，可实现年产量$10\times10^8m^3$天然气并长期稳产。

二、大中型油气田类型及特征

1. 储集类型

根据储集类型统计，珠江口盆地有22个大中型油田。其中，碎屑岩油田21个，探

明可采储量 $3.24\times10^8m^3$，占总地质储量的 92.4%；碳酸盐岩油田 1 个，探明可采储量 $0.27\times10^8m^3$，占总地质储量的 7.6%。

2. 圈闭类型

根据圈闭类型统计，珠江口盆地（东部）大中型油田圈闭类型以背斜为主，数量为 10 个，探明可采储量 $2\times10^8m^3$，占总地质储量的 56%；其次是与断层有关的断层圈闭，数量为 10 个，探明可采储量 $1.15\times10^8m^3$，占总地质储量的 32.2%；礁体油气藏探明可采储量 $0.27\times10^8m^3$，占总地质储量的 7.6%；构造 + 岩性复合油藏有 2 个，探明可采储量 $0.15\times10^8m^3$，占总地质储量的 4.2%。大中型气田圈闭类型以断背斜为主，数量为 7 个，探明地质储量 $1185.01\times10^8m^3$，占天然气总地质储量的 86.2%；构造 + 岩性复合油藏有 3 个，探明地质储量 $189.45\times10^8m^3$，占天然气总地质储量的 13.8%。

3. 原油类型

根据原油类型统计，珠江口盆地（东部）大中型油田中，13 个油田为轻质原油，探明可采储量总计 $15902.74\times10^4m^3$，占总地质储量的 44.6%；7 个油田为中质原油，探明可采储量总计为 $13755.96\times10^4m^3$，占总地质储量的 38.5%；3 个油田为重质原油，储量总计为 $6043.93\times10^4m^3$，占总储量的 16.9%。

4. 埋深类型

根据埋深统计，珠江口盆地（东部）大中型油田中，主要埋深为 2000～2500m，共有 10 个油田，探明可采储量为 $19317.91\times10^4m^3$，占总地质储量的 54.1%；埋深为 1000～1500m 的油田为 4 个，探明可采储量为 $6763.98\times10^4m^3$，占总地质储量的 18.9%；埋深为 1500～2000m 的油田为 5 个，探明可采储量为 $5375.37\times10^4m^3$，占总地质储量的 15.1%；埋深为 2500～3000m 的油田为 4 个，探明可采储量为 $4245.37\times10^4m^3$，占总地质储量的 11.9%。

大中型气田主要埋深为 3000～3500m，共有气田 3 个，包括荔湾 3-1 大气田，探明地质储量 $696.86\times10^8m^3$，占总地质储量的 50.7%；埋深为 2500～3000m 的气田为 3 个，探明可采储量为 $312.97\times10^8m^3$，占总地质储量的 22.8%；埋深为 1500～2000m 的气田为 1 个，探明可采储量为 $266.97\times10^8m^3$，占总地质储量的 19.4%；埋深为 2000～2500m 的气田为 2 个，探明可采储量为 $119.57\times10^8m^3$，占总地质储量的 8.7%；埋深为 3500～4000m 的气田为 1 个，探明可采储量为 $69.88\times10^8m^3$，占总地质储量的 5.1%；埋深为 500～1500m 的气田为 1 个，探明可采储量为 $61.66\times10^8m^3$，占总地质储量的 4.5%。

总的来说，珠江口盆地幅员辽阔、资源丰富、勘探程度还相对较低、未钻圈闭潜在资源量巨大。石油资源较为丰富的二级构造带有惠州凹陷、陆丰凹陷、东沙隆起、西江凹陷和文昌凹陷等，已探明的石油则主要分布于东沙隆起、惠州凹陷、惠西低凸起、西江凹陷、琼海凸起等二级构造带。天然气主要分布于白云凹陷及其周边以及珠三坳陷的文昌 A 凹陷，东沙隆起、荔湾凹陷及开平凹陷也有一定规模的天然气资源，珠一坳陷的天然气资源量普遍较少。珠江口盆地整体探明程度不高，原油勘探程度仅 11.37%，天然气勘探程度只有 5.2%，虽然惠州凹陷、番禺 4 洼和惠西半地堑已进入勘探的高峰期，而白云凹陷、开平凹陷和恩平凹陷等地区还处于勘探早期阶段，超深水地区如靖海凹陷、揭阳凹陷等区域还有待勘探。

第二章 勘探历程

珠江口盆地油气勘探始于20世纪70年代。截至2015年，在40余年的勘探过程中，经历了第一口油井（珠5井）的出油、第一口对外合作井开钻（EP18-1-1A井）、第一个商业油田发现（惠州21-1油田）、原油年产量突破$1000\times10^4m^3$、深水荔湾3-1大气田发现等关键事件（表2-2-1），到现今成为中国海上原油主要生产基地之一，珠江口盆地经历了从无到有、从多个低谷到辉煌的曲折探索历程。

表2-2-1 珠江口盆地油气勘探的关键事件

时间	事件
1974—1979年	国家地质总局珠5井发现油流
1979—1980年	地震资料采集
1981—1982年	地震解释和招标
1983年6月1日	第一个石油合同生效（bp，14/29区块）
1983年11月6日	第一口对外合作井开钻（EP18-1-1A井）
1985年3月	第一个商业油田发现（惠州21-1油田）
1987年2月	第一个海上大油田发现（流花11-1油田）
1990年9月	第一个油田投产（惠州21-1油田）
1996年	年产量突破$1000\times10^4m^3$
2000年	第一口自营井开钻（LF15-3-1井）
2002年	第一个自营商业气田发现（番禺30-1大气田）
2006年	深水荔湾3-1大气田发现
2010年	恩平凹陷、白云凹陷新区突破（EP24-2-1井）
2014年	陆丰凹陷古近系新领域勘探突破（LF14-4-1d井）
2015年	白云东区原油勘探获重大突破（LH20-2-1井）

第一节 油气普查喜获高产油流 坚定勘探信心（1970—1979年）

20世纪70年代，为开展中国南海海域的石油勘探，石油工业部南海石油勘探筹备处、国家地质总局第二海洋地质调查大队、国家海洋局南海分局、中国科学院南海海洋研究所等单位先后在珠江口盆地开展了大量的地质地球物理调查，共计完成二维地

震采集 2.82×10^4km、重力采集 2.84×10^4km、航磁 12.7×10^4km、海磁 4.8×10^4km，通过上述地球物理勘探工作，划分了珠江口盆地构造单元，初步评价了含油气远景，为下一步钻探做了准备。为进一步证实珠江口盆地的油气资源，1977 年 10 月—1980 年 6 月，国家海洋局第二海洋地质调查大队在 6 个构造钻探 6 口井，报废 1 口井，总进尺 16518.93m。其中，位于北部坳陷带的西江凹陷南斜坡番禺 3-1 构造完钻的珠 5 井，钻遇新近系中新统珠江组砂岩油层 7 层 /26.2m，获高产油流，日产原油 $289.7m^3$。珠 5 井的发现，证明了珠江口盆地具有油气成藏条件和良好勘探前景。由此带动了珠江口盆地新一轮地球物理普查勘探及下一步工作的开展。

第二节　引进资金技术　加速地球物理勘探对外招标合作前景乐观（1979—1983 年）

珠江口盆地油气勘探的发现极大地刺激了中外石油勘探界，为加速中国海上石油勘探，利用外国资金和技术，石油工业部于 1979 年 4—7 月与 13 个国家 48 个石油公司正式签订了在珠江口盆地进行海上地球物理勘探的协议书。授权莫比尔（Mobil）、埃索（Esso）、雪佛龙（Chevron）、德士古（TEXACO）和菲利普斯（PHILLIPS）5 家石油公司为作业者负责 4 个物探作业区总面积约 $28.3\times10^4km^2$ 的地震采集处理和解释工作，并完成重力测量 66592km、磁力测量 66592km、二维地震测线 66592km。同时开展了油气资源综合评价，划分了招标区块，1983 年 5—12 月，第一轮对外招标在珠江口盆地签订了 12 个产量分成石油合同。通过对外合作地球物理勘探及油气资源评价工作，中外地质学家对珠江口盆地的含油气前景都非常乐观，评价出各类远景构造 262 个，预测石油地质储量 40×10^8t。

1982 年 2 月 16 日，国务院批准中国南海珠江口盆地实行对外开放，并授权中国海洋石油总公司负责开展对外合作，引进外国石油公司先进的技术和资金进行合作勘探。招标通知发出后，世界上主要大石油公司纷至沓来，争先投标，经过谈判、评标，中国海洋石油总公司与 8 个国家 24 家石油公司签订了 9 个区块的产量分成石油合同。1983 年 6 月 29 日中国海洋石油南海东部公司在广州正式成立，负责经营管理中国南海珠江口盆地东部海域石油天然气资源勘探开发和生产，而珠江口盆地西部海域归属中国海洋石油南海西部公司管辖。先后有英国石油公司（简称 bp）、美国西方石油公司远东分公司和埃索石油公司在珠江口盆地海域开展了合作钻探。

第三节　八大构造钻探失利　第一轮勘探陷入低谷（1983—1984 年）

早期的对外合作勘探一波三折，许多外国大石油公司作为作业者，凭借其世界范围内的勘探经验，雄心勃勃，投入大量人力、物力和财力，力图在珠江口盆地获得大发现。埃克森（Exxon）、英国石油、菲利普斯等为代表的大石油公司展开了对珠江口盆地八大构造（文昌 19–1、开平 1–1、恩平 18–1、番禺 3–1、惠州 33–1、陆丰 2–1、番禺 27–1、番禺 16–1）的钻探。自 1983 年 11 月 6 日在恩平 18–1 构造上开钻第一口合作探井（EP18–1–1A 井）以来，在 13 个月内，八大构造全部完钻，除发现 3 个含油构造（恩平 18–1、文昌 19–1、惠州 33–1）外，其余构造全部落空。此外，同期钻探的 9 个中小型构造也均告失利，勘探陷入低谷。其中，白云 7–1“生物礁”曾被西方石油公司誉为典型教科书般的生物礁构造钻探的落空极大地打击了外国石油勘探者的信心。

第四节　转变勘探思路　定凹选带创勘探高峰（1985—1989 年）

随着第一批勘探目标的失利让外国石油公司失去了信心，珠江口盆地勘探一度陷入僵局。此后，来自中国海油的地质学家们的勘探思路开始引导外国作业者，以“富烃凹陷为中心、陆相生油、下生上储、油气近距离运聚”等符合南海东部海域独特石油地质条件的勘探思路逐步为外国作业者所接受。经过多方论证，一致同意将勘探方向从早期的“海相生油，以钻探盆地中央隆起带巨型构造为目标”，转变为“以富烃凹陷为中心，以钻探逆牵引背斜和披覆背斜构造为中心”。在 1985—1986 年的两年间就发现了西江 24–3、惠州 21–1、西江 23–1 等 3 个大中型油田和一批中小型含油构造，充分证实了珠江口盆地的油气勘探潜力。由阿吉普（Agip）、雪佛龙、德士古石油公司组成的 ACT 作业者集团，1985 年 4 月 26 日钻探惠州 21–1 构造，测试 8 层，在中新统珠江组累计 7 层砂岩日产油 2311.5m^3、日产气 430985.9m^3，从而在惠州凹陷发现惠州 21–1 优质油气田，揭开了珠江口盆地对外合作勘探开发油气田的新序幕。此后在这一勘探理念的指导下，在随后的几年中通过精细速度分析和低幅构造研究，又发现了惠州 26–1、惠州 32–2、西江 30–2 等油田和一批中小型含油构造，其中 HZ26–1–1 井测试获得 4228m^3/d 高产油气流，奠定了珠江口盆地原油开始上产的储量基础。对富烃凹陷勘探的成功，重塑了再上隆起的信心，在“沿构造脊 + 长距离运移成藏规律”的指导下，发现了流花 11–1、流花 4–1，陆丰 13–1、陆丰 13–2、陆丰 15–1、陆丰 22–1 等油田，掀起了新一轮的勘探高潮，为珠江口盆地形成 $1000 \times 10^4 m^3$ 的原油产能基地奠定了扎实的基础。1987 年 2 月，美国阿莫科（AMOCO）石油公司在东沙隆起发现流花 11–1 大油田，值得一提的是该油田是珠江口盆地发现的第一个亿吨级以上海上大油田，也是中国最大的生物礁滩油田。

珠江口盆地西部勘探主要集中在珠三坳陷，勘探重点在文昌 A 凹陷和文昌 B 凹陷。19 世纪 80 年代中期埃索石油中国有限公司、壳牌中国勘探与生产有限公司在中国南海珠江口盆地 40/01 合同区完成地震测线 7521km，并钻探 6 口井：WC19–1–1 井、WC19–1–2 井、WC19–1–3 井、WC19–1–4 井、WC2–1–1 井、WC14–1–1 井，发现了文昌 19–1 油田。1988 年 1—3 月埃索石油公司在文昌 A 凹陷钻探 WC9–2–1 井，于珠海组发现工业性油流。

第五节 原油生产超千万 而勘探并非一帆风顺（1990—1999 年）

1990 年 9 月 13 日，南海东部海域第一个油田——惠州 21–1 油田建成投产。随后相继建成并投产了惠州 26–1、陆丰 13–1、西江 24–3、惠州 32–2、惠州 32–3、西江 30–2 和流花 11–1 等 7 个油田，使珠江口盆地（东部）在 1996 年年产原油达到 $1370.1\times10^4m^3$，占中国海上原油产量的 80%，成为中国继大庆油田、胜利油田、辽河油田之后的第四大产油区。

然而，珠江口盆地的油气勘探并非一帆风顺。在 20 世纪 90 年代中前期，珠江口盆地珠三坳陷勘探陷入低谷，在继 WC9–2–1 井之后，1990 年 2 月继续在文昌 A 凹陷的中心部位钻探 WC10–1–1 井，只有油气显示而未获得油气流，1994 年埃索石油公司评价文昌 9–2 含油构造，钻探 WC9–2–2 井，因物性差，未获得工业油气流。1995 年又在文昌 B 凹陷文昌 19–1 含油构造上钻探 WC19–1–5 井，结果未获成功。

1995 年 10—12 月钻探 WC8–3–1 井，在珠海组获得高产油气流，此井的成功为珠江口盆地西部勘探找到一个突破点，此后围绕琼海凸起、珠三南断裂西段、神狐隆起等原油勘探区展开研究和钻探工作，发现了文昌 13–1 油田、文昌 13–2 油田、文昌 14–3 油田和文昌 8–3 油田，并成功地重新钻探评价文昌 19–1 含油气构造，自营勘探打开了珠江口盆地勘探的新局面。与此同时，中国海洋石油总公司和台湾中油公司签订协议，合作勘探潮汕坳陷和台西盆地。

进入 20 世纪 90 年代中后期，珠江口盆地东部由于钻探类型大都集中在惠州、陆丰富烃凹陷的自圈构造，大的有利构造均已钻探，发现的规模越来越小。随着预探新区（西江凹陷、恩平凹陷）的探井（XJ28–3–1、XJ27–1–1、EP24–1–1A 等井）落空以及探索深层的探井（HZ23–1–1、HZ23–2–1 等井）失利，珠江口盆地被外国评估机构评价为高风险勘探区。外国石油公司纷纷撤出中国南海东部海域勘探区块，钻井年平均工作量从之前的每年 10 口井左右，下降到 1996 年只钻探了 2 口井，勘探再次陷入低潮，合作勘探面临困境。如何再一次转变勘探思路，提高勘探效率，寻找新的储量，如何继续保持中国南海东部海域原油年产量 $1000\times10^4m^3$ 以上的高产稳产，成了摆在中国南海东部石油勘探工作者面前似乎不可逾越的难题。

第六节 开拓新领域和新层系 油气并举 深浅水并重 储量快速增长（2000—2015 年）

20 世纪末期，由于勘探类型单一、有利构造目标减少、勘探成效下降，许多合作者相继退出合同区，合作勘探再次陷入低谷。在此严峻形势下，调整了珠江口盆地勘探策略。在充分研究论证的基础上，针对盆地最有潜力的勘探领域：白云凹陷深水区、古近系、新近系复式隐蔽油藏、断层圈闭油气藏、生物礁油藏、中生界和古潜山等开展了大量的综合科研项目。其中，仅国家自然科学基金重大项目、国家科技重大专项、中国海洋石油总公司综合科研项目等重大项目就超过20余项。综合科研项目的实施有力地指导了勘探方向的研究，为自营勘探打下坚实的基础。经历了2002—2004年，勘探向南发现番禺—流花天然气田群；2005—2007年处于原油勘探低谷期；2008—2015年，深浅水并重，储量取得快速增长。

盆地主要针对深水天然气、复式油气藏等领域进行了勘探实践：在深水区勘探获得了重大突破，发现了以“珠江深水扇”砂岩和以陆架边缘三角洲砂岩为储层的大中型天然气田群，如荔湾3-1大气田和番禺—流花天然气田群；白云东区原油规模获重大突破，新增流花20-2、流花21-2优质轻质油田；在新区，“新层系”（新近系浅层）获得勘探突破，发现了恩平油田群；在新领域陆丰凹陷古近系取得勘探突破；同时，在勘探成熟区挖潜增产效果明显。由于自营勘探成效显著，中国南海东部海域油气地质储量的发现出现了第二个高峰，保障了该探区勘探开发工作的持续稳定发展。

一、自营勘探初期，浅水发现番禺—流花天然气田群

珠江口盆地东部自2001年开始逐步从以对外合作勘探为主转入合作与自营勘探同时并行的新阶段，自营勘探的突破来自天然气勘探发现，而天然气勘探是从2001年自营作业的第二口探井（LH19-3-1井）的钻探真正开始的。流花19-3构造位于番禺低隆起东南部番禺16-1大型鼻状构造的东翼，为鼻状构造背景上的中新统上部粤海组浅层岩性圈闭，地震响应为强烈的振幅异常，油气检测显示AVO异常，垂向上分为4个单元，叠合分布面积约200km^2。综合分析预测为浅层天然气藏，天然气预测地质储量约为200×10^8m^3。2001年6月2日开钻，该井在目的层段中新统上部粤海组钻遇砂岩气层57m，与钻前预测基本吻合，但由于气层物性较差（泥质粉砂岩），DST测试效果不理想（折合日产气约6.4×10^4m^3），初步认定不具商业性而放弃开发评价。但天然气地球化学分析揭示，该天然气藏为源自深部烃源岩的热演化气藏，不是源自浅层的生物气藏，具有非烃含量低（CO_2含量低于5%）、轻烃含量高、干燥系数高等特点。钻井揭示，该区下伏地层以渐新统珠海组海陆过渡相砂岩为主的地层不整合披覆沉积在前古近系基底之上，不具生烃能力，而该区地层区域性向南部的白云凹陷倾没，因此，流花19-3天然气只能源自南部的白云凹陷。于是经过充分的研究论证，在沿着流花19-3气藏通往白云凹陷的大型鼻状构造脊背景上部署了PY30-1-1、PY29-1-1、PY34-1-1、PY35-1-1、LH19-1-1等探井，以集束勘探方式拉开了珠江口盆地东部天然气勘探的序幕。2002年5月在番禺30-1构造上钻预探井PY30-1-1，在新近系钻遇气层厚128.7m；2003年又钻探了3口评价井，其中PY30-1-3井在中新统珠江组进行了测试，合计折算天然气174.5×10^4m^3/d、凝析油75.1m^3/d，发现了番禺30-1大气田，以后陆续又发现番禺34-1、番禺35-1等气田群。截至2004年底共完钻探井11口，井井见气，无一落空，一举拿下番禺30-1、番禺34-1等大中型天然气藏，天然气探明地质储量约407×10^8m^3。2007年在番禺35-2构造上钻预探井PY35-2-1井，电测解释气层12层/56.7m，试井无阻流量日产天然气288×10^4m^3；2008年钻评价井PY35-2-5，从3941m开始发现新气层12层/93.5m，至井底4386m仍不见水，气层尚未钻穿；证实了番禺35-2可能又

是一个气田，也确定了番禺 30–1、番禺 34–1、番禺 35–1 和番禺 35–2 气田群的规模。

二、南海深水油气勘探获得历史性突破，发现荔湾 3–1 大气田

白云凹陷深水区的勘探潜力多年来一直受到中外双方的极大关注，其北缘的番禺 30–1、番禺 34–1 等天然气田群的发现更是刺激了对白云凹陷的勘探热潮。由于当时自营作业的能力、技术和资金还不足以承担深水勘探的风险，中国海洋石油总公司决定深水勘探实行对外合作的方针，招标书发出后，外国石油公司再次纷至沓来，深水招商如火如荼。中海油深圳分公司根据多年的研究积累，引导作业者，按照分公司勘探规划开展了大规模的深水钻探活动。2006 年 4 月 27 日，在白云凹陷深水区荔湾 3–1 构造钻探第一口深水探井——LW3–1–1 井。该井水深 1480m，在珠江组底部和珠海组钻遇 6 套较厚的砂岩储层，其中 3060.2～3607.2m 井段测井解释气层 5 层，有效厚度 72.6m，有效孔隙度 11.0%～25.5%，渗透率为 18.9～66.6mD，初步估算天然气地质储量超千亿立方米规模，发现荔湾 3–1 大气田。截至 2010 年底，共计完钻深水探井 11 口，先后在深水区发现荔湾 3–1、流花 29–1 和流花 34–2 等大中型天然气田，自此吹响了南海向深水进军的号角，掀起了深水天然气勘探的新高潮。

白云凹陷深水区的重大突破带来了大量实物工作量及国家科技重大专项等项目课题的投入与开展，加快了勘探进程。其中，部署三维地震超过 $2\times10^4km^2$，钻探深水探井 30 多口及若干口评价井。白云凹陷深水区 2001—2015 年的自营勘探取得番禺 30–1、荔湾 3–2、番禺 35–2、流花 28–2、流花 16–2 和流花 20–2 等油气田的发现，2004—2012 年的合作勘探获得荔湾 3–1、流花 29–1 等气田的发现。截至 2015 年底，共发现三级地质储量分别为天然气 $2875\times10^8m^3$、原油 $7690\times10^4m^3$，掀起了深水天然气勘探的新高潮，荔湾 3–1 深水气田也于 2014 年建成投产。

伴随着白云凹陷天然气勘探的重大发现，原油勘探也取得重大突破。随着新领域、新层系、新类型的勘探研究取得进展，针对新区（新凹陷）恩平凹陷、白云凹陷和新层系的勘探作业取得成功，发现恩平 24–2、流花 16–2、惠州 25–8 和陆丰 7–2 等油田；同时通过滚动勘探自营作业成功评价了西江 23–1、陆丰 13–2、流花 4–1、番禺 11–6、番禺 10–2 和番禺 10–4 等中小型油田。

三、成藏规律新认识，引导恩平油田群的发现

恩平凹陷位于珠江口盆地北部坳陷带西段，早期曾为合作勘探的重点地区，所执行的第一个合作区、第一口合作探井（EP18–1–1A）均在恩平凹陷，但合作勘探历经 10 余年，钻了 10 余口探井，均未取得商业性油气发现。钻探揭示恩平凹陷主要勘探开发目的层属于新近系海相珠江三角洲平原亚相至三角洲前缘亚相，砂岩含量高，圈闭及保存条件差，外方认为生烃潜力不明，油气难以形成商业聚集而放弃。随后自营勘探在地震处理、富烃凹陷识别、油气成藏定年等方面开展了大量的研究工作，在凹陷的控源机制、控藏机理以及聚油规律研究方面取得进展，有效指导了恩平凹陷的勘探评价和目标优选。认为恩平凹陷具有与其他低角度断陷不同的形成条件和烃源岩发育背景，具备成为富烃凹陷的基本地质条件。并根据“分带差异富集”聚油规律的新认识将勘探方向从外国石油公司钻探失败的恩平 17 斜坡构造带转向南部恩平 18 断裂背斜构造带，同时，

按照油气“晚期多层同注”控藏机理有意识地选择浅层新层系进行探索。最终针对恩平18断裂背斜构造带开展了整体评价工作，部署了近10口探井，全部钻遇油层，发现并评价商业性油田5个，探明恩平24-2、恩平18-1、恩平23-1等油田，合计石油探明地质储量超过$5000\times10^4m^3$，并首次在浅层“新层系”获得商业发现（恩平18-1油田）。石油探明地质储量约$1500\times10^4m^3$，实现了浅层“新层系”勘探的突破。

四、明确思路，文昌凹陷勘探再上新台阶

2000年以来，中海油湛江分公司针对盆地油气勘探形势、问题与目标，围绕“研究带动钻探、勘探促进开发”的原则，提出明确的“油气并举，勘探开发互相促进”的油气勘探研究思路，从大中型油气田分布规律与勘探方向探索入手，选择有利油气成藏区带开展整体评价，通过风险组合策略实施钻探。至2013年底，钻探54口自营探井及6口合作井，发现了文昌19-1N、文昌13-6、文昌8-3E、文昌9-2和文昌9-3等油气田。

五、实现古近系勘探的梦想，陆丰凹陷古近系新领域勘探获突破

2014年自营勘探LF8-1-1井在陆丰地区发现恩平组油层47.6m/8层，获探明+控制地质储量$513\times10^4m^3$，这是首次在陆丰地区恩平组下部发现油气，这极大地拓展了该区油气勘探层系。随后钻探的LF14-4-1d井在文昌组获得商业性油气发现（探明+控制地质储量分别为油2884.0×10^4t、气$3505.4\times10^4m^3$），该井在3888.9～3964.2m（TVD）做DST测试，在7″尾管内采用外套式火药压裂射孔技术，通过自喷求产的方式，获得日产原油达$203.6m^3$、日产天然气$6870m^3$。这将陆丰地区的油气勘探层系进一步拓展到了文昌组，特别是文昌组下部油气的发现将对陆丰地区下一步勘探起到至关重要的作用。珠江口东部海域首次在埋深近4000m的古近系获得了自喷高产工业油流，标志着古近系勘探在陆丰地区取得重要的领域性突破。

六、白云东区原油规模获重大突破，彰显价值勘探成效

经过资源评价认为，白云凹陷原油远景资源量高达16.4×10^8t。根据2015年“向油倾斜、价值勘探”的勘探原则，以及对白云凹陷成藏规律的综合研究，决定以白云东洼北坡、白云西洼地区为靶区，大规模开展原油勘探。经过对白云东洼北坡一系列断圈的钻探，发现了流花20-2、流花21-2两个优质轻质油油田，累计探明+控制地质储量$3340\times10^4m^3$，一举改变了流花16-2、流花11-1油田多年难以开发的局面，并为2020年完成“十三五”产量规划奠定了坚实的储量基础。白云东区原油规模获重大突破，印证了在大白云地区存在“内气外油”这一整体的油气分布特征的判断，断层和构造脊是影响白云东洼北坡地区原油运移和成藏的关键条件。

领域研究带动了勘探方向改变，区域研究促进了勘探目标研究，珠江深水扇系统的发现、富泥区反向断裂带控藏、古近系断层转换带控制因素等一系列的创新勘探思路的实践，以及地震采集攻关、深水长电缆地震技术的应用，还有大面积不同采集参数三维地震连片处理等技术的应用，通过对勘探目标的勘探作业转化成巨大的勘探效益。自2000年以来，自营促进了合作，实现了自营合作并举，稳油找气，形成了珠江口盆地东部勘探开发持续稳定发展的新局面。

第三章　地　　层

第一节　前 新 生 界

一、盆地周边地区前新生界

在珠江口盆地周围地区广东和海南岛发育了自震旦系至第四系的一整套地层。震旦系和寒武系为浅海类复理石碎屑岩，底部具区域变质及混合岩化作用。雷琼地区的寒武系则为含笔石的碳酸盐岩夹碎屑岩。奥陶系、志留系以笔石页岩为主，其中广东郁南连滩一带的下—中志留统是典型的海湾相笔石页岩建造。上古生界泥盆系中下部为浅海—滨海碎屑岩、泥盆系上部—二叠系以浅海碳酸盐岩为主，夹海陆交互含煤碎屑岩系。中生代早期继承了以前的海侵，至中侏罗世因受燕山运动的影响，广东及海南岛相继结束海侵，上升为陆地，并伴有强烈的岩浆侵入和火山活动，后者尤以晚侏罗世为甚。其后，在白垩纪发育了一套厚度巨大的内陆湖泊及山间盆地碎屑岩夹火山岩建造，并有大规模的岩浆侵入。新生代早期，在中生代坳陷内继承性地沉积了古新统—始新统，主要分布在茂名、三水和南雄等地。

二、盆地内前新生界

南海珠江口盆地存在着广泛的中生界沉积，神狐隆起上可见中生界残余的小断陷，从地震剖面上可以看到，在薄薄的新生界之下有一套角度很大且成层性很好的反射，但分布较局限。对珠一坳陷而言，在新生界之下有一套平平的反射波组，这不同于古近系断陷沉积发散状波组的反射特征，推测为中生界沉积。此外，在东沙隆起、白云凹陷及潮汕坳陷等均可见到不同程度的中生界沉积岩分布，其中潮汕坳陷巨厚的中生界沉积岩有可能作为中生界油气勘探的突破口，进一步推进海相中生界的勘探及研究工作（葛建党等，2000）。

第二节　新 生 界

自 1977 年国家地质总局南海调查指挥部施工的珠 1 井揭开珠江口盆地新生界研究的序幕以来，在近 40 年的时间里，随着钻井数量的增加、各项材料积累的增多以及多次国内、国际学术会议的召开，在经过国内外专家、学者不断地修订和完善后形成了一套较为科学合理的珠江口盆地新生界地层层序的划分方案。

珠江口盆地在白垩纪末期进入离散型大陆边缘构造活动期，珠江口盆地新生代分别经历了陆相碎屑岩沉积、海陆过渡沉积和海相沉积三个时期。基底是古生界变质岩、中生界变质岩、中生界沉积岩、燕山期中酸性侵入岩及中基性岩浆岩。珠江口盆地新生界共分为 8 个组，从老至新先后沉积了古新统神狐组火山喷发沉积，始新统文昌组辫状河三角洲—中深湖沉积，始新统恩平组河流—湖沼—三角洲平原沉积，渐新统珠海组海陆过渡相滨岸沉积，下中新统珠江组海相碎屑岩、碳酸盐岩沉积，中中新统韩江组浅海陆棚—三角洲沉积，上中新统粤海组以及上新统万山组浅海陆棚—半深海沉积。第四系以非补偿浅海陆棚沉积为主（图 2-3-1）。

珠江口盆地新生代沉积地层发育，新生代沉积地层厚度近 12000m，持续时间约 65Ma。新生界具有下断上坳的双层结构。中生界基底构造层为珠江口盆地裂陷以前的中生代结晶基底和沉积地层，有侵入岩系或沉积岩系两种不同性质的岩石建造。侵入岩系以花岗岩为主，次为花岗闪长岩、闪长岩、石英闪长岩和石英二长岩。沉积岩系包括中—上侏罗统潮州群和白垩系汕头群，为一套由浅海相到深海相再到陆相沉积旋回的碎屑岩组成（邵磊等，2007）。

一、神狐组（$E_{1-2}s$）

神狐组超覆不整合于燕山期花岗岩之上，岩性组合完全不同于上覆文昌组，为一套杂色含凝灰质砂岩夹紫红色、棕褐色泥岩组成的浅水湖泊和火山岩沉积，LF1-1-1 井、HF33-1-1 井钻遇。此外尚见冲积相的厚层块状砂岩间夹少量棕褐色泥岩，如 HF28-2-1 井。砂岩成分以多晶石英、酸性侵入岩和中性喷发岩岩屑为主，次为长石石英晶体，并偶见有溶蚀港湾状边缘，玻璃质、轻度脱玻化成隐晶质胶结。孢粉以南岭粉—三孔朴粉组合为主，最大厚度 958.5m。

二、文昌组（E_2w）

文昌组处于 T_{90} 与 T_{80} 地震反射标志层之间，与下伏神狐组存在明显的岩性突变，推断存在沉积间断。若无钻井揭示残留有神狐组，该组则直接超覆于前古近系基岩上。珠一坳陷有较多探井揭露该套地层，但少有井钻穿。HZ25-4-1 井揭示文昌组厚度为 220m（其中纯泥岩段 68m），从地震资料可判断其最大厚度可达 2500m，在各个次洼中心厚度均大于 1000m。地层具有不对称旋回特征，底部为砂岩夹薄层泥岩或砂泥互层，砂岩成分以岩块为主，分选及磨圆度均差；向上主体部位以泥岩为主，深灰色泥岩厚度可达 120m 左右，泥岩质纯，不含钙，含较多菱铁矿晶粒、少量植物碎屑，为浅湖—中深湖沉积；上部呈厚度不大的反旋回沉积，由泥岩夹薄层粉砂岩组成。该沉积时期为珠一坳陷强烈断陷期，具有多沉积沉降中心，断陷的基本结构控制着沉积特征、充填序列和展布范围。由地层古生物化石资料可知，文昌组以五边粉—小栎粉组合为主，在珠江口盆地广布。其特征是三沟、三孔沟类花粉多，小栎粉、小亨氏栎粉含量高，有特征分子五边粉；具气囊花粉不多，时见麻黄粉；见无突肋纹孢、凤尾蕨孢等。淡水浮游藻类异常丰富。在断陷边缘为滨浅湖沉积或河流沉积，断陷中心部位为中深湖沉积，推测其暗色泥岩发育，为主要烃源岩层系。文昌组沉积末期，断陷整体隆升，遭受强烈剥蚀，局部可见与上覆地层呈角度不整合接触。

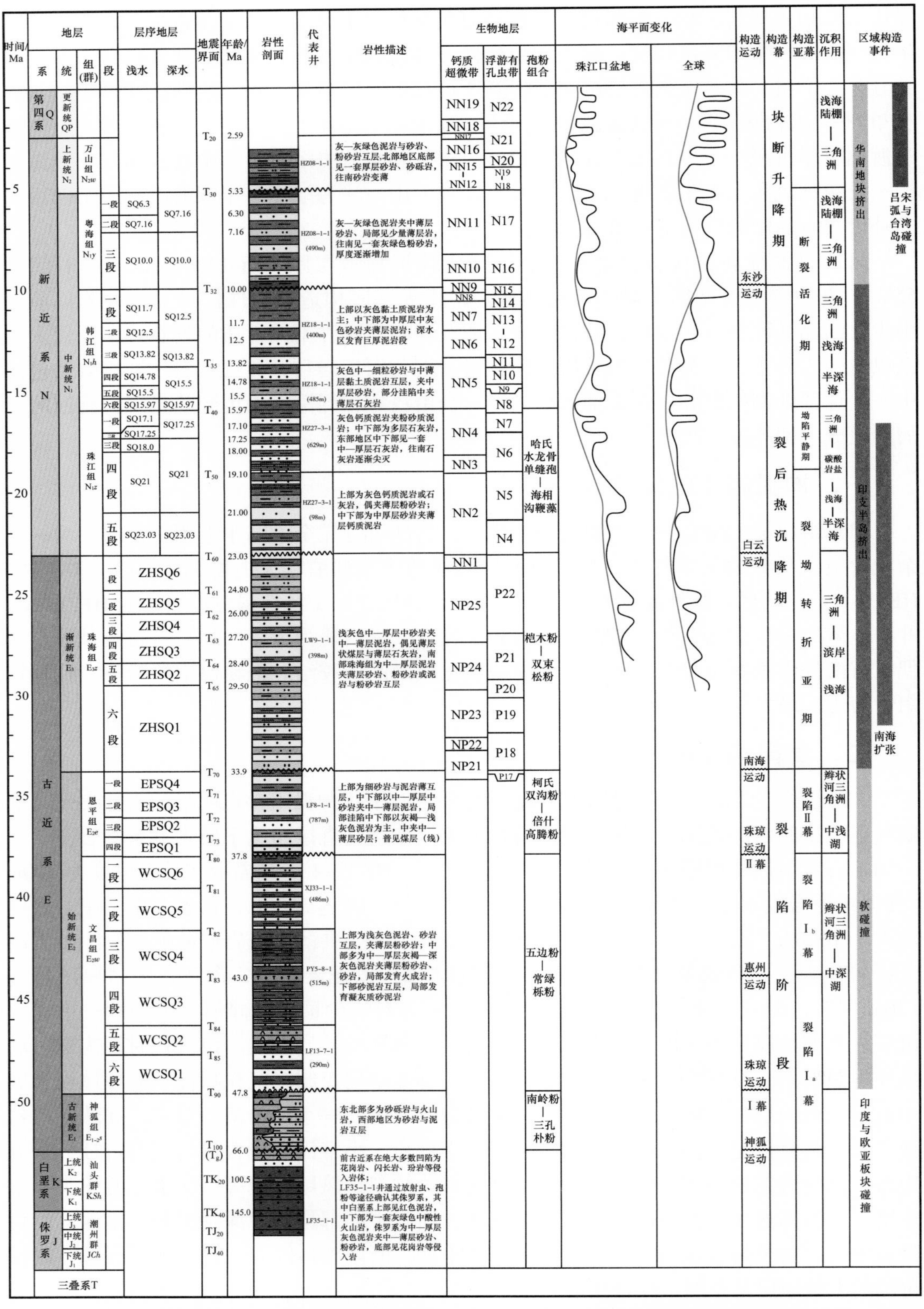

地震界面	年龄/Ma	系	统	组(群)	段	层序地层(浅水)	层序地层(深水)	代表井	岩性描述	钙质超微带	浮游有孔虫带	孢粉组合
		第四系 Q	更新统 QP							NN19, NN18	N22	
T20	2.59	新近系 N	上新统 N_2	万山组 N_2w				HZ08-1-1	灰—灰绿色泥岩与砂岩、粉砂岩互层,北部地区底部见一套厚层砂岩、砂砾岩,往南砂岩变薄	NN17, NN16, NN15—NN12	N21, N20, N19—N18	
T30	5.33		中新统 N_1	粤海组 N_1y	一段	SQ6.3	SQ7.16	HZ08-1-1 (490m)	灰—灰绿色泥岩夹中薄层砂岩、局部见少量薄层岩,往南见一套灰绿色粉砂岩,厚度逐渐增加	NN11	N17	
	6.30				二段	SQ7.16						
	7.16				三段	SQ10.0	SQ10.0			NN10	N16	
T32	10.00			韩江组 N_1h	一段	SQ11.7	SQ12.5	HZ18-1-1 (400m)	上部以灰色黏土质泥岩为主；中下部为中厚层中灰色砂岩夹薄层泥岩；深水区发育巨厚泥岩段	NN9, NN8, NN7	N15, N14, N13	
	11.7				二段	SQ12.5						
	12.5				三段	SQ13.82	SQ13.82			NN6	N12	
T35	13.82				四段	SQ14.78	SQ15.5	HZ18-1-1 (485m)	灰色中—细粒砂岩与中薄层黏土质泥岩互层，夹中厚层砂岩，部分洼陷中夹薄层石灰岩	NN5	N11, N10	
	14.78				五段	SQ15.5					N9	
	15.5				六段	SQ15.97	SQ15.97				N8	
T40	15.97			珠江组 N_1z	一段	SQ17.1	SQ17.25	HZ27-3-1 (629m)	灰色钙质泥岩夹粉砂质泥岩；中下部为多层石灰岩，东部地区中下部见一套中—厚层泥岩，往南石灰岩逐渐尖灭	NN4	N7	哈氏水龙骨单缝孢—海相沟鞭藻
	17.10				二段	SQ17.25						
	17.25				三段	SQ18.0				NN3	N6	
	18.00				四段	SQ21	SQ21					
T50	19.10							HZ27-3-1 (98m)	上部为灰色钙质泥岩或石灰岩，偶夹薄层粉砂岩；中下部为中厚层砂岩夹薄层钙质泥岩	NN2	N5	
	21.00				五段	SQ23.03	SQ23.03				N4	
T60	23.03	古近系 E	渐新统 E_3	珠海组 E_3z	一段	ZHSQ6		LW9-1-1 (398m)	浅灰色中—厚层中砂岩夹中—薄层泥岩，偶见薄层状煤层与薄层石灰岩，南部珠海组为中—厚层泥岩夹薄层砂岩、粉砂岩或泥岩与粉砂岩互层	NN1, NP25	P22	桤木粉—双束松粉
T61	24.80				二段	ZHSQ5						
T62	26.00				三段	ZHSQ4						
T63	27.20				四段	ZHSQ3				NP24	P21	
T64	28.40				五段	ZHSQ2					P20	
T65	29.50				六段	ZHSQ1				NP23, NP22, NP21	P19, P18	
T70	33.9		始新统 E_2	恩平组 E_2e	一段	EPSQ4		LF8-1-1 (787m)	上部为细砂岩与泥岩薄互层，中下部以中—厚层泥岩夹中—薄层砂岩，局部洼陷中下部以灰褐—浅灰色泥岩为主，中夹中—薄层砂层；普见煤层（线）		P17	柯氏双沟粉—倍什高腾粉
T71					二段	EPSQ3						
T72					三段	EPSQ2						
T73					四段	EPSQ1						
T80	37.8			文昌组 E_2w	一段	WCSQ6		XJ33-1-1 (486m)	上部为浅灰色泥岩、砂岩互层，夹薄层粉砂岩；中部多为中—厚层灰褐—深灰色泥岩夹薄层粉砂岩、砂岩，局部发育火成岩；下部砂泥岩互层，局部发育凝灰质砂泥岩			五边粉—常绿栎粉
T81					二段	WCSQ5						
T82					三段	WCSQ4		PY5-8-1 (515m)				
T83	43.0				四段	WCSQ3						
T84					五段	WCSQ2		LF13-7-1 (290m)				
T85					六段	WCSQ1						
T90	47.8		古新统 E_1	神狐组 $E_{1-2}s$					东北部多为砂砾岩与火山岩，西部地区为砂岩与泥岩互层			南岭粉—三孔朴粉
T100 (T_g)	66.0	白垩系 K	上统 K_2	汕头群 KSh				LF35-1-1	前古近系在绝大多数凹陷为花岗岩、闪长岩、玢岩等侵入岩体；LF35-1-1井通过放射虫、孢粉等途径确认其侏罗系，其中白垩系上部见红色泥岩，中下部为一套灰绿色中酸性火山岩，侏罗系为中—厚层灰色泥岩夹中—薄层砂岩、粉砂岩，底部见花岗岩等侵入岩			
TK20	100.5		下统 K_1									
TK40	145.0	侏罗系 J	上统 J_3	潮州群 JCh								
TJ20			中统 J_2									
TJ40			下统 J_1									
		三叠系 T										

时间/Ma：5，10，15，20，25，30，35，40，45，50

海平面变化：珠江口盆地；全球

构造运动	构造幕	构造亚幕	沉积作用	区域构造事件
东沙运动	块断升降期	断裂活化期	浅海陆棚—三角洲；浅海陆棚—三角洲；三角洲—浅海—半深海	华南地块挤出；吕宋弧与台湾岛碰撞
白云运动	裂后热沉降期	坳陷平静期	三角洲—碳酸盐岩；浅海—半深海	印支半岛挤出
南海运动		裂坳转折亚期	三角洲—滨岸—浅海	南海扩张
珠琼运动Ⅱ幕	裂陷阶段	裂陷Ⅱ幕	辫状河三角洲—中浅湖	软碰撞
惠州运动		裂陷$Ⅰ_b$幕	辫状河三角洲—中深湖	
珠琼运动Ⅰ幕		裂陷$Ⅰ_a$幕		印度与欧亚板块碰撞
神狐运动				

图 2-3-1　珠江口盆地新生界地层综合柱状图（据中国海洋石油南海东部石油管理局最新资料，2017，修改）

三、恩平组（E_2e）

恩平组处于 T_{80} 与 T_{70} 地震反射标志层之间，与下伏文昌组以角度不整合或平行不整合接触，在局部地区因基底隆升较高或者邻近边缘隆起区，该组则直接超覆于基底之上。珠一坳陷揭露该地层厚度 45～1412m。从地震资料判断，最大厚度可达 3000m，除了断陷边缘和部分古隆起外，一般地层厚度都大于 1000m。恩平组为一套含煤层系，属河湖沼泽沉积。自下而上正旋回特征明显，特别是在珠一坳陷各凹陷北部地区。下部为大套砂岩夹泥岩，上部为黑灰色泥岩与灰色砂岩不等厚间互夹煤层。恩平组的泥岩不含钙，含较多的炭化植物碎屑；砂岩以富含钛铁矿、高岭土为特点。恩平组以柯氏双沟粉—倍什高腾粉组合为主，珠江口盆地广布。其特征是三沟、三孔沟类花粉多，小栎粉、小亨氏栎粉较高含量；特征分子是三孔沟类的倍什高腾粉和双沟的柯氏双沟粉；具气囊花粉较多；多见紫萁孢、平瘤水龙骨孢、水龙骨单缝孢、粗网孢等。沉积相主要为滨浅湖相，边缘为沼泽沉积和河流沉积，是珠一坳陷重要的烃源岩层系。恩平组沉积末期在南海运动作用下区域性抬升剥蚀，在惠西洼陷和惠北洼陷中可见削截，剥蚀强度小于文昌组，与珠海组呈角度不整合接触。

四、珠海组（E_3z）

珠海组处于 T_{70} 与 T_{60} 地震反射标志层之间，T_{60} 地震反射标志层之上地层不整合接触，其下见有明显的削截现象。其底界面 T_{70} 地震反射标志层也具有下削上超现象。珠海组分为上下两段，上段地层以大套灰—灰白色砂岩与泥岩互层为特征，为海陆过渡沉积；下段以砂岩为主，部分地区间夹红色或杂色岩层，在惠州、西江等凹陷东部缺失该段地层。珠海组以桤木粉—双束松粉组合为主，珠江口盆地广泛分布。其特征是被子植物花粉中桦科花粉较多，特征分子是桤木粉；具气囊花粉较多，主要是双束松粉；多见水龙骨单缝孢；可见海相沟鞭藻。珠海组沉积早期，物源主要来自盆地北部，古珠江三角洲开始发育，从而形成了珠海组河控型三角洲—滨岸沉积体系。珠海组沉积中晚期，海水从南向北及向东北部大面积入侵，珠一坳陷大范围为滨浅海环境，在北部发育有三角洲沉积体系，边缘其他区域广泛发育滨岸沉积体系。

五、珠江组（N_1z）

珠江组处于 T_{60} 与 T_{40} 地震反射标志层之间，T_{60} 地震反射标志层是渐新统与中新统的分界面。地层厚度为 1200～1400m，珠江组下部（T_{50} 地震反射标志层以下）为大范围滨浅海环境，沉积广泛分布的滨岸海相砂岩，是盆地主要的油气运移输导层和储层。珠江组上部（T_{50} 地震反射标志层以上）为三角洲前缘—半深海沉积，以泥岩和泥质粉砂岩为主，形成盆地内的区域性盖层。在盆地东部的东沙隆起区为碳酸盐岩台地沉积，发育生物礁灰岩和石灰岩；盆地西部以滨浅海沉积为主，岩性为海相砂泥岩互层、深灰色泥岩；盆地南部白云凹陷和荔湾凹陷为深水陆坡沉积环境，发育了以深水重力流为主的砂泥储盖组合，泥质沉积较厚，在相对海平面低水位期发育富砂的深水扇砂体，岩性以泥岩、粉砂泥岩为主（庞雄等，2007）。主要化石为 *Praeorbulina glomeros*、*Globigerinoides sicanus*、*Catapsydrax dissimilis* 等。

六、韩江组（N_1h）

韩江组厚度为300～1200m，以浮游有孔虫N9带的底为底界面，主要化石有*Neogloboquadrina acostaensis*、*Globorotalia siakensis*、*Globigerina nepenthis*等。主要以泥岩和泥质粉砂岩为主。在盆地南部深水区基本上为广海陆棚—上陆坡的深水沉积，发育三角洲前缘—半深海相，主要为泥岩和泥质粉砂岩；西北部主要为三角洲前缘—前三角洲泥岩或泥质粉砂岩。

七、粤海组（N_1y）

该套地层属于晚中新世，厚度为600～1200m，以浮游有孔虫N16带的底为底界面。主要化石有*Neogloboquadrina acostaensis*、*Globorotalia plesiotumida*、*Pseudorotalia yabei*等。成岩性较差，岩性主要为灰色泥岩、砂质泥岩，并夹有少量细砂岩和泥质中砂岩薄层。

八、万山组（N_2w）

该套地层属于上新世，钻井揭示厚度为200～500m，以浮游有孔虫N18带的底为底界面。主要化石有*Globorotalia tumida*、*Globorotalia truncatulinoides*、*Globorotalia margaritae*等。主要发育浅海陆棚相，岩性以泥岩为主，夹杂少量的砂泥岩薄层。

第三节　层序地层特征

一、层序地层划分

根据珠江口盆地在南海北部被动大陆边缘演化中不同特定成因阶段，以区域构造转换面确定一级层序，珠江口盆地新生界可以划分为3个一级层序，分别是古新世—始新世裂陷期的裂谷构造层、渐新世—中中新世裂后坳陷期的过渡—漂移构造层及晚中新世—现今新构造运动改造的晚漂移构造层。

裂谷构造层是大陆张裂期间和海底扩张以前发育的地层，依据构造应力场转换面为区域不整合面，珠江口盆地构造演化阶段以及具有完整的构造和沉积旋回的划分原则，二次裂陷幕形成各具特点的4个二级层序，分别对应于神狐组、文昌组下部、文昌组上部、恩平组，为一套受半地堑或地堑结构控制的局限分布的陆相河流—湖泊沉积。

受南海海盆扩张历史（南海运动）及晚期周边构造事件（白云运动）影响的过渡—漂移构造层包含2个二级层序，分别对应于过渡—漂移早期层序（珠海组）、晚漂移层序（珠江组—韩江组）。过渡—漂移早期层序对应南海北部裂谷作用终止、陆壳收缩塌陷及南海海底扩张开始时期沉积的地层，与下伏恩平组呈较明显的角度不整合接触，为一套海陆过渡沉积。晚漂移层序对应南海海底扩张加宽至成熟边缘海盆地时期沉积的地层，为一套以浅海相为主的沉积，在东沙隆起台地上沉积和生长了碳酸盐岩和生物礁滩灰岩；在盆地陆坡以南的区域为半深海沉积。

构造活动改造的晚漂移构造层，在南海扩张时停止，受菲律宾海板块持续向北西西向运动导致的吕宋岛弧与台湾陆架之间的弧陆碰撞作用影响，发育包括上中新统粤海组、上新统万山组和第四系，为一套浅海—半深海沉积，其中上中新统粤海组与下伏韩江组之间存在沉积间断。

1. 裂谷构造层序地层特征

裂谷构造层序地层特征以珠江口盆地珠一坳陷为代表。

1）层序界面标志及划分

珠江口盆地（珠一坳陷）文昌组可以划分为 2 个二级层序、6 个三级层序（WCSQ1—WCSQ6）。文昌组底和顶分别以 T_{90} 和 T_{80} 不整合面为界，内部的 WCSB4 界面为文昌组沉积时期重大的沉积中心转换面，将文昌组划分为文昌组上部、文昌组下部两个二级层序。文昌组下部二级层序由三级层序 WCSQ1—WCSQ3 组成，文昌组上部二级层序由三级层序 WCSQ4—WCSQ6 组成，这两个二级层序在构造演化中构成两个完整的裂陷幕，都经历了初始断陷—强烈断陷—断陷萎缩 3 个演化阶段。恩平组可以划分为 2 个二级层序、4 个三级层序（EPSQ1—EPSQ4），顶和底分别以 T_{80} 和 T_{70} 不整合面为界。恩平组沉积时期在珠琼运动Ⅱ幕的构造运动背景下同样经历了初始断陷—断陷发育—断陷萎缩的演化阶段，只是与文昌组沉积时期相比属于弱断陷活动阶段（施和生等，2016）（图 2-3-2）。

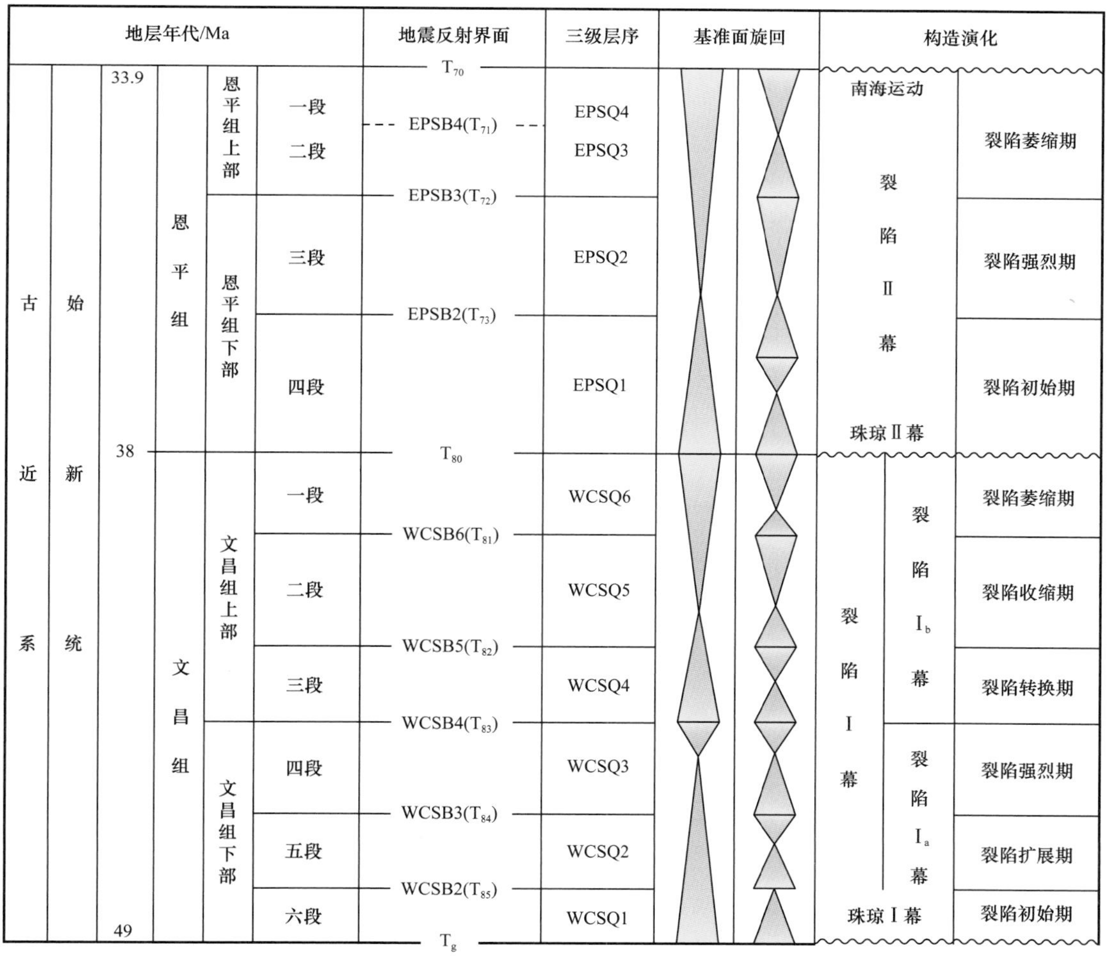

地层年代/Ma						地震反射界面	三级层序	构造演化		
系	统	年代	组	二级层序	段	T_{70}（顶）				
古近系	始新统	33.9	恩平组	恩平组上部	一段	EPSB4(T_{71})	EPSQ4	南海运动	裂陷Ⅱ幕	裂陷萎缩期
					二段	EPSB3(T_{72})	EPSQ3			
				恩平组下部	三段	EPSB2(T_{73})	EPSQ2			裂陷强烈期
		38			四段	T_{80}	EPSQ1	珠琼Ⅱ幕		裂陷初始期
			文昌组	文昌组上部	一段	WCSB6(T_{81})	WCSQ6	裂陷Ⅰ幕	裂陷I_b幕	裂陷萎缩期
					二段	WCSB5(T_{82})	WCSQ5			裂陷收缩期
					三段	WCSB4(T_{83})	WCSQ4			裂陷转换期
				文昌组下部	四段	WCSB3(T_{84})	WCSQ3		裂陷I_a幕	裂陷强烈期
					五段	WCSB2(T_{85})	WCSQ2			裂陷扩展期
		49			六段	T_g	WCSQ1	珠琼Ⅰ幕		裂陷初始期

图 2-3-2　珠一坳陷古近系断陷期层序地层划分方案

三级层序界面可以分为4类：Ⅰ类：区域不整合面（构造抬升不整合、古隆起不整合），文昌组顶底界面WCSB1（T_{90}）、SB38.0（T_{80}）、SB33.9（T_{70}），界面上下可见上超、下超或削截反射特征，测井上表现为GR曲线的突变；Ⅱ类：区域沉积沉降转换面（文昌组内部二级层序界面），WCSB4是典型的沉积中心迁移面，界面之上可见上超、界面之下局部见削截反射特征，在测井曲线上，沉积转换面表现出明显的突变；Ⅲ类：超覆不整合面（上超面），文昌组内部三级层序界面WCSB2、WCSB3、WCSB5、WCSB6，多形成于湖盆强裂陷期或稳定裂陷期，地震剖面上超覆特征明显，界面之下测井曲线表现钟形特点，界面之上表现为漏斗形；Ⅳ类：局部不整合面，恩平组内部三级层序界面EPSB2、EPSB3，可见上超、削截反射特征，在测井曲线上，界面之下表现为漏斗形，垂向上呈现出向上变粗的反粒序特征，界面之上突变为细粒沉积物，泥质成分增多。

2）陆相断陷湖盆迁移型层序构型

相对于海相盆地而言，陆相盆地的多样性和层序控制因素的多变性，造成陆相盆地层序构型的多样化。其中迁移型层序代表了陆相湖盆一种特殊层序地层构型，明显区别于海相层序内部由海平面升降造成的沉积物迁移，是盆地幕式构造运动的响应。迁移型层序是指断陷湖盆在幕式裂陷构造活动过程中，伴随着沉降中心的侧向迁移，沉积充填的层序沉积厚度、展布范围也发生侧向迁移，形成斜列叠置的叠加样式。珠一坳陷恩平凹陷、惠州凹陷文昌组均发育层序—沉积充填迁移的现象，且分别属于“自迁移”“异迁移”层序构型类型（施和生等，2016）。

迁移型层序可以细分为“自迁移”和“异迁移”两种类型。

“自迁移”层序构型是指在同一条边界断裂构造活动控制下，洼陷内部层序发生迁移，迁移范围仅限定在单一洼陷的层序内迁移的现象。如恩平凹陷恩平17洼控凹（洼）陷断裂是一系列呈南倾的北东向或近东西向断裂，自裂陷$Ⅰ_a$幕或裂陷$Ⅰ_b$幕至裂陷Ⅱ幕持续性活动。伴随断裂的持续活动，凹（洼）陷的沉积、沉降中心紧靠凹（洼）陷北缘控凹（洼）陷断裂的下降盘分布在陡坡一侧持续发育，形成新增的可容纳空间，并伴随着构造的持续活动，沉降中心不停向陡坡方向（北西西向）迁移（图2-3-3），呈现经典的迁移型叠加特征。

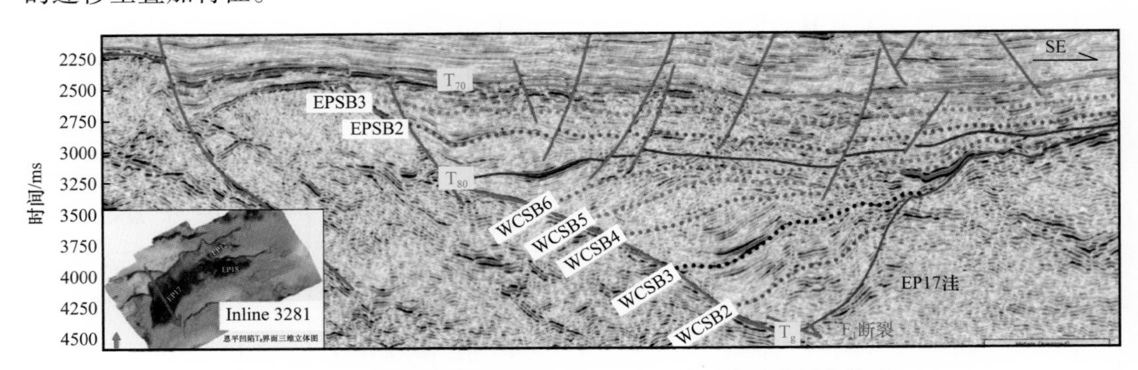

图2-3-3　珠一坳陷恩平凹陷EP17洼文昌组自迁移层序构型

从图2-3-3中也可以看出WCSB4作为文昌组内部二级层序界面—沉降转换面，具有以下特征：（1）界面之下具有稳定削截特征，界面之上呈现为上超终止反射特征；（2）界面之下地震同相轴呈现平行、亚平行反射特征，界面之上对应为上超充填特征；（3）界面上下地层产状存在明显差异，界面之下地层倾角大于界面之上地层倾角；（4）界面之上存在明显的沉积坡折特征，界面之下不具明显沉积坡折；（5）界面上下三级层序 WCSQ1—WCSQ3、WCSQ4—WCSQ6 表现出完整的裂陷幕，如三级层序 WCSQ1—WCSQ2 沉积范围依次扩大，WCSQ3 层序范围缩小，体现出裂陷开始—强烈—萎缩的完整旋回。

“异迁移”层序构型是指盆地（洼陷）的两侧控边断裂在跷跷板式构造活动控制下，可容纳空间及充填层序发生大规模跨凹陷或跨盆地迁移的现象。从一系列惠州凹陷不同洼陷的地震剖面的层序分布可以看出，惠州凹陷古近系文昌组具有典型“异迁移”层序特征，各个三级层序在垂向空间展布上呈现斜列叠加的样式，整体上由南缘断裂带向北缘断裂带迁移。其中，以文昌组上部和文昌组下部层序的分界面 WCSB4 为界，其上下沉积沉降中心以及层序发生了明显的迁移，因此也称 WCSB4 层序迁移面，该界面是文昌组内部的一个高连续、强振幅反射界面，界面之上的文昌组上部层序依次超覆在 WCSB4 上（图 2-3-4）。

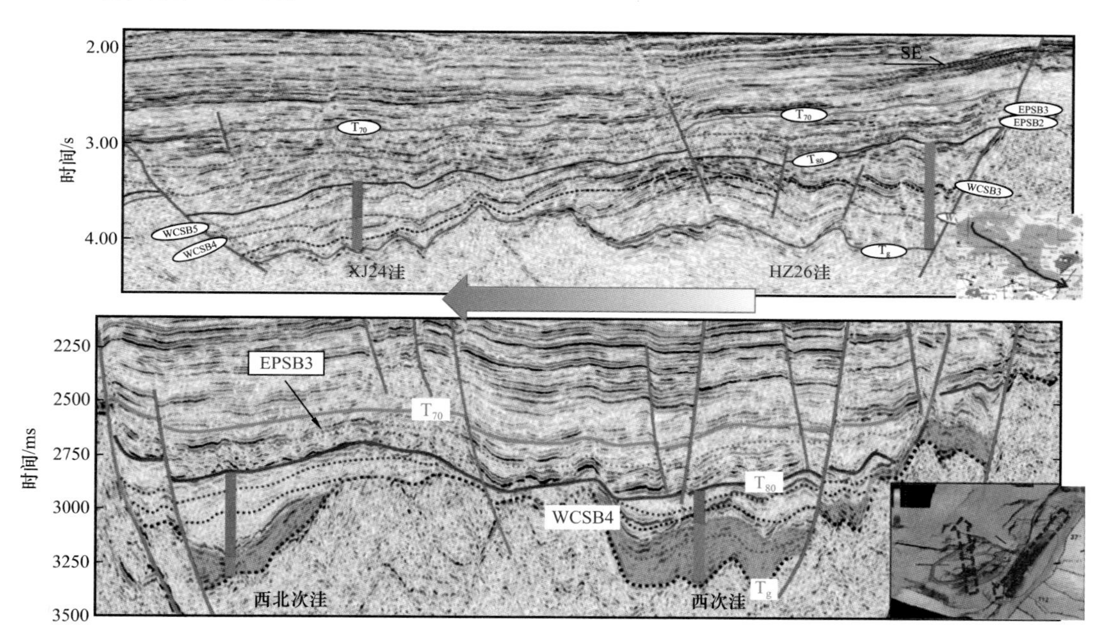

图 2-3-4　珠一坳陷惠州凹陷惠州 26 洼—西江 24 洼文昌组异迁移层序构型

3）层序发育特征

文昌组下部准二级层序由 3 个三级层序组成（WCSQ1—WCSQ3），分别是珠江口盆地裂陷 I_{a} 幕初始裂陷期、快速裂陷期、强裂陷期及裂陷萎缩期的产物。WCSQ1 沉积时期，层序分布非常局限，仅靠近主控边界断裂的层序保留下来，如恩平 17 洼、番禺 4 洼、惠州 26 洼，层序沉积范围小，地层厚度薄；WCSQ2 层序是湖盆扩展时期形成的，该时期盆地快速 / 强烈裂陷，层序沉积范围扩大，地层保存厚度大，总体上层序向北西向迁移，恩平凹陷和陆丰凹陷以自迁移和叠加型迁移为主，西江凹陷层序沉积中心由番禺 4 洼迁移到了西江 27 洼，惠州凹陷由于凹陷南部控洼边界断裂活动较强，层序虽然继续从惠州 26 洼向西江 24 洼迁移，但沉积中心依然在惠州 26 洼的中部，沉积厚度大，分布面积广；WCSQ3 沉积时期，控洼断裂活动减弱，部分地区层序缺失，层序分布局限，地层沉积厚度减小，仅惠州凹陷的层序继续向北西向迁移，西江 24 洼和惠州 26 洼的地层厚度基本相当，说明该层序处于文昌组上部、下部层序转移的过渡期。

文昌组上部准二级层序由 3 个三级层序组成（WCSQ4—WCSQ6）。WCSQ4 层序形成于裂陷 $\mathrm{I_b}$ 幕初始裂陷期，湖盆范围有限，仅恩平 17 洼、西江 24 洼、惠州 13 洼、陆丰 13 洼、陆丰 15 洼保留沉积记录。伴随裂陷强度增加，湖盆扩展，水体变深且广，众多洼陷连成一片，WCSQ5 层序的展布范围也进一步加大，但与裂陷 $\mathrm{I_a}$ 幕不同，该裂陷幕控洼断裂的活动因坳陷北部强度大，层序继续向北迁移，沉积中心主要分布在坳陷北部的洼陷中。WCSQ6 层序形成于裂陷 $\mathrm{I_b}$ 幕的萎缩期，因构造活动在坳陷北部比较强，所以萎缩期的沉积层序仅分布在珠一坳陷的北部，沉积最厚处紧邻控洼断裂分布。

恩平组二级层序由 4 个三级层序（EPSQ1—EPSQ4）构成，分别形成于裂陷Ⅱ幕初始断陷阶段、强烈断陷阶段、断坳转换阶段和萎缩阶段。EPSQ1 沉积时期，控洼断裂活动以坳陷北部为主，该层序也主要分布于珠一坳陷北部的洼陷内，地层最厚达 600m；EPSQ2 层序是裂陷Ⅱ幕强断陷期的产物，该时期的构造活动与裂陷 $\mathrm{I_b}$ 幕时期有继承性，但是构造活动相对较弱，沉积中心亦与裂陷 $\mathrm{I_b}$ 幕强断陷期有继承性，此时期珠一坳陷整体被填平，该层序遍布珠一坳陷；EPSQ3 层序形成于珠江口盆地的断坳转化时期，断裂活动弱，各洼陷连片，湖盆范围大但水体较浅，沉积范围增大，但沉积中心分散；EPSQ4 层序是裂陷Ⅱ幕萎缩阶段的产物，层序分布范围小，加上受南海运动造成的区域抬升影响而遭受剥蚀，层序残留厚度小，仅在珠一坳陷北部控洼断裂活动的地方有残留。

2. 过渡—漂移构造层序地层特征

过渡—漂移构造层序包括 2 个二级层序，分别对应珠海组、珠江组—韩江组。珠海组由 ZHSQ1—ZHSQ6 等 6 个三级层序组成。珠江组—韩江组由 11 个三级层序组成，其中珠江组包括 5 个（NSQ1—NSQ5），韩江组包括 6 个（NSQ6—NSQ11）。

1）珠海组

ZHSB1 相当于 T_{70} 地震反射标志层，界面年龄为 33.9Ma，是恩平组和珠海组的分界面，也是区域内一个重要的构造—沉积转换面。ZHSB2—ZHSB6 均为珠海组内部层序界面，对应的界面年龄依次为 29.5Ma、28.4Ma、27.2Ma、26Ma、24.8Ma。测井上主要表现为正、反旋回的转换面、砂泥岩突变面。地震上主要可见上超充填、（低角度）削截、顶超等现象。

ZHSQ1 层序主要发育在白云凹陷和荔湾凹陷内，层序内部由 5～6 个同相轴组成，主要发育海侵体系域和高位体系域，层序的沉积中心主要位于 BY6-1-1 井附近，沉积中心反射主要以平行反射为主，局部有微弱的前积结构。

ZHSQ2 层序发育的区域比较局限，仅在白云凹陷的南部有沉积物保存，主要发育高位体系域，内部由 2～4 个同相轴组成。受古地貌控制，层序向北尖灭于中央隆起带，向南尖灭于南部隆起，向西超覆在云开低凸起上，东部受东沙隆起的影响变薄尖灭。

ZHSQ3 基本继承了 ZHSQ2 的特征，主要发育在白云凹陷及荔湾凹陷内，以高位三角洲相的充填为主，海侵体系域很薄。

ZHSQ4 在番禺低隆起以北，层序较薄，在恩平凹陷局部稍厚，形成一个次一级的沉积中心，层序向北尖灭于北部断阶，向东尖灭于东沙隆起，在西部尖灭于神狐隆起，白云凹陷深水区为层序发育的沉积中心，向南只在荔湾凹陷接受了一些沉积，南部隆起层序基本不发育。

ZHSQ5 整体基本继承了 ZHSQ4 的沉积格局，但范围更大，往东向陆丰凹陷和东沙隆起扩张，层序超于东沙隆起，向西主要以高位体系域和海侵体系域为主，云开低凸起受地貌控制接受了较薄的沉积，低凸起以东的下部层序高位前积斜坡造成的坡折下形成了低位体系域，由滑塌的低位扇体、斜坡楔状体组成；南部隆起区主要以滨岸沉积为主。

ZHSQ6 层序坡折位于白云凹陷以南，低位体系域主要是由进积的三角洲前积体组成，在坡折下，有丘状反射特征，盆底扇比较发育。此层序是珠海时期形成的最后一个层序，海侵体系域在南部深水区沉积薄，在珠一坳陷发育较厚，高位体系域主要由高水位时期海平面相对下降，使三角洲向盆地推进，发育三角洲朵状体。

2）珠江组—韩江组

SB23.03 相当于 T_{60} 地震反射标志层，界面年龄为 23.03Ma，为新近系底界面，是珠江组底部明显的不整合界面，其形成与 23.03Ma 的白云运动有关。SB21—SB17.1 均为珠江组内部层序界面，对应的界面年龄依次为 21Ma、18Ma、17.25Ma、17.1Ma。钻测井上主要表现为河流—三角洲河道冲刷不整合面、海进冲刷不整合面。地震上主要可见（微弱）削截、上超、顶超等现象。其中位于 SB21—SB18 之间穿时的 T_{50}（MFS19.1）地震反射标志层为全区大部分可连续追踪的海相石灰岩顶面强反射。

NSQ1 期沉积中心位于荔湾凹陷，受白云运动的影响，全区内大部分地区遭受剥蚀，沉积坡折位于荔湾凹陷带附近，低水位期在坡折带之下形成低位体系域，可见重力流沉积反射特征，海侵时海水向北越过坡折，快速向北推进，并进入珠一坳陷，在高水位期主要发育以三角洲为主的高位体系域沉积。

NSQ2 期随着白云凹陷的持续沉降，沉积坡折向白云凹陷北部迁移，沉积中心位于坡折带南处，低位体系域主要在番禺低隆起的东西两侧发育，在坡折带附近形成浅的下切谷和重力流滑塌沉积；海侵体系域在全区均有发育，海侵早期南部形成了较厚的沉积，海侵后期北部沉积发育薄，海泛使东沙隆起北部淹没，发育碳酸盐岩沉积；高位体系域珠一坳陷主要发育大套的三角洲前积朵状体，白云凹陷内的沉积主要来自番禺低隆起向南部滑塌形成的沉积物。

NSQ3 期全区以高位体系域沉积为主，在惠州有小范围的低位体系域以及海侵发育，番禺低隆起到白云凹陷发育较薄的海侵，地震剖面上不易区分。层序高位体系域在白云凹陷内以重力流沉积为主，内部杂乱、丘状反射结构，层序顶界面为一个连续性较好的强振幅反射轴，为水下冲刷形成的平行不整合界面。

NSQ4 期继承了下部层序的沉积格局，珠二坳陷及南部隆起区沉积相对较薄，而珠一坳陷则接受了较厚沉积。由于海平面下降幅度小，坡折以下的沉积主要是富泥的重力流沉积。海侵时期，坡折附近地层明显受到侵蚀冲刷，宽缓的陆棚环境使海平面上升后快速向陆推进，造成沉积岸线的快速退缩，沉积中心向陆迁移，陆棚上接受了较少的沉积物。高水位时期，盆地北部接受了较多的沉积，沉积物主要来自古珠江的物源，而东北部的陆丰凹陷还有来自古韩江三角洲的物源，古韩江三角洲向西进积，进入惠州凹陷与古珠江三角洲形成指状交错前积现象。

NSQ5 期现为一套浅海陆棚和三角洲前缘—前三角洲相为主的沉积，珠一坳陷和珠二坳陷的白云凹陷中心部位沉积较厚，东沙隆起区和南部隆起区则沉积较薄。北部主要以高位体系域沉积为主，海侵较薄。南部主要由海侵时对下伏高位体系域的剥蚀形成的海侵体系域组成，陆坡区下部有重力流沉积发育，表现为重力作用形成的大套海侵砂滑塌至斜坡下部。

韩江组内共划分为 6 个三级层序（NSQ6—NSQ11），对应界面年龄依次为 16.5Ma、15.5Ma、14.8Ma、13.8Ma、12.5Ma、11.7Ma、10.5Ma，其中 10.5Ma 及 16.5Ma 分别是韩江组的顶、底界面对应的年龄，13.8Ma 为韩江组上、下部的年龄分界。钻测井上主要表现为河流—三角洲河道冲刷不整合面、海进冲刷不整合面及正反旋回分界面。地震上主要可见削截、上超、顶超等现象。

NSQ6 期中央隆起带形成东高西低的格局，北部物源主要从番禺低隆起西部折向东进入南部深水区，在白云凹陷深水区内接受了较厚的沉积。低水位时期，海平面在番禺低隆起的东部下降到了坡折以下，陆棚上近坡折的沉积物受剥蚀作用进入陆坡区形成低水位期的斜坡楔状体，泥质沉积较多。海侵期在番禺低隆起以南的陆坡区以平行—亚平行反射为主要特征，测井曲线平直，以浅海陆棚泥岩沉积为主。海退期在珠一坳陷、番禺低隆起北部发育高位体系域三角洲沉积，并向南部进积。

NSQ7 期珠一坳陷内层序主要由高位体系域组成，在东沙隆起的北部沉积了相对较厚的高位体系域沉积，反映了物源向盆地内进积的过程。番禺低隆起高水位期沉积主要是在海平面相对稳定时期受物源进积充填作用影响向盆地进积。可见高水位期低角度的前积现象，反映平缓的浅水陆架沉积。白云凹陷北部高水位时期，陆坡区发育有低角度前积的陆架边缘三角州沉积。

NSQ8 期海平面下降幅度较小，低位体系域发育不明显，陆坡区以富泥重力流为主，海侵体系域相对高位体系域较薄，高位体系域受海平面大幅下降影响，高位三角洲迅速越过坡折向南进积，番禺低隆起三角洲层序内部呈 S– 斜交复合前积反射结构。

NSQ9 期珠一坳陷、番禺低隆起以高位体系域三角洲沉积为主，白云凹陷深水区以低位体系域和海侵体系域为主，下陆坡区主要为重力流沉积。

NSQ10 期北部惠州凹陷形成了稳定的陆棚沉积中心，层序内部主要为连续中弱振幅平行反射；中央隆起带南部发育大规模进积朵叶体，朵叶体内部可见高角度斜交前积反射；白云凹陷海侵体系域主要为陆棚泥沉积，并在坡折附近形成重力流。

NSQ11 期以平行反射为主要特征，具明显的退积叠置样式，发育海侵体系域；层序上部“S”形前积反射比较发育，呈进积叠置样式，发育高位体系域。反映了海平面的缓慢上升和下降，属于典型的陆棚背景二分结构。

3. 晚漂移构造层序地层特征

晚漂移构造层中的粤海组共划分 3 个三级层序（NSQ12—NSQ14）。SB10.5 界面为粤海组底，对应于 T_{32} 地震反射标志层，对应年龄为 10.5Ma。SB8.5、SB6.3 为层序内部界面，对应年龄分别为 8.5Ma、6.3Ma，SB5.5 界面对应 T_{30} 地震反射标志层，对应年龄为 5.5Ma。钻测井上主要表现为正、反旋回的转换面，侵蚀冲刷不整合面。地震上可见削截、顶超等现象。

NSQ12 海侵期在珠一坳陷内形成较薄的海侵体系域，高水位时期，沉积主要位于珠一坳陷和中央隆起带上，在番禺低隆起上可以见到古珠江三角洲前积的朵叶体；白云凹陷主要发育高位体系域和海侵体系域泥质沉积。

NSQ13、NSQ14 期层序在珠一坳陷发育高位体系域和海侵体系域，东沙隆起上地层受全新世初期的构造隆升剥蚀而缺失或减薄尖灭，白云凹陷以北受 10.5Ma 东沙运动触发的海底滑坡，形成一套杂乱反射的滑塌体。

二、层序地层模式

1. 海相陆架坡折带层序模式

21Ma 以来珠江口盆地经历了 16 次明显的海平面升降旋回（秦国权，1996，2012），共有 6 次相对海平面下降到白云凹陷北坡陆架坡折附近。其中 13.82Ma 时海平面下降幅度最大（庞雄等，2005，2007），坡折之下出现大量的下切水道，在陆坡下方水道口的缓坡区发育低位扇体。当相对海平面下降到陆架坡折之下时，坡折带向陆方向是下切谷和剥蚀面最发育的地带。此时低位进积楔形体在坡折带的控制下开始形成，但规模较小。之后海平面开始缓慢上升，随着沉积物的向海推进，低位进积楔规模变大，沉积厚度增大，向陆方向以上超在 SB13.82 层序界面之上为特征，这就形成了早期低位楔进积体；在 13.82Ma 时随着相对海平面的快速上升及沉积物的供给加强，低位楔规模和沉积厚度持续增大，形成晚期低位楔，向陆方向也是以上超在 SB13.82 层序界面之上为特征，向海方向以底超于早期低位扇之上为特征；晚期低位楔形成后，相对海平面短期快速下降，多条水道下切晚期低位楔形体，平面上下切水道向陆方向尖灭于晚低位体系域楔形成的陆架坡折带下部，在下切水道口下部缓坡区发育低位扇体，规模较低位体系域早期的扇体大，是低位扇主要的形成时期。随后，相对海平面快速上升并维持在较高水位，此时主要发育海侵体系域，以陆棚及深水泥质沉积为主，在海平面快速上升早期，海侵体系域泥质沉积物充填下切晚期低位楔的水道，可见侧向充填特征。高位体系域晚期主要发育在相对海平面稳定及缓慢下降时期，进积下超于最大海泛面之上，并在跨越陆架坡折之后向海方向迅速减薄（冉怀江等，2013）（图 2-3-5）。

2. 陆相断陷湖盆迁移模式

依据三级层序内不同体系域地层时间单元—空间组成配置关系，可分为 L 型、T 型、TH 型、H 型 4 种类型层序构型（图 2-3-6）。L 型层序是指层序以低位体系域（LST）为主，水进体系域（TST）和高位体系域（HST）厚度相对薄甚至不发育；T 型层序是指层序以 TST 为主，LST 和 HST 厚度相对比较薄或不发育；TH 型层序是指 TST 和 HST 厚度相当，LST 相对不发育；H 型层序指层序以 HST 为主，LST 和 TST 厚度相对较薄甚至不发育（施和生等，2016）。

结合洼陷结构和层序构型，珠江口盆地可分为简单断陷湖盆迁移层序模式和复式断陷湖盆迁移层序模式。

（1）简单断陷湖盆迁移层序模式（图 2-3-7）：以恩平凹陷文昌组为例。裂陷初始阶段，断控侧可容纳空间增长速率大，发育低位体系域占主体的上升半旋回（加积型），缓坡带同期可容纳空间增长速率小，因沉积物供应速率相对不足，对应为上升半旋回；强裂陷阶段，断控侧的可容纳空间与沉积物供给比值（*A*/*S*）远大于 1，以发育湖侵体系域为主体的上升半旋回为主（退积型），缓坡侧同样发育上升半旋回；裂陷萎缩阶段，断控侧发育由上升半旋回向下降半旋回演变（进积型），缓坡侧发育下降半旋回。恩平17洼低角度正断层控制下（图2-3-7a），沉积中心存在由文昌组沉积早期至文昌组沉积晚期自南向北的大跨度迁移，沉积中心迁移距离达5.3km，内部层序旋回发生相应变迁，即纵向上断控带L型层序—深洼带T型层序—斜坡带H型层序组合；同期恩平18洼高角度沉积中心保持稳定，内部旋回变化趋势稳定，纵向上发育T型（TH型）层序组合（图2-3-7b）。相比而言，低角度正断层控制下，文昌组沉积早期沉积厚度明显大于高角度正断层控制下同期地层厚度，文昌组沉积晚期因低角度正断层沉降速率持续递减，高角度正断层沉降速率持续递增，二者沉积厚度相近。

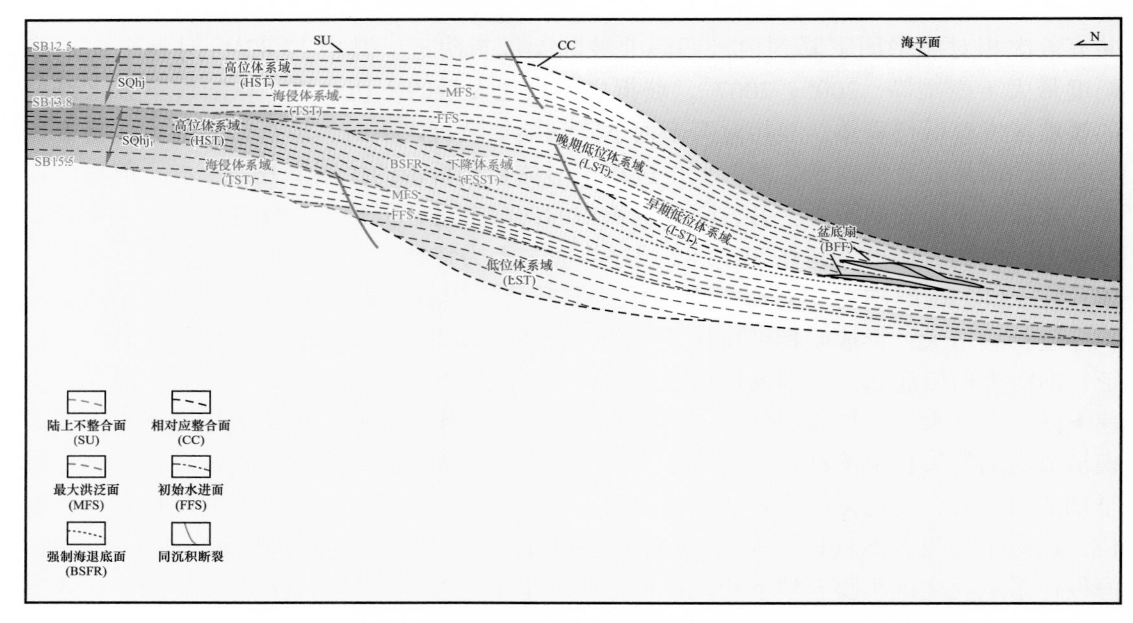

图2-3-5　番禺地区东南缘坡折带沉积层序模式

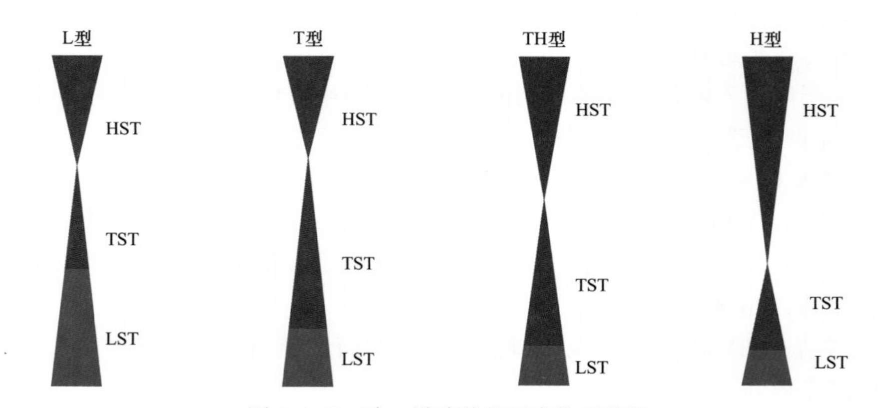

图2-3-6　珠一坳陷陆相层序构型分类

（2）复式断陷湖盆迁移层序模式（图2-3-8）：以惠州凹陷典型剖面为例。裂陷Ⅰ$_a$幕，以凹陷南侧构造活动为主，断陷湖盆沉积以T型（上升半旋回为主）为主的层序；裂陷Ⅰ$_b$幕，以北侧断层活动为主，层序由南侧向北侧逐渐迁移，在断陷湖盆北侧沉积以 H 型（下降半旋回为主）为主的层序，其分界面为层序迁移转换面；中部沉积区由于两侧构造作用影响较弱，形成以 TH 型为主的层序。

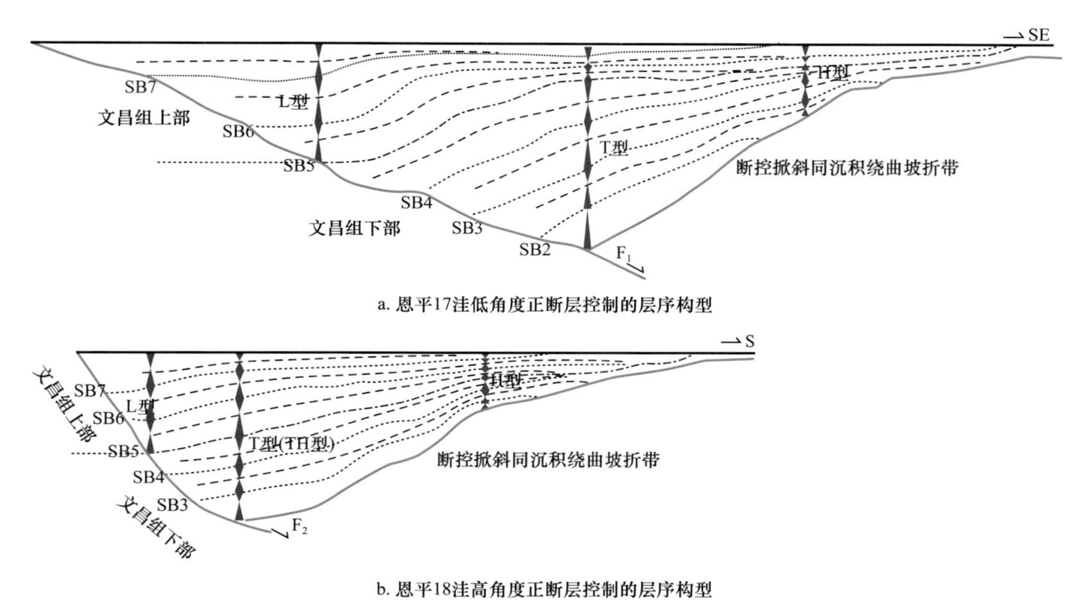

a. 恩平17洼低角度正断层控制的层序构型

b. 恩平18洼高角度正断层控制的层序构型

图 2-3-7　简单半地堑控制下的层序构型

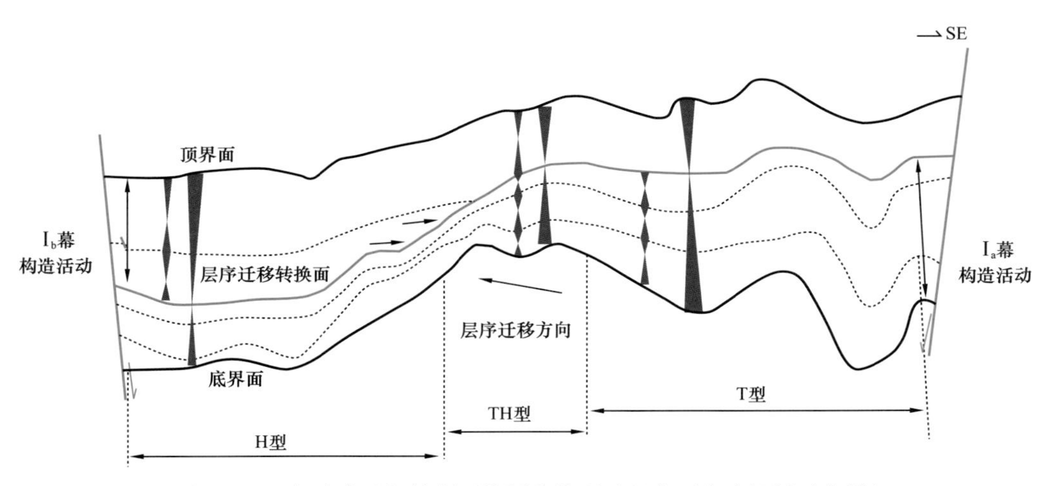

图 2-3-8　复式半地堑控制下的层序构型（以惠西半地堑剖面为例）

第四章　构　　造

第一节　盆地构造演化和动力学特征

一、盆地基底构型

1. 地壳结构

从区域重力场特征及地壳厚度分布来看，珠江口盆地总体发育于陆壳和过渡壳（变化的陆壳）上。中国南海北部重力场呈北东向展布，布格异常值由北西向南东逐渐抬高，反映莫霍面深度由北部近海陆区（32～34km）向中国南海（10km±）变浅。珠江口盆地范围内地壳厚度由北部陆架部分（24～30km）向南部陆坡的上部（18～22km）变薄。即盆地北部隆起带、北部坳陷带及中央隆起带处于大陆型地壳之上，其地壳厚度在22～28km之间。北部坳陷区（珠一坳陷、珠三坳陷），上地壳厚度为8～14km，可分两层（表2-4-1）；再往下第三层是下地壳层，第四层为下地壳高速层。这里的莫霍面的地震波速度为8.2km/s。东沙隆起区3.8km之下有一个厚度约0.2km的低速层，速度为3.1km/s，在新生代沉积之下有3km的中生代沉积。隆起区莫霍面的地震波速度为6.5～7.3km/s。

表2-4-1　珠江口盆地地壳结构及其特征

地壳层	结构	岩性	珠一坳陷区			东沙隆起区	
			厚度/km	地震波速度/(km/s)		厚度/km	地震波速度/km/s
				东部	中部		
第一层	新生代沉积	沉积岩	5	1.8～4.8	1.7～4.5	10	1.7～5.6
第二层	上地壳层	酸性火成岩或变质岩	3～9	5.6～6.2	6.0～6.4		5.8～6.2
第三层	下地壳层	基性岩	14～24	6.5	6.4～7.0	12	6.1～7.0
第四层	下地壳高速层	基性岩		7.1～7.4	7.1～7.5	10	7.3

陆坡地区（盆地南部包括南部坳陷带、南部隆起带）位于减薄陆壳或过渡壳（变化的陆壳）上，地壳厚度14～22km。坳陷区（珠二坳陷）上地壳厚度10～12km，分为两层；向下是下地壳层和下地壳高速层，厚度14～15km。隆起区（南部隆起带）上地壳厚度5km，分为两层；向下为下地壳基性岩层。

珠江口盆地地壳结构总的特点是从陆架到陆坡地壳厚度不断减薄，呈不连续阶梯状变化，有明显的四层结构，上地壳厚度较小，下地壳厚度较大。新生代早期的张性构造运动使上地壳减薄很多，下地壳变化不大。在陆坡地区康氏面的变化大，部分地区缺失上地壳层乃至整个上地壳，反映陆坡地区地壳结构的不均一性和向洋一侧的拉伸减薄。

2. 基底结构

珠江口盆地基底结构的主要特征是南北分带、东西分块。基底是陆区各个时期的褶皱带向海域的延伸。

北东向断裂将盆地新生代基底划分为“三隆二坳”的构造格局，从北西向南东分别排列着北部隆起带、北部坳陷带、中央隆起带、南部坳陷带以及南部隆起带。新生代沉积的最大厚度大于10000m，北部坳陷带中以恩平凹陷为最厚。近年来随着勘探向深水区挺进和新地震资料采集发现，在南部隆起带以外还存在一个坳陷带称为珠四坳陷，构成“三隆三坳”的构造格局。

根据钻达基底的探井资料，并结合地球物理（地震、重力、磁力）、区域地质资料的分析，盆地基底（指沉积岩基底）岩性主要是由古生代变质岩、中生代岩浆岩、沉积岩（包括火山碎屑岩，部分沉积岩可能受到一定程度的变质）以及新生代早期的火山岩和火山碎屑岩所组成（表2-4-2）。

盆地西部，主要是古生代加里东（部分可能为海西）褶皱基底，其间叠加有中生代中酸性侵入岩。包括一统暗沙断裂以西的神狐隆起、珠三坳陷和海南隆起，它是陆区北流—阳江断裂以西加里东、海西褶皱带向海域的延伸。磁场以宽缓、变化幅度较小、较完整的正磁异常为主，一般为50～150nT，间夹局部高磁异常值为特征。重力异常变化较大，为-32～-25mGal。反映古生代无—弱磁性变质岩和具中等磁性的中酸性岩浆岩。探井揭露的岩石有：变质石英砂岩、变质粉砂岩、黑云母角闪闪长岩、花岗闪长岩和流纹斑岩。

盆地中部，主要是中生代燕山期中酸性岩浆岩，其间叠加有新生代早期的中酸性和基性喷发岩。包括一统暗沙断裂以东到北卫滩断裂、陆丰断裂以西的珠一坳陷中西部、番禺低隆起、东沙隆起西部和珠二坳陷。与陆区粤中—粤东广泛分布的燕山期岩浆岩有着相似的成因和构造环境。此类侵入岩为弱—中等磁性，密度较小，磁异常是低值变化异常，对称的正异常、负异常或伴生异常，幅值变化为-50～150nT。重力异常是低值负异常-20～-5mGal。地震反射特征是基底顶面有强反射，以下为无反射或杂乱反射。已有60多口井揭露，其岩性主要为花岗岩，其次为花岗闪长岩、闪长岩、石英闪长岩和石英二长岩等，年龄为70.5Ma至153.0Ma±6.0Ma，地质年代属于晚侏罗世—晚白垩世。

盆地东部，是中生代燕山褶皱基底，其间夹中酸性及基性岩的侵入和喷发岩。包括北卫滩断裂和陆丰凹陷断裂以东的珠一坳陷东部、东沙隆起东北部和潮汕坳陷。磁场为复杂变化的正异常，局部夹正负变化小的异常，一般为100～250nT，最高400nT。重力异常为低值正负异常-10～20mGal。地震反射特征是古近系—新近系基底面以下有大倾角（或弧形）强振幅、较连续—连续斜平行反射层，顶部有强烈的削蚀，层速度在3.5～4.0km/s之间，甚至更高，与上覆古近系—新近系水平反射层呈明显的角度不整合。与陆区和相邻海域已为钻井和拖网采样揭露的中生代沉积岩分布区具同样的地球物理场特征，推断其岩石为中生代沉积岩及中酸性、基性侵入岩。

盆地东南部是新生代中基性火山岩区，包括南部隆起、东沙隆起南部、珠一坳陷东北部及一统暗沙东、北部坳陷南、南部坳陷北基底深大断裂带两侧。重力异常西部为低

表 2-4-2　珠江口盆地岩浆岩、变质岩、火山碎屑岩岩性、年龄数据表

岩石分类				井号	完钻井深 / m	前古近系顶深 / m	样品深度 / m	岩石名称	年龄 / Ma	备注
岩浆岩	中性岩	侵入岩	闪长岩—二长岩	PY27-1-1	3609.0	3577.0	3607.0～3609.0	石英二长岩	118.9 ± 2.1	岩心
				HZ32-1-1	2799.0	2785.5	2791.0	石英二长岩	88.5 ± 3.6	井壁取心
				HZ35-1-1	2218.9	2212.5	2218.9	石英闪长岩	105.0	岩心
				LH19-4-1	3086.0	3076.5	3076.5～3086.0	闪长岩		井壁取心
				LH21-1-1	2817.00			闪长岩		井壁取心
				WC2-1-1	3641.3	3572.0	3641.2		118	岩心
				HF33-3-1	3500.0		3278.2	辉石闪长玢岩		（脉岩）
		喷发岩	安山岩粗面岩	HZ21-1-1	4696.0		4591.0	英安斑（玢）岩		岩心
				HZ27-1-1	3066.0		3052.0～3054.0	安山岩		
				LH11-1-2	1812.6		1799.5	钠质粗面岩	27.17 ± 0.55	岩心
				LH4-1-1	1979.6		1977.1	安山岩	43.15 ± 0.7	岩心
				LF13-2-1	3280.00	3232.0		安山岩		岩心
	基性岩	喷发岩	玄武岩	HZ33-1-1	2731.0		2731.0	玄武岩	40.1 ± 4.0	井底捞块
				XJ33-2-1A	4833.0		4880.0	玄武岩	24.3 ± 1.3	
				LF14-2-1	3600.00			玄武岩		
				LF15-1-1	2175.0			玄武岩		井壁取心
				PY16-1-1	2389.0			含长石玄武岩	41.2 ± 2.0	井壁取心
				BY7-1-1	3527.0		3500.7	安山熔岩	35.5 ± 2.78	井壁取心
				HJ15-1-1	1552.0		1281.5～1455.5	玄武岩		岩屑

续表

岩石分类		井号	完钻井深 / m	前古近系顶深 / m	样品深度 / m	岩石名称	年龄 / Ma	备注
变质岩		LF2-1A	2483.5	2450.0	2480.0～2483.5		100.38 ± 1.46	岩心
		HF28-2-1	3943.6	3898.0	3942.0～3943.6		92.2	岩心
		PY24-1-1	4417.9		4414.9	绿帘斜长角闪岩	42.5	岩心
		PY20-1-1	3919.0	3856.0	3901.8	绿泥石片岩		井壁取心
		LH11-1-1A	1837.3	1822.0	1836.5		90.62 ± 1.49	岩心
		KP1-1-1	1906.8	1884.0	1902.0～1906.0	变质粉砂岩	66.12	岩心
		YJ35-1-1	4345.0	4341.0		变质石英砂岩		
		YJ36-1-1	3582.0	3490.0		变质石英砂岩		
		PY14-5-1	3817.0	3788.0		石英岩		岩屑
		LF22-1-2	1703.00	1700.0		变质岩		
沉积岩	火山碎屑岩	HZ18-1-1	3410.00			凝灰岩		井壁取心
		LF25-1-1	2320.00			凝灰岩		井壁取心
		XJ34-3-1	3300.0	3278.0	3300.0	凝灰岩	78.5 ± 3.2	
		LF1-1-1	3455.0		3454.4	英安质含砾岩屑晶屑凝灰岩		岩心
		LF21-1-1	2446.0			凝灰岩	49.33	井壁取心、岩屑

值负异常，-62～-28mGal，向东至东沙岛以南为高值正异常，20～30mGal；磁力是高值正异常，沿断裂带分布则是“串珠”状正负异常，一般80～200nT，最高240nT。地震反射特征是无反射或杂乱反射，绕射波发育，已为10多口探井所揭露。岩石为安山岩、英安斑岩、粗面岩、玄武岩和火山碎屑岩（角砾岩和凝灰岩）。

二、盆地构造演化

珠江口盆地是在古生代及中生代复杂褶皱基底上形成的新生代含油气盆地，其形成过程受印度板块、欧亚板块接触碰撞及太平洋板块对欧亚板块北西西向俯冲影响，盆地不同时期的大陆边缘表现出不同的活动性质。中生代盆地处于挤压增生的大陆边缘，新生代盆地处于拉张离散的大陆边缘，基底是华南板块各时期褶皱基底向海域的延伸（陈长民等，2003）。

中生代珠江口盆地处于挤压增生的大陆边缘，为典型的安第斯型活动大陆边缘。燕山期主要表现出强烈的断块升降及岩浆活动，先存古生代基底及构造，在这次强烈的构造活动中重新受到改造和建造。在左旋压扭的构造应力场作用下，形成了一系列的北东走向的延伸距离达数千千米的逆冲断裂带，并且伴有强烈的构造热变质带，宽度有数百米至数十千米。这些强烈的逆冲作用所产生的逆冲叠瓦构造以及伴随产生的部分张扭性质的断裂，构成了“多”字形的新华夏构造体系（以下简称新华夏系）。同时，该区在受到东南印度板块的挤压碰撞作用，产生了一系列近东西向的逆冲断裂系，被称为中特提斯域构造系。因此，珠江口盆地在多重构造应力环境下，盆地构造格局也是复杂多变的，新华夏系与中特提斯构造系在燕山期共同控制了盆地基底的基本构造格局。珠江口盆地的构造演化有3个阶段（图2-4-1），主要经历了6次较大的构造运动，分别为神狐运动、珠琼运动Ⅰ幕、珠琼运动Ⅱ幕、南海运动、白云运动以及东沙运动。

1. 断陷阶段（古新世—晚始新世）

该阶段是盆地内断裂最为活跃的一个阶段。晚白垩世至古新世期间，前新生代褶皱基底在神狐运动作用下发生张裂，形成一系列北东向断陷。裂陷初期沉积层仅在陆丰凹陷部分钻井揭示，主要岩性为一套杂色含凝灰质砂岩夹紫红色、棕褐色泥岩，沉积相为浅水湖泊沉积和火山岩沉积。神狐运动在地震反射剖面上表现为区域不整合面（T_g），相当于新生代盆地的基底。

其后珠琼运动使珠江口盆地发生抬升、剥蚀，伴有断裂和岩浆活动。珠琼运动Ⅰ幕发生在始新世初期，距今约49Ma。第二次张裂所形成的北东—北东东向断陷，使盆地形成彼此分割的北、南两个断陷带；断陷的深度和面积增大。在珠三坳陷的文昌凹陷、阳江凹陷，珠一坳陷的恩平凹陷、西江凹陷、惠州凹陷、陆丰凹陷、韩江凹陷，珠二坳陷的开平凹陷、白云凹陷形成了许多深水湖盆，沉积了盆地最主要的文昌组生油岩，这为珠江口盆地新生代油气田的形成奠定了良好的物质基础。珠琼运动Ⅰ幕在地震反射剖面上表现为地区性的不整合面（T_{90}），相当于文昌组底或文昌组—神狐组底；在隆起区缺失文昌组，T_g和T_{90}重合；恩平组或珠海组覆盖在基岩之上。

中始新世—晚始新世之间的珠琼运动Ⅱ幕是盆地断陷阶段最主要运动，表现为抬升剥蚀最强烈，并伴有断裂和岩浆活动。该次运动延续时间最长，以至于下始新统全部缺失或残存有限。第三次张裂时期，珠江口盆地南部和番禺低隆起产生一组近东西向断裂，南部开始与海连通，珠一坳陷湖盆较之前扩大，水体变浅，断陷中沉积了浅湖—沼泽相恩平组重要生油岩。该运动在地震反射剖面上表现为区域性不整合面（T_{80}），相当于恩平组底，在隆起区它形成侵蚀面，普遍缺失恩平组，珠海组直接覆盖于基岩之上。坳陷区它表现为削蚀面，缺失下始新统及部分恩平组。

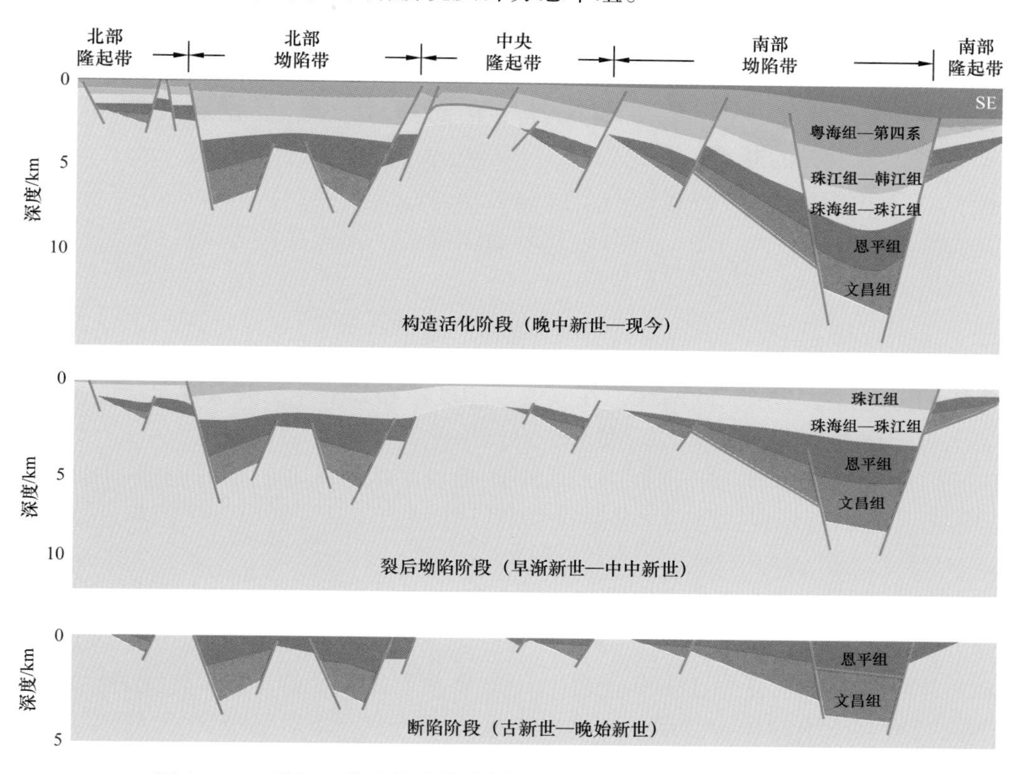

图 2-4-1　珠江口盆地构造演化剖面图（据陈长民等，2000，修改）

2. 裂后坳陷阶段（早渐新世—中中新世）

裂谷盆地转入坳陷盆地发育阶段。发生在晚始新世—渐新世之间的南海运动在盆地南部珠二坳陷被称为造海运动，海水从南向北大规模入侵。珠江口盆地中、北部发生区域性抬升，遭受强烈剥蚀形成了破裂不整合面，并伴有断裂和岩浆活动。盆地内断陷、断坳向坳陷转化，坳陷（裂后）开始并进入沉降阶段，沉积了珠海组（粗碎屑岩）、珠江组（海相细碎屑岩），在隆起的边缘和台地上形成了生物礁、滩和碳酸盐岩。珠海组沉积之初，古珠江三角洲开始发育，从而形成了珠海组河控型三角洲—滨岸沉积体系。南海运动在珠一坳陷中部地震剖面上是区域不整合面（T_{70}），在珠二坳陷相当于珠海组底，珠海组有明显的超覆特点，在隆起区覆盖在前古近系之上，在盆地的东北部区域不整合面相当于珠江组底（T_{60}）。由于在不同的坳陷区下伏地层差异性缺失或部分缺失，珠海组分别覆盖在恩平组、文昌组或神狐组之上。

发生在渐新世、中新世之间的白云运动是南海北部渐新统—中新统重大地质事件（23.8Ma）。该运动表现为构造不整合面，界面附近存在 1.5Ma 沉积间断，为沉积突变面，白云凹陷由渐新统的浅水陆架三角洲沉积突变为中新统的深水沉积。界面上存在滑塌变形沉积带。界面上下岩石地球化学存在突变，微量元素 Zr/Hf、Th/Sc、La/Sc、La/Sm、Nb/Ta 突变，反映古珠江物源突变，气候突变。同时该运动也为构造突变界面，表现为北部陆架坡折带突变式向陆退缩，由白云主洼南侧一线突然跃迁至北侧现今陆架坡折带位置。并且该时期海平面变化曲线呈台阶式跳跃，对应于南海扩张脊向南跃迁。该运动在地震反射剖面上相当于珠江组底（T_{60}）。

3. 构造活化阶段（晚中新世—现今）

发生在中、晚中新世之间的东沙运动是盆地断裂的再次活动期，使盆地在沉降过程中发生断块升降、隆起剥蚀，伴有频繁的岩浆活动、断裂和挤压褶皱，产生了一系列以北西西向张扭性为主的断裂，在地震反射剖面上表现为地区性的不整合面 T_{32}（粤海组底）和 T_{30}（万山组底），并且在这两个反射层之间形成多种产状的火山岩体。在东沙隆起和潮汕坳陷部分区域韩江组、粤海组和万山组遭受不同程度的剥蚀（生物带有缺失），在其他坳陷区则是连续沉积。

三、动力学特征

珠江口盆地位于华南大陆南缘，在欧亚、印度洋和太平洋三大板块交会的南海北部，是在加里东、海西、燕山期褶皱基底上形成的中—新生代含油气盆地。它的形成过程受印度板块、欧亚板块的接融、碰撞以及太平洋板块对欧亚板块北西西向俯冲的影响。它所处的构造位置和背景，以及各个板块间的相互作用决定了其形成及演化的进程。

1. 中生代盆地处于挤压增生的大陆边缘

燕山运动时期，古太平洋板块向北西俯冲于欧亚大陆之下。在南海地区存在一条向西北俯冲的活动边缘，俯冲的古南海海沟大约在今日的洋—陆边缘处，火山弧大约沿台湾浅滩、东沙群岛北侧、中沙群岛南侧、印支半岛东南侧延伸。珠江口盆地此时表现出极强烈的断裂和频繁的岩浆活动，在这次构造运动的影响下，形成了一系列延伸数百乃至上千千米，走向北东的左旋压扭性逆冲断裂带，常伴随有数百米至数十千米宽的热动力变质带。这些断裂带多形成逆冲叠瓦状构造和张扭性断裂，构成“多”字形构造体系——新华夏系。同时，该区在受到东南印度板块的挤压碰撞作用，产生了一系列近东西向的逆冲断裂系，被称为中特提斯域构造系。珠江口盆地在中生代是处于太平洋构造域与中特提斯构造域交会的挤压增生活动大陆边缘。

2. 新生代盆地处于拉张离散的大陆边缘

晚白垩世以后由于印度板块以较快的速度向北推进，新特提斯洋壳在印度板块的东北侧向北北东俯冲于华南—印支地块陆壳之下，导致了大陆岩石圈向东南蠕散，上地幔热底辟作用使脆性的上地壳产生破裂，而塑性的下地壳则产生水平引张，其结果使地壳进一步减薄，表层产生一系列断裂，形成北北东向断陷、裂谷盆地和北西西向、北北西向、北东向（左行）压剪性或剪性断裂。与此同时太平洋板块在 45Ma 以前是北北西方向向欧亚板块俯冲，由此所形成的岛弧带和弧后盆地的构造走向亦与之相平行，由于先期北北东向边界断裂的存在而形成斜向俯冲。珠江口盆地就是在这种复杂的应力场背景下由北西—南东向为主的拉张作用，在中生代新华夏系褶皱、断裂的基底上形成以半地堑为基本构造单元，由半地堑组合而形成北北东—北东向凹陷和坳陷带，从而构成盆地南北分带、东西分块的格局。至晚始新世早期（40Ma），印度板块与欧亚板块对接碰撞，在北北西—南南东向的拉张作用下产生了北东东向和东西向断裂，并伴有基性、中酸性岩浆的喷溢，这就使已形成的半地堑进一步加深，断陷面积扩大，南北两个彼此分隔的坳陷带连通。

晚渐新世时期由于受印度板块与欧亚板块碰撞的影响（比碰撞时间滞后8～18Ma，是由于地幔流流动缓慢所致），深部地幔流向南东和南南东方向蠕散，由于地幔物质所造成的过剩堆积致使上地幔发生了隆升，岩石圈进一步拉伸减薄。由于上部地壳层之间的剪切力影响，南海发生了海底扩张。珠江口盆地受其影响，发生了区域性抬升、剥蚀，并伴有断裂和基性、中酸性岩浆的活动。盆地由断陷转化为坳陷，沉积由陆相转变为海相，进入坳陷（裂后）的热沉降阶段。

中中新世晚期—第四纪时期，菲律宾板块向北西西方向的推挤加上台湾地体与东海陆架的碰撞拼贴作用，导致了台湾中央山脉发生区域性隆起和逆冲断层的出现，并有强烈的褶皱和岩浆的喷发，以致东海陆架（浙东长垣）形成强烈褶皱、抬升并遭受剥蚀。同时台西，尤其是台西南坳陷则大面积抬升，遭受剥蚀，并形成宽缓的褶皱，伴有岩浆的喷发。然而，在此阶段珠江口盆地则发生断块升降，隆起区遭受不同程度的剥蚀、断裂和岩浆活动频繁，产生了一系列现今仍在活动的北西西向张扭性断裂，沿着构造隆起的边缘，构成了强烈的地震活动带。由此可见此时的东沙运动，力源来自东部，自东向西运动强度和构造变形逐渐减弱。上新世—更新世早期（3Ma）台湾地区发生台湾运动，彻底改变了原来海峡地区陆缘裂谷的构造格局。台湾西部褶皱隆起转变为断褶带，与此同时，南海北部却因重力均衡调整而继续下沉，越往南下沉越大，如莺歌海盆地、琼东南盆地，新近系和第四系厚度可达上万米。

总之，珠江口盆地的形成、演化始终受印度板块北北东方向与欧亚板块的接触、碰撞产生的北西—南东向和北北西—南南东向拉张应力场以及太平洋板块对欧亚板块北北西向和北西西向俯冲产生的北东东—南西西向和北北东—南南西向拉张应力场的双重作用和控制，早期阶段以前者作用占主导，晚期阶段以后者作用占主导，从而形成了现今所见到的不同构造体系的复合。

第二节　断裂系统分布

新生代裂谷构造层是在中生代活动大陆边缘性质的基底构造层基础上发育的。重磁资料揭示中生代基底构造主要受北东向和北西向断裂控制（王家林等，2002），它们同时也限制了古近纪断裂发育格局。两幕裂陷作用形成的北东—北东东向、东西向和北西西向断陷整体呈北东走向展布，组成了南、北两组北东走向的裂谷带（图2-4-2）。北西向一统暗沙和北卫滩两组基底断裂在张裂过程中活动产生了北西向的雁列式断裂带，使盆地形成东部、中部和西部3个裂陷段，各个裂陷段具有相对独特的构造—地层特征。

一、断裂系统分布特征

1. 北部裂谷带

北部裂谷带包括由文昌凹陷和阳江凹陷组成的珠三坳陷，以及由恩平凹陷、西江凹陷、惠州凹陷、陆丰凹陷和韩江凹陷组成的珠一坳陷。该裂谷带断层十分发育，在总体为张性盆地的背景下，断层表现出张性或张扭性的特征，具有多期活动的特点。该带裂陷期的构造样式以主断层控制的半地堑构造为主，局部区域发育地堑构造。各凹陷为多个半地堑或地堑组合形成的相对独立的断陷区。主断层对沉积的控制作用强，断裂活动产生的断块翘起通常导致同裂谷地层的剥蚀。

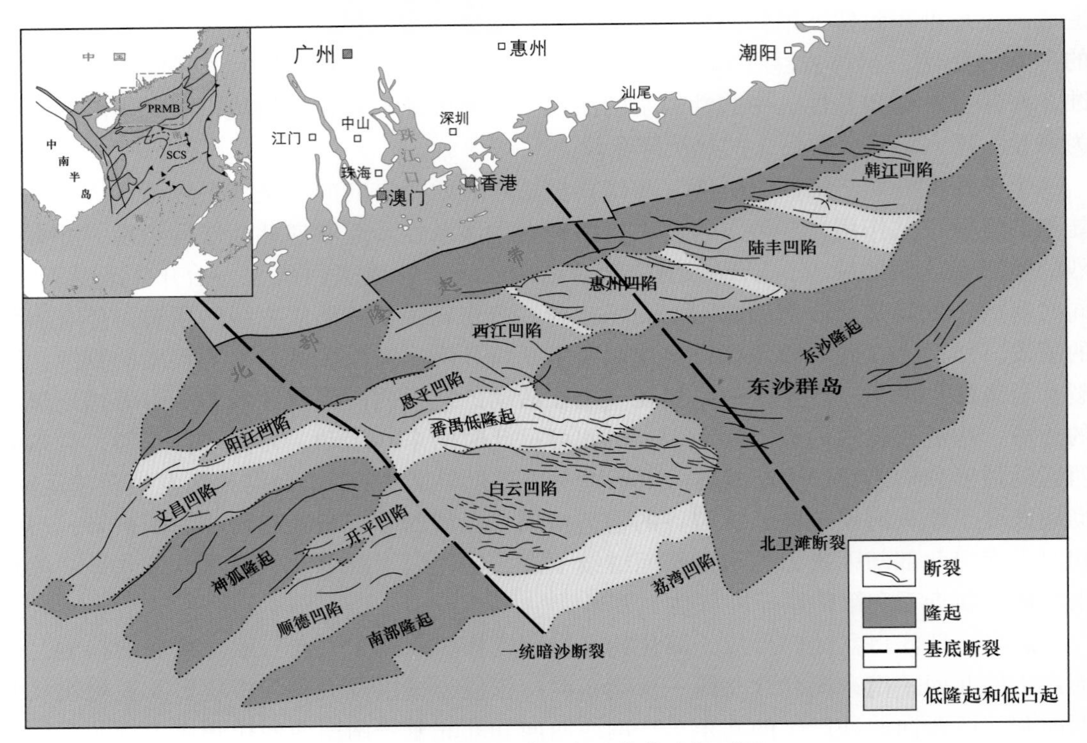

图 2-4-2　珠江口盆地新生代构造纲要图

珠一坳陷古近系控凹断层主要有北东—北东东向、近东西向及北西西向 3 组。坳陷内，主要控凹断层具有分段性，呈现出“断续出现、首尾错开，呈斜列状分布”的特点。断层的分段发育决定了凹陷的分割性，断层主体发育部位经常是洼陷中心发育的地区。在平面上，不同方向断层的分布具有一定的规律性，珠一坳陷西部的恩平凹陷、西江凹陷，其断层走向主要为北北东—北东向；坳陷中部的惠州凹陷断层走向主要为北东东向；坳陷东部的陆丰凹陷、韩江凹陷断层走向主要为北西西向与北东东向。珠三坳陷的断层展布相对简单，其古近系的控凹断层主要呈北东向，且断层连续性较好，多为同一条断层，如北东向的珠三南大断层同时控制了文昌 A 凹陷、文昌 B 凹陷和文昌 C 凹陷裂陷期的沉积作用。

2. 南部裂谷带

南部裂谷带为由顺德、开平、白云、荔湾、兴宁等凹陷组成的中部、南部坳陷带。裂陷期构造样式以一统暗沙断裂为界存在较明显差异，西部顺德凹陷、开平凹陷为半地堑结构的断陷区，而东部白云凹陷、荔湾凹陷则为由半地堑和大型地堑组合成的复式断陷区（孙珍等，2005）。与北部裂陷带相比，南部裂陷带的断裂活动所产生的断块翘倾作用弱。

白云凹陷的基底断层和晚期断层（珠海组及其以后沉积）具有明显不同的特征。凹陷基底断层平面上具有断层走向规律性变化的特点，自西向东依次发育走向为北西西—东西—北东—东西的多条控洼断层，共同控制了白云凹陷由西部走向为近东西向转为东部走向为近北东向的“V”字形平面展布特征（图2-4-3）。断层规模相对于凹陷规模较小，长度40～80km，主要活动期为恩平组沉积时期，最大断距可达3500m。珠海组沉积时期以来基底断层继承性发育，表现为一系列近东西向及北西西走向断层。同时，白云凹陷还发育大量北西西走向的晚期断层（珠海组及其以后沉积），断层主要以平行断层系和雁列断层系等组合形式展布，断层规模小，长度10～15km。白云主洼区除中心模糊带发育断层外，其他区域无明显断层发育。

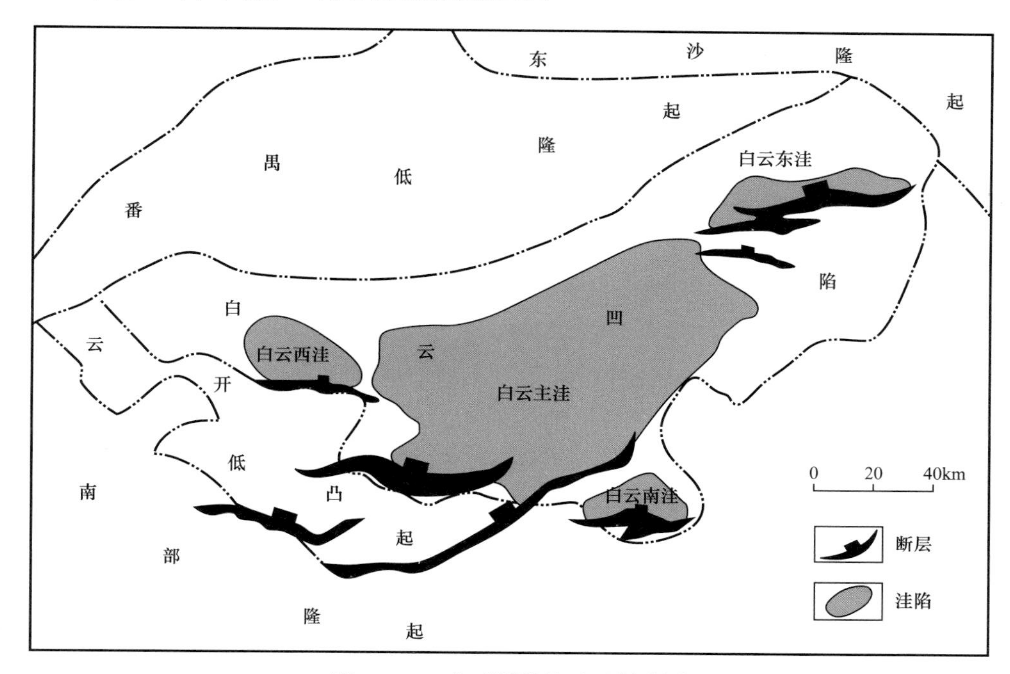

图2-4-3 白云凹陷构造区划略图

二、断裂发育成因机制

1.断裂分段性成因机制

裂谷构造层主要受同期发育的北东—北东东向、东西向和北西西向断裂活动形成的断陷控制。

珠江口盆地古新世—中始新世裂陷幕形成沉积神狐组和文昌组的断陷。控制断陷发育的断裂上以北东—北东东向为主，同时发育北北东向、东西向和北西西向断裂活动，断层活动强度表现为北北东向>北东—北东东向>北西西向>东西向（图2-4-3），反映北西—南东向伸展作用。

珠江口盆地晚始新世—早渐新世裂陷形成沉积以恩平组为主的断陷。控制断陷发育的断裂主要以东西向和北西西向为主，北东—北东东向断裂也存在活动，断裂活动强度表现为东西向>北西西向>北东—北东东向，反映了近南北向拉张应力场作用。该期裂陷作用的断块旋转普遍较弱，各半地堑内部的古地貌分割性弱，断陷内部的地势平缓，与文昌组沉积时期相比较，恩平组沉积时期洼陷的范围扩大，有些洼陷合并。

同时受太平洋板块俯冲控制的古新世—中始新世裂陷作用具有东早西晚的特征，而受印支半岛挤出作用强烈影响的晚始新世—早渐新世裂陷作用则表现出西强东弱的特征，与此相关的近南北向伸展应力场来自盆地西部，从而导致珠江口盆地东、西分段。

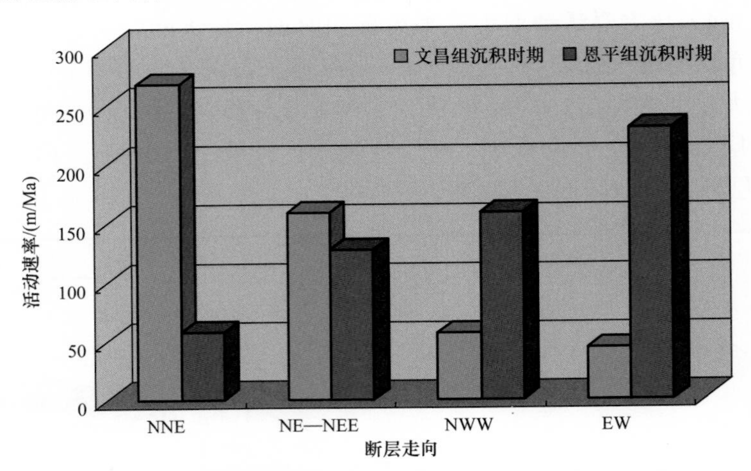

图 2-4-4　珠一坳陷裂谷阶段不同走向断裂活动速率对比图

2. 断裂阶段延伸机制

1）古新世—中始新世的伸展特征

珠江口盆地古新世—中始新世裂陷前的地质背景为中生代活动大陆边缘，它具有如下特征：

（1）发育宽阔的弧前区。晚侏罗世—中白垩世古俯冲带与中生界火山—侵入杂岩带之间发育宽阔的弧前区，其间的现今距离普遍大于 1000km。地震和钻井资料揭示该区发育一套侏罗系—下白垩统的海相碎屑岩沉积（水谷伸治郎等，1989；夏戡原等，2000；冯晓杰等，2003）。

（2）陆缘火山弧带存在岩石圈的减薄过程。中国东部沿海火山—侵入岩系的流纹质成分含量高（可达 95%）、火山带宽（达 600km），与典型的以安山质为主的俯冲相关火山弧存在较明显差异。Zhou 等用古太平洋板块俯冲倾角由缓倾角到陡倾角演化以及玄武岩浆底侵作用导致地壳熔融来解释火山岩带的成因。对中生代玄武岩及其包裹体的研究（吴福元等，1999，2000）表明，中生代大规模幔源岩浆的底侵作用伴随着岩石圈地幔减薄过程，并且在 145Ma 左右岩石圈减薄至最薄。

（3）中生代晚期存在陆缘造山作用。中国东部陆缘早白垩世末期发生大量的微陆块增生。在珠江口盆地及其周边区域，中国台湾的大南澳、菲律宾的民都洛、北巴拉望和瑞得岛等（Holloway N H，1982）的增生作用形成东南沿海晚中生代的陆缘造山带。福建沿海发育的长乐—南澳断裂带在造山过程中形成了各类片麻岩、片岩、角闪岩、条带状混合岩和混合花岗岩。珠江口盆地潮汕坳陷的中生界沉积环境则发生由海相到陆相的转化，并且形成以陆丰 35-1 为代表的北东向、轴面南东倾的挤压背斜。

因此，珠江口盆地古新世—中始新世裂陷前岩石圈结构具有如下特点（图 2-4-5a）：陆缘火山弧区发育加厚的地壳和减薄的岩石圈地幔；而宽阔弧前区发育的海相地层则预示减薄或正常的地壳和岩石圈地幔结构。在此背景下，古新世—中始新世的岩石圈伸展主要表现为宽裂谷的伸展方式，其具体表现为发育盆岭式的断陷盆地系（图 2-4-5b）。除了珠江口盆地之外，南海北部和华南大陆还发育同期的北部湾盆地、南雄盆地、三水盆地等晚白垩世—早中始新世断陷盆地群。南、北裂谷带在初始裂陷以前处于不同的地壳环境，导致其间的裂谷模式存在显著差异。

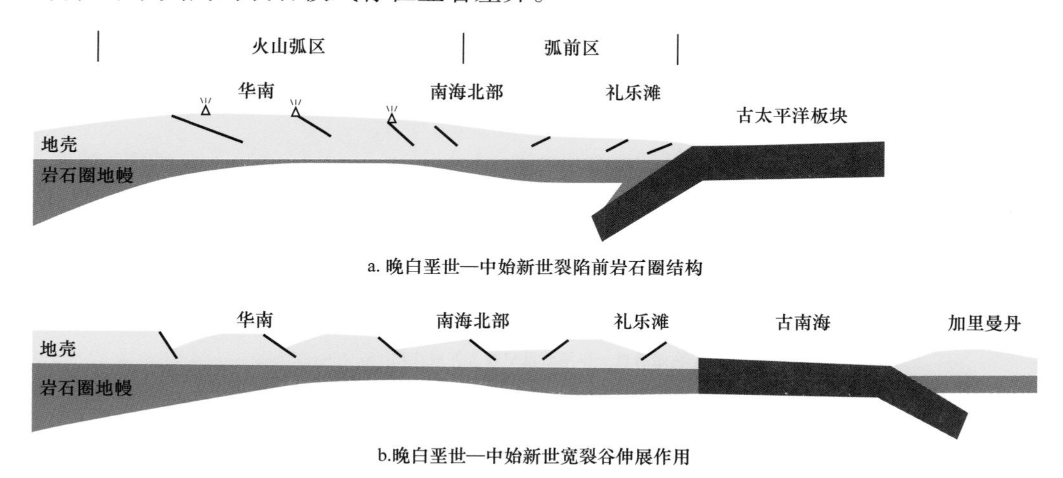

图 2-4-5　珠江口盆地古新世—中始新世岩石圈伸展模式

北部裂谷带位于中生代火山弧带，其南部及东沙隆起钻遇燕山中、晚期的侵入岩和热动力变质岩。该区岩石圈伸展的运动学方式主要是通过上地壳简单剪切及下地壳和岩石圈地幔纯剪切的挠曲梁伸展模式（Kusznir N J，et al.，1992）发生，从而形成了以半地堑为结构单元的断陷盆地。南部裂谷带由于中生代位于靠近俯冲带的弧前区，伸展前的地壳没有被大规模加厚，地壳上部的脆性层较薄，下部的韧性层较厚，岩石圈伸展的运动学方式主要是通过上、下地壳纯剪切的岩石圈颈缩（Kooi H,et al.,1992）方式发生，导致南部裂谷带伸展期间断块旋转不强烈，其中白云凹陷产生大型地堑式断陷结构。

2）晚始新世—早渐新世的伸展特征

经历前期裂谷作用的调整，北部裂谷带及华南陆区由加厚型地壳恢复为正常地壳，玄武岩地球化学特征分析表明新生代主要表现为岩石圈地幔的加厚（吴福元等，2000）。因此，南海北部陆缘岩石圈结构在晚始新世—早渐新世裂陷前表现为正常的自陆向海逐渐减薄的大陆边缘岩石圈（图 2-4-6a）。在印支半岛旋转挤出及古南海俯冲联合作用下，晚始新世—早渐新世伸展机制表现为大陆边缘区的窄裂谷伸展模式（图 2-4-6b），裂陷作用集中在现今的南海北部大陆边缘。北部裂谷带在裂谷期处于正常大陆岩石圈环境，断陷内主要充填恩平组陆相沉积，岩石圈伸展的运动学方式继承了早期北部挠曲梁伸展模式；而南部裂谷带处于减薄的岩石圈环境，发育海相同裂谷期地层，如琼东南盆地崖城组为海陆过渡沉积，岩石圈以颈缩方式发生伸展。

3）南、北裂谷带伸展作用差异

珠江口盆地北部与南部裂谷带之间构造变形存在显著差异，其成因与上述两期岩石圈伸展过程中的地壳厚度变化有关。北部裂谷带经历加厚型地壳—正常地壳—减薄型地壳的伸展过程，初始伸展为加厚地壳，具有相对厚的、脆性的上地壳 + 相对薄的、韧性的下地壳，在第二幕伸展期为正常的地壳；而南部裂谷带则长期处于大陆与大洋过渡带，两幕伸展前均为减薄的地壳，具有较薄的脆性上地壳 + 较厚的韧性下地壳，主要经历减薄型地壳—超减薄型地壳的演化过程。

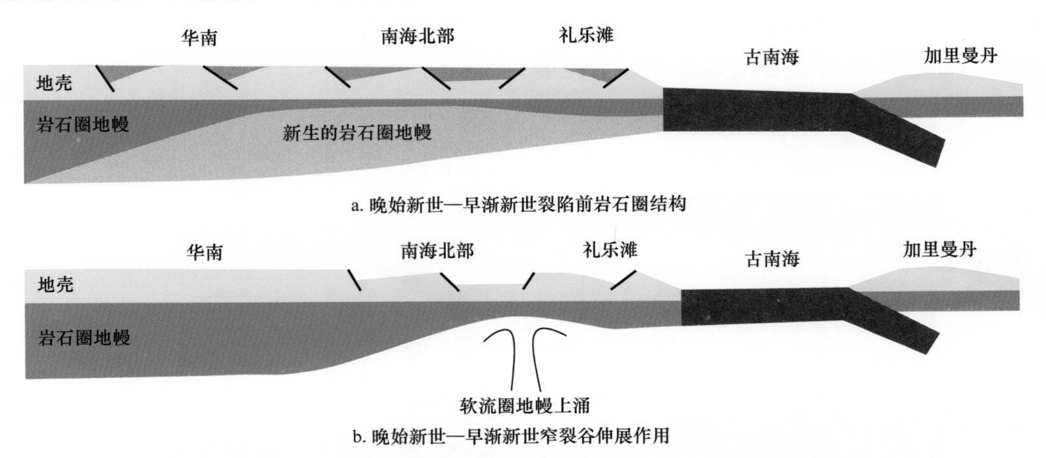

图 2-4-6　珠江口盆地晚始新世—早渐新世岩石圈伸展模式

古新世—中始新世期间北部裂谷带在厚地壳环境下的伸展作用表现为：该期裂陷形成的断陷走向在中、西部均以北东走向为主，东部受中生代北西向基底断裂控制，发育北西西向断陷。晚始新世—早渐新世北部裂谷带的伸展特征表现为：在经历了早期伸展和下地壳的热恢复后，北部裂谷带地壳厚度明显减薄，晚始新世—早渐新世的新一期裂谷作用受初始基底断裂的影响强度增加，在中部裂谷段的构造转换区，拉伸作用产生了大量受转换带影响的东西向和北西西向断裂。南部裂谷带的伸展特征表现为：该区中生代为弧前区，新生代拉张作用发生时处于减薄地壳状态，裂陷期间主要通过大量延伸长度较短的断裂来控制断陷的发育，由此造成断陷内单条断裂对沉积的控制不明显。

第三节　构造单元划分

珠江口盆地区域结构上具有坳隆相间、成带展布的特点，自北而南划分了 6 个北东向的构造单元，即北部隆起带、北部坳陷带（珠一坳陷和珠三坳陷）、中央隆起带（神狐隆起、番禺低隆起、东沙隆起）、中部坳陷带（珠二坳陷）和南部隆起带（顺鹤隆起、云荔低隆起）和南部坳陷带（珠四坳陷）（图 2-4-7）。

一、坳陷带

1. 珠一坳陷

珠一坳陷（不包括韩江凹陷）存在的 3 个大型凸起（惠陆低凸起、惠西低凸起、恩西低凸起）将珠一坳陷自东向西分隔为陆丰凹陷、惠州凹陷、西江凹陷和恩平凹陷等 4 个凹陷，包括 11 个半地堑以及文昌组 22 个洼陷、恩平组 10 个洼陷。凹陷总体呈北东东向展布，受控于斜列式主边界断层。主边界断层的连接方式及单条断层活动强度、活动时间与延伸长度控制了凹陷的分布与规模大小（施和生等，2016）。

1）恩平凹陷

恩平凹陷古近纪为受边界断层控制的简单半地堑组合，北北东—北东走向，北断南超，北部为控制凹陷的边界断层，向南为缓坡带，缓坡带末端受一组北东向断层反向切割形成基岩隆起。古近系文昌组整体南抬北倾，向南超覆尖灭在南部隆起带的边缘，内部被断裂所截，将其分割成 3 个洼陷（恩平 17 洼、恩平 18 洼和恩平 12 洼）。恩平组沉积时期边界断裂转化为一组近东西向断层，文昌组沉积时期发育的 3 个洼陷合并为一个恩平 17 洼。

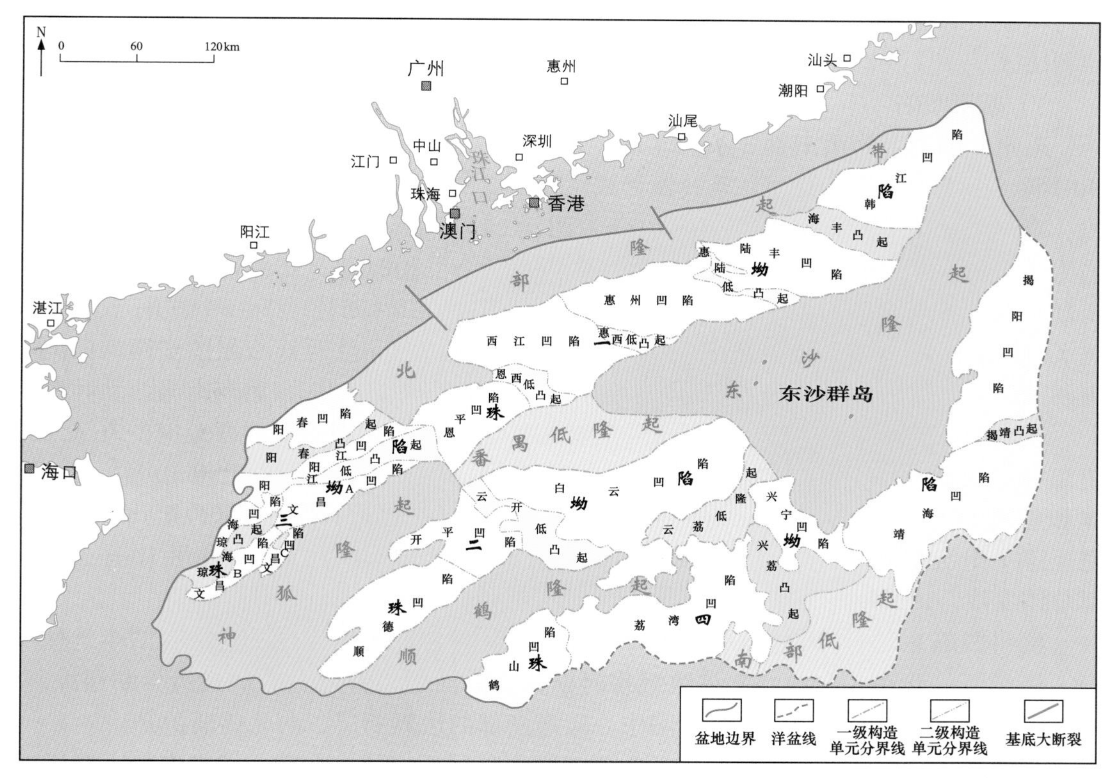

图 2-4-7　珠江口盆地构造区划图

恩西低凸起位于恩平凹陷与西江凹陷之间，北西走向。凸起上缺失文昌组沉积，凸起带宽度 22～33km。恩平组沉积时期，凸起北部发生裂陷，受番禺 1 主控边界断层控制，形成恩平北半地堑，北东东—东西走向，番禺 1 洼被中部隆起鞍部分隔成东、西两个沉积中心，沉积厚度均大于 1300m。

2）西江凹陷

西江凹陷是古近纪受边界断层控制的复式半地堑。西江 27 洼和番禺 4 洼分别位于西江凹陷的北部和南部，具有南北对称、中部隆起的结构特征。两个洼陷在文昌组沉积时期都发生了强烈的断陷活动；其内部结构明显表现出两个不同方位拉伸形成的复式断陷结构。西江 27 洼充填的文昌组、恩平组总体上受北东—北东东向、近东西向基底正断层或张扭正断层的控制，但不同时期的基底断层活动特征不同，导致断陷结构发生变化。断陷早期主要是北东—北东东向基底断层活动，总体上表现为半地堑；晚期北东—北东东向断层和近东西向基底断层同时活动，表现为地堑式或不对称地堑。番禺 4 洼整体结构呈北东走向，其在东北部凸起上缺失文昌组，洼陷结构表现为东西双断的地堑、半地堑结构，但因东西两侧主控断层的活动强度的变化，不同阶段洼陷结构具有差异；中段洼陷结构表现为东断西超的半地堑式组合，洼陷沉积持续受西南侧主边界断层控制；中南部表现为双断式结构特征，洼陷中部发育洼中隆，向南西向北部断层逐渐萎缩，转为南东向边界断层控制的东断西超式半地堑结构。

西江中低凸起位于西江凹陷中央，走向北东，由相对倾斜的两个半地堑缓坡带会聚而成，宽度 17～30km，缺失文昌组。恩平组厚度从半地堑的洼陷中心向缓坡带逐渐减薄乃至缺失，西北部最厚 1400m，东南部减至 400m，在顶部残留一个长 10km、宽 2km 的剥蚀区。

3）惠州凹陷

惠州凹陷西部为由南部 3 条和北部 2 条主控边界断层控制的复式半地堑。文昌组沉积时期，受南面 3 条、北面 2 条共轭铲式主控边界断层的控制，形成 6 个洼陷（西江 23 洼、惠州 26 洼、惠州 21 洼、西江 30 洼、西江 24 洼和惠州 13 洼）。沉积厚度最大的洼陷为惠州 26 洼，约 2600m，向北逐渐变浅。恩平组沉积时期，北部边界断裂活动强于南部，北部急剧下沉而南部下沉缓慢，造成恩平组沉积时期统一为一个洼陷（惠州 13 洼），洼陷中心靠近北部的边界断层，厚度最大约 3550m。惠西低凸起位于西江凹陷与惠州凹陷之间，北西走向，缺失文昌组，凸起带宽度 12.5～20km，由东南向西北倾没。

惠州凹陷东部的北段，为惠州 8 主控边界断层控制、东西—北西西走向的复式半地堑组合。文昌组沉积时期，由铲式边界断层控制，形成 3 个洼陷（惠州 10 洼、惠州 8 洼和惠州 14 洼），洼陷中心紧靠边界断层的下降盘，惠州 10 洼窄而深，惠州 8 洼浅而宽。恩平组沉积时期，北部的断裂加剧活动，活动强度惠州 8 洼大于惠州 10 洼，半地堑总体变浅，由分隔的 3 个洼陷统一为一个洼陷（惠州 8 洼）。

惠州凹陷东部的南段为由惠州 22 洼和惠州 24 板式斜列边界断层控制的半地堑组合，呈东西—北东东走向。文昌组沉积时期，受南面 2 条斜列式的铲式边界断层控制，形成了惠州 22 洼和惠州 24 洼，洼陷中心紧靠南部的边界断层，向北逐渐抬升。

惠中低凸起位于惠州凹陷中央，为相背倾斜断层形成的地垒带。该带南面以惠州 13 断裂及惠州 14 断裂东段为界，北面以惠州 14 南断裂及文昌组超覆线为界，走向北西，面积约 649km^2。隆起上缺失文昌组，恩平组也较薄，最小厚度仅 500m，是长期继承性的古隆起。

4）陆丰凹陷

陆丰凹陷中部发育一低凸起，介于陆丰 7 洼与陆丰 13 洼之间，北东东走向，构造形态为相背倾斜断层形成的地垒带，南面以陆丰 13 断裂为界，北面以陆丰 7 断裂为界。低凸起上缺失文昌组沉积，恩平组沉积很薄（＜200m），是文昌组沉积前形成的隆起，把陆丰凹陷分成南北两部分。

陆丰凹陷北部为惠州 5 主控边界断层控制的复式半地堑，文昌组沉积时期，由南、北两条反向相对斜列的边界断层控制形成两个洼陷（惠州 5 洼和陆丰 7 洼）的构造格局，洼陷中心靠近各自断层的下降盘。恩平组沉积时期，北部断裂继续活动，南部断裂活动停止，统一为一个洼陷（惠州 5 洼）。

陆丰凹陷南部由陆丰 13 洼控洼断层和陆丰 15 洼控洼断裂控制的半地堑，近东西走向。文昌组沉积时期，受板式边界断层控制形成两个洼陷（陆丰 13 洼、陆丰 15 洼）的半地堑，沉积中心靠近控洼边界断层。

陆丰凹陷东部为受海丰 33 控洼断层控制的简单半地堑，北西西走向，面积约 536km^2。文昌组沉积时期，海丰 33 洼的沉积中心受边界断层影响，发育在洼陷中部。

2. 珠二坳陷

珠二坳陷包括白云凹陷、顺德凹陷、开平凹陷，白云凹陷、开平凹陷以云开低凸起相隔，主要位于现今海底地形的上陆坡至陆架边缘。顺德凹陷—开平凹陷主要发育近北断南超的洼陷，白云凹陷主要发育南断北超的洼陷。洼陷的断陷期残留厚度在白云主洼可达 6500m、面积 9000 多平方千米，开平主洼最大厚度达 5200m、面积 1800km^2，顺德洼陷厚度和面积均较小。

1）白云凹陷

白云凹陷位于珠江口盆地西南部陆架—陆坡过渡带及上陆坡区，为长期稳定下沉的负向构造单元，总体呈北东东走向，其北侧是番禺低隆起，西侧以一条北西走向的基底断裂和岩浆活动带为界与神狐隆起和珠二坳陷西段相邻；东侧为东沙隆起。凹陷处在陆壳与洋壳过渡带，沉积基底主要为中酸性岩浆岩，其次为变质岩和基性岩，地壳厚度较薄，一般为 18～28km。地温梯度为 31.5～41.0℃ /hm，属于地温场偏高的凹陷（孙杰等，2011）。

白云凹陷属于大型碟型凹陷，表现出复式地堑结构特征。凹陷两侧主要断裂断距小，且不控制沉降中心，沉降中心位于地堑中央，沉积地层表现为中间厚两翼薄的锅底形。始新统文昌组在剖面上的形态也较清楚，洼陷之间彼此相连，形成统一的大凹陷，内部沉积体系虽有多个中心，但彼此相连，总体上呈现多洼共存的格局。恩平组沉积时期为断坳期，断裂活动明显减弱，热沉降加强，但沉积沉降厚度不大，珠海组—粤海组沉积时期为坳陷期，具凹陷特征；上新统—第四系具陆坡盆地特征（张功成，2010）。

白云凹陷是继承性深大凹陷，主要以古近系分布格局，划分为白云主洼、白云西洼、白云东洼，其中白云东洼又可划分为两个次级洼陷，从左至右称为 1 次洼和 2 次洼（张功成等，2014）。

主洼内以古近系充填为主，最厚达 8300m。白云西洼在始新世沉积时期是由两条断裂控制的半地堑，主控断裂一侧呈箕状，到始新世晚期，断裂活动减弱，对沉积控制作用不明显。洼陷内古近系最厚达 2600m。白云东洼可划分为两个次级洼陷—东 1 次洼和东 2 次洼。东 1 次洼呈南断北超半地堑结构，受控于边界大断层，沉降中心位于控洼断层根部，洼陷内古近系最厚达 4000m。东 2 次洼被晚期断裂所切割，同时受两侧隆起影响向南延伸，洼陷内古近系最厚达 2400m（张功成等，2014）。

2）顺德凹陷—开平凹陷

顺德凹陷—开平凹陷位于珠江口盆地珠二坳陷西部。凹陷内古近系总体上为北断南超、呈北东—北东东向展布的半地堑。南部为珠江口盆地南部的顺鹤隆起，其接触关系为断层接触。北部边界为神狐隆起，古近系沉积层系逐渐往西北方向上超。东部边界为云开低凸起。西部边界为神狐隆起向西南方向的延伸部分。

顺德凹陷和开平凹陷由多个半地堑组合而成，在剖面上具典型箕状半地堑特征。始新统沉积期间，凹陷仅仅出现个别鱼鳞坑状的半地堑结构，至恩平组—珠海组沉积时期间，凹陷面积逐渐扩大，但无论其凹陷的分布面积还是沉积厚度，均比白云凹陷小得多。

开平凹陷自西向东发育4个洼陷，即西洼、西南洼、主洼和东洼。主洼是一个受近东西向断裂控制的南断北超半地堑；西洼是一个主要受北东向断裂控制的北断南超半地堑，控洼断裂自西向东发生北东至北东东的走向变化；西南洼为受北东向断裂控制的北断南超半地堑；东洼是一个受北东东向断裂控制的北断南超半地堑。开平凹陷文昌组沉积时期控洼断裂一直活动到晚渐新世，在恩平组沉积时期只对早期沉积控制较为明显，恩平组沉积晚期已不活动，恩平组为早断晚坳的特点。

顺德凹陷位于开平凹陷的西南方向，可划分为顺德北洼和顺德南洼。顺德北洼、顺德南洼均总体呈南断北超半地堑，呈北东向延伸。顺德南洼的洼陷面积、文昌组及恩平组厚度均大于顺德北洼。

3）云开低凸起

云开低凸起位于珠江口盆地珠二坳陷，总体呈北西走向，南北长约160km，东西宽15～35km，水深范围300～1500m，其西北部和东南部分别与神狐隆起和南部隆起带相接，东部和西部分别为白云凹陷和顺德凹陷—开平凹陷所夹持（钟锴等，2008）。

云开低凸起东部被4条北西西向或北东东向的基底断裂所分割，形成了4个次级低凸起，向白云凹陷倾伏，表现为4个南断北超的半地堑和4个东倾次级低凸起相间分布的构造格局。云开低凸起经历了断陷—断坳—坳陷等3个演化阶段，相应形成了下构造层（文昌组—恩平组）、中构造层（珠海组—珠江组）和上构造层（韩江组—第四系），总体构造走向在下构造层以北北东向—近东西向为主，至中、上构造层转变为以北西西向为主。在断陷期所形成的4个次级低凸起中，除了Ⅱ、Ⅲ次级低凸起呈现出合二为一的趋势外，Ⅰ、Ⅳ次级低凸起均表现出构造继承性，即保持了持续向白云凹陷倾伏的构造脊特征。

3. 珠三坳陷

珠三坳陷可划分为9个次级构造单元，包括6个凹陷、3个凸起。分别是：文昌A凹陷、文昌B凹陷、文昌C凹陷、琼海凹陷、阳江凹陷和阳春凹陷，琼海凸起、阳江低凸起和阳春凸起。珠三坳陷总体为南断北超的箕状断陷结构，面积12180km^2。由于基底先存坚硬古隆的影响，在东西向表现为隆凹相间的特点，形成南北分带、东西分块的构造格局。珠三坳陷同样具有典型的“下断上坳”结构特征，以古近系与新近系之间的区域不整合面（T_{60}）为界，可分为上、下两大构造层系。该界面区分了古近纪陆相断陷裂谷和新近纪裂后海相坳陷两个不同的盆地发育演化阶段。它的形成与演化过程与整个珠三坳陷乃至整个珠江口盆地的构造活动密不可分。由于早期构造运动影响，珠三坳陷形成了多个凹凸相间的构造格局，形成了包括文昌A凹陷、文昌B凹陷和琼海凸起等多个次级构造单元。同时，整个构造运动过程中形成的断裂对珠三坳陷内部构造特征、沉积特征以及油气运聚成藏特征有重要影响。

从地温梯度平面趋势上来看，自凹陷中心至凹陷边缘地温梯度逐渐增大，这与大多数含油气盆地的地温梯度分布规律相似。整体上，阳江凹陷及阳江低凸起周缘、琼海凸起周缘的地温梯度相对较高，而文昌C凹陷的地温梯度最低。珠三坳陷现今地温场的差异，除与构造位置、断裂活动有关外，还与凹陷内火山活动有关，阳江凹陷及阳江低凸起周缘火山活动较多，地温梯度也相对偏高。珠三坳陷这种相对较高地温梯度为盆地中热流体的形成及热流体与岩石的相互作用提供了热源条件。

1）文昌 A 凹陷

文昌 A 凹陷是珠三坳陷面积最大、沉积最厚的凹陷（图 2-4-8）。文昌 A 凹陷是一个南断北超的古近纪—新近纪半地堑，古近系—新近系发育齐全，面积 3350km^2，沉积岩最大厚度逾万米，其中新近系厚 3500m、古近系厚达 6000m。南面以珠三南断裂和神狐隆起为界，北边与阳江低凸起呈单斜上超关系，东接东沙隆起，西邻琼海凹陷、琼海凸起和文昌 B、文昌 C 凹陷。珠江口盆地长期沉降及发育巨厚的沉积岩和良好的含油气储盖组合，奠定了文昌 A 凹陷油气成藏的基础，造就了其基本的石油地质特征。

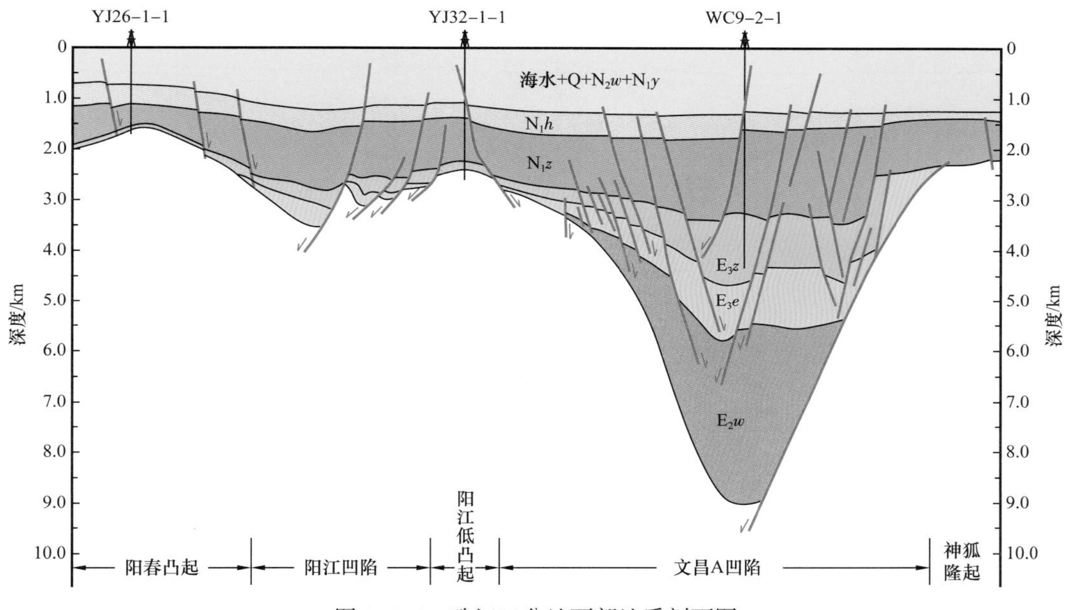

图 2-4-8　珠江口盆地西部地质剖面图

珠江口盆地属大陆边缘张性盆地，其构造演化分两大阶段，即早期张裂阶段和晚期裂后阶段。在早期张裂阶段，文昌 A 凹陷受到珠三南断裂控制，接受了巨厚的古近系沉积，形成具有南断北超特征的箕状凹陷。在晚期裂后阶段，伴随区域性热沉降，文昌 A 凹陷受到轻微的挤压活动，凹陷中部发育一系列北西西走向的断裂。总体而言，文昌 A 凹陷的构造演化规律是，地层自下而上由陆相向海相转化，由封闭、半封闭的沉积环境向开阔的环境转化，凹陷结构则由断陷向坳陷转化。文昌 A 凹陷划分为文昌 10 洼、文昌 9 洼、文昌 5 洼、文昌 6 洼、文昌 14 洼。

2）文昌 B 凹陷—文昌 C 凹陷

文昌 B 凹陷总体为走向北东—南西、“南断北超”的狭长箕状断陷结构，北西方向接琼海凸起，南东方向紧邻神狐隆起，凹陷及北面琼海凸起区的总面积约 2000km^2（图 2-4-9）。在古新世—早渐新世断陷期，文昌 B 凹陷在这一时期受到了太平洋—欧亚板块相互作用产生的北西—南东向拉张应力场及印度—欧亚板块相互作用产生的近南北向拉张应力场的联合作用，开始形成该区南北分带的构造格局，在凹陷内沉积了生油岩系，此时文昌 B 凹陷内形成的断裂以北东向伸展控凹断裂为主。晚渐新世—早中新世断坳转换期，受印度板块与欧亚板块碰撞的影响，渐新世末期发生南海运动并使珠江口盆地开始进入坳陷阶段，发生裂后整体沉降。在南海扩张及全球海平面上升的影响下，神狐隆起以南广海开始向北侵入，此时琼海凸起已基本没入水下，文昌 B 凹陷内沉积环境开始由陆相湖盆沉积转变为潟湖、潮坪沉积。中中新世以后，南海扩张逐渐停滞，盆地冷却和上覆沉积负载的作用使盆地进一步下沉，海侵范围进一步扩大，珠三坳陷与南海连为一体，成为开阔的陆架海盆，形成开阔海沉积体系，文昌 B 凹陷内沉积了一套浅海相泥岩，为该区良好的区域盖层，与断坳转换期凹陷里沉积的扇三角洲潮坪砂岩形成了该区良好的区域储盖组合。

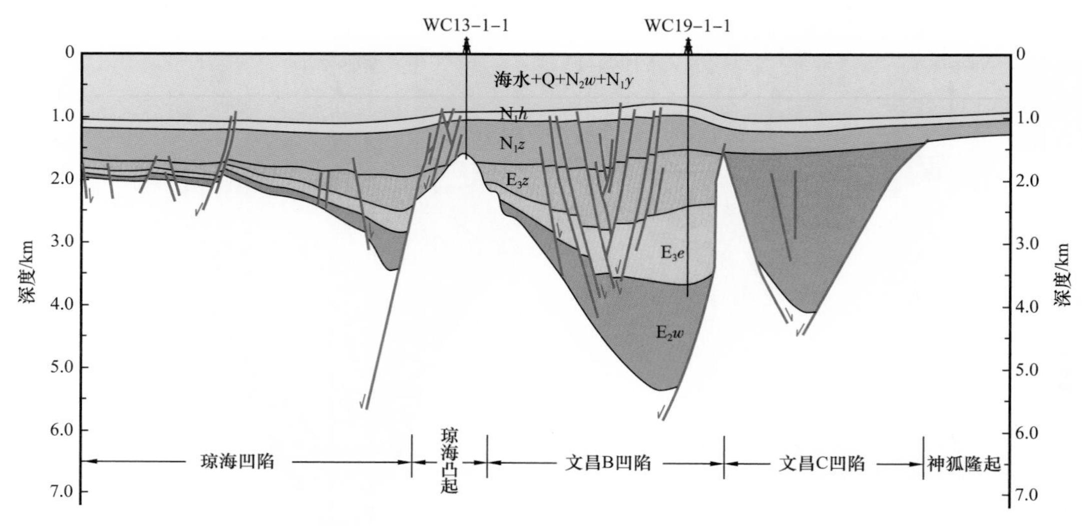

图 2-4-9　珠江口盆地西部地质解释剖面图

文昌 C 凹陷面积 645km^2，整体文昌 B、文昌 C 凹陷为分别受珠三南断裂西段北支、南支控制形成的“脊状”凹陷，始新世为一个统一的湖盆，同时也是该区带烃源岩发育的重要时期，珠琼运动及后期南海运动神狐隆起区域性抬升、剥蚀及断裂活动，形成了文昌 B、文昌 C 凹陷被南断裂分割的格局。凹陷内发育 19 洼、20 洼、25 洼等次级洼陷，其中文昌 C 凹陷 25 洼面积最大，埋深相对较浅（最大埋深 4000m 左右），文昌 B 凹陷 19 洼面积小，但埋深大（最大埋深 8000m 左右）。

3）阳江凹陷—阳春凹陷

阳江凹陷—阳春凹陷位于珠三坳陷北部，北接海南隆起，南邻文昌 A 凹陷。阳江凹陷南部与阳江低凸起分隔，北部以珠三北断裂与阳春凸起为界。阳春凹陷南部以阳春断裂与阳春凸起分隔。阳春凹陷面积 3203km^2，阳江凹陷面积 1995km^2，阳春凸起面积 1890km^2，阳江低凸起面积 2276km^2。剖面上，阳江凹陷与文昌 A 凹陷构成双断的凹凸相间的格局。阳江凹陷与文昌 A 凹陷均为受北西—南东向拉张应力作用下形成的箕状断陷，其走向均为北东向，发育文昌组—第四系完整的地层。

阳江凹陷—阳春凹陷可进一步分为阳春南洼、阳江东洼及阳江西洼 3 个次一级单元。阳春南洼为北东向阳春断裂控制的箕状断陷，洼陷的结构比较简单，整体上东南断、西北超。阳春断裂在始新世活动强度较大，始新统文昌组地层最厚可达 2200m，渐新统下部恩平组地层最厚只有 940m。阳江凹陷结构比较复杂，东西差异较大。阳江东洼整体上为北东东向珠三北断裂东段控制的洼陷，南部3条北掉小断层控制了局部小范围的沉积，但并未改变阳江东洼北断南超的整体格局。阳江西洼主要受控洼断裂控制，形成南断北超半地堑，阳江东洼最大埋深、沉积厚度均大于阳江西洼。珠三北断裂东段在渐新世早期活动强度相对较大，始新统文昌组地层最厚只有1200m，而渐新统下部恩平组地层最厚可达1470m。

4）琼海凸起—琼海凹陷

琼海凸起是珠三坳陷内部的一个低隆带，位于文昌B凹陷和琼海凹陷之间，东邻文昌A凹陷，面积869km²。琼海凸起是一个基底继承性古隆起，总体呈西高东低、自西南向东北逐渐倾没的格局，其东北倾没端一直延伸到文昌A凹陷；琼海凹陷南部以珠三②号断裂与琼海凸起分隔，西侧以珠三西断裂与海南隆起分隔，东北方向为阳江低凸起，面积1075km²。琼海凹陷为南断北超的箕状凹陷结构，总体呈北东—南西向展布。新生代以来，琼海凹陷总体经历了早期断陷、中期断坳转换和晚期坳陷的构造演化过程，洼陷中沉积了古近系、新近系和第四系。其中琼海凹陷东部沉积厚度略大于西部，断陷期琼海凹陷中沉积了一定厚度的文昌组、恩平组中深湖相和浅湖相烃源岩。

4. 南部坳陷带

珠四坳陷包括长昌凹陷、鹤山凹陷、荔湾凹陷、兴宁凹陷和靖海凹陷，主要位于现今海底地形的下陆坡至洋盆边缘，水深多大于1500m（杨海长等，2017）。

1）长昌凹陷—鹤山凹陷

长昌凹陷—鹤山凹陷位于珠江口盆地南部坳陷带的西南部，处于南海北部陆架边缘下陆坡，地壳强烈减薄的洋陆过渡壳之上，盆地平均水深超过2000m，是两个相互连通的呈北东—南西走向深水—超深水凹陷。凹陷面积约1.3×10^4km²，北侧为顺鹤隆起，东北与白云凹陷相邻，西南侧为西沙隆起，东南与双峰盆地相接（图2-4-10）。该地区属于勘探新区，研究程度低，全区仅二维地震测线覆盖，测线总长度约5500km，地震测网密度3km×3km～3km×6km，无钻井资料（宋爽等，2016）。

长昌凹陷可分为5个次级构造单元（三级构造单元），包括长昌北洼、长昌东洼、长昌南洼、长昌北低凸起和长昌中低凸起；鹤山凹陷分为6个次级构造单元：鹤山主洼、鹤山南洼、鹤山东洼、鹤山北洼、鹤山南部低凸起和鹤山东北低凸起。长昌凹陷是南断北超的半地堑，主要受南部北东东向北倾控盆断裂带控制；鹤山凹陷是北断南超的半地堑，主要受北部北东向南倾断裂带控制。

2）荔湾凹陷

荔湾凹陷地处珠江口盆地南缘，紧邻南海西北次海盆，发育于相对薄弱的洋陆过渡壳部位，决定了荔湾凹陷的构造演化应以断坳作用为主，并伴随大规模的底辟（岩浆底辟和泥底辟）活动。荔湾凹陷不发育典型的控凹断层，整体呈现“四洼三凸”的构造格局，剖面结构为中间深、两边浅的蝶形特征，边界部位以斜坡为主，主要断层发育于凹陷的内部，仅局部控制洼陷的沉积和沉降中心。凹陷可划分为荔湾北洼、荔湾中洼、荔湾东洼和荔湾南洼。荔湾东洼、荔湾中洼和荔湾南洼以岩浆底辟构造分隔，荔湾北洼与荔湾中洼以泥底辟构造分隔（纪沫等，2014）。

荔湾东洼受控于近南北走向的Ⅰ-1断层（荔湾凹陷与南部隆起带的东边界，向南延伸转变为斜坡），总体呈半地堑特征，古近系最大厚度发育于Ⅰ-1断层根部，是荔湾东洼的沉降中心和沉积中心（图 2–4–11）。洼陷以古近系 2700m 的等厚线为界，面积约 380km^2。

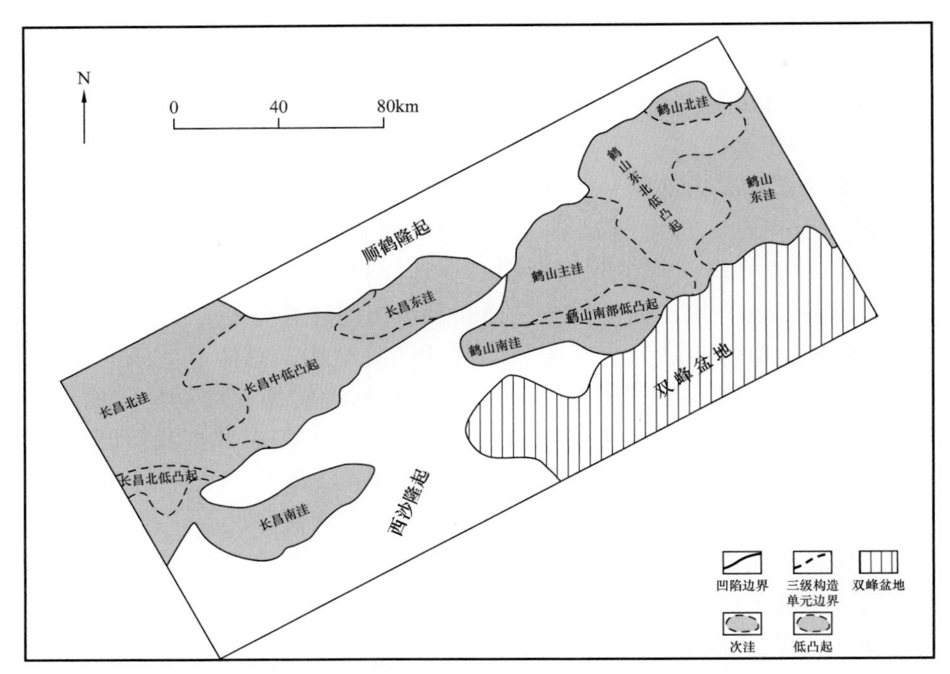

图 2–4–10 珠江口盆地长昌—鹤山凹陷构造单元划分图

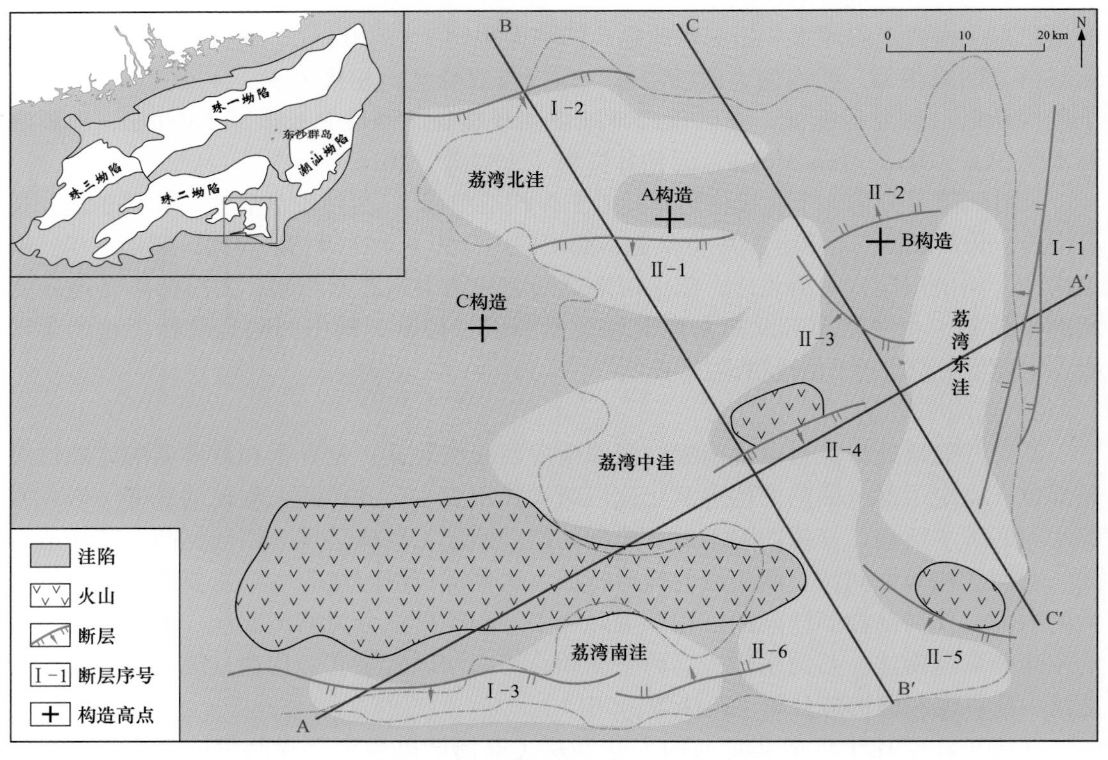

图 2–4–11 荔湾凹陷构造纲要图

荔湾中洼整体表现为由岩浆底辟所围限的碟形坳陷，断层对荔湾中洼的控制作用不明显，古近系最大厚度发育于荔湾中洼的中南部，是荔湾中洼的沉降中心和沉积中心。洼陷以古近系 3000m 的等厚线为界，面积可达 855km^2。

荔湾南洼受控于近北西西—南东东走向的Ⅰ-3 断层，断层倾向南南东，荔湾南洼总体表现为不对称的地堑结构，古近系最大厚度发育于Ⅰ-3 断层根部，是荔湾南洼的沉降中心和沉积中心（图 2-4-12）。洼陷以古近系 2200m 的等厚线为界，面积约 515km^2。

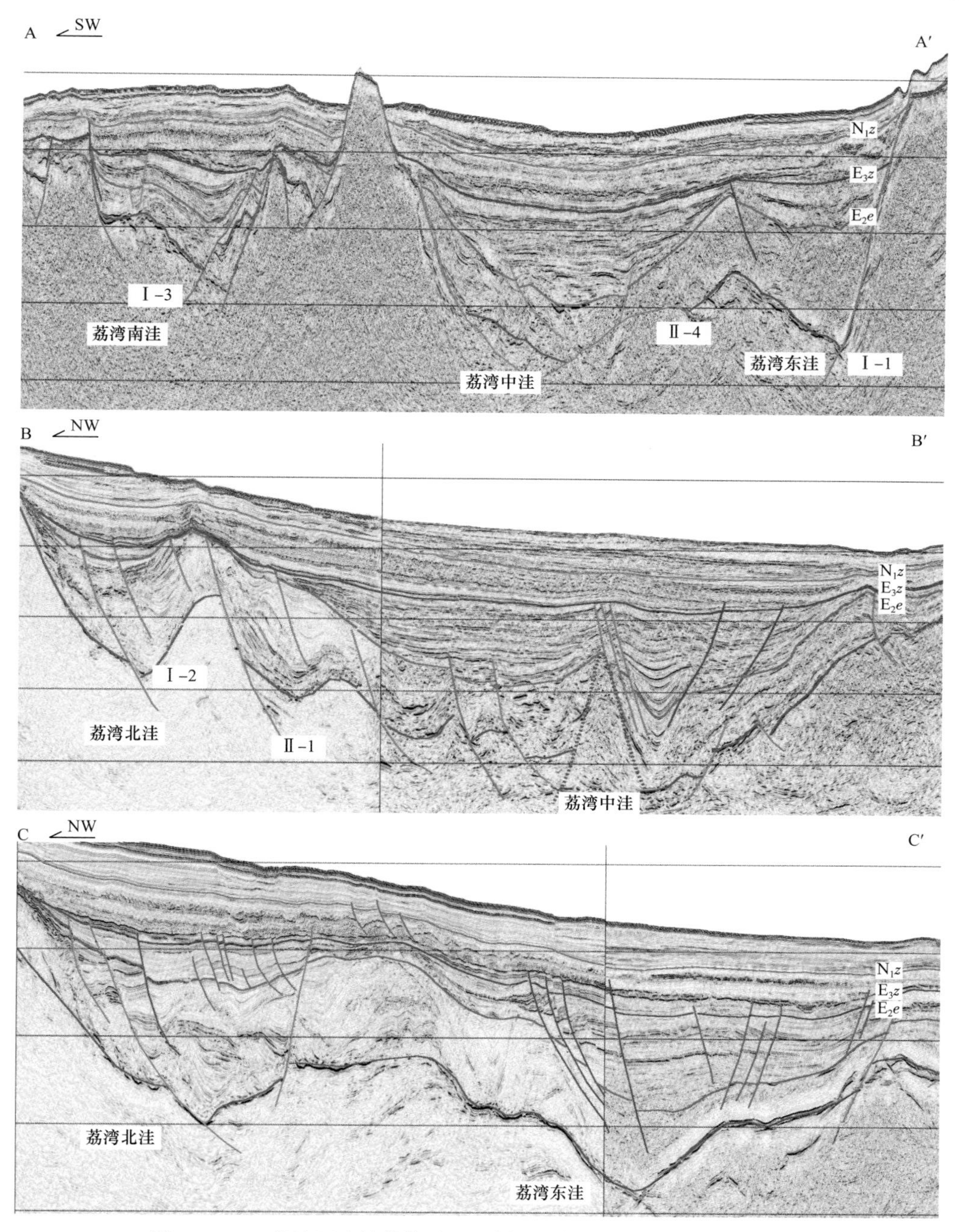

图 2-4-12　荔湾凹陷结构构造地震剖面（剖面位置参见图 2-4-11）

Ⅰ-1—断层序号；N_1z—下中新统珠江组；E_3z—渐新统珠海组；E_2e—渐新统恩平组

荔湾北洼受控于北西西—南东东走向的Ⅰ-2断层（荔湾凹陷与南部隆起带的西北部边界，向东延伸转变为斜坡）和Ⅱ-1断层（发育于荔湾北洼中部，走向以东西向为主，倾向为南，水平延伸20km，最大垂直断距1670ms），是典型持续活动断裂控制的洼陷，洼陷被泥底辟构造分隔为南北两部分，古近系最大厚度发育于Ⅱ-1断层根部，成为荔湾北洼的沉降中心和沉积中心。洼陷以古近系2500m的等厚线为界，面积约505km^2。

3）兴宁凹陷

兴宁凹陷位于珠四坳陷东部，其北西以云荔低隆起为界，与白云凹陷相邻，南西以兴荔凸起为界，与荔湾凹陷相隔，东部北段向兴北凸起超覆与潮汕坳陷相接，南东为靖海凹陷，并与之连通，凹陷面积约4100km^2（黄志发，2015）。

兴宁凹陷总体表现为箕状、西断东超断陷特征，其构造样式以伸展变形为主，进一步可以分为地堑—地垒、马尾状、共轭状、多米诺式和斜列式等构造组合类型。多米诺式构造组合主要分布在兴宁凹陷中东部缓坡区，分布较广。斜列式以不同规模出现在兴宁凹陷北西陡坡带，由反向正断层将斜坡带切割成一系列断块。共轭状断层主要分布在凹陷北侧缓坡带，是受到南北两对拉张力影响而形成的。地堑—地垒在凹陷分布较广，主要是走向大致一致，倾向相反的正断层相互组合，将凹陷分割成断堑、断垒。

兴宁凹陷走滑构造样式主要为负花状构造、正花状构造及其垂直走滑构造，均为基底卷入型。兴宁凹陷还发育底辟构造，表现为刺穿构造和隐刺穿构造。兴宁凹陷中刺穿构造底辟物质为岩浆岩，可称为岩浆底辟，也称为高温底辟，推断是由于地质作用期间，火山活动导致岩浆上涌侵入上覆岩层形成的。兴宁凹陷隐刺穿构造主要是岩浆浅层侵入所形成的岩株、岩脉，主要分布在凹陷东部缓坡带。

4）靖海凹陷

靖海凹陷发育于珠江口盆地东南部，北与潮汕坳陷相邻，东接台西南盆地，西以兴荔凸起与荔湾凹陷相隔，南距南海的洋陆边界50km左右。凹陷整体呈北东向展布，总体形态呈长方形，水深超过2000m，总面积约7000km^2。1号和2号断层是盆地内重要的一级控凹断裂，均呈北东走向且规模较大，向下延伸至地壳深部。根据控凹断裂分布特征，结合新生代断陷期盆地的沉积地层的相对厚度，将靖海凹陷进一步划分为：靖海主洼、中部凸起、靖海南洼、南部凸起和靖海东洼5个次级构造单元（图2-4-13）（韩晓影等，2017）。

以重要构造变革界面T_{70}为界，靖海凹陷整体结构划分为上下两套不同的结构体系，T_{70}之前原型为受断层控制的断陷盆地，T_{70}以后靖海凹陷整体发育规模比较大的坳陷。同时，研究区不同部位盆地深层结构特征差异性明显。靖海凹陷东部，结构样式受后期火山活动影响严重，沉积地层变形复杂，在T_{70}界面之下原型为多个小型的地堑或半地堑构成的典型断陷系。靖海凹陷西部，T_{70}界面之下发育受1号断层和2号拆离断层控制的结构形态复杂的拆离凹陷。

二、隆起带

1. 东沙隆起

东沙隆起地理位置为北纬20°30′—22°30′，东经114°30′—118°，位于南海北部大陆架南缘。构造位置为中央隆起带东段，呈北东向展布。西接番禺低隆起，北邻珠一坳陷，东南邻南部隆起带—潮汕坳陷，西南与珠二坳陷白云凹陷相连，是一个被南北坳陷夹持，由北东向南西倾没的大型鼻状隆起。

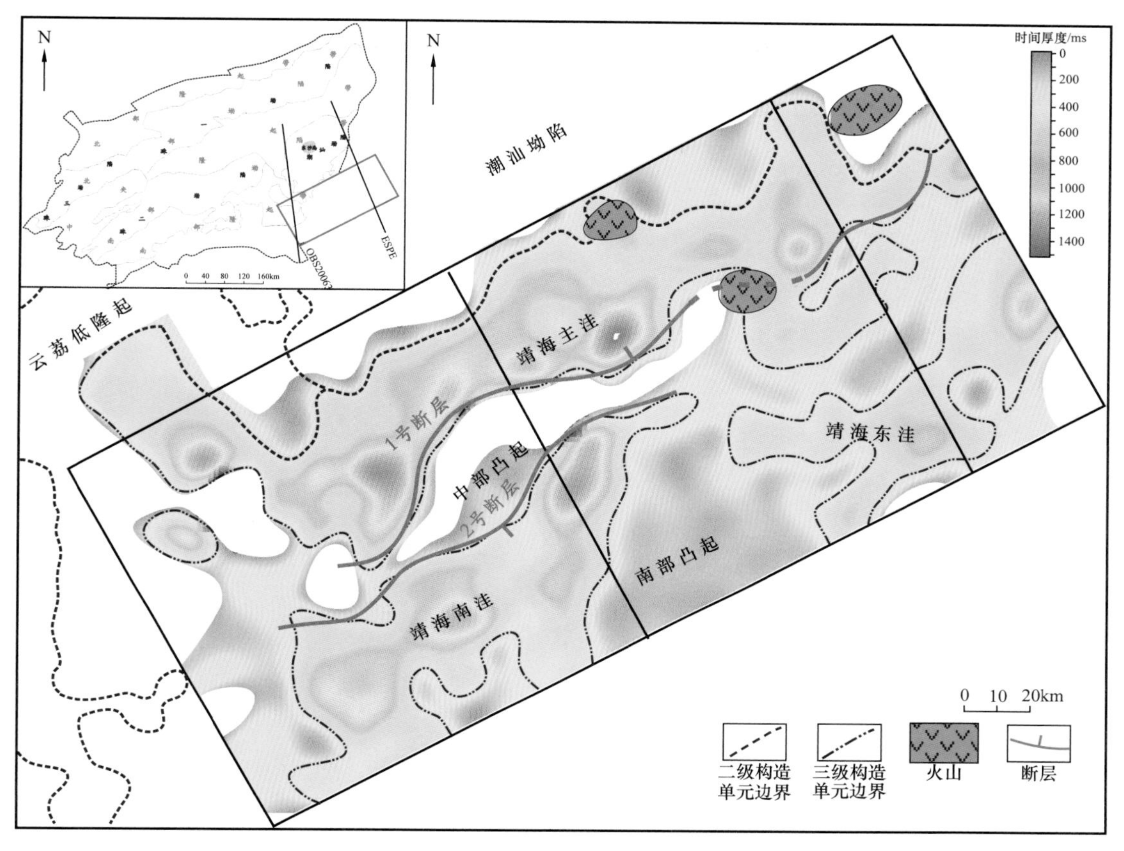

图 2-4-13 靖海凹陷区域位置图及构造单元划分图

东沙隆起东高西低，大面积缺失古近系。虽然和盆地一样经历了早期断陷的陆相充填和后期断坳的海相沉积时期，但是其所处位置和长期隆起对沉积有明显的控制作用，沉积演化较之盆地有其独特之处，突出表现为抬升剥蚀时间长，中新世早期发育碳酸盐岩台地。

晚白垩世—古新世为（神狐运动）块断活动时期，东沙隆起边缘北东向张性断裂开始活动，并伴有广泛的岩浆侵入及强烈的火山喷发，形成东沙隆起东部以玄武岩为主的喷发区。古新世末期发生区域性抬升，在番禺低隆起上大约有大于 1km 的地层剥蚀，东沙隆起地层剥蚀厚度更大。

2. 番禺低隆起

番禺低隆起主要的断裂为北西西向、近东西向及北东东走向，长度从几千米到近百千米。北东向或北东东向断裂长期活动，从古近纪开始活动，控制上述次级断陷的发育并常常构成断陷的边界，如 PY24 大断裂、PY29 大断裂。这类断裂规模较大，均为数十千米到近百千米，断距从数百米至千余米。另一组为晚期活动断裂，活动时期从中新世晚期—上新世，这类断裂规模相对较小，从几千米至十几千米，断距一般在 200m 以下，并以北西西向或近东西向为主。在番禺低隆起的中南部，由南向北发育有多排北倾的北西西向反向断层，形成一系列翘倾半背斜，从而形成天然气藏的有效圈闭。

3. 神狐隆起

位于珠三南断裂东南面，展布面积约 22000km^2。以整体隆升为主，其上除文昌 D 凹陷和文昌 E 凹陷发育厚度不大、沉积不完整的古近系外，大部分区域缺失古近系。该区主要发育大型披覆构造及基底潜山，神狐隆起东南面则为深海区，属珠二坳陷延伸部分。

第五章　沉积环境与相

第一节　主要组段沉积相概述

一、文昌组

北部坳陷带文昌组沉积时期裂陷作用强烈，可容纳空间增加速率较大，整个坳陷带以中深湖环境为主，坳陷带北缘主要发育近源辫状河三角洲沉积体系，而南缘由于物源供给有限，仅在小洼陷边缘发育粗碎屑、快速堆积的近源扇三角洲（图 2-5-1），在控凹断层的边缘，没有足够的物质向盆地中心迁移、沉积。低水位时期形成典型的向盆地中心变薄的楔状地层，在凹陷的中心部位，发育滨浅湖沉积体系。湖侵期比较发育，沉积较厚的湖相泥岩。由于后期构造活动所造成的抬升剥蚀，高位体系域沉积缺乏或保存不全。该时期湖内浮游植物繁盛，泥岩中有异常高含量的淡水浮游藻类，形成了一套优质的湖相烃源岩，其厚度较大的区域是深湖沉积区。该时期盆地西部的沉降中心主要位于文昌 A 凹陷，神狐隆起周缘、琼海凸起和阳江低凸起为主要物源区，凹陷内发育以点物源为主的扇三角洲沉积。在文昌 B、文昌 C 凹陷裂陷的较深部位发育中深湖沉积。文昌

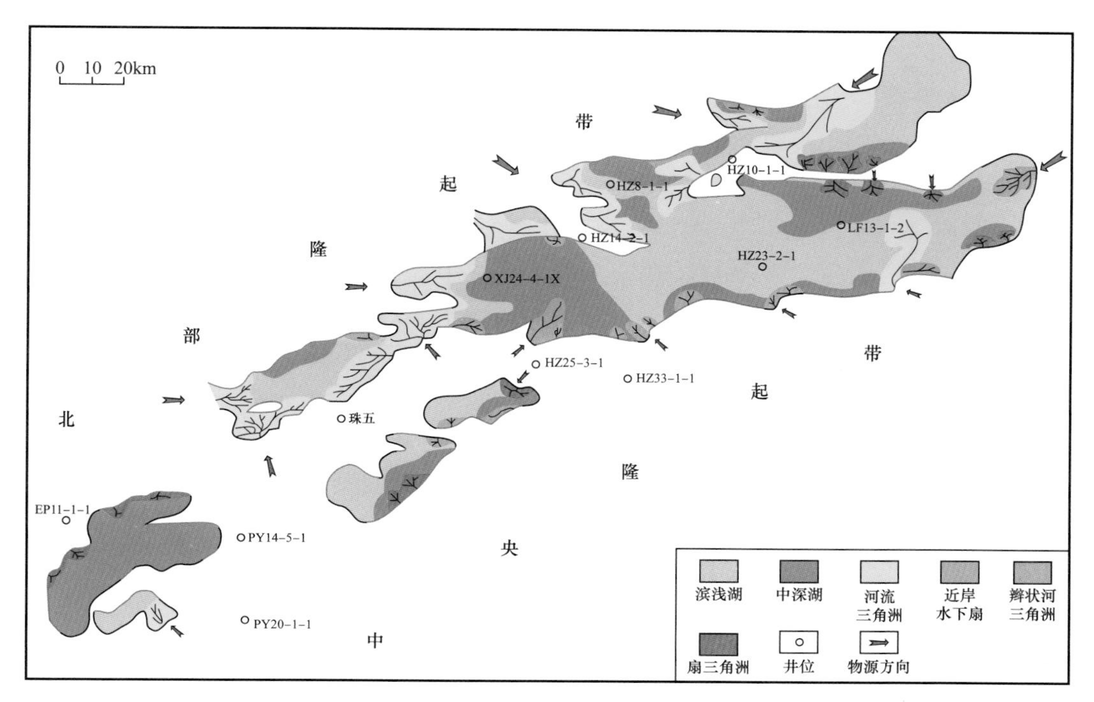

图 2-5-1　珠一坳陷文昌组沉积相图

组沉积时期中深湖相主要分布在文昌 9 洼、文昌 10 洼、文昌 14 洼、文昌 19 洼和文昌 25 洼等次级洼陷中。

二、恩平组

恩平组沉积时期该区进入断坳转换的过渡期，盆地补偿大于沉降，沼泽化程度增强，环境已不具备浮游藻类繁盛的条件，而是以浅湖和沼泽相泥岩沉积为主。由于总体上属热带湿润气候，生物群主要是陆生高等植物，陆源有机物的输入是该时期的显著特征。恩平组孢粉组合中蕨类孢子含量明显高于文昌组，证明该时期盆地水体变浅，沼泽及滨浅湖相范围增大（图 2-5-2）。珠一坳陷恩平组主体为滨浅湖沉积，地震相表现为低频、中连续、亚平行波状反射；恩平凹陷、西江凹陷和惠州凹陷靠近盆缘区有湖沼相分布，地震相表现为低频、亚平行中连续—断续强反射；南北两侧的北部隆起带和中央隆起带向珠一坳陷输入物源，在中、西部地区及北缘发育大量连片分布的河流—三角洲沉积，南缘局部有扇三角洲沉积，地震相表现为分散的楔状杂乱反射。

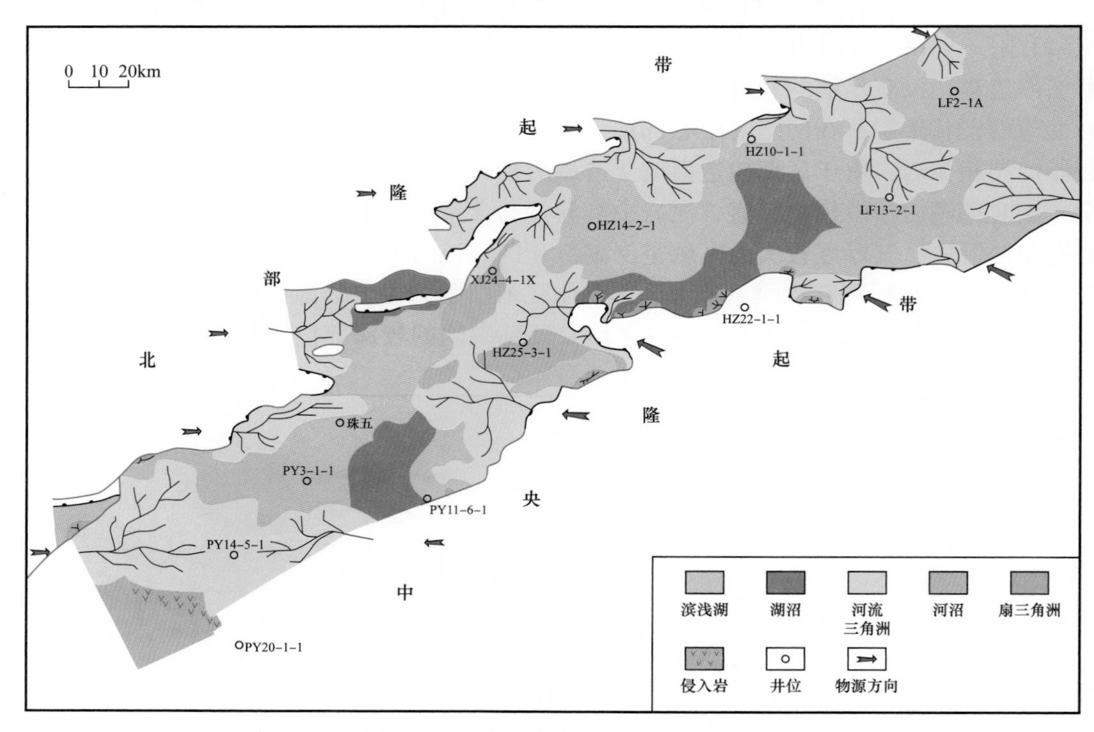

图 2-5-2 珠一坳陷恩平组沉积相图

文昌凹陷在该沉积时期整体为封闭的水体环境，在断陷湖盆背景下发育多源多期扇三角洲和远源大型三角洲沉积。整体来看，该时期中深湖相面积比文昌组减小，主要分布在文昌 A、文昌 B 凹陷靠近南断裂下降盘的沉积中心区。凹陷内部的古隆起继续起到分隔坳陷格局和局部物源的作用，阳江低凸起和琼海凸起附近发育河流—沼泽相，阳江低凸起为周缘提供物源；琼海凸起南部为滨浅湖沉积，就近提供物源发育扇三角洲沉积。

该时期珠二坳陷位于古南海北部边缘，在热沉降和边界断层的联合作用下，以断坳型沉积为主，白云凹陷是其沉降和沉积中心。随着相对海平面的上升，海水侵入，由于南部隆起区的存在，使珠二坳陷成为有障壁的局限海环境，发育海岸平原和滨海—浅海相。LW9-1-1 井见早渐新世的浮游有孔虫化石；BY7-1-1A 井连续可见海相沟鞭藻、有孔虫和钙质超微等海相化石；1148 大洋钻探井也见海相沟鞭藻连续分布。在珠二坳陷边缘发育范围较广的海陆过渡沉积，如沼泽、潟湖、潮坪、海湾沉积等；坳陷中部水体较深，发育浅海相，地震剖面上见中—强振幅、连续、平行、低频反射。来自隆起区的局部物源形成了规模不等的扇三角洲、三角洲或浊积扇沉积，如白云凹陷西北部缓坡区地震剖面上可识别大规模的前积斜层或“S”形反射，并向盆地方向推进到接近凹陷中心区（图 2-5-3）。珠二坳陷海陆交互相的局限海、潮坪、沼泽相广泛发育，恩平组烃源岩生物标志化合物同时具有湖沼相煤系和海相烃源岩的典型特征（傅宁等，2010）。

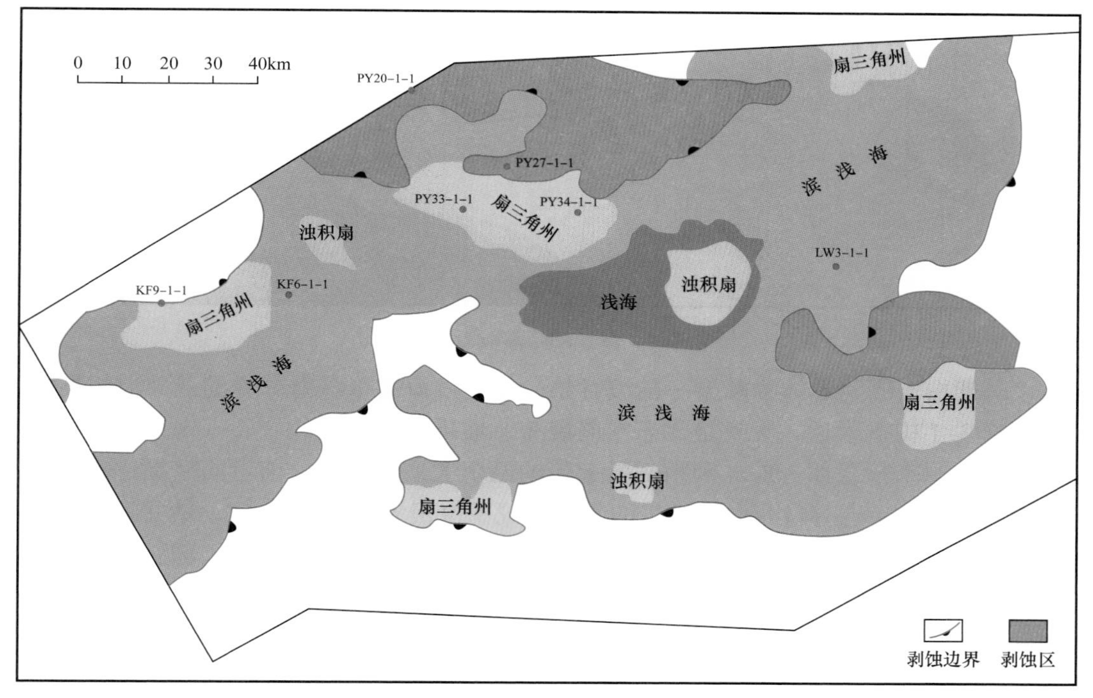

图 2-5-3　珠二坳陷恩平组沉积相图

三、珠海组

珠海组沉积时期，珠江口盆地由断陷转为坳陷，大面积沉降接受沉积，海水也逐渐由南向北侵入，古珠江三角洲开始发育，从而形成了河、浪控三角洲—滨岸沉积体系（图 2-5-4）。珠海组的孢粉植物明显不同于恩平组，出现较多的山地针叶植物（如松、云杉等）、落叶阔叶植物（如桦、榛、胡桃等）和海岸植物（南海粗网孢、三瓣弗氏粉），说明气候变凉，坳陷周围有山地、丘陵和海岸红树林。

文昌凹陷发生了一次较大规模的海侵，盆地经历了由封闭的湖盆向半封闭的海湾—潮坪的转化，由于神狐隆起的障壁作用，海水主要从坳陷东北方向进入凹陷，使珠海组沉积时期，凹陷整体演变为潮坪沉积环境。神狐隆起为连绵起伏的剥蚀山地，受到南断裂不断活动的影响，地表高差较大，为文昌凹陷提供了充足的物源，在其下降盘发育了多期粗粒扇三角洲沉积，与凹陷内部发育的大面积潮坪体系相伴生。

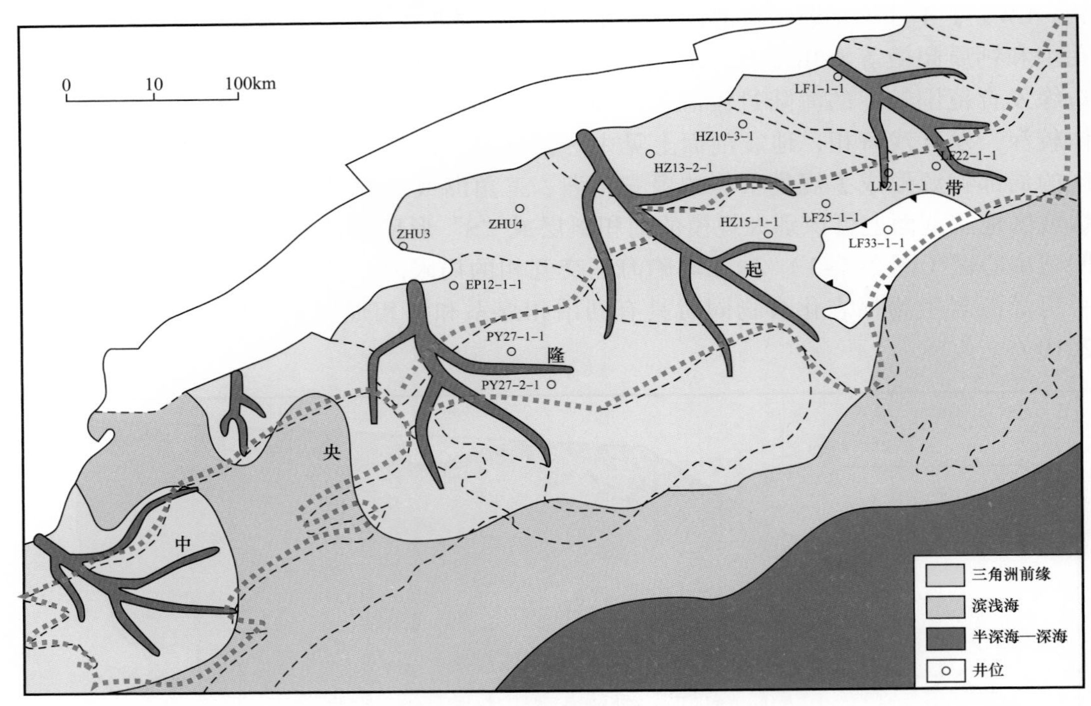

图 2-5-4 珠一坳陷珠海组沉积相图

该时期白云凹陷总体为陆架—陆坡背景，作为浅海与半深海分界的陆架坡折在凹陷南部荔湾 3-1 构造附近，大致呈北东东向展布，坡折上有低位的峡谷—扇体系发育。陆架上发育物源来自北部古珠江和南部隆起带的两个大型三角洲，前者向南推进较远，可达外陆架区域，后者有自西向东推进的趋势，规模也很大（图 2-5-5）。钻井揭示物源来自古珠江的三角洲岩性为粗—细粒的岩屑长石砂岩、粉砂岩和泥岩，局部有混积岩，岩心见块状、板状交错、槽状交错、冲洗、平行等层理，正、反粒序都有，地震剖面上见高角度的前积斜层（图 2-5-6）。

四、珠江组

珠江组及其以上地层沉积时期，珠一坳陷总体为滨浅海环境，三角洲分布在北部和西部，其余为滨岸沉积体系。该时期神狐隆起大部分已经淹没水下，珠三坳陷在珠江组二段沉积晚期与广海连通，此时神狐隆起和琼海凸起成为水下台地，到了珠江组一段沉积晚期，整个文昌凹陷演变为一个统一的整体，沉积环境由珠江组沉积早期的滨海潮坪环境演变成浅海环境。

早中新世珠江组沉积时期，珠二坳陷发生强烈沉降，随相对海平面快速上升，陆架坡折带迅速北移至珠二坳陷北坡，珠二坳陷整体成为陆坡深水环境，在此背景下发育了珠江组—韩江组的 4 期陆架边缘三角洲和深水扇沉积，其中珠江组陆架边缘见大量具有下切特征的峡谷水道以及水道下方较大规模的深水扇沉积体组合。韩江组沉积时期随着沉积中心的北移，珠二坳陷沉积速率大大降低，只有少量的细粒或泥质沉积物沉积。

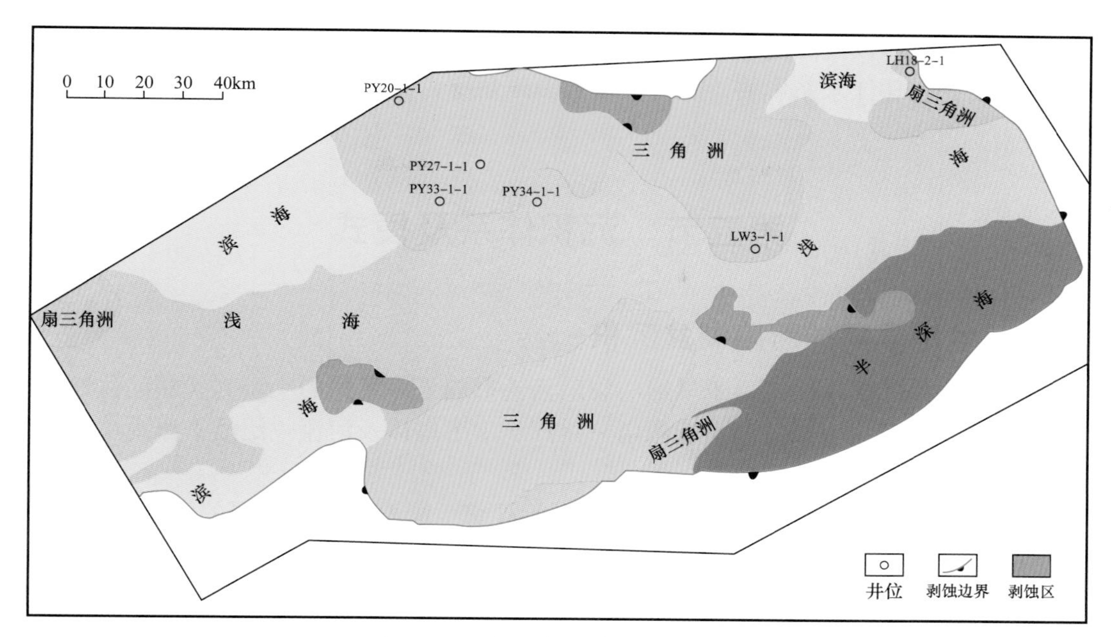

图 2-5-5　珠二坳陷珠海组沉积相图

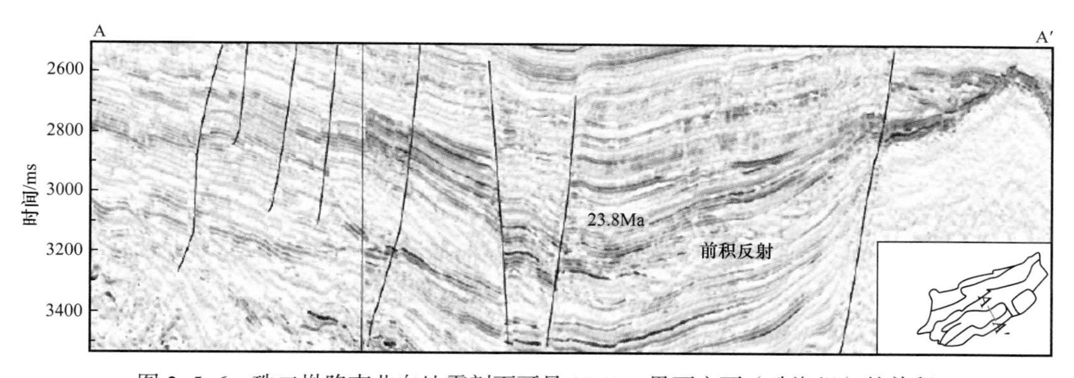

图 2-5-6　珠二坳陷南北向地震剖面可见 23.8Ma 界面之下（珠海组）的前积

珠江组沉积早期，东沙隆起发育滨岸沉积，随着海平面上升，海水逐渐淹没东沙隆起，形成镶边浅水碳酸盐岩台地，发育开阔台地、台地边缘及台地前缘斜坡相。开阔台地可分出台内礁（点礁）、台内滩、台坪（滩间）亚相，沉积结构变化较大；台地边缘发育台地边缘生物礁和台地边缘生物滩亚相；台地前缘斜坡在低能的斜坡灰泥沉积背景下发育高能的浊积、塌积、混积及局部生物建隆。

五、韩江组

韩江组沉积早期，珠一坳陷主要为北东—南西向展布的河控三角洲沉积体系和陆架沉积体系。三角洲沉积体系发育三角洲平原、三角洲内前缘和三角洲外前缘 3 个亚相，三角洲内前缘和三角洲外前缘是三角洲沉积体系内最重要的富砂相带；陆架沉积体系以陆架泥沉积为主，局部发育有陆架沙席和陆架沙脊。位于东沙隆起之上的惠州东部和番禺 4 洼最东部地区远离物源，水深较浅，古地貌为水下隆起，处于三角洲沉积体系的远端，为碳酸盐岩台地沉积环境，沉积了薄层的石灰岩或钙质粉砂岩。

珠三坳陷整体以浅海沉积环境为主，沉积了大面积浅海泥，局部发育潮流水道，东北部持续受到古珠江水系影响，发育大型长源三角洲，其前端发育滑塌成因的水道复合体沉积。

第二节　沉积体系及模式

一、盆地早期的断陷湖盆沉积

珠江口盆地北部坳陷带由于早期的裂陷活动形成了一系列的小型箕状断陷盆地，在文昌组、恩平组形成以断陷湖、近源扇三角洲、水下扇以及河流—泛滥平原为主的沉积环境，是盆地内主力烃源岩的发育期。

断陷湖可分深湖、浅湖、滨湖和湖岸平原等相。深湖相以较厚层的深色泥岩为主，富含淡水浮游藻类，多为绿藻—盘星藻组合（如珠三坳陷 WC19-1-3 井文昌组），地震相表现为低频、强反射、连续或弱反射、较差的连续性。孢粉显示热带—南亚热带湿润气候，湖水分层性明显，湖泊多为还原环境，湖中心形成一套湖相泥岩烃源岩；浅湖相以灰色泥岩为主，夹少量粉砂质，含各种形态的虫孔，生物扰动强烈。滨湖相水动力强，砂岩含量高。湖岸平原相沼泽泥岩较多，多为纹层状有机质泥岩，局部夹煤层，富含陆生高等植物有机质，孢粉组合以蕨类为主，浮游藻类含环纹藻，指示淡水河、湖沼泽或河漫滩积水沼泽环境，形成煤系烃源岩。

扇三角洲沉积物多来自断陷湖周边的近物源，以粗碎屑、快速堆积为特征。扇三角洲平原以泥石流性质的砂岩、砾岩为主，夹部分辫状河道砂岩，底部有明显的冲刷面，砾石含量多在 40% 以上；扇三角洲前缘可分为水下辫状河道、河道间、席状砂等微相，在文昌组、恩平组和珠海组均有发育，是盆地潜在储层之一。

珠二坳陷古近系沉积属于断坳型的广域复式海盆沉积，不同于北部坳陷带的断陷型的分隔箕状湖盆沉积。从过珠二坳陷的北东东向剖面和北北西向剖面看，整个坳陷中，古近系的厚度比较均匀，除两翼的边界断层外，未见断陷控制沉积厚度的特征，这与珠一坳陷文昌组沉积时期断陷控制的多沉积中心特征明显不同。尽管珠二坳陷两翼边界断层在一定程度上控制了沉积，但坳陷内部沉积厚度未表现出受断裂控制的特点，而是表现为凹陷中心厚，向周边逐步减薄甚至尖灭的特征（柳保军等，2011）。

二、珠一坳陷、珠三坳陷陆架海相沉积

古珠江三角洲珠海组沉积时期的三角洲为陆架三角洲，沉积规模大（祝彦贺等，2009）。23.8Ma 之后由于青藏高原隆升导致珠江流域面积向滇、黔、贵扩张，有更多的非花岗岩沉积物加入，总体沉积物相对变细（庞雄等，2007），但同样在珠江组各层序低位体系域形成陆架边缘三角洲，水进域、高位体系域演化为陆架三角洲。低水位期的陆架边缘三角洲前缘带处于陆坡带滑动形成重力流。

1. 内陆架三角洲

内陆架三角洲是高水位早期，以加积作用为主的内陆架区沉积的三角洲。三角洲延伸范围远离陆架坡折（图 2-5-7）。盆地珠江组及其以上的 14 个层序中，多数层序的高

位体系域发育内陆架三角洲。内陆架三角洲中三角洲前积体的坡度一般小于0.001°，高度为几十米，并逐渐向陆变厚。Edwards（1981）通过对墨西哥湾古新世—始新世 Rosita 三角洲的研究，揭示内陆架三角洲趋向于马尾状，形成了宽三角洲前缘席状砂层。

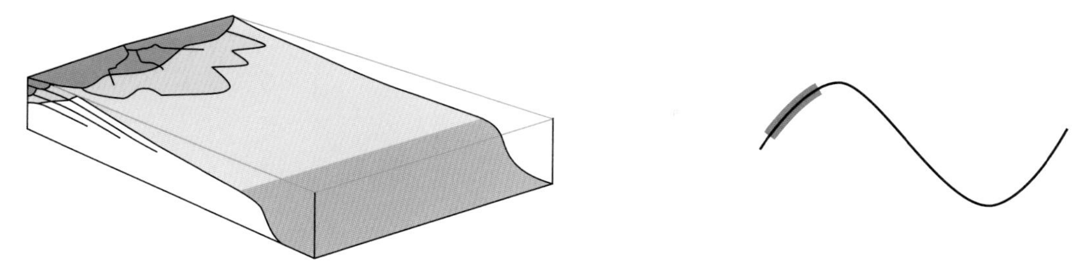

图 2-5-7　内陆架三角洲沉积模式

珠江口盆地 NSQ2TST 时期和 NSQ13TST 时期区内发育内陆架三角洲，平面特征显示 NSQ2TST 时期呈舌状，NSQ13TST 时期呈鸟足状（图 2-5-8、图 2-5-9）。

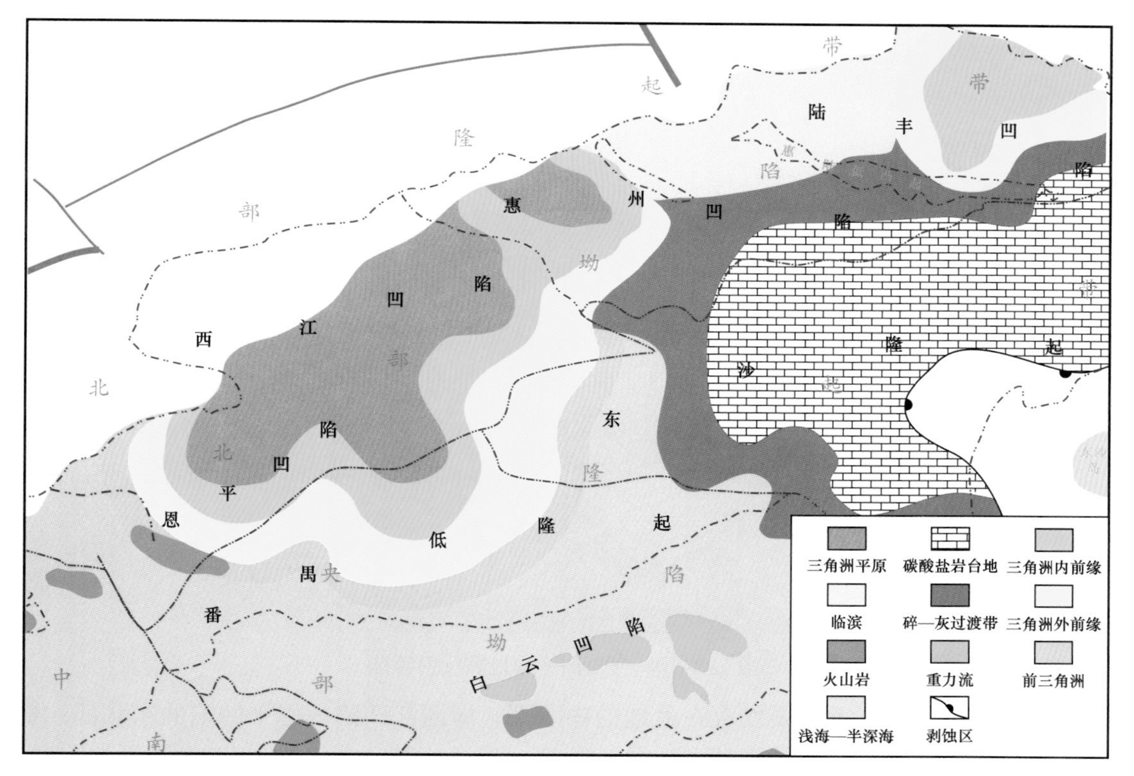

图 2-5-8　NSQ2TST 沉积相平面图

由于靠近源区，沉积物输入量大，内陆架三角洲沉积速率高，近海三角洲平原沉积十分发育，占到整个三角洲体系的 1/3～1/2，三角洲前缘的分布相对较小。其中三角洲平原主要发育在西江凹陷的西—西北部，单个分流河道或多期分流河道的叠加厚度可达 30～50m。地震剖面上见到弱振幅较连续的平行—亚平行反射、弱振幅断续平行—亚平行地震反射特征（图 2-5-10）。

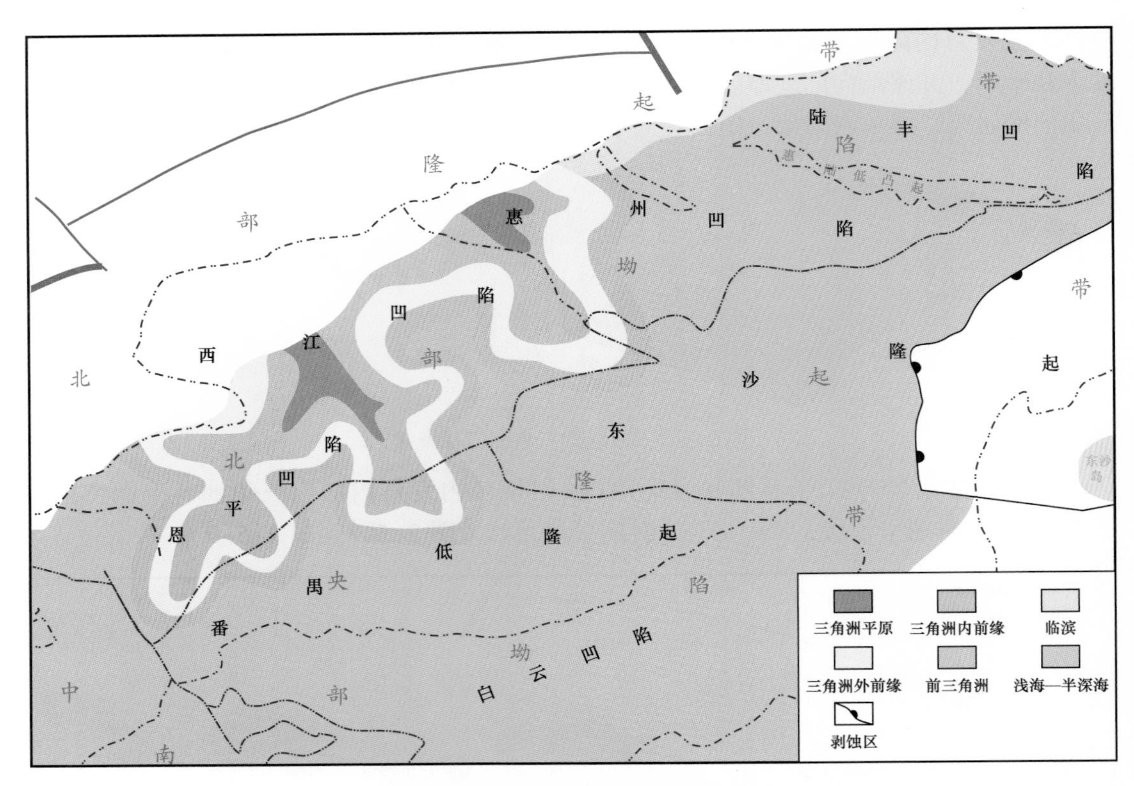

图 2-5-9　NSQ13TST 沉积相平面图

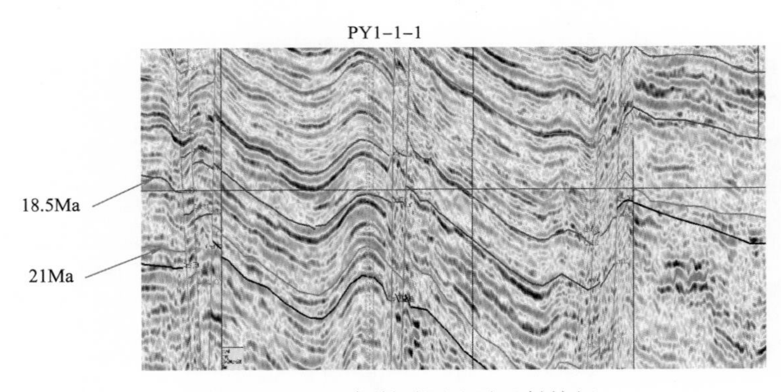

图 2-5-10　三角洲平原地震反射特征

内陆架三角洲体系主要发育在盆地的中北部，即西江凹陷—恩平凹陷的东北部，横向上延伸距离不远，大都没能越过番禺低隆起，随着 NSQ1—NSQ14 相对海平面的上升，各层序内的内陆架三角洲也有逐渐向陆退积的趋势。

2. 中陆架三角洲

中陆架三角洲是指在相对海平面处于最高阶段，三角洲以向海方向进积为主，整体延伸较内陆架三角洲快而远（图 2-5-11）。珠江组及其以上的 14 个层序中，中陆架三角洲主要发育于某些层序的高位体系域中。中陆架三角洲中三角洲前积体的坡度一般小于 0.5°，但有时角度也较大，高度为几十米，向海方向逐渐增厚，或者没有明显的趋势。

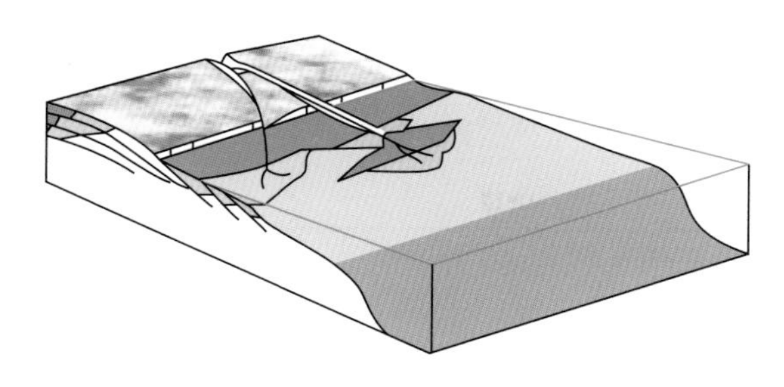

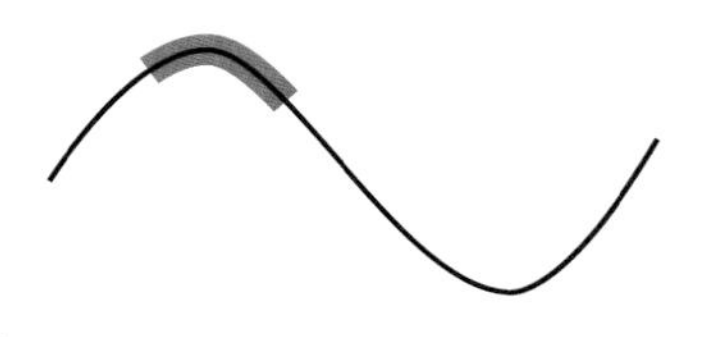

图 2-5-11　中陆架三角洲沉积模式

从沉积相平面展布来看，中陆架三角洲常呈扁豆状（图 2-5-12、图 2-5-13），三角洲平原所占面积较小，一般小于 1/3，三角洲前缘是主体，向海延伸较远。

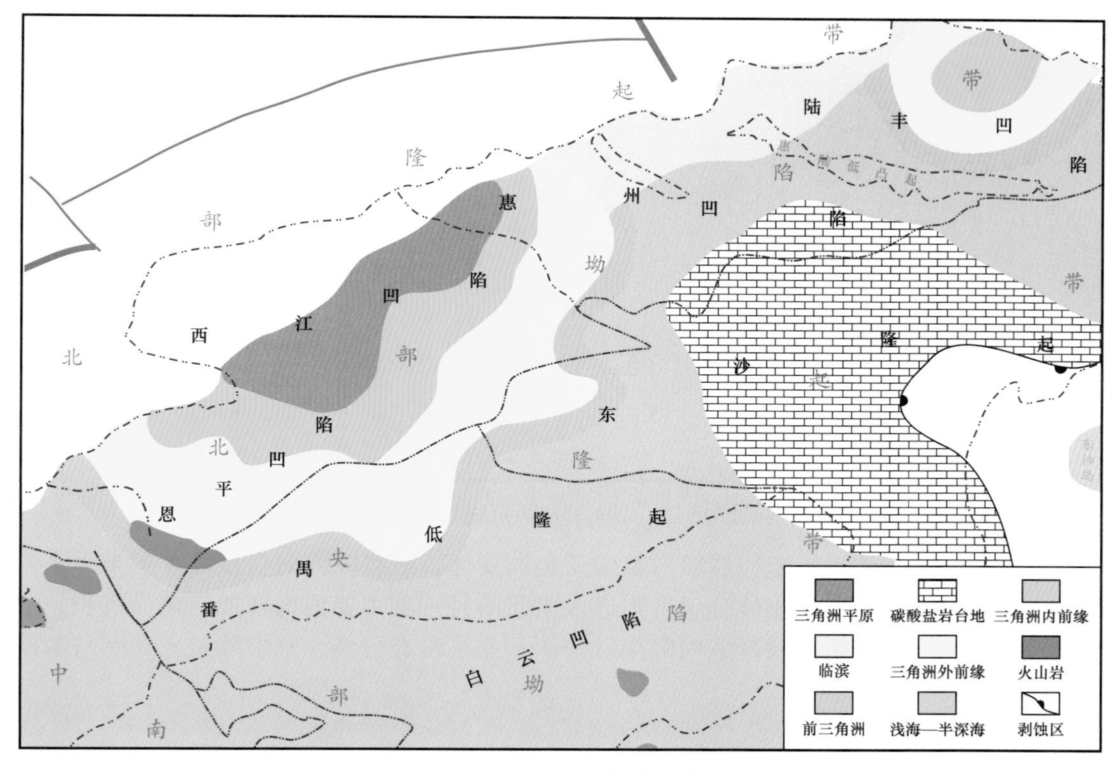

图 2-5-12　NSQ2HST 沉积相平面图

由于分支河道和大切谷体系共同产生侵蚀作用，使得向外进积到中陆架区的三角洲常常厚度薄，发育不全，且由低倾角的斜坡沉积组成，中陆架三角洲斜坡的向陆方向常常被海侵冲刷面削截，且其上覆盖开阔陆架泥岩。这种薄的、分布不全、顶部侵蚀削截的斜坡，常被解释为反映相对海平面下降条件下的三角洲前积。可容纳空间降低通过增强侵蚀切割，使得分流河道趋于稳定化，且形成清晰的、广泛分隔的三角洲朵叶体（舌状体），它们也引起倾向（向前）被微小下超不整合分开的河口坝叠加，不整合面大多反映基准面下降而不是自旋回变化过程中微小的不连续跳跃（脉动）（discrete pulses）。

中陆架三角洲的三角洲平原较薄，不发育主要受穿越陆架三角洲向下的海退迁移，以及随后的海侵冲刷切割，因此与海平面下降有关的中陆架三角洲的保存潜力是有限的。同时，中陆架三角洲中也很少见浊积砂体。三角洲前缘主要受河流或波浪作用，较少受潮汐影响。

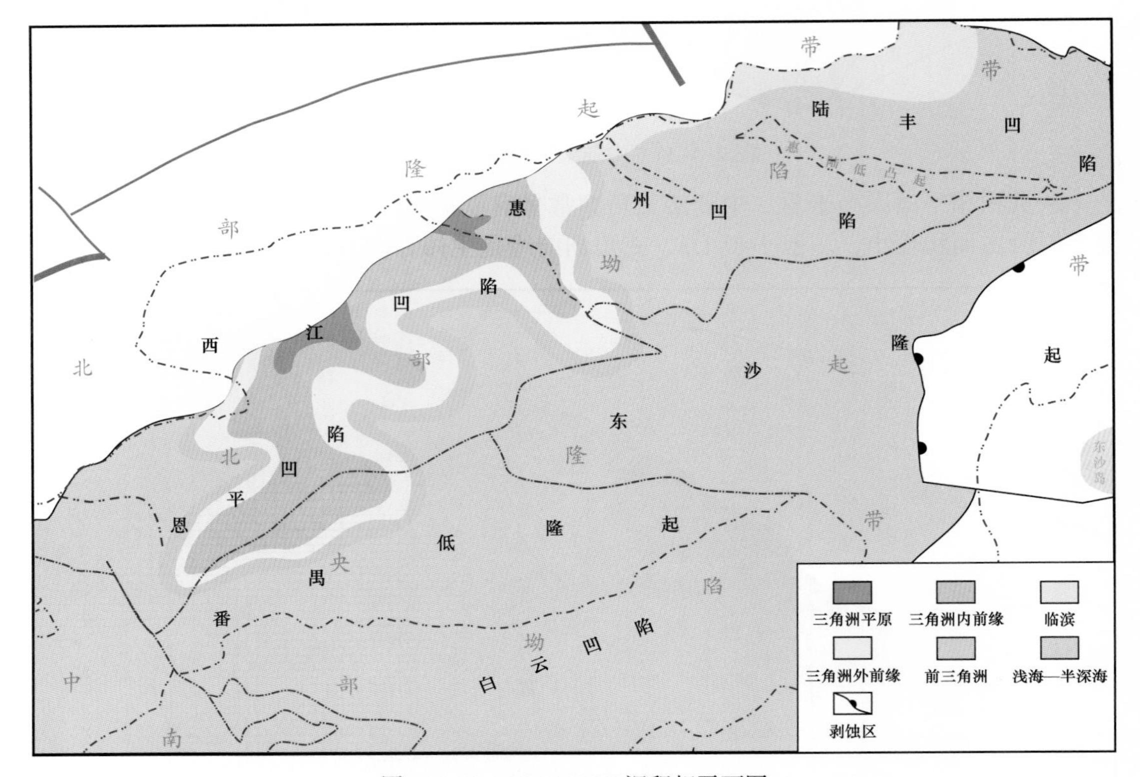

图 2-5-13　NSQ13HST 沉积相平面图

中陆架三角洲体系向海伸展较内陆架三角洲要远，沿物源方向直接过渡到半深海—深海。侧向上如果三角洲主体分叉，则进入惠州的另一支主要为内陆架三角洲沉积，中陆架三角洲在侧向上可以演变成内陆架三角洲；如果没有分叉，则中陆架三角洲与滨岸体系相邻。

3. *滨岸沉积*

珠江口盆地的滨岸沉积主要发育在东沙隆起周缘和惠州凹陷北部，其发育的层位主要为珠海组及珠江组。

滨岸沉积体系通常依据有无障壁将其分成两大类，即无障壁型海岸和有障壁型海岸。无障壁型海岸与大洋的连通性好，海岸受明显的波浪及沿岸流的作用，海水可进行充分的流通和循环，又称为广海型海岸及大陆海岸。有障壁型海岸由于沿岸的海中存在着一种障壁的地形，如沙坝、滩、礁等，使得近岸的海与大洋隔绝或半隔绝，致使海水处于局限流通和半局限流通的状况，这种海岸的波浪作用不明显，主要是受潮汐作用的影响。和三角洲体系一样，滨岸沉积包括了多种沉积环境，平面上存在着分区性，即不同的亚相沉积特征有明显的差异。在珠江口盆地（东部）珠江组中既存在无障壁型海岸沉积，也可见有障壁型海岸沉积，其划分方案见表 2-5-1。

表 2-5-1　珠江口盆地（东部）珠江组滨岸沉积特征及沉积相划分

类别	亚相	微相	垂向层序特点	沉积特征
无障壁型海岸	前滨	滩砂、滩砂水道	叠加渐变正韵律	粒度粗，以中粗砂岩为主，偶含砾，结构成熟度高，见有冲洗层理，缺乏槽状交错层理，无泥岩
	临滨	沿岸坝、上临滨	以反韵律为主，次为正韵律，砂包泥为主要特征；砂岩≥泥岩	粒度变化范围较大以中细砂岩为主，结构成熟度中等偏好
		下临滨	无韵律砂＜泥	粉砂质泥岩沉积
	滨外	滨外沉积	大套泥岩夹粉砂岩	以泥岩为主，质纯色深，虫孔不发育
有障壁型海岸	障壁坝	障壁坪	以反韵律为主，砂岩＞泥岩	以中细砂为主，成熟度中等，可见生物介屑，岩性致密
	潮汐通道	潮汐水道	渐变正韵律，以砂包泥为特点，砂岩≥泥岩	以中细砂为主，成熟度中等，通常具有羽状交错层理
	潮坪	混合坪	无韵律，砂岩≈泥岩	以泥质粉砂岩或粉砂质泥岩为主，具有明显的复合层理，含菱铁矿结核及云母
	潟湖	潟湖泥、潮汐三角洲	无韵律	以深灰色薄层状粉砂质泥岩为主，生物扰动明显，含植物碎片，局部夹薄层反韵律砂岩

滨岸相的沉积以砂质沉积为主，砂质颗粒的分选性好，磨圆度高，填隙物含量低，岩性均一、横向分布稳定。而随着海平面的升降，滨岸砂往往与海相的陆棚泥岩过渡，因此形成了良好储—盖组合，是有利的油气储集区。惠州凹陷已钻部分探井在滨岸相中即见油气显示。

三、珠二坳陷陆架边缘三角洲沉积

陆架边缘三角洲指发育于大陆架边缘、越过大陆坡折向陆坡延伸发育的三角洲，通常出现在相对海平面下降至陆架坡折这一阶段或当沉积物供给异常高的其他阶段中。陆架边缘三角洲主要划分为三角洲前缘和前三角洲沉积，其中三角洲前缘又细分为水下分流河道和河口坝，河口坝主要为细—中砂，通常是纯净的、分选好的，厚度在 0.1～1m 范围内。它们叠加形成 30～50m 厚的沉积单元，这些单元在 GR 曲线显示出漏斗状到微齿状，并具向上变粗的特征。纹层中没有生物扰动，或生物扰动很弱，虽然局部可能有分散的软体动物壳体、介壳碎片和植屑，但整体不含化石，平行层理砂岩层夹有流水波痕和无构造砂岩、粉砂岩。陆架边缘三角洲的垂向相序与内陆架三角洲和河控三角洲没有很大的区别，但是其整个向上变粗的趋势是与古海平面的快速变浅有关的。在陆架边缘三角洲中常见浅水和深海的生物标志物很接近。随着三角洲向坡折带推进，陆架边缘三角洲前缘沉积物容易发生滑塌，形成重力流峡谷水道、浊积体沉积（图 2-5-14）。

珠海组沉积时期南海运动和新南海的拉张造成珠二坳陷海平面上升，海侵扩大，从恩平组沉积时期局限海过渡为开阔海。此时来自古珠江的物源持续供给，使得三角洲持续进积，发育大规模的陆架边缘三角洲，在地震剖面上表现为大套的自北向南前积反射地震相，具有典型三角洲斜交“S”形前积组合反射结构，其顶超面与下超面水平落差可达100～400m，水平延伸可达数千米。

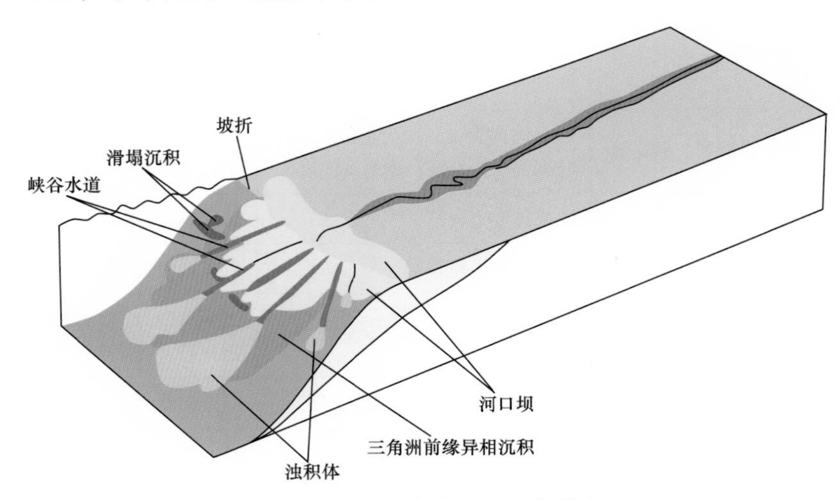

图 2-5-14　陆架边缘三角洲模式

取心井段中可见陆架边缘三角洲前缘水下分流河道沉积，还可见砂岩中的生物碎屑呈定向排列，砂岩组分的结构成熟度与成分成熟度均较高。岩心泥岩段也可见陆架边缘三角洲深水斜坡扇沉积，岩性以深灰色、暗色泥岩和粉砂质泥岩为主，具水平层理、压实变形及撕裂构造和变形纹层构造。此外，LW3-1-1井第一回次取心段见 *Zoophycus-Nereites* 外浅海到半深海遗迹相组合，也说明其处于上陆坡环境。

NSQ2（21—18Ma）、NSQ6（16.5—15.5Ma）、NSQ9（13.8—12.5Ma）和NSQ12（10.5—8.5Ma）层序发育时期，白云凹陷北坡地貌坡折明显，加之海平面快速剧烈下降，沉积体系向盆地进积强烈，坡折处广泛发育低位体系域的低位扇及低位三角洲楔状体。白云凹陷北坡陆架坡折带的坡度相对较陡，界面之下地层削截特征明显，界面之上上超和下切特征清晰。如在PY34-1-3井至PY35-2-6井之间，层序界面之上为一套低位前积楔状体；在BY6-1-1井附近发育斜坡扇，在该井之南发育盆底扇；在PY34-1-3井至PY35-2-5井之间的前积低位楔中识别出明显的前积特征，并且该楔状体向陆架外缘增厚；在PY35-2-6井附近达到最厚，然后逐渐向陆坡上部和中部变薄。

当三角洲进积到外陆架时，陆架坡折带北部的PY28-2-1、PY27-1-1井区附近，一套厚层海侵砂岩覆于层序界面之上，不发育低位体系域。南部BY6-1-1井区和LW3-1-1井区的低位体系域多为陆坡或半深海泥岩，其中LW3-1-1井区还在层序界面之上发育重力流水道，同时也可见重力流水道—斜坡扇沉积。当三角洲到达陆架边缘时，开始往上陆坡进积，由于下层坡度的增加，有利于触发重力变形和重力流，所以在相带上发生了重要的变化。

四、白云凹陷深水区重力流沉积

白云凹陷深水区具有稳定供源的古珠江大河和宽陆架的背景，周期性的海平面升降和长期沉降的构造作用条件，为在白云凹陷形成陆坡环境并发育深水重力流创造了条件

（庞雄等，2007）。超过200km的宽陆架背景，使得白云凹陷深水陆坡区的重力流沉积更明显地受到海平面变化的控制，早—中中新世期间，随着相对海平面的周期性下降，古珠江的沉积物穿越了宽陆架，在白云凹陷的北缘形成了陆架边缘三角洲沉积。由于高沉积速率的作用，陆架边缘三角洲极易于产生受可容纳空间控制的顶积层和沉积衰减的外缘斜坡，形成明显的沉积坡折；同时，白云凹陷的持续沉降作用加剧了陆坡的坡度（庞雄等，2007；庞雄等，2008；彭大钧等，2006）。显然，古珠江三角洲的沉积作用和白云凹陷的沉降共同造就了坡度变化明显的陆架边缘坡折带以及深水陆坡环境，进而控制了重力流沉积的宏观分布。

珠江组沉积时期珠二坳陷强烈沉降，导致可容纳空间巨增，沉积物供应量不足，陆架边缘迅速退至白云凹陷北侧，使白云凹陷快速转变为深水环境，同时陆坡变陡，在白云凹陷西、北缘形成了一系列生长断层，并在其下降盘发育了以重力流沉积为主的低位三角洲、斜坡扇、盆底扇沉积体系。

与远离陆架坡折带、单点源供给的大型深水扇重力流沉积体不同的是，白云凹陷深水重力流沉积以进积到达陆架边缘的三角洲为主要物源。当陆架边缘三角洲尚未推进至白云凹陷南侧时，即珠海组沉积早期沉积环境为上陆坡深海环境，随着三角洲的向南推进，陆架边缘三角洲前缘沉积物容易发生滑塌，陆架边缘的沉积物被触发后以随机的形式下泄，因此，最先到达深水陆坡的是这些深水重力流沉积物；其后，三角洲进一步推进前期的重力流沉积物又会被后期进积三角洲前积楔和稳定阶段的浅海陆架沉积所覆盖。重力流沉积具有多供源水道系统，形成以多点源—线源的中小规模多水道—朵叶体平面散布的沉积模式（图2-5-15）（庞雄等，2007；柳保军等，2011）

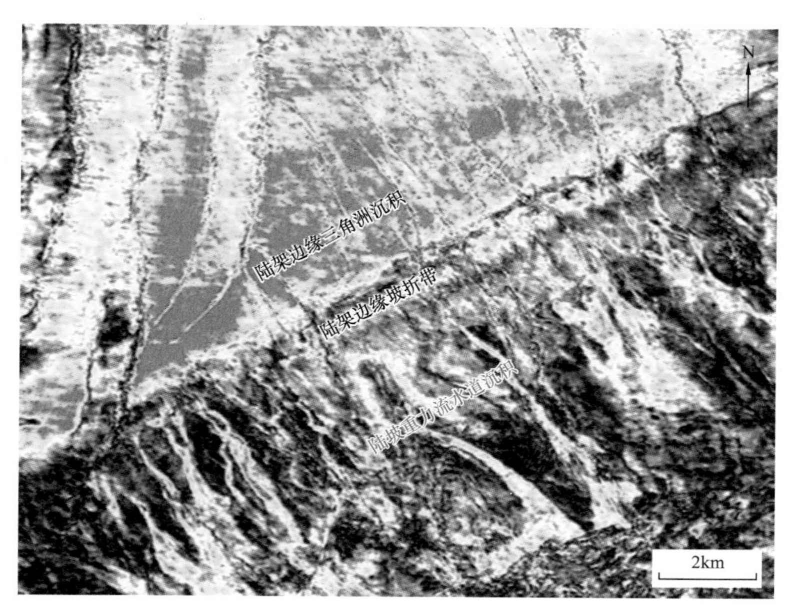

图2-5-15　白云凹陷深水区多供源重力流系统（据庞雄等，2014）

白云凹陷深水沉积所表现出的是与Vail（1987）Ⅰ型典型模式（图2-5-16a）完全不同的沉积模式。在白云凹陷深水区，相当于盆底扇和斜坡扇的重力流沉积和低位楔的陆架边缘三角洲沉积在整个低水位期间多次结伴出现（图2-5-16b）。这是由于比较缓慢的相对海平面下降期间，陆架边缘三角洲和重力流沉积作用受四级海平面变化影响明显，显示出周期性的沉积作用，重力流沉积的砂岩不完全分布在层序界面之上，而是分散在低位体系域之内（图 2-5-16c）。例如，在白云凹陷 SQ21 层序的低位体系域内识别出了具有先后分布的重力流砂岩共 5 层，之间为较厚的深水泥岩分隔。因此，白云凹陷深水区海平面相对缓慢下降（相对于 Vail 典型模式而言）背景下，低位楔三角洲和重力流沉积在低位体系域期间是周期性出现的（庞雄等，2014）。

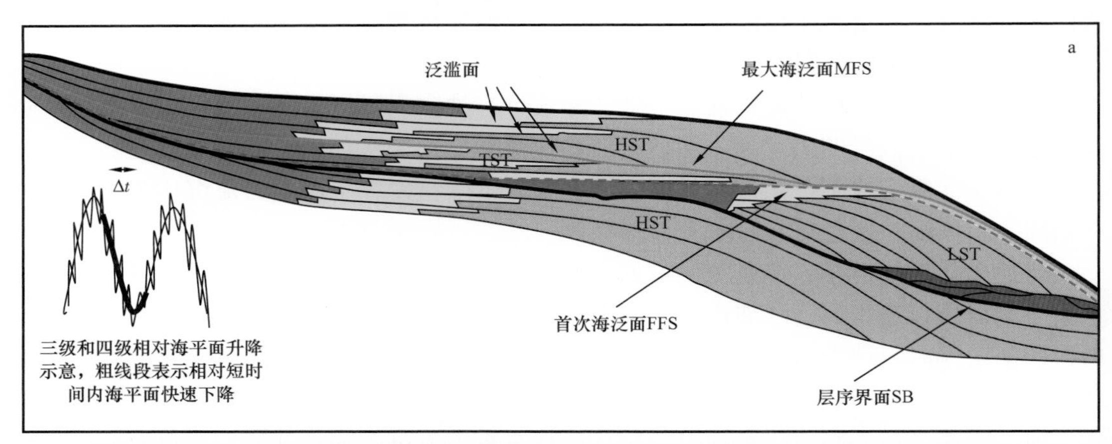

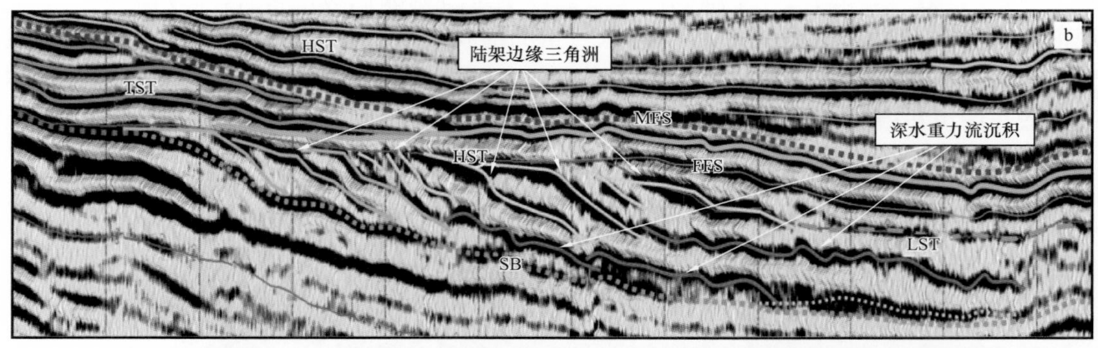

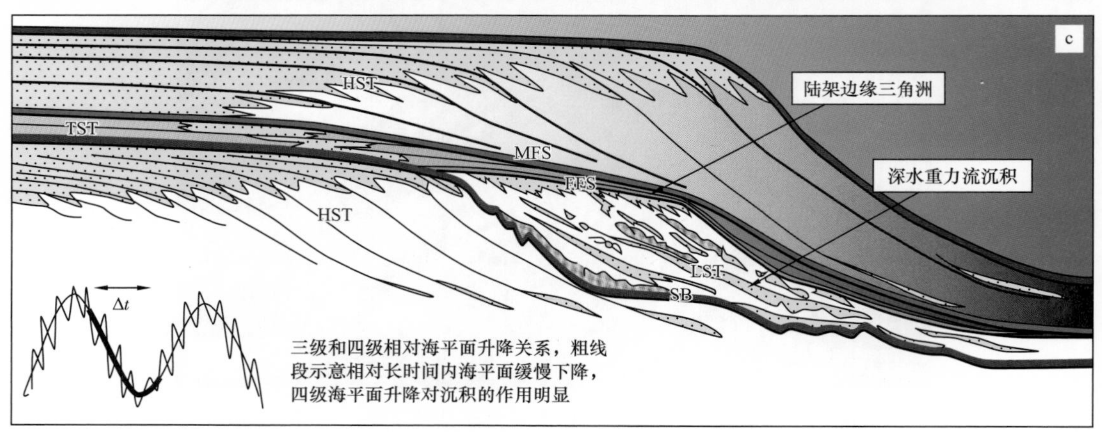

图 2-5-16　白云凹陷深水区沉积模式图

a. Vail 层序模式中盆底扇、斜坡扇和低位楔状体存在时间的先后和相对独立的分布，并且盆底扇和斜坡扇都出现在层序界面之上（据 Vail P R，1987）；b. 白云凹陷深水区低位体系域内的陆架边缘三角洲与深水重力流沉积地震剖面；c. 白云凹陷深水区低位体系域沉积模式（据庞雄等，2007）

白云凹陷深水重力流沉积在平面上的多点源—线源的多水道—朵叶体散布，时间上有先后层次地周期性出现，这种沉积模式导致了砂岩储层分布的散布性、诡异性，形成岩性圈闭的复杂性，储层和目标识别的艰难性，单个勘探目标以中小级别为主（庞雄等，2014）。

通过对白云凹陷深水重力流沉积机理的分析，可以归纳形成白云凹陷深水区重力流砂岩的沉积模式。即高水位晚期古珠江三角洲推进到陆架边缘，在砂质陆架边缘背景下，陆架坡折带和低位体系域控制主要优质砂岩储层的区域分布，低位体系域内重力流砂岩在平面上以多水道—朵叶体散布，时间上有先后层次地周期性出现，深水重力流水道和朵叶体是最有利储层单元（庞雄等，2014）。

五、东沙隆起台地生物礁沉积

1. 陆丰地区

碳酸盐岩发育于21.5—20.43Ma，海侵期为混积陆棚特征，发育数段薄层泥岩夹薄层石灰岩，色深，以泥质粉砂—泥为主。高水位期发育厚度40m左右石灰岩段，岩性为砾屑灰岩、砂屑灰岩、生屑灰岩（图2-5-17a、b），由底向顶颜色逐渐变浅。由于水体循环逐渐改善，底栖生物逐渐繁盛，含量达60%～80%，生物主要为珊瑚藻和大型底栖有孔虫，有孔虫以中垩虫和肾鳞虫为主（图2-5-17c、d），少双盖虫，由于能量相对较高，底栖生物较为破碎，小型的有孔虫和浮游有孔虫都十分稀少。石灰岩中发现主要的底栖有孔虫分子为：*Spiroclypeus higginsi*（希金斯圆盾虫）和*Miogypsinoides bantamensis*（班塔拟中垩虫），指示了陆丰地区石灰岩的死亡早于阿基坦期（20.43Ma）。进入波尔多期以后（20.43Ma以后），陆丰地区整体被海水淹没，台地消亡，底栖有孔虫较少（侯明才等，2017）。

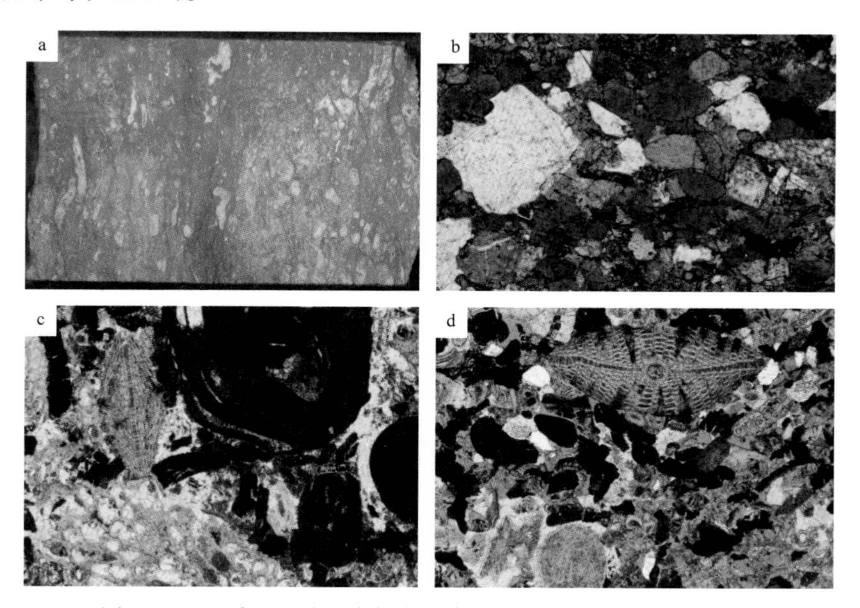

图2-5-17　珠江口盆地东部东沙隆起陆丰地区珠江组岩石特征

a. LF15-1-1井，1862.6m，珠江组砾屑灰岩；b. LF15-1-2井，1844m，珠江组含海绿石亮晶灰岩；c. LF15-1-2井，1867m，珠江组珊瑚虫；d. LF15-1-2井，1870m，珠江组肾鳞虫

2. 惠州地区

惠州地区碳酸盐岩发育较早且时限较长（23.03—18.3Ma），主要在20.43—18.3Ma发育。凹陷内碳酸盐岩出现较早，平均碳酸盐岩厚度50m左右，隆起边缘发育稍晚，隆起高点H35井区最晚，碳酸盐岩厚度最厚可达近300m。23.03—21.5Ma石灰岩较薄；21.5—20.43Ma海侵后形成了短暂的陆棚沉积，之后发育了中等厚度的碳酸盐岩沉积。碳酸盐岩至少分为两期：21.5—20.43Ma高水位期石灰岩段在凹陷内为白云岩化微晶生屑灰岩、含泥质生屑微晶灰岩，主要为灰泥丘，隆起之上惠州井区下部为数十米厚细—粉晶白云岩，上部过渡为砂屑灰岩；晚期（20.43—18.3Ma）石灰岩为生屑灰岩和珊瑚藻礁灰岩。惠州地区以H33井区石灰岩分析较为仔细，生物化石丰富，占70%～80%，主要的种类是珊瑚藻和珊瑚，这两者此消彼长，不能同时繁盛，珊瑚藻以石叶藻（Lp）和石枝藻（Lt）最为丰富，珊瑚均是造礁的硬珊瑚。有孔虫在这一地区较少，仅见15%左右，其中最多的为*Miogupsina*（中垩虫）。隆起之上H34、H35等井区主要生物为珊瑚藻，含量一般为60%左右。18.3Ma以后，惠州地区的碳酸盐岩全体被淹没，其后沉积了大段的泥岩夹粉砂岩（侯明才等，2017）。

3. 流花地区

流花地区早期（21.5—20.43Ma高水位期）开始生长碳酸盐岩，是以细粉晶白云岩化有孔虫灰岩为主的碳酸盐岩缓坡沉积，随水体的加深，中期（20.43—18.3Ma海侵期）形成局限台地环境，生物主要以底栖的有孔虫为主，含微晶有孔虫灰岩较多，后期（19.2—16.5Ma）的海平面上升加快了碳酸盐岩的生长，形成了开阔台地及台地边缘环境，生物多样性加强，在顶部形成礁滩沉积及礁后沉积，石灰岩中珊瑚藻增加，主要以石枝藻为主，有孔虫主要以双盖虫为主，出现少量中垩虫。顶部岩心和薄片中可见少量渗流黏土、黄铁矿被氧化等现象，代表微弱的暴露。16.5Ma后，被北部大量细碎屑岩披覆淹没，底栖有孔虫消亡（侯明才等，2017）。

第六章　烃 源 岩

第一节　烃源岩的形成及发育特征

珠江口盆地是发育在南海北部大陆边缘的新生代裂陷盆地，盆地具有隆坳相间的构造格局，由北向南依次分布有北部隆起带、北部坳陷带、中央隆起带、中部坳陷带、南部隆起带和南部坳陷带。北部坳陷带由南西向北东依次斜列分布的生烃凹陷有：文昌凹陷、琼海凹陷、阳江凹陷、恩平凹陷、西江凹陷、惠州凹陷、陆丰凹陷和韩江凹陷，其中韩江凹陷基底埋藏浅，沉积层薄，烃源条件相对较差；中部坳陷带、南部坳陷带由南西向北东依次斜列分布的生烃凹陷有：顺德凹陷、开平凹陷、白云凹陷和荔湾凹陷，白云凹陷为中部坳陷带中的主生烃凹陷。

盆地的形成与演化经历了古新世—早渐新世的裂陷与晚渐新世以来的裂后两大阶段。裂陷阶段盆地发育以断陷为主，形成陆相湖盆；裂后阶段盆地发育以坳陷为主，形成海陆过渡相和海相沉积体系，盆地不同的演化阶段形成了不同的烃源层系。

一、裂陷阶段

裂陷阶段在盆地东部分为初始裂陷期、强烈裂陷期、稳定裂陷期和裂陷萎缩期 4 个裂陷期，各期有不同的沉积特征，形成的烃源层也各不相同（施和生等，2014）。

1. 初始裂陷期

晚白垩世—古新世盆地开始拉张，形成很多山间洼地，较大范围接受了冲积相的充填沉积。该时期盆地沉积速率大于沉降速率，形成的山间洼地也是孤立分布，在洼地腹部发育有小湖盆，有比较局限的暗色泥岩沉积。该时期的沉积地层在盆地东部、西部均有揭露，命名为神狐组，地质年代属古新世。神狐组在盆地西部由 WC19-1-3 井揭露（未穿），岩性为浅灰白色、棕红色、棕灰色砂岩、粉砂岩与褐色泥岩、粉砂质泥岩不等厚互层，总体属扇三角洲沉积，顶部出现浅湖相泥岩沉积。盆地东部的神狐组在韩江凹陷和东沙隆起北缘由多井揭露，岩性主要是以杂色砂砾岩为主的粗碎屑坡积相充填沉积，少见暗色泥岩。

2. 强烈裂陷期 + 稳定裂陷期

该时期盆地沉降速率加快，早期形成的基底断裂继续活动，同时产生了一系列新的断裂，形成了北断南超或南断北超的半地堑群。由于沉降速率加快，盆地稳定下沉，使早期形成的小湖盆扩大，水体加深，接受了分割的深水欠补偿性沉积。在各个半地堑中，沉积物粒度细，泥页岩比例高，形成了文昌组湖相泥岩为主的烃源岩系，地质年代属始新世。该阶段是湖盆发育的鼎盛时期，也是湖相烃源岩的主要形成时期。

文昌组中深湖沉积主要集中于中部，上部中深湖沉积范围随之减小。湖相烃源岩的发育程度各凹陷不一致。例如，盆地东部恩平凹陷的恩平 17 洼是一个北断南超的半地堑，文昌组最大厚度在 3000m 以上；陆丰凹陷的陆丰 9 洼是一个东南断西北超的半地堑，文昌组厚度亦在 3000m 以上，其他洼陷文昌组沉积厚度均在 2500m 以上；惠州凹陷文昌组沉积以惠州 26 洼最厚，最大残留厚度 2800m 左右；文昌凹陷文昌组—神狐组地层厚度 2500m 左右，钻遇文昌组地层最大厚度 1219m。

3. 裂陷萎缩期

裂陷期沉积之后，盆地沉降速率减缓，物源供给充分，古湖盆逐渐衰退，盆地西部形成大面积的平原河流沉积、湖沼沉积和沼泽沉积，在凹陷腹部残留有范围不大的湖相沉积区，盆地东部形成大面积的滨浅湖沉积、三角洲沉积和河湖沼泽沉积。该时期沉积地层为恩平组，地质年代属晚始新世，烃源岩由沼泽相煤系沉积和湖相泥岩两类岩系组成。盆地西部文昌凹陷钻遇恩平组地层最大厚度为 1430.5m。盆地东部惠州凹陷恩平组最大残留厚度达 2900m，钻井钻遇最大厚度为 1412.5m；陆丰凹陷最大残留厚度 1500m，钻井钻遇最大厚度为 900m。

在恩平组沉积形成的煤系烃源岩中煤和碳质泥岩是主要组成部分，据统计，HZ13-1-1 井湖沼沉积中煤和碳质泥岩的累计厚度达 66m，占地层厚度的 10.4%。可见，煤和碳质泥岩在沼泽沉积中是极为发育的。

二、裂后阶段

1. 珠海组沉积时期

恩平组沉积之后，盆地遭受海侵，接受了上渐新统珠海组海相沉积建造。由于海侵初期的水体较浅，河流和波浪在三角洲沉积过程中起主要作用，形成河控、浪控破坏型三角洲，其特点是前三角洲泥和三角洲平原不发育，整个层序由厚层砂岩组成，顶部发育潟湖沉积。晚期海侵规模扩大，层序中保存有较好的前三角洲泥岩，有一定的暗色泥岩分布。根据珠一坳陷、珠二坳陷、珠三坳陷 20 余口钻井暗色泥岩统计结果，除珠一坳陷恩平凹陷一口钻井的珠海组暗色泥岩占地层厚度的比例为 51% 之外，其他钻井的珠海组暗色泥岩占地层厚度的比例多在 30% 以下，在这样以粗沉积为主的地层中难以形成有规模的烃源体；珠二坳陷珠海组暗色泥岩占地层厚度的比例有增加的趋势，暗色泥岩占地层厚度的比例达到 40% 以上，因此，珠二坳陷尤其是白云凹陷和荔湾凹陷珠海组可能会形成较大规模的烃源体；珠三坳陷珠海组暗色泥岩占地层厚度的比例在 35%～67% 之间，在部分凹陷具备形成较大规模有效烃源体基础。

2. 珠江组沉积时期

珠海组沉积后海进范围继续扩大，盆地接受了下中新统珠江组海相三角洲砂体、滨浅海砂岩、碳酸盐岩台地礁滩和重力流砂体等沉积组合。

根据钻井暗色泥岩统计结果，全盆地珠江组下段以粗沉积为主，暗色泥岩占地层厚度的比例多在 40% 以下，上段暗色泥岩占地层厚度的比例在增高，珠一坳陷恩平凹陷达 50% 左右，惠州凹陷达 43%～69%，陆丰凹陷达 66%～76%，珠三坳陷达 43%～68%，珠二坳陷的北缘达 64%～85%。可见，珠江组上段沉积物变细，泥质岩比较发育，有形成区域盖层和一定烃源体的可能。

3. 韩江组沉积时期

韩江组沉积期间，东沙隆起沉降至浪基面以下，盆地处于开阔陆棚沉积环境，水动力主要以波浪为主，珠江三角洲进入衰亡时期，早期虽有短暂的推进，但由于海侵扩大，三角洲后退被改造而成滨岸沉积，前三角洲—大陆架泥岩大面积发育，岩性主要为浅灰色泥岩夹砂岩和石灰岩。韩江组钻井揭露地层最大厚度，珠一坳陷一般为500～800m，珠三坳陷为638.5m，珠二坳陷为1018.5m。

第二节 烃源岩的有机质丰度及类型特征

一、文昌组湖相烃源岩

1. 有机质丰度

文昌组湖相烃源岩由多口井钻遇，其中钻探于盆地东部陆丰凹陷的LF13-2-1井、番禺4洼的PY5-8-1井以及盆地西部的WC19-1-2井、WC19-1-3井和WC19-1M-1井均钻遇了文昌组湖相烃源岩。

LF13-2-1井文昌组烃源岩主要为灰黑色泥岩，泥岩质纯，为典型的中深湖沉积。该井烃源岩有机碳含量介于1.5%～4.88%，平均为2.62%；生烃潜量（S_1+S_2）介于5.19～34.85mg/g，平均为12.92mg/g岩石；氯仿沥青“A”介于0.1290%～0.5948%，平均为0.2952%；总烃含量介于552～5342μg/g，平均为1981μg/g，均属于好—很好级别的烃源岩（图2-6-1）。

PY5-8-1井文昌组烃源岩有机碳含量平均为4.59%，最高达到11.43%；生烃潜量（S_1+S_2）平均为20.62mg/g岩石，最高达到87.35mg/g，主体属于很好级别的烃源岩。

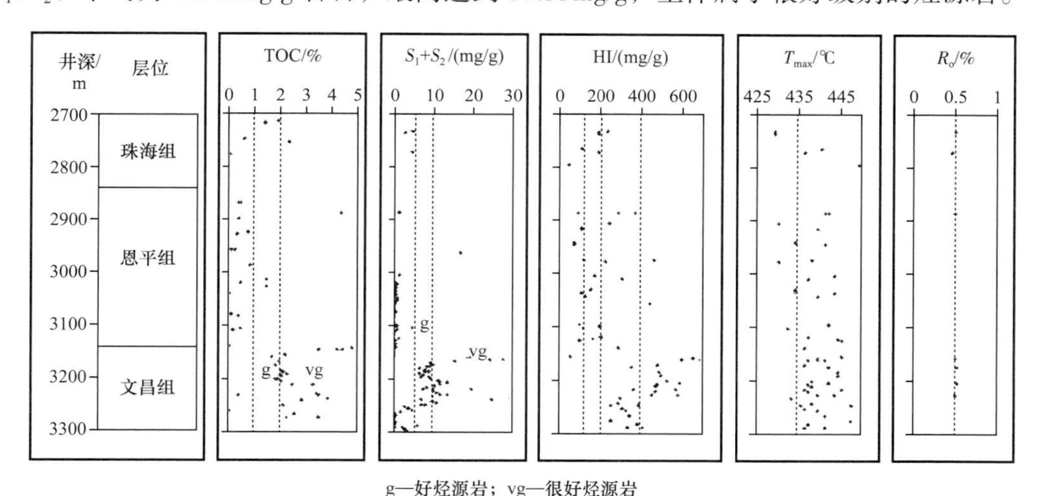

图2-6-1 珠江口盆地东部LF13-2-1井烃源岩地球化学综合剖面图

盆地西部文昌组分为三段，各段有机质富集程度有差别。以WC19-1-2井和WC19-1-3井为例，文昌组一段以粗沉积为主，有机质贫乏，有机碳含量0.26%～0.33%，氯仿沥青“A”0.0165%～0.0249%，总烃含量92～139μg/g，大部分为非烃源岩，差—较好级别者只是少数；文昌组二段有机质富集，有机碳含量多数大于 2%，更高者大于 5%，生烃潜量（S_1+S_2）多数大于 10mg/g，部分大于 30mg/g，氢指数（HI）多数样品处于 400～800mg/g 之间，更高者大于 900mg/g（图 2–6–2），氯仿沥青“A”0.120%～0.223%，总烃含量 481～1133μg/g，高者达 2413μg/g；文昌组三段有机质也很丰富，有机碳含量普遍大于 1%，多数大于 2%，更高者大于 4%，生烃潜量（S_1+S_2）普遍大于 6mg/g，多数大于 10mg/g，部分大于 20mg/g，氢指数（HI）多数样品处于 300～600mg/g 之间，更高者大于 700mg/g，氯仿沥青“A”0.1497%～0.3668%，总烃含量 583～1615μg/g。

WC19–1M–1 井揭示的文昌组烃源岩有机质丰度亦很高，该井底部文昌组二段烃源岩有机碳含量介于 2.45%～4.02%，平均为 3.13%；生烃潜量（S_1+S_2）介于 13.41～25.63mg/g，平均为 16.96mg/g。

可见，盆地西部的文昌组二段、三段湖相烃源岩属于好—很好级别的烃源岩，有大规模的烃源体，烃源潜力大。

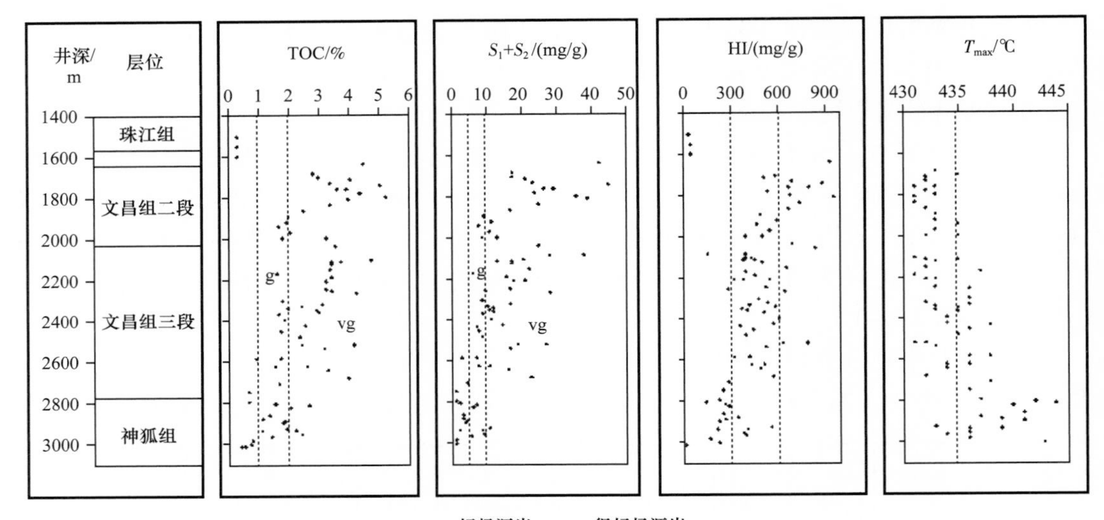

图 2–6–2 珠江口盆地西部 WC19–1–3 井烃源岩地球化学综合剖面图

2. 有机质的生源构成及类型特征

1）浮游藻类

水生藻类是湖相烃源岩有机质的主要来源，其存在状况被沉积地层中的浮游植物化石所记录。根据烃源岩的浮游藻类分析结果，文昌组湖相烃源岩中浮游藻类十分丰富，在其化石组合中，较多的是绿藻类（如盘星藻诸种、葡萄藻等），其次是非海相沟鞭藻（百色藻诸种）和疑源类（如光面球藻、粒面球藻等）。

以分布于珠一坳陷的 LF13–2–1 井为例，在该井文昌组湖相地层的微体化石中以浮游藻类为主，浮游藻类含量（占有机壁微体化石的比例）为 35.5%～68.1%，浮游藻类组合中均为淡水藻类，其中最多的是盘星藻，含量为 9.3%～65.3%，其次是球藻和葡萄藻，含量分别为 0～46.5% 和 0～30.7%。其中，3210m 以下地层以盘星藻为主，球藻和葡萄藻很少，而该深度以上地层中盘星藻在减少，球藻和葡萄藻含量明显增加（图 2–6–3）。

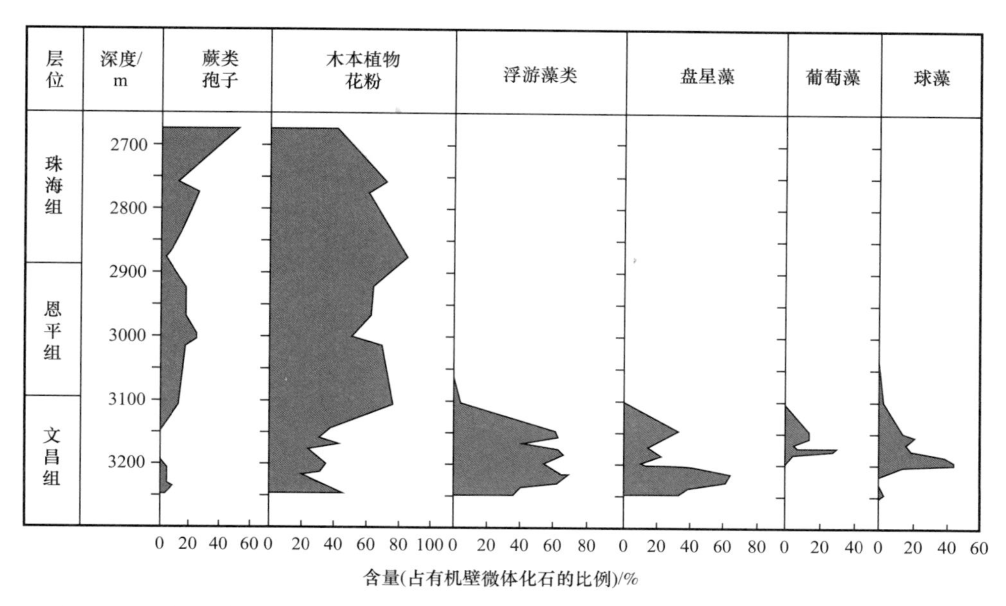

图 2-6-3 珠一坳陷 LF13-2-1 井各层段孢粉和浮游藻类含量分布图（据朱伟林，2009）

WC19-1-3 井是珠三坳陷揭示文昌组湖相烃源岩的代表井，该井藻类体含量在各组段都出现较高值，神狐组和文昌组二段、三段的浮游藻类型单一，主要为绿藻，常见种类包括短棘盘星藻和单棘盘星藻，前者较多见。该井底部的神狐组样品中盘星藻含量较低，占有机壁微体化石的比例不足 5%，神狐组上部地层中藻类体含量明显增多，最高达 26%。文昌组三段样品中盘星藻体含量最多为 35%，文昌组二段的盘星藻体含量最高达 37%（图 2-6-4）。文昌组中的盘星藻大多保存不好，轮廓模糊，呈很淡的黄色；神狐组中的盘星藻保存较好，颜色较深，多呈浅黄色至棕黄色。

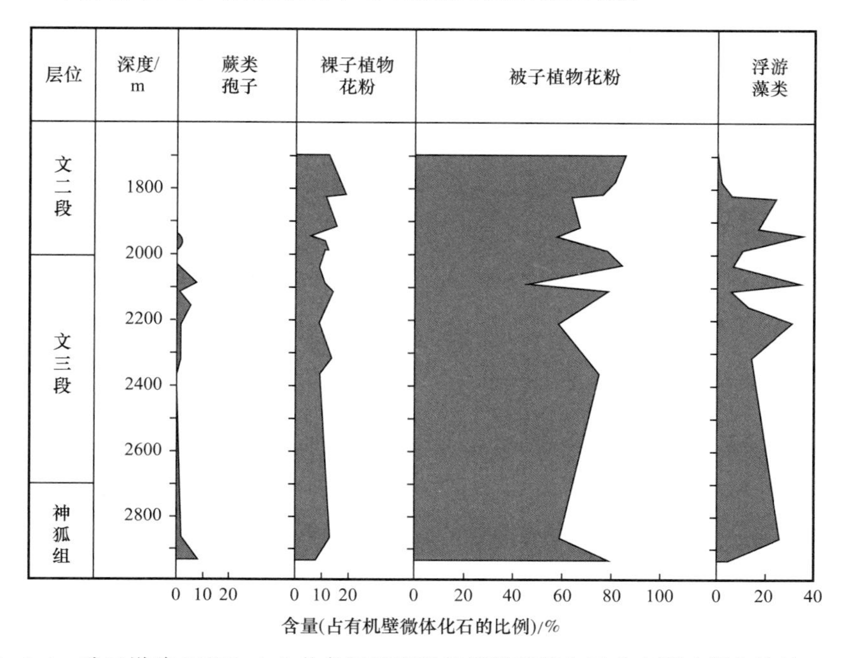

图 2-6-4 珠三坳陷 WC19-1-3 井各层段孢粉和浮游藻类含量分布图（据朱伟林，2009）

文昌组湖相烃源岩中丰富的浮游藻类反映出文昌组沉积时期古湖泊水体生物具有高的生产力，具有形成藻类无定形有机质的物质基础。

2）碳同位素

国外学者 Rogers（1979）利用饱和烃和芳香烃的碳同位素组成，划分出了湖生淡水藻生油岩分布区、陆棚或半咸海、陆地植物、少量藻类生油岩区和海盆海藻生油岩分布区。显然，研究烃源岩有机质的碳同位素组成，可以为深究原始有机质的生源构成提供有意义的信息。

据珠江口盆地西部珠三坳陷烃源岩干酪根 $\delta^{13}C$ 值与 H/C 原子比关系图（图 2-6-5），文昌组二段两类有机相和文昌组三段滨浅湖—半深湖混源母质相烃源岩干酪根氢含量高，$\delta^{13}C$ 值偏重，大部分分布在 -25‰～-21‰之间。恩平组三段浅湖混源母质相和恩平组二段河湖沼泽陆源母质相烃源岩干酪根氢含量明显低于文昌组烃源岩，$\delta^{13}C$ 值偏轻，数据点分布在 -29‰～-27‰之间，恩平组一段浅湖混源母质相和文昌组一段滨浅湖陆源母质相烃源岩干酪根氢含量及 $\delta^{13}C$ 值与恩平组三段浅湖混源母质相和恩平组二段河湖沼泽陆源母质相烃源岩相当。珠海组海湾砂泥岩混源母质相烃源岩干酪根氢含量最低，$\delta^{13}C$ 值分布在 -27‰～-25‰之间。

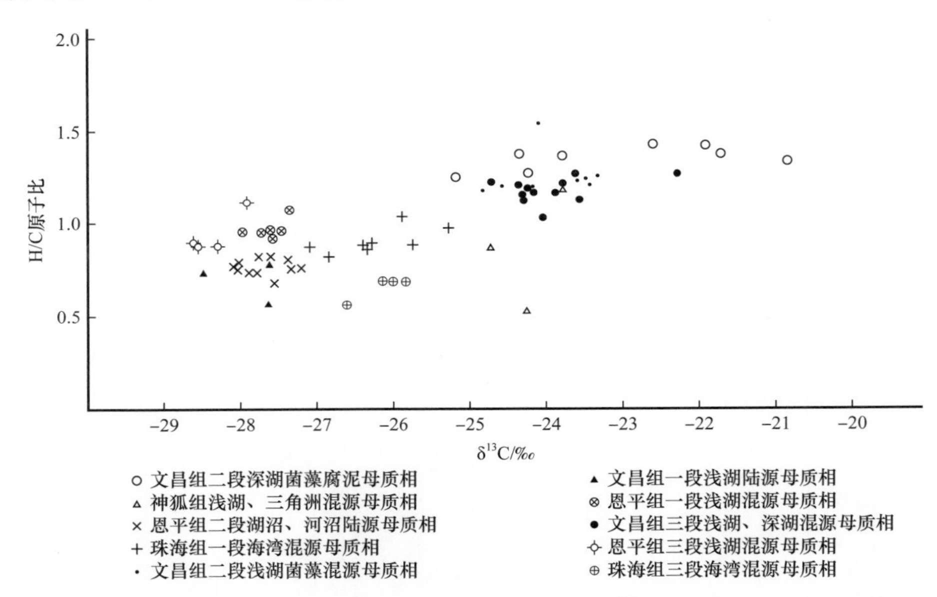

图 2-6-5　珠江口盆地珠三坳陷烃源岩干酪根 H/C 原子比与 $\delta^{13}C$ 值关系图（据黄正吉等，2011）

文昌组烃源岩是珠江口盆地湖盆鼎盛发育期形成的湖相烃源岩，该烃源岩干酪根氢含量高，母质类型好，干酪根 $\delta^{13}C$ 值偏重，而恩平组烃源岩以河湖沼泽陆源母质沉积为主，其干酪根氢含量及母质类型均次于文昌组烃源岩，干酪根 $\delta^{13}C$ 值显著偏轻。

利用烃源岩干酪根 $\delta^{13}C$ 值与 H/C 原子比的相关变化就可以将文昌组和恩平组烃源岩明显地区分开来。其原因是两者有机质的生源构成有本质的不同，文昌组烃源岩有机质组成以水生生物为主，而恩平组烃源岩有机质组成以陆源植物为主。

3）生物标志化合物

珠三坳陷文昌组烃源岩饱和烃馏分中鉴定出很丰富的甾类、萜类化合物。在甾类化合物中，C_{27} 甾烷和 C_{28} 甾烷均具高含量，两者反映藻类生源，其中最特征者为高含量的 4- 甲基甾烷。在 WC19-1-3 井未成熟烃源岩样品中鉴定出了 4β- 甲基和 4α- 甲基两种构型的化合物，且存在碳数范围为 C_{28}—C_{30} 完整系列。其质谱特征 4α- 甲基型以 *m*/*e*231 为基峰；而 4β- 甲基型以 *m*/*e*123 为基峰，或以 *m*/*e*231 为基峰，同时有很强的 *m*/*e*123、*m*/*e*163 碎片离子（黄正吉等，2011）。珠一坳陷文昌组成熟烃源岩中同样含有丰富的 4- 甲基甾烷（图 2-6-6），未见到 4β- 甲基构型，而存在的是高含量的 4α- 甲基的 4 种立体构型化合物。对于 4- 甲基甾烷的成因，有学者认为其生源物为甲藻类生物，还有学者提出 4- 甲基甾烷的另一来源，即来自某种细菌。

文昌组烃源岩萜类化合物中以藿烷系列为主，除常见的 17α，21β 型与 17β，21α 型的藿烷与莫烷系列外，还检测出包括 17β-22，29，30 三降藿烷（C_{27}）和 17β，21β-C_{29}—C_{32} 生物藿烷系列，还有 C_{29} 与 C_{30} 藿烯，表明细菌生源有机质丰富。另一特征是检测出少量的二环倍半萜和较丰富的二萜类、四环萜及三环萜烷。此外，也检测到含量甚微的反映陆源有机质生源的双杜松烷萜类化合物（图 2-6-7）。

据程克明、王铁冠等研究（1995），4- 甲基甾烷类、C_{27} 甾烷和 C_{28} 甾烷均属于藻类生源；三环萜烷系列、长侧链四环萜类、藿烷与莫烷系列均属于菌藻生源。

生物标志物的检测结果为研究烃源岩提供了许多有意义的信息，从反映有机质生源物的特征信息来看，文昌组烃源岩有机质生源构成中藻类和细菌是主要成员。

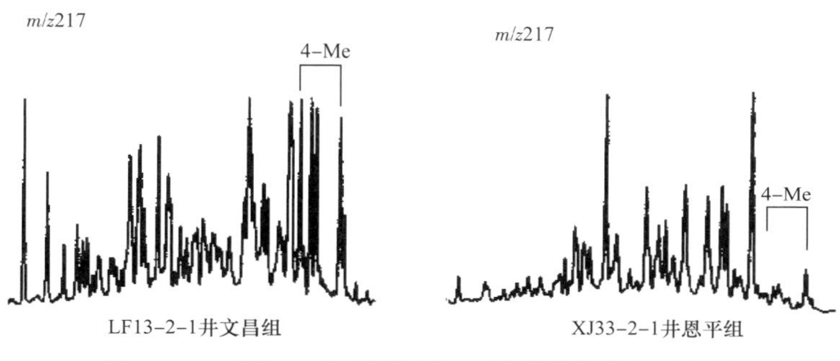

图 2-6-6　珠江口盆地烃源岩 4- 甲基甾烷分布对比图

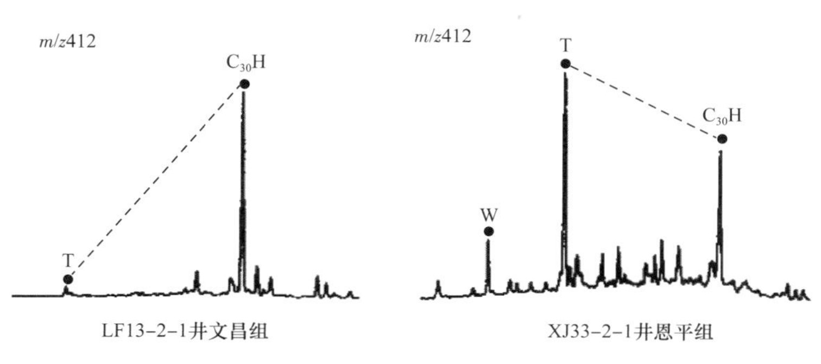

图 2-6-7　珠江口盆地烃源岩双杜松烷（*T*）分布对比图

4）干酪根显微组分特征

采用在透射光下干酪根显微组分鉴定及类型划分方法，将其显微组成分为腐泥组、壳质组、镜质组和惰质组 4 种组分。文昌组湖相烃源岩干酪根中腐泥组分含量很高，以盆地西部文昌凹陷为例，文昌组二段、三段湖相烃源岩干酪根组成中，腐泥组占绝对优势，其含量多在 75% 以上。通常情况下，腐泥组由低等水生生物及其降解产物构成，在镜下多呈絮状和团粒状无定形体、薄膜状有机质以及各种藻类体组成。文昌组二段、三段烃源岩干酪根在蓝光激发荧光条件下盘星藻清楚可见，藻类体经降解腐泥化作用形成的藻腐泥十分富集。壳质组由高等植物类脂组分和分泌物构成，包括孢粉体（孢子、花粉、菌孢）、树脂体、角质体、木栓体和表皮体等亚组分。镜质组为高等植物木质纤维组织凝胶化作用的产物，包括有结构和无结构两类镜质体。惰质组为高等植物木质纤维组织碳化作用的产物，镜下多呈块状、碎片状、条带状和浑圆状的丝质体存在。文昌组二段、三段烃源岩干酪根显微组成中壳质组和惰质组含量很低，镜质组含量在 20% 以下。

依据显微组分含量统一划分结果，全盆地文昌组烃源岩干酪根类型的基本特征是：Ⅰ型和$Ⅱ_1$型干酪根的总和占总分析样品的 76% 以上，总体以$Ⅱ_1$型为主，其次是Ⅰ型，$Ⅱ_2$型和Ⅲ型含量少。

5）干酪根的元素组成

文昌组烃源岩干酪根元素分析结果，H/C 原子比大多处于 1.0%～1.5% 之间，惠州凹陷文昌组和文昌凹陷文昌组二段分析数据点均处于Ⅱ型演化线两侧，多数干酪根类型以$Ⅱ_1$型为主，为数不少的样品分析数据点处于Ⅱ型演化线左侧，表现出氢含量高，类型好的特征。文昌凹陷文昌组三段沉积环境多样，陆源有机质含量略高，分析数据点比较分散，部分样品数据点处于Ⅱ型演化线上，部分数据点分布在Ⅱ型演化线右侧，但类型特征仍以$Ⅱ_1$型为主（图 2-6-8a）。

可见，文昌组湖相烃源岩有机质的生源构成以水生生物为主，母质类型以$Ⅱ_1$型为主。

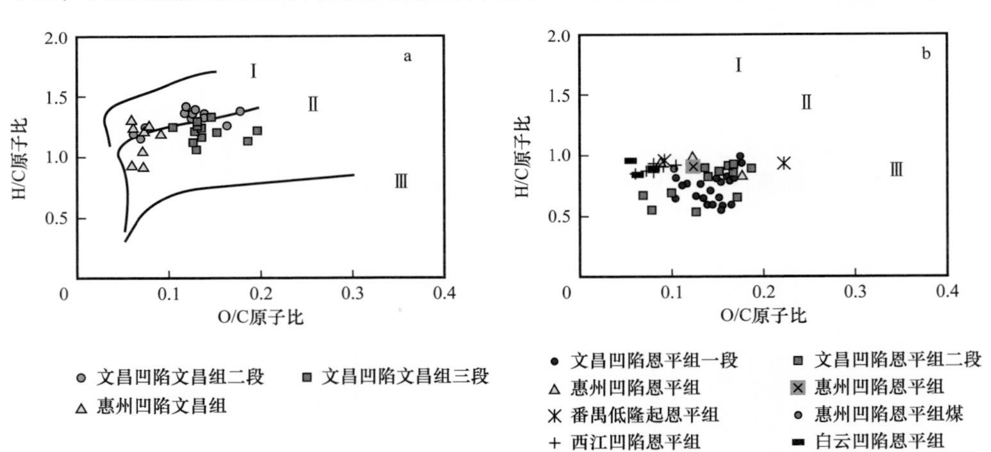

图 2-6-8　珠江口盆地文昌组（a）、恩平组（b）烃源岩干酪根的元素组成（据黄正吉等，2011）

二、恩平组烃源岩

1. 有机质丰度

恩平组烃源岩由煤系和湖相两类岩系组成，其中煤系烃源岩广泛分布，湖相烃源岩仅分布在恩平、西江、惠州、文昌和白云等凹陷腹部的局部地区。

1）煤系烃源岩

这类烃源岩主要分布在湖沼相、平原河流相和三角洲沉积相区，由暗色泥岩、煤和碳质泥岩 3 类岩系组成。北部坳陷带以惠州凹陷 XJ24-3-1 井为例，恩平组煤系泥岩有机碳（TOC）含量多数大于 3%，部分为 10%～30%，生烃潜量（S_1+S_2）多在 6～20mg/g 之间，部分大于 20mg/g，氯仿沥青“A”多在 0.08%～0.28% 之间，总烃含量多数大于 800μg/g。

中部坳陷带以白云凹陷 PY33-1-1 井为例，恩平组煤系泥岩有机碳含量、生烃潜量和烃含量均很高（图 2-6-9）。用含煤地层烃源岩有机质丰度评价标准（陈建平等，1997）衡量，分布于北部、中部坳陷带的两口井所揭示的恩平组煤系烃源岩均属好—很好级别的烃源岩。

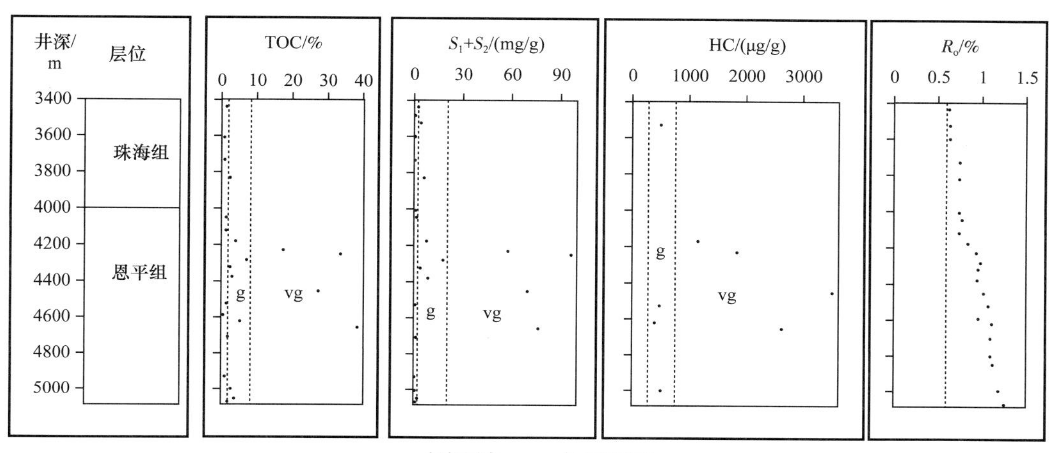

图 2-6-9　白云凹陷 PY33-1-1 井烃源岩地球化学剖面图

2）湖相烃源岩

恩平组沉积时期的古湖泊在恩平凹陷、西江凹陷和惠州凹陷只有浅湖存在，在文昌凹陷和白云凹陷有半深—深湖分布。西江凹陷浅湖相烃源岩有机质含量比较高，有机碳含量 1.8% 左右，生烃潜量（S_1+S_2）达 4.7mg/g；惠州凹陷、恩平凹陷以及番禺低隆起区有机质含量相近，有机碳含量 1.0%～1.5%，生烃潜量（S_1+S_2）2.5～3.5mg/g（图 2-6-10）。文昌凹陷恩平组滨浅湖—浅湖相烃源岩有机碳含量 1.47%，氯仿沥青“A”0.2333%，总烃含量为 624μg/g。用湖相烃源岩的评价标准来衡量，恩平组沉积时期的湖相烃源岩属较好—好级别的烃源岩，具有较大的生烃潜力。

由全盆地统计资料来看，煤的有机碳含量为 58.76%，生烃潜量（S_1+S_2）为 186.34mg/g；碳质泥岩有机碳含量为 19.84%，生烃潜量（S_1+S_2）为 44.56mg/g；泥岩有机碳含量为 1.81%，生烃潜量（S_1+S_2）为 3.20mg/g。恩平组暗色泥岩、煤和碳质泥岩 3 类岩系的有机质都很丰富，具有大量生成油气的物质基础。

2. 有机质的生源构成及类型特征

1）浮游藻类

珠江口盆地的古湖泊发展到恩平组沉积时期古环境发生了显著变化，盘星藻全部消失，其他藻类体零星分布，水边生长的柳属也显著减少。在碎屑有机质中煤质体含量甚高，其次为壳质体。在地层中有机壁微体化石的主要组成是木本植物花粉，其次为蕨类孢子，原发育于文昌组中的浮游藻类已全部消失（参见图 2-6-3）。

可见，恩平组烃源岩有机质生源构成是以陆源有机质为主。

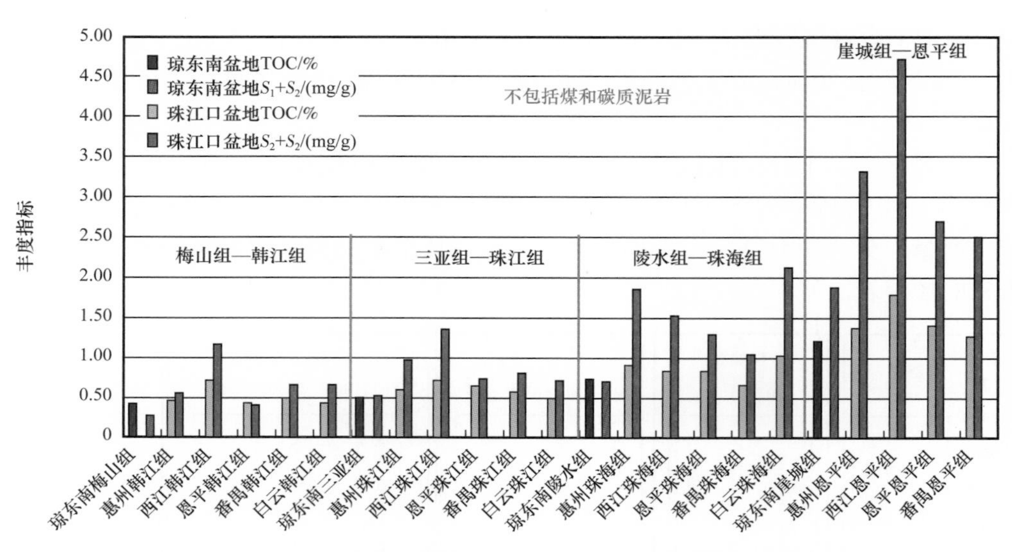

图 2-6-10　珠江口盆地与琼东南盆地不同泥岩层段有机质丰度对比图

2）碳同位素

前已述及，利用烃源岩干酪根 δ¹³C 值与 H/C 原子比的相关变化可以将文昌组和恩平组烃源岩明显地区分开来（参见图 2-6-5），文昌组烃源岩是珠江口盆地湖盆鼎盛发育期形成的湖相烃源岩，该烃源岩干酪根氢含量高，母质类型好，干酪根 δ¹³C 值偏重，而恩平组烃源岩以河湖沼泽陆源母质沉积为主，其干酪根氢含量偏低，干酪根 δ¹³C 值显著偏轻，其母质类型远次于文昌组烃源岩。两者差别的原因是两者有机质的生源构成有本质的不同，文昌组烃源岩有机质组成以水生生物为主，而恩平组烃源岩有机质组成以陆源植物为主。

3）生物标志化合物

恩平组烃源岩饱和烃馏分生物标志物分析，甾烷系列中以 C_{29} 甾烷为主，C_{27}、C_{28} 甾烷也有较高含量，不含 4- 甲基甾烷（参见图 2-6-6）；萜烷系列中 Tm、C_{29} 藿烷含量很高，反映高等植物树脂化合物的双杜松烷高含量（参见图 2-6-7），反映高等植物输入标志的 C_{19} 三环萜高含量。在珠三坳陷恩平组二段煤的可溶抽提物中也检测到了双杜松烷型 *W*、*T* 化合物。

生物标志化合物分析表明，恩平组浅湖相烃源岩有机质生源构成为陆源有机质与水生生物并存。湖沼、河沼相烃源岩有机质以陆源有机质为主。可见，恩平组烃源岩有机质的先驱物主要为陆源有机质，水生生物也有所贡献。

4）干酪根显微组分特征

恩平组烃源岩干酪根显微组分中腐泥组分含量与文昌组烃源岩相比明显偏低。以文昌凹陷为例，恩平组一段、二段烃源岩干酪根组成中，腐泥组含量在 50% 左右，而镜质组含量多在 30%～40% 之间，惰质组含量多在 10%～20% 之间，壳质组含量很低。依据干酪根显微组分类型划分总体统计，文昌凹陷恩平组烃源岩干酪根中Ⅰ型和$Ⅱ_1$型之和低于$Ⅱ_2$型和Ⅲ型之和；惠州凹陷恩平组烃源岩干酪根类型主体以$Ⅱ_2$型为主，少量$Ⅱ_1$型和Ⅲ型；西江凹陷和番禺低隆起恩平组烃源岩干酪根中$Ⅱ_2$型和Ⅲ型占绝对优势。

恩平组煤的有机显微组分中以镜质组为主体，部分煤样以惰质组为主，少数煤样也有少量的腐泥组分。

5）干酪根的元素组成

恩平组烃源岩干酪根氢含量明显低于文昌组烃源岩，其中白云凹陷和西江凹陷恩平组烃源岩干酪根氢含量较高，分析数据点分布在Ⅱ型演化线附近，有$Ⅱ_1$型干酪根分布，其他凹陷及番禺低隆起恩平组烃源岩干酪根 H/C 原子比多在 1.0～0.6 之间，类型多为$Ⅱ_2$型—Ⅲ型，Ⅲ型者居多（参见图 2-6-8b）。

不同的研究侧面得出的结论是相近的，即恩平组烃源岩有机质生源构成以陆源有机质为主，也存在有较高含量的由陆生植物与藻类等水生生物混合组成的有机质，此类有机质也是较好的生烃母质。

三、珠海组、珠江组、韩江组海相烃源岩

1. 有机质丰度

1）珠海组

珠海组是盆地坳陷初期接受的海陆过渡相及海相沉积，由于水体动荡，有机质的保存条件不好，有机质总体含量不高。相比之下，有机质含量较高者为白云凹陷，有机碳含量可达 1%，生烃潜量（S_1+S_2）略大于 2.0mg/g，属于较好级别的烃源岩。惠州凹陷、西江凹陷、恩平凹陷的珠海组烃源岩有机质含量相当，有机碳含量分布于 0.7%～1%，生烃潜量（S_1+S_2）分布于 1.3～2.0mg/g，也属于较好级别的烃源岩（参见图 2-6-10）。

2）珠江组

珠江组泥岩有机质含量低。西江凹陷略高，有机碳含量 0.7%～0.8%，生烃潜量（S_1+S_2）略大于 1.0mg/g，属于差级别的烃源岩。惠州凹陷、恩平凹陷、番禺低隆起以及白云凹陷的珠江组烃源岩有机质含量相当，有机碳含量分布于 0.5%～0.7%，生烃潜量（S_1+S_2）分布于 0.7～1.0mg/g，也属于差级别的烃源岩（参见图 2-6-10）。

3）韩江组

韩江组有机质含量更低。西江凹陷略高，有机碳含量 0.7% 左右，生烃潜量（S_1+S_2）略大于 1.0mg/g，属于差级别的烃源岩。惠州凹陷、恩平凹陷、番禺低隆起以及白云凹陷的韩江组烃源岩有机质含量相当，有机碳含量分布于 0.4%～0.5%，生烃潜量（S_1+S_2）都小于 1.0mg/g，也属于差级别的烃源岩（参见图 2-6-10）。

2. 有机质的生源构成及类型特征

地层中有机壁微体化石的分布，珠海组主要是木本植物花粉，其次为蕨类孢子，原发育于文昌组中的浮游藻类早已荡然无存（参见图 5-2-3）。可见，珠海组烃源岩有机质生源构成和恩平组面貌相近，都是以陆源有机质为主。

海相烃源岩热解分类结果，珠海组烃源岩有机质类型以$Ⅱ_2$型为主，珠江组和韩江组烃源岩有机质类型为$Ⅱ_2$型—Ⅲ型，有机质的生源物仍然是以陆源有机质为主（图 2-6-11）。

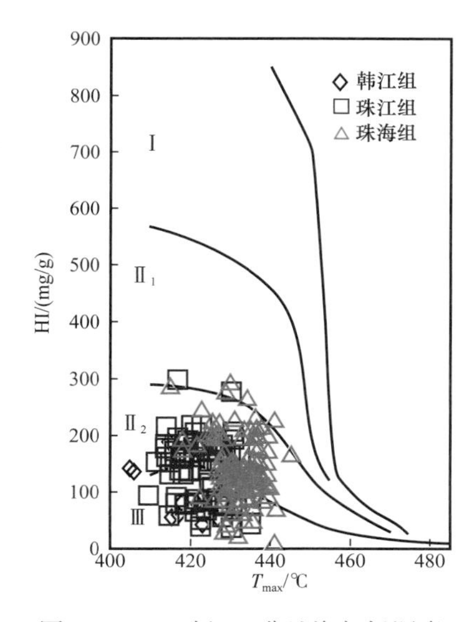

图 2-6-11 珠江口盆地海相烃源岩热解分类图

第三节 烃源岩中有机质的热演化

一、有机质成烃的深度范围和热演化阶段

综合惠州凹陷、西江凹陷、恩平凹陷和文昌凹陷烃源岩的可溶有机质抽提物、生物标志化合物分析、镜质组反射率和地温资料（图 2–6–12）可以看出：随着有机质埋藏深度的逐渐增加，温度压力增大，可溶有机质和烃含量逐渐增大，出现量变的深度在 2600m 左右，出现最大值的深度在 3300m 左右。埋深 2600m 和 3300m 对应的地温分别是 108℃和 134℃。可溶有机质中甾烷、萜烷的 R 构型随埋深增大向 S 构型明显转化，C_{29} 甾烷的异构化参数 $\alpha\alpha\alpha 20S/(20S+20R)$ 值在 2600m 以上小于 30%，埋深增大该比值增大，于埋深 3300m 以下趋于稳定。埋深小于 2600m 阶段，C_{31} 藿烷 $22S/22R$ 值小于 1，大于 2600m 阶段，该值稳定大于 1。随着埋藏深度的增加，R_o 相应增大，2600m 以下 R_o 大于 0.5%，4600m 以下 R_o 大于 1.3%。4600m 深度的地温达 181℃。烃源岩可溶有机质中正构烷烃的变化亦具规律性，随着埋深增加，正构烷烃主峰碳数降低，高碳数部分的奇偶优势逐渐消失，轻重比值在增大。

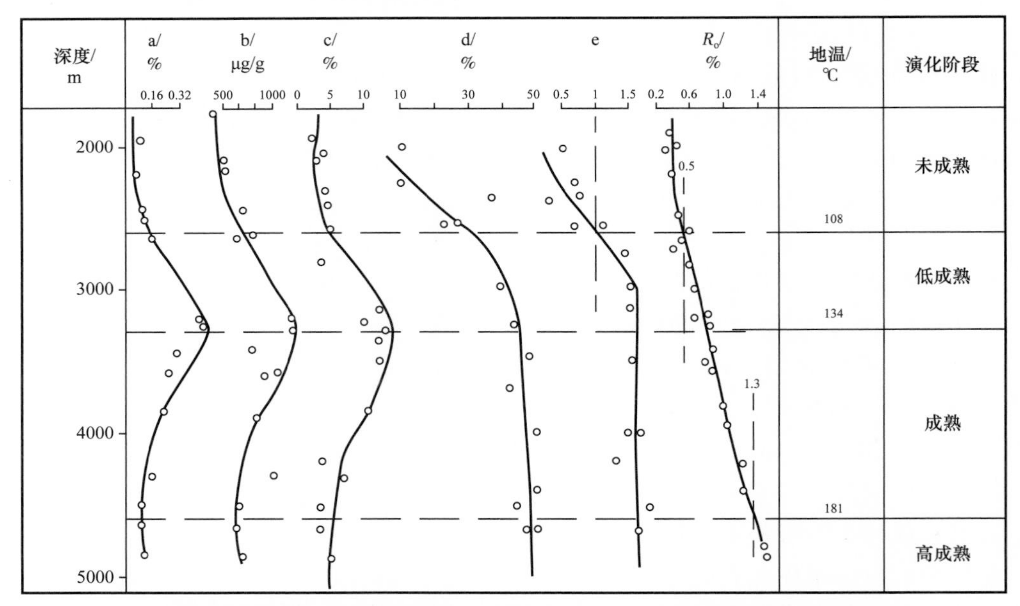

a—可溶有机质抽提物；b—烃含量(HC)；c—转化率(HC/TOC)；d—C_{29}甾烷$\alpha\alpha\alpha 20S/(20S+20R)$；e—$C_{31}$藿烷$22S/22R$；$R_o$—镜质组反射率

图 2–6–12 珠江口盆地烃源岩有机质热演化剖面图（据黄正吉等，2011）

可见，2600m 左右是有机质成熟的门限深度，4600m 左右是生油窗的底界深度，两个深度在珠江口盆地北部坳陷带各凹陷基本如此（黄正吉等，2011）。

综合沥青和烃类的生成、正构烷烃和甾烷、萜烷的演化特征、地温及镜质组反射率的变化等分析，将有机质的热演化划分为未成熟段（埋深＜2600m）、低成熟段（埋深 2600～3300m）、成熟段（埋深 3300～4600m）和高成熟段（埋深＞4600m）4 个热演化

阶段。过成熟段尚未被钻井揭露。

二、有机质成熟度的平面变化

采用盆地模拟技术恢复了盆地的沉积埋藏史，用正演法和EasyR_o法结合实测R_o模拟恢复盆地的热史和有机质成熟历史，在此基础上，计算了各烃源层的热演化史，从而为认识珠江口盆地主要凹陷有机质成烃历史、成熟度的纵横向变化和烃源层的成油期提供了重要依据（图2-6-13至图2-6-15）[1]。

1. 文昌组烃源岩

前已述及，文昌组烃源岩是盆地裂陷期湖盆鼎盛发育时形成的岩系，各凹陷都有广泛分布。由于各个凹陷的结构和发育状况的不同，各凹陷文昌组烃源岩的发育程度和成熟度变化存在差异。惠州、白云、文昌A等凹陷古近纪深断，新近纪又深坳，属于深断深坳型凹陷，文昌组烃源岩埋藏深，成熟度高。琼海、阳江A、陆丰、韩江、顺德、开平等凹陷古近纪深断，古近纪末抬升，新近系沉积厚度小，属于深断浅坳型凹陷，文昌组烃源岩埋藏相对较浅，成熟度相对偏低。

惠州、白云、文昌A等凹陷文昌组烃源岩沉积早埋藏深，进入成烃的时间相对偏早，如图2-6-13所示，在白云凹陷大面积文昌组烃源岩现今R_o大于2.0%，已进入过成熟阶段，有部分地域为高成熟分布区，只在凹陷边缘有成熟烃源岩分布。一般而言，凹陷边缘分布的烃源岩并未处在好的沉积相带，严格地说，并未处在有利于有机质沉积保存的好的有机相带，因此，并非好烃源岩。在恩平凹陷、西江凹陷和惠州凹陷的腹部文昌组烃源岩现今R_o均大于2.0%，已进入过成熟阶段，有部分地域为高成熟分布区，在凹陷边缘有成熟烃源岩分布。在惠陆低凸起有成熟烃源岩分布。在文昌凹陷文昌组烃源岩现今R_o大于2.0%，已进入过成熟阶段，有部分地域为高成熟分布区，只在凹陷边缘有成熟烃源岩分布。

2. 恩平组烃源岩

恩平组烃源岩是盆地裂陷衰退期形成的岩系，该时期湖盆衰退，各凹陷腹部保留有湖泊沉积，盆地中大面积分布平原河流沉积、湖沼沉积和沼泽沉积，形成广泛分布的煤系烃源岩。

在深断深坳型凹陷，恩平组烃源岩的成熟度低于文昌组烃源岩，但在白云凹陷仍然有较大面积的恩平组烃源岩现今R_o大于2.0%，已进入过成熟阶段，同时，有大面积的高成熟和成熟烃源岩分布区（图2-6-14）。恩平组烃源岩是以陆源有机质为主的烃源层，白云凹陷有如此大面积的成熟、高成熟至过成熟烃源岩分布，具备天然气生成的热成熟条件，因此，白云凹陷具有勘探天然气的美好前景。文昌A凹陷也有大面积的恩平组烃源岩进入高成熟和过成熟阶段，也存在大面积的成熟烃源岩分布区，该凹陷的恩平组烃源岩同样具有天然气大量生成的有利条件，具有勘探天然气的良好前景。

惠州凹陷、西江凹陷、恩平凹陷大部分恩平组烃源岩现今仍处在成熟与高成熟阶段，具有油气兼生的热成熟条件，具有勘探石油和天然气的双重前景。

在深断浅坳型的琼海、阳江A、陆丰、韩江、顺德、开平等凹陷古近纪深断，古近纪末抬升，新近系沉积厚度不大，恩平组烃源岩埋藏较浅，热演化程度不是很高。

[1] 黄正吉，仝志刚，王毓俊，2003，中国近海主要含油气盆地成因法油气资源潜力评价。

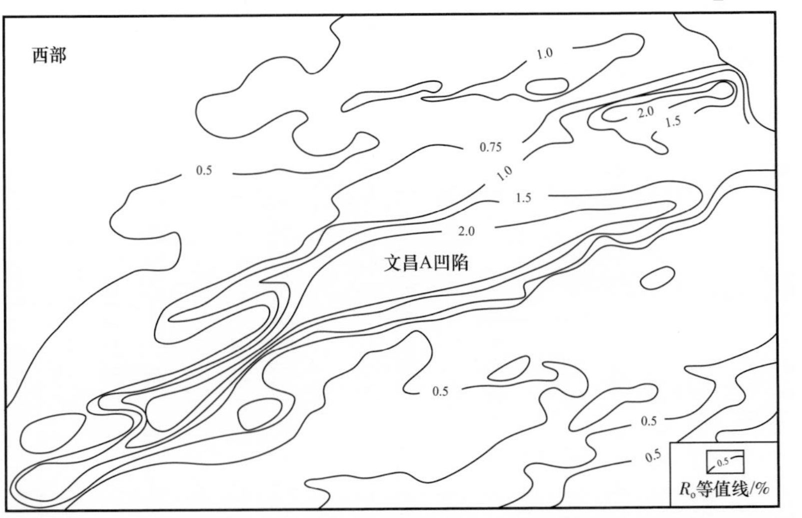

图 2-6-13　珠江口盆地东部和西部文昌组现今镜质组反射率等值线图

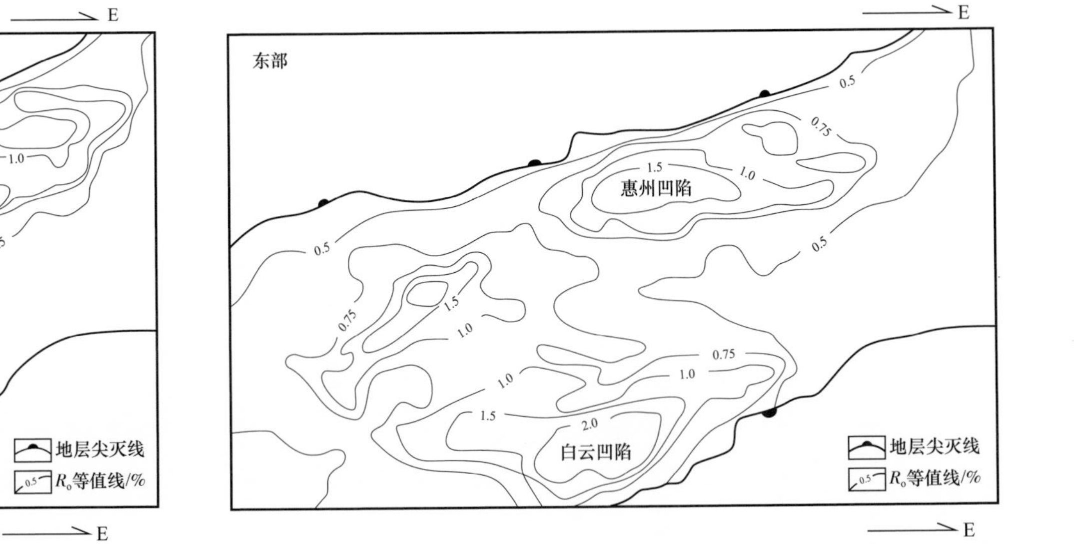

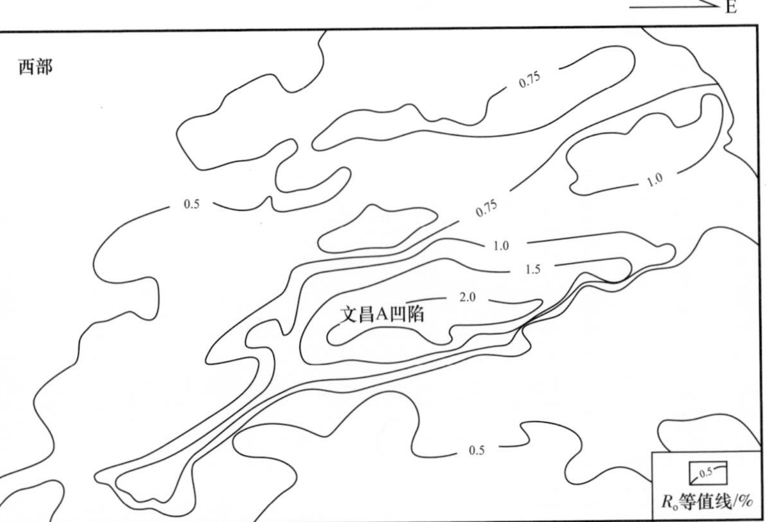

图 2-6-14　珠江口盆地东部和西部恩平组现今镜质组反射率等值线图

三、成油期

根据珠江口盆地北部坳陷带烃源岩埋藏史、热演化史图（图 2-6-15），文昌凹陷内部文昌组烃源岩于晚始新世末进入成油门限，有机质降解生烃，现今该层段已达过成熟阶段，渐新世是文昌组烃源岩的主要成油期；恩平组烃源岩于晚渐新世末进入成油门限，现今该层段底部已达过成熟阶段，中上部为高成熟阶段，中新世—上新世是恩平组烃源岩的主要成油期。

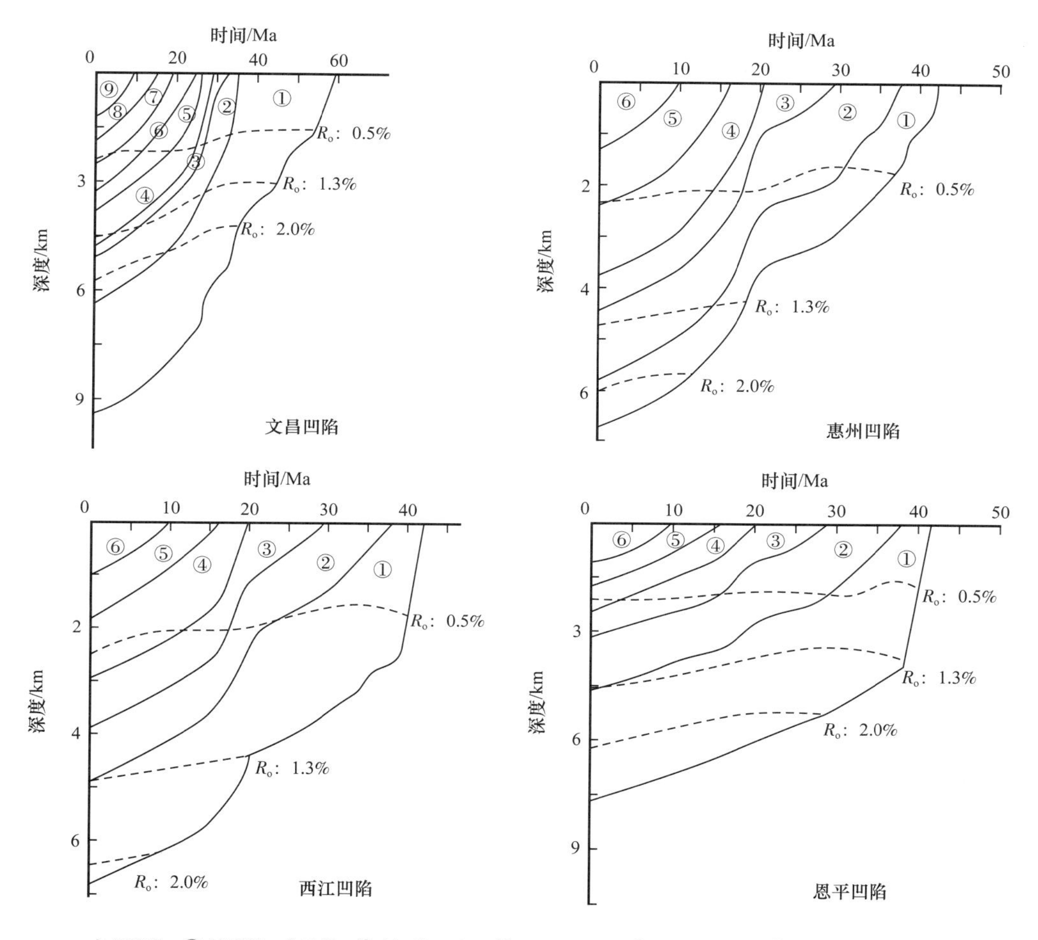

文昌凹陷：① 神狐组—文昌组，② 恩平组二段，③ 恩平组一段，④ 珠海组二段，⑤ 珠海组一段，⑥ 珠江组二段，⑦ 珠江组一段，⑧ 韩江组，⑨ 粤海组—第四系；惠州凹陷、西江凹陷、恩平凹陷：① 文昌组，② 恩平组，③ 珠海组，④ 珠江组，⑤ 韩江组，⑥ 粤海组—第四系

图 2-6-15　珠江口盆地北部坳陷带烃源岩埋藏史、热演化史图

恩平凹陷和西江凹陷内部文昌组烃源岩于早渐新世进入成油门限，现今该层段达高成熟阶段，渐新世—中新世是主要成油期；恩平组烃源岩中新世进入成油门限，现今该层段仍处在生油窗阶段，中新世至今是恩平组烃源岩的主要成油期。

惠州凹陷内部文昌组烃源岩于早渐新世进入成油门限，现今该层段大部已达过成熟阶段，渐新世至中中新世是文昌组烃源岩的主要成油期；恩平组烃源岩于晚渐新世进入成油门限，现今该层段大部达高成熟阶段，晚渐新世至今是恩平组烃源岩的主要成油期。

第四节 油气源对比

一、三种类型的原油及油源分析

1. 原油的物性特征

在惠州凹陷、西江凹陷、恩平凹陷、文昌凹陷及琼海凸起、东沙隆起、惠陆低凸起和番禺低隆起区发现了众多油气田或含油气构造。分布在文昌A凹陷的原油其密度一般小于$0.8017g/cm^3$，多为凝析油，该原油硫含量低，蜡含量也低，其原因与煤系成因有关；分布在文昌B凹陷、惠州凹陷和惠陆低凸起上的原油其密度一般介于0.8～$0.91g/cm^3$，多属轻质油或中质油，含蜡量在10%～30%之间，硫含量均小于0.3%，属较为典型的高蜡低硫型陆相原油；分布在琼海凸起上的原油含蜡量介于文昌A、文昌B凹陷两种原油之间，此现象可能预示着该原油之生源与两者原油均有联系；分布在东沙隆起上的原油储层埋藏浅，原油遭受过生物降解，多数原油的密度大于$0.92g/cm^3$，为重质原油。此类原油表现出含蜡低含硫较高的特点。

2. 原油的碳同位素特征

原油的碳同位素分布变化很大，表现出明显的地区性差别。文昌B凹陷原油碳同位素值最重，多数值分布在–26.8‰～–24.22‰之间；文昌A凹陷原油碳同位素值最轻，多数值分布在–31.54‰～–29.54‰之间，文昌A、文昌B凹陷原油碳同位素值最重与最轻之差达7.32‰之多；琼海凸起上的原油碳同位素值介于文昌A、文昌B凹陷两种原油之间；恩平凹陷和西江凹陷原油碳同位素值相近，其值分布在–27‰～–26‰之间；惠州凹陷原油碳同位素值变化与文昌凹陷相比不算太大，最轻者碳同位素值为–29.34‰，最重者为–25.43‰，两者之差为3.91‰；东沙隆起上的原油碳同位素值分布在–27.2‰～–26.5‰之间。有意思的是，虽然东沙隆起上的原油遭受过生物降解，多数原油的密度大于0.92 g/cm^3，为重质原油，但其碳同位素值与惠州凹陷多数正常原油相近，可能反映了两者生源上的相似性或关联性。

依据原油碳同位素值的轻重变化，可以将盆地中发现的原油分为3类：

Ⅰ类原油：碳同位素值偏重，其值分布在–27.5‰～–24.2‰之间，广泛分布于惠州凹陷、文昌B凹陷、恩平凹陷和西江凹陷以及东沙隆起及其北缘，此类原油是盆地中所发现原油的主体类型。

Ⅱ类原油：碳同位素值偏轻，其值分布在–32‰～–28.5‰之间，发现于文昌A凹陷和惠州凹陷。

Ⅲ类原油：碳同位素值介于Ⅰ类原油和Ⅱ类原油之间，主要分布在惠州凹陷和琼海凸起等地区，此类原油具混源的特征。

3. 原油中特征的生物标志物

1）甾烷类化合物

在原油所含的甾类化合物中，已检测出规则甾烷（C_{27}—C_{29}）、4-甲基甾烷（C_{28}—C_{30}）、重排甾烷（C_{27}—C_{29}）等系列生物标志物。规则甾烷中C_{29}甾烷略占优势，C_{27}甾烷具较高含量，C_{28} 甾烷含量低；（$C_{27}+C_{28}$）甾烷 /C_{29} 甾烷值惠州凹陷原油一般分布在 1.0～1.5 之间，恩平凹陷和西江凹陷原油一般分布在 1.0～2.0 之间。重排甾烷含量除恩平凹陷 EP18-1 构造和白云凹陷 PY33-1 构造原油较高外，其他凹陷原油普遍低含量。4-甲基甾烷中 4- 甲基 C_{30} 甾烷在Ⅰ类原油中普遍高含量，在Ⅲ类原油中具较高含量，在Ⅱ类原油中基本检测不到。惠州凹陷原油 4- 甲基 C_{30} 甾烷含量最高，4- 甲基 C_{30} 甾烷 /C_{29} 甾烷值最大者大于 3，多数大于 1。恩平凹陷原油 4- 甲基 C_{30} 甾烷含量也很高，4- 甲基 C_{30} 甾烷 /C_{29} 甾烷值最大者大于 2.5。可见，4- 甲基 C_{30} 甾烷是原油中特征的甾烷类生物标志物之一。

2）萜烷类化合物

原油含有丰富的萜烷类化合物，包括二环倍半萜烷、三环萜烷和四环萜烷及五环三萜烷。二环倍半萜烷鉴定出 12 个 C_{14}—C_{16} 倍半萜化合物，此类化合物浓度高，几乎同五环三萜烷相当。三环萜烷鉴定出 C_{19}—C_{29} 共 13 个化合物，其中陆源输入标志物 $C_{19}H_{34}$ 三环萜烷在Ⅰ类原油中含量很低，在Ⅱ类原油中出现明显的高峰。四环萜烷以 C_{24} 为主，有 3 个异构体。五环三萜烷中藿烷系列分布完整，以 C_{30} 藿烷为主峰，其次是 C_{29} 藿烷、18α-22, 29, 30 三降藿烷（Ts）、17α-22, 29, 30 三降藿烷（Tm）以及升藿烷系列化合物。检测出少量的 γ- 羽扇烷、奥利烷和伽马蜡烷等非藿烷类五环三萜烷。

此外，先后在文昌 A 凹陷文昌 9-2 凝析油和惠州凹陷惠州 9-2 轻质油中检测出了双杜松烷 *W*、*T* 化合物。在文昌 9-2 凝析油 *m/z*412 质量色谱图上 *T* 构型双杜松烷强度高于 C_{30} 藿烷。在此之前，已在琼东南盆地崖城 13-1 气田的凝析油和崖城组煤系泥岩和煤抽提物中检测出了一系列以双杜松烷为代表的 C_{30} 五环三萜烷树脂化合物，其中包含 *W*、*T* 和 *R* 构型的 3 个双杜松烷化合物（王铁冠，1990）。双杜松烷型五环三萜烷化合物是一个油源对比指标，指示凝析油的煤系成烃特征。在Ⅱ类原油中双杜松烷浓度高，在Ⅰ类原油中几乎检测不到。可见，$C_{19}H_{34}$ 三环萜烷和双杜松烷型五环三萜烷是原油中特征的萜烷类生物标志物。

4. 三类原油的成因及油源分析

1）Ⅰ类原油属湖相成因，源自文昌组湖相烃源岩

广泛分布于惠州凹陷、文昌 B 凹陷、恩平凹陷和西江凹陷以及东沙隆起及其北缘的Ⅰ类原油中 C_{27} 甾烷和 C_{28} 甾烷具较高含量，同时含有异常丰富的 4- 甲基 C_{30} 甾烷。在珠江口盆地的烃源层系中，唯一在文昌组湖相烃源岩有机质中发现了高含量的 4- 甲基甾烷，因此，4- 甲基甾烷是文昌组湖相烃源岩特有的生物分子标志。可见，原油中的 4-甲基甾烷与文昌组湖相烃源岩有机质中的 4- 甲基甾烷有必然的成因联系。此外，此类原油中几乎检测不到（或微含量）属于高等植物树脂输入标志的双杜松烷，陆源输入标志物 $C_{19}H_{34}$ 三环萜烷含量很低。原油中的这些特征生物标志物与文昌组湖相烃源岩有机质中的生物标志物分布一致，由此说明，此类原油属湖相成因，主要源自文昌组湖相烃源岩。

2）Ⅱ类原油属煤系成因，源自恩平组煤系烃源岩

Ⅱ类原油在惠州凹陷、文昌 A 凹陷和番禺低隆起区已有发现。惠州凹陷 HZ21-1-1 井 DST8、DST5 两层原油和 HZ9-2-1 原油不含 4- 甲基甾烷，而 $C_{19}H_{34}$ 三环萜烷含量很高，这些特征与恩平组煤及煤系泥岩的生物标志物特征极为接近。文昌 A 凹陷 WC9-

2-1 井凝析油的甾烷系列中不含 4- 甲基甾烷，同时检测到 *W*、*T* 和 *R* 构型的双杜松烷化合物，这些特征的生物标志物在恩平组煤系烃源岩中被检测到。

可见，这类原油属煤系成因，恩平组煤系烃源岩是其烃源岩层。

3）Ⅲ类原油属混合成因，文昌组烃源岩和恩平组烃源岩均有贡献

综合原油中特征的生物标志物，将原油划分为 3 种类型，此 3 种类型与由原油碳同位素资料为依据划分的 3 种类型基本相当。换言之，生物标志物资料支持了碳同位素资料为依据的原油分类结果，两种资料研究结果相吻合，提高了原油分类的可信度。

图 2-6-16 是珠一坳陷烃源岩和原油抽提物中 4- 甲基 C_{30} 甾烷与双杜松烷相对含量关系图，原油的分析数据点分别分布在 3 个区域，处于Ⅰ区的原油具中、高 4- 甲基 C_{30} 甾烷、低双杜松烷含量，此类原油为Ⅰ类原油，此类原油与 LF13-2-1 井文昌组湖相烃源岩同处一个分布区，表明此类原油的烃源岩层是文昌组湖相烃源岩；处于Ⅱ区的原油具低 4- 甲基 C_{30} 甾烷，高双杜松烷含量的特征，此类原油为Ⅱ类原油，此类原油与 HZ9-2-1 井恩平组煤系烃源岩同处一个分布区，表明此类原油的烃源岩层是恩平组煤系烃源岩；处于Ⅲ区的原油 4- 甲基 C_{30} 甾烷和双杜松烷均为中、高含量，此类原油为Ⅲ类原油。Ⅲ类原油既有Ⅰ类原油的特征，又有Ⅱ类原油的特征，显然，是两者混合的结果，文昌组湖相烃源岩和恩平组煤系烃源岩都是其烃源岩层。

前文已述及，在盆地西部琼海凸起上发现了文昌 13-1、文昌 13-2 油田，该油田原油物性特征介于文昌 A、文昌 B 凹陷两种原油之间，可能预示着该原油与两个凹陷原油具有某种联系。文昌 13-1 油田原油有较高含量的 4- 甲基 C_{30} 甾烷，同时检测出双杜松烷，具有湖相原油和煤系原油的共同特征，显然，该原油是两种不同成因类型原油相混合的结果。

研究结果揭示，在盆地东部的惠州凹陷及其周缘和盆地西部的琼海凸起都有Ⅲ类原油分布，文昌组湖相烃源岩和恩平组煤系烃源岩对此类原油的形成都做出了贡献，只是不同油藏两类烃源岩的贡献比例不会是完全相同的。

5. 关于油气长距离运移问题

珠江口盆地存在油气长距离运移的地质条件，以流花 11-1 油田为例进行说明。流花 11-1 油田位于东沙隆起之上，是中国最大的生物礁滩型油田，地质储量数亿吨。流花 11-1 油田周围并无生油凹陷，该油田原油来自距离数十千米之遥的惠州富生烃凹陷。

生物标志物研究表明，流花 11-1 油田原油与东沙隆起边缘及惠州凹陷发现的多数原油成熟度相近，都含有异常丰富的 4- 甲基 C_{30} 甾烷，萜烷类化合物的分布模式也极为相似，证明两者同源，均源自惠州凹陷中的始新统文昌组湖相烃源岩。流花 11-1 油田原油的运移参数值远远大于东沙隆起边缘所发现的原油，饱和烃和芳香烃的碳同位素值也表现了偏轻的特点，这些地球化学特征是流花 11-1 油田原油经历了长距离运移的证据。东沙隆起是长期存在的古隆起，隆起周围基底断裂发育，隆起之上高孔隙海相砂岩、生物礁灰岩广布，其上又有厚层稳定的区域盖层，这种特定的地质条件促使凹陷中生成的原油得以长距离运移并大规模聚集在盆地的最高部位，形成了储量可观的流花 11-1 大油田。流花 11-1 油田的发现是陆相原油在适宜的地质条件下可以做长距离运移的一个例证（黄正吉等，1993）。

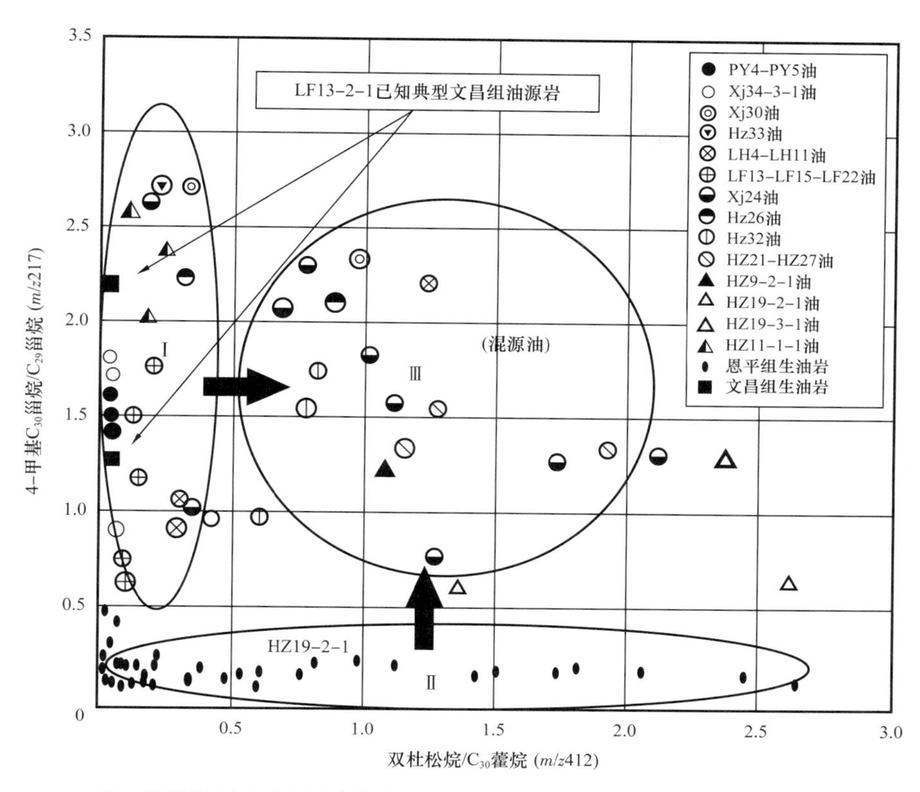

图 2-6-16 珠一坳陷烃源岩和原油抽提物中 4- 甲基 C_{30} 甾烷与双杜松烷（T）相对含量关系图（据张水昌等，2004）

流花 11-1 大油田的勘探实践留给勘探者们的启示是：稳定的构造脊背景、良好的输导层、广泛分布的区域盖层和水动力压力体系是油气长距离运移的地质条件，对于地质条件类似的含油气盆地应该重视虽远离油源但具备运移条件的隆起高部位地区的油气勘探，这些地区往往是具有战略意义的大型油气田形成的有利场所。2018 年初发现的陆丰 12-3 油田是油气长距离运移成藏的又一实际例证。

二、三种类型的天然气及气源分析

1. 天然气的组分特征

依据甲烷在烃类气体中所占的比例（$C_1/\Sigma C_1—C_5$），将烃类气体分为干气、湿气和高湿气 3 种类型。$C_1/\Sigma C_1—C_5$大于0.95 为干气，其成因多与热成因气的热演化程度高或生物气及生物降解气有关。$C_1/\Sigma C_1—C_5$ 介于 0.70～0.95 为湿气，湿气多为石油生成阶段形成的天然气。$C_1/\Sigma C_1—C_5$ 小于 0.70 为高湿气，高湿气为石油伴生气。珠江口盆地发现的天然气主要为烃类气体，较高含量的非烃类气体只在少数井发现。文昌 A 凹陷的天然气埋藏深，但湿度大，主要是湿气，重烃含量比较高，少数气体为高湿气，重烃含量更高。文昌 B 凹陷和惠州凹陷发现的天然气埋藏偏浅，重烃含量也高，主要也是湿气。番禺低隆起发现的天然气重烃含量低，$C_1/\Sigma C_1—C_5$ 大于 0.90，气体相对较“干”（图 2-6-17）。

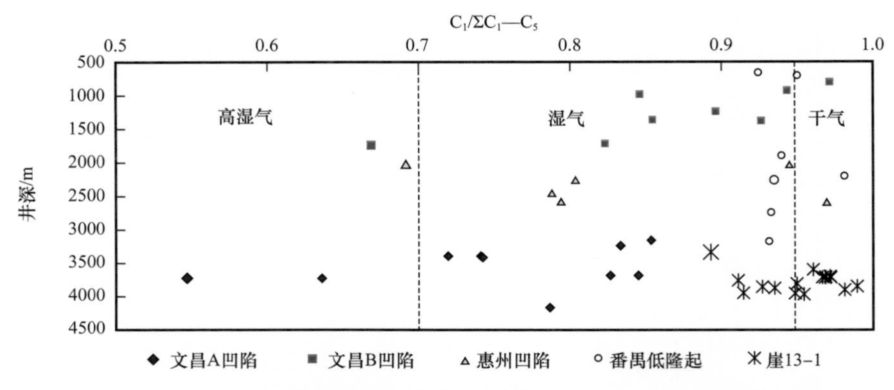

图 2-6-17　珠江口盆地和琼东南盆地天然气 $C_1/\Sigma C_1—C_5$ 与埋深关系图

2. 煤型气的烃源岩是恩平组煤系烃源岩

1）文昌 A 凹陷文昌 9-2 凝析气藏

文昌 A 凹陷发现了文昌 9-2 凝析气藏，该气藏产出的天然气湿度大，重烃含量高，属原油生成阶段形成的天然气。前已述及，文昌 9-2 凝析油源自恩平组煤系烃源岩，因此与凝析油共生的天然气其烃源岩亦应是恩平组煤系烃源岩。许多学者认为，乙烷等重烃气的碳同位素值比甲烷碳同位素值具有较强的稳定性和母质类型继承性，虽然也受热演化程度影响，但更主要的是反映了成烃母质类型（戴金星等，1995；黄第藩等，1996）。文昌 9-2 凝析气的乙烷碳同位素与该凹陷恩平组煤系烃源岩干酪根碳同位素值接近，而与文昌组湖相烃源岩干酪根碳同位素值相差较大（图 2-6-18），说明该凝析气的烃源岩是恩平组煤系烃源岩。

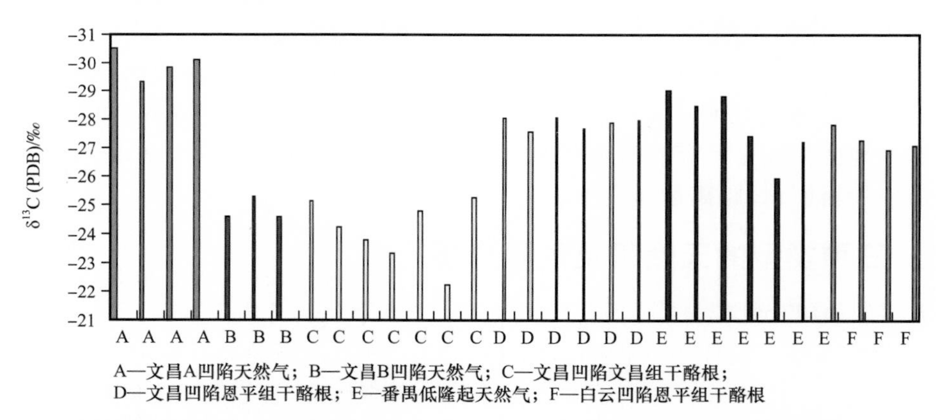

图 2-6-18　珠江口盆地天然气乙烷碳同位素与烃源岩干酪根碳同位素特征对比图（据黄正吉等，2011）

2）番禺低隆起天然气

番禺低隆起—白云凹陷北坡相继发现了流花 19-3、番禺 29-1、番禺 30-1、番禺 34-1 等天然气藏和含气构造，并已形成了产能。该区天然气除个别样品含有较高丰度的 CO_2 外，绝大多数样品的甲烷含量为 60%～95%，重烃含量低，干燥系数大，气体相对较“干”，成熟程度相对较高。由天然气轻烃色谱分析资料揭示，其苯和甲苯含量较高，反映出该区天然气以陆源高等植物为主要生烃母质的特征。天然气与烃源岩吸附烃轻烃色谱分析结果：天然气 C_7 轻烃分析数据与番禺低隆起恩平组岩石吸附烃的 C_7 轻烃数据有较好的可比性，在其正庚烷（n–C_7）、二甲基环戊烷（$DMCC_5$）和甲基环已烷（MCC_6）组成的 C_7 轻烃三角图中数据点较为集中地分布在Ⅱ$_2$—Ⅲ型的煤型区（图 2–6–19），表明天然气属于煤型气，其烃源岩为恩平组煤系烃源岩（米立军等，2006；傅宁等，2007）。

该区天然气与烃源岩碳同位素分析对比结果与上述轻烃色谱分析资料对比结果是吻合的，天然气的乙烷碳同位素与白云凹陷恩平组煤系烃源岩干酪根碳同位素值接近（图 2–6–19），因此该天然气亦应属煤系成因，其烃源岩属恩平组煤系烃源岩。

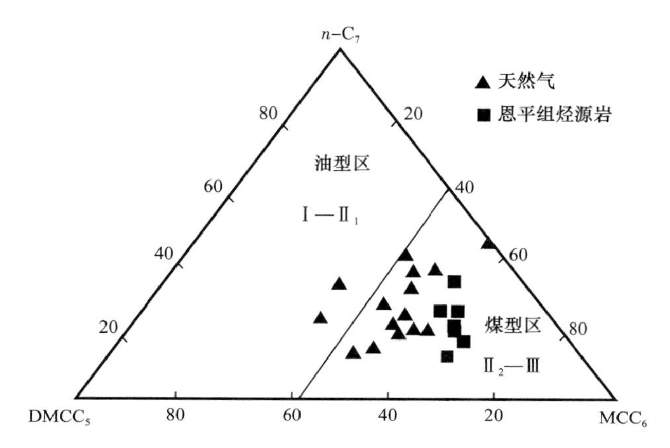

图 2–6–19　番禺低隆起天然气 / 岩石吸附烃 C_7 轻烃分布图（据米立军，2006）

3）深水区荔湾 3–1 天然气

2006 年成功钻探珠江口盆地第一口深水探井——LW3–1–1 井，发现了荔湾 3–1 大气田。随后在深水区又发现了流花 29–1、流花 34–2 等天然气田，揭示了深水区天然气勘探的良好前景。

LW3–1–1 井天然气烃类含量大于 96%，干燥系数为 88.26%～91.52%，相对偏“干”；碳同位素总体呈正序分布，即 $\delta^{13}C_1<\delta^{13}C_2<\delta^{13}C_3<\delta^{13}C_4<\delta^{13}C_5$，表明为有机成因气；$\delta^{13}C_1$ 值分布在 –37.1‰～–36.6‰之间，$\delta^{13}C_2$ 值介于 –29.6‰～–28.9‰，天然气母质类型应为腐殖—腐泥型（朱俊章等，2008）。

荔湾 3–1 天然气中苯和甲苯含量高，在天然气与烃源岩吸附气苯和甲苯含量关系图中（图 2–6–20），荔湾 3–1 天然气与番禺低隆起天然气及惠州凹陷惠州 9–2 源自恩平组烃源岩的天然气处于同一个分布范围，表明三者生源上的相似性；3 个地区的天然气分析数据点都与 PY33–1–1 井恩平组烃源岩的分析数据点相伴分布，说明 3 个地区的天然气都主要源自恩平组煤系烃源岩（朱伟林等，2012）。

3. 油型气的烃源岩是文昌组湖相烃源岩

惠州凹陷和文昌 B 凹陷原油产出的同时伴随有天然气产出，此类天然气往往重烃含量高，湿度大，多数为原油生成时的伴生气。以文昌凹陷为例，文昌 B 凹陷产出的天然气主要是湿气，重烃含量高，属原油生成阶段形成的天然气。该天然气的乙烷碳同位素与文昌组湖相烃源岩干酪根碳同位素值接近，与恩平组煤系烃源岩干酪根碳同位素值相差甚远（参见图 2–6–19），因此该天然气亦应属湖相成因，文昌组湖相烃源岩是其烃源岩层。

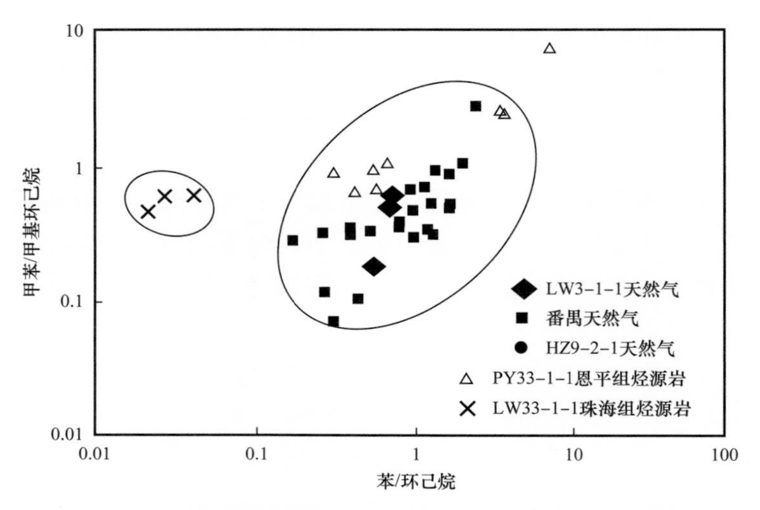

图 2-6-20　天然气与烃源岩吸附气苯和甲苯含量关系图（据朱伟林，2012）

4. 混合气的烃源岩既有煤系烃源岩又有湖相烃源岩

据何家雄（2011）分析资料，番禺低隆起—白云凹陷北坡发现的天然气甲烷和乙烷碳同位素值跨度很大，$\delta^{13}C_1$ 最轻者至 −44.20‰、重者达 −33.9‰，$\delta^{13}C_2$ 最轻者至 −28.1‰、重者达 −25.61‰。采用通常的分类标准来衡量，这些天然气中既有煤型气，又有油型气。诚然，不同井不同层位储集的天然气中煤型成分和油型成分有不同的侧重，但是，该区天然气中有不同成因组分的混合、各自不同成熟度气的混合以及不同充注批次的混合是普遍存在的，这类天然气的主源是恩平组煤系烃源岩，同时有文昌组湖相烃源岩的成分，也不能排除有珠海组海相烃源岩的贡献。

第五节　烃源岩评价

一、烃源岩评价

1. 文昌组湖相烃源岩是主力油源岩

文昌组湖相烃源岩形成在盆地裂陷期，该时期盆地裂陷而稳定下沉，沉降速率大于沉积速率，沉积物源供给不充分，形成欠补偿性深水湖盆。该时期的湖盆水体深，富营养，藻类生物繁盛，有藻类勃发的沉积记录，有湖水分层和湖底缺氧的环境条件，利于水生有机质的堆积与保存，形成极有利于成油的藻腐泥型烃源岩。烃源岩中的有机质主要是由淡水浮游藻类形成的无定形有机质，母质类型为 Ⅰ—$Ⅱ_1$ 型，以 $Ⅱ_1$ 型为主（图 2-6-21）。

文昌组湖相烃源岩有机质丰度统计结果表明，文昌组中深湖相烃源岩有机碳含量介于 1.24%～11.43%，平均为 3.69%；生烃潜量（S_1+S_2）介于 2.01～87.35mg/g，平均为 18.13mg/g；氯仿沥青“A”含量介于 0.0582%～0.3369%，平均为 0.2569%，属于好—很好级别的烃源岩。

各凹陷分布的文昌组湖相烃源岩都具备热成熟条件，已有油气大量生成并聚集成藏；油源对比证实，盆地内所发现的上千万吨产能的原油主要源自文昌组湖相烃源岩。由此可见，文昌组湖相烃源岩是盆地中的主力油源岩，是当之无愧的优质烃源岩。

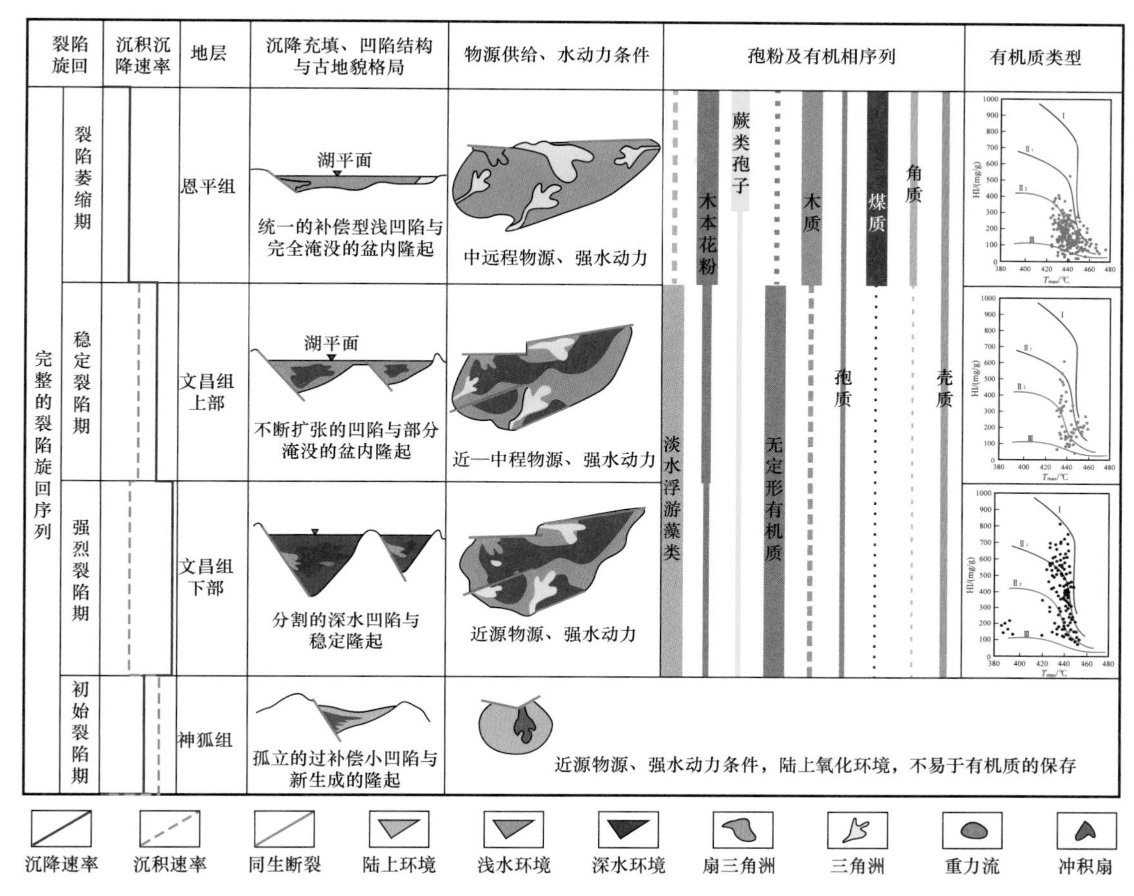

图 2–6–21 珠江口盆地（东部）烃源岩发育及评价图（据施和生等，2014）

2. 恩平组烃源岩是主力气源岩，也是重要的油源岩

恩平组烃源岩形成在盆地裂陷的衰退期，该时期盆地沉降速率减缓，湖盆由文昌组沉积时期分割性的深水湖盆衰退演变成统一补偿型浅凹陷浅湖盆。由于物源供给充分，古湖盆衰退，盆地西部形成大面积的平原河流沉积、湖沼沉积和沼泽沉积，在凹陷腹部残留有范围不大的湖相沉积区，盆地东部形成大面积的滨浅湖沉积、三角洲沉积和河湖沼泽沉积。在恩平组的古生物记录中，原文昌组沉积时期繁盛的浮游藻类变得零星可见，占主导地位的是木本花粉，其次是蕨类孢子；有机质的生源物主要是木质和煤质，其次是角质和壳质体，母质类型为Ⅱ$_2$—Ⅲ型（图 2–6–21）。由于有机质的主体是陆源有机质，这类有机质利于生成天然气，因此，富集的陆源有机质为天然气的大量形成提供了物质基础。

气源对比结果：文昌 A 凹陷、番禺低隆起—白云凹陷北坡发现的天然气以及深水区荔湾 3–1 天然气的烃源岩层都是恩平组烃源岩。实践证实，恩平组烃源岩属于优质气源岩。

虽然恩平组烃源岩有机质的生源物主体是陆源有机质，但普遍含有较丰富的壳质组组分，如树脂体、孢子体和角质体等富氢显微组分。这些富氢壳质组分在烃源岩成熟的早期阶段具有生成液态烃的能力，在生成天然气的同时，也可以生成一定数量的轻质原油，如果烃源体足够大，形成液态烃的规模也是很可观的。前已述及，惠州凹陷 HZ21-1-1 井 DST8、DST5 两层原油和 HZ9-2-1 井原油的烃源岩是恩平组烃源岩，惠州凹陷及其周缘以及盆地西部琼海凸起都存在由文昌组烃源岩和恩平组烃源岩双供油的混合型原油。

因此，恩平组烃源岩不仅是盆地的主力气源岩，也是重要的油源岩。

3. 珠海组海相烃源岩是具有产烃能力的较好烃源岩

珠二坳陷的珠海组沉积相对变细，暗色泥岩有一定的厚度。白云凹陷珠海组烃源岩有机碳含量可达 1%，生烃潜量（S_1+S_2）略大于 2.0mg/g，属于较好级别的烃源岩，有一定的成烃能力。

有研究揭示，在 PY30-2-1A 井和 LH19-5-1 井的个别油样中检测到了较高含量的海相标志物 24- 正丙基 C_{30} 甾烷。按理而论，含海相标志物的原油应该源自海相沉积地层。白云凹陷珠海组烃源岩形成在海相环境，该烃源岩是否是 PY30-2-1A 井和 LH19-5-1 井部分原油的油源层还需要进一步深入研究。但珠海组烃源岩有较高含量的有机质，母质类型以Ⅱ$_2$型为主，属于较好级别的烃源岩，又具备了成熟条件，就会有一定数量的油气生成应该是无须质疑的。

4. 珠江组和韩江组海相烃源岩属于较差级别的潜在烃源岩

珠江组和韩江组烃源岩有机质含量低，母质类型为Ⅱ$_2$—Ⅲ型，尚未成熟，对油气生成没有太大意义，应该属于差级别的潜在烃源岩。

二、优质烃源岩分布及成烃性质预测

1. 烃源岩有机相研究

优质烃源岩的形成不仅仅受控于沉积环境，同时与赋存的有机质数量、质量及其生源构成以及水介质与氧化还原条件等多种因素相关联。因此，优质烃源岩分布在相关沉积相带中的说法并不准确，确切地讲，优质烃源岩分布在相应的有机相带中。以盆地西部珠三坳陷神狐组—文昌组烃源岩的沉积有机相研究为例，预测优质烃源岩在盆地中的分布。

在沉积研究的基础上，综合有机质赋存的地质环境、有机质形成的生态学特征、有机岩石学及有机地球化学等因素，研究烃源岩有机相。在此基础上，将沉积环境、地球化学相、有机质地球化学特征及产烃能力等要素大体相似的一组岩石命名为相应的有机相，同时研究有机相纵向发育序列及横向展布，探讨烃源岩分布规律，预测烃类形成特征（黄正吉等，2011）。

珠三坳陷存在文昌组和恩平组两套烃源岩，文昌组烃源岩以较深水湖沉积为主，是盆地的主要油源岩，恩平组以河流—沼泽沉积及浅湖沉积为主，是盆地的主要气源岩。神狐组是盆地裂陷早期的充填沉积，在地震资料上神狐组和文昌组下部为一套弱反射，难以区分，因此，将其与文昌组合并为一套来研究。

1）神狐组—文昌组烃源岩有机相垂向序列

神狐组—文昌组生油剖面由 WC19-1-3 井和 WC19-1-2 井钻探揭露，WC19-1-3 井揭露文昌组二段以下地层，WC19-1-2 井保存有较全的文昌组一段。两口井钻探揭示，神狐组—文昌组生油剖面为一个粗—细—粗的完整沉积旋回。

依据上述有机相命名原则，将神狐组—文昌组沉积划分出 8 类有机相（图 2-6-22），从老至新依次为：

神狐组浅湖—扇三角洲混源母质（Ⅱ型为主）相；

文昌组三段滨浅湖—半深湖混源母质（$Ⅱ_1$—$Ⅱ_2$型为主）相；

文昌组三段三角洲混源母质（Ⅰ—$Ⅱ_1$型）相；

文昌组二段浅湖菌藻混源母质（Ⅰ—$Ⅱ_1$型）相；

文昌组二段深湖菌藻腐泥母质（Ⅰ—$Ⅱ_1$型）相；

文昌组一段浅湖混源母质（$Ⅱ_2$型）相；

文昌组一段滨浅湖陆源母质（Ⅲ型为主）相；

文昌组一段冲积扇陆源母质（Ⅲ型为主）相。

在 8 类有机相中文昌组二段深湖菌藻腐泥母质（Ⅰ—$Ⅱ_1$型）相和文昌组二段浅湖菌藻混源母质（Ⅰ—$Ⅱ_1$型）相是烃源岩发育与油气生成的重点有机相。前者 TOC 平均值 3.61%，氯仿沥青“A”平均值 0.1383%，生烃潜量（S_1+S_2）平均值 22.1mg/g，水生生物最发育，母质类型为Ⅰ—$Ⅱ_1$型，烃源岩成烃能力最强；后者 TOC 平均值 2.58%，氯仿沥青“A”平均值为 0.12%，生烃潜量（S_1+S_2）平均值 9.7mg/g，水生生物有机质也很富集，母质类型为Ⅰ—$Ⅱ_1$型，烃源岩成烃能力仅次于前者。

2）神狐组—文昌组烃源岩有机相平面分布

依据有机相垂向分布特征及相应地层沉积相平面分布的精细分析（龚再升等，2004），确定了神狐组—文昌组有机相平面分布特征（图 2-6-23），为预测烃源岩平面展布及其成烃性质提供了重要依据。

2. 优质烃源岩分布及成烃性质预测

1）文昌组烃源岩

文昌组沉积时正是盆地古湖泊鼎盛发育期，在盆地西部珠三坳陷的文昌 A、文昌 B、文昌 C 凹陷都发育了深水湖沉积，深湖菌藻腐泥母质（Ⅰ—$Ⅱ_1$型）有机相分布在 3 个凹陷的主体部位。该有机相周围以及阳江 A、阳江 B 凹陷腹部分布的是浅湖菌藻混源母质（Ⅰ—$Ⅱ_1$型）相，在湖盆周缘分布的是河流滨湖陆源母质（Ⅲ型为主）相（图 2-6-23）。在 3 类有机相中，前两类有机相带发育的烃源岩是盆地的主要油源岩，其烃类形成主要是液态烃。换言之，珠江口盆地主要油源岩的分布受深湖菌藻腐泥母质（Ⅰ—$Ⅱ_1$型）有机相和浅湖菌藻混源母质（Ⅰ—$Ⅱ_1$型）有机相发育程度的制约，此两类有机相分布区是湖相烃源岩主要分布地区，也是石油生成的主要地区。因此，深湖菌藻腐泥母质（Ⅰ—$Ⅱ_1$型）有机相和浅湖菌藻混源母质（Ⅰ—$Ⅱ_1$型）有机相发育区及其周缘是石油勘探的最有利地区。

盆地东部的文昌组优质烃源岩主要分布在各洼陷的中深湖相分布区。其中，文昌组下部在番禺 4 洼陷、惠州 21 洼陷、惠州 26 洼陷、惠州 23 洼陷最厚，残留厚度达 1900m，其次为陆丰 13 洼陷和陆丰 13S 洼陷，残留厚度分别达 1400m 和 1200m，西江 24 洼陷和惠州 8 洼陷残留厚度达 1000m，其他洼陷残留地层厚度在 500～900m 之间；文昌组下部洼陷残留面积最大者为惠州 21 洼陷和惠州 26 洼陷，残留面积 600km^2，番

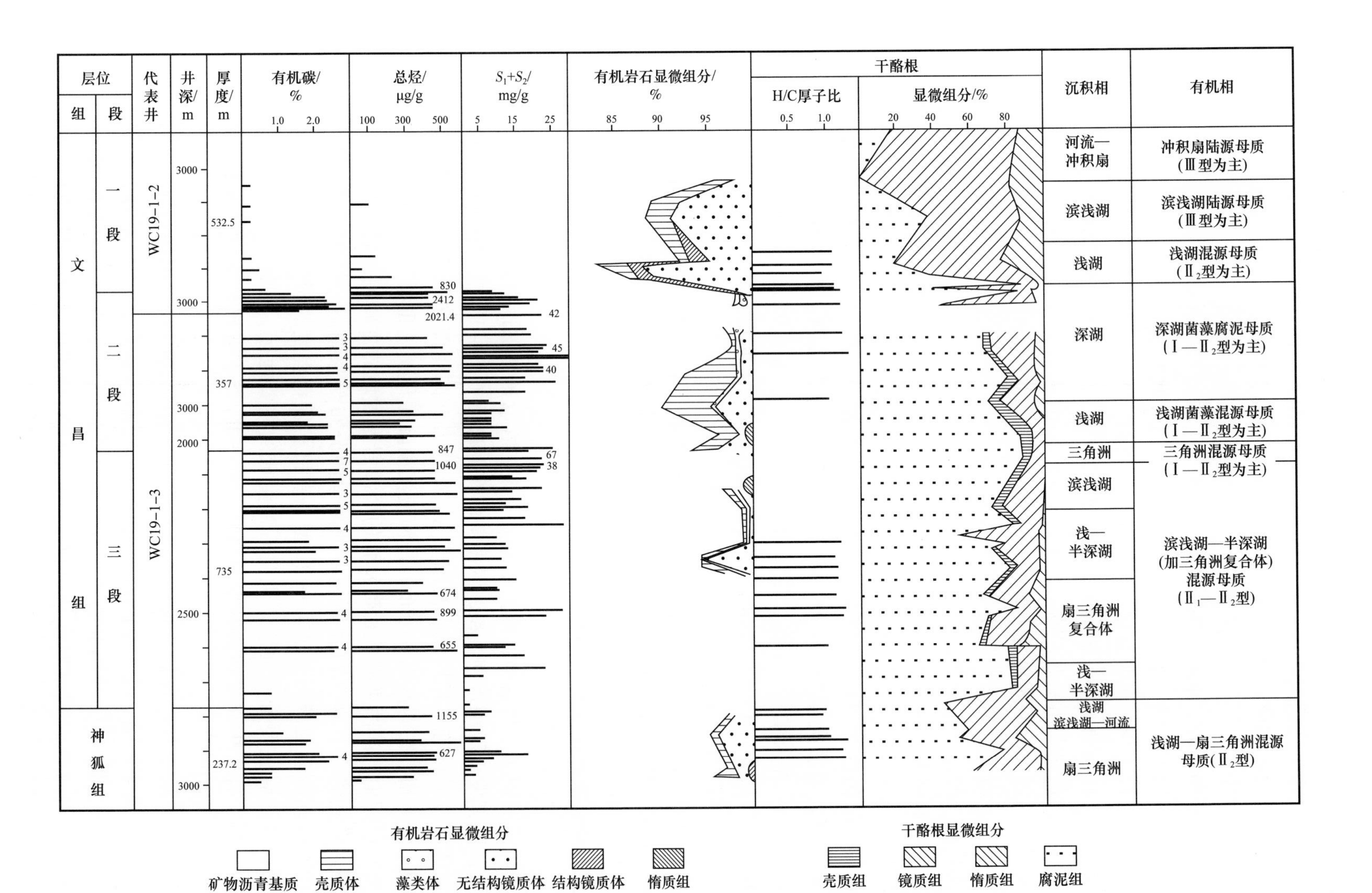

图 2-6-22 珠江口盆地珠三坳陷神狐组—文昌组烃源岩有机相地球化学特征（据黄正吉等，2011）

禺 4 洼陷、惠州 23 洼陷和陆丰 13 洼陷残留面积均大于 300km²，西江 24 洼陷、惠州 8 洼陷、陆丰 7 洼陷和陆丰 13S 洼陷残留面积在 177～280km² 之间，其他洼陷残留面积在 100km² 左右（表 2-6-1）。可见，盆地东部文昌组下部烃源体最大者为惠州 21 洼陷和惠州 26 洼陷，其次为番禺 4、惠州 23、陆丰 13、西江 24、陆丰 13S、惠州 14 等洼陷，这些洼陷的中深湖相区是优质烃源岩的主要分布区，该区烃类形成主要是液态烃。所以中深湖相优质烃源岩分布区及其周缘是石油勘探的最有利地区。

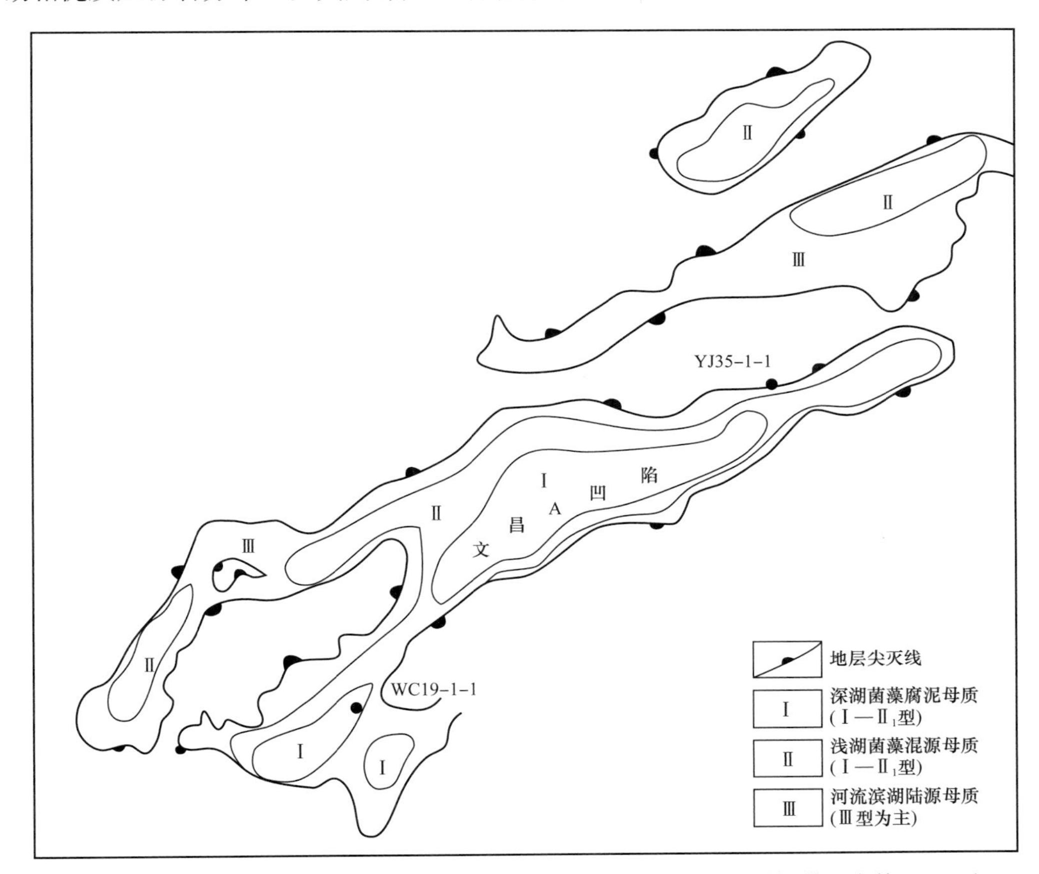

图 2-6-23　珠江口盆地珠三坳陷神狐组—文昌组烃源岩有机相图（据黄正吉等，2011）

2）恩平组烃源岩

恩平组沉积时期是盆地古湖泊发育的萎缩期，湖水退缩，湖泊沉积缩至凹陷腹部，大面积河流—沼泽沉积发育。盆地西部恩平组烃源岩有机相主要是河流—沼泽煤系陆源母质（$Ⅱ_2$—Ⅲ型，以Ⅲ型为主）相和滨浅湖—浅湖混源母质（Ⅱ型为主）相。

恩平组下部沉积时期湖盆形状与文昌组沉积时期相似，但湖水变浅，水生生物减少，陆源有机质输入加剧，有机质属混源，湖相区主要分布的是滨浅湖—浅湖混源母质相。沉积相分析结果，文昌 A 凹陷的腹部还保留有深湖沉积，但其烃源岩有机质以陆源输入为主，有机相特征仍然相当于滨浅湖—浅湖混源母质相。因此，沉积相不能代替有机相，好的烃源岩仍然分布在好的有机相带中。在湖盆周围大面积分布的是河流—沼泽煤系陆源母质（$Ⅱ_2$—Ⅲ型，以Ⅲ型为主）相，煤系烃源岩主要分布在该相带。

盆地东部的恩平组优质烃源岩分布在恩平组地层大面积分布区，由洼陷面积和地层

表 2-6-1　不同裂陷期部分洼陷的面积、地层厚度对比表

<table>
<tr><th rowspan="3">洼陷</th><th colspan="4">文昌组下部</th><th colspan="4">文昌组上部</th><th colspan="4">恩平组</th></tr>
<tr><th colspan="2">洼陷面积</th><th colspan="2">地层最大厚度</th><th colspan="2">洼陷面积</th><th colspan="2">地层最大厚度</th><th colspan="2">洼陷面积</th><th colspan="2">地层最大厚度</th></tr>
<tr><th>原始 /km²</th><th>残留 /km²</th><th>原始 /km</th><th>残留 /km</th><th>原始 /km²</th><th>残留 /km²</th><th>原始 /km</th><th>残留 /km</th><th>原始 /km²</th><th>残留 /km²</th><th>原始 /km</th><th>残留 /km</th></tr>
<tr><td>番禺 4</td><td>320.11</td><td>314.56</td><td>2200</td><td>1900</td><td>418.5</td><td>46.34</td><td>1600</td><td>100</td><td></td><td></td><td></td><td></td></tr>
<tr><td>西江 36</td><td>59.18</td><td>41.66</td><td>600</td><td>500</td><td>138</td><td></td><td>500</td><td></td><td>89</td><td>60.4</td><td>1200</td><td>800</td></tr>
<tr><td>西江 23</td><td>130.43</td><td>97.43</td><td>1000</td><td>900</td><td>370.2</td><td>277.67</td><td>1900</td><td>1400</td><td></td><td></td><td></td><td></td></tr>
<tr><td>西江 24</td><td>247.14</td><td>233.14</td><td>1200</td><td>1000</td><td>364.7</td><td>338.28</td><td>1700</td><td>1200</td><td rowspan="5">886.9</td><td rowspan="5">827.7</td><td rowspan="5">3100</td><td rowspan="5">2900</td></tr>
<tr><td>西江 30</td><td>139.7</td><td>86.98</td><td>800</td><td>600</td><td>211.4</td><td></td><td>1400</td><td></td></tr>
<tr><td>惠州 13</td><td>97.68</td><td>64.68</td><td>850</td><td>700</td><td>133.2</td><td>113.76</td><td>2100</td><td>900</td></tr>
<tr><td>惠州 13S</td><td></td><td></td><td></td><td></td><td>68.1</td><td>66.85</td><td>1000</td><td>700</td></tr>
<tr><td>惠州 21</td><td rowspan="2">601.87</td><td rowspan="2">600.87</td><td rowspan="2">2100</td><td rowspan="2">1900</td><td>245</td><td>213.02</td><td>1400</td><td>900</td></tr>
<tr><td>惠州 26</td><td>107.7</td><td>82.86</td><td>700</td><td>500</td><td></td><td></td><td></td><td></td></tr>
<tr><td>惠州 8</td><td>293.54</td><td>186.7</td><td>1100</td><td>1000</td><td>308.5</td><td>273.54</td><td>1300</td><td>1100</td><td rowspan="2">767.6</td><td rowspan="2">707.6</td><td rowspan="2">2400</td><td rowspan="2">2000</td></tr>
<tr><td>惠州 14</td><td>131.18</td><td>109.18</td><td>700</td><td>600</td><td>129.5</td><td>128.54</td><td>1100</td><td>900</td></tr>
<tr><td>惠州 22</td><td>155.72</td><td>101.52</td><td>800</td><td>700</td><td></td><td></td><td></td><td></td><td rowspan="2">38.4</td><td rowspan="2">36.28</td><td rowspan="2">2150</td><td rowspan="2">2100</td></tr>
<tr><td>惠州 23</td><td>400.45</td><td>352.78</td><td>2000</td><td>1900</td><td>80.1</td><td>46.32</td><td>600</td><td>400</td></tr>
<tr><td>惠州 5</td><td>98.81</td><td>93.81</td><td>650</td><td>600</td><td></td><td></td><td></td><td></td><td>159.9</td><td>114.9</td><td>2500</td><td>2100</td></tr>
<tr><td>陆丰 7</td><td>176.86</td><td>176.86</td><td>950</td><td>800</td><td>365.5</td><td></td><td>800</td><td></td><td></td><td></td><td></td><td></td></tr>
<tr><td>陆丰 13</td><td>396.14</td><td>396.14</td><td>1500</td><td>1400</td><td rowspan="2">723.2</td><td>167.46</td><td rowspan="2">1700</td><td>650</td><td>193.6</td><td>121.2</td><td>1900</td><td>1500</td></tr>
<tr><td>陆丰 13S</td><td>341.78</td><td>280.48</td><td>1500</td><td>1200</td><td>49.79</td><td>400</td><td></td><td></td><td></td><td></td></tr>
</table>

厚度对比来看，西江 24 洼陷、西江 30 洼陷、惠州 13 洼陷、惠州 13S 洼陷和惠州 21 洼陷恩平组地层最大残留厚度 2900m，洼陷残留面积大于 800km^2；惠州 8 洼陷和惠州 14 洼陷地层最大残留厚度 2000m，洼陷残留面积 700km^2；惠州 5 洼陷和陆丰 13 洼陷地层最大残留厚度分别为 2100m 和 1500m，洼陷残留面积均大于 100km^2（表 2–6–1）。

白云凹陷恩平组湖相沉积面积约 2400km^2，有巨厚沉积，同时发育多期垂向叠置的大型煤系三角洲，面积达 5000km^2 以上，形成了巨大的烃源体。恩平组优质烃源岩是以形成天然气为主的烃源岩系，所以白云凹陷是天然气勘探的最有利场所。

第七章　储层及储盖组合

第一节　储层类型与特征

珠江口盆地砂岩储层十分发育，具有先陆后海的沉积特征。与古珠江沉积体系有关的储集体包括三角洲、滨岸、重力流水道及深水扇储层等。三角洲、滨岸砂岩主要分布于盆地北部的陆架浅水区，重力流水道及深水扇见于中部的珠二坳陷，具有良好的储集性能，是珠江口盆地东部地区现今油气勘探的重点领域，也是主力产油气层系；陆相成因的储集体钻井仅在珠一坳陷古近系有所揭示。生物礁滩储层是珠江口盆地中油气成藏规模仅次于砂岩的储层类型，主要发育于东沙隆起上，其岩石类型较为单一，物性条件极佳。

一、新近系海相成因砂体

1. 海相三角洲砂体

海陆过渡相三角洲平原—三角洲前缘砂体广泛发育，集中发育在中部隆起带的番禺低隆起一带，地层主要为珠海组和珠江组。不同体系域内的三角洲前缘相带储集体具有不同的特征：低位体系域三角洲分布于坡折附近，沉积厚度大，河道纵横交错，发育多种类型的砂质储集体；水进体系域三角洲前缘相带沉积厚度和规模较小；高位体系域三角洲向海进积，并在高隆起斜坡带形成上倾尖灭带，成为有利储集体。三角洲沉积在地震剖面上表现为前积反射结构，在测井曲线上整体以反韵律沉积为主，表现为进积过程，其中分流河道多呈钟形或箱形正韵律，河口坝、远沙坝呈漏斗形反韵律。珠江口盆地三角洲砂岩十分发育，储集物性较好（砂岩层段孔隙度平均为18%，渗透率为70～700mD，是盆地现今油气勘探主力储层。

1）水下分流河道储层

水下分流河道为三角洲平原分支水道的水下延伸部分，沉积特征基本上与三角洲平原的分支水道沉积相似。沉积物以砂、粉砂为主，泥质极少，下部砂岩常含砾，底部滞留砾石较大，底面为冲刷面。常发育交错层理、波状层理及冲刷充填构造，垂向上常依次出现槽状、板状、块状或平行、沙纹层理，具正粒序特征。该微相沉积水动力强度较三角洲平原分支水道微相弱。岩相组合表现为含砾正韵律块状层理砂岩相—交错层理砂岩相—沙纹层理粉砂岩相组合。水下分流河道储层多发育在第一套储盖组合，广泛分布于陆架区，如惠州油区的M10及L系列砂体、恩平油区的ZJ1-12砂体、西江南洼的RE17.46砂体、白云凹陷北坡番禺30-1的GAS1气藏储层等，具有高孔隙度、高渗透率的特点。

2）河口坝储层

河口坝沉积物以分选好、质纯净的砂岩组成。下部多为泥质粉砂、粉砂岩、粉细砂岩，向上变为细砂岩、中粗砂岩，顶部常为含砾砂岩。具下细上粗的反韵律，槽状交错层理、水平层理、沙纹层理、块状层理发育，下部为小型层理，向上层理规模变大。岩相上表现为水平层理或小型交错层理的泥质粉砂岩相—砂纹层理粉—细砂岩相—槽状交错层理细砂岩相组成的反韵律粉砂岩相—砂岩相组合。惠州25-8油田L系列砂层以三角洲前缘河口坝沉积为主，以L30up砂层最具有特征，油层有效厚度9.2～10.6m。测井解释平均孔隙度为18.6%，渗透率为421.5mD，常规岩心分析，油层孔隙度为11.0%～27.2%（平均孔隙度21.2%），空气渗透率24.6～2471.8mD（平均渗透率569.1mD），总体上属于中孔、中—高渗透率储层，为很好的储层。

3）远沙坝储层

远沙坝位于河口坝前方较远部位，又称末端沙坝。沉积物较河口坝细，主要为粉砂，并有少量黏土和细砂。该区内该微相发育有槽状交错层理、包卷层理，局部可见冲刷充填构造。岩石相上表现为水平层理泥质粉砂岩相—包卷层理泥质粉砂岩—砂纹层理粉细砂岩相—槽状交错层理细砂岩相组成的反韵律粉砂岩相组合。这表明水动力强度逐渐增强。该微相主要特征是有由粉砂和黏土组成的结构纹层和由炭化植屑构成的颜色纹层。惠州33-1油田的K15砂体属于远沙坝沉积，平面上砂体分布呈透镜状，层较薄，约1～3m，岩性粉砂岩—泥质粉砂岩，含少量细砂，孔渗一般不高，属于较好储层。

2. 滨浅海相砂体

珠江口盆地珠海组砂岩具备纯净、分选磨圆好、孔隙度和渗透率较高的特征，主要分布于东沙隆起一带。从物源来看，这些来自附近东沙隆起的砂岩往往粒度较粗，但是受海浪、潮汐淘洗作用影响，分选极好，往往为高成熟度的石英砂岩，物性也相当好。比如惠州地区珠江组下段的滨岸沉积砂体，岩性以岩屑长石砂岩为主，石英含量较高，长石、岩屑、黏土杂基和胶结物含量较低，成分成熟度约为0.763。这些砂岩孔隙度往往可达20%左右，渗透率则在500～1000mD之间。由于滨浅海相砂岩普遍厚度大，横向连续性好，往往作为构造圈闭的目的层。而在地层岩性圈闭勘探的实践中，它们侧向尖灭和侧向封堵条件很难满足，往往不是很好的寻找目标。

珠江口盆地西部以珠江组上部—韩江组浅海相泥岩为区域盖层，其下部珠江组滨海潮坪砂、滨海临滨砂、浅海滨外沙坝砂为主要储层，该组合主要分布在琼海凸起、神狐隆起及文昌B凹陷，胶结类型以孔隙型和弱胶结式为主。珠江组纵向上为一个持续海进的沉积层序，由潮汐滨海相向波浪滨海相、浅海相逐渐过渡，层层超覆，逐渐向盆地边缘迁移，沉积体系不断后退。如珠江组一段以临滨沙坝沉积为主，珠江组二段以潮坪沉积为主。

毫无疑问，滨浅海相砂岩由于油气运移便捷，开发门槛较低，是珠江口盆地的有利储集体之一。

1）滩砂储层

河流或风带来的大量碎屑物质入海沉积以后，经过波浪冲洗和筛析作用，沿岸搬运，形成大面积分布的厚层海滩砂岩，砂岩沉积在高能的前滨环境中，分布较稳定，其储层物性优于其他环境中沉积的砂岩。

前滨滩砂由中—粗粒厚层粗砂岩组成，偶见细砾，分选磨圆中等—好，岩石的结构、成分成熟度中等偏好，泥质含量低，伽马曲线呈微弱的钟形或箱形。滩砂形成过程中，由于海进作用，在砂体顶部形成含有少量泥质、粉砂质薄披覆层，该层在油田开发中可起到夹层的作用。

滩砂的岩心渗透率在3000～5000mD之间的占50%，在1000～3000mD之间的占32%，岩心渗透率平均值为3408.06mD；岩心孔隙度分布在12.3%～31.8%之间，其中孔隙度为20%～25%的占50%；而且垂向上孔隙度与渗透率分布较均质，孔渗两者直方图均为单峰正偏型，渗透率的集中程度大于孔隙度，由此说明高能的沉积作用可形成良好的均质储层。岩心垂直渗透率主要在1000mD以上，垂直渗透率/水平渗透率主要介于0.6～1.5，表明滩砂均质程度很高，横向上和垂向上均有好的渗滤能力。

陆丰22-1油田发育前滨滩砂，分布稳定，油田内4口井可进行追踪对比。滩砂储层物性好，测井解释含油饱和度可达90%以上。滩砂为中—粗砂岩，分选、磨圆好，毛细管压力曲线为粗歪度，最小非饱和孔隙体积（200psi）小于20%，以大喉为主，喉道分选好，喉道半径大于20.9μm的占50%以上，为高渗透率、高孔隙度的砂岩储层。

2）滩砂水道储层

由于激流或回流作用，砂体的侵蚀和再沉积形成了滩砂水道，主要由厚层中粗粒砂岩组成，底部含砾，并具冲刷特征。粒度向上变细，结构成熟度较高。

滩砂水道的岩心渗透率分布在1000～3000mD的占72%，并且渗透率在垂向上的变化较小，岩心孔隙分布在15%～25%的占70%，孔隙度直方图为近正态分布的对称型，而渗透率则出现了极为集中的单一峰型，说明强烈的筛选作用可形成良好的均质砂岩。岩心垂直渗透率分布范围为800～2000mD，垂直渗透率/水平渗透率为0.4～1.2。

陆丰22-1油田砂岩油藏中的滩砂水道沉积，测井解释泥质含量极低，含油饱和度达60%，最高渗透率近3000mD。

滩砂水道的孔喉分布与滩砂相似，以大喉道为主，喉道半径大于20.9μm的占50%以上。毛细管压力在35psi时，含水饱和度为18%，可认为是最小非饱和孔隙体积，由此反映出滩砂水道岩石颗粒较粗，分选好，胶结物含量较低，为高孔隙度与高渗透率的砂岩储层。

3）潮汐水道储层

潮汐水道为厚层状中细砂岩沉积，常由几个正韵律砂岩叠加而成，韵律底部常常见有冲刷面，偶见滞留砾岩。受神狐隆起天然障壁影响，珠江口盆地（西部）珠海组沉积时期以及珠江组二段沉积早期珠三坳陷文昌A、文昌B凹陷整体以半封闭海湾—潮坪沉积体系为主，潮汐水道和潮汐沙坝是该区优质的储集体。但珠海组埋深分布在2500～4500m之间，跨度较大，储层物性差异大。文昌A凹陷的9、10区钻遇潮道或潮汐沙坝较多。其中，典型潮汐水道砂岩见于WC9-3-1井ZH_3Ⅰ气层组（第1次取心3795～3801m），岩心铸体薄片统计显示，粗、细砂岩成分成熟度指数分别为1.98、2.10～2.92，为中—下等成熟，粗砂岩成分成熟度指数相对偏低；岩心水平样孔渗测量结果显示孔隙度分布主峰为8%～10%，平均值6.93%；渗透率主要分布在0.17～7.87mD之间，平均值1.75mD，为特低孔隙度、低—特低渗透率组合；潮道、潮汐沙坝复合体ZH_3Ⅱ、ZH_3Ⅲ主力气层组（3828～3903m）DST合适的无阻流量为

$22.21\times10^4m^3/d$，具有一定工业产能。

珠江口盆地（东部）潮汐水道砂体仅见于HZ21-1-2井，该井储层物性主要受沉积环境控制，另外也受到钙质胶结为主的成岩作用的影响。岩心的孔隙度分布范围为10.1%～18.9%，其中孔隙度大于15%的占62%，岩心渗透率以10～100mD（占60%）和100～500mD（占30%）为主，孔渗相关性较好，其集中程度极高。岩心垂直渗透率为2～200mD，垂直渗透率/水平渗透率为0.05～0.5。

HZ21-1-2井的2970层中下部为潮汐水道沉积，测井解释泥质含量极低，小于10%，测井含油饱和度达70%。惠州21-1油田的2970层多年的生产证实潮汐水道为具有一定生产能力的储层。

潮汐水道毛细管压力曲线为细歪度，最小非饱和孔隙体积30%～50%，喉道分选差，喉道半径小于0.2μm的占35%。

4）沿岸沙坝储层

受海退、潮汐或沿岸流的作用，使碎屑物质平行于岸线沉积形成沿岸坝砂体，以粗—中粒砂岩为主，具向上略变粗的反韵律，自然伽马曲线略呈漏斗形或呈箱形，分选、磨圆程度较高，结构成熟度中—高。

陆丰13-1油田2370层为沿岸坝厚层块状砂岩，岩心孔隙度以15%～25%为主，占80%；岩心渗透率介于28～15250mD，平均值为3640.85mD；孔隙度直方图为单峰正偏型，渗透率直方图为典型的双峰正偏型，这反映出水动力条件有较大的变化。尽管渗透率出现了宽带区的特点，但孔渗呈很好的线性正相关，垂向上渗透率分布具反韵律特征。

垂直渗透率岩心分析资料较少，仅5个样品。其中3个样品因受成岩作用（钙质胶结）的影响，储层物性变差，另2个能反映沿岸坝垂直渗透率物性特征的样品，垂直渗透率为1200～2200mD，垂直渗透率/水平渗透率介于0.37～0.92。

沿岸坝毛细管压力曲线为粗歪度，分选好，最小非饱和孔隙体积小于20%，以中—粗喉道为主，喉道半径10.4～20.9μm的占42%～49%，故沿岸坝为好的储集砂岩体。

珠江口盆地（西部）琼海凸起文昌13-1油田ZJ1-4M油层组、文昌13-2油田ZJ1-6油层组和ZJ1-7L油层组、文昌8-3/3E油田珠江组一段下部储层（ZJ_1Ⅳ油层组—ZJ_1Ⅷ油层组）以及文昌15-1油田WC15-1-1、WC15-1-3井区主力油层ZJ_1Ⅳ油层组发育滨海相沿岸沙坝储集体，多套沙坝叠置，岩性以细砂岩、中砂岩、泥质粉砂岩为主。其中文昌13-2油田沿岸沙坝为高孔隙度、高渗透率储层，岩心孔隙度平均在29.6%～31.5%之间，渗透率平均为200.60～1478.00mD，主要为高孔、高渗储层，铸体薄片、图像分析和扫描电镜观察显示以Ⅰ、Ⅱ类孔隙结构为主，以大—中孔、中粗喉组合为主，平均孔隙直径为54.29～86.27μm，平均喉道宽度8.91～20.25μm，为非常好的储层。

5）上临滨储层

上临滨主要由细—中砂岩组成，粒度向上变细，泥质含量向上增加。

上临滨岩心孔隙度以25%～30%为主，占50%，岩心渗透率分布在500～2000mD之间的占70%，孔隙度表现在直方图上为典型的梯式单峰正偏型，而渗透率则为双峰负偏型，其沉积背景与沿岸坝相同，其能量相同而沉积方式略有差异。渗透率在垂向上的分布受粒度变化的影响，上临滨下部渗透率较高。

上临滨垂直渗透率最大值为6690mD，垂直渗透率 / 水平渗透率主要为0.1～1.0。

上临滨砂岩较前滨粒度相对细一些，毛细管压力曲线略显粗歪度，分选相对差一些，喉道分布以大喉道和小喉道为主，各占30.0%以上。

6）下临滨储层

下临滨由薄层状粉细砂岩—泥质粉砂岩组成，粒度较细，泥质含量高。

下临滨岩心孔隙度1.1%～28%，大小孔隙均有分布；岩心渗透率为0.01～806mD，非均质性较强。孔隙度直方图为明显不同于其他微相的双峰型，而渗透率则呈区间极宽的梯形。两者关系在孔隙度大于10%、渗透率大于0.01mD时，表现为良好的正相关线性。岩心垂直渗透率变化大，分布范围为0.04～500mD，垂直渗透率 / 水平渗透率为0.01～1。

整体来看，下临滨以粉细砂岩为主时方能形成储层，HZ21-1-2井2420气层为下临滨沉积，其储层物性相对较差。

下临滨砂岩不同部位其物性有差异，LF22-1-4井一个样品的毛细管压力分析表明：下临滨砂岩为较好储集岩时，以中—粗喉道为主，喉道分布中等，毛细管压力曲线为略粗歪度。

3. 陆架沙脊

三角洲前缘沉积不断向海推进的过程中，由于受到了波浪的作用，会将三角洲前缘的粗粒沉积物搬运到远离前三角洲沉积区域的沉积空间沉积下来。在沉积物供给充足条件下，波浪作用会继续搬运同期沉积的粗粒沉积物，从而在三角洲前端外侧形成一系列平行于岸线的沙脊，沉积物供应充足的朵叶体容易形成这种沙脊。在沙脊与沙脊之间可能会形成较为细微的地形高，受到后期北东—南西向潮流的冲刷和改造，导致有些条带沙脊之间的分界异常清晰。这些陆架沙脊总体上呈北东向延伸，中部厚，边部薄，受到波浪和定向潮汐的双重改造，物性极好。惠州凹陷惠州27-4及惠州27-1构造的K22砂体属于陆架沙脊沉积，HZ27-4-2井钻遇的K22砂体为细砂—中粗砂，分选好，储集物性好，HZ27-1-1/2井钻遇K22砂体边部，粒度较细，物性较沙脊主体部位差。

4. 中新世碳酸盐岩台地上的生物礁

早中新世—中中新世珠江口盆地处于构造活动宁静期，为持续海侵阶段，海水自东向西入侵，东沙隆起被海水淹没，加上温暖潮湿气候，形成了生物礁、滩发育的碳酸盐岩台地。地震反射特征表现为丘形—箱形，顶部强振幅、高连续，内部为波状—空白结构（图2-7-1）。生物礁、滩形成之后，经历同生期、准同生期、表生期及浅—中埋藏期4期成岩作用，经受过多期暴露、淋滤、溶蚀，发育粒内溶孔、粒间溶孔，构成了珠江口盆地一套高效的生物礁、滩储集体（图2-7-2）。

珠江口盆地新生界礁灰岩埋藏浅，平均埋深2000m左右，平均孔隙度为6.7%～29.3%，最大值达38.8%，平均渗透率为11.1～830mD，最大值可达6300mD（表2-7-1）。对比分析珠江组石灰岩储层，流花地区物性明显优于惠州地区及陆丰地区。与塔里木盆地下古生界、四川盆地上古生界碳酸盐岩储层比较，储集物性明显较优，但是储层厚度较薄，流花地区平均厚度可达400m以上，惠州地区的厚度可达200～300m，陆丰地区的厚度只有100m左右。

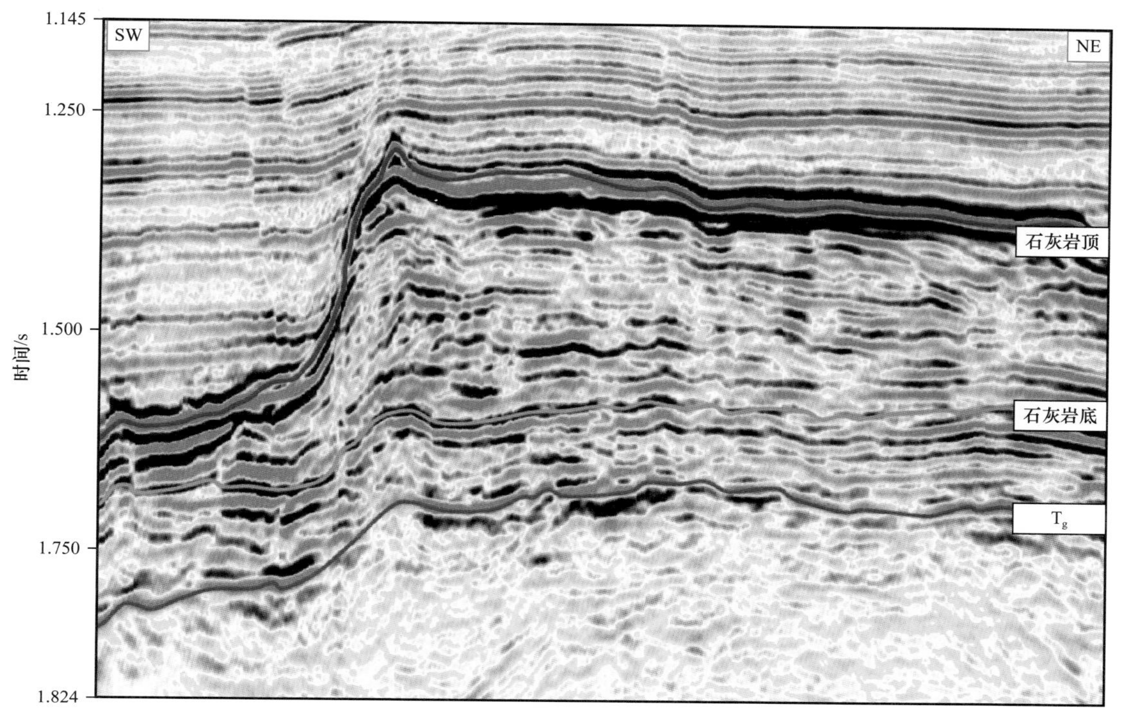

a. 流花4-1油田

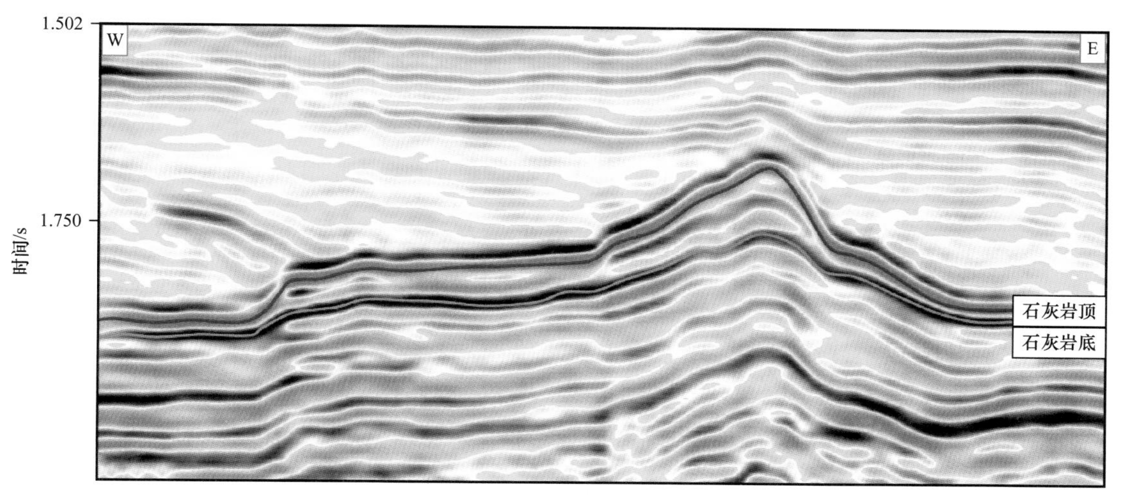

b.惠州33-1油田

图 2-7-1　碳酸盐岩台地生物礁地震相特征

流花地区沉积以生物礁滩灰岩为主，厚度大，孔隙度和渗透率都较高。据多口井397块岩心样品的孔隙度测试结果统计分析，高孔隙层（孔隙度>20%）厚度所占总厚度的百分比在各个井中都超过50%。这些井中珠江组石灰岩平均渗透率为624mD，属中—高渗透层。渗透率大于100mD的占50%，渗透率大于500mD的占20%以上。流花地区的储层总体上表现为高渗透性为主，但是却具有极大的非均质性，在纵向上渗透率的变化非常大，最高与最低之间能够差到几万倍。

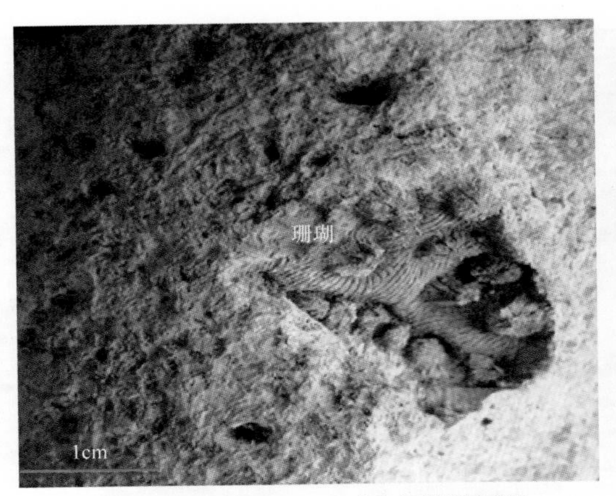

a. LH11-1-1A井，1291.12m，灰白色珊瑚骨架岩，可见大量粒间孔隙（岩心照片）

b. LH11-1-2井，1219.74m，(-)，微晶有孔虫藻屑灰岩，粒间溶孔发育（薄片照片）

图 2-7-2　珠江口盆地生物礁、滩储层孔隙特征

表 2-7-1　珠江口盆地珠江组石灰岩储层物性统计表

地区	项目		孔隙度 /%			渗透率 /mD		
			范围值	平均值	样品数	范围值	平均值	样品数
流花地区 L1	油层段	总计	1.9～38.8	21.02	81	0.01～4650	397.60	81
		油层	6.5～38.8	23.90	67	0.14～4650	471.50	67
	水层		20.9～35.3	29.30	15	6.10～1690	534.06	15
流花地区 L2	油层段	总计	18.46	18.46	161	0.01～6210	478.70	161
		油层	23.14	23.14	113	0.06～6210	677.90	113
	水层		19.2～27.6	24.40	3	22.0～616	400.70	3
流花地区 L3	油层段	总计	11.20	11.20	90	0.01～273	33.50	90
		油层	15.50	15.50	37	0.05～273	65.60	37
流花地区 L4	油层段	总计	13.10	13.10	134	0.10～3710	215.60	134
		油层	14.40	14.40	103	0.04～3710	244.20	103
	水层		17.5～33.8	25.30	44	5.60～5830	830.40	44
陆丰地区	总计		8.1～28.9	18.70	24	0.02～203	27.20	24
惠州地区	总计		1.8～16.3	6.69	35	0.03～60	11.10	15

惠州地区珠江组石灰岩沉积以礁滩相和台坪相为特征，且储层分布不均。根据该区孔渗关系曲线分析，孔渗关系的相关性比较差，低孔隙度对应高渗透率。渗透率异常偏大的原因是储层受裂缝发育的影响，孔喉连通性异常变好。反映该区珠江组石灰岩埋深较大，压实压溶作用较强导致裂缝发育。在层序界面附近，往往发育台地边缘生物礁滩沉积，以残余粒间孔发育为特征，物性较陆丰地区稍好，但是较流花地区差。

陆丰地区珠江组礁灰岩厚度小，礁灰岩储层物性较差。珠江组礁灰岩孔隙度及渗透率分布峰值不明显，孔隙度峰值在15%～20%区间，渗透率峰值在1～10mD之间，且孔隙度与渗透率的相关性较好。对比层序划分方案以及沉积相，该区孔隙发育受控于沉积相带，礁滩相发育原生孔隙。

从国内碳酸盐岩的物性研究经验来说，孔隙度与渗透率之间的线性关系常常表现不明显，但对比该区的层序界面划分方案，发现流花地区在高位体系域的孔隙度与渗透率具极好的相关性。

已发现流花11-1、流花4-1、惠州33-1、陆丰15-1等生物礁型油气田。

1）生物礁储层及特征

珠江口盆地（东部）珠江组生物礁灰岩的造礁生物主要为珊瑚藻，还见珊瑚、苔藓、海绵、绿藻等。居礁生物有大有孔虫、有孔虫、腕足类、腹足类、介形虫、棘皮类等。生物礁灰岩岩石类型主要有骨架岩、粘结岩和障积岩。

骨架岩主要是珊瑚所形成的抗浪骨架，于LH11-1-1A井和LH4-1-1井岩心上可见枝状珊瑚格架，骨架间充填灰泥杂基及胶结物、生物屑等。

粘结岩主要包括藻纹层灰岩和藻粘结灰岩，主要由珊瑚藻、藻屑及泥晶基质组成，珊瑚藻多呈结核状藻团（即红藻石）及纹层状，其水动力条件较为动荡，内部结构比较松散且富有孔隙。

障积岩为原地生长的生物，如珊瑚藻等，对生屑及灰泥基质起到障碍或遮挡作用，水动力条件相对较弱，抗浪能力较弱，主要有藻粘微晶生屑灰岩、藻粘微晶—亮晶生屑灰岩。

流花地区珠江组发育NSQ2—NSQ3期规模较大的台地边缘堡礁。岩性主要为藻粘结岩，珊瑚藻多为结核状团块或树枝状，珊瑚大量发育，底栖有孔虫个体较大，局部定向排列，多发育在层序暴露面（SB）以下的高位体系域。

惠州地区珠江组发育NSQ1—NSQ2期规模较大的台地边缘堡礁及台缘斜坡塔礁。岩性以珊瑚藻粘结岩为主，常见有孔虫。还见皮壳状珊瑚藻粘结岩、海绵珊瑚灰岩，含丰富的壳状、节状及结核状珊瑚藻及大有孔虫。

陆丰地区仅发育NSQ1—HST台内点礁，岩性也为藻粘结岩，礁体发育时间短暂，厚度小。

2）生屑滩储层及特征

生屑滩灰岩是珠江组碳酸盐岩储层主要岩石类型之一，生物碎屑主要有藻屑、大有孔虫、有孔虫、腕足类、腹足类、厚壳蛤、介形虫、棘皮类等。岩性主要为骨屑（指藻屑以外的其他生屑）藻屑灰岩、有孔虫藻屑灰岩、藻屑有孔虫灰岩、藻屑骨屑灰岩等生屑灰岩。

生屑灰岩藻屑、骨屑、有孔虫大多破碎，反映沉积环境能量较高。生屑分选较好，粒间、粒内溶孔发育，孔隙内常充填灰泥或亮晶方解石，普遍具有世代结构。

流花地区珠江组发育NSQ2—NSQ3期规模较大的台地边缘生屑滩，垂向上多与生物礁灰岩互层，多发育在层序暴露面（SB）以下的高位体系域。

惠州地区珠江组发育NSQ1—NSQ2期规模较大的台地边缘或台内生屑滩，主要为藻砂屑灰岩，垂向上多与生物礁灰岩互层。陆丰地区发育NSQ1—HST台内生屑滩，主要岩性为微晶—亮晶藻屑有孔虫灰岩，厚度小。

5. 陆架边缘三角洲

陆架边缘三角洲指发育于大陆架边缘，越过大陆坡折向陆坡延伸发育的三角洲。白云凹陷北坡地貌坡折明显，加之海平面快速剧烈下降，沉积体系向盆地进积强烈，坡折处广泛发育低位体系域的低位扇及低位三角洲楔状体。从沉积的角度来解释，它为陆架边缘三角洲复合体，主要划分为三角洲前缘和前三角洲沉积，其中三角洲前缘又细分为水下分流河道和河口坝，河口坝主要为细—中砂，通常是纯净的，分选好的，厚度在1dm～1m范围内。它们形成30～50m厚的单元，这些单元在GR曲线显示出漏斗状到微齿状，并具向上变粗的特征。纹层中没有生物扰动，或生物扰动很弱，虽然局部可能有分散的软体动物壳体、介壳碎片和植屑，但整体不含化石。平行层理砂岩层夹有流水波痕和无构造砂岩、粉砂岩。陆架边缘三角洲的垂向相序与内陆架三角洲和河控三角洲无较大的区别，但是其整个向上变粗的趋势是与古海平面的快速变浅有关的。在陆架边缘三角洲中常见浅水和深海的生物标志物。

6. 重力流水道

一般来讲，上斜坡地形陡、流速高，供应水道主要为以发育输送沉积物为主的侵蚀水道，而在下斜坡和盆地，地形梯度变缓，水道的侵蚀作用逐渐减弱而沉积作用加强，因此向盆地方向，水道从相对顺直的长条状辫状水道变化为能量逐渐减弱的弯曲水道，溢堤的沉积作用也增强。在很多大型内扇侵蚀水道中，其内部充填物的岩性变化巨大，从巨砾、中—细砾岩可以变化到粒径很小的砂岩和泥、粉砂岩，并且包括了一系列重力驱动的沉积过程，例如滑移、碎屑流、浊流和远洋沉积（Gardner et al.，2003）。水道充填的下部单元为高N（厚）/G（宽）比叠置和厚度较大的辫状水道，侵蚀水道的充填体一般以较粗粒的碎屑流沉积为主。而上部单元为低N/G比叠置和厚度明显较薄的弯曲水道，后者常常溢出大型侵蚀水道两侧原始沉积范围，具有明显的天然堤楔（Mayall et al.，2003），其垂向叠加模式也从底部较粗粒的富砂侵蚀水道渐变为小规模较细粒的天然堤水道。

LH29-1-1井珠江组下部重力流水道系统非常发育（图2-7-3），主要为中扇分支水道，一般为低N/G比、厚度明显较薄的水道类型，仅底部发育有内扇主水道。中扇分支水道是深水扇水道系统中最重要、最活跃的沉积单元，水道内普遍以充填厚层正粒序砂岩相、厚层逆粒序砂岩相等以砂岩为主的砂岩相类型，夹以薄层泥岩，砂体厚度明显较内扇主水道减薄，代表了中扇水道以近源浊流为主及少量砂质碎屑流等为代表的块状重力流沉积。粒度变细，岩性以灰色细粒长石岩屑砂岩为主。在中扇水道相带中还可识别出重力流间歇改道时发育的废弃水道，通常由泥质粉砂岩过渡为灰色粉—细粒砂岩的韵律层组成，韵律层内的逆粒序结构较明显，常形成主水道砂体之间的致密隔层。充填水道的泥质明显增多，多为薄的片状砂层夹泥岩为主。水道中岩性组合及水动力的不同造成了物性存在差异性，平均孔隙度19.4%，渗透率72.3mD。

7. 深水扇

深水扇是由重力流沿海底峡谷从陆架及陆坡搬运物质至深盆而形成的沉积体。一般位于陆坡底部的峡谷口，有时能延伸至深海平原。理论上，深水扇可分为3种沉积微相，即内扇、中扇及外扇。理论上，内扇的组成包括斜坡脚、有堤的主水道及主水道两侧的低平地区。在地貌单元上这个亚相位于大陆斜坡和峡谷出口处，靠近物源区的内扇上部以发育输送沉积物的主水道（即供应水道）为主，由一条或几条较深和较陡的水道组成。供应水道之下的相关沉积由以内扇水道的颗粒流、变密度颗粒流（或砂质碎屑流）和滑塌碎屑流沉积为主，逐渐过渡为以中扇中、上游部位的砂质碎屑流和近源高密度浊流沉积为主，至中扇中、下游部位和外扇，又进一步稀释为以半远源—远源低密度沉积为主，有利储层发育的主要位置是内扇下部和中扇中、上游部位水道充填相的颗粒流、变密度颗粒流（或砂质碎屑流）沉积砂体。

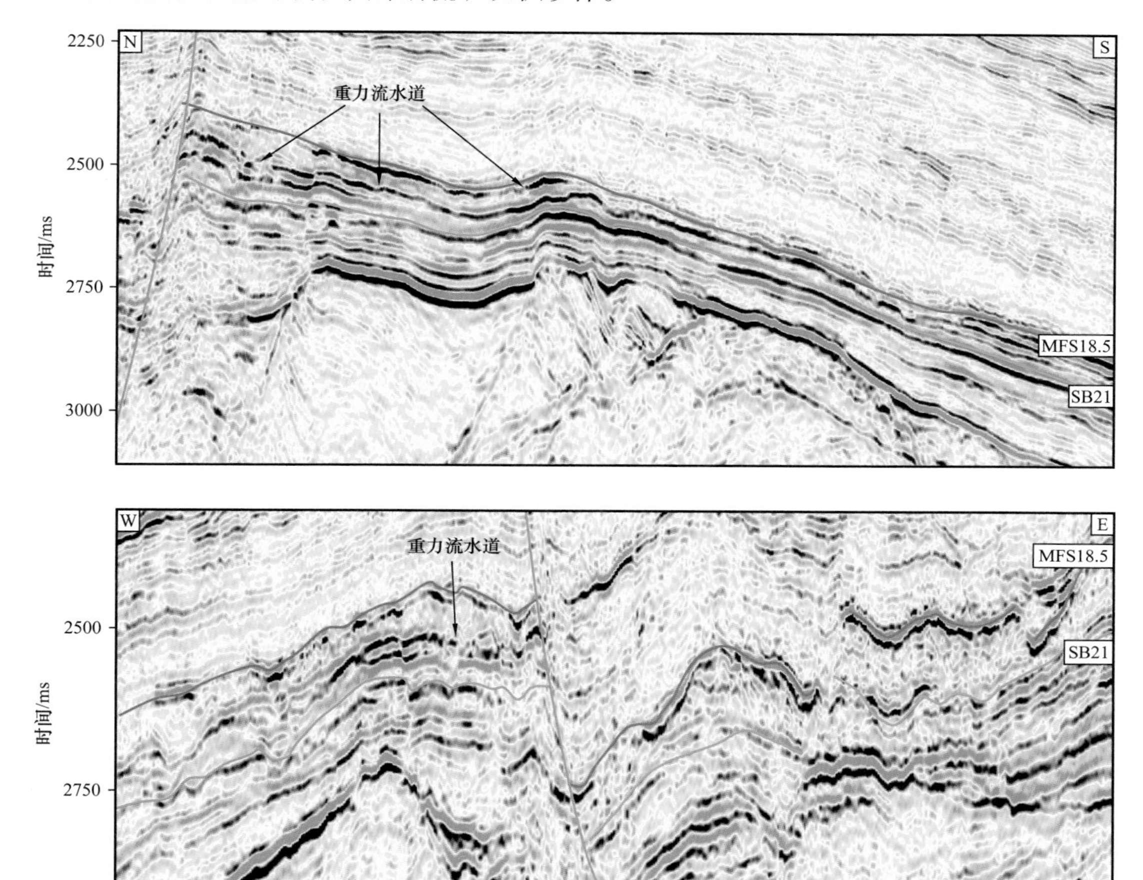

图 2-7-3　珠江口盆地重力流水道地震相特征

LW3-1-1 井，发育在斜坡脚地带的内扇水道在垂向上主要被数个砂体连续叠置充填（图 2-7-4），包括有内扇水道颗粒流和变密度颗粒流沉积，间夹泥质支撑的滑塌层和碎屑流沉积的同生砾岩，以及水道间歇废弃时充填的远洋泥沉积。岩性主要为深灰色、灰色泥岩、粉砂质泥岩与灰色中—细粒、中—粗粒和粗粒岩屑长石砂岩互层组合，测井解释该储层段砂岩孔隙度为 20.5%，渗透率达 669mD，为良好储层段。

二、古近系陆相成因砂体

珠江口盆地（东部）陆相成因的储集体，钻井仅在珠一坳陷有所揭示。由于砂体成因、埋藏深度不同，其物性特征也就不同。总体看来，三角洲平原分流河道相砂体、

（扇）三角洲前缘水下分流河道及河口坝砂体物性最好，其次为（扇）三角洲前缘席状砂及滨浅湖滩坝砂体，而近岸水下扇和浊积扇砂体较差。由于不同沉积微相的沉积条件、埋藏过程中所经历的压实作用、溶解作用及胶结作用等存在较大的差异。

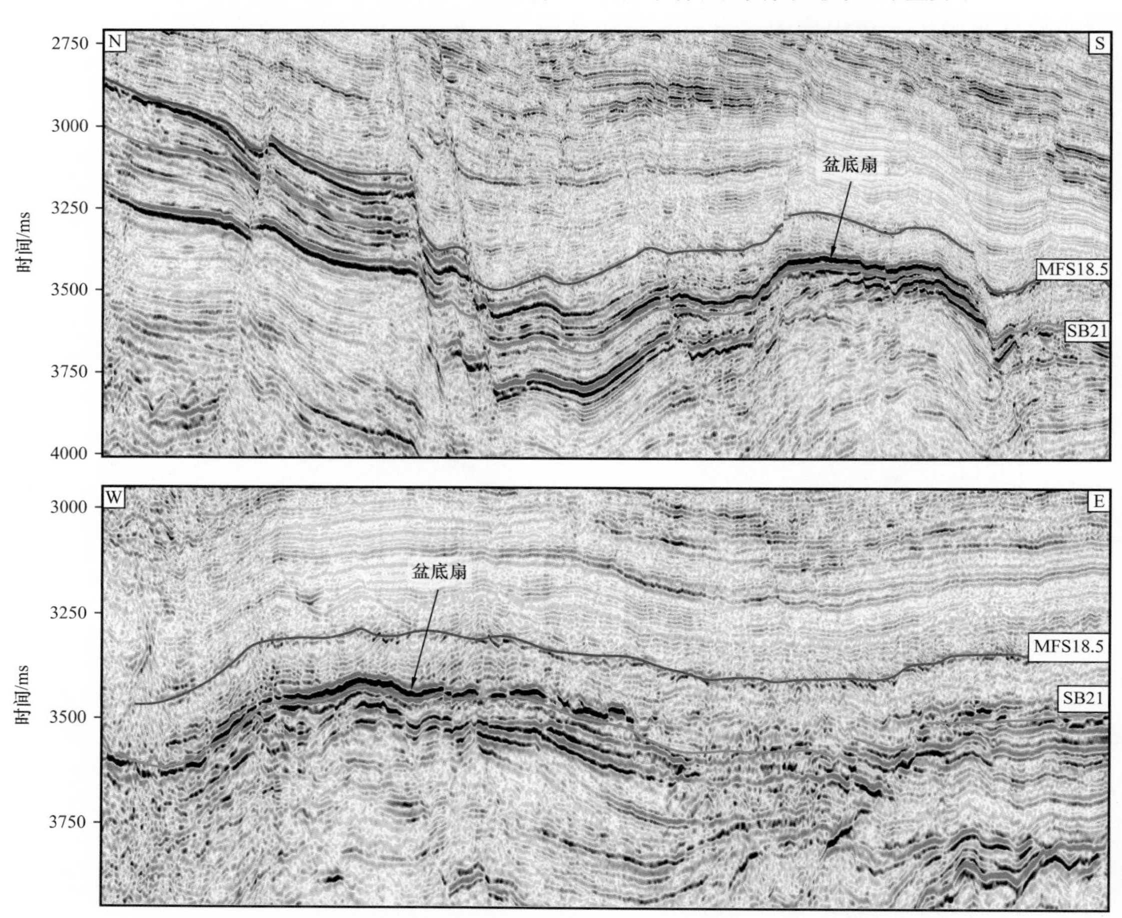

图 2-7-4　珠江口盆地深水扇地震相特征

1. 辫状河三角洲砂体

辫状河三角洲砂体是钻井资料揭示较多的发育在断陷期的储层，其中正常辫状河三角洲多位于构造转换带物源供给方向上，分布面积较大，主要由辫状河道和河道间沉积组成，近物源端岩性较粗。如惠州 25-7 构造发育了文昌组沉积时期典型的辫状河三角洲沉积，岩性主要为砂质细砾岩、含细砾粗粒长石石英砂岩和岩屑长石砂岩与砂质泥岩互层，发育典型的辫状河三角洲沉积序列，其中细砾岩中砾石分选较好至中等偏差，而磨圆普遍较差，局部含有砾径达 2～5cm 的漂砾；发育不明显的槽状交错层理、板状交错层理和平行层理及频繁出现的底冲刷构造，其中槽状交错层理由弧形斜交的细层具有特征的粒序性体现出来，为水下辫状分流河道沉积的典型标志；部分砂岩中泥质含量很高、分选很差为杂砂岩，砂体中发育有液化、滑塌变形构造，生物扰动变形构造也较为发育，为碎屑流沉积成因的河口坝快速堆积体沉积特征。惠州 25-7 构造中的储层主要为多个三角洲朵叶体叠置而成，储层物性一般，孔隙度一般为 8%～17%，渗透率一般介于 10～20mD，泥岩盖层的厚度仅 4m，但由于埋深大，泥岩突破压力大，封堵油气能力强。

在湖盆萎缩期，浅水辫状河三角洲较为发育，其中水下分流河道微相的砂岩粒度较粗、分选较好、泥质含量低，而且不稳定矿物组分也较多，易遭受后期溶蚀改造，发育次生溶孔，有利于储层建设。如陆丰凹陷水下分流河道微相控制下的岩石类型主要为中—粗粒岩屑石英砂岩、长石石英砂岩，孔隙度在 2.9%～15.4% 之间，平均为 9.24%，渗透率在 0.004～223mD 之间，平均为 13.8mD。天然堤、决口扇及分流间湾等微相以细砂和粉砂沉积为主，粒度较细，泥质含量增多，孔隙度尚可，但渗透率很低，为不利储层。

2. 滨浅湖滩坝砂

砂质滩坝多分布于湖泊边缘、湖湾、湖中局部与隆起周围的缓坡侧的滨浅湖地区，离开河流入口处，以迎风侧波浪较强的湖岸处发育较好。珠江口盆地已发现的滩坝相储层是由入湖的辫状河三角洲或扇三角洲砂体在沿岸流或湖流作用下改造而成，隆凹相间是珠一坳陷重要的沉积特征，这种特殊的古地形为滩坝发育提供了有利背景。如惠州 25-4 油田发育在洼间隆起之上，具有形成滩坝砂的优良条件，文昌组虽然埋深较大，但具备较高的产能，测井曲线呈现 1～2m 的砂层与泥岩薄互层状，为典型的滩坝砂特征，滩坝砂经过湖浪改造，具备良好的矿物成熟度和结构成熟度，含油层段孔隙度 10%～16%，平均 13%，上覆泥岩盖层厚达 87m，是古近系勘探中不可忽视的重要储层类型。

3. 湖底扇

湖底扇是因重力流作用形成的沉积体，主要为碎屑流形成的盆地扇和浊流形成的盆底扇，PY5-8-1 井所钻遇的重力流砾岩体呈现典型的碎屑流特征（图 2-7-5a），而 EP17-3-1 井在文昌组钻遇的夹在巨厚层中深湖相泥岩之中的砂体则是浊流成因的盆底扇（图 2-7-5b）。它们往往发育在断裂发育处和湖盆中心，埋深较大，规模相对较小，钻井资料也相对较少。

4. 扇三角洲

珠江口盆地（东部）珠一坳陷恩平组，扇三角洲体系在平面上主要发育在各个控凹断层的下降盘，并受边界断层控制（图 2-7-6）。虽然单个扇体分布面积有限，但多期扇体相互切割叠置，使得平面上广泛分布，垂向上厚度较大，随着勘探认识程度的增加，未来具有一定的油气勘探潜力（王永凤，2011）。珠江口盆地（西部）文昌 A、文昌 B 凹陷断裂陡坡带扇三角洲及前缘浊积砂与缓坡带三角洲及滩坝砂，埋藏较深，深度为 3000～4000m，已发现的含油构造储层呈现低渗透率特征，以断块油气藏为主，如文昌 19-1M 文昌组一段含油构造等。

珠江口盆地（西部）文昌 A、文昌 B 凹陷断裂陡坡带广泛发育扇三角洲及前缘浊积砂，是该区古近系勘探的主力储集体。尤其是文昌 19 区扇三角洲规模较大，钻井揭示较多，主要分布在文昌组与恩平组，受构造抬升影响埋藏深度差异较大，分布在 2000～4000m 不等。已发现的大部分含油构造储层呈低孔隙度、低渗透率特征，如文昌 19-1M 含油构造，文昌组一段砂岩含量 75%，以砂砾岩、粗砂岩为主，最大单层厚度 63m，自然伽马曲线表现为齿化箱形，为扇三角洲水下分流河道砂岩，3111.5～3149m

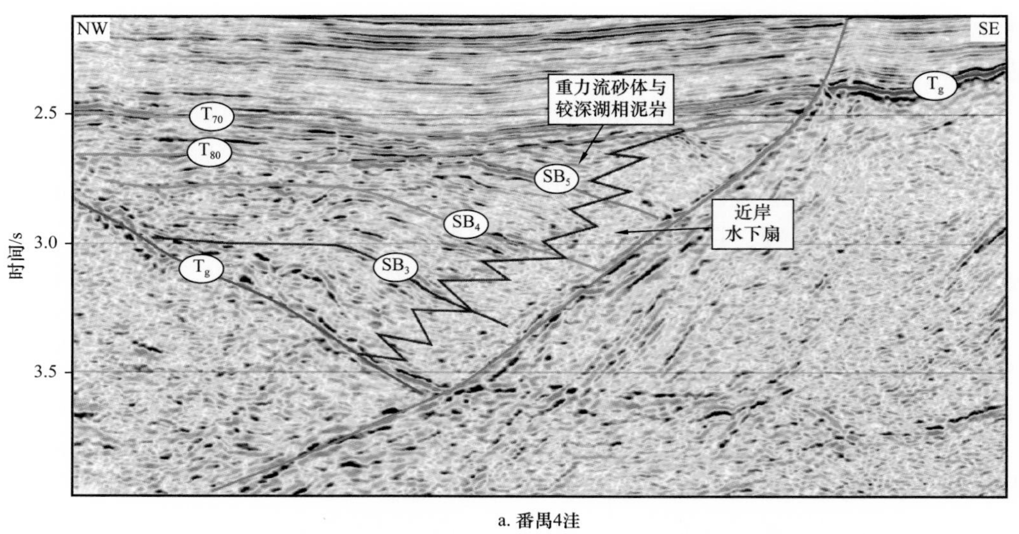

a. 番禺4洼

EP17-3-1

N S 湖底扇 T_{80} T_{85} SB_8 SB_7 SB_6 SB_5 SB_4 SB_3 SB_2 T_g

b. 恩平17洼

图 2-7-5　湖底扇地震相特征

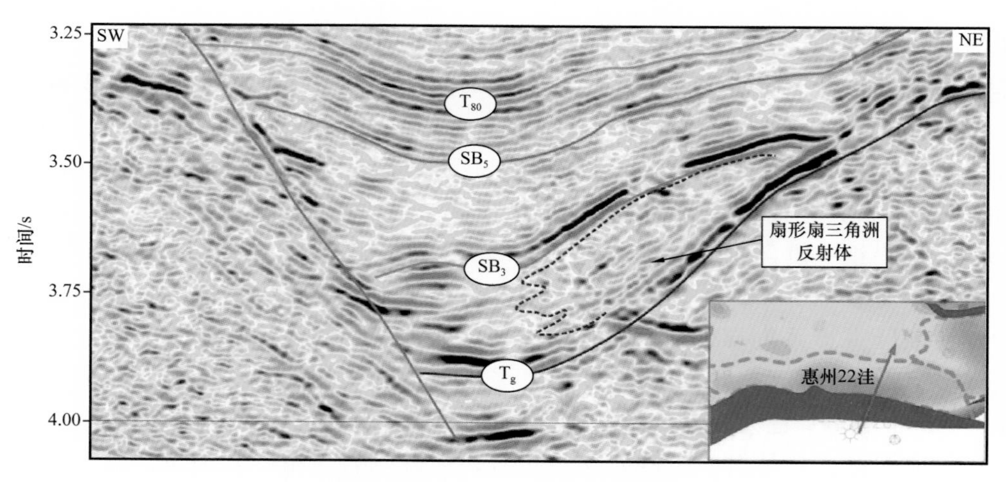

图 2-7-6　扇三角洲地震相特征

井壁心孔隙度为6.1%～10.8%，渗透率为0.86～5.7mD。2017年新钻探的文昌19-9构造以扇三角洲为主力储层，首次在珠三坳陷恩平组取得商业发现，油层段分布在恩平组一段下层序，以含砾中砂岩、中砂岩为主，少量细砂岩，砂岩含量72%，常规物性测试表明恩平组一段井壁心孔隙度分布比较集中，为正偏态单峰特征，孔隙度主要分布在16%～20%之间，平均值17%，渗透率主要分布在50～1000mD之间，平均值374.4mD，物性主要表现为中孔隙度、中渗透率特征。

三、储集空间类型

1. *砂岩储集空间类型*

砂岩储集的孔隙类型可划分为：粒间孔隙、粒内孔隙、填隙物内孔隙和缝状孔隙4类，其特点如下：

1）粒间孔隙

碎屑颗粒之间未被胶结物充填或未被胶结物充填满的孔隙。孔隙形态较规则，一般呈三角形、四边形或多边形，孔隙边缘平直，孔隙直径较大，为主要孔隙类型之一。粒间孔隙可分为下列3种。

（1）原生粒间孔隙：孔隙中基本没有或有少量填隙物，孔隙大小和分布都比较均匀，基本反映了沉积时期粒间孔隙的大小和形状。

这种孔隙是浅层（珠江组和埋深小于3000m的珠海组）储层的主要孔隙类型（图2-7-7a）。

（2）残余粒间孔隙：原生粒间孔隙未被胶结物充填满的孔隙。包括以下3种：

① 石英加大后的残余粒间孔隙（图2-7-7b）。孔隙边缘有平直的石英加大边，石英加大并没有完全充填满粒间孔隙，还残余了一部分。该种孔隙是深层珠海组和恩平组常见的孔隙类型之一。② 黏土环边胶结后的残余粒间孔隙。黏土矿物包覆于颗粒表面，形成黏土包壳，包壳厚度不大，一般小于0.02mm，面积百分比一般小于2%，黏土矿物成分主要为绿泥石，其次为伊利石或伊/蒙混层矿物。该种孔隙常见于珠江组和埋深小于3000m的珠海组中，孔隙中一般无其他胶结物充填。③ 菱铁矿环边胶结后的残余粒间孔隙。泥晶菱铁矿包覆于颗粒表面，形成碳酸盐包壳，泥晶菱铁矿并没有充填满粒间孔隙，还有大量残余。该种孔隙少见，仅见于珠江组的极少数样品中。

（3）溶蚀扩大的粒间孔隙：在原生粒间孔隙的基础上，部分颗粒边缘遭受少量溶蚀形成的粒间孔隙（图2-7-7c）。

颗粒边缘常具锯齿状或港湾状的形态，孔隙形态也不规则。该种孔隙在成因上应属原生和次生的混合成因，但以原生为主，根据铸体薄片观察统计，这种孔隙溶蚀扩大量占原来孔隙的10%～30%。溶蚀扩大的粒间孔隙在深层珠海组和恩平组较常见，珠江组中少见。

2）粒内孔隙

位于沉积物颗粒内的孔隙，有下列3种。

（1）粒内溶孔：碎屑颗粒内遭受溶蚀形成的孔隙（图2-7-7d）。

最常见的是长石溶蚀，在火成岩屑、浅变质岩屑、沉积岩屑及生物碎屑内也见有溶蚀现象。粒内溶孔形态主要为斑点状、蜂窝状、筛状、梳状等，孔隙较细小，一般小于

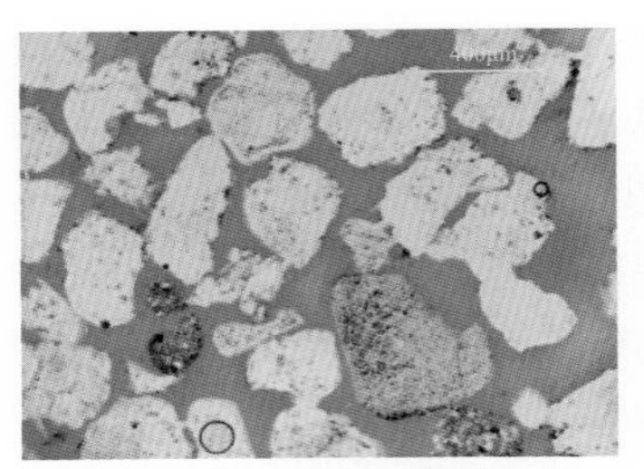

a.HZ08-1-1井，2974m，珠江组，(-)，
原生粒间孔隙发育，连通性好

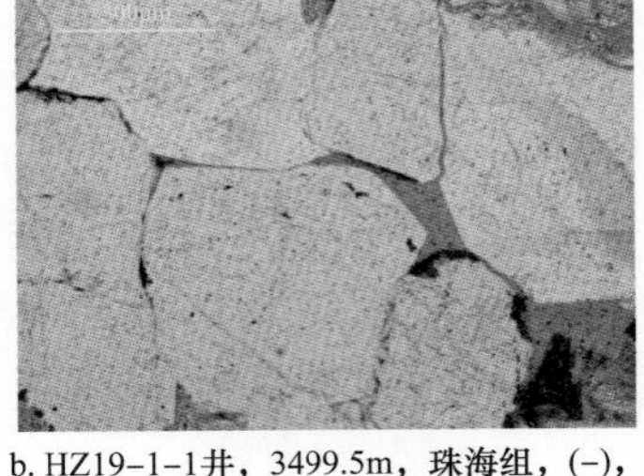

b. HZ19-1-1井，3499.5m，珠海组，(-)，
石英加大后的残余粒间孔隙

c. PY33-1-1井，3352.35m，珠江组，(-)，
溶蚀扩大的粒间孔隙，长石颗粒边缘具
溶蚀现象，右上为长石颗粒粒内溶孔

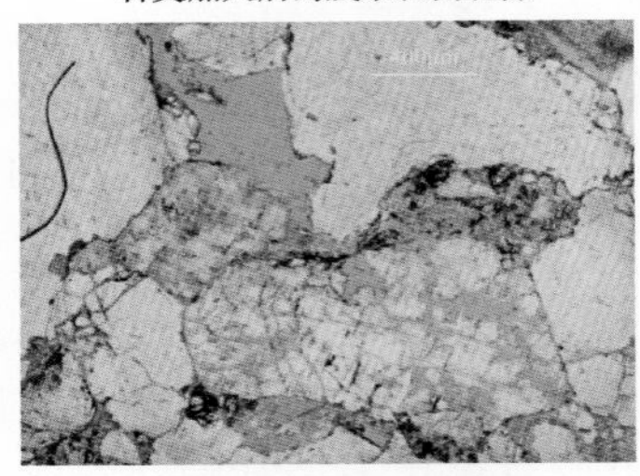

d. HZ19-2-1井，3691.4m，珠海组，(-)，
长石粒内溶孔及石英加大后的残余粒间孔

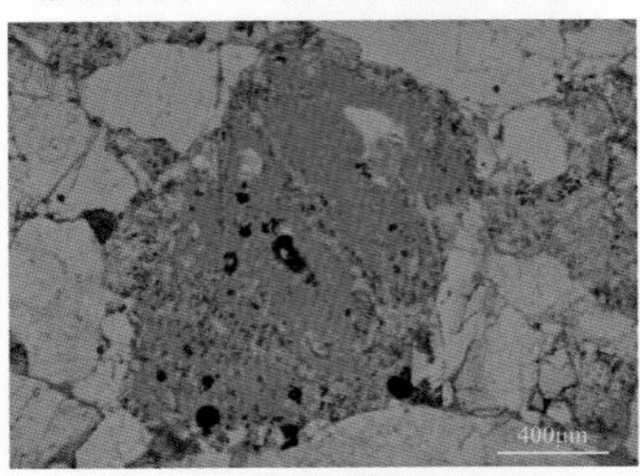

e. EP17-3-1井，4153.73m，恩平组，(-)，
长石溶蚀形成的铸模孔隙，孔中见少量
长石残余

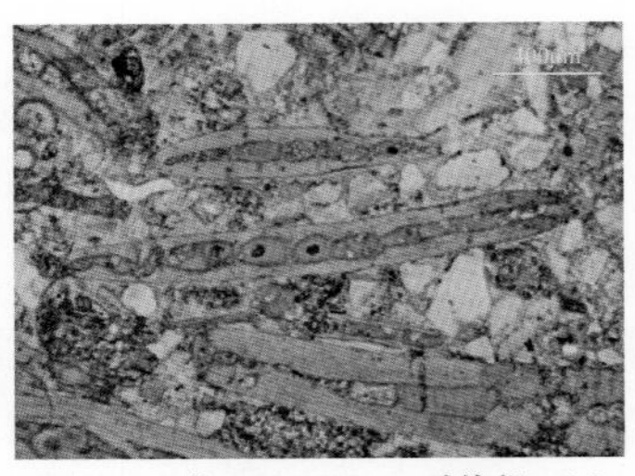

f. HZ32-3-2井，2501.37m，珠海组，(-)，
有孔虫体腔孔隙，孔中充填有粉晶白云石

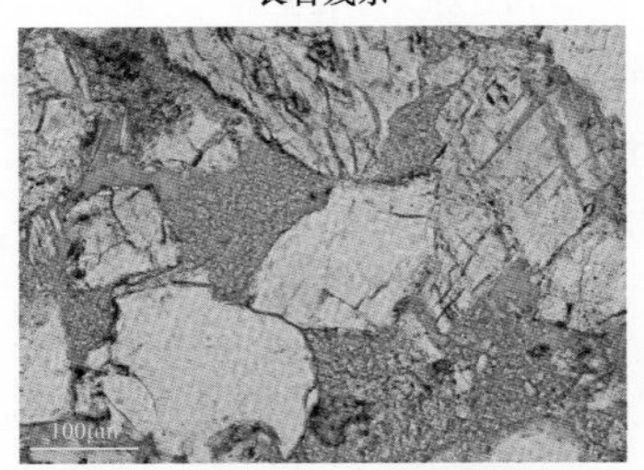

g. XJ33-2-1井，2958.2m，珠江组，(-)，
粒间孔被高岭石半充填，高岭石晶间孔隙
发育且构成管束状喉道，长石压裂缝发育

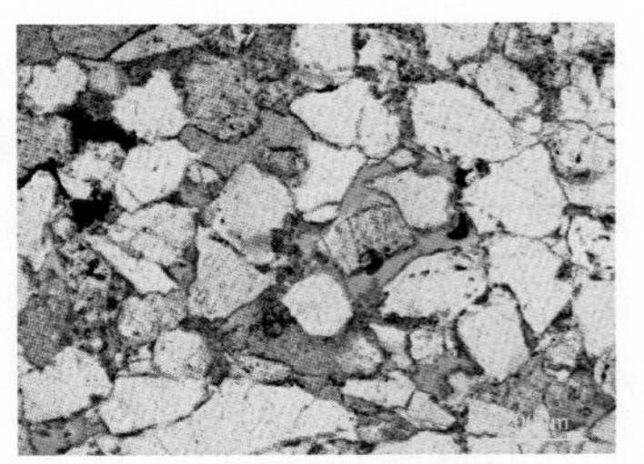

h. EP12-1-1井，3460m，恩平组，(-)，
粒间杂基有溶蚀现象，形成杂基内溶孔

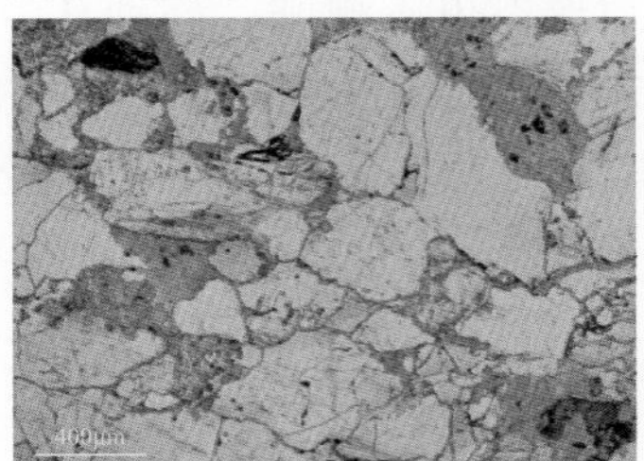

i. HZ23-2-1井，3984.95m，恩平组，(-)，
微裂缝，裂缝绕颗粒边缘穿行，未见溶蚀
现象和油气运移痕迹，应为人工诱导缝

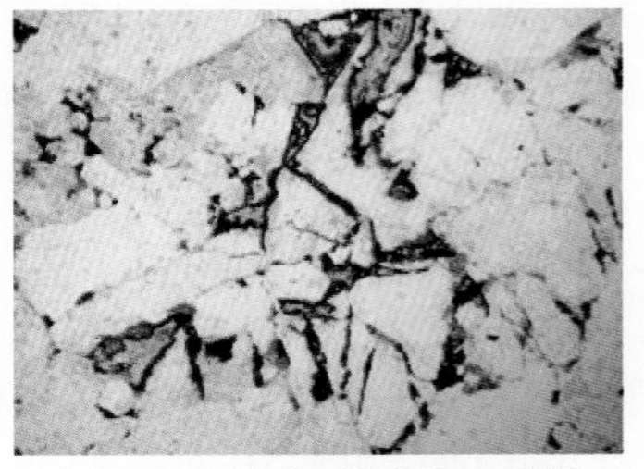

j. HZ19-1-1A井，3913.30m，珠海
组，(-)，长石、石英压裂缝内有油充填

图 2-7-7　砂岩储层孔隙类型图

0.1mm。该种孔隙是珠海组和恩平组的主要孔隙类型之一，在珠江组也较常见。

（2）铸模孔隙：碎屑颗粒完全或几乎完全被溶蚀形成的孔隙（图 2-7-7e），并保留原来颗粒的形态。

最常见的还是长石溶蚀形成的铸模孔隙，孔隙形态具有长石的板条状外形，有的还见长石颗粒完全溶蚀后残留的黏土包壳，在珠江组和珠海组海相地层中，由生物碎屑溶蚀形成的铸模孔也较常见。铸模孔隙较大，一般在 0.2mm 以上，有的可达 1mm 以上，其大小一般和原岩碎屑颗粒大小一致，有时铸模孔隙和粒间孔隙连在一起，形成比周围碎屑颗粒还大的超大孔隙。铸模孔隙是珠海组和恩平组的常见孔隙类型。

（3）生物体腔孔隙：生物体腔内软组织腐烂形成的孔隙（图 2-7-7f），属原生的粒内孔隙。

最常见的体腔孔隙是有孔虫体腔孔隙，在珊瑚、腹足内也见有。生物体腔孔隙在珠江组中很常见，珠海组中个别井段也见有。

3）填隙物内孔隙

位于填隙物内的孔隙，有下列两种。

（1）晶间孔隙：主要为高岭石晶体间的孔隙（图 2-7-7g）。

在扫描电镜下，伊利石晶体间、绿泥石晶体间和伊 / 蒙混层矿物晶体间也能见到，但孔隙细小，一般为无效孔隙。在粉晶白云石晶体间晶间孔隙也较发育，晶间孔隙总体上数量较少，是次要孔隙类型。

（2）填隙物内溶孔：填隙物内部被溶蚀形成的孔隙空间。

最常见的是杂基溶蚀形成的孔隙（图 2-7-7h），另外也见有亮晶方解石胶结物和泥晶方解石胶结物溶蚀形成的孔隙。填隙物内溶孔较少，是次要孔隙类型。

4）裂缝

缝状孔隙也称裂缝（图 2-7-7i），薄片中较常见。但薄片中观察到的大多数裂缝都是绕着颗粒边缘穿行的，裂缝既无溶蚀现象，也无油气运移痕迹，因此这类裂缝应是钻样、切片、制样等过程中造成的人工诱导缝，不属真正意义的裂缝。只有少数在颗粒内部穿行的有油气运移痕迹或溶蚀扩大的裂缝才是真正意义的裂缝（图 2-7-7j），这些微裂缝应为压裂缝，延伸长度短，一般仅限于一个颗粒内。岩心观察中，储层裂缝不发育，因此裂缝应为次要的储集空间。

2. 生物礁储集空间类型

东沙隆起珠江组碳酸盐岩储层储集空间类型主要为孔隙和裂缝。孔隙分为原生孔隙和次生孔隙，裂缝分为构造缝、溶蚀缝及压溶缝（表 2-7-2）。

珠江口盆地珠江组石灰岩储层孔隙类型包括原生孔隙和次生孔隙。流花地区珠江组石灰岩储层主要为粒内溶孔和粒间溶孔，原生孔隙较少见。而含油段的孔隙类型以粒间溶孔、粒内溶孔和非选择性溶孔为主，其次是铸模孔、藻间孔及藻架孔。惠州地区珠江组石灰岩储层以粒内溶孔、粒间溶孔为主，偶见藻架孔。

1）原生孔隙

原生粒间孔隙是岩石形成时期在碳酸盐岩颗粒之间未被基质和胶结物充填的孔隙空间，为碳酸盐岩储层主要的孔隙类型之一。珠江组石灰岩原生孔隙主要包括原生粒间孔、残余粒间孔隙、生物体腔孔隙、藻间孔、藻架孔等。

表 2-7-2 东沙隆起珠江组石灰岩储层储集空间类型及特征

类	亚类		特征
孔隙	原生孔隙	原生粒间孔隙	在藻屑、骨屑和有孔虫骨架中发育的原生孔隙
		残余粒间孔隙	原生孔隙空间被基质、胶结物少量胶结剩余的原生孔隙
		生物体腔孔隙	分布于生物体腔内的孔隙
		藻间孔	珊瑚藻的藻间发育的孔隙
		藻架孔	珊瑚藻的格架之中发育的孔隙
	次生孔隙	粒间溶孔	颗粒与颗粒之间的胶结物、基质被溶蚀形成的孔隙，连通性好
		粒内溶孔	生屑颗粒内部经过选择性溶蚀形成的孔隙，连通性较差
		铸模孔隙	颗粒经历泥晶化，而后颗粒骨架全部被溶蚀形成的空间，只保留了颗粒的泥晶套和原始颗粒形态的孔隙，连通性较差
裂缝	构造缝		受构造应力作用改造的岩石破裂而造成的裂缝
	压溶缝		因埋藏压溶，颗粒被压溶而沿溶蚀缝隙形成的缝隙，通称缝合线
	溶蚀缝		构造裂缝、压溶缝之中的充填物被后期成岩作用改造，溶蚀扩大形成的缝壁不规则的、“串珠”状的溶孔

珠江组生屑灰岩在生物颗粒（包括藻屑、骨屑和有孔虫）之间的孔隙，大部分在沉积时期形成（图 2-7-8a）。粒间孔多为不规则的形态，直径为 0.03～0.2mm。这类孔隙主要发育在滩相石灰岩中，储集性能好，可构成良好储层。在陆丰地区井钻遇的 SQ1 高位体系域中发育大量原生孔隙，占总孔隙的 50% 以上，其他地区、其他体系域原生孔隙较少发育。

在基质或者胶结物较少发育时，残余粒间孔隙会在藻屑、骨屑和有孔虫等颗粒间发育（图 2-7-8b）。孔隙多呈不规则形状，发育数量也较少。在惠州地区的 SQ1 层序和 SQ2 层序中广泛发育残余粒间孔隙，占总孔隙的 60% 以上，是主要的储集空间类型。

生物体腔孔隙是碳酸盐岩孔隙类型中极具特色的一种，主要发育在颗粒内或者生物体壳内。生物死亡后，在其机体内的有机质部分腐烂分解，由于快速成岩体腔孔隙没有被灰泥充填或胶结，从而保存下来的孔隙。该区珠江组的生物化石种类极丰富，导致体腔孔的类型和分布较丰富，而且常常和原生粒间孔隙相伴生（图 2-7-8c）。这类储层多见于礁相及滩相储层中，储集性能较好。

藻间孔及藻架孔是在珊瑚藻的颗粒间和珊瑚藻的格架间发育的孔隙，由造礁生物之一的珊瑚藻在生长过程中，或者是在藻黏结的过程中形成的孔隙。该区藻间孔往往存在于礁灰岩之中，孔隙较大，孔径范围较宽，常达 1～4mm，但是绝大多数的孔隙被泥晶充填，或者孤立存在，因此藻间孔的渗透率很低（图 2-7-8d）。

2）次生孔隙

次生孔隙对于碳酸盐岩的储集性能具有极为重要的意义，它形成在岩石成岩之后，由成岩作用、后生作用以及表生成岩作用等多个成岩阶段改造而形成。

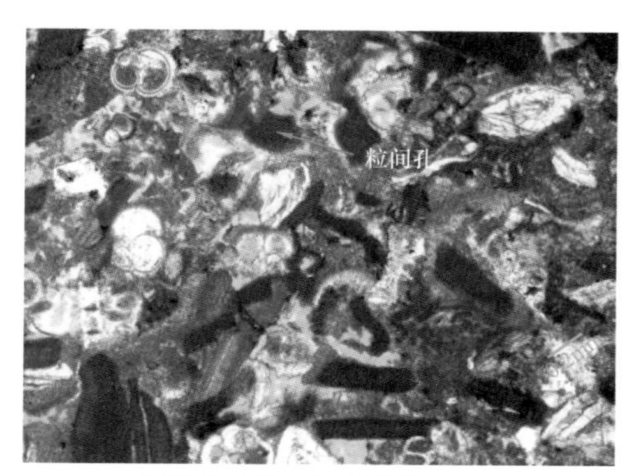

a. L11B井，1219.66～1219.74m，(-)，
微晶有孔虫藻屑灰岩，粒间孔隙发育

b. L11C井，1282.86m，(-)，
微晶藻屑棘屑有孔虫灰岩，残余粒间孔隙

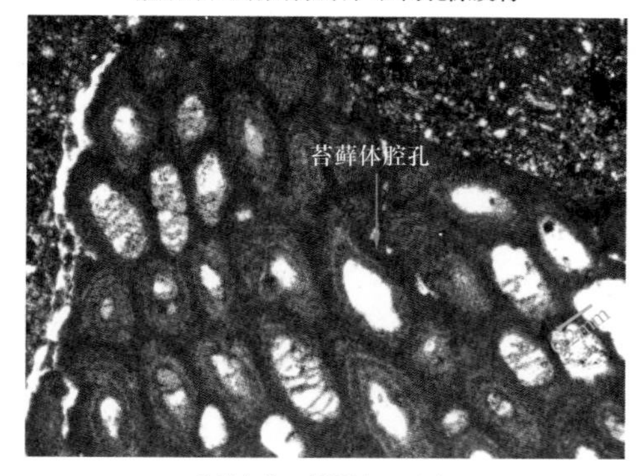

c. L11A井，1257.1m，(-)，
微晶藻屑有孔虫灰岩，苔藓体腔孔隙

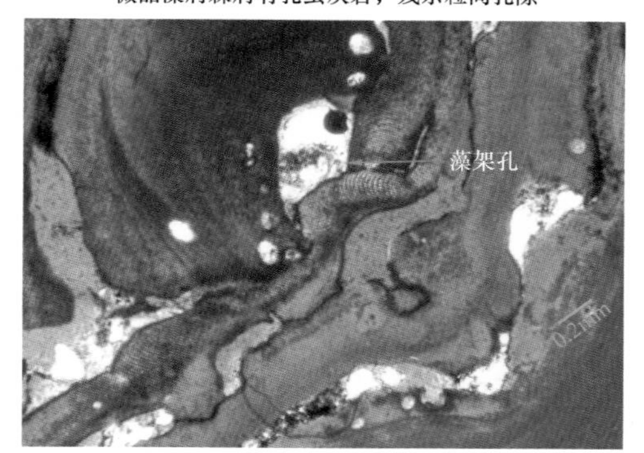

d. L4井，1257m，(-)，藻灰岩，藻架孔

图 2-7-8　珠江口盆地珠江组石灰岩储层原生孔隙类型

该区石灰岩的次生孔隙是由于在颗粒之间的胶结物或基质经过反复的溶蚀而形成的，溶蚀影响大，时而波及周围的颗粒，往往形成较好的孔隙度和渗透率，进而构成良好的油气储集空间。次生孔隙在各个地区和各个体系域都广泛发育，主要发育在礁滩相石灰岩之中，跟层序界面有很强的相关性。层序暴露界面附近以及界面之下的高位体系域往往发育大量的次生孔隙，发育的程度主要取决于渗流带暴露溶蚀时间的长短。其主要储集类型包括粒间溶孔、粒内溶孔、铸模孔隙等，较为常见，连通性较好，渗透率高。在流花地区以次生孔隙为主，占总孔隙的 90% 以上；在陆丰地区次生孔隙仅仅发育在 SQ1-HST 的顶部区域；惠州地区次生孔隙不发育。

粒间溶孔主要发育于陆丰地区 TST、惠州地区和陆丰地区 TST，其中流花地区此类型孔隙的连通性一般较好。

粒内溶孔是生屑颗粒内部经过选择性溶蚀形成的孔隙，连通性较差，如在藻屑的生殖窠中或有孔虫房室中形成的溶孔。一般该区的粒内溶孔在内部边缘往往存在早期的亮晶方解石胶结。溶孔在滩相颗粒灰岩中常见到，高位体系域中大量发育。粒内溶孔的孔隙边缘比较圆滑，但是形态不规则，大小不一，常同粒间溶孔相连。溶解作用多在裂缝、溶缝等连通性好的地方发生，有时候沿红藻的生长纹层发生溶蚀。

铸模孔隙是颗粒经历泥晶化后颗粒骨架全部被溶蚀形成的空间，只保留了颗粒的泥晶套和原始颗粒形态的孔隙，连通性较差。该区铸模孔的主要类型是藻屑和有孔虫屑的原始颗粒被大气淡水的淋滤溶蚀，易溶文石、高镁方解石早期被交代溶蚀，在藻屑骨屑灰岩、藻屑有孔虫灰岩等岩类中常见，孔隙大多保持了原始颗粒的规则形态，易于辨认。铸模孔有全充填、马芽状晶体半充填及无充填3种类型。铸模孔发育的同时往往伴随着大量各类溶蚀现象的发生，是识别溶蚀形成的层序界面以及高位体系域层段的标志。

3）裂缝

碳酸盐岩储层中裂缝既可作为储集空间，也是重要的渗滤通道。东沙隆起珠江组石灰岩储层裂缝类型包括构造缝、压溶缝及溶蚀缝，量较少，仅仅占总孔隙的10%以下。

构造缝是构造应力作用使岩石发生破裂而产生的裂缝，在该区与沉积和溶蚀暴露没有直接联系。

压溶缝主要是因压溶作用而形成的缝隙，宽度一般小于1mm，通称缝合线。在压溶缝内部经常见到沥青、泥质、黏土矿物、残余有机质、亮晶方解石及少量白云石的充填，在石灰岩层段顶部和中低部都有广泛发育，主要受埋藏成岩作用的控制。有些缝合线伴有溶蚀。

溶蚀缝可能为构造裂缝、压溶缝经溶蚀扩大而形成，缝壁不规则，或者是受表生成岩阶段暴露溶蚀控制，微溶缝在孔隙发育层中大量存在，溶缝弯曲，大小不一，常常与溶蚀孔洞相连，与层序界面发育存在一定相关性。溶蚀缝的缝壁比较光滑，弯曲度小，垂直发育，常与溶孔互相沟通。此种溶缝比较晚才形成，缝体常常比其他缝体宽。溶蚀缝宽度范围比较大，有时在岩心上就可以直接看到，有时需要在显微镜下才能观察到。

第二节　储层成岩演化及影响储层物性主要因素

一、碎屑岩成岩演化及储层物性控制因素

1. 海相三角洲砂岩成岩演化及储层物性控制因素

1）成岩作用

（1）压实作用。

储层常见的压实现象有：片状、长条状矿物的顺层分布；石英、长石等刚性颗粒的局部破裂与错位，在阴极射线下常见石英颗粒的压裂缝被石英胶结物重新愈合的显现（图2-7-9a）；千枚岩、板岩、泥页岩等塑性颗粒的塑性变形与假杂基化（图2-7-9b）；云母类片状矿物的弯曲变形、破裂、褶皱；发生在石英、长石、岩屑等颗粒之间的各种接触关系，如点接触、线接触、凹凸接触、缝合接触等。埋深大于3000m的珠海组和珠江组储层压实作用引起的原生孔隙损失在60%左右，埋深小于3000m的珠海组和珠江组储层压实作用引起的原生孔隙损失在40%左右。

（2）压溶作用。

储层广泛发育的石英加大可能与压溶作用有关。常见的压溶现象包括石英颗粒的凹凸接触及缝合接触（图2-7-9c），凹凸接触一般见于埋深大于3000m的地层中，缝合接触一般见于埋深大于4000m的地层中，在浅部地层中这两种接触关系很少见。当储层中含有绿泥石黏土包壳时，石英加大和自生石英充填物就要少得多。

a. HZ19–2–1井，3689.38m，珠海组，(-)，
石英颗粒压裂缝被石英胶结物充填而愈合

b. HZ19–2–1井，3691.4m，珠海组，(+)，
千板岩岩屑压实变形成假杂基

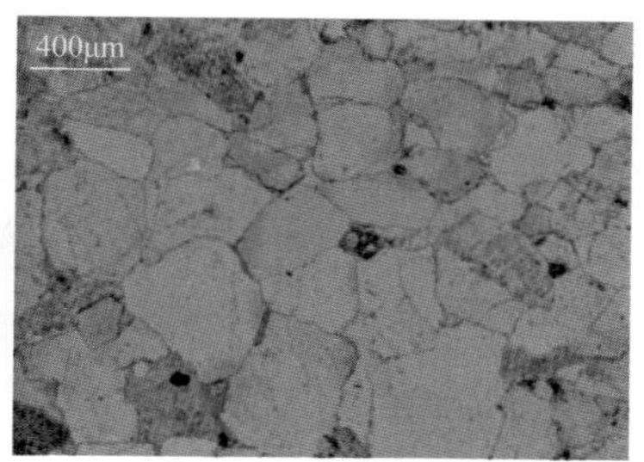

c. PY33–1–1井，3380.3m，珠江组，(-)，
石英颗粒线—凹凸接触

图 2–7–9　储层压实、压溶作用特征

（3）胶结作用。

储层中常见的胶结物有硅质、碳酸盐、黏土矿物、黄铁矿等。

① 硅质胶结物。

硅质胶结物是深层储层最常见的胶结物之一，也是深层储层物性较差的主要原因之一。珠海组平均含量为 3.15%，而浅层珠江组较少，平均含量仅 1.32%。硅质胶结物主要以石英加大的形式出现（图 2–7–10a），部分呈自生石英的形式充填孔隙（图 2–7–10b）。通过阴极发光分析，深层储层硅质胶结物含量很高，最高可达 10% 以上，造成粒间孔隙大量堵塞，颗粒貌似紧密镶嵌接触。

② 碳酸盐胶结物。

储层碳酸盐胶结物主要为铁方解石和白云石，另有少量菱铁矿，分布不均，主要见

a. HZ19–1–1井，3622.5m，珠海组，(-)，
石英加大后的残余粒间孔隙

b. HZ19–1–1井，3916.79m，珠海组，(-)，
粒间孔中充填的自生石英

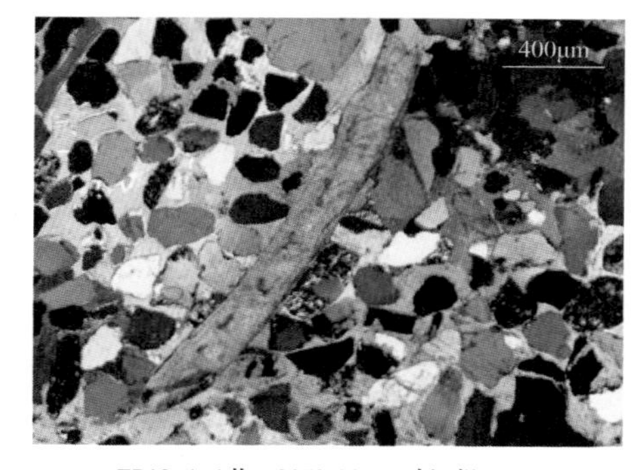

c. EP12–1–1井，2073.46m，珠江组，(+)，
早期连晶方解石胶结物呈基底式胶结

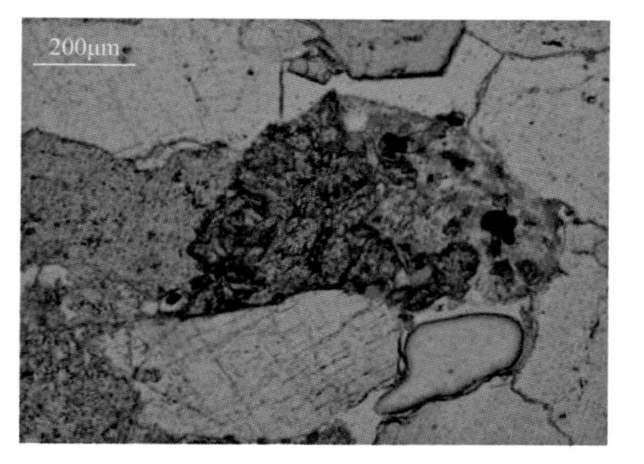

d. EP12–1–1井，3458.22m，珠海组，(+)，
自形细晶白云石胶结物充填残余粒间孔隙

图 2–7–10　储层胶结作用特征（一）

于珠江组。

珠江组中方解石胶结物很常见，铁方解石胶结物有早、晚两期，以前者为主。早期方解石胶结物主要呈连晶状产出（图 2-7-10c），少数呈粉—细晶粒状出现，个别样品甚至为泥晶方解石，它们均充填粒间孔隙和交代颗粒。

白云石胶结物在珠江组较常见，但主要出现在埋深大于 3000m 的地层中，含量变化范围很大。白云石胶结物有两期，即早期白云石和晚期白云石，以后者常见，前者少见。晚期白云石胶结物主要出现在埋深大于 3000m 的地层中，呈粒状细晶（部分中晶）、自形—半自形结构形式充填粒间孔隙和粒内溶孔，并交代方解石胶结物和石英加大（图 2-7-10d）。

菱铁矿胶结物在珠江组较常见，菱铁矿胶结物呈团块状、粉晶粒状和颗粒包壳状等形式产出，但以团块状为主，对储层物性影响不大。

③ 黄铁矿胶结物。

黄铁矿胶结物较常见，但含量少，对储层物性影响不大。黄铁矿胶结物常呈团块状（结核状）和粉晶粒状形式产出（图 2-7-11e），在扫描电镜下还见莓球状黄铁矿（图 2-7-11f）。

a. PY33-1-1井，3435.50m，珠江组，扫描电镜，粒间毛发状伊利石和片状绿泥石混生

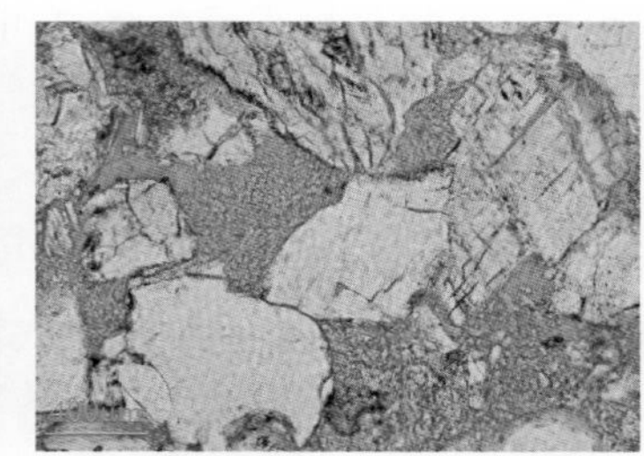

b. XJ33-2-1井，2958.2m，珠江组，200×，(-)，粒间孔被高岭石半充填

c. HZ19-3-2井，2921m，珠江组，50×，(-)，颗粒具绿泥石质黏土包壳

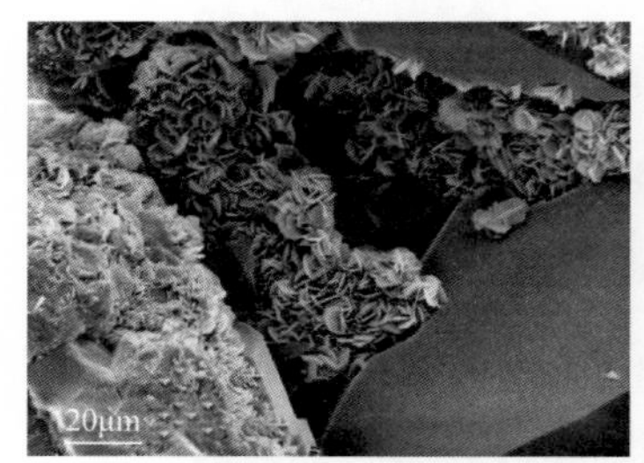

d. EP12-1-1井，3097.70m，珠海组，扫描电镜，粒间孔中充填绒球状绿泥石和自生石英

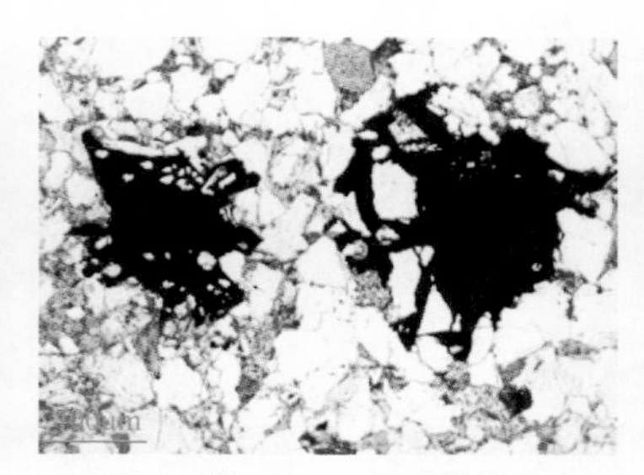

e. HZ19-2-1井，3687.5m，珠海组，50×，(-)，粉—细砂岩中的黄铁矿结核

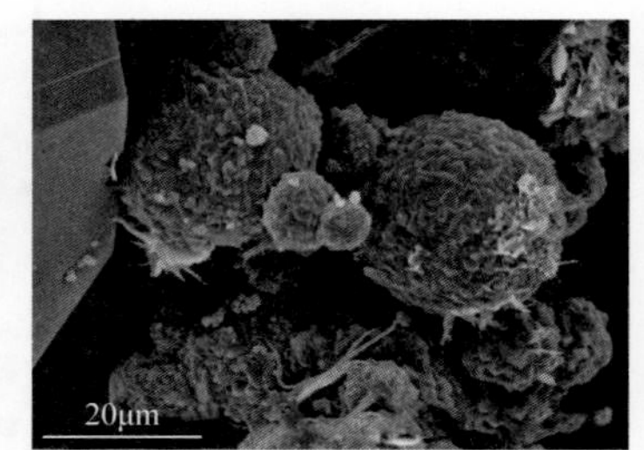

f. EP12-1-1井，3459.10m，珠海组，扫描电镜，粒间孔中的霉球状黄铁矿

图 2-7-11　储层胶结作用特征（二）

（4）交代作用。

交代作用为一种矿物被另一种矿物所替换的作用，相对于其他成岩作用来讲，其对储层孔隙发育影响较小。储层中常见的交代作用有：早期方解石的交代作用、菱铁矿的交代作用、黄铁矿的交代作用，其中菱铁矿的交代作用较强，地层中广泛分布的菱铁矿结核就是其交代作用的结果，交代作用的形成时间早，普遍见沉积纹层绕结核通过现象（图 2-7-12a），应为同生成岩阶段结核。

（5）溶蚀作用。

溶蚀作用是决定深层储层物性好坏的又一个关键因素，它能形成次生孔隙，对改善储层物性起到积极作用（图 2-7-12b）。

a. HZ26-1-2井，1991.5m，珠江组，灰色泥质粉砂岩，水平层理绕结核穿行

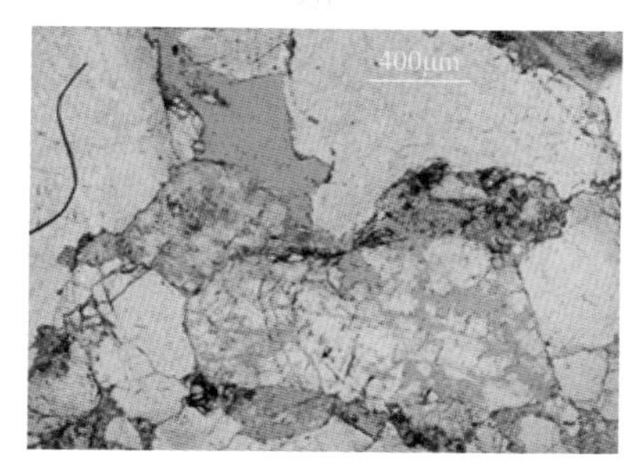

b. HZ19-2-1井，3691.4m，珠海组，50×，(-)，长石粒内溶孔及石英加大后的残余粒间孔

图 2-7-12　储层交代、压溶作用特征

2）成岩演化

砂岩储层在埋藏成岩过程中经历了同生成岩阶段、早成岩阶段及中成岩阶段等成岩阶段，其成岩演化序列如图 2-7-13 所示。

（1）同生成岩阶段：沉积物处于沉积水体附近，基本未埋藏或埋藏很浅，沉积物孔隙水未脱离沉积环境的影响。主要成岩变化有：结核状菱铁矿、霉球状和结核状黄铁矿的形成、平行层面分布的菱铁矿微晶及斑块状泥晶、分布于粒间及颗粒表面的泥晶碳酸盐。该阶段沉积物未固结。

（2）早成岩阶段：沉积物处于浅埋阶段，孔隙水已脱离沉积环境的影响，可进一步划分为 A、B 两期。

A 期：镜质组反射率小于 0.3％，最高热解峰温小于 430℃，有机质未成熟，古地温小于 65℃，伊 / 蒙混层中蒙皂石含量大于 70%，属蒙皂石带。埋藏深度一般小于 2000m，岩石未固结—弱固结，颗粒接触关系为点接触，原生粒间孔发育。成岩作用以机械压实作用为主，在海相或海陆过渡沉积物中有粒表绿泥石（黏土环边）胶结物的形成，在珠江组海相地层中还有泥—粉晶方解石胶结物、泥—粉晶白云石胶结物的形成，在生物碎屑滩相沉积物中有大量连晶方解石胶结物的形成，此时生物碎屑滩相沉积物已固结。该阶段一般无石英自生加大。

B 期：镜质组反射率在 0.3%～0.5% 之间，最高热解峰温在 430～435℃之间，有机质半成熟，古地温在 65～85℃之间，伊 / 蒙混层中蒙皂石含量在 50%～70% 之间，属无序混层带。埋藏深度一般小于 3000m，岩石弱固结—半固结，颗粒接触关系为点—线接触，原生粒间孔仍较发育，可出现少量次生孔隙。该阶段机械压实作用继续进行，压溶作用开始出现，石英自生加大开始发育，长石也见有自生加大边的形成，黏土环边胶结物和无铁连晶方解石胶结物继续形成。

（3）中成岩阶段：可进一步划分为 A、B 两期。

A 期：镜质组反射率在 0.5%～1.3% 之间，最高热解峰温在 435～460℃之间，有机质低成熟—成熟，古地温在 85～140℃之间，伊 / 蒙混层中蒙皂石含量在 15%～50% 之间，属有序混层带。埋藏深度一般在 3000～4000m 之间，岩石已固结，颗粒接触关系为

成岩阶段		深度/m	古温度/℃	R_o/%	T_{max}/℃	成熟度	I/S中的S/%	混层带	岩石固结程度	压实作用	压溶作用	胶结作用											溶蚀作用	孔隙类型	颗粒接触类型
阶段	期											蒙皂石	I/S混层	绿泥石	伊利石	高岭石	方解石	铁方解石	铁白云石	石英加大	硬石膏	黄铁矿			
同生成岩阶段		(1) 结核状菱铁矿、霉球状和结核状黄铁矿的形成；(2) 平行层面分布的菱铁矿微晶及斑块状泥晶；(3) 分布于粒间及颗粒表面的泥晶碳酸盐																							
早成岩阶段	A	<2000	<65	<0.3	<430	未成熟	>70	蒙脱石带	未固结—弱固结					海相地层	粒表		生物碎屑滩							原生孔	点
	B	2000～3000	65～85	0.3～0.5	430～435	半成熟	70～50	无序混层带	弱固结—半固结					粒表										原生孔为主	点—线
中成岩阶段	A	3000～4000	85～140	0.5～1.3	435～460	成熟	50～15	有序混层带	固结												在惠州凹陷出现充填			混合孔	线—凹凸
	B	>4000	140～175	1.3～2.0	460～490	高成熟	<15	超点阵有序混层带	固结															次生孔为主	凹凸—缝合

图 2-7-13 成岩作用阶段划分与成岩演化顺序

线—凹凸接触。该阶段压溶作用强烈，石英自生加大很发育。由于有机质成熟进入生烃门限，产生大量的 CO_2 和有机酸，它们被孔隙水带到邻近砂岩地层中，导致长石、岩屑等不稳定颗粒及碳酸盐胶结物和杂基发生不同程度的溶解而产生一定规模的次生孔隙。由于长石、岩屑的强烈溶蚀，为硅质胶结物和高岭石胶结物提供了丰富的物质基础，因此该阶段也是硅质胶结物和高岭石胶结物最发育时期。在溶蚀作用之后，出现晚期方解石、晚期铁白云石、粒状黄铁矿、伊利石、绿泥石充填溶蚀孔隙和粒间孔隙，在惠州凹陷还出现硬石膏对各种孔隙的严重充填。

B 期：镜质组反射率在 1.3%～2.0% 之间，最高热解峰温在 460～490℃之间，有机质高成熟，古地温在 140～175℃之间，伊 / 蒙混层中蒙皂石含量小于 15%，属超点阵有序混层带。埋藏深度一般大于 4000m，岩石固结程度高，颗粒接触关系为凹凸—缝合接触。该阶段压溶作用继续，石英自生加大和充填孔隙的自生石英发育，粒状黄铁矿、铁白云石、伊利石、绿泥石和硬石膏继续充填溶蚀孔隙和粒间孔隙。由于有机质处于高成熟阶段，产生的 CO_2 和有机酸开始减少，溶蚀作用减弱，同时由于大量自生矿物的充填作用，储层孔隙不发育，且以次生孔隙为主。

3）储层物性控制因素

从成岩作用研究可知，对储层物性影响最大的成岩作用有压实作用、胶结作用和溶蚀作用。

（1）压实作用对储层物性的影响。

压实作用是影响储层物性好坏的主要成岩作用，压实作用越强，储层物性越差，是深层储层物性较差的主要原因之一。埋藏越深、岩屑含量越多、粒度越细（相应杂基含量越多）压实作用越大，早期大量胶结物出现可有效抵抗压实作用。其中最主要的影响因素是埋藏深度，因此出现随埋藏深度的增加，储层孔隙度、渗透率总体上呈逐渐降低的趋势。但在同一深度点，储层物性变化范围很大，这是因为深度不是决定压实作用强弱的唯一因素，压实作用也不是决定储层物性好坏的唯一因素。因此，在深部地层中，如果其他条件有利，如溶蚀作用强、岩石抗压程度高、后期胶结充填物少，仍可发现相对好的物性层段。压实作用强弱不仅与埋藏深度有关，而且与储层所经历的埋藏时间有关，显然埋藏时间越长，压实作用越强，储层物性也越差。

（2）胶结作用对储层物性的影响。

对深层储层而言，最重要的胶结物是石英、碳酸盐（晚期方解石、铁白云石）和硬石膏。它们严重充填原生粒间孔隙和溶蚀孔隙，是深层储层物性变差的又一重要原因。

① 石英胶结物对储层物性的影响。

石英胶结物是深层储层中的最主要胶结物之一，随层位的变老和埋藏深度的增加，其含量呈增加趋势，且它主要出现在中粒级以上的砂岩中，是深层砂岩储层物性变差的重要原因。在深层珠海组中，石英胶结物含量越多，储层孔隙度（面孔率）越低，但对浅层珠江组而言，石英胶结物含量与储层物性关系不大，主要与其石英胶结含量不多有关。

② 碳酸盐胶结物对储层物性的影响。

晚期方解石胶结物和铁白云石胶结物在深层珠海组中虽然不很常见，但少数样品或层段其含量却很高，最高含量可达 15% 以上，是这类储层物性较差的主要原因。浅层珠江组（包括部分珠海组上部地层）含生物碎屑的滩相储层中，早期方解石胶结物很发育，造成该类储层即使在埋藏很浅的情况下物性也很差。

③ 硬石膏胶结物对储层物性的影响。

在惠州凹陷部分井深层珠海组中出现了大量硬石膏胶结物，它呈斑块状连晶胶结，强烈充填原生孔隙和次生孔隙，并交代颗粒和石英加大边，是这类储层物性较差的主要原因。以 HZ19-1-1A 井为列，在 3904～3923m 取心段中，硬石膏胶结物含量平均达 5.63%，最高可达 18%，如果没有硬石膏胶结物，该井段储层面孔率应在 13% 左右，出现硬石膏胶结物后，储层面孔率降至 8% 左右，硬石膏胶结物含量越高，储层物性越差。

（3）溶蚀作用对储层物性的影响。

溶蚀作用是改善深层储层物性的关键因素，根据镜下观察统计，溶蚀作用形成的次生孔隙总量在深层一般为 5% 左右，最高可达 10%，使得深层储层在总体低孔隙度、低渗透率的背景上，常出现相对高孔隙度、高渗透率的储层段。

溶蚀作用的产生与有机质成熟过程中产生的有机酸性水有关，而溶蚀的主要对象是长石，因此有机酸性水来源的丰富程度和长石的含量决定了溶蚀作用的强弱程度。有机酸性水来源除与该层段自身烃源岩成熟产生的酸性水有关外，也与下伏层烃源岩成熟产生的酸性水向上运移有关。根据区域地质资料，珠江口盆地东部地区主要烃源岩为文昌组，那么有机酸性水也主要来自文昌组，恩平组、珠海组由于暗色泥质岩不甚发育，其自身产生的酸性水就相对较少，珠江组及以上地层烃源岩未成熟，也不可能产生大量酸性水。因此，溶蚀作用的产生主要与下部酸性水向上运移有关，在运移途径方向上，随着酸性水的消耗，溶蚀强度会逐渐减弱，出现埋藏越浅，溶蚀孔隙越不发育。但储层总孔隙总体上还是呈现减小趋势。

2. 深水区砂岩成岩演化及储层物性控制因素

1）成岩作用

（1）压实作用。

白云凹陷珠江组砂岩的压实作用较弱—中等。其中，珠江组砂岩压实作用较弱—中等，颗粒之间呈点—线接触（图 2-7-14a、b）。仅局部层段压实作用较强，呈粒间线—凹凸接触，并且塑性岩屑（云母、泥岩岩屑、千枚岩岩屑等）发生塑性变形呈假杂基化。

白云凹陷珠海组砂岩总体压实作用较强，颗粒间大部分呈线接触，少量线—凹凸接触，塑性岩屑的假杂基化明显，使得砂岩中碎屑颗粒之间接触紧密（图 2-7-14c、d）；仅局部层段压实作用较弱，颗粒间点—线接触。

（2）胶结作用。

白云凹陷珠江组砂岩经历多种胶结作用类型。其中，珠江组砂岩中的胶结物以碳酸盐类（平均含量 9.77%；包括方解石、铁方解石、白云石、铁白云石及少量菱铁矿）、高岭石（平均含量 3.71%）胶结为主，多为孔隙式胶结，少量伊 / 蒙混层（平均含量 1.31%）、石英次生加大（平均含量 1.03%）与黄铁矿（平均含量 0.81%）。硬石膏、伊利石、绿泥石仅见于个别井段，泥质与细粉砂质杂基平均含量 4.6%（图 2-7-15a、b）。

白云凹陷珠海组砂岩经历的胶结作用强。胶结物以碳酸盐（平均含量 9.9%；其中主要为铁方解石、铁白云石）和黏土矿物（平均含量 2.93%；其中主要为伊 / 蒙混层，平均含量 2.35%）为主，其次为黄铁矿与石英加大（图 2-7-15c、d）。

a. LH16-2-2井，2247.52m，珠江组，
碎屑颗粒点—线接触

b. LW21-1-1井，3309.6m，珠江组，
碎屑颗粒点接触

c. LH26-1-1井，3626m，珠海组，
颗粒之间线—凹凸接触

d. LH26-1-1井，3585.0m，珠海组，
颗粒之间线接触

图 2-7-14　白云凹陷深水区储层压实作用特征

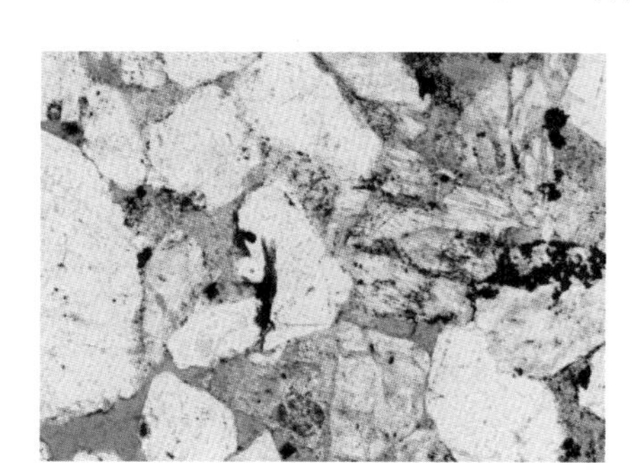

a. LH27-1-1井，2928.0m，珠江组，
高岭石胶结

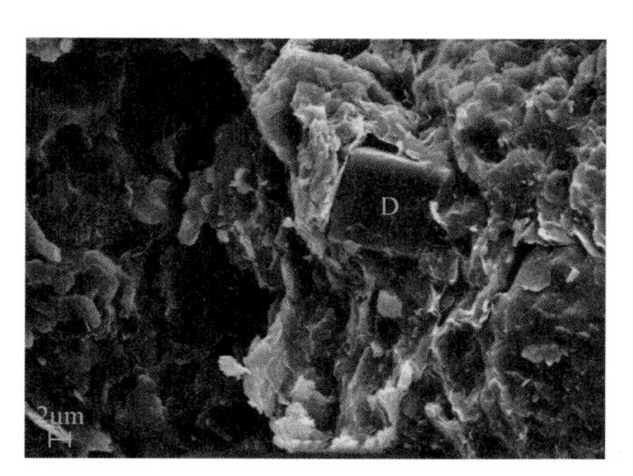

b. LW3-2-1井，3317.1m，珠江组，
伊利石与白云石胶结

c. LH23-1-1d井，2838.2m，珠海组，
铁白云石胶结

d. LW3-2-1井，3754.5m，珠海组，
菱铁矿和伊利石胶结

图 2-7-15　白云凹陷深水区储层胶结作用特征

（3）溶蚀作用。

白云凹陷珠江组砂岩的次生溶蚀作用较强，形成大量次生溶蚀孔（以粒间溶蚀孔及粒内溶蚀孔为主，平均含量分别为 4.6% 和 1.4%），主要是长石及岩屑组分发生溶蚀，还有少量石英颗粒溶蚀，甚至少部分长石颗粒被完全溶蚀形成铸模孔。胶结物中方解石、铁方解石、铁白云石等也有弱的溶蚀现象（图 2–7–16a、b）。

与珠江组砂岩储层相比，白云凹陷珠海组砂岩的次生溶蚀作用相对较弱，在砂岩中形成的次生溶孔的量在整体上有限，主要发育长石颗粒的粒内溶蚀。仅在个别地区珠海组砂岩的溶蚀作用较强，形成较多次生溶蚀孔，溶蚀组分主要为长石颗粒（图 2–7–16c、d）。

a. LH26–1–1井，3226.0m，珠江组，
长石与岩屑粒内溶孔

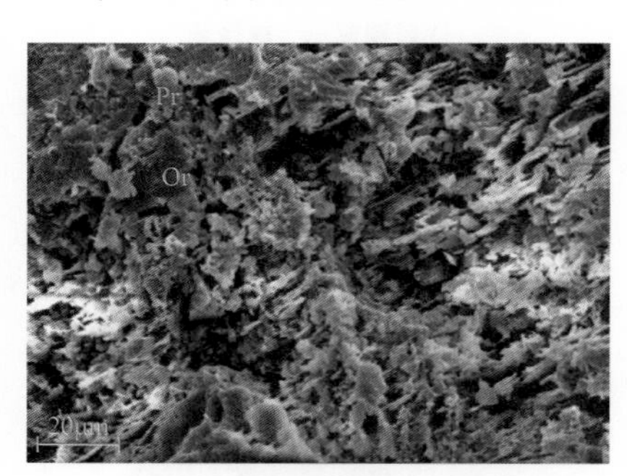

b. LW3–2–1井，3410.2m，珠江组，
钾长石溶蚀

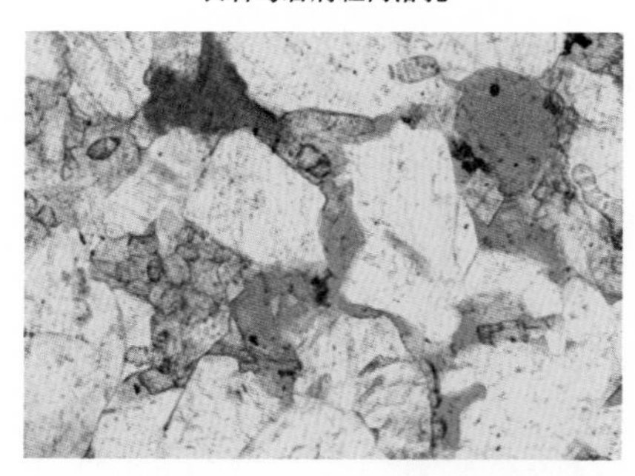

c. LH23–1–1d井，2847.2m，珠江组，
铁白云石溶蚀

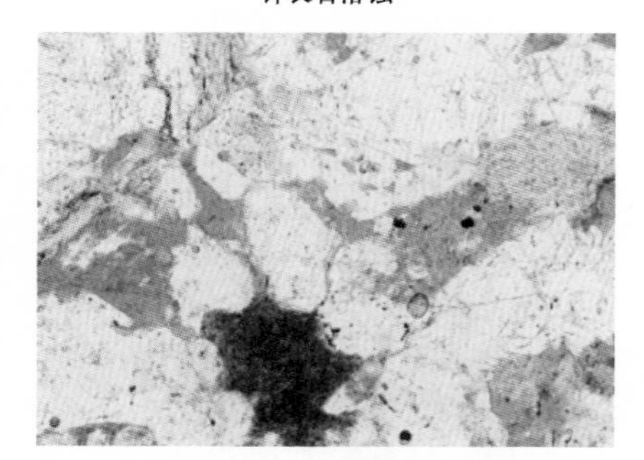

d. LW3–2–1井，3839.0m，珠江组，
石英加大边之前溶蚀

图 2–7–16　白云凹陷深水区储层溶蚀作用特征

2）成岩演化

珠江组砂岩中，伊 / 蒙混层中蒙皂石的含量在 10%～25% 之间，主要分布在 15%～20% 之间；R_o 范围在 0.38%～0.75% 之间，包裹体均一温度主要在 100.5～225.5℃之间；碎屑颗粒大部分以点—线接触为主，砂岩中原生孔隙含量较少，次生孔隙普遍发育，方解石、含铁碳酸盐大量出现，长石、岩屑以及碳酸盐碎屑等常发生明显的溶蚀作用；高岭石、伊 / 蒙混层、伊利石、绿泥石等自生黏土矿物比较常见，高岭石含量较高，呈书页状、片状，伊利石呈针状。根据碎屑岩成岩作用阶段划分标准，上述特征说明珠江组处于早成岩阶段 B 期—中成岩阶段 A 期。

珠海组砂岩中伊 / 蒙混层中蒙皂石的含量在 10%～20% 之间，主要在 20% 左右，个别达 40%；R_o 范围在 0.51%～1.25% 之间，流体包裹体均一温度分布在 87.9～215.5℃之间；碎屑颗粒大部分以线接触为主，砂岩中具有少量次生溶蚀孔，石英加大边达Ⅱ—Ⅲ

级；铁白云石等碳酸盐矿物少量出现，伊/蒙混层、伊利石大量出现，伊利石含量较高，呈针状、丝发状，高岭石含量随埋深逐渐降低。这些特征表明珠海组处于中成岩阶段A期的晚期。

通过常规薄片、铸体薄片、荧光薄片显微镜下观察及扫描电镜照片观察，总结出珠江组、珠海组成岩演化序列。

（1）珠江组：

准同生成岩阶段—早成岩阶段A期：受到海洋生物、微生物的影响，沉淀微晶方解石及草莓状黄铁矿；绿泥石在粒间沉淀，呈薄膜状附着于碎屑颗粒表面；高岭石在粒间孔隙中沉淀；少量菱铁矿胶结；压实作用逐渐加强。

早成岩阶段B期：压实作用达到顶峰并随着沉积物粒间体积减小开始逐渐减弱；石英加大边开始发育；菱铁矿及方解石胶结物沉淀于粒间孔隙，或交代碎屑颗粒；个别地区存在少量硬石膏胶结，且长石开始钠长石化；该阶段发育第Ⅰ期溶蚀作用及第Ⅰ期烃类充注，烃类主要存在于粒间孔隙、碎屑颗粒黏土薄膜上，规模较小且分布范围局限。

中成岩阶段A期：压实作用基本结束，沉积物由松散变得致密；由于压溶作用仍在继续，石英加大边继续发育，长石等硅酸盐矿物的溶蚀及转化，使一部分SiO_2沉淀，形成自生石英；发育铁方解石及铁白云石，具有孔隙式胶结及连晶式胶结（交代早期方解石或长石等碎屑颗粒，说明孔隙流体中碳酸根离子较饱和且地层压力较大）两种产出状态；部分地区的部分层段中可见少量石盐及片钠铝石，显示出温度及压力的异常；长石溶蚀，并在孔隙中沉淀形成高岭石，随着温度的升高，高岭石开始向伊利石（片状）转化；该阶段末尾，随着孔隙流体中Fe^{2+}的富集，沉淀出片状分布的黄铁矿或磁铁矿；在该阶段发育第Ⅱ、第Ⅲ期溶蚀，其中第Ⅱ期规模大，第Ⅲ期规模较小，发育第Ⅱ、第Ⅲ、第Ⅳ期烃类充注，其中第Ⅱ、第Ⅲ期规模大且连续，第Ⅳ期规模较小。

珠江组的成岩演化序列为：早期方解石—草莓状黄铁矿—压实作用—高岭石Ⅰ—绿泥石—伊/蒙混层—溶蚀作用Ⅰ—烃类充注Ⅰ—自生石英+石英次生加大边—硬石膏—钠长石（少量）—方解石—菱铁矿—烃类充注Ⅱ、Ⅲ—溶蚀作用Ⅱ—高岭石Ⅱ—伊利石—石盐（少量）—片钠铝石（少量）—铁方解石—铁白云石—黄铁矿—溶蚀作用Ⅲ—烃类充注Ⅳ。

（2）珠海组：

准同生成岩阶段—早成岩阶段A期：因珠海组沉积时期的沉积环境为海陆过渡环境，部分区域偏淡水环境，故微晶方解石及草莓状黄铁矿少见；绿泥石在粒间沉淀，呈薄膜状附着于碎屑颗粒表面；高岭石在粒间孔隙中沉淀；少量菱铁矿胶结；压实作用逐渐加强。

早成岩阶段B期：压实作用达到顶峰并随着沉积物粒间体积减小开始逐渐减弱，压实强度强于珠江组；石英加大边发育；菱铁矿及方解石胶结物沉淀于粒间孔隙，但分布局限且含量低；该阶段发育第Ⅰ期溶蚀作用及第Ⅰ期烃类充注，同珠江组一样，烃类主要存在于粒间孔隙、碎屑颗粒黏土薄膜上，规模较小且分布范围局限。

中成岩阶段A期：压实作用基本结束，沉积物由松散变得致密；由于压溶作用比较强烈，石英加大边发育程度强于珠江组，长石等硅酸盐矿物的溶蚀及转化，使一部分SiO_2沉淀，形成自生石英；发育铁方解石及铁白云石，具有孔隙式胶结及连晶式胶结

（交代早期方解石或长石等碎屑颗粒，说明孔隙流体中碳酸根离子较饱和且地层压力较大）两种产出状态；长石溶蚀，并在孔隙中沉淀形成高岭石，随着温度的升高，高岭石开始向伊利石（片状）转化；该阶段末尾，随着孔隙流体中 Fe^{2+} 的富集，沉淀出片状分布的黄铁矿或磁铁矿；在该阶段发育第Ⅱ、第Ⅲ期溶蚀，其中第Ⅱ期规模大，第Ⅲ期规模较小，发育第Ⅱ、第Ⅲ、第Ⅳ期烃类充注，其中第Ⅱ、第Ⅲ期规模大且连续，第Ⅳ期规模较小。

中成岩阶段 B 期：部分井珠海组已演化到该成岩阶段；该阶段珠海组中伊利石、铁白云石、铁方解石继续发育，第Ⅳ期溶蚀及第Ⅳ期烃类充注仍在继续。

总结起来，珠江组的成岩演化序列为：早期方解石—草莓状黄铁矿—压实作用—高岭石Ⅰ—绿泥石—伊/蒙混层—溶蚀作用Ⅰ—烃类充注Ⅰ—自生石英+石英次生加大边—方解石—菱铁矿—烃类充注Ⅱ、Ⅲ—溶蚀作用Ⅱ—高岭石Ⅱ—伊利石—铁方解石—铁白云石—黄铁矿—溶蚀作用Ⅲ—烃类充注Ⅳ

珠江组与珠海组的成岩演化序列大体相当，沉积环境都经历了由碱性—偏碱性环境过渡为酸性—偏酸性环境，再转化为碱性—偏碱性环境的演化过程，在个别成岩矿物的种类及含量、压实及溶蚀作用强度、最终成岩演化阶段等方面存在差异。

根据上述典型井的埋藏—成岩—烃类充注—孔隙演化历史，珠江组储层经历了 3 期溶蚀作用、4 期烃类充注，以及包括弱压实作用、胶结作用（以铁白云石和方解石为主的碳酸盐胶结作用、以高岭石为主的黏土矿物胶结作用、以石英次生加大为主的硅质等胶结作用）、较强溶蚀作用等成岩演化过程；珠海组储层经历了 3 期溶蚀作用、4 期烃类充注，以及包括强烈压实作用、胶结作用（以铁白云石和铁方解石为主的碳酸盐胶结作用、以伊/蒙混层为主的黏土矿物胶结作用以及黄铁矿、石英次生加大等胶结作用）、溶蚀作用等成岩演化过程（图 2-7-17）。

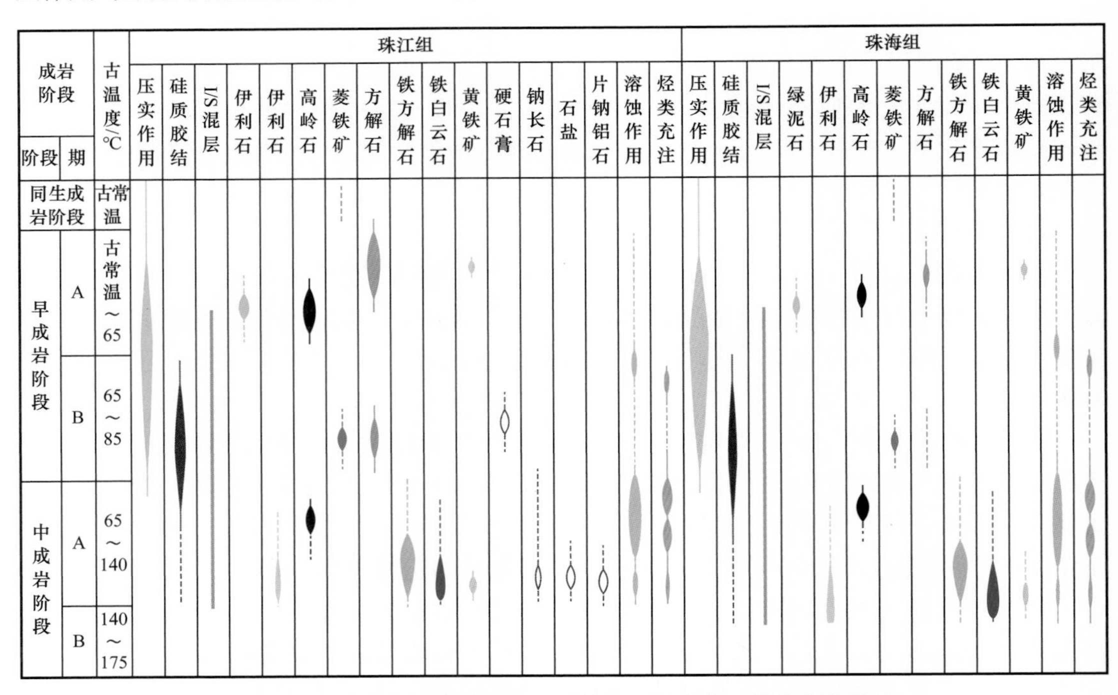

图 2-7-17　白云凹陷珠江组、珠海组成岩演化—烃类充注序列

3）储层物性控制因素

珠江组、珠海组砂岩储层在成岩演化过程中主要受到压实作用、胶结作用、溶蚀作用的影响，各成岩作用对于珠江组和珠海组储层质量的影响存在差异。

珠江组砂岩总体上压实作用较弱—中等，由压实作用造成的孔隙丧失有限，仅局部层段压实作用较强。珠海组砂岩总体压实作用较强，塑性岩屑的假杂基化明显，使得原生孔隙大量丧失；仅局部层段压实作用较弱。

在孔隙定量计算中，珠江组压实作用减孔率范围为4.5%～37.5%，平均减孔23.3%，频率分布峰值区间在15%～30%之间，占珠江组样品总数的61.7%；珠海组压实作用减孔率范围为1.2%～38.7%，平均减孔24.7%，频率分布峰值区间在20%～38.3%之间，占珠海组样品总数的71.4%。整体上，珠海组砂岩储层压实强度大于珠江组砂岩储层。

胶结作用也是重要的成岩作用类别之一，胶结作用的强度在很大程度上影响了储层孔隙的发育程度，胶结作用越强，砂岩储层的粒间体积越小，岩石孔隙度越低。这会直接影响储层的储集质量。强的胶结作用甚至可以使岩石的粒间孔隙完全丧失。但是，在成岩阶段早期（准同生成岩阶段—早成岩阶段A期）形成的胶结物，可以有效地抵抗由压实作用造成的储层孔隙丧失，为次生溶蚀孔隙的产生创造有利条件。

珠江组胶结作用主要发生在早成岩阶段A期以及中成岩阶段A期，胶结物主要包括方解石、高岭石、铁白云石、石英次生加大；珠海组胶结作用主要发生在中成岩阶段，胶结物主要包括铁方解石、铁白云石、伊利石（伊/蒙混层）、石英次生加大。

主要的胶结物包括自生高岭石、蒙皂石+伊/蒙混层+伊利石、石英次生加大、碳酸盐等。粒间高岭石一方面使粒间孔减少，但砂岩中高岭石晶间微孔与晶间微溶孔较发育，对天然气不失为一种重要的储集空间类型。蒙皂石+伊/蒙混层+伊利石胶结物使粒间大孔隙分散变小、喉道堵塞、孔隙间的连通性变差，储集性能降低。石英次生加大胶结使粒间孔变小、喉道堵塞，储集质量降低。碳酸盐胶结作用也是砂岩储集性能降低的主要成岩作用之一。它们在珠江组、珠海组砂岩储层中的分布规律有所不同，对于砂岩储集性能的影响也各不相同。

在孔隙定量计算中，珠江组胶结作用减孔率范围为0%～34.4%，平均减孔9.3%，频率分布峰值区间在0～10%之间，占珠江组样品总数的66.7%，其中25%～35%峰值区占样品总数的5.0%；珠海组胶结作用减孔率范围为0～36.3%，平均减孔9.7%，频率分布峰值区间在0～10%之间，占珠海组样品总数的68.6%，但25%～37%峰值区占样品总数的14.3%，明显高于珠江组。整体上，珠海组储层胶结强度大于珠江组储层。

溶蚀作用是另一种重要的成岩作用类别，溶蚀作用的强度在很大程度上影响了储层孔隙的发育程度，溶蚀作用越强，岩石的次生孔隙越发育，岩石孔隙度越高。强的溶蚀作用甚至可以溶蚀掉整个碎屑颗粒或胶结物，形成铸模孔或粒间溶蚀扩大孔，能够极大地改善储层的孔隙体积、喉道连通性。溶蚀作用属于建设性成岩作用。

珠江组存在3期溶蚀作用，其中发生在中成岩阶段A期的第Ⅱ期溶蚀规模最大。溶蚀孔隙类型以粒间溶孔、长石溶孔为主，胶结物溶孔也较为发育；珠海组存在3期溶蚀作用，其中发生在中成岩阶段A期的第Ⅱ期溶蚀规模最大。溶蚀孔隙以粒间溶孔、长石溶孔为主。

在孔隙定量计算中，珠江组溶蚀作用增孔率范围为0～15.4%，平均增孔6.5%，频率分布峰值区间在 6%～16% 之间，占珠江组样品总数的 50.0%；珠海组溶蚀作用增孔率范围为 0%～13.4%，平均增孔 4.0%，频率分布峰值区间在 2%～8% 之间，占珠海组样品总数的 51.4%。整体上，珠江组储层溶蚀作用较珠海组储层发育。

正因为有了上述成岩演化方面的差异，导致珠江组、珠海组砂岩储层在孔隙度、渗透率及孔隙喉道特征方面的不同。

珠江组砂岩的孔隙度主要在 14.0%～26.0% 之间，渗透率主要在 10～1000mD 之间。珠海组砂岩的孔隙度主要在 6.0%～20.0% 之间，渗透率主要在 0.01～1mD 之间。珠江组砂岩的面孔率（0～28.0%，平均 8.5%）高于珠海组砂岩（0～18%，平均 6.5%）。两者均以次生溶孔为主（占面孔率的 80% 以上），原生孔隙次之（占面孔率的 14%～15%）。

总体上，珠江组砂岩的各类孔隙均比珠海组砂岩发育，储集性能好于珠海组砂岩。

3. 古近系砂岩成岩演化及储层物性控制因素

1）成岩作用

碎屑岩储层经历了复杂的成岩作用改造，主要的成岩作用类型包括压实作用、胶结作用、溶解作用和交代作用等。同时，在成岩过程中，古近系储层（珠一坳陷）经历了多期烃类充注事件。其中压实作用包括机械压实作用与化学压溶作用；胶结作用包含碳酸盐胶结作用、硅质胶结作用、黏土胶结作用及铁质胶结作用等；溶解作用包含长石和岩屑溶解作用；交代作用包含碳酸盐矿物交代作用及黄铁矿交代作用。不同凹陷成岩事件类型相似，但成岩作用程度差异显著；而同一凹陷不同层位间则表现出成岩事件类型相似，成岩程度继承渐变发育特点。

（1）压实作用。

压实作用贯穿于储层成岩作用的始终，为主要的破坏性成岩作用之一。随着埋深增大，上覆压力的不断增加，岩石压实程度不断增强，颗粒紧密堆积，孔隙空间逐渐减少。薄片观察表明，古近系压实作用（珠一坳陷）的表现形式主要有：颗粒之间以点线—凹凸接触为主（图 2-7-18）、云母等塑性颗粒的挠曲变形以及长石等脆性颗粒的压实破碎现象（图 2-7-18）。

珠海组储层压实作用中等—强，恩平组和文昌组压实作用明显比珠海组强，属于中等偏强压实。除了埋深对压实作用存在直接影响外，沉积物本身所含塑性碎屑组分的含量、分选性以及泥质含量对机械压实作用也起着一定的控制作用。

强压实作用是珠三坳陷文昌 A 凹陷南断裂带——六号断裂带储层低渗透率特征的主要原因。随着埋深的增加，压实程度越强。文昌 9 区珠海组与南断裂带文昌 10 区珠海组三段被压实作用所消除的孔隙占原始孔隙度的 50% 以上，压实作用是其储层孔隙度减少的主要原因。

（2）胶结作用。

珠一坳陷古近系储层胶结作用普遍，胶结物类型多样。主要发育的胶结作用有：碳酸盐胶结作用、硅质胶结作用、黏土矿物充填作用以及黄铁矿胶结作用等。珠三坳陷文昌 A 凹陷南断裂带珠海组一段和二段储层物性受胶结物含量的影响较大，与胶结物含量呈显著负相关特征，中—低渗储层分布在碳酸盐胶结物小于 10% 的储层；碳酸盐胶结物大于 20% 的储层，为特低渗透率物性特征。

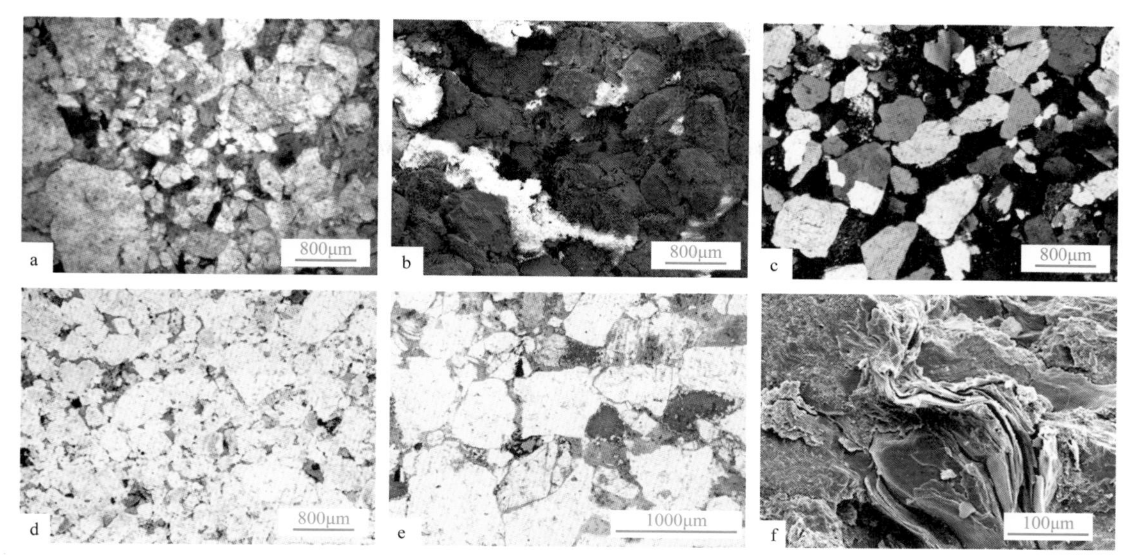

图 2-7-18　珠一坳陷古近系储层压实作用特征

a. EP23-7-1 井，2731m，珠海组，分选较差，压实作用中等强度，颗粒之间以点—线接触为主，单偏光；b. EP23-7-1 井，2746m，珠海组，ϕ 为 21.6%，K 为 460mD，颗粒之间以点—线接触为主，扫描电镜；c. LF8-1-1 井，3584.0m，恩平组，ϕ 为 16.5%，K 为 136mD，压实作用较强，颗粒之间以点—线接触为主，正交光；d. LF8-1-1 井，3544.0m，恩平组，分选较差，压实作用较强，颗粒之间以线接触为主，单偏光；e. HZ25-7-2 井，3776.78m，文昌组，压实作用较强，颗粒之间以线接触为主，单偏光；f. HZ25-7-1 井，3523m，文昌组，塑性颗粒云母被压实变形，扫描电镜

砂岩中分布较广的胶结物成分主要为硅质、高岭石，其次为方解石、铁白云石等胶结物，黄铁矿普遍存在但含量少，此外局部有菱铁矿、硬石膏发育。不同层位胶结物含量差异大，恩平组中胶结物较少，胶结作用相对较弱，文昌组中胶结物较多，胶结作用相对较强，珠海组居中。珠海组中胶结物主要类型为高岭石，其次为（铁）白云石；恩平组中胶结物主要为（铁）白云石，其次为高岭石；文昌组中胶结物主要为石英次生加大和伊利石，其次为高岭石和（铁）方解石。各类胶结物特征简述如下：

硅质：主要以石英加大边存在于砂岩孔隙中，含量一般在 2%～4% 之间。中成岩阶段早期的硅质胶结物以石英次生加大边形式出现（图 2-7-19a），发育程度较低，对粒间孔隙有堵塞和减少作用，加大边有时可被方解石交代或后期热液溶蚀，形成不规则边缘；中成岩阶段晚期的次生石英生长于粒间孔内，晶体自形程度很高，呈单晶或晶簇状沿孔周向中心生长，呈半充填状分布于粒间孔中，对粒间孔隙和喉道也有减少和堵塞作用（图 2-7-19b）。

碳酸盐：古近系砂岩中碳酸盐胶结物包括方解石、铁方解石、白云石和铁白云石（图 2-7-20）。碳酸盐胶结一般有 3 种成因：一是碎屑岩与碳酸盐混积成因，多伴随生物碎屑颗粒，多呈粉晶状晶粒镶嵌式胶结（图 2-7-20a），如 HZ32-3-2 井珠海组顶部地层含 13%～25% 的铁方解石和铁白云石，含量较高但对储层物性总体影响不大，平面上分布局限；二是沉积早期地层水偏碱性，可能为潟湖环境，地层上下通常会有硬石膏等强碱性胶结物出现，碳酸盐胶结物多呈粗晶基底式胶结（图 2-7-20b），含量高导致储层致密，如 HZ25-11-1 井恩平组含 20%～35% 的铁方解石和铁白云石，平面上分布也较局限；三是中成岩阶段 A 期开始由于孔隙水由酸性变为碱性而沉淀形成，多呈中粗晶状孔隙式胶结，并交代部分颗粒，阴极发光呈橙黄色光（图 2-7-19c），平面上分布较普遍，含量较低但多出现在恩平组和文昌组深埋藏储层中，会明显降低储层物性，尤其是渗透能力。

图 2-7-19 古近系砂岩储层胶结物特征

a. HZ19-2-1 井，3687.7m，恩平组，中成岩阶段早期的石英次生加大，扫描电镜；b. HZ25-7-1 井，3903.0m，文昌组，颗粒溶蚀边缘生成伊 / 蒙混层，自生石英堵塞孔隙中，扫描电镜；c. HZ25-7-1 井，3903.0m，文昌组，阴极发光下发橙黄色光的方解石；d. HZ25-7-1 井，3490.6m，恩平组，片状伊利石和少量黄铁矿，扫描电镜；e. HZ25-7-1 井，3853m，文昌组，高岭石和其晶间微孔，扫描电镜；f. HZ25-7-1 井，3515.2m，文昌组，颗粒表面的绿泥石胶结物，扫描电镜

黏土矿物：珠一坳陷古近系储层中黏土矿物类型主要为高岭石、伊 / 蒙混层、伊利石，含少量绿泥石。其中高岭石主要是孔隙水中沉淀而成，多与有机酸流体对长石的溶蚀作用有关。自生高岭石（图 2-7-19e）晶体粗大、干净，呈六边形晶片，集合体呈书页状或蠕虫状；中成岩阶段 A 期高岭石和伊 / 蒙混层中的蒙皂石开始向丝状、片状伊利石（图 2-7-19d）转化，其中片状晶体发育较好，局部也见呈孔隙衬边形式产出的自生伊利石；绿泥石（图 2-7-19f）含量较少，通常在扫描电镜下才能看到，呈叶片状附着于碎屑表面或与伊利石共生。

黄铁矿、菱铁矿和硬石膏：自生黄铁矿多见，但含量较低，零星散布在颗粒表面和粒间，晶粒结构，形态为非常细小的立方体晶形或四角三八面体晶形。自生菱铁矿大多数呈顺纹层理分布的纹层状和结核状，部分呈菱形晶集合体充填在粒间孔中。珠一坳陷硬石膏胶结物较少，局部地层中偶见（图 2-7-20b），多呈针状、束状或斑块状，如 HZ19-1-1A 井珠海组地层中见到 3%～18% 的硬石膏，局部富集。

（3）交代作用。

珠一坳陷交代作用常见，主要可见碳酸盐（方解石、铁方解石、铁白云石和菱铁矿等）对长石或岩屑的交代（图 2-7-21），常见黄铁矿对颗粒及其他胶结物的交代。自生矿物之间的交代作用通常作为判断成岩作用发生先后顺序的主要依据。

（4）溶蚀作用。

珠一坳陷古近系储层溶解作用普遍发育，主要是以长石和岩屑颗粒的溶解作用为主，且以酸性溶蚀为主。岩屑颗粒溶解和长石溶解十分发育，常见岩屑颗粒和长石颗粒边缘溶蚀、粒内溶解，长石粒内溶解又表现为沿着解理缝和压裂缝溶解，甚至可见长石铸模孔隙（图 2–7–22）。

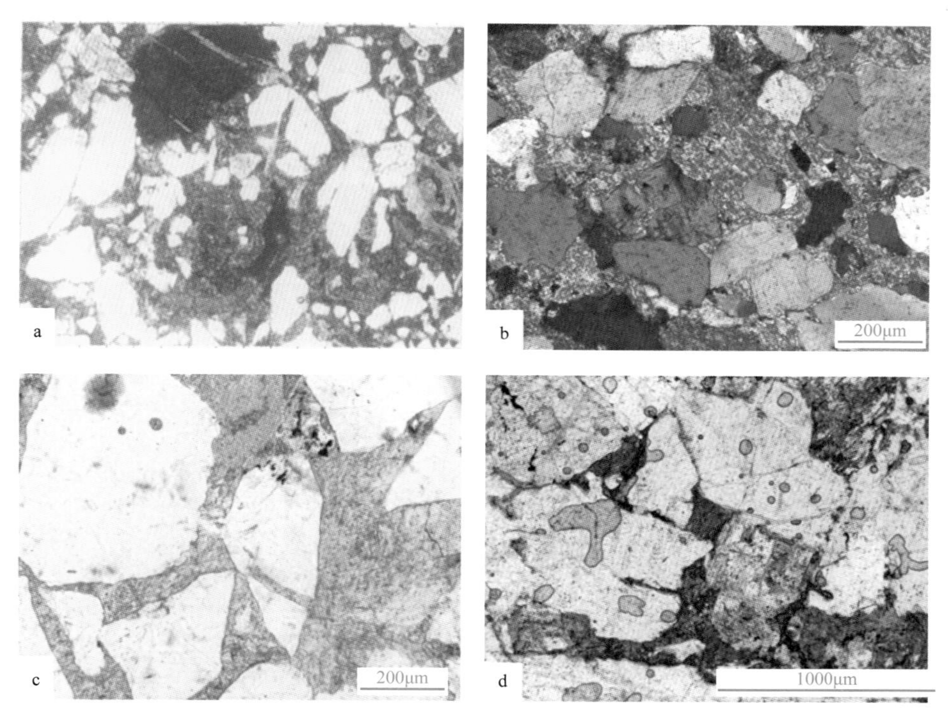

图 2–7–20　古近系砂岩储层碳酸盐胶结物特征

a. HZ32–3–2 井，2503.67m，珠海组，粉晶铁白云石大量胶结，含生物碎屑，正交光；b. HZ25–11–1SA 井，4055m，文昌组，大量硬石膏呈孔隙式胶结，正交光；c. HZ25–11–1SA 井，4034m，文昌组，大量铁白云石呈基底—孔隙式胶结，单偏光；d. HZ25–7–2 井，3950m，文昌组，铁方解石充填剩余粒间孔，单偏光

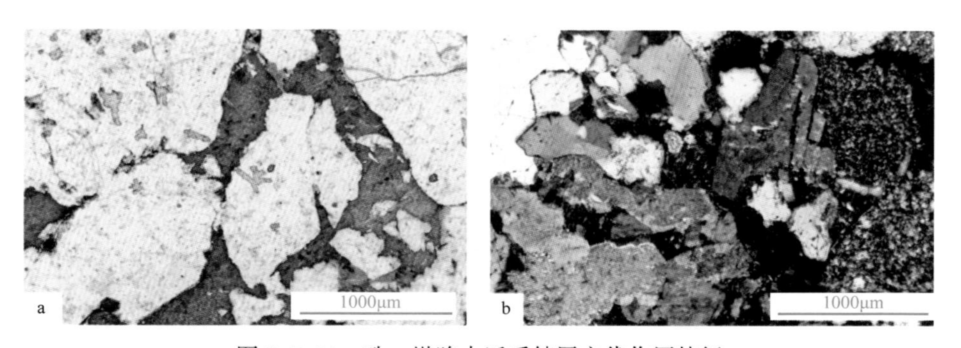

图 2–7–21　珠一坳陷古近系储层交代作用特征

a. HZ25–7–2 井，井深 3757.21m，文昌组，方解石交代颗粒，单偏光；b. LF8–1–1 井，井深 4192.5m，文昌组，铁方解石交代长石，正交光

2）成岩演化

砂岩储层现今的孔隙面貌是在埋藏过程中受区域地质、流体性质、成岩作用强度、埋藏史、热演化史以及油气充注史等因素改造后保存下来的，因此不同地区砂岩的成岩序列及其孔隙演化路径是有差异的。

图 2-7-22　珠一坳陷古近系储层溶解作用特征

a. EP23-7-1 井，2746m，珠海组，长石溶蚀成铸磨孔，可见少量溶蚀残余，单偏光；b. HZ25-7-2 井，3756.31m，文昌组，长石颗粒沿着压裂缝溶蚀，单偏光；c. LF8-1-1 井，3450m，恩平组，长石粒内和边缘溶解作用，单偏光；d. HZ25-7-1 井，3903m，文昌组，长石溶解作用，扫描电镜

通过铸体薄片鉴定、SEM、黏土 XRD 等方法建立成岩序列（图 2-7-23）。在成岩早期少部分碎屑颗粒表面形成伊 / 蒙混层黏土薄膜，黏土薄膜在成岩后期可以抑制石英次生加大的发生，有利于砂岩原生孔隙在深埋条件下的保存。惠州 25-7 文昌组储层段岩性以砂砾岩、含砾砂岩为主，多为刚性颗粒，在压实作用下碎屑颗粒常沿颗粒接触点产生压碎缝，伴随有机酸流体进入，砂岩中易溶颗粒（主要是长石）沿着解理和压碎缝开始溶蚀，溶蚀孔隙发育。根据长石的溶蚀、高岭石的大量沉淀，推断该区砂岩的成岩环境是相对封闭的，导致溶蚀产物不能被流体带走从而在原地大规模沉淀，显微镜和 SEM 下可观察到大部分样品中的溶蚀孔隙和原生孔隙被高岭石部分或全部充填，变成高岭石晶间微孔形式，大大降低了砂岩储层的渗透率。在高岭石大规模充填之后，由于地层流体由酸性变为弱碱性，开始有少量硅质和铁方解石胶结，黏土矿物也开始向伊利石转化。

成岩演化序列为早期石英次生加大（不普遍）—伊 / 蒙混层黏土膜—压实作用下压碎缝产生—地下酸性水溶蚀易溶颗粒（主要是长石）—产生高岭石和 SiO_2 充填原生孔隙和次生孔隙——硅质胶结—铁方解石的胶结和交代—黏土矿物向伊利石转化。

早成岩阶段：在早成岩阶段 A 期至 B 期，随着上覆载荷的逐渐增加，主要发生中等强度的机械压实作用，使颗粒堆积紧密，可见个别颗粒被压碎、压裂，颗粒之间以点接触为主，大量的原始粒间孔经机械压实有所收缩，或被胶结物不完全充填，此时孔喉仍较大。随着深度的增加，压力也随之增大，原生孔隙开始大幅降低。在细小的粒间孔内见有少量泥质杂基充填，大多数砂岩中杂基开始重结晶，局部砂岩原生粒间孔中见有环边伊利石。此阶段有机质逐渐趋于成熟，伴随干酪根开始向烃类转化和有机酸热液的排出，砂岩中长石及铝硅酸盐岩屑等易溶组分的溶解开始发生（常兴浩等，2005），但引起溶解作用的流体主要来自下伏已进入中成岩阶段 A 期的地层。由于地温的增加，颗粒间的接触点上出现小范围的压溶现象，并伴有个别石英的次生加大现象，填隙物黏土组分富含蒙皂石。早成岩阶段 B 期，开始出现杂基溶蚀的粒间溶孔和长石溶蚀形成的粒内溶孔。早成岩阶段，成岩作用以压实作用为主，末期出现溶解作用。

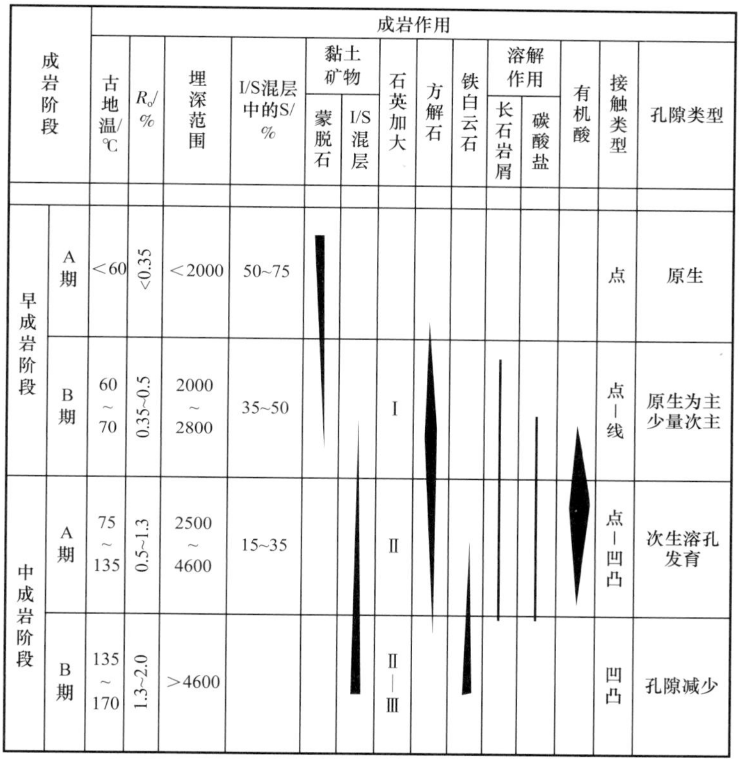

成岩阶段		成岩作用													
		古地温/℃	R_o/%	埋深范围	I/S混层中的S/%	黏土矿物		石英加大	方解石	铁白云石	溶解作用		有机酸	接触类型	孔隙类型
						蒙脱石	I/S混层				长石岩屑	碳酸盐			
早成岩阶段	A期	<60	<0.35	<2000	50~75									点	原生
	B期	60~70	0.35~0.5	2000~2800	35~50			Ⅰ						点—线	原生为主少量次主
中成岩阶段	A期	75~135	0.5~1.3	2500~4600	15~35			Ⅱ						点—凹凸	次生溶孔发育
	B期	135~170	1.3~2.0	>4600				Ⅱ—Ⅲ						凹凸	孔隙减少

图 2-7-23　珠一坳陷深部砂岩储层综合成岩序列图

中成岩阶段：进入中成岩阶段 A 期，原生孔隙主要以剩余粒间孔的形式出现，也出现部分次生溶孔。由于脱羧基酸性水的进入，溶解作用开始起主导作用，在不断增加的温压条件下，可溶性颗粒和易溶的胶结物发生溶蚀，从而促成次生孔隙的大量发育，形成主要的储集空间，包括粒间溶孔、粒内溶孔、铸模孔、组分溶孔和溶缝等。伴随溶蚀产物高岭石的沉淀，蒙皂石在有机酸的作用下向伊利石转变，伊/蒙混层中蒙皂石含量在 20%～35% 之间。珠一坳陷古近系多处于中成岩阶段，此阶段普遍埋深较大。

3）储层物性控制因素

对珠一坳陷储层有显著影响的成岩作用包括机械压实、胶结作用和溶蚀作用。

（1）机械压实作用。

沉积物被埋藏后，随着上覆沉积物增厚，压力逐渐增大，导致沉积物中的水分逐渐被压榨排除，相对应的原生孔隙度逐渐减少，沉积物体积收缩，使岩石向着致密化方向发展（刘宝珺等，1992）。随埋深增加，孔隙度和渗透率呈明显减少的趋势。压实强度较高，碎屑颗粒之间以点—线接触为主，表现出压实后的粒间孔细小，填隙物充填少的特征。

前已述及压实作用在一定埋深范围条件下，可以导致粒度较粗的颗粒破碎，显著提高储层渗透率。如 HZ25-7-1 井孔隙类型包括显孔、微孔和压碎缝，显孔又以粒间溶蚀孔为主，但对深埋藏储层而言，微裂缝对渗透率的贡献起到至关重要的作用。如 HZ25-7-1 井 3543m 样品，其孔隙类型主要为高岭石的晶间微孔，少量压实作用导致的微裂缝（面缝率 0.2%），其孔隙度为 16.6%，渗透率为 4.3mD。从压汞法毛细管压力测试可知，微孔对渗透率的贡献仅占 9%，从而可以推断 4.3mD 的渗透率主要是由于微裂缝的发育造成的，而微孔则对孔隙度贡献巨大。

（2）胶结作用。

胶结作用包括自生黏土矿物胶结、石英次生加大和碳酸盐胶结，主要以自生黏土为主，其次为石英次生加大。图 2-7-24 为珠一坳陷古近系储层中胶结物总量与物性关系散点图，可以看出胶结物总量大于 10% 的样品点不多，多数样品点的胶结物总量低于 8%，胶结物总量对中浅层储层的物性影响不大，其对深部储层的物性影响较大。

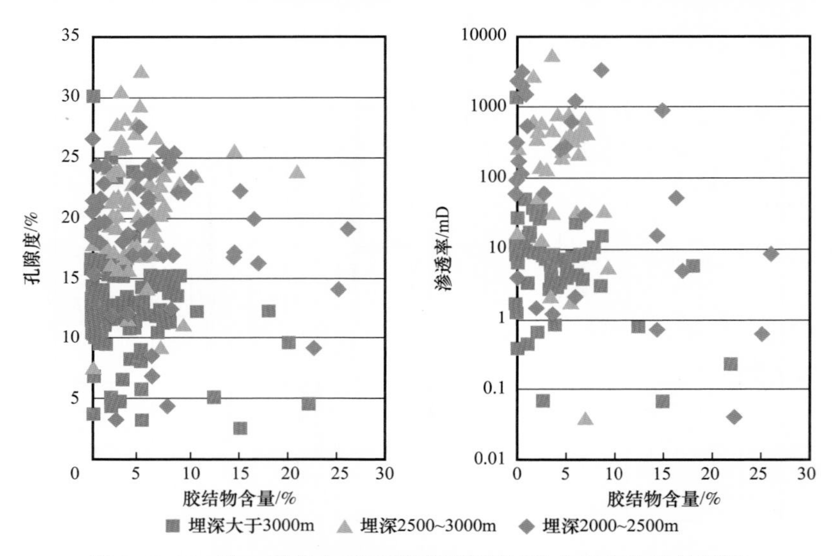

图 2-7-24　珠一坳陷古近系不同埋深胶结物含量与物性关系图

（3）溶蚀作用。

次生孔隙是珠一坳陷古近系深部储层极为重要的影响因素。国内外中深部储层研究现状表明，次生孔隙与原生孔隙是相互促进的关系，原生孔隙发育的储层有利于有机酸流体进入并对矿物进行溶解而形成大量次生孔隙。珠一坳陷古近系埋深小于 3000m 储层次生孔隙对物性的贡献率整体上小于 50%，而埋深大于 3000m 的储层次生孔隙对物性的贡献率大多大于 50%（图 2-7-25）；中浅层储层储集空间类型以原生孔隙为主或者是原生孔隙和次生孔隙并重，而中深层储层，除特殊地质作用下原生孔隙得以部分保存，储集空间多以次生孔隙为主，因此珠一坳陷埋深大于 3000m 的储层中溶蚀作用对其物性有较强的控制作用。

二、生物礁灰岩成岩演化及储层物性控制因素

1. 礁灰岩成岩演化

珠江口盆地（东部）珠江组礁灰岩储层主要经历了以下成岩作用改造，即压实作

用、压溶作用、胶结作用、溶蚀作用、生物作用、白云石化作用、大气淡水淋滤作用、重结晶作用等（表 2-7-3）。其中，对储层起建设性作用的主要有溶蚀作用和大气淡水淋滤，起破坏作用的有压溶作用、压实作用、胶结作用及重结晶作用，具有双重作用的是多期白云石化作用。

表 2-7-3　珠江口盆地（东部）珠江组礁灰岩储层成岩作用

成岩作用类型	特征	强度	对孔隙的作用
压实作用	颗粒破裂	弱	破坏孔隙
压溶作用	缝合线构造	弱	改善渗滤通道
胶结作用	世代充填，新月形胶结，生物体腔孔或先期形成的孔隙被充填	中—强	充填孔隙
溶蚀作用	颗粒被溶，铸模孔的形成，溶缝、溶孔	强	孔隙大量的形成
大气淡水淋滤	形成渗流黏土、渗流粉砂	强	产生孔隙
重结晶作用	见部分生物重结晶	弱	破坏孔隙
白云石化作用	白云石纹层、云泥、粉晶云化、白云石交代骨屑、白云石脉体	弱	破坏作用大于建设性作用，充填原生粒间孔及生物体腔孔

1）压实及压溶作用

由于沉积地质年代新、埋深浅，压实作用在珠江组石灰岩表现不明显，多为中等偏弱，在泥质岩中，泥岩呈纹层状结构。在部分生屑灰岩内表现有孔虫、骨屑等半定向—定向排列，有孔虫、介屑等有不同程度的破裂，包括介屑生物壳裂成缺口等，对孔隙起到破坏作用。

珠江组礁灰岩压溶作用发育程度中等偏弱，见缝合线及微裂缝。缝合线以尖峰状较为多见，组合类型多为纹层状缝合线及马尾状缝合线等，在微晶生屑灰岩或藻纹层状灰岩内多见，在藻粘结灰岩中不常见（图 2-7-25）。流花地区 SQ3-HST 油层下段见缝合线密集层，缝合线相互交切呈花斑状，岩石致密，这种压溶作用是破坏孔隙的重要因素。尤以 LH11-1-2 井较为突出，发育较多水平纹层及缝合线，生屑呈齿状接触，为水动力条件较弱、泥质含量较高的台坪（潟湖）沉积，受上覆地层压实、压溶作用形成。

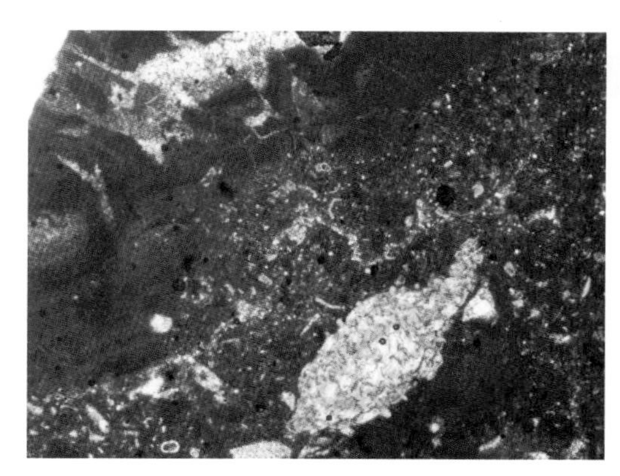

a. HZ33-1-2井，2085.93m，(-)，藻粘结灰岩，缝合线状溶缝

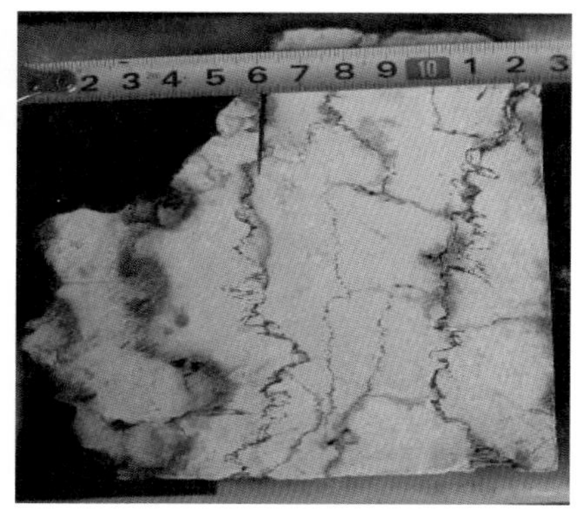

b. LH11-1-1A井，2回次，1258.00~1258.12m，灰白色藻屑灰岩，缝合线构造

图 2-7-25　珠江口盆地（东部）珠江组石灰岩储层压溶作用

2）胶结作用

胶结作用是孔隙流体在孔隙或裂缝沉淀出矿物质（胶结物）使松散的沉积物固结成岩的作用。胶结作用大大降低了储层孔隙度，是珠江组礁灰岩较为发育的一种破坏性成岩作用，贯穿各个成岩阶段，作用强度为中等偏强，致使原生粒间孔、生物体腔孔等丧失殆尽。

珠江组经历的成岩环境主要有海底成岩环境、大气淡水成岩环境、混合水成岩环境及浅埋藏成岩环境。胶结物常见的粒度有粉—细晶、粗晶、自形、半自形结构，成分以方解石为主，白云石次之。

胶结物世代性明显，第一世代纤状方解石，垂直有孔虫或藻屑边缘以栉壳状等厚环边生长，环带数 1，环带厚 0.02～0.04mm，其原始成分为无铁方解石，多形成于海底成岩环境。第二世代为细晶方解石，沿着第一世代纤状方解石生长。多期亮晶胶结充填后，致使原生孔隙大量消失，破坏性强（图 2-7-26）。

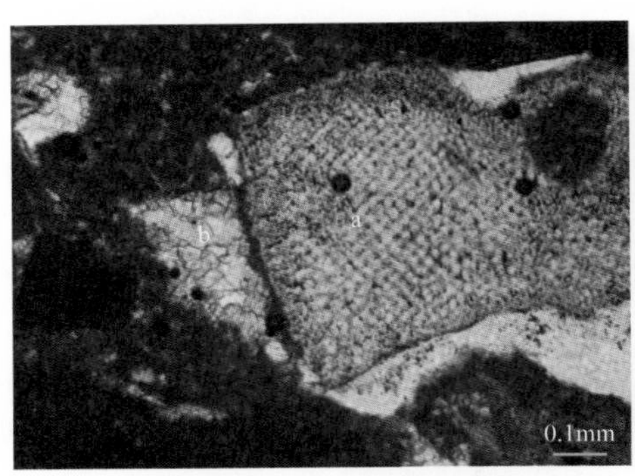

a. HZ33-1-2井，2081.35m，(-)，粉晶云化微晶—亮晶有孔虫藻屑灰岩，棘屑二次胶结：第一世代含基质 (a)，第二世代为亮晶 (b)

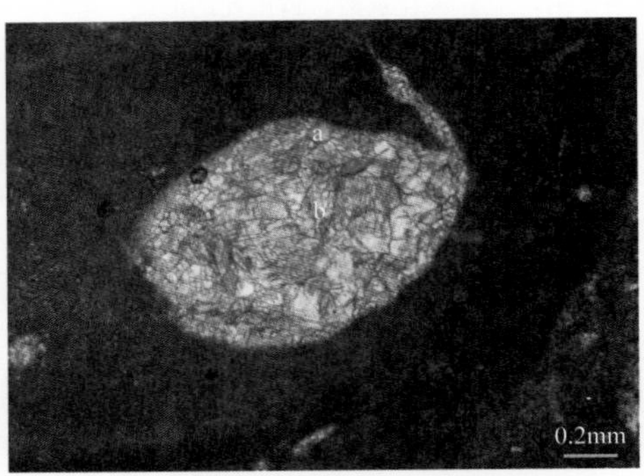

b. HZ33-1-2井，2082.87m，(-)，藻灰岩，生殖窠被第一世代无铁微晶方解石 (a) 及第二世代含铁细晶方解石(b)胶结

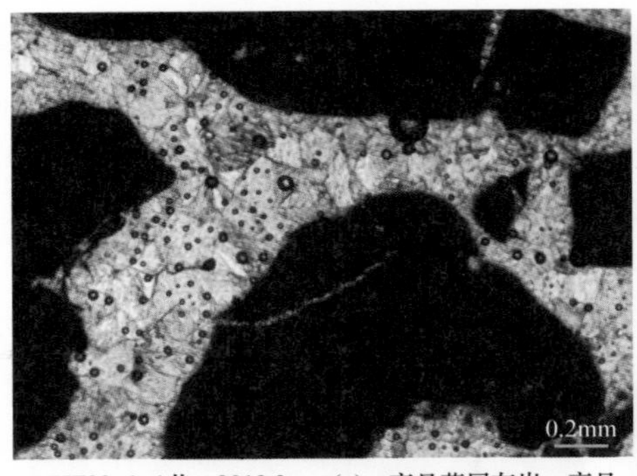

c. HZ33-1-1井，2019.9m，(-)，亮晶藻屑灰岩，亮晶方解石胶结

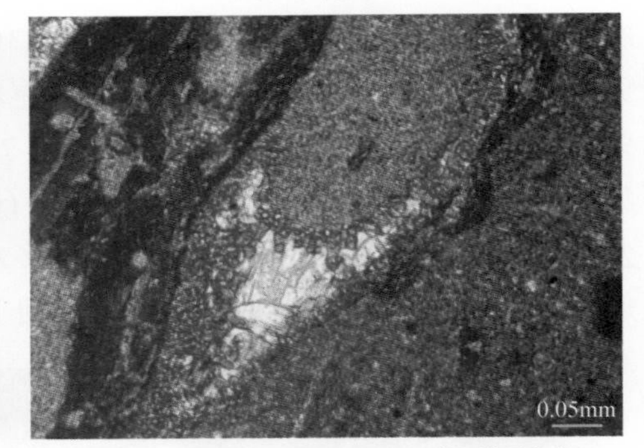

d. LH11-2-1井，1268.73m，(-)，微晶骨屑灰岩

图 2-7-26　珠江口盆地（东部）珠江组礁灰岩储层胶结作用

3）溶蚀作用

溶蚀作用在珠江组礁灰岩具有较广的普遍性，多发育在层序暴露界面之下的高位体系域，作用程度较强，是最为重要的建设性成岩作用，主要包括同生成岩阶段、表生成岩阶段大气淡水淋滤和早成岩阶段溶蚀。

（1）同生成岩阶段、表生成岩阶段大气淡水淋滤。

同生成岩阶段沉积物沉积不久还未（或弱）固结成岩，海平面下降造成滩体暴露，受到大气淡水淋滤作用，沉积岩中不稳定组分发生选择性溶蚀，形成大小不一、形态各异的溶孔（粒内溶孔、粒间溶孔、铸模孔等）、溶缝（缝合线状溶缝）（图 2-7-27）。这些孔隙多互不连通，面孔率较高，超过 15%。

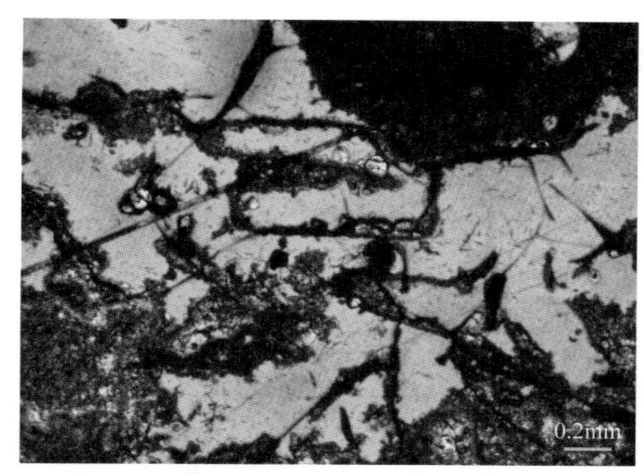

a. LH11-1-1A井，1226.78m，(−)，微晶—亮晶核形石骨屑藻屑灰岩，粒内溶孔、铸模孔发育

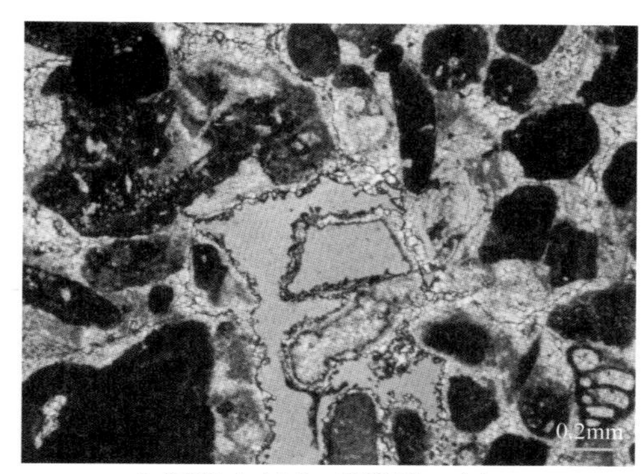

b. LH11-1-1A井，1233.35m，(−)，亮晶有孔虫藻屑灰岩，铸模孔发育

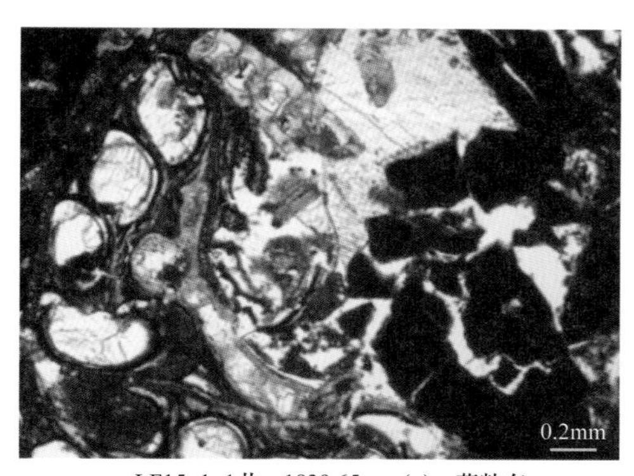

c. LF15-1-1井，1839.65m，(−)，藻粘有孔虫屑灰岩，粒内溶孔、粒间溶孔发育

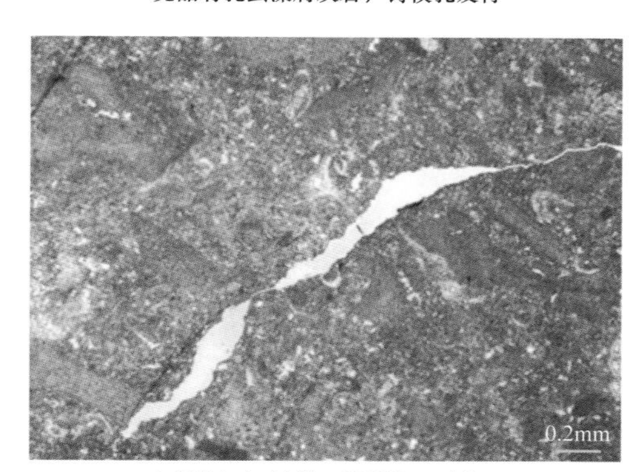

d. LH11-1-1A井，1256.9m，(−)，微晶藻屑骨屑灰岩，溶缝发育

图 2-7-27　珠江口盆地（东部）珠江组礁灰岩储层同生成岩阶段、表生成岩阶段大气淡水淋滤作用

表生成岩阶段固结成岩的礁滩灰岩暴露及喀斯特化（岩溶）。大量的大气淡水开始沿溶缝、节理及孔隙构成的网络状渗流带向下渗流溶蚀，使渗流带的方解石等不稳定矿物发生充分溶解，导致大规模溶蚀孔洞体系发育和新一轮淡水方解石、淡水白云石、石膏充填、胶结，主要由风或短暂地表径流搬运来的黏土和粉砂，随大气淡水经由发育的溶蚀孔洞缝体系下渗到渗流带。长期的暴露还使石灰岩与大气环境充分接触，导致渗流带还原性矿物氧化。总体来说，表生成岩环境的矿物稳定化过程比同生成岩阶段的更为强烈和彻底，导致渗流带的岩石结构发生强烈改造。

流花地区在 SB2、SB3、SB4 及 SB5（局部）层序界面普遍见暴露标志，界面之下的高位体系域礁灰岩同生成岩阶段、表生成岩阶段大气淡水淋滤作用较强烈。LH11-1-1A 井礁灰岩遭受 3 次（SB2、SB3、SB4）暴露，溶蚀作用强烈，造成孔隙类型多样，有些被溶蚀呈蜂窝状，原始结构全部破坏。

珠江组礁灰岩同生成岩阶段、表生成岩阶段大气淡水淋滤作用具有一定层位性，主要分布于流花地区 SQ3-HST 及惠州及陆丰地区的 SQ1-HST。

（2）早成岩阶段溶蚀。

早成岩阶段溶蚀是在浅—中埋藏成岩环境发生的溶蚀现象，是沉积成岩组分与有机质演化所产生酸性流体或其他成岩流体单一或共同混合形成的热性酸性流体对围岩的溶蚀。其结果是在深部岩石中形成一定数量的孔、洞、缝。

在埋藏条件下，孔隙流体溶解珠江组礁灰岩中的碳酸钙物质，这种溶解作用常沿缝合线、微裂缝、构造缝及早期的粒内溶孔、粒间溶孔、缝发生，形成溶蚀扩大溶孔、溶缝，还有岩心上所见的较大溶孔充填物和构造裂缝充填物内的溶孔（图 2–7–28）。

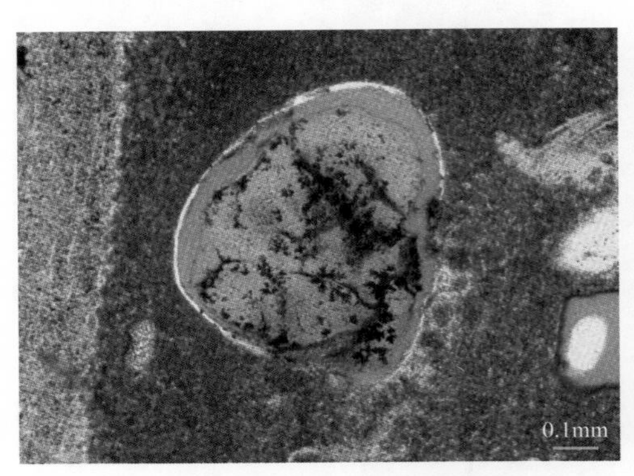

a. LF15–1–1井，1832.08m，(–)，微晶含砂骨屑灰岩，海绿石被溶

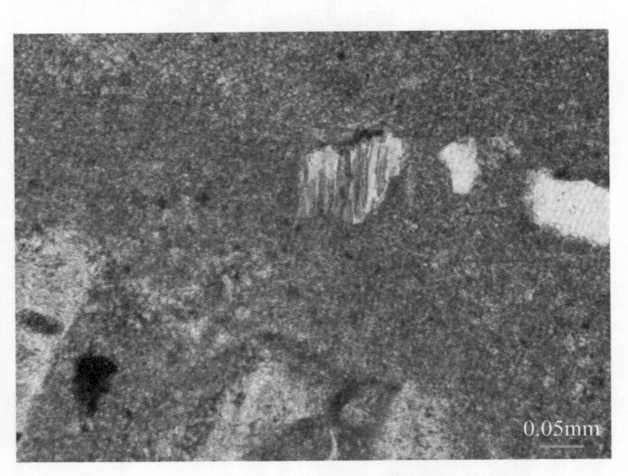

b. LF15–1–1井，1832.08m，(–)，微晶含砂骨屑灰岩，长石被溶

图 2–7–28　珠江口盆地（东部）珠江组石灰岩储层早成岩阶段溶蚀作用

4）重结晶作用

珠江组礁灰岩重结晶作用程度偏弱，不甚发育，仅在部分井见生物重结晶，如 LF33–1–1 井珊瑚体内的重结晶使其结构遭到破坏，另外见少量基质斑状重结晶，对礁灰岩储集性影响不大。

5）白云石化作用

碳酸盐岩储层与白云石化有较为密切的联系，珠江组白云石化规模较小，但仍存在 3 种白云石化，即同生（准同生）交代白云石化、埋藏白云石化及热液白云石化。

（1）同生（准同生）白云石化。

石灰岩中的方解石（$CaCO_3$）转变成白云石（$CaMg[CO_3]_2$）在沉积物沉积之后立即发生。

流花地区主要是泥晶基质及生物潜穴内分散的细—粉晶白云石化，但白云石化作用弱，规模小，含量低。生物体内基质中有自形、半自形粉晶白云石，分散分布（图 2–7–29a）。对礁灰岩储集性影响甚微。惠州地区 HZ33–1–2 井 2081.35m 处见云质纹层，发育程度不高，白云石含量小于 2%，呈半自形细—粉晶交代泥晶基质及泥晶方解石充填的虫孔，由于白云石化作用微弱，对储集性无影响。

陆丰地区 LF15–1–1 井 SQ1–HST 见典型的同生交代白云石化现象。藻屑由方解石和白云石组成圈层结构，珊瑚藻在生长时细—粉晶白云石根据季节及气候变化选择性交代基质方解石（图 2–7–29b）。微晶藻屑骨屑灰岩中白云石贴孔隙壁（图 2–7–29c）与长石颗粒（图 2–7–29d）生长。

（2）埋藏白云石化。

埋藏白云石化是岩石处于封闭系统的埋藏环境下发生的白云石化，珠江组埋藏白云石化镁离子主要来自压溶作用提供的镁离子。LH11–1–1A 沿缝合线及附近基质中有细—粉晶白云石化（图 2-7-30a），有孔虫、骨屑及微晶基质被白云石晶体交代（图 2-7-30b），以及珊瑚藻屑的泥晶云化均为埋藏环境下的白云石化。

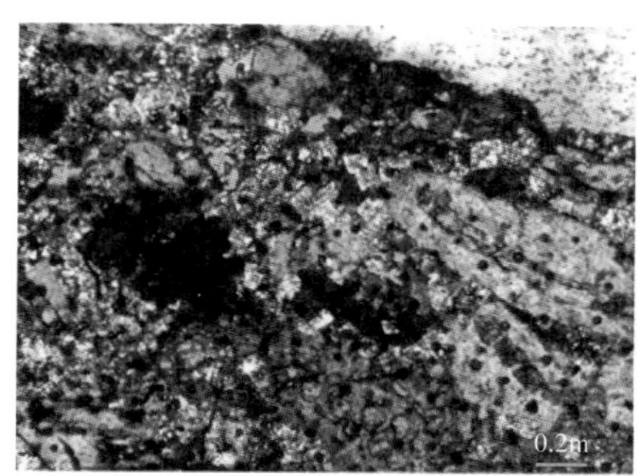

a. LH11-1-1A井，1475m，(-)，粉晶云化微晶有孔虫灰岩准同生白云石化，细—粉晶白云石不染色

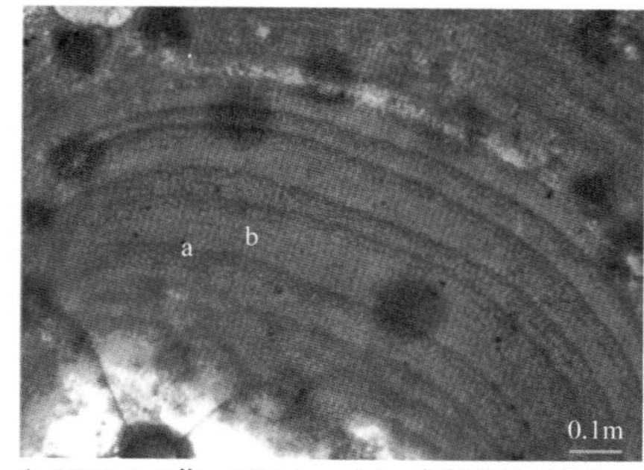

b. LF15-1-1井，1846.4m，(-)，藻粘结骨屑藻灰岩同生白云石化，方解石 (a，红色细纹) 与白云石 (b，白色宽纹) 纹层圈层

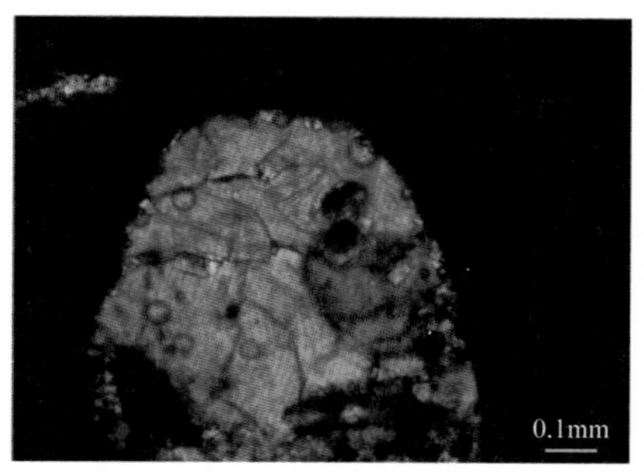

c. LF15-1-1井，1849m，(-)，微晶藻屑骨屑灰岩，白云石贴孔隙壁生长准同生白云石化，白云石不染色

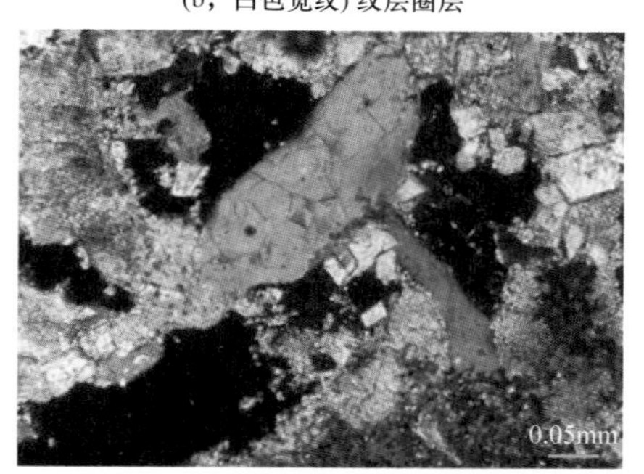

d. LF15-1-1井，1857.75m，(+)，微晶有孔虫屑藻屑灰岩，贴长石磨蚀边生长的白云石，准同生白云石化

图 2-7-29　珠江口盆地（东部）珠江组礁灰岩储层同生（准同生）白云石化

（3）热液白云石化。

与构造有关的热液白云石化是埋藏环境下深部富含镁离子等金属元素的高温流体向上运移最终交代方解石形成异形白云石，如裂缝（图 2-7-30c）、溶孔（图 2-7-30d）被细—中晶白云石充填，或形成白云石脉。

流花地区珠江组石灰岩成岩作用主要有压溶作用、胶结作用、溶蚀作用、重结晶作用及生物作用等，以溶蚀作用最普遍，胶结作用局部较集中，两者对储层影响均较大。

惠州地区珠江组礁石灰岩发育环边胶结、潜穴和白云石化现象。

2. 礁灰岩储层物性成岩演化

珠江口盆地（东部）珠江组礁石灰岩储层孔隙演化按成岩阶段分为同生成岩阶段及准同生成岩阶段、表生成岩阶段、早成岩阶段（浅—中埋藏）（表 2-7-4）。

同生成岩阶段及准同生成岩阶段，生物礁滩在沉积期形成各种原生生物体腔孔、粒间孔、藻间孔、藻架孔等，但在同生成岩阶段多被各种胶结物（如海底胶结、大气淡水胶结）充填，只剩下少量剩余原生粒间孔。生物礁滩灰岩成岩之前，（准）同生成岩阶段大气淡水淋滤作用形成各类溶孔（粒内溶孔、粒间溶孔、铸模孔等）、溶缝（缝合线状溶缝）。

表生成岩阶段，固结成岩的礁滩灰岩暴露及喀斯特化（岩溶）。大气淡水淋滤使渗流带的方解石等不稳定矿物发生充分溶解，导致大规模溶蚀孔洞体系发育表生成岩阶段溶蚀改造，与同生成岩阶段相比，时间更长，强度更大，效果更彻底，导致渗流带的岩石结构发生强烈改造，大量形成各类溶孔（粒内溶孔、粒间溶孔、铸模孔等）、溶缝（缝合线状溶缝）。但部分孔隙空间被新一轮淡水方解石、淡水白云石、石膏（胶结）及渗流黏土、渗流粉砂充填。

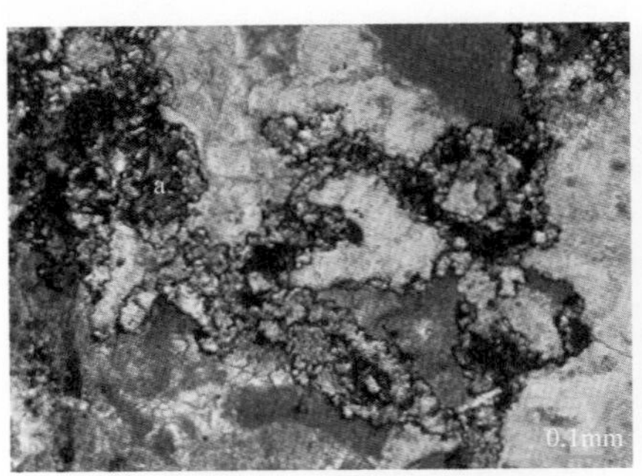

a. LH11-1-1A井，1286.25m，(−)，微晶骨屑藻屑灰岩，缝合线白云石化 (a)，埋藏白云石化

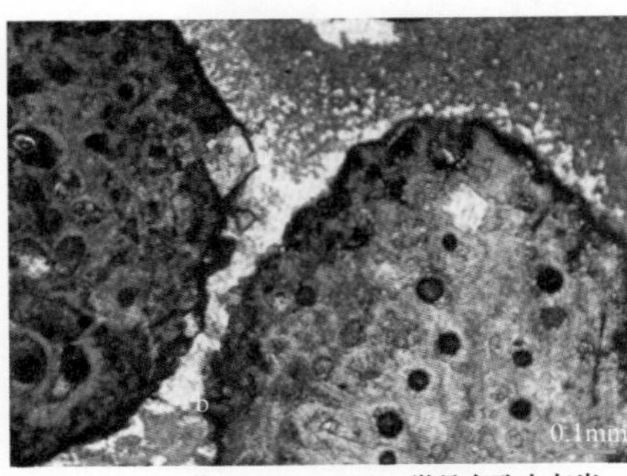

b. LH11-1-1A井，1360m，(−)，微晶有孔虫灰岩，细晶白云石化，交代有孔虫 (a)，交代微晶基质 (b)，埋藏白云石化

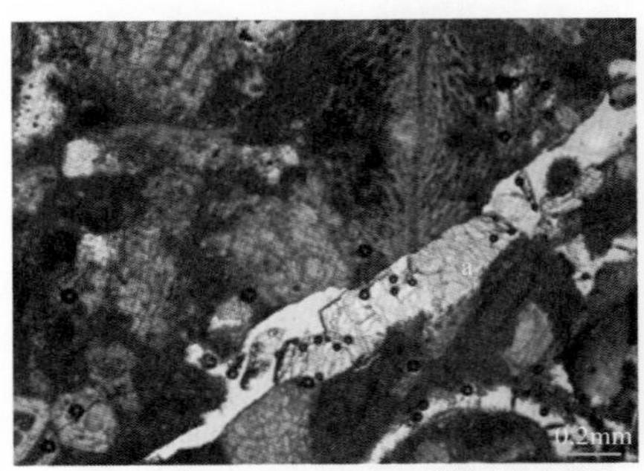

c. LH4-1-1井，1311.11m，(−)，微晶有孔虫藻屑灰岩，细晶白云石 (a)充填裂缝热液白云石化

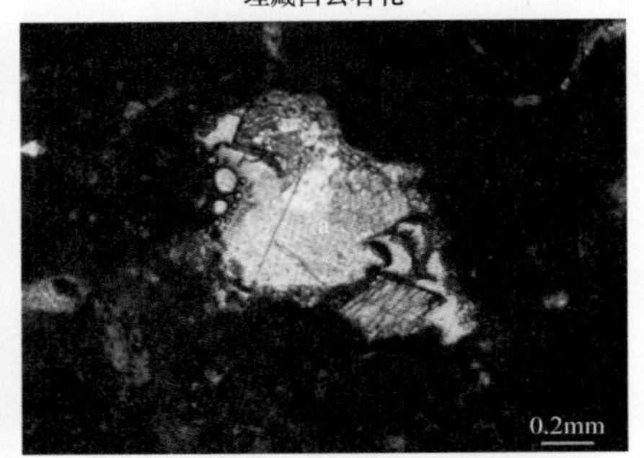

d. LH11-1-4井，1311m，(−)，藻灰岩，溶孔被中晶白云石 (a)充填热液白云石化

图 2-7-30　珠江口盆地（东部）珠江组礁灰岩储层埋藏及热液白云石化

表 2-7-4　珠江口盆地（东部）珠江组礁灰岩储层成岩序列及孔隙演化

成岩阶段	成岩作用										
	压实	压溶	胶结	白云石化	溶蚀	重结晶	交代	生物	大气淡水淋滤	破裂	成岩环境
同生成岩阶段											海底，大气水
准同生成岩阶段											海底，大气水
表生成岩阶段											大气水
早成岩阶段 浅—中埋藏期											浅—中埋藏

早成岩阶段（浅—中埋藏），由于埋藏过程中重荷增加，发生压实甚至压溶形成缝合线。上覆泥岩泥质成岩遭受压实，导致其中部分流体挤出，产生孔隙流体，这些孔隙流体对石灰岩有一定的溶蚀作用，主要为非选择性溶蚀，某些文石颗粒溶蚀而形成中期铸模孔。但孔隙流体也可在原生孔隙颗粒边缘形成第二世代粒状方解石胶结物。该期发生的成岩作用还有重结晶作用、热液溶蚀作用及热液白云石化，LH11-1-1A 井 SB2 界面上见硬石膏化，但均不强烈，（准）同生成岩阶段及表生成岩阶段形成的大量次生溶孔被保留。

第三节　优质储层的形成条件和分布

优质储层指发育于有利沉积相带、储层孔渗性较好、产能较高的储层，储层质量直接关系到油气田的产能和经济效益。优质储层的形成条件和分布主要受沉积条件（物源体系、沉积作用、碎屑组成及结构）控制外，还受成岩作用、构造运动、烃类早期充注及温压演化等影响。其中，物源体系奠定储层的物质基础，沉积作用决定储层原始保存条件，成岩作用等则控制了储层的后期改造。本节重点剖析沉积条件对储层物性的控制因素，进而指出优质储层的分布。

珠江口盆地东部地区的主要产层为下中新统珠江组，主要储层类型包括海相三角洲砂体、滨浅海砂岩、碳酸盐岩台地和深水重力流砂体。三角洲砂体—滨浅海砂岩主要分布于盆地北部的陆架浅水区，碳酸盐岩台地主要发育于东沙隆起上，深水重力流砂体包括斜坡扇、盆底扇和海底峡谷浊积水道，见于中部的珠二坳陷；中中新统至上新统储层为浅海陆架三角洲砂岩，主要见于盆地北部的珠一坳陷和珠三坳陷，是浅层油气藏分布所在。

一、富砂的古珠江体系控制优质储层

大中型油气田的形成需要有优质储层的发育作保障，自 32Ma 以来的古珠江大河为珠江口盆地带来了巨大的沉积物源，为储层的发育提供了坚实的物质基础。分布于珠江口盆地特定位置的陆架三角洲、陆架边缘三角洲、深水重力流沉积以及滨岸体系，是优质储层发育的重点领域，这些类型的砂体孔隙度、渗透率条件好，开发性能优越，产量高，是大中型油气田形成之所在。

古珠江发源于青藏高原东翼，流域面积较大，与古珠江供源有关的沉积体系包括古珠江三角洲（含陆架三角洲、陆架边缘三角洲）和由三角洲再次供源形成的重力流水道沉积及深水扇体系，以及早先沉积的三角洲后来被波浪、海流改造而成的滨岸沉积，这些沉积体系为珠江口盆地油气勘探提供了重要的储集体。

1. 优质储层的形成条件

1）富砂的古珠江供源条件

珠江口盆地具有下断上坳，先陆后海的地层结构与沉积特征。古近系沉积早期盆地雏形表现为分隔性强、大小不一的地堑或半地堑，属陆相湖盆范畴，物源多来自临近的高地隆起，多河流、多水系注入，近源沉积特征明显。珠海组沉积时期古珠江大河已经

形成，这时盆地进入断坳—坳陷转换阶段，盆地范围扩大，多个小凹合并连片，开始接受海侵，古珠江大河是沉积物运送的载体。

珠江口盆地浅海陆架区的珠江三角洲体系，已被勘探证实为富砂沉积（陈长民等，2003），古地理环境和物源对比表明古珠江流域包含了华南的花岗岩地区（庞雄等，2006）。因此，也就合理地推测具有相同物源条件的珠江深水扇也同样富含砂岩。另外，就纵向比较而言，23.8Ma 以前盆地沉积物以石英粗砂岩为主，23.8Ma 之后沉积物粒度相对偏细，这一事实可能是由于珠江流域扩展后，增加了西部流域非花岗岩区的细粒物质所致。

珠江口盆地在南海运动之后结束了拉张断陷期沉积，盆地沉积进入坳陷期，随着南海扩张海侵作用，盆地大多数地区都演变成浅海陆架沉积环境，并随相对海平面的变化广泛分布以古珠江为主要供源的三角洲沉积体系。

因古珠江入海口发育有广阔的南海北部浅水大陆架和深水大陆坡环境，海平面升降变化对沉积作用的影响非常明显。以古珠江为主要物源的沉积中心，在高海平面期间，发育浅水陆架的古珠江三角洲；低海平面时期，在下方的陆坡深水区发育珠江深水扇沉积。

古珠江口盆地沉积物特征总体反映出华南尤其是广东及沿海源区的特征，但不同的凹陷供给物质的水流体系和物质来源也不尽相同。物源分析帮助确定沉积物来源方向、侵蚀区或母岩区位置、搬运距离及母岩性质，最终落实解决砂层和砂体的分布规律。下面就以受古珠江三角洲系统直接影响的惠州凹陷、受古珠江深水扇系统影响的白云凹陷为例进行具体的物源分析。

（1）惠州凹陷物源分析。

在整个珠江组下段岩石学特征分析和砂岩百分含量统计的基础上，结合该段底部 M10 砂层重矿物和碎屑锆石 U–Pb 定年的研究综合确定惠州凹陷物源的方向和性质。

根据岩石学中粒度中值、矿物成熟度、砂岩百分含量及重矿物 ZTR 指数等值线所指示物源方向进行综合分析，认为惠州凹陷在西北、东北、东南 3 个方向存在物源。依据锆石定年和重矿物组合分析认为惠州凹陷珠江组下段有 3 个主要物源供给沉积物：古珠江水系、汕尾水系和东沙隆起水系，且各水系在惠州凹陷有不同程度的交叉（图 2–7–31）。

惠州凹陷西部和西江凹陷物源单一，为古珠江水系，其重矿物组合以高白钛矿为特征。惠州凹陷北部 HZ10–3–1 井和 HZ10–1–1 井的物源也相对单一，为汕尾水系，以高锆石为特征。在惠西低凸起以北地区的凹陷中部则表现为古珠江水系和汕尾水系混源的特征。在地震上 HZ10–1–1 井和 HZ8–1–1 井可见明显的指状交叉现象，表明两个水系在凹陷的边缘已经有交叉的现象，而这种交叉的主要区域应该更偏北，因为在凹陷中部重矿物组合特征表现为以白钛矿和锆石两种矿物为主，且互为高低的特征，而地震上表现为前积特征，说明水系的交叉混合是在靠近凹陷边缘以及以北相对靠近物源区域。东沙隆起北坡主要受东沙隆起水系影响，其重矿物组合特征为较高赤褐铁矿，中低磁铁矿、白钛矿。惠州凹陷东部以及陆丰凹陷重矿物组合特征可能受多种物源因素影响所致，存在多种组合特征，重矿物组合中出现了高磁铁矿或赤褐铁矿。可能受汕尾水系、东沙隆起水系、古韩江水系以及新生代频发的火山活动的共同影响。

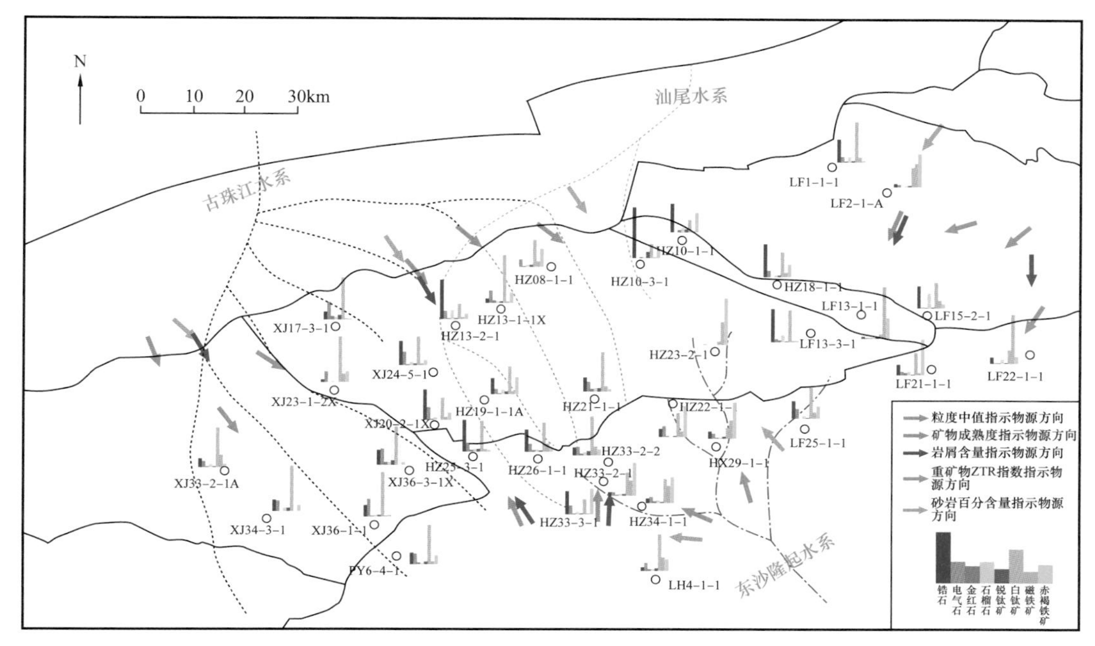

图 2-7-31 惠州凹陷珠江组下段物源综合分析图

在整个珠江组上段岩石学特征分析和砂岩百分含量统计的基础上，结合珠江组上段底部 K22 砂层重矿物资料，并参考下段 M10 砂层碎屑锆石定年资料综合确定其物源方向及其影响范围。

根据岩石学中粒度中值、矿物成熟度、砂岩百分含量及重矿物 ZTR 指数等值线所指示物源方向综合分析认为，珠江组上段沉积时期物源体系基本继承了下段的格局，仅古珠江水系影响范围向东、向南扩大，东沙隆起水系和汕尾水系物源缩减，因样品分布范围所致，古韩江水系物源无法体现（图 2-7-32）。

西江凹陷及惠州凹陷西部为古珠江水系单一物源，重矿物组合以高白钛矿、中—低锆石—电气石为特征。在惠西低凸起以北地区的凹陷中部仍表现为古珠江水系和汕尾水系混源的特征，只是锆石的含量几乎全部小于白钛矿，可能为汕尾水系物源减少、古珠江水系物源增加所致。在 HZ8-1-1 井和 HZ10-3-1 井处主要表现为古珠江水系物源重矿物组合特征，其物源交叉点可能更偏物源方向，也是古珠江水系范围向东扩大的依据。东沙隆起水系的影响范围主要在凹陷东部地区，表现为高磁铁矿和/或赤褐铁矿重矿物组合。

（2）白云凹陷物源分析。

采用沉积岩石学、沉积地球化学、同位素地球化学和重矿物分析相结合的手段，对白云凹陷渐新世—中新世沉积物来源进行分析。

由于南海北部陆架坡折带在 23.8Ma 从白云主洼南侧向北侧跳跃，造成白云凹陷主体沉积充填类型发生根本性转变。在渐新世，白云凹陷主体以浅水三角洲和滨海潮坪沉积环境为主，而中新世由于陆架坡折带的向北迁移，使白云凹陷主体处于陆坡以下的深水环境，在正常远洋沉积的基础上接受了深海浊积扇和等深流的沉积。因此，23.8Ma 的白云运动直接控制了白云凹陷的沉积环境的变迁。

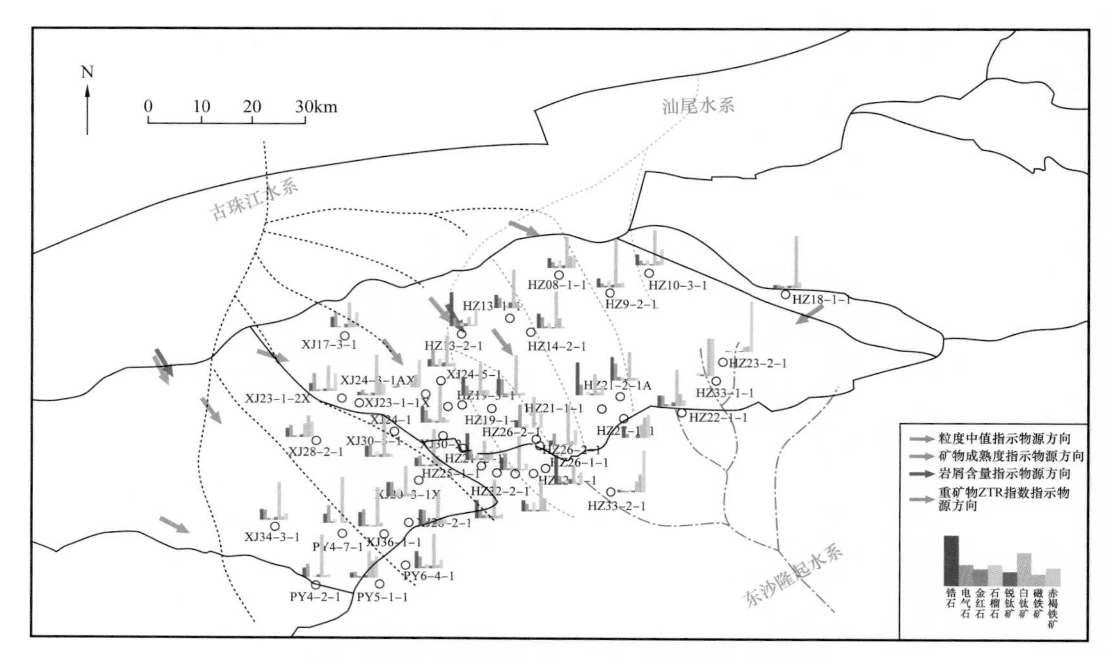

图 2-7-32 惠州凹陷珠江组上段物源综合分析图

对比研究发现，采用常量元素和稀土元素判别分析能很好地区分白云凹陷各区域沉积物源上的差异性。在判别分析中发现，位于番禺低突起西侧 PY 区的 PY33-1-1 井、PY34-1-2 井、PY35-2-6 井判别分析结果类似，常量元素和稀土元素判别正确率均较低，基本均低于 80%，说明该地区在珠海组到韩江组沉积时期沉积物源稳定，不存在大的改变，主要接受古珠江水系带来的陆源沉积。PY30-1-1 井稀土元素判别正确率达到 94.7%，而其主要差别在于韩江组，表明该井沉积物在韩江组的物源出现较大改变。

位于番禺低隆起东侧的 LH19-4-1 井、LH21-1-1 井和 LH18-2-1 井情况不完全相同，LH19-4-1、LH21-1-1 井和番禺低隆起西侧的 PY 区类似，相对判别准确率较低，特别是 LH19-4-1 井与 PY 区各井完全一致，表明物源稳定，受古珠江水系的影响较大。而 LH18-2-1 井则与其完全不同，判别准确率高，常量元素判别正确率达 95.8%，稀土元素判别正确率更达 100%，其物源除受古珠江水系的影响外，还受东沙隆起水系的控制，但是韩江组沉积时期物源仅受古珠江水系影响。

位于白云凹陷南侧的 LW4-1-1 井、LW9-1-1 井判别分析类似，判别准确率高，与临近的 LW3-1-1 井情况不同。表明 LW4-1-1 井、LW9-1-1 井沉积物各时期来源变化明显，结合岩石矿物学分析结果，可以认为，该地区除接受远洋沉积外，还受南部隆起火山以及部分古珠江水系带来的陆源碎屑的影响。LW3-1-1 井判别准确率较低，说明其物源总体变化不大，主要受古珠江水系的影响，在珠江组下段和韩江组存在基性物质的混入。

位于白云凹陷西侧的 BY6-1-1 井判别分析结果与其他井位均不同，应与该井处于火山岩体上有关，受到火山碎屑岩和碳酸盐岩沉积的影响。至珠江组上段和韩江组，该地区仅受古珠江水系沉积物源的影响，物源趋于稳定。

各井沉积物中重矿物类型及含量存在规律性变化。BY6-1-1 井重矿物种类多，各种重矿物含量比较平均，并且辉石、石榴子石含量较高，反映 BY6-1-1 井沉积物物质来源较近，未经过充分磨蚀分选。位于番禺低隆起的 PY33-1-1、PY34-1-2、PY34-1-3、PY35-2-4、PY35-2-6 和 PY30-1-1 这 6 口井重矿物组合类似，主要为锆石、电气石等稳定矿物，而石榴子石等不稳定矿物含量很低或者不含，指示这 6 口井沉积物具有相同的物源区，沉积物经过了长距离搬运分选。位于番禺低隆起东侧的 LH19-4-1 井和 LH21-1-1 井重矿物组合也主要包含锆石、电气石、白钛矿、锐钛矿，但含有一定的石榴子石、辉石、角闪石，重矿物种类明显比 PY 区的要多，且 LH21-1-1 井的重矿物组合比 LH19-4-1 井更多，反映其东面的东沙隆起水系对该地区有一定的物质供给。

LW3-1-1、LW3-1-2、LW4-1-1、LW9-1-1 这 4 口井沉积物重矿物主要包括锆石、电气石、白钛矿、锐钛矿。但除了 LW3-1-2 井以外，其余 3 口井的重矿物种类明显增多，还含较多的辉石、角闪石和石榴子石，显示该地区存在近源搬运的沉积物。但各井重矿物的含量不尽一致，特别是 LW3-1-2 井与 LW3-1-1 井以及 LW3-1-1 井与 LW4-1-1 井、LW9-1-1 井存在明显差距，说明南部火山物质对 LW4-1-1 井、LW9-1-1 井的影响要大于 LW3-1-1 井，而 LW3-1-2 井受到火山物质的影响最小。此外，LW4-1-1 井文昌组重矿物几乎全部由锆石组成，表现出极高的成分成熟度，反映出该时期极稳定的沉积环境。

白云凹陷沉积物源主要来自 3 个方向（图 2-7-33）：① 主体沉积物源来自古珠江水系，由古珠江三角洲提供，其主要影响 PY33-1-1 井、番禺 34、番禺 35 以及番禺 30 和 LH19-4-1 井、LH21-1-1 井等白云凹陷的北部地区；② 东沙隆起区为凹陷东侧提供了大量中性火山碎屑沉积物，对该区域沉积物有一定影响；③ 白云凹陷南部隆起带应该给凹陷南侧提供了部分基性火山物质，但是规模应该不大。

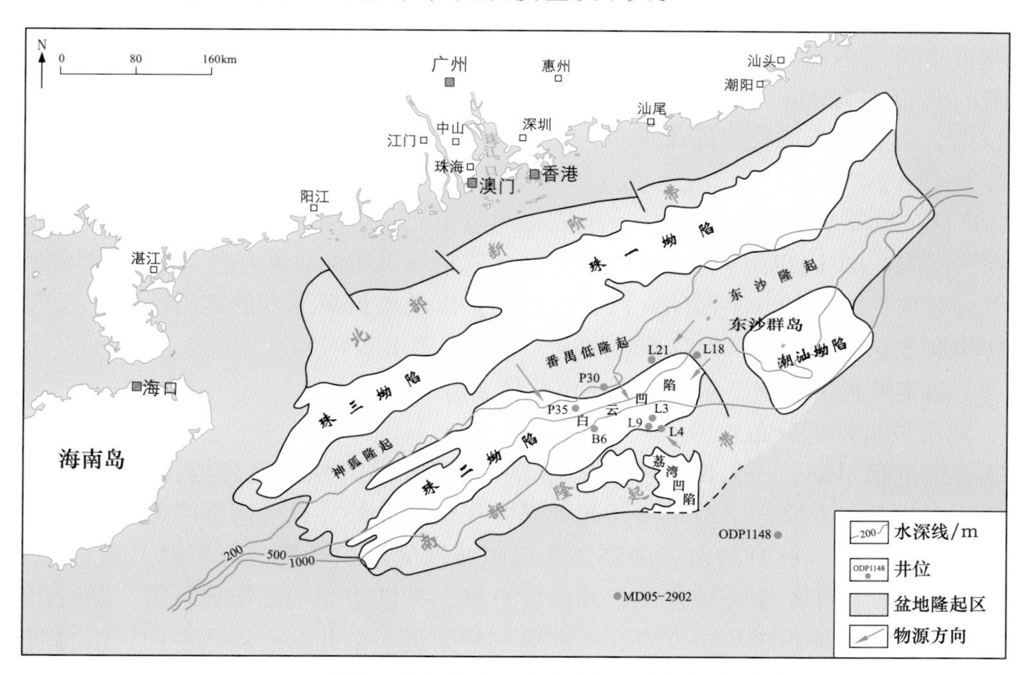

图 2-7-33　珠江口盆地白云凹陷珠海组—珠江组物源示意图

珠海组—珠江组沉积时期，古珠江三角洲从番禺 30 一带进入白云凹陷，到韩江组沉积时期则主要通过番禺 34—番禺 33 一带进入白云凹陷（图 2-7-34）。白云凹陷沉积物源除了古珠江水系来源外，周边滨岸环境下形成的海滩沙也是优质储层的物质供给来源。

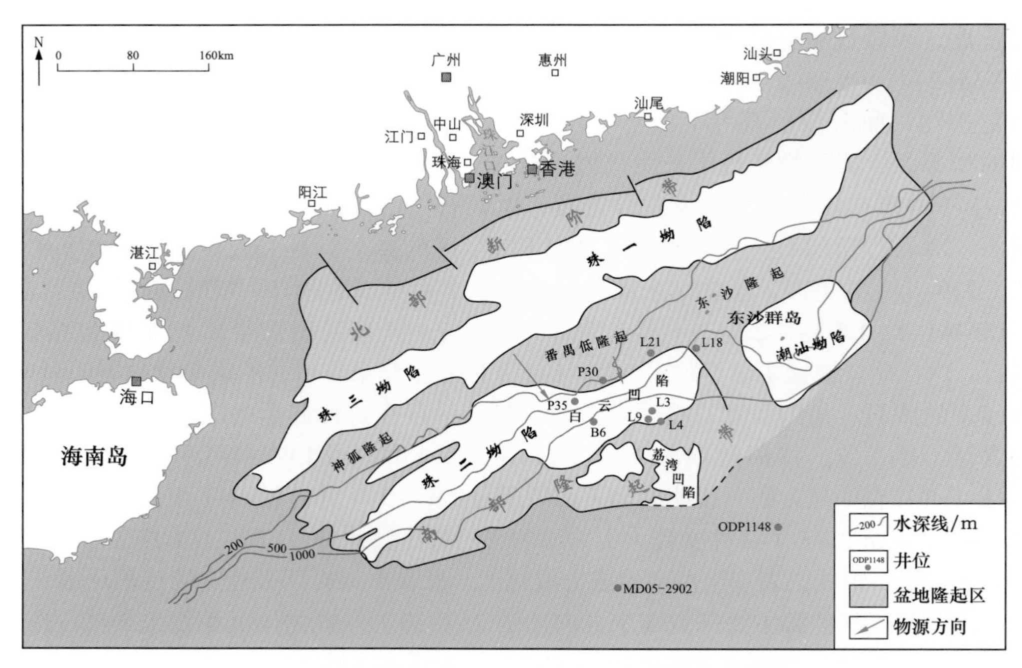

图 2-7-34　珠江口盆地白云凹陷韩江组物源示意图

2）宽阔陆架、陆坡的古地理条件

（1）南海北部发育宽阔的陆架。

珠江口盆地具有广阔的陆架背景。珠海组顶界 23.8Ma 时，陆架平均宽度 270km，陆架坡折带位于南部隆起带上；21Ma 以来，陆架平均宽度 220km，陆架坡折带位于白云凹陷的北边；17.5Ma 时，陆架平均宽度 200km，陆架坡折带位于白云凹陷北坡一带；10.5Ma 时，沉积坡折取代了陆架坡折，平均宽度 160km，坡折带往北迁移，位于番禺低隆起带上（图 2-7-35）。

在广阔的陆架背景上发育着珠一坳陷各凹陷单元，包括富生烃的恩平凹陷、西江凹陷、惠州凹陷、陆丰凹陷等，陆架上是古珠江三角洲沉积的分布场所。在陆架坡折变迁地带发育有珠二坳陷的开平凹陷、白云凹陷等，以及坡折带下方的鹤山凹陷、荔湾凹陷等，这些地方受陆坡影响，发育切谷水道、重力流等沉积。

（2）陆架坡折带控制三角洲和深水沉积体系分布。

① 陆架坡折带的分布。

珠海组沉积早期，白云凹陷深水区随着南海的扩张开始接受海侵，白云凹陷北坡、云开低凸起带及南部隆起带与东沙隆起都暴露在地表之外，只有南部隆起带中间部分低洼区域与外海相通，此时的白云凹陷还是局限海湾的沉积环境，沉积以上超充填为主。珠海组沉积中期由于沉积充填作用，开始发育被动大陆边缘型陆架坡折带，随着沉积物供给量增大，陆架坡折带稳定发育在南部隆起带附近，呈北东—南西走向，由北西向南东方向迁移，属三角洲进积充填型陆架坡折带。在陆架坡折带下方的陆坡区发育具有明显下切水道及天然堤—水道化沉积，随着向海方向地貌坡度的变缓可见深水朵叶体；而在高水位晚期和低水位早期陆架坡折带附近可见陆架边缘三角洲或楔状体的发育，但规模小，而向海一侧具有明显侧向迁移特征的峡谷水道充填。在陆架边缘型盆地充填特征基本形成以后，陆坡带的地貌变化则是控制深水扇储层的关键：珠海组陆架坡折带的西南缘为陡崖控制的多个小的洼陷，主要的低水位期沉积物都堆积在荔湾凹陷内；而在陆架坡折带的东北段，由于东南部存在东沙隆起和南部隆起带的东支使得在荔湾 3-1 构造的南部形成一个相对低洼带，为深水扇沉积的有利地区。同时，也由于东侧的物源较弱，导致三角洲和下方的扇体发育规模都相对较小。

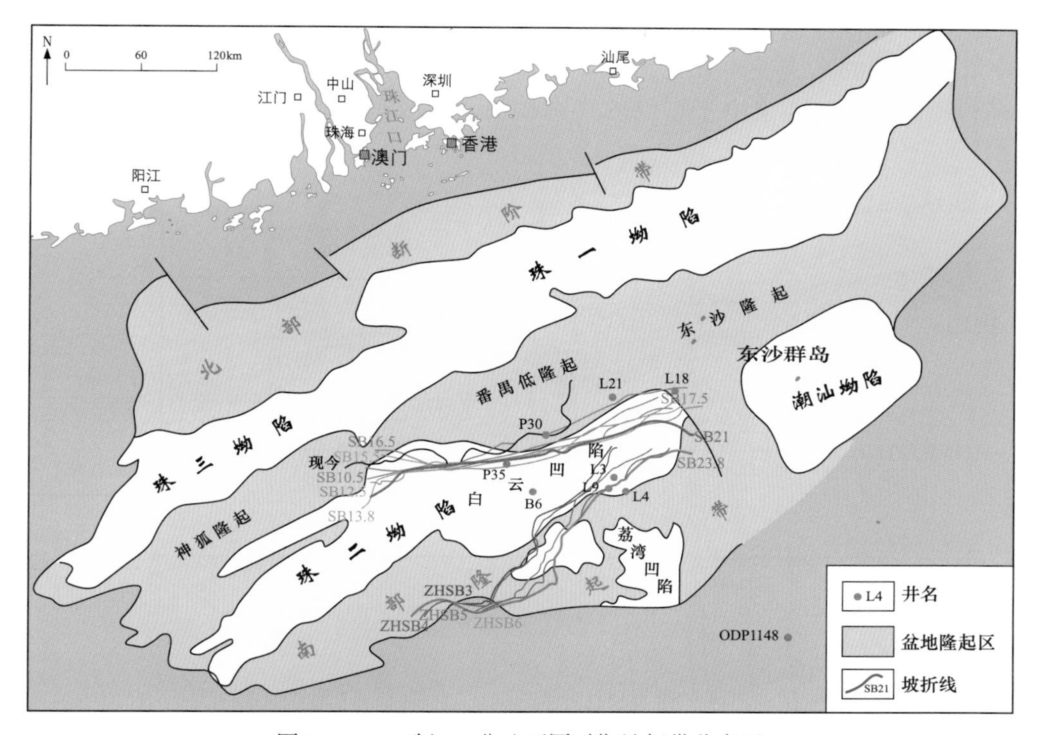

图 2-7-35　珠江口盆地不同时期坡折带分布图

珠海组沉积末期（23.8Ma 时期），受白云运动影响，白云凹陷及以南整体沉降，番禺低隆起相对隆升；23.8Ma 以后中新统珠江组—韩江组沉积时期，白云凹陷及以南的整体沉降造成白云凹陷逐渐成为陆坡深水区；陆架坡折带在距今 21.0Ma 左右开始稳定分布在番禺低隆起区，白云主洼开始成为深水陆坡环境，是充填珠江深水扇沉积系统的主要场所（图 2-7-36）。

② 陆架坡折带的类型及沉积体系响应。

晚渐新世—中新世在白云凹陷深水区发育 3 种类型的陆架坡折带：断控型、沉积型和差异沉降型（柳保军等，2011）。受陆架坡折带控制，层序发育的低水位期在陆架坡折带附近发育陆架边缘三角洲、滨岸沉积体，而在陆架坡折带下方的陆坡区发育具有明显天然堤—水道化沉积，随着向海方向地貌坡度的变缓可见深水朵叶体；而在海侵和高水位期，陆架坡折带附近亦可见陆架边缘三角洲或楔状体的发育，但规模要小，而向海一侧具有明显侧向迁移特征的峡谷水道充填。

在珠海组沉积初期，周边高、中央低的古地理面貌对 ZHSQ1 和 ZHSQ2 的沉积起到一定的控制作用，使得 ZHSQ1 的沉积在反差较大的古地理面貌背景下充填，ZHSQ2 在古地形反差较小的背景下夷平。珠海组沉积中晚期（ZHSQ3—ZHSQ6），随着陆架坡折带的逐步形成，沉积体系则由滨浅海陆架区演变为以河控型三角洲进积组合为主体（图 2-7-37），形成各种前积地震反射结构；陆架边缘坡折带发育陆架边缘三角洲及下切水道，与陆坡下方的深水扇体系相连通。在陆架边缘型盆地充填特征基本形成以后，陆坡带的地貌变化则是控制深水扇储层的关键：珠海组陆架坡折带的西南缘为陡崖控制的多个小的洼陷，与荔湾凹陷此时的古海山分隔的低洼区分带特征相似，主要的低水位期沉积物都堆积在荔湾凹陷内；而在陆架坡折带的东北段，由于东南部存在东沙隆起和南部隆起带的东支使得在荔湾 3-1 构造的南部形成一个相对低洼带，为深水扇沉积的有利地区。同时，也由于东侧的物源较弱，导致三角洲和下方的扇发育规模都相对小。

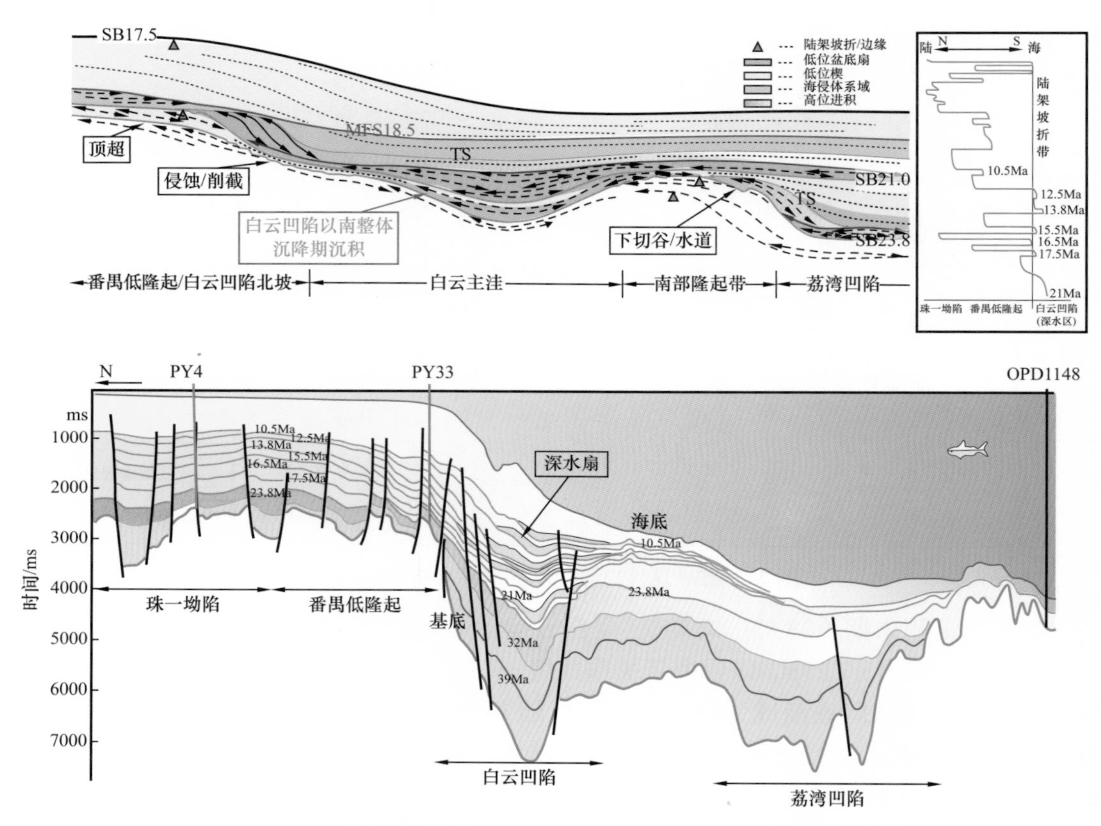

图 2-7-36　白云凹陷深水区晚渐新世以来沉积演化及 SB23.8—MFS18.5 沉积结构响应

23.8Ma 以后中新统珠江组—韩江组沉积时期，白云凹陷及以南的整体沉降造成白云凹陷带逐渐成为陆坡深水区，陆架坡折带在距今 21.0Ma 左右开始稳定分布在番禺低隆起区，白云主洼开始成为热沉降坳陷区，充填珠江深水扇沉积系统的主要场所（图 2-7-38）。同时，在陆架坡折带附近及向海一侧发育规模巨大的低位陆架边缘三角洲及深水扇沉积体系，其中较大的相对海平面下降期为距今 23.8Ma 和距今 21.0Ma，相应发育低位陆架边缘三角洲—深水扇沉积体，规模达到了上万平方千米，即 SQ23.8 和 SQ21.0 低位体系域发育期。

陆架坡折带控制了白云凹陷深水区各层序中相对富砂的浅水三角洲沉积体、低位陆架边缘三角洲沉积体及陆坡区珠江深水扇砂体等有利储层和成藏带的发育。SQ23.8 和

SQ21.0 两个三级层序为白云运动的沉积响应，具有最为富砂背景的低位深水扇发育条件，白云凹陷深水区天然气藏及番禺天然气区的形成均受控于这两个陆架坡折带。

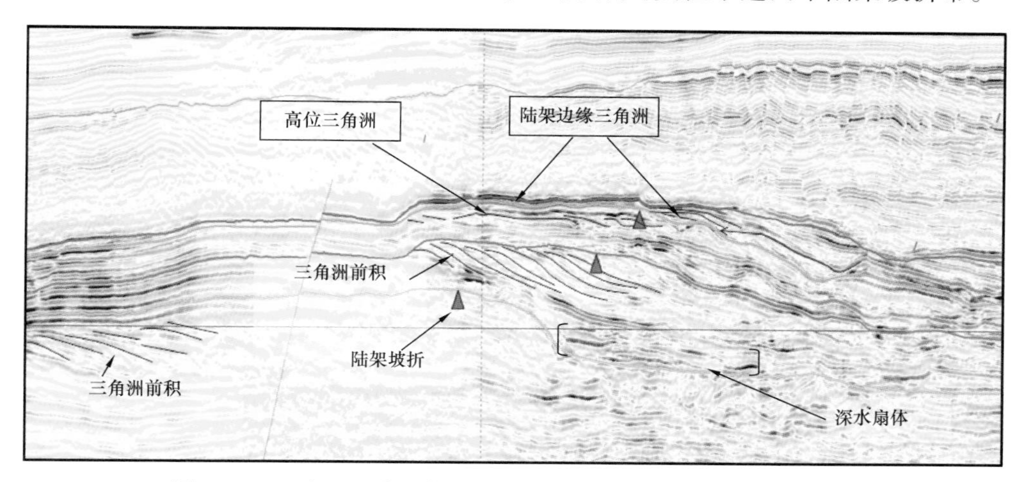

图 2-7-37　白云凹陷—荔湾凹陷深水区珠海组陆架坡折带特征图

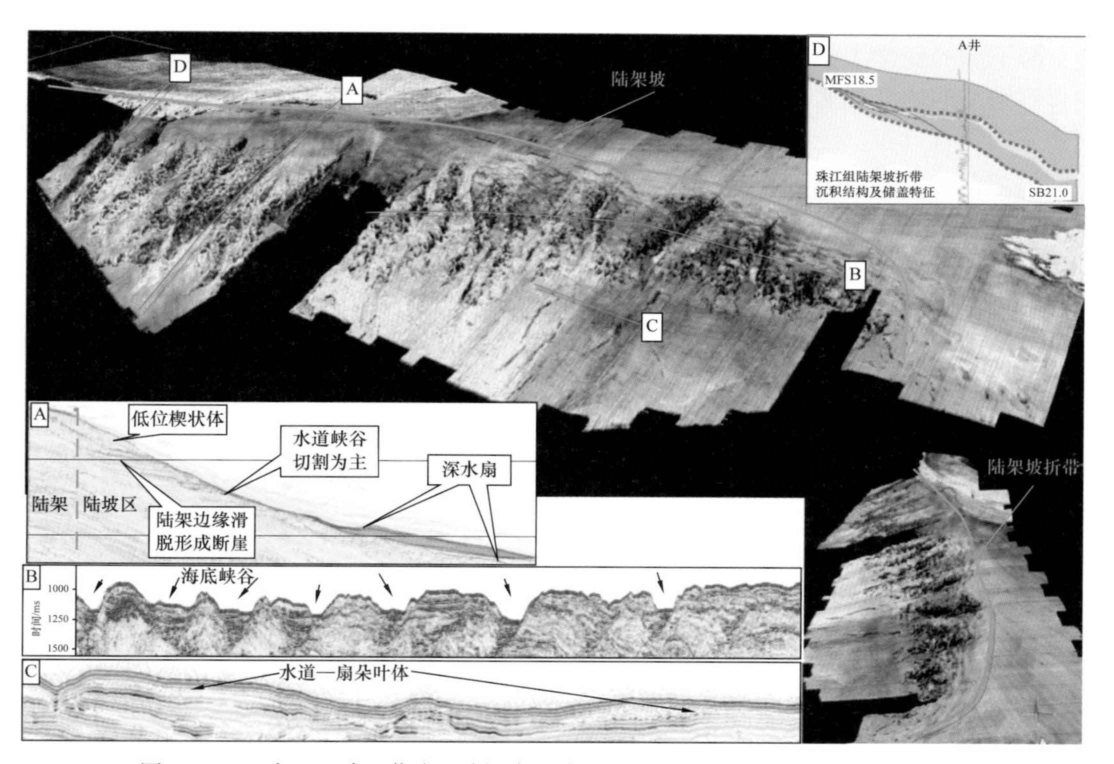

图 2-7-38　白云凹陷—荔湾凹陷深水区珠江组沉积时期以来陆架坡折带特征图

3）周期性海平面变化控制了沉积体系变迁和分布

层序地层学强调体系域的变迁主要受控于相对海平面变化的制约（朱筱敏，2003），以 Vail 为代表的学者在发展层序地层学理论的过程中还建立了全球海平面变化曲线（Vail et al.，1977），众多学者都在尝试利用和完善海平面曲线，并且进行等时对比。至今已有超过 10 个航次的科学大洋钻探进行海平面变化的相关研究，获得大量资料，取得重要成就。“建立了过去42Ma以来的海平面变化年表，证实了至少在过去25Ma内，主要的海平面变化在全球范围内是同时进行的，而且这些海平面变化能与深海的氧同位素记录吻合。确立了大陆边缘层序界面与全球海平面下降之间的成因联系，证实了被动大陆边缘层序界面年代的确定可以达到0.5Ma左右的分辨率水平”（Miller et al.，2002；柴育成等，2003）。许多层序界面的形成与冰川型全球海平面下降事件对应（钟广法，2003），近十余年，借助海平面变化和层序地层学所展示的地层组合关系，的确拓展了对大陆边缘地层结构、地层界面形态及层序内部地层样式的各种过程之间的成因联系和演变的理解，无疑对更深入解剖沉积盆地，重建大陆边缘的沉积演化，进一步发现隐蔽油气藏提供了重要解释手段。但是，“由于海平面问题本身的复杂性，迄今对全球海平面变化的幅度、机制及地层响应等基本问题的了解，还存在很大的不确定性”（钟广法，2003；Miller et al.，2002）。

近年来，随着研究不断深入，海平面变化受地区性构造作用影响的认识愈加深刻。南海北部陆缘由于所处的构造背景复杂，裂后坳陷期构造活动较活跃且强于典型的被动大陆边缘盆地，是研究构造作用对海平面变化影响的有利地区，并且可与喜马拉雅隆升和南海深部地幔上隆造成的沉降事件联系起来。

海平面的变化（包括海平面变化速率和变化幅度）影响、控制着可容纳空间的增减和可容纳空间的变化速率，以及沉积物源区的分布，从而影响到沉积物供应，控制着沉积体系的发育分布，进而影响储集砂体的分布。如海平面快速下降，一方面造成可容纳空间迅速减小，另一方面可使沉积物源区面积增加，从而使得沉积体系向海强烈进积，有利于陆架边缘三角洲发育，故在陆架边缘发育有利砂体；相反，如果海平面快速上升，海域面积大幅扩张，陆架可容纳空间快速增加，内陆架及中陆架三角洲发育，有利储集砂体主要发育于陆架区域。

海平面升降旋回是层序发育的重要影响因素，尤其在珠江口盆地，宽缓的陆架特征使得相对较小的海平面升降就会导致岸线的长距离进退，进而影响沉积演化和地层叠加样式。

在珠江口盆地，海平面总体趋势是一个上升的过程，期间伴随着次一级的海平面下降。从32Ma南海运动开始，珠江口盆地开始由陆相沉积向海相沉积转化，珠海组沉积时期，相对海平面上升幅度不大，主要为白云凹陷及其以南的盆地接受沉积。随着23.8Ma南海进一步扩张，海平面上升幅度及其变化速率加快，可容纳空间变化速度也随之加快，形成了如今非常复杂的层序格局。层序地层学研究发现，由于该区陆架非常宽缓，大约200km，海平面变化幅度的大小，直接影响了物源能否达到陆架边缘，从而制约着三角洲的发育分布。在地层岩性圈闭勘探中，砂岩、泥岩频繁交互或者岩性发生突变的区域一般是有利的，那些孔渗性好、厚度大，且处于泥岩层包围中的砂岩往往成了需要寻找的对象。

海平面升降旋回是层序发育的重要影响因素，尤其在珠江口盆地，宽缓的陆架特征使得相对较小的海平面升降就会导致岸线的长距离进退，进而影响沉积演化和地层叠加样式。

海平面下降，可容纳空间减小，一般可呈现出3种状态：（1）海平面快速下降到陆架坡折之下，此时陆架完全暴露，造成陆架上河流供源的沉积物路过及重力流下切在陆架边缘形成切割谷，如珠江口盆地 SB21、SB13.8 及 SB10.5 层序界面之上切割谷的发育，同时在陆架坡折之下可形成低位扇体及低位陆架边缘三角洲楔状体；（2）海平面快速下降到达陆架边缘，但没有下降到陆架坡折之下，此时沉积滨线坡折在陆架上迁移到接近陆架边缘，可形成陆架边缘低位三角洲楔状体，但缺乏陆架边缘切割谷和低位扇沉积；（3）海平面下降过程仅限于陆架范围，沉积滨线坡折亦在陆架上迁移，陆架上以古珠江水系为陆源碎屑物供源体系的三角洲沉积体系向盆地强烈进积，从而形成进积型陆架特征，同时形成陆架上的沉积坡折。其后海平面继续下降可造成沉积坡折暴露地表或遭受过路冲蚀，因而形成陆架局部Ⅰ型不整合层序界面。如在惠州较为宽阔的陆架上 18.5—18Ma 期间，海平面快速下降，三角洲沉积体系向海强烈进积，从而形成陆架内沉积坡折（图 2-7-39），沉积坡折之下可发育特殊的低位体系域沉积，包括低位潮汐沙坝（低位重力流沉积改造而成）和低位滨岸沙坝。随着海平面上升速率增加，可容纳空间迅速增加，陆架区发生广泛海侵，一方面造成对前期沉积的冲刷改造，另一方面造成珠江陆源碎屑岩沉积体系向陆方向退积以形成退积砂体（图 2-7-40）；当海平面稳定不变或缓慢变化时，多形成加积型层序。

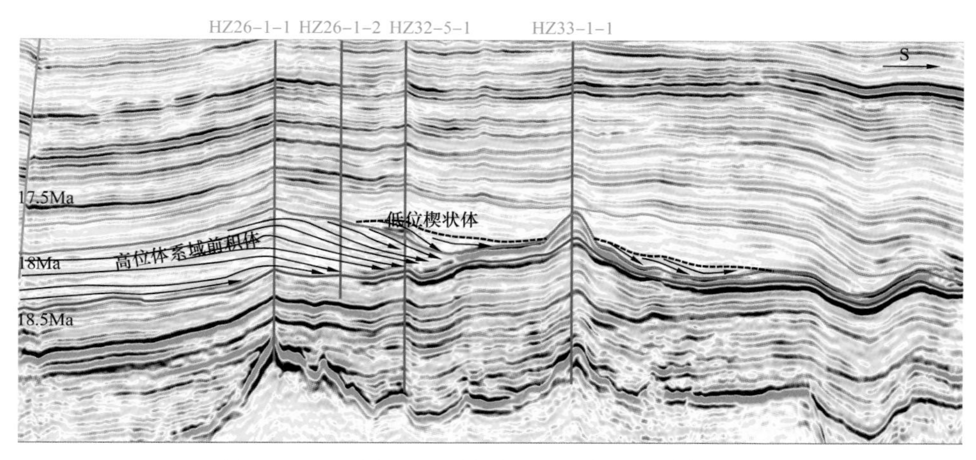

图 2-7-39 惠州地区陆架内沉积坡折及相关体系域

层序地层学研究表明（庞雄等，2007）：

32—23.8Ma 期间，周期性的海平面下降可到达白云凹陷的南部，23.8Ma 界面以下（珠海组）的地震反射表现出强烈的自北向南前积充填，跨越了整个白云凹陷（图 2-7-41），深水扇发育在白云凹陷南缘到 ODP1148 井之间的地域，此时白云凹陷属南海北部大陆架的一部分，发育浅海沉积；自 23.8Ma 以来，由于白云凹陷持续沉降作用，使凹陷的北缘从此成为地理性陆架坡折带，白云凹陷从此沦为陆坡深水区。

21—10.5Ma 期间，海平面下降可到达白云凹陷的北缘，陆架坡折带以下的白云凹陷深水区发育低位体系域的深水扇沉积。在这个地层段内，经过系统的层序地层解释，利用地震资料，通过识别有削蚀和深切作用的峡谷水道，下方有丘形深水低位扇沉积体组合作为层序面，共识别出 7 个层序界面（即 SB21、SB17.5、SB16.5、SB15.5、SB13.8、SB12.5、SB10.5），经过层序界面、扇顶面、低位楔顶面等的解释，圈定了各层序低位体系域和扇的分布范围（Chen et al，2001；彭大钧等，2004；彭大钧，2005）。至此，尽管地层界面的准确年代标定可能存在争议，但是通过地震寻找峡谷水道和低位扇来确认的层序界面个数完全与生物地层标定的海平面升降的周期数及全球海平面变化的旋回数一致，这并非巧合所能解释。如果沿白云凹陷沉降槽绘制一条轴线，不难发现，21—10.5Ma 间的 6 个层序的峡谷水道全部位于轴线的北侧，即位于陆架坡折带与白云凹陷沉降中心之间，且所有的深水扇都被围堰在凹陷的沉降槽的最低洼部位，充分反映了沉降作用形成的陆坡内盆地对深水沉积物的堰塘作用（庞雄等，2007）。

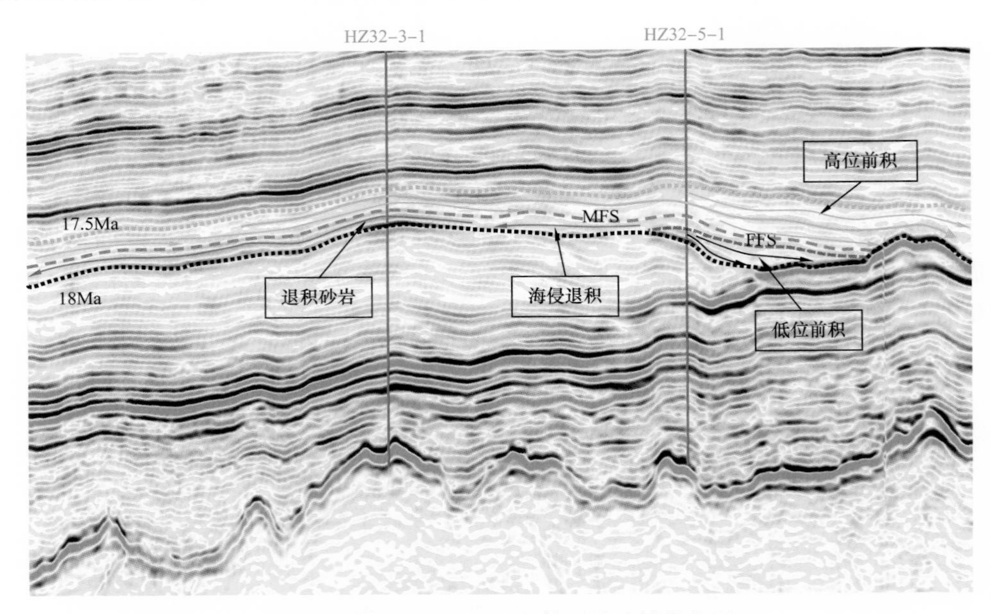

图 2-7-40　惠州地区海侵体系域砂体分布图

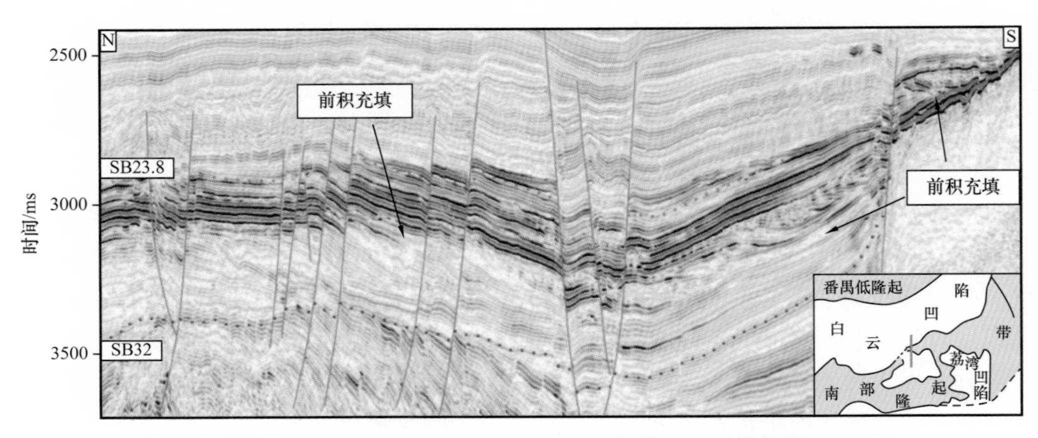

图 2-7-41　23.8Ma 界面以下白云凹陷的前积充填特征

10.5Ma 以来的海平面下降基本不能到达陆架坡折带，仅能位于珠一坳陷的南缘或番禺低隆起的北侧，此间发育的低位体系域或陆架边缘体系域的主体主要分布在番禺低隆起区，白云凹陷以远端细粒沉积为主。

白云凹陷自 32Ma 南海扩张以来“三台阶式”的海侵事件，形成了台阶式退积层序组合，具有下粗上细的沉积序列；造就了 23.8Ma 以前的浅水三角洲—滨岸砂泥岩储盖组合和 23.8—10.5Ma 的深水扇砂泥岩储盖组合，10.5Ma 以后白云凹陷主要以远端的细粒沉积为主。白云凹陷深水陆坡的沉积充分地、淋漓尽致地迎合着海平面的变化和构造作用所造就的古地理条件（庞雄等，2007）。

2. 优质储层的分布

几十年勘探开发实践揭示，珠江口盆地的绝大多数油气田都与古珠江水系有关，古珠江三角洲优质储层的发育主要受富砂的供源条件、宽阔的陆架和陆坡古地理条件、周期性海平面变化控制沉积体系的变迁和分布 3 个因素影响。作为油气藏的储集层段，自 32Ma 以来多由古珠江水系提供物源，形成各种类型的三角洲沉积、或经波浪海流再改造形成的滨岸沉积以及发展演变而成的重力流沉积等，这些类型的砂体孔隙度、渗透率条件好，开发性能优越，产量高，为形成大中型油气田所必需的优质储层提供了物质保障和物质基础。此外古珠江三角洲优良的储集砂体，整体上地层埋深不超过 3000m，储层孔渗条件得到很好的保护，具有高孔隙度、高渗透率的特点，这些砂体不仅是油气汇聚的场所，也可以作为油气横向输导的通道，这奠定了整个珠江口盆地均有条件成为优质油气田的储运基础。因此，珠江口盆地的油气发展之路，来自富生烃洼陷，更来自古珠江三角洲，未来的大中型油气田之路也必然以此为方向发展下去。

1）古珠江三角洲

古珠江三角洲自 32Ma 南海扩张时开始发育，延续至今。由于古珠江流域面积广阔，支流众多，径流量大，古珠江三角洲物源供给充足，在珠江口盆地东部地区展布范围广阔，叠合面积超过 $6\times10^4km^2$，最大累计厚度达 3000m，是珠江口盆地油气圈闭储盖组合的物质基础。迄今为止新近系已经发现油气资源占全盆地探明地质资源量的 78%，其中珠江组油气最为丰富，韩江组亦有油气发现。新近系优质油气田主要有：白云凹陷荔湾 3-1、番禺 35-2、番禺 30-1 气田和流花 20-2 油田，陆丰凹陷陆丰 7-1、陆丰 13-1、陆丰 22-1 油田，惠州凹陷惠州 26-1、惠州 21-1、惠州 32-2、西江 30-2、西江 24-1、西江 24-3 油气田，番禺 4 洼番禺 5-1、番禺 4-2 油田，恩平凹陷恩平 24-2、恩平 18-1 油田等。

珠江口盆地三角洲砂岩十分发育，埋深总体小于 3700m，成岩阶段处在同生成岩阶段—中成岩阶段 A 期，具有良好的储集性能，平均孔隙度为 18%，渗透率为 70～700mD，是东部地区油气勘探的重点领域，也是主力产油气层系。1985 年 9 月首个商业发现的西江 24-3 油田，1990 年 9 月首个投产的惠州 21-1 油田，它们的储层均为古珠江三角洲砂岩。自 1996 年起，珠江口盆地东部地区年产油气量就一直保持在 $1000\times10^4m^3$ 油当量以上，其中 80% 以上的产量来自古珠江三角洲体系。古珠江三角洲发育时间长，随海平面的升降进退频繁，左右摆动幅度大，叠合面积达 $6\times10^4km^2$ 以上，覆盖范围包括珠江口盆地东部所有富烃区：陆丰油区、惠州—东沙大油区、西江潜在油区、番禺 4 洼油区、恩平油区、番禺低隆起气区、白云—荔湾大气区。

滨浅海砂岩因其砂岩纯净，分选磨圆好，孔隙度、渗透率较高而成为油气勘探的有利目标。惠州地区珠江组下段的滨岸沉积（比如 HZ26-1、HZ32-3 井区的 M10、M12 砂体），岩性以岩屑质长石砂岩为主，石英含量较高，长石、岩屑、黏土杂基和胶结物含量较低，成分成熟度约为 0.763。这些砂岩孔隙度往往可达 20% 左右，渗透率则在 500～1000mD 之间。由于滨浅海相砂岩普遍厚度大，横向连续性好，往往作为构造圈闭的目的层。

古珠江三角洲新近系具有以下特点：（1）优质的储盖组合，受频繁海平面升降的影响，古珠江三角洲朵叶体曾发生多次前后迁移，砂体与泥岩交互沉积，为油气聚集提供了良好的储集空间和优质的盖层条件，且古珠江三角洲的三角洲前缘相带分布面积巨大，覆盖了珠江口盆地的大部分；（2）优良的储集砂体，古珠江三角洲新近系发育至今，整体上地层埋深不超过3000m，储层孔渗条件得到很好的保护，具有高孔隙度、高渗透率的特点，这些砂体不仅是油气汇聚的场所，也可以作为油气横向输导的通道，这奠定了整个珠江口盆地都有条件成为优质油气田的储运基础；（3）优越的成藏条件，受晚期构造活化的影响，来自深部的油气可以依靠活化的断裂完成纵向的输导，长期继承性古隆起为背景形成的一系列构造脊使油气可以完成长距离的横向运移，优质的三角洲砂体及多期次层序界面，对油气纵向、横向进行再次分流，促使多层系、多类型的复合型油气藏形成。

当海平面下降到一定程度，陆架区的沉积物因暴露而遭受剥蚀，海平面回升期发育的上覆海侵砂体与其呈不整合接触，通常该界面被称作不整合面或层序界面，围绕层序界面上下发育的高位砂体和海侵砂体可作为优质的横向输导层。当油气通过活化的断裂完成纵向输导后，以这些砂体为介质可沿着长期处于古隆起的构造脊继续在横向上运移（图2-7-42），如果遇到圈闭则可以成藏，没有圈闭则继续向高点运移，如惠州25-8、惠州32-3、惠州26-1、惠州33-1等油气田，但是一旦偏离了油气优势运移路径则很难捕获油气，惠州25-14目标L30up砂层就是这个原因造成了失利。珠江口盆地新近系沉积经历了多次海平面升降，发育了一系列层序界面及围绕层序界面而发育的优质砂体，这些砂体不但可以作为储集砂体，同时也可以作为油气横向输导介质，比如白云凹陷北坡发育于SB21之上的Sand1砂层，不但是整个白云地区重要的储集砂体，同时也是白云凹陷的油气资源向中央隆起带运聚的高速通道。

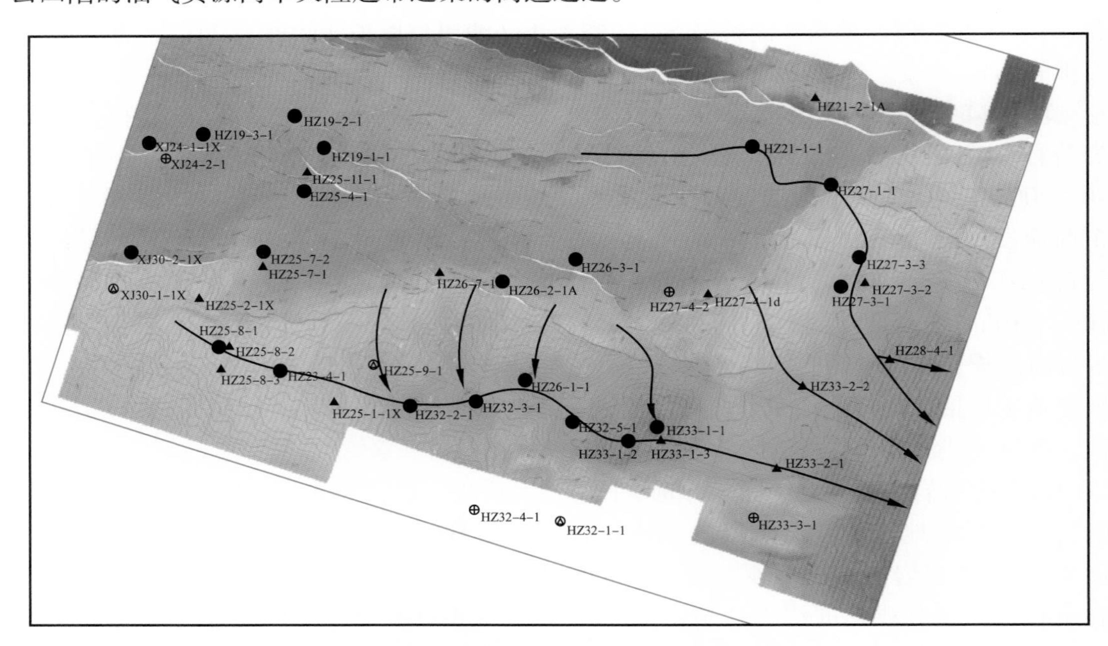

图2-7-42 惠西南地区油气沿构造脊运移

2）重力流沉积

深水区高昂的勘探成本及巨大的勘探风险，不仅要求找到砂岩储层，更是要识别出优质的砂岩储层。层序地层解释所描述出来的低位体系域深水扇，仅仅是一个沉积地质体，需要认识形成深水扇的重力流沉积过程，找到优质的砂岩储层，进而实现深水大中型勘探目标的评价。陆架坡折带及相对海平面的变化控制了深水重力流的宏观分布，但优质重力流储层的分布却更多受控于重力流的搬运过程及物源区的物质组成、沉积物的供给量以及受构造作用或海平面变化等所导致的供源体系的变化。在稳定的古珠江水系供源背景下，相对海平面的变化决定了深水重力流沉积的物源条件，当相对海平面在陆架坡折带附近徘徊时，形成了白云凹陷深水区不同的物源背景：富砂物源背景及砂泥混合物源背景。不同物源背景的深水重力流沉积存在显著的优质储层分布，而正确认识重力流的流动过程和表现形式是识别重力流砂岩储层的关键，深水重力流优质砂岩储层的沉积与重力流的物质组成及其流动过程有关。

重力流作为一种突发性的事件流和密度流沉积，具有特殊的流动过程和沉积特征（Yannick Callec et al.，2010；Schwarz E et al.，2007；庞雄等，2008）。重力流由事件型的触发机制而启动，因陆坡坡度而获得动力加速，并对海底侵蚀形成沟谷，因下陆坡坡度逐步减缓而减速并开始沉积，因流动过程中被稀释而砂泥分异，发育水道—天然堤沉积，在陆坡底或古海底高处遇阻水道分叉或喷溢形成朵叶体沉积（Shanmugam G et al.，2000）。在上陆坡重力流由于坡度而获得动力不断加速，侵蚀下切是主要作用，形成深切的峡谷水道，随后的重力流被峡谷夹持而受限，坡度决定了重力流的动力，并由此决定了侵蚀下切或沉积作用，仅侵蚀下切而不发生沉积就形成了重力流过路不留（bypass）的特殊地带，导致了与物源的分离［图 2-7-43（A）］。

重力流在坡度开始变缓的下陆坡速度达到最大，并因坡度降低使加速度下降，最粗粒的沉积物开始沉积，此时重力流主要沉积充填在峡谷水道内，一般为分异差的碎屑流和少量浊流［图 2-7-43（B）］。重力流的流动随着陆坡底坡度变缓而减速，同时，被不断混进的海水稀释、液化、砂岩逐步分异，表现出具浊流的紊流流态，大量的细粒沉积物以低密度浊流的形式被旋起，在主水道高密度浊流的两侧和后方沉积，形成了淤高的天然堤和水道砂岩之上的细粒沉积［图 2-7-43（C）］。据统计（Richard Labourdette et al.，2010；Peakall J et al.，2000），天然堤的宽度一般为水道宽度的 1～4 倍，因此，在线性水道分布复杂的地区，相对宽的水道间距离有利于构成两个水道—天然堤系统的砂体分隔（庞雄等，2014）。

在理解上述重力流沉积过程的基础上，不同物源背景下的重力流沉积具有明显不同的优质储层发育条件及分布特征。在富砂的物源背景下，沉积速率高的三角洲或滨岸砂岩沉积是重力流物质的重要来源，这样的重力流无论处于何种流动状态沉积下来都是以砂质为主的沉积体。白云凹陷深水区荔湾 3-1 到流花 29-1 一带 21Ma 期间的重力流就以陆架边缘三角洲和滨岸富含砂岩的沉积物为主，以砂质为主的重力流即使处于碎屑流阶段的沉积仍发育高孔渗的砂质碎屑流优质储层。荔湾 3-1 重力流砂体以砂质碎屑流为主，近陆架侧翼钻井的砂岩有更多的泥砾和炭屑（疑为植物叶片碎屑）（庞雄等，2012），这也反映重力流最初粗细混积的碎屑流过程，由于沉积物以砂质为主，碎屑流也能成为优质储层。

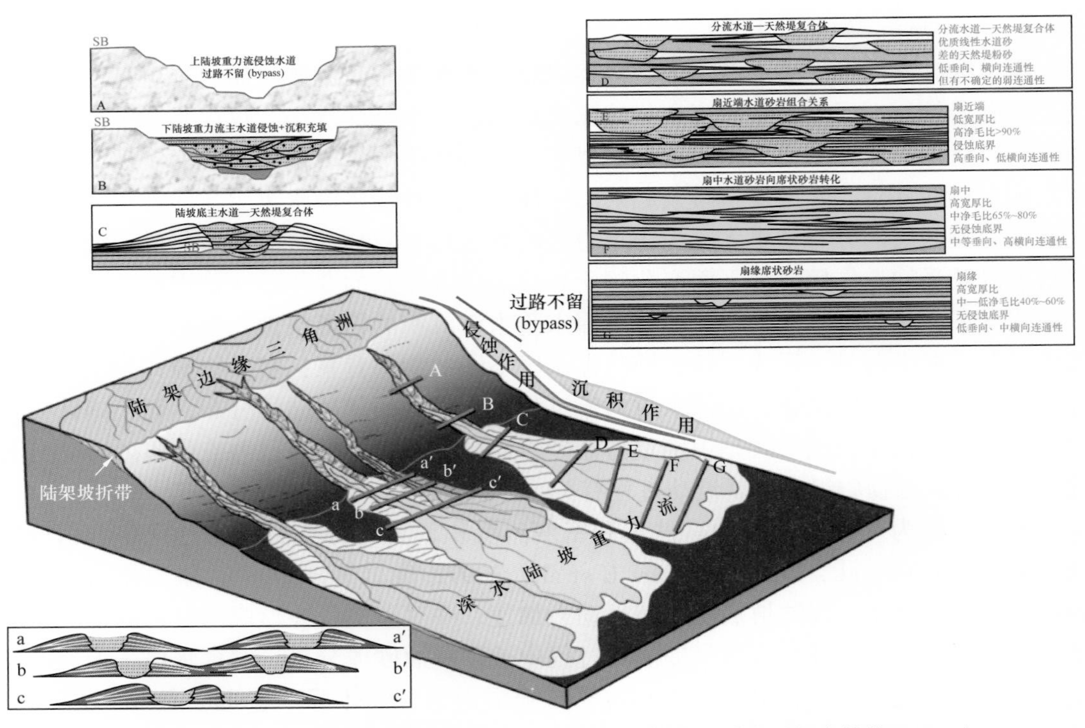

图 2-7-43　白云凹陷深水区重力流的流变过程和砂体分布样式（据庞雄等，2014）

而如果砂泥混合的重力流就需要经过重力流的流态变化和砂泥分异的过程，才能发育具有优质储层的砂岩沉积。例如以泥质沉积物为主的亚马孙扇（来自亚马孙丛林的沉积物 95% 以上为泥质），上扇部分均以泥质碎屑流沉积为主，砂岩储层的沉积出现在距陆架边缘 250km 以外的中下扇区，砂泥分异后形成的水道—天然堤系统中水道内砂岩厚度达到数十米，水道口的朵叶体也构成了厚的层状砂岩沉积。白云凹陷深水区的白云 6-1 为一个位于陆架边缘珠江三角洲砂体下方陆坡区的斜坡扇体，钻探结果显示为 100 多米厚的细砂质粉砂岩与泥岩构成的薄互层，未能钻遇优质砂岩储层。根据层序结构，这个沉积体属于斜坡扇水道—天然堤系统，根据低幅锯齿状的 GR 曲线、成像测井和密闭井壁取心等资料均表现出频繁细砂质粉砂岩与泥岩间互特征等分析，该井是钻在斜坡扇水道—天然堤系统内的天然堤之上。斜坡扇内细砂质粉砂岩与泥岩薄互层表明重力流沉积物的砂泥已经分异，与之相伴的具有明显下切作用的水道应该存在比天然堤更粗的砂岩沉积充填。

重力流流动过程中的一个重要变化是碎屑流向浊流的转换。重力流由初始的滑动、滑塌、变形形成粗细混积的碎屑流，在流动过程中不断被混进的海水稀释、液化、黏性降低、流态发生变化，砂泥逐步分异，从而形成了淤高的天然堤和水道砂岩相分布。稀释分异对重力流的流变性有重要作用，对稀释分异的正确理解有利于明确优质储层分布（庞雄等，2014）。根据对亚马孙现代海底扇的大洋钻探研究（Schwarz E et al.，2007），即使以泥质为主的亚马孙河也能在经过重力流流动过程的分异形成具有优质储层性能的水道和朵叶体砂岩沉积。而荔湾 3-3 目标的目的层为一个发育在低含砂率陆架边缘背景上的陆坡水道口重力流沉积体（图 2-7-44），钻探证明缺乏优质储层。这是由于作为重力流的沉积物含砂率低（<30%），重力流的早期是沉积物的混合形成类似混凝土的碎屑流过程，重力流水道两侧未见明显天然堤沉积体的地震反射结构，表明尚未发生稀释分异，在仍然是碎屑流的状态就被阻滞而沉积下来。这是重力流一旦进入到相对较平缓沉

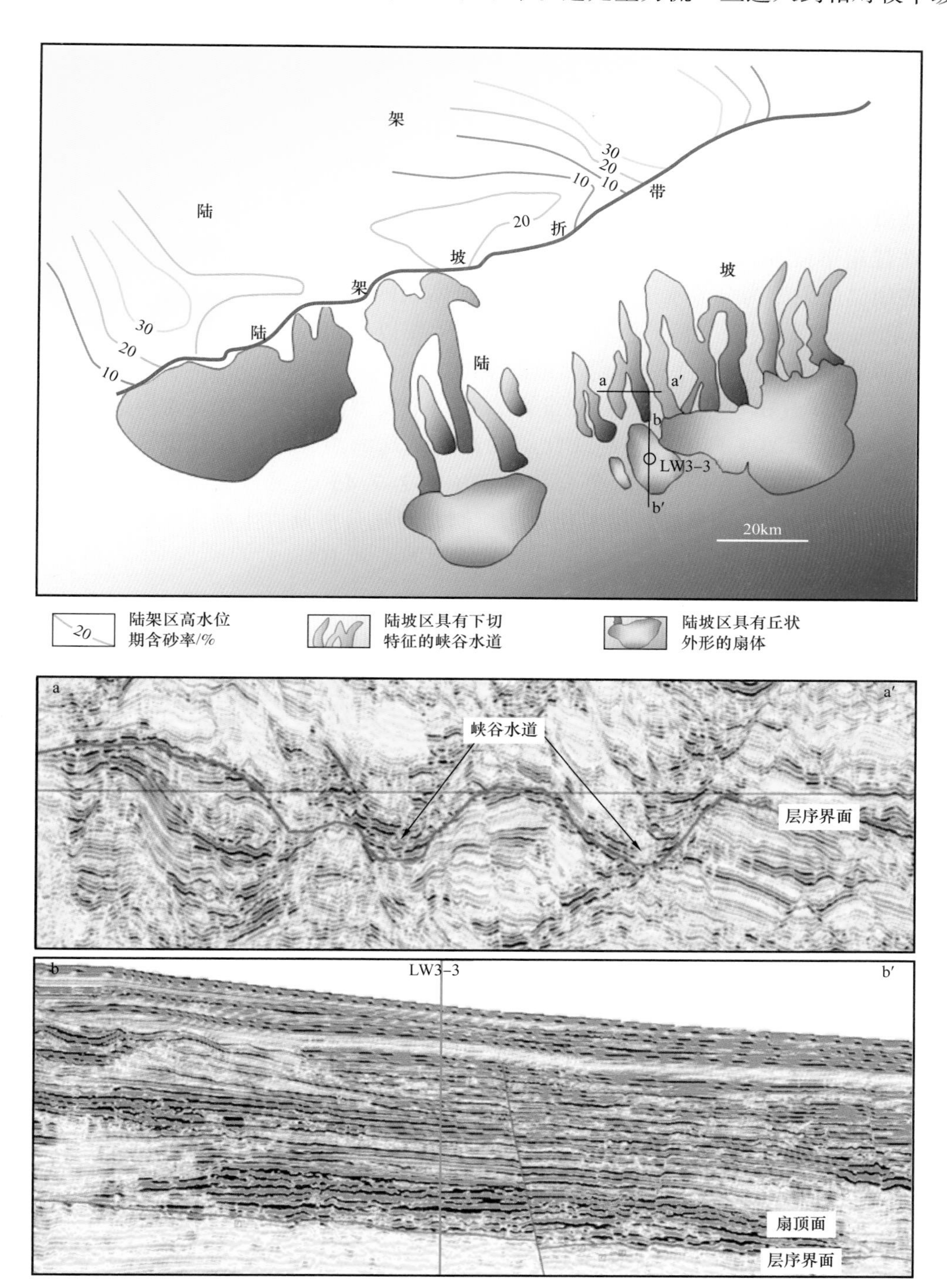

图 2-7-44　低含砂率陆架背景下的陆坡峡谷水道和重力流扇体沉积（据庞雄等，2014）

a—a′ 为峡谷水道；b—b′ 为水道口具有丘状外形的扇体

积环境时，失去了流体快速流动的坡度条件而发生的“整体冻结”式沉积，这种砂泥混合或泥质为主的重力流未经分异就沉积下来，因此缺乏优质储层（庞雄等，2014）。

自 2006 年 LW3–1–1 井天然气的重大发现以来，在珠江口盆地白云凹陷深水区获得了一系列的油气发现，而且发现的天然气储量同样主要来自深水扇体的砂岩储层。白云凹陷生烃潜力大，由于位于陆缘碎屑物长距离搬运的终端，粗粒陆源碎屑沉积物相对偏少，深水扇成为深水地区主要的勘探目标。在荔湾 3–1 气田，深水陆坡重力流水道化朵叶体砂岩储层的储量占 68%；流花 29–1 和流花 34–2 等气田，来自深水陆坡重力流水道砂岩储量占 90% 以上。

荔湾 3–1 气田位于白云凹陷深水区，气层主要发育在珠江组下段和珠海组中上部，其中珠江组下段 Sand1 砂层为深水沉积环境，储层砂体为典型的深水浊积扇砂岩沉积，该盆底扇储层主要为分流水道砂、非限制浊流席状砂体复合而成。另外，珠海组 Sand2、Sand3 和 Sand4 砂层为三角洲沉积体系，储层主要以三角洲前缘水下分流河道、河口坝为主，但储量规模有限，只占全部储量规模的 32%。

流花 29–1 气田位于白云凹陷东北部，是一个大型的和断层有关的构造—岩性复合油气藏。气层主要来自下中新统珠江组和渐新统珠海组，其中珠江组 Sand1 和珠海组 Sand2 气层为陆坡水道—天然堤复合体沉积（图 2–7–45）。另外，珠海组 Sand3 气层没有常规取心，根据区域地震数据对比分析、测井对比分析及古生物分层资料，将其界定为浅水陆架及三角洲前缘沉积，占全部储量规模的不到 10%。

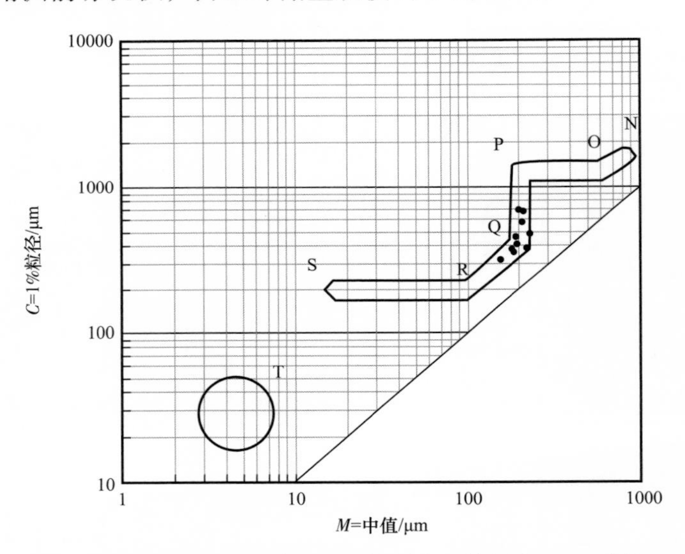

图 2–7–45　LH29–1–1 井珠江组储层岩心特征及 C—M 图解

白云凹陷—荔湾凹陷区砂岩储层受陆架坡折带和低位体系域控制，深水重力流水道和朵叶体以及陆架边缘三角洲砂岩是最有利的储层单元，它们正成为勘探的热点领域。番禺低隆起—白云凹陷北坡、白云凹陷深水区所发现的大量天然气资源，如番禺 30–1、番禺 35–2、荔湾 3–1、流花 29–1 气田，均揭示古珠江北系所影响惠及的广大南部地区勘探前景非常广阔。由此可见，珠江深水扇系统及其所蕴含的优质深水重力流储层控制了深水区大中型油气田的分布。

二、碳酸盐岩台地控制大型生物礁储层

珠江口盆地具有形成生物礁大油气田的优越地质条件，早在 20 世纪 80 年代就发现海上最大的生物礁油田——流花 11-1 油层，石油地质储量达 2×10^{8}t，并相继发现多个生物礁油藏，珠江口盆地生物礁是南海东北部含油气盆地中油气成藏规模仅次于砂岩的储层类型。以流花 11-1 油田为典型代表，其位于珠江口盆地东沙隆起上，具有很好的物质基础，处于最有利的沉积相带之上，发育有优良的储集空间，上覆泥岩盖层厚度大，并位于惠州 26 洼有利的油气运聚指向区，储、盖及油气运、聚条件极为优越。

1. 优质储层的形成条件

1）海平面升降控制生物礁的发育演化及其规模和类型

早中新世—中中新世晚期，东沙隆起区处于构造运动相对宁静期，为礁的持续发育提供了有利的构造背景，造成珠江口盆地新近纪生物礁的发育演化主要受控于三级和四级海平面变化旋回，除早中新世末期形成的水退岸礁外，其他礁均是在海侵过程中形成。

（1）海平面缓慢上升阶段。

初期，随海水的进入，该区接受了珠海组及珠江组底部的海进砂岩沉积，而后逐渐淹没于水下，由于远离物源区，成为水质洁净的浅海区。在缓坡上，造礁生物选择某些微地貌高地繁殖生长，生物礁以加积为主，形成补丁礁、塔礁；随着碳酸盐岩台地的发育和海平面的进一步上升，在宽阔的陆架上生物礁以加积和进积为主，形成台地边缘礁（滩），在台地边缘礁带向台地一侧为生物滩相，并过渡到开阔海台地相，常有块礁和补丁礁发育（图 2-7-46）。

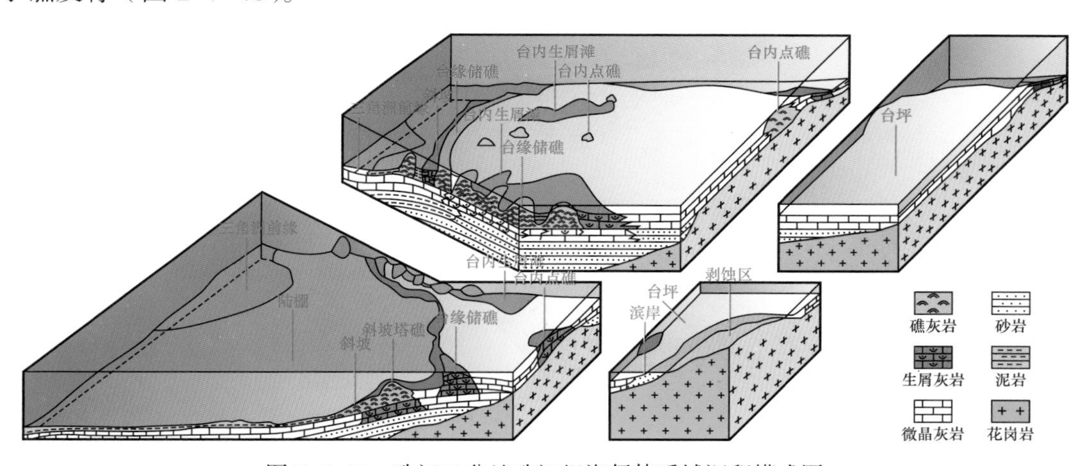

图 2-7-46　珠江口盆地珠江组海侵体系域沉积模式图

（2）海平面快速上升阶段。

仅在个别高地上发育生物礁，以加积为主，形成塔礁和环礁。海平面的快速上升最终导致生物礁死亡，形成泥晶灰岩和泥质密集段。

（3）海平面相对静止阶段。

海平面由静止转缓慢下降，生物礁以向海侧积为主，形成水退岸礁，为具下超结构的碳酸盐岩楔状体。如若海平面稳定不变，多个楔状体将水平地依次向盆地方向迁移增

生，其高程也固定不变，一旦海面发生下降，则楔状体也随之向下迁移（图 2–7–47）。

（4）海平面快速下降阶段。

导致生物礁暴露水面而遭受淋滤。早期形成的碳酸盐岩台地及生物礁暴露于大气中（图 2–7–48），遭受风化剥蚀，产生大量的溶蚀孔洞，而剥蚀所产生的碎屑物质被搬运堆积到礁前盆地并形成低位扇。

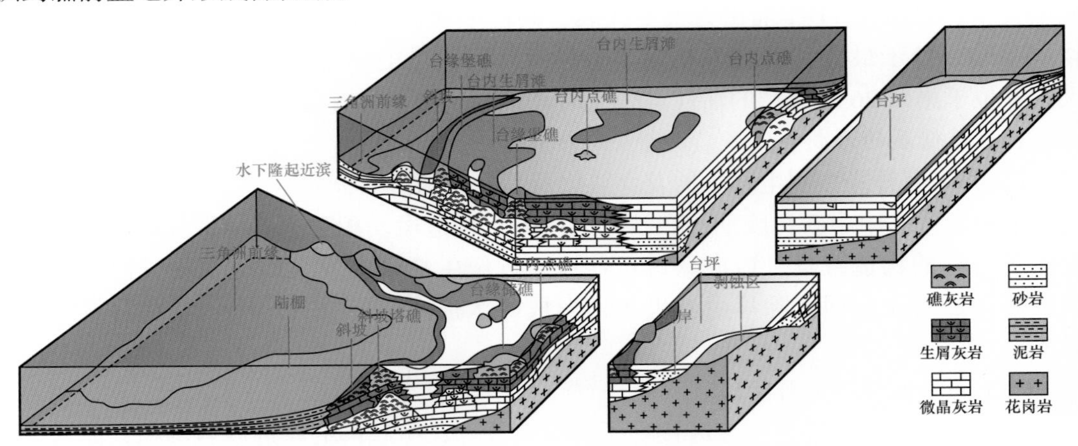

图 2–7–47　珠江口盆地珠江组高位体系域沉积模式图

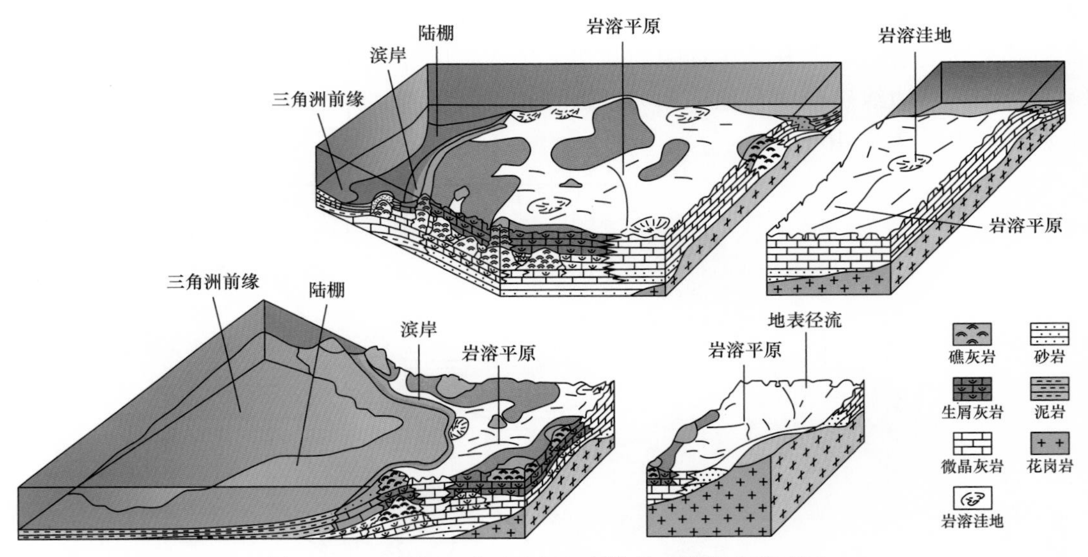

图 2–7–48　珠江口盆地珠江组低位体系域沉积模式图

2）台地边缘发育生物礁滩构成有利沉积相带

陆棚深水沉积，向台地一侧过渡为台地边缘浅滩—潟湖（台坪）沉积。台地边缘生物建隆形成的石灰岩厚度最大，流花地区最大可达 562m。造礁生物主要有珊瑚藻（红藻）、珊瑚、海绵、苔藓、绿藻等，以藻类为主，并具缠绕结构、皮壳状结构和结核状结构等。GR 显低值，曲线形态呈箱形、微齿状特征，且幅度变化较均一；电阻率曲线幅度变化较大，多呈箱形—漏斗形、齿化特征。根据岩性可进一步细分为骨架岩、粘结岩和障积岩微相。骨架岩（图 2–7–49a）不常见，以枝状和块状群体珊瑚为主，局部为单体珊瑚。

粘结岩（图 2-7-49b）广泛发育，以皮壳状珊瑚藻粘结岩为主，按结构、构造可细分为藻纹层灰岩和藻粘结灰岩，以发育结核状藻团（又称红藻石）的藻粘结灰岩为主，孔隙发育除与生物格架有关外，也受颗粒大小、分选、形状及胶结物含量等因素的影响。生物礁相通常发育在高能环境，生物形成格架支撑生长，抵抗风浪冲击，沉积物颗粒在强水流中受到不同程度的磨蚀作用，灰泥及细颗粒大部分不能保留，易形成灰泥基质少、具骨架或藻粘结结构的礁灰岩，为孔隙发育及后期改造创造良好条件。

高能环境中的生物礁灰岩相通常比中—低能环境下的滩相石灰岩原生孔隙发育。据国外资料统计，生物礁灰岩原始孔隙度可达 40%～70%。如果这些孔隙不受或很少受到胶结物的胶结充填，便可保存下来。但礁灰岩性质不稳定，易受成岩作用影响和改造（成岩作用开始于礁的死亡部分，它在仅厚几毫米到几厘米的活礁之下），使原生孔隙保存很少而形成大量次生孔隙。LH11-1-1A 井薄片观察，暴露面以下的原生孔隙只占 16%，绝大多数被充填、溶蚀。

台地边缘生物礁位于台地边缘波浪带附近，海水循环良好、营养充足、珊瑚藻等造礁生物快速生长，常常沿台地边缘发育带状堡礁（又称堤礁）。向外海一侧过渡为台地前缘斜坡—陆内部粘结岩藻团直径大，如 LH11-1-1A 井、LH11-1-2 井、LH11-1-3 井、LH11-1-4 井的多为 5～8cm，反映沉积水动力条件相对台地内部粘结岩强。藻纹层灰岩在 LH4-1-1 井石灰岩顶部发育，为潮上相对低能形成的藻粘结岩。

障积岩（图 2-7-49c）不常见，岩性为藻粘结生屑灰岩，为底栖藻类通过阻碍各种生物骨屑或其他碳酸盐岩颗粒搬运使其滞留在其周围形成，底栖藻类以枝状和结核状珊瑚藻、苔藓虫为主。

通过对珠江口盆地珠江组礁灰岩储层不同相带物性比较（表 2-7-5）发现：台缘堡礁不仅规模大而且物性最好，LH4-1-1 井、LH11-1-1A 井及 LH11-1-3 井平均孔隙度为大于 20%，渗透率为 400mD。生屑滩规模大，物性较好，孔隙度 9.1%～31.6%，渗透率平均为 77mD；台内点礁规模小，但物性较好，LF15-1-1 井孔隙度为 18%，渗透率平均为 33mD。斜坡塔礁规模小，物性较差，HZ33-1-1 井孔隙度为 8%，渗透率为 0～113mD。台坪（潟湖）规模大，物性较差，LH11-1-2 井孔隙度为 10.7%，渗透率平均为 43mD（表 2-7-5）。

表 2-7-5　珠江口盆地珠江组礁灰岩储层不同相带物性比较

沉积亚相	台缘堡礁			斜坡塔礁	点礁	生屑滩	台坪
构造位置	LH4-1-1 井	LH11-1-1 井	LH11-1-3 井	HZ33-1-1 井	LF15-1-1 井		LH11-1-2 井
厚度 /m	39	62	61	100	37		27
孔隙度 /%	13.5	23.0	20.0	8.0	18.0	9.7～31.6	10.7
渗透率 /mD	$\frac{0\sim3300}{755}$	$\frac{1\sim4650}{457}$	$\frac{1\sim6070}{579}$	0～113	$\frac{0\sim223}{33}$	$\frac{0\sim273}{77}$	$\frac{0\sim271}{43}$
样品数 / 块	60	97	150				

注：表中 $\frac{0\sim3300}{755}$ 表示为 $\frac{\text{数值范围}}{\text{平均值}}$。

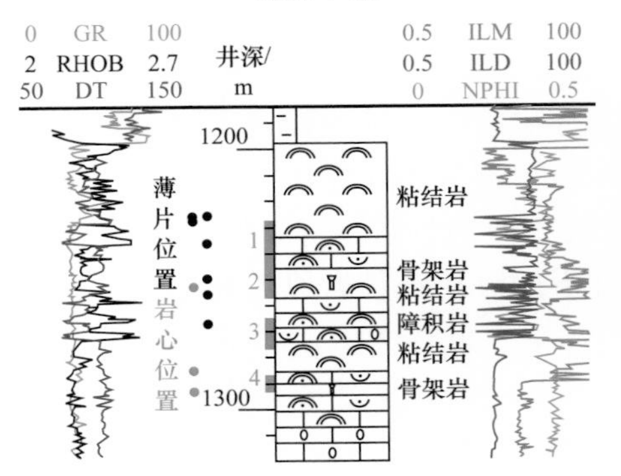

LH11-1-1A井，1291.12m，4回次，灰白色珊瑚骨架岩

LH11-1-1A井，1250.42m，微亮晶珊瑚灰岩，对角线：4mm，(-)

a. 骨架岩

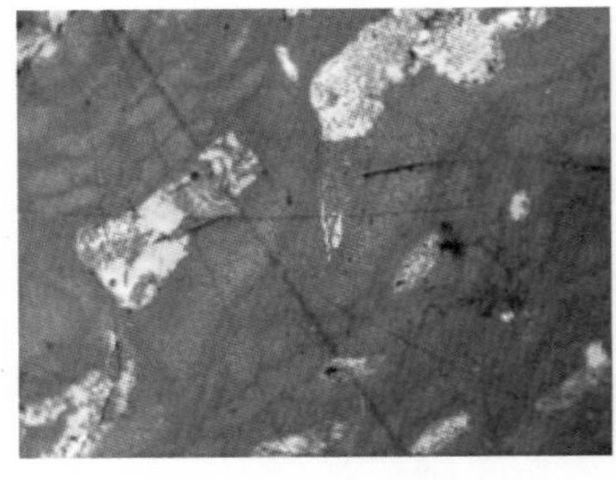
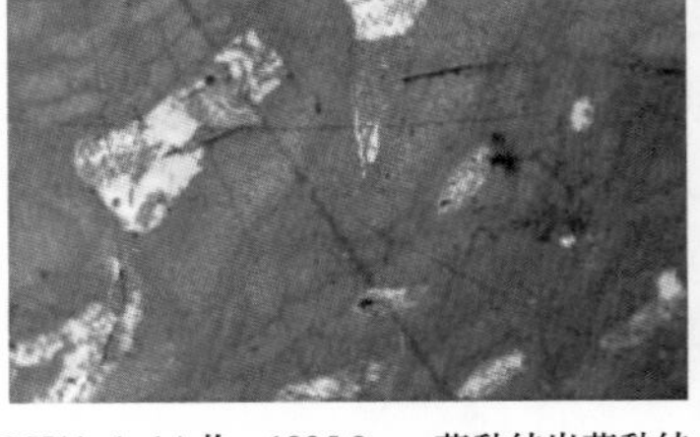

LH11-1-1A井，1225.8m，藻黏结岩藻黏结结构，对角线长：4mm，(-)

LH11-1-1A井，1225.8m，珊瑚藻灰岩分枝状结构，对角线长：4mm，(+)

LH11-1-1A井，1228.8m，藻灰岩隐藻藻架结构、油侵，对角线长：4mm，(-)

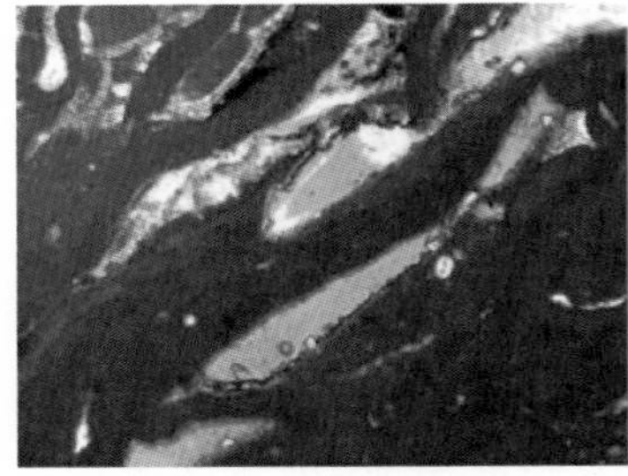

LH11-1-1A井，1237.74~1237.79m，珊瑚藻灰岩藻粘结、藻架间溶孔，对角线长：4mm，(-)

LH11-1-1A井，1252.91~1252.99m，2回次，灰白色藻粘结

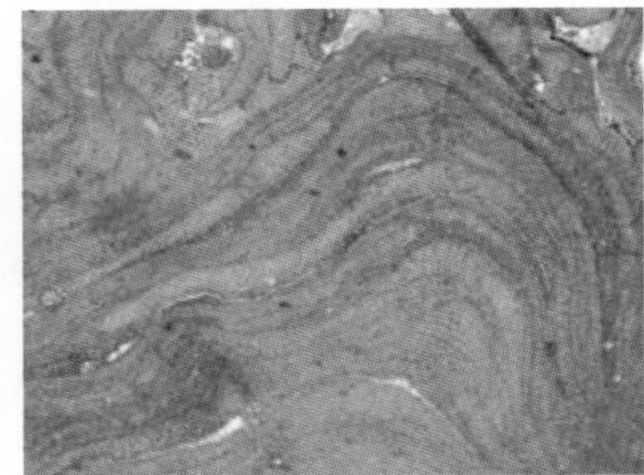

LH11-1-1A井，1254.4m，藻灰岩皮壳状结构，对角线长：4mm，(-)

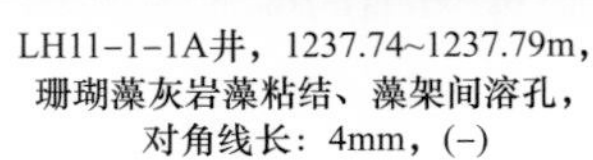

b. 粘结岩

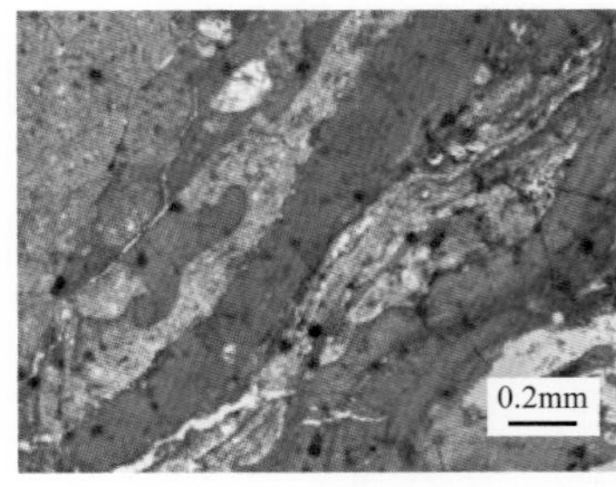

LH11-1-1A井，1268.25m，藻粘结微晶骨屑灰岩，对角线长：4mm，(-)

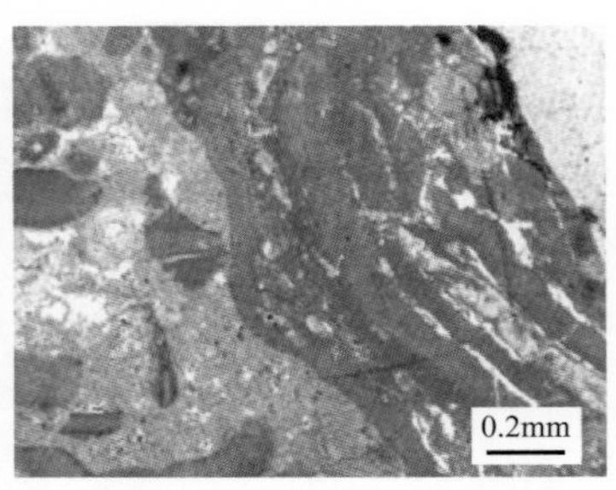

LH11-1-1A井，1268.7m，藻粘结微晶骨屑灰岩，对角线长：4mm，(-)

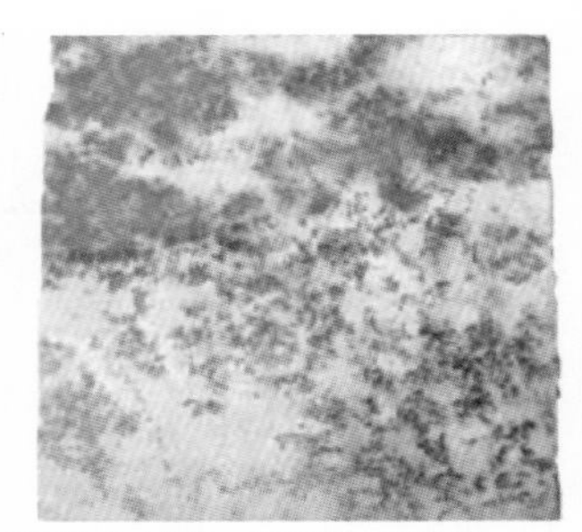

LH11-1-1A井，1286.30~1286.47m，4回次，灰白色藻粘结骨屑灰岩

c. 障积岩

图 2-7-49 珠江口盆地珠江组台地边缘礁骨架岩、粘结岩及障积岩微相岩性特征

3）溶蚀作用对礁灰岩储层进行改造

溶蚀作用对珠江组礁灰岩的改造具有普遍性，多发育在层序暴露界面之下的高位体系域，作用程度较强，是最为重要的建设性成岩作用，主要包括同生成岩阶段、表生成岩阶段大气淡水淋滤。同生成岩阶段，未（弱）固结成岩的礁体和滩体暴露，受到大气淡水淋滤作用，形成大小不一、形态各异的溶孔（粒内溶孔、粒间溶孔、铸模孔等）、溶缝（缝合线状溶缝）（图 2-7-50a、图 2-7-50b）。表生成岩阶段，固结成岩的礁滩灰岩大面积暴露，大气淡水溶蚀导致大规模溶蚀孔洞体系发育，比同生成岩阶段更为强烈（图 2-7-50c、图 2-7-50d）。

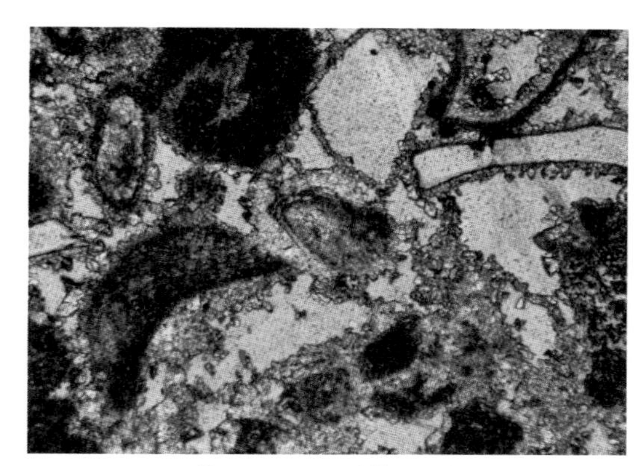

a. LH11-1-1A井，1229.31m，铸模孔，对角线长：4mm

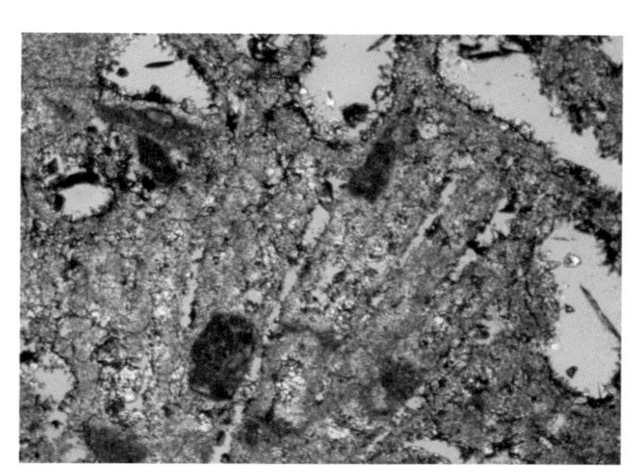

b. LH11-1-1A井，1248.43m，溶蚀孔，对角线长：4mm

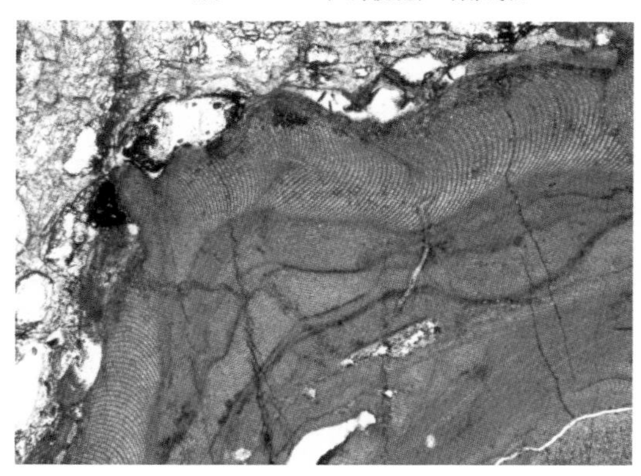

c. LH4-1-1井，1247.5m，石膏充填溶缝，对角线长：4mm

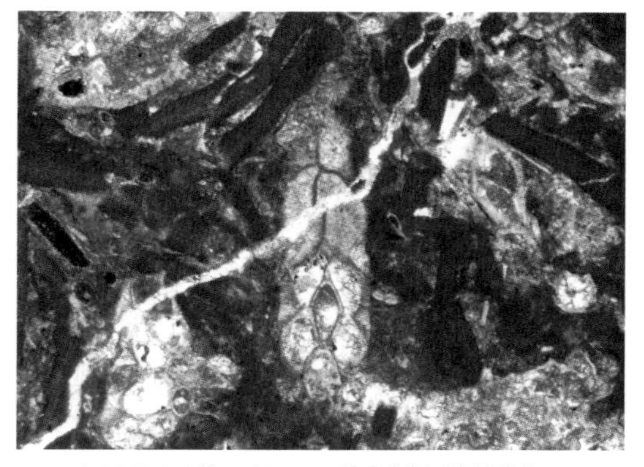

d. LF15-1-1井，1841.7m，淡水方解石充填溶缝，对角线长：4mm

图 2-7-50　珠江口盆地珠江组典型成岩暴露标志

珠江组礁灰岩同生成岩阶段、表生成岩阶段大气淡水溶蚀作用具有一定层位性，主要分布于流花地区 SQ3-HST、惠州地区 SQ1-HST 和 SQ2-HST 及陆丰地区 SQ1-HST。

流花地区在 SB2、SB3、SB4 及 SB5（局部）层序界面普遍见暴露标志，界面之下的高位体系域石灰岩同生成岩阶段、表生成岩阶段大气淡水淋滤作用较强烈。LH11-1-1A 井石灰岩遭受 3 次（SB2、SB3、SB4）暴露，其中 SB4 强度最大，SQ3-HST 溶蚀作用强烈，造成孔隙类型多样，有些被溶蚀呈蜂窝状，原始结构全部破坏。

惠州地区珠江组礁灰岩Ⅰ、Ⅱ类储层不发育，HZ33-1-1 井 SQ2-TST 斜坡塔礁灰岩储层主要为Ⅲ、Ⅳ类储层，SQ1-HST 也有储层发育。惠州地区有两个孔隙发育段，上段 SQ2-HST 溶孔较大，主要为粒间溶孔和藻架孔，裂缝以垂直居多，溶孔常沿缝分布成层。下段 SQ1-HST 溶孔较小，常为铸模孔及粒间溶孔，孔径小于 1mm。

陆丰地区珠江组礁灰岩Ⅰ、Ⅱ类储层发育，分布在 SQ1-HST 台内点礁灰岩，如 LF15-1-1 井，平均孔隙度 15%，主要以粒间溶孔为主，少量粒内溶孔，孔径小，绝大部分孔径小于 0.6mm，缝合线较多，但均被泥质、有机质充填。

2. 优质储层的分布

早中新世—中中新世构造持续沉降，北西向剪切断裂活动停止，海水自西向东侵入，形成广泛分布的碳酸盐岩台地，同时早中新世珠江组处于构造宁静期，古地理气候温暖潮湿，水体环境适宜，促进生物礁大量生长。根据钻井古生物资料，成礁水体古温度 18～30℃，古盐度 27‰～31‰，古水深 10～40m，LH4-1-1 井古生物资料表明滨珊瑚年生长率为 8mm，这种有利环境一直持续到中中新世末期发生东沙运动，盆地被浅海陆棚碎屑岩充填，才破坏成礁环境。因此稳定广泛的碳酸盐岩台地发育及干净温暖的水体环境为生物礁生长创造了有利条件。

海平面升降控制三级层序内部体系域演替，因而控制了体系域沉积相发育。珠江组东沙隆起镶边碳酸盐岩台地主要为低能静水的开阔台地台坪沉积，局部高地发育礁滩高能沉积。高位体系域发育高能动荡的开阔台地、台内—台地边缘生物礁、生屑滩沉积，在低位体系域海平面下降期，常常遭受暴露溶蚀，而且四级海退半旋回石灰岩暴露溶蚀改造频繁且强度大，为碳酸盐岩优质储层发育提供良好的基础，上述因素共同造就了珠江口盆地良好的生物礁储层，如台缘堡礁、生屑滩等（参见表 2-7-5）。在形成有效生物礁滩圈闭的前提下，与邻近富洼供油、沿构造脊控制富砂通道运移、成藏期与构造演化期匹配等条件共同控制了碳酸盐岩储层油气成藏。

珠江组礁滩相灰岩储层主要发育在高位体系域，平面分布有地域特色，在流花、惠州及陆丰地区已发现珠江组石灰岩油藏（田）4 个。惠州地区发育惠州 33-1 构造珠江组礁灰岩油藏；陆丰地区发育陆丰 15-1 构造珠江组礁灰岩油藏，陆丰 22-1 构造油藏见 10.9m 礁灰岩油层；流花地区珠江组优质礁滩相石灰岩储层主要分布在 SQ3-HST 台地边缘堡礁及台地边缘生屑滩，相带横向分布广，厚度大，以流花 11-1 油田为典型，其礁滩相石灰岩储层已发现储量过亿吨。

流花 11-1 油田发育位置处于东沙隆起碳酸盐岩建隆区碳酸盐岩发育最厚的地区，并且处于东沙隆起台地边缘地区，是东沙隆起碳酸盐岩台地边缘持续发育的位置，相带优越。石灰岩厚度达到 400m 以上，发育了 4 期碳酸盐岩沉积，其中 3 期碳酸盐岩都是发育在台地边缘相带，该相带发育礁滩相储层物性条件最有利。流花 11-1 油田礁经过抬升暴露，次生孔隙十分发育。一般碳酸盐岩孔隙度与渗透率之间关系不明显，但是流花 11-1 地区珠江组礁滩灰岩因孔隙发育、连通性好、裂缝不发育，从总体看孔隙度与渗透率具一定相关关系，即随孔隙度增加渗透率有升高的趋势，储层物性与砂岩近似。储层物性好，孔隙度高，一般约为 20%，渗透率平均为 500mD，特别是生物礁油层，其孔隙度最高可达 38.8%，渗透率最高为 4650mD，有利的储层条件是流花 11-1 油田生物礁体成藏的必备条件。

三、古近系陆相沉积控制优质储层

珠江口盆地古近系储层埋深较大，优质储层是指普遍低渗透率条件下局部存在的相对高孔隙度、高渗透率的储层（杨晓萍等，2007）。例如，珠一坳陷古近系储层以低孔隙度、低渗透率为主，所谓的“优质储层”是指具有经济产能的有效储层。

1. 优质储层的形成条件

沉积物的沉积作用受控于沉积物源、沉积物的输送体系、相对海平面变化、沉积古地理面貌和沉积过程等，物源区的物质组成、沉积物的供给量以及受构造作用和（或）海平面变化等所导致的供源体系的变化都会控制着沉积作用；沉积物输送体系及其变化也控制着沉积的分布；古地理面貌也必然控制沉积作用和分布，同时构造作用和海平面变化等都在扮演着影响和改变供源体系、输送体系、沉积体系和古地理格局的角色。

1）物源体系

物源体系内的母岩类型与储集体的物性密切相关，不同物源区的沉积岩矿物成分存在差异，因此，母岩的类型决定了岩石的组成成分。若物源区供给的矿物稳定性越高，则沉积碎屑组分中刚性颗粒含量越高，抗压实能力越强，越有利于保存原始孔隙空间，形成良好的储层；而物源区供给的矿物组成中稳定性低的碎屑颗粒较多或杂基含量高，则受机械压实引起的碎屑颗粒的塑性变形以及形成的假杂基可以完全破坏砂岩颗粒之间的孔隙。一般而言，在相同埋深、相同层位的砂岩储层中，母岩为中酸性岩浆岩的砂岩因母岩中石英含量高而优于母岩为中基性喷出岩的砂岩（董月霞等，2014；蒲秀刚等，2013）。

珠一坳陷古近系主要发育一个区域性的物源（坳陷北缘的北部隆起带），两个局部物源［东沙隆起、坳陷内部的（低）凸起］，不同物源区储集体的性能存在一定的差异。惠州 25-7 岩屑类型主要为变质石英岩和花岗岩岩屑，说明其母岩类型主要为花岗岩和变质石英岩（图 2-7-51），抗压实能力相对较强，物性相对较好；而 PY5-8-1 井中千枚岩等岩屑含量高，说明其母岩以低级别的区域变质岩千枚岩和中酸性喷出岩为主（图 2-7-51），抗压实能力较弱，塑性岩屑受压实作用而明显变形，呈假杂基状充填孔隙空间导致物性较差。

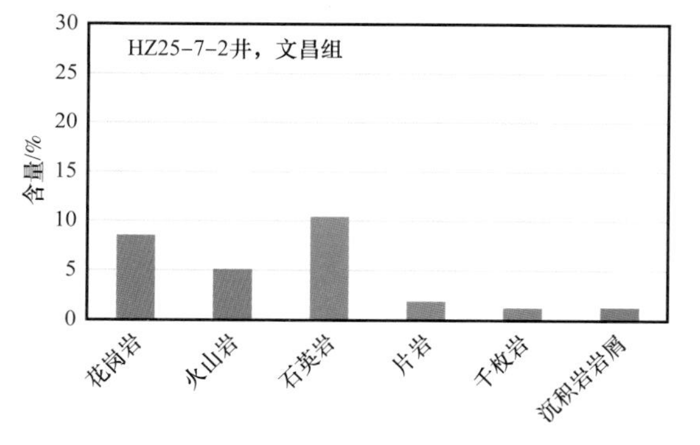

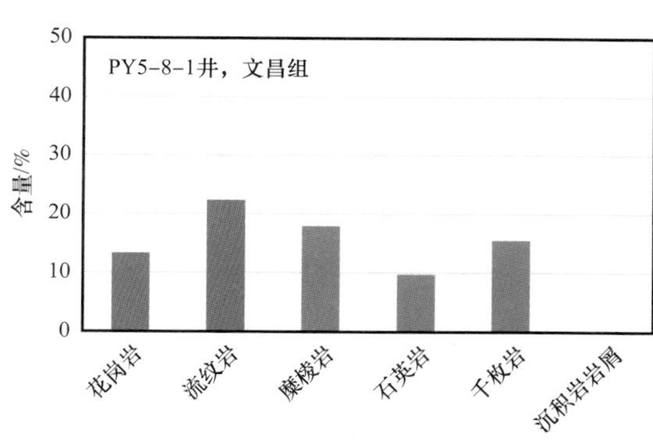

图 2-7-51　不同井的岩屑类型含量对比图

通过对珠一坳陷及周边钻遇基岩的探井的物源分析，发现东沙隆起主要为酸性侵入岩基底，伴有少量的变质岩，包含花岗岩和部分石英岩类。因此，围绕东沙隆起形成的水系提供了优良的物质基础，高含量的石英颗粒和石英岩岩屑为储层提供了大量的刚性颗粒，形成了有利的储层。

2）沉积微相

珠一坳陷古近系深层储层沉积相类型丰富，沉积微相对岩石类型、储层发育与否及其质量有直接的控制（表 2-7-6、图 2-7-52）。主要表现为：三角洲前缘的水下分流河道和潮汐水道砂体主要由砾岩、中—粗粒岩屑石英砂岩和长石石英砂岩组成，粒度相对较粗，分选较好，泥质组分含量低，不稳定矿物也易于遭受后期溶蚀改造发育次生溶孔而利于形成优质储层。三角洲前缘水下天然堤主要由粉—细粒岩屑石英砂岩组成，粒度相对较细，而泥质组分含量稍高，其孔隙度要低于分流河道砂体。三角洲平原分流河道间湾、决口扇水道侧翼等主要由粉—极细粒岩屑石英砂岩和长石石英砂岩组成，粒度最细，有效储层不发育。三角洲前缘水下分流河道砂体孔隙度较高，利于储层发育。大部分近岸浅湖滩坝砂体和其他成因类型的砂体，如水下天然堤、决口扇、滨湖泥坪等微相孔隙度普遍较低或很低，一般不利于储层发育。综合钻井取心各微相类型的砂体孔渗性特征，不难得出三角洲前缘的水下分流河道砂体为较有利储层发育的相带，三角洲前缘河口坝砂体也较为有利，而经过水体充分改造过的滩坝相砂体，往往是勘探中的“甜点”。

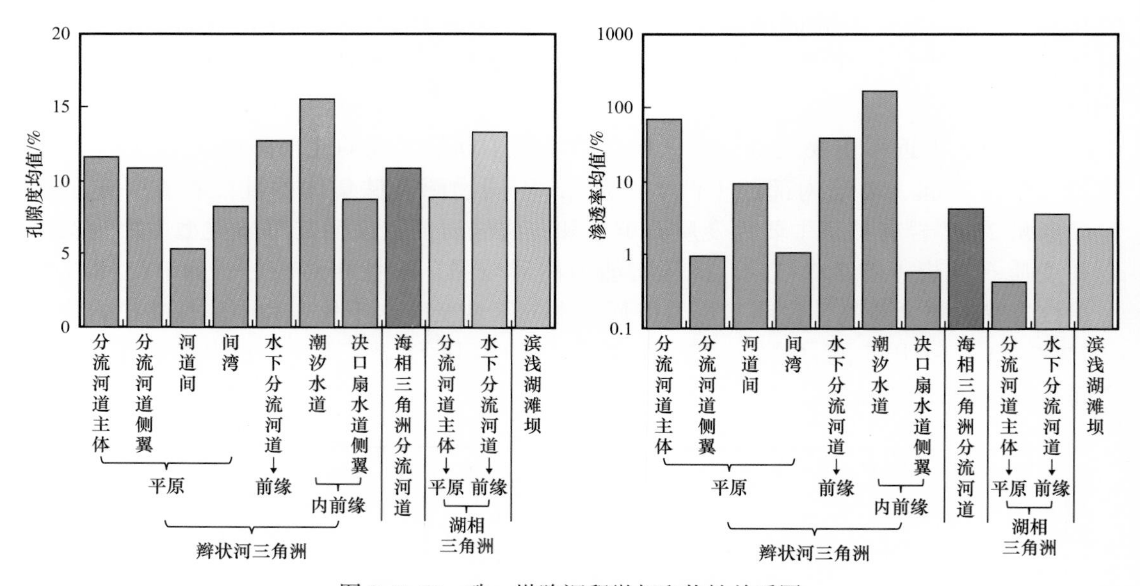

图 2-7-52　珠一坳陷沉积微相和物性关系图

以惠州 25 转换带为例，惠州 25-7 构造处在转换带入湖处，其文昌组储层主要为辫状河三角洲平原亚相的分流河道或辫状河三角洲前缘亚相的水下分流河道、河口坝砂岩，HZ25-7-1 井更靠近物源，物性较 HZ25-7-2 井差一些；惠州 25-4 构造则是辫状河三角洲砂体或经湖浪改造而形成的滩坝相砂岩，所处的沉积环境离物源区远一些，物性进一步变好，故惠州 25-4 构造文昌组的产能明显好于惠州 25-7 构造（表 2-7-6）。

3）碎屑颗粒成分与结构

离物源区的远近，水流的强度、方向，碎屑物质供应的差异，直接影响了沉积碎屑的成分、粒径、磨圆度、分选性和泥质含量等，表现为不同沉积微相砂体物性差异较大。

表 2-7-6　不同沉积环境与产能关系表

井号	沉积亚相	埋深 /m	孔隙度 /%	渗透率 /mD	单井试油产量 / (m^3/d)
HZ25-7-1	辫状河三角洲平原	3784～3789	2～14.7	0.04～10.8	未试油
HZ25-7-2	辫状河三角洲平原—前缘	3753～3777	5.8～17.9	0.5～27.8	13.7
HZ25-4-3	辫状河三角洲平原—滩坝	3590～3834	6～17.2	4.7～1157	160

HZ25-4-1 井石英含量更高，分选性和磨圆度均好于 HZ25-7-1 井和 HZ25-7-2 井。矿物结构成熟度和成分成熟度的差异最终体现在物性和产能上，惠州 25-7 地区距离物源相对较近，砂岩中的黑云母、片岩等塑性岩屑颗粒抗压能力弱，容易遭受挤压而变形，最终形成假杂基堵塞孔隙与喉道，影响产能（图 2-7-53）。

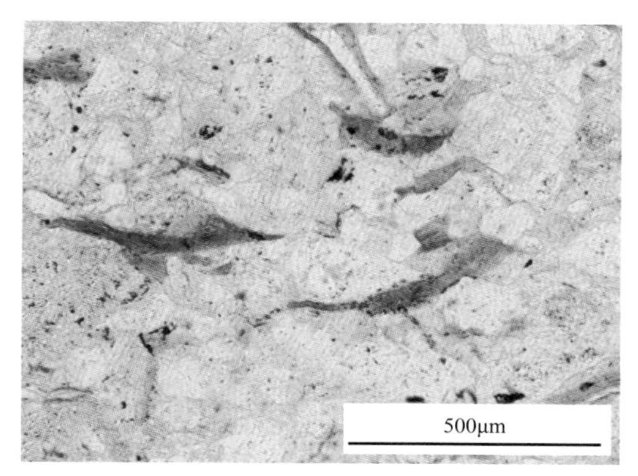

a. 3766.12m，弯曲的云母堵塞孔隙，单偏光

b. 3780.04m，少量火山岩岩屑，挤压变形，正交光

图 2-7-53　珠江口盆地 HZ25-7-2 井塑性岩屑

孔隙度、渗透率与岩石的粒度有着明显的正相关性，砂体的颗粒越粗、杂基含量越低，孔渗性越高；比较而言，往往渗透率受粒度的影响更明显。从惠州 25 转换带岩石粒度与孔隙度、渗透率的相关性关系图可以看出（图 2-7-54），孔隙度和渗透率都是随粒度的变细而明显降低，其中砾岩、砂质砾岩与含砾砂岩相近，又以含砾砂岩的物性最好，粉—细砂岩的物性已经明显变差。总体而言，惠州 25-7 转换带岩石中砾石主要为花岗岩质细砾，硬度大、磨圆好，呈定向排列，对储层物性的保护比较明显，不但让储层保持了较多的原生孔隙，而且也有利于后期在成岩过程中有机酸流体的介入进一步改善储层。

2. 优质储层的分布

深部优质储层的形成需要特定的地质背景，其岩石的结构成熟度和成分成熟度要高，具备稳定矿物为主的母岩区、沉积物搬运距离远、沉积环境的水动力条件强、中粗砂岩为主、砂地比高等地质条件更容易形成优质储层。物源区的母岩以富石英的中酸性侵入岩、石英砂岩和石英岩等为主，沉积相带以辫状河三角洲平原亚相和辫状河三角洲前缘亚相的河道砂体、河口坝砂体、滩坝砂体等物性较好的微相带为主。另外一个重要条件就是储层的后期改造，包括成岩作用中溶解作用形成的孔喉空间以及构造造成的裂缝，勘探井主要目的层埋深一般介于 3200～4500m，主要处于中成岩阶段 A 期，部分处于中成岩阶段B期，正处于次生孔隙比较发育的时期，如果储层原始孔隙保存较好，加之后期的溶蚀改造，易形成大面积的有效储层发育区。

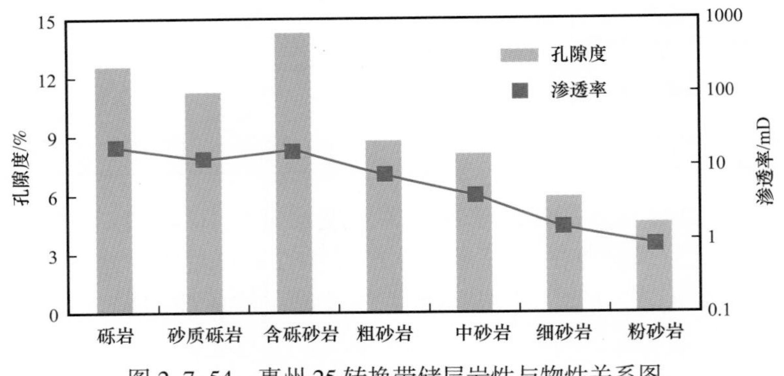

图 2-7-54　惠州 25 转换带储层岩性与物性关系图

以惠州25转换带为例，惠州25-7构造与惠州25-4构造文昌组都是由邻近的东沙隆起提供物源，其富含油层段含砂率均较高，达到70%左右，砂岩粒度粗，以中粗砂岩和砂砾岩为主。但惠州25-7构造位于转换带上的辫状河入湖口处，更近物源，发育辫状河三角洲平原亚相和辫状河三角洲前缘亚相；而惠州25-4构造离物源区相对较远，发育辫状河三角洲前缘亚相及其伴生的古隆起周缘滩坝砂体。对比发现，HZ25-4-3井因离物源较远且砂体经过湖浪充分改造，其岩石结构成熟度和成分成熟度要明显高于HZ25-7-1井和HZ25-7-2井。尽管两者文昌组油藏埋深相当，但试油结果表明两者产能相差较大，HZ25-4-3试井产能达到160m^3/d，投入生产后效果也较好，持续稳产，而HZ25-7-2井试油仅为13.7m^3/d。惠州25-4油田的高产也说明了由辫状河三角洲提供物源，在古隆起周围形成的滩坝砂体是低渗油藏中的有效储层之一，随沉积物搬运距离增加和湖浪的淘选作用增强，砂岩的结构成熟度和成分成熟度更高，储层物性变好。

第四节　储 盖 组 合

珠江口盆地早断晚坳、先陆后海的构造—沉积发育特征控制了储盖组合发育特征，发育陆相、海相两大套储盖组合。第一大类是以相对湖平面变化带来的湖泛泥岩为盖层的陆相组合，第二大类是以厚层的海泛泥岩为区域盖层的海相组合，以沉积环境划分，可以分为裂谷阶段陆相和裂后阶段海相两套储盖组合（图 2-7-55）。

第一类陆相储盖组合，埋深较大，是下一步勘探转型的重要领域，通过多年的攻关，已有一些较大规模的商业性油气发现；已发现的油气田大多来自中浅层的第二类海相储盖组合，发育在有利的沉积相带，储层物性好，产能高。

储盖组合的形成与构造演化、沉积充填及海平面（或基准面）的升降变化规律密切相关，三级层序的低位体系域、高位体系域发育了层序中最有利的储层砂体，最大海（湖）泛面（MFS）形成了层序中分布最广的区域性盖层。根据层序地层的变化，古近系陆相最大湖泛面泥岩和新近系海相最大海泛面泥岩（MFS18.5Ma、MFS17Ma、MFS16Ma、MFS10Ma）与其下的砂岩形成良好的储盖组合（施和生，2013）。古近系文昌组上部的湖侵泥岩在断陷盆地中广泛分布，与新近系珠江组上段海泛泥岩一起，构成了全盆地两套最重要的区域盖层，这几套区域盖层的发育和展布对油气起到很好的分割和遮挡作用，也是油气横向运移的顶板。

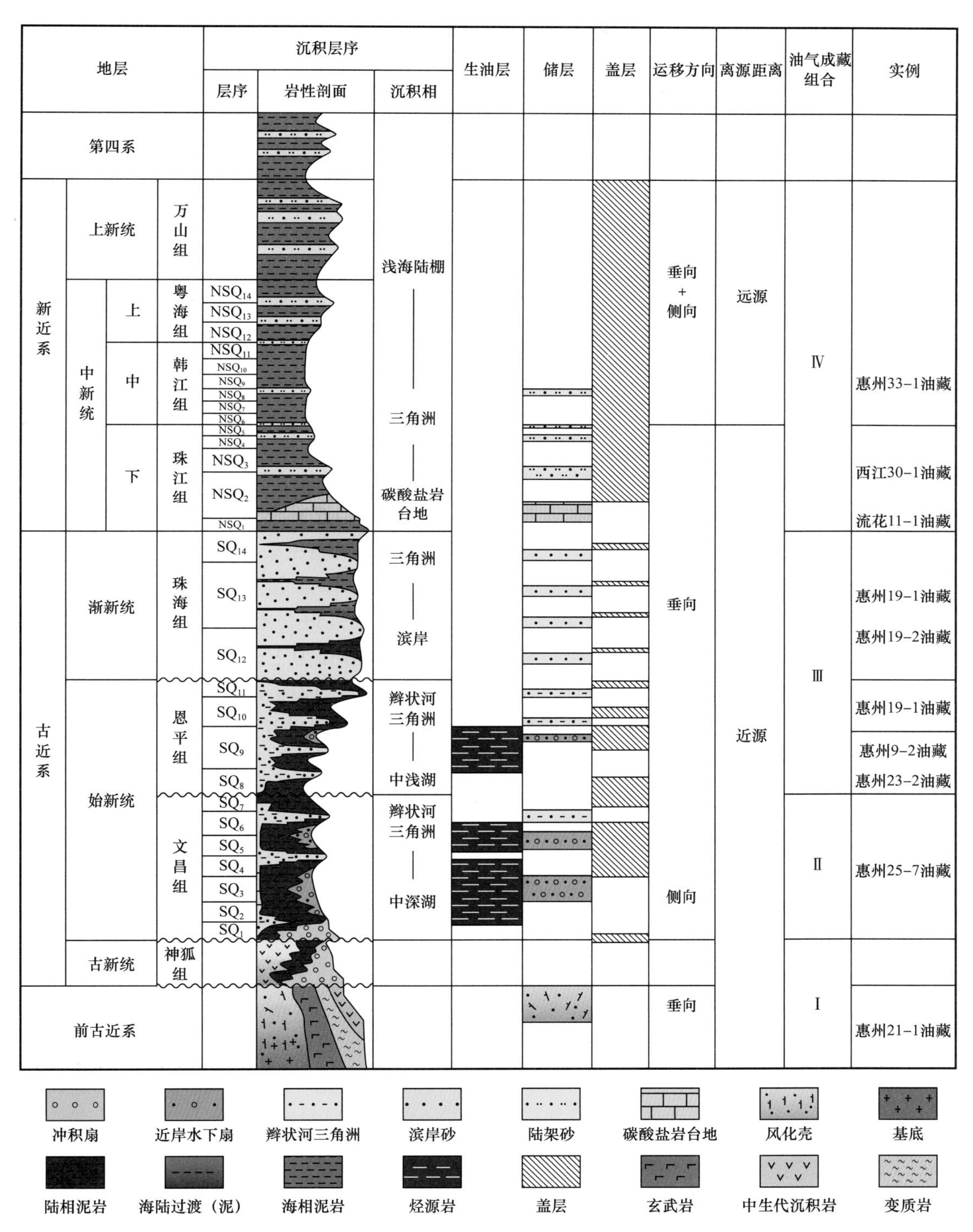

图 2-7-55 珠江口盆地（东部）储盖组合划分示意图

一、裂后阶段储盖特征

1. 储盖组合

依靠厚层的海泛泥岩为区域盖层的海相组合，受相对海平面变化控制。

（1）渐新统珠海组浅海三角洲—滨浅海相砂岩储层及海相泥岩组成的储盖组合类型，是珠江口盆地主要油气储层之一。

（2）下中新统珠江组发育海相三角洲砂体、滨浅海砂岩、碳酸盐岩台地礁滩储层和重力流砂体及其储盖组合类型，三角洲砂体—滨浅海砂岩主要分布于盆地北部的陆架浅水区，其三角洲自旋回以及受海进海退旋回控制形成的砂泥组合构成了该区的主力储盖组合；碳酸盐岩台地礁滩储层主要发育于东沙隆起，重力流砂体包括斜坡扇、盆底扇和海底峡谷浊积水道，见于中部的珠二坳陷，盆地主要油气田多见于该套储盖组合。

（3）中中新统及上新统储层主要见于盆地北部的珠一坳陷和珠三坳陷，为陆架海相三角洲砂岩储层及其储盖组合类型，是浅层油气藏分布所在，而中、南部深水区则储层不甚发育，以粉砂岩为主。

2. 储层特征

珠江口盆地新近系具有良好的储集条件。中新统下部珠江组发育海相砂岩和生物礁滩灰岩两类储层。珠江组砂岩储层矿物成分以石英为主（占80%以上），成熟度高，分选中等—好，单层厚度4～6m，最厚15m，孔隙度21.7%～29.5%，渗透率1102～1709mD，储层物性极好，俗称“高速公路”，是珠江口盆地主要产层。早中新世开始，珠江口盆地广泛发育的生物礁滩灰岩是另一类储层，在东沙隆起及神狐隆起分布有台缘礁、块礁、塔礁和补丁礁等，其中块礁、台缘礁储集条件好，经多次溶解，孔洞极发育，平均孔隙度大于20%，孔隙类型以粒间溶孔、粒内溶孔为主，生物礁滩灰岩是珠江口盆地重要的储集类型之一。中新统中部韩江组砂岩也是盆地的重要储层。

古近系渐新统上部珠海组砂岩是珠江口盆地的另一重要储层。该组砂岩分布广泛，矿物成分以石英为主（占85%以上），分选中等—好，磨圆度中等，以泥质或白云质孔隙—基底式胶结为主，镜下面孔率15%～20%，单层厚度3～7m。但珠三坳陷文昌A凹陷的珠海组二段、三段埋深普遍大于3500m，砂岩压实胶结作用较强，成岩阶段普遍达到了中成岩阶段A2期—B期，颗粒呈线状紧密接触，储层孔隙度仅10%左右，渗透率多数小于1mD，属于典型的低孔渗储层，此类储层仅可作为天然气的有效储层。

已发现的油气田大多来自中浅层的第二类海相储盖组合，发育在有利的沉积相带，储层物性好，产能高，主要包括海相三角洲（扇三角洲）、滨浅海相砂岩、陆架沙脊、陆架边缘三角洲、陆坡深切谷、深水扇、生物礁滩。古珠江三角洲体系是珠江口盆地东部地区最主力的储层单元。近年来，陆架坡折带和低位体系域控制深水陆坡区陆架边缘三角洲砂岩和深水重力流水道及朵叶体是最有利的储层单元。此外，珠江口盆地生物礁是南海东北部含油气盆地中油气成藏规模仅次于砂岩的储层类型。

3. 盖层特征

珠江组上部至韩江组下部的泥岩集中段是珠江口盆地重要的区域盖层，对油气保存至关重要。中新统自下而上有3个明显的最大海泛面，即FMS18.5、FMS17.0、FMS16.0，其最大海平面升降幅度大于150m；FMS18.5是第一套区域盖层，单层泥岩厚度16.5～120m，珠江口盆地东部主要油气层段都位于其下。区域盖层在珠一坳陷南坡、珠三坳陷、东沙隆起、神狐隆起等单元发育良好。珠一坳陷北部，古珠江水系大型三角洲主体部位盖层发育差，不利于油气保存。

二、裂谷阶段储盖特征

1. 储盖组合

依靠相对湖平面变化带来的湖泛泥岩和湖退砂岩所形成的陆相储盖组合。

（1）文昌组深水湖底扇、浅水三角洲及滨浅湖相砂岩储层及其湖泛泥岩为盖层的组合类型。该储层的物性及盖层的封堵条件受埋深、沉积相及成岩作用影响，相变快，非均质性较强；泥岩盖层条件好。

（2）恩平组大型的浅水辫状河三角洲、河流相及滨浅湖相砂岩储层，恩平组一段为泥岩盖层。

2. 储层特征

珠江口盆地陆相成因的储集体，钻井仅在珠一坳陷有所揭示。主要包括辫状河三角洲、滨浅湖滩坝、湖底扇、扇三角洲。由于砂体成因、埋藏深度不同，其物性特征也就不同。总体看来，三角洲平原分流河道砂体、（扇）三角洲前缘水下分流河道及河口坝砂体物性最好，其次为（扇）三角洲前缘席状砂及滨浅湖滩坝砂体，而近岸水下扇和浊积扇砂体较差。由于不同沉积微相的沉积条件、埋藏过程中所经历的压实作用、溶解作用及胶结作用等存在较大的差异，为盆地潜在的储层。

3. 盖层特征

文昌组、恩平组中上部皆有泥岩集中段，构成各自的盖层，有利于形成各组段的油气藏。如恩平组一段浅湖泥岩，由于它厚度大、质纯，单层沉积厚度达到20～30m，因此其侧封和顶封能力不容忽视。文昌组二段大套中深湖泥岩及文昌组三段中的泥岩夹层，这套盖层邻近生油岩，单层沉积厚度最少达到50m左右，因此其封盖能力也值得重视。

第八章　海域天然气地质

珠江口盆地的天然气资源非常丰富，地质资源量约 $29957.82 \times 10^8 m^3$。累计天然气探明地质储量 $1547.61 \times 10^8 m^3$，探明率为 5.2%。已发现的天然气主要分布在白云凹陷及其周边的古近系和新近系中，珠一坳陷和珠三坳陷也有少量分布。规模化的探明天然气藏分布于白云凹陷深水区及其北缘，其深层的低渗、特低渗天然气地质资源量占有相当大的比例（图 2-8-1）。推测下伏的中生代地层也应该是一个重要的含气层系。

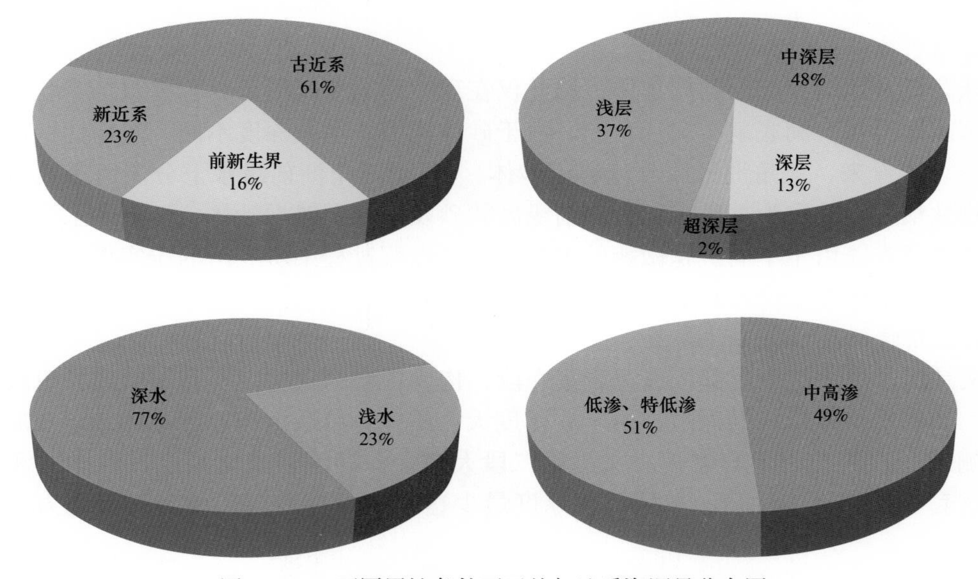

图 2-8-1　不同属性条件下天然气地质资源量分布图

第一节　天然气地球化学特征

一、化学组分

1. 气源岩的地球化学特征

珠一坳陷主要在 6 个构造中发现有天然气，分别为惠州 21-1 构造、惠州 21-1W 构造、惠州 27-3 构造、陆丰 13-2 构造、陆丰 13-1 构造、惠州 18-1 构造。其中陆丰 13-2 构造、陆丰 13-1 构造的天然气为伴生气，属于未成熟气，其对应的气源岩 R_o 小于 0.5%，地温低于 106℃，TTI 小于 1。其他 4 个构造的天然气为成熟气，R_o 为 0.5%～1.2%，TTI 为 1～64。东沙隆起流花 11-1 构造试油过程中也有天然气伴生。

白云凹陷由于始新统中心区埋深均大于 4500m，TTI 大于 64，其发育有文昌组、恩平组、珠海组和珠江组等4套烃源岩，均达到生气阶段。钻井仅在LW4-1-1、LW9-1-2和LW21-1-1等3口井揭示文昌组烃源岩，其中LW21-1-1井的文昌组没有古生物确定；恩平组烃源岩在PY33-1-1井、PY28-2-1井、PY27-2-1井、PY27-1-1井和BY13-2-1井有揭示；而珠海组和珠江组烃源岩则在研究区各井均有揭示。

（1）文昌组有机质丰度高，有机质类型好，属好的烃源岩。

LW4-1-1古生物证据证实白云凹陷存在文昌组优质湖相烃源岩，地球化学指标也指示该井LW4-1-1烃源岩属潜在或有效烃源岩，类型为Ⅱ—Ⅰ型；LW9-1-2井烃源岩次之，类型属中等烃源岩，属成熟生油岩，类型为Ⅱ—Ⅰ型（图2-8-2、图2-8-3）。

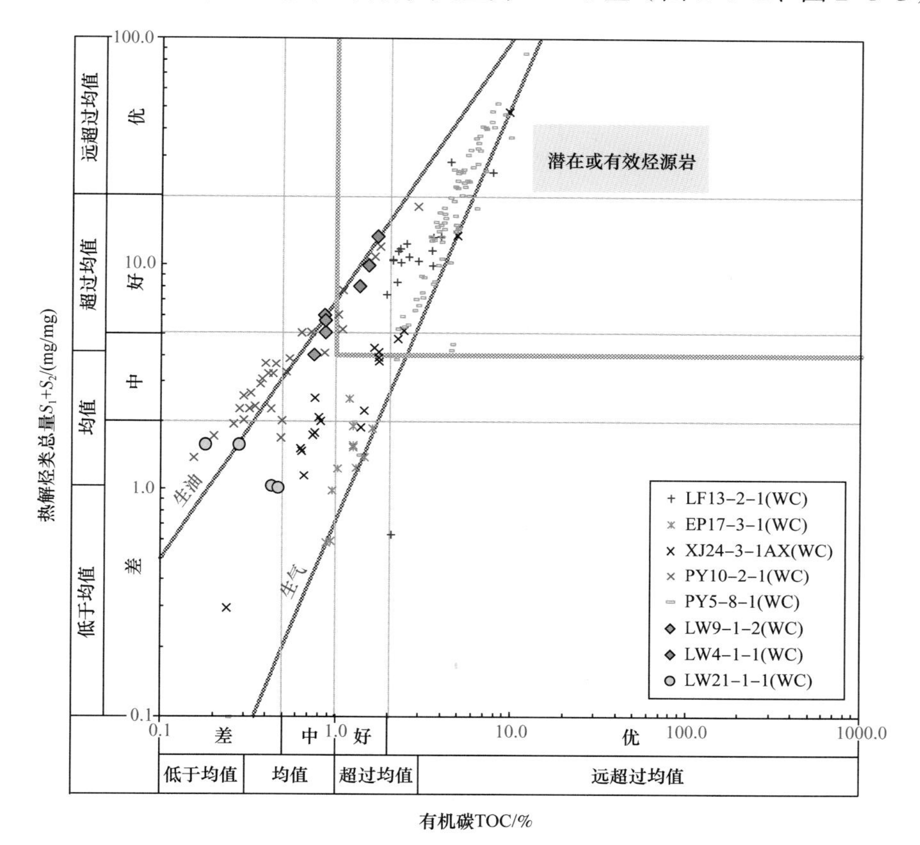

图2-8-2　文昌组烃源岩有机碳与生烃能力关系图

（2）恩平组有机质丰度参数和有机质类型参数的统计分析结果表明，该套烃源岩以有机质丰度高，有机质类型为混合型为特征，属于一套中等—较好的烃源岩，生烃潜力较高，具有以气为主，油气兼生的特点。

恩平组烃源岩在白云凹陷PY33-1-1井、PY27-1-1井、PY27-2-1井、PY28-2-1井、BY13-2-1井、LW21-1-1井均有揭示，沉积地层厚度大于1000m。主要属湖沼沉积，有机质类型偏差，生烃潜力较文昌组变低；烃源岩总体呈现生气趋势，近半数烃源岩属潜在或有效烃源岩，烃源岩各种类型均有分布，主体为Ⅲ—Ⅱ型，其中LW21-1-1井烃源岩类型较好，属Ⅱ—Ⅰ型，但未成熟（图2-8-4、图2-8-5）。

（3）珠海组：珠海组烃源岩有机碳含量较高，TOC一般介于1.0%～1.5%，但生烃潜力相对较低，其生烃潜量（PG）介于1.0～5.0mg/g，而氢指数（HI）介于150～300mg/g，有机质类型属混合偏腐殖型，属于中等级别烃源岩，且生油潜力和生气潜力相当，但均不高。

珠海组烃源岩在白云凹陷LW3-1-1、LW3-2-1、BY7-1-1、LH26-2-1、LH29-2-1、PY25-2-1、PY27-1-1、PY27-2-1、PY28-2-1、PY33-1-1、BY13-2-1、LW21-1-1

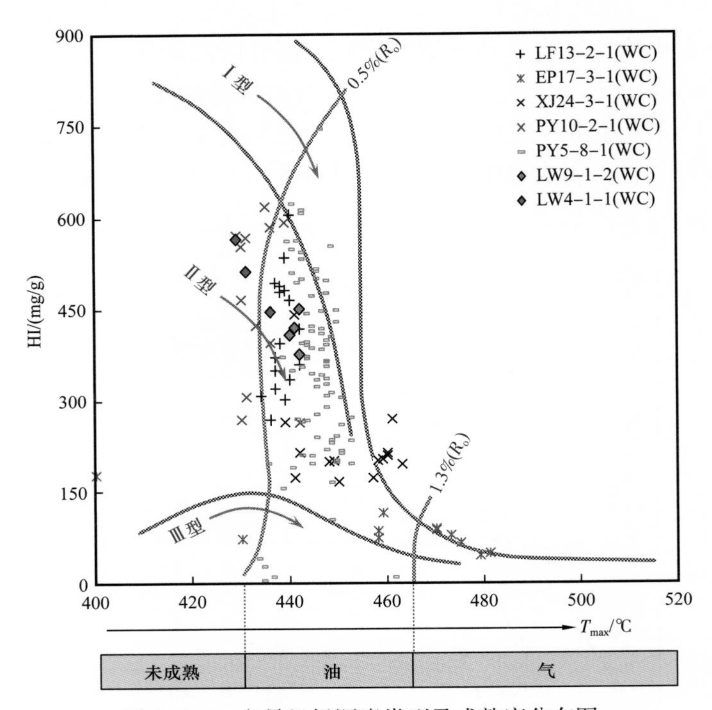

图 2-8-3　文昌组烃源岩类型及成熟度分布图

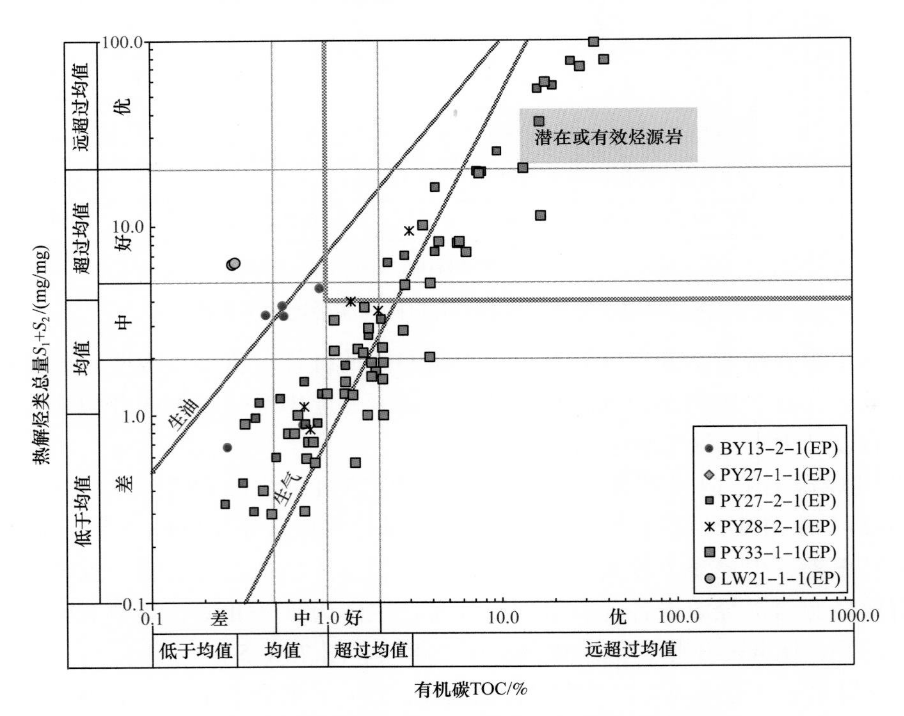

图 2-8-4　恩平组烃源岩有机碳与生烃能力关系图

等井均有揭示。局部湖沼沉积，有机质类型偏差，生烃潜力较低，烃源岩总体呈现生气趋势；各种类型均有分布，主体为Ⅲ—$Ⅱ_2$型，其中LW21-1-1井烃源岩类型较好，属Ⅱ—Ⅰ型，PY28-2-1井、PY33-1-1井少量珠海组烃源岩样品有机质类型为$Ⅱ_1$型（图2-8-6、图2-8-7），但未成熟。

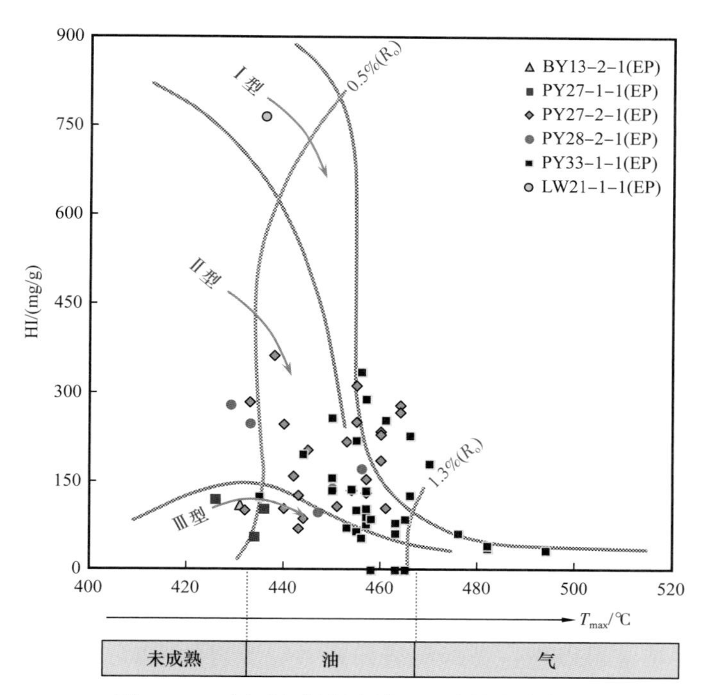

图2-8-5　恩平组烃源岩类型及成熟度分布图

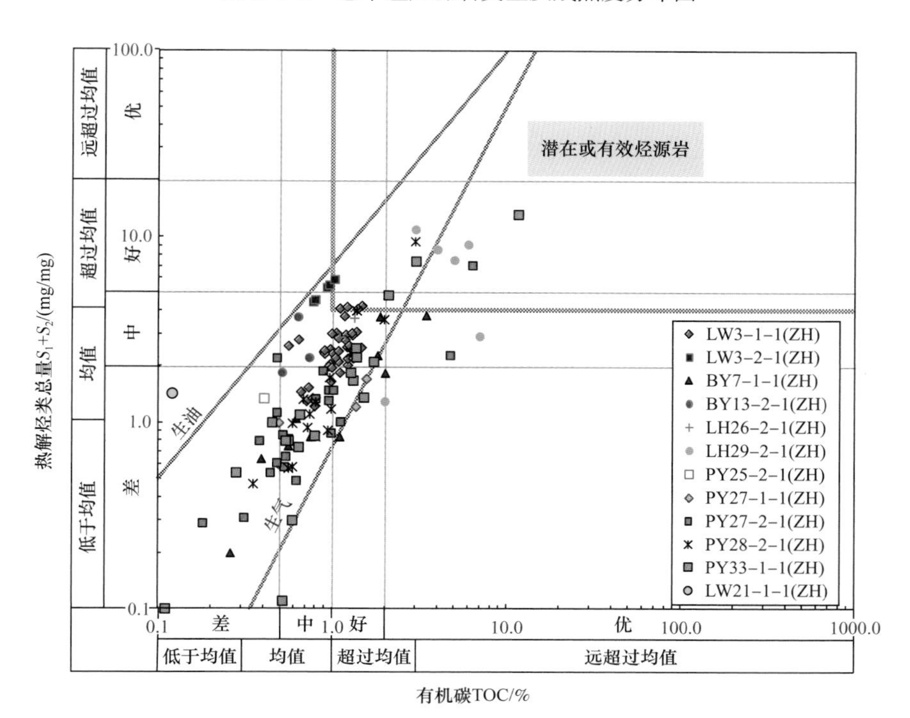

图2-8-6　珠海组烃源岩有机碳与生烃能力关系图

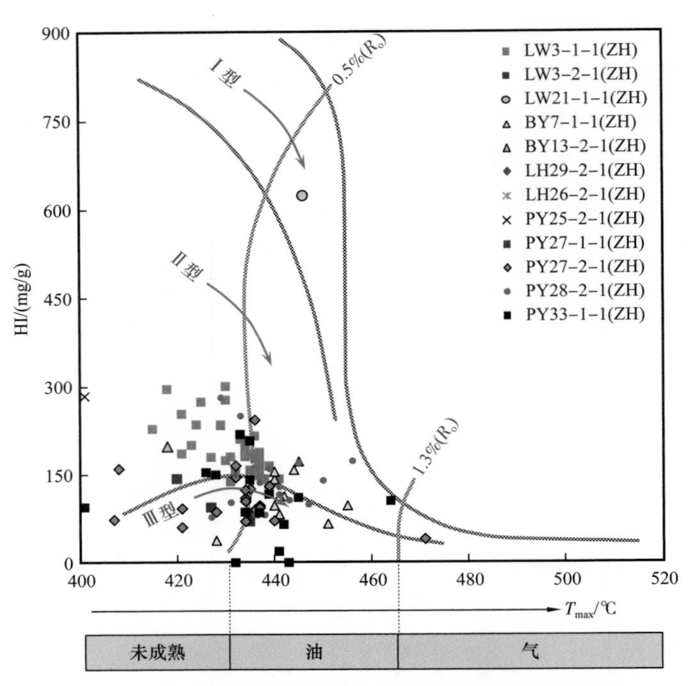

图 2-8-7　珠海组烃源岩类型及成熟度分布图

（4）珠江组：以有机碳含量偏低、生烃潜力偏低和氢指数（HI）偏低为特征。其TOC基本都小于0.60%，其PG小于2.0mg/g，HI介于150～200mg/g，有机质类型属于腐殖型，依据这些特征可以把这类烃源岩归入差烃源岩的范畴，生烃能力低下，且以气为主。

珠江组烃源岩在白云凹陷LW3-1-1、BY13-2-1、BY7-1-1、LH26-2-1、PY27-1-1、PY27-2-1、PY28-2-1、PY33-1-1、PY25-2-1等多井均有揭示。珠江组烃源岩有机碳含量总体呈现差—中，LH26-2-1井、PY25-2-1井和PY33-1-1井的个别样品有机碳含量及生烃潜力较好，属潜在或有效烃源岩。珠江组有机质类型较差，属于$Ⅱ_2$—Ⅲ型。

2. 天然气组分特征

1）珠一坳陷天然气组分特征

珠一坳陷发现的天然气均以N_2及CO_2含量较高为显著特征，其中西江地区韩江组、珠江组、珠海组的甲烷含量一般为55%～58%，最低为29.5%，最高为73.27%。层位由新到老，含量有由高变低的趋势，其中韩江组、珠江组、珠海组甲烷含量分别为73.27%、50.74%、29.5%。惠州21-1构造珠江组、珠海组甲烷含量一般为72%～77%，最低为50.21%，最高为77.2%。流花11-1构造珠江组甲烷含量95.38%～96.38%。陆丰13-2构造珠海组甲烷含量51.69%，含少量N_2（10.709%）及CO_2（16.845%），且相对密度高达1.24。惠州18-1构造恩平组主要含CO_2（92.017%～93.561%）及少量N_2（5.252%～6.589%）。

2）珠二坳陷天然气组分特征

白云凹陷作为天然气主要生成区，天然气组分主要为烃类气体，N_2和CO_2相对较少，仅番禺低隆起PY28-2-1井、PY29-1-1A井及白云东区LW6-1-1井、LW9-1-1井具高含量CO_2与N_2，CO_2含量可高达94%，N_2含量可达33%。其他探井如LH19-5-3井、

PY30-1-3 井、PY35-2-1 井、LH29-4-1 井、LH29-1-1 井、LH28-2-1 井、LH34-2-1 井、LW3-1-1 井等主要为烃类气体（图 2-8-8）。

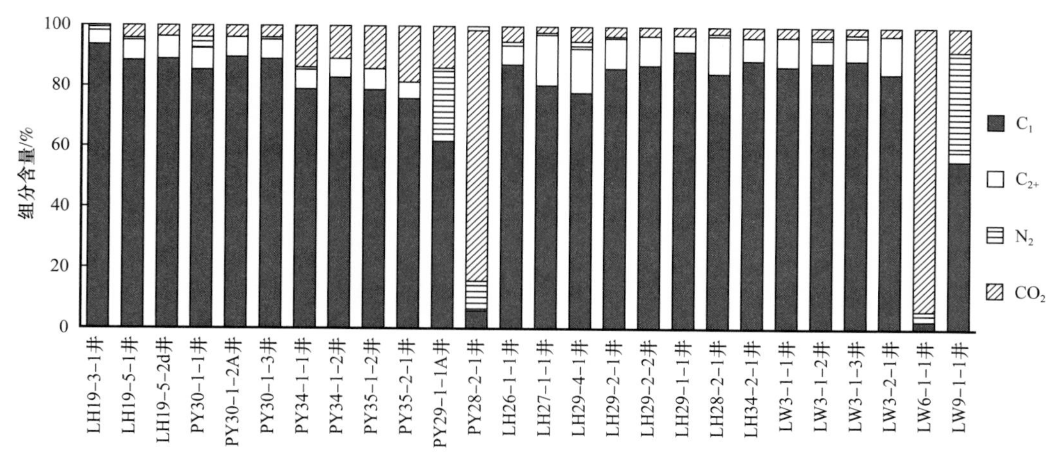

图 2-8-8　白云凹陷气藏各井段天然气组分含量

白云凹陷气藏中天然气甲烷含量为 1.9%～95.1%，主体分布在 85%～90% 之间，平均为 78.8%；乙烷含量分布在 0.44%～8.54% 之间，平均为 4.65%；丙烷含量介于 0.18%～4.83%，平均为 1.58%；i-C_4 含量为 0.03%～1.19%，平均为 0.32%；n-C_4 含量为 0.003%～1.41%，平均为 0.37%；i-C_5 含量为 0.01%～0.56%，平均为 0.15%；n-C_5 含量介于 0.01%～0.33%，平均为 0.1%；干燥系数 C_1/C_{1-5} 介于 0.83～0.98，平均为 0.92（图 2-8-9）。整体表现出湿气的特征，并呈现出随烃气碳数增加其组分含量下降的趋势，但不同构造所产天然气在烃类组成特征上存在一定差异。

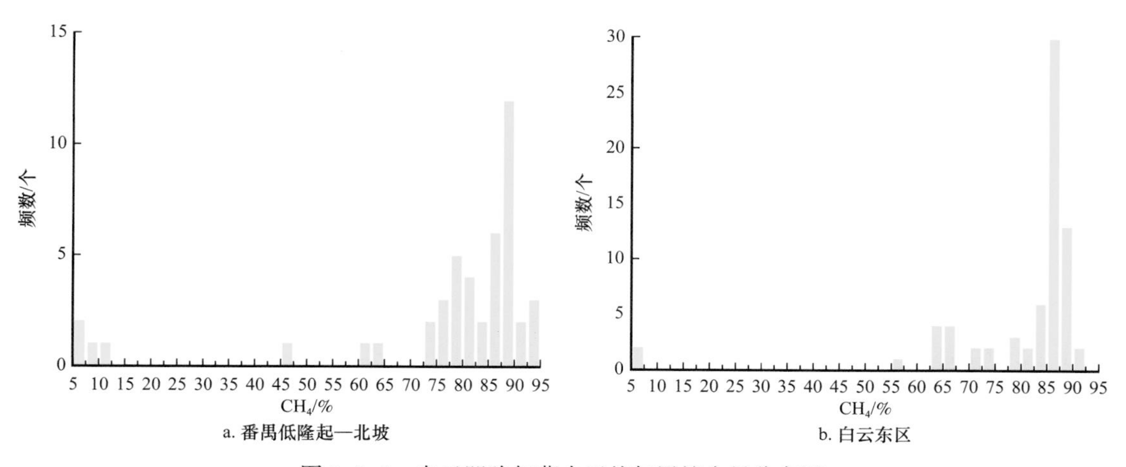

图 2-8-9　白云凹陷气藏中天然气甲烷含量分布图

白云凹陷所产的非烃气体主要是二氧化碳和氮气。白云凹陷 26 口井 119 个天然气样品中 CO_2 和 N_2 含量统计结果表明（图 2-8-10），白云凹陷天然气中非烃气体含量普遍较低，CO_2 含量普遍低于 15%，仅 PY28-2-1 井、LW6-1-1 井、LW9-1-1 井具有高 CO_2 含量，PY28-2-1 井 CO_2 含量为 73.7%～86.5%，LW6-1-1 井 CO_2 含量为 93.9%～94.9%，LW9-1-1 井 CO_2 含量为 33% 左右。该区气藏整体也具有低氮气含量的特征，N_2 含量多低于

5%，仅 PY29-1-1A 井、PY28-2-1 井及 LW9-1-1 井天然气中 N_2 含量较高，约 10%，PY29-1-1A 井 2846.5m 层段天然气中 N_2 含量高达 22%。

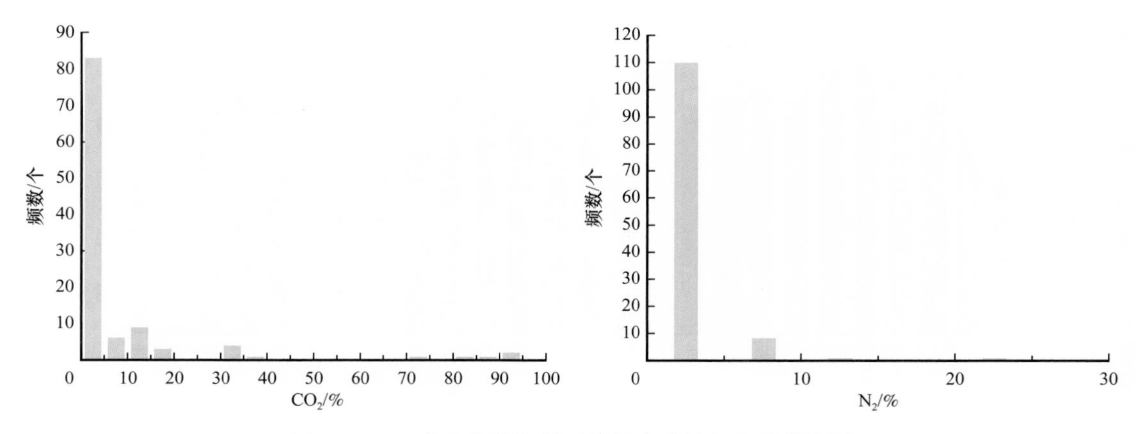

图 2-8-10 白云凹陷气藏天然气中非烃气含量分布图

3）珠三坳陷天然气组分特征

除南断裂带个别气田或含气构造外，文昌 A 凹陷珠海组凝析气田天然气组分以烃类气为主（占 90% 以上），烃类气甲烷含量为 60%～80%，C_{2+} 重烃含量较高，为 16.0%～24.5%，干燥系数（$C_1/\Sigma C_{1+}$）0.56～0.89，为湿气。非烃气主要是氮气和二氧化碳，含量均较低，其中 N_2 含量为 0～1.12%；CO_2 的含量为 4.56%～13.15%（表 2-8-1）。

二、碳氢同位素组成

1. 碳同位素组成特征

1）烃类气体碳同位素组成特征

珠一坳陷仅 3 个构造对气体进行取样分析，其中惠州 21-1 构造中取得 3 个样本，显示天然气中甲烷的碳同位素组成变化不大，$\delta^{13}C_1$ 为 -40.6‰左右；惠州 21-1W 构造天然气中甲烷的碳同位素组成与惠州 21-1 构造相差无几，$\delta^{13}C_1$ 为 -40.7‰左右；惠州 27-3 构造中天然气甲烷的碳同位素组成介于 -46.9‰～-42.4‰。乙烷碳同位素整体变化相对较小，$\delta^{13}C_2$ 为 -31.36‰～-27.6‰；丙烷碳同位素整体分布也较为集中，$\delta^{13}C_3$ 多分布在 -27.7‰～-25.49‰之间；C_{3+} 碳同位素样品分析较少，i-C_4 碳同位素分布在 -28.3‰～-26.7‰之间，n-C_4 碳同位素分布在 -27‰～-24.8‰之间；i-C_5 碳同位素值介于 -27.61‰～-25.1‰，n-C_5 碳同位素分布在 -26.5‰～-24.2‰之间。

对白云凹陷各构造带天然气组分碳同位素统计结果表明（图 2-8-11）：白云凹陷天然气中甲烷的碳同位素组成变化较大，$\delta^{13}C_1$ 介于 -44.2‰～-33.6‰，集中分布在 -39‰～-36‰之间；乙烷碳同位素整体变化相对较小，$\delta^{13}C_2$ 为 -29.7‰～-25.4‰，集中分布在 -29‰～-28‰之间；丙烷碳同位素整体分布也较为集中，$\delta^{13}C_3$ 多分布在 -28‰～-26‰之间，仅个别样品丙烷碳同位素偏轻，$\delta^{13}C_3$ 约 -30‰；受限于样品自身原因及实验条件限制，部分样品 C_{3+} 碳同位素未检测出，对已检测到 C_{3+} 碳同位素样品分析发现，i-C_4 碳同位素分布在 -29.9‰～-25.3‰之间，n-C_4 碳同位素分布在 -29.2‰～-23.6‰之间；i-C_5 碳同位素值介于 -28.1‰～-23.0‰，n-C_5 碳同位素分布在 -27.9‰～-23.1‰之间。整体上看，该区天然气甲烷碳同位素差异较大，分布较分散。

表 2-8-1 珠江口盆地文昌 A 凹陷凝析气田天然气组分与碳同位素特征统计表

区带	井号	井段 /m	测试层号	地层	天然气组分 /%								干燥系数	同位素 $\delta^{13}C$/‰				
					C_1	C_2	C_3	C_4	C_5	C_{6+}	N_2	CO_2	C_1/C_{1-5}	C_1	C_2	C_3	C_4	CO_2
六号断裂带	WC9-3-1	3828～3903.3	DST1	E_3z_2	69.79	13.60	4.68	1.84	0.51	0.23	0.14	9.20	0.77	-42.65	-32.29	-28.67	-29.88	-9.55
		3897.0	MDT		67.36	14.15	5.60	2.60	0.94	0.42	0.31	8.63	0.74	-42.67	-32.39	-28.74	-29.35	-10.24
		3946.0	MDT		52.87	16.45	11.73	3.78	0.72	0.14	1.16	13.15	0.62	-45.74	-34.20	-31.19	-31.93	-27.57
	WC9-2-1	3344～3352	DST5	E_3z_1	50.81	20.67	12.15	6.91	2.05	0.81	0.29	6.32	0.55	-40.67	-30.16	-27.33	-28.21	-10.80
		3661～3699	DST4	E_3z_2	77.70	9.25	3.60	1.39	0.41	0.28	1.12	6.27	0.84	-39.69	-29.57	-26.62	-27.11	-7.88
		3770～3799	DST3		75.17	11.46	4.91	2.17	0.72	0.17	0.00	5.41	0.80	-41.69	-29.98	-27.47	-27.94	-8.22
		3968～3996	DST2		82.14	7.81	2.27	0.85	0.28	—	0.00	6.65	0.88	-39.16	-28.30	-25.56	-26.42	-4.16
	WC9-1-1	3230～3250	DST3	E_3z_2	78.05	10.05	3.50	1.60	0.54	0.54	0.00	5.72	0.83	-39.77	-29.30	-26.50	-27.69	-10.15
		3390～3415	DST2		68.73	13.91	6.22	3.01	0.94	0.72	0.17	6.30	0.74	-43.44	-30.50	-26.87	-27.88	-8.54
南断裂带	WC10-2-1	2871.50	MDT	N_1z_2	67.36	9.82	3.76	1.55	0.42	0.39	0.62	16.18	0.81	-40.66	-30.03	-27.86	-29.09	-9.43
		3391.60	MDT	E_3z_1	57.08	9.32	3.50	1.30	0.36	0.31	1.56	27.12	0.80	-42.90	-32.16	-29.04	-28.52	-7.22
		3577.00	MDT		51.29	11.82	5.04	1.89	0.50	0.51	0.31	28.64	0.73	-43.08	-32.41	-29.58	-28.72	-8.07
		3670.00	MDT	E_3z_2	47.82	8.22	3.24	1.28	0.44	0.38	0.58	38.04	0.78	-43.25	-31.85	-28.48	-28.82	-9.22
	WC10-3-1	3363～3415	DST2	E_3z_2	80.50	7.63	2.83	1.33	0.38	0.15	2.68	4.50	0.87	-38.22	-29.58	-28.02	-29.17	-11.48
		3462～3534	DST1	E_3z_2	82.13	7.36	2.15	0.91	0.22	0.05	2.66	4.51	0.89	-38.35	-29.45	-27.16	-28.90	-11.67
	WC10-8-1	3349.50	RCI（2#）	N_1z_2	6.18	0.72	0.28	0.15	0.06	0.08	0.93	91.62	0.84	-41.63	-29.35	-27.26	-27.363（i-C） -26.925（n-C）	-4.45

续表

区带	井号	井段 /m	测试层号	地层	天然气组分 /%								干燥系数	同位素 $\delta^{13}C$/‰				
					C_1	C_2	C_3	C_4	C_5	C_{6+}	N_2	CO_2	C_1/C_{1-5}	C_1	C_2	C_3	C_4	CO_2
南断裂带	WC10-8-1	3798.50	RCI（4#）	E_3z_3	4.39	0.70	0.32	0.19	0.08	0.11	0.59	93.62	0.77	-42.11	-29.95	-27.87	-25.508（*i*-C） -26.668（*n*-C）	-4.05
		3971.00	RCI（6#）		41.17	7.26	8.60	5.06	1.47	0.49	1.48	34.48	0.65	-42.42	-29.74	-27.45	-29.378（*i*-C） -26.568（*n*-C）	-5.76
		3835～3880，3963～3976	DST1		42.44	10.19	4.23	1.32	0.24	0.02	2.26	39.33	0.73	-42.40	-30.10	-27.37	-28.845（*i*-C） -25.635（*n*-C）	-4.59
	WC14-3-1	1785～1791	DST5	N_1z_2	23.30	6.27	16.52	11.60	1.88	1.04	30.86	8.53	0.39	-40.03	-30.06	-28.22	-29.24	-14.58
		2223～2240	DST4	E_3z_1	69.72	16.94	7.04	2.88	0.81	0.76	0.26	1.59	0.72	-42.05	-31.26	-28.55	-29.18	-13.42
		2285～2308	DST3		43.62	9.03	4.15	1.81	0.55	0.66	1.31	38.87	0.74	-41.88	-31.16	-27.65	-28.06	-4.53
		2343～2365	DST2A	E_3z_2	37.99	7.94	3.55	1.36	0.48	0.65	0.04	47.99	0.74	-41.66	-30.67	-27.57	-27.62	-4.65
		2378～2417	DST1		41.58	8.20	3.55	1.34	0.39	0.46	1.79	42.69	0.76	-41.94	-30.86	-28.52	-27.27	-4.42
	WC14-3N-1d	2560.3	MDT	E_3z_1	25.97	4.69	1.97	1.00	0.39	0.30	8.42	57.28	0.76	-40.70	-31.12	-27.75	-28.99（*i*-C） -27.74（*n*-C）	-6.62
		2904	MDT	E_3z_3	27.16	4.97	2.00	1.03	0.47	0.58	0.55	63.26	0.76	-42.32	-31.75	-28.48	-28.31（*i*-C） -28.315（*n*-C）	-5.38

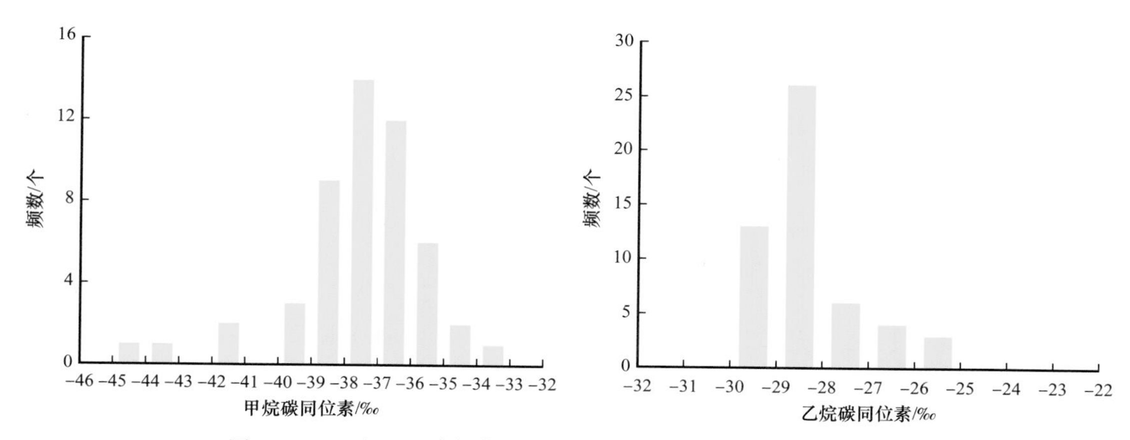

图 2-8-11　白云凹陷气藏天然气甲烷、乙烷碳同位素分布直方图

文昌气田珠海组天然气中甲烷碳同位素主要分布于 –45.74‰～–38.22‰，为有机成因天然气。文昌 A 凹陷主要凝析气田天然气中乙烷碳同位素为 –34.2‰～–28.3‰，绝大多数小于 –28.8‰；丙烷碳同位素为 –31.19‰～–25.56‰（图 2-8-12），属于油型气。文昌 A 凹陷天然气与珠江口盆地西部文昌 13-1/2 油田典型油型气的碳同位素分布特征比较接近，处于同一点群。文昌 A 凹陷天然气大多数样品具有有机成因的正碳同位素变化系列，天然气重烃碳同位素普遍出现微弱“倒转”，可能与富氢的始新统文昌组烃源岩在高—过成熟阶段生成的凝析气和早期裂解气加入有关。

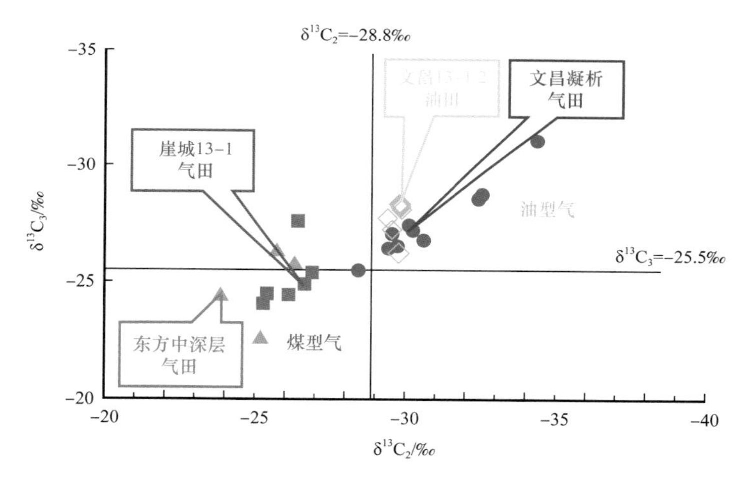

图 2-8-12　文昌凝析气田天然气中 $\delta^{13}C_2$ 和 $\delta^{13}C_3$ 相互关系图

2）二氧化碳碳同位素组成特征

二氧化碳是天然气中重要的非烃气体，一般存在无机和有机两种来源，区分这两种二氧化碳来源的主要依据是其碳同位素组成的差异。现有的研究成果表明，无机成因的二氧化碳碳同位素组成偏重，一般大于 –10‰，而有机成因的二氧化碳其碳同位素组成偏轻，其值一般小于 –10‰（戴金星，1994）。

白云凹陷天然气中二氧化碳碳同位素多大于 –10‰，部分构造天然气中二氧化碳碳同位素偏轻，在 –10‰以下，如流花 19-3 构造的天然气 $\delta^{13}C_{CO_2}$ 为 –17.9‰～–17.1‰，PY29-1-1A 井井深 2846.5m 处 $\delta^{13}C_{CO_2}$ 为 –13.9‰。这显示出白云凹陷天然气中二氧化碳气体以无机成因为主，有机成因为辅的特征，有机成因二氧化碳气体可能与浅层微生物的活动有关，无机成因二氧化碳气体可能与幔源气的混入相关。关于二氧化碳气体成因后续还当结合其含量及伴生稀有气体同位素特征进行深入剖析。

珠一坳陷中二氧化碳碳同位素分析样品仅 7 个：惠州 21–1 构造取得 3 个样本数据分别为 –15.91‰、–9.4‰、–11.75‰；惠州 21–1W 构造仅在 K22low 层取得 1 个数据为 –10.3‰；惠州 27–3 构造在 K30 层取得 1 个数据为 –11.5‰，在 K22 层取得 2 个数据分别为 –3.5‰、–6.6‰。其中，惠州 21–1 构造和惠州 21–1W 构造二氧化碳气体为有机成因，惠州 27–3 构造在 K30 层取得的数据为有机成因，而在 K22 层取得的数据，根据朱岳年等（1998）的观点，应该属于幔源岩浆脱气作用来源。因为幔源岩浆脱气作用来源的二氧化碳气体具有典型 –4‰（PDB）的碳同位素组成特征。

文昌气田珠海组天然气中二氧化碳含量为 5.32%～6.3%，二氧化碳碳同位素多介于 –11‰～–8‰，大多属于有机和无机混合成因。

2. 氢同位素组成特征

根据国内外对甲烷氢同位素的研究，一般认为烷烃气的氢同位素主要受制于沉积环境，即随着沉积时水介质的盐度增大，氢同位素组成变重；其次是成熟度的影响，即随着有机质热演化程度的增高，烷烃气有富集重氢同位素的趋势（戴金星，1992；王大锐，2000）。

白云凹陷天然气样品中仅白云东区进行了氢同位素（δD）分析，从氢同位素特征可以看出：（1）白云东区天然气中甲烷氢同位素介于 –176‰～–138‰。其中流花 27–1 构造的天然气中甲烷氢同位素较重，为 –145‰～–138‰；流花 29–4 构造的天然气中甲烷氢同位素偏轻，为 –172‰；其余构造如流花 29–2、流花 29–1、流花 28–2、流花 34–2 及荔湾 3–1 的天然气中甲烷氢同位素多分布在 –155‰左右。（2）重烃气的氢同位素亦表现出类似甲烷氢同位素的区域性特征，流花 27–1 气藏及流花 29–2–2 古油藏的天然气中乙烷氢同位素及丙烷氢同位素相对较重。其中流花 27–1 气藏的天然气中 $^{13}\delta D_2$ 为 –104‰～–86‰、$^{13}\delta D_3$ 为 –84‰；LH29–2–2 井的天然气中 $^{13}\delta D_2$ 为 –104‰～–86‰、$^{13}\delta D_3$ 为 –94‰～–87‰，两者具有一定相似性；LH29–2–1 井、流花 29–4 构造、流花 29–1 构造、流花 28–2 构造、流花 34–2 构造及荔湾 3–1 构造的天然气中重烃同位素较为一致，且相对较轻，乙烷氢同位素为 –130‰左右，丙烷氢同位素为 –120‰左右。

整体上讲，白云东区氢同位素具有如下区域性特征：LH27–1–1 井、LH29–2–2 井天然气中氢同位素偏重且两者具有相似性；LH29–4–1 井天然气氢同位素偏轻；LH29–2–1 井、流花 29–1 构造、流花 28–2 构造、流花 34–2 构造及荔湾 3–1 构造天然气中氢同位素则介于前述两者之间，且具有一致性。

三、天然气成因类型

天然气在化学组成上包括烃类气体和无机气体两大类；在成因上又有无机成因和有机成因、煤型气和油型气之分；在成熟度上有热降解气和热裂解气之分，而热裂解气又有油裂解气和干酪根裂解气之分。通过前面碳同位素特征分析可知，珠一坳陷惠州 21–1 构造、惠州 21–1W 构造天然气为油型气和煤成气混合型，而惠州 27–3 构造天然气更偏向油型气，煤成气贡献较少（图 2–8–13）。

白云凹陷天然气中烃类气体碳同位素组成均呈现出 $\delta^{13}C_1<\delta^{13}C_2<\delta^{13}C_3<\delta^{13}C_4<\delta^{13}C_5$

的变化特征，显示出典型有机成因烃类气的碳同位素组成特征，表明它们是有机质热演化作用的产物。如图 2-8-14 所示，应用甲烷、乙烷和丙烷的碳同位素进行有机烷烃气的成因判识。可以看出，白云凹陷北部和东部气藏天然气主要落在煤成气和油型气区，属于混源型。白云凹陷南部 LW21-1-1 井、LW13-1-1 井及 BY18-1-1 井深部天然气（管子气）为油型气。

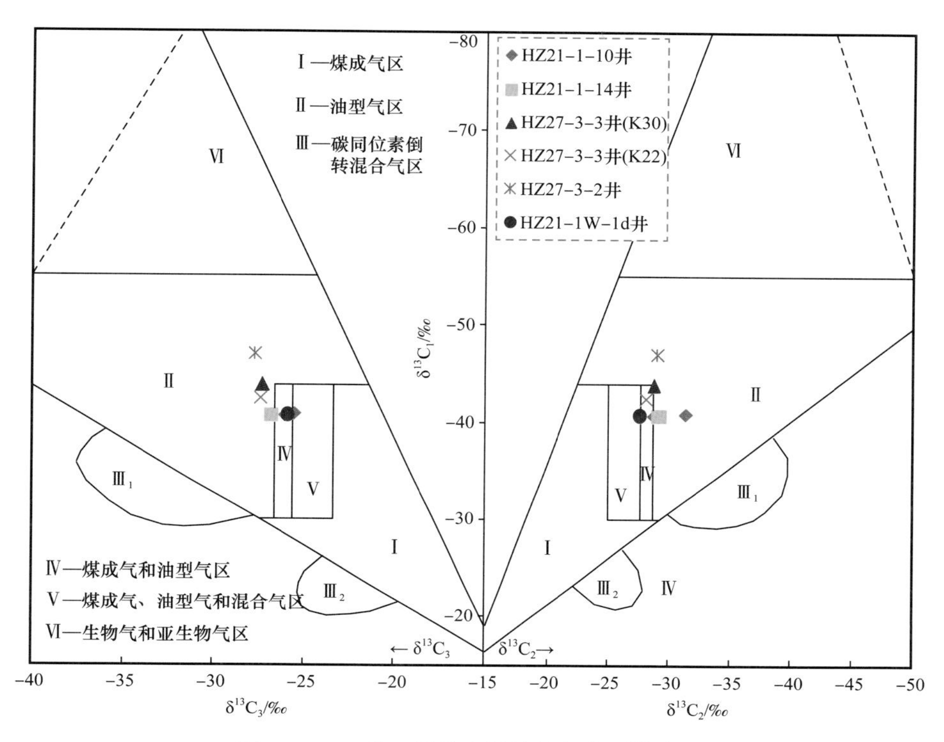

图 2-8-13 珠一坳陷有机烷烃气成因模式图

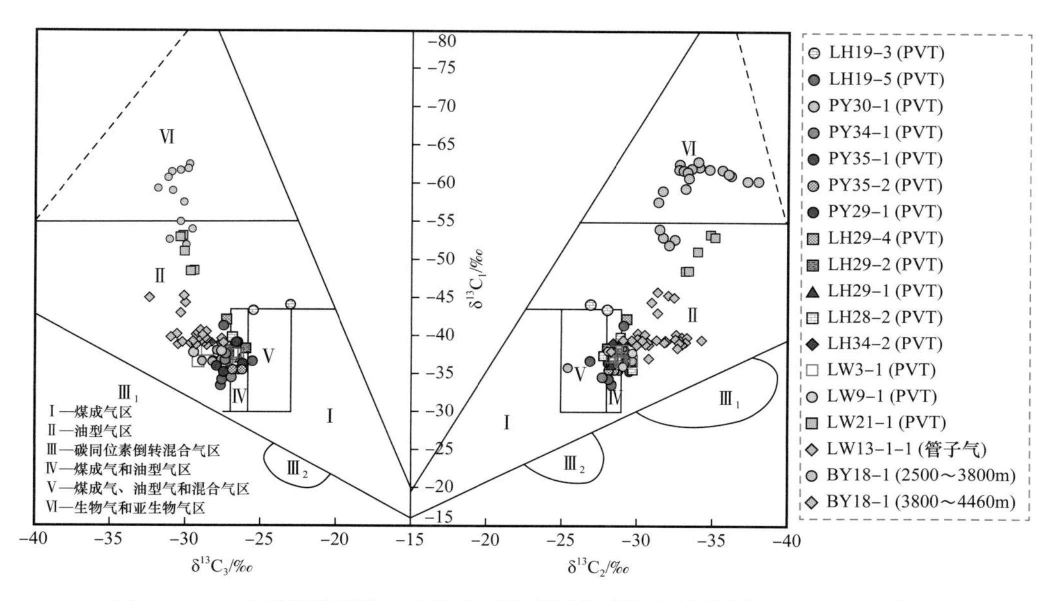

图 2-8-14 白云凹陷甲烷、乙烷和丙烷碳同位素关系判别有机烷烃气成因模板

根据甲烷碳同位素与甲烷含量关系可判别热降解气与热裂解气成因（图 2-8-15），结合甲烷碳、氢同位素和湿度关系判别图版（图 2-8-16），可以看出，白云凹陷北部和东部气藏的天然气均为干酪根裂解湿气。根据白云凹陷天然气成熟度 1.4%～1.6%［R_o（C_2）］/1.1%～2.3%［R_o（C_1）］和由甲基双金刚烷参数计算的凝析油成熟度 1.3%～1.6%（R_o），判断两者热演化程度一致，皆为高成熟阶段所生。再结合前面原油裂解模拟实验结果，

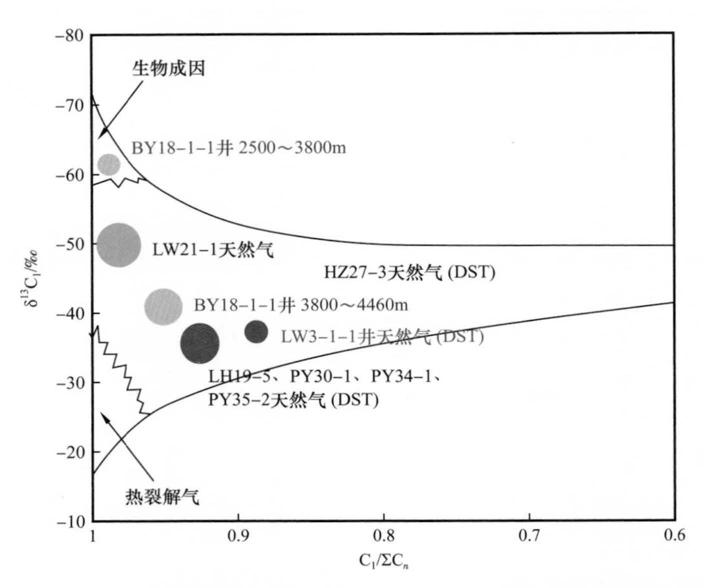

图 2-8-15　气态烃中甲烷碳同位素和甲烷含量关系判别天然气成因类型（据 Tissot，1982）

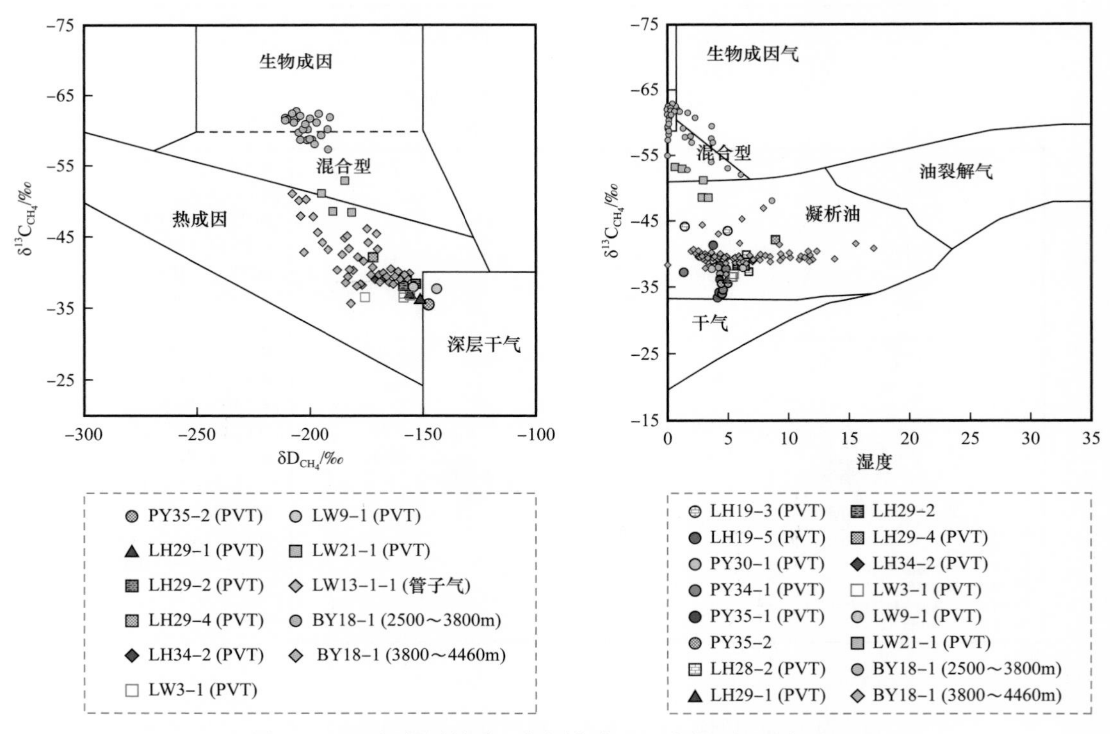

图 2-8-16　根据甲烷碳、氢同位素和湿度判别天然气成因

白云凹陷已发现天然气轻烃中无论甲基环己烷（MCH）还是甲苯（TOL）碳同位素偏差均在 2‰以内，未发生碳同位素分馏，故其只能为烃源岩干酪根在高热演化阶段的干酪根裂解气。

由图 2-8-15 和图 2-8-16 还可以看出，白云凹陷南部与北部、东部地区天然气成因类型明显不同：BY18-1-1 井天然气（管子气）主体为高成熟纯热成因油型气，有伴生凝析油，而浅层（＜3800m）主要为生物气，混有部分热成因气；LW13-1-1 井天然气（管子气）属于成熟—高成熟油型气；LW21-1-1 井天然气为低成熟油型气。

根据白云凹陷天然气藏中 CO_2 含量与其碳同位素关系（图 2-8-17）判识图版可知，仅流花 19-3 气藏中高含量二氧化碳为有机成因，结合前面分析为浅层生物降解成因；其余构造的二氧化碳均为无机成因。白云凹陷荔湾 3-1 气藏中二氧化碳为壳源无机型，即碳酸盐岩等经历热蚀变作用而形成；而荔湾 9-1、流花 34-2、流花 29-1 气藏中二氧化碳为地幔岩浆脱气作用而成的火山幔源型；流花 19-5、番禺 30-1、番禺 35-1 气藏中二氧化碳为混合来源，既有壳源无机型又有火山幔源型成因。

文昌 A 凹陷 R_o 为 0.83%～1.84%，其烃源岩相应深度为 3300～6300m，生成以甲烷为主的热成因烃类气、凝析油和轻质油。文昌凝析气田天然气为来自下渐新统恩平组的油型气，揭示恩平组生烃母质中低等水生生物含量较高，具有较好的生油能力，特别是生轻质油的能力。WC11-2-1 井恩平组为具较好生油能力的腐殖—腐泥型湖相烃源岩。

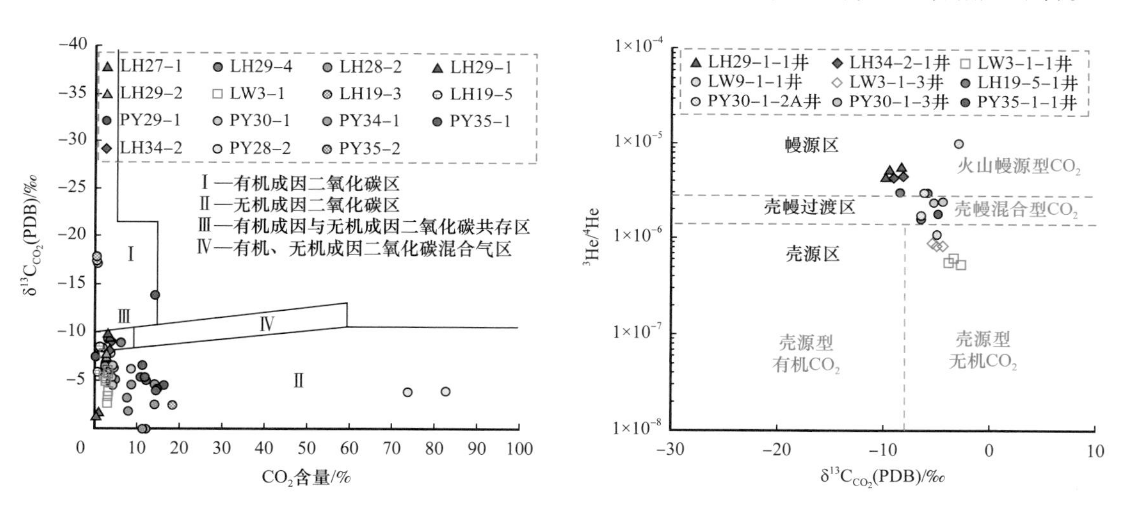

图 2-8-17　CO_2 含量与碳同位素及氦同位素关系判别 CO_2 成因

第二节　天然气赋存形式及分布

一、赋存形式

珠江口盆地天然气储层主要是砂岩，其次是石灰岩，圈闭类型以构造（翘倾半背斜、复杂断圈）、构造—岩性为主，钻探效果以构造—岩性为好。受烃源岩演化、构造和沉积以及油气运移的影响，天然气具有不同的赋存形式。

1. 单藏出现

气层为一个单层或是集中分布段的合并生产层。如荔湾 3-1 气田，作为白云凹陷深水区第一个商业性天然气发现，也是迄今为止白云地区储量最大的气田。其主要产层为珠江组下段大型深水扇砂体以及珠海组三角洲前缘水下分流河道和河口坝砂体，气田共发育 4 层产气砂体，分别是珠江组 Sand1、珠海组 Sand2、珠海组 Sand3 和珠海组 Sand4，气层总有效厚度 55.5m。

2. 油气藏间互共生

气层在剖面上与油藏共生存在。如惠州 21-1S 构造在 K22 砂体层证实为上气下油，且天然气探明地质储量达到 $15\times10^8m^3$。惠州 21-1 构造珠江组存在两个气层，珠海组存在多个油层。

3. 浅层气苗

浅层气苗指以气体显示的方式在埋深较浅的区域广泛分布的气体。这种气体与生物降解有关，与浅层断裂的活动有关，也有可能是沉积物在压实作用下释放所致，但不成规模，仅仅在测井或者录井上有所显示，极少数在地震剖面上有所响应，如恩平 18-1 构造、流花 19-3 构造。

二、分布特征

1. 横向分布

天然气主要分布在白云凹陷，珠一坳陷分布少，仅在惠州 21-1 构造和惠州 21-1S 构造、惠州 27-3 构造发现初具规模气藏，惠州 18-1 构造、陆丰 13-1 构造等发现较少量气体。

白云凹陷及周边的钻井基本上都有天然气显示，相对于油来说，该区天然气的商业成藏也非常广泛，除了白云凹陷中部、白云凹陷西南地区，其他地区都有商业气田发现，但仍集中在白云凹陷北部、白云凹陷东部及白云凹陷东南地区，白云凹陷东北地区有 2 个气藏，而白云凹陷西部地区仅有 1 个气藏。

2. 纵向分布

珠一坳陷发现的天然气均分布于中浅层，主要以珠江组居多。其中惠州 21-1 构造在珠江组发现工业气藏，惠州 21-1S 构造、惠州 27-3 构造分别在珠江组发现气层，规模达到十几亿立方米。西江 24-3 构造等在韩江组有少量的伴生气发现。

白云凹陷西北地区天然气纵向上从珠海组到粤海组的所有层位都有出现，其中以珠江组最多，粤海组次之，珠海组、韩江组较少。但大规模聚集并能形成工业气藏是在珠江组下段层系中，韩江组也发现少量工业气藏。

白云凹陷东北地区天然气层集中在珠江组下段层系中，并且大规模聚集成藏。仅流花 26-1 构造在珠海组发现气层。

白云凹陷东部、白云凹陷东南地区天然气藏发现较多，主要分布在珠江组下段，珠海组发现少量气层，但不成规模。

白云凹陷西南地区未发现大规模天然气藏，气层显示段主要集中在珠江组、珠海组。

白云凹陷西部地区在番禺 25-2 构造、白云 3-1 构造、番禺 25-2E 构造珠江组下段发现一定规模的气层，且白云 3–1 构造珠海组见到气测异常显示。

白云凹陷中部地区只钻探了一口探井，在韩江组下段解释出差气层，在珠海组见到气测异常。

纵观天然气藏在珠江口盆地的分布，可以看出如下特征：受烃源有机质来源和成分以及地温与热演化的影响，天然气包括大中型的天然气藏主要分布于深水白云凹陷及其周缘；而东沙隆起及其以北的珠一坳陷仅有零星、少量分布。

第九章　油气藏形成与分布

珠江口盆地已发现的油气藏受限于各类局部圈闭，而各类局部圈闭的形成主要受基岩隆起、断裂活动和岩性变化的影响。新生代早、中、晚期断裂活动，形成了滚动背斜、断鼻、断块等圈闭；东沙隆起、神狐隆起、碳酸盐岩台地的发展演化，形成了一批礁块圈闭；凸起、隆起单元的基岩活动则形成了披覆背斜、潜山构造。油气藏形成主要受生烃凹陷、储盖组合、圈闭和油气运移的控制。生烃凹陷生成的油气可以在生烃岩附近的圈闭聚集成藏形成自生自储型油气藏，也可以通过垂向断裂和横向输导层运移到浅部储层形成下生上储型（或称陆生海储型）油气藏；部分油气通过砂体、不整合面，经过较长距离运移，在凸起或隆起聚集成藏。

凹陷中圈闭及油气藏的分布受断裂构造带的控制，一般沿较大断裂形成油气聚集带。珠江口盆地是断裂较发育的盆地，在已发现主要的1818条断层中，长期活动（T_g—T_{20}）的有494条，早期活动（中新世以前形成的、中新世以后不发育）的有339条，晚期活动的（中新世以后形成的）有985条。从断裂发育及储盖层条件的配置，不难看出其对中新统珠江组油气成藏的贡献，如惠州、文昌A、文昌B、琼海等凹陷。同样，文昌A凹陷六号断裂带，文昌9-2/文昌9-3气田周边及珠三南断裂东段文昌11-2气藏的形成均受控于北西—东西向的同生大断层的活动，恩平组生成的天然气沿着这些同生大断层向上运移至珠海组圈闭聚集成藏。

凹陷之间的凸起和隆起中油气藏的分布，受基岩隆起带控制。琼海凸起、神狐隆起、惠陆低凸起和东沙隆起，皆有以基岩隆起为背景，沿构造脊运移聚集的油气藏成群成带分布的现象。神狐隆起文昌15-1、文昌21-1等油气藏就是文昌A凹陷文昌组生成的油气沿油源断层运移到珠江组一段，再沿着神狐隆起伸向文昌A凹陷的构造脊运移到披覆背斜带而聚集成藏的。

第一节　油气藏类型及分布特征

一、油气藏类型

珠江口盆地已发现油气藏（含油气构造）主要有近10种类型，以构造类为主，发现个数为90个，探明地质储量占比为73%。构造亚类中翘倾半背斜油气藏个数最多，但油气探明最多的是背斜油气藏类型，探明地质储量占总探明地质储量的28.9%。地层岩性类油气藏探明12个，占总个数的10%，但探明地质储量占总探明地质储量的21.9%，其中潜山类油气藏仅探明4个，探明地质储量与总探明地质储量相比不足1%。构造岩性复合类油气藏主要以天然气发现为主，发现个数为17个，其中11个为气藏。

1. 构造类油气藏

构造类油气藏主要有背斜、断块和断鼻3类，其中背斜又分为披覆背斜和逆牵引背斜。

1）披覆背斜类油气藏

披覆背斜圈闭地层向四周下倾，类型最好，有利于储油；背斜下部有基岩不整合面和断裂与深凹陷内的烃源岩相连，运移条件好；披覆背斜是油气长期运移的有利指向，能得到充足的油气供给，充满度高；披覆背斜通常位于凸起上，埋藏较浅，储层物性好；凸起两侧为生烃凹陷，烃源条件好，储层以三角洲、扇三角洲及滨浅海相砂岩为主，盖层是稳定的湖相、海相泥岩；油藏油水关系较简单，单井产量高，品质好。已发现的披覆背斜油田有惠州26–1、番禺5–1、文昌13–2等，规模以大中型为主；气藏主要位于凹陷内，已发现的主要包括流花34–2气田等。

2）逆牵引背斜油气藏

逆牵引背斜油藏分布于大断层下降盘，大断层呈上陡下缓的“犁”形。珠江口盆地新生代大断层活动强度大，河流—三角洲沉积区砂泥比适中，大断层强烈活动与合适的砂泥比相配合，有利于逆牵引背斜构造的形成。珠江口盆地大断层下降盘形成了较多的逆牵引背斜，这些逆牵引背斜并非完整的背斜，而是被众多的、与主断层晚期活动伴生的次级断层切割成多个断块。

逆牵引背斜储盖组合一般配置较好，其所依附的大断层与生油层内砂体“中转站”成为油气运移的有利配置，大断层是油气纵向运移的通道，而伴生的次级小断层具有分配油气的作用。在不同断块，油气富集程度因断层—地层配置关系不同而不同。珠江口盆地发现的逆牵引背斜油藏有西江30–2、番禺4–2等。

3）断鼻状油气藏

三面倾伏、另一面被断层遮挡的构造圈闭称为断鼻。断鼻常出现在大型隆起的翼部或构造斜坡带上。断鼻可分为长轴断鼻和短轴断鼻，长轴与断层平行的断鼻圈闭，其封闭性要比短轴与断层平行的断鼻差；另外，砂岩含量及对接关系、断层活动强度、活动时期等因素也影响到断层的封堵性。控制断鼻圈闭形成的断层可能是继承性发育的大断层，也可能是短期活动的小断层。断鼻可能位于断层上升盘，也可能位于下降盘，主要分布在凹陷内，凸起也有。断鼻圈闭一般是小—中等规模，还可能被更小的断层分割。断鼻油气藏一般为中小型，大型的断鼻油田较少。珠江口盆地发现的断鼻油田主要有陆丰13–2油田等，断鼻气藏主要分布在珠二坳陷，如流花26–1气藏。

4）断块油藏

断陷盆地张性断层发育，因此形成了众多的断块圈闭。断块圈闭是由两组或两组以上断层互相交切得到两面或多面被断层围限的断块，从而形成的圈闭。该类圈闭单个规模不大，以中—小型为主，但成带的断块油藏可进行联合开发。断块油藏较复杂，因断层切割，圈闭破碎，单块面积小（0.5～3km^2），不同单块有不同的油水系统，同一单块不同砂层也有不同的油水界面。珠江口盆地发现的断块油藏主要有惠州25–11油藏等。与断块油藏相比，断块气藏对断层的封堵性要求更高。在其他条件大致相同的情况下，断层的封堵性与其两盘地层的砂岩含量有着直接的关系。一般而言，砂岩含量越高，断层封堵性越差；反之，其封堵性越好。因此，断块气藏往往发育在盆地内砂岩含量相对较低的部位。珠江口盆地在距离古珠江相对较远、砂岩含量相对较低的部位，形成了断块气田群，主要包括番禺30–1、番禺34–1、番禺35–1、番禺35–2、流花19–5等气田。

2. 地层岩性类油气藏

1）岩性尖灭油气藏

这类油气藏是由于储层沿上倾方向尖灭或渗透性变差而造成圈闭条件，油气聚集其中而形成。该类油气藏在整个珠江口盆地比较少见，仅在珠一坳陷惠西南地区有所发现，且仅限于个别油层，如惠州32-3油田的K22层。K22层砂体发育于珠江组上段，位于层序界面附近，由于海平面变化速率大，砂体尖灭快才形成岩性圈闭。

2）生物礁油气藏

是指礁组合中具有良好孔隙—渗透性的储集岩体在被周围非渗透性岩层和下伏水体联合封闭而形成的圈闭中聚集的油（气）藏。生物礁是生物格架组成的生态礁，或者是由于机械作用、障积作用或群体生物增生的滩。礁体由礁核相带、后礁相带和前礁相带3部分组成，其中礁核相带是生物礁的主体，具有很高的孔隙度和渗透率，是重要的储层。由于储层孔隙度和渗透率高，生物礁油田产能一般都比较高。珠江口盆地发现的生物礁油田主要有流花11-1、流花4-1等油田。

3）潜山油气藏

油（气）在潜山圈闭中聚集，称潜山油（气）藏，属于地层油（气）藏类型。潜山是指被新沉积层掩埋在地下的一切古地形突起，其顶部曾是地表或水下古隆起，经风化剥蚀、淋滤、溶解作用，产生许多溶洞和裂缝，成为很好的储层，当被不整合覆盖即形成有效圈闭，适于油气聚集。截至2015年，仅发现惠州21-1这一个潜山类油气藏，钻遇火成岩基底266m过程中，在进入基底30m厚度的风化带范围内有油气显示。

3. 复合类油气藏

指两种或两种以上地质因素联合封闭而形成的复合圈闭中的油气聚集。

1）构造—岩性复合类油气藏

受构造和岩性双重地质因素控制形成的圈闭即为构造—岩性圈闭，其中聚集了油（气）即为构造—岩性油（气）藏。荔湾3-1气田是该类油气藏中的典型代表。荔湾3-1气田受基底古地貌高和基底断裂的控制，同时储集体主要为深水浊积扇成因，岩性和砂体厚度在横向上有较大变化。

2）构造—地层复合类油气藏

凡是储层上方和上倾方向由任一种构造和地层因素联合封闭所形成的油（气）藏称为构造—地层复合油（气）藏，陆丰14-4主块构造属于该类型。陆丰14-4构造位于陆丰13洼与陆丰15洼之间的一个由南西向北东方向收敛的鼻状构造带上。该构造是一个由近东西延伸向北倾的断层所控制的位于断层上升盘的断背斜构造，同时由于基底低隆起背景，钻遇地层有超覆现象。

二、油气分布特征

以珠江口盆地东部（中海油深圳分公司矿区范围）为例。

截至2015年底共发现油气田58个，其中大中型油气田32个，在生产油田36个，在建设或开发评价油气田12个。这些油气田及其含油层段的分布具有如下特点：

（1）油气围绕富生烃洼陷分布，如在恩平凹陷的恩平17洼、惠州凹陷的西江24洼和惠州26洼以及白云凹陷的白云主洼和白云东洼等几个已证实的富生烃洼陷周边发现了近30个油气田（图2-9-1）。

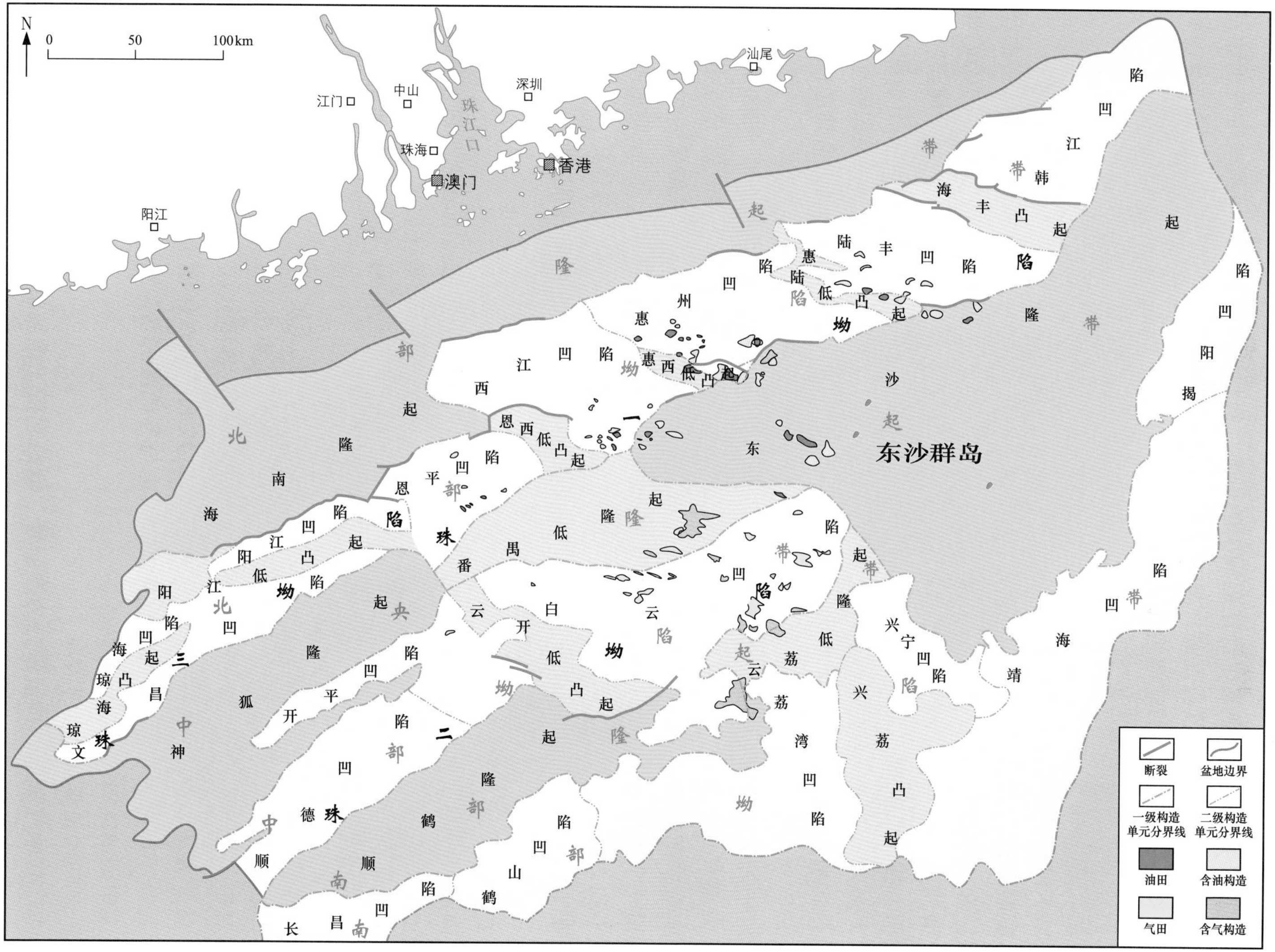

图 2-9-1　珠江口盆地油气田平面分布图

（2）油气田分布呈现“北油南气”的分带性，原油资源主要分布在珠江口盆地北部的珠一坳陷和东沙隆起带中，而天然气资源则主要分布在白云凹陷及其白云凹陷北坡—番禺低隆起地区。

（3）油气主要富集在富生烃洼陷周围的少数二级构造带中，受二级构造带继承性发育所控制，油气垂向叠置程度高，复式聚集；勘探发现的油气成藏以下生上储为主，油气主要发现在上构造层的珠海组、珠江组、韩江组中，探明地质储量占已发现总地质储量的 91%；下构造层的古近系文昌组、恩平组自生自储油气藏近期也多有发现，储量亦在增长。

1. 不同规模油气田分布特征

参照海洋石油行业规范标准，即原油探明地质储量大于 $10000 \times 10^4 m^3$ 属于特大型油田，介于 5000×10^4～$10000 \times 10^4 m^3$ 属于大型油田，介于 3000×10^4～$5000 \times 10^4 m^3$ 属于中型油田，介于 1000×10^4～$3000 \times 10^4 m^3$ 属于小型油田，小于 $1000 \times 10^4 m^3$ 属于特小型油田。按照此标准，南海东部海域发现特大型油田 1 个、大型油田 4 个、中型油田 3 个，大多以小型油田和特小型油田为主。大型油田虽然数量相对较少，但是探明地质储量占总储量的 43.7%，8 个大中型油田探明地质储量占总储量 50.3%，可见其勘探意义所在。

对于天然气藏规模划分，大于 $300 \times 10^8 m^3$ 属于大型气田，介于 50×10^8～$300 \times 10^8 m^3$ 属于中型气田，介于 5×10^8～$50 \times 10^8 m^3$ 属于小型气田，小于 $5 \times 10^8 m^3$ 属于特小型气田。南海东部海域仅探明 1 个大型气田——LW3-1，探明地质储量占总储量的 26%；中型气田 9 个，探明地质储量占总储量的 53.8%；小型气田多达 18 个，但探明地质储量占比不到 20%。进一步说明找到大中型气田对储量增长具有十分重要的意义。

在 18 个大中型油气田中，油气藏类型主要以构造类油气藏为主，这也是 30 多年以来一直以常规构造圈闭为主展开勘探的结果。

2. 不同地区油气田分布特征

南海东部海域油气分布表现为“近岸油、远岸气”的分布特征，即浅水地区主要以原油发现为主，深水地区主要以找气为主。原油探明以老油区惠州地区居多，占原油总探明地质储量的 38.1%。其次为流花地区，占总探明地质储量的 26.5%，西江—番禺地区、陆丰地区、恩平地区分别占总探明地质储量的 16.9%、11.2%、6.1%，开平地区仅钻探两个构造有油气发现，但探明地质储量与总探明地质储量相比不足 1%。天然气的分布集中在白云凹陷深水区及其北坡—番禺低隆起地区，仅在浅水区惠州地区有一处商业发现。

对于大中型油田，惠州地区分布有 4 个，西江—番禺地区与流花地区各分布有 2 个。对于大中型气田，主要分布在白云凹陷北坡和白云东区两个地区，前者分布有 5 个，后者分布有 4 个。大中型油气田的分布也与各地区的勘探程度相关，勘探程度高的地方大中型油气田探明率相对也高。

3. 不同构造带油气分布特征

本次将油气分布的构造带分为隆起带、低凸起带、缓坡带、陡坡带、洼陷带 5 种类型。其中除了洼陷带为非完全正向构造单元外，其他 4 种类型均为正向构造带。不同类型的构造带其油气探明程度存在差异。

（1）隆起带已发现油气田（或含油气构造）20 个，油气探明地质储量（以油当量计算）占总储量的 32.5%，是在 5 种构造带中发现油气最多的。其中，大型油气田 2 个、中型油气田 3 个，大中型油气田探明地质储量占该构造带中发现总储量的 63.4%。（2）缓坡带已发现油气田（或含油气构造）59 个，是发现油气田数目最多的构造带，油气探明地质储量占总储量的 30.6%，仅次于隆起带。其中，大型油气田发现 1 个，为油田；中型油气田 7 个，为纯气田。（3）陡坡带已发现油气田 24 个，油气探明地质储量占总储量的 17.6%。其中，大型油田 2 个，大型油田油气探明地质储量占该类构造带油气总探明地质储量的 58.3%，其他均为小型油气田。（4）低凸起带已发现油气田 11 个，油气探明地质储量占总储量的 14.6%。其中，大型油田 1 个、中型油田 1 个，大中型油田油气探明地质储量占该类构造带油气总探明地质储量的 48%，该类构造带上仅发现 1 个纯气田。（5）洼陷带已发现油气田 7 个，油气探明地质储量占总储量的 4.7%，洼陷带中发现的油田基本在洼中隆部位，发现的纯气田为深水扇岩性油气藏。

4. 不同层系油气分布特征

南海东部海域含油气层位比较发育，从下部烃源岩层系文昌组和恩平组到浅层粤海组都有一定程度油气发现。以新近系产油气为主，原油探明地质储量占总探明地质储量的 86.6%，天然气探明地质储量占总探明地质储量的 83.3%。以“组”为单位统计，则珠江组产油气最多，原油探明地质储量占总探明地质储量的 78.8%，天然气探明地质储量占总探明地质储量的 73.5%。其中，珠江组又分为上下两段，两者油气发现有一定差别，珠江组上段原油发现居多，占原油总探明地质储量的 50.4%，而珠江组下段则以产气居多，占总探明地质储量的 59.4%。原油探明地质储量中发现量较大的其次为文昌组，是近几年勘探取得突破和重点攻关对象。天然气探明地质储量中以珠海组发现居次，占总探明地质储量的 16.7%（图 2-9-2）。

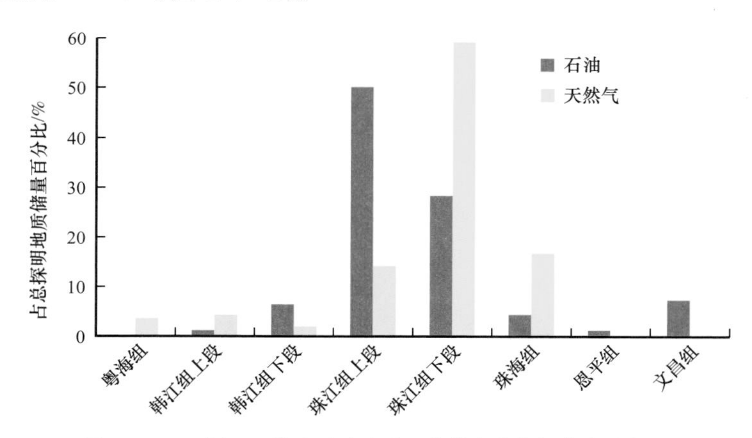

图 2-9-2 珠江口盆地（东部）不同层系油气分布柱状图

在 18 个大中型油气田中，油田占 8 个，纯气田有 10 个。以“系”为单位统计，发现的大中型油气田几乎全以新近系为主力层系，以古近系为主力层系的油气田仅有 1 个。原油探明地质储量中，以珠江组上段为主力层段，占总探明地质储量的 35.6%；其次为珠江组下段，占总探明地质储量的 7.2%。天然气探明地质储量以珠江组下段占比最大，为总探明地质储量的 48.5%；其次为珠海组，占总探明地质储量的 13.2%；以粤海组为主力层段的气田 1 个，探明地质储量占总探明地质储量的 2.5%。

区域方面，油气在层系上的分布存在一定差异：（1）在恩平地区，油气几乎全部分布在新近系，仅0.5%的油气分布在古近系珠海组，新近系韩江组与珠江组油气探明地质储量约各占一半。（2）惠州地区，油气从上到下均有发现，以珠江组上段探明地质储量最多，占整个地区探明地质储量的49.9%，其次为珠江组下段和韩江组下段，恩平组最少，仅占整个地区探明地质储量的0.1%。（3）西江—番禺地区油气探明地质储量以新近系为主，占整个地区探明地质储量的81.5%，又以珠江组上段居多，占整个地区探明地质储量的57.3%，其次为珠江组下段，占整个地区探明地质储量的16.2%。（4）陆丰地区，古近系油气探明地质储量占一定比重，达到整个地区探明地质储量的28.1%，又以珠江组下段最多，为整个地区探明地质储量的60.2%，其次为文昌组，探明地质储量占整个地区探明地质储量的20.4%。（5）流花地区探明的原油全分布在珠江组。

5. 不同深度油气分布特征

按照石油工业标准对深度的定义，即小于500m属于浅层，介于500～2000m属于中浅层，介于2000～3500m属于中深层，介于3500～4500m属于深层，大于4500m属于超深层。南海东部海域原油探明深度分布在中浅层、中深层、深层、超深层，所占比例分别为48.6%、43.5%、5.9%、2%。油藏最深达到4940m。将深度范围进一步细分，可发现大部分油气赋存在1000～3000m深度段的储层内，占比达到总探明地质储量的89.9%，这与制定的“中浅层为主”的勘探策略相对应。

与原油探明地质储量的深度分布特征不一样，探明的天然气主要分布在中深层储层内，占总探明地质储量的80.8%。将深度进一步细分可发现，深度为3000～4000m的储层内油气发现最多，占总探明地质储量的47.9%，其次为深度2000～3000m，油气发现占总探明地质储量的41.2%，大于4000m的深度也有天然气发现，但与总探明地质储量相比不足2%。深水地区深度上天然气分布与“上油下气”的勘探认识一致。

在8个大中型油田中，4个油田主力层位埋深在1000m～2000m之间，占大中型油田总探明地质储量的69.7%，另4个油田主力层位埋深都在2000m～3000m之间，占大中型油田总探明地质储量的30.3%。10个大中型气田中，5个气田主力层系埋深在2000～3000m之间，占大中型气田总探明地质储量的40.6%，4个气田主力层系埋深在3000～4000m之间，天然气探明地质储量占总探明地质储量的46.9%，主力层系小于1000m的气田只有1个。

第二节　成藏主控因素

珠江口盆地具有过渡动力背景、下部陆相断陷和上部海相坳陷叠合、海陆富砂环境、晚期构造活化等独特的地质属性，这些地质条件的复杂性导致了油气分布的贫富不均。例如珠一坳陷划分了5个凹陷和2个（低）凸起，以及32个二级构造带，已发现的油气田和含油气构造成群成带地分布在几个二级构造带上，而其他的二级构造带则非常贫瘠。油气分布在空间上也表现出鲜明的选择性和不均匀性：古近系油气储量发现少，90%以上的油气发现在新近系。近些年来，以半地堑为“生烃单元”、二级构造带为“成藏核心”、多类型圈闭“复式聚集”为目标的逐级勘探思路，为寻找富生烃半地堑（洼陷）—会聚单元—富二级构造带—复式油气聚集区，开展了下部陆相断陷和上部海相坳陷成藏一体化研究，总结了该地区油气分带差异富集的规律，并在复式油气勘探中取得突破，这对珠江口盆地新区、新领域的油气勘探具有重要的指导意义。

一、少数富烃洼陷控制绝大多数油气资源

珠江口盆地断陷期的拉张作用，导致陆壳处处张裂，形成一个个相互孤立的洼陷，它们是珠江口盆地重要的生烃单元，并且由于断裂活动差异性，发育两种不同类型的半地堑结构：以恩平凹陷为代表的简单半地堑和以惠州凹陷为代表的复式半地堑结构。前已述及，珠江口盆地共发育3套重要的烃源岩：文昌组下部、文昌组上部和恩平组，且文昌组是主力烃源岩层。文昌组沉积时期，珠江口盆地共发育了27个洼陷，但各洼陷的生烃量却差别较大。从其中面积相对较大的洼陷的生烃量图（图2-9-3）可以清楚地看出：珠江口盆地（东部）生烃量超过40×10^8t的洼陷有10个，包括西江24洼、西江33洼、惠州26洼、陆丰13洼、恩平17洼、西江27洼和番禺4洼，白云凹陷的东洼、主洼和西洼，且珠江口盆地（东部）已发现油气地质储量集中分布于上述几个富生烃洼陷周围。据统计，已发现97.61%的油气地质储量来源于27.3%的洼陷，油源对比结果也揭示：已发现油气藏的油气源主要来自这几个生烃量大的洼陷，包括惠州26洼、西江24洼、番禺4洼、恩平17洼和陆丰13洼、白云凹陷主洼和白云凹陷东洼，充分显示了富生烃洼陷对油气资源平面上分布不均及差异性的控制作用。

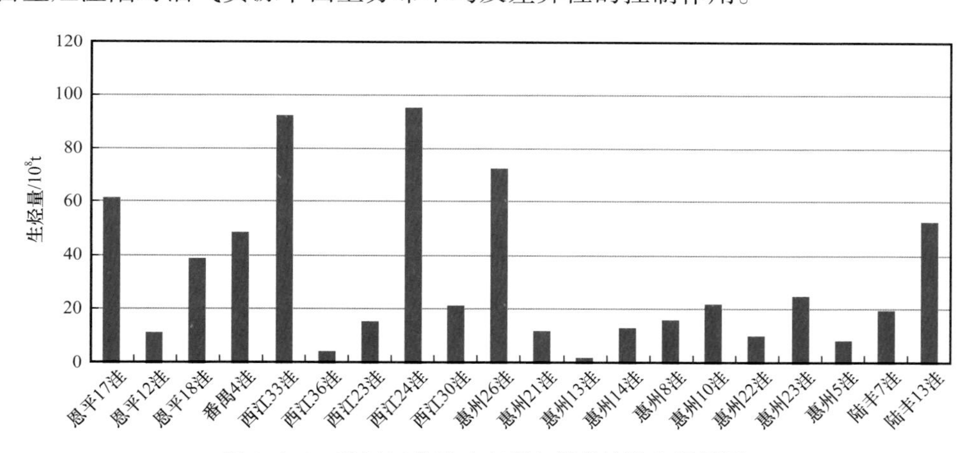

图2-9-3　珠江口盆地（东部）部分洼陷生烃量图

珠江口盆地珠三坳陷也同样具备少数生烃洼陷控制油气资源富集的特征，珠三坳陷共钻探井75口，已发现三级石油地质储量$1.5\times10^8m^3$，石油分布极为不均，已发现油田主要分布在文昌凹陷及其周缘，尤其是已经发现的9个主要油田（或含油构造）均位于文昌B凹陷及琼海凸起，在文昌B凹陷及其周缘已发现三级石油地质储量$1.22\times10^8m^3$，占珠三坳陷石油总发现地质储量的81%。文昌A凹陷以生气为主，石油探明地质储量较少，而珠三坳陷其他4个凹陷勘探成功率非常低，没有发现油气田。

1. 生烃洼陷的规模及烃源岩品质差异性导致洼陷生烃量的差异

珠江口盆地经历两幕裂陷作用，因不同裂陷幕构造活动强度、沉积环境、气候条件等的差异性，造成生烃洼陷规模和烃源岩品质的差异性，导致不同洼陷生烃量的贫富差异。

1）构造活动与生烃洼陷的规模

珠江口盆地断陷期形成的洼陷是其最基本的生烃单元，而文昌组沉积时期沉积形成

的烃源岩是珠江口盆地的主力烃源岩，该时期洼陷规模的大小直接影响到油气生成量。

洼陷间的对比结果表明，裂陷期形成洼陷规模差异性的根本原因是不同控洼断裂的活动强弱、洼陷沉降速度以及是否存在先存隆起造成的。较高的控凹断层活动速率和凹陷沉降速率对深湖相优质烃源岩的发育有着重要的控制作用，有利于形成深湖盆，在快速沉降的凹陷中形成欠补偿泥岩沉积。通过对中国近海富烃凹陷主力烃源岩形成期断层活动速率及沉降速率的分析发现，控凹断层活动速率普遍大于 80m/Ma，甚至为 150m/Ma；富烃凹陷沉降速率普遍高于 150m/Ma，甚至为 200m/Ma 。

珠江口盆地总体上裂陷 I_a 幕时期，断裂的活动强，尤以珠一坳陷南部的几个控洼断裂的活动性更强，断裂水平拉伸量大、垂向沉降量也很大（图 2-9-4a），所以形成的洼陷规模大；裂陷 I_b 幕时期，断裂活动相较裂陷 I_a 幕时期弱些，强断陷期洼陷的水平伸展量和古落差都不大（图 2-9-4b），以坳陷北部的控洼断裂活动为主，因东沙隆起的隆升作用，造成珠一坳陷南部的洼陷遭受严重剥蚀。如惠州凹陷裂陷期断层控制了早期半地堑断陷的形成，始新世文昌组烃源岩发育期断层的活动速率最高达 282m/Ma，而主要富烃洼陷惠州 26 洼在文昌组沉积时期沉降速率也较大，最高可达 435m/Ma。裂陷Ⅱ幕恩平组沉积时期，断层大部分继承了裂陷 I_b 幕文昌组沉积时期断层。从大的裂陷旋回角度来讲，裂陷Ⅱ幕属于裂陷的萎缩阶段，虽然断陷作用面积扩大，但强度比裂陷 I_a 幕弱。历经裂陷Ⅰ幕文昌组沉积时期洼陷的填平补齐，到裂陷Ⅱ幕，早期形成的洼陷已相

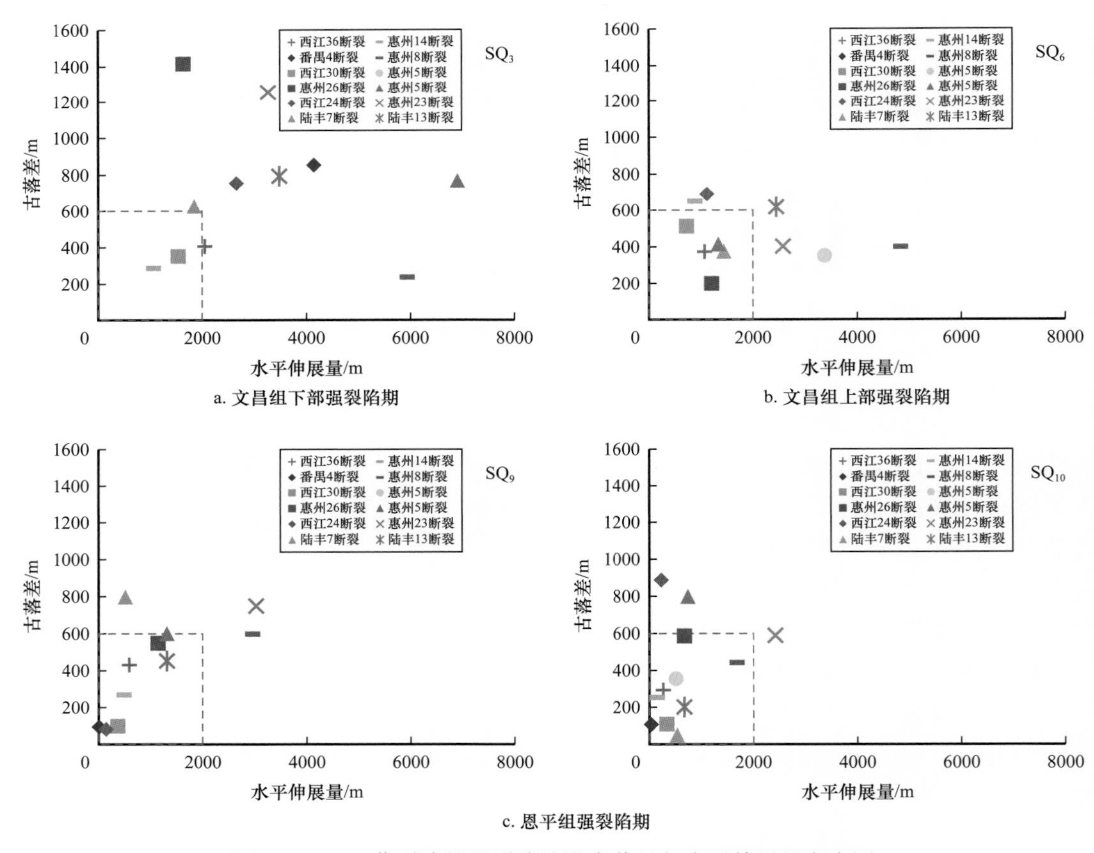

图 2-9-4　三幕裂陷的强裂陷阶段古落差与水平伸展量交会图

互连通、合并，虽然洼陷发育面积变大，但是深度较小，具有相对统一的沉积中心，主要位于坳陷北部边界断裂附近。

同一裂陷幕洼陷规模差异性的原因除控洼断裂活动的强度外，还有另一个重要的控制因素——隆起。珠一坳陷内部发育众多不同级别、不同类型和不同成因的隆起：凹陷间、洼陷间的和洼陷中的（洼中隆）（图 2-9-5），它们往往与断层一起控制凹陷的结构和演化，形成与典型断陷结构相异、具有沿走向和倾向频繁变化、隆凹格局展布独特和特殊结构样式的复式半地堑。

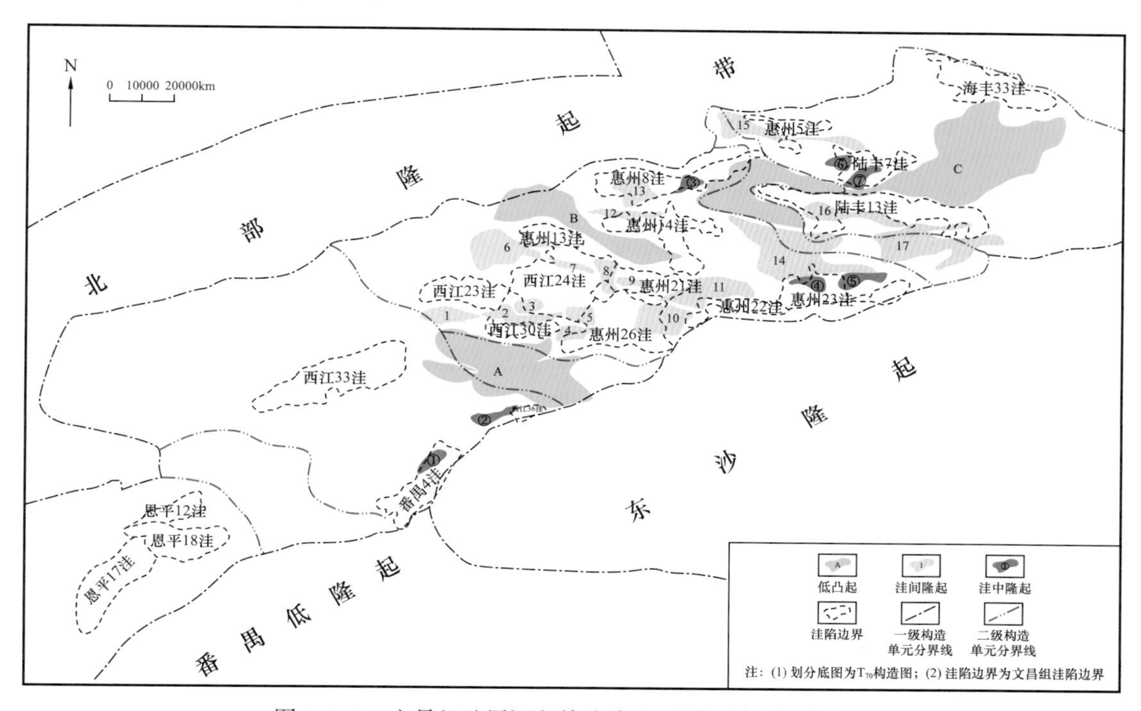

图 2-9-5　文昌组地层沉积前洼陷和不同级别隆起分布图

凹陷内大量发育的隆起，大型先存隆起的发育，阻碍了构造的空间发育规模，使凹陷内不同区域构造格局存在差异性，进而影响了洼陷的展布，如裂陷 I_a 幕，珠 7 先存稳定的洼间隆起（图 2-9-5 中的 1）极大程度上影响了西江 23 洼控洼断裂的水平伸展，导致西江 23 洼规模小；但另一方面，先存继承性发育的隆起会影响其附近控洼断裂的运动强度，加速断陷的沉降速率，使洼陷在纵向上加深，如陆丰 13 洼缓坡发育的陆丰 14 先存洼间隆起（图 2-9-5 中的 17）、番禺 4 洼缓坡发育的西江中低凸起、惠州 26 洼控洼断裂东西两侧发育的惠州 26W 先存洼间隆起（图 2-9-5 中的 4 和 5）和惠州 21 先存洼间隆起（图 2-9-5 中的 10），这些隆起继承性发育，导致这几个洼陷的控洼断裂活动加强，垂向沉降大，洼陷规模变大。此外，后期发育的隆起可进一步分隔洼陷，还导致部分洼陷遭受剥蚀，如裂陷 I_a 幕形成的惠州 26 洼因惠州 26N 隆起（图 2-9-5 中的 9）导致文昌组上部沉积时期该洼陷被分割成两个相对独立的洼陷——惠州 26 洼和惠州 21 洼，造成洼陷平面分布规模的减小。

从珠一坳陷不同裂陷幕原型盆地与残留盆地对比结果来看，裂陷 I 幕文昌组下部和上段沉积时期，珠一坳陷的洼陷呈现彼此分隔、相互孤立的格局，洼陷规模大小不一。

裂陷 $\mathrm{I_a}$ 幕文昌组下部沉积时期，形成规模较大的洼陷有：恩平 17 洼、番禺 4 洼、西江 24 洼、惠州 26 洼、惠州 24 洼、陆丰 13 洼、陆丰 13S 洼、惠州 8 洼，这些洼陷的原始面积为 240～602km^2，地层原始沉积的最大厚度都在 1100～2200m 之间（表 2-9-1）。该时期也形成了一系列规模较小的洼陷，如恩平 18 洼、恩平 12 洼、西江 36 洼、西江 23 洼、西江 30 洼、惠州 13 洼、惠州 14 洼、惠州 22 洼、惠州 5 洼、陆丰 7 洼等，这些洼陷原始面积在 176km^2 以下，地层沉积的最大厚度普遍小于 1000m。裂陷 $\mathrm{I_b}$ 幕文昌组上段沉积时期，形成的洼陷也有一些规模相对较大的，如恩平 17 洼、番禺 4 洼、西江 23 洼、惠州 21 洼、西江 24 洼、惠州 8 洼、西江 30 洼、陆丰 7 洼和陆丰 13 洼，这些洼陷的原始面积均超过 210km^2，原始地层沉积最大厚度在 1300～1900m 之间。该时期形成的规模较小的洼陷有恩平 18 洼、恩平 12 洼、西江 36 洼、惠州 13 洼、惠州 13S 洼、惠州 26 洼、惠州 14 洼、惠州 24 洼等，这些洼陷的原始面积均小于 130km^2，地层原始沉积最大厚度在 500～2100m 之间（表 2-9-1）。残留洼陷的面积及最大地层厚度揭示：因区域性抬升，文昌组普遍遭受过剥蚀，文昌组上部相比下部地层遭受剥蚀的面积及程度要大，造成裂陷 $\mathrm{I_b}$ 幕形成洼陷的规模减小。

表 2-9-1 不同裂陷期部分洼陷的面积、沉积地层厚度对比表

<table>
<tr><th rowspan="3">洼陷</th><th colspan="4">文昌组下部</th><th colspan="4">文昌组上部</th><th colspan="4">恩平组</th></tr>
<tr><th colspan="2">洼陷面积</th><th colspan="2">地层最大厚度</th><th colspan="2">洼陷面积</th><th colspan="2">地层最大厚度</th><th colspan="2">洼陷面积</th><th colspan="2">地层最大厚度</th></tr>
<tr><th>原始 / km^2</th><th>残留 / km^2</th><th>原始 / m</th><th>残留 / m</th><th>原始 / km^2</th><th>残留 / km^2</th><th>原始 / m</th><th>残留 / m</th><th>原始 / km^2</th><th>残留 / km^2</th><th>原始 / m</th><th>残留 / m</th></tr>
<tr><td>番禺 4 洼</td><td>320.11</td><td>314.56</td><td>2200</td><td>1900</td><td>418.5</td><td>46.34</td><td>1600</td><td>100</td><td></td><td></td><td></td><td></td></tr>
<tr><td>西江 36 洼</td><td>59.18</td><td>41.66</td><td>600</td><td>500</td><td>138</td><td></td><td>500</td><td></td><td>89</td><td>60.4</td><td>1200</td><td>800</td></tr>
<tr><td>西江 23 洼</td><td>130.43</td><td>97.43</td><td>1000</td><td>900</td><td>370.2</td><td>227.67</td><td>1900</td><td>1400</td><td></td><td></td><td></td><td></td></tr>
<tr><td>西江 24 洼</td><td>247.14</td><td>233.14</td><td>1200</td><td>1000</td><td>364.7</td><td>338.28</td><td>1700</td><td>1200</td><td rowspan="5">886.9</td><td rowspan="5">827.7</td><td rowspan="5">3100</td><td rowspan="5">2900</td></tr>
<tr><td>西江 30 洼</td><td>139.7</td><td>86.98</td><td>800</td><td>600</td><td>211.4</td><td></td><td>1400</td><td></td></tr>
<tr><td>惠州 13 洼</td><td>97.68</td><td>64.68</td><td>850</td><td>700</td><td>133.2</td><td>133.76</td><td>2100</td><td>900</td></tr>
<tr><td>惠州 13S 洼</td><td></td><td></td><td></td><td></td><td>68.1</td><td>66.85</td><td>1000</td><td>700</td></tr>
<tr><td>惠州 21 洼</td><td rowspan="2">601.87</td><td rowspan="2">600.87</td><td rowspan="2">2100</td><td rowspan="2">1900</td><td>245</td><td>213.02</td><td>1400</td><td>900</td></tr>
<tr><td>惠州 26 洼</td><td>107.7</td><td>82.83</td><td>700</td><td>500</td><td></td><td></td><td></td><td></td></tr>
<tr><td>惠州 8 洼</td><td>293.54</td><td>186.7</td><td>1100</td><td>1000</td><td>308.5</td><td>273.54</td><td>1300</td><td>1100</td><td rowspan="2">767.6</td><td rowspan="2">707.6</td><td rowspan="2">2400</td><td rowspan="2">2000</td></tr>
<tr><td>惠州 14 洼</td><td>131.18</td><td>109.18</td><td>700</td><td>600</td><td>129.5</td><td>128.54</td><td>1100</td><td>900</td></tr>
<tr><td>惠州 22 洼</td><td>155.72</td><td>101.52</td><td>800</td><td>700</td><td></td><td></td><td></td><td></td><td rowspan="2">38.4</td><td rowspan="2">36.28</td><td rowspan="2">2150</td><td rowspan="2">1900</td></tr>
<tr><td>惠州 23 洼</td><td>400.45</td><td>352.78</td><td>2000</td><td>1900</td><td>80.1</td><td>46.32</td><td>600</td><td>400</td></tr>
<tr><td>惠州 5 洼</td><td>98.81</td><td>93.81</td><td>650</td><td>600</td><td></td><td></td><td></td><td></td><td>159.9</td><td>114.9</td><td>2500</td><td>2100</td></tr>
<tr><td>陆丰 7 洼</td><td>176.86</td><td>176.86</td><td>950</td><td>800</td><td>365.5</td><td></td><td>800</td><td></td><td></td><td></td><td></td><td></td></tr>
<tr><td>陆丰 13 洼</td><td>396.14</td><td>396.14</td><td>1500</td><td>1400</td><td rowspan="2">723.2</td><td>167.46</td><td rowspan="2">1700</td><td>650</td><td>193.6</td><td>121.2</td><td>1900</td><td>1500</td></tr>
<tr><td>陆丰 13S 洼</td><td>341.78</td><td>280.48</td><td>1500</td><td>1200</td><td>49.79</td><td>400</td><td></td><td></td><td></td><td></td></tr>
</table>

2）沉积环境与烃源岩品质

钻探及分析化验结果已经证实：裂陷 $\mathrm{I_a}$ 幕形成的文昌组下部烃源岩品质最好，干酪根以Ⅰ型、Ⅱ型倾油型为主，且该套地层有机质含量普遍比较高，如惠州凹陷文昌组下部TOC含量在2%以上（图2-9-6），且有机质多以淡水浮游藻类母质为主；裂陷 $\mathrm{I_b}$ 幕形成的文昌组上部烃源岩品质也较好，干酪根类型以 $\mathrm{II_1}$—$\mathrm{II_2}$ 型倾油型为主，有机质丰度相对于文昌组下段低，有机质含量相对较高的在1%以上（图2-9-6），文昌组下部、上部两套地层是珠一坳陷的主力烃源岩；而裂陷Ⅱ幕形成的恩平组烃源岩品质一般，干酪根类型为 $\mathrm{II_2}$—Ⅲ型倾气型，有机质含量相对较低（图2-9-6），且多以陆源高等植物输入为主。

对于珠江口盆地的生烃凹（洼）陷来讲，无论是简单半地堑结构还是复式半地堑结构，影响3套烃源岩品质的因素主要有两个方面：古湖泊的沉积环境与烃源发育的气候条件。

裂陷 $\mathrm{I_a}$ 幕，珠一坳陷南部断裂活动强，处处裂陷，洼陷外缘隆起的火成岩母岩物源与伴随构造运动的频繁火山喷发，给湖盆水体带来大量营养物质，为湖盆的表层低等浮游生物勃发提供条件，加之该时期恰好对应于全球气候的最适宜期（Zachos et al.，2001），也有利于湖盆表层水体藻类勃发。另外，强断陷作用形成的规模较大洼陷的控洼断裂一侧多形成中深湖—深湖环境（图2-9-7），因控洼断裂活动强度大，水平拉伸量大，亦可在控洼断裂一侧形成中深湖环境。湖盆欠补偿、水体分层、底部缺氧，加之因洼陷的强分割性导致湖盆无长久水系，只发育阵发性水流，这些条件综合起来，使得珠一坳陷裂陷 $\mathrm{I_a}$ 幕时期湖盆表层初级生产力高、有机质保存条件好，形成烃源岩的类型和品质好。湖相烃源岩以中深湖—深湖沉积有机质丰度最高，其外侧浅湖—滨湖沉积有机质丰度较低，边缘位置三角洲沉积有机质丰度最低，表现出环带状分布规律。

裂陷 $\mathrm{I_b}$ 幕，与裂陷 $\mathrm{I_a}$ 幕相比，断裂活动以坳陷北部为主，裂陷强度弱，物源水系改变：除坳陷内的火成岩隆起区的阵发性水流外，坳陷北部的华南褶皱变质岩区水系加强，影响到洼陷水体的营养水平，表层初级生产力水平和有机质的保存条件相对裂陷 $\mathrm{I_a}$ 幕有所降低，进而造成裂陷 $\mathrm{I_b}$ 幕烃源岩品质比裂陷 $\mathrm{I_a}$ 幕稍差一些。

裂陷Ⅱ幕，总体处于裂陷萎缩阶段，控洼断裂活动强度不大，以坳陷北部为主。沉积经历裂陷Ⅰ幕的填平补齐阶段后，原来的洼陷相互连通、合并，形成了面积较大但总体水深很浅、沉积沉降中心相对集中的环境，在坳陷北缘控洼断裂活动一侧发育浅湖盆。湖泊表层生产力低，陆相高等有机质输入增多，粗碎屑物质供给加强，珠一坳陷总体处于补偿状态，水体不分层，有机质保存条件差，造成裂陷Ⅱ幕沉积的恩平组烃源岩品质相对于文昌组差。

综合上述，造成珠一坳陷各生烃洼陷生烃量不均衡的根本原因是：不同构造幕烃源岩品质的差异性和生烃洼陷规模的差异性造成的有效烃源岩的厚度不同（表2-9-2）。

总之，对于珠一坳陷而言，只要位于裂陷Ⅰ幕优质烃源岩发育期，洼陷规模大的生烃量都很大，都是富洼，如番禺4洼、惠州26洼、陆丰13洼和恩平17洼，其洼陷周围亦发育了多个油田。

珠江口盆地古珠江自恩平组沉积时期开始发育，珠海组沉积时期影响范围达到白云凹陷南部。位于白云凹陷西北部的PY33-1-1井恩平组为三角洲平原沉积，有机碳含量多在1%～10%之间，少数大于10%；位于PY33-1-1井以南（白云凹陷西部）的

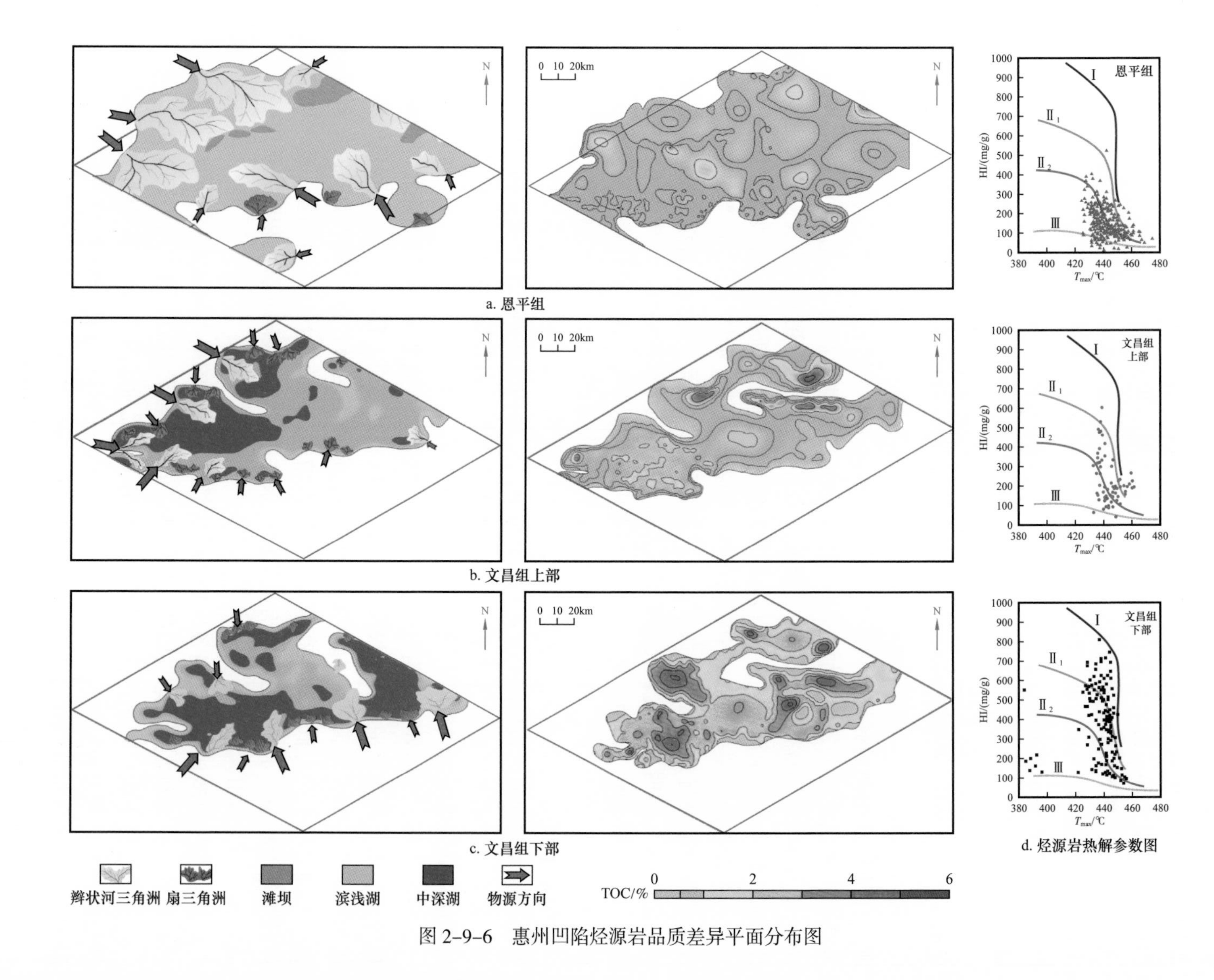

图 2-9-6 惠州凹陷烃源岩品质差异平面分布图

BY7-1-1 井恩平组为三角洲前缘沉积，有机碳含量多在 0.5%～1% 之间，大于 1% 的很少；位于珠江口盆地以南的大洋钻探井（ODP1148 站）所在区域，恩平组沉积时期受古三角洲的影响很小，有机碳含量多在 0.3%～0.7% 之间，最高值为 0.8%（图 2-9-8）。

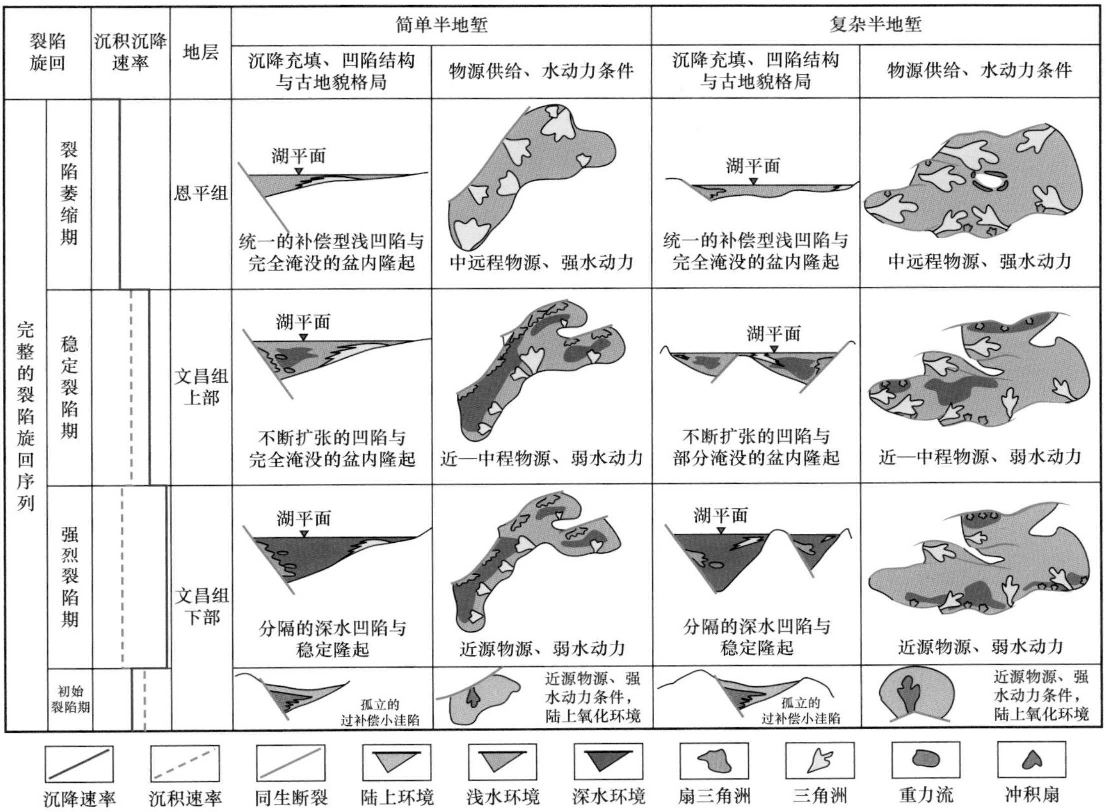

裂陷旋回		沉积沉降速率	地层	简单半地堑		复杂半地堑	
				沉降充填、凹陷结构与古地貌格局	物源供给、水动力条件	沉降充填、凹陷结构与古地貌格局	物源供给、水动力条件
完整的裂陷旋回序列	裂陷萎缩期		恩平组	湖平面 统一的补偿型浅凹陷与完全淹没的盆内隆起	中远程物源、强水动力	湖平面 统一的补偿型浅凹陷与完全淹没的盆内隆起	中远程物源、强水动力
	稳定裂陷期		文昌组上部	湖平面 不断扩张的凹陷与完全淹没的盆内隆起	近—中程物源、弱水动力	湖平面 不断扩张的凹陷与部分淹没的盆内隆起	近—中程物源、弱水动力
	强烈裂陷期		文昌组下部	湖平面 分隔的深水凹陷与稳定隆起	近源物源、弱水动力	湖平面 分隔的深水凹陷与稳定隆起	近源物源、弱水动力
	初始裂陷期			孤立的过补偿小洼陷	近源物源、强水动力条件，陆上氧化环境	孤立的过补偿小洼陷	近源物源、强水动力条件，陆上氧化环境

沉降速率　沉积速率　同生断裂　陆上环境　浅水环境　深水环境　扇三角洲　三角洲　重力流　冲积扇

图 2-9-7　古近纪三元沉积充填特征

表 2-9-2　珠一坳陷部分洼陷文昌组烃源岩特征及发育环境的差异性

半地堑	洼陷	面积 / km^2	最大残留厚度 /m	文昌组上部		文昌组下部	
				厚度 /m	沉积相	厚度 /m	沉积相
恩平中半地堑	恩平 17 洼	343	3100	600	浅湖—中深湖	1200	浅湖—中深湖
西江南半地堑	番禺 4 洼	257	2400	300	深湖	900	深湖
西江东半地堑	西江 36 洼	40	1000	100	浅湖	400	浅湖
惠西半地堑	西江 30 洼	94	1100	300	浅湖—中深湖	600	浅湖—中深湖
	西江 24 洼	503	1700	100	浅湖	500	浅湖—中深湖
	惠州 26 洼	429	2600	500	浅湖—中深湖	1300	中深湖
	惠州 21 洼	173	1100	400	浅湖—中深湖	800	浅湖—中深湖
	惠州 13 洼	106	1500	700	浅湖—中深湖	500	浅湖

续表

半地堑	洼陷	面积 / km^2	最大残留厚度 /m	文昌组上部		文昌组下部	
				厚度 /m	沉积相	厚度 /m	沉积相
惠北半地堑	惠州 8 洼	219	1500	700	浅湖—中深湖	500	中深湖
	惠州 14 洼	270	1300	700	浅湖—中深湖	500	浅湖
惠南半地堑	惠州 22 洼	119	1400	200	浅湖—中深湖	700	浅湖—中深湖
	惠州 23 洼	254	1300	500	浅湖—中深湖	900	中深湖
陆丰北半地堑	惠州 5 洼	89	1300	200	中深湖	400	浅湖—中深湖
	陆丰 7 洼	159	1600	400	中深湖	500	中深湖
陆丰南半地堑	陆丰 13 洼	485	2000	300	中深湖	1100	中深湖

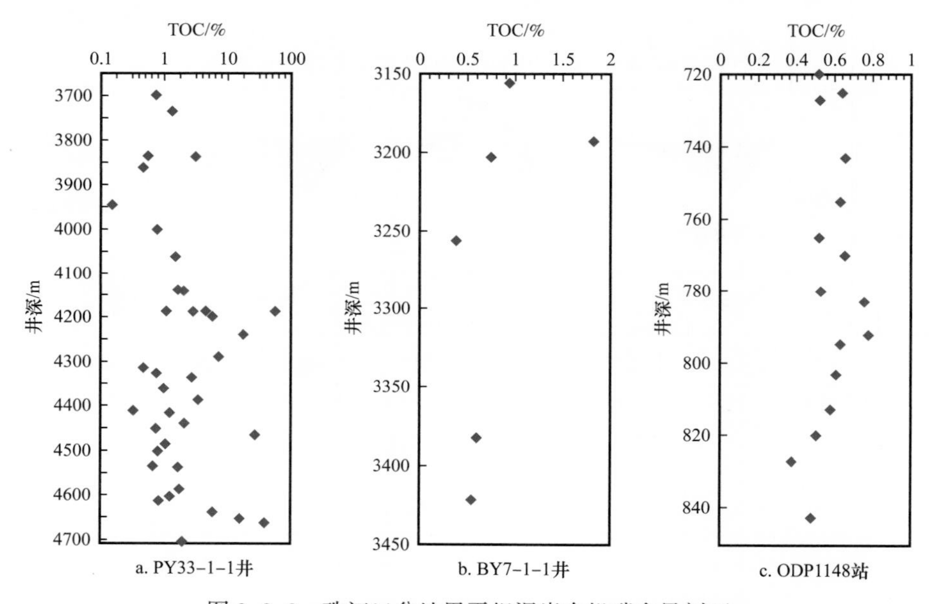

图 2-9-8　珠江口盆地恩平组泥岩有机碳含量剖面

近期，白云凹陷深水区的烃源研究有了一些新的进展。从 LW21-1-1 井及大洋钻探 1501 孔资料中可见下始新统文昌组，再通过地震资料对比，可知文昌组在白云凹陷深水区有着广泛分布；同时油气样品的地球化学分析指标也反映了文昌组烃源岩的存在。文昌组生烃岩在白云凹陷深水区的确立是一个大事件。认识到存在有高生产力的文昌组烃源岩，以及处于地壳薄化的高地温条件，所以白云凹陷深水区的生烃能力特别是对天然气资源的评价需要进一步深化。

2. 烃源岩及坳陷热演化差异性控制了油、气的平面分布

由于富生烃凹陷烃源岩类型和热史演化的差异性造成“北油南气”的分带性分布。油、气平面分带性的差异主要由两个方面因素造成：珠一坳陷和珠二坳陷烃类的成因来源不同；南、北坳陷热演化的差异性。

油源对比结果表明（李友川等，2012；米立军等，2006；朱俊章等，2008，2012），珠一坳陷和珠二坳陷原油的成因不同。珠一坳陷的主力油源为文昌组的中深湖相烃源岩，有机质多来自水生生物，绿藻化石含量高，除HZ9-2-1井油层原油表现出单一的恩平组原油的特点外其余均表现出有恩平组烃源岩贡献的混源油的特征；珠二坳陷白云凹陷附近的原油和凝析油主要来自恩平组三角洲相、浅湖—沼泽相烃源岩，凹陷东部原油有珠海组海相烃源岩的贡献。天然气来自三角洲煤系烃源岩，有机质主要来源于陆生高等植物，有机质组成以惰质组和壳质组为主，有机质类型主要为II_2型和Ⅲ型，为混合型、偏腐殖型，主要来自恩平组三角洲相、浅湖—沼泽相烃源岩干酪根裂解气，有文昌组干酪根裂解气和原油裂解气的贡献。例如珠二坳陷荔湾3-1大气田中LW3-1-1井天然气与该井珠海组及凹陷北部斜坡PY33-1-1井恩平组岩石吸附气的地球化学指标对比结果表明，LW3-1-1井天然气与恩平组和珠海组有成因联系，且恩平组烃源岩的贡献比珠海组大；同时荔湾3-1气田凝析油生物标志化合物与PY33-1-1井恩平组碳质泥岩相同，均含丰富的陆源高等植物。

此外，不同坳陷之间热演化的差异性也是内油外气分带分布特征的重要原因（吴景富等，2013；黄正吉等，1994）。由于珠江口盆地在区域构造背景上处在减薄的大陆地壳，新生代岩石圈的伸展拉张程度在南部深水区比北部浅水区更加强烈，南海北部从大陆架、上陆坡、下陆坡至大洋盆地区，地壳逐渐变薄，莫霍面向南抬升，大陆架和上陆坡的地壳厚度为30～26km，下陆坡为22～13km，洋壳为8km（米立军等，2009；徐行等，2011）。岩石圈厚度的变化趋势与地壳厚度变化一致，在珠江口盆地北部为90～70km，往南部白云凹陷减薄为70～60km，岩石圈拉张减薄产生的热异常导致珠江口盆地南部基底热流值高于北部。且深水区比浅水区更“热”，深水区钻井地温梯度（平均为4.22℃/100m）比浅水区钻井地温梯度（平均为3.43℃/100m）高（图2-9-9），深水区的大地热流（平均为77.68mW/m^2）比浅水区的大地热流（平均为66.17mW/m^2）高。古温标法（吴景富等，2013）也揭示裂谷期珠江口盆地南部的古地温梯度比盆地北部的古地温梯度高。珠江口盆地南部珠二坳陷油气的成熟度普遍高于珠一坳陷，R_o分布在1.25%～1.75%之间，以凝析油为主；天然气的R_o分布在1.45%～2.20%之间，为高成熟天然气，且干燥系数大（以湿气为主，也有部分干气）。其中，白云凹陷北部—番禺低隆起比白云凹陷东部成熟度相对更高。北部珠一坳陷原油的成熟度R_o分布在0.80%～1.10%之间，为成熟原油，不同凹陷之间成熟度会略有差异。

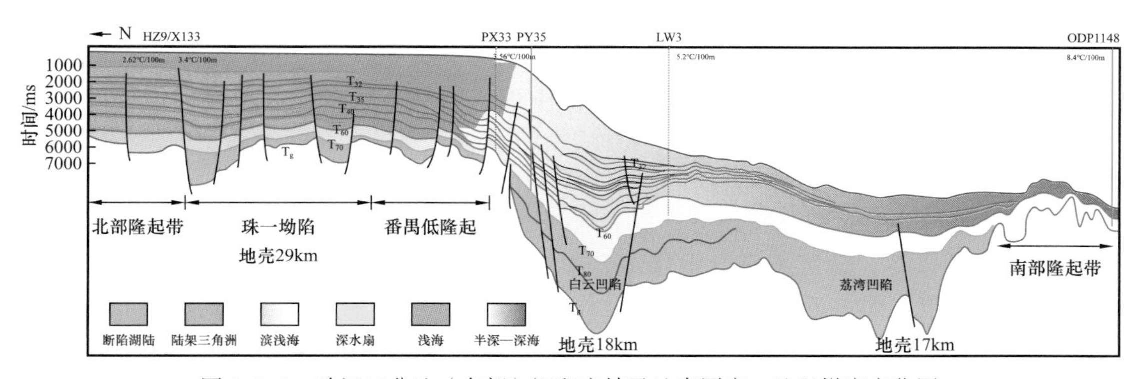

图2-9-9　珠江口盆地（东部）沉积充填及地壳厚度、地温梯度变化图

二、复合输导体系决定油气运聚成藏难易

珠江口盆地（东部）已发现的油气藏以下生上储型为主，也发育少量自生自储型的油气藏，油气成藏以晚期成藏为主。烃源岩主要发育在古近系，由烃源岩生成的油气要进入储集体中，必须靠输导介质完成。综合研究发现：整个盆地的油气运聚具有典型的“复合输导”特征，在不同区域油气复合输导的介质差异形成了盆地内两大类不同性质的复合输导体系。

1.“断裂 + 砂体 / 碳酸盐岩 + 不整合面 + 构造脊”复合输导体系

珠江口盆地发育陆相、海相两套重要的三角洲储集体与湖 / 海泛泥岩配套的储盖组合，也发育因区域抬升作用在珠海组和恩平组之间形成的平行不整合界面，三角洲砂体和不整合面是构成油气侧向及长距离运移的重要通道；构造脊是隆起向凹陷延伸的长条状或鼻状的倾没端，是油气进入区域性油气输导层后从高势区向低势区汇集的路线。这些介质与断裂这一垂向运移通道一起构成珠江口盆地珠一坳陷—东沙隆起及白云凹陷北坡—番禺低隆起区油气运移的复合输导体，也是油气长距离运移的主要输导体系。

珠一坳陷的输导体系大致可分为：（1）以油源断层为主导的输导体系、（2）阶梯式输导体系、（3）不整合输导体系、（4）断层—不整合输导体系、（5）断层—砂岩输导层—构造脊输导体系。不同的含油气组合输导体系有所不同，新近系含油组合以第（1）、第（4）类组合为主，古近系则以沿断层活跃的垂向运移及短距离侧向运移为特征。

珠江口盆地已发现的大中型油气田均为下生上储型，因此具有油气垂向输导作用的断裂是非常重要的。通源断裂指沟通有效烃源岩层与上覆目的层的断裂，也是一个长期性活动断裂，盆地断陷期发育并且新近纪继承性发育的断层，纵向上表现为向下断穿盆地基底，向上断穿韩江组。该类断裂活动性比较强，断裂破碎带比较发育，侧向封堵性很好，油气难以穿越断裂运移；断裂带垂向输导性受控于诱导裂缝带的发育程度，可认为诱导裂缝带的发育程度与断层的活动性有关。通常断层上部诱导裂缝带较下部发育，一般而言，上部诱导裂缝带主要起垂向运移作用。以番禺 4-2 构造为例（图 2-9-10），油源断层的垂向输导为油气快速运移提供通道，油气直接在上构造层逆牵引背斜中聚集成藏。对于中浅层成藏，此类输导意义重大。

（1）不整合输导体系是由于地壳抬升，基岩遭受风化剥蚀作用形成的，油气运移的通道为裂缝与孔隙形成的网络系统。它既可以是油气进行二维侧向运移的输导系统，又可以作为油气进行二维斜向运移的输导系统，这主要取决于其空间分布状态。

（2）断层—不整合输导体系是油气在地质空间中既可以进行侧向运移又可以进行垂向运移的立体网络通道，通常是生油凹陷中生成的油气向古隆起斜侧向运移的主要通道。这种输导系统由于受断层活动与开启性的限制，也仅能在断裂活动中发挥输导作用，断裂停止活动后，仅不整合面能侧向输导。

断层与不整合的运移通道组合，成为珠一坳陷文昌组及前古近系下储盖组合油气运移的主要输导体系，该区不整合地层组合形式可归纳为 3 种类型（图 2-9-11）。其中，第一种是文昌组与前古近系之间的不整合作为输导层，文昌组上部发育的厚层泥岩作为区域性盖层，层内夹杂的砂岩为输导层及储层；第二种是以前古近系的花岗岩作为储层，文昌组的泥岩作为盖层，以惠州 21-1 潜山油藏为例。

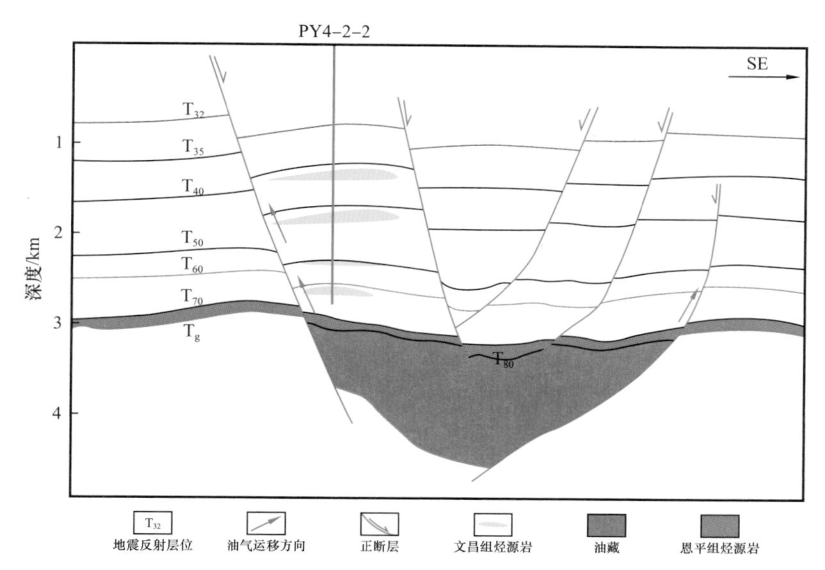

图 2-9-10 珠江口盆地番禺 4-2 控洼断层垂向输导上盘逆牵引背斜聚油气成藏模式图

类型	不整合地层组合形式	地层岩性	作用	实例井
Ⅰ类	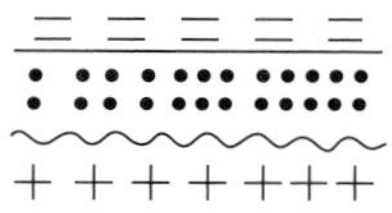	文昌组泥岩	盖层	HZ25-4-1
		文昌组砂岩	输导层及储层	
		前古近系花岗岩	输导层及储层	
Ⅱ类	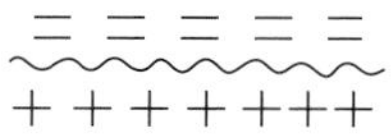	文昌组泥岩	盖层	HZ21-1-1
		前古近系花岗岩	输导层及储层	
Ⅲ类	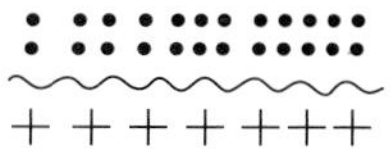	砂岩	输导导层及储层	HZ26-1-1
		前古近系花岗岩	输导层及储层	

图 2-9-11 珠一坳陷不整合地层组合形式示意图（据侯读杰，2007）

断层—不整合型是该区下储盖组合油气运聚成藏的主要输导体系类型，文昌组烃源岩生成的油气可以直接通过如上所述的底部不整合面运移到有利圈闭中聚集成藏；也可以先通过断层进行垂向输导，再由不整合面侧向运移，在不整合面上方储层中聚集成藏。

（3）断层—砂岩输导层—构造脊输导体系是油气在地质空间中既进行侧向运移又进行垂向运移（即以连通砂体进行侧向运移，以断层进行垂向运移）的立体网络通道，通常是凹陷中生成的油气向侧向古隆起之上的各种圈闭（背斜、断块、构造—岩性、断层—岩性圈闭）进行运移的主要通道。这种输导系统仅仅在断裂活动期对油气运移起作用，断裂活动期断层开启，古近系烃源岩生成的油气会顺断裂由高势区向低势区运移，进入区域性盖层（湖 / 海泛泥岩）下的三角洲砂体输导层后或聚集又或继续向低势区运移，通过断层与砂体的耦合，层层爬高、逐级爬升甚至长距离运移进入上部更年轻的输导层系中。当断裂停止活动后，断层逐渐封闭，断层作为输导系统的功能也随之消失，并开始起遮挡作用，结果使这种组合形式丧失了立体输导层网络通道的功能，此时只有输导层能起侧向通道作用。而输导层则以连通孔隙作为油气运移通道空间，油气运移通道的质量主要取决于其孔渗性能。

以珠一坳陷番禺 10–4 构造为例，钻遇的油层主要是来自洼陷中心的文昌组中深湖相的成熟烃源岩，PY10–4–1 井共有油层 17 个，从韩江组至上珠江组都有丰富的油气显示，但以 T_{41} 以上油层居多。油层数量众多、含油层段长的特点足以说明油气运移在该构造处是相当活跃的。大量油层分布在浅层，说明断层对油气的垂向运移起着重要的通道作用，因为从珠江组至韩江组存在多个区域性海泛泥岩遮挡层，如果没有断层作为油气运移的垂向输导通道，油气很难越过这么多个海泛面而运移充注到上部目的层，最终形成数量众多的油气藏。番禺 4 洼生成的油气沿文昌组及其内部的不整合面运移至主控断层附近；然后沿主控断层做垂向运移，从番禺 10–8 构造向番禺 10–4 构造通过断裂与砂体的耦合由近及远逐渐爬高，沿珠江组、韩江组横向连通的砂体做横向运移至该构造。

砂体是油气侧向运移的主要介质，文昌组、恩平组烃源岩生成的油气，侧向运移进入陆相三角洲砂体中，如遇良好的储盖组合，且圈闭性好，则可在陆相地层中形成自生自储型油气藏。而最重要的侧向运移砂体则是最大海泛泥岩 MFS18.5 界面下的广覆式连片分布的三角洲砂体，探井资料显示 MFS18.5 层之下砂岩有机包裹体丰度较高，证实油气以 MFS18.5 泥岩层为顶板沿其下叠合连片的三角洲砂岩展开中长距离的侧向运移。在构造脊背景下，油气沿断层、砂体呈“断 + 砂”接力式纵向、横向输导。珠一坳陷惠州凹陷文昌组生成的油气沿该输导体系长距离运移至东沙隆起的碳酸盐岩储集体中（图 2–9–12）；白云凹陷的天然气沿该套输导体系长距离运移至 30～50km 以外的隆起区而形成天然气田群（图 2–9–13）。

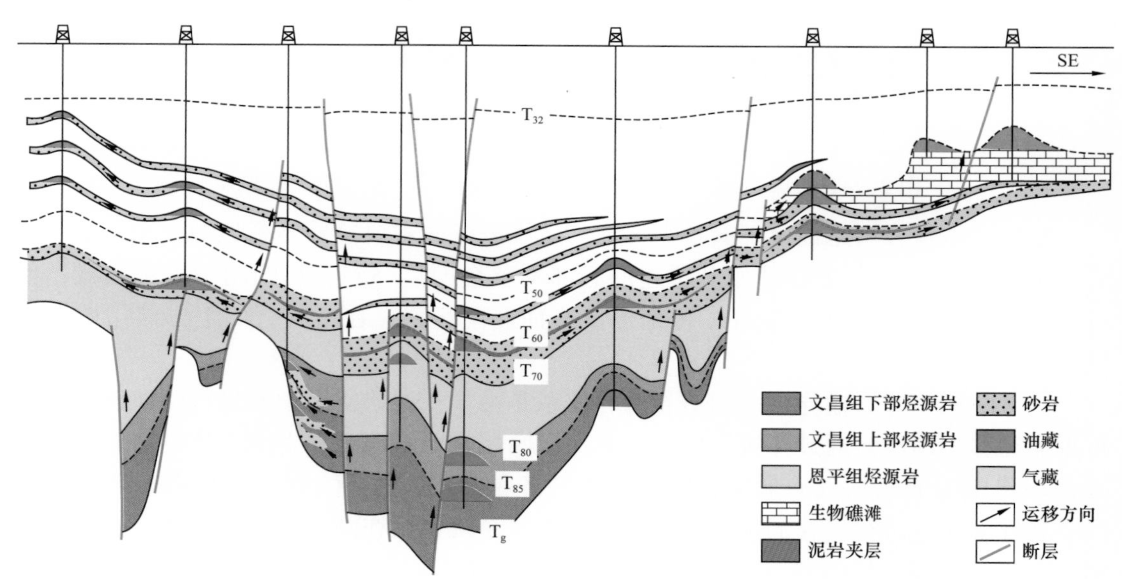

图 2–9–12　珠一坳陷—东沙隆起区油气成藏模式图

文昌凹陷及其周缘凸起是珠三坳陷油气聚集最有利的区带。文昌 A 凹陷由于欠压实作用及生烃作用导致的流体膨胀所形成的异常高压流体封存箱对油气运移、成藏分布具有较大的控制作用。文昌A凹陷烃源岩生成的原油受高压驱动沿南断裂等油源断裂进行垂向运移，在横向上，进入三角洲砂岩内的油气侧向沿构造脊运移成藏。受压力封存箱的控制所形成的通源断裂使得油气在高压驱动下进行垂向运移，一方面在近断裂带地区，对古近系早期部分油藏有一定的驱替作用，另一方面运聚到新近系沿构造脊和砂体再进行侧向运移聚集成藏。已发现文昌15–1油田、文昌15–3和文昌21–1含油气构造，油气沿文昌15–1、文昌15–3构造脊运移、聚集特征明显，区域盖层下的T_{41}砂岩是油气侧向长距离运移的优势通道，构造部位发育的断层、裂隙是油气垂向运移的主要通道。

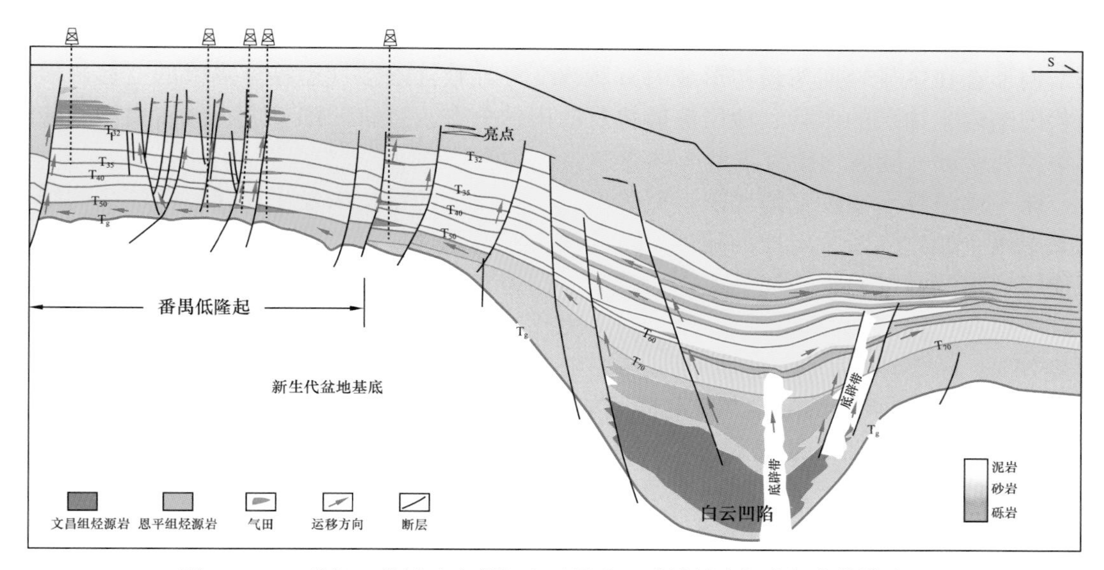

图2–9–13　珠江口盆地（东部）白云凹陷—番禺低隆起油气成藏模式图

2.“底辟+断裂+砂体”复合输导系统

这一个复合输导体系由流体底辟、断裂及砂体输导介质组成，主要发育在珠二坳陷白云凹陷中心区域。流体底辟主要表现为地震反射剖面上的模糊带，研究认为这种模糊带是白云凹陷中心存在高地温和超压造成流体释放的表现，与之伴生的亮点反映其是天然气垂向运移的输导通道，晚期断裂活化阶段（10.5—0Ma的东沙运动）沟通了天然气垂向运移通道。烃源岩层系生成的油气沿“底辟+断裂”复合输导体系垂向运移，进入深水盆底扇或海相三角洲等储集体中聚集成藏。

三、洼陷结构与二级构造带联合控制油气汇聚方向

二级构造带作为盆地的正向构造单元，是油气汇聚的低势区，往往控制着油气的运移、聚集和保存。珠一坳陷共发育32个二级构造带。其中，潜山披覆构造带、潜山断裂构造带、鼻状隆起构造带与基底隆起有关；断裂背斜构造带、重力滑动背斜构造带、翘倾构造带与同生断裂有关；断裂岩性复合带、斜坡地层复合带与构造—地层岩性有关。钻探结果显示，珠一坳陷已发现的10个含油气的二级构造带中，5个二级构造带（流花11生物礁滩构造带、番禺4断裂背斜构造带、惠州26潜山披覆构造带及惠南断裂复合圈闭带、西江24潜山断裂构造带）油气地质储量之和占总发现油气地质储量的80%以上。在含油层系上，已发现的油气集中分布在不具备生烃能力的新近系，其油气

探明地质储量占总原油探明地质储量的93.6%，其中珠江组沉积时期发育的三角洲和生物礁滩是最富集的层段。总之，二级构造带油气聚集在空间分布上亦贫富不均，表现出分带差异富集，这种差异性除受烃源条件制约以外，还与油气的运聚条件密切相关。

1. 生烃洼陷结构决定油气初次运汇方向

根据“运移分隔槽”原理，油气一般沿烃源岩地层的上倾方向运移。因此，对于珠江口盆地的生烃单元而言，其主排烃时期的洼陷结构直接控制了油气运移分割槽的划分，进而影响了油气运移的方向和强度。珠一坳陷断陷期因主干控洼断裂平面组合不同形成了不同样式的凹陷——简单半地堑和复式半地堑，同时又因为不同裂陷幕控洼断裂活动强度的转换及区域的构造隆升，致使早期裂陷形成的半地堑结构被改造，相应洼陷的结构形态在主排烃期与最初形成时有所改变，导致洼陷油气运移分隔槽的迁移。根据箕状凹陷内生油层的产状、地层流体势及油田的分布，可将凹陷分成缓坡富集型、陡坡富集型和缓坡—陡坡均衡富集型3种类型。

珠一坳陷继承性发育的洼陷自裂陷期开始，洼陷的结构未发生变化，即洼陷的结构单元中由主控边界断裂形成的陡坡带和缓坡带都继承性发育。裂陷期控洼断裂的持续作用使缓坡地层被掀斜，生油岩主体向缓坡方向上倾，主排烃期生烃面积大的区域往往分布在洼陷分隔线的向缓坡一侧，因此在浮力作用下，缓坡带和缓坡凸起带是油气运移的优势方向，位于该方向上的二级构造带是有利的油气富集带，即缓坡富集型。如陆丰凹陷的陆丰13洼缓坡带的陆丰7鼻状隆起构造带（图2-9-14a）就位于油气运移的优势方向上，该带已发现多个油气藏，很好地佐证了这一观点。除此之外，恩平17洼也是继承性发育的洼陷，由于其控洼断裂为一个先存的低角度断层，伴随裂陷期控洼断裂的不断活动缓坡地层被掀斜的更厉害，该洼陷缓坡是油气长期运移的优势指向，恩平18断裂背斜构造带就位于油气的优势方向上，也已发现数个油田（图2-9-14b）。

珠一坳陷还有非继承性发育的洼陷，因构造隆升或沉降，洼陷的陡坡带和缓坡带发生了相对的抬升或沉降，进而影响洼陷油气的运移方向。一种是洼陷的缓坡带地质体发生相对隆升，导致主排烃期洼陷分割槽相对于洼陷形成时期的改变，进而影响油气的主运移方向。如西江南半地堑的番禺4洼，文昌组沉积时期洼陷南部控洼断裂活动强度大，洼陷内地层南断北超，烃源体的分隔槽在陡坡一侧，恩平组沉积时期，番禺4洼的边界断裂不活动，东沙隆起区域性抬升，洼陷整体抬升，文昌组沉积时期的洼陷变成了斜坡，靠近东沙隆起一侧的地层翘倾，烃源体的分割槽位于中心位置，导致主力烃源岩文昌组在生烃高峰期受势能差驱使沿文昌组沉积时期洼陷的缓坡带和陡坡带双向运移（图2-9-14c），成为缓坡—陡坡均衡富集型。另一种则是洼陷的演化相对复杂。如惠州凹陷的惠州26洼，因文昌组沉积时期惠州26断裂的持续活动，洼陷整体呈南断北超，洼陷南部为陡坡带，北部为缓坡带；而到恩平组沉积时期因为凹陷北部的惠州14断裂活动强度大，沉积沉降中心位于凹陷北部惠州13洼，地层向南超覆，导致文昌组沉积时期的惠州26洼与恩平组沉积时期的惠州13洼之间呈反向叠置关系。恩平组沉积时期，断块的反向旋转导致惠州26洼文昌组沉积中心被翘起而缓坡带发生沉降，文昌组烃源体向陡坡带一侧翘倾，在文昌组烃源岩的生烃高峰期（珠江组沉积时期），流体势促使文昌组生成的油气向洼陷的陡坡（南部）运聚，文昌组沉积时期的陡坡带成为文昌组所生油气的有利运移方向，即陡坡富集型（图2-9-14d）。

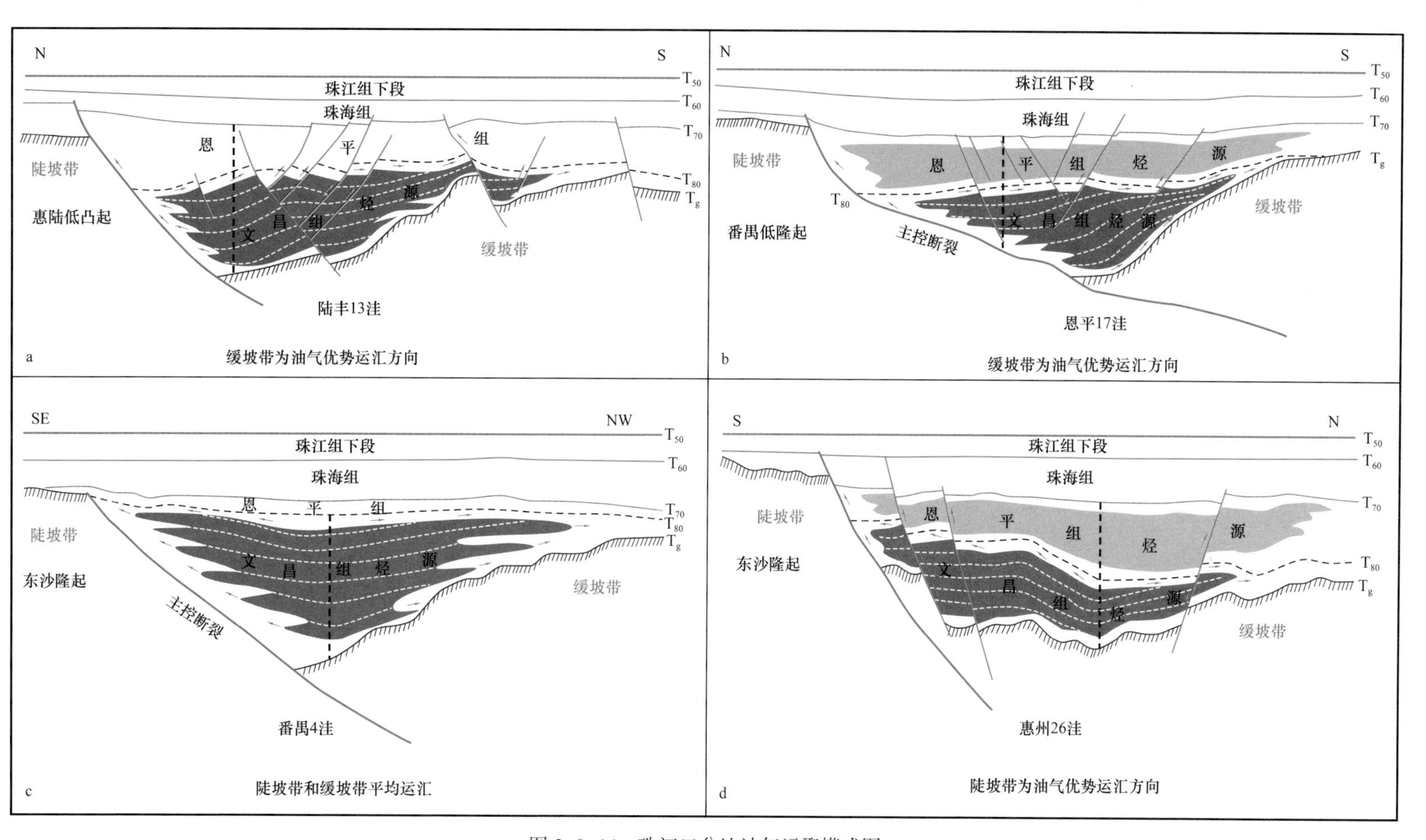

图 2-9-14　珠江口盆地油气运聚模式图

2. 大断层上、下盘地层产状决定油气二次运移方向

珠江口盆地新近系油藏属于下生上储型成藏组合，该类油藏因烃源岩与储层相距较远，油气运移途径较少，对主运移通道、地层—断层组合样式要求严格。如果地层—断层组合样式欠佳，圈闭内储层可能得不到油气供给，即使圈闭及储盖条件好，也可能难以成藏。而且，即便是在同一个聚油构造内，不同的断块、断鼻圈闭，由于各自的地层—断层组合样式不同，获得的油气供给量也不同，因而油气富集程度不同（邓运华等，2012）。

在珠江口盆地，凹陷内的新近系油田几乎都位于大断层下降盘，在大断层上升盘，新近系圈闭油气不富集。凹陷内继承性发育的大断层，与在凹陷裂陷期下降盘形成的近岸水下扇砂体及烃源岩广泛接触，水下扇砂体成为油气运移的"中转站"，当"中转站"内的含油饱和度增大、压力升高时，伴随着断层活动，油气呈"幕式"向浅层运移，油气沿断层运移至新近系后，在新近系内由高势区向低势区继续运移。新近系为正常压力系统，因此地层埋藏深则势能高，埋藏浅则势能低，即油气向地层上倾方向运移，所以储层产状决定了油气运移方向。断层上、下盘地层组合模式可以分成四种类型，即下倾—上抬型、下倾—下倾型、上倾—上抬型、上抬—下倾型（图 2–9–15）。由于主断层是继承性—幕式活动，断块多次掀斜，因此在主断层下降盘通常表现为下倾—上抬型，另外三种类型出现的概率较小。油气从高势区向低势区运移，容易沿着下降盘储层做横向运移，并在下降盘圈闭内富集，而上升盘向断层方向上抬，油气很难从低势区向高势区运移，即所谓"倒灌"（邓运华等，2012）。

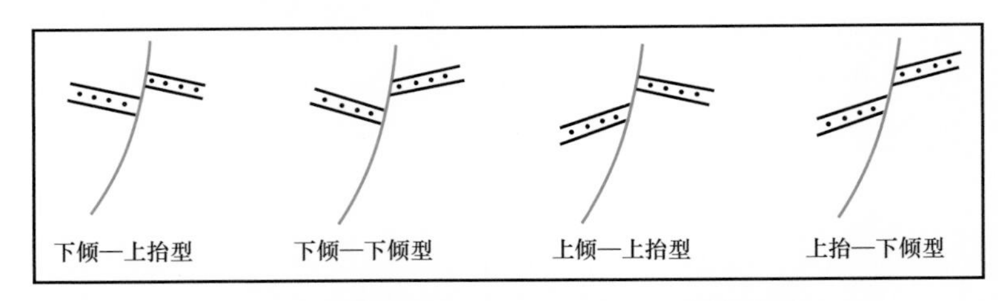

图 2–9–15　断层上盘、下盘地层组合模式图

珠江口盆地番禺 4–1 构造、番禺 4–2 构造含油气状况也证明了断层上、下盘地层产状决定了油气的主运移方向。番禺 4–2 构造位于番禺 4 洼控洼大断层下降盘，是一个逆牵引背斜，油气沿控洼大断层从下向上运移到达珠江组后，因地层向大断层回倾，油气从高势区向低势区运移，进入逆牵引背斜内富集，探明地质储量超过 $6000\times10^4m^3$；而位于断层上升盘的番禺 4–1 构造，珠江组向大断层方向上倾，圈闭内势能高于断层，油气不能"倒灌"，因此番禺 4–1 圈闭发现的原油地质储量比较小，探明地质储量不到 $500\times10^4m^3$（图 2–9–16）。

3. 优势运移方向上的二级构造带是油气有利富集带

珠一坳陷生成的油气由生烃中心向周围正向构造大量运移，位于油气运移有利指向上且在新生代继承性发育的构造带是油气富集的有利场所。同时，东沙运动导致的活化断裂体系、文昌组—恩平组陆相和珠海组—珠江组海相大型富砂三角洲体系构成了珠江口盆地主要的油气纵、横向高效复合输导体系。例如：由于构造活动，烃源岩地层向南抬升，处于南斜坡上方的恩平 18 断裂背斜构造带在油气运移优势指向上，发现了恩平

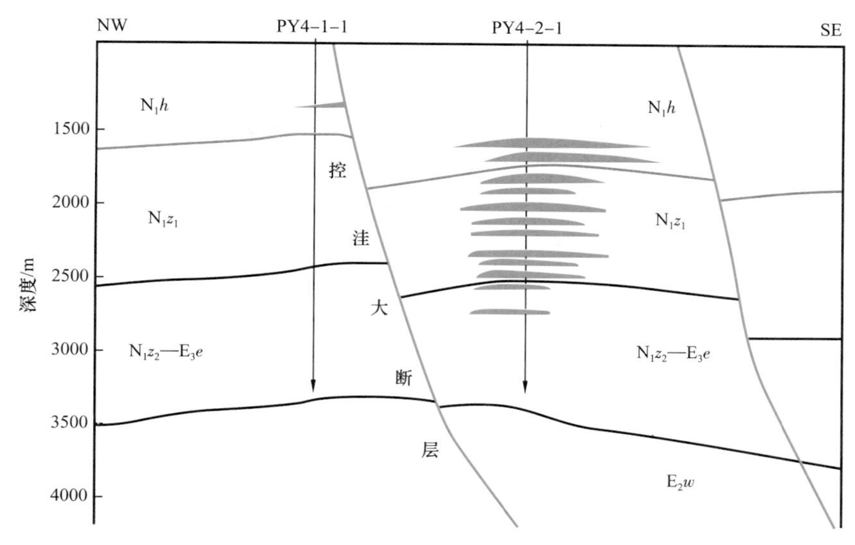

图 2-9-16 珠江口盆地番禺 4-2 构造油藏剖面图

油田群；新近系向洼陷伸进形成的鼻状倾没端通常是油气输导和汇聚的载体，番禺 4 断裂背斜构造带上已发现的油气地质储量占到番禺 4 洼油气地质储量的一半；由于惠州凹陷南侧的惠州—流花构造脊作为油气运移的主要通道，惠州 26 洼生成的油气在珠海组输导层中向南（上倾方向）长距离运移至东沙隆起，惠州 26 潜山披覆构造带和流花 11 生物礁滩构造带上流花 11-1 生物礁油田成为珠江口盆地已发现的最大油田群；陆丰 13 洼和陆丰 15 洼南部的油源断层及惠陆构造脊是油气二次运移优势通道，造就了陆丰 13 断裂背斜构造带上的油气大量富集。这几个二级构造带因均处于优势的油气运移路径上，因此均富含油气。究其原因，除因这些二级构造带均毗邻富生烃洼陷外，还因这些二级构造带均继承性发育，一直是油气优势运移的长期指向。

四、油气汇聚单元决定油气藏富集强度

油气汇聚单元是指具有相对独立烃类运聚体系和统一烃类运移指向的地质体，它是由一组油气运移汇聚流线确定的，并由油气运移分隔槽与油气运移外边界圈定的可供发生油气运移和聚集全过程的地质单元。二级构造带间及二级构造带内油气的聚集程度与构造带走向和油气运移汇聚流线所圈定的汇油面积密切相关。一个圈闭要富集油气形成一个大油田，除了一个大圈闭、一套厚储层、一套稳定的盖层，并靠近富生油凹陷之外，还必须有一个大的汇油面积。汇油面积与圈闭位置、古构造容貌、输导体系等有密切关系，若圈闭面对的是广阔的生油凹陷，古构造形态是由生油凹陷向圈闭逐渐抬高，在构造上输导体分布广、渗透性好，则汇油面积大，供油充分，可形成大油田。反之，若圈闭面对的是生油凹陷窄小的某一部分，或古构造形态不是从生油凹陷向圈闭逐渐抬高，途中有大的起伏或输导条件差，则圈闭的汇油面积小，得到的供油量就小，即使圈闭、储盖及生烃条件非常优越，也不能形成大油田（邓运华等，2012）。

珠江口盆地富含油凹陷多为长条形的半地堑，控凹断层平行于凹陷长轴，生油层以凹陷最低点为界，分别向缓坡或陡坡方向上抬，石油的运移主方向是箕状凹陷的陡坡或缓坡，因此缓坡或陡坡上的圈闭汇油面积大，供油充分，易形成大油田。而生油层向凹

陷长轴方向两端上抬的面积小，即凹陷两端的圈闭供油面积小，即使圈闭大、储层厚也不易形成大油田。从勘探实践来看，平行于油气运移分隔线的二级构造带，构造带位于长条形凹陷两侧，与运聚流线相交的汇油面积最大，二级构造带上的圈闭更易于成藏（如西江 24 潜山断裂构造、惠州 26 潜山披覆构造带），而垂直于汇聚单元“分割槽”的二级构造带，构造带位于长条形凹陷两端，与运聚流线相交的面积最小，油气运移的量最小，二级构造带上的圈闭不利于成藏（如西江 17 鼻状构造带），介于两者之间的二级构造带，为较有利二级构造带（如惠州 21 潜山披覆构造带）。

富二级构造带如惠州 26 潜山披覆构造带、西江 24 潜山断裂构造带、惠州 21 潜山披覆构造带和流花 11 生物礁滩构造带等集中分布在惠州凹陷汇聚强度的高丰度区，综合珠一坳陷各半地堑的资源量和各汇聚单元的油气汇聚强度，认为陆丰 7 重力滑动背斜构造带、惠州 9 断裂构造带、陆丰 13 断裂背斜构造带、惠州 18 断裂构造带、惠州 22 重力滑动背斜构造带、西江 24 潜山断裂构造带、惠州 21 潜山披覆构造带、惠南断裂复合圈闭带、惠州 26 潜山披覆构造带、流花 11 生物礁滩构造带、西江 28 背斜构造带、西江 33 斜坡构造带、番禺 4 断裂背斜构造带和恩平 18 断裂背斜构造带是非常有利的油气聚集带，且部分已经被证实。这些富含油二级构造带空间分布靠近富生烃的半地堑或洼陷，且均处于优势的油气汇聚单元内。珠一坳陷油气主要分布在 32 个二级构造带中的 10 个构造带内，体现出油气分带差异富集、有利二级构造带呈“满带含油”的特点。

珠三坳陷文昌 13-2 油田位于琼海凸起，珠江组披覆背斜面积 19.7km^2，砂岩储层厚 4～75m，海相泥岩盖层好。文昌 13-2 构造东南面是文昌凹陷，文昌凹陷是一个富油凹陷，东断西超，文昌 13-2 构造位于凸起（缓坡）上，也是油气长期运移指向，并且构造长轴与凹陷走向平行，汇油面积大（约 80km^2），供油充分，三级地质储量为 3300×10^4m^3，是珠三坳陷最大的油田。而琼海 30-1 构造位于文昌凹陷南部，是一个新近系断背斜构造，圈闭面积 8.0km^2，珠江组储盖组合好，砂岩层厚 2～15m，泥岩厚 5～200m，但由于它位于凹陷长轴方向西南端，汇油面积小，只钻遇含油水层。

此外，相邻的相似构造，汇油面积不同导致油气富集程度显著不同。汇油面积对油田规模的控制作用，还体现在即便是圈闭及储盖条件相似的相邻构造，如果汇油面积不同，圈闭的油气充满度及储量规模明显不同（邓运华等，2012）。

番禺 4 洼东面东沙隆起的番禺 5 构造—番禺 11 构造群汇油面积与储量规模的关系也能说明汇油面积对成藏的重要性（图 2-9-17）。番禺 4 洼文昌组生烃条件好，凹陷东面东沙隆起发育了番禺 5-1、番禺 5-2、番禺 6-4、番禺 6-6、番禺 11-5、番禺 11-6 等一排披覆背斜构造，这些构造具有相似而优越的圈闭、储盖条件，也都紧邻番禺 4 富生烃洼陷，但油气富集程度却相差很大。番禺 5-1 构造油气最富集，石油探明地质储量 6047×10^4m^3；番禺 11-5 构造、番禺 11-6 构造次之，石油探明地质储量分别为 310×10^4m^3、250×10^4m^3；其他 3 个构造中，番禺 6-4 构造、番禺 6-6 构造仅见 1～2 层油层，没计算储量，番禺 5-2 构造无油气层。造成石油富集程度差异的主要原因是构造方位不同：番禺 5-1 构造的长轴与生油凹陷走向平行，汇油面积大（约 54km^2）；番禺 11-6 构造长轴与凹陷走向斜交，汇油面积约 39km^2；而其他构造长轴都与凹陷走向垂直，汇油面积小（为 8～23km^2）。可见构造方位控制汇油面积，控制油气富集程度。

恩平凹陷东面隆起的恩平 23 构造—恩平 24 构造群圈闭的长轴方向与油气富集程

度的关系亦是汇油面积控制储量规模的典型例证。恩平凹陷文昌组生油条件好，生成了丰富的石油，凹陷南部缓坡带发育恩平恩平23-1、恩平23-5、恩平23-6、恩平23-7、恩平24-2等5个披覆背斜构造，这5个构造具有相似的圈闭及储盖条件，但钻探证实，油气富集程度相差很大。恩平24-2构造最富集，储量为$2087\times10^4m^3$；其他4个构造除恩平23-5构造仅一个薄油层未计算储量外，其余3个构造储量为58×10^4～$818\times10^4m^3$。究其原因是构造方位不同，只有恩平24-2构造长轴与恩平凹陷走向平行，因而汇油面积大（约$61km^2$）；而其他4个构造的长轴均与凹陷走向近于垂直，汇油面积小（16～$30km^2$），因此储量小。由此可见，构造方位决定汇油面积，汇油面积和圈闭面积控制储量规模。

五、新构造运动控制油气晚期高效成藏

新构造运动在珠江口盆地被称为东沙运动，发生在中中新世末—晚中新世末，是珠江口盆地最为重要的、对成藏作用最有影响的构造变革事件。晚期构造运动对油气聚集的控制作用主要表现在圈闭形成、油气分布特征和成藏时空匹配等方面，在珠江口盆地（东部）表现为油、气复式聚集，油气藏类型多样，含油层段垂向叠置（从古近系到新近系均有分布），同一构造带上油气成群成带分布。

1. 晚期断裂活动控圈作用与油气成藏期匹配确保了二级构造带高效捕获油气

珠一坳陷圈闭的形成与构造活动中的3期断裂活动密切相关。这3期断裂活动分别是：中新世以前形成、以后不再活动的早期断裂活动；中中新世以后的晚期断裂活动；从张裂初始阶段开始形成到中中新世以后仍继续活动的长期断裂活动。早期断裂主要表现为伸展构造变形和形成断陷，晚期断裂和长期断裂主要控制圈闭的形成和油气的输导。中中新世以后的晚期断裂控圈表现为在东沙运动影响下于10Ma形成了一套张扭性断层系统，在珠江口盆地发育了北西西、东西和北东东3组方向的断裂，其中一部分继承性发育的长期断裂活动其早期的伸展不仅控制了断陷的沉积充填，在晚期也对早期形成的圈闭面积和幅度进行了扩大，并且在早期圈闭之上的浅层形成逆牵引构造或翘倾构造，造成圈闭的垂向叠置；而在这一时期发育的张扭性断层系统作用下则形成了大批以逆牵引背斜、翘倾半背斜、断鼻、断块等为主的二级构造带，3组方向的断裂作用在新近系中形成了一系列类型多样、横向连片的新圈闭。因此，东沙运动时期对珠江口盆地的主要圈闭的形成和定型起到了重要作用，是珠江口盆地局部构造带的定型期，不但改造了“老”的构造，而且对主要断裂两盘的背斜和半背斜也起到了加强和促进作用。

东沙运动时期，古近系文昌组烃源岩已达到排烃门限，开始大规模持续生排烃，油气从文昌组排出及运聚过程中，伴随构造运动和超压的周期性变化向新近系幕式快速充注，位于运移通道上的圈闭最有利于捕捉油气，形成复式油气聚集带。如惠州南部复合圈闭带，其内部圈闭类型多样，以披覆背斜和断背斜为主，还有地层—岩性圈闭、构造—岩性圈闭，油气主要来源于惠州26洼文昌组和惠州13洼恩平组。惠州26洼文昌组烃源岩从23.8Ma开始排烃，16—5.3Ma达到高峰；惠州13洼恩平组烃源岩从16Ma开始排烃，10—0Ma大量排烃。油气沿着烃源岩地层倾向侧向运移，断裂沟通烃源岩向上输导，形成了惠州26-2、惠州26-1、惠州26-3等复式油气聚集带，油气类型表现多样（图2-9-17）。由此看来，在珠江口盆地东部，圈闭的形成期与成藏期的匹配性非常好，这为捕获和聚集油气提供了优越的条件，是形成“满带含油”的重要基础。

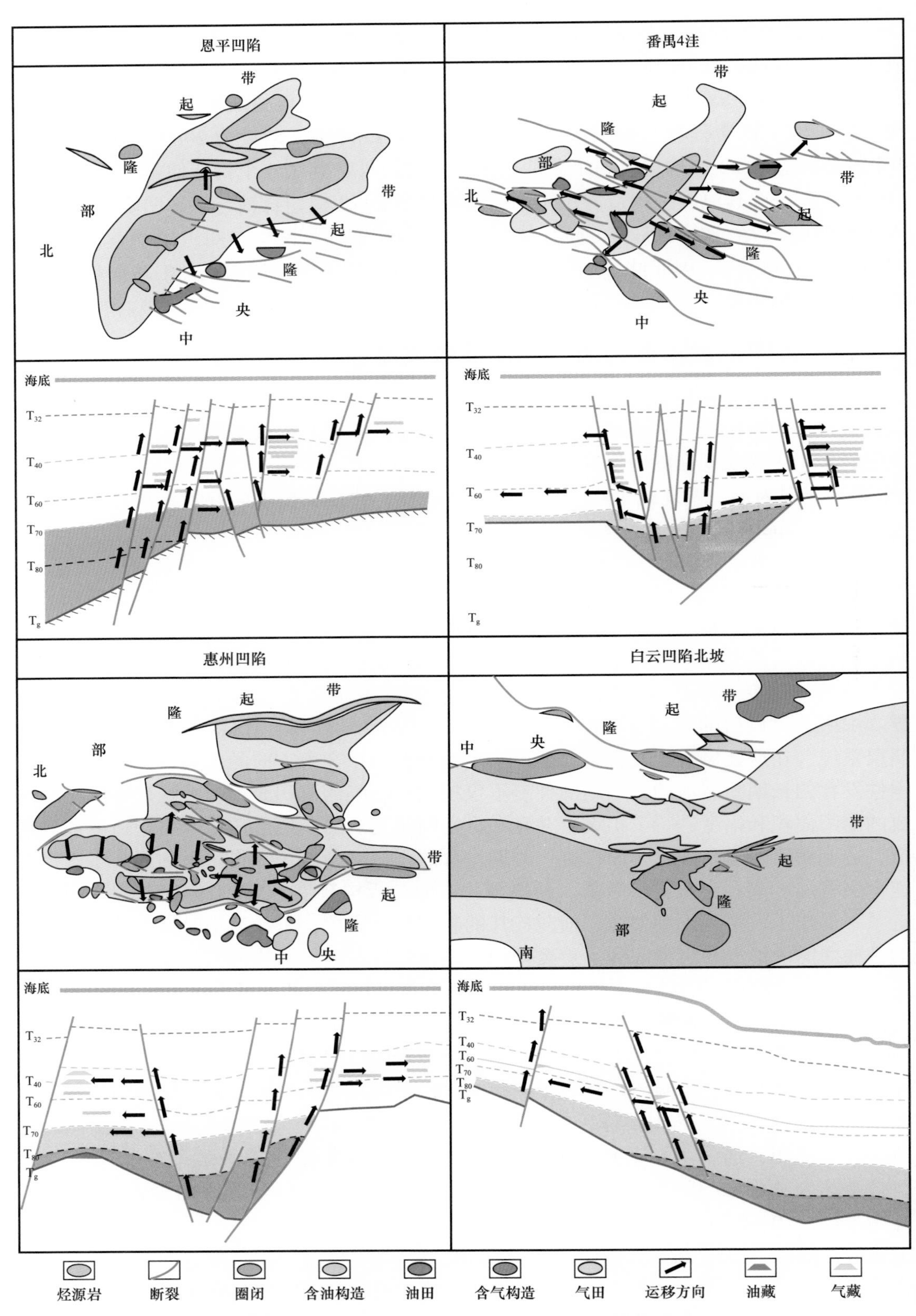

图 2-9-17　不同地区二级构造带高效富集油气模式图

在油气平面展布上，珠江口盆地无论是凸起带还是斜坡带上发现的油气藏，其展布方位大体上与晚期断裂的走向一致。因晚期活动的3组断裂活动强度不同，表现为北西西向＞东西向＞北东东向，且在区域北西西方向的挤压下，北西西向断裂属张扭性断裂、东西向断裂属压扭性，而北东东向断裂属压性。从断面力学性质对其封闭性的影响角度来分析，珠一坳陷晚期活动的北西西向断裂的开启性最好，在断裂活动期及其静止期的较长时期内均为油气运移的良好通道，而北东向断裂和东西向断裂在断裂活动期具有一定的开启性，但静止期具有较好的封闭性，容易在深层形成古近系油气藏。

2. 晚期断裂活动与排烃高峰期匹配形成"晚期多层同注"控制油气高效富集

在成藏期次上，晚期断裂活动与主生排烃期的匹配控制了珠江口盆地的油气成藏（图2-9-18）。珠江口盆地自新生代以来处在拉张环境下，盆地演化虽经历了裂谷阶段、裂后断坳转换及热沉降阶段、新构造运动及热沉降坳陷阶段，但大的沉积间断仅发生在断坳转换期古近系主力烃源岩成熟之前，有机质热演化史相对简单。烃源岩的热演化模拟结果表明文昌组、恩平组、珠海组烃源岩的生排烃是一个连续的过程：珠江口盆地北部珠一坳陷文昌组烃源岩的排烃期在18.5Ma以来，恩平组烃源岩排烃期在10.2Ma以来；南部白云主洼文昌组烃源岩的排烃时期在23.8Ma以来，恩平组烃源岩的排烃期在16Ma以来，渐新统珠海组烃源岩的排烃期在5Ma以来。流体包裹体和Ar-Ar定年结果

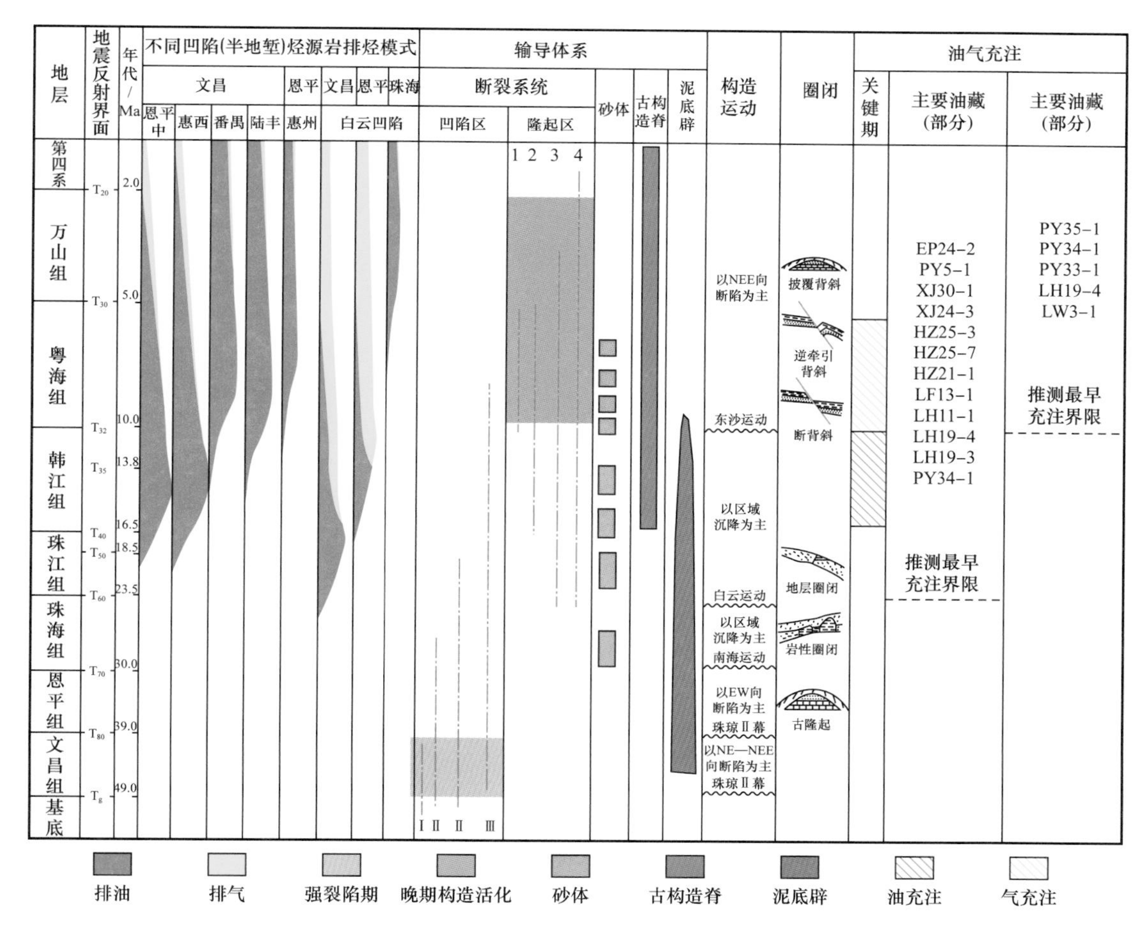

图2-9-18　珠江口盆地（东部）油气成藏关键时期图

显示：该区古近系中的油气藏成藏关键时期推测是在 23.8—10.2Ma 和 10.2—0Ma 这两个阶段；海相地层中的油气藏成藏关键时期为 10.2—0Ma。

综上所述，圈闭的形成期恰好与烃源岩的生排烃高峰期（10—5Ma）匹配良好，加之晚期构造活动引起的一系列断裂活动在油气成藏过程中对古油藏起到调整、改造、再充注的作用，活化断裂体系沟通古近系文昌组、恩平组陆相和珠海组—珠江组海相大型富砂三角洲体，影响了圈闭捕获和聚集油气的时机，形成烃源岩—圈闭的油气垂向运移路径，在“地震泵作用”下沿活化断层集中快速运移，断层断达的各储层均可接受油气充注。这就意味着晚中新世东沙运动控制下古近系深层至新近系浅层油气晚期集中快速多层同注的显著特征，体现了晚期断裂对油气垂向运移以及后期调整改造、油气再分配的重要性，对新近系油气成藏起到关键的“桥梁”作用。特别与大型海相三角洲配置，珠江口盆地油气纵向、横向高效复合输导体系得以形成，造就了新近系海相层系的油气富集，使得位于油气运移路径上的二级构造带“满带含油”。“晚期多层同注”有利于提高可供聚集烃量占生排烃量的比例和减少成藏过程中的烃损耗量，有助于油气高效富集。

第十章　油气田各论

珠江口盆地自1979年以来，经历了对外合作和自营方式，在盆地范围内开展了大规模油气勘探开发，获得了显著的成果。截至2015年底，先后在珠一坳陷、珠二坳陷、珠三坳陷及东沙隆起、神狐隆起钻探了大批探井，发现新近系中新统粤海组、韩江组和珠江组，古近系渐新统珠海组以及始新统恩平组和文昌组赋存着丰富的油气层及前新生界的油气层。通过大量的地球物理工作以及钻探了大批含油气构造的评价井和开发井，基本搞清楚了构造形态、油藏分布及油田分布范围。截至2015年底，珠江口盆地已钻各类圈闭300多个，共发现油气田50多个。通过总体分析总结，选取了各凹陷具有代表性的油气田：惠州26–1油田、陆丰13–1油田、西江24–3油田、流花11–1油田、西江30–2油田、番禺4–2油田、恩平24–2油田、番禺30–1气田、荔湾3–1气田、文昌13–1油田以及文昌9、文昌10气田群等进行详细介绍（表2–10–1）。

表2–10–1　珠江口盆地典型油气田数据表

油气田名称	发现时间	投产时间	油藏类型	开发情况
惠州26–1油田	1988年4月	1991年11月	背斜构造、岩性	已开发
陆丰13–1油田	1987年1月	1993年10月	构造—岩性	已开发
西江24–3油田	1984年12月	1994年11月	背斜构造 岩性—构造	已开发
流花11–1油田	1987年1月	1996年3月	生物礁地层	已开发
西江30–2油田	1988年8月	1995年10月	背斜构造	已开发
番禺4–2油田	1998年3月	2003年10月	断鼻构造 背斜构造	已开发
恩平24–2油田	2010年2月	2014年3月	背斜构造 岩性—构造	已开发
番禺30–1气田	2002年5月	2009年3月	翘倾半背斜构造	已开发
荔湾3–1气田	2006年8月	2014年4月	构造—岩性	已开发
文昌13–1油田	1997年7月	2002年7月8日	构造、岩性	已开发

第一节 惠州 26−1 油田

一、油田概况

惠州 26–1 油田位于珠江口盆地惠西低凸起北部斜坡带，16/08 合同区块南部，距香港东南部约 166km，所在海域水深约 110m。

1988 年 4 月，钻探 HZ26–1–1 井，发现惠州 26–1 油田。1991 年 11 月投产，与 1990 年 9 月投产的惠州 21–1 油气田联合开发。惠州 26–1 油田是一个大型、高丰度、中—特高渗透率、高产能、常规的轻质原油型油田。

惠州 26–1 油田油气来源于惠州 26 洼文昌组中深湖相烃源岩，少量来自文昌组浅湖相等其他相带烃源岩。惠州 26–1 油田地层温度范围为 97～112℃，地温梯度为 3.56℃ /100m，地层压力系数范围为 0.84～0.98。

二、油田地质特征

1. 地层

惠州 26–1 油田钻遇的地层属新生代沉积，其中新近系厚约 2200m，古近系仅钻遇渐新统珠海组 100m 左右。地层层序自下而上依次为前古近系、渐新统珠海组、下中新统珠江组、中中新统韩江组、上中新统粤海组、上新统万山组和第四系。早古近纪时期构造长期隆起遭受剥蚀，没有接受沉积，缺失神狐组、文昌组、恩平组及珠海组下部，珠海组中上部以不整合接触关系覆盖于前古近系基底之上。

惠州 26–1 油田的主要油层平面上分布稳定、连通性好、油藏之间分隔性好。惠州 26–1 油田的油层分布在珠海组和珠江组，主要有 10 层油层：K08、K22（下）、K30、L20、L30、L40、L50、L60、M10 和 M12；油层埋深 1850～2450m，含油井段长 600m，主力油层为 K08、L30 和 M10（图 2–10–1）。

2. 构造特征

惠州 26–1 构造是在基底古隆起基础上发育起来的大型中低幅度披覆背斜，构造形态简单完整，含油范围内无断层发育，总体上为轴向近北西—南东向的短轴背斜。在三维地震叠前时间偏移地震资料和叠前深度偏移地震资料的基础上，经过 1 口探井、2 口评价井和众多生产井钻探深度的标定，确定构造幅度平缓，倾角小于 5°，圈闭面积 1.7～15.7km^2，闭合高度 7.0～57m。

三、储层

1. 沉积特征

惠州 26–1 构造曾受海侵影响，至 21.0Ma 时期盆地大规模海退，沉积了一套 M12 层辫状分流河道粗碎屑岩，含丰富的植物化石和炭屑；21.0—18.5Ma 时期随着海侵范围扩大，为下三角洲平原—三角洲前缘沉积，形成了 M10、L60、L50、L40、L30 油藏储层；18.5Ma 时期海侵达到最大，而后随构造抬升和全球海平面下降，海水缓慢后退，沉积以泥质粉砂岩和粉砂质泥岩为主，该期有三角洲前缘河口坝、远沙坝沉积

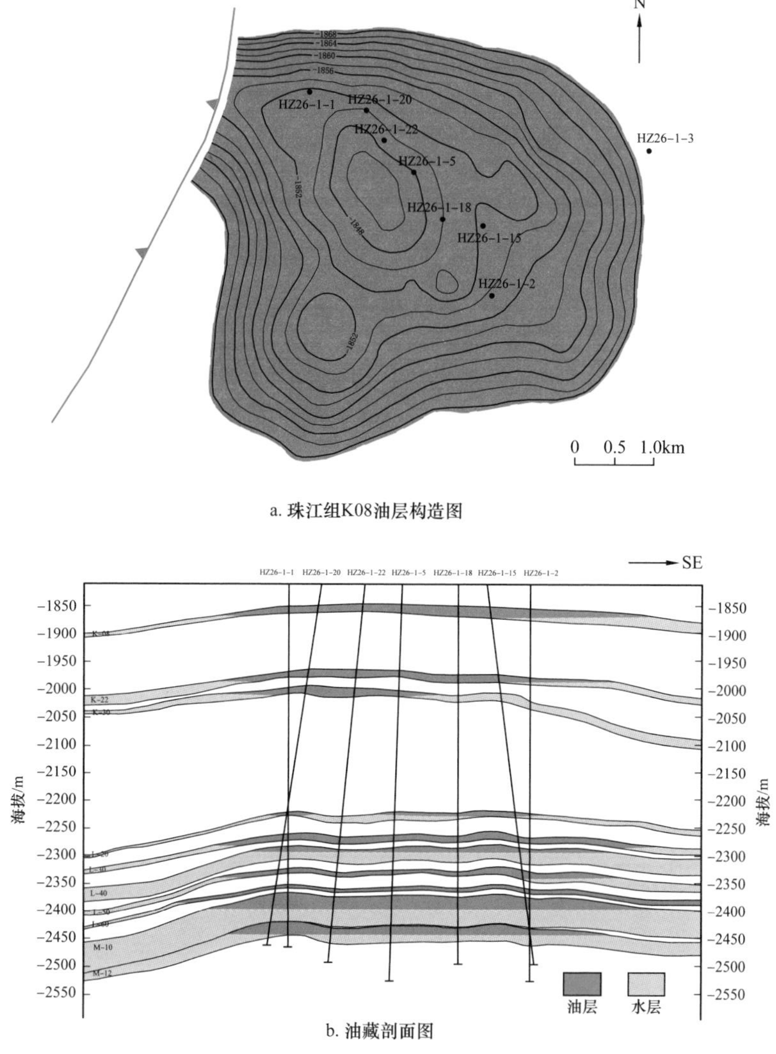

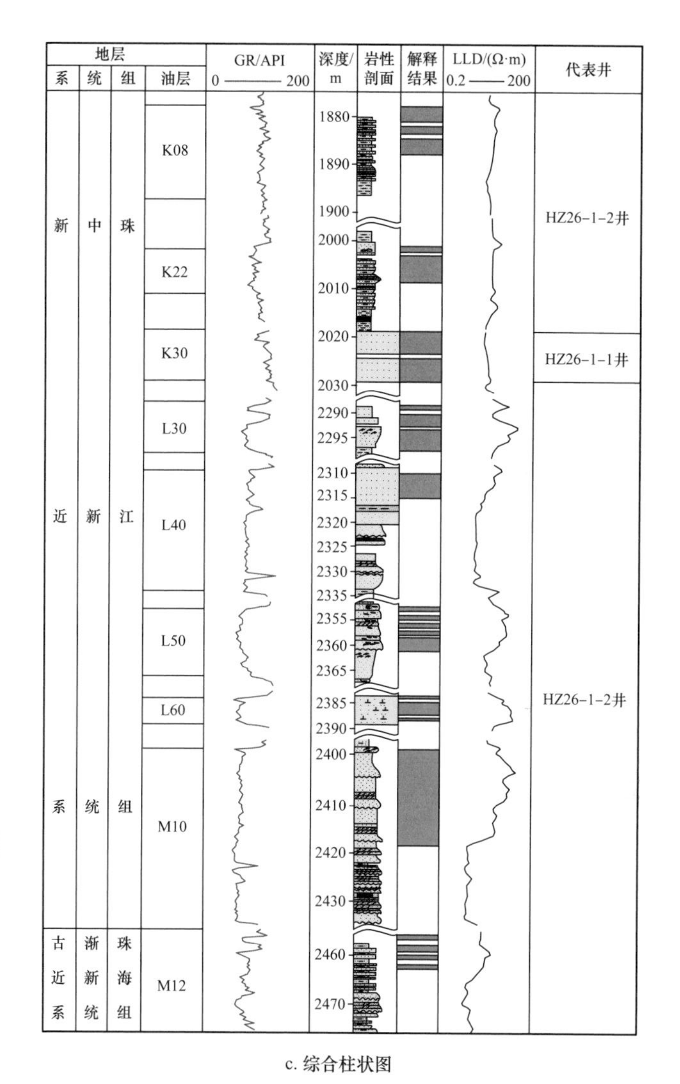

图 2-10-1　惠州 26-1 油田综合图（据朱伟林等，2010）

（K30、K22 层）；17.5Ma 时期珠江口盆地大规模海退，随后又一次海侵开始，惠州 26-1 地区沉积环境为前三角洲，见风暴席状砂沉积（K08 油层），巨厚的泥岩沉积形成了极好的区域性盖层。其砂岩储层可进一步划分为 7 个主要的沉积相带：辫状分流河道、分流河道、废弃河道、河口坝、水下分流河道、远沙坝和风暴席状砂。

2. 储层岩性物性特征

珠江组储层为粉细粒长石砂岩，岩性较致密。珠海组储层为一套浅灰色中—细、中—粗粒长石砂岩、岩屑长石砂岩夹钙质砂岩及薄层泥岩，分选中等—较好。

胶结类型主要为接触式和孔隙式，颗粒以点接触为主，其次是线接触。

黏土矿物以结晶较差的伊 / 蒙混层为主，含量 28%～88.9%、平均 63.6%，其次是高岭石和伊利石。由于伊 / 蒙混层具有一定膨胀性和高岭石易发生分散迁移，这些黏土矿物对储层储渗性能可能有一定的影响。

储层物性好，油层平均孔隙度 15.8%～22.8%，平均渗透率 235～1372mD，属中等孔隙度、中—特高渗透率储层。

惠州 26-1 油田储层储集空间结构属于孔隙型，由铸体薄片和电镜资料（非油层段）可见，孔隙类型以原生粒间孔为主，少量溶孔，孔隙连通性好，溶孔与原生孔连通可改善储渗性能。平均孔隙喉道半径比较大，大多在 15μm 以上，为储渗性能好的储层。

四、油藏

1. 油藏类型

惠州 26-1 油田各油藏在纵向上均具有各自独立的油水系统，形成各自独立的油藏，其油水分布主要受构造控制，其次受岩性控制。其中块状底水油藏 4 个（L20、L40、M10、M12），层状边水油藏 3 个（L30、L50、L60），岩性—构造油藏 3 个［K8、K22（下）、K30］。

惠州 26-1 油田充满度高，全油田面积充满度 78%。全油田共 10 个油层，其中 5 个油层 100% 充满；其余 5 个油层有 2 个油层是岩性—构造油层，由于在背斜圈闭范围内砂岩尖灭导致油层未能全部充满

2. 压力与温度

惠州 26-1 油田各油藏均为正常压力系统，原始地层压力 16.42～22.67MPa，饱和压力 1.00～1.79MPa，地饱压差 15.42～21.36MPa。

五、流体性质

根据惠州 26-1 油田 17 个地面原油样品、4 个气样品、6 个高压物性样品、3 个地层水样品以及 26-1-2 井 9 个 RFT 油样分析，获得该油田流体性质资料。

1. 原油

惠州 26-1 油田原油为高含蜡、高凝固点、低硫的石蜡基原油。地面原油密度 0.822～0.860g/cm^3，地面原油黏度 1.55～14.20mPa·s；地层原油密度 0.770～0.824g/cm^3，地层原油黏度 1.67～4.60mPa·s；含硫 0.08%～0.18%，平均含蜡量 22.9%，平均凝固点 34℃；惠州 26-1 油田地层原油具有黏度低、饱和压力低、气油比低的特点，原始溶解气油比 2～8m^3/m^3，原始体积系数 1.043～1.087。

2. 天然气

根据HZ26-1-1井RFT测试，气体组分分析结果：甲烷含量61.28%～64.72%，乙烷含量4.83%～20.27%，丙烷含量1.81%～6.04%，氮气含量1.77%～11.55%，二氧化碳含量5.33%～20.01%，天然气相对密度0.818～0.870。

3. 油田水

惠州26-1油田评价阶段没有取过水样资料。油田投产后于1992年8月分别在HZ26-1-12井M12油藏、HZ26-1-13井M10油藏和HZ26-1-6井L30油藏各取一个水样。分析结果：主要阳离子为Na^+、Ca^{2+}、Mg^{2+}，主要阴离子为Cl^-、SO_4^{2-}、HCO_3^-，总矿化度37579～39927mg/L，相对密度1.0227～1.0243；根据苏林分类法计算水性系数α（Cl^-、Na^+、Mg^{2+}）分别为0.58、0.91、0.4，均小于1，为氯化镁（$MgCl_2$）水型，形成于海洋环境。

六、油气富集条件

惠州26-1背斜圈闭是惠西低凸起构造脊上的圈闭之一，中型圈闭规模，且是这一个构造脊的区域高点，因此在充足的油源和油气优势运移通道等众多有利条件综合作用下形成了一个大型优质油田。

1. 富生烃洼陷奠定油田形成的物质基础

惠州26洼和西江30洼都是珠江口盆地富生烃洼陷。这两个洼陷对应的正向构造区是惠西低凸起及东沙隆起，较大的生烃潜力为其提供了充足的烃源。惠州26-1油田原油地球化学分析表明，其原油来源于惠州26洼和惠州30洼，主要是两者中深湖相烃源岩生成的原油，部分混有浅湖相烃源岩生成的原油。

2. 圈闭形成期早于成藏时刻是先决条件

惠西低凸起惠州油区的圈闭多数是在基底古隆起背景上形成的披覆背斜，虽然某些油藏是岩性—构造油藏或礁灰岩油藏，但是仍以背斜圈闭油藏为主。现今的古地貌分析认为成藏关键时刻圈闭已经形成。惠州凹陷的油气运聚可以分为两期：早期运聚成藏期为珠江组沉积时期至韩江组沉积时期，文昌组烃源岩大量生排烃期间发生大规模油气运聚；晚期运聚成藏期在粤海组沉积时期至现今，恩平组烃源岩大量生排烃期间发生大规模油气运聚。

3. 烃源岩地层反转和优势运移通道决定主运移方向

惠西半地堑东部文昌组和恩平组地层反向叠置的继承性半地堑的古地貌格局在文昌组沉积时期—恩平组沉积时期两期裂陷期间发生显著改变，成藏关键时刻和现今文昌组和恩平组地层上倾方向均指向南部，由此导致油气运移方向也发生相应的改变。这一改变使得南部的惠西低凸起惠州油区处于文昌组与恩平组两套烃源岩生成油气的有利运移区。

4. 优质储层和轻质原油提高油田的效益

惠州26-1油田储层物性好，油层平均孔隙度15.8%～22.8%，平均渗透率235～1372mD，属中等孔隙度、中—特高渗透率储层。惠州26-1油田原油具有低比重、低黏度、低含硫、低气油比的特点。

从1991年11月至2015年底，惠州26-1油田已累计采油2204.82×10^4t（$2673.18\times10^4m^3$），采出程度50.1%，产量和最终采收率都比较高，因此整个油田的经济效益非常高。

七、开发简况

1979 年在 16/08 合同区块进行了 3km × 6km 地震测网的区域地质普查，1983 年底 ACT 作业者集团中标后，进行了地震详查，于 1984 年、1985 年和 1988 年分别进行了加密地震测线工作，地震测网密度达 1.5km × 1.5km，部分区域达到 0.5km × 1.5km。

惠州 26–1 构造原是惠州 33–1 构造向西北延伸的一个鼻状构造，1988 年经过地震加密，中外双方均对平面速度变化重新作了校正，才发现惠州 26–1 是一个独立的低幅披覆背斜构造；为了进一步落实构造，1988 年 4 月在该构造上首钻 HZ26–1–1 井，钻遇含油井段长 590m，在新近系钻遇油层总厚度 80m，经过对 K30、L30、L40、L50、M10、M12 等 6 个油层进行 8 次钻杆测试，单层产油能力 120～952m^3/d，全井合计折算产油 4227m^3/d，获得工业油流，从而发现了惠州 26–1 油田。同年完钻 HZ26–1–2 井和 HZ26–1–3 井，分别钻遇油层 62m 和 16m，进一步落实了惠州 26–1 油田的构造形态、含油性及储量规模。1989 年 2 月，根据以上二维地震资料和 3 口井的钻井、取心、测井、试油等资料，进行综合地质研究和储量评价工作，于 1989 年 2 月向全国储委申报并获得通过。1989 年 4 月，惠州 26–1 油田总体开发方案（ODP）获得中国能源部批准。1989 年 9 月至 1990 年 10 月，按总体开发方案设计完钻 20 口开发井，并于 1991 年 11 月 13 日油田第一口生产井 HZ26–1–16A 投入生产。惠州 26–1 油田单层开采阶段（1991 年 11 月—1992 年 11 月）：这个阶段油田开发初始，依靠天然能量，进行单层试验性生产。这个阶段投产 20 口井，除 L60 层的 HZ26–1–3 井、HZ26–1–10 井因油层薄、物性差不能自喷外，其余均为自喷井。

惠州 26–1 油田与惠州 21–1 油田的联合开发，开启了珠江口盆地原油商业性开采的历史。惠州 26–1 油田自投产以来，油田已经历了单采、选择性层系合采和混采 3 个开发阶段，生产情况良好，开发指标好于总体开发方案预测结果。在 1994 年底油田进入产量递减阶段后，为了缓解产量的递减速度，针对该油田提高采收率研究的成果，CACT 作业者集团制定了“在开采好主力油层基础上，采用钻补充井、补孔、上返、酸化”的技术开发政策，实施堵水、放大压差和侧钻水平井等一系列增产挖潜措施，较好地控制了含水上升速度，有效地缓解了油田产能递减，提高了油田的采收率。从 1995—2000 年，惠州 26–1 油田连续 6 年高产稳产，年产量保持在 $150 \times 10^4 m^3$ 左右，2001—2003 年产油量仍保持在 $100 \times 10^4 m^3$ 左右，为惠州油田群的主力油田，创造了良好的经济效益。

1989 年 2 月向全国储委申报的惠州 26–1 油田基本探明石油地质储量 $3160.00 \times 10^4 m^3$，叠合含油面积 11.6km^2，石油可采储量 $1273.00 \times 10^4 m^3$（$1039.00 \times 10^4 t$）。

1990 年 12 月钻完开发井，ACT 作业者集团修改了油田构造图，重新计算地质储量，对 7 个主要油层（K08、L30、L40、L50、L60、M10、M12）和 3 个次要油层［K22（下）、K30、L20］进行地质储量计算，分别为 $3265.9 \times 10^4 m^3$ 和 $139.92 \times 10^4 m^3$，合计为 $3405.82 \times 10^4 m^3$。

1997 年，根据 16/08 区块新采集的三维地震资料以及惠州 26–1 油田开发井资料和生产动态，进行了层序地层学研究，优化了油田地质模型，在此基础上对惠州 26–1 油田地质储量复算及可采储量标定，探明石油地质储量 $4474.00 \times 10^4 m^3$（$3759 \times 10^4 t$），叠合含油面积 $15.7 km^2$，于 1998 年 4 月向全国资源委申报已开发探明地质储量复算和开采储量标定并获得通过。

2006 年，根据《石油天然气资源 / 储量分类》《石油天然气储量计算规范》《全国石油天然气储量套改工作方案》和《全国石油天然气储量套改技术方案》的有关要求，结合该油田的实际情况进行了储量套改，套改后油田探明叠合含油面积 $15.90 km^2$，探明石油地质储量 $5085 \times 10^4 m^3$（$4273.95 \times 10^4 t$），探明溶解气地质储量 $1.77 \times 10^8 m^3$。

第二节　陆丰 13-1 油田

一、油田概况

陆丰 13-1 油田位于珠江口盆地陆丰凹陷南部的惠陆低凸起上，距香港东南部约 230km，所在海域水深 146m。陆丰 13-1 构造是发育在基底隆起基础上的背斜构造，其东北与陆丰凹陷相邻，西南为惠州凹陷。

1987 年 1 月，钻探 LF13-1-1 井，发现陆丰 13-1 油田。1993 年 10 月投产。

二、油田地质特征

1. 地层

陆丰 13-1 油田钻遇地层属新生代沉积，该区域以花岗岩为基底，其上覆盖了约 3150m 沉积岩，包括前古近系，古近系的恩平组、珠海组，新近系的珠江组、韩江组、粤海组和万山组。其中新近系厚约 2560m，揭露了中新统的珠江组、韩江组、粤海组和上新统万山组，古近系厚约 481m，揭露了珠海组和恩平组，探井 LF13-1-1 井钻至基底，恩平组以下缺失文昌组及神狐组（图 2-10-2）。

2. 构造特征

陆丰 13-1 油田整体上为一个低幅度的背斜构造，背斜长轴走向为北西—南东向，北翼地层倾角陡，东南翼平缓，地层倾角不到 4°。油田整体位于低幅度背斜的顶部，犹如低幅度背斜的"帽子"，从 MSC1 到 MSC8 中期旋回，构造高点有不断向北西方向漂移的趋势。背斜顶部的"帽子"的长轴走向有向西北偏的趋势。

陆丰 13-1 油田构造走向整体为北西—南东向，构造长轴 5～6km，构造短轴 3～4km，地层倾角在 0.5°～5.0° 之间，闭合高度 43～74m，圈闭面积 $8.3 \sim 15.7 km^2$。

三、储层

1. 沉积特征

陆丰 13-1 油田的沉积相研究是在区域地质研究基础上，结合陆丰 13-1 油田、陆丰 13-2 油田的资料及该油田的岩心和测井资料进行的。

珠江组沉积主要为滨岸沉积。珠江组下部的 2370 层为一套由中—浅灰色长石石英砂岩组成的块状砂岩，2500 层是以长石砂岩为主组成的厚层块状砂岩，为在滨岸沉积环境中形成。

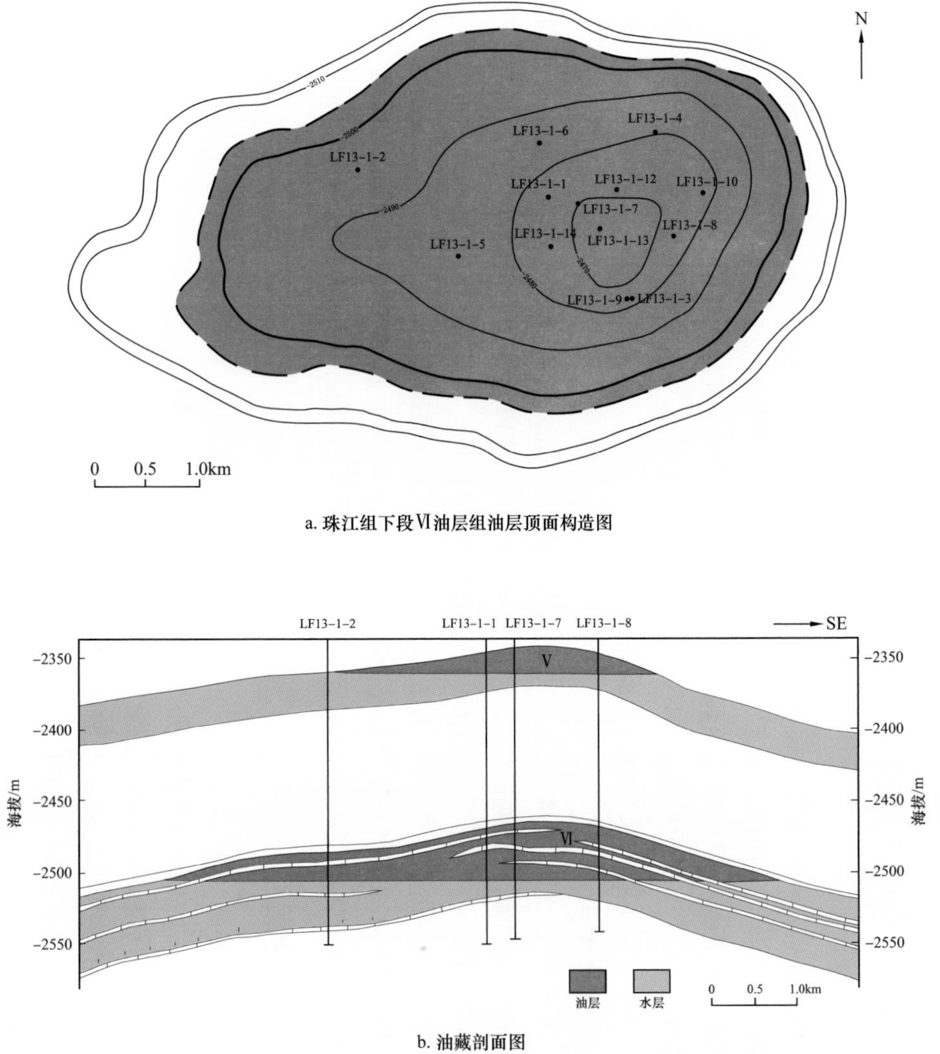

a. 珠江组下段Ⅵ油层组油层顶面构造图

b. 油藏剖面图

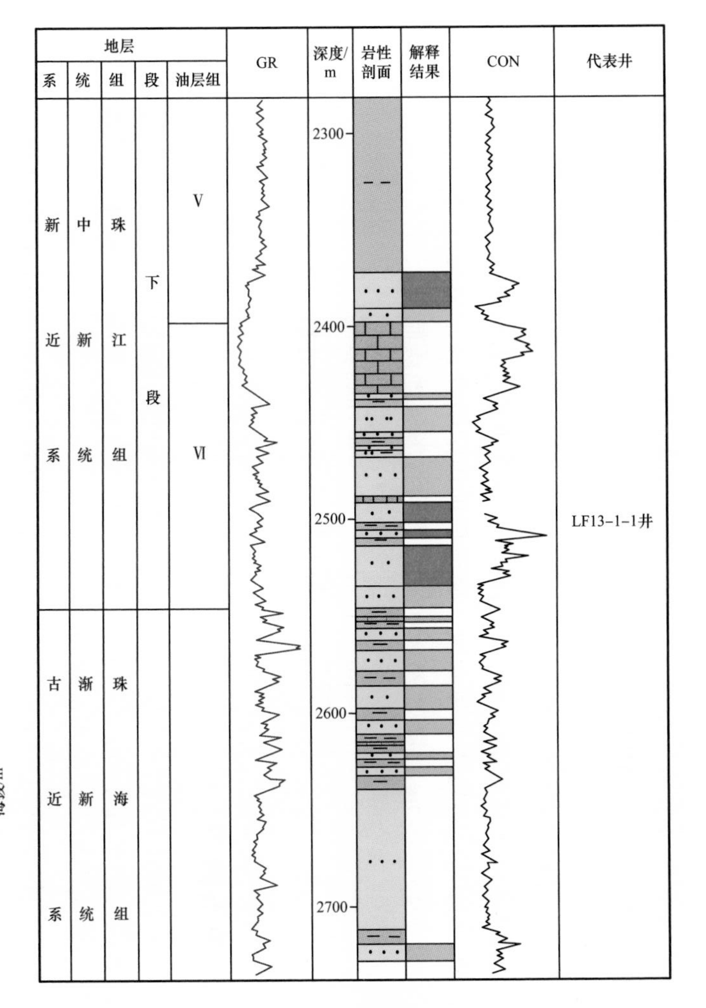

c. 综合柱状图

图 2-10-2 陆丰 13-1 油田综合图（据朱伟林等，2010）

珠海组主要发育滨岸沉积相。通过录井、测井和地震资料，发现珠海组主要发育大套厚层砂岩夹薄层泥岩，岩性主要为灰白色中细粒石英砂岩，分选好，磨圆中等—好，泥岩均为深灰色。通过区域地质背景分析，发现在珠海组沉积时期，海水从西部和西北部开始侵入。

恩平组为浅水辫状河三角洲沉积相。通过对 LF13-1-10a-PH 井的岩心观察发现：恩平组主要发育厚层砂岩，岩性主要为灰白色砂质细砾岩、中粗粒砂岩，磨圆中等，分选中等。在录井图上发现有煤层出现。因此，考虑区域沉积背景和古地形，综合应用录井、岩心观察、岩心分析、测井和地震资料，认为陆丰 13-1 油田恩平组主要层位分流河道发育，河口坝不发育，确定沉积相为浅水辫状河三角洲沉积。

2. *储层岩性物性特征*

陆丰 13-1 油田储油层分布在新近系下中新统珠江组下部的 2370 层和 2500 层，这两个油层具有不同的油水界面和独立的水动力系统，为两个独立的底水油藏。

2370 层为一套由中—浅灰色长石石英砂岩组成的块状砂岩，测井孔隙度 18.5%～21.0%，渗透率 1523～2859mD；

2500 层为陆丰 13-1 油田的主力油层，是以长石砂岩为主组成的厚层块状砂岩，按油层物性特征该层可分为上部及下部。2500 层上部测井孔隙度 15.3%～18.5%，渗透率 118～1248mD；2500 层下部测井孔隙度 19.7%～23.4%，渗透率 744.3～3649.6mD。

陆丰 13-1 油田储层总体上来说，储层排驱压力低，平均为 0.082MPa；中值压力较低，分布区间在 0.14～4.29MPa 之间，平均为 1.247MPa，中值孔喉中等偏小，半径介于 0.16～5.23μm，平均为 1.038μm；储层孔隙度为 12.1%～23.1%，平均为 19.1%，渗透率为 9.6～1315.4mD，分布范围较大，平均为 321.95mD，存在局部高渗透率层，总体属于中孔隙度—中高渗透率储层。

通过对 LF13-1-10a-PH 井岩心样品的岩石学分析，其结果显示储层岩性比较单一，主要为中—粗粒长石石英砂岩、长石岩屑砂岩，少量泥质粉砂岩和砂质泥岩。

根据 LF13-1-10a-PH 井井壁取心铸体薄片分析资料统计，恩平组储层碎屑成分主要是石英和长石，石英含量为 60%～84%，长石含量为 5%～19%，岩屑含量为 9%～22%，云母含量为 0.5%～2.0%，碎屑颗粒的粒径主要分布在 0.25～0.5mm 之间，颗粒分选中等，磨圆度为次棱角—次圆状，以线—点接触为主。填隙物以高岭石、白云石为主，偶见硅质和黄铁矿，砂岩骨架胶结类型基本上呈接触式胶结。

根据 LF13-1-10a-PH 井岩心电镜扫描和 X 射线衍射分析结果：

恩平组的黏土矿物含量为 2%～58%，平均含量为 18.6%。黏土矿物成分主要为高岭石和伊利石，相对含量较高，平均占 31.8%～40.6%；其次为伊 / 蒙混层，平均相对含量占 16.2%；少量绿泥石。

陆丰 13-1 油田包括新近系珠江组 2370 油藏和 2500 油藏以及古近系珠海组和恩平组。

其中已经开发的新近系 2370 油藏测井解释平均有效孔隙度 20%，平均渗透率 2019mD，属于中孔隙度、高渗透率油藏；2500 油藏上部 α 层测井解释平均有效孔隙度 16.6%，平均渗透率 374mD，属于中孔隙度、中渗透率油藏；而 2500 油藏下部为主力油藏，测井解释平均有效孔隙度 20.9%，平均渗透率 1776mD，属于中孔隙度、高渗透率油藏。

对于古近系珠海组和恩平组，主要是根据古近系恩平组岩心分析和测井解释结果的综合评价，陆丰 13–1 油田储层物性较好，测井解释油层平均孔隙度 14.9%～22.0%，平均渗透率 45.3～1667.4mD，属于中孔隙度、中—高渗透率储层。

四、油藏

1. 油藏类型

陆丰 13–1 油田的 2370 层和 2500 层分属两个独立的水动力系统，形成两个独立底水油藏。

由于陆丰 13–1 油田主要是构造——断层遮挡作用的圈闭成藏，还有一部分是岩性油藏，故油藏类型为构造—岩性油藏。按照地层水驱动类型进一步划分为边水油藏和底水油藏，主要划分出 15 个油藏，包括 9 个边水油藏（2600、2790、2850、2860、2870、2875、2880、2885、2890）和 6 个底水油藏（2570、2610、2630、2760、2900、2980）。油藏埋深为 –2986.9～–2537.8m，含油高度 3.3～22.7m。

2. 压力与温度

陆丰 13–1 油田古近系的地层温度和压力由 LF13–1–10a–PH 井 DST 测试资料获得。通过测试资料得到陆丰 13–1 油田油层的原始地层压力为 27.49～28.81MPa，地层温度为 126.23～127.71℃。

PVT 分析表明：陆丰 13–1 油田油层的饱和压力为 2.34～2.95MPa，地饱压差为 25.685～25.945MPa。

根据 DST 测试资料计算得到地层压力梯度为 0.994MPa/100m，属于正常的压力系统；以海底温度为 20℃计算，地温梯度为 3.94℃ /100m。

五、流体性质

陆丰 13–1 油田在评价井 LF13–1–10a 井恩平组的 2850、2880、2890、2900 这 4 个重点油藏的含油井段进行了试油，取得了代表性的 6 个油样、8 个水样，流体资料分析可靠，符合储量规范的要求。

根据 LF13–1–10a 井 DST 测试油样的分析结果，陆丰 13–1 油田原油性质好，是具有轻质、低黏度、中等凝固点等特点的常规油。

1. 地面原油性质

地面原油密度：0.859～0.867g/cm^3；地面原油黏度：10.19～13.97mPa·s；凝固点：36℃；含蜡量：16.9%～19.0%；沥青质含量：3.65%～7.06%。

2. 地层原油性质

地层原油密度：0.767～0.791g/cm^3；地层原油黏度：5.98～6.20mPa·s；原始溶解气油比：5.80～10.10m^3/m^3；原始原油体积系数：1.054～1.082。

六、油气富集条件

陆丰 13–1 油田位于陆丰凹陷南部的惠陆低凸起上，属于陆丰南含油气系统（陈长民等，2003）。

陆丰南含油气系统位于陆丰凹陷南部，惠陆低凸起东部，东沙隆起北缘。已发现的油田和含油构造有5个，它们组成了珠江口盆地的陆丰油田群，油层为珠江组。该系统生油岩主要为始新统文昌组半深湖—深湖相地层，其次为恩平组湖沼—浅湖相地层；储盖组合主要是下中新统珠江组，其次为渐新统珠海组。珠海组以三角洲平原—滨岸相的块状砂岩为主，间夹局部泥岩；珠江组下部发育了一套远滨—滨岸沉积，中上部的陆棚相巨厚泥岩是很好的区域盖层。

陆丰13-1构造和陆丰13-2构造位于惠陆低凸起上，油气来自陆丰13洼。陆丰13洼生成的油气大部分向缓坡带南部边界上的惠陆低凸起运移成藏，油源充足时，可继续沿构造脊向东南运移至东沙隆起陆丰22-1构造聚集成藏，形成了一串北西向含油构造和油田。

七、开发简况

陆丰13-1油田发现于1987年1月。1986年12月6日，16/06合同区的第一口探井LF13-1-1井开钻，次年1月23日完钻，发现两套共51.6m的储油层，通过5次DST测试，共获原油1061.7m^3/d。第二口评价井于1987年11月2日开钻，钻遇一套厚16.9m的油层，通过6次DST测试获原油813.6m^3/d。为进一步落实油田的商业开采价值，1989年3月15日在构造东南钻探了评价井LF13-1-3井。该井钻遇二套48m的油层，通过3次DST测试获原油942.8m^3/d。

在此基础上，1990年3月向全国储委申报陆丰13-1油田含油面积12.7km^2，基本探明石油地质储量1916×10^4t（2197×10^4m^3），石油可采储量694×10^4t（796×10^4m^3），并获批准。同年编制了陆丰13-1油田总体开发方案（ODP），于1990年9月获得国家批准并投入实施。

1993年3月3日陆丰13-1油田第一批共6口生产井开钻，1993年10月6日，第一批生产井投产，日产原油3000t。油田进入开发生产期。1994年9月，在第一批生产井钻井结果和油田生产动态资料基础上，通过生产动态历史拟合更新了油田地质模型，在此基础上参照油藏数值模拟研究的成果确定了第二批生产井井位及井数。1995年3月11日至1995年12月11日在平台上又相继钻了第二批6口生产井。

1996年9月，在积累了近三年时间钻井、地质及油田生产动态资料的基础上，对陆丰13-1油田开展精细油藏描述，修改油田地质模型，完成石油地质储量复算。复算结果为：全油田含油面积14.4km^2、石油地质储量1770×10^4t（2028×10^4m^3），于1996年9月向国家申报并获得批准。

1997年11月，在新一轮油藏生产动态历史拟合工作基础上，对油田可采储量及采收率进行研究，并根据油藏数值模拟研究成果所提供的方案，油田可采储量标定为511.3×10^4t（585.7×10^4m^3）。

1998年，在前二批生产井钻井结果和油田生产动态资料基础上，参照地质油藏综合研究成果确立了第三批5口生产井井位。1999年，又开钻了第四批共5口生产井，2002年，第五批共4口生产井投入生产。

2003年，为进一步评价油田潜力，覆盖油田及周边有利目标区域采集了满覆盖面积为135km^{2}的三维地震，地下反射面元为25m × 12.5m，采样率为2ms。

依据国土资源部的要求，2005年对陆丰13-1油田进行地质储量套改。

通过十几年的开发生产，新近系珠江组主力油藏2370层和2500层均进入油田开发后期，含水率高，递减速度快，给老油田开发带来非常大的难度和挑战。

2009年2月，陆丰13-1油田回归自营。

陆丰13-1油田回归之前，深圳分公司针对老油田的开发状况，即提出立体挖潜策略：充分开展综合地质研究，在老油田内部（2370油藏和2500油藏）继续深入挖潜的同时，展开深层及周边构造的潜力评价。通过钻探深层评价井，利用评价井钻井资料深入研究深层特征。2010年部署深层评价井LF13-1-9a-PH来实现对古近系恩平组的再评价工作，通过实际钻探，自珠海组开始到恩平组结束，钻遇多套含油气储层（共发现12个油藏）。整体珠海组和恩平组储层物性相对较好，地层有效孔隙度为15.0%～22.0%，渗透率为45.3～1667.4mD。其中主力油层有4个，分别是2880层、2885层、2900层和2980层，油层厚度均大于10m。鉴于该井在深层发现大套油层，决定直接下套管生产，2010年3月11日该井投产，初期日产液204.79m^3，日产油204.79m^3，不含水。自此以后，根据古近系的开发状况及构造，先后部署评价井和开发井3口（LF13-1-10a_PH井、LF13-1-10a井、LF13-1-14H1_PH井），均取得了很好的效果。

第三节　西江24—3油田

一、油田概况

西江24-3油田位于珠江口盆地北部坳陷带，惠州凹陷以南，地处15/11合同区块南端。西江24-3油田距离香港约125km，其东南与西江24-1油田和西江30-2油田毗邻，相距分别约7.3km和13.3km，所在海域水深约100m。

1986年10月，钻探XJ23-1-1X井，发现西江23-1油田。2008年4月投产。

二、油田地质特征

1. 地层

西江24-3油田的地层属新生代沉积，基底为前古近系花岗岩。根据XJ24-3-1AX井钻井揭示，古近系缺失神狐组，仅钻遇始新统文昌组和恩平组、渐新统珠海组，厚1200.8m；新近系自下而上钻遇了中新统珠江组、韩江组、粤海组和上新统万山组，上覆第四系。油层主要位于珠江组四段（图2-10-3）。

2. 构造特征

西江24-3油田是由古近系基岩断块背景上发育起来的披覆背斜，自浅至深构造高点与基底基本保持一致，具有较好的继承性；油藏主要受构造控制，油区主体范围内被断层切割为三个部分，构造幅度较缓，倾角小于4°。南部断裂带（F_1、F_2）存在断鼻圈闭，油区主体位于北部受F_3、F_4断层切割为三个部分的背斜构造，构造高点位于F_4断层的上升盘。背斜圈闭呈北东东—南西西走向，长轴平均约6.47km，短轴平均约2.89km。构造幅度较缓，由深至浅，构造幅度逐渐减小；地层倾角由1.43°～3.05°减小至0.94°～1.57°。总体上，圈闭面积自深至浅呈减小趋势。

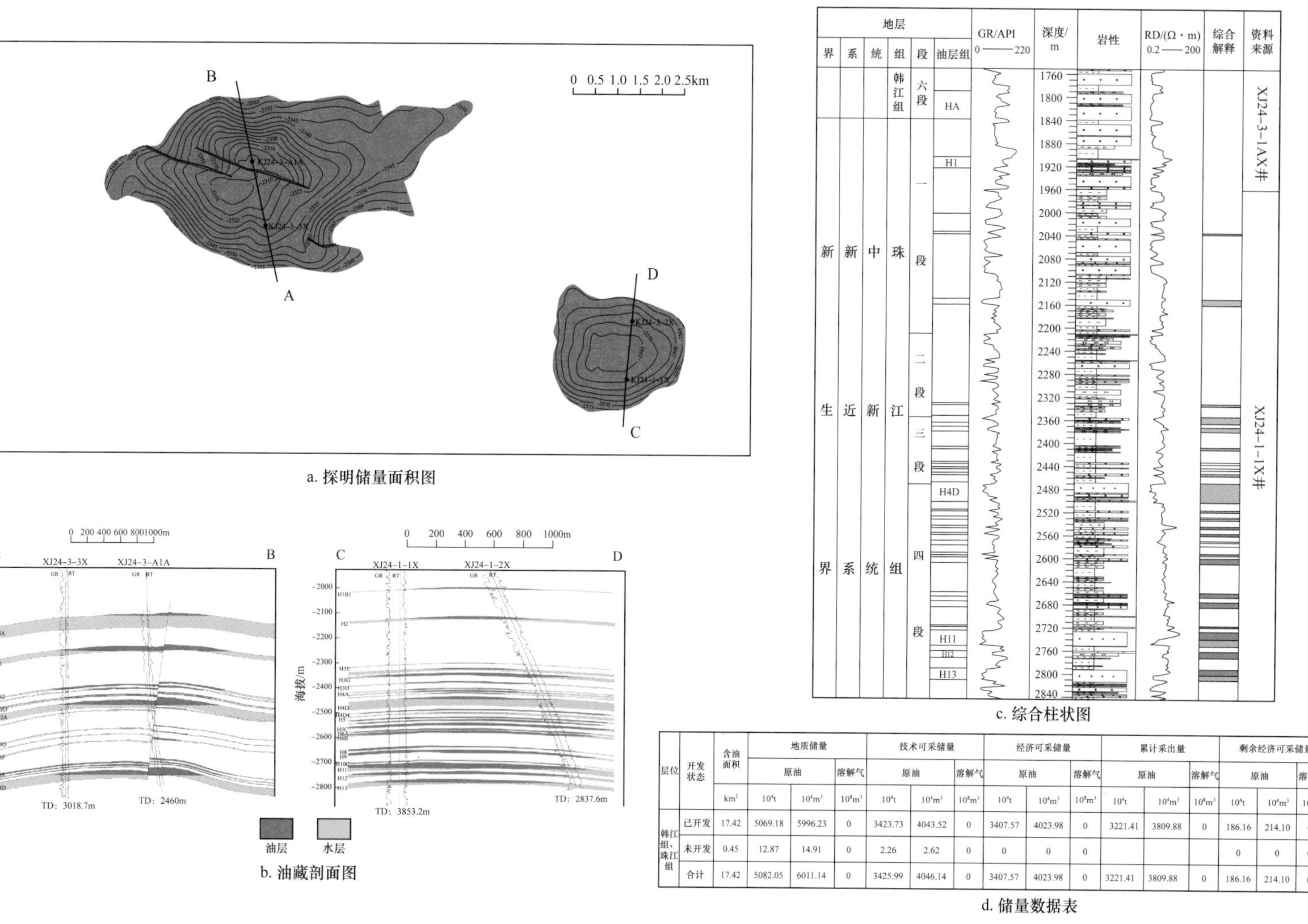

层位	开发状态	含油面积	地质储量			技术可采储量			经济可采储量			累计采出量			剩余经济可采储量		
			原油		溶解气	原油		溶解气	原油		溶解气	原油		溶解气	原油		溶解气
		km²	10^4t	10^4m³	10^8m³	10^4t	10^4m³	10^8m³	10^4t	10^4m³	10^8m³	10^4t	10^4m³	10^8m³	10^4t	10^4m³	10^8m³
韩江组、珠江组	已开发	17.42	5069.18	5996.23	0	3423.73	4043.52	0	3407.57	4023.98	0	3221.41	3809.88	0	186.16	214.10	0
	未开发	0.45	12.87	14.91	0	2.26	2.62	0	0	0	0				0	0	0
	合计	17.42	5082.05	6011.14	0	3425.99	4046.14	0	3407.57	4023.98	0	3221.41	3809.88	0	186.16	214.10	0

d. 储量数据表

图 2-10-3 西江 24-3 油田综合图

三、储层

1. 沉积特征

西江 24–3 油田主要目的层分布在珠江组和韩江组，其形成与发育受控于珠江口盆地的构造背景和水动力条件。自始新世至渐新世，珠江口盆地主要发育受张性构造应力控制的裂谷阶段，伴生地堑、地垒等构造样式。该阶段，地垒块体上受到侵蚀作用，而地堑中则发育陆相河流—三角洲、湖泊沉积，其中湖相泥岩为主要烃源岩。中新世至上新世晚期属构造相对稳定阶段，表现为区域沉降特征，在宽阔、浅水的陆架之上发育浅海—边缘海相和海相三角洲沉积。西江 24–3 油田主要目的层形成于该沉积背景，位于古珠江三角洲的平原与前缘交界处，主体发育三角洲前缘沉积，沉积物源主要来自西北部。

西江 24–3 油田砂岩储层主要由水下分流河道和河口坝构成，沉积环境为三角洲前缘，相对靠近三角洲平原。平面上，西部多发育三角洲平原沉积，以分流沙坝和分流河道砂岩为主；中部含油区为三角洲前缘沉积，由河口坝和水下分流河道构成；东部多形成于三角洲前缘外侧沉积环境，发育前缘席状砂、浊积体及沿岸沙坝。上覆厚层前三角洲泥岩的封盖作用是油气聚集的先决条件。

2. 储层岩性物性特征

西江 24–3 油田储层岩性主要为细—中粒长石质石英砂岩、岩屑质石英砂岩、岩屑长石质石英砂岩、长石岩屑质石英砂岩，常见泥质、钙质胶结。

根据薄片分析汇总，平均颗粒含量占岩石总体积的 81.4%，成分主要为石英，含量 39%～80%；其次是长石和岩屑，平均含量分别为 8.4% 和 7%；少量燧石和其他成分，平均含量 0.75%。岩石分选系数平均约 4.57，分选主要为中等—好，磨圆度为次棱角—次圆状；黏土基质含量极低；胶结物含量 6.9%～10.2%，相对较低，以泥质、钙质为主，可见少量铁质，胶结类型多为接触式和孔隙型，局部可见黏土呈薄膜式胶结。

储层孔隙较为发育，孔隙类型主要包括粒间孔、粒间溶孔，可见粒内溶孔、铸模孔。

根据扫描电镜和 X 射线衍射分析结果，岩石矿物成分以石英为主，平均含量 77%，其次为长石，含量 2%～20%，以及少量其他矿物如方解石、白云石、铁白云石、黄铁矿和硬石膏。黏土矿物含量不高，分布范围 3%～13%，主要为高岭石、伊利石、绿泥石和伊 / 蒙混层。

西江 24–3 油田储层以三角洲前缘沉积为主，局部为三角洲平原沉积，主要发育分流河道、河口坝、水下分流河道、沿岸沙坝和浊积体等沉积微相。根据测井解释分析，储层物性总体较好，有效孔隙度 16.3%～26.6%，渗透率 37.7～5991.7mD，以中—高孔隙度、中—特高渗透率储层为主。

四、油藏

1. 油藏类型

西江 24–3 油田油水分布主要受构造控制，个别油层如 H4A、H4C 层受到岩性影响，发育岩性—构造油藏。本次基于油水界面认识，结合构造特征，最终确定油藏类型。17

个油藏中，HA、H3A、H3F、H4D、H11 和 Z1 为底水油藏，包括 4 个新增油藏和 2 个核算油藏，其余的 H1、H2、H2A、H2C、H2D、H3A1、H3D、H3E、H4A、H4B、H4C 为边水油藏。基于钻井证实，H3A1、H3D、H3E 和 H3F 油藏受高部位 F_4 断层影响分为两个油水系统，南部含油，北部含水。各油藏高点埋深为 1759.5～2700.5m，油藏中部海拔为 -2706.1～-1765.5m，含油高度为 10.6～61.7m。

2. 压力与温度

根据钻杆测试及电缆地层压力测试资料，西江 24-3 油田主要油层段原始地层压力为 18.84～23.19MPa，地层温度在 76.1～93.9℃之间。油层地饱压差较大，分布范围为 17.84～22.57MPa。压力系数为 1.015，压力梯度为 0.995MPa/100m，地温梯度为 3.35℃ /100m，属正常温度、压力系统。

五、流体性质

1. 原油

根据 XJ24-3-1AX 井、XJ24-3-2X 井、XJ24-3-A2 井和 XJ24-3-A3 井原油高压物性分析和地面原油分析，西江 24-3 油田的原油性质详细介绍如下。

1）地面原油性质

西江 24-3 原油具有中—轻质、低含硫、高凝固点、高含蜡等特点：地面原油密度和黏度随埋深增加而减小。

地面原油密度：H1 层为 0.891～0.892g/cm^3（20℃），H2 层、H3A 层为 0.863～0.864g/cm^3（20℃），H4A 层、H4B 层、H4D 层为 0.825～0.826g/cm^3（20℃）；地面原油黏度：H1 层为 32.16～38.1mPa·s（50℃），H2 层、H3A 层为 15.9～27.33mPa·s（50℃），H4A 层、H4B 层、H4D 层为 4.75～7.68mPa·s（50℃）；原油凝固点 22℃～43.33℃，含蜡量 14.6%～43.8%，原油含硫量 0.02%～0.268%、平均 0.09%。

2）地下原油性质

地下原油密度 0.791～0.876g/cm^3，地下原油黏度 2.3～13.7mPa·s，饱和压力 0.55～1.18MPa，地饱压差 17.84～22.57MPa，原始气油比 0.06～0.96m^3/m^3，原油体积系数 1.014～1.054。

由此可见，西江 24-3 油田原油具有低黏度、低饱和压力、高地饱压差等特点。

2. 溶解气

西江 24-3 油田无气顶，也无气层，仅有少量溶解气。根据溶解气分析，天然气相对密度 0.736～1.052，其中 XJ24-3-A3 井溶解气样重烃含量偏高。溶解气主要组分：甲烷 42.11%～73.27%，氮气 12.25%～36.48%，二氧化碳 10.24%～20.57%。

3. 地层水

根据 XJ24-3-1AX 井地层水分析，地层水总矿化度 31498～31861μg/g，pH 值 7.49～7.52，地层水密度 1.043～1.067g/cm^3，地层水电阻率 0.0264～0.0277Ω·cm（15.6℃）。根据苏林分类法，西江 24-3 油田地层水属氯化钙（$CaCl_2$）水型。

六、开发简况

1979 年 9 月至 1980 年 3 月，雪佛龙、德士古石油公司在珠江口盆地进行了 30km 测网密度 3km×6km 的区域地震普查，由此发现了西江 24-3 构造。

1984年美国菲利普斯石油公司中标后，在15/11合同区块开展1km × 1km的地震详查，在地震解释落实有利圈闭的基础上，于1984年12月在构造高点附近钻探了XJ24-3-1AX井，目的层为新近系韩江组和珠江组，共计钻遇46.7m的油层。该井在1904～2350.5m井段分三段进行DST测试，合计日产油1116m^3，从而发现了西江24-3油田，由中国海洋石油总公司与美国菲利普斯石油国际亚洲公司和美国派克顿东方公司组成的集团合作开采，作业者为美国菲利普斯石油国际亚洲公司。

为进一步评价西江24-3构造，于1985年8月和9月先后钻探了两口评价井（XJ24-3-2X井，位于XJ24-3-1AX井西南1800m；XJ24-3-3X井，位于XJ24-3-1AX井以南1000m）。其中，XJ24-3-2X井钻遇油层45.1m，在1902～2346m井段分四段实施DST测试，合计日产油2324.4m^3；XJ24-3-3X井钻遇油层16.4m，因油层较薄，未进行测试。

在3口井（1口探井、2口评价井）资料的基础上，通过中外双方的油藏评价工作，于1987年3月向全国储委申报了西江24-3油田基本探明石油地质储量2296.00 × 10^4t（2672.00 × 10^4m^3）。

1991年9月美国菲利普斯石油公司提交了西江24-3油田的总体开发方案，并于1992年1月获中国能源部批准。1993年4—5月，外方作业者进行了覆盖油田范围的三维地震资料采集，根据地震资料解释，对于西江24-3构造特征及断层分布都有了新的认识。在此基础上重新计算了油田地质储量，并对开发部署方案进行了相应的调整。1994年8月，作业者采用单钻单投与批钻批投相结合的方式，开始了生产井的钻井作业。西江24-3油田的第一口生产井XJ24-3-A3井（开采H4层系）于1994年8月15日开钻，同年11月16日投产，自此西江24-3油田正式进入生产阶段。

截至2000年12月，西江24-3油田已累计投产16口井，积累了丰富的油田地质和生产动态资料。基于1993年采集、处理的三维地震资料及构造解释，2001年西江24-3油田进行了储量复算，同年获全国储委批准已开发探明石油地质储量3014.00 × 10^4t（3529.00 × 10^4m^3）。

随着开发进程的日益深入，至2005年12月，西江24-3油田已钻井42口，其中生产井17口。在此基础上进行储量套改，于2006年7月向国土资源部申报已开发探明地质储量3014.00 × 10^4t（3529.00 × 10^4m^3），与复算一致，重新标定后技术可采储量1959.22 × 10^4t（2287.93 × 10^4m^3）。

截至2015年5月31日，西江24-3油田已累计生产超过20年，积累了极丰富的钻井、地质、测井以及生产动态等资料，生产了大量原油，取得了非常好的经济效益。

第四节　流花11-1油田

一、油田概况

流花11-1油田是中国最大的生物礁滩稠油油田，距离香港东南部约220km，区域构造位于南海珠江口盆地东沙隆起西南部，油田所在海域水深200～380m。

1987年1月，钻探LH11-1-1A井，发现了流花11-1油田。

二、油田地质特征

1. 地层

流花 11–1 油田基底为白垩系火成岩，其上依次为古近系渐新统珠海组，新近系中新统珠江组、韩江组、粤海组，第四系。其间缺失古新世—渐新世底部地层和中新世顶—上新世地层。基底以上地层总厚 1282～1668m。

在流花 11–1 油藏 50～75m 的含油井段中，可以看到碳酸盐岩储层物性非均质性强，在纵向上受沉积和成岩作用影响储层物性好坏相间，并在高分辨率地震剖面上可连续追踪对比。针对这一特点，综合分析岩性、电性、含油性及高分辨率地震资料，将含油段自上而下划分为 A、B、C、D、E 和 F 6 个岩性段，其中 A—E 段为主要含油段，F 段主要为水层，仅在西部局部地区含油（图 2–10–4）。流花 11–1 东油藏分段特征不如流花 11–1 西油藏明显，LH11–1–2 井中未见 A 段，其他各段尚可大致划分，油层分布于 B—D 段中部，其下为水层。

2. 构造特征

流花 11–1 构造是在基岩隆起基础上发育起来的生物礁滩地层圈闭，石灰岩顶面圈闭幅度 87.0m，圈闭面积 59.2km^2。轴向为北西西—南东东，呈西高东低的趋势，由两个高点组成，即 LH11–1–1A 井附近的西高点和 LH11–1–3 井以北的东高点，其间有一个鞍部。构造的主体部位较为平缓，被南、北主干断层所切割，断层走向大致与构造轴线平行，石灰岩顶断层落差最大约 70m，平面延伸长度 2～8km，纵向上由基底向上延伸到第四系底部。在该油田内还发育有一系列平行于主干断层的小断层（落差 5～20m），平面上延伸数百米至数千米，纵向上在下部未断穿石灰岩段，上部消失于泥岩盖层之中。

三、储层

1. 沉积特征

流花 11–1 油藏储集体是一个块礁，位于东沙隆起碳酸盐岩台地边缘礁后的台地边缘滩相带中，由于礁体始终处在浅水环境，礁体只能侧向生长而形成横向规棋较大，纵向幅度较小的扁平丘状外形。

2. 储层岩性物性特征

流花地区珠江组生物礁滩灰岩厚度大，孔隙度和渗透率都较高。据 3 口井 397 块岩心样品孔隙度分布图分析，LH11–1–4 井与 LH11–1–1A 井孔隙度峰值均在 20%～30% 区间，分布较集中，呈明显的单峰状。LH11–1–3 井孔隙度峰值较低，在 10%～20% 区间，分布分散。孔隙度大于 20% 的高孔隙层所占厚度百分比各井都超过 50%，而孔隙度小于 10% 的低孔隙层所占厚度百分比不大，LH11–1–4 井与 LH11–1–1A 井均为小于 3m 的薄层，但 LH11–1–3 井低孔隙层所占厚度百分比较高。

3 口井珠江组石灰岩平均渗透率为 624mD，属中—高渗透率层。渗透率分布图中大于 100mD 的占 50%，大于 500mD 的占 20% 以上。其中 LH11–1–1A 井渗透率峰值在 100～500mD 之间，LH11–1–4 井为不明显的双峰。LH11–1–3 井渗透率分布较散，无明显峰值，渗透率小于 10mD 以及大于 500mD 的均有较平均分布，但以小于 500mD 的占

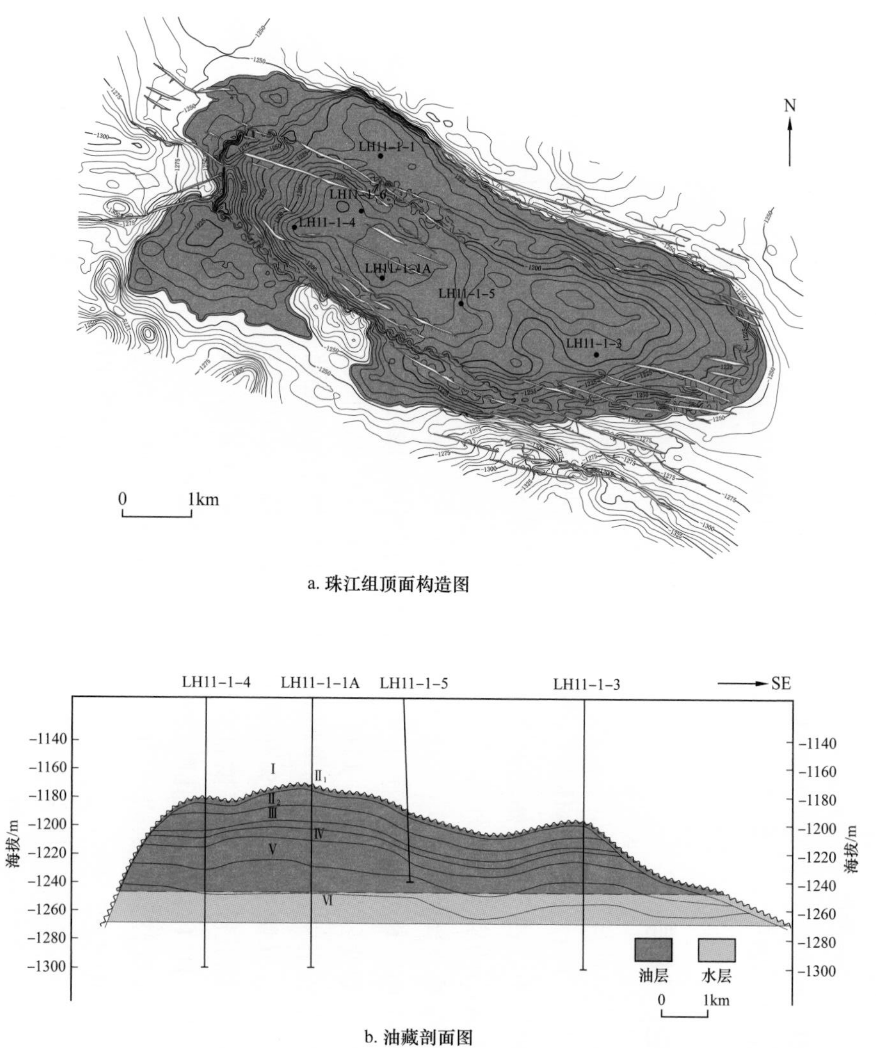

a. 珠江组顶面构造图

b. 油藏剖面图

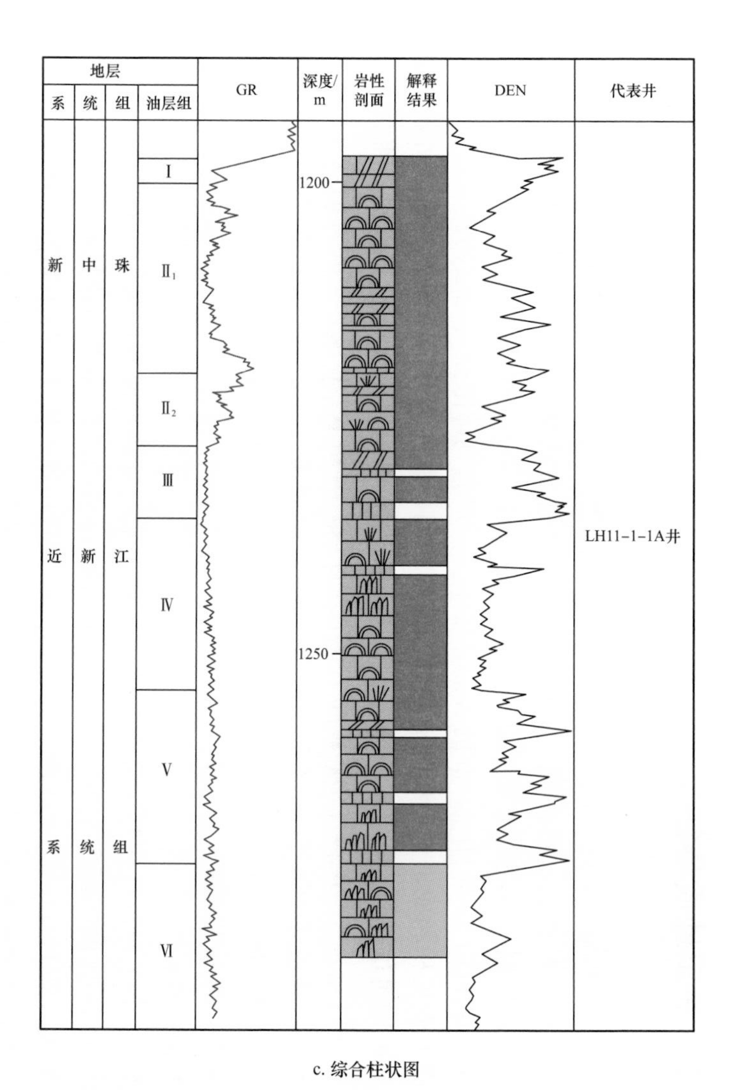

c. 综合柱状图

图 2-10-4 流花 11-1 油田综合图（据朱伟林等，2010）

优势。流花地区储层虽以高渗透为主，但非均质性普遍存在，渗透率在纵向上变化范围很大，可相差几万倍。

一般碳酸盐岩孔隙度与渗透率之间关系不明显，但是流花 11–1 地区珠江组礁滩灰岩因孔隙发育、连通性好、裂缝不发育，从总体看孔隙度与渗透率具一定相关关系，即随孔隙度增加渗透率有升高的趋势，储层物性与砂岩近似。

四、油藏

1. 油藏类型

根据钻井、测井和地层测试等资料，结合成因、圈闭类型以及油水分布特征，流花 11–1 油田具有统一的油水界面，在油田范围内划分流花 11–1 油藏为生物礁地层圈闭—块状底水油藏，其油水界面深度为 1273m（海拔 –1247m）。

2. 压力与温度

流花 11–1 油田压力系数 1.05，饱和压力 2.19MPa，地饱压差 10.47MPa，属于正常温压系统。

五、流体性质

流花 11–1 油藏的原油属于高比重、高黏度、低含硫、低含蜡、低凝固点、高镍钒比、低原始溶解气油比、低饱和烃含量的欠饱和环烷基烃生物降解程度高的常规重质原油。

流花 11–1 油藏的地面原油密度 0.9218～0.9539g/cm^3，地面原油黏度 51.5～241.8mPa·s，原油含硫量 0.28%～0.41%，含蜡量 0.43%～6.21%，沥青质含量 2.01%～3.52%，胶质含量 5.82%～11.82%，凝固点 –7～14℃。

流花 11–1 油藏的地层原油密度 0.8987～0.9296g/cm^3，地层原油黏度 46.5～162.1mPa·s，原始溶解气油比 1.60～13.4m^3/m^3，原始体积系数 1.021～1.05，原油饱和压力 0.73～5.88MPa，原油压缩系数 6.28×10^{-4}～7.8×10^{-4}MPa^{-1}。

流花 11–1 油藏原油性质在纵向上呈有规律的变化，向上随着远离油水界面，原油比重和黏度变低。以西高点为例，油藏上部（1228m 以上）原油性质相对较好，地层原油密度 0.8987～0.9026g/cm^3，地层原油黏度 46.5～51.9mPa·s；油藏中部（1228～1260m）原油性质差，地层原油密度 0.9151～0.9216g/cm^3，地层原油黏度 91～102mPa·s；油藏底部（1260m 以下）原油性质更差，为一个稠油带，推测的地层原油密度大于 0.92g/cm^3，地层原油黏度大于 100mPa·s。平面上的东高点（地层原油密度 0.9172～0.9236g/cm^3，地层原油黏度 129.8～162.1mPa·s）比西高点的原油更加稠密。总之，流花 11–1 油藏的原油遭受不同程度的生物降解作用，生物降解程度越大，则原油密度、黏度越高。

六、油气富集条件

1. 长距离油气运移

珠江口盆地形成的早期为断陷发育阶段，形成若干彼此分割的断陷湖盆，沉积了文昌组及恩平组巨厚的湖相或湖沼相生油岩，厚 2000～3500m，生油物质丰富，有机质类型好，由于长期下沉，有利于有机质的保存与转化，其中惠州凹陷生油岩分布面积广而且厚度大，为油气的生成提供了优越的物质基础。

资源量最丰富的惠州凹陷，距流花 11–1 油田 95km，所以流花油田的油气是经过长距离运移的结果。这个地区所以有长距离运移的条件是由很多因素所决定，但主要的是有一个构造脊背景、好的输导层和区域性盖层。

东南亚已经发现十多个大型油气田和大批中型油田，它们的地质结构与珠江口盆地很相似，都是次生油源，并远离供油凹陆。孟买高油田附近缺乏生油岩，油来自 80～100km 外的生油凹陷；中苏门答腊的米纳斯、杜里、科班和巽他盆地油田多距离生油凹陷 10～40km，这些油田的油气能长距离运移及聚集，是海进式的沉积组合为其提供了极好的条件。

流花地区与东南亚地区情况相似，在渐新世东沙隆起由断陷发育阶段转为稳定沉降阶段，由陆相沉积变为海相沉积，海侵初期珠海组沉积了一套以滨岸相为主的砂岩地层，这套砂层由凹陷向隆起层层上超，是很好的输导运移层，具有以下 3 个特点。

（1）分布面广，横向分布稳定，几乎遍布整个凹陷，厚度大，一般厚达 150～250m，砂岩含量占珠海组地层总厚度的 70%～90%。个别井如流花 11–1–1A 井砂岩含量达 100%。

（2）砂岩成分以长石、石英为主，岩屑少见，由于波浪的淘洗，砂岩分选好，磨圆度由次棱角到次圆状，储油物性好。据分析，孔隙度高，为 20%～30%，渗透性好，有效渗透率 249～7390mD。

（3）在凹陷至斜坡带，砂岩之上覆盖了前三角洲相和浅海相巨厚泥岩，在流花地区砂岩之上为碳酸盐岩，泥岩则直接覆盖在石灰岩之上，成为良好的区域盖层。

油气从凹陷向隆起运移，沉积压实水动力对油气的运移与聚集也起主导作用。始新世后，珠江口盆地形成统一的水动力体系。在平面上可划分 4 个水文区：北部供水区、中西部泄水区、中东部承压区和南部高承压区；在纵向上可分 3 个带：珠江组区域盖层以上层位为上部渗水型半开启带、珠江组区城盖层—珠海组下部层位为中部过渡型连通带、珠海组下部以下层位为下部相对停滞带。流花 11–1 油田平面上位于中东部承压区，油气层则分布在中部过渡型连通带内，这个带是盆地最重要的油气富集带。

沉积压实水动力在同一地质时期，随着沉积物埋藏的深度增加，超压值增大。据孔隙流体计算在早—中中新世时期，凹陷内的超压值大于 22.5MPa，中东部承压区的东沙隆起超压值小于 7.5MPa，区内的水位标高稳定，一般在 20～40m 之间，水压头梯度小，水的交替作用弱，油气在沉积压实水的垂向与侧向运动的驱动下，顺利地向储层聚集，并向隆起区运移。由此，输导层、区城盖层及水动力条件为油气长距离运移提供了良好的地质条件。

流花 11–1 油田的油沿构造脊从北部坳陷运聚而来。流花 11–1 油田的油就是从北部生油坳陷（文昌组及恩平组）所生之油通过断层向上运移至珠海组砂岩层，然后在珠江组泥岩盖层之下，由珠海组砂岩输导层沿构造脊向隆起运移，并聚集于早中新世礁滩灰岩中形成大油田。

2. 圈闭形成时间和排烃高峰期

如前所述，流花 11-1 油田是一个在基岩隆起基础上发育起来的生物礁滩地层圈闭。流花 11-1 油田中的石灰岩是油气储集体，其顶面圈闭类型是一个完整的背斜构造，幅度 87.0m，圈闭面积 59.2km^2。因此，流花油田中石灰岩的形成时间就是圈闭形成的时间。

据地震资料及对应的地层年代判断，东沙碳酸盐岩台地新近纪生物礁的发育地质年代为早中新世—中中新世。钻探证实的生物礁主要发育于早中新世，这一结论是由礁灰岩顶、底泥岩中的钙质超微化石、浮游有孔虫以及礁灰岩中的底栖有孔虫所提供的地质年代确定的。

LF15-1-1 井发现大型底栖有孔虫小肾鳞虫（*Nephrolepidina parva*）、费贝克肾鳞虫（*N. Verboeki*）、苏门答腊肾鳞虫（*N. Sumatrensis*）、中垩虫（*Miogypsina*）、希金斯旋盾虫（*Spiroclypeus Higginsi*）等，地质年代为早中新世早期（阿基坦期）。在石灰岩之下发现异形楔石初现面（*FAD. Sphenolithus Helemnds*），为 NN2—NN3 化石带，是该区最早的成礁年代。

流花 11-1 油田钻井岩心所提供的古生物资料表明：

大型底栖有孔虫有肾鳞虫（*Nephrolepidina*）、中垩虫（*Miogypsina*）、园盾虫（*Cycloclypeus*）、角肾鳞虫（*N.angulosa*）等，这些大有孔虫属种分布于日本、印度尼西亚、澳大利亚、美国以及中国莺歌海等地区。上述大有孔虫组合和日本以南的西太平洋地区早中新世波尔多期的组合极为相似，据此，流花 11-1 油田生物礁的地质年代应属早中新世晚期（波尔多期）。

该油田生物礁（滩）灰岩中分布有丰富的珊瑚藻，主要有石枝藻（*Lit-hothamnium*）、古石枝藻（*Archaeolithothamnium*）、中叶藻（*Mesophyllum*）、石孔藻（*Lithoporella melobesioides*）和石叶藻（*Lithophyllum*）等，它们都是中新世的重要分子，分布于日本、太平洋各岛屿及莺歌海地区的中新统中。

流花 11-1 油田各井在石灰岩顶部泥岩中均发现钙质超微化石大孔卷石（*H. ampliaperperta*），为 NN4 带标准化石，在 LH11-1-1A 井石灰岩底部发现箭形楔石（*S. belemnos*）、园锥楔石（*S. conicus*），为 NN3 带的分子，据此，可确定流花 11-1 油田生物礁属 NN3—NN4 带，其地质年代为早中新世晚期。

晚渐新世末到早中新世的海侵，在流花古隆起区形成流花 4-1 及流花 11-1 碳酸盐岩隆，在石灰岩等厚图上显示为礁滩发育区石灰岩厚度明显大于非礁滩区，流花 11-1E 位于潟湖相区，无地形上的凸起显示，到早中新世晚期珠江组石灰岩上部的泥岩覆盖后（T_{40}），该古地貌圈闭已形成，流花 11-1E 仍无圈闭显示。到中中新世末—晚中新世早期（T_{20}），由于受东沙运动的影响，流花 4-1 及流花 11-1 圈闭成为统一的大背斜构造，流花 11-1E 构造雏形也开始形成。到上新世末—更新世早期受新构造运动的影响，流花 4-1、流花 11-1 及流花 11-1E 各自成为独立的圈闭，该期构造运动为构造定型期，其构造面貌与现今构造大体一致。

流花 11-1 油田的圈闭形成期也是珠江口盆地文昌组及恩平组生油岩的最佳排烃期（珠江组沉积时期—韩江组沉积时期）。此期间正处于珠江口盆地构造活动相对宁静期，断裂活动明显减少，因而不至于形成大断层横向阻挡，有利于油气的长距离运移。

据流体特性分析、镜下观察、流花 11-1 构造曾经有过二次油气运移过程：流体包裹体分析 Por/Nop+Por 及 H_2S/H_2S+CH_4 的数值在“C”层上、下存在明显的差异，可能表明原油不是同一期间进入圈闭内。沥青的交切关系也证实了这个问题，充填于孔洞内的为轻质沥青，而构造缝及缝合线内充填的为重质沥青。结合构造发育分析早期油气可能在中中新世末就进入圈闭，后期在上新世末以后又有油气进入，油藏也就定型。

七、开发简况

1986 年 1 月 1 日，中国海洋石油总公司和美国阿莫科东方石油公司签订了 29/04 合同区，其中中方与外方的权益比例为 51%：49%。

1987 年 1 月，探井 LH11-1-1A 井钻遇 75m 的珠江组石灰岩油层，油层埋藏深度 1197.9～1272.4m，经 4 段次钻杆测试，折算日产油量合计 $357m^3$，从而发现了流花 11-1 油田。此后，1987 年 6 月至 1988 年 12 月间先后钻了 4 口不同类型的评价井（LH11-1-3、LH11-1-4 两口直井、LH11-1-5 高角度斜井、LH11-1-6 水平井），通过对不同类型的井进行延长钻杆测试，表明水平井方式是开发流花 11-1 油田的有效途径。

1990 年 11 月，流花 11-1 油田向全国储委申报了地质储量，探明地质储量类别为第Ⅲ类（基本探明）。当时储量计算时，在平面上没有分区，在纵向上则分为 4 个计算单元，即 A+B、C+D、E、F，油田总的含油面积为 53.60 km^2，石油地质储量为 $23356.00 \times 10^4m^3$（21804.00×10^4t）。这是在珠江口盆地发现的第一个海上大油田，也是中国最大的生物礁滩油田。

经中外双方 3 次平行滚动评价和 1 次合作研究，阿莫科东方石油公司于 1993 年 4 月向中国政府提交了油田总体开发报告（ODP）并获批准，设计用 20～24 口水平井先开发油田开发区的西部，主要生产层位为 B1 层。

1994 年 10 月开始钻探生产井，生产井采取批钻批投的生产方式，1996 年 3 月油田正式投入生产，1997 年 12 月，24 口水平井全部投产，并且于 1998 年 7 月利用剩余井槽在开发区新增了一口水平井 C7 井，全部采用电潜泵生产。

油田投产初期，单井平均日产油量 $1025.8m^3$，单井最高日产油量 $1755m^3$（B3 井），单井平均含水率 13.6%，生产动态良好。但由于缺乏礁灰岩油藏开发经验，加之裂缝和相对低渗透率层的分布对底水造成的影响认识不够，油田投产一年后，产油量开始下降，不同构造部位的油井，呈现不同的含水上升速度。

为进一步认识石灰岩油藏的地质特征，了解礁灰岩的地质内幕，提高油田采收率，1997 年阿莫科东方石油公司在流花 11-1 油田范围内采集了 $118.8km^2$ 的高分辨率三维地震资料。充分利用地震信息，用 Geoquest 地震解释软件，Strata 测井约束地震反演软件，开展了三维地震资料的精细构造解释、反演和分析工作；继而用 Earth vision 地质分析软件，建立了三维地质模型。

在三维地质模型的基础上，从 1998 年起，陆续对开发区西部的高含水井实施侧钻，截至 2001 年底，共实施 6 口侧钻井，但仍然没有达到预期稳油控水的目的。

2003 年 7 月，中国海洋石油总公司通过股权转让成为流花 11-1 油田作业者，独自承担流花 11–1 油田的开发工作，流花 11–1 油田也就成为深圳分公司的第一个自营油田。

为进一步提高油田采收率，科研人员在总结开发区主体部位开发经验的基础上，对开发区东部进行了认真的研究，尤其对断层、裂缝的发育程度，相对低渗透率层的分布做了大量的工作。研究后一致认为：开发区东部裂缝发育程度较弱，相对低渗透率层分布稳定，储层非均质性相对较弱，开发效果应该优于西部。自 2002 年 9 月到 2004 年底，利用现有油田设施相继在油田东部实施 3 口大位移侧钻井和 4 口 ERW 井，投产初期产油量平均 582t/d，含水上升速度缓慢，有效地起到了油田稳油控水的作用。

八、勘探经验与启示

与陆地油田相比，海上的地震、钻井、测试等工作费用都比较高。如珠江口盆地东部，从 1983 年对外合作以来至 1981 年 7 月，平均每千米测线费用为 659 美元；单井平均成本为 600 万美元，平均每米成本为 18004 美元；试油单井成本为 1804.3 万美元，每层成本 50 万美元。海上钻井成本高，客观上决定了不可能多打探井，由此对已钻的初探井和评价井应进行密集的资料录取和分析。同时，每当打完一口井，充分消化所得资料后再考虑下一口井，使每口探井都要最大限度地解决地质问题。相对而言，海上地震成本相对较低，而且一般能取得较好的资料，由此充分发挥这一优势，多做地震，并对所采集的地震讯息进行各种处理，解决更多的地质问题。

海上勘探与开发衔接紧密。由于海上工程评价和经济评价立足于可采储量，追求的并不是地质储量，因而从初探井见油后就要考虑到如何确定采收率和开发工作的需要，认真进行资料的录取和油藏分析工作。而且这种分析和评价充分体现了反馈性、滚动性和重叠制约性的特点。

流花 11–1 油田礁滩储层岩性变化大，储层物性和含油性与所处的相带和成岩作用关系密切。所以必须充分利用各种资料正确判断礁滩的分布，并对其物性进行预测，才能提高勘探效果。东南亚礁油气藏勘探成功率比较高：沙捞越中卢科尼亚地区对地震显示的 200 个岩隆，半数进行钻探，发现了 25 个有工业价值的礁气藏，成功率为 25%；印尼萨拉瓦提盆地礁油气藏勘探的成功率则更高，为 50%；东沙隆起以碳酸盐岩作为目的层的探井共有 8 口，钻探了 8 个岩隆，获得油流的有 5 个，探井成功率为 63%。

在碳酸盐岩的勘探开发作业过程中，流花 11–1 油田从发现到勘探有以下一些经验和体会。

从实际出发，深入研究油气长距离运移的条件。流花 11–1 构造发现比较早，可能是一个由生物礁、滩组成的岩隆，各石油公司的专家也都有共识。但担心的问题是构造位于隆起上面，附近是否有生油层存在？构造距离凹陷 50km 以上，凹陷生的油是否能长距离地运移到构造上来？由于对油源问题的不同认识，导致对流花 11–1 构造有两种不同的评价。一种认为它附近既无生油层存在，凹陷中生的油也不能运移到这个地方上来，流花构造是一个没有远景的构造；另一种认为它附近虽没有生油层，但长距离运移的地质条件是存在的，流花 11–1 构造可能受惠于油气长距离运移而成为大油气田。中国部分地质专家也冲破油气短距离运移观念的束缚和影响，认为珠江口盆地具备了长距离运移的地质条件，而对流花 11–1 构造有较高的评价。

长期以来，中国石油地质专家从陆相的断陷盆地地质条件出发，得出了油气短距离运移的概念。而对于像珠江口这样的盆地，它具有下陆（古近系）上海（新近系）、陆生海储的特点，它不同于陆相盆地，但油气运移有什么特点呢？不受原来认识的束缚，从实际出发，从多方面进行研究，得出油气可做长距离运移的结论。前文有论述，下面只引几个结论。

（1）从渐新世晚期开始的海进式沉积体系提供了长距离运移的储盖组合。

（2）渐新世以后发育的继承性构造脊是长距离运移的通道。

（3）大量排烃期正是盆地构造发育的宁静期，断层活动不强烈，隆起与凹陷之间没有明显的断层分割，连通性好，有利于油气由凹陷向隆起运移。

（4）珠江口盆地很多地质条件与东南亚一些盆地的地质条件相近似，这些盆地油气均有较长距离的运移，很多大油田位于远离油源的隆起上。

由于油气长距离运移地质条件的存在，不仅可以在近油源的凹陷中找油，也可在远离油源的隆起中找油。钻探结果证实了这些论点是正确的。

第一，实践证明，流花 11-1 油田是油气沿构造脊经长距离运移后聚集形成的，这就为在东沙隆起勘探其他生物礁滩油藏提供了有力的证据和坚实的理论基础。

第二，利用高分辨率地震讯息可以确定礁和滩的分布、预测储层孔隙度。结合钻探资料反复修正构造图、搞准构造形态，建立起正确的圈闭模式；用地震地层学方法确定礁、滩的分布；应用地震波阻抗预测碳酸盐岩的孔隙度，分析储层的非均质性；应用垂直地震剖面技术提高碳酸盐岩储层研究的精度。

第三，采用新技术新方法取全各项资料，科学决策，舍得花钱，建立起精准的地层岩性剖面和产层剖面，为油藏地质和油藏工程研究打下坚实基础。与陆地油田相比，海上的地震、钻井和测试等工作费用都很高，客观上决定了不可能多打探井，由此需要对已钻井进行充分分析，以最大限度地解决地质问题。

第四，以单井相分析为基础，综合各项资料，建立成藏模式和沉积—成岩演化模式。

第五，勘探和开发工作紧密衔接。从初探井开始，就以追求落实可采储量、获得好的经济效益为目标进行工作，在勘探阶段提前做了大量的开发准备工作，有利于正确而迅速地评价一个油田，缩短了从发现到投产的时间。

第六，地质工程紧密配合进行滚动式评价，提高油藏经济效益。

第五节　西江 30-2 油田

一、油田概况

西江 30-2 油田位于珠江口盆地珠一坳陷惠州凹陷南缘，距香港东南 135km，位于西江 24-3 油田南 12km，油田所在海域水深约 100m。

1988 年 8 月，钻探 XJ30-2-1X 井，为当时珠江口盆地发现的含油井段最长、含油层数最多、累计油层厚度最大的一口探井，从而发现西江 30-2 油田。1995 年 10 月投产。

二、油田地质特征

1. 地层

西江 30–2 油田地层属新生代碎屑岩沉积。地层层序自下至上：古近系恩平组和珠海组，覆盖在前古近系花岗岩之上，缺失了文昌组和神狐组；新近系较完整，沉积有珠江组、韩江组、粤海组和万山组以及第四系。油层主要位于珠江组，其次为韩江组。（图 2–10–5）。

2. 构造特征

西江 30–2 构造是一个简单完整的披覆背斜构造，在油田范围内无断层发育。构造长轴东西向，四翼伸展平缓，构造倾角小于 5°。

三、储层

1. 沉积特征

西江 30–2 油田沉积环境主要属于建设性三角洲沉积。根据岩心岩石学研究，结合各井测井解释分析，大致得出如下几种沉积微相类型：

1）水下分流河道

砂层厚度较大，GR 曲线呈箱形，如 HB、HC、H10B 等砂岩体，成为西江 30–2 油田储层的主要沉积微相类型。水下分流河道继承了陆上河道砂的二元结构特征，另一方面沉积物受海流作用的改造，使得砂体上部分选较好，从而在 GR 曲线上表现出箱形特征。

2）席状砂

位于三角洲前缘，它是由三角洲水下部分的砂体，即分流河道砂、河口坝砂、水下天然堤及三角洲前缘远沙坝，在海流作用的强烈改造下，连成一片而成。因而，席状砂体分布广，连通性好，物性也较好，但砂体薄。西江 30–2 油田的第 3 套开发层系均属于此类微相。

3）河口坝

砂层厚度中等，GR 曲线具反韵律，如 H000、H3D 等。河口坝中心厚度大，物性好，向两侧厚度减薄，物性逐渐变差。

2. 储层岩性物性特征

西江 30–2 油田油层主要分布在韩江组及珠江组，沉积环境主要属于建设性三角洲沉积，砂体平面上分布稳定，连通性好，区域上具可对比性。

根据 XJ30–2–2X 井取心段（HB、H3B、H4B、H10B）11 个样品的岩心薄片鉴定分析得出：砂岩矿物颗粒中石英占岩石总含量的 40.8%～56.0%，平均 49.2%；长石占岩石总含量的 9.6%～20.0%，平均 13.1%；岩屑占岩石总含量的 2.8%～13.6%，平均 7.5%；泥质占岩石总含量的 0.8%～11.6%，平均 3.0%。按石英、长石及岩屑三端元计，石英 56.3%～78.7%，平均 70.7%；长石 13.5%～26.0%，平均 18.7%；岩屑 3.8%～17.8%，平均 10.6%。根据福克 1990 年的三端元分类，取心段 11 个样品的砂岩定为岩屑长石砂岩、岩屑亚长石砂岩、长石砂岩及长石岩屑砂岩。

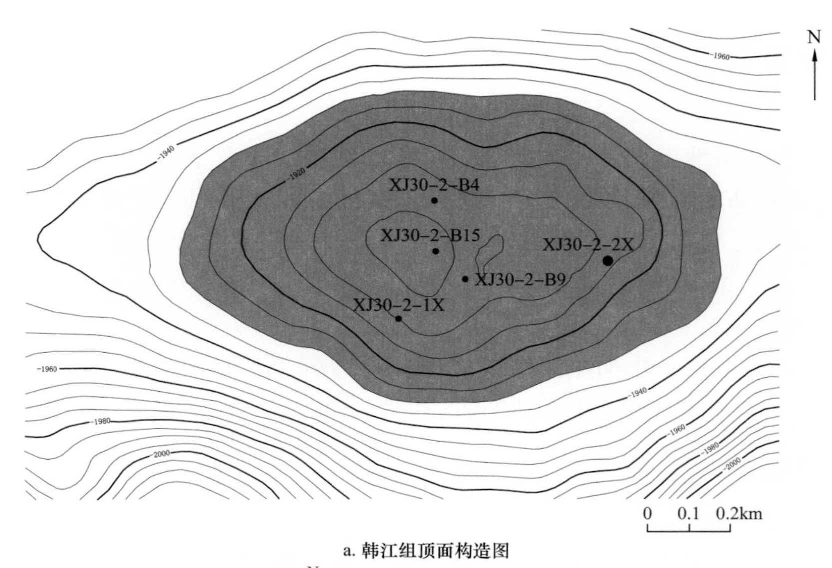

a. 韩江组顶面构造图

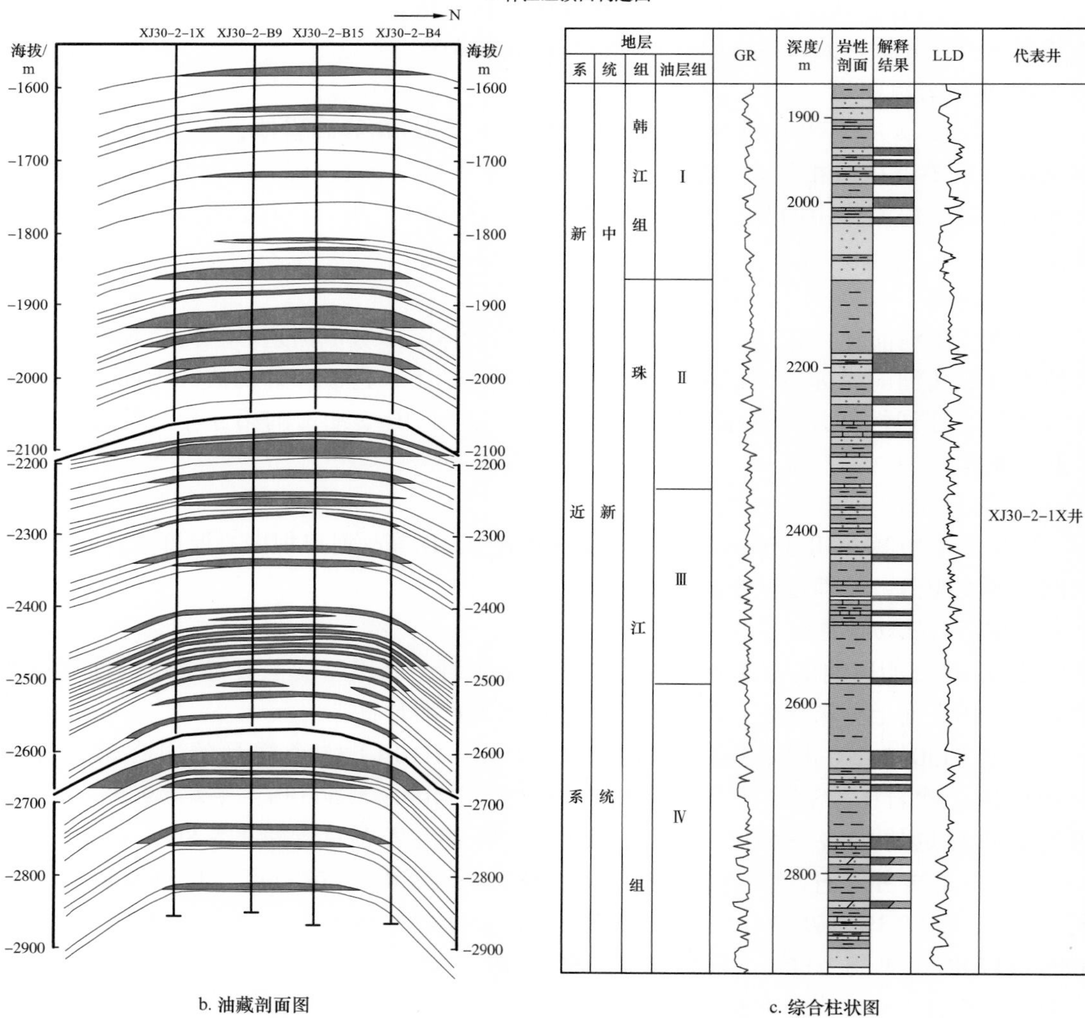

b. 油藏剖面图

c. 综合柱状图

图 2-10-5　西江 30-2 油田综合图（据朱伟林等，2010）

粒度分析表明：砂岩颗粒以中粒为主，粒径 0.15～0.70mm，平均 0.43mm。

西江 30-2 油田的储层为陆源碎屑沉积砂体，储集空间属孔隙型，孔隙类型以原生粒间孔为主，并发育少量次生溶蚀孔，孔隙连通性好。储层砂岩孔隙结构主要受石英次生加大胶结、黏土矿物充填、压实作用和溶解作用的影响。前三者使原生孔隙缩小，并堵塞孔喉，后者产生次生孔隙。砂岩胶结类型以接触式为主，其次为孔隙式和孔隙—接触式。

西江 30-2 油田砂体疏松，储层物性较好。

XJ30-2-2X 井常规岩心分析得出：孔隙度主要分布在 15%～25% 之间，部分分布在 25%～30% 之间；渗透率主要分布在 100～1000mD。由此可见，西江 30-2 油田的储层主要为中孔隙度、高渗透率的储层。

四、油藏

1. 油藏类型

西江 30-2 油田的油层分布在韩江组下部及珠江组。油层分布具有：（1）含油井段长，含油层数多；（2）主力油层相对集中；（3）油层连通性好，分布稳定；（4）油层分隔性好等特点。

西江 30-2 油田含油井段长达 1242.7m，共发现 45 个油层，组成 5 个含油层系，其中边水油藏 32 个、底水油藏 13 个。

2. 压力与温度

从 XJ30-2-2X 井 DST 测试分析得出：油层压力梯度 0.9928MPa/100m，油层地温梯度 3.38°C/100m，属于正常温度压力系统。

五、流体性质

西江 30-2 油田的地面原油性质是根据 RFT 及 DST 测试所取得的油样在实验室分析得出的。地面原油密度 0.8668～0.9107g/cm^3，属于中等；凝固点高，为 35～43℃。

西江 30-2 油田的地层原油性质是根据 RFT 及 DST 测试所取得的油样在实验室进行高压物性分析（PVT）得出的。西江 30-2 油田的饱和压力低，为 0.52～1.62MPa；地层原油黏度中等，为 4.0～17.1mPa·s；原始溶解气油比低，为 0.5～3.2m^3/m^3；原始体积系数 1.037～1.056。

由此可见，西江 30-2 油田的原油具有中黏、高凝、低气油比和低饱和压力的特点。

六、开发简况

西江 30-2 油田发现于 1988 年 8 月。1988 年 8 月在西江 30-2 构造解释的高点附近钻探井 XJ30-2-1X，经测井解释在 1879.4～2843.2m 井段共发现油层 38 层 164.9m，为当时珠江口盆地发现的含油井段最长、含油层数最多、累计油层厚度最大的一口探井。

首钻成功后，1989 年又在构造范围内加密测线至 0.5km×0.5km，并重新编制了构造图。在此基础上，于 1990 年 6 月在距 XJ30-2-1X 探井以东 1250m 处钻评价井 XJ30-2-2X 井，钻遇油层 30 层 87.7m，对其中 4 个主要含油段进行 DST 测试，合计日产油 2067.5m^3，从而证实了西江 30–2 油田是一个单井产量高、含油井段长的多油层砂岩油田。

1991 年 11 月向全国储委申报基本探明石油地质储量 $3539.00 \times 10^4 m^3$（$3157.00 \times 10^4 t$），含油面积 $5.00km^2$。1992 年 1 月西江 30–2 油田总体开发方案获得批准。

1995 年 7 月 26 日，西江 30–2 油田以批钻批投方式开钻首批开发井，同年 10 月 19 日，油田正式投产。至 1996 年 7 月 23 日，14 口开发井全部投入生产。

第六节　番禺 4–2 油田

一、油田概况

番禺 4–2 油田位于珠江口盆地珠一坳陷南部番禺 4 洼，距香港约 150km，距东面的番禺 5–1 油田约 19km，油田范围内平均水深 95m。

1998 年 3 月，钻探 PY4–2–1 井，发现番禺 4–2 油田。

二、油田地质特征

1. 地层

番禺 4–2 油田钻遇地层属新生代沉积，所有井均未钻至基底及古近系的神狐组、文昌组和恩平组。该井钻遇地层厚度约为 2200m，由下至上揭露了渐新统珠海组，中新统珠江组、韩江组、粤海组，上新统万山组。番禺 4–2 油田含油层段分布在韩江组、珠江组和珠海组，主要分布在珠江组（图 2–10–6）。

2. 构造特征

番禺 4–2 油田下部构造为小型逆牵引背斜，上部为受南部断层控制的断鼻构造，构造幅度较缓，构造整体为两条北西西向断层所夹的断块，油田范围内无断层切割；构造走向为近东西走向；构造高点向南断层 F_1 方向偏移。圈闭面积为 2.2～$9.7km^2$，闭合高度 18～55m，自下而上构造闭合差逐渐增大。

三、储层

1. 沉积特征

番禺 4–2 油田地层从 21.0Ma 至 16.0Ma 分为 5 个体系域。简述如下：

（1）SB21.0—MFS18.5（RE18.60 层—RE20.30 层）为海侵体系域，准层序组在垂向上表现为一套退积式地层叠置，表明海侵逐渐扩大，沉积速率小于沉降速率及盆地可容纳空间扩大。相带变化以下三角洲平原—三角洲前缘—前三角洲的交替变化为特征。

（2）MFS18.5—SB17.5（RE17.50 层—RE17.80 层）为高位体系域，准层序组在垂向上表现为向上水体变浅，砂体增厚。相带由前三角洲变化为三角洲前缘。

（3）SB17.5—MFS17.0（RE17.0 层—RE17.46 层）为海侵体系域，相带由前三角洲过渡到三角洲前缘。

（4）MFS17.0—SB16.5（RE16.60 层—RE16.95 层）为高位体系域，沉积相带表现为三角洲前缘与前三角洲交替变化。

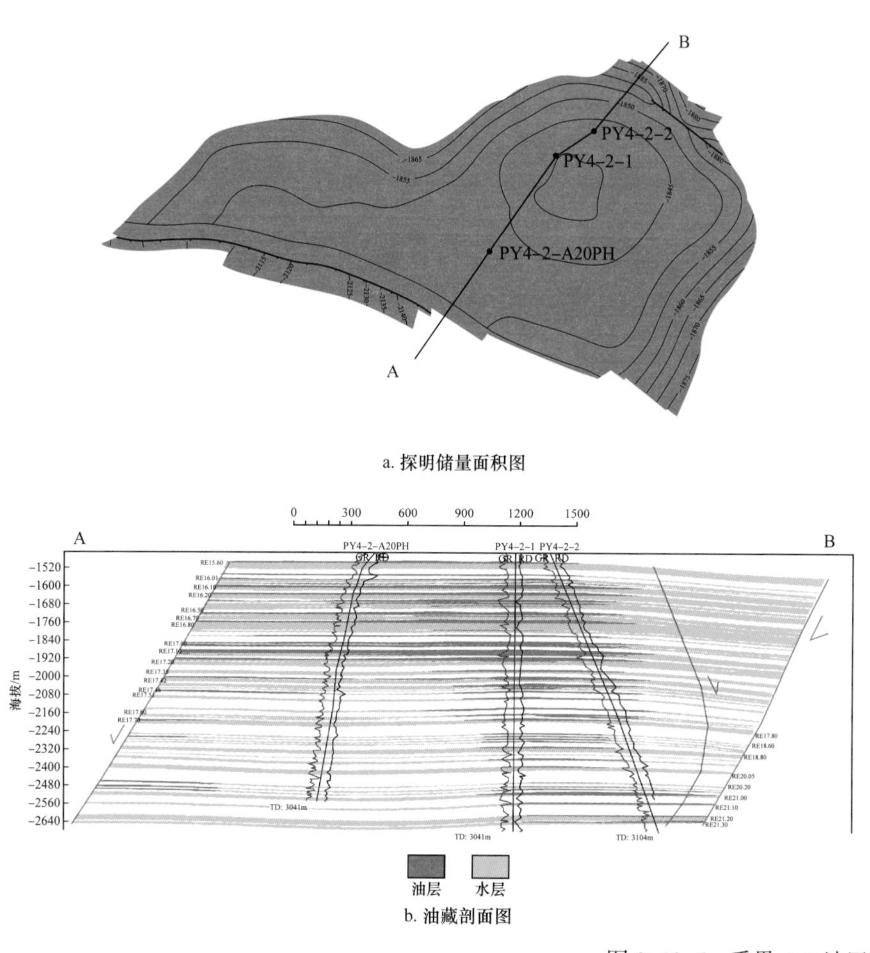

a. 探明储量面积图

b. 油藏剖面图

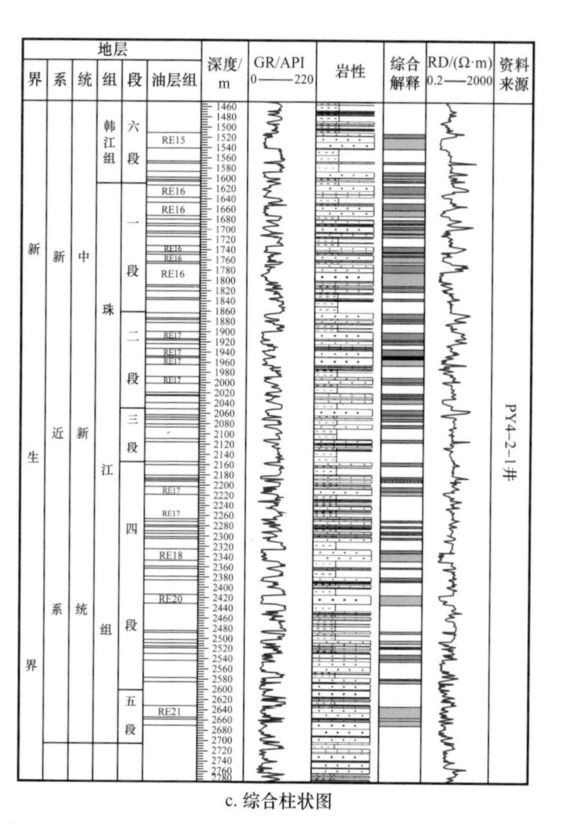

c. 综合柱状图

层位	开发状态	含气面积	地质储量			技术可采储量			经济可采储量			累计采出量			剩余经济可采储量		
			原油		溶解气	原油		溶解气	原油		溶解气	原油		溶解气	原油		溶解气
		km^2	10^4t	10^4m^3	10^8m^3	10^4t	10^4m^3	10^8m^3	10^4t	10^4m^3	10^8m^3	10^4t	10^4m^3	10^8m^3	10^4t	10^4m^3	10^8m^3
韩江组、珠江组	已开发	7.88	5849.31	6337.25	0	2158.72	2375.36	0	2008.57	2213.90	0	2009.75	2237.11	0	-1.18	-23.21	0
	未开发	4.78	336.21	391.51	0	107.61	127.45	0	0	0	0				0	0	0
	合计	8.67	6185.52	6728.76	0	2266.33	2502.81	0	2008.57	2213.90	0	2009.75	2237.11	0	-1.18	-23.21	0

d. 储量数据表

图 2-10-6 番禺 4-2 油田综合图

（5）SB16.5—MFS16.0（RE16.01 层—RE16.40 层）为海侵体系域，相带由前三角洲过渡到三角洲前缘。

2. 储层岩性物性特征

番禺 4–2 油田储层主要分布在新近系下中新统珠江组，储集岩以石英砂岩为主，矿物成分主要为石英，其次是长石，含少量的岩屑及黄铁矿；中—极粗颗粒，主要为次圆状，分选中等，总体上具有向上变粗的趋势；岩石胶结程度较差。番禺 4–2 油田储集空间为孔隙型，主要孔隙类型为粒间孔。

番禺 4–2 油田储层为一套三角洲体系碎屑岩沉积，通过对油田储层沉积相及储层特征的分析可以看出，番禺 4–2 油田的储层物性及含油性主要受沉积微相的控制。储层的测井解释平均孔隙度分布范围 15.8%～28.7%，渗透率分布范围 454.5～3316.6mD；总体上为中—高孔隙度、高—特高渗透率储层。主要储层特性如下：

（1）RE15.60 层为辫状分流河道沉积微相，平均厚度 31.4m，平均孔隙度为 28.7%，平均渗透率为 3234.4mD，为高孔隙度、特高渗透率储层。

（2）RE16.10 层为分流河道沉积微相，平均厚度 23.2m。顶部存在厚约 2m 的钙质层，中部存在较多薄的泥质纹层，储层物性仍然较好，平均孔隙度为 28.5%，平均渗透率为 2739.9mD，为高孔隙度、特高渗透率储层。

（3）RE16.20 层为分流河道沉积微相，平均厚度 25.7m。平均孔隙度为 28.2%，平均渗透率为 2560.3mD，为高孔隙度、特高渗透率储层。

（4）RE16.60 层为水下分流河道沉积微相，平均厚度 11.5m。平均孔隙度为 26.4%，平均渗透率为 2319.2mD，为高孔隙度、特高渗透率储层。

（5）RE16.80 层为河口坝沉积微相，平均厚度 38.8m。平均孔隙度为 25.6%，平均渗透率为 1659.5mD，为高孔隙度、特高渗透率储层。

（6）RE17.00 层为河口坝沉积微相，平均厚度 10.8m。平均孔隙度为 25.4%，平均渗透率为 2717.5mD，为高孔隙度、特高渗透率储层。

（7）RE17.10 层为河口坝和水下分流河道沉积微相，平均厚度 14.7m。平均孔隙度为 23.8%，平均渗透率为 2256.9mD，为中孔隙度、特高渗透率储层。

（8）RE17.46 层为分流河道沉积微相，平均厚度 14.4m。平均孔隙度为 23.3%，平均渗透率为 1321.0mD，为中孔隙度、特高渗透率储层。

四、油藏

1. 油藏类型

番禺 4–2 油田为构造油藏，底水油藏和边水油藏交互存在。复算前 41 个油藏，其中底水油藏 19 个、边水油藏 22 个；复算后 46 个油藏，其中底水油藏 22 个、边水油藏 24 个。

2. 压力与温度

根据高压物性分析结果，番禺 4–2 油田原始地层压力为 15.53～25.21MPa，油层温度 76～110℃，饱和压力 0.12～1.21MPa，地饱压差 15.2～24MPa，属于正常压力系统。

五、流体性质

原油性质分析表明，番禺 4–2 油田地层原油黏度为 3.85～132.0mPa·s，地面原油密度为 0.847～0.959g/cm^3，凝固点为 –4～29℃。原油性质随深度的加深而变好。

下部油藏（RE17.46 层及其以下油藏）原油具有低比重、低黏度、原油流动性好的特点，RE17.60 层 /RE17.70 层 /RE17.80 层地面原油密度 0.847g/cm^3，地层原油黏度只有 3.8～4.5mPa·s，属于轻质油油藏。

中部油藏（RE17.00 层—RE17.44 层油藏）地面原油密度 0.876～0.879g/cm^3，地层原油黏度 9.7～10.3mPa·s，属于中质油油藏，原油具有较好的流动性。

上部油藏（RE17.00 层以上）地面原油密度 0.940～0.959g/cm^3，地层原油黏度 46.8～132mPa·s，属于重质油油藏，原油流动性相对较差。

六、开发简况

番禺 4–2 油田是圣太菲中国能源有限公司于 1998 年 3 月在番禺 4–2 构造高点钻探井 PY4–2–1 井时发现的，该井完钻井深 3023m，完钻层位渐新统珠海组，共钻遇油层 39 层，测井解释油层有效厚度 179.3m。在 1615.0～2161.5m 井段，对主要油层进行 5 次钻杆测试（DST），合计日产油 1717.1m^3，单层测试最大日产油 579.1m^3（RE17.20 层），证实番禺 4–2 油田具有一定的储量规模和产能。

在成功钻探 PY4–2–1 井后，为了进一步评价 15/34 区块和番禺 4–2 构造，1998 年在 15/34 区块中部进行 1650km^2 三维地震采集和处理。在三维地震资料基础上重新进行番禺 4–2 油田的层位标定、速度分析和构造解释，在此基础上部署评价井 PY4–2–2 井，其目的是进一步落实番禺 4–2 构造，探测番禺 4–2 油田油藏的油水界面和获取主要油藏岩心和测试资料。

1999 年 6 月，在 PY4–2–1 井眼附近钻评价井 PY4–2–2 井（该井为斜井，最大水平位移为北东 900m），共钻遇油层 37 层，累计油层有效厚度 155.3m，进行 5 次常规取心和 3 次钻杆测试，在下部轻质油段（RE21.10 层）测试日产油 524.1m^3，上部重质油段（RE16.60 层和 RE16.10 层）日产油共计 174.9m^3。PY4–2–2 评价井的钻探进一步证实了番禺 4–2 油田的产能和储量规模。

在上述资料的基础上，通过地质和油藏综合研究，于 2001 年 2 月向国土资源部申报番禺 4–2 油田新增探明石油地质储量 2769.4×10^4m^3（2519.3×10^4t），含油面积 5.5km^2，技术可采储量 540.00×10^4m^3（477.30×10^4t）。2001 年 9 月，番禺 4–2 油田和番禺 5–1 油田联合开发方案（ODP）获得国家发展计划委员会批准通过。随后，番禺 4–2 油田进入开发实施阶段。

番禺 4–2 油田于 2003 年 10 月 19 日投产。2004 年 10 月 3 日，番禺 4–2 油田 ODP 设计的 14 口生产井全部投产完毕（部分井有调整）。在 14 口生产井中 PY4–2–A03H 井初期产量最高，达到 1560m^3/d，14 口井平均初期产量为 618m^3/d。

2005 年 8 月钻开发井 PY4–2–A16H 井和 PY4–2–A19H 井。其中领眼井 PY4–2–A19PH 目的是落实西南部构造，评价浅层油藏的储量规模，该井钻后浅层构造比预测浅 8.2～14.3m，整个番禺 4–2 油田的圈闭面积和储量规模变大。

2006年6月至2008年6月，又完钻生产井4口。在构造鞍部、西南部、东南部钻了PY4-2-A20PH井、PY4-2-A17PH井、PY4-2-A18PH井3口领眼井，进一步证实番禺4-2构造向西南部和东南部延展，圈闭面积增大。

第七节 恩平24-2油田

一、油田概况

恩平24-2油田位于中国南海珠江口盆地北部坳陷带西南缘恩平凹陷南部，距香港东南部约200km，所在海域水深92～94m。

2010年2月，钻探EP24-2-1井，发现恩平24-2油田。

二、油田地质特征

1. 地层

恩平24-2油田钻遇的地层自上而下依次为：第四系，新近系的万山组、粤海组、韩江组、珠江组，古近系珠海组。恩平24-2油田的油层主要分布于新近系中新统韩江组下部和珠江组（图2-10-7）。

2. 构造特征

恩平24-2构造位于恩平凹陷的南部隆起断裂构造带中部，紧邻恩平凹陷的富生烃洼陷恩平17洼。

恩平24-2构造为一个受反向断层控制的北西—南东向断背斜构造，在主要目的层段（HJ2-17—ZJ2-18）均含有自圈部分。由深至浅各层构造具有较好的继承性，EP24-2-1井位于构造高点附近，纵向上，由深至浅构造高点相对稳定。圈闭整体上在构造高点附近地层倾角较缓，构造翼部加速倾没且西缓东陡。根据恩平24-2深度构造图可知，其构造走向整体为北西—南东向，构造长轴2.5～5.5km，构造短轴2.0～3.1km，地层倾角在0.5°～1.7°范围内，闭合高度13～81m，圈闭面积4.61～10.26km^2。

三、储层

1. 沉积特征

恩平地区从21.0—15.5Ma分为5个体系域，简述如下：

（1）SB21.0—MFS18.5为海进体系域，对应地震层位T_{60}—T_{50}，为珠江组下段。准层序组在垂向上表现为一套退积式地层叠置，表明海侵逐渐扩大，沉积速率小于沉降速率和盆地可容纳空间扩大。相带变化以三角洲平原—三角洲前缘—前三角洲的交替变化为特征。

（2）MFS18.5—SB17.5为高位体系域，相当于珠江组上段下部，准层序组在垂向上表现为向上水体变浅，砂体增厚。相带由前三角洲变化为三角洲前缘。

（3）SB17.5—MFS17.0为海进体系域，相带由三角洲前缘过渡到前三角洲。

0 0.2 0.4 0.6 0.8 1.0km

-1520
-1515
-1510
-1505
-1525
-1625
-1630
-1635
-1640
-1645
-1650
-1655
-1660
-1665
-1670
-1675
-1680
-1686
EP24-2-a12P1
EP24-2-1
A
B

a. 探明储量面积图

0 200 400 600 800 1000m
A
B
EP24-2-A12P1 EP24-2-1
GR RD
GR RD
海拔/m
-1400
-1500
-1600
-1700
-1800
-1900
-2000
-2100
-2200
-2300
H2-17
HJ2-20
HJ2-22
HJ2-24
ZJ1-05
ZJ1-08
ZJ1-12
ZJ1-13
ZJ2-17
ZJ1-19
ZJ1-23
ZJ1-29
ZJ1-31
ZJ1-34
ZJ1-38
ZJ2-01
ZJ2-07
ZJ2-11
ZJ2-17
ZJ2-18
TD: 3171m
TD: 2636m
油层
水层

b. 油藏剖面图

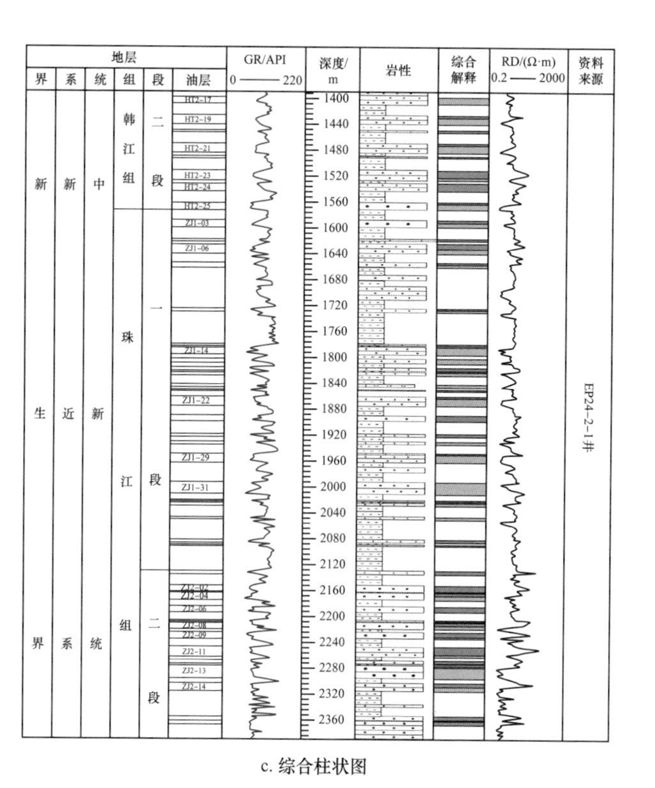

c. 综合柱状图

层位	开发状态	含气面积	地质储量			技术可采储量			经济可采储量			累计采出量			剩余经济可采储量		
			原油		溶解气	原油		溶解气	原油		溶解气	原油		溶解气	原油		溶解气
		km^2	10^4t	10^4m^3	10^8m^3	10^4t	10^4m^3	10^8m^3	10^4t	10^4m^3	10^8m^3	10^4t	10^4m^3	10^8m^3	10^4t	10^4m^3	10^8m^3
韩江组、珠江组	已开发	5.80	2392.92	2814.43	1.74	1065.75	1269.17	0.79	1055.95	1257.90	0	828.65	986.97	0	227.27	270.93	0
	未开发	3.91	542.51	610.88	0.37	78.35	88.13	0.03	58.59	66.10	0	1.39	1.52	0	57.20	64.58	0
	合计	5.82	2935.43	3425.31	2.11	1144.10	1357.30	0.82	1114.51	1324.00	0	830.04	988.49	0	284.47	335.51	0

d. 储量数据表

图 2-10-7　恩平 24-2 油田综合图

（4）MFS17.0—SB16.5 为高位体系域，SB16.5 对应地震层位 T_{40}，相当于珠江组上段上部。沉积相带表现为前三角洲与三角洲前缘交替变化。

（5）SB16.5—SB15.5 为海进体系域，相当于韩江组下段，相带由三角洲前缘过渡到前三角洲。

恩平 24-2 油田主要为一套辫状河三角洲沉积体系，自下而上呈现出三角洲平原向三角洲前缘、前三角洲逐渐演化的过程。

主要沉积微相类型有三角洲平原分流河道、三角洲前缘水下分流河道、河口坝、远沙坝、席状砂。纵向上，珠江组下段储层以箱状中—厚层砂为主，表现为近物源的三角洲平原分流河道产物；珠江组上段储层以薄—中层砂为主，表现为距物源相对较远的三角洲前缘水下分流河道、河口坝、远沙坝、席状砂等环境的产物；韩江组下段含油层段的储层多为中—厚层三角洲前缘水下分流河道、河口坝产物。

2. *储层岩性物性特征*

根据 EP24-2-1 井旋转井壁取心的岩石学分析，恩平 24-2 储层岩性主要为细—中粒长石岩屑、岩屑长石砂岩。砂岩成分主要为石英（平均占 67%），其次为岩屑（平均占 18%）、长石（平均占 15%），少量云母。胶结类型以孔隙式胶结为主，胶结物含量 0.5%～25%，以泥质胶结为主，泥晶结构菱铁矿其次，局部方解石、铁方解石胶结严重，个别样品有铁白云石黄铁矿和少量石英加大、自生黏土胶结物。粒径 0.13～0.7mm；风化程度以中度为主，少量浅—中；分选中等；磨圆度为次棱角—次圆状；以点接触为主。

EP24-2-1 井 X 射线衍射分析表明，黏土矿物含量相对较低（一般小于 5%）。黏土矿物成分主要为高岭石（占 35%～81%），其次为伊利石（16%～39%）、伊 / 蒙混层（3%～27%），同时见少量绿泥石。

据 EP24-2-1 井扫描电镜分析，颗粒间或颗粒表面分布呈蠕虫状或书页状高岭石，呈丝状、不规则状伊利石，呈粒状、细粒状黄铁矿以及粒状、泥晶结构菱铁矿。

恩平 24-2 油田储集空间类型为孔隙型，根据 EP24-2-1 井和 EP24-2-2 井的铸体薄片鉴定结果表明，孔隙类型主要为粒间孔，部分粒内溶孔和粒间溶孔，少量微孔（自生黏土及少量颗粒内溶蚀而成）、铸模孔、生物体腔孔等；砂岩储层一般面孔率 10.3%～31%，平均面孔率 17%。储层孔隙发育，孔隙连通性较好。

从压汞曲线分析结果来看，储层孔隙基本上分选中等，粗—略粗歪度，排驱压力（0.013～0.101MPa）和中值压力（0.041～2.314MPa）较低，最大孔喉半径介于 7.31～55.72μm，表明恩平 24-2 油田的储集性能较好。

恩平 24-2 油田储层属于辫状河三角洲平原—前三角洲沉积，储层物性较好。油层测井解释平均孔隙度 14.4%～26.3%，平均渗透率 26.7～1762.6mD；EP24-2-1 井旋转井壁取心分析结果，油层孔隙度 12.5%～31.8%（平均 24.0%），空气渗透率 145～6601mD（平均 1267mD）。总体上是属于低—高孔隙度、中—特高渗透率储层。

其中，恩平 24-2 油田在韩江组下段发育 7 套油层，储层厚度 2～15m，油层厚度 0～10.8m，测井解释孔隙度 15.2%～26.1%、平均 20.5%，渗透率 27.9～1453.1mD、平均 525.8mD。表现为中—高孔隙度、低—特高渗透率特点。

四、油藏

1. 油藏类型

恩平 24-2 油田的主要油藏类型为背斜油藏，仅 ZJ1-05 层和 ZJ1-39 层为岩性—构造油藏。油藏驱动类型为底水驱动或边水驱动，恩平 24-2 油田的 33 个油藏中：HJ2-20、HJ2-22、HJ2-24、ZJ1-05、ZJ1-06、ZJ1-08、ZJ1-12、ZJ1-17、ZJ1-21、ZJ1-23、ZJ1-26、ZJ1-38、ZJ1-39、ZJ2-01、ZJ2-03、ZJ2-04、ZJ2-06、ZJ2-09、ZJ2-11、ZJ2-12、ZJ2-17、ZJ2-18 共 22 个油藏为边水油藏，含油高度在 2.6～17.4m 之间；HJ2-19、HJ2-21、HJ2-23、HJ2-25、ZJ1-03、ZJ1-22、ZJ1-29、ZJ1-34、ZJ2-07、ZJ2-13、ZJ2-14 共 11 个油藏为底水油藏，含油高度在 3.4～12.9m 之间。

其中，HJ2-23、HJ2-24、ZJ1-06、ZJ1-17、ZJ2-03、ZJ2-04、ZJ2-07、ZJ2-09、ZJ2-11、ZJ2-12、ZJ2-14、ZJ2-17、ZJ2-18 等油藏含油面积较大，油层有效厚度 4.4～10.8m，为恩平 24-2 油田的主力油藏。

2. 压力与温度

EP24-2-1 井在主力油层 HJ2-23 层和 ZJ2-03 层进行了 DST 测试，测试结果是原始地层压力分别为：14.876MPa 和 21.148MPa。在其他油层，MDT 测压地层压力在 14.876～22.362MPa 之间。压力系数在 0.9991～1.0006 之间，饱和压力为 1.890～2.070MPa，地饱压差 12.953～19.221MPa，属于正常压力系统。

HJ2-23 层和 ZJ2-03 层地层温度分别为 81.52℃和 107.6℃。以海底温度为 20℃计算，恩平 24-2 油田地温梯度为 3.5℃ /100m。

五、流体性质

EP24-2-1 井在 MDT 测试时取得 6 个油样，其中 2 个 PVT 样（包括 ZJ1-17 层、ZJ1-23 层）、4 个常规样（包括 HJ2-23 层、ZJ1-17 层、ZJ1-23 层和 ZJ2-03 层）。另外，EP24-2-2 井在 ZJ1-06 层进行 RCI 测试，深度 1631.8m（TVD）取得 3 个油样，其中 2 个 PVT 样、1 个常规样。

EP24-2-1 井共完成了 4 个油样的地面原油性质分析和 8 个样品的 PVT 分析。从分析结果看，EP24-2-1 井取得 4 层的油样中，有 3 层为轻质油、1 层为中质油。

1. 轻质油原油性质

从 EP24-2-1 井分析结果看，恩平 24-2 油田轻质油主要分布在中下部层位，取样层位和深度自下而上分别是 ZJ2-03 层（2156.1m，TVD）、ZJ1-23 层（1896.4m，TVD）、ZJ1-17 层（1820.5m，TVD）共 3 个层位。地面原油分析和 PVT 分析表明，ZJ1-17 层及以下层位原油性质较好，表现为低密度、低—中黏度、低溶解气油比、高含蜡量和高凝固点、低含硫、低胶质特点。

1）地面原油性质

地面原油密度 0.827～0.866g/cm^3（20℃）；地面原油黏度 4.08～12.57mPa·s（50℃）；含蜡量 15.92%～19.51%，含蜡较高；凝固点 32℃，凝固点较高；含硫量 0.05%～0.09%，为低含硫原油；胶质 4.1%～7.04%；沥青质 0.74%～2.85%。

2）地层原油性质

地层原油密度 0.779～0.832g/cm^3，地层原油黏度 1.90～6.46mPa·s，原始溶解气油比 6.7～7.3m^3/m^3，原始体积系数 1.052～1.073，饱和压力 1.927～2.070MPa。

2. 中质油原油性质

EP24-2-1 井在上部 HJ2-23 层进行取样（1517.0m，TVD），高压物性和原油地面分析结果显示，该层原油为中质油，表现为中密度、中等黏度、低溶解气油比、低含硫等特点。

1）地面原油性质

地面原油密度为高压物性与地面原油物性分析结果的平均值 0.916g/cm^3（20℃），为中质油。

地面原油黏度 78.31（50℃），含蜡量 9.73%，凝固点 -7℃，含硫量 0.16%，胶质 12.11%，沥青质 4.95%。

2）地层原油性质

地层原油密度为高压物性分析结果平均值 0.882g/cm^3，地层原油黏度的平均值为 22.28mPa·s，原始溶解气油比的平均值为 5.2m^3/m^3，原始体积系数 1.042；饱和压力 1.923MPa。

地面原油和高压物性分析结果表明，恩平 24-2 油田的原油性质具有随埋深增加，油品逐渐变好的趋势。

六、油气富集条件

恩平 24-2 构造与富生烃洼陷恩平 17 洼紧邻，主要生油岩为始新统文昌组中深湖相泥岩沉积，面积约 550km^2，最大厚度 2800m，有机质类型及洼陷周边井烃类地球化学分析均证实恩平 17 洼具良好的生烃能力。

恩平 24-2 构造主要目的层段下中新统珠江组和中中新统韩江组具有较好的储盖组合。

除珠江组底部储层发育三角洲平原分流河道砂体外，表现为大套砂岩夹薄层泥岩，岩石颗粒较粗；向上珠江组上部—韩江组砂岩均主要为三角洲前缘水下分流河道和河口坝为主的砂岩，与珠江组下段相比，砂岩粒度变细，泥质夹层增多。

整体上，珠江组底部泥岩发育较差，表现为砂包泥特点；向上珠江组上部—韩江组泥岩加厚，为厚—中厚层灰色泥岩，与砂岩组合形成了垂向砂泥岩互层、下生上储的有利储盖配置关系。

由恩平 17 洼生成的烃类主要通过两个途径运移到恩平 24-2 构造：（1）通过基底不整合面、文昌组内部不整合面及砂体联合输导作用侧向运移到南部隆起断裂构造带上；（2）通过控圈断层垂向运移到新近系珠江组和韩江组中。

恩平 24-2 构造钻探结果表明，自韩江组到珠江组具备良好的生、储、盖组合条件，配合有利的构造、圈闭、运移条件，使得该构造成为油气聚集成藏的有利场所。

七、开发简况

1979 年，珠江口盆地进行了区域地震普查，二维地震测网密度 3km×6km。

1983 年 11 月由英国石油公司在恩平凹陷东部钻探 EP18-1-1A 井，该井在韩江组—恩平组均见油气显示，其中韩江组井段 1393.0～1400.0m（MD），测井解释 3m 油层，DST 测试累计产油 44.6m^3，该井的钻探揭开了恩平凹陷的勘探序幕。紧接着钻探了 EP12-1-1 井、EP17-3-1 井、EP18-3-1A 井，其中在 1985 年 4 月钻探的 EP17-3-1 井，测井解释气层 8.5m（1 层），DST 测试获凝析油、气、钻井液滤液混合液；同时期，日本珠江石油公司与华南石油公司分别钻探了 PY1-1-1 井、PY14-5-1 井。

1990—2002 年间只钻探两口井。其中 1998 年 3 月科麦奇公司钻探 EP11-1-1 井，在珠江组测井解释了 3 个油层，厚度为 6.6m；戴文能源公司 2002 年 2 月钻探 EP24-1A-1 井，结果为干井，这期间恩平凹陷的勘探没有重要发现。

2003 年，深圳分公司从合作转向自营。2005 年钻探两口井：EP23-1-1 井与 EP22-2-1 井。其中 EP23-1-1 井取得较大突破，该井 2005 年 3 月钻探，从韩江组到珠海组均有好的油气显示，测井解释 21 个油层，油层厚度 41.5m，但是仍然未获商业性发现。

从 1983 年第一口探井至 2005 年，恩平凹陷先后钻探 10 口井。发现了恩平 18-1、恩平 17-3、恩平 11-1、恩平 23-1 共 4 个含油构造。总结该区油气成藏规律认为：恩平凹陷 3 个次级洼陷恩平 12 洼、恩平 18 洼、恩平 17 洼中，生烃条件最好的洼陷是恩平 17 洼。

在此认识的基础上，2008 年深圳分公司对恩平 17 洼一带部署并采集了 1050km^2 三维地震资料，覆盖面积 968.5km^2，地下反射面元 12.5m × 25m。通过对工区进行精细地震解释后，落实一批构造圈闭，对成藏条件综合分析后，提出恩平南部隆起断裂构造带与恩平中央断裂构造带为油气聚集的有利区带，并首选恩平南部隆起断裂构造带恩平 24-2 构造钻探。

2010 年 2 月在恩平 24-2 构造钻探 EP24-2-1 井，完钻井深 2636m（MD），完钻层位为珠海组。钻探结果令人振奋，在韩江组—珠江组（1399.0～2367.2m）发现大量油气显示。测井解释油层总厚度 139.5m，共 33 层。对韩江组下段油层 HJ2-23 层和珠江组下段油层 ZJ2-03 层进行 DST 测试，分别获得 115 m^3/d 和 816.4m^3/d 高产商业油流，由此，恩平凹陷第一个油田——恩平 24-2 油田被发现，为恩平凹陷的勘探、开发工作谱写了新篇章。

为了进一步落实恩平 24-2 构造的构造形态和储层分布特征，进而落实油田储量规模，在 EP24-2-1 井北偏西约 1000m 处钻评价井 EP24-2-2 井。该井于 2010 年 11 月完钻，钻后发现该井在中上部目的层段较 EP24-2-1 井深 5～10m，并且由于下部 ZJ2-14 层比预计厚 11.4m，造成底部 ZJ2-17 层、ZJ2-18 层比 EP24-2-1 井深约 20m。该井测井解释油层 6 层，厚度 13.7m。评价井的钻探，进一步落实了恩平 24-2 油田的构造、储层分布和储量规模，并取得岩心和相关分析化验资料。

第八节　番禺 30-1 气田

一、气田概况

番禺 30-1 气田位于中国南海珠江口盆地中央隆起带的中部番禺低隆起，南部紧邻白云凹陷北缘，距香港东南部约 240km，气田范围内平均水深约 200m。

2002 年 5 月，钻探 PY30-1-1 井，发现番禺 30-1 气田。

二、气田地质特征

1. 地层

番禺 30-1 气田钻井所揭示的地层包括第四系、上新统万山组、上中新统粤海组、中中新统韩江组、下中新统珠江组和渐新统珠海组。气层主要位于珠江组和韩江组（图 2-10-8）。

各层厚度及岩性特征以 PY30-1-1 井为例，地层岩性简述如下：

（1）第四系为海相的棕色细砂岩与灰色泥岩、粉砂质泥岩互层，未成岩，钻厚 275m。

（2）万山组以海相的灰色泥岩为主，夹灰色泥质粉砂岩和砂质泥岩薄层，成岩性差，钻厚 271m。

（3）粤海组主要岩性为海相的灰色泥岩、砂质泥岩与灰色泥质粉砂岩互层，并夹有少量棕色粉细砂岩和泥质中砂岩薄层，成岩性较差，钻厚 440m。

（4）韩江组主要岩性为泥岩、砂质泥岩和灰质泥岩互层，中间夹数层厚度不等的砂岩。尤其是在中、下部各发育一厚层砂岩，位于韩江组中部的 SB13.8 层为一套厚 44m 的中粗砂岩，位于韩江组下部的 SB15.5 层为厚 24m 的砂岩，钻厚 871m。

（5）珠江组钻厚共 841m，其中上部以灰色泥岩、钙质泥岩、砂质泥岩为主，夹多层浅灰色细砂岩、灰质中砂岩和薄层石灰岩；珠江组下部以浅灰色细砂岩、泥质中砂岩为主，并夹有灰色泥岩和薄层石灰岩。

（6）珠海组的岩性与珠江组下部基本相同，厚度 275m。

番禺 30-1 气田含气层的分布包括粤海组、韩江组和珠江组，主力气层为韩江组中下部的 SB13.8 层砂岩、SB15.5 层砂岩和珠江组下部的 MFS18.5 层砂岩。这 3 套砂岩在 4 口井的分布较稳定，厚度变化不大。

2. 构造特征

番禺 30-1 构造位于白云凹陷北坡第二排反向断裂之上，为断层上升盘的翘倾半背斜构造。主要目的层有 3 层，分别是 SB13.8 层、SB15.5 层和 MFS18.5 层。构造主要受 4 条北倾反向大断层控制：1 条北东东向断层（①号断层）、1 条近东西向断层（②号断层）和 2 条北西西向断层（③号与④号断层），延伸长度小于 100km，断距为 140～240m，属间歇式活动断裂，活动时期为中新世早期以前和中新世晚期—上新世。

受断层影响，番禺 30-1 构造发育了东西两个断层圈闭构造高点。而断层的封堵性对其能否成为有效圈闭起决定性的作用，尤其是断面两侧的岩性对接情况。对番禺 30-1 构造而言，西块主要受②号断层影响，其断距在 240m 以内，SB13.8 层砂体与 MFS18.5 储层都是与下降盘的巨厚泥岩相对接，而且断面两侧的地层产状变化不大，所以形成良好的断层圈闭；但 SB15.5 层砂体由于对接到下降盘的 SB13.8 层砂体，因此没能形成有效的圈闭；东块主要受④号断层控制，其断距为 140m，使得各目的层都与大套泥岩对接，形成良好封堵。

东断块构造北西—南东走向，构造长轴 5.79～7.44km，短轴 1.01～1.54km，圈闭幅度 70～120m，圈闭面积 6.12～6.87km^2。

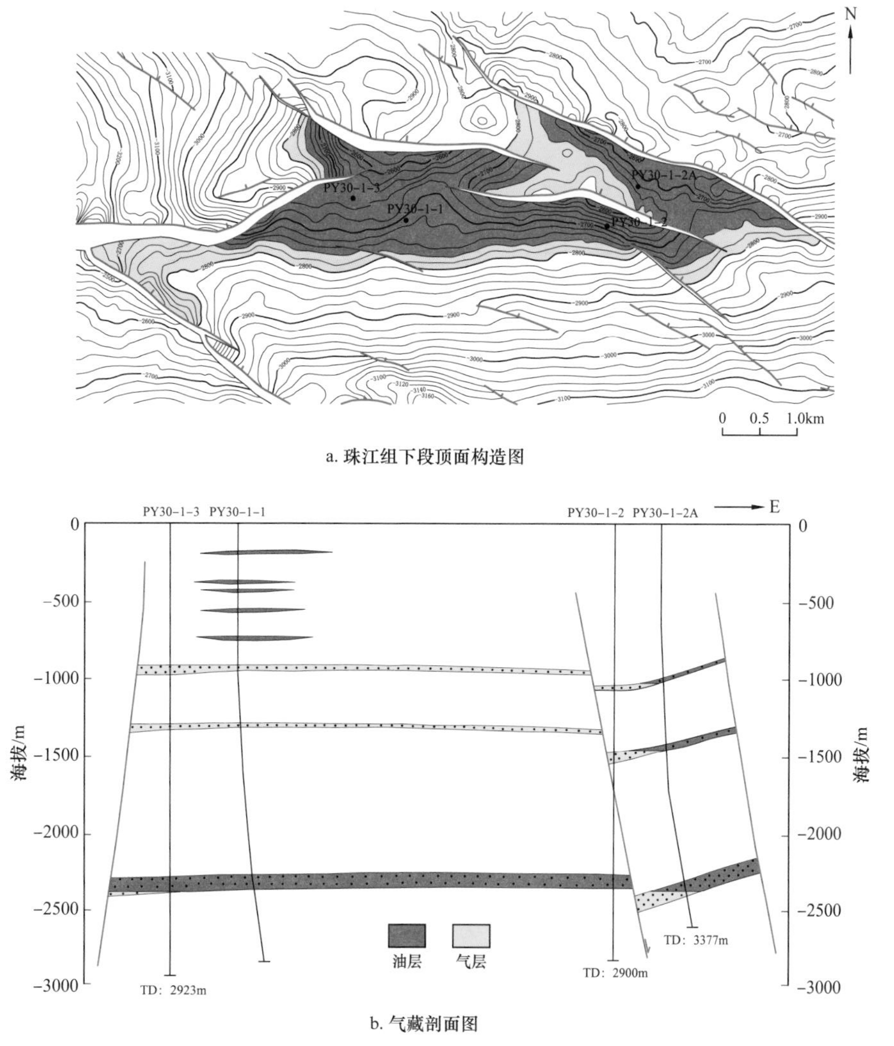

a. 珠江组下段顶面构造图

b. 气藏剖面图

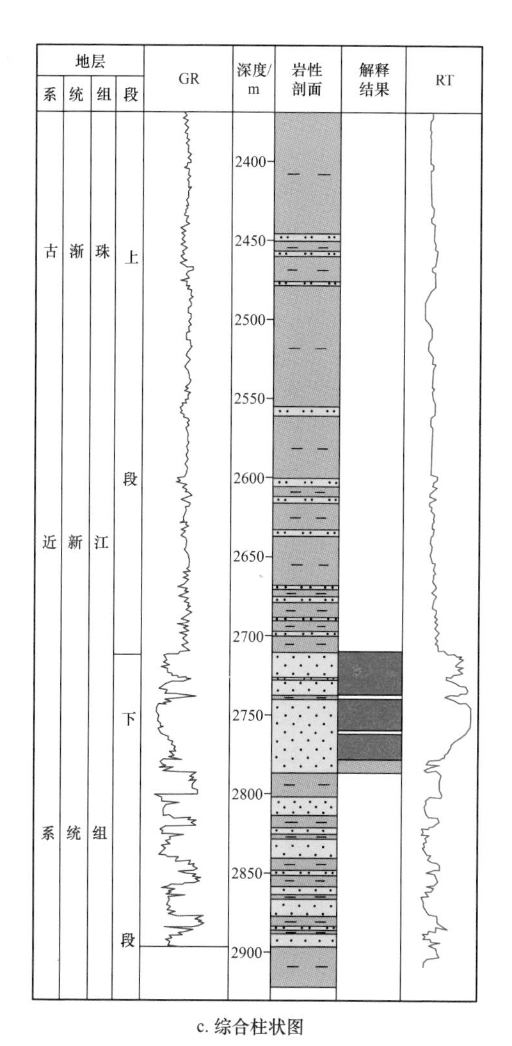

c. 综合柱状图

图 2-10-8　番禺 30-1 气田综合图（据朱伟林等，2010）

西断块构造走向近东西向，构造长轴9.34～11.85km，短轴1.72～2.61km，圈闭幅度100～200m，圈闭面积11.11～18.3km^2。

西块的SB15.5层由于断层侧向封堵砂体对接的原因未能成为有效圈闭，其他都具有良好的封闭性。

三、储层

1. 沉积特征

根据储层沉积特征研究成果，番禺30-1气田气层发育在SB13.8—MFS18.5层序阶段，为三角洲前缘河口坝—水下三角洲平原分流河道沉积。

通过对番禺30-1气田的4口钻井的钻井岩屑、测井曲线及地震反射特征进行综合分析，特别是对PY30-1-3井82.89m岩心的详细观察，对该气田的3套储层的沉积特征有了比较清楚的认识。简述如下：

（1）SB13.8层：4口井中钻遇的厚度变化不大，在地震反射特征看，横向比较稳定。在PY30-1-1井，其GR曲线可分上下两个部分，上半段为低幅漏斗形，下半段为箱形；在PY30-1-2井、PY30-1-2A井和PY30-1-3井整段GR曲线基本为箱形。在PY30-1-3井该段取心9m（1676～1685m），包含了近5m气层段。从岩心看，由于埋深较浅，储层砂岩基本没有固结。该段岩性主要为细砂岩—含砾砂岩，砂岩分选中等—好，层理构造不发育，但可见由多个粒度向上变细的正韵律组成，单个旋回的最大厚度近3m。据此，判断该段主要为水下分流河道沉积及河口坝沉积，由于波浪的改造，使得它们相互叠加连片。这类砂体以分选好、泥质与钙质含量低，而具有好的储集性。

（2）SB15.5层：4口井中钻遇的厚度为24～32.5m，西边2口井的厚度略小，东边的2口井厚度略大；西边2口井GR曲线明显呈漏斗形，东边2口井GR曲线基本为箱形。该段主要为河口坝沉积，PY30-1-2井与PY30-1-2A井位于坝体中心部位，PY30-1-1井与PY30-1-3井位置下段为坝翼。其沉积为反韵律特征，粒度上粗下细，分选中—好，泥质含量较SB13.8层略高。

（3）MFS18.5层：4口井中钻遇的厚度为59.5～75.5m，西边2口井厚度略大，东边2口井厚度略小，从测井曲线看，为钟形、箱形与漏斗形的叠加。PY30-1-3井取心73.98m，囊括了整个气层段。从岩心看，其岩性主要为细砂岩和中砂岩，局部夹泥质粉砂岩和泥岩夹层。沉积构造非常发育，层理类型繁多，包括斜层理、水平层理、不规则纹层层理等，偶见侵蚀面，可见大量虫孔发育，粒序变化包括正韵律、反韵律及无韵律，其沉积应以水下分流河道—河口坝沉积为主，夹天然堤沉积及支流间湾沉积。

2. 储层岩性物性特征

根据番禺30-1气田井薄片分析结果，气层岩性主要为石英砂岩，成分以石英为主，其次是长石和岩屑，含云母。碎屑颗粒以细砂岩—含砾砂岩为主，平均粒径0.1mm以上；分选中等—好；SB13.8层砂岩粒度比较粗，为中—粗砂岩；MFS18.5层为中—细砂岩。

储层中黏土基质含量占1%～33%；胶结物含量占1%～27.3%，胶结物以方解石、白云石和铁白云石胶结为主，局部见黄铁矿和硅质胶结；胶结类型主要为孔隙式。

对番禺30-1气田储层物性的认识基于4口井的测井资料的处理解释以及对PY30-

1-3 井 82.89m 岩心的物性分析。岩心分析和测井解释结果表明番禺 30-1 气田储层物性主要受泥质含量和钙质胶结物的影响。岩心分析 SB13.8 层与 MFS18.5 层的平均有效孔隙度分别为 30.3% 和 18.2%，平均渗透率分别为 8448.8mD 和 109.2mD，常规岩心分析孔隙度和渗透率略高于测井解释结果。

四、气藏

1. 气藏类型

番禺 30-1 气田有 3 个主力气层，分别是 SB13.8 层、SB15.5 层及 MFS18.5 层，圈闭类型为上升盘的翘倾半背斜构造，受断层影响造成东西两块，属构造型气藏，具有多个气水系统。SB13.8 层东块气水界面深度为 -1725.4m，西块气水界面深度为 -1657.8m；SB15.5 层，东块气水界面深度为 -2005.8m；MFS18.5 层东西块为统一的气水界面深度 -2755.8m。

番禺 30-1 气藏类型按储层形态分，气田东西块的 SB13.8 气藏和 SB15.5 气藏，具有各自独立的气水系统。西块 SB13.8 气藏为块状底水气藏。其他均为层状边水气藏。按烃类组分，番禺 30-1 气田的天然气干燥系数为 93%～94%，凝析油含量 28.5～37g/m^3，属于湿气类。按相态的组合分类，将凝析油含量不小于 50g/m^3 的天然气藏称为凝析气藏，因此，番禺 30-1 气田应划分为纯气藏。

2. 压力与温度

番禺 30-1 气田在 PY30-1-3 井 MFS18.5 气藏进行了两次 DST 测试，同时在 PY30-1-2 井、PY30-1-2A 井和 PY30-1-3 井分别也进行了系统的 FMT（FET）测试，获得了可靠的地层压力和温度资料。

1）气藏压力

各气藏地层压力随深度的增加而增大，根据 DST 测试和 FMT（FET）测试取得的压力资料，以各气藏含气高度的 1/3 处作为折算基准面，计算得到各气藏中部平均地层压力为 16.418～27.262MPa，压力系数为 1.001～1.010，均属正常压力系统。

PY30-1-3 井在 MFS18.5 气藏的 2711～2726m（DST2，MFS18.5-1 段）和 2743～2758m（DST1，MFS18.5-2 段）井段分别进行 DST 测试，DST 解释原始地层压力分别为 27.02MPa 和 27.11MPa，RD 井下样 PVT 分析结果其露点压力分别为 23.38MPa 和 22.28MPa，地露压差分别为 3.64MPa 和 4.83MPa，属未饱和凝析气藏。

2）气藏温度

气层温度是气藏储量计算中的一项重要参数。PY30-1-3 井在 MFS18.5 气藏进行了两次 DST 测试，在 2678.03m 和 2710.03m 深度测得的井底温度分别为 120.95℃和 125.19℃。由于测温点距射孔中部有 40.47m，考虑高温气流在井筒内的损失，需对测量温度进行校正。校正时按测温点与井口之间的温度变化率，近似计算测温点与射孔中部之间的井筒温度损失，从而得到校正后的气藏温度。

由于番禺 30-1 气田的实测温度资料较少，为了更准确地计算气藏的地温梯度，将相邻番禺 34-1 气田、番禺 35-1 气田和番禺 35-2 气田的 DST 测试取得的地层温度一起进行分析，并按上述校正方法对其测量温度进行了校正。

根据经验统计结果，确定番禺 30-1 气田海底（-191.5m）温度为 16℃，最终得到番禺 30-1 气田所在区域的地温梯度曲线，地温梯度为 4.08℃ /100m，该地温梯度与珠江口盆地地温梯度南高北低的变化趋势是一致的，属于高地温梯度气藏。

依据地温梯度，计算得到番禺 30-1 气田各气藏地层平均温度为 79～122.6℃。

五、流体性质

番禺 30-1 气田 PY30-1-3 井在 MFS18.5 气藏 DST 测试中，取得了多个合格的井下 PVT 样；同时，在其他探井和评价井中，进行了 FMT 取样，并对所取气样进行了色谱分析；另外，在气田投产后，为了取全、取准气藏的原始流体高压物性及相态特征资料，准确判断气藏类型，为今后气田生产动态分析和科学管理提供依据，对气田多口生产井各个气藏进行了井下取样和地面分离器取样，并进行了井下样和分离器复配样的 PVT 分析。

1. 井流物性质

根据 PY30-1-3 井和生产井所取井下样及地面分离器复配样的 PVT 实验分析结果，番禺 30-1 气田 3 个气藏的井流物组分中，甲烷含量 84.0%～92.7%、乙烷含量 2.8%～4.2%、二氧化碳含量 2.4%～9.9%。

根据高压物性分析结果，各气藏的气油比为 20757～66531m^3/m^3，平均值为 41100m^3/m^3。从各样品的分析结果来看，气油比存在一定差异，生产井 A1H、A2H、A5H、A7H 和 A8H 中所取 PVT 样品的气油比明显要高于 PY30-1-3 井 DST 测试所取 PVT 样，原因分析可能是由于气田投产后，经过一段时间生产，气体组分和凝析油含量发生了一定变化。

从 PY30-1-3 井 DST 测试的井下样与和地面分离器复配样分析结果所做相图看，在气藏温度条件下，随地层压力下降，会出现反凝析现象—即析出凝析油，不过凝析油的量非常低，物质的量分数小于 0.002/%。

2. 天然气性质

所有钻井所取气样的组分分析结果表明，番禺 30-1 气田天然气中，甲烷含量 83.8%～92.5%，乙烷含量 2.7%～4.3%，二氧化碳含量 1.6%～9.9%，含氮 0%～2.6%，不含硫化氢。其中，PY30-1-2A 井和 PY30-1-A7H 井在 SB15.5 气藏所取样品的二氧化碳含量较高，分别为 8.5% 和 9.9%，其余样品二氧化碳含量相对较低。天然气相对密度为 0.611～0.692，偏差系数为 0.870～0.978。

3. 凝析油性质

PY30-1-3 井 DST 测试所取 PVT 样品中，井流物含少量凝析油。根据分离器常规取油样分析结果，MFS18.5 气藏中凝析油地面密度 0.781g/cm^3，黏度 0.5mPa · s（50℃），凝固点低于 -40℃。

4. 气田水性质

番禺 30-1 气田 PY30-1-3 井在 SB13.8 层和 MFS18.5 气层之下的水层各取了一个水样，总水矿化度为 36584～49629mg/L，按照苏林分类为 $CaCl_2$ 水型，这与珠江口盆地其他油气田水类型一致。其密度为 1.0255～1.0348g/cm^3，电阻率为 0.245～0.255Ω · m。

同时，在 MFS18.5 层两次 DST 测试所取水样分析结果中，总矿化度明显偏低，仅只有 2100～3241mg/L，因此判断所取的水样可能不是来自原始的地层水。

六、油气富集条件

番禺—流花地区天然气成藏富集具有如烃源岩、有效储层和盖层、保存完好的圈闭、天然气运移的输导体系以及匹配关系等多种控制因素。油气成藏要满足所有的成藏条件，其中部分条件是油气成藏的主控因素。

1. 构造脊是控制油气分布的主要因素

油气在番禺—流花地区主要以横向运移为主，因此珠江组下段砂岩构造脊成为控制油气分布的主要因素。而断裂的纵向沟通油气能力有限，这也是该区油气发现 90% 都集中在珠江组下段的主要原因。

从番禺—流花地区现今 T_{50} 层构造脊的分布图（图 2-10-9）可以看出：B→C→D→E→F 之间存在一条明显的构造脊，T_{50} 层之下“铺天盖地”的珠江组下段砂岩与 T_{50} 层之上巨厚的珠江组上段泥岩构成了海进式“黄金”储盖组合，这套储盖组合与 T_{50} 层构造脊的紧密配合形成了一条油气横向进行中长距离运移的“高速公路”。沿着这条“高速公路”，来自白云主洼的油气可以非常顺利地运移至 E、F 等构造。

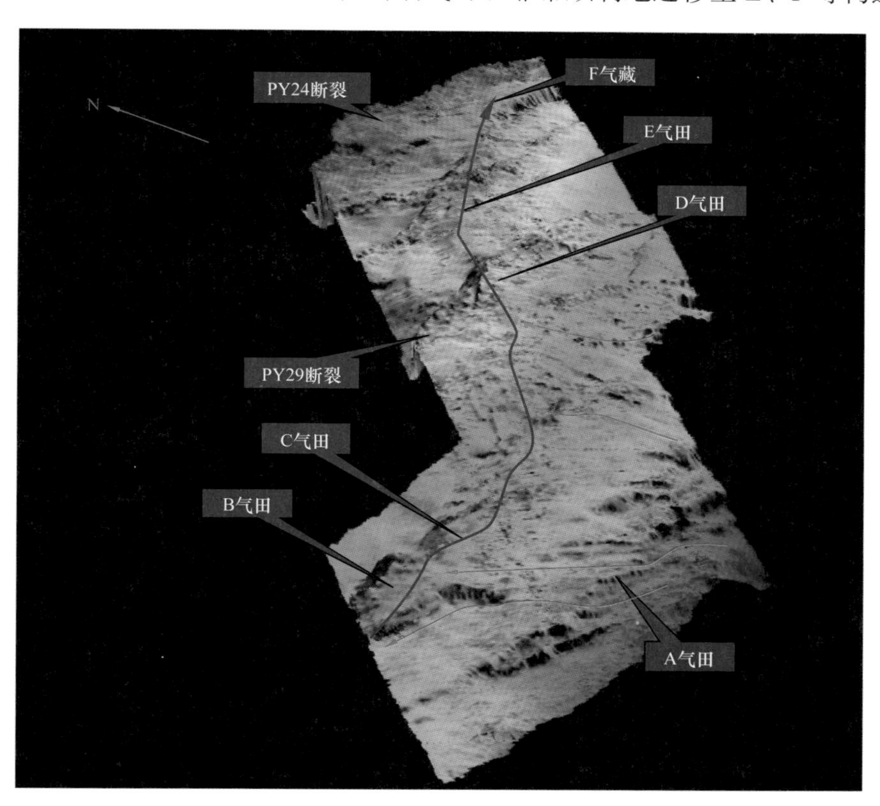

图 2-10-9　油气沿构造脊运移示意图

2. 圈闭类型与储盖组合的匹配主导油气的聚集规模

番禺 30-1 气田的圈闭类型主要为反向正断层控制的断圈，由于该地区珠江组具有大套的上细下粗的储盖组合特点，决定了在断层倾向与地层倾向相反时，储层可形成良好的侧封型断层圈闭；而断层倾向与地层倾向相同时，则不易形成有效侧向封堵的断层圈闭，因此它的圈闭具有较好的聚烃能力，油气充满度高。

3. 晚期—超晚期成藏

国内外的研究表明，天然气晚期成藏是形成大中型气田的重要条件之一。由于天然气的组成简单，分子、密度、黏度和吸附能力都小，故有易溶解、易扩散和易挥发等特点。因此，天然气成藏期早且又无气源继续供给的气藏或气田，散失作用就使得气藏难以保存下来，即使气藏原始聚集量较高，也会造成其地质储量降低。相反，天然气成藏晚的，特别是成藏期晚的大中型气田，天然气散失量小，天然气聚集效率就高。

该地区成藏的天然气藏都是5.8Ma以来的成藏产物，可谓“超晚期成藏”特征。超晚期成藏作用的天然气有两种归属：一是在断层消失在T_{30}、T_{32}上下、封闭性好的圈闭中成藏，如D、E等气藏；另一类是沿着断至海底的断层逸散到海水中，如番禺29、番禺24等断层。晚期成藏另一个有利条件是与晚期形成的构造有好的匹配关系。

4. 良好的封盖及保存条件是油气成藏的关键因素

良好的封盖条件不仅指断层停止活动后的封闭能力和盖层的封闭能力，更重要的是断裂活动时期不能构成边充注边散失的模式，必须是充注的量大于散失的量，天然气才能大量聚集成藏。

该地区主力储层珠江组下段砂岩上覆大套泥岩，厚度在几百米至数千米之间，这些分布稳定、巨厚的泥岩形成了良好的封盖层，天然气很难通过盖层扩散散失。

该地区圈闭形成较晚，主要是东沙运动（10—5Ma）时期形成并定型，与该区油气成藏关键时刻5Ma相匹配。东沙运动后断裂活动基本停止，油气保存条件非常好。同时由于气藏形成较晚，气源充足，供气量大于散失量，天然气仍可聚集成藏，如B气田。控制西部断鼻构造的断层极为特殊，断层已断至海底，现今仍在活动，但钻探结果为：东中西断鼻构造均获得突破，其中西高点钻探的2井于珠江组下段砂岩获工业气流，且分析结果表明该断鼻圈闭的气藏充满度达到100%。

七、开发简况

番禺30-1气田2002年5月由探井PY30-1-1井钻探发现，该井在新近系钻遇气层128.7m（合计气层有效厚度77.7m）。为了进一步减少构造的不确定性和满足气藏描述的需要，2002年8月进行了1329km^2的三维地震采集和处理，在精细解释构造的基础上，2003年先后钻了3口评价井（其中PY30-1-2A井是利用PY30-1-2井的上部井段，从629m处侧钻的一口斜井；PY30-1-3井为系统评价井）。其中PY30-1-3井在MFS18.5气层的中、上部（MFS18.5-2段和MFS18.5-1段）分两段进行了钻杆测试，合计折算日产天然气$174.5 \times 10^4 m^3$，日产凝析油75.1m^3，证实了番禺30-1气田具有一定的储量规模和较高的产能。

随着中国海洋石油总公司天然气战略的实施，十多年来在南海珠江口盆地番禺低隆起至白云凹陷北坡的番禺、流花地区先后发现了多个商业性气田和含气构造。主要包括番禺30-1气田、番禺34-1气田、流花19-5气田、番禺35-2气田和番禺35-1气田，以及流花19-3等含气构造，形成了一个初具规模的番禺气区。

正是由于番禺30-1气田的发现，大力推动和加快了番禺气区的商业开发，开启了珠江口盆地继原油生产后天然气商业开发生产的阶段。2004 年 4 月，批准了番禺 30-1 气田与番禺 34-1 气藏联合开发总体开发方案，由此番禺 30-1 气田进入开发实施阶段。

2008 年 12 月，番禺 30-1 气田 ODP 开发井开钻，采用小批钻和批投方式，分 3 批进行，即 A2H 井 /A3H 井 /A6 井、A1H 井 /A4H 井 /A9H 井和 A7H 井 /A5H 井 /A8H 井。至 2010 年 6 月，所有开发井全部顺利实施完毕，并全部投产。在第一批开发井实施过程中，遇到了前所未有的挑战和困难，尤其是最初的两口水平井 A2H 和 A3H，MFS18.5-1 段顶面构造较预测深了近 40m，分析原因主要是由于浅层气和断层的影响，造成构造解释的不确定性。由于目的层构造发生明显变化，轨迹已不能按照原设计钻遇靶点，因此决定将其实施侧钻。

在整个实施过程中，在构造出现较大变化情况下，优化靶点，确保处于最佳位置；同时，多次进行钻完井顺序调整，满足产量最大化；另外，采用小批钻方式，既满足了产量需求，又相对节约了作业成本。在第一批井经验总结基础之上，有效地控制了构造、钻井风险，顺利完成了其余 6 口生产井。从实钻结果来看，无论是构造、储层还是钻井质量，后两批井均得到极大的改善。

第九节　荔湾 3-1 气田

一、气田概况

荔湾 3-1 气田位于珠江口盆地面积最大、沉积厚度最厚的白云凹陷内，距香港东南部约 310km，气田水深 1300～1500m。

2006 年 8 月，钻探 LW3-1-1 井，发现荔湾 3-1 气田。

二、气田地质特征

1. 地层

荔湾 3-1 气田所在的白云凹陷是整个珠江口盆地的沉积中心，凹陷面积超过 20000km^2，主要为新生代沉积物。在白云地区，所有新生代沉积地层均有钻遇。荔湾 3-1 气田是白云凹陷深水区第一个商业性天然气发现，也是迄今为止白云地区储量最大的气田。钻遇了万山组、粤海组、韩江组、珠江组、珠海组，未钻遇恩平组和文昌组。气层主要位于珠海组和珠江组（图 2-10-10）。

2. 构造特征

荔湾 3-1 气田位于白云凹陷的东南部，南部隆起向北倾没于白云主洼的鼻状凸起上，靠近白云凹陷的中心。荔湾 3-1 气田的南北边界都为长期活动的大断层，对该构造的发育和油气成藏起着重要的控制作用；且由于荔湾 3-1 构造 Sand1 之上发育巨厚深海泥岩以及控圈断层断距超过 200m，因此断层能形成非常有效的封堵。整体而言，荔湾 3-1 是一个在前古近系基底隆起基础上发育的受断层控制的披覆背斜；由于构造继承性发育，从珠海组到珠江组，各层构造具有相似的形状和圈闭特征。以第一套主力气层为例，描述荔湾 3-1 气田圈闭构造特征。

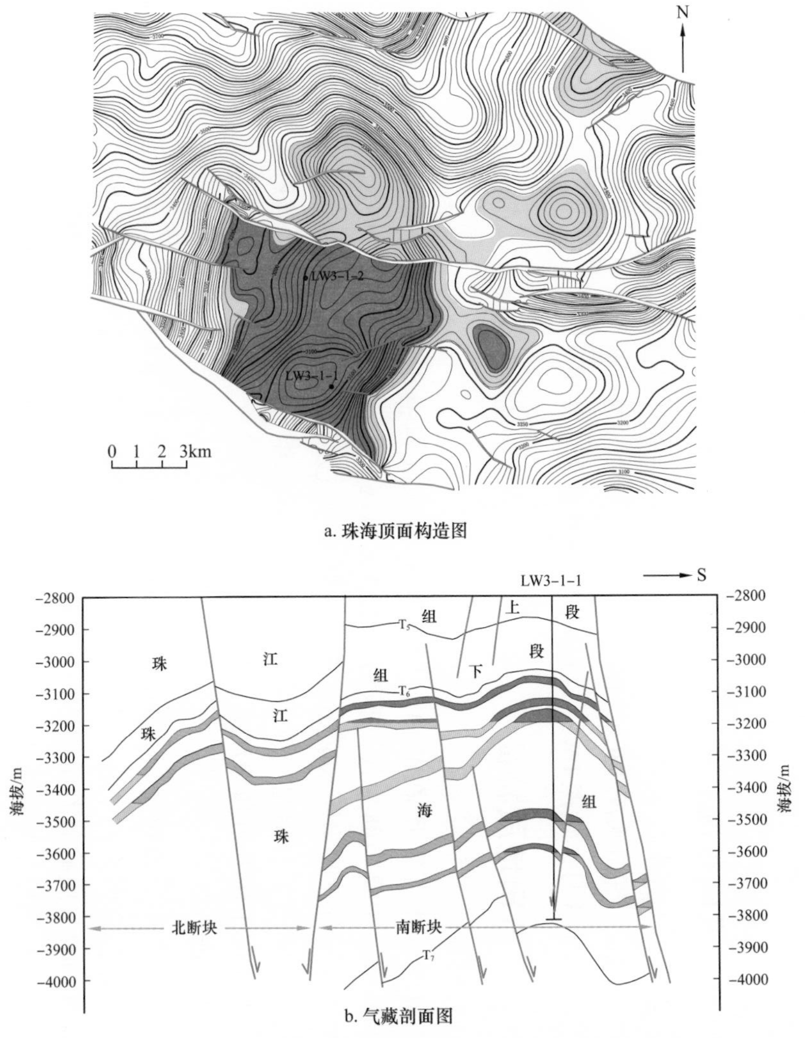

a. 珠海顶面构造图

b. 气藏剖面图

c. 综合柱状图

图 2-10-10 荔湾 3-1 气田综合图（据朱伟林等，2010）

Sand1 层构造走向为近北东—南西方向，构造的发育和油气成藏受南北 4 条长期活动、多期发育的大断层控制；构造内部还发育了一系列规模较小的断裂，大部分都分布在气田东部，活动时期短，断距通常小于 60m，没有断开 Sand1 层、Sand2 层和 Sand3 层，反而通过砂岩之间的对接使这 3 套储层相互连通形成同一个压力系统，具有统一的气水界面。Sand1 层构造圈闭面积 59.5km^2，长轴为 9.2km，短轴 7.0km，地层倾角在背斜西北翼陡，东南翼缓，构造圈闭溢出点位于构造东南部；最低圈闭线 -3180.0m，和气藏气水界面基本一致，说明 Sand1 层构造基本充满，含气范围主要和储层的分布有关。Sand2 层、Sand3 层和 Sand4 层构造和 Sand1 层构造相似，走向也近北东—南西方向，为南北两侧受断层控制的披覆背斜，圈闭面积分别为 58.2km^2、51km^2 和 51.7km^2；闭合高度由浅至深逐渐加大，分别为 210m、260m 和 280m。

三、储层

1. 沉积特征

荔湾 3-1 气田的气层主要发育在珠江组下段和珠海组中上部，T_{60}（SB23.8）界面作为白云凹陷主要事件面，界面上下沉积环境截然不同。界面之上珠江组 Sand1 层为深水沉积环境，储层为典型的深水浊积扇砂岩沉积；而界面之下珠海组 Sand2 层、Sand3 层和 Sand4 层为三角洲沉积体系，储层主要以三角洲前缘水下分流河道、河口坝为主，储集性良好。

1）珠江组 Sand1 层

根据岩心观察描述和区域综合研究，将该层定为深水盆底扇沉积环境。荔湾 3-1 气田的探井和评价井均钻遇该层，各井厚度变化非常大，最薄为 LW3-1-3 井的 2m，最厚为 LW3-1-2 井的 42m。储层砂体为高密度浊流沉积，大多数砂层为块状层，无明显层理结构，但在局部能见到正粒序层、水平层理和由弱到强的钙质胶结。砂层中发育大量的与浊流相关的冲刷面，无层理的块状结构和一致的颗粒大小表明持续稳定的流体速度。从底部到顶部分别为薄层泥岩与细砂岩互层的进积层序、块状中砂岩的加积层序和砂泥互层向上变细的退积层序。该盆底扇储层主要为水道砂、非限制浊流席状砂体复合而成。LW3-1-1 井和 LW3-1-2 井的取心显示其具有相似的沉积特征和储层结构。另据岩心粒度分析资料所绘制的粒度 *C—M* 图显示出 Sand1 层为典型的浊流沉积特征。

2）珠海组 Sand2 层

Sand2 层位于珠海组顶部，粒度分析的 *C—M* 图显示其具有典型的牵引流特征。4 口井钻遇的厚度变化不太大，最薄为 LW3-1-1 井的 20m，最厚为 LW3-1-3 井的 35.4m。从 GR 曲线看，整体为漏斗形。岩心观察表明 Sand2 层沉积由下部的前三角洲相逐渐过渡到三角洲前缘相河口坝沉积，向上最终过渡到分流河道沉积，因此将该层定为河控进积型三角洲前缘相，储层主要以三角洲前缘水下分流河道、河口坝为主。

3）珠海组 Sand3 层

4 口井钻遇的厚度变化不太大，最薄为 LW3-1-3 井的 29m，最厚为 LW3-1-2 井的 40.9m。从 GR 曲线看，为多个漏斗形和钟形的叠加。岩心特征与 Sand2 层极为相似，都为进积型三角洲沉积体系，沉积序列由远沙坝—河口坝向分流河道递变的沉积旋回组成。总的来说向上变粗的剖面特征、常见的植物碎片、遗迹相和沉积构造特征都说明了其浅海的沉积环境，Sand2 层和 Sand3 层的岩心都缺少波浪作用的构造特征，因此认为该三角洲沉积体系为河控型三角洲，以河口坝、水下分流河道沉积为主。储层主要以三角洲前缘水下分流河道、河口坝为主。

4）珠海组 Sand4 层

仅 LW3-1-1 井、LW3-1-3 井钻遇了该层，最薄为 LW3-1-3 井的 10.2m，最厚为 LW3-1-1 井的 17.4m。从 GR 曲线看，为下部箱形和上部钟形的叠加。岩心资料显示，以细—中粒砂岩为主，发育底冲刷构造，生物钻孔和生物扰动较发育；结合区域地质资料，将该段定为靠近陆架坡折的上陆坡斜坡扇沉积。

2. 储层岩性物性特征

根据 LW3-1-1 井各层岩石薄片分析和全岩 X 射线衍射分析结果，4 层气层的岩性和成分均较为一致。成分以石英为主，平均占 45%～50.5%；其次是长石，平均占 16.9%～20.5%，岩屑平均占 13.6%～17.5%；含云母和燧石；气层 Sand1 层生物化石碎片含量较高，为 0.7%～2.7%。

碎屑颗粒以细—中砂岩为主，平均粒径 0.1mm 以上，分选中等—好，磨圆度为次棱角—次圆状，岩性主要是细—中粒岩屑长石砂岩和长石岩屑砂岩。胶结物以高岭石及自生矿物石英、方解石、铁方解石、铁白云石和菱铁矿为主，常见自生黄铁矿发育，但基本不参与成岩胶结作用。常见的胶结结构为铁白云石、铁方解石或方解石晶粒的充填式胶结结构和石英次生加大胶结结构。点—线式颗粒接触关系，表明成岩压实作用中等。

储层中黏土含量占 2.8%～12.4%，主要的黏土矿物为高岭石（60%～86.7%）和伊利石（13%～31%），还含少量绿泥石和混层黏土。观察表明黏土以孔隙充填的自生高岭石、基质中岩屑成因黏土和次生高岭石为主。总的来说黏土含量相对较低，对储层物性影响有限。

整体而言，荔湾 3-1 气田珠海组和珠江组碎屑岩孔隙发育，铸体薄片和扫描电镜的鉴定和描述结果来看，以原生粒间孔隙为主，其次为铸模孔和微孔，还包括其他一些次生孔隙，如粒间溶孔、粒内溶孔和裂缝等，孔隙连通性较好。岩心分析和测井解释结果表明储层物性主要受储层沉积相、泥质含量和钙质胶结物的影响。

各井钻遇的 Sand1 层储层物性均非常好，以细—中砂岩为主，分选中等，岩心分析的孔隙度主要分布于 18%～24%（平均 21.2%），渗透率主要分布于 128～1024mD（平均 356.7mD）。测井解释有效孔隙度 20%～26%（平均 22.3%），渗透率 314～1108mD（平均 594mD），泥质含量 6%～11%（平均 9%），属中孔隙度、高渗透率的优质储层。

四、气藏

1. 气藏类型

荔湾 3-1 气田为高品质气体充填的砂岩气藏，主要由断层遮挡封堵成藏，但主力气藏 Sand1 层受岩性控制明显，气藏厚度横向变化很大；因此气藏类型为构造—岩性气藏。按照地层水驱动类型进一步划分为边水气藏。根据地球物理及地质研究，Sand1 层、

Sand2 层和 Sand3 层的水体较小，且 LW3-1-2 井 DST 探测到 1500m 范围内没有相态变化，表明 Sand1 层的驱替能量主要是靠气体膨胀，预计边水能量为弱—中等。

2. 压力与温度

1）地层压力

依据 MDT 和 DST 资料，确定了荔湾 3-1 气田各主力气藏的地层压力。Sand1 气层原始地层压力 32.923MPa，饱和压力 30.930MPa，地饱压差 1.993MPa；Sand2 气层原始地层压力 32.957MPa，饱和压力 32.670MPa，地饱压差 0.287MPa；Sand3 气层原始地层压力 33.127MPa，饱和压力 30.930MPa，地饱压差 2.197MPa；Sand4 气层原始地层压力 35.961MPa，饱和压力 35.680MPa，地饱压差 0.281MPa.

Sand1 层、Sand2 层和 Sand3 层回归得到的地层压力梯度为 0.209～0.245MPa/100m，Sand4 层回归得到的地层压力梯度为 0.298～0.326MPa/100m。基于压力梯度和流体组分，可以得到以下认识：（1）正常压力系统；（2）Sand1 层、Sand2 层和 Sand3 层具有相似的流体组分和压力梯度，认为压力系统连通；（3）Sand4 层具有明显不同的压力系统和流体组分，认为与其他 3 个层不连通。

2）地层温度

根据 MDT 温度资料研究，荔湾 3-1 气田地温梯度 5.26℃ /100m，属于偏高地温梯度，这与珠江口盆地南高北低的地温分布规律一致。

五、流体性质

1. 流体组分

从 MDT 取样结果和 DST 取样结果综合来看，Sand1 层、Sand2 层和 Sand3 层的甲烷含量 85.57%～88.82%，二氧化碳含量 2.8%～3.25%，C_{7+} 含量 0.19%～1.86%，没有检测到 H_2S。总的说来，MDT 的气体组分与 DST 的气体组分比较接近。

2. PVT 实验结果

LW3-1-1 井对 Sand1 层、Sand2 层、Sand3 层和 Sand4 层的 MDT 样品进行了 PVT 实验（包括气油比、密度和偏差因子等），试验结果表明 Sand1 层、Sand2 层、Sand3 层和 Sand4 层的凝析油含量分别为 88cm^3/m^3、75cm^3/m^3、74cm^3/m^3 和 343cm^3/m^3。

Sand1 层、Sand2 层、Sand3 层和 Sand4 层都属于凝析气藏。

六、油气富集条件

1. 独特的凹陷结构及沉积演化环境，白云凹陷资源量丰富

在区域张扭性构造应力作用下，白云凹陷北东、南西方向发育两排近东西向断裂系统，受此控制，白云凹陷形成了一个相对完整的大型地堑单元，面积约 6900km^2，非常有利于发育大型烃源岩。番禺低隆起、荔湾地区发现的大型气田也证实白云凹陷古近系具备巨大的生烃潜力，文昌组、恩平组和珠海组被认为是 3 套主要烃源岩。

文昌组沉积于始新世早—中期盆地裂谷初期，直接覆盖在基底不整合面上。这些地堑和半地堑沉积受断层和构造控制，富含有机质和泥质，大多数为过成熟烃源岩。恩平组沉积时期白云凹陷下沉，所有地堑整合形成较大坳陷，恩平组海陆过渡相沉积物为主

要烃源岩，分布于整个白云凹陷。通过与番禺流花的油气源对比研究显示，恩平组是白云凹陷周边已发现气田的主要烃源岩，生烃和排烃大约在10Ma至现今。珠海组为中等质量的烃源岩；尽管从地温考虑珠海组烃源岩成熟度较低，但在盆地深层应具备一定的生烃潜力。

盆地模拟结果表明，白云凹陷天然气资源量约$2.34 \times 10^{12}m^3$，原油资源量16.38×10^8t，勘探潜力巨大。

2. 良好的储盖组合条件

白云凹陷储层有两种类型，深水扇和浅水三角洲沉积。已钻井资料证实，两种类型储层在白云地区都具备优良的物性特征。SB23.8层序边界不仅是古近系和新近系的边界，同时也是浅水和深水沉积的边界。SB23.8以上的各个层序都可能发育潜在深水扇沉积，如荔湾3-1气田Sand1气层；在荔湾3-1气田，SB23.8以下珠海组主要为三角洲相带的砂体，并覆盖整个白云地区。从海底到储层顶部发育一套巨厚的海相泥岩成为该区域良好的盖层。

3. 复式输导体系构造良好的运聚系统

番禺低隆起、白云凹陷浅层亮点大面积发育，显示了该地区油气运移活跃。荔湾3-1气田西侧，分布着大面积的底辟发育区，凹陷的中部、西南、东北等区域分布着近东西向长期活动的断层，沟通烃源岩和中浅部储层。断裂、底辟系统是该地区油气垂向运聚的良好的通道；番禺低隆起、白云凹陷数十口已钻井证实，白云地区珠海组三角洲砂体发育，横向连通性好，是油气横向运聚良好的输导层；区域构造研究表明，白云地区发育流花29、荔湾3、番禺35、白云7等从凹陷四周顷伏于白云主洼的大型鼻状古隆起，是油气横向汇聚的有利构造单元。沟通烃源岩的长期活动断层、底辟、珠海组砂岩输导体及构造脊，共同构建了白云地区复杂的立体网状复式运聚系统。

七、开发简况

2006年8月完钻的中国第一口深水井LW3-1-1井位于香港东南部约310km处，共钻遇了4层气砂体，分别是珠江组Sand1层及珠海组的Sand2层、Sand3层和Sand4层，气层总有效厚度55.5m，从而发现了中国第一个深水气田荔湾3-1气田。该气田所在海域水深1300～1500m，年平均气温约26℃；附近发现并正在开发的油气田有位于西北大陆架约64km处的浅水区番禺30-1气田，东北陆架约102km为流花11-1油田。

评价井钻井始于2008年11月21日，共完钻评价井3口（LW3-1-2井、LW3-1-3井和LW3-1-4井）。探井和评价井总进尺14856.50m。LW3-1-1井、LW3-1-2井、LW3-1-3井和LW3-1-4井都成功地进行了常规取心，取心井段涵盖了所有气层；取心总进尺232.35m，岩心总长227.86m，岩心收获率98.07%。此外，分别在3口井行了井壁取心，共取样品约150个以弥补常规取心的不足和局限性，井壁取心不仅包括气层还包括水层和泥岩段。所有井都进行MDT压力温度测试和流体采样。有3口井分别对Sand1层（LW3-1-2井和LW3-1-4井）和Sand2层（LW3-1-3井）进行了DST测试，取得了非常高的产能，日产气130.3×10^4～$153.5 \times 10^4m^3$，日产凝析油67.7～$162.1m^3$，不含水。

第十节　文昌13区油田群

一、油田概况

文昌13区油田群包括文昌13-1、13-2两个油田，位于南海北部海域珠江口盆地（西部）珠三坳陷琼海凸起中部，西距海南省文昌市136km，北距文昌8-3油田19.8km，南距文昌19-1油田C平台18.8km，海水深约117m。油田群包括文昌13-1油田和文昌13-2油田，两个油田距离约7km。

二、油田地质特征

文昌13-1、文昌13-2构造是新近纪形成的披覆背斜（图2-10-11、图2-10-12），圈闭幅度介于10～25m，属低幅圈闭。构造形态明显受基底控制，其中文昌13-1构造展布方向为北东—南西向，而文昌13-2构造展布方向为北西—南东向。文昌13-1构造较为完整，基本不受断层切割，文昌13-2构造西翼分布有多条断层，北部受断层切割，形成断背斜。文昌13-1和文昌13-2构造珠江组受差异压实作用，形成多层圈闭，垂向叠置较好，高点一致，因此可以形成多层油藏。同时文昌13-1、文昌13-2构造受基底原始地形的控制，从凸起接受沉积起，即从早中新世早期起，文昌13-1构造开始发育，至中中新世构造定型。该构造简单，类型好，不受断层破坏或影响，因此具备了良好的圈闭条件和保存条件。

三、储层

文昌13-1、文昌13-2油田属同一沉积体系，其储层特征相似。文昌13-1油田珠江组纵向上为一个持续海进的沉积层序，由珠江组二段潮汐滨海相向珠江组一段波浪滨海相、浅海相逐渐过渡，层层超覆，逐渐向盆地边缘迁移，沉积体系不断后退。珠江组二段沉积时期，琼海凸起广泛发育以潮汐作用为主要营力的潮坪沉积。珠江组二段沉积末期，基准面继续上升，由潮汐滨海向开阔的波浪滨海转换，形成区域性波浪为主的滨岸沉积。珠江组一段沉积时期，整个盆地沉积范围进一步扩大，水体逐渐加深，成为开阔的滨浅海环境，以波浪作用为主要营力。在珠江组一段沉积早期（T_{50}之后）发生区域性的海侵，形成广泛的海进泥岩后，随后发生海退，在下部地层（T_{50}—T_{42}）发育海退砂岩；之后为持续的海进，在中部地层（T_{42}—T_{41}）形成海侵砂岩。珠江组一段沉积晚期海水进一步加深，成为浅海沉积环境，在上部地层（ZJ1-1—ZJ1-3油层组）发育浅海相水下浅滩席状砂。

珠江组二段的储层为潮坪沉积环境下的沙坪相、潮道相以及部分混合坪相，ZJ2-1U油层组主要为被潮道切割叠置的沙坪沉积；ZJ1-4M油层组主要的储层为一套海进临滨环境下的临滨沙坝沉积，其上部为临滨过渡沉积也可成为储层。

文昌13-1、文昌13-2油田主要发生4种成岩作用。（1）压实作用：这是主要成岩作用，经压实作用改造后储层砂岩粒间孔隙大量减少，总体上压实作用损失的孔隙度大于胶结作用损失的孔隙度；（2）胶结作用：有效储层的胶结物含量一般较低，因而胶结

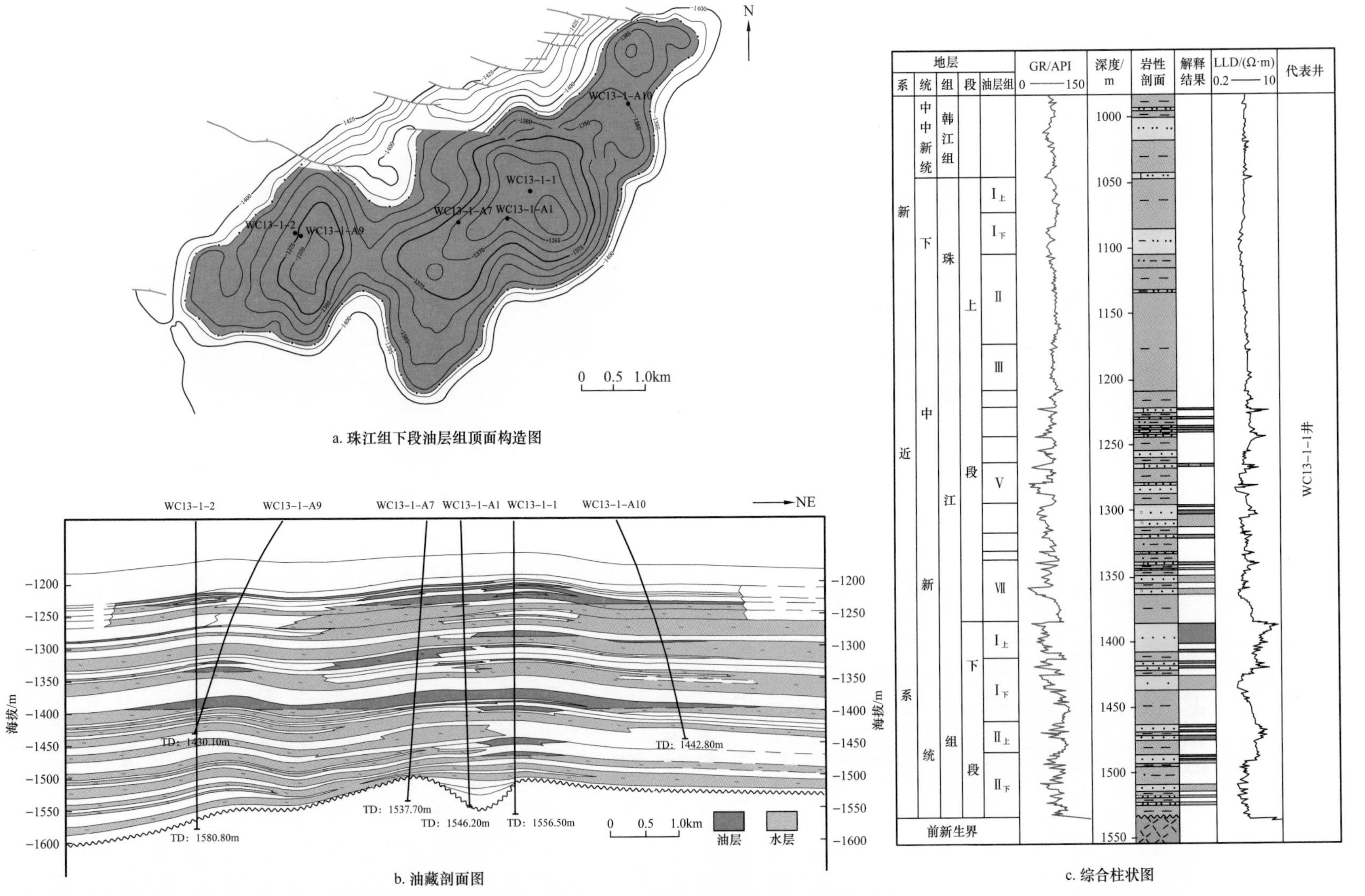

图 2-10-11　文昌 13-1 油田综合图（据朱伟林等，2010）

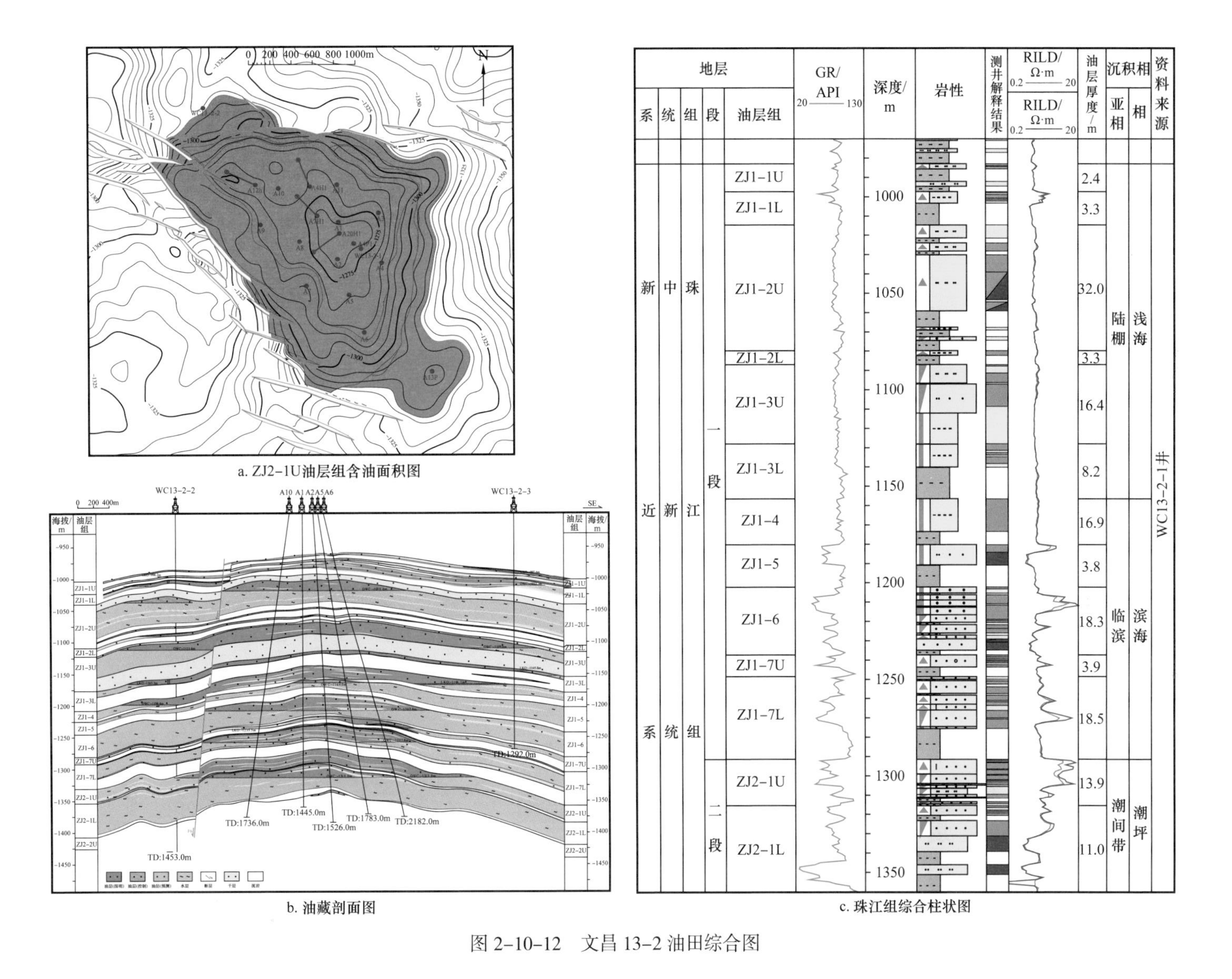

图 2-10-12　文昌 13-2 油田综合图

作用较弱，但在砂岩段内局部层段碳酸盐含量富集，形成“钙质层”，这些钙质层主要分布在珠江组二段和珠江组一段下部砂岩段中，其中珠江组二段的“钙质层”富含生物碎屑；（3）溶解作用：主要为铝硅酸盐矿物（如长石）的溶解，其次是碳酸盐（胶结物和生屑）的溶解作用，与长石溶解作用相比，碳酸盐的溶解作用显得较弱，对骨架颗粒孔隙体积影响较小；（4）交代作用：主要为碳酸盐矿物对碎屑或碳酸盐矿物之间的交代作用。

根据埋深、颗粒接触关系、碳酸盐胶结物产状、镜煤反射率、孢粉颜色、黏土矿物演化、成岩温度等特征，确定该区珠江组一段成岩阶段为早成岩阶段 B 期，珠江组二段成岩阶段为晚成岩阶段 A 期的特征。

四、油藏

文昌 13–1 油田主力油藏以层状边水构造为主，边水能量充足，部分油藏为边水或底水油藏、构造油藏或岩性油藏。文昌 13–2 油田主力油层以层状边水构造油藏为主，部分油层组为块状底水构造油藏、层状边水构造 + 岩性油藏，总体天然能量充足。

文昌 13–1 油田的原油性质具有油质轻，黏度小，胶质、沥青质含量低，含蜡量低，凝固点低，溶解气油比低和饱和压力较低等特点。各井地面原油性质主要有以下特点：

（1）原油密度低，除 ZJ1–6U 油层组 DST4 取样的地面原油密度为 0.910g/cm^3，是中质油外，其余油层组的地面原油密度为 0.788～0.829g/cm^3，是轻质油。

（2）原油黏度低，各油层组地下原油黏度为 0.87～4.59mPa·s。

（3）原油溶解气油比低，各油层组气油比为 7～32m^3/m^3。

（4）体积系数低，各油层组地层压力下的体积系数为 1.040～1.118。

（5）饱和压力低，各油层组的饱和压力为 1.7～5.5MPa。

溶解气的比重为 0.805～0.966，CO_2 含量低，为 1.02%～9.52%；N_2 含量为 7.03%～19.16%；烃含量较高，CH_4 含量为 43.31%～66.09%，重烃（C_2+C_3）含量为 12.15%～44.0%，无 H_2S。文昌 13–1 油田低阻层原油为轻质油，具有比重低、黏度低、凝固点低、地饱压差大的特点。

文昌 13–2 油田的原油性质具有沥青质含量低，含蜡量低，凝固点低，溶解气油比低和饱和压力较低等特点。ZJ1–1—ZJ1–4 油层组的原油属于轻质原油，原油密度低，为 0.800～0.811g/cm^3，原油黏度小（2.5～4.4mPa·s）；珠江组一段下部及珠江组二段（ZJ1–6—ZJ2–1L）为中质油，原油密度为 0.881～0.950g/cm^3，原油黏度不大（21.6～48.1mPa·s）。溶解气性质：溶解气中 CO_2 含量低，重烃（C_2 + C_3）含量高。地层水性质：2008 年文昌 13–2 油田 FPSO 取样取得两个地层水资料，总矿化度分别为 33693mg/L、33059mg/L，水型为 $CaCl_2$。

五、油气富集条件

文昌 13–1、文昌 13–2 按其储层、流体特征可分为高阻、低阻两类油藏，高阻油藏主要分布在珠江组一段下部—珠江组二段，低阻油藏主要分布在珠江组一段上部。从珠江组二段—珠江组一段上部，圈闭幅度降低，油层性质从高阻变为低阻。文昌 13 区整体表现为珠江组高阻、低阻油层纵向叠置、横向连片，储量丰度达到 428×10^4m^3/km^2，为一个含油层系多、储量丰度高的油气富集带，储层物性和储盖组合控制了油气侧向运移的优势通道。文昌 13-1、文昌 13-2 低阻油层的储量占到整个油藏的 30% 左右。高阻油藏和低阻油藏具有不同的成藏模式。

1. 新近系珠江组油气长距离汇聚、背斜成藏

琼海凸起三面环凹，南部为文昌 B 凹陷，东部为文昌 A 凹陷，北部为琼海凹陷。文昌 13-1 油田位于琼海凸起东区，处于 3 个凹陷生排运聚油气的最佳指向。近年琼海凹陷②号断裂下降盘文昌 7-2 含油构造古近系珠海组油藏的发现证实了琼海凹陷东洼是生油洼陷，对琼海凸起的油气聚集亦有贡献。前人通过成熟度、原油物性、流体包裹体等研究认为琼海凸起珠江组油藏的原油主要来自文昌 A、文昌 B 凹陷文昌组烃源岩排出的油气。在油气输导体系方面，输导体系组成包括油源断裂和区域性盖层之下的砂岩渗透层、凸起区珠江组古构造脊。靠近琼海凸起的文昌 A、文昌 B 凹陷部位都发育有断至 T_{20}（韩江组沉积期末，10.5Ma）的北西西—东西向展布的断裂，断裂的倾向与琼海凸起至凹陷斜坡地层倾向相同（称正向断裂），它们是沟通文昌 A、文昌 B 凹陷文昌组烃源岩的油源断裂；另一输导体系组成要素是区域性盖层之下的砂岩渗透层，它受控于新近纪早期多期海平面升降所形成的多套储盖组合。珠江组沉积早期发生持续、脉动性的海侵，神狐隆起的障壁作用逐渐减小，文昌 A、文昌 B 凹陷区仍继续发育潮坪为主的沉积。至珠江组沉积中期，在一次短期、快速海退后（珠江组二段沉积期末，10.5Ma），紧接着发生了一次短期、快速海侵，在珠三坳陷中形成较大范围半封闭浅海环境，发育了横向稳定、厚 20～30m 深灰色泥岩（“龟背”泥岩），成为坳陷区内重要的区域盖层之一，从而奠定了珠江组二段成为珠江口盆地西部重要储盖组合的基础。随着海平面再次迅速下降，坳陷区又恢复了滨海浅水环境，三角洲、滨海砂体是主要的储集体，珠江组沉积后期，随着海侵扩大，物源区远，神狐隆起区已没入水下，发育了浅海沉积，即珠江组一段沉积后期至今以浅海泥岩充填为主，形成了盆地范围的区域盖层。因此，珠江口盆地西部发育两套区域盖层之下的珠江组砂岩输导层；同时，在琼海凸起东部和南缘，在珠江组发育受控于基底地貌的继承性古构造脊，它们是文昌 A、文昌 B 凹陷油气向琼海凸起汇聚的优势路径。因此，文昌 A、文昌 B 凹陷文昌组烃源岩排出的油气由正向油源断层进入珠江组一段、二段砂岩中，沿海相砂岩储层上倾方向、古构造脊汇流式运移，在珠江组两套储盖组合中形成多个背斜油气藏。

琼海凸起钻井已揭示珠江组总体砂地比高，砂岩超过 60%，以基底披覆背斜油藏为主，珠江组两套主力成藏组合为 ZJ2-Ⅰ（珠江组二段Ⅰ油层组）、ZJ1-Ⅳ（珠江组一段Ⅳ油层组）。该区 T_{50} 和 T_{41} 等高孔渗储层之上均有一套分布稳定的泥岩盖层，在储层连续分布的条件下，位于盖层之下的第一套砂岩是油气侧向运移的优势通道，油气沿“沟源断裂 +T_{50} 下滨海潮坪砂 /T_{41} 下三角洲砂 + 构造脊”长距离汇聚至琼海凸起披覆背斜。因此文昌 13-1、文昌 13-2 油田具有“油气长距离汇流运移、背斜聚集”的成藏特征，具体表现为：文昌 A、文昌 B 凹陷斜坡带砂体与烃源岩呈侧变式生储组合关系，即生油层与输导层两者以岩性的横向变化方式相接触，烃源岩生成的油气首先侧向同层运移至斜坡带的砂体中，同时，在琼海凸起东部和南缘珠江组发育受控于基底地貌的继承性古构造脊，也是文昌 A、文昌 B 凹陷油气向琼海凸起汇聚的优势路径。而且发育于琼海凸起上的这些滨海相砂体物性好，分布稳定，也形成了油气长距离侧向运移的良好通道。

另外琼海凸起上发育了一些盖层断层，虽断距不大，但对油气聚集再分配起到了关键作用。沿着珠江组二段长距离运移的油气，遇到该盖层断层后一部分油气会垂向运移至珠江组一段砂体中并成藏。

2. 低阻油气藏成藏

文昌13区油田群珠江组一段上部低阻油藏发育在隆起、凸起新近系披覆构造背景上，低阻油藏的下部往往是储集性能较好的珠江组一段或珠江组二段高阻断背斜油藏。油气储层为浅埋藏（约1100m）泥质粉砂岩，具有一定的储集性能和渗流能力，储层分布受控于其下部珠江组一段低幅构造背景，在油田范围内分布稳定，在更大范围内横向分布不连续。

文昌13-2油田珠江组一段低阻油藏储层系海侵初期的一套灰—灰黑色泥质粉砂岩，沉积时水动力较弱，储层泥质含量20%～30%，全岩矿物中黏土占20%～35%，为浅海相滨外沙坝砂岩储层。这种砂岩储层叠覆在下部T_{41}（ZJ-Ⅳ油层组）披覆背斜构造背景之上，形成了背斜—岩性圈闭。

琼海凸起珠江组一段上部低阻油藏，因其储层分布受控于下部珠江组一段披覆背斜构造背景，在更大范围内横向分布不稳定，缺乏油气长距离侧向运移的有效途径。高分辨率三维地震资料及构造特征分析表明在珠江组一段、二段高阻油藏区明显发育断裂，这些近东西走向断裂切穿珠江组一段、二段高阻油藏，且持续活动至韩江组沉积期末（T_{20}，10.5Ma），扮演了使高阻油藏与上方滨外沙坝砂岩储层连通的作用。而滨外沙坝砂岩储层之上发育厚度大、质量好的海侵泥岩，后期断裂作用使珠江组一段、二段油藏中油气向上方以滨外沙坝砂岩为储层的背斜—岩性圈闭中富集，形成珠江组一段上部低阻油藏（油层RAT约1.5Ω·m、泥岩1.0Ω·m）。文昌13-2油田珠江组一段、二段油藏原油密度分别为0.8830～0.8990g/cm^3，其明显重于珠江组一段上部低阻油藏的0.7989～0.8103g/cm^3。

综上分析，珠江组一段上部低阻油藏是其下部珠江组一段、二段油藏在中中新世沿断裂发生垂向运移调整的结果，属后期油气调整再分布所形成的次生油气藏。

琼海凸起、神狐隆起已探明的低阻油藏地质特征与上述成藏模式相同，由此建立“低阻油藏成藏模式”。该成藏模式中珠江组一段上部（T_{40}—T_{41}）海相低阻层系发育背斜—岩性型油气藏，在凸起或隆起高阻油田油气聚集区持续活动至韩江组沉积期末（T_{20}，10.5Ma）的断裂切穿珠江组一段、珠江二段高阻油藏，扮演了使高阻油藏与上方滨外沙坝砂岩储层连通的垂向油气输导作用。且在滨外沙坝砂岩储层之上的厚度大、质量好的海侵泥岩封盖下使油气能够在滨外沙坝砂岩储层中富集，形成珠江组一段泥质重，但具一定孔渗条件储层的低电阻率油藏。盆地中琼海凸起、神狐隆起等既是潜在的低幅度背斜油气成藏富集带，亦是低阻油藏潜力区，尤其是南海运动、东沙运动所形成断裂的发育区。

六、开发简况

文昌13-1油田由中国海洋总公司和哈斯基石油中国有限公司合作开发，合作的区块名称为：39/05区块。权益比例为：中方60%、外方40%。1997年7月在文昌13-1构造东边高部位钻探了一口探井（WC13-1-1井），经测试在珠江组获累计日产2083m^3

的高产油流，发现了文昌13–1油田。同年10月，在构造西南翼较低部位钻探评价井（WC13–1–2井），证实主力油层组分布稳定，并获得了油水界面的资料，于1998年向全国资源委申报新增探明地质储量并获批准。

1997年9月在文昌13–2构造南部高部位钻探了一口探井（WC13–2–1井），经测试在珠江组获累计日产900m^{3}的高产油流，发现了文昌13–2油田。同年11月，在文昌13–2构造的北高点钻探了评价井（WC13–2–2井）。仅在ZJ1段钻遇部分油层，且以低阻层为主要特征，经测试有一定油流。于1998年4月向全国资源委申报文昌13–2油田未开发探明地质储量并获批准。

文昌13–1、文昌13–2油田联合开发预钻井工程于2000年8月10日启动，8月17日文昌13–2油田生产井钻井作业正式开始。截至2001年5月18日，两个油田共21口生产井全部钻完，其中文昌13–2油田11口井，其后进行了生产井钻后的储量计算，并在此基础上编制了开发实施方案。2002年7月8日，文昌13–1油田、文昌13–2油田正式投入生产。

七、勘探经验与启示

文昌A、文昌B凹陷斜坡带砂体与烃源岩呈侧变式生储组合关系，即生油层与输导层两者以岩性的横向变化方式相接触，烃源岩生成的油气首先侧向同层运移至斜坡带的砂体中；同时，在琼海凸起东部和南缘，珠江组发育受控于基底地貌的继承性古构造脊，也是文昌A、文昌B凹陷油气向琼海凸起汇聚的优势路径。而且发育于琼海凸起上的这些滨海相砂体物性好，分布稳定，也形成了油气长距离侧向运移的良好通道。另外琼海凸起上发育了一些盖层断层，虽断距不大，但对油气聚集再分配起到了关键作用。沿着珠江组二段长距离运移的油气，遇到该盖层断层后一部分油气会垂向运移至珠江组一段砂体中并成藏。总体来说琼海凸起文昌13–1油田，具有“油气长距离汇流运移、背斜聚集”的成藏特点，同理文昌13–2油田成藏模式也具有上述特征。

第十一节　文昌9、文昌10气田群

一、气田概况

文昌9–2、文昌9–3、文昌10–3气田群位于珠江口盆地西部珠三坳陷文昌A凹陷，文昌9–2气田、文昌9–3气田分布在凹陷中部Ⅱ号断裂带。其中文昌9–2构造是一个北边靠一条北西西走向、北北东倾向的正断层封闭的断鼻构造，文昌9–2气田距海南省文昌市东海岸约146km，离广东省湛江市区约262km，距东海岛约250km，离文昌8–3油田约24km，距崖城13–1气田至香港的输气管线接入点约35km。另外文昌9–3构造主要为一个夹持在F_1、F_2断层之间的锐角断块构造，文昌9–3气田距海南省文昌市东海岸约145km，东北方向距文昌9–2气田约5km，南距文昌9–1含气构造约5km，东距文昌10–3气田约26km。

文昌10–3气田位于珠江口盆地西部珠三坳陷文昌A凹陷，是处于珠三南断裂东段下降盘的一个背斜、断背斜构造。该气田距文昌9–2气田约25km。

二、气田地质特征

1. 文昌 9–2 气田

文昌 9–2 气田以断块控制的、多气水系统的层状边水气藏为主，纵向分为 24 个独立的气藏，主要为边水驱动和弹性气驱的复合驱动类型。气藏埋深 –4003～–3040m，属深层气田、小型凝析气藏；探明叠合含气面积 7.80km^2，为中丰度凝析气藏；气藏孔隙度 8.5%～15.5%，渗透率 0.14～22.71mD，属中—低孔隙度、中—低渗透率气藏。为常压中等—高含凝析油的凝析气藏，文昌 9–2 气田凝析油属于低密度、低含蜡量、低凝固点、低含硫量的高品质轻质油。

2. 文昌 9–3 气田

文昌 9–3 气田为断块控制的、层状边水气藏，纵向分为 6 个独立的气藏，以弹性驱为主，弱边水驱动。气藏埋深 –3950～–3700m，属深层气田、小型凝析气藏、中丰度凝析气藏；气藏孔隙度 8.5%～10.3%，渗透率 0.3～2.3mD，属特低—低孔隙度、特低—低渗透率气藏。为常压中等凝析油含量的凝析气藏。文昌 9–3 气田凝析油属于低密度、低含蜡量、低凝固点、低含硫量的高品质轻质油。

3. 文昌 10–3 气田

文昌 10–3 气田的各气层都属于凝析气藏，油层属于挥发油藏。纵向上含油气层共分 6 个油（气）组，具有独立的气水系统，气藏类型为构造层状边水气藏，ZH3 Ⅰ油层组为构造、岩性和断层控制的层状边水油藏。气藏为边水驱动和弹性气驱的复合驱动类型；油藏以边水驱动和溶解气驱的复合驱动类型。气藏埋深 –3513～–3194m，属中深层气田、小型凝析气藏、中丰度凝析气藏；气藏孔隙度 8.5%～15.5%，渗透率 0.37～34.88mD，属中—低孔隙度、中—低渗透率气藏，为常压中等凝析油含量的凝析气藏。文昌 10–3 气田凝析油属于低密度、低含蜡量、低凝固点、低含硫量的高品质轻质油。

4. 文昌 10–3 气田西高点

文昌 10–3 气田西高点气层主要发育在珠海组二段 ZH2 Ⅱ上、ZH2 Ⅱ下、ZH2 Ⅳ下气组和珠海组三段 ZH3 Ⅱ、ZH3 Ⅳ、ZH3 Ⅴ气层组中，ZH2 Ⅱ下气层组以上为断背斜构造，以下为断鼻构造。气藏为边水驱动和弹性气驱的复合驱动类型；油藏以边水驱动和溶解气驱的复合驱动类型。气藏埋深 –3875～–3280m，属中深层气田、小型凝析气藏、中丰度凝析气藏；气藏孔隙度 11.5%～15.9%，渗透率分布在 0.67～29.18mD 之间，属中—低孔隙度、中—低渗透率气藏。ZH2 Ⅱ上气层组凝析油为 0.7875g/cm^3，属于低密度轻质油。

三、储层

1. 文昌 9–2 气田

1）气层组划分与对比

根据岩性组合特征，沉积旋回性及气水分布情况，结合前人研究成果，将珠海组一段划分为 ZH1 Ⅰ—ZH1 Ⅸ共 9 个气层组，其中 ZH1 Ⅴ、ZH1 Ⅷ和 ZH1 Ⅸ气层组又分别细分 6 个亚气层组；珠海组二段划分为 ZH2 Ⅰ—ZH2 Ⅶ共 7 个气层组，其中 ZH2 Ⅲ、ZH2 Ⅳ和 ZH2 Ⅵ气层组又分别细分 6 个亚气层组；珠海组三段气层较少，主要集中在珠海组三段的顶部，仅划分 2 个气层组。这样全含气构造共分 24 个气层组。

2）岩石学特征

珠海组砂岩从细砂岩—含砾粗砂岩均有分布，岩石类型以长石石英砂岩为主，成分成熟度总体中等。颗粒分选中等，颗粒间呈点—线或线—点接触，胶结类型为孔隙式、嵌晶式为主。砂岩孔隙类型以原生粒间孔为主，部分为次生颗粒溶孔和粒间溶孔。

3）成岩作用

结合黏土矿物 X 射线衍射、有机质镜煤反射率和热解 T_{max} 分析，综合上述砂岩成岩作用特征，根据碎屑岩成岩阶段划分标准，确定珠海组一段和珠海组二段上部砂岩处于中成岩阶段 A 期，珠海组二段下部和珠海组三段砂岩处于中成岩阶段 B 期。

4）储层沉积相

珠海组下粗上细，纵向上可分为 3 段。珠海组三段主要为潮坪沉积；珠海组二段主要为潮坪—潮汐影响的三角洲沉积；珠海组一段下部主要为下临滨—浅海内陆架亚相，中部主要为潮坪沉积，上部主要为下临滨沉积。

5）储层物性特征

岩心孔渗分析资料表明，珠海组各段砂岩储层物性随埋深增大而变差，平均孔隙度为 6.4%～15.5%，平均渗透率为 0.27～22.33mD。均属于中—低孔隙度、低渗透率储层。

6）孔隙结构特征

根据 3 口井 49 个岩心压汞资料分析，文昌 9-2 珠海组储层以中—细孔喉为主，粗歪度，储渗能力中—差。

2. 文昌 9-3 气田

1）气层组划分与对比

根据沉积旋回特点，考虑到气水分布特征，并参考邻区文昌 9-2 气田的气层组划分，将该区珠海组二段划分为 7 个气层组（ZH2 Ⅰ—ZH2 Ⅶ），珠海组三段上部划分为 5 个气层组（ZH3 Ⅰ—ZH3 Ⅴ）。其中，ZH2Ⅶ气层组和 ZH3 Ⅰ、ZH3 Ⅱ、ZH3Ⅲ、ZH3Ⅳ、ZH3Ⅴ气层组为含气层段。

2）岩石学特征

文昌 9-3 气田岩石类型属长石石英砂岩和岩屑长石石英砂岩，碎屑颗粒呈次棱角—次圆状，分选中等，其次为中—差。颗粒间以线接触为主，其次为点—线接触和凹凸接触，颗粒支撑结构。胶结类型以压嵌—孔隙式为主，部分为再生—压嵌式和充填交代—孔隙式。砂岩孔隙类型因砂岩类型不同而异，粗砂岩孔隙类型以次生孔隙度为主，主要为长石溶孔；细砂岩以原生粒间孔为主，含部分长石溶孔。

3）成岩作用

根据石英自生加大Ⅲ级、镜煤反射率 R_o 为 1.1%、伊 / 蒙混层含量为 10% 左右、次生孔隙较发育等指标，将 WC9-3-1 井珠海组二段、三段成岩阶段划分为中成岩阶段 B 期。

4）储层沉积相

珠海组三段上部该区低部位形成潮汐滨海潮坪沉积，高部位可能残留少量三角洲前缘沉积。ZH2Ⅶ气层组为分布广泛、厚度较大的障壁沙坝—潟湖沉积体系，总体上，自下而上发育潮汐滨海潮坪沉积、潮汐影响的三角洲和潮汐滨海—浅海内陆架沉积等，总体为一个海侵的沉积层序。

5）储层物性特征

据 17 个岩心水平样孔渗测量结果，文昌 9-3 气田储层物性差，属特低—低孔隙度、低渗透率气藏。ZH3Ⅰ气层组孔隙度分布主峰为 8%～10%，平均值 6.93%；渗透率主要分布在 0.17～7.87mD 之间，平均值 1.75mD，为特低孔隙度、低—特低渗透率组合。ZH3Ⅱ气层组孔隙度分布主峰在 10%～12% 之间，平均值 9.82%；渗透率主峰在 0.80～1.60mD 之间，平均值 0.86mD，为低孔隙度、低—特低渗透率组合。

6）孔隙结构特征

根据薄片鉴定、图像分析，WC9-3-1 井珠海组三段储层孔隙类型以原生粒间孔为主，其次为次生孔隙。粗、细砂岩孔径均属于中孔，但粗砂岩孔径比细砂岩粗，孔隙连通性差，孔喉类型为缩颈型。

3. 文昌 10-3 气田

1）气层组划分与对比

根据岩性组合特征，沉积旋回性及气水分布情况，将珠海组一段划分为 3 个（ZH1Ⅰ—ZH1Ⅲ）气层组，3 个气层组均含气；珠海组二段划分为 4 个（ZH2Ⅰ—ZH2Ⅳ）气层组，其中仅 ZH2Ⅰ、ZH2Ⅱ气层组含气；珠海组三段划分为 3 个（ZH3Ⅰ—ZH3Ⅲ）油层组，其中仅 ZH3Ⅰ油层组含油。这样全油气田共分 10 个油气层组，6 个为含油气层组。

2）岩石学特征

文昌 10-3 气田 ZH1Ⅲ气层组和 ZH3Ⅰ油层组砂岩均以长石石英砂岩为主，成分成熟度指数 2.5～3.4，为中等成熟。泥质含量低（0.2%～1.9%）。颗粒分选中等。颗粒间呈点—线接触或线—点接触。胶结类型为孔隙式、嵌晶式为主。

3）成岩作用

WC10-3-1 井珠海组油气田成岩经历了压实作用、胶结作用、交代作用、溶解作用及黏土矿物演化作用，以压实作用、胶结作用为主，其他成岩作用相对较弱。

4）储层沉积相

珠海组三段上部主要为半封闭海湾，区域上广泛发育以潮汐作用为主要营力的低能潮坪沉积。珠海组二段发育受潮汐改造的扇三角洲前缘水下分流河道和河口坝沉积。珠海组一段下部发育薄层海侵中、下临滨沙坝沉积。

5）储层物性特征

气藏孔隙度 10.7%～15.5%，渗透率 0.37～34.88mD，属中—低孔隙度、中—低渗透率气藏；油藏孔隙度 11.0%，渗透率 1.77mD，属低孔隙度、特低渗透率油藏。

6）孔隙结构特征

根据岩石薄片研究认为，WC10-3-1 井珠海组一段、三段砂岩孔隙类型以原生粒间孔为主，其次为次生孔隙。

据压汞资料分析：ZH1 Ⅲ气层组砂岩属于细—中砂岩，为细喉特征；ZH3Ⅰ油层组粗砂岩为中—细喉特征，细—中砂岩和粉—细砂岩或极细—细砂岩为微喉特征。

4. 文昌 10-3 气田西高点

1）岩石学特征

根据 WC10-2-1 井珠海组岩心 57 块岩石铸体薄片、岩石化学分析资料统计，文昌

10–3 气田西高点珠海组二段、三段具有如下岩石学特征：

ZH3Ⅱ气层组：属于岩屑石英砂岩，碎屑组分以石英为主，成分成熟指数为 3.7～3.9，为中—低成熟。泥质含量小于 3.3%。砂岩主要为含砾粗砂岩，少量细—中粒。颗粒分选中等—较差。颗粒间呈线接触为主，部分凹凸—线状接触，颗粒支撑结构。胶结类型为充填交代—压嵌式为主。

ZH2Ⅰ、ZH2Ⅱ上气组：岩石类型属于石英砂岩，碎屑组分以石英为主，成分成熟度指数为 6.8～7.54，为高成熟。泥质含量小于 3.3%。砂岩为细—中粒，碎屑颗粒呈次棱角—次圆状，分选以中等为主。颗粒间呈线接触为主，部分凹凸—线状接触，颗粒支撑结构。胶结类型为充填交代—压嵌式或压嵌式。

2）成岩作用

文昌 10–3 气田西高点珠海组油气田成岩经历了压实作用、胶结作用、交代作用、溶解作用及黏土矿物演化作用，以压实作用、胶结作用为主，其他成岩作用相对较弱。

3）储层沉积相

WC10–2–1 井区为扇三角洲前缘的主体部分，储层厚度大，粒度粗，主要发育水下分流河道沉积。其中 ZH3Ⅳ—ZH3Ⅴ气层组为湖泊扇三角洲前缘沉积，主要为水下分流河道沉积、远沙坝沉积；ZH3Ⅱ气层组为扇三角洲前缘沉积；ZH2Ⅱ上—ZH2Ⅳ下气层组为厚度较大、稳定分布的潮下浅滩或沿岸沙坝沉积体系，砂体大致平行海岸线呈北东东向带状分布，纵向上形成了多套潮下浅滩沉积，其间以较稳定的泥岩分隔。

4）储层物性特征

WC10–2–1 井 ZH2Ⅰ气层组砂岩孔隙度分布在 8.2%～18.1% 之间，渗透率 0.5～17.1mD，为中—低孔隙度、中低渗透率组合。ZH2Ⅱ上气层组砂岩孔隙度分布在 8.1%～19.2% 之间，渗透率分布在 0.7～29.2mD 之间，为中—低孔隙度、中低渗透率组合。ZH3Ⅱ气层组孔隙度 6.6%～14.1%，渗透率 0.7～29.2mD，为低—特低孔隙度、低渗透率组合。

5）孔隙结构特征

根据岩石薄片研究认为，WC10–2–1 井珠海组二段、三段储层孔隙类型以次生孔隙为主。

据压汞资料分析，珠海组二段细砂岩为低—中孔隙度、低渗透率、中小孔微喉型，珠海组三段粗砂岩为特低孔隙度、低渗透率、中大孔细喉型，珠海组三段细砂岩为特低孔隙度、特低渗透率、微喉型。

四、油气藏

文昌 9–2 气田属于正常的压力、温度系统；气藏类型是以断块控制的、多气水系统的层状边水气藏，纵向分为 24 个独立的气藏；以边水驱动和弹性气驱的复合驱动类型为主。文昌 9–3 气田属于正常的压力、温度系统；气藏类型是以断块控制的、层状边水气藏为主，纵向分为 6 个独立的气藏；以弹性驱为主，弱边水驱动次之。文昌 10–3 气田属于正常的压力、温度系统的凝析气藏，油层属于挥发油藏；纵向上含油气层共分 6 个油（气）组，具有独立的气水系统；气藏类型为构造层状边水气藏，ZH3 Ⅰ油层组为构造 + 岩性 + 断层控制的层状边水油藏；气藏为边水驱动和弹性气驱的复合驱动类型，油藏以边水驱动和溶解气驱的复合驱动类型。文昌 10–3 气田西高点属于正常的压力、温度系统的凝析气藏；纵向上含油气层共分6个油（气）层组，具有独立的气水系统；气藏类型为多气水系统的层状边水凝析气藏；由于该构造的西面、南面均为边界断层所分隔，断背斜内储层向北、向东延伸，储层物性较差，边水驱动能力较弱，认为气藏以弹性驱为主，弱边水驱动次之。

五、流体性质

文昌9-2气田四个层位（ZH1Ⅶ、ZH2Ⅰ、ZH2Ⅲ和ZH2Ⅶ）各有1个分离器样。ZH1Ⅶ气层组的取样压力和温度分别为：1.34MPa、28.3℃。ZH2Ⅰ气层组的取样压力和温度分别为：1.24MPa、16.7℃。ZH2Ⅲ气层组的取样压力和温度分别为：0.32MPa、22.8℃。ZH2Ⅶ气层组的取样压力和温度分别为：1.45MPa、12.2℃。气藏流体的物性特征纵向上表现为由浅至深重质组分逐渐减少，轻质组分逐渐增大的特征；凝析油含量、气油比及井流物中甲烷含量表明ZH1层为凝析油含量高的凝析气藏、ZH2层为凝析油含量中等的凝析气藏。文昌9-2气田天然气组分表明天然气性质较好：二氧化碳含量中等，微含氮气，不含硫化氢。文昌9-2气田凝析油性质好：密度比重低（地面密度为0.7552～0.7916 g/cm^3），黏度低（50℃时的地面原油黏度0.70～1.37mPa·s），凝固点低（-5～8℃），含硫量低（0.01%～0.03%），含蜡量低（2.24%～6.53%），含沥青质低（0.11%～0.45%），含硅胶质低（0.30%～2.00%），初馏点低（48～66℃）。

文昌9-3的ZH3Ⅱ和ZH3 Ⅲ气层组的地层流体样表明，地层流体的反凝析液量为4.32%，凝析油含量为300g/m^3，凝析油含量高。地面分离器凝析油样表明凝析油性质好：凝析油的密度低（地面密度为0.761g/cm^3），黏度低（50℃时的地面原油黏度0.63mPa·s），含硫量低（0.03%），含蜡量低（1.87%），含沥青质低（0.44%），含硅胶质低（0.19%）。

文昌10-3的ZH2Ⅰ气层组的天然气的相对密度为0.6719～0.7010。各组分的物质的量分数如下：非烃（N_2含量为0.03%～0.36%、CO_2含量为3.27%～4.62%、H_2S含量为0）含量为3.63%～4.65%，C_1—C_2含量为90.36%～91.80%，C_3—C_5含量为4.48%～4.54%，C_{6+}含量为0.09%～0.46%。ZH2Ⅱ气层组的天然气的相对密度为0.6565～0.6800。各组分的摩尔百分含量如下：非烃（N_2含量为0.17%～0.20%、CO_2含量为3.35%～3.51%、H_2S含量为0）含量为3.52%～3.71%，C_1—C_2含量为91.86%～93.02%，C_3—C_5含量为3.25%～4.48%，C_{6+}含量为0.02%～0.14%。地面分离器凝析油样表明凝析油性质好：凝析油密度低（地面密度为0.7528～0.7614g/cm^3），黏度低（50℃时的地面原油黏度0.58～0.61mPa·s），含硫量低（0.07%），含蜡量低（3.01%），含沥青质低（0.06%），含硅胶质低（0.7%）。

WC10-2-1井在珠海组二段、三段通过MDT取样获得3层5个气样。气体组分分析表明：各气层组天然气相对密度较大，为0.836～1.031；天然气主要成分为甲烷，甲烷含量为47.82%～56.53%，在烃类气中甲烷物质的量分数为72%～81%；C_5以上重烃含量低（1.94%～3.17%）。天然气组成中CO_2含量较高，范围在27.12%～38.04%之间。CO_2含量明显高于WC10-3-1井，可能与该井更加靠近珠三南断裂，深部CO_2气体沿断裂运移至圈闭中所致。

六、油气富集条件

在文昌 A 凹陷发现的文昌 14-3、文昌 9-2、文昌 10-3 等多个油气田证实文昌 A 凹陷是一个生烃潜力很大的富生烃凹陷。油源对比结果表明，文昌 9-2 气田、9-3 气田珠海组的天然气主要来自恩平组湖沼含煤地层。在南断裂东段下降盘 WC10-3-1 井珠海组三段发现的油属于文昌Ⅱ型油，主要来自文昌组滨浅湖相烃源岩，而珠海组二段发现的天然气主要是恩平组湖相泥岩的贡献。WC9-6-1 井揭示的恩平组一段泥岩 TOC 范围值和平均值分别为 1.09%～3.02% 和 2.02%，S_1+S_2 范围值和平均值分别为 2.37～9.44mg/g 和 6.29mg/g，氢指数范围值和平均值分别为 116～300mg/g 和 228mg/g。根据烃源岩划分标准，恩平组一段泥岩为好烃源岩级别，根据热解 T_{max} 判断恩平组已进入生油门限。从地震剖面解释的结果看，文昌 A 凹陷断陷湖盆期沉积的文昌组和恩平组地震反射特征清楚，在靠近南断裂的部位沉积厚度最大，是发育半深湖—浅湖优质烃源岩的有利部位。

从烃源岩热演化来看，在 16.5Ma 时，恩平组靠近珠三南断裂下降盘有多个生烃次洼，在文昌 9-2、文昌 10-3、文昌 11-2 构造附近就有 3 个生烃次洼，烃源岩厚度相对较大，热演化程度高，R_o 大于 1.2%，是这些油气田主要的供烃来源。珠三南断裂东段下降盘及凹中六号断裂带附近文昌组、恩平组烃源灶与珠海组圈闭纵向叠置，这两个地区均发育北西向—近东西向同生大断层，这些断层向下断入文昌组或恩平组烃源岩，向上断至韩江组—第四系，属于始新世北东向老断层在渐新世活化形成的一组断层，后期活动较强，是油气垂向运移的良好通道。文昌组、恩平组源灶生成的油气主要通过这些北西向大断层垂向运移进入珠海组圈闭聚集成藏。WC9-2-1、WC10-3-1、WC9-6-1 等多口钻井揭示文昌 A 凹陷恩平组、珠海组发育多套有利储盖组合。恩平组是早渐新世陆相断陷湖盆时期沉积的产物。该套地层在文昌 A 凹陷沉积中心主要沉积了一套中深湖—浅湖的厚层泥岩；在凹陷的北部边缘斜坡上主要沉积了一套河沼相地层；而在凹陷的南部陡坡带—珠三南断裂下降盘扇三角洲储层比较发育，在地震剖面上，扇三角洲前缘粗相带向北直接堆积到中深湖—浅湖相泥岩当中，两者呈现指状交错关系。钻遇恩平组的井较少，主要分布在凹陷边缘且多数井揭露地层不全，给研究恩平组带来了一定难度，但据现有资料分析，恩平组除了可作为好的烃源岩以外，在凹陷边缘发育的河流、扇三角洲砂体也可形成自生自储的油气藏。

珠海组是渐新世潟湖—潮坪断坳盆地时期沉积的产物，按岩性、电性及古生物特征由老到新可分为三段。珠海组二段、三段在凹陷中心主要是一套潮下坪的沉积，岩性以砂泥岩互层为主，砂岩含量较高，主要储层类型为潮道、沙坪；在凹陷南部边缘陡带，珠海组二段、三段则主要以发育扇三角洲储层为特征。而珠海组一段在整个凹陷范围内都以潮坪沉积为主，凹陷南部局部可发育潮汐三角洲、扇三角洲，但总体上储层不发育，砂岩厚度薄且分布局限。文昌 A 凹陷已有多口井在珠海组发现了油气藏，其中珠海组二段、三段为主力油气层。沉积相分析其储层类型属于三角洲前缘水道、河口坝沉积，物源主要来自南部的神狐隆起。该套砂岩厚度大，物性好，横向分布稳定，在文昌 9-6、文昌 9-3、文昌 9-1 构造都已钻遇，其上覆是珠海组一段底部的一套 20～40m 泥岩，横向分布也很稳定，形成一套区域分布的有利储盖组合。

七、开发简况

文昌9-2、文昌9-3、文昌10-3气田群于1988—2005年间相继钻探发现，于2006年6月申报了储量，3个气田批准的天然气基本探明地质储量分别为$42.50 \times 10^8 m^3$、$27.49 \times 10^8 m^3$、$32.14 \times 10^8 m^3$，共计$102.13 \times 10^8 m^3$；并经过美国RYDER SCOTT评估公司审查后向市场进行了披露。2006年6月23日，湛江分公司委托研究中心开展预可研工作，2007年3月21日，在湛江分公司召开了预可研成果交流会；2007年至2009年底，对吐哈低渗凝析气藏进行了调研及油藏研究，对阳江方案、向香港供气方案等进行了多次测算，但均效益差，项目进展缓慢；在此期间，根据天然气市场变化，对“崖城13-4气田供气协议”和“气电集团有限责任公司粤西LNG筹备处的意向”等方案，开展了初步评价工作；2010年3月30日，中国海洋石油总公司开发生产部组织该项目天然气市场协调会，会议要求进一步加深地质油藏方案研究，以确定临界气价并决策是否启动可研；2010年6月湛江分公司委托研究中心加深地质油藏研究、优化工程、钻完井投资并进行气价测算。2010年9月28日，湛江分公司组织召开了该项目地质油藏开发方案专家审查会；2010年10月11日，湛江分公司组织对工程及钻完井研究成果进行了审查；2010年11月4日，湛江分公司根据最新研究成果，行文上报中国海洋石油总公司《关于文昌9-2/9-3/10-3气田群开发前期研究成果的报告》；2011年1月14日，湛江分公司正式委托研究中心开展该气田开发可研工作，2011年8月16日湛江分公司在北京召开了可研技术方案专家审查会，2011年10月中旬研究总院完成了方案优化；2012年2月13日，湛江分公司委托启动以东海岛终端为重点的可研加深工作，并据此开展ODP研究；2012年6月29日，中国海洋石油有限公司执行副总裁陈壁召开办公会，同意按照文昌9-2、文昌9-3、文昌10-3气田天然气接入崖13-1天然气管线方案开展ODP研究；2012年12月27日完成了ODP审查并根据专家意见开展文昌10-3气田西高点加入方案专题研究；2013年5月14日完成了文昌10-3气田西高点加入专题审查，审查会同意文昌10-3气田西高点加入ODP方案。2015年拟订方案为文昌9-2/9-3气田合建平台，采用模块钻机钻完井；文昌10-3气田采用水下井口开发，采用半潜式钻井平台钻完井。

八、勘探经验与启示

文昌A凹陷以天然气勘探为主，早在20世纪80年代开始就陆续发现文昌9-2、文昌9-3、文昌9-3S、文昌10-2、文昌10-3等多个气田或含油气构造，由于单个气田规模较小一直未立架建产，影响了该区天然气的勘探进程。文昌9、文昌10气田群所在的六号断裂带，与珠三南断裂东段紧邻烃源，沟源断裂发育，具有圈闭控藏，储层控富集的特点。断背斜以及具备一定张扭性质的断鼻、断块圈闭在珠海组扇三角洲及潮下带潮道砂岩中油气富集条件最为优越，勘探成功率高，是气田周边滚动勘探的首选靶区。文昌A凹陷天然气的整体勘探思路是：依托文昌9、文昌10区开发滚动评价，坚定中深层，立足珠海组，探索恩平组。文昌9、文昌10区目标发育，且大部分圈闭距离文昌9-2、文昌9-3平台或文昌10区水下井口位置均在10km范围内，所需储量下限相对较低，一旦满足经济性，可依托现有生产平台快速变储量为产量。六号断裂带及珠三南断裂东段珠海组与恩平组构造发育，在重处理资料的最新解释基础上，搜索落实有利目标13个，预测天然气潜在资源量达$950 \times 10^8 m^3$，勘探潜力较大。

第十一章 典型油气勘探案例

珠江口盆地1974—1979年处于地质调查阶段，珠5井发现工业油流。1979—1999年形成以对外合作勘探为主、自营勘探为辅的阶段。这个阶段经历了五大外国公司进行大规模地球物理普查及先后四轮合作勘探的对外招标。从1986年开始自营地球物理勘探也逐年进入勘探区。早期勘探，外国作业者多是奔着大型构造而去，缺少对盆地基本石油地质条件了解。其中八大构造的钻探相继失利，一度使勘探活动陷入低谷。通过转变勘探思路，陆续发现了西江24-3、惠州21-1、惠州26-1、西江23-1、流花11-1、流花4-1、陆丰13-1、陆丰13-2、陆丰22-1、惠州32-2等油田，从而掀起了新一轮的勘探高潮，1990年南海东部第一个油田投产，1996原油产量也超过千万立方米。20世纪90年代中后期，作业者着眼于开发投入而合作勘探逐渐收缩，此时自营勘探则加大投入走向前台。

2000年以后进入自营与合作并举并逐渐演变成以自营为主的勘探阶段。2014—2017年自营在钻井工作量的投入超过90%。针对深水、天然气、复式油气藏等领域进行了勘探实践：发现了一大批的油气田群；勘探进入深浅水、深浅层并重，多领域并行，储量快速增长，产量也自1996年开始，连续20年超千万立方米油当量，油气成群成带出现，集中分布于惠西南、番禺4、陆丰、恩平、流花/白云五大油气区。

从1983年11月6日第一口合作探井——EP18-1-1A井开钻算起，珠江口盆地油气田的勘探开发经历了从无到有、从低谷到辉煌的曲折探索历程，终于取得了今天的骄人成绩。其中，国家给予海洋的改革开放政策在珠江口盆地勘探上得到了成功的实践，实践过程中得到的石油地质规律认识和技术进步弥足珍贵，一些勘探思路和领域性的探索成果给人以启发。

第一节 合作勘探初期 预探八大构造

一、评价甚高，投标踊跃

1978年3月，党中央和国务院做出在坚持独立自主、平等互利的原则下，直接和外国石油公司建立商务关系，加速勘探开发中国海上石油资源的战略决策。消息发布，引起各国石油公司的广泛兴趣，某些媒体称中国海域是又一个波斯湾，尤其是对南海珠江口盆地，某些大公司称它是地球上仅剩的几个最有利的处女地之一，随即纷纷来华接触。当时石油工业部提出要对珠江口盆地进行地震连片普查时，就有几十家公司都表示愿意参与作业。随后选定了5家石油公司，在东经110°30—118°00′之间、283000km^{2}的范围内，进行了以二维地震采集为主的连片普查（1979年8月—1980年11月）、资料处理和解释工作，后提交了66592km常规剖面与部分特殊处理剖面。其他25家公司则表示愿意分担经费，获取资料，考虑投标。

1981 年夏，上述 31 家公司先后向石油工业部提交了地震资料解释和盆地评价报告。这些公司囊括了当今世界上各大石油公司，如德士古（TEXACO）、雪佛龙（Chevron）、阿吉普（Agip）、菲利普斯（PHILLIPS）、壳牌（Shell）、莫比尔（Mobil）、英国石油（bp）、埃索（Esso）等，基本上代表了世界石油勘探的领先水平。与此同时，中方也组织了由石油工业部、地质矿产部下属的 11 个单位 115 名研究人员，成立了“珠江口盆地油气资源评价组”，进行了资料解释和地质评价工作。

从各个外国公司以及中方的评价报告中看出，中外地质学家对珠江口盆地的前景都非常乐观，绝大部分外国公司都评价出数十至百余个有远景的构造。如埃索公司指出好的构造有 21 个；雪佛龙 / 德士古公司指出很好的构造 69 个，尚好—好的构造 13 个；菲利普斯公司评出最好的构造 28 个；加州联合石油公司评出最有远景的构造 33 个；派克顿公司指出高远景构造 43 个；日本石油公团评出 A 级构造 30 个。有 10 家公司对部分圈闭计算了石油储量，合计从 8×10^8～$211\times10^8m^3$ 不等（表 2–11–1）。

表 2–11–1　10 家外国公司计算的地质储量表

提交评价的公司	累计地质储量 /10^8m^3	提交评价的公司	累计地质储量 /10^8m^3
埃索（Esso）	10.00	格蒂（Getty）	40.57
莫比尔（Mobil）	55.34	英国石油（bp）	8.00
菲利普斯（PHILLIPS）	8.0	埃尔夫（elf）	14.19
大陆（Conoco）	12.47	兰吉尔（Ranger）	211.30
宾斯（Pennzoil）	36.70	西斯尔（CSR）	76.15

中方（油气资源评价组）将圈闭按 4 类评价，评出一类圈闭 13 个，二类圈闭 87 个。用圈闭法计算的风险后地质储量为 $48.4\times10^8m^3$。

由于评价良好，外国石油公司竞相投标。1982 年 5 月 7 日发出招标文件，至 1982 年 8 月 17 日投标截止时，有 29 家公司（组成 19 个投标集团）投标，送来报价书 80 份。在第一轮拿出的 22 个招标区块中，16 块有公司投标，有 6 个区块竞争者达 6 家以上，40/01 区块（文昌 19–1 构造位于该区块）投标者达 13 家之多。许多投标者主动开出十分优越的条件，准备投入大量资金，承诺很大的义务工作量。例如阿吉普 / 雪佛龙 / 德士古集团（阿吉普是后来加入这个投标集团的）在 16/08 区块拟投入资金 8870 万美元，承诺义务井 10 口；菲利普斯在 15/11 区块，准备投入资金 10190 万美元，承诺义务井 7 口；英国石油公司在 14/29 区块拟投入 12120 万美元，承诺义务井 12 口；埃索公司在 40/01 区块拟投入 6430 万美元，承诺义务井 8 口。在这一热烈场面下，截至 1983 年底，最终与 8 个国家的 26 家公司，在 12 个区块签订了 12 个石油合同，总面积达 $26226km^2$。合同区包括了当时各外国石油公司和中方评价的最好圈闭。

二、首批预探八大构造，无商业发现

1983 年 6 月 1 日起，第一轮对外招标石油合同相继生效。

1983 年 11 月 6 日，珠江口盆地第一口合作探井——英国石油公司钻在恩平 18–1 构造上的 EP18–1–1A 井开钻，自此珠江口盆地的油气勘探史翻开了新的一页。

当时，在进入作业的各个区块中，有 8 个大构造（恩平 18–1、开平 1–1、文昌 19–1、番禺 16–1、番禺 27–1、陆丰 2–1、惠州 33–1 和番禺 3–1）呼声最高，为各家一致看好，被当作预探的首选目标。为什么各方面都看好这些构造呢？概括起来有以下几点：

首先是看中这些构造规模巨大，预测储量丰富。在分级评价的 20 家外国公司中，上述构造均被大多数公司评为一类，如番禺 16–1、恩平 18–1、文昌 19–1，分别有 16、17、19 家公司评为一类圈闭，就是说，绝大多数公司都把它们看作最有利的圈闭。在中方的评价报告中，除番禺 3–1 外，前 7 个构造均列在最有利的十大构造中。它们面积巨大，包括番禺 3–1 圈闭在内，面积均大于 $100km^2$，其中番禺 16–1 达到 $407.5km^2$。所计算的风险后石油地质储量也非常丰富，均大于 $0.55\times10^8m^3$，番禺 16–1 的储量更达到 $4.93\times10^8m^3$。这 8 个构造合计地质储量达 $17.74\times10^8m^3$，占全盆地总地质储量的 36.7%。

其次，几乎所有参与投标的公司，都认为珠江口盆地有好的生油岩，并具体指明古近系是良好的生油层系。也有一些公司指出三角洲平原相是好的生油岩相带，如同文莱—沙巴盆地的巴兰三角洲和库太盆地的马哈坎三角洲等一样。没有一家公司担心过生油差。具有生油好这一基本条件，人们自然对上述大型构造充满了信心。

大多数公司也认为有好的储层与盖层，但在靠近珠江口的地区盖层条件可能较差。

此外文昌 19–1 构造的“亮点”显示也给各公司以很大鼓舞，都认为这是真正的烃类显示。

许多公司对珠江口盆地断层发育的情况并不在乎。如英国石油公司在北海就曾发现过许多断层遮挡的大油田，认为珠江口同样会给他们带来好运。

由于各外国公司对珠江口盆地的前景十分看好，对首批构造充满憧憬，因而各作业公司都派出了精兵强将，进驻广州，抢占滩头。埃索公司还在白天鹅宾馆内包租了一幢大楼；英国石油公司派出了包括古生物分析鉴定人员在内的约 150 人的庞大机构，并在显著位置张贴了“要为中国四化做贡献”的大标语；其他公司也派出数十人组成的研究人员和管理人员。呈现出一派非常乐观和准备长期驻守的景象。

当时在中国国内也是一派乐观和满怀希望的气氛，广东省就曾规划，要以油气工业为依托，建立相关产业，使之成为广东省的主要经济支柱。

但是钻探开始后，始料不及的是连连受挫。

恩平 18–1 是最早被钻探的构造，该构造为一个翘倾半背斜，T_{60} 层（珠江组底）圈闭面积 $208.2km^2$，圈闭幅度 200m，预测风险后石油地质储量 $2.06\times10^8m^3$（中方数据，下同）。预探井钻在构造最高部位，钻穿珠海组、恩平组后在基岩（花岗岩）内完钻，完钻井深 3450.7m。钻探结果仅在 1396～1399m（韩江组）发现稠油层 1 层厚 3.0m。DST 测试，折算日产相对密度为 0.9531、黏度为 411mPa·s 的原油 $33.1m^3$，初步匡算，获得石油地质储量 $477\times10^4m^3$。首战结果虽然与预期的相去甚远，仍然给中外双方以很大鼓舞，它证实珠江口盆地确实有生油和聚集的能力。

接着，1984 年 1 月，英国石油公司又在神狐隆起北缘的开平 1–1 构造上，钻探了第二口井——KP1–1–1 井。开平 1–1 为一个基岩隆起基础上的大型披覆背斜，T_{50} 层（珠江组下部）圈闭面积 $221km^2$，圈闭幅度 100m。由于构造规模大，无断层破坏，又邻近文昌生油凹陷，对其期望甚高，预测风险后石油地质储量 $0.96\times10^8m^3$。预探井钻在构造最高部位，钻穿珠海组后在基岩（变质砂岩）内完钻，完钻井深1906.8m。钻探录井既无油气显示，测井解释又无油层。第二口井也无所获，使英国石油公司非常失望，也给人们带来了困惑。如果说前一个构造是因为断层遮挡不严而未成藏的话，那么这样一个极为完好而又旁邻生油凹陷的构造也无油气，实在令人费解。

接下来，于1984年3月，西方石油远东公司［Occidental Eaotern inc.，以下简称西方石油公司（OXY）］又相继在文昌凹陷东端钻探了阳江35-1构造，英国石油公司在番禺低隆起南侧钻探了番禺27-1构造，均告失败。后者是一个大型翘倾半背斜，T_{60}层圈闭面积199.8km^2，圈闭幅度490m，构造南北均为凹陷夹持，期望值极高，预测风险后石油地质储量3.05×10^8m^3。预探井在钻穿珠海组、恩平组后于基岩（花岗岩）内完钻，完钻井深3609m。钻探结果仅有少许油气显示，无油气层。这一连串的失败，除了使英国石油公司认识到“断层是风险”外，也对油源和三角洲相区的勘探提出了疑义，对“合同区附近的生油潜力如此不理想，感到非常非常惊奇”（勘探副总经理语），认为“两套生油岩（恩平组、文昌组）的潜力可能不够”，三角洲相区并非理想的勘探地区等等。为此，他们加强了对凹陷的评价工作，做了生油模拟计算，并在凹陷中直接部署探井，了解生油层。

1984年2月，埃索公司在文昌凹陷西端文昌19-1构造上，钻探了WC19-1-1井，该构造T_{50}层圈闭面积135km^2，圈闭幅度200m，构造处在生油凹陷内，地震剖面上又有一明显的“亮点”，是绝大多数公司评价的最有利的圈闭。在20家作了分级评价的大公司中，有19家将其评为一类，有13家公司竞相投标，预测风险后石油地质储量达2.72×10^8m^3。但钻探结果太令人失望，仅发现油层7层厚10.3m，DST测试，日产相对密度为0.94的稠油54m^3。

4月，西方石油公司又在盆地中部，番禺低隆起内的番禺16-1构造上，钻探PY16-1-1井。番禺16-1构造是一个巨型的翘倾半背斜，T_{50}层圈闭面积达407.5km^2，圈闭幅度520m。在20家有分级评价的公司中，16家把它评为一类，中方也将其放在十大有利构造的首位，预测风险后石油地质储量4.93×10^8m^3，钻探结果又一次令人大失所望，仅在珠江组大套泥岩下的砂岩中，发现少量气测显示和荧光显示。该构造处在三角洲相区前缘——前三角洲相区，珠江组泥岩发育，盖层条件与断层遮挡条件均好，为何未见油气聚集，实在令人费解。当时中方心有不甘，列举许多在勘探新区时，因测井、录井不准而延误发现的例子，与作业者数次谈判，希望作业者测试，甚至愿意承担50%的测试费用，终因作业者坚持不测而作罢。这一结果使西方石油公司认为，构造范围内“曾经有过油气运移，但数量不多”，构造“附近没有好的生油岩发育”。

5月，埃索公司又在盆地东端，陆丰凹陷中部的陆丰2-1构造上，钻探了第2口井——LF2-1A井。陆丰2-1是一个基底隆起基础上的披覆背斜，一条断层将背斜分为南北两块，T_{60}层圈闭面积189.7km^2，圈闭幅度239m，预测风险后石油地质储量达2.44×10^8m^3，曾有11家公司将其评为一类，6家公司竞相投标。预探井钻在下降块的最高部位上，穿过珠海组、恩平组后于花岗岩内完钻，完钻井深2483.5m。钻探结果录井无任何显示和油气层，使埃索公司再次遭受挫折。分析失利原因，该公司认为是“凹陷油源不足所致”。

直至年底，由阿吉普、雪佛龙、德士古石油公司组成的ACT作业者集团在惠州

33-1 构造钻探见油，似乎出现一丝曙光。该构造位于惠州凹陷南部，东沙隆起西北部倾没端。钻前 ACT 作业者集团预测为一个在基底隆起基础上的披覆背斜，至早中新世中期发育成大型生物礁，T_{50} 层圈闭面积为 $118.5km^2$，幅度为 125m，构造比较完整，主体部位未见断层。HZ33-1-1 井于 1984 年 10 月 1 日开钻，12 月 9 日完钻。钻探结果证实：上部是一个由珠江组礁灰岩组成的礁圈闭，礁体厚 175m，类型为塔礁；下部是砂岩层组成的一个低幅度构造。礁灰岩的上部，即在井深 1989.5～2054.0m 处见到厚 64.5m 的油层，在石灰岩以下，深度为 2193.6～2337.0m 处的珠海组砂岩中，还见到油层 2 层厚 15.4m，油水同层 1 层厚 1.7m，含油水层 1 层厚 3.5m。经测试，在石灰岩和砂岩油层中均获油流，全井合计日产油 $437.3m^3$。初步计算含油面积为 $3.5km^2$，石油地质储量为 $814 \times 10^4 m^3$。这是珠江口盆地对外合作以来，第一口获得较好油流的探井，尽管还不具备商业开发价值，但仍给中外双方以极大鼓舞。

但是，接下来再钻的几个构造（番禺 33-1、阳江 21-1、番禺 3-1）又连连失败，特别 PY3-1-1 井钻在原珠 5 井所在的构造上，仍无收获，使中外双方非常失望。番禺 3-1 构造为一个有断层穿越的断背斜，T_{50} 圈闭面积 $108.3km^2$，圈闭幅度 109m。预测风险后石油地质储量为 $0.55 \times 10^8 m^3$，因为珠 5 井已有油流，认为这一构造也应有油无疑，只是大小多少的问题。日本石油公团部署的 PY3-1-1 井于 1984 年 11 月 29 日开钻，次年 1 月 21 日完钻，仅见极少油斑显示，无任何油气层，这使珠江口的空气乍暖又寒。

这样，在 13 个月内先后对当时呼声最高的 8 个大构造均完成了预探，除 3 个构造见到不多的油层外，其余均落空，即使见油的 3 个构造也看不出商业开发价值，与预期的目标相去甚远。如果加上同一期间钻探落空的另外 9 个中小型构造（阳江 21-1、阳江 26-1、阳江 35-1、阳江 36-1、恩平 12-1、番禺 20-1、番禺 24-1、番禺 27-2、番禺 33-1），那么，这期间共预探了 17 个构造，全部失利。一时间，珠江口上空阴霾密布，气氛压抑，形势急转直下，不少中外地质学家都对盆地的石油地质条件产生了怀疑：是不是珠江口盆地缺少生油层；是不是盆地内没有良好的盖层；珠江口盆地断层较多，是不是起了致命的破坏作用等等。各种悲观论调，纷至沓来。当时从国务院领导到广东省的领导，以及中外媒体都对珠江口盆地的情况十分关切，不断询问珠江口盆地怎么啦？还有没有油气前景？使承担勘探工作的中外公司勘探工作者都感觉到极大的压力。一些外国作业者信心动摇，对下一步或下一口探井举棋不定。一些作业者徘徊观望，等待情况进一步明朗，勘探出现了低潮。而一些有远见的勘探家则认为：虽然 8 个大构造的钻探无商业发现，但 EP18-1-1 井、WC19-1-1 井及 HZ33-1-1 井，获得了油流，说明恩平凹陷、珠三坳陷及惠州凹陷具有生油条件。特别是惠州 33-1 处于东沙隆起，钻遇生物礁及砂岩油藏，预示着东沙隆起西部有石油富集条件，生物礁是不可忽视的良好储层。为进一步勘探指出了方向。

三、勘探向富生油凹陷转移，不断有所发现，重新拾回信心

回过头看，当初对珠江口盆地的认识还比较浅。尽管绝大部分构造图钻后与钻前相比，没有什么变化，只能说对圈闭的类型、形态、大小的认识还是比较准确的，但是对其成藏风险虽然有所提及，但明显估计不足。例如对断层的风险，西方石油公司和英国石油公司都曾经提到过，但仍然选择了番禺 16-1、番禺 27-1 及恩平 18-1 等翘倾半背

斜圈闭。因为这些构造的规模太大了，诱惑力太强了，值得去冒风险，而对风险的讨论不多。在8个大构造中涉及断层风险的就达5个，正是由于断层的原因（特别是在砂岩比例很高的三角洲相区）才导致了它们的失败。如恩平18-1、番禺16-1、番禺27-1是断层遮挡圈闭，需依赖断层封堵，但从断面封堵分析可知，储集盘目的层与封堵盘的砂岩对接，所以尽管储集盘也见到少许油层和油气显示，但绝对无法形成丰富油气聚集。陆丰2-1构造，在埃索公司的构造图上有-20m幅度的自圈，超出这个高度仍然要依赖断层遮挡；中方编制的构造图上，预探井钻在构造下降盘，构造不能自圈，完全依赖断层封堵，而断面封堵分析可知，下降盘目的层已与上升盘砂岩对接，不可能造成聚集。番禺3-1是为断层复杂化的背斜构造，这里盖层、封堵层（珠江组）岩性较粗，泥岩较少，断层也就不可能严实，断层的漏失使它仅能在东高点聚集少量油气。

再者，对油源的风险也估计不足。当初决策时只是基于一种朦胧认识，似乎古近系都可能生油，盆地各个地方都可能生油。英国石油公司、西方石油公司、日本石油资源开发株式会社（JAPEX）南海株式会社、日本石油公团更是看中了珠江口三角洲相区（发现井珠5井坐落在此），毫不怀疑生油条件。缺少（当时也不可能有）过细的分析，更没有（也不可能有）从战略高度来讨论盆地中什么地区、什么凹（洼）陷生油潜力最好，即通常说的定凹（洼）选带。直到钻探失利后，埃索公司、西方石油公司、英国石油公司等才感觉到陆丰2-1、番禺16-1、番禺27-1等构造“油源不足”“附近没有生油岩发育”“珠二坳陷和番禺27-1北洼中两套生油岩的潜力不够”，没有预计到这一个三角洲的成油组合是如此不理想（盖层差、断层多），“错在照搬了北海盆地三角洲相区的勘探经验”等。

应该说，早期对盆地的评价，中外双方的认识基本是一致的。在当初只有较少资料的情况下，只能认识到这种程度。但是，一系列挫折引起我们深思。此时，外方也在不断总结自己的实践，如英国石油公司加强了对凹陷的评价工作，进行了生油模拟，并专门在凹陷中部署了“定凹井”——EP17-3-1井。

当时中方也配置强有力的研究机构在进行“平行作业”，中方利用自己的优势：（1）全面占有区域地质资料和各个区块的资料；（2）有中国陆地，尤其是中国东部的勘探经历，并且已经积累了一些行之有效的经验。

因此强调，要全面研究盆地油气聚集规律，定凹选带。当时中方除对区块进行平行研究外，还投入了一批资深研究人员去研究区域成油条件。除常规课题外，突出做了以下几件事：（1）重新建立地层层序，研究了主要地层的沉积相和生储盖组合；（2）进一步认识盆地构造发育特点，重新划分了构造单元；（3）系统进行有机地球化学分析，较深入地研究和评价了各个凹陷与各个层系的生油潜力；（4）用地震地层学方法，研究沉积规律和对凹陷进行评价；（5）与东南亚含油气盆地进行对比。

通过这些研究认识到：

（1）盆地具有早断后坳的双层结构，属陆架型盆地。这一构造发育特点与中国东部及东南亚等地许多含油气盆地十分相似，其含油气前景应可类比；

（2）上述构造特点在这一近海位置，导致发育了先陆（相）后海（相）的沉积体系；

（3）进而又导致了陆（相）生海（相）储盖、早生—中储—上盖的成油组合，陆相生油层发育在分割的断陷中，储盖层发育在统一的坳陷中；

（4）上述构造、沉积发育特点，又导致油气潜力因断陷而异，当时确定盆地有 6 个凹陷，但以惠州凹陷的生油潜力最高，应是勘探的主攻方向；

（5）上述构造、沉积发育特点，也造就了一套非常理想的储盖组合——横向分布非常稳定的珠海组海进砂岩作为储层和输导层，海相的珠江组泥岩作为盖层，这套组合完全可以促使油气长距离运移，使东沙隆起也可能成为重要的油气富集区。

综合生、储、盖、圈、保等各项资料指出：在盆地东部的白云凹陷、惠州凹陷前景最好，并结合水深情况提出了“主攻惠州凹陷”口号。

中方在各种场合（区块联管会、双边交流会、大型的国际交流会等）积极宣传自己的认识，逐步就一些大的地质问题和勘探方向与外方取得共识。后来转变思路，勘探向富生油的惠州凹陷转移，同时注意有自圈的构造，在其附近投入大量工作后，接连发现了惠州 21-1、惠州 27-1、惠州 26-1 及西江 24-3、西江 24-1、西江 30-2 等油田，又向以惠州凹陷供油的东沙隆起顶部发展，发现了流花 11-1 大油田。形势才有了巨大变化，天空放晴，重新拾回了信心。

从这一期间的勘探实践可以看出：

（1）勘探一个新区，应首先解决“定凹（洼）”问题，将钻探构造与解决全局的地质认识问题结合起来，统一部署（有统一的考虑），遵循全局与局部的认识关系，把握好全局性的东西，从而使用好局部性的东西。然而各公司在各自的目的下，一次布下这么多井，几乎在同一年内钻完，无法依据变化了的情况进行及时的调整，多少显得仓促，太多依靠运气。当然，这样的要求对于招标勘探显然过于苛刻。但是作为主权国的国家公司，如何有意识地去引导，却还是有文章可做的。

（2）在已钻的 17 个圈闭中，13 个与断层有关；在 8 个大构造中，5 个与断层有关。布下这么多与断层有关的井，而没有一家公司在钻前对断层有过过细的分析，显然是对断层的作用过于放心，而盲目乐观。

在选择圈闭时，又太多倚重某一、二种类型——断层遮挡的大型翘倾半背斜和断鼻（在已钻的 17 个圈闭中占有 10 个，在 8 个大构造中占有 5 个），对其寄于极大期望。显然选择对象过于单一也是不可取的。

（3）在地区（或沉积相带）选择上，一些公司过分偏爱三角洲，如英国石油公司在北海的三角洲上就找到了一些大油田，世界上也确实在许多三角洲有过非常好的发现，因而这些公司对珠江口三角洲就非常看重，投入了较大工作量。没料到珠江口三角洲的砂岩过分发育，缺少一个稳定的盖（堵）层，而导致连连失利。事物都依一定条件而存在，应了解此三角洲与彼三角洲条件之异同，从而采取相适应的方针。事实上钻前已有某些资料（三角洲上的 6 口井与地震资料）显露端倪，只是缺少足够的重视与分析罢了。

第二节　锲而不舍　精雕细刻　滚动发展惠州油田群

惠州油田群属于珠江口盆地 16/08、16/19 区块。到 2015 年底，油田群包括 13 个油田，即惠州 21-1 油气田、惠州 26-1 油田、惠州 26-1N 油田、惠州 32-2 油田、惠州

32–3 油田、惠州 32–5 油田、惠州 25–1 油田、惠州 25–3 油田、惠州 25–4 油田、惠州 19–1 油田、惠州 19–2 油田、惠州 19–3 油田、惠州 33–1 油田。多个油田已先后投产，成为盆地主力生产油田群之一。

16/08 区块石油合同于 1983 年 12 月 2 日签字，1984 年 1 月 1 日正式生效。16/19 区块原为物探协议区，1996 年 4 月签字，1996 年 5 月 1 日生效，1998 年 6 月升格为石油合同区。16/08 区块的作业者在 1996 年以前为 ACT 作业者集团，由意大利的阿吉普、美国的雪佛龙和德士古三家公司所组成。从 1996 年 1 月起，中国海洋石油总公司加入成为作业者，因而改称 CACT 作业者集团。几个月后，16/19 区块协议生效，CACT 作业者集团则辖有两个区块。两个区块的作业者，在勘探上，自始至终坚持不懈，积极进取，工作越做越细，使得惠州油田群不断发展壮大。这一滚动发展过程，大体上经历了 5 个阶段。

一、深入生油凹陷，钻探披覆背斜，发现该区可供开发的惠州 21–1 油田

1. HZ33–1–1 井喜获油流，预示惠州凹陷是良好的生油凹陷

16/08 区块合同生效后的第一个作业，就是开展大规模的地震详查。从 1984 年 4—5 月，共采集地震测线 3263km，在 1979—1980 年 3km × 6km 地震测网的基础上，加密成 1.5km × 1.5km。

通过对新老地震资料的解释，发现和落实了一批有利的构造，包括惠州 33–1、惠州 32–1、惠州 08–1、惠州 21–1、惠州 14–2 等，为钻探提供了一批井位。

首钻选在惠州 33–1 构造上。该构造位于 16/08 区块南部，东沙隆起的西北端。钻前预测为一个在基底隆起基础上发育起来的披覆构造，至早中新世中期发育成大型生物礁，T_{50} 层圈闭面积为 97.8km^2，幅度为 230m，构造比较完整，主体部位未见断层。

HZ33–1–1 井于 1984 年 10 月 1 日开钻，12 月 9 日完钻。钻探结果，证实是一个由珠江组礁灰岩组成的礁圈闭，礁体厚 175m，类型为塔礁。礁灰岩的上部，即在井深为 1989.5～2054.0m 处见到厚 64.5m 的油层；在礁灰岩以下，深度为 2193.6～2337.0m 处的珠海组砂岩中，还见到油层 2 层总厚 15.4m、油水同层 1 层厚 1.7m、含油水层 1 层厚 3.5m。经测试，在石灰岩和砂岩油层中均获得油流，全井合计日产油 437.3m^3，初步计算含油面积为 3.5km^2，石油地质储量为 814 × 10^{4}m^3。

尽管还不具备商业开发价值，但是，第一口探井就喜获油流，对中外双方都有极大鼓舞。它以最有力的证据说明，位于惠州 33–1 构造北面的惠州凹陷是良好的生油凹陷。

2. 惠州 21–1 油田的发现，有了该区第一个可供开发的油田

HZ33–1–1 见油以后，中外双方一致同意把钻探目标移向凹陷内部。

该区块第二口探井是 HZ8–1–1 井，选择在惠州北洼的惠州 08–1 构造上。该构造是一个断背斜。HZ8–1–1 井于 1985 年 2 月 1 日开钻，4 月 10 日完钻。由于圈闭条件不好，该井未获油流，仅在恩平组中见到两层各厚 1.0m 的稠油层。

第三口预探井选择在惠州西南洼东部的惠州 21–1 构造上。该构造是一个在基底隆起基础上形成的披覆背斜，石灰岩顶（T_{50} 层）构造面积为 15km^2，闭合幅度为 50m，构造完整，靠近生油凹陷。HZ21–1–1 井于 1985 年 4 月 26 日开钻，7 月 12 日完钻。根据

电测解释，在井深为2406.5～4540.5m井段，共有16个油气层，总厚达112.9m、油水同层7层厚19.0m。油气层井段长达2100m。气层分布于珠江组2400～2600m井段，主要油层集中在珠海组2850～3036m井段，在基底火成岩中还见到显示。全井测试结果，合计日产油2311.5m^3、日产气43×10^{4}m^3。经评价计算，惠州21-1油田的含油面积为11.7km^2，石油地质储量为2026×10^{4}m^3，成为16/08区块第一个有商业开发价值的油田。从而奠定了惠州油田群生成的第一块基石，因此，它的发现自然也就成为整个区块勘探历程中第一个里程碑。

这一阶段的重要启示是：惠州凹陷具有丰富的生油能力；珠海组—珠江组底部海相砂岩是最重要的生产层；构造（或圈闭）的完整性是钻探成功的重要保证。

二、精细分析速度，消除石灰岩高速影响，发现惠州26-1油田

1.对石灰岩速度和厚度的研究，发现了低幅惠州26-1构造

1986—1987年间，中外双方都对首先发现油流的惠州33-1构造及其周围地区进行了认真的研究，并且根据惠州21-1油田主要产油层发育在T_{50}层以下的珠海组块状砂岩段的特点，把注意力放在石灰岩以下各层构造形态上。中方和阿吉普公司在研究中得到了以下认识：

（1）在16/08区块的南部，珠江组下段普遍发育有厚度不等的盆地相石灰岩，厚度由西向东逐渐加厚，东部最厚处超过200m，向西在惠州33-1西侧10km处尖灭。局部地区如惠州33-1构造上，因礁的快速生长会明显增厚，形成塔礁。

（2）石灰岩的层速度大致在5400m/s，而其上覆泥岩的速度小于3400m/s，下伏的砂泥岩速度在3400～3500m/s之间。由于石灰岩速度远远高于上下围岩的速度，地震波在石灰岩中传播的时间，将比在砂岩、泥岩中传播的时间少。如果遇上像惠州33-1礁的那种情况（礁灰岩比四周增厚许多），则将造成石灰岩底界及其以下反射出现上拉现象，造成了构造形态的畸变。实际地震剖面和由地质模型制作的合成地震记录，均证明了这一点。这样，时间构造图就不能反映地下的真实面貌。

（3）要研究石灰岩以下各层的构造形态，必须消除由于石灰岩高速对下伏层所产生的速度陷阱。基本方法是先求出石灰岩顶面的深度（在速度变化大的地区采用变速法，在速度较稳定地区可采用一条速度曲线的时—深转换法），然后加上石灰岩的厚度和石灰岩底至目的层间地层的厚度，即可得到石灰岩底或目的层的真实深度。

经过精细速度分析，然后分层变速作图，消除石灰岩的高速影响后，就显现出了惠州26-1构造。1987—1988年初，中方用上述方法，将惠州33-1、惠州26-1构造的石灰岩底和块状砂岩（主要储层）顶的时间构造图，转换成深度构造图。可以看到，在原石灰岩底的构造图上，惠州26-1构造所在的位置只是惠州33-1构造伸向西北的一个鼻子；而在校正后的深度图上，惠州26-1已形成四面下倾的背斜。在原块状砂岩顶的时间图上，惠州26-1的圈闭面积和幅度均较小，而在校正后深度图上，惠州26-1的圈闭面积和幅度均明显增大。研究结果表明：惠州26-1构造是一个在基底隆起基础上形成的披覆背斜，具有多层圈闭，其中块状砂岩顶的圈闭面积10.5km^2，幅度为30m，构造完整，未受断层影响（周洪波，1989）。石灰岩以上还存在一套下超地层，也可能形成地层圈闭。该构造距已见油流的HZ33-1-1井只有10km，因此它的发现倍受人们的关注。

2. 惠州 26–1 油田发现，形成与惠州 21–1 油田联合开发的模式

在经过充分研究和准备工作以后，惠州 26–1 构造上的第一口探井——HZ26–1–1 井于 1988 年 2 月 27 日开钻，3 月 24 日完钻。电测解释在珠江组和珠海组中发现 9 个油层，总厚度 72.3m，主力油层集中在珠江组的下部和珠海组的上部，最重要的是 M10 层。经测试，全井合计日产油 4228m^3，当时创下中国砂岩油层单井产量的最高纪录。惠州 26–1 油田的油层物性好（一般孔隙度为 20%～25%，有效渗透率达 1315～5018mD）；原油性质好（相对密度 0.83，黏度 1.7～2.5mPa·s）；产能高。进一步评价后确定的惠州 26–1 油田的最大含油面积为 11.6km^2，石油地质储量为 3160×10^4m^3。

由于惠州 21–1 油田独立开发效益比较边际，惠州 26–1 油田发现后，中外双方不失时机地提出了与惠州 21–1 油田联合开发，以降低开发成本，提高油田经济效益的设想，并得到中方和各母公司的支持，因而大大加快了评价和编制开发方案的步伐，并且很快地形成了两个油田联合开发的生产模式。

几年的实践表明，这种联合开发，取得了很好的经济效果。由于两油田共用一套浮式生产储油轮 FPSO 和单点系泊系统，投资与操作费用大大降低，使得惠州 21–1 油田在 2 年 9 个月内，惠州 26–1 油田在 2 年 6 个月内就收回了投资。两油田的显著经济效益，为今后其他油田的勘探开发，起到了支撑作用，也带动了边际油田的开发。正是因为这样，惠州 26–1 油田的发现，就成为 16/08 区块勘探的第二个里程碑。

三、地震精查，特殊处理，突显出低幅度构造，发现惠州 32–2、惠州 32–3 油田

惠州 26–1 油田的发现表明，东沙隆起向西北伸出的这一“山梁”，可能是个含油构造脊，脊上如果有可靠圈闭，则含油希望极大。但是已发现的圈闭，构造幅度都非常低（惠州 26–1 构造 M10 层为 30m，惠州 33–1 构造 M10 层仅 10m）。为了查明低幅度构造，一方面扩大校正范围，除对石灰岩分布区继续工作外，还扩大到非石灰岩分布区，对砂泥岩相变引起的速度变化进行了校正；另一方面，又在惠州 26–1 构造以西加密测线 188km，并进行放大剖面处理与解释。经过以上工作，发现了惠州 25–1 的 4 个高点和惠州 32–2、惠州 32–3 等构造。而这些高点、构造，在 1987 年前多次制作的构造图上，均无显示。

其中，主要是经过测线加密和对放大剖面的重新解释作图，发现并落实了惠州 32–2、惠州 32–3 两个构造，意义甚大。两个构造均是在基底隆起基础上形成的披覆背斜。按当时的构造图，惠州 32–2 构造 M10 层圈闭面积为 4.28km^2，幅度为 23m，惠州 32–3 构造 M10 层的圈闭面积为 3.2～5.1km^2，幅度 20～26m。由于构造面积较小，幅度也较低，是否值得钻探，各母公司有着不同意见。中方与 ACT 作业者集团认为：有惠州 21–1 和惠州 26–1 油田作依托，两构造如有发现，则可进行联合开发，因此极力主张进行钻探。经过中方的推动和作业者的努力，说服了 3 家母公司，于 1990 年底开始钻探 HZ32–2–1 井，1991 年 1 月完钻。

在 L30、L60 和 M10 中共见到厚 53.3m 的油层。试油结果，全井合计日产油 2464.6m^3。经过进一步落实构造和评价以后，惠州 32–2 油田的石油地质储量为 992×10^4m^3。

HZ32-2-1 井的钻探成功，极大地鼓舞了中外各家母公司，于是紧接着在 1991 年 1 月，又钻探了 HZ32-3-1 井。在 K22、L05、L30、L60 和 M10 层中共见到厚 64.4m 的油层。试油结果，全井合计日产油 $1952m^3$。经评价，惠州 32-3 油田的石油地质储量（不含 323NE 部分），1992 年计算为 $1229 \times 10^4 m^3$，1993 年重新计算为 $1475 \times 10^4 m^3$，大大超过了原先的预测。上述两个油田的发现，使 16/08 区块中南部的油田数目增加到了 4 个，开始形成了油田群的局面，成为该区勘探的第三个里程碑。

惠州 32-2、惠州 32-3 油田的勘探成功，进一步证实这个构造确实是一个油气富集带，经过精细编图后发现，这个构造脊还被一小鞍部分割为南北两支。南支西端有一个不明显的微小脊与北支沟通，曾在南支钻过 HZ32-1-1 井，且有 3 层厚 6m 的可疑油层与油气显示，但认为未钻在主要目的层（K22）的高点上，于是，1993 年又在其西端，钻探了 HZ32-4-1 井。1995 年在惠州 33-3 构造上，又钻探了 HZ33-3-1 井（主要目的层 M10），但均告落空。证实小鞍部对油气起了阻隔作用。南支是不含油的，而北支的确是一个含油构造脊，脊上如有可靠圈闭必定含油，后来的钻探也给予了证实。

四、研究岩性圈闭，开拓勘探新领域

在 1991 年初钻探 HZ32-3-1 井时，ACT 作业者集团与中方就已注意到这样的事实，即 K22 油层厚度达 17.5m，远远超过了 10m 的构造幅度。到 1992 年 6 月，HZ32-3-2 评价井钻探结果，又一次看到 K22 层的油层高度超过了构造幅度。据此，推测在该层的北东上倾方向有岩性遮挡，可能含油。为了给钻探提供更多的依据，中外双方都积极地开展了研究工作。

中方的研究工作包括：

（1）区域沉积相分析认为，在惠州 32-2 油田、惠州 32-3 油田及其北东方向，K22 层属滨岸坝沉积，物性好，并向惠州 26-1 方向尖灭；

（2）用层序地层学方法研究砂岩体分布认为，在惠州 32-3 北东仍存在 K22 砂岩体；

（3）用反射波振幅法预测 K22 砂岩体厚度认为，北东方向仍存在该砂岩层，并与惠州 32-3 的 K22 层连通；

（4）用 SMOL 软件预测 K22 层的砂岩百分比及孔隙度变化认为，惠州 32-3 北东的 K22 层砂岩的孔隙度较高；

（5）用模式识别法进行油气预测认为，惠州 32-3 北东的 K22 层可能含油。

外方的研究工作有：

（1）雪佛龙公司关于 AVO 异常的研究；

（2）岩心公司（Core Lab）所做的关于 HZ26-1-2 井 K22 层岩心分析和沉积环境研究；

（3）阿吉普公司做的地震振幅研究。

上述外方各项研究成果，也得到了与中方相似的结论。

概括上述中外双方各项研究成果，可以得到以下共识：从惠州 32-3 油田沿北东方向，至惠州 26-1 油田西北部，K22 层砂岩体由厚变薄，但大部分地区均在 10m 以上，且物性较好，含油的可能性较大，值得钻探。

为了检测上述认识的正确性，ACT 作业者集团决定在最靠近惠州 32-3NE 的 HZ26-

1–13 井，对 K22 层进行射孔测试。该井 K22 油层厚 3.6m，射开 2.4m，试油结果日产油约 $800m^3$。这一结果证实了原先的预测。

ACT 作业者集团在中方的支持下，通过与各家母公司的多次讨论，决定在开发惠州 32–3 油田的同时，兼探惠州 32–3NE 区域，目的层为 K22。

1994 年 10—12 月，相继从惠州 32–3 平台上钻探了 HZ32–3NE1、HZ32–3NE2 和 HZ32–3NE3 三口大角度斜井。各井钻遇的 K22 油层厚度，均在 15～20m 之间，未经测试即投产，单井的初始产量达 1142.6～$1807.5m^3/d$，证实惠州 32–3NE 的 K22 层为一个具有构造背景的构造—岩性油藏，初步计算含油面积约 $6.1km^2$，石油地质储量为 $619 \times 10^4m^3$。这一发现不仅大大地增加了惠州 32–3 油田的储量，而且开拓了寻找非构造油藏的新领域，对今后的进一步勘探有着重要意义。

这一阶段，仍然继续对低幅度构造进行反复工作，惠州 32–5 油田就是以构造油藏为目标进行钻探而发现的另一个岩性—构造油藏，惠州 32–5 构造位于惠州 26–1 油田的东南部，也是基底隆起发育起来的披覆构造，在 1989 年对惠州 26–1 油田进行评价时就已发现，当时称为惠州 26–1SE 构造。由于面积只有 $2km^2$，幅度只有 10m 左右，因此未引起人们的重视。从 1994 年起，ACT 作业者集团又多次编制各主要目的层的构造图，发现 K08 层的圈闭面积较大，为 5.4～$14.4km^2$，随作图方法不同而有所差别，且有可能与惠州 26–1 油田有统一的油水界面，预测会含油，只是担心砂岩是否发育。此外在构造的东侧 K22 层表现为下超，地震剖面还可见到振幅异常。为了探索其含油的可能性，中外双方也都做了认真的研究工作。

中方的研究工作包括：

（1）用 SMOL 和层序地层学方法进行岩性预测结果认为，K08 层和 K22 层的砂岩含量可达 50%～80%，孔隙度可达 12%～25%；

（2）用地震模式识别进行含油预测结果认为，含油的可能性较大。

外方的研究工作有：

雪佛龙公司的 AVO 分析法研究结果表明，K22 层具有一定的异常，可能与油气有关，其面积达 $18.4km^2$。

上述研究使 ACT 作业者集团提高了信心，特别是在 1994 年底，惠州 32–3 北东 K22 层构造—岩性油藏发现以后，更进一步推动了对该构造的勘探进程。1995 年 9 月，ACT 作业者集团要求斯伦贝谢公司对惠州 26–1—惠州 33–1 地区的全部地震资料重新解释，并用两种不同的时深转换方法（由叠加速度求取平均速度和由射线追踪求取层速度），编制各目的层深度构造图，为选择探井井位提供了依据。1996 年 7 月，HZ32–5–1 井的钻探结果证实，在 K08、L10、L60 等层含油，只是对 K22 层的预测不准，此外还发现了 J22 和 J50 两个较浅的新油层。其中 L60 层油柱高度（29.0m）超过了该构造的闭合高度（6.0m），推测其东部存在岩性遮挡，可能是构造—岩性油藏。该井油层总厚达 62.9m，试油结果日产油 $1102.2m^3$，当时估计石油地质储量约为 $780 \times 10^4m^3$。惠州 32–5 油田的发现，不但对于老油田的产量接替具有重要意义，而且再次说明了惠州 25–3 至惠州 32–2 这一构造脊，确实是一个油气富集带（区），带上只要能找到圈闭，就一定会发现新油田，充分显示了此区勘探的新前景。

岩性—构造等隐蔽油藏的发现，则成为该区勘探的第四个里程碑。

五、大范围三维地震，尽快寻找新储量，确保产量接替

随着惠州油田群逐渐步入采油高峰期，早期投产的油田（惠州 21-1 油田）已进入高含水采油阶段。尽快寻找新储量、加快老油田的产量接替、延长现有海上装置的使用期，已成为中外双方的共识。归纳惠州油田群勘探开发的历程，在最有利的含油区带，采用大范围三维地震勘探，是惠州油田群勘探进程的需要和技术进步的必然结果。

经过认真论证和充分准备后，1996 年 2—9 月，在 16/08 和 16/19 两个区块共完成了 $1190km^2$ 的三维地震采集和资料处理。之后，由阿吉普、雪佛龙、德士古和中国海洋石油南海东部公司四方组成的联合小组，进行了为期一年的资料解释，获得了丰硕的地质成果，不但落实了惠州 26-2、惠州 32-5、惠州 33-1 等一批有利构造，而且在运用层序地层学方法进行地层圈闭研究方面进行了探索，提出了一批钻探井位。

惠州 26-2 构造在二维地震资料上曾有显示，三维地震资料落实该构造为一个逆牵引背斜，圈闭完好可靠，面积 $2.65km^2$。根据三维地震资料确定的 HZ26-2-1A 井，于 1997 年 9 月开钻，11 月完井，在预测的 J、K、L、M 4 个层系中发现了厚 81.8m 的油层。经测试，合计日产油 $1151m^3$，初步测算的石油地质储量为 $434 \times 10^4m^3$。成为惠州油田群的第六个油田。

惠州 32-5 油田的评价井也是根据三维地震资料选择确定的。在三维地震资料上，HZ32-5-1 井的主力油层——K08 层，向东南出现有强振幅异常区。预测该油层向东南变纯或变厚。钻井结果，K08 层厚 15.9m，油层厚 11.2m，比 HZ32-5-1 井分别增加 4.4m 和 2.3m，证实了钻前的预测。根据 HZ32-5-2 井钻探结果重新计算的惠州 32-5 油田的石油地质储量达到了 $997 \times 10^4m^3$，比原先估算的 $780 \times 10^4m^3$ 有了较大的增加。

可以预期，大范围三维地震的实施，将使惠州油田群的滚动开发踏上一个新的台阶，迈入一个新的阶段。

从上述历程可以看到：作业者在这一地区的勘探开发自始至终，都体现出一种坚持不懈、锲而不舍的精神；还看出，中方和作业者总是不断地提出新思路、采用新技术对该区精雕细刻；在决策时，总是坚持运用多种手段综合分析，不依据个别学科的资料妄加断语；每一次钻井或地震部署都要经过充分论证，严格坚持决策程序。所有这些，为在南海北部大陆架复杂地区进行勘探，以及对边际油田进行滚动勘探与开发，积累了经验，给人以启发。

第三节　十年沧桑　波澜起伏　西江油田群终创辉煌

西江油田群包括西江 24-3、西江 24-1 和西江 30-2 等多个油田。西江 24-3、西江 24-1 油田位于 15/11 区块的南部，西江 30-2 油田位于 15/22 区块的北部，几个油田均相距不远。构造位置均隶属于惠州凹陷西端之西南洼陷的南部断阶带上。圈闭类型均为与大断层活动有关的逆牵引背斜。

15/11 区块的石油合同于 1983 年 11 月 29 日签订，1984 年 1 月 1 日正式生效。合同的外方为菲利普斯公司和派克顿公司，菲利普斯为作业者。该区块面积 $2835km^2$。两年

后，上述公司在15/11区块南部又与中国海洋石油总公司签订了15/22区块的石油合同，合同区面积4473km^2，1985年12月30日经中国政府批准，同日正式生效。

上述两个区块内，作业者先后预探构造11个，发现含油构造4个，其中有西江24–3、西江24–1、西江30–2等3个经评价具有商业价值的油田。又历经10年艰苦评价和开发建设，终于从1994年11月至1997年6月，陆续建成投产，进入西江油田群的辉煌时期。

一、认准生油凹陷，首战成功，率先发现盆地中第一个商业性油田——西江24–3油田

15/11区块曾有4家公司前来投标，除菲利普斯—派克顿公司外，还有英国石油公司、美国格蒂石油国际东方有限公司（Getty）、日本国家石油公司（JNOC）。菲利普斯—派克顿公司以其承诺义务工作量大（探井7口，地震采集3300km），作业能力强，预探目标选择合理，以及将15/11区块作为第一志愿而为中国海洋石油总公司选中，并签订了合同。

为何在推出的22个招标区块中，菲利普斯—派克顿公司首选15/11区块？这主要是看中该区块临近生油凹陷，石油地质条件好。在菲利普斯—派克顿公司送交的投标书中指出“古近系有利的湖相生油区就位于区块东北部，而下中新统的有利生油区则位于区块东部”，区块内也存在较好的储层与盖层，“区内大部分地区（中部和东南部），古近系与下中新统多为中源—远源冲积扇和冲积平原，有5%～50%数量不等的净砂岩”“盖层条件则从西北向东南变好”。菲利普斯—派克顿公司还认为，区内圈闭条件也较多、较好，其中西江24–3构造是一个较完整的背斜，虽规模较小（13.5km^2），但处在生油区附近，且距有油气显示的珠7井仅14.5km，含油的可能性极大，“是区内最有远景的构造”；其次西江17–3构造面积也较大，有70.5km^2，距珠7井亦不远（但担心盖层较差）；此外，在生油区附近还有许多构造显示。正是看好这些条件，特别是距生油区较近这一条，菲利普斯—派克顿公司做了与其他公司不同的选择，舍大（构造）求小（构造），投标15/11区块。

执行合同后，他们立即开展了共3721.55km的地震数据采集、处理与解释工作。与此同时，一些较早签订合同的区块已经开始钻井，至该区块钻探第一个构造——西江24–3构造时，盆地内已先后有17个构造（包括番禺16–1等八大著名构造）相继钻探失利，一时间珠江口气氛沉闷，一些作业者信心动摇，一些作业者徘徊观望，勘探活动低迷。而此时菲利普斯—派克顿公司却表现得沉着坚定。在地震成果出来后，生油区更加明朗，西江24–3构造更加可靠，因而菲利普斯更加坚定地认为，西江24–3构造的希望极大，应优先钻探。

同一期间，中方也利用自己掌握区域资料的优势，进行了凹陷评价，认为在盆地中部、东部，“以白云凹陷、惠州凹陷生油能力最好”，提出了“主攻惠州凹陷”的口号。中国海洋石油南海东部公司也重新解释了1979—1980年的地震测线，编制了15/11区块的构造图，认为西江24–3构造的圈闭条件甚好，从而支持首先钻探。

1984年底，终于迎来了该构造的预探，XJ24–3–1AX井钻在西江24–3构造的顶部。1984年12月7日开钻，1985年4月8日完井，在井深1904.4～2366.6m井段（珠江

组），共获得油层11层厚53.4m。经钻杆（DST）测试，日产相对密度为0.825～0.891、黏度5.02～32.18mPa·s、低硫（0.03%～0.08%）、高蜡（15.4%～25.2%）、高凝固点（22～42℃）的原油1116m^3。经后来测算，含油面积9.4km^2，石油地质储量$2909\times10^4m^3$，可采储量$890.4\times10^4m^3$（中方测算是含油面积8.7km^2，石油地质储量$2672\times10^4m^3$，可采储量$921\times10^4m^3$），从而在珠江口盆地率先发现第一个具有商业价值的油田。这就再一次证明，珠江口盆地确有良好生油凹陷和造成油气聚集的各种有利条件。这个发现激动人心，它打破了多年来珠江口的沉闷空气，引起上下振奋，使许多作业者重建信心，走入低谷的勘探又重新活跃起来。

二、曲折起伏，十年准备，西江24-3油田终于投产

1985年4月发现西江24-3油田，至1994年11月才投产，其间，经历了九年半的漫长时间，这一过程，比盆地中其他规模、品质相当的油田都要长得多。为何第一个发现，却迟至许多油田之后投产，这其中有着方方面面的影响。

1. 三年时间，两次提交ODP报告，均因故搁浅

应该说，西江24-3油田发现后，作业者最初的态度还是很积极的。XJ24-3-1AX井在1985年4月8日完井后，菲利普斯公司立即抓紧进行了第一轮开发评价，鉴于构造西部闭合情况、主要油层的连续性、断层对油层分布的影响，以及油水界面等尚不够清楚或不落实，提出要钻一口评价井。紧接着，1985年6月1日，西江24-3开发评价项目组也跟着成立，并正式开始工作（中方也派有一名油藏工程师参加该项评价工作）。

1985年7月21日，评价井XJ24-3-2X井开钻，1985年9月10日完井，该井在井深1902.0～2368.7m井段，获得油层11层厚42.8m。经DST测试，日产原油2324.4m^3。随后，评价项目组又进行了第二轮开发评价，由于第一口评价井仍未探明几个油层（H4a、H4b、H4c等）的边界，提出还要再钻第二口评价井。

1985年9月11日，处于构造南部边缘的评价井XJ24-3-3X井开钻，10月12日完成，在井深1917.0～2368.0m井段钻遇油层4层厚14.3m，油水同层2层厚4.0m，从而基本探明了该油田的含油边界，了解了油藏地质特征，取得了储量计算的各项参数。于是，评价项目组又用3口井的资料，进行了更为详细的开发评价，包括油藏特性、地质储量计算、油藏数值模拟、工程概念设计、开发费用测算及开发经济模式研究等。

当评价工作接近完成时，1986年3月作业者提出：由于石油价格暴跌，要求延长提交评价报告的时间至7月15日。中方回信同意推迟，但提出作业者提交的报告应为"西江24-3/24-1油田联合开发的评价报告"。

1986年7月，作业者正式提交了西江24-3油田、西江24-1油田评价和联合开发的总体开发方案（ODP）报告。该方案是两个油田各设独立平台，以海底管线与一个共用储油轮相连。此方案在当月召开的联管会上，因经济效益不明显和缺少开发工程初步设计（AFD），未获通过。会后又继续就此方案进行测算和修改，但终因联合开发将降低经济效益，在1987年1月，被双方高级代表团否定。然后，回过头来重新加深西江24-3油田的评价工作，修改开发设计与油藏模拟结果，并进行开发工程初步设计（AFD）。

在外方开展评价工作的同时，中方也进行了平行研究，反复对油藏特征、石油储量进行分析和数值模拟，在此基础上双方专家进行了5次交流，最后达成共识"西江24-3

油田是一个有意义的发现，计划进行开发”。

直至1988年3月，作业者才第二次向中方正式提交了西江24-3油田的总体开发方案（ODP）报告，并签订了该油田的开发补充协议。回过头看，这期间由于油价暴跌，要求编制联合开发方案和补充初步工程设计而耽误了不少时间。

2. 等待西江30-2完成评价井，费时三年半，第三次提交ODP报告

遗憾的是，XJ30-2-1井发现巨厚油层后，作业者认为，其油层特征与已发现的西江24-3、西江24-1油田类似，重复地层测试（RFT）资料即可满足需要，不需DST测试。这样就留下许多悬念。为准确了解该油田的构造细节和各项油藏参数，解开悬念，以便进一步评价和编制总体开发方案，认为有必要加密地震测线和再打一口评价井，并进行DST测试。但是这一等就是两年（据说也有资金困难的因素）。

1989年10月完成地震数据采集，1990年9月1日，评价井XJ30-2-2X井完井，终于获得所需各项资料，可以进一步进行联合开发评价。在此基础上，对照西江30-2油田，修改了西江24-3油田的测井参数，并重新进行处理。然后，又重新进行了地质评价和开发评价。1991年9月，正式提交了西江24-3油田（和西江30-2油田联合开发）的总体开发方案（ODP报告），1992年1月17日，该报告获中国能源部批准。

从1988年3月第二次提交ODP报告到1991年9月第三次提交ODP报告，又历时3年6个月。

3. 开发建设正式启动，又过三年，西江24-3油田终于投产

ODP报告经批准后，西江24-3油田进入了正常开发建设阶段。1993年4—5月，作业者又在油田范围内进行了三维地震数据采集，在此基础上修改了构造图，重新计算了储量，并对油田开发井的部署做了相应调整。

与此同时，也开始了工程项目的设计建造。1994年3月开始海上安装作业。1994年8月开始钻生产井，同年11月第一口井投产。1995年1月正式商业性生产，从而揭开了西江24-3油田原油生产的序幕。

三、小凹陷小构造也能钻遇“金娃娃”，西江油田群陡然上一大台阶

西江30-2构造位于15/11区块北部的一个小洼陷——西江30-2洼陷内，洼陷面积仅180km^2，基底埋深约6000m，文昌组生油层厚500～1500m，分布范围不足100km^2。已揭露的文昌组上部，有机碳含量达1.80%～2.03%，含有丰富的可生油的圆珠形藻、葡萄藻、盘星藻等，有的样品中藻的含量达60%，是非常理想的生油层。尽管洼陷规模极小，但也能获得惊人发现。

西江30-2构造是在1986年地震详查后发现的一个“微型”高点，紧靠小洼陷南测主断层，T_{50}层圈闭面积4.4km^2，幅度35m，属逆牵引背斜。在勘探第一阶段并未打算钻探该构造，直到接连打了4口探井（XJ23-1-1X井、XJ36-3-1X井、HZ25-2-1X井和XJ23-1-2X井）却无所捕获后，派克顿公司和中方才提出要钻探西江30-2构造。菲利普斯公司由于资金困难和嫌构造太小等原因不赞成钻探。于是派克顿公司提出，由他自筹资金1000万美元，在15/22区块北部再钻两口探井（XJ30-2-1X井、XJ23-1-3BX井），但是要求菲利普斯公司从该区块北部地区的参与股份中让出12.25%，也要求中方

做出相应让步（后中方让出了 11%；最后权益分配的比例是派克顿公司 47.75%，菲利普斯公司 12.25%，中方 40.00%）。

这样，该构造第一口探井——XJ30-2-1X 井，于 1988 年 6 月 16 日开钻，1988 年 8 月 28 日完井，在井深 1877.4～2849.5m 井段（珠江组）获得油层 35 层厚 171m，差油层厚 41.3m，是当时盆地中发现的油层最厚的一口井，从而发现了这个小而肥的“金娃娃”。经初步评价，含油面积 5.12km^2，石油地质储量 $3339 \times 10^4 m^3$，可采储量 $938 \times 10^4 m^3$（中方计算石油地质储量 $2779 \times 10^4 m^3$，可采储量 677×10^4～$958 \times 10^4 m^3$）。

这一发现表明，优质的生油小洼陷和小构造能够形成丰富的油气聚集。西江 30-2 油田可以和西江 24-3（相距 12km）、西江 24-1 油田（相距 8km）联合开发。

如前所述，该发现井未经 DST 测试，因此为了了解油层特性，落实构造细节，需要加密地震测线，并要再打一口评价井和补做测试。1989 年 10 月，进行了地震资料采集，将原地震测线密度 1km×1km 加密至 0.5km×0.5km，共 319.55km。1990 年 6—9 月，在发现井以东 1250m 处钻成 XJ32-2-2X 评价井。该井在 1607.0～2781.2m 井段（珠江组）钻遇油层 27 层厚 84.1m，差油层 1 层厚 0.5m，油水同层 3 层厚 3.1m，并在 4 个层段进行了 DST 测试，合计日产相对密度为 0.863～0.896 的原油 2067.5m^3。

此后的一年多时间内（1990 年 5 月—1991 年 9 月），双方抓紧做了大量工作。作业者的工作有：修改构造图，研究油层展布和储量，进行三维油藏模拟，还对可能成为严重问题的水锥情况进行了专题研究，此外还对联合开发背景下的工程、经济进行了测算。中方也对上述问题进行了平行研究，此时双方计算的储量，比原先估算均有较大增加，其含油面积 5.0km^2、石油地质储量 $4467 \times 10^4 m^3$、可采储量 $1031 \times 10^4 m^3$（中方数据分别是 5.0km^2、$3539 \times 10^4 m^3$ 和 $814 \times 10^4 m^3$）。双方得出共识，这是一个中等储量，产量较高，可以投入开发的商业油田。1991 年 9 月（与西江 24-3 油田同时）提交了西江 30-2 油田总体开发方案（ODP）报告。1992 年 1 月获中国能源部批准。

按照先西江 24-3 油田，后西江 30-2 油田的开发工程建设与投产顺序，西江 30-2 油田也于 1995 年 10 月 16 日顺利投产，1996 年 7 月全面投产。

西江 30-2 油田的发现，形成了油田群局面，促成了联合开发。它的投产，立即使西江油田群的产量跃居各油田（群）之首，倍受各方瞩目。

四、采用高新技术，西江油田群注入新的活力

西江 24-1 构造位于西江 24-3 同一断裂带上，曾是外方选中作为合同第一阶段的预探目标。1985 年 10 月 26 日—1986 年 1 月 8 日，在其高部位钻探的 XJ24-1-1X 井，于井深 2516.0～2800.4m 井段（珠江组），发现油层 17 层厚 54.1m。经 DST 测试，日产相对密度为 0.819～0.833、黏度为 4.50～6.60mPa·s 的原油 1912.5m^3。后经测算，含油面积 4.4km^2，石油地质储量 $642 \times 10^4 m^3$（外方计算石油地质储量为 $502 \times 10^4 m^3$）。

西江 24-1 油田发现后，由于储量太小，不可能单独开发。中方立即要求外方考虑与西江 24-3 油田联合开发的问题（见前述），对此外方十分勉强，认为经济上不合算，无利可图，但仍按照中方意见，以在西江 24-1 建独立平台和铺设海底管线的方式，编制了联合开发的总体开发方案。1987 年初，该方案被双方高级代表团否定，并决定先单独开发西江 24-3 油田，暂时放弃西江 24-1 油田，但是应为开发西江 24-1 油田提供今

后可能连接的条件。

时过 9 年，作业者提出采用 20 世纪 90 年代世界最先进的钻井技术，从西江 24–3 平台上，向 8km 外的西江 24–1 油田，钻一口大斜度、长水平位移井——XJ24–3–A14 井。该井于 1996 年 11 月 22 日开钻，1997 年 5 月 19 日完钻，总井身 9238m（总垂深 2985m），水平位移 8062.7m，上部油层射孔完井，下部油层裸眼完井。1997 年 6 月 21 日正式投产，同年底产油 $18.24\times10^4m^3$，终于使西江 24–1 油田得到合理开发，为西江油田群注入了新的活力。

该井在钻探中，采用了几十项国际领先的新技术，实现了远距离准确无误中靶，长裸眼下套管固井作业，并创造了水平位移 8062.7m 及 MWD/LWD 实时传输接受讯号深度 9106m 的记录。

至此，西江油田群各油田相继投产，西江油田群也成为珠江口盆地持续年产千万吨的第一支柱。

回顾以上过程，给人以启迪：15/11、15/12 两个区块先后预探了 11 个构造，仅在生油凹（洼）陷内部 / 边部发现 3 个油田。这一事实再次表明，在勘探决策中，认准生油凹（洼）陷是多么重要，“定洼”应是决策时首要考虑的因素。勘探中派克顿公司积极进取的精神是应该赞赏的，正是这种精神促使它在人们不起眼的小洼陷、小构造上发现了西江 30–2 油田。开发评价时间过长，其因素是多方面的。大部分原因应该给予肯定，如打一口井即进行一轮评价；又如在是否联合开发问题上，反复测算评估，西江 24–1 油田不宜开发时坚决不开发，西江 30–2 油田有可能适宜联合开发，即耐心等待，再深入工作，一切以经济效益为中心。但有些因素是不尽合理的，如在 20 世纪 80 年代的技术条件下，勉强要求把西江 24–1 开发起来。此外，作业者执着采用世界最新技术，以提高原油产量和经济效益，也是应该称道的。因此总的看，西江油田群的勘探开发，虽一波三折，费时较长，但最终还是获得了很高产量。

第四节　海上第一个生物礁大油田的发现和评价——流花 11–1 油田

1987 年珠江口盆地发现了流花 11–1 大油田，探明含油面积 $36.3km^2$，石油地质储量 $1.6472\times10^8m^3$，是当时中国海上发现的最大油田，也是中国最大的生物礁滩型油田。该油田位于东沙隆起中段，接近隆起顶部，属 29/04 区块。1985 年 11 月 12 日，美国阿莫科公司与中国海洋石油总公司签订了该区块的石油合同，同年 12 月 30 日正式生效。合同面积 $3202km^2$，流花 11–1 油田由 3 个高点组成，1986 年在完成 3644.4km 的地震详查后，1987 年 3 月，在主高点上钻探了 LH11–1–1A 井。该井在井深 1197.7m 进入生物礁，1673.0m 穿过生物礁，钻遇礁滩灰岩 475.3m，在其顶部揭示油层厚 75m。同年 4 月，在东部高点上钻探了 LH11–1–2 井，钻遇油层厚 31.1m；5 月在西部高点钻探了 LH4–1–1 井，钻遇油层厚 82.0m；7 月在主高点东端又完成 LH11–1–3 井，也钻遇礁灰岩油层厚 41.6m，终于发现了这个大型生物礁油田。

该油田主要特点是：

（1）圈闭为大型生物礁体。LH11–1–1 是一个古近系—新近系的大型礁、滩复合体，西高点（流花 4–1）为台地边缘礁，主高点（流花 11–1）为块礁，东高点（流花 11–1 东）为潟湖内的点礁。主高点的含油块礁面积为 55km²（下文凡是论述具体油藏的部分，均是指这个主高点），地震时间剖面上呈规模较大的扁平低隆起状，礁体内部为强、弱相间的水平反射，是由许多礁、滩间互相叠覆而成。礁复合体厚 469.3m，单层厚 2～19m，礁相由红藻石、藻团及珊珊藻泥粒岩组成；滩相由有孔虫泥粒岩、生物碎屑泥粒岩或珊珊藻屑—有孔虫泥粒岩组成。

礁灰岩中原生孔隙和各类溶孔均很发育，具有很高的孔隙度和渗透率，含油饱满，多为孔隙式含油。4 口井统计，一般孔隙度 11%～22%，最大可达 38.8%；渗透率为 39～458mD，最大可达 4650mD。大直径岩心分析表明，垂向和水平渗透率相差不多，比值为 0.5～1。

（2）油藏埋藏浅，油层厚度大，系块状油藏。油层顶部深度为 1171.5～1209.3m，埋藏很浅，而油层厚度较大，LH11–1–1A 井为 75.4m，油田具有统一的油水界面，该界面与主高点最外圈闭线吻合，表明油藏充满程度高。

原油相对密度和黏度较高（相对密度 0.9256、黏度 84.1mPa·s），含硫低（0.41%），含蜡低（0.44%），凝固点低（–10℃），属环烷基原油。

对于这个远离生油凹陷，处在隆起高部位，工程和开采条件都很复杂的圈闭，要决定对其勘探和开发，既要有过人的胆略和认识上的突破，又要有艰辛的工作。其过程大体经历了以下阶段。

一、远离富烃凹陷，油源条件似乎“较差”

1981 年，珠江口盆地地震连片普查以后，31 家外国石油公司获得了相应资料，并对盆地含油气条件进行了研究。从他们提交的各种报告中看出，在流花 11–1 构造的成礁背景、圈闭特点及成藏条件等方面，均有大体相似的认识。

阿莫科公司在投标书（1982 年）中说：“在珠字号井控制的地区（西江凹陷），下中新统（珠江组）由河流相砂岩组成，在古珠江口的前面形成一个大三角洲，向南相变为海相沉积，局部地区远离陆源碎屑，又沉积了碳酸盐岩，广阔的碳酸盐岩覆盖了东沙隆起的大部分地区”。阿莫科公司认为，流花 11–1 构造“是一个很吸引人的宽阔圈闭，该圈闭与低缓的碳酸盐岩隆起有关，该碳酸盐岩是有潜力的储层，上覆的海相页岩将其封闭起来”。但该圈闭“距油源区远达 30～40km，因而有没有油源具有很大争议，水深和目的层浅也具有负面影响”。

又如雪佛龙 / 德士古集团在投标书（1982）中说：“东沙隆起的中—下中新统（韩江组与珠江组），沉积于低能、高能交互的海相陆棚环境，含有砂岩储层和有效的泥岩盖层，在其底部，还存在相当厚度的碳酸盐岩建造”。流花 11–1 构造则是“在东沙隆起高部位的一个低幅度基底高上形成的碳酸盐岩隆，其又为正断层分割为 3 个高点。首要目的层是碳酸盐岩，它具有比砂岩储层更好的储层特征及更高的流体速度，次要目的层是碳酸盐岩上部和内部的海相砂岩”。该集团还认为这一圈闭有很高的风险，“油气不可能从珠一坳陷（西江凹陷、惠州凹陷等地）运移过来，距离远，且中间有背斜圈闭拦截，油气只能从相距25km远的南部和西南部（白云凹陷、番禺低隆起等地）的成熟生油区过来，但也有许多正断层阻隔”；加上“这里是前三角洲亚相，以泥岩为主，能否成为长距离的油气运载层也存在风险”。此外，“碳酸盐岩储层埋藏较浅，水体较深也给其商业价值带来不利影响”。

当时中方也做了相似的推论。例如1981年珠江口盆地油气资源评价组在评价报告中说：“由于早中新世时，东沙隆起及神狐隆起倾没地区被海水淹没，海水很浅，形成了大面积的台地，同时物源很不充分，海水明净，生物繁茂，形成了大面积的碳酸盐岩”。“碳酸盐岩分布区内发现有礁体存在，东沙隆起及神狐隆起均有发现，东沙隆起的碳酸盐岩中存在低速层，推测是多孔性石灰岩”；“碳酸盐岩曾露出过海面，推测有风化淋滤作用后形成的次生孔隙”。

但是对其前景评价，各公司则相差甚远。在提交盆地评价报告的31家石油公司中，绝大多数公司对流花11–1构造均不看好，或把它作为低潜力至很差的构造。如英国石油、埃索、巴西国家石油（Petrobras）、西斯尔（CSR，澳大利亚糖业企业）等。英国石油公司对它的评价是：“油源条件很差，储层条件中等，盖层条件中至好”。或根本就不将其当作远景构造，如莫比尔、派克顿、东得克萨斯东方有限公司（Texas Eastorn orient Inc.）、埃尔夫（elf）、道达尔（Total）、阿吉普等。在莫比尔公司列出的70个远景构造，派克顿公司列出的高、低两级90个远景构造中，均无流花11–1构造。仅有5家公司，即城市服务（CITCO）、格蒂（Getty）、加州联合石油公司、澳大利亚安波尔勘探有限公司（Ampol Exploration Limited，AMPOL）、（澳）布罗肯希尔公司（Broken Hill），把流花11–1构造作为远景构造之一，但也未列入最有希望的构造，而放在不突出地位。有趣的是，阿莫科公司1982年提交的盆地评价报告，也未把流花11–1构造当作有利圈闭。该公司列出的“较好的、差的、很差的、待评的”87个构造中，流花11–1构造，也榜上无名。不看好的原因几乎无一例外地主要担心的是油源，有的公司同时还担心水深和油藏埋藏浅给工程带来的困难（以上见1981年6月前，各外国石油公司提交的珠江口盆地评价报告和投标书）。

相对来说，中方的评价要比外国石油公司好些。1981年中方的盆地评价报告在列出的远景构造中，流花11–1构造排序为第11位，认为圈闭类型属断背斜，构造圈闭面积430.5km^2，圈闭幅度187.0m。“储层是浅海偏泥相中的砂岩和礁体，盖层为浅海相泥岩”。流花11–1构造“最吸引人之处是构造规模大，同时也是生物礁可能发育的部位，储盖条件好”。但是该构造“突出的不利因素是供油条件差，构造本身无生油条件，而距南北强生油区均在40km以上，其次是断层穿过了T_{20}，因此该构造的勘探风险是很大的”。综合评价为二类远景构造。

总的来看，当时参与评价珠江口盆地的各个公司，在地质认识上大体相似，但是对其远景评价则有高有低，多数公司或对风险看得过重，评价过低，或是缺少胆略，不参与投标，因而在众多关注珠江口盆地的公司中，投标者寥寥无几。

二、突破油源疑难，勘探合同签就

由于油源风险很大，评价不好，因而在众多关注珠江口盆地的公司中，只有阿莫科公司和雪佛龙/德士集团两家前来投标。之所以要来投标，主要是看好其构造规模巨大，同时又具有很好的储层与盖层，尽管风险很大，也值得一试。世界上有不少在远离油源区的隆起中获得大油田的实例。

正是由于流花 11–1 构造的优点、缺点都很突出，阿莫科公司始终表现得十分犹豫，在众多投标者中，阿莫科公司是在截止投标的最后一天（美国时间，1982 年 8 月 16 日），最后一个送来投标书的。投标书送来后，1983—1984 年并未与中国海洋石油总公司谈成合同，尤其是 1984 年，珠江口盆地许多预探井接连失利，接着又出现世界油价下跌，其犹豫更甚。一方面他放话说，这个合同我还要谈，请中方不要给予别的公司；一方面又提出许多苛刻条件：允许它不遵照标准合同模式，不设立管委会，办公地点和供应放在香港，各项工程的招标工作在美国进行，减免矿区使用费，放宽“X”值（分成油比），地震费用充抵工商税等。当时谈判十分艰苦。

到了 1985 年上半年，谈判出现转机：（1）惠州 33–1（1985 年 1 月）、西江 24–3（1985 年 3 月）、惠州 21–1（1985 年 7 月）等油田的发现，特别是惠州 33–1 礁灰岩油田的发现，给予阿莫科公司很大鼓舞。惠州 33–1 礁也处在隆起上，证明油气已向隆起运移；惠州 33–1 塔礁发育在碳酸盐岩台地外侧，孔隙较差也能获得 $260.7m^3/d$ 的较好产量，预示处在台地顶部的流花 11–1 构造礁体的孔隙条件与含油情况，将会更好。（2）阿莫科公司的中国项目换了人。这批人对流花 11–1 构造的前景比较乐观，有胆略，敢冒风险。（3）中方同意放宽条件。在一轮轮钻井纷纷失利后，当时从上到下都笼罩在强烈的悲观气氛之中。在地区公司，就有人对阿莫科公司要投标流花区块，认为不可理解，说阿莫科公司是不是没有地质学家了；更有人说，流花要有油，我就头朝下脚朝上倒着走。在这种氛围下，中国海洋石油总公司决定放宽部分条件。这样，直至 1985 年 11 月，才签成了该区块的石油合同。

但是，中国海洋石油南海东部公司中的大部分地质人员对该地区持乐观态度。尤其是 1984 年、1985 年后，珠江口盆地各项勘探工作陆续展开，资料日益丰富，他们利用自己掌握区域地质资料的优势，全面地研究了这一地区，对东沙隆起及流花地区的地质特点、成油条件也得出了比较系统、完善和非常乐观的认识。

1. 东沙隆起是一个远离碎屑供给区的典型大型碳酸盐岩台地

时间上有 6 个成礁期，平面上有 4 个相区（广海陆棚相、台地边缘相、潟湖相与台地相），和相应的 5 种生物礁类型（塔礁、台地边缘礁、块礁、环礁和点礁），总计 55 个大小不等的生物礁体。

推测东沙隆起曾有多次抬升海退，使流花 11–1 礁遭受多次暴露淋滤，发育了良好的孔隙。

2. 油气长距离运移为隆起区提供了丰富油源

如何评价东沙隆起生物礁的含油前景，除了孔隙条件外，油气能不能长距离运移并抵达流花 11–1 构造，是各种争论的焦点，从珠江口盆地对外招标起，这一问题就突出地放在各公司决策者的面前，也是阿莫科公司的决策者要解决的关键地质问题。对此，中方专家做出了非常乐观的推断：

（1）横向分布稳定的珠海组海进砂岩和珠江组的海相泥岩，构成了一套非常理想的储盖组合，为油气的长距离运移提供了良好运移通道；

（2）油气主要排烃期（珠江组沉积时期—韩江组沉积时期）与盆地构造活动宁静期

相匹配，帮助了油气长距离运移；

（3）东沙隆起又断又超的接触关系，以及隆起构造较为简单（尤其是隆起北部）的情况，有利于油气向上达到隆起顶部；

（4）有人还以流花 11–1 构造与印度孟买高（Bombay High）油田进行对比，后者也处在隆起高部位，有相似的地质背景和成油条件，认为也会有相似的成藏结果。

同期，阿莫科公司也做了大量工作。阿莫科公司在原来 3km × 6km 测网的基础上，于 1986 年下半年完成了 3611.4km、1km × 2km 测网的地震资料采集、处理与解释。在此基础上，并结合新钻井获得的各种资料，进一步研究了流花 11–1 构造的古油气条件，更加精确地认识到，流花 11–1 构造是一个完整的生物礁圈闭，有很好的储集孔隙，非常好的盖层。区域上，流花 11–1 构造带与惠州 33–1 构造脊，有一致的构造方向，有发育良好的输导层（指分布稳定的珠海组砂岩）可以连通。因此，阿莫科公司的专家形象的比喻说：流花 11–1 构造好似一条大鲸鱼，嘴朝向西北方向的惠州凹陷，尾朝向东沙岛，被源源不断的石油喂得饱饱的，十分诱人。

以上对成礁模式和成油条件的认识，特别是对油源的乐观推断，双方专家产生了共鸣。在阿莫科公司钻前的一次交流中，他们听了中方的论述，十分高兴，当即决定放弃广州游览，延长交流时间。从而使他们钻探流花 11–1 的决心更加坚定。

1987 年 1 月 18 日，经过许多艰难曲折，终于在主高点上，迎来了 LH11–1–1A 井的开钻，3 月 5 日完井，发现了流花 11–1 大油田。一颗璀璨的明珠在中国南海升起，珠江口盆地的勘探迈入了一个新阶段。

三、四轮艰辛评价，摆脱困惑，进入开发

由于流花 11–1 油田具有水深、埋藏浅、油稠、气饱和度特别低、有底水、油柱不高、层结构复杂以及海况条件恶劣等不利因素，因此，尽管油田规模可观，但是否具有很好开发效果，具备商业开采价值的问题，仍然非常突出地摆在作业者面前。故而，从油田发现时起，就油田是否具有开发价值，以及寻求适应流花 11–1 油田的具有经济效益的开发方式、开采井网和工程方案，进行了四轮艰辛的评价。

1. *初步评价*（1987 年 1—5 月）

LH11–1–1A 井完钻后即着手进行初步评价。此轮评价的目的是：对油田做出是否值得进一步评价的决策。为此主要进行了以下工作：

（1）应用 LH11–1–1A 井资料重新修改构造图；

（2）结合钻井、测井、岩心及地震资料，建立概念性的油藏地质模式；

（3）估算储层的物性参数（经验类比法）；

（4）应用单井、均质模型，预测油田开发指标；

（5）为流花 11–1 油田的原油进行市场调查；

（6）进行概念性工程方案设计。

评价结果认为，用常规方法全面开发此油藏，无商业价值。但鉴于油田面积大，储量可观，储层物性好，中外双方还是认为有必要再钻评价井，落实构造，了解生产井的生产能力和油藏的生产特征。

2. 第二轮评价（1987 年 6 月—1988 年 10 月）

此阶段的主要工作包括：

（1）为落实构造，控制油田规模，了解油层和储层的变化，在主高点东端钻探了第一口评价井——LH11–1–3 井。该井钻遇石灰岩含油井段厚 50.8m，与 LH11–1–1A 井一样，该井在油层井段全部取心，进行了包括微地层、全波等全套石灰岩测井，进行了包括大直径特殊岩心分析在内的全套系统的化验分析。

（2）为研究油层含油饱和度、润湿性和相对渗透率，在 LH11–1–1A 井西侧，钻探了油基钻井液取心井——LH11–1–4 井，该井取心进尺 105.7m，岩心长 82.5m。

（3）为研究在水深及油层埋藏浅条件下，开发该油田的技术可行性，在 1 号和 3 号井之间钻探了大角度斜井——LH11–1–5 井，该井平均斜度达 77.6°，在油层井段身长为 226.3m。

（4）为了解油藏在动态特征条件下是呈均一介质，还是双重介质；为研究底水上升状况及控制因素；为了解不同类型井对油藏开发的适应性，以及不同开采技术的效果，即为确定流花 11–1 油藏开采特征，为制定整体开发方案寻求依据，进行了两种不同类型井的延长钻杆测试（EDST）：① LH11–1–3 井（直井），初始日产量 636m^3，无水产油期 0.25 天，生产 42 天后，日产量降为 350m^3，含水率上升至 70%，共测试 69 天，累计产油 $2.26\times10^4m^3$；② LH11–1–5 井（大角度斜井），初始日产量 1272m^3，生产 6 天后见水，63 天后，日产量降为 874.5m^3，含水率上升至 51%，共测试 73.2 天，累计产油 $5.9\times10^4m^3$。

（5）利用评价井资料研究沉积相与成岩作用，建立起 6 层的储层结构模式，并用地震声阻抗资料进行储层物性预测。

（6）开展油藏数值模拟研究，拟合 EDST 生产动态。

（7）预测水平井开采效果。

（8）从本轮评价开始，即对工程方案做了大量研究。

当 LH11–1–3 井的 EDST 完成后，即进行了一次综合评价，设想用两座固定平台，钻 68 口常规采油井，需投资 8 亿～10 亿美元。评价结果，认为效益很低，不可能实施。同时还对早期生产的经济可行性进行了研究。

当 LH11–1–4 井的 EDST 完成后，双方提出用水平井进行开发的设想，并提出两种生产系统。但经济评价结论是：投资巨大，效益不明显。

经过以上工作，尽管前景仍不明朗，但是双方还是认为，评价工作仍要进行下去。下一步评价工作的核心，是在油层顶部钻水平井，进行较长时间的延长测试，进一步了解油藏开采特征。

3. 第三轮评价（1989 年 1—11 月）

本轮评价的目的是：研究用水平井进行开发是否可行。

（1）在主高点西部钻水平井——LH11–1–6 井。该井在油层顶部以下 10m 左右，水平钻进 716m，这是当时世界石油工业的最新技术。

（2）对 LH11–1–6 井进行延长钻杆测试（EDST），初始日产原油 1908m^3，生产 12.9 天后见水，116 天后，日产量降为 1017.6m^3，含水率升至 26%。共测试 155 天，累计产油 $14.17\times10^4m^3$。

（3）对 3 口井（LH11–1–3 井、LH11–1–5 井、LH11–1–6 井）EDST 的效果进行了

对比研究。结果认为，水平井效果不错，是流花 11-1 油藏经济开发的较好途径。

（4）依单（水平）井模型，对影响开发效果的诸因素，进行了数模研究。

（5）提出开发设想，预测开发指标，并进行了经济评价。结论是：用半潜式平台，钻 16～20 口水平井，优先开发流花 11-1 油藏西部，投资 4 亿～6 亿美元，此方案可能具有经济价值。此时，流花 11-1 油藏的开发才露出一丝曙光。但是，伴随此方案而来的是非常规的、有新创意的、极为复杂的一套开发工程技术，由此也给油田开发带来巨大风险。因此，阿莫科公司要求中国政府从经济上给予更多的优惠。为此又与外方就经济条款进行了持久而激烈的谈判。在签署了流花 11-1 油田开发补充协议后，第四轮评价才得以正常进展下去。

4. 最终评价（1991 年 4 月—1992 年 8 月）

虽然水平井的延长测试取得相对较好的效果，但仍比预想的差，鉴于储层物性变化复杂，开发风险还是很大，为此需要再做进一步评价。

（1）重建地质模式，应用重新采集处理的高分辨率地震资料落实构造，建立起新的 8 层储层结构模式。

（2）预测储层物性，在前几轮评价的基础上，加深对储层宏观结构和微观孔隙结构的分析和认识，利用地震声阻抗、振幅与储层孔隙度的关系，定性推测储层物性。

（3）全油藏初步模型数值模拟研究，评价油藏特征，进行敏感性分析，寻找最佳开发方案。

（4）在上述各项研究的基础上，进行全油藏最终模型数值模拟研究，就水平井的完井层位、投产时间、井数、致密层的垂向渗透率等方面对开发效果的影响，进行敏感性分析。

（5）优化开发方案，预测生产指标。

（6）筛选油井系统，确定工程方案。方案采用了许多世界最新技术，如运用带有特殊的万能安装工具的水下遥控机械手，它能在无潜水员操作的环境中，完成所有水下井口系统的安装调试；运用电潜泵通过水下井口提升原油，采用深在电缆、湿式电接头为该电潜泵提供动力，原油通过管线，由下总管汇输往浮式生产储油装置；以及首次全部运用水平井开发海上油田。

至此，双方才获得最终结论：先期开发油藏西部，采用水平井开发，设想开发井 20 口（水平井 19 口、直井 1 口），开发投资 6 亿美元，油田经济寿命 15 年，总计生产原油 $1622\times10^4m^3$（1.02×10^8bbl）。确认有一定商业价值，决定向中国政府申报总体开发方案（ODP）。

从以上历程可以看出，流花 11-1 大油田的发现，有赖于阿莫科公司的独到认识和过人胆略，对此应当给予充分赞许。当前在勘探上，尤其需要推崇这种与认识相结合的胆略，以免总是钻探“热炕头”，以期有突破性的发现。在油田评价方面，阿莫科公司为了获得油田有没有开发价值和怎么样开发的结论，从第一口发现井开始，就围绕这一核心问题，不断评价。从整个评价过程还可以看出如下特点：不惜投入巨资，费时费力进行大量工作，尽量采用最新技术，超前思维，将预测开发效益的工作，提前在油藏发现之后立即着手进行，充分利用地震信息和充分发挥每口井的作用。这样，经历 5 年多时间艰辛的滚动评价，耗资数千万美元，终于走出低谷，迈进开发阶段。

第五节 自营勘探琼海凸起 取得重大突破

一、发现文昌 13-1、文昌 13-2 油田

琼海凸起位于珠三坳陷西南部，北为琼海凹陷，南为文昌 B 凹陷，西南接海南隆起，东北倾伏于文昌 A 凹陷，凸起因基底断裂切割而分成东、西两个部分。古近纪裂陷阶段，凸起北侧相对隆升，南侧向东南倾斜过渡到文昌 B 凹陷，古近系从南、北两面向凸起超覆，新近纪裂后阶段早期仍有相对隆升，后整体沉降，其上沉积了珠江组，形成披覆背斜构造。早期资源评价被认为是油气远景区之一，但是，自 1987 年底在该凸起顶部见到不多油层后，即被冷落，沉寂了 8 年，直到 1995 年底，中方自营，再上凸起，接连发现文昌 8-3 含油构造及文昌 13-1、文昌 13-2 等油田，从而带活了周边一系列边际油气田，使珠江口盆地西部成为又一重要油气生产基地。

文昌 13-1 构造位于琼海凸起东部，北邻文昌 8-3 油田。该构造是基岩凸起上的古近系—新近系披覆背斜，自 1987 年发现以来，曾经多次进行反复解释评价。南海西部公司及中国海洋石油勘探开发研究中心均曾于 1995 年提出钻探建议，1997 年在加密测线的基础上进一步评价，并做了多种地震信息的特殊处理，对其成藏条件有较明确的认识：第一，该构造临近文昌 A 凹陷、文昌 B 凹陷，油源条件好，所处琼海凸起是油气运移的主要指向；第二，具有两套良好的储盖组合：珠江组二段砂岩与一段底部泥岩以及珠江组一段中下部砂岩与上部泥岩；第三，文昌 13-1 构造是完整的披覆背斜，圈闭落实可靠，圈闭叠合性好，圈闭面积 $10km^2$；第四，主要目的层经地震特殊处理有明显的振幅异常，为含油气信息。因此，南海西部石油公司于 1997 年 7 月在文昌 13-1 构造东边高部位钻探了一口探井——WC13-1-1 井，经测试在珠江组获累计日产 $2083m^3$ 的高产油流，是珠三坳陷产量最高的优质油井，发现了文昌 13-1 油田。

琼海凸起首战成功之后，一方面立即准备文昌 13-1 构造的评价工作，按 WC13-1-1 井油层深度重新标定地震剖面，在工作站上进行精细解释，做出 4 层油层顶面构造图，各层圈闭叠合好，高点基本一致，建议在构造西南次高点钻探 WC13-1-2 评价井；另一方面，对文昌 13-1 构造西面的文昌 13-2 构造进行钻探。

文昌 13-2 构造位于琼海凸起高部位，油源、运聚、储盖组合及圈闭等条件与文昌 13-1 油田基本相同，南海西部石油公司于 1997 年 9 月在文昌 13-2 构造南部高部位钻探了 WC13-2-1 井，经测试在珠江组获累计日产 $900m^3$ 的高产油流，发现了文昌 13-2 油田。

同年 10 月，在文昌 13-1 构造西高点钻探了评价井，经测试也获成功，并于 1998 年 4 月向全国资源委申报了未开发探明石油地质储量 $2448\times10^4m^3$（2001×10^4t），可采石油储量 $874.1\times10^4m^3$（712.6×10^4t）。同年 11 月，在文昌 13-2 构造的北高点钻探了评价井 WC13-2-2 井，仅在珠江组一段钻遇部分油层，且以低阻层为主要特征，经测试有一定油流。于 1998 年 4 月向全国资源委申报了文昌 13-2 油田未开发探明石油地质储量 $2422\times10^4m^3$（2139×10^4t）。

向国家申报储量后，开始进行油田总体开发方案设计。文昌 13-1 油田总体开发方案为：与文昌 13-2 油田实行联合开发，建 2 座井口平台，1 座船内转塔式可解脱单点系

泊装置，1 艘具有自航能力的浮式生产储油轮（FPSO）；设计高峰产能 250×10^4t/a，其中文昌 13–1 油田 140×10^4t/a，文昌 13–2 油田 110×10^4t/a。文昌 13–1 油田 ODP 方案设计钻井 9 口，同时方案认为在必要时增加 1～2 口生产井来加强对油田含油面积的控制。ODP 基于 1998 年向国家申报的储量，采用数值模拟方法计算文昌 13–1 油田可采储量为 883.6×10^4m^3（719.3×10^4t），采收率为 36.5%。文昌 13–2 油田方案设计钻开发井 11 口，ODP 是基于 1998 年向国家申报的储量，采用数值模拟方法计算文昌 13–2 油田可采储量为 691.8×10^4m^3（615.0×10^4t），采收率 31.3%。

1999 年文昌 13–1、文昌 13–2 油田进入方案实施阶段。为了落实构造，合理优化油田开发方案，减小油田开发的风险，1999 年 6 月 29 日至 9 月 4 日在覆盖油田范围的工区内采集了面积达 475.5km^2 的高分辨率三维地震资料。根据探井和评价井的资料对地震资料进行了重新层位精细标定和追踪，并制作新的构造图。根据新的构造图结合深入细致的地质油藏研究工作，对生产井位进行了重新优化调整，同时建议在文昌 13–1 油田的东北侧次高点上增加一口生产井（WC13–1–A10 井），以争取达到最大效率的开发油田的目的。

文昌 13–1/2 油田联合开发预钻井工程从 2000 年 8 月 10 日启动，截至 2001 年 5 月 18 日，两个油田共 21 口生产井全部钻完。其后进行了生产井钻后的储量计算，并在此基础上编制了开发实施方案。

于 2002 年 7 月 7 日，文昌 13–1、文昌 13–2 油田正式投入生产，文昌 13–1 油田初产期最高日产油量可达 6000m^3 左右，文昌 13–2 油田最高日产油量可达 4000m^3 左右，并在投产期间取得了大量的资料。另外，考虑到油田有不同年度的、不同作业公司的、不同测井系列的测井资料，故对 12 口井的测井资料进行归一化处理，并进行测井重解释；在偏移剖面上对构造进行了重解释，并结合油田生产一年的资料基础上对地质储量和可采储量进行重新复算研究。

二、破解低阻油层难题

低阻油层的开发是一个世界性难题，随着勘探、开发技术的进步，低阻油层产量占业界产量的比例越来越大，开发低阻油层来稳定油田的产量是业界采取较多的措施之一。珠江口盆地的文昌 13–1 油田、文昌 13–2 油田、文昌 13–6 油田、文昌 15–1 油田、文昌 15–3 油田、文昌 8–3 油田、文昌 8–E 油田、文昌 21–1 油田等都存在低阻油层，其作为老油田挖潜和新增储量的目标之一，对低阻油层的开发有着重要的意义。

珠江组低阻储层在文昌 13–1、文昌 13–2 等油田勘探开发中遇到了不少问题。如有效储层厚度横向变化大，储层物性空间分布不确定，无法开展储层预测或预测结果不合理，使得储量计算只能采用计算线；该类储层烃类检测难度大，准确程度低，烃类检测结果难以自圆其说，说服力不强。文昌 13 区滚动勘探和开发调整的目标遭遇到低阻储层的难题，难以开展。

根据 2003 年中国海洋石油集团有限公司湛江分公司的《文昌 13–1/2 油田探明储量复算研究报告》的研究成果认为，在文昌 13–1、文昌 13–2 海相油田中，珠江组一段有较多低阻低渗油层（渗透率＜50mD），储量较大。文昌 13–2 油田全为低阻低渗油层的层位有珠江组 1–2、珠江组 1–3、珠江组 1–4 层段，储量 337×10^4m^3，部分为低阻油层的层位有珠江组 1-1L 层段，储量 $188\times10^4m^3$，此外文昌 13-2 油田珠江组 1-7U 层段及珠江组 1-7L 层段上部有低阻油层储量 $70\times10^4m^3$，合计近 $600\times10^4m^3$ 低阻油层储量；文昌 13-1 油田珠江组 1-4U 层段西区低阻油层有储量 $90\times10^4m^3$，珠江组 1-4M 层段西区低阻油层有储量 $17\times10^4m^3$，东区上部有储量约 $60\times10^4m^3$，合计低阻油层储量 $167\times10^4m^3$。两个油田合计近 $800\times10^4m^3$ 控制级以上的低阻低渗油层储量。文昌 13-1、文昌 13-2 油田珠江组低阻储层主要存在以下问题：

（1）由于地质条件复杂、单井产能低、开发难度大，致使文昌 13-1、文昌 13-2 油田低阻低渗油层一直未能充分投入开发，储量未能充分得到动用。

（2）文昌 13-1、文昌 13-2 油田部分油层的电阻率异常低，甚至为 1～2Ω·m，这些油层采用常规的解释和识别方法往往容易被漏掉或者解释错误。

（3）低阻油层成因机理不清。可能存在的原因有：①储层粒度细、孔喉小、束缚水饱和度高；②粉细砂岩与泥质粉砂岩成薄互层分布；③部分层段可能含有黄铁矿等自生矿物，地层水矿化度也可能影响地层电阻率。

为了合理经济动用低阻油层储量，解决低阻油层难题，中国海洋石油集团有限公司湛江分公司自“十一五”以来开展了低阻油层专项攻关研究，包括文昌 13-1、文昌 13-2 油田低阻油层开发地质特征研究、低阻层沉积微相研究、低阻层测井精细解释研究、低阻储层的特点和地质成因分析等。从地质、测井、物探多个角度入手，地质上从岩心沉积相、测井相、地震相特征描述为基础，研究文昌 13 区低阻层沉积模式及控制因素，进行了控制沉积因素分析，落实了低阻层的沉积微相；测井方面从低阻层的成因入手，针对低阻储层岩性细、电阻率低等特点，从导电机理的角度提出了三水测井解释模型，提出了一套多指标、多方法的流体识别方法，对文昌 13 区低阻储层进行了重新解释；地震方面从提高资料品质入手，在提高资料品质的基础上，针对低阻层展开时频分析，地震叠后、叠前、L1-L2 范数联合反演，基于地质统计学的储层预测等工作，结合该区的油田实际生产资料，对文昌 13 区低阻储层进行了综合预测，形成了一套从地震解释到低阻储层空间表征的技术体系，推动了珠江口盆地及南海西部其他油田低阻油层的开发。

随着研究的深入，地震品质的提高，逐渐丰富的钻井资料、取心资料、测井资料、测试资料等各项基础资料，以及日益完善的低阻油层的测井解释及低渗油藏的开发技术，对文昌 13-1、文昌 13-2 油田低阻油藏有了更加深入的认识。在此基础上，2013 年开展了文昌 13-1 油田珠江组 1-3 油层组新增探明储量申报及珠江组 1-4U 油层组探明储量核算工作，新增储量类别为未开发探明，核算储量类别为已开发探明。

经计算文昌 13-1 油田珠江组 1-3 油层组新增原油探明地质储量 $927.73\times10^4m^3$，珠江组 1-4U 油层组原油探明地质储量净增 $109.81\times10^4m^3$，原油探明地质储量新增共计 $1037.54\times10^4m^3$。

第六节　二十七年磨一剑　永不放弃　恩平油田群诞生

恩平油田群含恩平 24-2 油田、恩平 18-1 油田、恩平 23-2 油田、恩平 23-7 油田、恩平 23-1 油田等 5 个油田。恩平凹陷位于珠江口盆地（东部）珠一坳陷最西端，其总面积约 5000km^2，其东西分别为西江凹陷与阳江凹陷，南、北与东沙隆起及海南隆起相邻，该地区水深 80～100m，中心位置距离香港约 200km。

从 1983 年钻探八大构造之一的 EP18-1-1A 井开始，直到 2010 年钻探 EP24-2-1 井，发现恩平 24-2 油田，度过了整整 27 年的时间。27 年里有很多经验和教训值得分享和总结，为下一步的勘探提供一些经验。

一、首钻 EP18-1-1A，虽有显示，不具商业价值

恩平 18-1 是珠江口盆地早期对外合作所优选出来的八大构造之一。1983 年 11 月 6 日，珠江口盆地第一口合作探井是英国石油公司钻在恩平 18-1 构造上的 EP18-1-1A 井。作为珠江口盆地大规模油气勘探的第一个油气发现井，该井在韩江组—恩平组均见到很好的油气显示，其中韩江组测井解释了 3m 油层，估算地质储量为 $477 \times 10^4 m^3$。

EP18-1-1A 井的失利原因当时分析为该构造圈闭多方面对断圈不利，需要多条断层封堵、较大的断层下降盘地层产状起伏、控圈断层断距较大以及相对高的含砂率。

二、钻探 10 口井均未突破，27 年蛰伏陷入低谷

钻探完 EP18-1-1A 井后，紧接着钻探了 EP12-1-1 井、EP17-3-1 井与 EP18-3-1A 井，同时日本珠江石油开发株式会社与华南石油开发株式会社公司分别钻探了 PY1-1-1 井、PY14-5-1 井。其中 EP17-3-1 井与 EP12-1-1 井有一定的油气显示，EP17-3-1 井在文昌组测井解释了 8.5m 气层，经 DST 测试，获得 8.5bbl 含凝析油与气的泥浆滤液，其余均为干井。随后该地区的油气勘探进入低迷状态，1990—2002 年间只钻探了两口井。一口是 EP11-1-1 井由科麦奇公司钻探，测井解释了 3 个油层，厚度为 6.6m；另一口是 2002 年由 Devon 钻探的 EP24-1A-1 井（干井）。2005 年中海油深圳分公司自营钻探了两口井：EP23-1-1 井与 EP22-2-1 井。

恩平 23-1 构造位于恩平凹陷的南部缓坡一侧且紧临恩平 17 洼，位于香港南南西方向 210km。该构造早期为一个基底古隆起基础上的披覆背斜构造，后期被断层复杂化而成为一个断背斜。EP23-1-1 井于 2005 年 2 月 20 日由南海 6 号开钻，3 月 4 日完钻。完钻井深 2923m，完钻层位为珠海组。

根据钻井动态资料，EP23-1-1 井从 1590m 开始有油气显示，油气显示层段共 214m。其中韩江组有 14m，珠江组有 186m，珠海组有 14m。油气显示层段以及好的显示段主要在珠江组。

按当时的 ELAN 测井解释结果，最浅的油藏顶部深度在珠江组的 1882m，而最深的油藏在珠海组的 2814m，全部油层都在珠江组和珠海组中，21 个油层总有效厚度 41.5m。

根据 $\phi \geqslant 10\%$、$V_{sh} \leqslant 40\%$ 和 $S_w \leqslant 70\%$ 的 CutOff 值，EP23-1-1 井的 ELAN 解释：油藏 21 个，其中边水油藏 9 个、底水油藏 12 个；油层总有效厚度为 41.5m，油层平均有效孔隙度为 19.5%，平均含水饱和度为 56.2%。

根据容积法对恩平 23-1 构造的储量进行了计算，计算结果恩平 23-1 含油构造的探明储量为 $272 \times 10^4 m^3$，控制储量 $118.5 \times 10^4 m^3$，二者合计为 $390.5 \times 10^4 m^3$，当时认为不具备商业储量规模。

尽管根据历年的资源量计算结果，恩平凹陷生烃量在 102×10^8～$140 \times 10^8 t$ 之间，

油气聚集量为 $6.9 \times 10^8 \sim 9.99 \times 10^8$t，油气资源非常丰富。但从该区 2009 年前钻探的 10 口井的情况来看，一是对恩平凹陷的生烃量将信将疑，或者认为至今仍处于超压的恩平凹陷的油气并没有大量排出；二是该区地处古珠江三角州的三角洲平原—三角洲前缘，含砂率较高，以断圈为主的新近系构造的勘探风险高。

多轮的资源量评价该洼陷是个潜在富生烃凹陷，但从 1983—2009 年钻探 10 口井，都未能取得商业性突破，究其原因，由于地震资料欠佳，人们对凹陷性质认识不清，对凹陷的成藏规律不明。

三、地球物理攻关，区域—区带—目标系统研究，发现恩平 24-2 油田

多年的钻探及研究表明恩平凹陷资源量大，但一直未能取得商业性发现，导致没有充分依据证实该凹陷是富生烃凹陷，使得恩平凹陷的勘探风险增大，为此需要针对恩平凹陷进行深入分析。由于地震资料欠佳，人们对凹陷性质认识不清，对凹陷的成藏规律和勘探方向存在着不同看法。因此制约该区勘探的瓶颈在于地震资料的品质。

为了加快恩平凹陷油气勘探的步伐，2005—2007 年间，深圳分公司加大力度开展地球物理攻关。一方面是对新、老二维地震资料的处理进行反复试验，获得了一套较合理的处理流程；另一方面经过多组合参数反复采集试验，取得了一套较有效的地震采集参数，极大地改善了该地区的地震成像问题。以此参数组合于 2007 年在该区采集了 2000km 二维地震，地震资料品质有所提高，即断层相对较清晰，地层的纵向分辨率有一定提高，横向连续性也相对较好。但深层地震资料品质仍无法满足“清晰刻画出恩平主洼的深层结构及其内部构造形态、储集体预测以及深入评价勘探目标”的要求。

为了拓展珠江口盆地（东部）勘探领域，深圳分公司于 2004 年 9 月向中国海洋石油总公司科技部申请开展“珠一坳陷古近系层序地层和油气成藏条件研究”综合科研项目，研究再次对恩平凹陷的生烃潜力寄予高度评价，同时指出“文昌组内幕构造断层尚不落实”，这也正是因为恩平地区历年来的二维地震资料深层的品质普遍较差的缘故。

“珠一坳陷古近系层序地层和油气成藏条件研究”也为人们展现了恩平凹陷古近系的勘探潜力，同时区域综合研究项目也对恩平凹陷取得突破性认识“恩平凹陷勘探方向应以恩平中半地堑南坡为重点，首先进行三维地震工作”（施和生等，2007）。深圳分公司领导下决心在恩平凹陷部署了 1810km^2 三维地震，分阶段实施。第一阶段，即 2008 年针对恩平 17 洼一带采集了 1050km^2 三维地震资料；第二阶段，针对恩平 18 洼及周边采集 760km^2。这是珠江口盆地勘探史上破天荒的壮举——在尚未取得商业性发现的情况下进行三维地震采集。

开展精细地震解释及综合地质研究，提出恩平凹陷油气勘探突破口是新近系断圈构造。在 2008 年采集的三维地震基础上，恩平勘探子项的人员对其进行了精细解释，并开展综合研究，对恩平凹陷结构、沉积充填、含油气系统及成藏规律进行深入研究。恩平凹陷为北断南超的箕状断陷，文昌组北低南抬，油气总的趋势是由北向南运移。恩平凹陷包括 3 个洼陷，与此相对应，恩平凹陷作为一个含油气系统，可分为相对独立的 3 个子系统，从地震反射特征及沉积充填分析结果看，以恩平 17 洼生烃潜力最大，也就是恩平 17 含油气子系统最好。

一方面，恩平凹陷文昌组的地层埋深大、地震资料的分辨率受到一定限制，而且储层物性较差，就现有技术来说，直接以古近系作为目标，勘探风险大，突破有难度。另一方面，新近系埋深较浅，圈闭条件较好且呈带分布，一旦在一个构造带的一个圈闭取得成功，将有一系列类似的圈闭可供钻探，如果一个目标的储量尚不足以达到一定规模以满足建立一套生产设施要求，可以以一个油田群的形式联合开发。这既可推动恩平地区的勘探进程，也可以此作为立足点，令我们在更大的领域——恩平凹陷古近系寻找到更大的突破。

从含油气系统出发，分析富生烃洼陷和油气生、排、运条件。以区域性层序地层学研究为基础，展开恩平凹陷的储盖组合、储集物性研究。层序地层学研究表明，该区韩江组—珠江组为三角州前缘—三角州平原沉积，已钻井也已证实了良好的储盖组合及储集物性砂岩，虽说40%～60%含砂率对断层封堵有一定风险，但在MFS19.1、SB17.8和MFS17及MFS16附近有一定厚度且分布相对稳定的泥岩为油气聚集提供了保障。

恩平项目组通过精细的地震解释，落实了一批构造圈闭，进而对该区成藏条件综合分析，提出恩平南部隆起断裂构造带与恩平中央断裂构造带为油气聚集的有利区带，集束评价了8个构造，风险审查通过4个目标。首选恩平南部隆起断裂构造带恩平24-2构造钻探，拉开了恩平凹陷油田群勘探的序幕。EP24-2-1井于2010年2月9日开钻，共钻遇油层35个，油层累计厚度139.4m，计算储量$2141 \times 10^4 m^3$，单层储量在$100 \times 10^4 m^3$以上的油层有6个，并做了两层DST测试，其中在2154～2162.5m层段的DST测试，油产量达$1111 m^3/d$。这是珠江口盆地（东部）自营找油的重大发现，它标志着恩平的油气勘探取得了商业突破，珠江口盆地东部有了新的勘探区域。

恩平凹陷在经历了27年的油气勘探，终于取得商业性发现，实现珠江口盆地（东部）油气勘探新区突破，并搞活了整个恩平凹陷的油气勘探。当前恩平油田群生产基地已经建成，并进一步促进该区的油气勘探以及证实了恩平凹陷的勘探潜力，同时将积极推动恩平凹陷深层的勘探。

四、精细分析，滚动勘探，储量规模扩大

EP24-2-1井的钻探不仅在恩平凹陷发现了第一个商业性油田，而且为恩平油区的建产奠定了良好的基础。恩平24-1油田在证实了恩平南部隆起断裂构造带为有利勘探区带的同时，更是有效地降低了该区油气勘探的商业门槛。EP24-2-1井的钻探在恩平南部隆起断裂构造带勘探取得实质性突破后，勘探思路围绕南部隆起断裂构造带进行滚动勘探。下一步勘探目标就是“落实储量、扩大规模”，因此，加强研究，进一步开展预钻目标评价，同时突破旧框框，勇于创新，通过精细分析已钻井的资料，重新认识及评价早年钻探的两个目标，并提出评价井。在恩平南部隆起断裂构造带进行了7口井的钻探，其中预备探井4口，先后钻探了EP23-7-1井、EP23-5-1井、EP23-6-1井及EP23-2-1d井，初步评价恩平23-7及恩平23-2纳入开发规划，另外3口为评价井，分别对恩平24-2、恩平23-1及恩平18-1进行评价。EP23-1-2井及EP18-1-2d井的钻探焕发恩平23-1构造与恩平18-1构造的“第二春”。恩平23-1与恩平18-1两个构造初探井钻探后评价结果为地质储量都不能满足商业性开发的要求，但在三维地震资料精细解释的基础上，综合测井、录井资料，尤其是根据该区新钻井获取的资料进

行横向比较，大胆提出原解释结果中存在的问题，要求测井项目组重新进行解释。经过测井项目组的精细解释，测井解释结果较之前有很大变化，根据新的测井解释结果与构造成图，恩平项目组重新进行储量计算，预测储量大幅增加，因此提出钻探评价井。2011 年进行钻探，钻探结果基本与新的研究结果一致，恩平 23–1 的地质储量由之前的 $390.5\times10^4m^3$（探明地质储量 $272\times10^4m^3$、控制地质储量 $118.5\times10^4m^3$）增加至 $817.51\times10^4m^3$（探明地质储量 $706.18\times10^4m^3$、控制地质储量 $111.33\times10^4m^3$），地质储量增加了 $427\times10^4m^3$。

1. 恩平 18–1 构造再评价助推恩平 18–1 油田发现

在恩平南带钻探了 6 口井，新增加了许多资料，因此再对 EP18–1–1A 井的资料进行分析，尤其是测井解释的参数有了较大的变化，过去认为含油水层经过重新解释后为（低阻）油层，那么油层数有较大的增加，同时以三维地震资料为基础对恩平 18–1 构造进行了精细解释，对 EP18–1–1A 井石油地质特征进行了详细的研究，最终认为该构造仍然具有很大的勘探潜力。评价结论如下：

（1）南部隆起带油气成藏规律预示着该构造仍有大规模成藏的可能性。

恩平 18–1 构造位于恩平凹陷南部隆起断裂构造带的中部，处于该构造带的最高位置。恩平 18–1 构造再评价之前，在该构造带共发现了一个商业储量（恩平 24–2），3 个潜在商业发现（恩平 23–1、恩平 23–2、恩平 23–7），探明和控制石油地质储量约为 $3500\times10^4m^3$。该构造带油气成藏规律也已经比较清晰，文昌组生成了大量油气沿南抬升的地层产状向南运移到南部隆起带上，然后沿活动断层向上进入新近系，从而形成了大量的油气藏。

恩平 18–1 构造位于南部隆起带上，油气成藏条件同已发现油气藏条件类似，而且其处于该构造带最高部位，油气成藏条件总体而言更为有利。因此，其区域油气成藏条件十分优越，存在大规模成藏的可能性。

（2）EP18–1–1A 井油气显示异常活跃，说明发生过油气大规模运移聚集。

EP18–1–1A 井油气显示异常活跃，从古近系恩平组一直到新近系韩江组下段多套砂岩中见到大量油气显示，最高显示级别为富含油，多处见油斑显示，其他为荧光显示。同时在单层砂岩中，录井岩屑往往在整套砂岩中均见到荧光显示。大量的、大套的油气显示表明该构造油源充足，而且发生过油气大规模运移和聚集，有利于油气成藏。

（3）构造重新落实及 EP18–1–1A 井测井重新解释，预测石油地质储量 $894\times10^4m^3$，为 2 井的钻探提供了扎实的依据。

在三维地震资料的基础上对恩平 18–1 构造进行了重新落实。恩平 18–1 构造为一系列北东东走向的右旋雁行式排列的断层控制的断鼻构造。构造由底部的 T_g 到上部的 T_{32} 一直发育，是在古隆起基础上发育的长期的断鼻构造。由 EP18–1–1A 井点为最低圈闭线，尚未钻遇的圈闭面积为 2.7～$4.83km^2$，构造幅度为 20～88m。也就是说，EP18–1–1A 井由于没有钻探在该构造圈闭的高点上，仍有一定面积的圈闭没有被钻探，而这些位于高部位的圈闭可能会形成大量的油气藏。

EP18–1–1A 井测井 ELAN 重新解释发现 4 个油层，总有效厚度为 11.4m。依据构造重新落实及测井再解释结果，计算探明地质储量 $894\times10^4m^3$，为 EP18–1–2d 井的上钻提供了充分的依据。

（4）EP18-1-1A 井原油密度较大，推测有利于断层封堵。

EP18-1-1A 井在韩江组下段 1344.5～1410.5m 钻杆测试获得 44.6bbl 原油，为生物降解油，原油密度为 9.49g/cm^3，为稠油。众所周知，稠油密度大、黏度高，流动性差。恩平凹陷新近系含砂率总体比较高，在珠江组上段及韩江组一般可达 50% 左右，由于砂岩含量高，不利于油气封堵，从南部隆起带已钻探井也可以清晰地看到该特征。但 EP18-1-1A 井由于是稠油，密度大，黏度高，流动性差，大大增加了断层的封闭性。国内外一些油田已经发现了没有构造背景下的稠油封盖的油气田充分说明了稠油的封堵能力。因此，考虑泥岩涂抹及稠油因素，推测恩平 18-1 构造断层封闭性可能会变好，为评价井的上钻提供了有利的支撑。

（5）恩平 18-1 构造距恩平 24-2 油田 12.5km，如有发现可联合开发。

恩平 18-1 构造距恩平 24-2 油田 12.5km，如有发现，可用水下井口或简易平台，与前者共用 FPSO 等设施，联合开发。该有利条件的存在也促进了评价井的提出。

为了证实对 EP18-1-1A 井构造再评价的一些认识，钻探了 EP18-1-2d 井。

EP18-1-2d 井在韩江组获得油层 10 层，共 53.3m。主力油层多集中分布于韩江组下段，呈多套、连续、集中分布特征。这些油层中有一部分是低阻油藏，电阻率位于 2Ω·m 左右。在韩江组下段测试 2 层。其中，DST2 射孔井段为 1394.8～1402.2m，螺杆泵抽最高日产油为 55.7m^3。DST3 射孔井段为 1297.8～1314.5m 和 1323.2～13332.1m，两层合试，螺杆泵抽获最高日产油 52.3m^3，日产水 13m^3。从而发现了恩平 18-1 油田。

2. 恩平 23-1 构造再评价获得商业发现

继 EP24-2-1 井钻探后，接着钻探 EP23-7-1 井、EP23-5-1 井、EP23-6-1 井及 EP23-2-1d 井，获得的资料逐渐增加，特别值得注意的是：该区钻井的水层电阻率低至 0.4～0.52Ω·m，相应的油层电阻率可以低至 22Ω·m，而且实验获得的岩电参数也与过去珠江口盆地测井解释所用的统一的参数有一定变化。尤其在 EP23-2-1d 井随钻跟踪过程中，也对相邻的 EP23-1-1 井进行比较分析，发现 EP23-1-1 测井解释有许多存在疑虑的地方，如现场解释与最后储量计算所用的 ELAN 解释结果差异很大；如果用现场解释的结果估算储量可以达到 700×10^4m^3 以上，有恩平 24-2 油田开发设施为依托，这就具有商业性，因此提出对 EP23-1-1 井重新做测井解释，同时对三维地震资料做局部构造精细解释，以重新解释结果再计算储量。

2010 年在恩平南部隆起断裂构造带钻探了 5 口井，即 EP24-2-1 井、EP23-7-1 井、EP23-5-1 井、EP23-6-1 井及 EP24-2-2 井，其中两口井做了钻井取心，还做了大量的井壁取心及 MDT 测压取样，进而取得许多物性及电性方面的资料，为 EP23-1-1 井重新认识及解释奠定了基础。

根据该井壁取心、泵抽流体样结果，结合该区新钻井所取得大量资料，经过综合分析，测井 CutOff 值与 2005 年的一致：$\phi\geqslant10\%$，$V_{sh}\leqslant40\%$ 和 $S_w\leqslant70\%$。但测井解释结果与 2005 年有很大的变化，此次 ELAN 解释的结果：共有 28 个油层及差油层，其中 26 个油层，总厚 74.2m，2 个差油层，厚度为 2.3m。

与 2005 年解释相比，剔除了两层，新增加 9 个油层。

在 2008 年采集的三维地震基础上，经精细标定，选择区域主要地震反射层及该构造主力油层附近连续而较强的地震反射层（共 9 个界面）进行了精细解释，即 T_{40}、T_{41}、

SB17.5、SB18.0、T_{50}、T_{51}、T_{52}、T_{60}及T_{61}，并做其时间构造图，采用EP23-1-1井经VSP校正后的合成地震记录的时深关系进行时深转换，完成多层深度构造图。

总体上，恩平23-1构造为一个背斜构造，主体部位较为平缓，构造走向为北西—南东向。在OIL_22油层以下，构造走向向北西发生一定程度的偏转，且逐渐受东部的断层控制，为带自圈的断圈构造。恩平23-1构造具有良好的继承性，构造高点基本稳定，圈闭面积介于3.56～9.98km^2，其中自圈面积介于0.76～6.82km^2，圈闭幅度介于21～33m，其中自圈幅度介于6～24m。

恩平23-1构造地质储量计算采用容积法，以$\phi \geqslant 10\%$、$V_{sh} \leqslant 40\%$和$S_w \leqslant 70\%$作为CutOff值，对EP23-1-1井ELAN解释结果为依据，求取净毛比（有效厚度与总厚度比值），按照各层油柱高度及构造图求取碾平厚度，各层的碾平厚度与净毛比的乘积为各油层储量计算的有效厚度。

EP23-1-1井没有取心，缺乏覆压孔渗资料，该次储量计算利用ELAN解释孔隙度结果。

恩平23-1构造最终探明石油地质储量为$852.97 \times 10^4 m^3$，控制石油地质储量为$169.60 \times 10^4 m^3$。因此，建议钻探一口评价井——EP23-1-2井。

EP23-1-2井ELAN综合解释油层7层，相对于EP23-1-1井新发现3个油层，分别是oil4a、oil7a和oil25a。油层有效厚度累计14.7m，油层主要集中在珠江组和珠海组。油层平均有效孔隙度17.5%，平均含水饱和度63.1%。

DST测试井段2033.0～2039.5m，位于oil7油层，初开井采用7.94mm油嘴，流动压差1.959MPa，测得日产原油129.7m^3；换11.11mm油嘴，流动压差2.641MPa，测得日产原油173.5m^3。

根据容积法对恩平23-1构造的31个油层进行了原油储量计算，孔隙度和含油饱和度等参数是根据ELAN结果得到。其中，oil5、oil7、oil8和oil25这4个油层在EP23-1-1和EP23-1-2两口井都钻遇到，因此，计算参数取两口井的平均值；oil4a、oil7a和oil25a这3个油层只有EP23-1-2井钻遇，因此，采用EP23-1-2井的参数；其余24个油层只有EP23-1-1井钻遇，因此，采用EP23-1-1的参数。含油岩石体积是运用Landmark软件直接求得。最终计算得到石油地质储量为$817.51 \times 10^4 m^3$，其中探明石油储量$706.18 \times 10^4 m^3$、控制石油地质储量$111.33 \times 10^4 m^3$。最终获得了商业发现。

回顾恩平油田群发现的历程，得出以下认识：

2009年之前，英国石油、日本华南、珠江、Devon及科麦奇等多家国外著名的大石油公司在恩平先后钻探了8口井，均未取得勘探的突破。2005年后，恩平凹陷进入自营勘探的新阶段，深圳分公司通过在勘探理念、勘探思路方面进行大胆创新，并综合应用当今国际上、国内的先进技术，在恩平凹陷加大投入，终于在EP24-2-1井自营找油勘探实现了重大的历史性突破。以“落实储量、扩大规模”为指导思想，在恩平凹陷连续钻探7口探井及评价井，一个由恩平24-2、恩平23-1、恩平23-2、恩平23-7、恩平18-1组成的恩平油田群将成为珠江口盆地东部新的油气生产区，成为南海东部油气产量再上一个台阶的重要组成部分。

恩平凹陷油田群的发现在于勘探理念上大胆创新，工作中注重各类资料的综合分析及精细的研究，可以归结为：（1）坚定信念，开展区域成藏综合研究，围绕南部隆起带展开油气滚动勘探；（2）厘清思路，剖析制约断圈成藏的关键点，建立全面评估断层封闭性的评价体系；（3）精细分析，不漏掉任何有价值的信息，焕发恩平 23-1 油田储量再增长“第二春”；（4）敏锐洞察，综合 LWD 测井、Flair 和录井等信息，开创恩平地区浅层低阻油藏的新局面。

第七节　陆丰地区古近系勘探划时代意义的重大突破——陆丰 14-4 油田

2014 年珠江口盆地发现了陆丰 14-4 油田，石油地质储量规模较大，在埋深近 4000m 的古近系获得了自喷高产工业油流，在南海东部海域尚属首次，正式宣告深圳分公司古近系勘探在陆丰地区取得了划时代意义的重大突破。陆丰 14-4 油田由主块和东块组成。从 2014 年 6 月至 10 月，在陆丰 14-4 构造主块完成钻井 LF14-4-1d、LF14-4-1dSa 和 LF14-4-1dSb，主块的钻探在陆丰地区发现一个中型油田，分别在珠江组下部和文昌组发现油层，其中文昌组油层累计厚度可达 95m，在 LF14-4-1d 井埋深近 4000m 层位 DST 测试成功，日产油 $203 \times 10^4 m^3$。2014 年 11 月在陆丰 14-4 构造东块钻探 LF14-4-3 井，文昌组发现油层 46.1m/17 层，证实了陆丰 14-4 油田的储量规模。

一、自营合作并行，陆丰勘探步履维艰

陆丰地区的油气勘探，有高潮也有低谷；早期勘探以合作为主，当前勘探以自营为主；早期发现以新近系勘探为主，当前发现新近系和古近系均有收获。

1. 陆丰地区第一轮合作勘探发现陆丰 22-1 等 3 个油田（1984—1990 年）

由于八大构造相继钻探不如预期，打击着中外双方的勘探信心。此时，来自中国海洋石油南海东部公司的石油工作者、地质学家的勘探思路开始引导作业者，他们大都参加过大庆、胜利等中国早期大中型油气田勘探会战，具有丰富的中国东部盆地的勘探经验。陆相生油，以富生烃凹陷为中心，油气近距离集聚等创新勘探思路逐步为外国作业者所接受，从早期的海相生油，钻探盆地中央隆起带巨型构造，向以富生烃凹陷为中心，钻探凹陷内逆牵引正向构造和披覆背斜为主的勘探思路转移。以此思想做指导，陆丰地区陆续发现了陆丰 22-1 油田、陆丰 13-1 油田、陆丰 13-2 油田，迎来了陆丰勘探的高潮。主要事件如下：

（1）1985 年 11 月 8 日，中国海洋石油总公司与日本石油资源开发株式会社、华南石油开发株式会社及日本矿业株式会社签订了 16/06 合同区石油合同。合同于 1986 年 1 月 1 日生效后，由上述 3 个日本公司组成的联合作业公司 JHN 石油作业公司（JHNC）充当作业者。

（2）1986 年，在签订的 16/06 合同区，日本新华南石油公司（JHN）进行勘探，在合同区 $5100km^2$ 的面积内，共采集处理了 4175km，测网密度为 $1km \times 1km$ 的二维地震。其中大约有 200km 测线通过陆丰 13-1 构造，150km 测线通过陆丰 13-2 构造，169.5km 测线通过陆丰 7-2 构造。

（3）16/06 合同区的第一口探井——LF13-1-1 井，于 1986 年 12 月 6 日开钻，该井

在新近系珠江组中发现两套油层，厚度共51.5m，通过5次DST测试，合计折算日产油1061.7m^3，从而发现了陆丰13-1油田。

（4）1988年1月LF13-2-1井的钻探发现了陆丰13-2油田。该井在新近系珠江组中钻遇1个含油段，油层有效厚度17.6m；对目的层2370层分两段进行了DST测试，合计折算日产油1257.2m^3，从而发现了陆丰13-2油田。

（5）1986年5月美国西方石油公司（OXY）所钻LF22-1-1井在珠江组发现油层，陆丰22-1构造为一个基底隆起的继承性发育的断背斜构造。1989年加钻两口评价井；2号井获珠江组42.2m砂岩油层和8m孔隙性石灰岩油层，经过12天延长测试，平均日产油量1685×10^{4}m^3。1997年油田采用5口水平井以水下井口方式投入开发。

2. 第二轮合作勘探无商业发现（1990—2000年）

由于钻探类型大都集中在陆丰凹陷的自圈构造，大的有利构造均已钻探，发现的规模越来越小。而其他预探新区（西江凹陷、恩平凹陷）的探井（XJ28-3-1、XJ27-1-1、EP24-1A-1等井）落空以及探索深层的探井（HZ23-1-1、HZ23-2-1等井）失利，珠江口盆地被外国评估机构评价为高风险勘探区。外国公司纷纷撤出南海东部海域勘探区块，钻井年平均工作量从之前的每年10口左右，下降到1996年只钻了2口井，勘探再次陷入低潮，合作勘探面临困境。主要事件如下：

（1）1990年底，JHN石油作业公司结束勘探区，退出合同面积4925km^2，保留陆丰13-1和陆丰13-2合同区。1996年，JHN石油作业公司退出陆丰13-2合同区，只保留陆丰13-1开发区。

（2）1999年，陆丰地区由深圳分公司自营勘探以后，针对全区重处理了一批1979年区域普查测线；2002年，深圳分公司重处理了部分1986年JHN进行勘探的地震测线并针对陆丰7构造带新采集了一部分二维测线，整体测网密度达到0.5km×0.5km～1km×0.5km。

3. 陆丰地区的自营勘探无商业发现（2001—2004年）

从2000年开始，深圳分公司在珠江口盆地（东部）迈开了自营勘探的步伐。珠江口盆地自营作业的第一口探井——LF15-3-1于2000年1月12日开钻，无商业发现。

在2002年，深圳分公司针对陆丰7构造带新采集了一部分二维测线，15条地震测线长约132.8km，整体测网密度达到0.5km×0.5km～1km×0.5km。

4. 合作勘探发现陆丰7-2油田（2005—2010年）

为了打开陆丰勘探的局面，此阶段进行了合作勘探。

2007年8月14日，新田石油中国有限公司同中国海洋石油总公司就16/05区块签订的物探服务协议（GSA）转为石油分成合同（PSC），16/05合同区块覆盖2069.889km^{2}的范围。为了完成物探服务协议（GSA）的工作量要求，新田石油中国有限公司对此区块采集了207km^{2}的三维地震。

2008年2月，新田石油中国有限公司在陆丰7-2构造钻了探井LF7-2-1，该井在主块新近系珠江组中钻遇1个含油段ZJ1A（相当于陆丰13-1、陆丰13-2油田的2370层），测井解释油层有效厚度19.3m，发现了陆丰7-2油田。陆丰7-2油田的钻探成功，进一步证明了陆丰凹陷是一个富生烃凹陷。

由于井况较差，LF7-2-1井设计的钻杆测试（DST）和井壁取心都没有进行。为了进一步落实陆丰7-2构造的储量规模和产能，2009年5月在南块钻了一口评价井——LF7-1-1井，在新近系珠江组、古近系珠海组和恩平组陆续钻遇19个含油段。泥浆录井、常规取心和井壁取心资料表明，从-2970.1～-2496.0m的砂岩中均有良好的油气显示。测井解释19个油层，总有效厚度为100.9m。对主力层ZJ1A层进行了DST测试，获商业性油流，合计折算日产油285.8m^3，同时在深层进行MDT测试、PVT分析证实珠江组下部、珠海组以及恩平组原油品质好，具有较好的流动性和产能。

二、滚动勘探，联合开发，陆丰15-1含油构造焕发新春

陆丰15-1含油构造自营以来，南海东部勘探人对它不离不弃，坚持以地质油藏研究为核心的理念，在勘探、开发、工程一体化思路的指导下，通过创新观念和认识，采用新的研究技术和方法，对陆丰15-1含油构造重新认识评价，成功钻探LF15-1-2评价井，使得以往多轮被外国公司判“死刑”、一度被放弃了近30年的含油构造重获新生，从而升级为油田。陆丰15-1含油构造升级为油田，是自营勘探以来浓重的一笔，意义非凡，推动了陆丰地区新一轮的自营勘探。

陆丰15-1构造位于珠江口盆地东沙隆起北缘，陆丰凹陷陆丰15洼南部陡坡带方向的东沙隆起之上，是在基底古隆起背景上继承性发育的断背斜。1986年2月13日，美国西方石油公司（OXY）在陆丰15-1构造的高部位上钻探LF15-1-1井，完钻井深2175m，该井测井解释11个油层，厚23.7m。其中，石灰岩油层8层，厚15.2m；砂岩油层3层，厚8.5m。分别对石灰岩油层上下段以及下伏砂岩油层进行DST测试，折算日产油499.10m^3。由于原油凝固点高、含蜡量高以及受限于当时技术手段，没有取得确切产能。中国海油对陆丰15-1含油构造进行储量计算，认为石灰岩与砂岩油藏不连通，对石灰岩油藏和砂岩油藏分别进行储量计算。石灰岩油藏油水界面取石灰岩底界1869.5m，在油层顶面深度图上圈定含油面积，含油面积15km^2，有效厚度采用6.6m（为测井解释油层厚度的1/2），孔隙度20%，含油饱和度50%，地面原油密度0.868g/cm^3，原油体积系数1.11，地质储量为$772 \times 10^4 t$。砂岩油藏取测井解释的油水界面，圈定含油面积为2.4km^2，油层厚度采用4.4m（为测井解释油层厚度的1/2），含油饱和度50%，孔隙度23%，地面原油密度0.833g/cm^3，原油体积系数1.11，地质储量为$116 \times 10^4 t$。该构造总的原油地质储量为$888 \times 10^4 t$（$1020 \times 10^4 m^3$）。通过对含油石灰岩层段储层性质研究，中国海油认为原油主要赋存于有孔虫房室溶洞、藻架溶孔、晶孔、溶洞及缝合线中，储层的孔隙度和渗透率无论在横向上和纵向上变化均较大，因而石灰岩的储量存在一定的风险。

LF15-1-1井是陆丰地区的第一口油气流井，为该盆地的碳酸盐岩勘探展示了良好的前景，也掀起了陆丰地区第一轮勘探高潮！在1986年2月至1988年3月两年多的时间里，先后发现了陆丰22-1油田、陆丰13-1油田、陆丰13-2油田，证实了陆丰13洼及陆丰15洼两大富生烃洼陷。

LF15-1-1井钻后近30年间，包括中国海油、东华石油、AMPLEX、NEWFEILD在内的多家中外石油公司先后对陆丰15-1含油构造进行过多轮评价，评价储量介于1020×10^4～$2546 \times 10^4 m^3$。评价结果的差异主要体现在对砂岩和石灰岩油藏是否连通、油藏底界的确定（RFT或者ODT）以及石灰岩油藏中礁灰岩和滩灰岩分布等方面问题的

认识。认识不同，储量计算的结果则大不相同。

1991 年 10 月西方石油公司（OXY）退出 17/15 区块，由澳大利亚 AMPLEX 公司接替为作业者。1992 年 12 月 7 日在区块南部陆丰 33–1 构造钻井未发现油气后，在 1993 年除保留陆丰 22–1 油田开发区 12.75km^2 外，退回其余全部面积。这期间 AMPLEX 公司对陆丰 15–1 含油构造进行评价，认为砂岩和石灰岩油层是连通的，具统一的油水界面，油水界面取石灰岩顶深度构造图溢出点 1863m，含油面积为 4.715km^2，有效厚度取 5.8m，平均孔隙度取 23.5%，含油饱和度取 49.06%，砂岩地质储量为 208 × 10^{4}t（235 × 10^{4}m^3）。石灰岩油层分为两段，滩灰岩段（1856～1861.5m）含油面积 12.9km^2，有效厚度取 5.5m，平均孔隙度为 25.34%，含油饱和度 46.52%，地质储量为 638 × 10^{4}t（735 × 10^{4}m^3）；礁灰岩段为低渗透层，虽然储量高达 1368 × 10^{4}t（1576 × 10^{4}m^3），但可开发的储量仅为 846 × 10^{4}t（970 × 10^{4}m^3），开发的储量较低，基本没有经济价值，AMPLEX 公司最终放弃该构造。

1994 年 11 月，中信东华石油公司签订 17/15 区块合同后，鉴于陆丰 15–1 构造是 17/15 区块内发现面积最大的含油构造，在已有的资料基础上对该构造进行了评价。

1998 年，中信东华公司对该构造进行评价，认为石灰岩油藏和砂岩油藏未连通，对石灰岩油藏和砂岩油藏分别进行储量计算。石灰岩油藏取石灰岩底界 1869.5m 为油水界面进行计算，含油面积取 19km^2，有效厚度取 7.35m，孔隙度为 22%，含油饱和度为 44%，地质储量为 1057 × 10^{4}t（1218 × 10^{4}m^3）；砂岩油藏油水界面按 ODT1882m 和 RFT1887.5m 两种方案进行了计算，按是否扣除低孔高阻段（1887.5～1882m），含油面积分别取 10.7km^2 和 13km^2，有效厚度取 4.3m，孔隙度为 21%，含油饱和度为 52%，地质储量分别为 400 × 10^{4}t（453 × 10^{4}m^3）和 486 × 10^{4}t（550 × 10^{4}m^3）。构造总石油地质储量为 1304 × 10^4～1543 × 10^{4}t（1494 × 10^4～1768 × 10^{4}m^3）。

从 1986 年到 1998 年，中国海油、AMPLEX、东华石油、NEWFEILD 四家公司对陆丰 15–1 含油构造评价的结果差别很大，通过对以前评价资料的总结整理，归纳出以下 3 个方面的原因：

（1）砂岩与石灰岩油藏是否连通？ AMPLEX 认为砂岩和石灰岩油藏是连通的，具有统一的油水界面；而东华石油和中国海油（1986 年）认为油藏是不连通的，砂岩上覆致密台地相石灰岩是其盖层。

（2）储量计算时的油藏底界的选取？ AMPLEX 认为石灰岩与砂岩是同一个油藏，油水界面取值为石灰岩顶深度构造图构造溢出点 –1863m（TVDSS）；东华石油认为石灰岩与砂岩油藏不是同一油藏，分别按不同的油水界面计算：石灰岩油藏油水界面取测井解释石灰岩底深度 –1850m（TVDSS）进行计算，砂岩油藏按照两个方案进行了计算，一是按照 RFT 测压资料推算的油水界面 –1868m（TVDSS）进行计算，二是按照 ODT–1862.5m（TVDSS）进行计算；1986 年中国海油评价时认为石灰岩与砂岩油藏不是同一油藏，石灰岩油藏油水界面取测井解释石灰岩底深度 –1850m（TVDSS）进行计算，砂岩油藏油水界面取 ODT–1862.5m（TVDSS）进行计算。

（3）前三轮评价都是在二维地震资料基础上，由于 4 轮评价对滩灰岩及礁灰岩的认识不一样，同时也影响了砂岩储量的计算。

针对陆丰 15–1 含油构造的多轮评价中，中国海油 1986 年方案相对保守，地质储

量仅为 $1020 \times 10^4 m^3$，且石灰岩段储量不落实；澳大利亚 AMPLEX 公司储量计算规模最大，但认为礁灰岩段属低渗透层，基本没有经济价值；东华石油计算储量规模比较客观，但最终都因为该油藏凝固点高、含蜡量高制约了油田开发的经济性而最终放弃。因此，在陆丰 15-1 含油构造被发现，LF15-1-1 井钻后的近 30 年内，虽然该含油构造先后由中国海油、东华石油、AMPLEX 在内的多家中外石油公司进行过多轮评价，但由于对油藏以及储层分布认识不同，造成陆丰 15-1 含油构造处于开发前景不明朗的阶段。

2008 年，该地区回归自营。针对陆丰 13 洼及陆丰 15 洼两大富生烃洼陷，深圳分公司以复式油气藏的勘探理念研究二级构造带。2010 年，针对陆丰 14 构造带采集了 $360km^2$ 三维地震资料，与原有的陆丰 13 油田三维（2003 年）、陆丰 15 构造三维（2007 年）地震资料进行了连片处理 $800km^2$。在此三维地震资料基础上，2011 年对陆丰 15-1 含油构造进行了再评价，以陆丰 15-1 含油构造为立足点进行集束勘探，以推动陆丰地区的勘探进程。

在陆丰 15-1 含油构造被发现的近 30 年时间里一直难以有效开发，主要原因一是油藏认识不清，评价的储量可信度低，二是 DST 测试不成功，产能不落实。2012 年陆丰潮台项目组在再评价过程中，针对以上两大问题采取了相应的对策：

（1）在储量研究上：以国家重大专项的区域研究工作为基础，对比分析了前人研究成果，并对陆丰 15-1 点礁的发育特征进行精细研究，进一步明确了该区礁灰岩及滩灰岩的沉积演化、分布特征及储层主控因素。在具体石灰岩储量计算上，采取了在三维高分辨率地震资料基础上，结合钻井资料及构造研究，对石灰岩段进行了储层反演，确定了礁灰岩油藏与滩灰岩油藏的空间分布、厚度及石灰岩储层物性的横向变化规律，再对石灰岩含油体积进行三维可视化雕刻，统计油层的面积和体积的研究思路，使石灰岩储量计算更科学、合理。

（2）在油藏测试方面通过分析调研，采取了以下两点措施：① 优化了射孔方案，采用穿深达 1.6m 的射孔弹，以顺利穿透污染带；② 采用自主研发并经升级改造后的“半潜式钻井平台螺杆泵测试井口补偿配套系统”，使得螺杆泵成功应用于该井的测试作业。

2012 年 5 月 16—28 日在 LF15-1-1 井以东 1200m 处钻评价井——LF15-1-2 井，完钻井深 1953m。录井在目的层珠江组下部井段 1846.0～1893.0m 钻遇油层 23.6m，进一步落实了陆丰 15-1 构造的含油气性。完井对井段 1850.0～1873.0m 进行测试，获商业性油流，最高日产油 $127.3m^3$，从而深化了对陆丰 15-1 油田的认识。

三、整体部署，分步实施，由浅及深，古近系勘探获重要突破

陆丰地区近 30 年的勘探已证实该区新近系储层单一，成藏主要受圈闭条件、油气运移及多期石灰岩发育的影响。随着勘探力度的不断加大，构造条件好的新近系圈闭大多已被钻探，通过对陆丰地区未钻圈闭资源量的统计发现未钻圈闭中古近系资源量已占到总资源量的近 80%，陆丰地区已进入一个勘探转型期。近几年，陆丰 7-1 构造深层及陆丰 13-1 油田深层古近系的突破，已展示出陆丰地区古近系良好的勘探前景。因此，围绕富生烃洼陷、开展二级构造带油气条件评价、进行新近系 + 古近系复式油气藏勘探是下一步勘探的主要方向。

2014 年，陆丰地区遵循“源—汇—聚”的评价思路，综合烃源、运移、储层、圈

闭、资源规模及勘探投入等多项指标对二级构造带进行评价，优选陆丰 13 断裂背斜构造带为重点解剖的增储区。按照“整体部署、分步实施、由浅及深、以点带面”的勘探策略，首钻 LF8-1-1 井，钻遇恩平组油层 47.6m/8 层；随后钻探的 LF14-4-1d 井在文昌组获得商业性油气发现，该井在 3888.9～3964.2m（TVD）做 DST 测试，在 7in 尾管内采用外套式火药压裂射孔技术，通过自喷求产的方式，获得日产原油达 $203.6m^3$、日产天然气 $6870m^3$（流动压差 8.766MPa、油嘴 14.29mm）。南海东部海域首次在埋深近 4000m 的古近系获得了自喷高产工业油流，标志着深圳分公司古近系勘探在陆丰地区取得重要的领域性突破。

1. LF8-1-1 井恩平组勘探获得突破

针对陆丰地区洼陷分割性强，断裂、潜山及转换带异常发育的特征，结合古近系和新近系断层发育分布及演化特征、构造单元（圈闭）样式将研究区划分为 4 类 11 个二级构造带，各二级构造带石油地质条件差异性明显。从“源—汇—聚”耦合研究的角度出发，并综合多种因素对 11 个二级构造带进行了整体评价，优选出陆丰 14 断裂鼻状构造带作为突破口开展评价并实施钻探，争取以钻井的成功带动整个陆丰南地区古近系的勘探。

从已钻的 LF9-2-1、LF14-3-1、LF14-2-1 这 3 口井的钻探结果揭示，陆丰 14 断裂鼻状构造带具有“满带含油”的特点，其上还有 5 个未钻有利圈闭，资源量 $7908\times10^4m^3$。其中陆丰 8-1 构造为陆丰地区陆丰 13 东洼的一个洼中隆，构造圈闭发育在古近系恩平组和文昌组，主要目的层圈闭面积大且含较大面积的自圈，油源条件优越，储盖组合良好，成藏条件和储量规模均最为有利，为突破整个区带，快速拿储量建立新产能，将其作为新一轮自营勘探的首选钻探目标之一。深圳分公司于 2013 年 1 月 26 日钻探 LF8-1-1 井，并于同年 2 月 18 日完钻，该井在恩平组钻遇 8 层共计 47.6m 厚油层，并顺利在 EP11 和 EP33 油层取到油样，初步计算的探明地质储量为 $513.2\times10^4m^3$（438.3×10^4t），为一个潜在的商业性油气发现。

LF8-1-1 井首次在陆丰地区发现深度超过 3500m 的恩平组下部主力油层，拓宽了恩平组的勘探层系。陆丰 8-1 含油构造的发现，推动了陆丰 13 构造带整体勘探的进程，有望在该地区获得商业性油气发现；建议在构造的西高点钻探 LF8-1-2 评价井和集束评价陆丰 14-4 构造，推动 LF14-4-1d 井的上钻。

2. 再钻陆丰 14-4 构造文昌组勘探获得突破

陆丰 14-4 构造位于陆丰地区陆丰 13 东洼南部缓坡带，油源条件优越，珠江组下部、恩平组、文昌组都发育有构造圈闭，主要目的层圈闭面积大，储量大，为新一轮自营勘探的重要钻探目标之一。2011 年 1 月，中海石油（中国）有限公司深圳分公司提出的陆丰 14-4 目标顺利通过风险审查，并于 2014 年 6 月 9 日开钻，至 10 月 24 日在陆丰 14-4 构造主块完成钻井 LF14-4-1d、LF14-4-1dSa 和 LF14-4-1dSb，主块的钻探在陆丰地区发现一个中型油田，分别在珠江组下部和文昌组发现油层。其中文昌组油层累计厚度可达 95m，LF14-4-1d 井在埋深近 4000m 层位 DST 测试成功，日产油 $203m^3$，对该层 3837.42m（MD）取得的 DST 测试油样的分析结果表明，原油气油比低（$36.18m^3/m^3$），密度小（地面原油密度为 $0.8213g/cm^3$），属轻质油。LF14-4-3 井处于陆丰 14-4 构造东块，于 11 月 7 日开钻，完钻层位前古近系，文昌组发现油层 46.1m/17 层。陆丰 14-4

油田是南海东部重要的原油勘探发现，其主要目的层在古近系深层，是一个由多个断块组成的复杂构造圈闭。如果要落实整个构造的储量规模，则需要对这些断块都要进行钻探。为了快速落实这些断块的含油性、储量规模和级别，提速陆丰南地区油气勘探进程，决定采用集束勘探、快速钻探的理念，先钻探 LF14-4-1d 井落实中块的储量，再通过开窗侧钻工艺，分别向北、南两侧断块侧钻 LF14-4-1dSa 井和 LF14-4-1dSb 井，实现一口井一开三眼侧钻，从而节约工时、成本，提速勘探进程，真正实现了“降本增效”。

LF8-1-1 井油层均位于恩平组，这是首次在陆丰地区恩平组下部层位发现油气，这极大地拓展了该区油气勘探层系；LF14-4-1d 井在文昌组获得了工业性油流，将陆丰地区的油气勘探层系进一步拓展到了文昌组，特别是文昌组下部油气的发现将对陆丰地区下一步勘探起到至关重要的作用。

与此同时，通过对陆丰 13 构造带的精细解剖，带给勘探人员的一个重要启示是陆丰地区文昌组具备形成大中型油气田的基本条件：

（1）具备形成大型构造背景的条件。陆丰 13 构造带为陆丰 13 东洼南部斜坡背景上，由于受区域构造活动及后期岩浆作用的影响而形成的一个在文昌组沉积时期继承性发育的古隆起。长期继承性隆起是油气运移优势指向区，此外，大型斜坡背景还控制大型沉积体系和大面积砂体分布。

（2）具备良好的供烃条件。陆丰 13 东洼为已证实的富烃洼陷，叠前反演结果表明洼陷腹部烃源岩厚度均超过 500m，地球化学模拟得到的洼陷生烃量为 37.76×10^8t。陆丰 13 构造带文昌组源储一体，供烃方式为源内自生自储式面状供烃，烃源岩与储层广覆式分布，油气以面状运移为主。

（3）受古地貌控制广泛分布的非均质储层。LF14-4-1d 井揭示的主力产层为一套含砾极粗—粗砂岩，正粒序，底部冲刷面多见泥砾，指示多期水下分流河道纵向叠置，综合分析认为其为缓坡背景上发育的近源、水动力能量中等、具有一定坡度的辫状河三角洲体系，在沉积古地貌图上，“源—渠—汇”对应关系明显。大型古斜坡河流三角洲砂岩储层的特点是储层分布面积大、低孔低渗、非均质性强，利于形成大中型构造和地层圈闭，进而形成油气规模聚集。

（4）具有稳定分布的区域盖层。LF14-4-1d 井及 LF14-4-1dSa 井揭示的 T_{83} 界面之下泥岩厚度分别为 129.1m 和 181.5m，泥岩的颜色为深灰色，综合分析认为这套泥岩为中深湖沉积。叠前反演的结构显示，T_{83} 界面之下泥岩在平面上分布稳定，整个陆丰 13 构造带泥岩厚度均大于 70m，为一套稳定分布的区域型盖层。正是因为这套泥岩的有效封盖，才会在文昌组聚集了大量的轻质原油。

陆丰 14-4 油田发现的意义重大，使陆丰凹陷古近系勘探获得历史性、领域性突破。古近系经过多年探索，打开了新领域，在陆丰洼陷开辟了新战场。翻开古近系的勘探历程，不难看出古近系储层临近生油岩从来都不乏油气显示，但却很难成藏，其储层的低孔渗条件成了制约成藏的最主要因素。陆丰地区的自营勘探首先从压实条件分析入手，着眼于烃源条件好、4000m 以浅且沉积相条件优越的区域上钻从而获得突破。由此，增强了古近系领域勘探的信心，只要坚持不懈，就有望取得更大的收获。

第八节 油气并举 突破传统认识 自营集束勘探 点亮番禺——流花天然气田群

番禺—流花天然气群包括番禺 30–1 气田、番禺 34–1 气田、流花 19–5 气田、番禺 35–1 气田、番禺 35–2 气田、流花 27–1 气田、流花 29–1 气田、流花 29–2 气田、流花 34–2 气田、流花 28–2 气田等。番禺—流花天然气田群的发现，具有重大的地质意义和经济意义：

（1）结束了珠江口盆地没有气田的历史，表明在珠江口盆地不仅可以找到商业性的油田，还可以找到商业性的气田，珠江口盆地已提升为中国海油天然气勘探的主战场之一。

（2）标志着珠江口盆地的自营勘探取得了历史性突破。之前珠江口盆地的商业性发现全部依赖于合作，而番禺低隆起天然气田群是在 100% 自营勘探的情况下被发现的，它是深圳分公司自营勘探的一个里程碑，具有重要的历史意义。

（3）珠江口盆地的天然气生产基地已初步建成，其中番禺 30–1 气田已经于 2009 年 3 月 16 日正式投产，年产天然气 $15\times10^8m^3$，凝析油 33×10^4bbl。

（4）积极推动了南部深水区的勘探。自从番禺 30–1、番禺 34–1、流花 19–5 等气田发现以来，先后有 20 多家外国石油公司对深水区的合作勘探产生了浓厚的兴趣，最终促成 29/06 等多个深水区块的合作，吹响了大规模进军深水区的号角。

一、初期勘探以油为主，勘探结果令人失望

在番禺—流花成藏区带上，西方石油公司在 28/23 合同区块内，于 1984 年钻探了 PY16–1–1 井、PY24–1–1 井，1986 年钻探 LH19–4–1 井，其中 PY16–1–1 井在钻井过程中见到大量的油气显示，中浅层段的气测值也较高。LH19–4–1 井在粤海组 845～849.5m 段解释出 4.5m 的气层；英国石油公司在 28/27 合同区块内，于 1984 年至 1985 年间先后钻探 PY27–1–1、PY27–2–1、PY33–1–1 这 3 口井，其中 PY27–1–1 井见到较多的油气显示，PY33–1–1 测井解释出 3 层残余油层，取心段见到薄油层，经 DST 测试证实为水，但在水样中见到大量的油花和油沫。

1984—1986 年这 3 年的勘探结果表明，虽然几口井都有不同程度的油气显示，但与几家大石油公司的期望相去甚远。第一轮勘探高潮过后，6 口井的失利使番禺低隆起的勘探陷入低潮。1991 年至 1992 年间，珠江口盆地的第二轮大规模招标重新给番禺低隆起的勘探带来了生机。Amoco 在 28/10 区块内，于 1991 年钻探 LH21–1–1 井，该井为油气显示井，在珠江组见到少量的沥青残留物。阿纳达科在 28/28 区块内，于 1992 年钻探 PY28–2–1 井，这口井虽见到非常丰富的油气显示，测井也解释出 187m 厚的气层，但 RFT 取样证实其 CO_2 含量达 90% 以上。两口井的失利使该区的勘探再次陷入低潮。

二、勘探战略调整，LH19–3–1 井带来惊喜

珠江口盆地自 1983 年开展油气勘探以来，一直以原油勘探和开发为主，并取得了连续 20 多年年产原油超过 $1000\times10^4m^3$ 的佳绩，为中国海洋石油总公司的发展做出了巨大贡献。在 2000 年前已发现的 $6\times10^8m^3$ 油气储量中，天然气的储量不到 $1000\times10^4m^3$

油当量，除HZ21–1油田发现两层凝析气外，在EP17–3–1、LH19–4–1等井也发现了少量的天然气层。为配合中国海油的沿海天然气大管网的战略，2000年南海东部也提出了要寻找天然气的设想。

1999年白云凹陷深水区低位扇研究取得突破性认识，低位扇的勘探前景喜人，但在一系列的推销和宣传过程中，感到缺乏直接资料证实凹陷的烃源潜力，使得白云凹陷低位扇的勘探风险增大。针对这一问题再次对白云凹陷周边探井进行详细分析，并注意应用将地质、测井、物探等多学科综合的研究思路，于2000年6月发现流花19–3浅层天然气目标。

2000年，中国海洋石油总公司天然气勘探战略重新给该区研究注入了活力。白云凹陷深水区的勘探潜力迫切需要在白云凹陷北坡的浅水区获得突破，同时白云凹陷北坡浅层大面积的亮点分布预示着该区可能具有良好的天然气勘探前景。

在2000年的勘探年会上，经深圳分公司和南海东部研究院领导和专家的努力推动，流花19–3构造的钻探意义得到与会领导和专家的一致肯定，获得了该区第一口天然气自营井，标志着白云凹陷石油地质综合研究和番禺—白云凹陷北坡天然气勘探潜力得到肯定。

2001年初的综合研究认为，由于在珠江口盆地中对天然气的研究基础较为薄弱，为了尽快落实有利构造带，有必要从“点和面”迅速开展天然气研究的一系列工作。

一方面从区域研究出发，进行浅层天然气的“面”上普查工作，这主要包括3个部分:（1）对全区地震资料进行普查，快速扫描有构造背景的中浅层亮点及振幅异常。在地震普查方面，区域搜索地震剖面约3×10^4km，圈定了亮点和振幅异常分布范围。（2）从含油气系统出发，分析富生气洼陷和油气生、排、运条件。洼陷分析表明白云凹陷是珠江口盆地（东部）最有利的生气区。（3）在区域性层序地层学研究的基础上，展开番禺低隆起的储盖组合、储集物性研究。层序地层学研究表明，该区珠江组—韩江组储集物性良好的砂岩主要发育在中深层，总体砂岩百分含量低于30%，对断层封堵十分有利，勘探的主要目的层在MFS18.5（T_5）、SB13.8和SB15.5等层段。

另一方面从“点”（已钻含气井）出发，对盆地内103口探井的气测、电测（电阻、声波时差、中子、密度及自然伽马）、录井、油气显示及测试资料进行了综合分析和总结，对有气显示的井进行测井再解释工作，在含气显示明显的探井附近进一步寻找有利的勘探目标。

两个方面紧密联系，互相指引、补充，综合区域地质研究成果，寻找天然气有利成藏区带及其有利钻探目标。归纳起来，即点面结合，从面（区域）到点（构造），以点（井）带面（区带），寻找有利靶区。通过研究，圈定了3个天然气勘探有利地区，即恩平—阳江地区、惠州地区、番禺—流花地区。最终根据天然气显示规模和烃源条件，确定番禺—流花有利区带为珠江口盆地寻找天然气的首选区带。

2001年6月，对LH19–3–1井浅层气实施钻探，在浅层粤海组发现了厚达57.07m、烃类含量达90%的优质天然气层，但由于浅层储层物性差（泥质粉砂岩），DST测试结果并不乐观，产能最高的DST2，绝对无阻流量尚不足$5.2\times10^4m^3/d$。它虽然未被证实具有商业开采价值，但该目标的发现不仅揭示了珠江口盆地天然气勘探的潜力，同时也拉开了该区天然气勘探的序幕，成为白云凹陷油气勘探的敲门砖。

三、“集束勘探”新理念，天然气勘探迎来巨大成功

2001 年上半年，面对激烈的市场竞争，同时也为了适应天然气勘探的新形势，中国海油石油总公司提出了新的勘探理念——“集束勘探”。深圳分公司与南海东部研究院利用集束勘探的机遇，通过天然气有利区带与目标评价工作，系统评价了番禺低隆起天然气勘探有利区带，提出了珠江口盆地第一组集束勘探井（流花 19–1 井、番禺 30–1 井、番禺 34–1 井、番禺 29–1 井），并分别于 2001 年 9 月和 2002 年 1 月获得中国海油石油总公司井位预审组一致通过。2002 年 4 月至 8 月，在番禺低隆起先后钻探了 LH19–1–1 井、PY30–1–1 井、PY29–1–1/1A 井、PY34–1–1 井，发现了番禺 30–1 和番禺 34–1 两个商业性气藏和流花 19–1 和番禺 29–1 两个含气构造。其中 PY30–1–1 井在 T_{35} 附近发现了 12m 的气层，T_{50} 之下的黄金储盖组合中发现了累计厚度达 61m 的气层，这两层的储层物性都很好，具备商业开发的价值。PY34–1–1 井在 T_{50} 之下发现了 3 层累计厚度达 36.5m 的气层，经 DST 测试证实日产天然气 $37.8\times10^4m^3$，具有商业价值。2002 年的钻探结果表明，番禺 30–1、番禺 34–1 获得商业性天然气流，标志着天然气勘探获得了巨大成功，珠江口盆地东部的天然气勘探有了真正的商业性发现，是中国海洋石油总公司近十年来最大的天然气发现。

2002 年集束勘探 4 个目标的钻探意义主要表现在 4 个方面：（1）作为中国海洋石油总公司天然气勘探战略的策应战场，争取在中深层物性较好的层位取得天然气的商业性突破；（2）搞活整个番禺—流花成藏区带，进一步揭示该地区天然气勘探的巨大潜力，早日建立珠江口盆地天然气生产基地；（3）进一步证实白云凹陷的生烃潜力，积极推动南部深水区的勘探。2002 年钻探结果证实，在番禺低隆起发现了番禺 30–1、番禺 34–1 两个商业性气藏和流花 19–1、番禺 29–1 两个含气构造，使珠江口盆地的自营天然气勘探取得了重大突破；（4）使深圳分公司完成了从以对外合作为主到合作与自营并行的新阶段，建立和具备了自主勘探开发的作业者能力。

四、扩大战果，探索新的勘探方向

2002 年在番禺低隆起的天然气勘探取得实质性突破后，勘探思路主要包括以下几个方面：（1）围绕已发现气藏进行滚动勘探，在有利的番禺—流花成藏区带内迅速扩大战果，不断扩大已有气藏的规模；（2）在三维地震区内充分利用已有的三维地震资料对可能存在的岩性地层圈闭进行搜索和评价，以求打开新的勘探领域；（3）积极探索新的勘探方向，向番禺低隆起的东、西部进行拓展；（4）利用三维地震资料对已发现的番禺 30–1 气藏进行精细评价；（5）对流花 19–5 和番禺 35–1 两个构造实施钻探。在该勘探思路的指导下，2003—2004 年在番禺低隆起推出了一系列目标，其中包括岩性地层圈闭（番禺 35–2）和新方向探索目标（流花 16–2、番禺 22–1、番禺 28–1 和番禺 32–1 等）。

2003 年 2—6 月，在番禺低隆起先后钻探了 PY30–1–2/2A 井、LH19–5–1 井、PY30–1–3 井、PY35–1–1 井，落实番禺 30–1 整装优质天然气田，其基本探明天然气地质储量 $307.86\times10^8m^3$，并在 PY30–1–3 井的 2740～2778m 层段进行 DST 测试，无阻流量高达 $524.88\times10^4m^3/d$，从而证实了番禺 30–1 大气田的发现，为番禺气区的建产奠定了良好的基础。此外，2003 年还新发现流花 19–5 和番禺 35–1 两个气藏。

《中国海洋石油报》于2003年7月30日在头版显著位置以“中海油获得重大天然气发现”为题报道了该系列发现，《人民日报》《经济观察报》等国内重要报刊也做了相应的报道：

2003年7月28日中国海洋石油有限公司宣布在南海东部的两个天然气田获重大发现。受到此消息刺激，公司的股价创下了历史新高。上述两个气田的预计储量约为$1.5\times10^{12}ft^3$，据美林证券发布的分析报告指出，新发现的天然气将增加中国海油已探明储量的7%～12%，投资回报率预计在15%左右。

2004年6月至10月，在番禺低隆起先后钻探了LH19-5-2D井、PY34-1-2井、PY34-1-3井，落实番禺34-1基本探明+控制天然气地质储量$156.25\times10^8m^3$，并在PY34-1-2井的3355～3373m层段进行DST测试，无阻流量高达$408.5\times10^4m^3/d$，为高产气井，证实了番禺34-1中型气田的发现。此外，2004年还落实流花19-5气藏A+B高点探明地质储量$42\times10^8m^3$，在LH19-5-2D井2725～2748m层段进行测试，无阻流量也达到了$400\times10^4m^3/d$。

2005年3月至7月，在番禺低隆起先后钻探了PY16-1-2井、PY32-1-1井、LH19-5-3井，落实流花19-5构造A+B块探明天然气地质储量$28\times10^8m^3$，并在LH19-5-3井的2467～2480m层段进行DST测试，15.88mm油嘴日产气$55.6\times10^4m^3$，日产油$91.4m^3$，为高产油气流井，证实了流花19-5小型气田的发现。此外，2005年钻探的PY16-1-2井现场测井解释气层7m，差气层25.5m，含气水层1m，落实番禺16-1气藏潜在天然气地质储量$28\times10^8m^3$。

截至2005年底，在番禺低隆起地区共发现3个商业性高产气田和5个含气构造，累计天然气探明+控制地质储量$757\times10^8m^3$，一个初具规模的番禺气区已基本形成。

五、运用新技术，向深层和地层岩性进军

2005年之后天然气勘探逐渐转向新领域及新区域，深圳分公司提出“陆架坡折带成藏体系”“三步走时深转换”等勘探新理念及新方法。

2006—2007年，在番禺气区及其周边综合运用流体包裹体分析、叠前深度偏移、亮点及AVO分析、高精度层序地层等新技术，提出断裂控砂、坡折定圈等新理论，并在研究思路上进行大胆创新，指出自营天然气勘探要向深层拓展，向岩性地层圈闭新领域进军。在大量研究工作的基础上，发现和综合评价了番禺35-2、流花16-2、番禺30-2、番禺35-1、番禺8-2、番禺19-8等一批有利目标。2007年下半年经钻探证实，在隐形圈闭勘探方面取得重大突破，发现流花19-8岩性气藏及番禺35-2中型气田。经测试，PY35-2-1井获高产天然气流，Gas1含气面积$52m^2$，探明地质储量$177\times10^8m^3$，Gas1、Gas2、Gas3、Gas4累计探明+控制天然气地质储量达$450\times10^8m^3$。番禺35-2高产气田水深300m，距离番禺34-1气田15km，具有可观的经济效益。番禺35-2的发现，具有重大的意义，它揭示了白云凹陷北坡坡折带附近巨大的天然气勘探潜力，打开了岩性地层圈闭新领域。

第九节　中国石油勘探史上里程碑式的发现
——深水荔湾 3-1 大气田

20 多年来的勘探实践证明，深水区是油气蕴藏极为丰富的领域。尤其是近 15 年来，在南美、西非大西洋沿岸、墨西哥湾、北海、巴伦支海、喀拉海以及东南亚、澳大利亚西北大陆架等海域相继发现了许多大型油气田，其勘探领域已扩展到水深 3000m 的深海区。尤为引人注目的是墨西哥湾、南美和西非大西洋沿岸已成为世界深水油气勘探的热点地区，据统计世界主要的油气资源量大部分集中在以深水浊积体作为储层的圈闭中（Pettingill et al.，2001），特别是随着工程技术等方面的发展，深水区的勘探成本相对逐渐降低，而勘探成功率则逐年升高。

在 1985 年以前，全球深水勘探成功率约为 10%，后来随着墨西哥湾和西非地区的巨大成功，勘探成功率平均达到 30%。西非的勘探成功率最高，在下刚果盆地，前几年的勘探成功率超过 80%。伴随着世界上许多大型深水油气田相继投入开发，深水区已经成为世界油气产量的主要增长点。

相对发达国家，中国深水油气勘探尚处于初级阶段。珠江口盆地白云凹陷深水领域的勘探引领了国内先例，又不同于西方大西洋被动边缘盆地，该如何开展白云凹陷深水油气勘探，打开白云凹陷深水勘探的新局面，面临着巨大的挑战和困难。早期对白云凹陷深水区的勘探延续了浅水区珠一坳陷的研究模式，以文昌组为烃源岩，新近系古珠江三角洲—滨岸体系为储盖组合，具有古构造背景的大型构造圈闭为勘探目标，油气沿构造脊早期长距离运移输导的成藏模式。20 世纪 80 年代钻探的 BY7-1-1 深水井和 PY33-1-1 井等钻探的相继失利，使得对凹陷的生烃和储层条件产生质疑，白云凹陷深水的勘探陷入了举步维艰的困境。浅水勘探模式是否适合深水这个新领域，白云凹陷深水是否真的不容乐观？思路决定出路，面对困难和挑战，转变勘探思路，正确认识白云凹陷深水区的特殊性和成藏条件，突破传统的勘探模式，走出浅水的勘探模式，成为白云凹陷深水区勘探的关键问题。

珠江口盆地深水区与国际上已有重大油气发现的深水区有许多重要的相同点。珠江口盆地位于 32Ma 开始扩张的南海北部被动大陆边缘，白云凹陷深水区位于大流域长源大河出口下倾方向，成为有大量沉积物堆积的场所。渐新世以来，青藏高原强烈隆升并在其东南缘形成广阔的珠江流域，有大量沉积物向海域输送的古珠江大河。巨量沉积物的堆积造就了世界上少有的广阔的南海陆架和大型三角洲，而具有丰富沉积物入海是发育大型深水扇最重要的物质基础。类似西非尼日尔河、刚果河，进入墨西哥湾的密西西比河、科罗拉多河、格兰德河等，这些地区的深水勘探已取得成功。海平面的周期性升降使古珠江大河沉积物在低水位时期沉积中心向深水陆坡、海盆迁移，从而导致古珠江携带大量沉积物在海平面下降期间迁移到珠江口外的陆坡深水区沉积。白云凹陷深水区渐新世末以来的地层厚度达 6000m，是北部浅水区珠一坳陷的两倍，这无疑是海平面下降、沉积中心向深水区迁移、大量古珠江沉积物堆积在白云凹陷深水区的有力证据。古珠江大河充沛的沉积物供应和频繁的海平面变化在北部珠一坳陷形成了多套高位体系域—海进体系域陆架三角洲—滨岸体系的砂泥沉积，成为珠江口盆地已发现油田最主要的产层。所有这些条件与世界上许多发育深水扇的盆地地质特征比较，均表明具有发育深水扇的地质条件。

2002 年以来，在国家自然科学基金重点项目“南海深水扇系统及油气资源”的框架下，同时在 2003 年国家战略选区项目的支持下，全面剖析白云凹陷深水区特殊的地质条件，有目的开展对凹陷的特殊成因结构、珠江深水扇形成的控制因素、成藏动力学条件以及资源潜力等的全面研究。在这样的背景下，2004 年中国海洋石油总公司成立了南海北部深水的直管项目，开始了白云凹陷深水区的实质性勘探。

2004 年 8 月第一个深水勘探区块 29/26 签署石油合同，2005 年 2 月 43/11 区块签署石油合同，2005 年 12 月 42/05 区块签署石油合同，2006 年 6 月 41/06 区块签署物探协议，2006 年 8 月 29/06 区块签署石油合同，白云凹陷深水区的勘探全面展开。2006 年 4 月 LW3-1-1 井开钻，6 月取得天然气重大突破，预示着白云凹陷深水区勘探高潮的到来。

珠江口盆地从浅水走向深水的勘探，实现了领域上突破、勘探思路的转变和战略的周详部署，突破了传统的浅水勘探模式，建立了浅水向深水的层序格架，在海平面周期变化的基础上发现了珠江深水扇系统，实现了从浅水陆架三角洲向深水陆坡的珠江深水扇勘探的转变，成为一系列相关地学问题提出和创新研究的引擎，从根本上推动白云凹陷深水区勘探。荔湾 3-1 的成功钻探和天然气发现开拓了深水勘探的里程碑，打开了深水勘探的大门，白云凹陷深水区研究认识的深入和勘探的相继发现为珠江口盆地勘探开辟了潜力巨大的深水领域。

白云凹陷深水区 20 多年的勘探研究经历了以下几个重要的阶段。

一、早期地质调查阶段（1983 年前）

1983 年以前，珠江口盆地处在早期地质调查和早期评价阶段，其中约 30000km^2 面积的珠二坳陷，完成约 9300km 的二维地震资料。在此基础上的资源评价总资源量为 32×10^8t 左右，占盆地总量的 52%，当时列为珠江口盆地最好的生烃凹陷。同时，也带动了白云凹陷第一轮勘探高潮的到来，众多外国石油公司申请进入凹陷的北部地区，主要勘探目的层系为新近系珠江组和韩江组。

二、凹陷北部中—浅水区勘探失利及再评价阶段（1983—1997 年）

从 1983 年到 1997 年，是白云凹陷勘探的起伏阶段，这一时期凹陷已拥有二维地震约 38000km，在凹陷北缘的 8 个对外合同区，共钻探井 14 口，却无一有商业发现，其中由西方石油公司钻探的 BY7-1-1 井水深达到 500m，接近当时（1987 年）深水钻探的世界纪录。这一轮勘探失利影响很大，白云凹陷由此进入了近 10 年的勘探沉默期，相当多的研究人员对凹陷的生烃能力、储层条件产生怀疑，对于白云凹陷缺乏大型构造作为勘探目标更是忧心忡忡。然而，研究队伍中并不都是这样悲观失望，中国海洋石油南海东部石油公司就有一支研究力量坚持了下来，长期不间断地进行白云凹陷的研究工作，努力寻找可能的突破口。他们早期的思维还是延续了北部珠一坳陷的研究模式，即新近系古珠江三角洲—滨岸体系储盖组合；强调始新世文昌组的生烃能力；选择具有古构造背景的大型构造圈闭为勘探目标；油气沿构造脊早期长距离运移输导等的成藏模式。

三、研究上转换思路，方法上推陈出新，是白云凹陷北坡天然气藏及深水油气田发现的必要准备（1997—2002 年）

客观上讲白云凹陷再度引起重视是由于北部坳陷带钻探成功率最高的背斜构造已经很少了，而刚起步的自营勘探没有一个可供选择的有利战场。尽管白云凹陷第一轮勘探失利，但是，10 多年的研究对于巨型白云凹陷生烃潜力的预期始终是激励研究者探索的方向。从 1997 年起，研究者从白云凹陷巨大的生烃潜力出发，开始转换思路探索新的储集类型和新的圈闭类型。

在 1997 年综合研究的基础上，将层序地层学的方法引入区域研究工作中，彻底改变了以往以构造解释为主的研究方法。在白云凹陷进行了大量的层序地层学解释和系统研究，识别出 6 层主要的层序界面，明确识别出深切谷—深水扇陆坡沉积系统，将白云凹陷深水区的勘探前景展现在世人面前，也引起了众多院士和专家的重视。

层序地层格架的解释逐步明晰了白云凹陷深水区的层序地层学特征：在相对海平面下降到陆架坡折带时，古珠江携带大量物质穿越珠一坳陷和番禺低隆起的古陆架进入古深水陆坡，并在此形成大规模的低位体系域。处于深水陆坡环境的白云凹陷持续沉降使得凹陷在接受巨厚低位沉积的同时沉积空间仍然不断产生，继续保持了深水环境，进而造就了各层序低位体系域都垂直叠置在白云凹陷之上。

白云凹陷北坡各层序底界上均发现大量由重力流作用诱发的深切谷及其充填物，这些深切河谷均已达到相当的规模，重力流的规模及其可能携带的沉积物质数量是惊人的。与陆架边缘珠江三角洲体系相联系的深水扇系统，包括深切谷充填、海底峡谷、深水滑塌物、盆底扇、斜坡扇与低位进积复合体等，是新近纪古珠江入海沉积物在低水位时期的主要堆积地域。白云凹陷北侧为番禺低隆起，东邻东沙隆起，西南侧受大型的断垒控制，形成三面高地包围的深水环境。低水位时期东、北、西面出露，持续沉降的白云凹陷演变成海湾环境，成为北面古珠江入海倾注沉积物的最佳场所。大量峡谷水道围绕凹陷分布证实了海湾环境的特点。因此，对海平面周期性下降，古珠江大河输入沉积物和海平面下降期间发育的大规模深切谷系统的认识导致了白云凹陷深水区大规模深水扇的发现。

层序地层学理论的应用实现了思维的创新，导致了对白云凹陷深水区沉积条件的新认识。陆架边缘沉积作用随相对海平面变化而迁移的概念，使我们得以从浅海陆架区向深水陆坡区的思维延伸——实现由浅海向深海的预测、由三角洲向深水扇的预测、由富砂陆架区向未知陆坡区的预测、由高位体系域向低位体系域的预测。

2000 年以来，在白云凹陷进行了大量的层序地层学解释和系统研究，从浅海陆架到白云凹陷深水区层序地层格架的建立，海平面变化规律以及陆缘沉积作用随相对海平面变化而迁移的认识，明确识别出深切谷—深水扇陆坡沉积系统，导致了珠江深水扇系统的发现。形成了古珠江大河、宽陆架、富砂三角洲背景下，受持续沉降和周期性海平面变化控制，在白云凹陷深水区形成多层序低位体系域具有多峡谷水道供源的深水扇复合沉积系统的理论认识。认识上的突破使思维得以延伸，从本质上实现了由高位体系域的浅海富砂三角洲向低位体系域陆坡深水扇的远程预测。

四、白云凹陷北坡自营天然气勘探领域性的突破全面带动了深水勘探

无论从技术上还是资金上，当时对深水进行实质性勘探的条件都还不成熟，深水勘探战略部署以白云凹陷北坡天然气领域性的突破作为了突破口。当年，中国海洋石油南海东部公司的地质学家们选择这个地区作为自营勘探区基于4个方面深入研究：（1）通过对北坡已钻井调研发现有11口井有气显示，充分感知了白云凹陷生烃潜能；（2）当年的二维地震资料已经显示出北坡存在三排反向断裂带及一排排反向断裂构造，这几乎是珠江口盆地唯一的受挤压应力影响的逆断裂区，有理由相信这批断裂构造会有良好的保存条件；（3）位于三角洲陆架边缘的席状砂发育良好，其上是巨厚的海相富泥区，形成了极佳的储盖组合；（4）该地区存在大量的浅层地震亮点。2001年自营首钻流花19-3浅层亮点获得了天然气发现。根据地球化学分析资料，其浅层天然气并非属于浅层生物气而是来源于深部的成熟天然气，由此，白云凹陷生烃潜力得到实钻证实。到2002年连续在北坡三排反向断裂带钻流花19-1、番禺30-1、番禺34-1、番禺29-1等一大批反向断裂构造均获得重要天然气发现。而后这一地区建设成为东部地区第一个自营天然气田群并已向华南地区供气。白云凹陷北坡番禺气区的发现改变了人们对珠江口盆地的认识，它不仅能生油而且生气且基本形成了北油南气的盆地资源大格局。白云凹陷北坡天然气获得巨大突破，更加坚定了深水区是白云凹陷真正主战场的信念，促使珠江口盆地的油气勘探得以从珠一坳陷的浅水区向珠二坳陷的深水区跨越式的发展。

同时，2002年也是盆地勘探由合作为主转为全面自营勘探为主的关键一年。

五、坚定信心稳步向深水迈进阶段（2002—2006年）

从1993年荔湾3-1构造发现以来，中外多家公司机构都对它作了多次的构造图，由于其处在水深急剧变化的位置，且有海沟等崎岖复杂海底地形的影响，多次的构造图在面积和幅度上都存在较大的差别，但多轮评估都一致认为它是白云凹陷内最好的构造圈闭之一，是白云凹陷深水区实施勘探的首选目标。造成多次构造图差别的主要原因在于崎岖复杂的海底地形影响，如何作准构造图成为评价荔湾3-1构造的重要基础，为了消除深水区崎岖海底影响，2004年开展了崎岖海底目标评价技术的攻关研究。随着地震资料的加密（1.5km×1.5km）和崎岖海底目标评价技术的攻关研究，2004年8月完成了荔湾3-1构造主要地震层位的构造图。

2006年4月中国第一口水深达1480m的探井LW3-1-1开始钻探，主要目标为荔湾3-1构造T_6层南高点，主要勘探目的层系是珠江组底部和珠海组。主要目的层构造圈闭面积81km^2；构造的地理位置在香港东南350km、番禺30-1气田东南65km处，水深约1480m。4月27日，LW3-1-1井由Transocean公司的Discoverer534动力定位钻井船实施钻探，6月13日钻至井深3843m完钻，测井解释5个气层。哈斯基能源公司于北京时间6月15日发布有关该发现的消息。

钻探获得了重大突破性的发现，在珠江组下段到珠海组钻遇的5个气层控制了近千亿立方米的储量。LW3-1-1井的钻探基本上证实了钻前的所有地质认识，深水区开展的针对储层、圈闭方面的研究认识更是得以验证：确认白云凹陷为富烃凹陷；证实了白

云凹陷深、浅水两套储层的认识，揭示了渐新世（珠海组沉积时期）古珠江三角洲良好的储盖组合和中新世优质的深水重力流沉积储层；认识到模糊带是凹陷存在超压史，并造成流体释放的表征，从而揭示出晚期断裂和底辟带是有利的成藏带；气藏地震响应明显，烃类检测是识别气藏的有效手段。

白云凹陷深水区的创新性研究和荔湾 3-1 的重大发现，大大促进了白云凹陷深水乃至整个南海深水勘探的投入。

第十节 “断脊联控、差异聚集、内气外油”认识助推白云东洼油田群发现

白云凹陷处于珠江口盆地地壳强烈薄化带上，以“高、变地温及深水沉积”为特点，多年来的勘探实践证实其为富生烃洼陷，油气发现主要为天然气，集中在白云主洼北坡—番禺低隆起及白云主洼东区等地区。但同时，在已发现的气藏及钻井中见到了丰富的原油显示及少量油层，预示着具有巨大生烃规模的白云凹陷发生过大量的原油运移和聚集，但一直未有规模性油藏发现。那么，白云凹陷生成的大量石油到了哪里？有没有发现大中型油藏的可能？这些问题，使得我们对白云凹陷勘探有了新的思考。

一、生油潜力不明，成藏规律不清，勘探方向不明

白云凹陷及周边多年来的勘探发现都以天然气为主，所以传统上认为白云凹陷受“高地温”的影响，烃源岩热演化程度高，多数已达到成熟及过成熟阶段，因此以天然气生成为主，原油规模有限。但作为珠江口盆地最大的富生烃凹陷，洼陷面积大于 20000km^2，可分为主洼、东洼、西洼、南洼等次洼，各次洼构造演化、沉积充填、烃源岩分布均有不同，同时受变地温场影响，其烃源岩热演化过程应具有明显差异性。但多年来白云凹陷成盆、成烃机制一直缺乏整体、系统性研究，古近系的凹陷属性与凹陷结构仍然没有形成统一的认识，控制凹陷发育的边界断层也尚未厘定，凹陷内部洼陷的划分以及洼陷结构样式的研究有待深化，导致对白云凹陷烃源岩类型、规模、分布、演化及差异性认识不清及缺乏成盆、成烃的系统性研究，其生油潜力、富油洼陷也无从判别。

尽管白云凹陷及周边已钻井中原油显示比较丰富，但零散、不成规模和体系，大中型油田的勘探方向难以明确：

（1）白云东洼—东洼北坡—番禺低隆起东段：流花 27-1、流花 28-1、流花 29-4 构造可见良好气显示，其中流花 29-4 录井具有滴照荧光显示；

（2）云东低凸起：油气显示均有发现，主要集中于珠江组下段至珠海组，其中流花 29-1、流花 34-2 构造为天然气商业发现，同时也发现了若干油层；

（3）白云主洼东翼—云荔低隆起：以气显示为主，主要集中于珠江组下段至珠海组，其中荔湾 3-1、荔湾 3-2 构造为天然气商业发现，同时零星可见油显示（LW9-1-2 井珠海组发现油层、LW3-2-3 井珠江组下段发现挥发油）；

（4）白云主洼—主洼北坡—番禺低隆起中段：以气显示为主，自珠海组至万山组均

有显示，显示层位由洼内向隆起区呈逐渐变浅的趋势，少数极浅部气显示属流体底辟成因。区内除 LH19-4-1 井发现油斑、PY35-1-2 井发现含油水层外，几乎无较高级别油显示；

（5）白云西洼—西洼北坡—云开低凸起：除西洼内 BY3-1-1 井与邻近西洼的 PY25-2-2 井发现气层外，区内显示普遍较差，多为珠江组下段—恩平组深层油显示（油斑、油迹）。

在这样的以天然气成藏为主的体系中，如何能把握住原油的成藏规律，进而在白云凹陷发现规模性油藏，是勘探者面对的最大的困难。

二、创新勘探理念和研究思路，打破传统

白云凹陷作为珠江口盆地最大的富烃凹陷，油气资源丰富，同时作为国家重要的深水战略选区，其油气发现的意义非常重大。通过近些年来的研究及勘探发现，白云凹陷虽然以天然气为主，但大量、丰富的原油显示，揭示白云凹陷有规模性的原油运移和聚集，白云凹陷有基础、有条件在原油勘探上获得重大发现。

在“十二五”国家重大专项研究的基础上，重新剖析白云凹陷石油地质条件，从原油显示普查入手，在成盆、成烃、成藏及地球物理技术等方面取得重要创新性认识，有以下几点。

1. 大型“宽深”拆离断陷发育大型三角洲—湖相沉积体系，具备规模油气勘探资源潜力

几十年来，尽管在白云凹陷获得一系列重大油气发现，但对于白云凹陷生烃基础的质疑从未间断，主要原因在于发现的油气资源量与白云凹陷的洼陷规模远不匹配。此外，白云凹陷是否生油？也是众多学者多年来研究的焦点问题之一。以上问题同样制约白云凹陷油气勘探进一步的突破。

首次全面、系统阐明了白云凹陷形成演化、沉积充填、烃源岩分布，明确白云凹陷为在地壳强烈薄化带上发育的、拆离断裂体系下控制的大型宽、深断陷，发育大型三角洲—湖相沉积体系，具备发育优质、大型烃源岩体的条件，烃源类型以Ⅱ型干酪根为主，利于生油，资源潜力巨大。

基于传统的岩石圈伸展破裂理论，在南海北部陆缘深水区油气勘探的初期，老一辈地质学家以中国东部典型断陷盆地的模式进行研究，认为南海北部陆缘裂陷盆地的发育呈现出阶段性和迁移性。晚白垩世—始新世早期，陆缘伸展区主要位于华南陆缘，发育三水断陷盆地等；始新世中期，陆缘伸展区向南迁移至珠江口盆地北部坳陷带，发育惠州、西江、陆丰、恩平等断陷盆地沉积充填；始新世晚期，陆缘伸展区再次向南迁移至珠江口盆地中部坳陷带，控制深水区断陷盆地的发育，但裂陷作用显著减弱。因此，认为白云凹陷深水区缺乏始新世中期文昌组优质烃源岩的发育，主要沉积始新世晚期恩平组煤系烃源岩。

陆缘拆离断裂形成的拆离作用幕控制了沉积环境的演变，使得白云凹陷深水区文昌组—恩平组沉积时期成为一个复合拆离断裂组成的大型宽断陷，发育了大型的三角洲—湖相沉积体系，是烃源的主体。宽断陷的挠曲变形导致的沉积坡折带控制湖盆的沉积环境，高沉降速率、欠补偿沉积和“S”形前积反射指示发育大型湖泊沉积。沉积体系的

展布表明白云凹陷发育大型三角洲—湖泊沉积，主体沉积物源来自北侧，凹陷北部以大型三角洲沉积为主，南部以湖泊沉积为主。拆离断层的地层旋转作用控制了沉积古地理和主要物源方向，宽断陷挠曲坡折作用控制沉积体系的展布，从而决定了缓坡浅湖三角洲和规模湖相烃源岩的空间展布（湖泊沉积最厚 4700m、面积 6900km^2），具有规模性烃源岩发育条件。

与此同时，钻井也证实裂陷期发育湖相烃源岩。白云凹陷边缘—番禺低隆起有 5 口钻井钻遇文昌组—恩平组，虽然揭示地层总体较薄，但揭示层段包括文昌组和恩平组深湖、浅湖相和滨浅湖煤系地层类型，颇具代表性。其中，LW4-1-1 井证实裂陷期白云凹陷南部发育湖泊沉积充填；PY33-1-1 井、LH19-4-1 井代表证实北部缓坡带发育大型三角洲沉积体系；LW4-1-1 井位于白云主洼东南缘主控断裂的上盘，紧邻云荔低隆起，共揭示珠海组以下碎屑岩系 344.2m。过井地震剖面显示，LW4-1-1 井主要揭示为文昌组，并以文昌组下部为主，恩平组全部缺失，直接上覆珠海组。

LW4-1-1 井揭示了白云凹陷发育文昌组，否定了基于传统岩石圈伸展破裂理论而形成的认识，证实了白云凹陷为大型“宽深”拆离断陷发育大型三角洲—湖泊沉积体系，具备规模原油勘探资源潜力。

2. 建立“活跃烃源岩”生烃贡献为主的“断—脊”联控浮力成藏机制，优选原油富烃凹陷

白云凹陷受高地温的影响，烃源演化成熟早，对现今成藏贡献最大的是那些 23Ma 以来成熟的“活跃烃源岩”，白云东洼“活跃烃源岩”的石油资源量占比最高，原油勘探潜力最大。

高地温背景下，使得烃源岩成熟大大提前，文昌组烃源岩主生油时期为 49—16Ma，恩平组烃源岩生油期主要为 23—10Ma，而白云凹陷最有利的储盖组合则发育在珠江组，沉积时间为 23Ma 至 16Ma。因此，考虑到最有利储、盖层的形成时间以及高、变地温背景对生烃灶在时空范围内的综合影响，将 16Ma 至现今仍大量生、排油的烃源岩称为该区的“活跃油源岩”。

分别对各洼陷不同阶段的生烃量进行了统计，主洼古近系烃源岩形成的石油资源丰富，但是活跃油源岩仅占其古近系石油总生烃量 5.86%；而东洼与南洼活跃油源岩的石油生烃量占比最高，分别达到 48.33% 和 53.69%，但南洼为深层古近系成藏，勘探难度大，因此东洼为最有利找油洼陷。

白云凹陷古近系为拆离断裂体系控制下的大型宽深断陷，发育规模巨大的三角洲—湖相烃源岩，在“高、变地温”背景下，烃源演化成熟早，高峰期早，持续时间长，使之成为一个大型的富生烃凹陷。但是受洼陷面积大，成藏条件差异大、埋深巨大，深水沉积等因素的影响，一直以来未能建立有效成藏机制，进而指导勘探。

通过研究认为，在整个白云凹陷主要成藏层段珠江组下段围绕着洼陷中心发育一系列的鼻状构造脊，凹陷周边发育大范围的文昌组—恩平组砂岩，而珠海组与珠江组陆架坡折带的发育控制了凹陷周边输导层的分布，同时断裂的发育情况等多因素一起控制了凹陷周边的油气成藏，“烃源 + 古近系砂体展布 + 油源断裂 + 新近系砂体展布 + 构造脊 + 边界断裂”耦合共同控制了油气优势运聚方向。但是其中“断裂、构造脊”两个因素对白云凹陷油气成藏显得更加重要，由此提出了“断—脊联控”的成藏机制。“断—脊”

联控成藏机制反映了在浮力控制下，油气通过油源断裂的沟通，自古近系烃源岩地层向上运移到新近系，进而沿着构造脊砂体向浅部运移，构造脊起到汇聚油气的重要作用。

1）“断”

白云凹陷上构造层断裂极其发育，从断裂形成机制方面划分了多个二级构造带，这些二级构造带对油气输导作用也是非常明显的。一方面构造带中的断裂对油气的垂向和侧向输导作用是不言而喻的；另一方面二级构造带对油气聚集类型起控制作用，位于主洼北坡—番禺低隆起这一带上，勘探发现均为工业性气藏，而位于东洼西北坡和北坡上均为工业性油藏发现。通过分析发现流花 20–2 油藏构造和流花 19–3 气层构造之间正好是该处“X”形共轭剪切带的节点，节点两侧的构造带之间构造特征存在较大差异性，正是这种构造差异性控制着以气运移至该节点不再往东侧构造带运移，而油运移至该节点不再往西侧构造带运移。

2）“脊”

油气通过输导体系，从烃源岩出发，发生二次运移，到达圈闭聚集成藏。由于输导体系的非均质性，油气二次运移不可能在整个输导体系系统内均匀地推进，国内外学者对油气的二次运移过程进行了大量物理模拟试验和数值模拟，证实油气二次运移只通过局限的优势通道进行。油气运移优势通道是指油气自然优先流经的那部分通道，优势通道仅占油气输导系统的极少部分，但它输导的油气可能占输导系统输导油气总量的绝大部分。处在优势通道上的圈闭容易富集油气形成油气藏，而处在优势通道之外的圈闭即便离油气源很近也很难成藏或形成的油气藏充满度较低。

不同类型输导体系具有不同的优势运移通道，对于断裂输导体系来说，优势运移通道主要是“断面脊”（罗群等，2005；蒋有录等，2011）；对于储集体型和不整合型输导体系来说，其优势运移通道则是由“构造脊”和“高渗透带”相匹配形成的“输导脊”（李思田等，2000；王建伟等，2009）。

对于砂体横向输导体系来说，优势运移通道主要受是沿砂体中的“高渗透带”还是“构造脊”控制，王建伟等（2009）针对此问题，通过 Basinmod 盆地模拟软件进行了不同条件下的数值模拟。在浮力作用下，非均质输导层中油气优先向“高孔渗”的正向构造“脊”部汇聚，并沿构造“脊”优势侧向运移，而当改变输导层物性，使构造相对低洼带为“高孔渗”而“构造脊”为相对低孔渗，结果油气沿优先向“构造脊”汇聚。水动力作用下除受“构造脊”控制外，输导层孔渗对运移非均质性也具有影响。由此可以看出，正向“构造脊”是控制砂岩输导层油气优势运移通道的关键因素，而“高孔渗”的正向“构造脊”则是输导层油气运移的“高速公路”。

白云凹陷珠江组下段发育连片的古珠江三角洲—滨岸砂体沉积，砂体连通性好，含砂率高，是白云凹陷区域性横向输导层，也是最重要的储层。通过分析珠江组下段顶面深度构造图可以发现，T_{50} 界面在白云地区发育 10 个主要的构造脊，这些构造脊长短不一，走向不同。白云凹陷已发现的油气藏基本分布在这些构造脊的路径上，可见构造脊对油气输导的控制作用非常明显。

3）“断—脊”联控

构造脊作为砂体输导体系中油气运移的优势运移通道，其对油气输导作用是不言而喻的。但是油气的输导不是全部都依靠构造脊，二级构造带在很大程度上对油气的输导也起着至关重要的作用。白云凹陷油气输导主体受构造脊和构造带双重控制，不同区域以某一种为主要输导或者两者联合控制。可见，二级构造带和构造脊则是作为白云凹陷油气输导的两个主控因素。

根据构造脊与二级构造带关系，可将白云凹陷输导体系主要划分为3种类型。即正交—斜交复杂型输导体系、正交—斜交简单型输导体系和平行型输导体系。

总体来说，白云凹陷油气输导主体受构造脊和构造带双重控制，不同区域以某一种为主要输导或者两者联合控制。除此之外，白云西洼北坡油气主要受控砂体斜坡型输导，白云主洼东南部还发育底辟型垂向输导体系。

3. 建立溢出型“差异聚集”成藏模式

明确了白云东洼油气分布规律及主控因素，“差异聚集”作用使得白云东洼地区发现的油气呈现出洼陷内部为天然气藏，洼陷外部的斜坡部位则是油藏的“内气外油”特征。

1954年加拿大地质学家Gussow提出油气差异聚集理论（图2-11-1）。Gussow认为：静水条件下，如果在油气运移的主方向上存在一系列溢出点依次递升的圈闭，当油气源充足和盖层封闭能力足够强时，油气先进入运移路线上位置最低的圈闭，由于密度差异使圈闭中气居上，油居中，水在底部；当第一个圈闭Ⅰ被油气充满时，继续进入的气可通过排替作用在圈闭中聚集，直到整个圈闭被气充满为止，而排出的油通过溢出点向较高的圈闭Ⅱ中聚集；若油气源充足，上述过程相继在圈闭Ⅲ及更高的圈闭中发生；若油气源不足时，上倾方向（距油源较远）的圈闭没有油气达到，只保存有原生的地层水。所以在沿油气运移方向上的系列圈闭中可出现纯气藏—气顶油藏—纯油藏—空圈闭的油气分布现象。差异聚集规律表明油源区形成的油气进入饱含水的储层后，沿一定的路线（由溢出点所控制）向储层上倾方向运移，位于运移路线上的系列圈闭将被油气所充满，而没在运移路线上的圈闭则不含油气。在油气运移方向上，油气差异聚集的结果，造成临近烃源区的圈闭一般为晚期油气驱替所形成的气藏，而远离烃源区的圈闭一般为油藏。这种驱替作用可以表现为新的油气在老油藏里边溶解、边聚集。

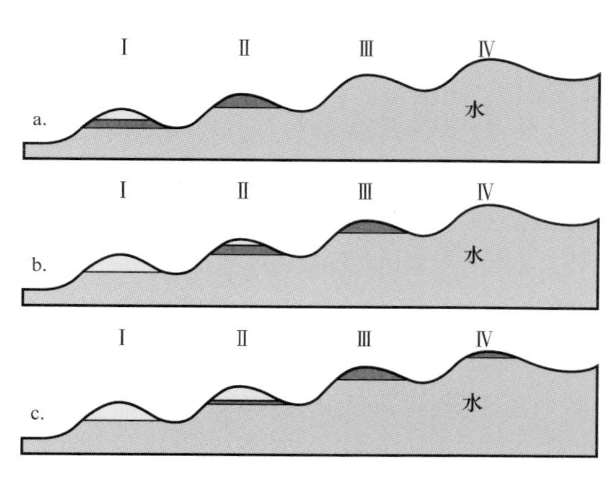

图2-11-1　油气差异聚集示意图（据Gussow，1954）

白云东洼地区由单一烃源灶供烃，油气源充足，且来自储层下倾方向，储层充满水且处于静水压力条件，地层区域性倾斜，储层岩相岩性稳定、渗透性好。汇聚路径上发育相同储层构成的、溢出点海拔依次递增的一系列相连圈闭，多种地质条件符合“内气外油，溢出型油气差异聚集”成藏规律，即油气遵循浮力作用与重力分异的原理，其运移的结果导致油、气、水规律性的聚集，即在离烃源灶最近，溢出点海拔最低的圈闭中，形成气藏；距离稍远，溢出点较高的圈闭，可能形成油气藏或油藏；距离更远，溢出点海拔更高者可能含水。

白云东地区在凹陷内部及近源构造发现的天然气藏有 G8、G7 等，而在远离凹陷的斜坡部位则发现了 O1、O2、O3、O4、O5 等油藏，这些已发现油气藏呈现出凹陷内部为天然气藏，凹陷外部的斜坡部位则是油藏的特征，符合差异聚集的规律（图 2-11-2）。含氮化合物与芳香烃参数显示在随运移距离增加自近洼→远洼的地质色层效应明显，具内气外油特征。

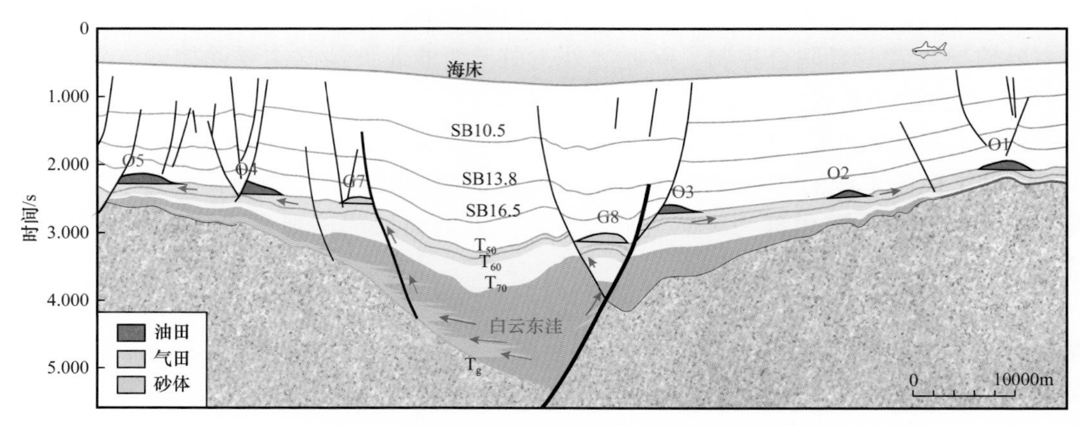

图 2-11-2　白云东洼“内气外油”差异聚集模式图

4. 地球物理技术创新及综合应用

形成了白云凹陷深水区轻质油藏识别的技术组合，基于岩石物理分析及变饱和度下流体替换正演模拟研究，综合应用流体因子反演、时频吸收等叠前、叠后烃类检测技术，对亮点型油藏的流体性质、油水边界进行了有效识别。采用分角度数据及高分辨率储层反演技术，对砂岩顶部碳酸盐岩的厚度、物性进行了定量预测；同时提高了薄夹层的识别能力，精细建立流花 20-2 油田地层对比方案及油藏模式。

在上述创新认识的引领下，通过勘探思路的转变，以白云东洼为勘探突破口，白云凹陷深水原油勘探获得重大突破。2013—2015 年钻探发现了流花 20-2、流花 21-2、流花 23-1、流花 28-4 这 4 个油藏，累计发现的探明 + 控制石油地质储量已达到 4000 多万立方米，在白云东洼北坡地区即将形成一个较大规模新油田群产区，白云凹陷深水原油勘探方面实现了重大的历史性突破。

三、白云东洼勘探反复，终于获得流花 20-2、流花 21-2 油田重大发现

白云东洼位于白云凹陷东北部，南以断层与流花 29-1 隆起相接，北、东与番禺低隆起、东沙隆起超覆接触，西为白云主洼，总面积约 $3000km^2$，新生代沉积地层厚逾 10000m。白云东洼勘探始于 20 世纪 90 年代。1991 年，美国阿莫科（AMOCO）公司在位于白云东洼北部的 28/11 区块、29/04 区块上，连续钻探了 LH21-1-1、LH18-1-1、DS7-1-1、LH18-2-1 这 4 口井，全部失利，除 LH21-1-1 井有少量油气显示外，其余都为干井，使这一地区的勘探陷入低潮，无人问津。

1. 流花 16-2 油田发现，突破白云凹陷只生气不生油的认识

2000 年，中国海洋石油总公司的天然气勘探战略重新给番禺—流花地区的研究注入了活力。2001 年 6 月，LH19-3-1 井在浅层粤海组钻遇厚 57.1m 的气层，实现了珠江口盆地东部天然气勘探的重大突破，预示着番禺—流花一带天然气勘探的巨大潜力。

在中国海油的天然气勘探战略指导下，经过多年的研究和勘探，2002—2009 年，深圳分公司在番禺—流花地区相继发现了 5 个商业性气田（番禺 30-1、番禺 34-1、流花 19-5、番禺 35-1 和番禺 35-2），成功向国家申报探明天然气地质储量 $533.37\times10^8m^3$，形成了一定规模的番禺气区。

在天然气勘探取得巨大成功时，深圳分公司提出由成藏带中部向东西部拓展的转变，由单一天然气勘探向油气勘探并举的转变。

2010 年 5 月，深圳分公司在番禺—流花勘探区东端的流花 16-2 构造上钻探了 LH16-2-1 井，钻遇油层 3 层，测井解释有效厚度 76.8m，对其中 ZJ10 和 ZJ30（Ⅰ段、Ⅱ段）油层进行了钻杆测试。其中，ZJ30 层折算日产油 $555.4m^3$，ZJ10 层为石灰岩储层，酸化后折算日产油 $43.6m^3$，全井合计折算日产油 $599m^3$，从而发现了流花 16-2 油田。

流花 16-2 油田是珠江口盆地白云凹陷发现的第一个规模性油田，具低比重、低黏度、低含硫、低凝固点特征，属于轻质原油，突破了白云凹陷“只生气、不生油”的传统认识，开辟了白云凹陷深水区原油勘探的新篇章，打开了新的勘探领域，意义特别重大。

2. 流花 16-1、流花 21-1、流花 21-3 相继失利，白云东洼再陷低潮

流花 16-2 油田发现以后，增强了研究人员的信心，在其附近陆续部署了流花 16-1、流花 21-1、流花 21-3 这 3 个构造钻探，但是都失利了，白云东洼勘探陷入低潮。

1）流花 16-1 构造钻探

流花 16-2 油田发现，也翻开了番禺低隆起原油勘探的新篇章。为了进一步扩大白云东洼北部斜坡带石油的储量规模，探明白云东洼油气向北部运移可能到达的边界等，落实流花 16-1 构造含油气性，钻探流花 16-1 构造。

LH16-1-1 井，于 2011 年 4 月 3 日开钻，4 月 13 日完钻，完钻井深 2343m（KB：23m），完钻层位珠海组；4 月 20 日弃完井。整个井段气测录井未见明显异常，录井未见油气显示，未见荧光显示，测井解释为水层或干层。

流花 16-1 构造位于流花 16-2 构造的北部，两构造之间存在一个巨大的凹槽，而这个凹槽正位于油气运移的主通道之上；东洼生成的油气沿着斜坡自凹陷向北运移至流花 16-2 油田之后，正是这个凹槽的隔挡阻碍了油气进一步向北部运移至流花 16-1 构造并最终成藏，这也是 LH16-1-1 井失利的主要原因。

2）流花 21-1 构造钻探

流花 16-2 油田钻探成功，通过分析认为流花 21-1 构造可能为一个含油构造。

流花 21-1 构造位于番禺低隆起东部白云凹陷北部地区，距流花 16-2 构造边部 7.7km，构造面积高达 90 多平方千米。1991 年美国阿莫科公司在该构造上钻探 LH21-1-1 井，由于井漏严重，主要目的层段采用海水钻井，最终该井失利，当时测井解释仅有 2m 厚可疑油层。但是该井在主要目的层段录井有明显的气测异常，并且部分储层段有荧光显示，此外地球化学分析还发现有片状沥青，这些都成为寻找油气藏的有利

证据。经过重新测井解释认为，LH21–1–1 井主要目的层段存在多套可疑油层，为落实流花 21–1 构造的含油气性及油气的储量规模，钻探具有探井意义的评价井——LH21–1–2 井。

LH21–1–2 井于 2011 年 4 月 22 日开钻，5 月 7 日完钻。完钻井深 2773.5m，完钻层位前古近系，钻入凝灰岩基底 44.5m。从浅至深没有明显的气测异常，无荧光显示，未进行电缆测井和井壁取心等作业，是一口失利井。钻后通过对烃源岩和油气运移的研究得知：白云东洼生成的油气资源量有限，而且流花 21–1 构造不在油气运移的主要路径上，中间有凹槽的阻隔，在 T_{50} 深度构造图和地震剖面上都有很清晰的反映。钻前认为石油能够越过这种小的凹槽运移至流花 21–1 构造，但钻后发现在油源不是很充足的情况下，油气很难越过这种小的凹槽进行运移，在今后的目标评价中应注意这一点。另外，流花 21–1 构造内部小断层很多，从基底至浅层都有，这些小断层可能为油气溢散提供通道。

3）流花 21–3 构造钻探

流花 16–2 油田的发现，坚定了在白云东洼找油的信心，流花 21–3 构造就是位于其附近。虽然 LH21–1–2 井钻探失利，但不影响对流花 21–3 构造的评价，因为 LH21–3 构造位于凹槽的南边靠近白云东洼一侧，位于油气运移的路径之上，且其构造形态单一完整，储层发育，认为是油气勘探的有利目标。为了进一步扩大白云东洼北部斜坡带石油的储量规模，落实流花 21–3 构造的含油气性以及油气的储量规模，特钻探流花 21–3 目标的预探井——LH21–3–1 井。

LH21–3–1 井于 2012 年 4 月 22 日开钻，全井未钻遇油气显示，5 月 6 日完钻，完钻井深 2938.0m。失利原因主要是油气运移，构造未处在油气运移的有利通道上，未发生油气充注。流花 21–3 构造处于第四排反向断裂带的下降盘，油气运移路径上的凹槽阻挡了油气向北运移，因而未能成藏。

LH21–3–1 井的钻探，使得对白云东洼北坡油气成藏有了较深的认识：白云东洼生烃量有限，油气主要聚集在优势运移通道（构造脊）和近源构造上。

3. 思路创新、技术创新、大胆勘探，流花 20–2、流花 21–2 油田迎来突破

在“断—脊联控、差异聚集、内气外油”新认识引领下，白云东洼北坡先后发现流花 20–2、流花 21–2 高产、轻质、中型商业性油田，以及流花 23–1、流花 28–4 含油构造。

流花 20–2 构造位于白云东洼北坡西侧油气优势运移构造脊上，成藏条件优越。钻探证实流花 20–2 构造为一个高充满度、高油饱、高产的轻质中型商业油田。油柱高度达到 155.4m，孔隙度 17.4%～22.9%，平均 19.3%，渗透率 254.5～1514.6mD，平均 760mD，为中孔隙度—高渗透率储层，含油饱和度 74.8%～87.7%，平均 77.3%。测试单井日产原油达到 1278.8m^3（15.88mm 油嘴、生产压差 0.56MPa），密度 0.75g/cm^3，创造了南海东部海域半潜式平台测试时间最短纪录及勘探有史以来油井测试的最高纪录。

流花 20–2 油田为珠江口盆地近年来最大的原油商业发现，具有高油饱、高丰度、中深层、以中孔隙度、中—特高渗透率储层为主、高产、轻质的特点。构造充满度达到 100%，显示出极强的油气充注规模，表明处在极为优越的油气运移路径之上。该油田的发现，充分证实了白云凹陷深水区原油的勘探潜力，带动了周边有利目标的滚动勘探，

降低了开发门槛。

流花 21-2 油田距离流花 20-2 油田东约 12km，同样具有高油饱、高丰度、中深层、以中孔隙度、中—特高渗透率储层为主、轻质的特点。构造充满度达到 100%，显示出极强的油气充注规模，表明处在极为优越的油气运移路径之上。

钻探证实流花 21-2 构造为一个高充满度、高油饱、高产的轻质中型商业油田。油柱高度达到 128.5m，平均孔隙度 16.7%，渗透率 105mD，含油饱和度 81.2%。

流花 21-2 油藏是白云东洼地区继流花 20-2 之后的又一轻质油发现，该区储层物性、油品性质均较好，距离流花 20-2 油田仅 12km，可以依托流花 20-2 联合开发。该油藏的发现，进一步证实了白云凹陷深水地区原油的勘探潜力，预示着白云东洼地区将成为深圳分公司另一个原油生产增长点。

白云凹陷深水轻质油田群的发现为珠江口盆地近年来最大的原油商业发现，一举扭转勘探不利局面，揭示了白云凹陷原油的巨大潜力，拓展了白云凹陷深水区的勘探领域。其形成的“拆离控洼、活跃烃源岩、早油晚气、内气外油、断—脊联控、差异聚集”等规律将进一步指导白云凹陷及深水其他凹陷的油气勘探，白云凹陷深水轻质油田群的发现具有重要意义。

第十二章　油气资源潜力与勘探方向

第一节　油气勘探潜力

一、油气资源评价方法

1. 评价方法优选

国内外常用的油气资源评价方法主要有成因法、统计法、类比法和特尔斐法，应根据油气勘探程度与资料掌握程度选择合适的方法进行评价（张林晔等，2014；张宽，2001；张宽等，2007；赵文智等，2005；周庆凡等，2011；童晓光等，2014；谢寅符等，2014）。

盆地模拟法已经成为当前成因法中最常见、最具代表性的方法，该方法能够很好地揭示评价区生烃灶的生烃潜力，可从生烃、排烃、运移到聚集过程分析评价油气资源，对于整体把握区域勘探潜力、方向和效益具有独到优势（张林晔等，2014；张宽，2001；张宽等，2007；赵文智等，2005）。针对珠江口盆地（东部）烃源岩的特征，采用地震相—沉积相—有机地球化学相三相合一的技术进行烃源岩有机相建模；选取文昌组、恩平组和珠海组 3 套不同类型烃源岩进行热压模拟实验，将实验条件下烃源岩的产烃率图版转化为地质条件下的生烃动力学参数；烃源岩有机相和生烃动力学方程控制生烃的规模和时期。该方法的不足之处是在生烃机理和运聚系数的取值等方面存在一定的不确定性（何敏等，2017）。

圈闭法是统计法的一种，该方法根据勘探程度较高地区油气田储量发现的变化趋势建立相关数学模型，进而预测未发现油气资源（郭秋麟等，2002）。该方法的关键技术是通过类比勘探成熟区进行相关参数的选取，如圈闭面积、油层厚度、单储系数、充满系数和成功率等，这些参数直接控制着资源量的大小。该方法可以对油气资源进行分配处理，直观明了地掌握不同储层、不同类型的油气分布概况，不足之处在于仅适用于中、高勘探程度地区。

油田规模序列法同样属于统计法，它是在盆地勘探的早中期根据已发现油田的规模序列来预测尚未发现油气田的储量以及盆地的总资源量。该方法的关键技术是应用巴内托（Pareto）定律表示评价单元的油田规模序列，根据该油田规模序列模型预测未发现油田的储量和评价区的总地质资源量（姜振学等，2009）。该方法在勘探程度较高地区能够准确指出剩余资源和剩余油气田个数，从而指出最佳勘探方向。

针对珠江口盆地东部的勘探程度以及对资源分类的要求，采用成因法中盆地模拟法及统计法中圈闭法和油田规模序列法的综合方法进行油气资源评价。该方法是在对珠江口盆地地质认识深化的基础上，应用类比法客观选取资源评价参数，进行油气资源量的计算。这样不仅使油气资源数据更加接近实际地质概况，还可以解剖不同地区、不同深度、品位等多方面油气资源的分布特征，可以更直观地了解珠江口盆地油气资源在区域上及纵向上的分布概况，有助于勘探目标的选取。

2. 评价参数确定

1）成因法评价参数

针对珠江口盆地东部勘探发现情况，将珠一坳陷作为资源评价关键参数取值的刻度区。通过类比珠一坳陷成熟探区烃源岩的关键参数，建立了珠江口盆地东部烃源岩含量、烃源岩有机质丰度、烃源岩有机质类型、生烃动力学参数、热史参数、油气运聚系数等盆地模拟法中关键参数的取值标准，这一标准适用于珠江口盆地东部不同凹陷的资源评价（何敏等，2017）。

盆地模拟法中对于烃源岩相关参数的取值，先采用不同的方法进行分类研究，再综合其他地质背景建立不同参数的取值标准。

（1）烃源岩含量是决定烃源岩生烃量的主要参数之一。主要通过分析探井录井资料（不同岩性权重不同）、沉积相和有机地球化学相等资料，综合对比分析后建立不同层系、不同相带烃源岩含量取值标准：文昌组中深湖相烃源岩含量为60%～85%，浅湖相烃源岩含量为40%～60%，其他相带烃源岩含量为25%～50%；恩平组浅湖相烃源岩含量为20%～50%，其他相带烃源岩含量为5%～20%；珠海组烃源岩含量为30%～50%。

（2）烃源岩有机质丰度是沉积盆地能否生烃及生烃量的关键参数，是评价盆地油气远景的首要研究对象。主要是通过对钻遇不同沉积相的单井实测TOC和测井解释TOC进行统计分析，建立研究区烃源岩TOC参数的取值标准：文昌组中深湖相A类烃源岩TOC为2.5%～5.5%，B类烃源岩TOC为2.0%～3.5%（一般用于珠一坳陷北部洼陷带、珠二坳陷、珠四坳陷中深湖相烃源岩TOC的取值），浅湖相烃源岩TOC为1.5%～2.5%，其他相带烃源岩TOC为0.5%～1.5%；恩平组浅湖相烃源岩TOC为1.5%～3.0%，其他相带烃源岩TOC为0.5%～1.5%；珠海组烃源岩TOC为0.5%～3.0%。

（3）烃源岩有机质类型是衡量有机质生烃潜力的重要参数，主要是通过应用氢指数（HI）与最高热解温度T_{max}之间的关系来确定研究区的有机质类型。通过对盆地已钻井岩石热解数据的统计分析，发现不同坳陷、不同层系烃源岩的有机质类型不同。根据这一基础研究结果，通过对研究区近700个样品的岩石热解数据进行相关性分析，建立不同相带烃源岩的热解烃S_2与TOC的关系式［式（2-12-1）—式（2-12-3）］，获取不同相带烃源岩的热解烃参数，在此基础上，通过应用S_2与HI之间的关系（即$HI=S_2/TOC$）求取不同相带烃源岩的氢指数，由此获取烃源岩的有机质类型。

文昌组中深湖相：

$$S_2=0.4609TOC^2+2.2208TOC-0.2578\ (R^2=0.9087) \tag{2-12-1}$$

文昌组其他相带：

$$S_2=0.3683TOC^2+1.0351TOC-0.1154\ (R^2=0.8916) \tag{2-12-2}$$

恩平组：

$$S_2=0.0327TOC^2+2.2394TOC-0.921\ (R^2=0.8562) \tag{2-12-3}$$

（4）生烃动力学参数是决定烃源岩的生排烃量及时期的关键参数，主要是通过热压模拟实验获取不同类型烃源岩的产烃率图版，并建立相应的化学动力学方程。热压模拟实验是在封闭或开放体系下完成的，而自然界的生烃、排烃过程则是处在两者之间。因此，采用实验室模拟与数值模拟相结合的手段，模拟出一系列由密闭向开放体系过渡的产烃率图版。在此基础上，采用“有限个平行一级反应模型”来描述研究样品的生烃过程，根据实验条件下的产烃率图版和活化能分布曲线计算实验条件下化学动力学参数活化能和频率因子，结合盆地石油地质特征综合确定地质条件下化学动力学方程。

（5）就热史参数而言，珠江口盆地东部烃源岩热演化特征具有继承性。研究区实测镜质组反射率与埋深关系曲线没有明显的拐点，说明剥蚀作用对热演化影响不大。但在区域性地温场差异的影响下，不同地区烃源岩的生油门限和成熟阶段对应的埋深具有较大差异，呈现自北向南生油门限埋深逐渐减小的趋势。

（6）油气运聚系数为排烃系数与聚集系数之积，确定运聚系数可以通过统计分析或刻度区解剖确定。通过统计全国新一轮资源评价中松辽、渤海湾、鄂尔多斯、塔里木、准噶尔、吐哈盆地等勘探程度高、地质认识程度高、资源探明程度高的运聚单元的石油运聚系数，发现新生代石油运聚系数中间段为9%～11%，不同地区、不同演化程度有所差异（最小值也大于5%），因此评价中根据刻度区解剖结果确定石油运聚系数分级取值标准，取得了良好的效果，而天然气的运聚系数采用类比法确定。表2-12-1、表2-12-2分别为珠一坳陷、珠二坳陷油气区不同阶段的油气运聚系数取值。

表2-12-1　珠一坳陷油气运聚系数取值表

阶段/Ma	石油运聚系数/%	天然气运聚系数/%
10～0	13.0	1.2
19～10	10.0	1.0
33～19	9.0	0.8
＞33	7.0	0.6

表2-12-2　珠二坳陷油气运聚系数取值表

阶段/Ma	石油运聚系数/%	天然气运聚系数/%
5～0	15.0	3.0
10～5	13.0	2.5
16～10	11.0	2.0
23～16	9.0	1.5
33～23	7.0	1.0
＞33	5.0	0.5

2）圈闭法评价参数

对于圈闭法而言，关键参数是储层厚度、单储系数、充满度、成功率。通过统计珠江口盆地东部所有油气田、含油气构造，并结合近期勘探认识，分地区、分层系对储层厚度、单储系数、充满度取值，而成功率根据钻井成功率取值（勘探程度低的地区的成功率采用类比法）。

统计对比发现，珠江口盆地东部已钻圈闭储量参数与目标评价资源量预测采用的储层厚度和单储系数总体分布趋势相似，这说明资源量计算过程中储层厚度、单储系数的取值是可靠的，即储层厚度取值主要为10～30m，石油单储系数取值主要为6×10^4～$12\times10^4m^3/(km^2\cdot m)$，天然气单储系数主要取值为$0.2\times10^8$～$0.4\times10^8m^3/(km^2\cdot m)$。对珠江口盆地探明油气田和油气藏统计分析得出，不同地区的油气充满度存在一定差异，且变化值不同。整体而言，石油平均充满度为41%，天然气平均充满度为45%。统计分析得到研究区钻井成功率为24%～44%，勘探新区钻井成功率取值7%～14%，研究区钻井平均成功率取值24%（何敏等，2017）。

3）油田规模序列法评价参数

油田规模序列法主要原理是在一个独立的石油地质体系内，以油田规模的序号为横坐标，以油田规模为纵坐标，在双对数坐标系内大致形成一条直线。不同的直线斜率代表不同的油田储量规模变化率，主要应用Pareto定律确定相关参数（杨娇等，2009；张林晔等，2014）。Pareto定律适用于一个完整的、独立的石油体系（如含油气系统），该体系内的油气生成、运移、聚集以及之后的演化都是在体系内进行，与外界没有联系；且评价单元中至少已有3个以上被发现的油气藏。而对于勘探程度较高的地区，一般假定评价区最大油田（或前几个最大油田）已经发现。

二、盆地油气地质资源量

根据全国油气资源动态评价（2015），珠江口盆地油气地质资源量分别为石油74.32×10^8t、天然气$3.00\times10^{12}m^3$，（表2-12-3），可采储量分别为石油29.63×10^8t、天然气$1.73\times10^{12}m^3$（表2-12-4）。

表2-12-3 珠江口盆地油气地质资源量表

一级构造单元	石油地质资源量/10^8t				天然气地质资源量/10^8m^3			
	P_{95}	P_{50}	P_5	期望值	P_{95}	P_{50}	P_5	期望值
珠一坳陷	13.14	29.78	56.07	32.65	754	1005	1402	1169
珠二坳陷	1.71	4.41	7.82	4.62	9029	13752	21369	14747
珠三坳陷	7.56	9.20	11.13	9.28	2190	2957	3428	2939
珠四坳陷	2.00	4.33	7.71	4.64	1708	2275	3175	2646
神狐隆起	0.93	1.10	1.35	1.11	18	40	40	40
番禺低隆起	1.14	2.53	4.64	2.75	600	915	1385	962
东沙隆起	4.22	8.04	13.08	8.41	3016	4018	5607	4672
顺鹤隆起	3.31	6.27	13.40	7.52	0	0	0	0
云荔低隆起	1.23	3.14	5.73	3.34	1038	2465	4953	2783
合计	35.24	68.80	120.93	74.32	18353	27427	41359	29958

表 2-12-4　珠江口盆地油气可采储量表

一级构造单元	石油可采储量 /10^8t				天然气可采储量 /10^8m^3			
	P_{95}	P_{50}	P_5	期望值	P_{95}	P_{50}	P_5	期望值
珠一坳陷	6.42	14.80	27.68	16.14	522	696	970	809
珠二坳陷	0.56	1.45	2.57	1.52	6049	9214	14317	9880
珠三坳陷	3.05	3.71	4.48	3.74	1143	1544	1789	1534
珠四坳陷	0.66	1.42	2.54	1.53	1144	1524	2127	1773
神狐隆起	0.37	0.44	0.54	0.45	9	21	21	21
番禺低隆起	0.28	0.62	1.14	0.68	396	604	914	635
东沙隆起	1.01	1.92	3.12	2.00	483	643	897	748
顺鹤隆起	1.09	2.07	4.41	2.48	0	0	0	0
云荔低隆起	0.41	1.03	1.89	1.10	696	1651	3319	1865
合计	13.85	27.46	48.37	29.64	10442	15897	24354	17265

三、盆地油气资源潜力

1. 油气资源总体分布特征

1）资源量构造单元分布

珠一坳陷的惠州凹陷、陆丰凹陷和西江凹陷、东沙隆起和顺鹤隆起的石油资源较为丰富，其地质资源量累计 41.20 × 10^8t，占总地质资源量的 55%。资源一级构造单元划分见表 2-12-5。

表 2-12-5　珠江口盆地一级构造单元油气资源量表

一级构造单元	石油		天然气	
	地质资源量 /10^8t	可采储量 /10^8t	地质资源量 /10^8m^3	可采储量 /10^8m^3
珠一坳陷	32.65	16.14	1169	809
珠二坳陷	4.62	1.52	14747	9880
珠三坳陷	9.28	3.74	2939	1535
珠四坳陷	4.64	1.53	2646	1773
神狐隆起	1.11	0.45	40	21
番禺低隆起	2.75	0.68	962	635
东沙隆起	8.41	2.00	4672	748
顺鹤隆起	7.52	2.48	0	0
云荔低隆起	3.34	1.10	2783	1865
合计	74.32	29.64	29958	17265

天然气地质资源量主要分布于珠二坳陷的白云凹陷、东沙隆起、云荔低隆起、珠三坳陷的文昌A凹陷、珠四坳陷的荔湾凹陷和珠二坳陷的云开低凸起，其地质资源量均超过$1500\times10^8m^3$，累计$2.53\times10^{12}m^3$，占总地质资源量的85%。资源一级构造单元划分见表2-12-5。

2）资源量层位分布

新生界油气地质资源量分别为石油73.08×10^8t、天然气$2.54\times10^{12}m^3$，分别占总资源量的98%和85%。

前新生界油气地质资源量分别为石油1.24×10^8t、天然气$4600\times10^8m^3$。

3）资源量埋深分布

石油资源主要分布在浅层—中深层之间，地质资源量累计67.96×10^8t、占总地质资源量的91%；超深层资源潜力相对较小。天然气资源主要分布于中深层，地质资源量为$1.48\times10^{12}m^3$，占总地质资源量的49%。

4）资源量水深分布（以300m水深作为深/浅海分界面）

石油资源分布以浅海为主，占总地质资源量的69%；天然气资源分布以深海为主，占总地质资源量的75%。

5）资源量用海矛盾区分布

珠江口盆地蕴藏着巨大的油气资源潜力，是南海东部海域勘探的主战场，经过近30年的勘探开发生产，连续19年石油产量超过千万吨，是中国重要的石油生产基地。现珠江口盆地油气勘探开发主要受近海渔业保护区的影响。

根据最新油气资源评价结果与用海矛盾区现状分析，得出珠江口盆地用海矛盾区油气地质资源量分别为石油58.26×10^8t、天然气$2.33\times10^{12}m^3$，均占总地质资源量的78%。

2. 待探明油气资源分布特征

1）资源量构造单元分布

根据全国油气资源动态评价（2015）结果，珠江口盆地待探明地质资源量分别为石油65.87×10^8t、天然气$2.84\times10^{12}m^3$；可采储量分别为石油26.43×10^8t、天然气$1.63\times10^{12}m^3$（表2-12-6）。

待探明石油资源主要分布于珠一坳陷的陆丰凹陷、惠州凹陷、西江凹陷和恩平凹陷、顺鹤隆起、东沙隆起、番禺低隆起及珠三坳陷的文昌A凹陷，累计46.41×10^8t，占待探明总地质资源量的70%（表2-12-6）。

待探明天然气资源主要分布于珠二坳陷的白云凹陷、云开低凸起和开平凹陷、东沙隆起、云荔低隆起、珠三坳陷的文昌A凹陷和珠四坳陷的荔湾凹陷，累计$2.53\times10^{12}m^3$，占待探明总地质资源量的89%（表2-12-6）。

2）资源量层位分布

新生界待探明油气地质资源量分别为石油64.63×10^8t、天然气$2.60\times10^{12}m^3$，分别占待探明总地质资源量的98%和92%。

前新生界待探明油气地质资源量分别为石油1.24×10^8t、天然气$0.24\times10^{12}m^3$。

3）资源量埋深分布

待探明石油资源主要分布在浅层—中深层之间，累计59.58×10^8t，占待探明总地质资源量的 90%；超深层资源潜力相对较小。待探明天然气资源也主要分布在浅层—中深层之间，累计 $2.40\times10^{12}m^3$，占待探明总地质资源量的 85%。

表 2-12-6 珠江口盆地待探明油气资源量表

一级构造单元	石油		天然气	
	待探明地质资源量 /10^8t	可采储量 /10^8t	待探明地质资源量 /10^8m^3	可采储量 /10^8m^3
珠一坳陷	28.65	14.18	1070	738
珠二坳陷	4.56	1.50	13783	9234
珠三坳陷	8.24	3.32	2779	1451
珠四坳陷	4.64	1.53	2646	1773
神狐隆起	1.05	0.42	33	17
番禺低隆起	2.59	0.64	668	441
东沙隆起	5.27	1.26	4650	744
顺鹤隆起	7.52	2.48	0	0
云荔低隆起	3.34	1.10	2783	1865
合计	65.86	26.43	28412	16263

4）资源量水深分布

待探明石油资源分布以浅海为主，占总地质资源量的 68%；待探明天然气资源分布以深海为主，占总地质资源量的 77%。

5）资源量用海矛盾区分布

根据最新的油气资源评价结果与用海矛盾区现状分析，珠江口盆地用海矛盾区待探明油气地质资源量分别为石油 50.18×10^8t、天然气 $2.19\times10^{12}m^3$，分别占总地质资源量的 76% 和 77%。

第二节 油气勘探前景

一、古近系是有潜力的目的层

自 2005 年以来，通过对珠江口盆地惠州、西江和恩平 3 个凹陷古近系的成藏条件和油气勘探前景方面的研究工作，有了许多新的认识。建立起“半地堑是伸展型断陷盆地的基本单元和独立成藏系统”的新理念，以半地堑为基本研究单元，进一步对有利油气汇聚单元、二级构造带进行了研究，带动了圈闭评价，对古近系成藏潜力更充满自信，方向更为明确。

通过对半地堑构造沉积单元、有利油气汇聚单元及二级构造带的资源量研究，在珠一坳陷存在文昌组和恩平组两套成熟烃源岩，聚集了约 58×10^8t 油当量的油气，在新近

系已经发现了约 $8.2 \times 10^8 m^3$ 油当量的油气，推测在古近系可能有 15×10^8～$21 \times 10^8 t$ 油当量的油气等待发现。珠一坳陷古近系—新近系具有下断上坳的构造特点、下陆上海的沉积特点，经历了多次构造旋回及沉积旋回，其特殊的构造沉积特征决定了古近系不同于新近系的勘探思路与方法。总体说来，古近系相对于新近系来说有如下的突出优势：

（1）古近系具有近源成藏、自生自储的优越条件。

（2）古近系是早生早储的目的层。古近系储集岩经历了 3 期幕式充注：第一期早中新世珠江组沉积时期及以前（18Ma 以前），生烃量 $420.9 \times 10^8 t$，占 42.8%；第二期中中新世（18—10Ma），生烃量 $302.17 \times 10^8 t$，占 30.7%；第三期晚中新世晚期—上新世（10—0Ma）恩平组油气主要充注期，生烃量 $260.78 \times 10^8 t$，占 26.5%。第一期是古近系主要直接充注期，新近系构造和储盖组合未形成，第二、第三期古近系也受益。有充足的油源供给。油气充注早，有利于储层物性的保护。

（3）古近系构造形成早，构造样式以同生构造和同生断层控制为主，有利于油气圈闭形成，在富集油气区有利于形成复式油气聚集带。古近系圈闭类型众多，不同类型的圈闭相互叠置。最典型的叠置类型有：基底古突起被后期的沉积层披覆，往往构成了潜山圈闭与披覆背斜共生；半地堑陡断一侧扇三角洲、水下扇发育，与扇三角洲或水下扇相关的地层岩性圈闭往往和断层圈闭共生；半地堑缓坡一侧超覆体发育，与超覆体相关的地层岩性圈闭和相关的断层圈闭共生。古近系圈闭平面上相同类型的圈闭往往成带、成片分布，有利于开发。

（4）原油物性好弥补了储层物性差的不足，可保持较高的油气产量。

（5）有多个油气聚集带。经四级评价，10 个半地堑有 7 个为富半地堑；16 个汇聚单元有 7 个一级富汇聚单元、5 个二级富汇聚单元；29 个构造带有 12 个一级构造带、8 个二级构造带；落实 203 个局部构造。

古近系虽然构造复杂、埋藏深、物性差，比新近系有许多不利之处，但其油源充足，各种圈闭类型多样，构造形成早，近水楼台，只要加强勘探力度，做好研究工作，定能尽快取得突破。

二、浅层具备良好的成藏条件

浅层是指相对埋藏较浅，浅于主要勘探层系珠江组的韩江组和粤海组。珠江口盆地东部浅层油气显示极为丰富，珠一坳陷主要集中在番禺 4 洼、恩平凹陷、惠州凹陷西部等地区，其中番禺 10-4、番禺 10-4W、番禺 2-1E 和西江 23-2 这 4 个圈闭预测地质储量合计约 $3000 \times 10^4 m^3$；珠二坳陷从白云凹陷北坡至白云凹陷中央底辟带浅层气都分布广泛，如流花 19-3 构造，上述油气之所以成藏是由于后期持续海进，海岸线逐渐向北推进的特点，使得好的储盖组合由南向北有由深向浅的变化趋势。而东沙运动形成的晚期断裂活动一直延续到 5Ma 甚至更晚，有利于浅层圈闭的形成和发育，也沟通油源，使浅层圈闭能够成藏。加强油气充注与圈闭形成匹配研究，在浅层古珠江三角洲主体分布范围（西江凹陷、恩平凹陷、惠州凹陷西部地区及白云凹陷）发育优越的储盖组合的部位有望找到更多的浅层成藏带（图 2-12-1、图 2-12-2）。

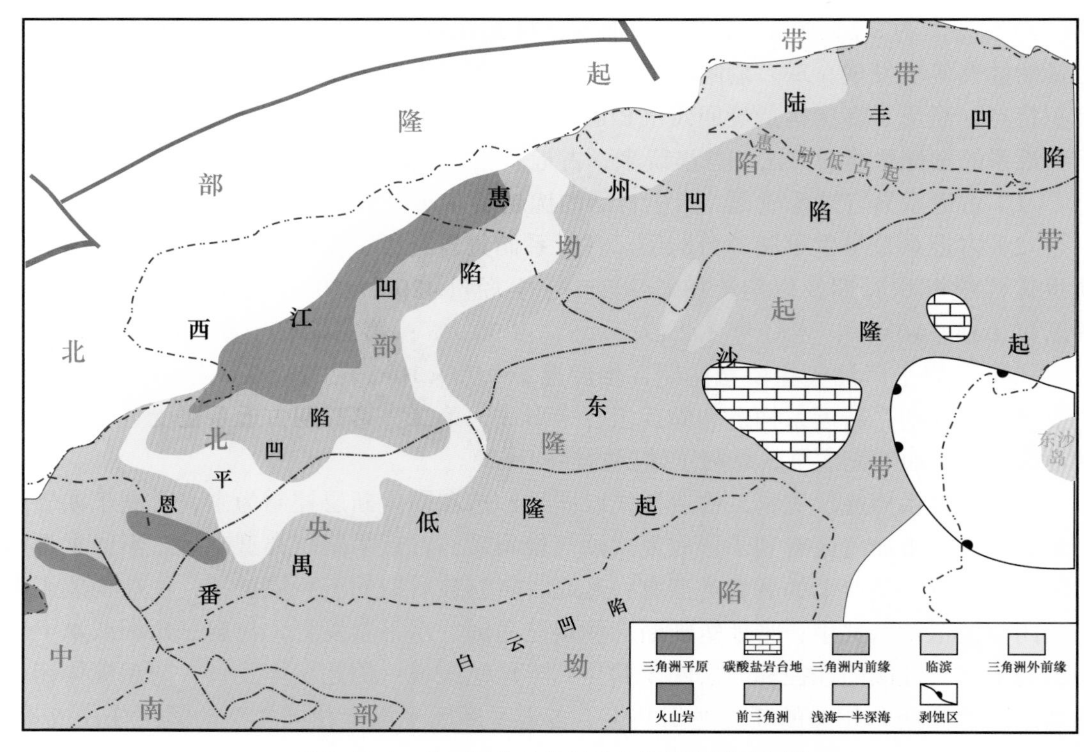

图 2-12-1　珠江口盆地珠江组上段沉积相展布图

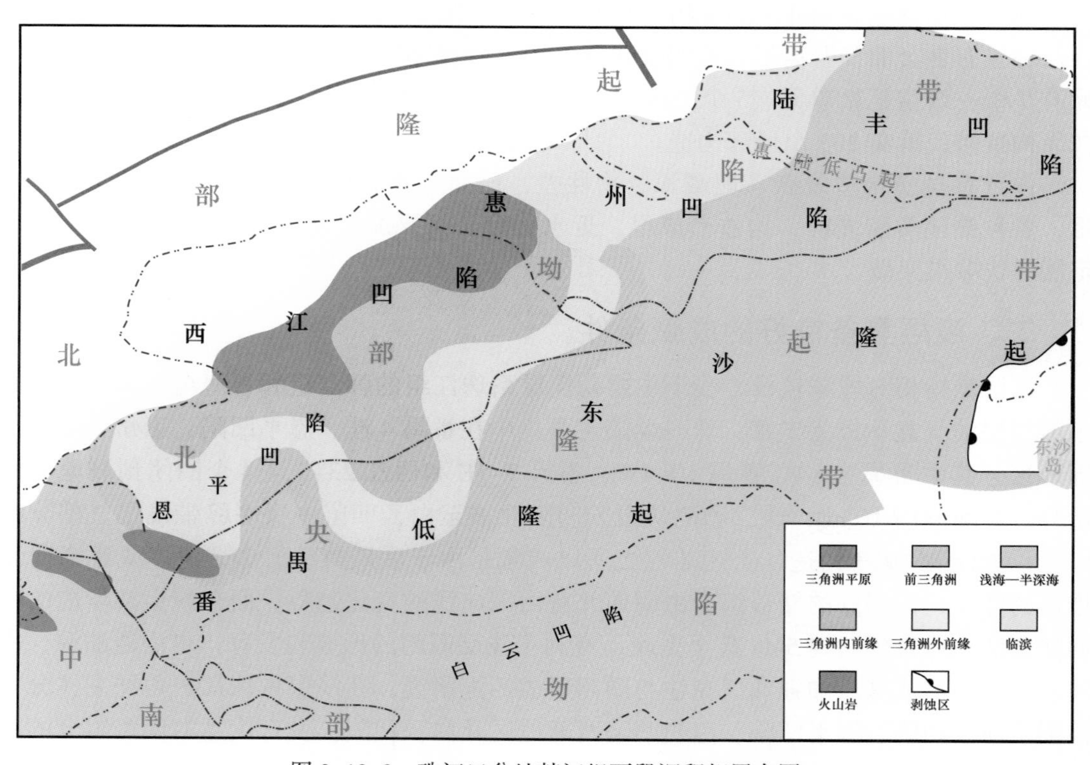

图 2-12-2　珠江口盆地韩江组下段沉积相展布图

三、地层岩性油气藏具有广阔的勘探前景

珠江口盆地东部地区新近系具有形成大型地层岩性圈闭得天独厚的区域地质条件——独占大型三角洲和大型碳酸盐岩台地两大有利体系（这两大体系是世界公认的最具有发现大型油气田的沉积体系）。惠州32-3NE构造—岩性油藏的发现，开拓了岩性油气藏勘探的历程。从惠州32-3油田沿北东方向至惠州26-1油田西北部，K22层砂体由厚变薄，但大部分地区均在10m以上，且物性较好，大大增加了惠州32-3油田的石油地质储量。地层油气藏从最开始的珠江组上部的K系列（K08、K18、K22、K30、K40）等，到现在所发现的珠江组下部的惠州25-8L10、惠州25-8L30以及惠州32-3L10Low等都是较好的岩性油气藏。惠州凹陷岩性油气藏前景广阔，惠州凹陷东南部凹陷边缘及其附近隆起区发育多套新近系古珠江三角洲砂体超覆尖灭带，平面分布形态以及大小规模各异，相互独立，与隆起区披覆背斜构造带以及凹陷边缘鼻状构造带相匹配，具有形成构造背景上的复式隐蔽油气藏的成藏条件，是复式隐蔽油气藏重要的勘探方向。惠州5000km^{2}连片三维地震中两个储层（K22、K08）在古珠江三角洲相关的体系中（延续60000km^{2}且包含多个层序，跨多个凹陷）只占很小部分，其潜在的储量也可能只是很小部分。因此可以推测与古珠江三角洲相关的地层岩性油气藏潜在的储量巨大（可能达数十亿立方米油当量），同时勘探区域广，几乎所有富烃区都存在挖掘地层岩性油气藏的有利区。

古珠江三角洲体系地层岩性圈闭勘探的远景区呈片分布，可以划分为六大有利区：恩平地区地层岩性圈闭有利区、番禺4洼地区及其东南地层岩性圈闭有利区、惠州西南地区地层岩性圈闭有利区、惠州东北地区及陆丰地区地层岩性圈闭有利区、东沙隆起碳酸盐岩有利区、大白云地区地层岩性圈闭有利区等六个大区（图2-12-3）。其中，惠州西南地区有利区和大白云地区有利区地层岩性圈闭条件和成藏条件最好，是珠江口盆地（东部）地层岩性油气藏勘探最为有利的区域（杜家元等，2014）。

恩平地区南部沉积相带较为有利，由北部陆架三角洲平原逐渐过渡为三角洲前缘到前三角洲环境，储盖组合较好，又有断层沟通油源（附近成功的油藏发现证实油源经过），虽然该区新近系突破是简单构造圈闭而不是岩性地层圈闭，但是其成功无疑增强了该区进行岩性圈闭勘探的信心。

番禺4洼上部海相地层以古珠江三角洲平原—三角洲前缘过渡带为主，砂体展布面积不大，易于尖灭，同时该区有确定的番禺4洼富生烃洼陷，有沟通油源—储层大断裂，使得番禺4洼成为重要的地层岩性圈闭潜力区。

惠州西南地区主要从惠西南断阶带到东沙隆起一带，位于古珠江三角洲的前缘—前三角洲交会处，含砂率大大降低，储盖组合优越。该区后期的构造抬升导致部分远离物源下倾尖灭的砂体最后变成上倾尖灭，形成了天然的岩性封堵，有利于形成好的地层岩性圈闭。在该区已经发现了数亿立方米的油气，其中惠州32-3K22、惠州26-1K08、惠州25-8L30up、惠州21-1K08、惠州21-1K22为地层岩性油气藏或构造+地层岩性复合油气藏。因此，该区成为珠江口盆地寻找地层岩性圈闭最为重要的地区之一。

惠州东北地区以及陆丰地区上部海相地层发育三角洲—陆棚沉积，且部分层位在该地区为古珠江三角洲与古韩江三角洲的前缘交会地，具有形成地层岩性圈闭勘探有利条

件，在该区已经发现了陆丰 13–1、陆丰 13–2、陆丰 7–1、陆丰 7–2 等一系列以构造圈闭为主的油田。

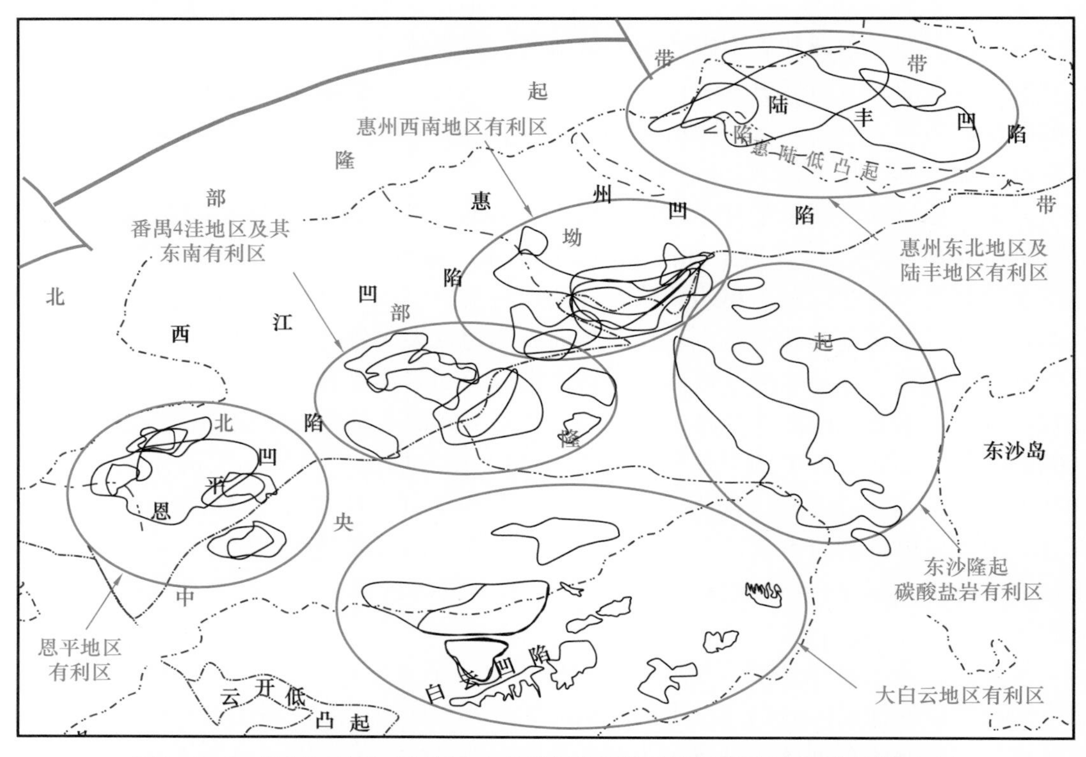

图 2–12–3 珠江口盆地（东部）上构造层地层岩性油气藏勘探有利区域分布图

东沙隆起地区邻近惠州凹陷、白云凹陷的台缘礁离生烃洼陷近、储集性能好，是惠州凹陷的油气向隆起区运移的必经之路。同时有下伏珠海组—珠江组下段的厚层海相砂岩作为油气运移的优质输导层，捕获油气的概率最大，成藏条件最好，是东沙隆起生物礁下一步勘探的突破方向。

大白云地区包括白云凹陷及其北坡地区，是以陆坡为主要特点的转换区域，既发育陆架边缘三角洲沉积，也发育下切水道以及深水扇沉积。白云凹陷是证实的富生烃凹陷。在该区既有如荔湾 3–1、流花 16–2 这样以构造圈闭为主的油气藏，也有如番禺 35–2、流花 29–1 这样以地层岩性圈闭为主的油气藏。因此，该区也是珠江口盆地寻找地层岩性圈闭最为重要的地区之一。

四、深水区是未来油气勘探的主战场

荔湾 3–1 气田的发现证实白云—荔湾深水区油气勘探的两大沉积体系：中新世陆架坡折带控制的陆架边缘三角洲—深水扇沉积体系和渐新世陆架坡折带控制的大型三角洲—深水扇沉积体系。白云—荔湾深水区沉积充填特征和陆架坡折演化过程表明，陆架坡折带对深水储层的沉积和油气成藏具有关键的控制作用（林鹤鸣等，2014）。

1. 立足白云凹陷主洼，主攻深水扇

距今 23.8Ma 以后白云凹陷快速沉降，陆架边缘向北迁移至白云凹陷北坡的番禺低隆起地区，白云凹陷转变为深水环境，从而形成了陆架边缘三角洲与深水扇沉积为主的沉积体系。以21Ma陆架坡折带最为典型，该陆架坡折带具有陡坡、北东向展布的特征，受其和相对海平面的控制，在SQ21层序低水位期发育富砂的陆架边缘三角洲和下方的深水扇水道砂体。另外，在白云凹陷中央发育大量面积巨大的流体底辟带，被认为是油气运移的重要通道。因此，底辟带及周边发育的距今21Ma以来的多个层序的深水扇是有利的勘探潜力区，预测天然气地质储量超过$4000\times10^8m^3$。

2. 展开白云凹陷两翼，扩大主战场

在中新世陆架坡折带下方还分布有两个有利勘探区带，分别是位于白云主洼西侧的云开低凸起和白云主洼东侧的东沙25构造带。云开低凸起位于陆架坡折带的侧翼，为缓坡泥质背景，其主要目的层除珠海组—珠江组三角洲相、滨岸相砂体和中新统半深海相浊积砂体外，在深层还有恩平组河流三角洲相砂体作为次要储层：东沙25构造带是一个复式成藏带，有利储集体包括SQ21水道砂、T_{70}地层圈闭和18.5Ma的生物礁，形成了超覆在斜坡带上具有局部构造背景控制的复合圈闭群，其潜在目标有流花30-1、流花36-1、流花36-2、东沙25-1等，天然气总地质资源量预计超过$4500\times10^8m^3$。

3. 探索西南断阶带，开拓新战场

受控于珠海组陆架坡折带，白云主洼西南断阶带是一个古近系构造圈闭和新近系深水砂体岩性圈闭组成的复式成藏带，该成藏带各类构造和岩性圈闭众多，如白云13-4、白云13-5、白云28-1等，从地震资料显示可见浅层的直接烃类显示。可识别出多条构造脊从白云凹陷指向云开低凸起，同时，还发育多组断裂与白云凹陷文昌组—恩平组烃源岩沟通，晚期断裂亦强烈活动。因此，珠海组砂岩构造脊与断裂活动是该区带成藏的主控因素。该区发育多个有利目标，预测地质资源量分别为天然气$8100\times10^8m^3$、原油$2.35\times10^8m^3$。

4. 加速荔湾地区钻探，迈向超深水

荔湾凹陷是一个被岩浆底辟作用改造过的残余凹陷，其原型凹陷为拉张背景下的断陷。由于受到过大型底辟及重力滑动等复杂动力作用的改造，使得该凹陷的沉积结构及成藏模式都变得十分复杂。受渐新世陆架坡折带控制，在荔湾凹陷发育大量珠海组低位体系域深水扇砂体。已在坡折带下方识别出一系列SQ23.8深水扇大型构造—岩性复合型圈闭，这些目标在地震剖面上具有明显的亮点特征和AVO异常，其亮点范围和构造范围吻合程度高。该地区大型构造多，且成群成带分布，具有广阔的油气勘探潜力，预测天然气地质储量约为$5000\times10^8m^3$。

五、常规成熟区滚动勘探门槛低、效益高

珠一坳陷原油成熟区，已有20多个油气田在生产，海上生产装置多，适合在装置周围开展滚动勘探，充分利用现有的油田生产设施，进一步挖掘剩余目标的勘探潜力。如西江30-2油田、惠州26-1油田、惠州19-2油田、惠州19-3油田、惠州21-1油气田和惠州32-2油田生产设施，周边发育近30个有利目标，构造圈闭居多，且规模都不大，由于其距离油田生产设施很近，一旦取得发现，可以联合开发。惠州19-1油田，原油地质储量只有$232\times10^4m^3$，但依托惠州19-2生产设施已成功开发，取得了较好的经济效益。此外，陆丰13-1、陆丰13-2、番禺4-2、番禺5-1等油田附近都有不少边

际性的油气田发现和可供钻探的目标，采用联合开发方式可以大大延长油田生产区的寿命。珠二坳陷白云凹陷北坡、荔湾流花天然气区的成藏条件极为有利，也已经有诸多的商业发现及含气构造，现已建成多套天然气生产设施，大大降低了该区勘探的经济门槛，也是开展滚动勘探的现实区域。在白云凹陷及其北坡已发现气田的周边地区寻找构造圈闭和构造 + 岩性复合圈闭，围绕番禺 30–1、荔湾 3–1、流花 29–1 等气田开展滚动勘探，充分利用该地区现成的管线设施，以珠江组沉积早期发育的陆架边缘三角洲、陆坡深水重力流水道、深水扇体等为勘探主要目的层，寻找各类圈闭，快速评价，增储挖潜。在白云凹陷北坡的东段已新发现天然气探明地质储量超 $300 \times 10^8 m^3$，利用荔湾 3–1 等已有管线设施开发将有很好的效益（施和生等，2014）。

另一方面，精细评价已证实的富含油气二级构造带，通过类比研究在富烃凹陷寻找新的可能富含油的二级构造带。类比分析结果显示，陆丰凹陷的陆丰 13 断裂构造带和惠州凹陷惠州 20 走滑断裂构造带等，位于富烃凹（洼）陷内，且油气运移与储盖条件优越，构造带上大批圈闭受断裂切割变得相对复杂，加强断裂活动与断层封堵性研究，有望发现一批油气藏。在陆丰 13 断裂构造带上新钻探的 LF8–1–1 井钻遇了 8 个油层总厚 47.6m，揭示了该构造带良好的勘探潜力。

除此之外，还有一系列构造带尚待落实，借助高分辨率的地震资料采集处理以及高精度的地震资料解释、合理的时深转换方法，仍有机会找到一批有一定规模的构造圈闭，如恩平 18 断裂背斜构造带、番禺 4 中央隆起构造带都有望向东延拓；惠南—东沙隆起以及白云凹陷北坡珠江组下部的砂岩储层，由于受上覆石灰岩厚度及水深变化的影响，构造难以落实，有望通过叠前深度偏移处理和合理的时深转换方法落实与发现一批新构造。

珠江口盆地（西部）珠江组一段下部—珠海组勘探研究程度较高，而韩江组—珠江组一段上部、恩平组及文昌组勘探程度较低，具备多套有利的储盖组合。勘探实践证实，离主力烃源灶近、复合输导体系发育且具备有利聚油背景的目标油气较富集，而且平面上往往沿构造脊成群成带分布，呈现出多层系复式成藏、多类型油藏共存的特点，因此下一步成熟区勘探重点应放在挖掘油田上下周边的新层系、新类型（构造 + 岩性为主）的整装目标上。文昌 B 凹陷北坡恩平组、文昌组地层超覆及断块圈闭是下一步重点要探索的大中型目标；而神狐隆起主要借鉴东部惠州凹陷—东沙隆起勘探经验，建立该区大型陆架三角洲的沉积模式，有利区带处于三角洲前缘与浅海泥岩交互位置，考虑位于主物源推进方向上的岩性上倾尖灭圈闭和构造 + 岩性圈闭等圈闭类型。

六、（潜在）生烃凹（洼）陷拓展大有可为

1. 积极推动新区生烃凹（洼）陷勘探

珠江口盆地（东部）珠一坳陷的西江北、惠南、惠北和陆丰北等半地堑，珠二坳陷开平凹陷、白云凹陷西部、荔湾凹陷等多个区域，虽然尚没有商业油气发现，但其生烃潜力已被钻井证实。如西江北半地堑的生烃潜力已被西江 34–3、番禺 3–1 等含油构造所证实；惠北半地堑中惠州 9–2 是珠江口第一个以恩平组为主要烃源岩的含油构造；惠南半地堑中惠州 23–2 深层含油层段超过 100m，近期钻探的惠州 22–2 钻探揭示油层毛厚 56m，证实了惠南半地堑的生烃潜力；珠二坳陷开平凹陷开平 11–1 在古近系珠海组和恩

平组共钻遇5层油层，总净厚度21.68m，不仅证实了开平凹陷的生烃潜力，也打开了开平凹陷含油气区的新局面；白云凹陷西部的番禺25-2揭示5层油层总厚度12.7m、1层气层2.8m；荔湾凹陷LW21-1井揭示6层含气层，因大量CO_2充注导致勘探失利，但该井依然发现烃类气三级地质储量约$200\times10^8m^3$，证实荔湾凹陷具备良好的生烃能力，同时该区发育珠海组陆架坡折带之下的优质深水扇储层（施和生等，2014）。

上述新区钻井的钻探结果证实了这些凹（洼）陷具备良好的生烃能力。加强对这些凹陷的结构样式、沉积充填和成藏条件等综合研究，评价这些凹（洼）陷的资源潜力，寻找油气优势运移指向上的有利二级构造带，选择有利目标实施钻探，有望使这些生烃凹陷变成富生烃凹陷，成为珠江口盆地油气勘探的接替战场。

2. 探索潜在生烃凹（洼）陷

珠江口盆地（东部）勘探程度不均衡，有些区域地震工作量不足、探井极少，尚未见到有价值的油气发现；有些探区至今未有钻井，油气地质条件不清。例如恩平北半地堑、以韩江三角洲为物源的韩江凹陷、以中生代沉积为主的潮汕坳陷、中央隆起带和北部隆起带上发育的一批残留洼陷（如番禺27洼、番禺24洼、惠州35洼等）。南部超深水区，近年来地震和重磁资料的普查，在洋陆过渡带上发育的凹陷初现原形，如兴宁、靖海、鹤山、长昌等凹陷，规模较大，具有中生代与新生代盆地叠合的特征，由于超深水区洋壳强烈减薄、地温梯度较高，其成盆地质特征非常特殊。需要加强对这些勘探远景区凹陷的综合评价，通过与南海周边盆地的类比分析，认识其油气成藏地质条件，分析其勘探潜力，优选出有勘探潜力的凹陷，是下一步区域勘探的一项重要工作（施和生等，2014）。

第十三章 海域油气勘探技术进展

回顾中国海油珠江口盆地30余年的石油勘探历程，硕果累累。基础研究工作的深入、研究思路的转变、研究理论技术的创新、勘探领域性的突破与跨越带来了一系列油气田的大发现，为保证中国海油的发展规划目标奠定了坚实的储量基础。珠江口盆地原油产量已连续保持20年高产稳产在$1000 \times 10^4 m^3$以上，为中国海洋石油事业写下了令人自豪的光辉篇章。虽然在整个勘探历程中也面临着一系列的困难和挑战，广大勘探工作者始终保持积极进取的精神状态，不断拓展思路、解放思想，通过理论认识的创新、科研方法的创新以及技术手段的创新，使珠江口盆地不断迎来油气勘探领域的突破和储量增长的高峰。几代海油人不断深化理论认识、开展勘探关键技术攻关支撑着珠江口盆地油气勘探的辉煌成绩。中国海洋石油集团有限公司深圳分公司、湛江分公司30余年的勘探历程不仅是对勘探历史经验的总结，也是对几代海油人奋斗精神的传承，还对今后勘探具有重要的指导和借鉴意义。

第一节 海域油气勘探理论认识创新与实践

一、油气分带差异富集、复式聚集理论与实践

珠江口盆地珠一坳陷已经发现75个油气田和含油构造，它们在空间上的分布具有鲜明的不均匀性和选择性，主要表现为油气成群成带集中分布在几个二级构造带上，并且呈现出在某些区带上“满带含油”，而在某些区带上非常贫瘠的特点。研究认为，富生烃半地堑是珠一坳陷油气汇聚的先决条件，因半地堑内烃源岩的品质和规模的差异，导致了油气资源分布贫富不均；多期构造幕叠合造就了珠一坳陷古近系和新近系二级构造带的继承性发育，位于汇聚优势指向上的二级构造带能够捕获更多的油气，呈“满带含油”的特点；位于优势运移指向上的某些二级构造带上圈闭横向连片、垂向叠合、类型多样。

1. 各半地堑烃源岩条件差异悬殊、贫富不均

珠一坳陷划分了11个半地堑以及文昌组22个洼陷、恩平组10个洼陷，其中已发现的石油储量油源主要来自惠西半地堑的惠州26洼、西江30洼、西江24洼，陆丰南半地堑的陆丰13洼和恩平中半地堑的恩平17洼。据统计，该地区已发现的97.61%的油气储量来源于27.3%的洼陷，即少数半地堑（洼陷）拥有了绝大多数的油气资源。通过“生烃量”“生烃强度”和“资源量”比较半地堑之间的贫富差异（施和生等，2009），发现珠江口盆地珠一坳陷30个洼陷中有13个相对富油气洼陷（图2-13-1a），10个半地堑中有7个是富油气半地堑（图2-13-1b），资源量合计

53.91×10^8t（施和生等，2009）。分析认为，珠一坳陷各半地堑烃源岩条件的差异性是造成油气分布不均的根本原因，而烃源条件的差异性则是因烃源岩的品质和规模的差异造成的。

珠一坳陷古近系发育3幕裂陷旋回：$Ⅰ_a$幕（早文昌组沉积时期）、$Ⅰ_b$幕（晚文昌组沉积时期）与Ⅱ幕（恩平组沉积时期），相应地发育了3套烃源岩。因各裂陷幕构造活动强度和不同时期古气候条件等的差异性（Zachos et al.，2001），导致不同时期沉积沉降中心迁移、物源体系转换、湖盆水系营养水平和烃源岩母质类型等不同，进而导致3套烃源岩的品质和规模的差异性。

裂陷$Ⅰ_a$幕（早文昌组沉积时期），珠一坳陷构造活动强烈，物源以盆内近源火成岩母岩物质为主，伴随构造运动，火山活动频繁，湖盆水体富营养。另外，早文昌组沉积时期正好是全球气候的最适宜期（Zachos et al.，2001），利于表层水体藻类勃发，因此文昌组下部烃源岩有机碳含量高，有机质类型很好，以Ⅰ—$Ⅱ_1$型干酪根为主。由于该时期断陷处处张裂，控洼断裂活动南强北弱，形成的洼陷结构单元数量多，但规模大小不均。坳陷南部的洼陷相对发育，形成的洼陷面积大而且水体比较深，如惠州26洼、惠州24洼、惠州21洼、陆丰13洼、番禺4洼和恩平17洼等，沉积沉降中心主要集中在这几个洼陷中，中深湖—深湖沉积发育，湖底缺氧利于有机质保存，因此文昌组下部烃源岩品质好。这种平面上洼陷规模的差异性，导致了优质烃源岩层主要发育在坳陷南部的洼陷中，这些洼陷虽曾遭受过后期隆升剥蚀，但优质烃源岩发育的中深湖—深湖相很好地保存下来，成为珠一坳陷主力烃源岩，如惠州26洼、惠州24洼、惠州21洼、陆丰13洼、番禺4洼和恩平17洼等，其文昌组下部优质烃源岩的最大残留厚度均超过了800m，为典型的富生烃洼陷。

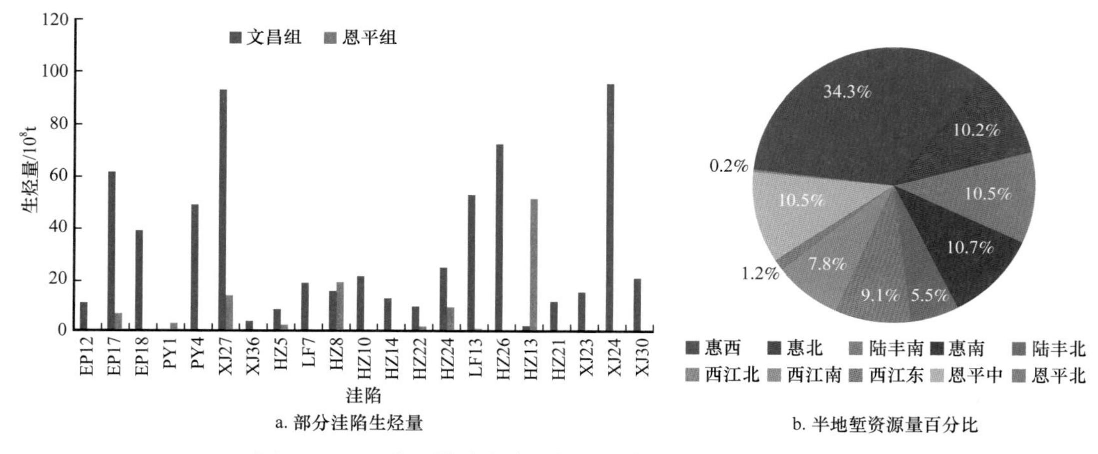

图2-13-1 珠一坳陷洼陷生烃量、半地堑资源量分布图

裂陷$Ⅰ_b$幕（晚文昌组沉积时期），坳陷北缘控洼边界断层活动强度大，火山活动亦很频繁，物源以盆内火成岩母岩与坳陷北部的区域变质岩物质为主，洼陷水体也较富营养。古气候条件虽较早文昌组沉积时期变凉（Zachos et al.，2001），但湖盆初级生产力也较高，形成烃源岩的有机质类型好，以Ⅱ型干酪根为主。由于该时期坳陷北缘断裂活动强度大，沉积沉降中心靠近坳陷北部边界，洼陷分割性强，数量多且规模不等，湖盆处于欠补偿状态。坳陷北部构造转换带粗碎屑供给丰富，沉积主要以浅—滨浅湖相为

主，中深湖区仅分布在凹陷北缘的西江23洼、西江24洼和惠州10洼，虽然洼陷总体沉降量不大（文昌组上部烃源岩的最大残留厚度不超过700m），但生烃洼陷面积较大，有效烃源岩规模也很大。

裂陷Ⅱ幕（恩平组沉积时期），主要以坳陷北部控洼边界断裂活动为主，但活动强度不大，形成的结构单元规模大，但水体不深，坳陷总体处于补偿状态，沉积以构造转换带控制的浅水辫状河三角洲、低隆起区湖泊滩坝为特色，粗碎屑供给丰富。该时期气候较凉（Zachos et al.，2001），沉积有机质以陆相高等植物输入为主，湖泊范围明显扩大，在凹陷中央发育大面积的滨浅湖，烃源岩有机碳含量较高，但主要以高等植物有机质为主，有机质类型以$Ⅱ_2$—Ⅲ型干酪根为主。

2. 二级构造带上圈闭横向连片、垂向叠合、类型多样、复式成藏

复式油气聚集（区）带的概念最早应用在渤海湾盆地，它是控制油气分布的主要形式，表现为以一种油气藏类型为主、其他油气藏类型为辅的特点（李德生，1995）。珠江口盆地自新生代以来（部分开始于晚白垩世）发育4期构造活动（陈长明等，2003；于水明等，2009；施和生等，2009），二级构造带在地质历史演化时期经历了多个构造演化阶段（构造带的继承性强），由此造成了不同构造样式相互叠合，所形成的聚集单元“圈闭”横向连片、垂向叠合、类型多样（包括了构造型和非构造型圈闭），形成了不同于渤海湾盆地的复式油气聚集特征。

珠一坳陷已发现的二级构造带油气分带差异富集特征鲜明，并且个别已知的富二级构造带呈现出典型的油气复式聚集特征，如惠南断裂复合圈闭带、西江24潜山断裂构造带、恩平18断裂背斜构造带。这种油气复式聚集的特征主要表现为：二级造带上的圈闭在横向上连片、垂向上叠合且圈闭类型多样。以西江24潜山断裂构造带为例，该构造带经历4幕构造活动形成了3期圈闭发育期：第1幕拉张期（古新世）发育北东向断层，火山活动强烈，形成3排火山和基岩潜山带，为潜山构造发育期；第2幕和第3幕拉张期（始新世和早渐新世）是湖盆的扩张期，文昌组和恩平组湖泊沉积直接超覆在潜山之上，形成顶薄翼厚的同生构造，构造圈闭周围还发育文昌组和恩平组砂体超覆尖灭构成的复合圈闭，为同生构造和构造岩性复合圈闭发育期；第4幕构造活化期（中中新世）发育近东西向、北西西向断裂，产生逆牵引构造和翘倾构造，为逆牵引构造发育期。在西江24潜山断裂构造带上已钻探的8个圈闭共发现了7个油田，分别为西江24-3、西江24-1、惠州19-1、惠州19-2、惠州19-3、西江30-2和惠州25-4油田，体现了“满带含油”的二级构造带极高的勘探发现效率，所发现的油藏类型除滚动背斜油气藏外，还有断块油气藏、背斜油气藏，含油层段从古近系文昌组至新近系韩江组，如惠州25-4油田。

珠一坳陷富含油二级构造带通常位于或毗邻富生烃凹陷的Ⅰ级油气汇聚单元内，且二级构造带边缘的断层往往长期活动，烃源岩的地层上倾方向均指向该构造带。古近系沉积时期，构造隆凹相间，隆起带控制了二级构造带的走向与发育规模，构造带不同部位发育三角洲或扇三角洲砂体；新近系沉积时期，相对构造高部位继承性发育，其上覆盖了大型海相三角洲砂体和生物礁滩。这些因素相互耦合决定了某些二级构造带是油气复式聚集的主要场所。

二、陆架边缘三角洲成藏体系和番禺低隆起天然气勘探实践

考虑珠江口盆地（东部）天然气成藏的特点，按照具有一定的可行性和普适性，又考虑到白云凹陷北坡—番禺低隆起地区天然气成藏的特定环境及成藏的不同特征，番禺低隆起天然气的成藏机制及成藏模式可以归纳为“多源成烃、复合输导、晚期成藏”。

1. 多源成烃

多源和混合是研究区聚集的烃类的最大特点之一。在番禺低隆起“烃源”具有“自源”和“他源”之分。自源生物气、亚生物气来自低隆起珠海组海相烃源岩；他源成熟气或过成熟气来自白云凹陷或早期聚集的原油裂解气。多源反映在层位上，包括文昌组、恩平组和珠海组等。白云凹陷面积25500km^2，水深200～2000m，是珠江口盆地面积最大、基底最深的凹陷，且长期沉降，有巨厚的新生代沉积（最大沉积厚度超过11000m），其中古近系沉积厚度超过6000m。前人的区域研究认为，白云凹陷古近系的文昌组—恩平组沉积巨厚，形成封闭的洼地，面积达5000～7000km^2，具备形成湖盆的条件，而且它位于潮湿的古气候带，有足够的水源，这两个方面因素使得白云凹陷像珠一坳陷一样，有良好的湖相烃源岩沉积（代一丁等，1997）。

另据珠江口盆地内约50口井的样品分析，珠江组—珠海组泥岩有机碳丰度较高，推测白云凹陷内埋深较大的珠江组、珠海组已进入生烃期，热演化模拟认为R_o达0.5%～1.7%。因此，白云凹陷存在3套烃源岩，即文昌组、恩平组陆相烃源岩和珠江组—珠海组海相烃源岩。除早先生成的油以外，文昌组在目前的埋深条件以生气为主；恩平组烃源岩属II_1型（PY33-1-1井），也以生气为主；珠海组在北部井资料中，其海相泥岩的氢指数较低，同样可能以生气为主，伴有生油。由此推断白云凹陷有巨大的生烃潜力，中国海域第一口深水井LW3-1-1的钻探结果更加证明了这一点。白云凹陷的多套烃源岩形成多个排烃期，珠海组至今都处在有效的排烃期内。番禺低隆起地区的烃类天然气既有生物气、亚生物气，也有油型气、煤成气和混合气，这种现象就是由于“多源供烃”，且不同源的天然气混合作用导致的。

2. 复合输导

番禺低隆起区具有包括断裂体系、输导砂体、构造脊、不整合等在内的复合输导体系。烃类通常不是通过单一输导方式进行输导，而是多种输导方式组合起来复合输导。复合输导既保障了烃类具有较为广泛或较长的输导范围和距离，也导致了垂向上越层输导是古近系烃类能够运移至新近系中的有利条件，但也使油气通过垂向输导运移到海底而逸散。复合输导在空间和时间上是变化的，不同时期不同的输导体系担负不同的烃类进行运移而成藏。复合输导中断裂体系在控制宏观运移路径上可能起到了主导作用。复合输导也是天然气混源的原因之一，因为沟通的不同烃源可能在不同时间或近于相同的时间运移到同一圈闭中。

油气输导体系是指油气从烃源岩运移到圈闭过程中所经历的所有路径网络。油气总是沿着渗透性最好和阻力最小的路径从高势区向低势区运移，其主干通道可以是开启的断裂、不整合面、孔渗性好的连片砂体输导层及其组合。番禺低隆起地区断层十分发育，砂体不但分布层位多、类型多，而且厚度和面积也大，不整合面主要分布在珠海组与恩平组之间，且多为平行不整合，作为输导体系主要与砂体一起发挥横向输导作用。

构造脊是隆起向凹陷延伸的长条状—鼻状高地形带，脊的一端向凹陷倾没，另一端则朝向隆起。油气从烃源岩排出，经断层、砂体、不整合面等途径进入区域性油气运载层珠江组下段后，继续从低处向高处流动时，总是沿着构造等高线的法线方向运移，所以构造脊就成为油气从高势区向低势区汇集的路线，成为油气运移的重要路径。因此，油气输导体系是断层＋砂体组成的复合输导体系相互匹配，沿构造脊线呈立体网状阶梯式运移。由于断层和砂体在空间上的多样交替，以及古构造脊在不同时期的分布状况不同，它们搭配出了丰富多彩的立体式油气复合输导体系。

3. 晚期成藏

番禺—流花地区具有超晚期气藏形成的地质条件，新近纪以来白云凹陷一直处于主生、排烃期是一个必要条件；东沙运动引起的断裂活动一方面形成了大量与断层有关的圈闭，为油气储存提供了空间，同时又提供了油气运移通道，对该区油气成藏具有重要的控制作用，由此成为番禺低隆起晚期成藏的另一个必要条件。虽然白云凹陷北坡—番禺低隆起地区原油在较早的时期可能有过成藏过程，但现今已经裂解或脱沥青破坏，成藏的天然气藏都是5.8Ma以来到现今的成藏产物，可谓“超晚期成藏”特征（图2-13-2）。超晚期成藏的天然气有两种归属：一是在断层消失在T_{30}、T_{32}上下、封闭性好的圈闭中成藏，如番禺30-1、番禺34-1、番禺35-1、流花19-5等气藏；另一类是沿着断至海底的断层逸散到海水中，如番禺27、番禺29、番禺24等断层。晚期成藏另一个有利条件是与晚期形成的构造有好的匹配关系。

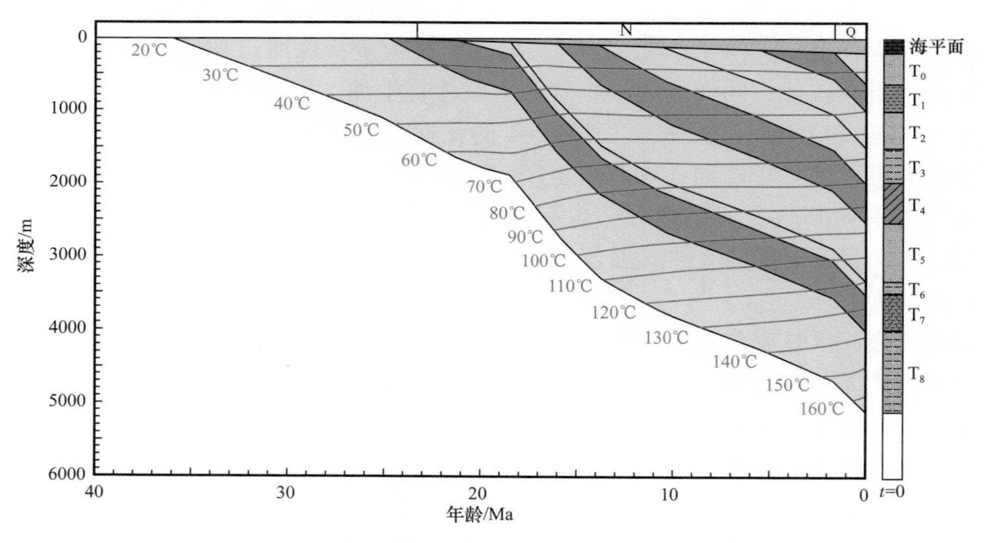

图2-13-2　番禺低隆起天然气充注时间确定图

三、南海北部陆缘深水油气勘探理论与实践

尽管盆地中部坳陷带的白云凹陷（深水区）已被证实是富烃凹陷，具有潜在的勘探价值，但早期围绕白云凹陷的合作勘探却并不理想：一是储层不发育（中央隆起带南缘探井揭示，盆地北部在生产油田的主要产层，即中新统海相三角洲平原及三角洲前缘亚相砂岩体系，在盆地中部坳陷带演变为前三角洲亚相，缺乏砂岩储层）；二是烃源岩生烃潜力不确定，白云凹陷钻探的深水井BY7-1-1井（水深约500m）并未发现商业性油

气。由于水深、不确定因素多、勘探成本高，深水区被认为是高风险勘探区而长期被搁置。

南海东部海域油气勘探要想有更大的突破，油气产量要再上一个台阶，面积占该海域约一半的深水区（即中部坳陷带）是重要领域。因此，自营勘探的突破口首先选择了深水区，并通过开展十余年的勘探研究，从认识实践到再认识再实践，终于取得了重大突破。

1. 白云凹陷是盆地的沉降沉积中心，深水烃源潜力值得期待

与盆地北部坳陷带类似，中部坳陷带也是由一系列凹陷组成，其中最大的凹陷为白云凹陷。为研究白云凹陷的结构及烃源岩生烃潜力，广泛应用大偏移距、长排列采集技术等地球物理新技术，白云凹陷的结构特征初步显现。地震反射特征显示白云凹陷为继承性持续沉降的大型沉积凹陷，凹陷中心位置新生界基底（T_g）地震视埋深约为 8s，据此测算，新生代地层最大埋深约为 11km。利用周边探井的地温和热演化资料推算，该凹陷应有多套古近系进入了生烃门限。

与渤海湾盆地的渤中凹陷类似，白云凹陷也是盆地的沉降中心和沉积中心。新的研究成果表明（邓运华，2012；朱伟林等，2008；龚再生等，1997；庞雄等，2006；施和生等，2009；朱俊章等，2012；庞雄等，2007，2012），在 23.2～23.8Ma，中国东部地区发生过一次大的构造运动，导致古近纪裂陷期所形成的湖盆群（包括渤海湾盆地和珠江口盆地）几乎同时被夷平，该界面被认为是古近系与新近系的分界面。将白云凹陷 23.8Ma 不整合面（T_{60}）拉平与渤中凹陷进行比较发现：白云凹陷古近纪凹陷结构与渤中凹陷类似，是一个坳陷型的大型凹陷，未发现边界控凹大断层，这有别于珠江口盆地北部坳陷带诸凹陷和渤海湾盆地济阳坳陷诸凹陷（广泛发育断陷型箕状凹陷），其始新统、渐新统地层沉积相对完整，而没有出现大的角度不整合面，说明未经历过长时间的暴露剥蚀，油气保存条件良好。据最新资源评价研究成果（施和生等，2009；朱俊章等，2012）：白云凹陷古近系最大分布面积约 20000km^2、最大埋深约 11000m，是珠江口盆地最大的凹陷，古近系有效烃源岩分布面积约 12000km^2（$R_o>0.7\%$）；白云凹陷总生烃量 985.44×10^8t，其中石油 182.22×10^8t、天然气 803.22×10^8t 油当量；白云凹陷远景资源量 34.39×10^8t，其中石油 16.38×10^8t、天然气 18.01×10^8t 油当量，勘探潜力巨大。

2.“珠江深水扇”系统的发现丰富了深水区的储层类型

国外已有重大油气发现的深水区（西非和墨西哥湾等）均位于继承性发育的大流域长源大河入海口下倾方向，珠江口盆地南部白云凹陷深水区同样位于古珠江大河入海口下倾方向。渐新世以来，由于青藏高原强烈隆升，在其东南缘形成广阔的珠江流域，大量沉积物向珠江口海域输送；与此同时，伴随着 32Ma 开始的南海扩张运动，珠江口盆地逐渐成为大量沉积物堆积的场所，在海平面频繁变化下，于盆地北部形成了多套高位海侵体系域陆架三角洲滨岸体系的砂泥岩沉积，其中的砂岩层是珠江口盆地已发现油田最主要的产层。另外，海平面的周期性升降也使古珠江携带的大量沉积物在海平面下降期间迁移到古珠江口外的古陆坡深水区沉积，地震资料揭示，盆地南部白云凹陷深水区渐新世末以来形成的地层视厚度达 6000m，是盆地北部的 2 倍，这表明，随着海平面下降，盆地的沉积中心在向深水区迁移，大量的古珠江沉积物堆积在了白云凹陷深水区（庞雄等，2007，2012）。与世界上许多发育深水扇盆地的地质特征比较，上述所有条件

均表明珠江口盆地中部坳陷带具有发育深水扇的基本地质条件。

对层序地层格架的解释使白云凹陷深水区的层序地层学特征逐步明晰（庞雄等，2007，2012）：在相对海平面下降到达古陆架坡折带时，古珠江携带的大量物质会穿越盆地北部的古陆架区进入古深水陆坡区，并在此形成大规模的低位体系域；另外，处于深水陆坡环境的白云凹陷持续沉降，使得其在接受巨厚低位沉积的同时沉积空间依然存在，继续保持了深水沉积环境，因而新近系各层序低位体系域都相对垂向叠置，形成低位体系域巨厚沉积的独特地质现象；而于层序底界古陆架坡折带附近所发现的大量由河流“回春”作用诱发的深切谷及其充填物，是低位体系域存在的另外一个直接证据，这些深切河谷均已达到相当的规模。白云凹陷北为番禺低隆起，东邻东沙隆起，西南为大型的断垒，为三面被高地包围的深水环境。低水位时期东、北、西三面高地出露，持续沉降的白云凹陷演变成海湾环境，成为北面古珠江入海倾注沉积物的最佳场所；大量峡谷水道围绕凹陷分布也证实了其具有海湾环境的特点。正是对海平面周期性下降，以及古珠江大河输入沉积物和海平面下降期间发育的大规模深切谷系统的认识，使白云凹陷深水区大规模深水扇，即“珠江深水扇”（庞雄等，2007）得以发现。“珠江深水扇”作为白云凹陷深水区独特的储层类型，与陆架三角洲体系共同构成了盆地南部深水区新近系的储层类型，极大地降低了深水区勘探储层的风险。

3. 两种储层类型的大中型天然气田群被发现，深水勘探取得重大突破

新技术及新方法的大量应用，提高了对白云凹陷结构的认识程度和对深水扇储层的描述精度，从而推动了深水勘探的进程，深水勘探逐步成为自营勘探的战略领域。但2001年受技术条件的限制，在勘探战术上依然选择了水深相对较浅的流花19–3构造（水深超过200m）作为首钻目标。

流花19–3构造位于番禺低隆起东南部番禺16–1大型鼻状构造东翼，为鼻状构造背景上的中新统上部（粤海组）浅层岩性圈闭，地震响应为强烈的振幅异常，油气检测显示AVO异常，综合分析应为浅层天然气藏，预测天然气地质储量约为$200\times10^8m^3$。LH19–3–1井于2001年6月上钻，在中新统上部浅部地层中钻遇砂岩气层57m，与钻前预测基本吻合，但由于气层物性较差（泥质粉砂岩），DST测试结果不理想（折合日产天然气量约$6.4\times10^4m^3$），初步认定在当时技术条件下不具商业性而放弃。但LH19–3–1井天然气地球化学资料分析结果揭示，该气藏天然气源自烃源岩的热演化气藏，而不是源自浅层的生物气藏，具有非烃含量低（CO_2低于5%）、烃含量高、干燥系数高等特点（施和生等，2010）；流花19–3构造周边钻井揭示，番禺低隆起区下伏地层以渐新统珠海组海陆过渡相砂岩为主的地层不整合披覆沉积在前古近系基底之上，不具备生烃能力，而该区地层区域性向南部的白云凹陷倾没，因此，流花19–3气藏天然气只能源自南部的白云凹陷。经过充分论证，在水深小于300m陆架区以内沿着流花19–3气藏通往白云凹陷的大型古鼻状构造背景上部署了PY30–1–1、PY29–1–1、PY34–1–1、PY35–1–1、LH19–5–1等探井，发现了番禺30–1、番禺34–1、番禺35–2等以陆架边缘三角洲砂岩为储层的大中型天然气田，初步估算天然气三级地质储量约$1000\times10^8m^3$。

白云凹陷北缘陆架区番禺30–1、番禺34–1等陆架边缘三角洲砂岩储层天然气田的发现，进一步促进了白云凹陷深水区的勘探，2006年钻探了第一口深水探井LW3–1–1井（水深1500m），首次发现了以“珠江深水扇”优质砂岩为储层的荔湾3–1大气田；

随后，又相继在水深超过1000m的深水区发现了流花29-1、流花34-2等以“珠江深水扇”砂岩为储层的大中型天然气田。深水天然气储量的不断发现，使得南海东部海域勘探呈现出油气并举的新局面，勘探领域初步实现了由浅水向深水的延拓（施和生等，2010；庞雄等，2008；朱伟林等，2011，2013）。

四、“源—汇—聚”评价体系和古近系油气勘探实践

1.“源—汇—聚”评价体系

“源—汇—聚”评价体系是在珠江口盆地石油地质综合评价过程中逐步形成的，是基于成藏规律研究的勘探思想与方法体系，整合了“含油气系统评价”（Dow，1972）、“成藏体系评价”（金之钧等，2003）、“分带差异富集”（施和生，2013）、“复式油气聚集带”（胡见义等，1986；李德生，1986）的评价思想。从“源”“汇”“聚”3个成藏要素出发，以“源”为中心，进行凹陷、半地堑和洼陷三级定量评价，落实油气资源量，圈定富生烃洼陷；以“汇”为纽带，研究输导体系及运汇单元，分析油气运移的方向、动力、强度、途径和边界，确定油气主要去向，明确勘探重点区域；以“聚”为目的，开展二级构造带和圈闭综合评价，优选有利二级构造带并作整体解剖（条件优越的二级构造带有可能呈现满带含油现象）（施和生等，2014），开展目标排序和优选。图2-13-3详细阐述了各评价单元（控制因素、评价要素的相对性，评价要素间的相互作用，时空配置对油气资源的控制等）和具体评价流程，其中资源潜力估算主要采用类比法、成因法、统计法等（梅廉夫等，2010）。在油气“分带差异富集”思想的指导下，可以采用“源—汇—聚”评价体系来快速寻找到有利勘探目标，显著提高勘探成功率。烃源单元评价可明确不同地区烃源岩的宏观分布及资源量大小，运汇单元评价可了解油气运移的主要方向及汇聚强度，聚集单元（有利的二级构造带及其圈闭）评价有助于确定勘探方向和优选上钻目标，从而实现高效勘探。

2. 勘探实践——以陆丰凹陷为例

以陆丰凹陷为例，应用“源—汇—聚”评价体系分析其成藏条件及资源潜力，优选有利勘探目标。陆丰凹陷面积约6458km^2，古近系文昌组和恩平组发育烃源岩，其中主力烃源岩文昌组TOC为0.61%～7.75%，有机质类型为$Ⅱ_1$—$Ⅱ_2$型，生烃潜力大，石油地质资源量超过6×10^8t。陆丰凹陷是已证实的富生烃凹陷，凹陷内发育3个复式半地堑和5个洼陷。根据生烃量及平均生烃强度得出：半地堑级油气资源富集程度为陆丰南半地堑＞陆丰北半地堑＞陆丰东半地堑，洼陷级油气资源富集程度为陆丰13洼＞陆丰7洼＞陆丰15洼＞惠州5洼＞海丰33洼。

陆丰凹陷发育断裂背斜、潜山披覆、翘倾构造和斜坡等10个二级构造带，依据二级构造带距油源的距离和相对位置关系、流线的形式和方向、断裂的走向与发育程度、输导体系、圈闭条件及待发现油气资源潜力等要素进行综合排序，最终将“源—汇—聚”各要素综合评价结果进行叠合（图2-13-4），选择富烃源单元、优势运汇单元和有利聚集单元的有利区带及目标进行优先勘探。以陆丰13断裂背斜构造带为例，在运汇单元的框架下对该构造带进行精细评价，先根据圈闭的位置、类型、规模和资源潜力对圈闭条件进行综合分类，再根据圈闭资源量和地质条件对其综合排序，预测有利勘探目标潜力，优选上钻目标。2014年在该构造带优选陆丰8-1和陆丰14-4两个有利目标实

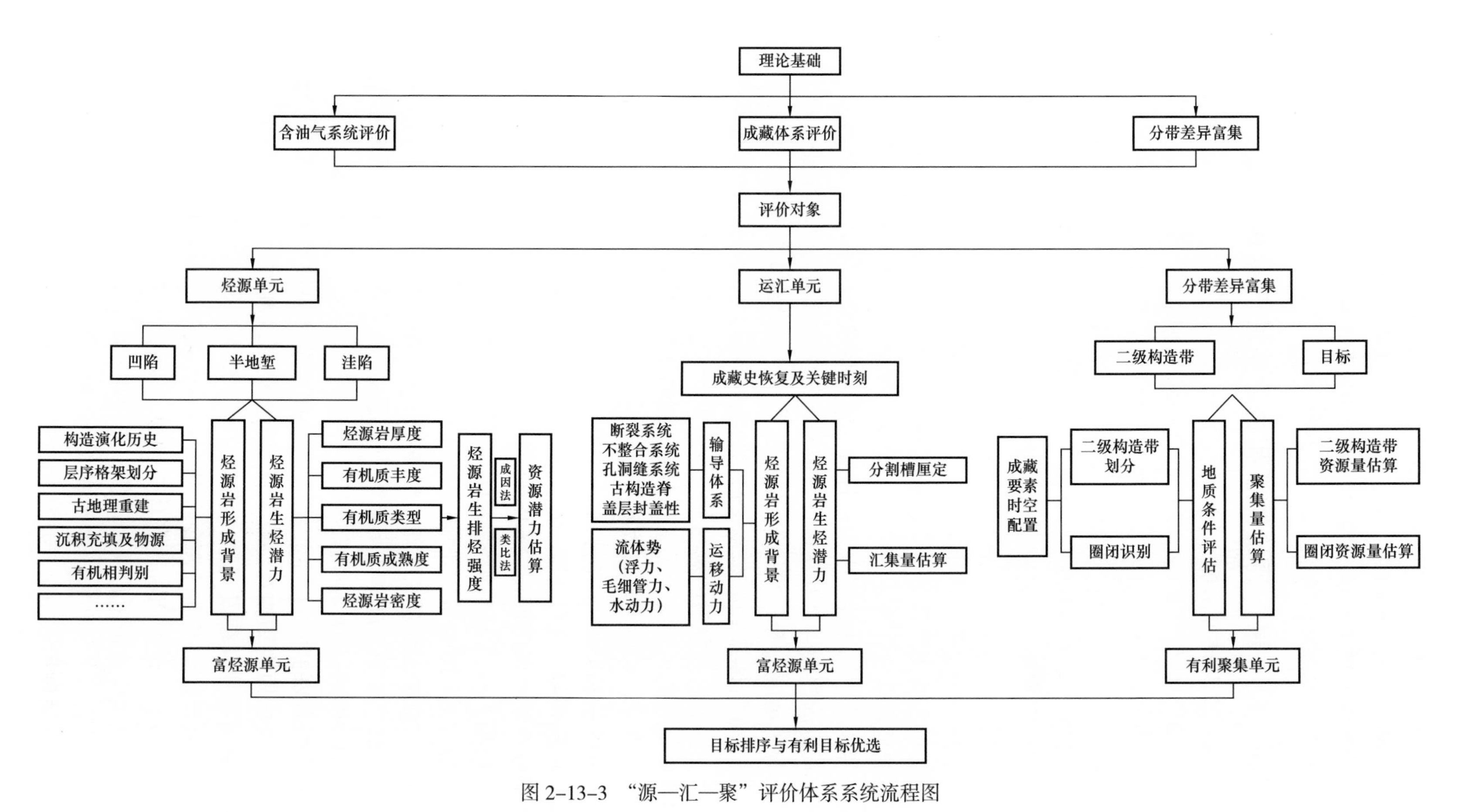

图 2-13-3 “源—汇—聚”评价体系系统流程图

施钻探，其中 LF8-1-1 井在恩平组发现油层 47.6m/8 层，获得探明 + 控制级原油地质储量超过 $500 \times 10^4 m^3$；LF14-4-1d 井在文昌组发现油层 93.6m/21 层，获得探明 + 控制级原油地质储量超过 $2000 \times 10^4 m^3$，测试获得自喷日产量超 $200m^3$ 的高产工业油流，突破了该地区古近系勘探的瓶颈，开拓了油气勘探新领域，真正意义上实现了满带含油、复式油气聚集的勘探成果。陆丰 14-4 等油田的发现，充分体现了“源—汇—聚”评价体系在现阶段珠江口盆地油气勘探中的实用性，提高了该地区油气勘探的商业成功率。

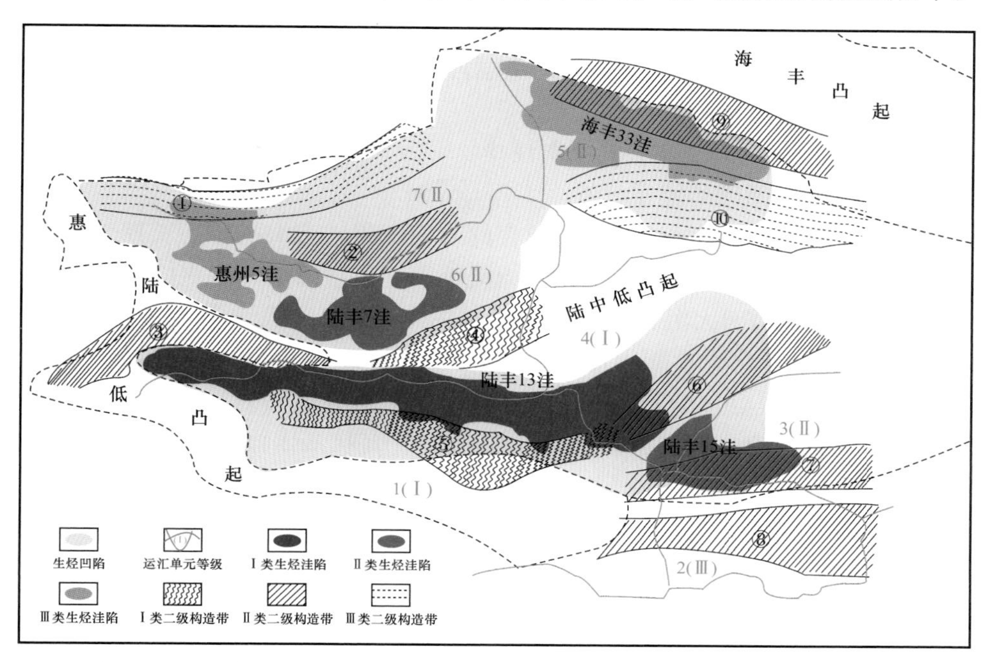

图 2-13-4 陆丰坳陷主要目的层（T_{80}）“源—汇—聚”要素综合评价叠合图

总的来说，虽然珠江口盆地近几年古近系发现逐渐增多（如惠州 25-7、开平 11-1、陆丰 8-1、陆丰 14-4、西江 33-1 等），但是储量动用率低，即古近系地层埋深大、储层物性差、产能低、储量规模不足以推动开发。珠江口盆地位于逐渐薄化陆缘地壳之上，洼陷结构、沉积充填、埋藏史和地温史等都有很大差异，从而导致古近系成藏差异。因此针对珠江口盆地古近系油气藏按照“富洼找优、差异勘探”的原则有：恩平凹陷有利沉积相带、超压保护储层（如恩平 17 斜坡带），番禺 4 洼抬升浅埋、储层发育区（如番禺 4—番禺 5 断裂背斜构造带），西江主洼有利沉积相带、低地温保护储层（如西江 33 斜坡带及西侧长轴带），惠西南地区有利沉积相带、厚泥岩超压保护（西江 24 断裂背斜构造带）、埋藏较浅的扇三角洲地区（惠南断裂复合带），陆丰凹陷高成熟度辫状河三角洲地区（如陆丰 7 构造转换带 / 陆丰 9 断裂鼻状构造带）。根据各凹陷的特点及勘探程度采取不同对策，有步骤地开展古近系的勘探工作。珠江口盆地古近系将从一个不被看好的新领域提升到中国海油未来的主要勘探领域，继深水之后的未来几年的勘探接替主要领域之一。

五、多种沉积体系控制下的地层岩性油气藏理论

多年来的油气勘探实践表明，地层岩性油气藏在勘探中具有举足轻重的作用。地层

岩性油气藏已经成为中国陆地油田最重要的油气勘探领域（贾承造等，2008；徐洪斌等，2012）。渐新世以来，珠江口盆地以海侵为主，沉积了巨厚的海陆过渡相和海相地层。尤其是新近纪以来，盆地转化为准被动大陆边缘盆地，在多期次相对海平面升降旋回的驱动下，形成了以古珠江三角洲体系为主体、多种沉积体系共同发育的沉积面貌，纵向上表现为多层序、多旋回的海相地层叠置关系，加之受盆地古地形和构造运动的综合改造，为盆地地层岩性圈闭的发育创造了有利的地质条件（刘曾勤等，2009；龙更生等，2006）。尽管珠江口盆地的勘探活动主要是在构造圈闭上展开的，但仍然发现了惠州 32-3 大型岩性尖灭油藏。分析认为，地层岩性油气藏是珠江口盆地（东部）不可忽视的勘探领域，存在巨大的勘探潜力。

1. 地层岩性油气藏的形成条件和分布规律

1）发育地层岩性圈闭的地质背景

珠江口盆地东部地区，盆地断陷期发育的陆相沉积、南海扩张后长期大范围发育的古珠江三角洲沉积、大型深水盆底扇等重力流沉积、东沙隆起（中央隆起东部）大规模发育的碳酸盐岩沉积等四大沉积体系以及频繁的海（湖）平面升降与多期次构造活动，构成了该地区独特的地层岩性圈闭发育优势。

文昌组和恩平组是盆地断陷期一个完整凹陷构造幕式活动的产物。文昌组沉积时期伴随着强烈的断裂活动，形成了一个个相对独立的箕状深水湖泊，发育水下扇沉积体系、扇三角洲体系和滑塌沉积、辫状河三角洲、湖底扇等沉积体；到恩平组沉积时期构造活动减弱，湖泊水体变浅，箕状湖泊连片，发育河流相、三角洲相、辫状河三角洲相、扇三角洲相等，晚期河流泛滥平原相和沼泽相发育。这些多类型沉积形成了丰富多样的储集体，具有形成各种岩性或地层圈闭的条件，并且具有近源成藏的优势。

由于珠江流域面积广，物源供给充分，古珠江三角洲在珠江口盆地（东部）影响范围非常广泛，三角洲前缘砂尖灭在前三角洲泥中，不均衡沉降或抬升导致部分沉积时下倾尖灭的砂体后来变为上倾尖灭砂体，为形成地层岩性尖灭圈闭提供了条件。三角洲前缘砂体类型多，水下分流河道、天然堤、河口坝、远沙坝都具有尖灭条件。

东沙隆起大范围发育碳酸盐岩沉积，发育了台地相、生物礁滩相及潟湖相。碳酸盐岩的非均质性为形成地层岩性圈闭提供了条件，尤其是生物礁的穹隆特征为碳酸盐岩形成有构造背景的岩性圈闭提供了有利条件。

珠江口盆地经历了多期海平面的升降旋回，当海平面下降到陆架坡折附近及其以下时，大量粗粒物质（如由古珠江带来的）在陆坡、深盆沉积，形成陆架边缘三角洲、斜坡扇、深盆扇等，具有形成地层岩性圈闭的有利条件。

2）地层岩性圈闭分布规律

珠江口盆地（东部）构造层地层岩性圈闭的分布呈现较强的规律性。平面上地层岩性圈闭相对发育区主要为古珠江三角洲前缘、古珠江三角洲与碳酸盐岩交互带、古珠江三角洲与古韩江三角洲交互带、低位体系域重力流沉积分布区等（图 2-13-5）；纵向上，陆架区围绕层序界面上下地层岩性圈闭相对富集，深水区初次海泛面以下地层岩性圈闭相对富集（图 2-13-6），每套三级层序都具有类似的特点，由于纵向上叠置有多套三级层序，表现出多套地层岩性圈闭叠置分布的特点。

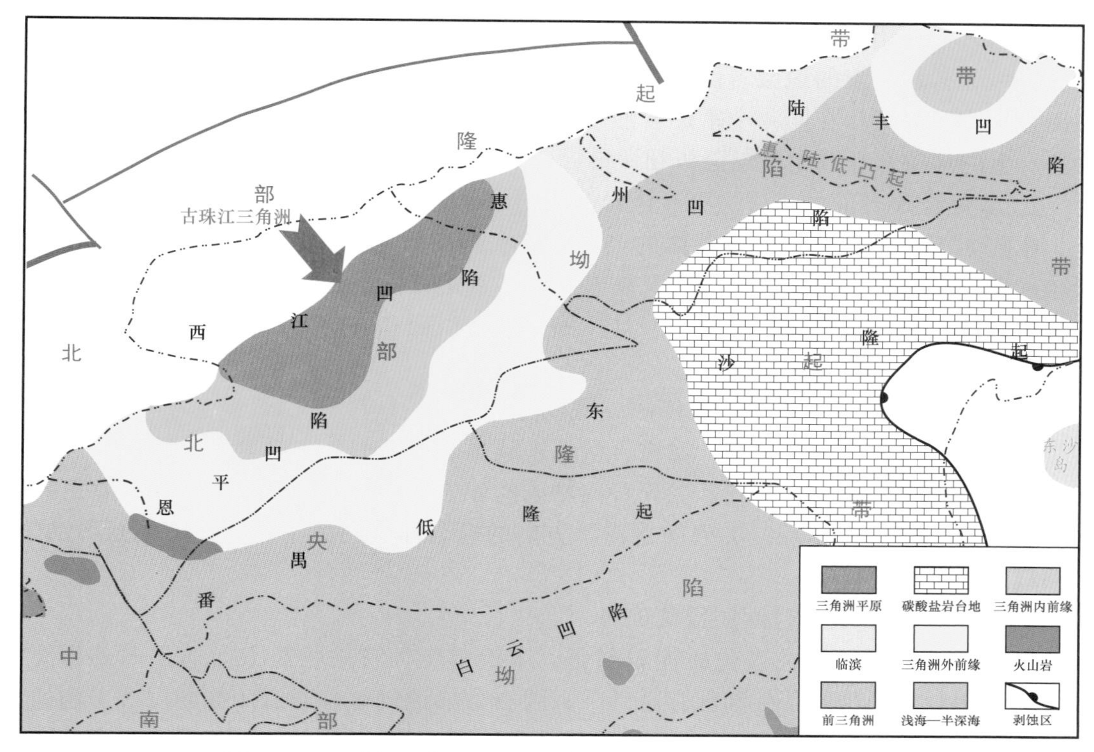

图 2-13-5　珠江口盆地 NSQ2 层序（21—18Ma）沉积相平面图

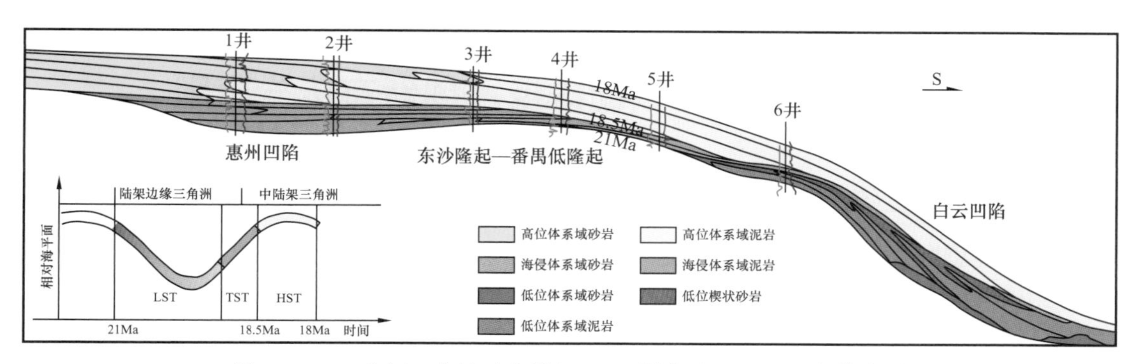

图 2-13-6　珠江口盆地（东部）NSQ2 层序（21—18Ma）模式图

2. 地层岩性圈闭成藏特征

勘探研究表明，地层岩性圈闭的有效性和成藏性的落实是发现地层岩性油气藏的关键。地层岩性圈闭成藏需要满足 3 个基本条件：第一，地层岩性圈闭位于富生烃凹陷的含油气系统内；第二，地层岩性圈闭处在油气优势运移路径上，且有足够烃源供给和好的运移通道，保证油气能进入圈闭；第三，具有好的储集空间和封盖条件（圈闭有效），保证大规模的油气能够保存下来。根据上述基本条件，结合现有勘探资料，珠江口盆地（东部）具有沿构造脊地层岩性圈闭成藏、紧贴层序界面的海侵尖灭砂体岩性圈闭成藏、尖灭背向物源方向的岩性圈闭成藏与深水扇及相关岩性圈闭成藏等 4 个成藏优势。

1）沿构造脊地层岩性圈闭成藏优势

即使位于含油气系统内，地层岩性圈闭成藏仍然存在一定差异，处在优势运移路径上的地层岩性圈闭成藏概率大。以分隔槽与构造脊为例，构造脊具有上倾和油气汇聚的有利条件，构造脊上的地层岩性圈闭成藏概率大具有成藏优势，而分隔槽内的地层岩性圈闭几乎难于成藏。在同一个富烃含油气系统内，应对比局部的构造脊和分隔槽，选择构造脊上的地层岩性圈闭重点分析和评价。

2）紧贴层序界面的海侵尖灭砂体岩性圈闭成藏优势

在陆架沉积中，海侵尖灭砂体的上覆泥岩和侧向封堵泥岩都为优质前三角洲泥岩，封堵和保存条件好，层序界面往往又是有利的油气运移面。因此，紧贴层序界面上的海侵尖灭砂体一旦上倾形成岩性圈闭，且在油气运移路径和方向上，往往能形成油柱高度相对大的、具有规模的油气藏。

3）尖灭背向物源方向的岩性圈闭成藏优势

远离物源的沉积越来越细，泥质含量越来越高，泥岩的分布越来越大，连片性越来越好，纯度也越来越高，因此，尖灭背向物源的砂岩体其封堵条件和保存条件好，封堵的油柱高度相对大；相反，尖灭向着物源方向的砂岩体其封堵条件差，即使封堵油气，其油柱高度也相对有限。

4）深水扇及相关岩性圈闭成藏优势

深水扇等地质体往往被优质泥岩封盖，不论其尖灭背向物源方向还是向着物源方向，都有相对好的封堵条件和保存条件，只要有好的油气运移通道（如断层等）沟通油源，便能形成具有规模的岩性油气藏。荔湾 3-1 深水扇气藏的发现进一步证实了这一观点。

第二节　海域油气勘探技术创新方法与应用

一、海上三维斜缆宽频地震勘探新技术

海上地震数据采集的常规做法是，将震源和电缆沉放在相对固定不变的深度（杨振武，2012），而震源及拖缆的沉放深度往往制约了地震资料的频带宽度。同时中深层地震资料的信噪比及分辨率改善难度大，常规拖缆作业方式取得的资料已越来越难以满足勘探的要求。近年来，分别在珠江口盆地惠州凹陷和白云凹陷内，首次开展了斜缆宽频三维地震采集，目的是获得高分辨率和高保真地震数据（图 2-13-7），以便更好地评估该地区的勘探潜力。

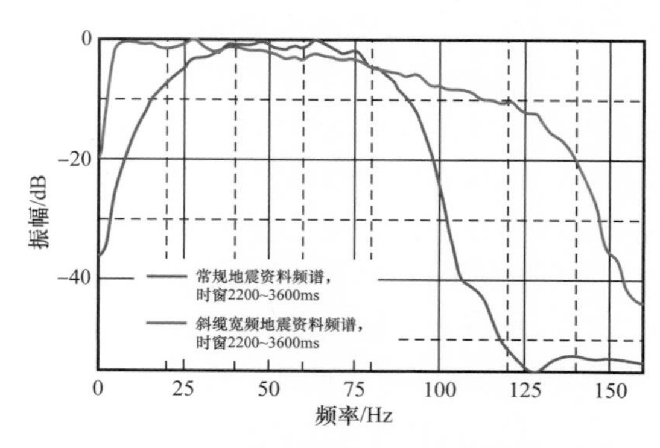

图 2-13-7　常规和斜缆宽频采集的地震资料频谱对比图

1. 斜缆宽频采集和处理技术

惠州凹陷和白云凹陷两个工区均采用 8 条长度为 6000m 的电缆，缆距 100m。电缆沉放深度从首道的 5m 渐变到尾道的 50m。由于两个工区都存在非常严重的怪流影响，因此采集电缆排列采用扇形方式，并用先进的三叉

鸟水下控制技术极好地调整电缆羽角，保证了覆盖次数的均匀性，同时降低了补线率，大大提高了生产效率。电缆头部缆间距均为100m，8条电缆总扩距为700m。尾部缆间距均为150m，8条电缆总扩距为1050m。

斜缆宽频采集新方法的应用，使地震资料在低频和高频段同时增加了频带宽度。低频信息的增加减小了地震子波旁瓣，而地震高频信息的增加锐化了子波波峰，极大提高了地震资料的分辨率。不过，与常规海上拖缆数据相比，在斜缆采集的地震数据处理环节，如何处理各种变化的地震鬼波是斜缆宽频地震资料处理的最关键技术（Sablon et al.，2011）。

以下是浅水海域的惠州凹陷工区斜缆宽频地震资料处理的关键步骤（Lin et al.，2011）：

（1）信号处理：消除气泡影响、子波一致性处理。（2）噪声衰减：涌浪噪声衰减及线性噪声衰减。（3）多次波衰减：浅水去多次（SWD）、3DSRME、τ–p 反褶积、Radon变换去多次波。（4）去鬼波：常规和镜像偏移、联合反褶积去除鬼波。（5）叠后处理：白云凹陷工区的处理流程除了未采用浅水去多次（SWD）和 τ–p 反褶积技术外，其他处理流程与浅水区的惠州凹陷工区相同，白云凹陷工区的处理流程除了未采用浅水去多次（SWD）和 τ–p 反褶积技术外，其他处理流程与浅水区的惠州凹陷工区相同。

在斜缆宽频地震资料处理中最关键的技术就是有别于常规去多次波的方法。由于斜缆宽频地震数据中的鬼波随炮检距的变化而变化，在处理环节无法再假设一个包含鬼波的理想子波。斜缆宽频采集数据的鬼波复杂性给常规去多次波方法带来了挑战，主要解决的问题就是如何处理随检波器深度变化而变化的地震子波。处理中通过在全炮检距内调整子波模型得到部分解决，然后通过在一次常规偏移和一次镜像偏移的数据上执行一次联合反褶积去除鬼波（Soubaras et al.，2010）。

2. 应用效果分析

斜缆宽频数据在分辨率、信噪比及成像方面都比常规地震数据有了较大的改善。以下针对两个工区分别说明。在惠州凹陷工区，原有常规三维地震资料采集于1996年。资料经过了多轮重处理，该书使用最新重处理成果与斜缆宽频数据进行对比。图2–13–8展示了斜缆宽频采集的应用效果。与常规地震数据相比，主要目的层新近系和古近系内幕反射特征更加明显。由于低频信息更加丰富，断层及基底的成像更加清楚。图2–13–9为惠州凹陷工区常规地震数据和斜缆宽频地震数据在目的层附近的水平时间切片，宽频数据对断层的刻画效果明显改善。惠州地区中浅层与同时涵盖新近系和古近系目的层的常规和斜缆宽频采集数据的频谱分析对比，宽频数据极大地拓展了地震资料的频宽。

在白云凹陷工区，由于新、老资料只有部分重叠区域，只对其中部分重叠数据进行比较。老资料采集于2008年。图2–13–10为常规三维数据与斜缆数据的对比，斜缆数据由于具备更宽的频带，在构造细节的刻画上更加清楚，波组特征更加明显。

国内首次在珠江口盆地的惠州凹陷和白云凹陷应用斜缆宽频地震勘探技术，有效地克服了海上常规采集受鬼波影响的限制，拓宽了地震数据的频带宽度，高、低频信息都更加丰富。主要特点如下：（1）斜缆采集的更大电缆沉放深度减小了天气涌浪噪声的影响，拓展了海上作业时窗，提高了现场生产效率；（2）全声学定位网络及三叉鸟的使

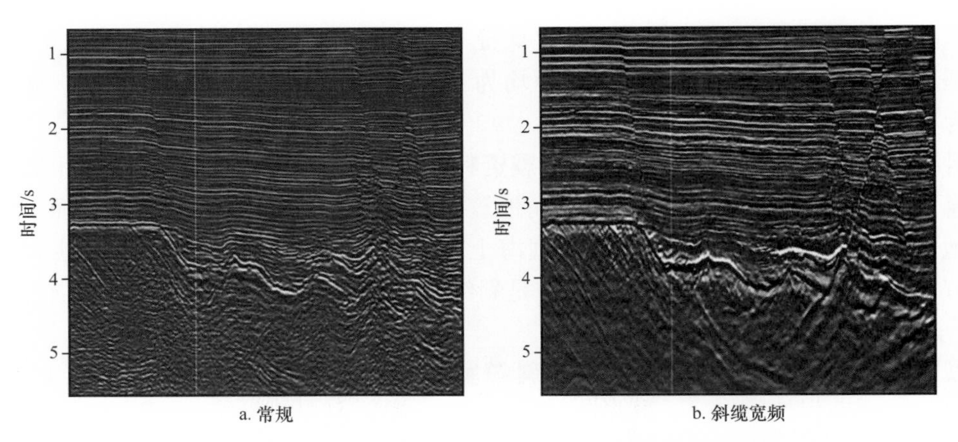

a. 常规　　b. 斜缆宽频

图 2-13-8　惠州凹陷工区常规采集偏移剖面和斜缆宽频偏移剖面

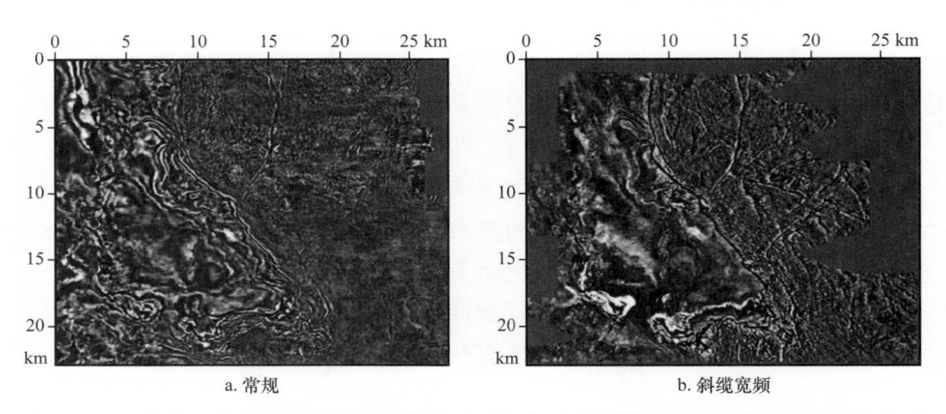

a. 常规　　b. 斜缆宽频

图 2-13-9　惠州凹陷工区常规地震数据水平时间切片和斜缆宽频地震数据水平时间切片

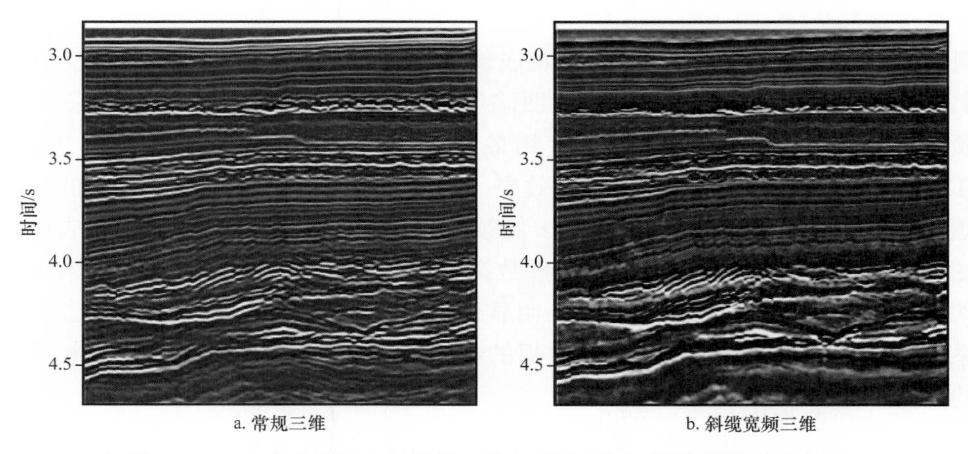

a. 常规三维　　b. 斜缆宽频三维

图 2-13-10　白云凹陷工区常规三维和斜缆宽频三维地震剖面对比图

用，配合扇形电缆施工，减小了补线率；（3）2.5～200Hz 低频固缆的应用和 5～50m 的沉放深度，极大地拓宽了采集原始数据的有效频带宽度，有效地提高了资料的分辨率；（4）常规、镜像偏移及联合反褶积的宽频组合处理技术，多次波去除效果明显，提高了偏移成像精度，同时 AVO 效应更加突出。然而，受大地滤波作用的影响，高频能量在穿过更深目的层时衰减得总会更快，因此必须意识到宽频采集不等于在任何深度目的层都容易获得足够宽的频带数据，进而针对更深的目的层，宽频采集的最大意义在于有能力获得更多低频信号的能量，更有利于刻画中深部目的层的断层、基底以及反射内幕特征和主要的构造形态。同时丰富的低频信息可为油气藏的储层预测、裂缝发育带预测及含气性检测评价提供更加完善的地震数据。

二、深水钻完井技术

2006 年 7 月，HUSKY 石油公司与中国海洋石油总公司在白云凹陷成功钻探了国内第一口深水井 LW3-1-1 井。该井共钻遇了 4 层气藏砂体，分别是珠江组 Sand1 及珠海组 Sand2、珠海组 Sand3 和珠海组 Sand4，气层总有效厚度达到 55.5m，从而发现了中国第一个深水油气田荔湾 3-1 气田。

LW3-1-1 井作为中国海上真正意义的第一口深水钻井，水深达 1480m，该井的钻探作业面对大量的技术困难和障碍：

（1）由于国内还没有进行过深水钻完井作业，作业者没有任何该海域经验可以借鉴，而且几乎所有的作业资源均需要从国外招标采办。当时国内钻井承包商的钻井平台最大作业水深仅为 500m 左右，无法满足该井作业水深的要求，项目组需要从国外深水钻机市场租赁作业水深达到 1500m 以上的钻机设备。通过与多家钻井承包商招标谈判，最终决定从瑞士越洋钻探公司（Transoceans）租赁作业能力为 2300m 水深的 Discovery534 钻井船进行该井的钻探作业。

（2）由于深水区海底浅部地层比较松软，常规的钻孔 / 下套管 / 固井方式常常比较困难，作业时间较长，对于日费高昂的深水钻井作业显然不合适。在进行该井钻探作业中，深水表层钻井作业采用了国际上深水钻井通行的喷射（jetting in）下导管的先进工艺和技术在 36in 导管柱内下入钻具，利用导管柱和钻具（钻铤）的重量，边开泵冲洗边下入导管，成功将表层 36in 导管喷射下入至海床下 82m，为下一步下入 BOP、隔水管及后续井段的钻进作业打下了良好的基础。

（3）该井作业中使用了深水表层建井工艺中的关键技术——DKD（Dynamic kill Drilling）技术。该技术包括地层压力预测、实钻资料分析、地层压力实时监测、DKD 装置、钻井液工艺及后勤保障等，配合 DKD 技术实施的作业措施是“Pump&Dump”、LWD 和 ROV 监测，能够顺利地在出现浅层水流地层进行连续钻进作业，大大提高作业效率和安全。

（4）随着水深的增加，井筒环境的循环温度会变得越来越低，给钻井作业带来很多的困难和问题。如在低温下，钻井液的黏度和切力大幅度上升，出现显著的胶凝现象，同时也会增加形成水合物的可能性。在钻井液设计和固井水泥浆设计中都要考虑海水温度的影响，特别是海底的低温环境和海水的冷却作用。该井钻井作业中使用了性能优异的水基深水钻井液体系 Performax，它具有较强的抑制性、良好的润滑性、良好的携砂性、良好的低温流变性，防泥包效果好和较低的 ECD，可有效提高 ROP。

（5）深水海底的沉积岩层形成时间较短，缺乏足够的上覆岩层，所以海底地层结构通常是松软的、未胶结的。对于相同沉积厚度的地层来说，随着水深的增加，地层的破裂压力梯度在逐渐降低，致使破裂压力梯度和地层孔隙压力梯度之间的窗口较窄，容易发生井喷、井漏等复杂情况。该井钻井作业中使用了先进的随钻环空压力监测（PWD）

技术，解决了钻进过程中井下实时压力检测的问题，保证钻井作业的本质安全。

（6）随着水深的增加，泥浆静液柱压力不断增加；加上钻探之前对于地层破裂压力不了解，可能带来压力“窗口”变窄的困难，导致很难选择合理的泥浆比重，易造成井漏、井喷等事故，常规井身结构已不能满足要求。该井的井身设计采用了深水钻井典型的井身结构，分不同井段使用不同密度、不同性能的泥浆，尽量降低当量泥浆循环比重（ECD 方法），同时使用了先进的随钻测井技术（LWD/MWD），在钻井过程中，技术人员应用随钻测井数据对油藏分层数据进行实时监测：主要是使用 Gamma 曲线对砂页岩进行判别，并配合使用随钻电阻率数据对含气性做出判断，保证钻井作业安全顺利地钻达目标地层，圆满完成勘探地质的目标要求。

通过成功引进和使用上述先进的深水钻井技术，中外双方克服了作业过程的种种困难及挑战，最终安全顺利地完成了该井钻探作业任务，获取了所有计划需要的地质油藏资料，从而发现了国内第一个具有商业价值的深水气田。

三、陆架边缘三角洲圈闭评价技术

1.“三步走”时深转换技术

番禺 35–2 地区叠前时间偏移处理和解释的结果发现了很好的振幅异常，但构造不落实，没有很好的构造圈闭。为了提高地震资料处理质量，落实番禺 35–2 三维地震区内构造特征和储层展布特征，引进先进技术，深圳分公司对该地区三维地震资料进行了叠前深度偏移（PSDM）处理。PSDM 处理在解决海底起伏造成的地下反射扭曲问题、保持剖面整体波组特征清楚、断点清晰可靠、较真实地反映构造形态等方面都取得了大家的认可。然而，对于目标层真实深度的恢复还存在一定误差，所以从钻后分析的角度出发我们认为经过井标定后的 PSDM 构造图是最为准确的。2006—2008 年，在番禺天然气项目组与勘探开发相关专家共同的科研攻关和不懈努力下，番禺—流花坡折带地区总结出了一套适合自身的时深转换方法——“三步走”（图 2–13–11）。

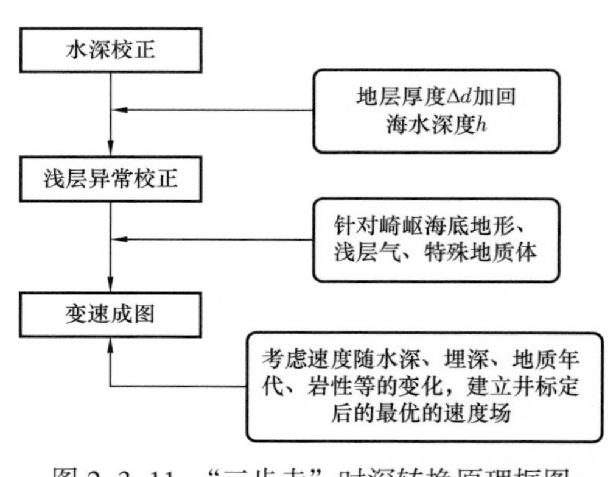

图 2–3–11 “三步走”时深转换原理框图

1）第一步——水深校正

水深校正的原理如图 2–13–12 所示，为了描述问题简单起见，假设海水为一个常速层 v_1；A、B 两点从海底到目的层的地层平均速度分别为 v_A、v_B；t_1、t_2 分别表示 A、B 从海平面到海底的单程旅行时；t_3，t_4 分别表示 A、B 从海平面到目的层的单程旅行时。那么，目的层 A 点和 B 点的实际深度就等于该地层的厚度再加上海水的深度，即

$$\begin{aligned} D_A &= (t_3 - t_1) \times v_A + t_1 \times v_1 = \Delta t_A \times v_A + t_1 \times v_1 \\ D_B &= (t_4 - t_2) \times v_B + t_2 \times v_1 = \Delta t_B \times v_B + t_2 \times v_1 \end{aligned} \quad (2\text{–}13\text{–}1)$$

同时，可以得到 A、B 两点的深度差 ΔD 为

$$
\begin{aligned}
\Delta D &= D_B - D_A \\
&= \Delta t_B \times v_B - \Delta t_A \times v_A + (t_2 - t_1) \times v_1 \\
&= \Delta t_B \times v_B - \Delta t_A \times v_A + \Delta t_{海底} \times v_1
\end{aligned}
\tag{2-13-2}
$$

在时间域上 $\Delta T=t_4-t_3>0$，那么在深度域上，若 $\Delta D>0$ 则 B 点比 A 点深；否则，若 $\Delta D<0$ 则 B 点高于 A 点，将此条件代入式（2–13–2）可得：

$$
\begin{aligned}
&\Delta t_B \times v_B - \Delta t_A \times v_A + \Delta t_{海底} \times v_1 < 0 \\
&\Rightarrow \Delta t_B < \frac{1}{v_B}\left(\Delta t_A \times v_A - \Delta t_{海底} \times v_1\right)
\end{aligned}
\tag{2-13-3}
$$

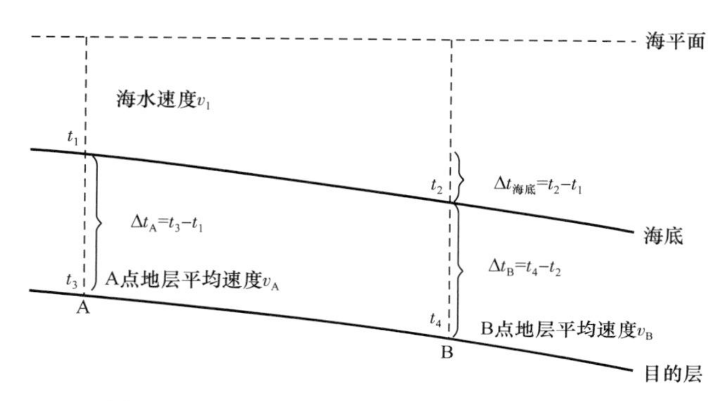

图 2–13–12　坡折带地层实际深度求取示意图

也就是说，当满足式（2–13–3）条件成立的时候，在时间域上下倾的地形经过简单的海水校正在深度域上会抬升，因此也就有了形成局部构造的可能，这点可以通过番禺 35–2 地区各井上速度加以验证。

将式（2–13–3）进一步简化，假设 $v_A=v_B=v$，也就是说把海底到目的层之间看作是一个常速层，则

$$
\begin{aligned}
&\Delta t_B < \frac{1}{v_B}\left(\Delta t_A \times v_A - \Delta t_{海底} \times v_1\right) \\
&\Rightarrow \Delta t_B < \Delta t_A - \frac{\Delta t_{海底} \times v_1}{v}
\end{aligned}
\tag{2-13-4}
$$

2）第二步——浅层异常校正

番禺 35–2 地区位于现今陆架与陆坡过渡带，沉积环境复杂，横向变化大，在浅层发育了多套地质异常体；另外番禺 35–2 地区位于番禺低隆起南部，南邻珠江口盆地最大的富生烃凹陷——白云凹陷，长期位于白云凹陷油气向北运移的通道上，主断裂与区域构造呈斜列式雁行排列，断层具有持续发育、长期发育、较好的侧向封堵能力等特点，油气在运移过程中，当深部圈闭形成了一定程度的富集之后，油气窜层运移至浅层形成聚集。因此，进行的浅层异常校正主要包含：崎岖海底校正、浅层气校正以及浅层地质异常体校正等。

3）第三步——变速成图

速度场求取在深度构造成图过程中是最关键的一个环节，准确的速度和时深转换方

法是生成准确构造图的保证。结合多年来番禺—流花地区对速度影响因素的研究成果，得到以下综合认识：该区影响速度变化规律的主导因素包括水深、地层埋深、地层厚度、地质年代、压实程度、岩性、流体充填、沉积环境等。

（1）地层平均速度虽然随水深的增加整体上有降低的趋势，但并不是简单的递减关系。

（2）同一套地层速度在横向上地层埋深越浅速度越小，地层埋深越深速度越大，速度与地层埋深明显相关。

（3）地层厚度越大速度越大，地层厚度越浅速度越低。

（4）地质年代越老地层速度越高。

（5）压实程度越高，地层速度越高；欠压实使地层速度变低，欠压实程度越大，地层速度越低。

（6）岩性上纯砂岩与泥岩速度相近，石灰岩和火山岩速度大。

（7）砂岩含流体（油 / 气 / 水）后，纵波速度明显降低。

（8）由沉积环境变化、沉积过程造成的特殊地质体，影响地层速度的变化幅度；海底底质：黏土、淤泥低速体，往深海沉积厚度增大；水体（海水）速度：因水温、含盐度等因素影响，总体表现为深水区水体速度偏高。

2. 三维叠前联合反演技术

三维叠前联合反演为近几年发展起来的一项新的储层预测技术，首次在番禺 35-2 地区应用，并且伴随着番禺 35-2 地区勘探的深入，该技术在番禺 35-2 地区已非常适用，有效地探明了 GAS1—GAS4 等 4 层主力含气储层的空间展布，较好地反映了砂体分布情况，指出有利区带，为后续勘探开发指明了方向。经过这两年来的应用，得出以下体会与建议：

（1）地震岩石物理分析是进行叠前联合反演的前提。只有通过岩石物理分析认为该地区具有进行叠前联合反演的条件，通过叠前联合反演能够得到有效区分该地区储层的反演结果，这样才有开展叠前联合反演的可能。

（2）质量好的 CRP 道集是叠前联合反演的地震基础。信噪比高，道集拉平对于叠前、叠后标定非常重要，同时也能生成比较好的角道集资料，这些都是叠前联合反演的地震资料基础。

（3）横波预测及井震标定是叠前联合反演的关键。对未做全波列测井的井，要通过横波预测软件进行横波速度预测，采用“优化 Xu-White 理论模型横波速度预测方法”预测横波速度，通过 AVO 正演及井震标定验证，预测结果比较合理；叠前、叠后井震标定是联合反演的关键，通过先叠后标定，再应用叠后标定的时深关系微调进行叠前标定；采用提取统计子波制作合成记录，标定后波形对应较好，相关系数较高。

（4）初始模型构建及反演参数设定是叠前联合反演的核心。以地震层位解释为约束，结合测井资料，才能得到准确的初始模型。充分考虑该地区的地质现象，选取合适的数学外推方法，再经过反复测试，选取最符合该地区的模型。反演过程中的参数选择和质量控制对于反演结果的可靠性和有效性至关重要。

（5）通过未参与反演井的钻探结果结合储层平面属性来验证反演结果的可信性，是叠前联合反演必不可少的步骤。总体看来，三维叠前联合反演技术是一套原理清楚、方法合理、客观可靠的技术方法。通过该方法获得密度反演体在番禺 35-2 地区含气砂岩储层的预测结果（图 2-3-13），通过 PY35-2-3、PY35-2-6、PY35-2-2 等井的验证，符合性很好。由它圈定的含气面积控制了番禺 35-2 地区近 61% 的探明 + 控制储量，该技术在番禺 35-2 地区取得了巨大成功。

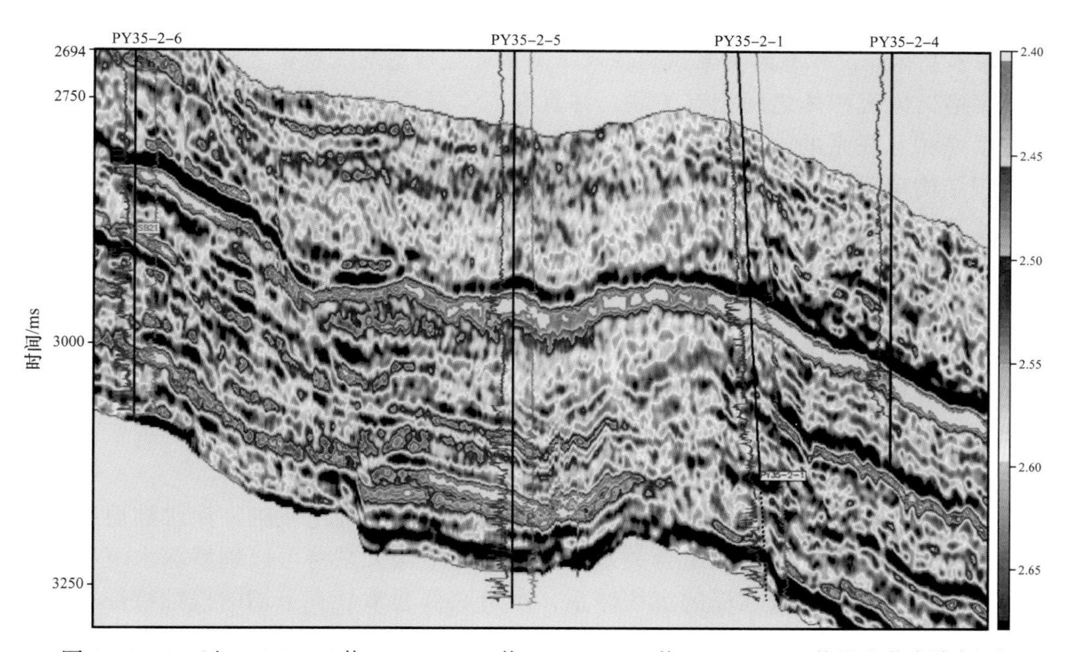

图 2-13-13　过 PY35-2-6 井、PY35-2-5 井、PY35-2-1 井、PY35-2-4 井的连井密演剖面

四、深水储层的识别和目标评价技术系列

白云凹陷深水区经历了长期的科研和勘探实践，从对深水区特殊石油地质条件的理解，到对深水沉积层序地层学、重力流沉积作用和深水沉积储层特征的深刻理解及深入再到勘探实践，在明确了白云凹陷深水区重力流深水扇水道和朵叶体砂岩是主要优质储层，并且取得了“砂质陆架背景下，陆架坡折带和低位体系域控制主要优质砂岩储层的区域分布，深水重力流水道和朵叶体是最有利的储层发育区”的理论创新的基础上，逐步形成了突破以构造圈闭为目标的勘探思路。立足于白云凹陷深水富烃凹陷区内，寻找和瞄准储层发育分布的区带，确立以陆架坡折带、三级层序界面、低位体系域共同控制深水沉积砂岩储层区域分布的研究思维，以有利储层分布区、断裂和底辟裂隙带（气烟囱）作为有利成藏带，以三级层序格架 + 扇外形和沉积脉络 + 扇内幕结构 + 砂体反射波形 + 属性反演的技术组合识别深水沉积砂体储层和潜在岩性有关圈闭，以识别储集体相对高部位和含烃流体属性反演的分布区作为目标和靶区，通过以上研究逐步形成了一套深水特色的储层识别和目标评价创新技术系列。

应用形成的理论认识和深水储层、目标评价技术组合，评价了 16 个深水目标，已钻探 9 个目标，其中的 3 个被钻探证实为潜在商业油气藏，5 个为含气目标。

1. 三级层序格架级别的识别技术（三级层序界面、陆架坡折带、低位体系域）

深水沉积以重力流沉积为主，特别是有规模的优质储层主要来自重力流沉积。低海平面期间沉积作用向海迁移，更易于在深水区形成重力流沉积，因此主要的深水沉积体系与相对低海平面有关，深水层序地层学研究应以揭示低位体系域及其重力流沉积体分布为主要目的。深水沉积层序地层学成为解决深水储层分布主要问题的技术手段。因此，三级层序界面、陆架坡折带和低位体系域共同控制主要深水重力流沉积的发育和分布。

2. 深水扇体和沉积脉络关系识别技术（扇体外观形态及沉积体之间的脉络关系）

层序格架内沉积体之间相互关联，并具有时空联系。低位体系域内不同组成之间的沉积体系是相互联系的，如水道—天然堤与朵叶体平面分布关系，因此，可以定义平面上的沉积结构单元，如朵叶体、水道和天然堤等。这些沉积结构单元既表达了重力流沉积作用，又具有地震反射可识别的结构形态，并且代表了不同的砂岩储层特征意义。

“源—汇—聚”的沉积脉络关系分析方法是等时界面控制下系统分析沉积体系的系统化思维。陆架沉积粒度和组构与下方深水沉积的富砂或富泥性具有对应关系，为了预测低位扇砂岩，就有必要认识物源上方高位的滨岸沉积物的分布（图 2-13-14）。古地理重建和等时界面的地貌成像将使得沉积物供给的下一层序高位体系域与上一层序的低位体系域的扇体沉积建立联系。

3. 深水扇内幕结构识别技术（扇微观结构）

重力流的沉积作用和沉积流态是分析深水沉积体系的理论基础。深水储层结构单元内的结构有着独特的内部结构组合关系，识别这些结构关系将可以理解深水沉积的过程和岩相。如对于水道—天然堤的沉积体系，水道底部通常具有下切的侵蚀特征，两侧的天然堤为底部无下切的高频弱振幅反射，表现为向水道侧加厚淤高，而远离水道侧翼表现为逐步收敛下超，如果水道内有强振幅低阻抗反射则表现为水道砂岩充填。

深水沉积砂岩地震反射结构识别技术：下切水道 + 两侧天然堤 + 强振幅反射的水道充填深水重力流沉积的这些地震特征（沉积体的外观反射结构形态、内幕结构、接触关系、振幅、波形、频率、连续性等）成为深水储层预测的基础。

4. 深水沉积砂岩储层反射波形识别技术

地震反射波形与反射界面的波阻抗差有密切的关系，通过地震波形可以对波阻抗特征进行分析。经过高质量的海上地震采集和处理后的叠前、叠后地震剖面可以近似认为趋于零相位，这对地震波形的分析非常重要。而深水重力流储层由于其大套泥岩夹砂岩的特征，能较好地降低地震反射波之间的干涉作用，更加有利于地震波形的分析。根据目的层在层序地层格架的不同位置，结合已知井资料，分析地层可能的岩性接触关系，建立正演模型，正确理解砂体波形响应特征。通过大量的模型正演研究，分析了不同深水储层类型的叠前、叠后地震反射波形特征。结合近年来深水区的十多口已钻井，以及储层预测方面的研究对正演结果进行修正，逐渐理清了深水区各种储层的叠前、叠后地震反射波形特征。白云凹陷深水区的勘探层位，优质砂岩储层表现为明显的低阻抗特征，由于深水区砂岩分布有限，相互干扰少，特别是顶部的第一层砂岩，客观上有利于利用波形对砂体的判断。

5. 深水沉积砂岩储层地震属性识别技术

地震属性是由叠前或叠后地震数据，经过数学变换而得到的有关地震波的几何学、运动学、动力学或统计学特征。三维地震的成功带来了地震属性的普遍应用。白云凹陷深水区的勘探实践证明，振幅异常等地震属性与含气性和岩性有着比较复杂的关系，依赖叠后的波阻抗反演判断储层质量和含气程度存在着较严重的多解性。以深水区十多口已钻井的测井曲线为主，结合岩心实验室测试分析，进行了系统的岩石物理研究，逐渐找到了深水区对岩性、物性、含气性敏感的属性或属性组合。在白云凹陷深水区，从浅层一直到珠海组或恩平组，砂岩的密度都低于泥岩，密度是该区岩性敏感属性，运用密度反演技术可以进行较为精细的储层预测。而含气砂岩的纵横波速度比明显低于泥岩，纵横波速度比是该区含气性的敏感属性，可以运用叠前反演技术得到纵横波速度比对气层进行检测。从岩石物理特性研究出发，充分利用全波列测井资料，系统地研究各种岩性及含气性条件下地震反射结构及地球物理属性的变化，找到最能识别储层和含气性的地球物理属性。

由于地层埋深的加剧，珠海组及其以下储层非常复杂，没有哪一种属性能在整个深水区对气层进行检测。而纵横波速度比与纵波阻抗交会 +AVO 异常的方法可以尽可能地对气层进行检测。所以，在深层或地质环境复杂的地区，综合运用多属性联合检测气层显得尤为重要。通过 AVO 叠前反演，得到所需要的各种属性，采用属性交会的方式对储层质量或含气性进行判断。

6. 富泥区的扇体储层识别技术

富泥或砂泥的陆架区往往远离三角洲沉积的主体，砂岩不发育，陆架坡折带特征不明显，陆坡区坡度较缓，深水沉积主要是水道—天然堤复合体，尽管这种陆架沉积物以泥为主，在突发灾变营力（如风暴海啸等）过程中会把海岸较粗的沉积物撒到正常的泥质陆架区，这些沉积物一旦被再次活动就形成重力流向陆坡区搬运，只要重力流过程能够使沉积物稀释和分异，还是能形成砂岩沉积的，这已经经过大量科研所证实，例如，现代亚马孙富泥扇，在水道和朵叶体中还是发育砂岩沉积。水道—天然堤复合体的水道底部通常具有下切的侵蚀特征，两侧的天然堤为底部无下切的弱振幅反射，表现为向水道侧加厚淤高，而远离水道侧翼表现为逐步收敛下超，如果水道内有强振幅低阻抗反射则表现为砂岩充填。因此，富泥区深水沉积的砂岩地震反射结构识别技术是下切水道 + 两侧天然堤 + 强振幅反射的水道充填。

7. 富砂区的扇体储层识别技术

富砂陆架边缘的重力流沉积意味着大量砂质碎屑如流沙一样滑移到深水区，具有相对少的泥质，一般不能形成明显形态特征的天然堤地震反射。因此，这种地区的储层识别应该推行“层序 + 扇外形 + 扇内幕结构 + 反射波形 + 地震属性识别”的系列研究：首先要明确陆架边缘，层序界面以下高水位期的沉积岩相分布特征，追踪线性的下切水道和丘形的朵叶体，寻找具有低阻抗的强振幅反射的水道或朵叶体充填物。

8. 深水沉积储层地震成像技术

三维地震成像是深水储层和圈闭性研究的必要技术，通过显示地貌形态、振幅、频率、连续性等属性与地质体的结构关系，图示深水沉积结构关系和岩相物性特征，实现了从三维体上形象地认识复杂深水沉积体系和储层分布的目的（图 2-13-15）。

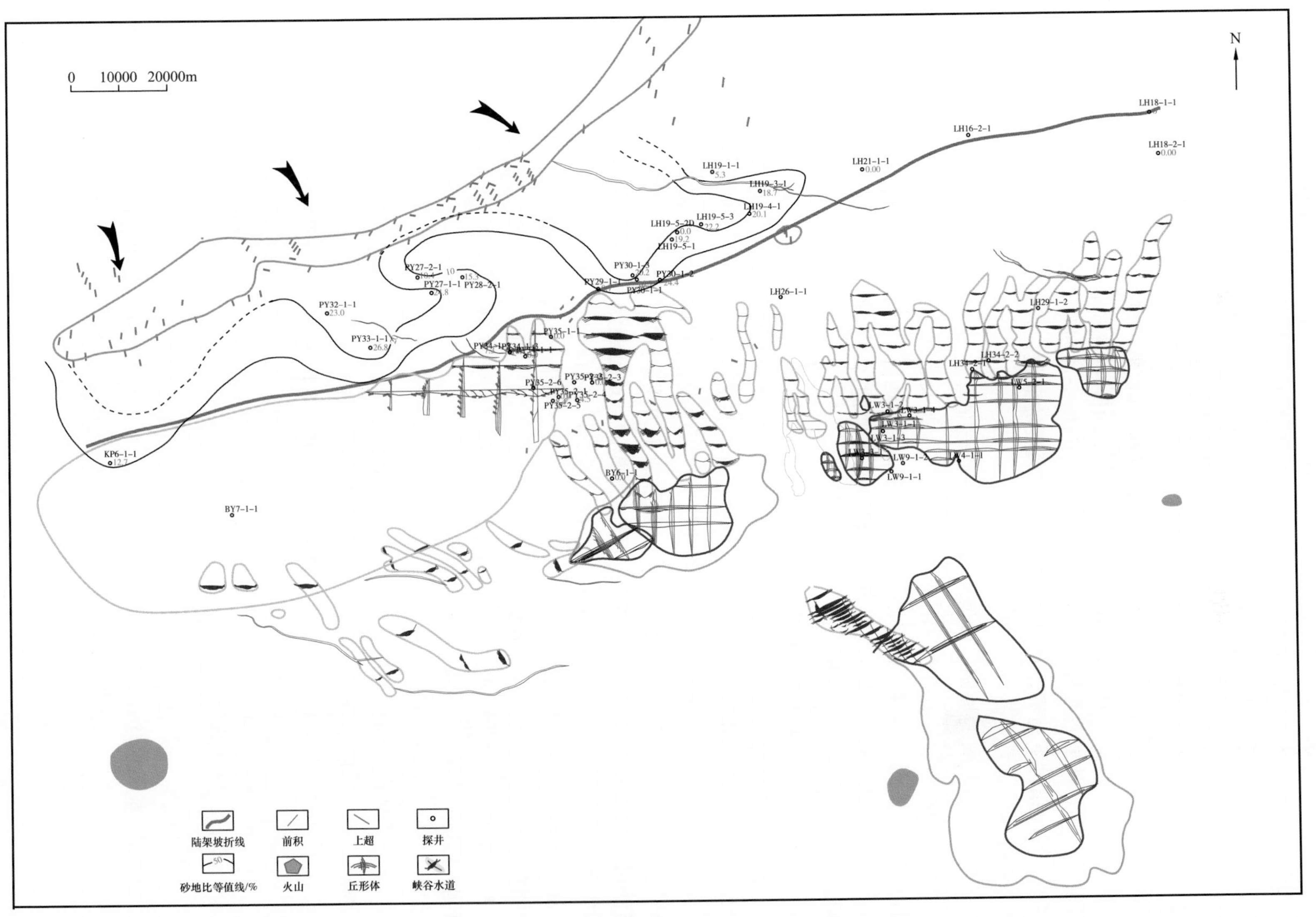

图 2-13-14 SB10.5 层序界面上、下地质体反射结构响应关系图

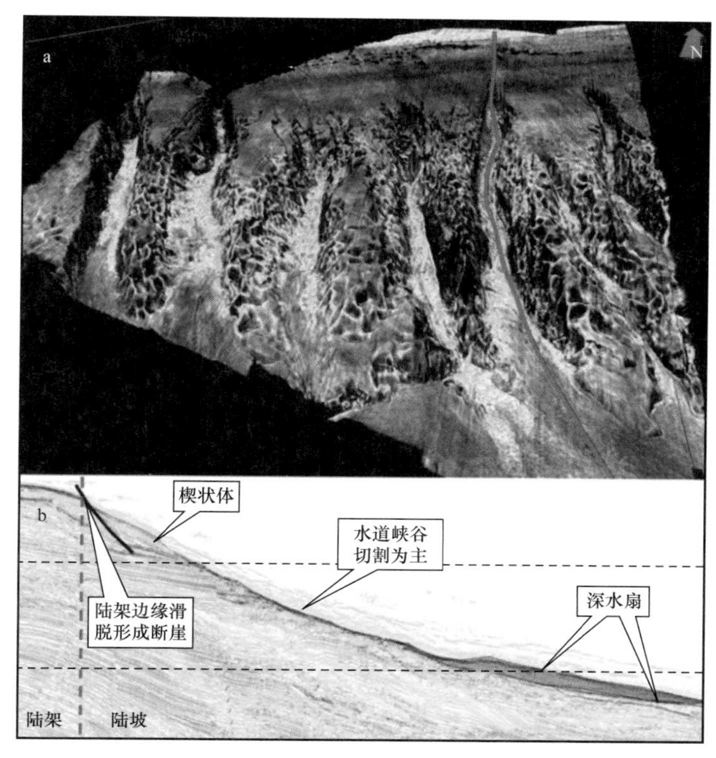

图 2-13-15　白云凹陷深水区现今地貌三维可视化与峡谷水道充填物的振幅属性叠合（a）及沿峡谷水道的走向剖面图（b）

五、断层圈闭勘探创新技术系列

断层在油气活动过程中起着重要的双重作用，它不仅可以作为油气运移的通道，而且还具有封堵油气的能力。断层圈闭能否聚集油气除了受其他多种因素影响外，另外一个主要影响因素就是断层的封堵性。近十年来，通过对珠江口盆地（东部）不同地区、不同类型断层圈闭的断层封堵机制及其影响因素的深入分析、研究和勘探实践，形成了该区针对断层圈闭评价和断层封堵分析的一系列创新技术，主要归纳为以下几个方面。

1. 精确的沉积背景分析和沉积相标定技术

断层封堵分析中，研究区整体沉积背景和沉积相的准确把握对预测垂向储盖组合非常重要，尤其是对勘探程度较低、无探井或探井很少的地区就更为重要。因此，在对古珠江三角洲不同时期的沉积体系的平面展布特征进行系统和详细研究的基础上，进而可以对研究区目的层段的沉积相和储盖组合进行相对比较精确的预测，对断层封堵分析预测可以起到比较好的帮助。

2. 运用反演技术或邻近已钻探井资料，进行精确的岩性预测

对于断层封堵分析来说，断面两侧的岩性配置关系、断移地层的砂泥比值、断层活动时所处的成岩演化阶段、断裂带充填物类型的渗透性能等都直接影响着断层封堵结果。因此，进行断层封堵分析时，断面两侧岩性剖面预测的准确与否对断层封堵预测的结果非常重要。对于珠江口盆地来说，近年来运用岩性反演技术或借用邻近已钻探井的岩性资料，对准确预测未钻断层圈闭断面两侧的岩性起了很好的作用。

3. 断裂特征及圈闭形态对断层封堵性影响分析

断裂自身的各种特征和圈闭特征都对断层的封堵性有不同程度的影响，在对断层的封堵性预测时也要考虑进去。一般来说，在其他条件相同的情况下，断面越缓，其封堵性会越好；目的盘地层与断层的产状配置关系，即是顺向还是反向断层，反向断层的封堵性要更好些；另外，目的盘地层与封堵盘地层的产状配置关系：封堵盘地层呈单斜产状时，封堵性较差，相反，如果与目的盘地层产状配合越好，则封堵效果越好；断圈的平面形态中，扁长条形且陡的断层圈闭由于断层漏点更多，其封堵性一般不如形态较好的半圆形低幅断圈；断裂活动特征也对断层的封堵性有着或多或少的影响，早期断层往往在油气运移时停止活动，对油气的聚集起着封堵作用。因此，在珠江口盆地进行断层封堵分析时，这些因素往往进行综合考虑，对断层封堵性预测结果有着比较好的作用（图 2-13-16）。

4. 区域应力场分析技术

区域应力场对断层的性质和断面的受力状况产生重要的影响。因此，区域应力场分析对断层的封堵性预测也有着比较重要的作用。一般来说，挤压能使断裂闭合，有利于封堵；但拉张能使断裂开放，促使断裂生长，不利于封堵。通过对珠江口盆地油气运移聚集高峰时期（T_{32} 时期）的古构造应力场分析，可以分析其对断裂及油气运聚的控制作用。尤其是现代构造应力场对晚期构造的油气评价有着重要的意义，断层面与区域主应力方向垂直，其封闭性好，而与主应力方向平行则封闭性差。对珠江口盆地而言，现代构造应力场主压应力方向为北西—北西西向，因此，与主压应力方向垂直的北东—北东东向断层封闭性最好。

5. 准确的岩性对接和 SSF 定量评价技术

对于珠江口盆地（东部）而言，不同凹陷或地区的垂向岩性组合差别较大。新近系的断层圈闭按照分布区域和沉积背景的不同，大体可分为两种类型：即富泥区的断层圈闭和砂泥岩互层地区的断层圈闭，它们具有不同的断层封堵机制。研究认为，针对珠江口盆地不同地区的断层侧向封堵评价，很难用一种普遍可行的方法来评价任何条件、任何地区的断层封堵情况，而是应该根据不同地区的实际岩性组合情况针对性地选用断层封堵评价方法。

（1）砂泥岩对接概率数值模拟定性评价技术主要用在珠江口盆地勘探程度低、无探井或少井区的断层封堵定性评价中。在勘探程度低，无井或少井地区，由于缺乏垂向可靠的岩性剖面作为断层封堵评价的依据，因此，在这些地区根据大的沉积背景分析，对断层封堵用定性评价的方式可能更为实用和有效。在众多的定性评价方法中比较适合的方法是砂泥岩对接概率数值模拟方法，即通过数值模拟计算占断层目的盘砂岩总厚度的某一百分数的砂岩被对置盘泥岩层封堵的可能性大小来预测断层封堵效果。如白云凹陷深水区的勘探早期，该区没有一口探井，因此很难做出准确的岩性预测。根据该区新近系总体沉积背景中含泥极多的情况，应用数值模拟方法对该区主要勘探目的层的断层侧向封堵进行定性模拟，该方法在白云 16-1 构造的断层封堵定性评价中取得比较好的应用效果。

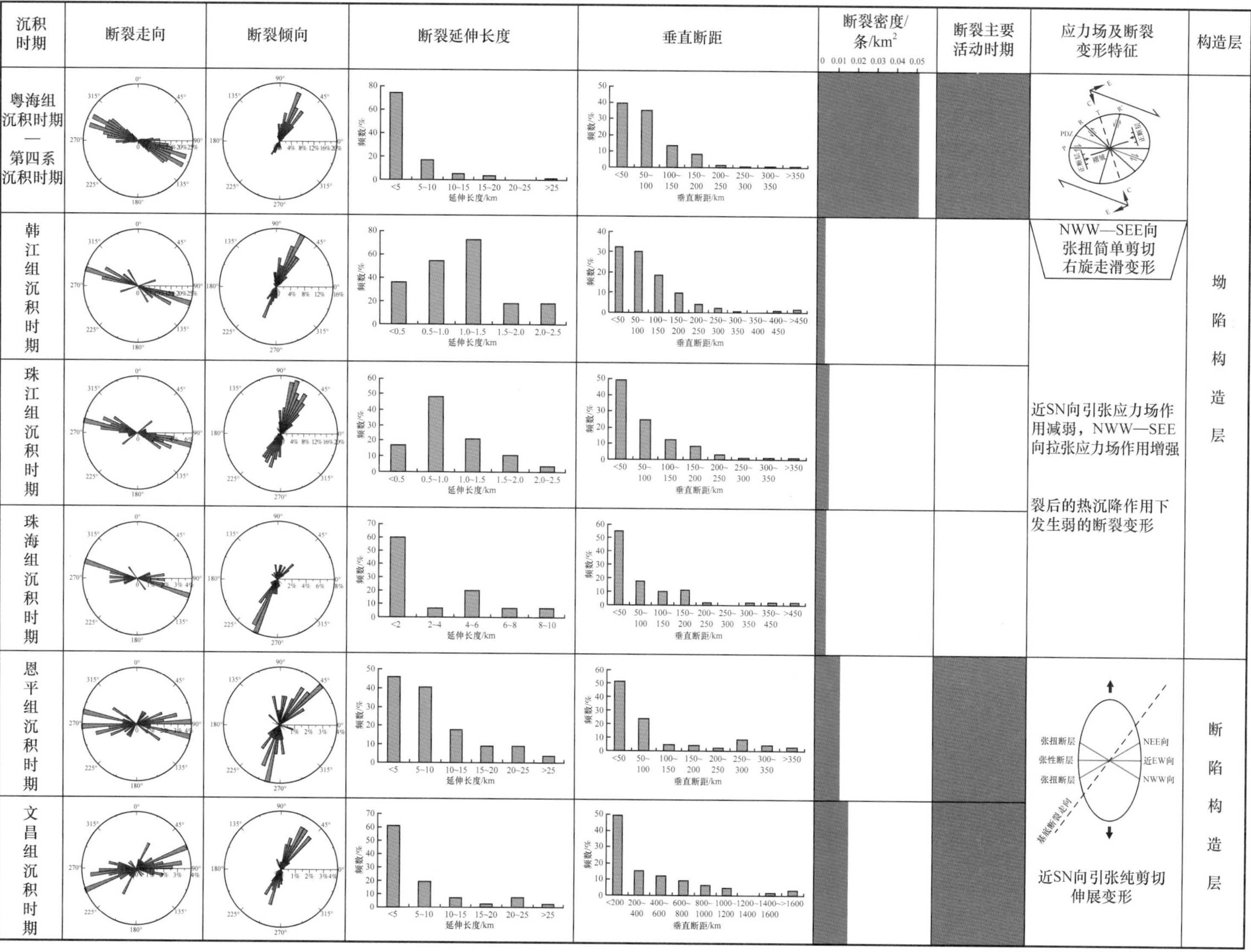

图 2-13-16　断裂特征对断层封堵影响性分析

（2）富泥区岩性对接封堵定量评价技术是储层与渗透性相对较差的围岩通过断层发生并置，由于渗透性的差异阻止油气运移，例如断层面砂—泥岩对接或是砂岩与胶结单元对接。断层依靠岩性对接封闭其侧向封闭能力是很强的，也是所发现的断层圈闭主要的断层侧向封闭类型之一。在珠江口盆地（东部）探井较多的富泥区，这种以砂泥岩对接封堵方式的评价和预测方法得到了相当好的运用，可以有效预测断层侧向封闭的平面范围和垂向幅度。岩性对接封堵评价方法比较常用的是编制 Allan 图（即断面岩性并置图）。通过绘制 Allan 图，可以清楚地知道断层两侧的岩性并置关系，如果目的盘（砂岩）储层与另一盘泥岩层对接，断层侧向封闭；相反，如果目的盘（砂岩）储层与对盘砂岩对接，断层侧向开启。

在番禺—流花天然气区、白云凹陷深水区及陆丰凹陷等新近系富泥区，已有相当多的探井，主要目的层以上有厚达上千米的陆架泥岩覆盖。对于这些地区的断层圈闭，虽然目的层砂岩大多被断层错断，但目的盘的砂岩与对接盘的泥岩可以实现良好的对接，从而得以实现有效封堵。应用这种评价方法在以上地区近年的勘探实践中得到了较好的应用并取得了很好的勘探效果，如番禺—流花地区的流花 16-2 油田以及番禺 30-1、番禺 34-1、番禺 35-2 等气田，白云凹陷深水地区的荔湾 3-1、番禺 29-1 气田等，陆丰凹陷的陆丰 7-2 油田等都是靠这种断层封堵方式遮挡油气而聚集成藏。总之，这种富泥区断层圈闭通过目的盘砂岩与另一盘巨厚泥岩以岩性对接实现封堵的方式具有极强的断层封堵能力，对油气的聚集成藏非常有利。

（3）砂泥岩互层地区断层岩封堵定量评价技术是指断层在形成和演化过程中，在断裂带内形成渗透性较差的断裂带充填物而阻止油气侧向运移。断层岩封闭一般包括 3 种情况：泥岩涂抹封闭、碎裂岩封闭、层状硅酸盐—框架断层岩封闭。比较容易操作也是最常用的一种断层岩封堵就是评价和考虑断面的泥岩涂抹作用。

在珠江口盆地（东部），这种方法主要针对古珠江三角洲平原或三角洲前缘部位砂泥岩互层地区，如珠一坳陷的番禺 4 洼和惠州凹陷等地区的断层岩封闭类型，利用这种方法进行评价取得了较好的效果。

番禺 4 洼的新近系是一套砂泥岩互层的地层组合，由于砂岩和泥岩在垂向上频繁交互，因此较难形成砂岩和泥岩的对接封堵，即使存在砂泥岩对接，封堵的面积和幅度也往往很小。但实钻结果和研究均表明，在番禺 4 洼地区，断层对油气的成藏起了明显的遮挡作用，其中断层岩的泥岩涂抹在其中起了非常关键的作用。如番禺 4-2 油田的 34 个主要油藏中，断圈油藏有 17 个，占全部油藏的一半。如果仅靠岩性对接，这些断圈油藏则几乎全部不能实现封堵而聚集油气。但实际上这些断圈油藏中断层封堵的油柱高度都在 10～25m 之间，而且面积较大，说明泥岩涂抹在这些断圈油藏的封堵中起了重要的作用。这也为该区研究和预测其他断层圈闭的封堵性提供了较好的借鉴。

在珠江口盆地东部，近年来应用效果较好的是泥岩涂抹指数 SSF 来定量评价砂泥岩互层地区的断层封堵情况，该方法在番禺 4 洼和惠州凹陷新近系断层封堵分析评价中取得了较好的应用效果。如前所述，在番禺 4 洼地区，番禺 4-2 油田与番禺 5-1 油田中有相当数量的断圈油藏靠泥岩涂抹方式实现封堵。根据这些断层遮挡油藏实际封堵的油柱高度，用该区常用的断层封堵定量评价系统，可以推出断层在某个油藏的封堵能力和相应的 SSF 值的大小。然后在对未钻断层圈闭进行封堵能力评价时，可以用推导出的相同层段或相似砂泥岩组合背景下的 SSF 数值作类比，进行定量预测未钻断层圈闭的封堵能力和封堵范围。这种采用“从已知推未知”的方法，可以较好地研究和预测砂泥岩互层地区断层圈闭的侧向封堵性。

近年在番禺 4 洼地区连续取得的断层圈闭的商业发现如番禺 10–2、番禺 10–8、番禺 10–4、番禺 11–5，惠州地区的惠州 25–4 油田等，均属于典型的靠泥岩涂抹起主要作用的断层岩遮挡成藏。断层圈闭的成藏是多种因素综合作用的结果，如果排除油气运移等其他因素，大部分断层圈闭的实钻封堵效果与钻前预测基本一致。总之，过去十年来，珠江口盆地针对断层圈闭的研究和勘探推动了一系列适合该区的创新技术的形成。反过来，这些创新技术也将对该区下一步断层圈闭的进一步勘探起着较好的指导作用。

六、勘探成熟区老含油构造的精细评价技术

20 世纪 80 年代开始的合作勘探，围绕富烃凹陷钻探了大批逆牵引背斜和披覆背斜构造，发现了惠州、西江、流花等大中型油田。合作勘探时期是南海东部海域油气储量发现的第一次高潮期，同时期还发现了大量的含油构造，但由于规模有限、油品复杂、难以商业开发等原因，这些含油构造被外方放弃。当自营勘探逐步成为南海东部海域主要勘探模式之后，该类老含油构造由于大多位于勘探成熟区生产设施周边，开发门槛低，因此被自营勘探所关注。通过新技术、新方法的应用，一批老含油构造获得新生，联合开发后迅速建成产能，成为商业性油气田。成熟区老含油构造精细评价成为南海东部海域增储上产的重要手段，陆丰 15–1 油藏就是其中典型案例之一，储层精细描述和测试工艺优化是该油藏评价取得突破的关键。

陆丰 15–1 构造位于珠江口盆地北部坳陷带东段，为基底古隆起背景上继承性发育的断背斜构造。合作勘探阶段，外国石油公司在陆丰 15–1 构造顶部钻探了 LF15–1–1 井，钻遇中新统石灰岩油层 15.2m 以及砂岩油层 8.5m，测试未能获得工业油流，且认为规模有限而放弃。在随后的 20 余年时间里，多轮对外合作、多家外国石油公司先后对该构造进行过评价均未获成功。其主要原因：一是储层物性差，储层大部分为礁滩灰岩，非均质性强，油水边界认识不清，储量可信度低；二是原油物性差，凝固点高，地面条件下为 34.4℃，含蜡量 28.5%，测试产能低。针对上述问题，自营勘探开展了礁滩灰岩储层精细描述和测试工艺方法研究，有效指导了陆丰 15–1 老含油构造的评价工作。

1. 生物礁滩灰岩复杂岩性储层精细描述，定量刻画出有利储层发育区

通过对储层的沉积演化、分布特征及主控因素进行研究，认为陆丰 15–1 构造石灰岩储层是在滨岸相砂岩沉积的基础上，首先发育生屑骨屑滩沉积，其次发育藻屑滩沉积，随后为团块状和皮壳状藻粘结生物礁灰岩建造。根据高精度层序地层学层序界面识别方法，依据褐铁矿、强烈溶蚀、渗流粉砂等暴露标志，对陆丰 15–1 构造礁滩灰岩储层在纵向上识别出 3 个准层序级别的层序界面。在准层序界面控制下，对石灰岩段进行了测井约束三维地震反演，分析了礁灰岩油藏与滩灰岩油藏的空间分布、厚度及石灰岩储层物性的横向变化规律，预探井（LF15–1–1 井）钻在披覆背斜构造的顶部，但有利储层发育区位于构造北翼，油藏类型为构造背景上的生物礁滩岩性油藏。据上述分析结果钻探了评价井（LF15–1–2 井），结果揭示，虽然评价井构造位置比预探井低，但由于储层更发育，油层厚度（27.5m）远比预探井油层厚度（15.2m）大，与钻前储层预测结果基本吻合。

2. 测试工艺优化，突破了工业产能关

针对陆丰15–1构造原油物性差、凝固点高的特点，测试方案采用自主研发并经过升级改造后的“半潜式钻井平台螺杆泵测试井口补偿配套系统”，对主力油层段进行DST测试，获得日产油约127.3m^3的高产工业油流，初步评估探明石油地质储量超过$2000 \times 10^4 m^3$。测试工艺的优化使低品位的陆丰15–1复杂油藏成为一个储量丰度虽低但产能高的中型油田［油藏稳定产量大于50m^3/（km·d）］，初步评价联合开发具有经济性。由此可见，成熟区老含油构造的精细评价是增储上产的重要手段之一。经过自营勘探实践，已使西江23–1、陆丰13–2、流花4–1、恩平18–1等多个老含油构造获得新生，其中西江23–1、陆丰13–2、流花4–1等油田已成功投入开发。

七、复杂张扭应力背景断块构造描述技术

珠江口盆地西部断裂体系受控于构造应力场呈现出明显的顺时针旋转的特点，在控坳/凹边界断裂带处表现得尤为突出。大角度构造应力场旋转导致盆地呈现出复杂断块构造格局，断层多，多数断块面积小，构造面貌极为破碎，控油气断层封闭开启性变化大，油气水分布复杂。而断块构造圈闭条件又是文昌富烃凹陷成藏主控因素，针对这一实际地质条件，经过两年在区带评价、井位、随钻研究中实践，提出了“大角度构造应力场旋转复杂断块”构造解释技术。在文昌A凹北部阳江区块二维地震资料整体评价、文昌5和文昌6区整体评价及文昌11区整体评价与井位建议时，都是一次性通过井位技术、风险预审；在文昌11–2构造钻探随钻地层卡层时，预测与实际分层都只有20m左右的误差，为现场钻探决策提供了优质的技术支持。

技术总体思路：以构造应力背景确定断裂系统；先解释大断层控制的构造格局与整体形态，再解释断块内的细微构造。

包括以下4套方法及配套技术体系：

（1）地震资料分析与选用方法：二维地震资料区，尽可能以一个年度资料为主，其他年度地震资料对比参考，以提高地震解释可靠性；三维地震资料区按勘探规范。

（2）井震层位标定方法：测井资料分析，必要时需做环境校正和归一化处理。制作合成地震记录进行层位标定时，若目的层多，深、浅都要兼顾时，可根据目的层分布情况在井旁道分多个时窗提取时变子波来制作合成地震记录，并与地层划分数据比较，互相验证，使测井电性、地震波组与地层岩性组合、沉积韵律等地质含义相统一，地震层位具有明确的地质、地球物理内涵，井震标定准确可靠。

（3）“断裂层次展布”方法：在构造应力背景下首先解释大断层控制的构造格局和整体形态。若从时间切片或方差体切片上看到主、联线与断层都有锐夹角时，以垂直断层方向线来落实断层走向；再到大断层间或断块内的次级正向、反向调节控制下的细微构造，按照“剖面确定倾向、多窗口确定走向、断块地震反射对比确定相同断层、断距侧向变化确定消失点”的解释原则，这是“大角度构造应力场旋转复杂断块”构造解释技术的核心方法步骤。

（4）辅助构造解释方法：复杂构造形态Geoviz立体显示技术、复杂断裂“Allen断面”查两盘解释技术、地震特殊处理（如三瞬、Cosin等）突出地层接触特征等辅助构造解释方法体系。

第三节　海域油气勘探经验与启示

一、勘探思路引领是储量发现前提

俗话说“石油存在于地质家的脑子里”“储量增长是认识的积累”，只要认识上有新的突破，如在新区、新层系、新类型有新的发现和突破，储量就会有新增长，储量的增长决定我们的信心和智慧。勘探工作的每一次突破往往都伴随着对已有认识的质疑、否定和创新的艰难探索过程，而因循守旧、思想僵化往往会使我们的工作陷入困境。坚持做好基础工作，加强综合研究，解放思想、转变思路、提升认识，技术和理论创新终将推动油气勘探取得新的突破。

珠江口盆地的油气勘探历程中存在着许多新认识推动勘探突破的例子。比如长期以来断层圈闭勘探阻力重重，后来通过提出泥岩对接 + 涂抹封堵理论，促进了断层圈闭的评价，断层圈闭首先在惠州 25-4 获得勘探突破，接着在番禺—流花天然气区、番禺 4 油区和恩平油区获得勘探突破。番禺—流花天然气区，通过重新精细解释三维地震资料编制构造图，原来二维地震条件下的较长断层被重新解释为雁行式反向断裂体系，构造高点认识更准，沉积相分析认为 T_{50} 储层之上地层泥岩增多，对断层侧向封堵有利，新的认识指导了该区勘探实践，在这批反向断裂带上发现了番禺 30-1、流花 19-5、流花 34-2、番禺 35-2 等一大批断背斜天然气藏，形成千亿立方米大气区。恩平凹陷地区，通过研究认为具有与其他低角度断陷不同的形成条件和烃源岩发育背景，具备成为富烃凹陷的基本地质条件，然后按照“分带差异富集”聚油规律和“晚期多层同注”控藏机理的新认识，将勘探方向从外国石油公司钻探失败的恩平 17 斜坡构造带转向南部恩平 18 断裂背斜构造带，部署了近 10 口探井，全部钻遇油层，发现并评价商业性油田 5 个，探明恩平 24-2、恩平 18-1、恩平 23-1 等油田，并首次在浅层“新层系”获得商业发现（恩平 18-1）。地层岩性圈闭一直是勘探重点领域，通过不断解放思想，转变勘探思路，形成具有南海东部海域特色的研究方法，发现在不同地区形成不同类型的地层岩性圈闭。如在惠州西缘凸起区发育三角洲（朵叶体）向海方向上倾尖灭和滩、坝条带砂低位扇，在白云凹陷北坡发育陆架边缘三角洲和富砂型浊积水道复合体，在凹陷四周上倾斜坡发育地层上倾超覆体，在凹陷中部发育低位扇，凹陷南部发育水道远端深水扇朵叶体，新的认识带动了惠州 25-8、番禺 35-2、流花 29-1、荔湾 3-1 等一批地层岩性圈闭勘探发现。

依据理论研究和不同勘探认识，转变勘探思路能够促进油气勘探取得突破。如古近系勘探一直是南海（东部）人的梦想，早期勘探遇到许多挫折，通过近十年不断转变勘探思路，在复式油气藏理念和差异勘探思路的指导下，发现了惠州 25-4、惠州 25-7、陆丰 13-1、陆丰 14-4 和西江 33-1 等油气藏。为了推动深水区的勘探步伐和进程，及时提出了“立足浅水、加快深水”的勘探战略和思路，勘探逐步引向白云凹陷中心的南部深水区。在 2006 年钻探 LW3-1-1 井（水深 1345m），打响了深水勘探第一炮，逐步在珠二坳陷与白云凹陷及其周缘深水区投入了大量钻探工作量，与浅水区齐肩并进，深水勘探也取得重大发现，发现两个大型气田荔湾 3-1、流花 29-1 及一批小型气田荔湾

4-1、荔湾 9-1、流花 34-2，一个大型天然气生产区展现在我们面前。随着白云凹陷北坡天然气发现，深圳分公司及时提出“油争高产上千万，气上规模百亿方”的战略目标，在历年的勘探部署中，“油气并举”也成为深圳分公司重要的勘探思路。随着勘探投入增加，勘探也取得一系列重大突破，实现了深圳分公司油气勘探开发的良性循环和可持续发展。值得强调的是，“十二五”期间，随着 2014 年下半年国际油价下跌，在严峻形势下，以“寻找大中型油气田为主线，走复式油气藏勘探之路”到“向油倾斜，中浅层系为主，滚动勘探与勘探开发一体”的勘探思路转变，保证了不同内外部形势下的勘探成效，思路的转变也带动了流花 20-2、流花 21-2、恩平 15-1、西江 30-1 等一系列中浅层油田的发现（何敏，2015）。

二、寻找可供开发的有效经济储量是油气勘探的根本任务

把油气风险勘探作为商业经营活动，力求优质高效，用有限的勘探资金投入，获得更多具有商业价值的油气储量，坚持效益第一的原则，这是海洋油气勘探最重要的经验。海上油气勘探的每一项投入都要根据在不同勘探阶段、不同海域（海况条件）、不同油气开发方式（独立开发、联合开发、接替开发）的情况下，能否产生经济效益，或者能否指导勘探新领域、新方向、新目标的发现，进行可行性研究和地质、工程、经济评价。按照中国海洋石油集团有限公司规定，凡是预探目标，预测油气储量达不到开发经济门槛的，不能钻预探井；凡是预探所发现的含油气构造，预测油气储量投入开发后，达不到经济门槛的，不再钻评价井进一步评价；凡是不能盈利的，或内部收益率 IRR 低于投资经济门槛值的油气田不准投入开发；凡石油开发成本（包括油田开发的操作费、管理及维护费用等）高于国际油价的油气田，则要停止开发；尤其油田开发的经济性不是一成不变，而是随着市场，尤其是价格的变化、技术发展和成本降低而有所变化。

为了提高油气勘探效益，总体要坚持科学的决策流程，搞好油气资源的预测评价工作，包括以预探井选择为目标的油气资源评价、以评价井选择为目标的早期油藏工程评价和以开发方案为目标的油藏工程评价。根据经济评价选择油气勘探方向和目标，就是在沉积盆地富生烃凹陷中及其周围找寻可以独立开发的高产富集大型油气田，在已开发油气田的开发设施周围的富集含油气区块，可以联合开发的中小型油气田群。制定集国内外勘探经验为一体的海洋油气勘探规范，控制勘探成本，提高勘探效益，强调了勘探开发一体化的效益观念，即从最终开发效益考虑预探井的目标选择；强调地质、物探、测井等多学科相互渗透的评价方法；强调地质、钻井工程及经济评价后的探井目标管理；强调探井优选和技术预审，逐级审批，责任到人的管理方法。

近年来由于油价下跌和市场情况，深圳分公司在勘探实践中坚持“油气并举、向油倾斜、优化组合、价值勘探”的勘探部署理念，也强调价值勘探核心内容包括目标经济评价、风险与投资组合、勘探开发一体化、动态优化决策和现场作业、规模和价值的平衡，取得了很好的成效（米立军等，2016）。

三、准确选择富生烃凹陷是油气勘探的首要战略任务

珠江口盆地油气资源在空间上的分布具有鲜明的不均匀性和选择性，主要表现为油

气成群成带集中分布在几个二级构造带上，受几个次洼明显控制，而在某些区带上非常贫瘠。研究认为，富生烃半地堑是珠江口盆地油气汇聚的先决条件，因半地堑内烃源岩的品质和规模的差异，导致了油气资源分布贫富不均。因此在油气勘探实践中，寻找富烃凹陷、富烃半地堑和富烃洼陷是首要任务，然后再评价二级构造带及其勘探目标。整体上，需要从凹陷—半地堑—洼陷对烃源体类型、规模、产状等方面进行逐级定量精细刻画，最终落实到烃源岩发育时生烃洼陷的残留面积、残留厚度及沉积微相，利用烃源单元的生烃强度或生烃量综合反映烃源单元的资源潜力。不断对凹陷进行比较性评价，在勘探实践中认识并选准富生烃凹陷。确认富生烃凹陷后，反复认识、坚持勘探就一定能找到油气田，坚信富生烃凹陷中一定能找到与烃源岩相匹配的油气田；一个富生烃凹陷所构成的油气系统内，油气田一定是成群成带的出现，绝不会只有单个油气田；在富生烃凹陷找油，进行勘探目标评价主要是寻找圈闭，没有圈闭就没有评价的起码条件和对象。

在油气“分带差异富集”思想的指导下，开展地质要素的研究和评价，可以采用“源—汇—聚”评价体系来快速寻找到有利勘探目标，显著提高勘探成功率。烃源单元评价可明确不同地区烃源岩的宏观分布及资源量大小，运汇单元评价可了解油气运移的主要方向及汇聚强度，聚集单元（有利的二级构造带及其圈闭）评价有助于确定勘探方向和优选上钻目标，从而实现高效勘探。应用实践表明，结合烃源单元、运汇单元的研究成果，系统深入开展二级构造带样式、圈闭类型和其他诸如储盖组合、油气保存条件等成藏要素的综合分析，完成有利二级构造带和目标两级评价，围绕富含油的二级构造带展开勘探，可收到事半功倍的效果。

四、新领域勘探取得突破是发现大储量的关键

“十二五”期间，珠江口盆地油气勘探主动出击新领域，在地层岩性和古近系勘探中都取得重大突破。如地层岩性圈闭勘探在惠西南复式成藏区稳步推进，勘探开发一体化，探索油田周边地层岩性圈闭，发现了惠州 26–8、惠州 21–1W 和惠州 33–1 等油田，潜力大。古近系勘探在陆丰 13–14 构造带和惠州 25、惠州 21 构造带、西江主洼取得勘探发现。如惠州 25–7 古近系预测地质储量 $4469.64\times10^4m^3$，惠州 21–1 老油田拓展新层系，发现古近系地质储量 $990.08\times10^4m^3$，陆丰凹陷古近系陆丰 8–1 油田预测地质储量 $524.5\times10^4m^3$，陆丰 14–4 油田预测地质储量 $3568.57\times10^4m^3$，西江主洼古近系西江 33–1 油田预测地质储量 $880\times10^4m^3$，这些都揭示了珠江口盆地古近系具有巨大勘探潜力。

五、老含油构造再认识和油区周边滚动精细勘探是储量增长重要手段

成熟区老含油构造精细评价成为南海东部海域增储上产的重要和最经济有效的手段，通过老资料复查，采用新思路、新技术，老含油构造评价促进沉睡多年含油构造获得新生，如恩平 18–1、陆丰 15–1，新增原油三级储量 $3631\times10^4m^3$。早期西方石油公司钻探陆丰 15–1 后，储层认识不清，储量规模分歧大，认为没有商业性；自营勘探开展了礁滩灰岩储层精细描述和测试工艺方法研究，有效指导了陆丰 15–1 老含油构造的评价工作。

另外通过积极开展滚动勘探，在恩平凹陷南部隆起、番禺4洼、惠州西、番禺流花天然气取得新的勘探发现。恩平24-2油田的发现，降低了恩平地区油气勘探的商业开发门槛，促使恩平23-1油田和恩平23-2油田可以进入开发。番禺4洼滚动勘探取得番禺10-4油田和番禺11-4油田的发现。惠州西依托现有海上生产设施降低了周边油气发现的开发商业门槛。浅水天然气勘探也获番禺35-1C气田和番禺36-2气田新发现。

六、开辟新区是谋求储量新增长点的根本保障

“十二五”期间分别在恩平凹陷、白云东洼、白云西洼、西江主洼、开平凹陷取得新区勘探突破，开辟了新的勘探领域。如白云东区深水原油发现流花16-2、流花20-2、流花21-2油田；白云东区深水天然气区获得流花28-2中型气田发现；开平11-1新区的油气发现揭示开平凹陷良好的油气资源条件；番禺25-2发现油气聚集，预示白云西洼有一定的资源条件。

珠江口盆地仍由许多地区的勘探程度较低，新区拓展大有可为。珠江口盆地（东部）珠一坳陷西江北、惠南、惠北和陆丰北等半地堑，珠二坳陷开平凹陷、白云凹陷西部、荔湾凹陷，珠四坳陷等多个区域，虽然尚没有商业油气发现，但其生烃潜力已被钻井证实。加强对这些凹陷的结构样式、沉积充填和成藏条件等综合研究，评价这些凹（洼）陷的资源潜力，寻找油气优势运移指向上的有利二级构造带，选择有利目标实施钻探，有望使这些生烃凹陷变成富生烃凹陷，成为珠江口盆地油气勘探的接替战场。珠江口盆地（东部）勘探程度不均衡，有些区域探井极少，尚未见任何油气显示。有些探区至今未有钻井，油气地质条件不清，如恩平北半地堑、以韩江三角洲为物源的韩江凹陷、以中生代沉积为主的潮汕坳陷、中央隆起带和北部隆起带上发育的一批残留洼陷（如番禺27洼、番禺24洼、惠州35洼等）及南部超深水区，优选有一定勘探潜力的凹陷适时推进探井上钻，找出潜在的（富）生烃凹（洼）陷，是下一步需要积极推动的一项重要工作。重视实践，勇于探索，不断开拓勘探新领域。

七、坚持以寻找大中型油气田为主要勘探方向

大中型油气田的发现是储量上台阶和持续高产稳产的关键。能不能发现大中型油气田，决定于我们的信心和智慧。信心来源于对地下资源的正确评价，智慧来源于对地下规律的掌握。珠江口盆地有4套成油体系，即中生代海相成油体系、古近系半地堑成油体系、新近系三角洲陆架成油体系和深水低位扇成油体系。每套成油体系都有2～5个油藏系列，丰富多彩，蕴藏着丰富的资源。但是受勘探程度和勘探实践的局限，只侧重对三角洲、陆架体系进行勘探，深水地区也才刚刚起步，古近系钻井少，中生代钻井更少。20多种圈闭类型，只在4～5种类型中发现油气藏，而且以构造圈闭为主，其他类型有待发现。储量在地区、层位和类型分布的差异正反映其潜力之所在。惠州凹陷与陆地胜利油田东营凹陷资源量相近，但勘探程度及储量发现相差很大。这些都说明珠江口盆地仍存在着较大的勘探潜力，我们应该充满信心，只要方向正确，紧紧抓住大中型油气田发现这个中心，储量就会有大的增长。珠江口盆地既要保持稳产又能不断上台阶，近几年必须在认识上有新的突破，才能有大中型油气田的发现。

参考文献

安慧婷，李三忠，索艳慧，等，2012. 南海西部新生代控盆断裂及盆地群成因［J］. 海洋地质与第四纪地质，32（6）：95-111.

蔡乾忠，1998.“残留特提斯”的猜想从中国近海域发现海相中生界—古新统谈起［J］. 中国地质，25（1）：39-41.

蔡周荣，刘维亮，万志峰，等，2010. 南海北部新生代构造运动厘定及与油气成藏关系探讨［J］. 海洋通报，29（2）：161-165.

柴育成，周祖翼，2003. 科学大洋钻探：成就与展望［J］. 地球科学进展（5）：666-672.

常兴浩，张枝焕，李艳霞，等，2005. 黄骅坳陷三马地区中深层储层孔隙发育及主控因素分析［J］. 地球学报（1）：75-82.

陈长民，施和生，许仕策，等，2003. 珠江口盆地（东部）第三系油气藏形成条件［M］. 北京：科学出版社：51-55.

陈汉宗，吴湘杰，周蒂，等，2005. 珠江口盆地中新生代主要断裂特征和动力背景分析［J］. 热带海洋学报，24（2）：52-61.

陈建平，赵长毅，何忠华，1997. 煤系有机质生烃潜力评价标准探讨［J］. 石油勘探与开发，24（1）：1-5.

程克明，王铁冠，钟宁宁，等，1995. 烃源岩地球化学［M］. 北京：科学出版社.

程世秀，李三忠，索艳慧，等，2012. 南海北部新生代盆地群构造特征及其成因［J］. 海洋地质与第四纪地质，32（6）：79-83

代一丁，庞雄，1999. 珠江口盆地珠二坳陷石油地质特征［J］. 中国海上油气（地质），13（3）：27-31.

戴金星，1992. 各类烷烃气的鉴别［J］. 中国科学（B 辑）（2）：185-193.

戴金星，1995. 中国含油气盆地的无机成因气及其气藏［J］. 天然气工业（3）：22-27+106.

戴金星，李先奇，宋岩，等，1995. 中亚煤成气聚集域东部煤成气的地球化学特征——中亚煤成气聚集域研究之二［J］. 石油勘探与开发，22（4）：1-5.

戴金星，宋岩，洪峰，等，1994. 中国东部无机成因的二氧化碳气藏及其特征［J］. 中国海上油气（地质）（4）：3-10.

戴金星，宋岩，张厚福，1996. 中国大中型气田形成的主要控制因素［J］. 中国科学（D 辑），26（6）：481-487.

戴金星，卫延召，赵靖舟，2003. 晚期成藏对大气田形成的重大作用［J］. 中国地质，30（1）：10-19.

邓运华，2009. 试论中国近海两个坳陷带油气地质差异性［J］. 石油学报，30（1）：2-8.

邓运华，2012. 试论中国近海两个盆地带找油与找气地质理论及方法的差异性［J］. 中国海上油气，24（6）：1-5+11.

邓运华，张功成，刘春成，等，2012. 中国近海两个油气带地质理论与勘探实践［M］. 北京：石油工业出版社.

丁巍伟，程晓敢，陈汉林，等，2005. 台湾岛增生楔的构造单元划分及其变形特征［J］. 热带海洋学报，24（5）：53-59.

丁巍伟，王渝明，陈汉林，等，2004. 台西南盆地构造特征与演化［J］. 浙江大学学报（理学版），31（2）：216-220.

董月霞，杨赏，陈蕾，等，2014. 渤海湾盆地辫状河三角洲沉积与深部储集层特征——以南堡凹陷南部古近系沙一段为例［J］. 石油勘探与开发，41（4）：385-392.
杜家元，施和生，丁琳，等，2014. 珠江口盆地（东部）地层岩性油气藏勘探有利区域分析［J］. 中国海上油气，26（3）：30-55.
方念乔，刘豪，李琦，等，2013. 南海新生代碳酸盐沉积与区域构造演化［J］. 地学前缘，20（5）：227-234.
冯晓杰，蔡东升，王春修，等，2003. 东海陆架盆地中新生代构造演化特征［J］. 中国海上油气（地质），17（1）：33-37.
付广，吕延防，于丹，2005. 中国大中型气田天然气聚集效率及其主控因素［J］. 石油与天然气地质，26（6）：754-759.
傅宁，邓运华，张功成，等，2010. 南海北部叠合断陷盆地海陆过渡相烃源岩及成藏贡献——以珠二坳陷白云凹陷为例［J］. 石油学报，31（4）：559-565.
傅宁，米立军，张功成，2007. 珠江口盆地白云凹陷烃源岩及北部油气成因［J］. 石油学报，28（3）：32-38.
高红芳，2011. 南海西缘断裂带走滑特征及其形成机理初步研究［J］. 中国地质，38（3）：537-543.
葛建党，等，2000. 南海海相中生界油气勘探前景分析［R］. 北京：中海石油研究中心勘探院：4-7.
龚再升，1997. 中国近海大油气田［M］. 北京：石油工业出版社：1-5.
龚再升，王国纯，1997. 中国近海油气资源潜力新认识［J］. 中国海上油气（地质）（1）：1-12.
龚再升，杨甲明，1999. 油气成藏动力学及油气运移模型［J］. 中国海上油气（地质），13（4）：235-239.
广东地质矿产局，1988. 广东省区域地质志地质专报（一）区域地质［M］. 北京：地质出版社.
郭秋麟，石广仁，谢红兵，等，2002. Pareto 定律法和 R.J.Lee 法在区带目标资源评价中的应用［C］// 孙枢. 理论与应用地球物理进展——庆贺郭宗汾教授八十寿辰. 北京：气象出版社：105-110.
国土资源部油气资源战略研究中心，2017. 全国油气资源动态评价（2015）［M］. 北京：中国大地出版社.
韩晓影，张青林，庞雄，等，2017. 南海北部深水区靖海凹陷结构和构造演化分析［J］. 高校地质学报，23（3）：478-490.
何家雄，陈胜红，刘海龄，等，2009. 珠江口盆地白云凹陷北坡—番禺低隆起天然气成因类型及其烃源探讨［J］. 石油学报，30（1）：16-21.
何家雄，陈胜红，马文宏，等，2012. 南海东北部珠江口盆地成生演化与油气运聚成藏规律［J］. 中国地质，39（1）：106-118.
何家雄，刘海龄，姚永坚，等，2008. 南海北部边缘盆地油气地质及资源前景［M］. 北京：石油工业出版社.
何家雄，马文宏，祝有海，等，2011. 南海北部边缘盆地天然气成因类型及运聚规律与勘探新领域［J］. 海洋地质前沿，27（4）：1-10.
何家雄，张伟，卢振权，等，2016. 南海北部大陆边缘主要盆地含油气系统及油气有利勘探方向［J］. 天然气地球科学，27（6）：943-958.
何敏，黄玉平，朱俊章，等，2017. 珠江口盆地东部油气资源动态评价［J］. 中国海上油气，29（5）：1-11.
侯明才，邓敏，施和生，等，2017. 珠江口盆地早中新世碳酸盐岩生长发育、消亡的历程与受控因素

[J]. 岩石学报，33（4）：1257–1271.
胡见义，徐树宝，童晓光，1986. 渤海湾盆地复式油气聚集区（带）的形成和分布[J]. 石油勘探与开发（1）：1–8.
黄慈流，钟建强，1994. 南海东北部及其邻区新生代构造事件[J]. 热带海洋，13（1）：55–62.
黄第藩，1996. 成烃理论的发展——（Ⅱ）煤成油及其初次运移模式[J]. 地球科学进展（5）：432–438.
黄第藩，熊传武，杨俊杰等，1996. 鄂尔多斯盆地中部气田气源判识和天然气成因类型[J]. 天然气工业，16（6）：1–5+95.
黄虑生，钟碧珍，1998. 珠江口盆地中始新统文昌组钙质超微化石新知[J]. 中国海上油气（地质），12（1）：31–34.
黄正吉，段仲雄，胡桂馨，等，1994. 中国近海海域原油的成熟度特征[J]. 中国海上油气（地质），8（2）：109–114.
黄正吉，龚再升，孙玉梅，等，2011. 中国近海新生代陆相烃源岩与油气生成[M]. 北京：石油工业出版社.
黄正吉，潘和顺，张景龙，1993. 中国陆相原油长距离运移的一个实例[J]. 石油学报，14（2），52–57.
黄志发，2015. 兴宁凹陷构造样式分析[J]. 科技创新导报，12（34）：64–65.
纪沫，张功成，赵志刚，等，2014. 南海北部深水区荔湾凹陷构造演化及其石油地质意义[J]. 地质通报，33（5）：723–732.
贾承造，何登发，石昕，等，2006. 中国油气晚期成藏特征[J]. 中国科学（D辑），36（5）：412–420.
贾承造，赵政璋，杜金虎，等，2008. 中国石油重点勘探领域——地质认识、核心技术、勘探成效及勘探方向[J]. 石油勘探与开发（4）：385–396.
姜振学，庞雄奇，曾溅辉，等，2005. 油气优势运移通道的类型及其物理模拟实验研究[J]. 地学前缘（4）：507–516.
姜振学，庞雄奇，周心怀，等，2009. 油气资源评价的多参数约束改进油气田（藏）规模序列法及其应用[J]. 海相油气地质，14（3）：53–59.
焦养泉，李思田，谢习农，等，1997，多幕裂陷作用的表现形式——以珠江口盆地西部及其外围地区为例[J]. 石油实验地质，19（3）：222–227.
金庆焕，李唐根，2000. 南沙海域区域地质构造[J]. 海洋地质与第四纪地质，20（1）：1–8.
金之钧，张金川，2003. 天然气成藏的二元机理模式[J]. 石油学报（4）：13–16.
李常珍，李乃胜，林美华，2000. 菲律宾海的地势特征[J]. 海洋科学，24（6）：47–51.
李德生，1986. 渤海湾盆地复合油气田的开发前景[J]. 石油学报（1）：1–21.
李德生，1995. 中国石油地质学的理论与实践[J]. 地学前缘，2（3）：15–19.
李家彪，2005. 中国边缘海形成演化与资源效应[M]. 北京：海洋出版社：361–363.
李家彪，金翔龙，高金耀，等，2002. 南海东部海盆晚期扩张的构造地貌研究[J]. 中国科学（D辑），32（3）：240–247.
李剑，2000. 中国重点含气盆地气源特征与资源丰度[M]. 徐州：中国矿业大学出版社：95–138.
李金蓉，方银霞，2013. 南海南部U形线内油气资源分布特征及开发现状[J]. 中国海洋法学评论，12（1）：28–40.

李金有，郑丽辉，2007. 南海沉积盆地石油地质条件研究［J］. 特种油气藏，14（2）：22–26.
李平鲁，等，1993. 珠江口盆地地质特征与构造演化［R］. 广州：中国海洋石油南海东部公司 .
李三忠，索艳慧，刘鑫，等，2012. 南海的基本构造特征与成因模型：问题与进展及论争［J］. 海洋地质与第四纪地质，32（6）：35–53.
李文勇，李东旭，2006. 中国南海不同板块边缘沉积盆地构造特征［J］. 现代地质（1）：19–29.
李绪宣，钟志洪，董伟良，等，2006，琼东南盆地古近纪裂陷构造特征及其动力学机制［J］. 石油勘探与开发，33（6）：713–721.
李友川，邓运华，张功成，2012. 中国近海海域烃源岩和油气的分带性［J］. 中国海上油气，24（1）：6–12.
林鹤鸣，施和生，2014. 珠江口盆地白云—荔湾深水区油气成藏条件及勘探方向［J］. 天然气工业，34（5）：29–36.
刘宝明，金庆焕，1996. 南沙西南海域万安盆地油气地质条件及其油气分布特征［J］. 世界地质，15（4）：35–41.
刘宝明，夏斌，李绪宣，等，2006. 红河断裂带东南的延伸及其构造演化意义［J］. 中国科学（D 辑），36（10）：914–924.
刘海龄，张伯友，阎贫，等，2002. 红河—越东—万纳走滑构造带—东南亚重要的转换调节带［C］// 第四届世界华人地质科学研讨会论文摘要集：103–105.
刘建华，孙耀，2008. 南海东部新生代地震地层分析［C］// 第十届全国古地理学及沉积学学术会议论文摘要集：124–125.
刘景东，蒋有录，马国梁，2011. 断面优势运移通道的有效性及其对油气的控制作用［J］. 特种油气藏，18（3）：47–50+137.
刘再峰，詹文欢，张志强，2007. 台湾—吕宋双火山弧的构造意义［J］. 大地构造与成矿学，31（2）：146–150.
刘曾勤，王英民，施和生，等，2010. 惠州地区珠江组下部层序划分及沉积相展布特征［J］. 海洋地质动态，26（5）：8–14.
刘振湖，2005. 南海南沙海域沉积盆地与油气分布［J］. 大地构造与成矿学，29（3）：410–417.
柳保军，庞雄，颜承志，等，2011. 珠江口盆地白云深水区沉积充填演化及控制因素分析［J］. 中国海上油气，23（1）：19–25.
柳保军，庞雄，颜承志，等，2011. 珠江口盆地白云深水区渐新世—中新世陆架坡折带演化及油气勘探意义［J］. 石油学报，32（2）：234–242.
龙更生，施和生，杜家元，2006. 珠江口盆地惠州地区中新统地层岩性圈闭形成条件分析［J］. 中国海上油气（工程），18（4）：229–235.
卢双舫，李宏涛，付广，等，2003. 天然气富集的主控因素剖析［J］. 天然气工业，23（6）：7–11.
马文宏，何家雄，姚永坚，等，2008. 南海北部边缘盆地第三系沉积及主要烃源岩发育特征［J］. 天然气地球科学，19（1）：41–48.
梅廉夫，叶加仁，周江羽，等，2010. 油气勘查与评价［M］. 武汉：中国地质大学出版社 .
米立军，柳保军，何敏，等，2016. 南海北部陆缘白云深水区油气地质特征与勘探方向［J］. 中国海上油气，28（2）：10–22.
米立军，袁玉松，张功成，等，2009. 南海北部深水区地热特征及其成因［J］. 石油学报，30（1）：27–32.

米立军，张功成，傅宁，等，2006. 珠江口盆地白云凹陷北坡—番禺低隆起油气来源及成藏分析［J］. 中国海上油气，18（3）：161–169.
庞雄，2012. 深水沉积层序地层结构与控制因素——南海北部白云深水区重力流沉积层序地层学研究思路［J］. 中国海上油气，24（2）：1–8.
庞雄，陈长民，彭大钧，等，2007. 南海珠江深水扇系统的层序地层学研究［J］. 地学前缘，14（1）：220–229.
庞雄，陈长民，彭大钧，等，2007. 南海珠江深水扇系统及油气［M］. 北京：科学出版社.
庞雄，陈长民，彭大钧，等，2008. 南海北部白云深水区之基础地质［J］. 中国海上油气，20（4）：215–222.
庞雄，陈长民，邵磊，等，2007. 白云运动：南海北部渐新统—中新统重大地质事件及意义［J］. 地质论评，53（2）：145–151.
庞雄，陈长民，施和生，等，2005. 相对海平面变化与南海珠江深水扇系统的响应［J］. 地学前缘，12（3）：167–177.
庞雄，陈长民，朱明，等，2007. 深水沉积研究前缘问题［J］. 地质论评，53（1）：36–43.
庞雄，柳保军，颜承志，等，2012. 关于南海北部深水重力流沉积问题的讨论［J］. 海洋学报，34（3）：114–119.
彭大钧，庞雄，陈长民，等，2006. 南海珠江深水扇系统的形成特征与控制因素［J］. 沉积学报，24（1）：10–18.
蒲秀刚，周立宏，王文革，等，2013. 黄骅坳陷歧口凹陷斜坡区中深层碎屑岩储集层特征［J］. 石油勘探与开发，40（1）：36–48.
戚厚发，孔志平，戴金星，1992. 我国较大气田形成及富集条件分析［M］// 石宝珩. 天然气地质研究. 北京：石油工业出版社：8–14.
秦国权，1996. 微体古生物在珠江口盆地新生代晚期层序地层学研究中的运用［J］. 海洋地质与第四纪地质，16（4）：1–18.
秦国权，2002. 珠江口盆地新生代晚期层序地层划分和海平面变化［J］. 中国海上油气（地质），16（1）：1–10.
邱燕，杜文波，黄文凯，等，2020. 南海中央海盆之东部次海盆后扩张期地层特征与影响因素［J］. 海洋地质与第四纪地质，40（5）：1–14
瞿辰，周蕙兰，赵大鹏，2007. 使用纵波和横波走时层析成像研究菲律宾海板块西边缘带和南海地区的深部结构［J］. 地球物理学报，50（6）：1757–1768.
冉怀江，林畅松，代一丁，等，2013. 珠江口盆地番禺天然气区东南缘坡折带韩江组中段沉积层序与岩性地层圈闭研究［J］. 沉积学报，31（6）：1081–1087.
邵磊，尤洪庆，郝沪军，等，2007. 南海东北部中生界岩石学特征及沉积环境［J］. 地质论评，53（2）：164–169.
施和生，2013. 论油气资源不均匀分布与分带差异富集——以珠江口盆地珠一坳陷为例［J］. 中国海上油气，25（5）：1–8.
施和生，何敏，张丽丽，等，2014. 珠江口盆地（东部）油气地质特征、成藏规律及下一步勘探策略［J］. 中国海上油气，26（3）：11–22.
施和生，柳保军，颜承志，等，2010. 珠江口盆地白云—荔湾深水区油气成藏条件与勘探潜力［J］. 中国海上油气，22（6）：369–374.
施和生，秦成岗，张忠涛，等，2009. 珠江口盆地白云凹陷北坡—番禺低隆起油气复合输导体系探讨［J］. 中国海上油气，21（6）：361–366.
施和生，舒誉，杜家元，等，2016. 珠江口盆地古近系石油地质［M］. 北京：地质出版社.
施和生，朱俊章，姜正龙，等，2009. 珠江口盆地珠一坳陷油气资源再评价［J］. 中国海上油气，21（1）：9–14.
舒誉，施和生，杜家元，等，2014. 珠一坳陷古近系油气成藏特征及勘探方向［J］. 中国海上油气，26（3）：37–42.
水谷伸治郎，邵济安，张庆龙，1989. 那丹哈达地体与东亚大陆边缘中生代构造的关系［J］. 地质学报，63（3）：204–215.
宋爽，朱筱敏，于福生，等，2016. 珠江口盆地长昌—鹤山凹陷古近系沉积—构造耦合关系［J］. 沉积学报，34（2）：222–235.
苏乃容，曾麟，李平鲁，1995. 珠江口盆地东部中生代凹陷地质特征［J］. 中国海上油气（地质），9（4）：228–236.
孙杰，詹文欢，丘学林，2011. 珠江口盆地白云凹陷构造演化与油气系统的关系［J］. 海洋地质与第四纪地质，31（1）：101–107.
孙龙涛，孙珍，詹文欢，等，2006. 南海西部断裂系统研究及其物理模拟实验证据［J］. 海洋学报，28（3）：64–71.
孙晓猛，张旭庆，张功成，等，2014. 南海北部新生代盆地基底结构及构造属性［J］. 中国科学（地球科学），44（6）：1312–1323.
孙珍，庞雄，钟志洪，等，2005. 珠江口盆地白云凹陷新生代构造演化动力学［J］. 地学前缘，12（4）：489–498.
孙珍，钟志洪，周蒂，等，2003. 红河断裂带的新生代变形机制及莺歌海盆地的实验证据［J］. 热带海洋学报，22（2）：1–9.
索艳慧，李三忠，刘鑫，等，2013. 中国东部 NWW 向活动断裂带构造特征：以张家口—蓬莱断裂带为例［J］. 岩石学报，29（3）：953–966.
童晓光，张光亚，王兆明，等，2014. 全球油气资源潜力与分布［J］. 地学前缘，21（3）：1–9.
王春修，等，2001. 国外深水区勘探成果和经验分析及南海深水区勘探潜力［R］. 北京：中海石油研究中心勘探院：20–21.
王春修，陶维祥，2011. 珠江口盆地珠二坳陷及周边探井资料分析［R］. 北京：中海石油研究中心勘探研究院：23–26.
王存武，陈红汉，施和生，等，2005. 珠江口盆地番禺低隆起天然气成因研究［J］. 天然气工业，25（8）：6–8.
王家林，张新兵，吴健生，等，2002. 珠江口盆地基底结构的综合地球物理研究［J］. 热带海洋学报，21（2）：13–22.
王建伟，宋国奇，宋书君，等，2009. 东营凹陷南斜坡古近系油气沿输导层优势侧向运移的控因分析［J］. 中国石油大学学报（自然科学版），33（5）：36–40+55.
王涛，1997. 中国天然气地质理论基础与实践［M］. 北京：石油工业出版社：263–275.
王铁冠，1990. 双杜松烷型树脂化合物及其地质意义［M］// 生物标志物地球化学研究，武汉：中国地质大学出版社：42–47.
王庭斌，2005. 中国大中型气田分布的地质特征及主控因素［J］. 石油勘探与开发，32（4）：1–4.
王永凤，王英民，李冬，等，2011. 珠江口盆地储层特征［J］. 石油地球物理勘探，46（6）：952–960+1012+834–835.
魏喜，邓晋福，2005. 南海盆地中生代海相沉积地层分布特征及勘探潜力分析［J］. 吉林大学学报，35（4）：456–461.
吴福元，孙德有，1999. 中国东部中生代岩浆作用与岩石圈减薄［J］. 长春科技大学学报，29（4）：313–318.
吴福元，孙德有，张广良，等，2000. 论燕山运动的深部地球动力学本质［J］. 高校地质学报，6（3）：379–388.
吴进民，1997. 南海西南部人字形走滑断裂体系和曾母盆地的旋转构造［J］. 南海地质研究（9）：54–66.
吴景富，杨树春，张功成，等，2013. 南海北部深水区盆地热历史及烃源岩热演化研究［J］. 地球物理学报，56（1）：170–180.
吴万祥，1994. 中国南海北部珠江口盆地构造发育特征与油气聚集［R］. 河北：中国海洋石油勘探开发研究中心：3–6.
夏戡原，黄慈流，2000. 南海中生代特提斯期沉积盆地的发现与找寻中生代含油气盆地的前景［J］. 地学前缘，7（3）：227–238.
向才富，夏斌，解习农，等，2004. 松辽盆地西部斜坡带油气运移主输导通道［J］. 石油与天然气地质，25（2）：204–215.
肖国林，刘增洁，2004. 南沙海域油气资源开发现状及我国对策建议［J］. 国土资源情报（9）：1–5.
谢金有，祝幼华，李绪深，等，2012. 南海北部大陆架莺琼盆地新生代海平面变化［J］. 海相油气地质，14（1）：49–58.
谢锦龙，黄冲，向峰云，2008. 南海西部海域新生代构造古地理演化及其对油气勘探的意义［J］. 地质科学，43（1）：133–153.
谢寅符，马中振，刘亚明，等，2014. 南美洲常规油气资源评价及勘探方向［J］. 地学前缘，21（3）：101–111.
熊莉娟，李三忠，索艳慧，等，2012. 南海南部新生代控盆断裂特征及盆地群成因［J］. 海洋地质与第四纪地质，32（6）：113–127.
徐行，何家雄，何丽娟，等，2011. 南海北部与南部新生代沉积盆地热流分布与油气运聚富集关系［J］. 海洋地质与第四纪地质，31（6）：99–109.
徐洪斌，熊翥，2012. 地层、岩性油气藏地震勘探方法与技术［M］. 北京：石油工业出版社.
许鹤华，周蒂，2007. 台湾造山带和前陆盆地的岩石圈热流变结构的模拟研究［C］// 中国地球物理学会第二十一届年会.
许志琴，杨经绥，李海兵，等，2011. 印度—亚洲碰撞大地构造［J］. 地质学报，85（1）：1–33.
沿海大陆架及毗邻海域油气区石油地质志编写组，1992. 沿海大陆架及毗邻海域油气区（下册）中国石油地质志（卷十六）［M］. 北京：石油工业出版社.
杨海长，陈莹，纪沫，等，2017. 珠江口盆地深水区构造演化差异性与油气勘探意义［J］. 中国石油勘探，22（6）：59–68.

杨娇，赵雄虎，2009. 运用油田规模序列法进行油气资源评价：以珠江口盆地惠州西含油气系统为例［J］. 新疆石油地质，30（5）：588–590.
杨金海，李才，李涛，等，2014. 琼东南盆地深水区中央峡谷天然气成藏条件与成藏模式［J］. 地质学报，88（11）：2141−2149.
杨少坤，林鹤鸣，郝沪军，2002. 珠江口盆地东部海相中生界油气勘探前景［J］. 石油学报，23（5）：28−33.
杨蜀颖，方念乔，杨胜雄，等，2011. 关于南海中央次海盆海山火山岩形成背景与构造约束的再认识［J］. 地球科学，36（3）：455−470.
杨晓萍，赵文智，邹才能，等，2007. 低渗透储层成因机理及优质储层形成与分布［J］. 石油学报，28（4）：57–61.
姚伯初，2006. 中国南海海域岩石圈三维结构及其演化［M］. 北京：地质出版社.
姚伯初，何廉生，1995. 南海北部大陆边缘下的异常上地幔［J］. 海洋地质与第四纪地质，15（6）：65–71.
姚伯初，刘振湖，2006. 南沙海域沉积盆地及油气资源分布［J］. 中国海上油气，18（3）：150−159.
姚永坚，姜玉坤，曾祥辉，等，2002. 南沙海域新生代构造运动特征［J］. 中国海上油气地质，16（2）：113−117.
尹延鸿，1988. 试探马尼拉海沟的成因［J］. 海洋地质与第四纪地质，8（2）：38–45.
于水明，施和生，梅廉夫，等，2009. 过渡动力学背景下的张扭性断陷——以珠江口盆地惠州凹陷古近纪断陷为例［J］. 石油实验地质，31（5）：485–489.
于兴河，李胜利，乔亚蓉，等，2016. 南海北部新生代海陆变迁与不同盆地的沉积充填响应［J］. 古地理学报，18（3）：349−366.
袁友仁，柳极阳，葛宜瑞，1995. 南沙群岛海域晚新生代沉积发育与构造演化［C］// 海洋科学集刊（第11集），北京：科学出版社：155−191.
詹文欢，刘以宣，1995. 南海南部活动断裂与灾害性地质初步研究［J］. 海洋地质与第四纪地质，15（3）：1−9.
张殿广，詹文欢，姚衍桃，等，2009. 南沙海槽断裂带活动性初步分析［J］. 海洋通报，28（6）：70−77.
张功成，2005. 中国近海天然气地质特征与勘探新领域［J］. 中国海上油气，17（5）：289−296.
张功成，2010. 南海北部陆坡深水区构造演化及其特征［J］. 石油学报，31（4）：528−533+541.
张功成，陈莹，杨海长，等，2015. 恩平组地层岩性圈闭——白云深水区天然气勘探新领域［J］. 中国海上油气，27（6）：1–9.
张功成，贾庆军，王万银，等，2018. 南海构造格局及其演化［J］. 地球物理学报，61（10）：4194−4215.
张功成，李友川，谢晓军，等，2016. 南海边缘海构造旋回控制深水区烃源等有序分布［J］. 中国海上油气，28（2）：23−26.
张功成，李增学，兰蕾，等，2021. 南海大气田天然气是煤型气［J］. 天然气工业，41（11）：12−23.
张功成，李增学，王东东，等，2020. 中国南海海域煤地质特征［J］. 煤炭学报，45（11）：3864−3878.
张功成，梁建设，徐建永，2013. 中国近海潜在富烃源凹陷评价方法与烃源岩识别［J］. 中国海上油气，25（1）：13–19.

张功成，米立军，吴景富，等，2010. 凸起及其倾没端——琼东南盆地深水区大中型油气田有利勘探方向［J］. 中国海上油气，22（6）：360−368.
张功成，米立军，吴时国，等，2007. 深水区——南海北部大陆边缘盆地油气勘探新领域［J］. 石油学报，28（2）：15−21.
张功成，屈红军，刘世翔，等，2015. 边缘海构造旋回控制南海深水区油气成藏［J］. 石油学报，36（5）：533−545.
张功成，唐武，谢晓军，等，2017. 南海南部大陆边缘两个盆地带油气地质特征［J］. 石油勘探与开发，44（6）：849−859.
张功成，王璞珺，吴景富，等，2015. 边缘海构造旋回：南海演化的新模式［J］. 地学前缘，22（3）：27−37.
张功成，王琪，苗顺德，等，2014. 中国近海海陆过渡相烃源岩二元分布模式——以珠江口盆地白云凹陷为例［J］. 天然气地球科学，25（9）：1299−1308.
张功成，谢晓军，王万银，等，2013. 中国南海含油气盆地构造类型及勘探潜力［J］. 石油学报，34（4）：611−627.
张功成，徐宏，王同和，等，1999. 中国含油气盆地构造［M］. 北京：石油工业出版社.
张功成，杨海长，陈莹，等，2014. 白云凹陷—珠江口盆地深水区一个巨大的富生气凹陷［J］. 天然气工业，34（11）：11−25.
张功成，朱伟林，米立军，等，2010. “源热共控论”：来自南海海域油气田“外油内气”环带有序分布的新认识［J］. 沉积学报，28（5）：987−1005.
张光亚，温志新，梁英波，等，2014. 全球被动陆缘盆地构造沉积与油气成藏：以南大西洋周缘盆地为例［J］. 地学前缘，21（3）：1−8.
张宽，2001. 中国近海油气资源评价述评及评价方法探讨［J］. 中国海上油气，15（4）：229−235.
张宽，胡根成，吴克强，等，2007. 中国近海主要含油气盆地新一轮油气资源评价［J］. 中国海上油气，19（5）：289−294.
张莉，李文成，李国英，等，2004. 礼乐盆地生烃系统特征［J］. 天然气工业，24（6）：22−24.
张林晔，李政，孔祥星，等，2014. 成熟探区油气资源评价方法研究：以渤海湾盆地牛庄洼陷为例［J］. 天然气地球科学，25（4）：477−489.
张水昌，龚再升，梁狄刚，等，2004. 珠江口盆地东部油气系统地球化学——Ⅰ：油组划分、油源对比及混源油确定［J］. 沉积学报，22（增刊）：15−26.
赵文智，胡素云，沈成喜，等，2005. 油气资源评价的总体思路和方法体系［J］. 石油学报，26（3）：12−17.
赵志刚，刘世翔，谢晓军，等，2016. 万安盆地油气地质特征及成藏条件［J］. 中国海上油气，28（4）：9−15.
钟广法，2003. 海平面变化的原因及结果［J］. 地球科学进展，18（5）：706−712.
钟广见，吴能友，林珍，等，2008. 南海东北陆坡断裂特征及其对盆地演化的控制作用［J］. 中国地质，35（3）：458−459.
钟锴，张功成，侯国伟，等，2008. 云开低凸起——南海北部深水区油气勘探新领域［J］. 中国海上油气，20（1）：15−17+27.
钟志洪，王良书，夏斌，等，2004. 莺歌海盆地成因及其大地构造意义［J］. 地质学报，78（3）：302−

309.
周洪波，1989. 碳酸盐岩高速层下伏构造的作图方法及效果［J］. 中国海上油气（地质），3（3）：55–60.
周庆凡，张亚雄，2011. 油气资源量含义和评价思路的探讨［J］. 石油与天然气地质，32（3）：474–480.
朱介寿，曹家敏，蔡学林，等，2002. 东亚及西太平洋边缘海高分辨率面波层析成像［J］. 地球物理学报，45（5）：646–664+756–757.
朱俊章，施和生，何敏，等，2008. 珠江口盆地白云凹陷深水区 LW3–1–1 井天然气地球化学特征及成因探索［J］. 天然气地球科学，19（2）：229–233.
朱俊章，施和生，庞雄，等，2005. 珠江口盆地番禺低隆起天然气成因和气源分析［J］. 天然气地球科学，16（4）：456–459.
朱俊章，施和生，庞雄，等，2006. 珠江口盆地番禺低隆起凝析油地球化学特征及油源分析［J］. 中国海上油气，18（2）：103–106.
朱俊章，施和生，庞雄，等，2012. 白云凹陷天然气生成与大中型气田形成关系［J］. 天然气地球科学，23（2）：213–221.
朱伟林，2009. 中国近海新生代含油气盆地古湖泊学与烃源条件［M］. 北京：地质出版社.
朱伟林，江文荣，1998. 北部湾盆地涠西南凹陷断裂与油气藏［J］. 石油学报，19（3）：6–10.
朱伟林，米立军，等，2010. 中国海域含油气盆地图集［M］. 北京：石油工业出版社.
朱伟林，米立军，高阳东，等，2013. 大油气田的发现推动中国海域油气勘探迈向新高峰——2012 年中国海域勘探工作回顾［J］. 中国海上油气，25（1）：6–12.
朱伟林，米立军，钟锴，等，2011. 油气并举 再攀高峰——中国近海 2010 年勘探回顾及“十二五”勘探展望［J］. 中国海上油气，23（1）：1–6.
朱伟林，张功成，高乐，2008. 南海北部大陆边缘盆地油气地质特征与勘探方向［J］. 石油学报，29（1）：1–9.
朱伟林，张功成，杨少坤，等，2007. 南海北部大陆边缘盆地天然气地质［M］. 北京：石油工业出版社.
朱伟林，张功成，钟锴，等，2010. 中国南海油气资源前景［J］. 中国工程科学，12（5）：46–50.
朱伟林，钟锴，李友川，等，2012. 南海北部深水区油气成藏与勘探［J］. 科学通报，57（20）：1833–1841.
朱筱敏，康安，王贵文，2003. 陆相坳陷型和断陷型湖盆层序地层样式探讨［J］. 沉积学报，21（2）：283–287.
祝彦贺，朱伟林，徐强，等，2009. 珠江口盆地中部珠海组—珠江组层序结构及沉积特征［J］. 海洋地质与第四纪地质，29（4）：77–83.
Axen G J，2004. Mechanics of low–angle normal faults［M］//Karner G，Taylor B，Driscoll N，et al. Rheology and deformation in the lithosphere at continental margins. New York，Columbia University Press，46–91.
Axen G J，Bartley J M，1997. Field test of rolling hinges : Existence，mechanical types，and implications for extensional tectonics［J］. Journal of Geophysical Research，102: 20，515–20，537.
Axen G J，Selverstone J，1994. Stress–state and fluid–pressure level along the Whipple detachment fault，California［J］. Geology，22: 835–838.

Bautista B C, Bautista M P, Oike K, et al., 2001. A new insight on the geometry of subducting slabs in northern Luzon, Philippines [J] . Tectonophysics, 339: 279–310.

Bez A M, 2010. Element migration in turbidite systems : Random or systematic depositional processes? [J] . AAPG Bulletin, 94 (3): 345–368.

Block L, Royden L H, 1990. Core complex geometries and regional scale flow in the lower crust [J] . Tectonics, 9: 557–567.

Brace W F, Kohlstedt D L, 1980. Limits on lithospheric stress imposed by laboratory experiments [J] . Journal of Geophysical Research, 85: 6248–6252.

Buck W R, 1988. Flexural rotation of normal faults [J] . Tectonics, 7: 959–973.

Buck W R, 1990. Comment on "Origin of regional rooted low-angle normal faults : A mechanical model and it implications" by An Yin [J] . Tectonics, 9 (3): 545–546.

Grindlay N R, Fox P J, Vogt P R, 1992. Morphology and tectonics of the mid–Atlantic ridge from sea Beam and magnetic data [J] . Journal of Geophysical Research, 97: 6983–7010.

Halbouty M T, 1970. Geology of Giant Petroleum Fields [M] . Talsa, Oklohome : George Banta Company : 529–534.

Hamburger M W , Cardwell R K, Isacks B L, 1983. Seismotectonics of the northern Philippine island arc [C] // The Tectnoic and Geologic Evolution of Southeast Asian Seas and Islands, Part 2. Am. Geophys. Union. Geophys. Monogr, 27: 1–22.

Holloway N H, 1982. The north Palawan block, Philippines : its relation to the Asian mainland and its role in the evolution of the South China Sea [J] . A A P G Bulletin, 66 (9): 1355–1383.

Jackson J A, White N J, 1989. Normal faulting in the upper continental crust : Observations from regions of active extension [J] . Journal of Structural Geology, 11: 15–36.

Kooi H, Cloetingh S, Burrus J, 1992. Lithospheric necking and regional isostasy at extensional basins, 1: Subsidence and gravity modeling with an application to the Gulf of Lions Margins (SE France) [J] . J. G. R., 97: 17553–19572.

Kusznir N J, Ziegler P A, 1992. The mechanics of continental extension and sedimentary basin formation : A simple–shear/pure–shear flexureal cantilever model [J] . Tectonophysics, 215: 117–131.

Lewis S D, Hayes D E, 1983. The tectonics of north ward propagating subduction along East Luzon, Philippine island [C] //The Tectonic and Geologic Evolution of Southeast Asian Seas and Islands, Part 2. Am. Geophys. Union, Geophys. Monogr, 27: 57–78.

Munz I A, 2001. Petroleum inclusions in sedimentary basins : systematic, analytical methods and applications [J] . Lithos, 55 (11): 195–212.

Northrup C J, Royden L H, Burchfiel B C, 1995. Motion of the Pacific plate relation to Eurasia and its potential relation to Cenozoic extension along the eastern margin of Eurasia [J] . Geology, 23: 719–722.

Pautot G, Rangin C, 1989. Subduction of The South China Sea axial firge below Luzon (Philippines) [J] . Earth and Planetary Science Letters, 92: 57–69.

Peakall J, W D McCaffrey, B C Kneller, et al., 2000. A process model for the evolution of submarine fan channels : implications for sedimentary architecture [J] //A H Bouma, C G Stone. Fine–grained turbidite systems. AAPG Memoir 72 /SEPM Special Publication 68: 73–88.

Rice J R, 1992. Fault stress states, pore pressure distributions, and the weakness of the San Andreas fault [M] // Evans B, Wong T F. Fault mechanics and transport properties of rocks : A festschrift in honor of W.F. Brace. New York, Academic Press : 475–504.

Rogers M A, 1979. Application of organic facies concepts to hydrocarbon source rock evaluation [J]. Panel Discussin PDI (3) 10th internat petroleum congress.

Schnurle P H, Liu C S, Lin A T, et al., 2011. Structural controls on the formation of BSR over a diapiric anticline from a dnese MCS survey offshore southwestern Taiwan [J]. Marine and Petroleum Geology, 28: 1932–1942.

Schwarz E, R W C. Arnott, 2007. Outcrop characterization of a passive–margin channel–complex set : Isaac Channel 5, Neoproterozoic Isaac Formation, British Columbia, Canada [J] //T H Nilsen, R D Shew, G S Steffens, et al. Atlas deep–water : AAPG Studies in Geology 56, CD–ROM : 15.

Shanmugam G, 2000. 50 years of the turbidite paradigm (1950's–1990's): deep–water processes and facies models—a critical perspective [J].Marine and Petroleum Geology, 17 (2): 285–342.

Sibueta J C, 2004. How was Taiwan created [J].Tectonophysics, 379: 159–181.

Tang X, Yang S, Hu S, 2014.Thermal and maturation history of Jarassic source rocks in the kuqa foreland of Tarim basin, NW China [J]. Journal of Asian Earth Science, 89 (5): 1–9.

Tapponnier P, Lacassin R, Leloup P H, et al., 1990. The Ailao Shan–Red River metamorphic belt : Tertiary leftlateral shear between Indochina and South China [J]. Nature, 243: 431–437.

Taylor B, Hayes D E, 1983. Origin and history of the South China Sea Basin [C] //Tectonic and Geological Evolution of Southeast Asian Seas and Islands, Part 2, Geophys Monogr. Ser. 27. Washington D C : AGU : 1–22.

Tissot B P, Welte D H, 1984. Petroleum formation and occurrence [M]. 2nd edition, Springer, Berlin : 699.

Vail P R, 1987. Seismic stratigraphy interpretation using sequence stratigraphy, Part 1 [J] //A W Bally. Atlas of Seismic Stratigraphy. AAPG Studies in Geology 27: 1–10.

Yannick Callec, Eric Deville, Guy Desaubliaux, et al., 2010. The Orinoco turbidite system : Tectonic controls on sea–floor morphology and sedimentation [J]. AAPG Bulletin, 94 (6): 869–887.

Younes A I, McClay K, 2002. Development of accommodation zones in the Gulf of Suez–Red Sea rift, Egypt [J]. AAPG Bulletin, 86 (6): 1003–1026.

Zachos J, Pagani M, et al, 2001.Trends, rhythms, and aberrations in global climate 65 Ma to present [J]. Science, 292 (5517): 686–693.

Zachos J, Pagani M, Sloan L, et al., 2001. Trends, rhythms, and aberrations in global climate 65 Ma to present [J]. Science, 292: 686–693.

Zhou D, Yao B C, 2009. Teetonics and Sedimentary Basins of the SouthChina Sea : Challenges and Progresses [J]. Journal of Earth Seience, 20 (1): 1–12.

Zhou X M, Li W X, 2000. Origin of late Mesozoic igneous rocks in southeastern China : implications for lithosphere subduction and underplating of mafic magmas [J]. Tectonophysics, 326: 269–287.

附录 大事记

1957年

广东省石油局104队对莺歌海油气苗进行全面调查，发现油气苗39处，落实15处。石油工业部茂名页岩油公司据此编绘了油气苗分布图。

4月，石油工业部勘探司指派地质师马继祥等赴海南乐东县，在南海舰队和渔民协助下，潜水调查了莺歌海海滨村浅海油气苗，取得储油岩样和气样。

1958年

5月，石油工业部北京石油科学研究院院长翁文波、地质室主任曾鼎乾和广东省石油局派调查组肖文达等在海南乐东县和三亚一带莺歌海海域进行调查。潜水员在海底通过爆破取得了含有烃类痕迹的岩样。

12月，海南地质局用KAM-500型钻机在莺歌海近岸陆上打4口浅井（莺浅1至4井），未获油气。

1960年

7月，北京石油科学院海上研究队在海南岛莺歌海至临高，用一条无动力小木船作浅海地震折射和反射试验，所用设备是国产51型5号光点地震记录仪。

1961年

4月，广东省燃料化学工业局海南勘探大队在崖县莺歌海盐场水道口浅海，用驳船安装冲击钻，钻英冲1井（26m）、英冲2井（22m），均见油，并在英冲1井首次捞获重原油150kg，是南海海上第一口见油井。

1963—1965年

北部湾盆地，1963年12月，茂名石油公司在涠洲岛上钻探涠浅1井，次年2月完钻，井深1000多米，揭示了古近系和石炭系；从1963年11月至1965年7月，相继在盆地南部福山凹陷和临高凸起上钻了5口浅井，井深840.67～1031.06m不等，发现了一套新近系海相地层和少量古近系涠洲组及白垩系。另外，在雷州半岛上也钻了一些浅井，最大井深1201m，情况和福山凹陷、临高凸起相似，上述各井均未见到油气显示。在海区，仅于1963年由地质部航测904队做过1∶50万航空磁测工作。1964—1965年间，在海南岛北部临高以西浅海区做过少量浅海地震工作。

1964年3月至1965年3月，石油部茂名页岩油公司1011钻井队用自制浮筒沉垫式简易钻井船，在海南莺歌海岸外4km、15m水深处钻探海1井（388m）、海2井（143m）、海3井（312m），海2井在新近系捞获原油10kg。在科学技术不发达的情况下，近岸钻探取得油气发现，是中国油气勘探的一大壮举！

1970—1972 年

国家计划委员会地质局海洋地质所由南京迁至湛江，更名为第二海洋地质调查大队，开展南海地质、地球物理调查。

1972 年开展了北部湾 1∶50 万地震、重力、磁力等勘探工作。

1973 年

5 月，燃料化学工业部成立南海石油勘探筹备处和综合研究队；1973—1978 年，中国科学院南海海洋研究所先后 11 次对南海西沙、中沙海域进行重磁力、地质综合调查。

1974 年

2 月，燃料化学工业部南海石油勘探筹备处从法国引进一艘数字地震船“南海 501 号”，至 1978 年，做概查、详查测线 32900km。在东经 108° 附近作的两条南北大剖面，证实北部湾和莺歌海为两个盆地。

8 月，国家计划委员会地质局第二海洋地质调查大队对南海海域进行石油地球物理普查。

1975 年

5 月，在海南岛北部福山凹陷钻探福 1 井，同年 9 月完钻，发现流沙港组一段的良好生油岩。

1976 年

5 月，石油化学工业部南海石油勘探指挥部成立，正式拉开了北部湾盆地油气勘探的序幕。

1977 年

3 月，石油化学工业部南海石油勘探指挥部“南海 1 号”钻井平台在莺歌海盆地钻莺 1 井，电测解释 3.8m 气层和 10.5m 差油层，台风季节后迁北部湾。

10 月，在北部湾盆地钻探湾 1 井，测试日产油 50t，为北部湾第一口工业油流井；同时，国家地质总局第四海洋地质调查大队在珠江口开展钻探工作。

1978 年

4 月，南海石油勘探指挥部从挪威引进的中国第一艘半潜式钻井平台“南海 2 号”，在莺歌海钻莺 2 井，首次钻获天然气。

1979 年

3 月，南海 2 号钻井平台钻探莺 9 井，测试 4 层，在陵水组井深 2505～2525m 获日产原油 37.64m^3。莺 9 井为琼东南盆地首次获得工业性油流。

8 月，国家地质总局第四海洋地质调查大队“勘探 2 号”钻井平台在珠江口盆地番禺 3–1 构造钻探的珠 5 井测试日产 289.7m^3 的工业油流，这是珠江口海域第一口发现井。珠 5 井的发现，证明了珠江口盆地具有油气成藏条件和良好勘探前景，由此带动了珠江口盆地新一轮地球物理普查勘探和下一步工作的开展。

从 1977 年至 1979 年底，北部湾盆地共钻 8 口井，发现了涠洲 11–1、涠洲 11–4 和乌石 16–1 3 个含油构造，以及新近系、流沙港组一段、流沙港组三段、石炭系 4 套含油层系。有 6 口井测试获得油气流。1979 年 7 月，石油工业部与美国、英国、意大利等国石油公司签订了南海北部大陆架西区地球物理勘探普查协议，开始了北部湾盆地对外合作勘探阶段。

1980—1981 年

1980 年 5 月，与法国道达尔公司正式签订“关于共同勘探开发北部湾石油资源”合同，于 1981 年 1 月开钻第一口井——WS16-1-1 井。

由邱中健作为主要组织者之一，从全国调集了 183 名地质和物探人员组成“资源评价委员会”，开始对珠江口盆地、莺歌海盆地、南黄海盆地和北部湾盆地进行油气资源评价，并成立了资源评价所。中国海洋石油的第一轮大规模的资源评价先后有 115 名专家参加。

1982 年

2 月 8 日，经国务院批准成立中国海洋石油总公司。全面负责中国海洋石油对外合作业务，享有在对外合作海区内进行石油勘探开发、生产和销售的专管权。

2 月 15 日，中国海洋石油总公司在北京东长安街 31 号正式挂牌成立。中国石油天然气勘探开发公司与外国公司签订的物探协议和石油合同，转由中国海洋石油总公司执行。

2 月 16 日，中国海洋石油总公司发出中国对外合作开采海洋石油资源的第一轮招标通知书。

12 月，钻探 WZ10-3-1 井，累计获日产原油 $667.8m^3$、日产天然气 $29.7\times10^4m^3$ 的高产油气流，诞生了北部湾盆地第一个中外合作发现的油田——涠洲 10-3 油田；1986 年 8 月 7 日，该油田投入评价性试生产，它是南海油气勘探开发的里程碑，标志着南海油气生产的开始。

1983 年

4 月，在琼东南盆地崖 13-1 构造钻探 YC13-1-1 井，完井测试获日产凝析油 $7.67m^3$，日产天然气 $114.79\times10^4m^3$；之后又钻探了 YC13-1-2 井、YC13-1-3 井和 YC13-1-4 井，均获得高产气流，从而发现了崖城 13-1 气田，这是中国南海石油勘探 20 多年来最重要的发现。

6 月 1 日，珠江口第一个对外合作石油合同生效（英国石油公司，14/29 区块）。

11 月 6 日，珠江口恩平 18-1 构造上第一口合作探井——EP18-1-1A 井开钻。

1985 年

4 月 26 日，由阿吉普、雪佛龙、德士古石油公司组成的 ACT 作业者集团钻探惠州 21-1 构造，测试 8 层，在中新统珠江组 7 层砂岩累计日产油 $2311.5m^3$、日产气 $430985.9m^3$，从而在惠州凹陷发现惠州 21-1 优质油气田，这是该盆地发现的第一个商业油田，揭开了珠江口盆地对外合作勘探开发油气田的新序幕；随后的几年中，又发现了惠州 26-1、惠州 32-2、西江 30-2 等油田和一批中小型含油构造，其中 HZ26-1-1 井测试获得 $4228m^3/d$ 高产油气流，奠定了珠江口盆地原油开始上产的储量基础。

是年，由地质矿产部、中国海洋石油勘探开发研究中心、南海西部公司共同完成的“东海及南海北部大陆架含油气盆地的发现及油气资源评价”课题，获国家科学技术进步一等奖。

1987—1989 年

1987 年 2 月，美国阿莫科公司在东沙隆起发现流花 11–1 大油田，该油田是珠江口盆地发现的第一个亿吨级以上海上大油田，也是中国最大的生物礁滩油田。

北部湾盆地湾 5 井出油后，发现了涠洲 11–4 油田，但外方认为没有商业开采价值，放弃合作开发该油田；1987 年、1988 年中国海洋石油总公司决定再钻两口评价井，对油田的认识有了新的重大进展，重新核实储量，最后申报探明地质储量 2367×10^4t，北部湾第一个海相油田——涠洲 11–4 油田获得新生。

南海东部公司完成的“珠江口盆地东部油气聚集条件及寻找大油气田的方向”项目及中国科学院和南海西部公司等单位完成的“南海北部湾涠洲 11–1 海区工程地质调查与评价”项目获国家科学技术进步二等奖；南海西部公司完成的“北部湾盆地涠 10–3 油田开发总体设计”项目获国家科学技术进步三等奖。

1990—1991 年

1990 年 9 月 13 日，南海珠江口第一个对外合作油田——惠州 21–1 油田建成投产，这是中国海上第一个年产百万吨海上油田。

1991 年底，在莺歌海盆地中央坳陷底辟构造带的东方 1–1 底辟背斜构造上首钻东方 1–1–1 井，证实了莺歌海组常温常压气层的存在，还在高温高压带黄流组顶部测试获 20482m^3/d 的天然气（9.525mm 油嘴），突破了莺歌海盆地的出气关；随后几年相继探明了东方 1–1、乐东 15–1、乐东 22–1 这 3 个大中型浅层气田。其中，东方 1–1 浅层气田天然气探明地质储量超过千亿立方米，是南海北部大陆架上的首个超千亿立方米气田。

1992—1993 年

1992 年，由南海西部公司、南海东部公司完成的“南海北部大陆架生物礁（滩）成因、分布、油气聚集条件及评价”项目及渤海石油公司完成的“铺管船法铺设海底管道技术”项目，获国家科学技术进步二等奖。

1993 年，北部湾盆地涠洲 12–2 断块构造钻探 WZ12–2–1 井，1994 年进行了五层 DST 测试。DST4、DST5 测试较好，其中 DST4（L_2Ⅱa、L_2Ⅱb 油层组合试）射开 35.5m，12.7mm 油嘴测试日产原油 138.6m^3、日产溶解气 1955m^3，水 48.4m^3。DST5（L2Ⅰ油层组）射开 33m，19.05mm 油嘴测试日产原油 327.4m^3，日产天然气 19832m^3，而 DST1、DST2、DST3 测试不理想。认为该油田油层厚度小、物性差、产能较低，控制地质储量规模小，不能单独开发，自此该构造评价进入尘封期，时隔 15 年之后再评价，创新认识，转变思路、实施滚动勘探及勘探开发一体化思路，才使得北部湾最大的地层岩性型油田——涠洲 12–2 油田起死回生。

1994—1995 年

1994 年 8 月，在涠洲 12–1 构造南断鼻高部位钻探第一口评价井——WZ12–1–2 井。经 DST 测试，日产原油 1701m^3、日产天然气 $13.73 \times 10^4 m^3$；1995 年 2 月，钻探 WZ12–1–3 井，累计单井日产原油 5424m^3，日产天然气 $52.24 \times 10^4 m^3$，创下了中国近海单井测试产量的最高纪录；自营发现了北部湾最大油田——涠洲 12–1 油田。

1995 年，珠江口盆地原油产量突破 500×10^4t，达 556×10^4t。

1996 年

12 月 18 日，国家科学技术奖励大会在北京召开，中国海洋石油总公司的“绥中 36–1 油田试验区开发工程”项目获国家科学技术进步一等奖，“锦州 20–2 海上凝析气田开采与集输技术”项目和“莺—琼大气田的发现及勘探技术”项目获国家科学技术进步二等奖。

惠州 21–1 油田投产后，随后相继建成并投产了惠州 26–1、陆丰 13–1、西江 24–3、惠州 32–2、惠州 32–3、西江 30–2、流花 11–1 等 7 个油田，使珠江口盆地（东部）在 1996 年年产原油达到 $1370.1\times10^4m^3$，占中国海上原油产量的 80%，成为中国继大庆、胜利、辽河之后第四大产油区，为中国海洋石油事业谱写下了令人自豪的光辉篇章。

1997 年

6 月 21 日，珠江口西江 24–1 油田一口井一个油田建成投产。该油田钻的西江 24–3–A14 井井深 9238m，是中国第一口高难度大位移延伸井，取得水平位移 8062.7m、裸眼井段 5032m、随钻测井 9016m 三项世界纪录。该井平均日产油 $1000m^3$。

12 月 26 日，中国石油天然气总公司和南海西部公司等单位共同完成的“大中型天然气田形成条件、分布规律和勘探技术研究”项目获 1996 年度国家科学技术进步一等奖。

1999 年

6 月 22 日，西江 24–3–A17 井投产。这口大位移生产补充井于 1 月 2 日开钻，采用了世界上当时钻大位移井的先进钻井工具和技术，完井井深 8686m，水平位移 7574m。

2000 年

1 月 24 日，在公布的 1999 年度国家级科学技术进步奖中，中国海油有 3 项研究项目分获二、三等奖，即“渤海快速钻井技术及其应用”项目和“南沙群岛及其邻近海区资源、环境和权益综合调查研究”项目获二等奖，“渤海西部自营探区近期油气体系勘探研究与实践”项目获三等奖。

珠江口盆地第一口自营井 LF15–3–1 开钻；南海东部海域第三口大位移斜井 XJ24–3–A18 井正式投产。该井于 3 月 22 日开钻，此井与南海东部海域的另外两口大位移斜井 XJ24–3–A14、XJ24–3–A17 使得 XJ24–1 小油田的成功开发成为现实。

2001 年

中国海油全年完成油气产量 2329×10^4t 油当量（含海外份额油），共获得 7 个新的油气发现，并成功评价了 10 个含油气构造，使中国海油的油气储量替代率达到 131%。

2002—2004 年

2002 年 5 月，在珠江口盆地番禺 30–1 构造上钻预探井 PY30–1–1，新近系钻遇气层厚 128.7m；2003 年又钻探了 3 口评价井，其中 PY30–1–3 井在中新统珠江组进行了测试，合计折算天然气 $174.5\times10^4m^3/d$、凝析油 $75.1m^3/d$，发现了番禺 30–1 大气田，以后陆续又发现番禺 34–1、番禺 35–1 等气田群；截至 2004 年底共完钻探井 11 口，井井见气，无一落空，一举拿下番禺 30–1、番禺 34–1 等大中型天然气藏。

2006 年

珠江口盆地白云凹陷深水区的勘探潜力多年来一直受到中外双方的极大关注，2006 年 4 月 27 日，在白云凹陷深水区荔湾 3–1 构造钻探第一口深水探井 LW3–1–1，该井水深 1480m，发现深水 LW3–1 大气田，吹响了勘探向深水进军的号角。

2007—2008 年

2007 年，在珠江口盆地番禺 35–2 构造上钻预探井 PY35–2–1 井，电测解释气层 12 层 56.7m，试井无阻流量日产天然气 $288 \times 10^4 m^3$；2008 年钻评价井 PY35–2–5，证实了番禺 35–2 可能又是一个气田，也确定了番禺 30–1、番禺 34–1、番禺 35–1、番禺 35–2 气田群的规模。

2008 年，由中海石油（中国）有限公司湛江分公司、中海油田服务股份有限公司湛江分公司、中国石油大学（北京）、中国石油大学（华东）、北京奥凯立科技发展公司共同完成的“中国南海西部海域复杂构造安全快速钻井技术”项目获国家科学技术进步二等奖。

2010 年

自 2006 年在珠江口盆地发现 LW3–1 深水大气田后，截至 2010 年底，共计完钻深水探井 11 口，又先后在深水区发现荔湾 3–1、流花 29–1、流花 34–2 等大中型天然气田，掀起了深水天然气勘探的新高潮；随着新区（新凹陷）恩平凹陷、白云凹陷和新层系的勘探作业取得成功，发现恩平 24–2、恩平 18–1、恩平 23–1、流花 16–2、惠州 25–8、陆丰 7–2 等油田，同时通过滚动勘探自营作业成功评价了西江 23–1、陆丰 13–2、流花 4–1、番禺 11–6、番禺 10–2、番禺 10–4 等中小型油田。新领域、新层系、新类型勘探取得突破。

9 月，在莺歌海盆地钻探 DF1–1–14 井，于 2912m 附近发现 8.4m 高电阻率、高含烃（烃类气含量占 80%）气层。经测试，发现该气层温度 143.84℃，地层压力系数 1.90，日产气量为 $64 \times 10^4 m^3$。莺歌海盆地中深层高温高压领域天然气勘探实现了真正突破！

11 月，在北部湾乌石凹陷乌石 17–2 构造钻探 WS17–2–1 井，采用 6.35mm 油嘴进行 DST 测试，日产原油 $44.3m^3$，日产天然气 $4563.0m^3$，无水产出；此后，于构造不同部位相继钻探了多口钻井，不但证实了该构造较好的含油性，而且石油探明地质储量不断扩大。2011 年 12 月，首次向国土资源部矿产资源储量评审中心申报乌石 17–2 油田古近系流沙港组新增石油探明地质储量 $1452.24 \times 10^4 t$；2014 年 12 月，再次向国土资源部矿产资源储量评审中心申报新增石油探明地质储量 $1782.76 \times 10^4 t$。乌石 17–2 油田的发现，为北部湾盆地建成第二个原油生产基地奠定了储量基础。

12 月 19 日，中国海油国内年油气产量达到 $5000 \times 10^4 t$ 油当量，成功建成“海上大庆油田”。

2011—2012 年

2011 年 5 月 9 日，中国自主设计建造的首台 3000m 深水钻井平台“海洋石油 981”在南海东部海域成功开钻，标志着中国海洋石油工业“深水战略”迈出实质性步伐。

2011 年 12 月 16 日，全球首艘集钻井、水上工程、勘探功能于一体的 3000m 深水工程勘察船——“海洋石油 708”交付使用，标志着中国海洋工程勘察作业能力从水深 500m 提升到了 3000m，成功进入海洋工程深海勘探装备的顶尖领域，将对未来深水油气田的勘探开发起到关键作用。

自 2010 年 DF1-1-14 井钻探取得高温超压优质高产天然气层重大发现之后，莺歌海盆地高温高压领域勘探步伐加快，2011 年通过精细研究，成功评价了东方 13-1 气田；之后继续深入研究、创新认识，在 2012 年通过拓展勘探发现并成功评价了东方 13-2 高产优质整装大型气田，天然气勘探获重大进展，发现了莺歌海盆地首个高温高压千亿立方米大气田。

2013 年

2000 年以来，中海石油（中国）有限公司湛江分公司针对珠江口盆地（西部）油气勘探形势、问题与目标，围绕“研究带动钻探、勘探促进开发”的原则，提出明确的“油气并举、勘探开发互相促进”的油气勘探研究思路，从大中型油气田分布规律与勘探方向探索入手，选择有利油气成藏区带开展整体评价。通过风险组合策略实施钻探，至 2013 年底，钻探自营探井 54 口及合作井 6 口，发现了文昌 19-1N 油田、文昌 13-6 油田、文昌 8-3E 油田、文昌 9-2 气田、文昌 9-3 气田等。

2014 年

珠江口盆地，2014 年自营勘探 LF8-1-1 井在陆丰地区发现恩平组油层 47.6m/8 层，首次在陆丰地区恩平组下部发现油气，极大地拓展了该区油气勘探层系。随后钻探的 LF14-4-1d 井在文昌组获得商业性油气发现，该井在 3888.9～3964.2m（TVD）做 DST 测试，在 7in 尾管内采用外套式火药压裂射孔技术，通过自喷求产的方式，获得日产原油 203.6m^3、日产天然气 6870m^3，将陆丰地区的油气勘探层系进一步拓展到了文昌组。特别是文昌组下部油气的发现将对陆丰地区下一步勘探起到至关重要的作用。珠江口东部海域首次在埋深近 4000m 的古近系获得了自喷高产工业油流，标志着古近系勘探在陆丰地区取得重要的领域性突破。

琼东南盆地，新近系深水峡谷发现陵水 17-2 大气田、陵水 25-1 大气田。其中陵水 17-2 探明储量超千亿立方米，累计探明天然气地质储量近 2000×10^8m^3。

2015 年

珠江口盆地，根据 2015 年“向油倾斜、价值勘探”的勘探原则，以及对白云凹陷成藏规律的综合研究，决定以白云东洼北坡、白云西洼地区为靶区，大规模开展原油勘探，发现了流花 20-2、流花 21-2 两个优质轻质油油田，一举改变了流花 16-2、流花 11-1 油田 3 井区多年难以开发的局面，并为 2020 年完成“十三五”产量规划奠定了坚实的储量基础。

琼东南盆地，新近系深水峡谷发现陵水 18-1 气藏。

《中国石油地质志》

（第二版）

编辑出版组

总 策 划：周家尧

组　　长：章卫兵

副 组 长：庞奇伟　马新福　李　中

责任编辑：孙　宇　林庆咸　冉毅凤　孙　娟　方代煊

王金凤　金平阳　何　莉　崔淑红　刘俊妍

别涵宇　邹杨格　潘玉全　张　贺　张　倩

王　瑞　王长会　沈瞳瞳　常泽军　何丽萍

申公昱　李熹蓉　吴英敏　张旭东　白云雪

陈益卉　张新冉　王　凯　邢　蕊　陈　莹

特邀编辑：马　纪　谭忠心　马金华　郭建强　鲜德清

王焕弟　李　欣